Gregor Gronau

Höchstfrequenztechnik

Springer-Verlag Berlin Heidelberg GmbH

Gregor Gronau

Höchstfrequenztechnik

Grundlagen, Schaltungstechnik, Messtechnik, Planare Antennen

Mit 332 Abbildungen

 Springer

Professor Dr. Gregor Gronau
Fachhochschule Düsseldorf
Josef-Gockeln-Str. 9
40474 Düsseldorf

Die Deutsche Bibliothek - CIP-Einheitsaufnahme
Gronau, Gregor:
Höchstfrequenztechnik: Grundlagen, Schaltungstechnik, Messtechnik, planare Antennen /
Gregor Gronau
Berlin; Heidleberg; NewYork; Barcelona; Hongkong; London; Mailand; Paris; Singapur: Tokio:
Springer, 2001
ISBN 978-3-642-62606-7   ISBN 978-3-642-56620-2 (eBook)
DOI 10.1007/978-3-642-56620-2

http://www.springer.de

© Springer-Verlag Berlin Heidelberg 2001
Ursprünglich erschienen bei Springer-Verlag Berlin Heidelberg 2001
Softcover reprint of the hardcover 1st edition 2001
Die Wiedergabe von Gebrauchsnamen, Handelsnamen, Warenbezeichnungen usw. in diesem Buch
berechtigt auch ohne besondere Kennzeichnung nicht zu der Annahme, daß solche Namen im Sinne
der Warenzeichen- und Markenschutz-Gesetzgebung als frei zu betrachten wären und daher von
jedermann benutzt werden dürften.

Sollte in diesem Werk direkt oder indirekt auf Gesetze, Vorschriften oder Richtlinien (z.B. DIN, VDI,
VDE) Bezug genommen oder aus ihnen zitiert worden sein, so kann der Verlag keine Gewähr für die
Richtigkeit, Vollständigkeit oder Aktualität übernehmen. Es empfiehlt sich, gegebenenfalls für die
eigenen Arbeiten die vollständigen Vorschriften oder Richtlinien in der jeweils gültigen Fassung
hinzuzuziehen.

Einband-Entwurf: medio Technologies AG, Berlin
Satz: Digitale Druckvorlage des Autors
Gedruckt auf säurefreiem Papier   SPIN: 10832467   62/3020Rw - 5 4 3 2 1 0

meiner Familie gewidmet

Vorwort

Das vorliegende Werk ist eine Zusammenstellung der Grundlagen der Höchstfrequenztechnik. Die bewußt gewählte, umfangreiche Darstellung der Zusammenhänge sowie die weitgehend vollständige Angabe der Herleitungen dient zum einen dazu, daß der unbedarfte Leser die Möglichkeit erhält, sich in die komplizierten Bereiche der Höchstfrequenztechnik einzuarbeiten. Zum anderen kann diese Zusammenfassung als Nachschlagewerk benutzt werden. So sind neben den einführenden Grundlagen die Spezialgebiete Mikrowellenmeßtechnik, Streifenleitungstechnik und Streifenleitungs-Antennentechnik für den erfahreneren Ingenieur vorgesehen. Im Vordergrund bei den Herleitungen steht aber stets eine komplette Darstellung und eine einfache Nachvollziehbarkeit, da das Werk als Grundlage für die Vorlesung Höchstfrequenztechnik an der Fachhochschule Düsseldorf dient. Die in diesem Umdruck behandelten Themengebiete werden durch zusätzliche Ausführungen in den Vorlesungen und durch Übungsaufgaben in den Übungen und Seminaren vertieft und ergänzt. Es kann damit kein Anspruch auf Vollständigkeit an das Skript gestellt werden. Zur Vertiefung werden die im Literaturverzeichnis angegebenen Bücher empfohlen.

Düsseldorf, im Dezember 2000 *Gregor Gronau*

Inhaltsverzeichnis

1 Einleitung

Die ursprünglichen Aufgabengebiete der Hoch- bzw. Höchstfrequenztechnik befaßten sich überwiegend mit der Übertragung von Nachrichten bei hohen Frequenzen. Hierzu sind die verschiedenen Methoden der leitungsgebundenen Übertragung (HF-Leitungen) sowie die nichtleitungsgebundene Wellenausbreitung mit Hilfe von Sende- und Empfangsantennen zu zählen. Neben der Nachrichtenübertragung spielen in der Nachrichtentechnik die verschiedenen Arten der Radartechnik eine bedeutende Rolle, die z.B. heutzutage mit Hilfe der Satellitentechnik wichtige Aufschlüsse bei der Erderkundung liefert. Durch diese Aufgabengebiete und wegen des steigenden Bedarfs an Nachrichtenkanälen sowie der Erhöhung der Bandbreite pro Übertragungskanal erweiterte sich in den letzten Jahrzehnten der kommerziell genutzte Frequenzbereich zu immer höheren Frequenzen bis hin zur Signalübertragung mittels Lichtwellenleiter. Nach einer US-Militärnorm wurde der Frequenzbereich bis 100 GHz gemäß Tabelle 1.1 in die aufgeführten Bänder unterteilt.

Tabelle 1.1: *Bezeichnung der Frequenzbänder*

Frequenz-band	Frequenz-bereich/ GHz	Frequenz-band	Frequenz-bereich/ GHz
A	0.10 - 0.25	H	6.00 - 8.00
B	0.25 - 0.50	I	8.00 - 10.0
C	0.50 - 1.00	J	10.0 - 20.0
D	1.00 - 2.00	K	20.0 - 40.0
E	2.00 - 3.00	L	40.0 - 60.0
F	3.00 - 4.00	M	60.0 - 100.
G	4.00 - 6.00		

Die technisch genutzten Frequenzbereiche erstrecken sich jedoch nicht kontinuierlich, sondern werden durch schmale Frequenzfenster unterbrochen, die sich im wesentlichen aus dem Dämpfungsverlauf der elektromagnetischen Wellen in der Atmosphäre ergeben. Auf Grund der Zusammensetzung der Atmosphäre gibt es Frequenzbereiche in denen die elektromagnetischen Wellen durch Absorbtionslinien stark gedämpft werden. Dieses wird durch den in Bild 1.1 gezeigten Verlauf der Dämpfung von Wellen bei der Ausbreitung in der Atmosphäre in Meereshöhe in Abhängigkeit von der relativen Luftfeuchtigkeit verdeutlicht. Nach Bild 1.1 liefert die Absorption durch H_2O in den Frequenzbereichen um 22 GHz und 183 GHz und die Absorption durch O_2 in den Frequenzbereichen um 60 GHz und 118 GHz eine starke Dämpfung der Signale.

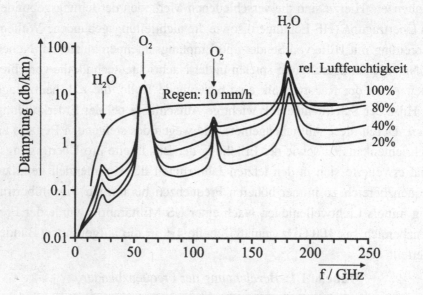

Bild 1.1: *Dämpfung von Wellen bei der Ausbreitung in der Atmosphäre in Bodennähe (wenige Meter über NN) in Abhängigkeit von der relativen Luftfeuchtigkeit*

Außerhalb der Absorbtionsbereiche steigt nach Bild 1.1 die Dämpfung mit zunehmender Frequenz und zunehmender relativer Luftfeuchtigkeit stark an. Bei Regen ist dagegen im Frequenzbereich von 10 GHz − 50 GHz eine extrem starke Zunahme der Dämpfung festzustellen. Der Verlauf der Dämpfung bei Nebel liegt je nach Sichtweite zwischen den Kurvenverläufen für die relative Luftfeuchtigkeit von 80% und 100%.

Die heutigen Aufgabenbereiche der Hoch- bzw. Höchstfrequenztechnik und der Einsatz von Verfahren aus diesem Arbeitsfeld sind außerordentlich wichtig und finden auch zunehmend Bedeutung in weiteren Bereichen der Elektrotechnik. Ein Versuch, den Bereich der Hochfrequenztechnik durch

Angabe einer **festen** Frequenzgrenze von den klassischen Schaltungstechniken abzugrenzen, erscheint als sehr unzweckmäßig. Hierdurch könnte nämlich der Eindruck entstehen, daß derjenige, der sich mit Themengebieten aus dem unteren Frequenzbereich beschäftigt, mit Sicherheit von Phänomen der Hochfrequenztechnik verschont bleibt. Als Beispiel sei hier die ständig steigende Verarbeitungsgeschwindigkeit digitaler Signale angeführt. Auf Grund des Rechteckcharakters dieser Signale, setzt sich das Signalspektrum aus Frequenzanteilen zusammen, die weit im Gigahertzbereich liegen können. Das heißt daß durch Dispersion, Kopplungseinflüsse und Reflexionen die digitale Information deutlich verfälscht werden kann. Eine sinnvolle Definition durch eine feste Frequenzgrenze ist somit ungünstig. Vielmehr sollten Begriffe wie Wellenausbreitung und Laufzeiten zur Charakterisierung des Hoch- bzw. Höchstfrequenzbereichs herangezogen werden. In verallgemeinerter Form befaßt sich die HF-Technik mit den Problemen, bei denen die auftretenden Signallaufzeiten innerhalb von Schaltungsteilen und auch bei der Übertragung zwischen unterschiedlichen Geräten eine wesentliche Rolle bei der Bestimmung der elektrischen Eigenschaften der Einheiten spielen. So treten selbst in der Energieübertragungstechnik ($f < 100\ \mathrm{Hz}$) Probleme auf, die mit den Verfahren aus dem Bereich der Höchstfrequenztechnik behandelt werden. Dieses ist jedoch auch nicht verwunderlich, da in beiden Fällen die Berechnungen von den **Maxwellschen Gleichungen**, die eine weitestgehende Charakterisierung der Eigenschaften ermöglichen, ausgehen.

Basierend auf diesen Anmerkungen werden im folgenden die Grundlagen zur Beschreibung von **Schaltungen** aus dem Bereich der Höchstfrequenztechnik erarbeitet. Hierbei soll im wesentlichen ein starker Bezug zu den **für die praktische Tätigkeit** wichtigsten Eigenschaften hergestellt werden.

Eine übersichtliche Darstellung sämtlicher Bereiche des Schaltungsentwurfs ist dem Bild 1.2 zu entnehmen. Dabei werden die einzelnen Gebiete ausgehend von der fertigen, kompletten Schaltung aufgezeigt. Im ersten Schritt erfolgt eine Unterteilung der Schaltung in verschiedene Komponenten. Dieses Vorgehen erfordert zum einen Verfahren zur Beschreibung der Schaltungsteile und zum anderen Methoden zur Verknüpfung der einzelnen Komponenten, d.h. Verfahren der Netzwerkanalyse, insbesondere die, die in der Höchstfrequenztechnik Einsatz finden. Die Eigenschaften der Teilkomponenten können auf unterschiedliche Weise bestimmt werden. In vielen Fällen stellt die meßtechnische Untersuchung eine wesentliche Methode dar. Insbesondere wenn eine Berechnung des Verhaltens nicht möglich ist oder wenn hierzu die notwendigen CAD-Werkzeuge nicht zur Verfügung stehen. Daneben existiert eine Vielzahl an feldtheoretischen Berechnungsverfahren, die –zugeschnitten auf bestimmte Leitungsformen– eine genaue Beschreibung des Bauelementeverhaltens ermöglichen. Diese Verfahren, die ursprünglich mehr im wissenschaftlichen Bereich vorzufinden waren, werden derzeit immer stärker in moderne CAD-Werkzeuge integriert und somit auch bei der Entwicklung kommerzieller Produkte eingesetzt.

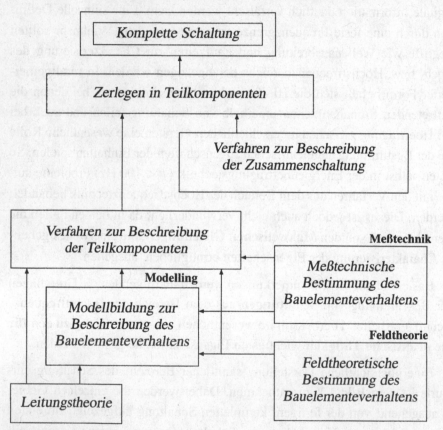

Bild 1.2 *Darstellung wesentlicher Bereiche beim Schaltungsentwurf*

Eine weitere Variante zur Charakterisierung von Schaltungselementen ergibt sich aus der Kombination der Meßtechnik mit theoretischen Verfahren. In diesem Fall liegt eine prinzipielle Beschreibung, ein sogenanntes Modell, der zu untersuchenden Komponente vor. Mit Hilfe meßtechnisch ermittelter

Ergebnisse werden die benötigten Modellparameter berechnet, so daß sich dadurch eine zuverlässige Beschreibung des Verhaltens ergibt. Häufig werden in derartigen Modellen grundlegende Leitungskomponenten verwendet, deren Eigenschaften mit vereinfachten Verfahren zu berechnen sind. Hierbei handelt es sich um die sogenannte Leitungstheorie, die eine zufriedenstellende Analyse bis hin zu einigen Gigahertz ermöglicht.

Insgesamt ergibt sich unter Zuhilfenahme moderner Entwicklungswerkzeuge, wie z.B. Simulationsprogramme und Meßsysteme, in denen die Ergebnisse langjähriger Forschungsarbeiten implementiert sind, sowie der im folgenden aufgezeigten Grundlagen die Möglichkeit, komplizierte und umfangreiche Aufgabenstellungen zu lösen.

Schwerpunkte in den folgenden Abschnitten sind aus der Sicht der Höchstfrequenztechnik

- die Zusammenstellung der notwendigen Berechnungsgrundlagen,

- die Ableitung der Leitungsgleichungen mit der Einführung der Leitungskenngrößen,

- die Darstellung der Schaltungseigenschaften durch Wellengrößen, den sogenannten Streuparametern,

- die Analyse von Schaltungen mit Hilfe des Signalflußdiagramms,

- die Verwendung grafischer Hilfsmittel – des Smith-Charts – zur Darstellung von Schaltungseigenschaften und

- eine detaillierte Zweitoranalyse mit einer Stabilitätsbetrachtung und einer Untersuchung der Rauscheigenschaften.

Im Anschluß daran erfolgt eine Darstellung der Bauelemente und Schaltungen, die im hybriden Schaltungsentwurf von Bedeutung sind. In diesem Zusammenhang soll der Begriff „Hybridschaltung" für jede HF-Schaltung benutzt werden, die aus Leitungsstrukturen und aus zusätzlich durch Kleben, Löten oder Bonden eingefügten Bauelementen besteht. Beispiele für derartige Bauelemente sind

- Leitungsdiskontinuitäten, das sind Elemente deren geometrische Bauform zu nicht vernachlässigbaren Eigenschaften führen (z.B. Wellenwiderstandssprünge oder Verzweigungen in Mikrostreifenleitungstechnik),

- konzentrierte Bauelemente (lumped elements), wie z.B. Kondensatoren und Spulen sowie

- Halbleiterbauelemente wie Dioden oder Transistoren.

Zudem erfolgt eine Behandlung wichtiger Meßverfahren der Höchstfrequenztechnik. Dabei spielen die Streuparametermeßtechnik, zur meßtechnischen Charakterisierung linearer Bauelemente, die Rauschzahlmeßtechnik, die zur Ermittlung des Rauschverhaltens fertiger Verstärkerstufen dient, und die Rauschparametermeßtechnik, die zur Bestimmung der Rauschkenngrößen von Mikrowellentransistoren verwendet wird, übergeordnete Rollen. Sie werden aus diesem Grunde ausführlich vorgestellt.

Abschließend erfolgt die Betrachtung der Grundlagen planarer Antennen, d.h die Analyse elementarer Strahlerformen mit einer Einführung gebräuchlicher Antennenkenngrößen bis hin zur ausführlichen Behandlung von Strahlergruppen in Mikrostreifenleitungstechnik.

Zur Verdeutlichung wesentlicher Aufgaben der Hoch- und Höchstfrequenztechnik im Rahmen der Nachrichtenübertragungstechnik werden in der Einleitung zwei Teilbereiche vorgestellt, die eine wesentliche Rolle in der Kommunikationstechnik spielen. Sie sollen die Notwendigkeit, sich mit den Eingangs erwähnten Grundlagen zu befassen, aufzeigen. In dem ersten Beispiel wird eine Übertragungsstrecke bestehend aus Sender mit Sendeantenne und Empfänger mit Empfangsantenne betrachtet und es werden die unterschiedlichen Möglichkeiten der Wellenausbreitung sowie die Kenngrößen zur Beschreibung der Kommunikationsverbindung vorgestellt. Im zweiten Beispiel werden an einer Empfängerstufe grundlegende Möglichkeiten, Anforderungen und Probleme der Schaltungstechnik bei hohen Frequenzen aus nachrichtentechnischer Sicht verdeutlicht.

1.1 Die Beschreibung einer Kommunikationsverbindung

Die nachstehenden Ausführungen sollen einen Einblick in die prinzipielle Beschreibung einer klassischen Kommunikationsverbindung mittels Sende- und Empfangsantenne, die sich beide auf der Erdoberfläche befinden, geben. Dabei werden nur die Systemkomponenten betrachtet, die nach Bild 1.3 unmittelbar an der Signalaufbereitung und der Übertragung beteiligt sind. Hierzu zählen die Sendeantenne, eine ideale Übertragungsstrecke sowie eine Empfangsantenne. Die von der Senderendstufe bereitgestellte Leistung P_S (Index S von Sender) gelangt an den Eingang der Sendeantenne, wird abgestrahlt und teilweise von der Empfangsantenne aufgenommen, so daß am Ausgang der Empfangsantenne die Empfangsleistung P_E (Index E von Empfänger) zur Verfügung steht.

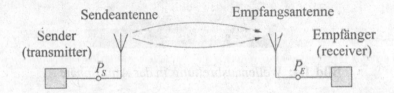

Bild 1.3: *Prinzipielle Darstellung einer Kommunikationsstrecke*

In Abhängigkeit von der Übertragungsfrequenz kann das Signal auf unterschiedlichen Wegen vom Sender zum Empfänger gelangen, wobei die Signale sich prinzipiell in Form einer Bodenwelle oder in Form einer Raumwelle ausbreiten [1]. Die Bodenwelle (1) pflanzt sich gemäß Bild 1.4 entlang der Erdoberfläche fort und folgt somit der Erdkrümmung. Die Raumwelle (2a, 2b) dagegen pflanzt sich in der unteren Atmosphäre nahezu geradlinig fort. Der Anteil (2a) in Bild 1.4 erreicht somit nur Empfangsanlagen auf direktem Wege, wenn eine Sichtverbindung besteht. Ein anderer Anteil der Raumwelle (2b) breitet sich in Richtung Ionosphäre aus, wird dort in den unterschiedlich stark ionisierten Schichten gebeugt (2c) oder sogar reflektiert (2d), gelangt anschließend wieder zurück zur Erdoberfläche und überlagert sich dort einer vorhandenen Bodenwelle. Das ausgesendete Signal kann so auf unterschiedlichen Wegen zum Empfänger gelangen. Je nach Phasenlage (wegen der unterschiedlichen Weglängen und den dort vorzufindenden unterschiedlichen frequenzabhängigen Ausbreitungseigenschaften) der Signale kommt es am Ort des Empfängers zu einer Erhöhung oder zu einer Verringerung der Empfangsleistung. Da sich die Ausbreitungseigenschaften der Ionosphäre durch die Sonneneinstrahlung ändert, ändert sich auch an einem festen Empfangsort die empfangene Leistung und somit die Empfangsqualität. Dieses wird als Schwund (engl. fading) bezeichnet. Wird jedoch das aus der Ionosphäre kommende Signal an der Erdoberfläche erneut in Richtung Ionosphäre reflektiert, so kann das Signal auf diese Weise extreme Distanzen überbrücken.

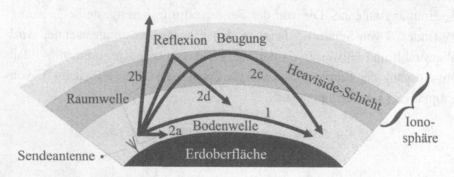

Bild 1.4: *Wellenausbreitung in der Atmosphäre*

Da die Ausbreitungseigenschaften in der Atmosphäre stark frequenzabhängig sind, bestimmt die Signalfrequenz, auf welchen Wegen das Signal vom Sender zum Empfänger gelangt. Ausgehend von den unteren Frequenzbereichen Langwelle (LW) (150 kHz –285 kHz), Mittelwelle (MW) (525 kHz –1605 kHz), Kurzwelle (KW) (3, 95 MHz –26, 1 MHz) bis hin zu den Bereichen Ultra-Kurzwelle (UKW), VHF (very high frequencies) und UHF (ultra high frequencies) (UKW, VHF, UHF: 40 MHz –960 MHz) die in der konventionellen Rundfunk- und Fernsehtechnik genutzt werden, sind unterschiedliche Ausbreitungswege möglich. Tabelle 1.2 gibt eine Übersicht über die wesentlichen Übertragungsmerkmale in Abhängigkeit von den gewählten Frequenzbereichen. Sie verdeutlicht, daß für Signale mit Frequenzen oberhalb des Kurzwellenbereichs die Übertragung nur durch die Raumwelle (2a), die eine ungestörte Ausbreitung zwischen Sender und Empfänger voraussetzt, erfolgt. Die Reichweite ist somit auf die Sichtweite begrenzt. Aus diesem Grunde werden für Übertragungsstrecken bei hohen Frequenzen Sende- und Empfangsantennen auf Sendetürmen untergebracht, damit eine möglichst hohe Reichweite erzielt werden kann.

Tabelle 1.2: *Wellenausbreitung in den unteren Frequenzbereichen*

Bereich	Bodenwelle		Raumwelle		resultierende
	Dämpfung	Reichweite	Dämpfung	Reflexionsart	Ausbreitungsart
LW	gering	≈ 1000km	sehr stark	fast vollständig	Bodenwelle (1)
MW	stark	≈ 300km		sehr stark	Boden-, Raum- welle (2a, 2c)
KW	sehr stark	≈ 100km	gering	stark	Raumwelle (2a, 2c, 2d)
UKW, VHF und UHF	fast vollständig	nahezu keine	gering	sehr gering	Raumwelle (2a, 2b)

Im Mittelpunkt der nachstehenden Betrachtungen ist stets davon auszugehen, daß aufgrund der hohen Frequenz nur die Raumwelle, die zu einer geradlinigen Verbindung von Sende- und Empfangsantenne führt, berücksichtigt werden muß und somit die in Bild 1.3 gezeigte Konfiguration zur Beschreibung einer Kommunikationsverbindung herangezogen werden kann. Ausschlaggebend für einen störungsfreien Empfang ist in diesem Fall eine hinreichend hohe verfügbare Leistung P_E am Ausgang der Empfangsantenne. Um diese Signalleistung bereitzustellen, können verschiedene Maßnahmen ergriffen werden. Zum einen kann die Sendeleistung in einem gewissen Rahmen erhöht werden und zum anderen können die Antennen durch konstruktive Maßnahmen optimiert werden. Dabei ist stets zu berücksichtigen, daß die lösungsbedingten Kosten minimiert werden. So sind z.B. im Bereich der Mobilfunktechnik die Kosten für Empfangsantennen in den Endgeräten niedrig zu halten, da diese Antennen in Massen zu produzieren sind. Ähnliches gilt für den Rundfunk- bzw. Fernseh-Satellitenempfang. Zur Abschätzung der Empfangsleistung können folgende Überlegungen angestellt werden. Am Ort des Senders wird die Sendeleistung P_S von der Antenne abgestrahlt. Für den theoretischen Fall, daß die Antenne die Leistung in alle Richtungen gleichmäßig abstrahlt, verteilt sich die gesamte Leistung gleichmäßig in alle Raumrichtungen. Diese ideale Antenne wird als isotroper Kugelstrahler bezeichnet. Für eine derartige Antenne ist in einem verlustlosem Ausbreitungsmedium im Abstand r von der Antenne, d.h. an jeder Stelle auf einer Kugeloberfläche ($A_{Kugel} = 4\pi r^2$) mit der Antenne im Zentrum, die Leistungsdichte S_S^K des Kugelstrahlers,

$$S_S^K(r) = \frac{P_S}{4\pi r^2}, \tag{1.1}$$

vorzufinden. In der Regel, insbesondere bei Richtfunkverbindungen, ist eine gleichmäßige Abstrahlung in alle Raumrichtungen unerwünscht, da die Leistungsanteile, die nicht in die Richtung der Empfangsantenne abgestrahlt werden, im Sinne der Nachrichtenübertragung verloren sind. Durch geeignete Maßnahmen beim Entwurf von Antennen kann dafür gesorgt werden, daß eine bevorzugte Abstrahlung in bestimmte Raumrichtungen erfolgt, die Leistung wird „gebündelt". Gibt nun S_{max} die Leistungsdichte in der Richtung an, in der die maximale Leistungsdichte festzustellen ist, diese Richtung wird als Hauptstrahlrichtung bezeichnet, so ist hierdurch am Empfangsort, der in dieser Hauptstrahlrichtung liegen muß, ein Gewinn gegenüber der gleichmäßigen Leistungsdichte des Kugelstrahler S_S^K festzustellen. Der Gewinn G (am Sender: G_S) ergibt sich aus

$$G_S = \frac{S_S}{S_S^K}, \qquad (1.2)$$

wird als Antennengewinn (Gewinn) bezeichnet und stellt ein Maß für das „Bündelungsvermögen" dar. Der Gewinn ist eine wichtige Antennenkenngröße, die von Antennenherstellern verwendet wird. Unter der Zuhilfenahme von Gl.(1.2) kann die am Empfangsort vorzufindende Leistungsdichte zu

$$S_S(r) = \frac{P_S G_S}{4\pi r^2}, \qquad (1.3)$$

bestimmt werden. Liegt nun der Empfangsort in einem hinreichend großen Abstand vom Sendeort entfernt, so breitet sich die Wellenfront in Form einer ebenen Welle aus. Dieser Bereich wird als der Fernfeldbereich der Antenne bezeichnet. Die Empfangsantenne im Abstand R von der Sendeantenne hat nun die Aufgabe, eine für die Anwendung ausreichende Leistung aus dem Strahlungsfeld aufzunehmen. Bei einer optimalen Ausbeute ergibt sich am Antennenausgang die verfügbare Leistung P_E zu

$$P_E = S_S(R) A_{eff,E} = \frac{P_S G_S}{4\pi R^2} A_{eff,E}, \qquad (1.4)$$

wobei $A_{eff,E}$ die wirksame (effektive) Fläche der Empfangsantenne beschreibt. Die effektive Antennenfläche ist stets kleiner die tatsächliche Antennenfläche und stellt ebenfalls ein Maß für das Bündelungsvermögen dar. Eine Antenne mit großer Abstrahlfläche und kleiner effektiven Antennenfläche hat einen kleineren Gewinn als eine Antenne mit großer Abstrahlfläche und großer effektiven Antennenfläche. Vertiefende Betrachtungen zeigen, daß der Gewinn G und die effektive Antennenfläche A_{eff} über

$$A_{eff} = G \frac{\lambda^2}{4\pi},\tag{1.5}$$

mit λ der Wellenlänge im Ausbreitungsmedium, miteinander verknüpft sind, so daß sich für die Empfangsleistung nach Gl.(1.4) die Beziehung

$$P_E = \frac{P_S G_S}{4\pi R^2} G_E \frac{\lambda^2}{4\pi} = P_S G_S G_E \left(\frac{\lambda}{4\pi R}\right)^2 = P_S \frac{A_{eff,S} A_{eff,E}}{(R\lambda)^2}\tag{1.6}$$

ergibt. Nach Gl.(1.6) hängt somit die verfügbare Leistung am Empfänger von der Sendeleistung, der Gewinne von Sende- und Empfangsantenne sowie vom Abstand zwischen Sender und Empfänger ab. Verluste auf dem Übertragungsweg bleiben dabei unberücksichtigt.

Damit ist die Behandlung des ersten Beispiels abgeschlossen. Es hat die wichtigen Bereiche, die bei der Nachrichtenübertragung mittels Sende- und Empfangsantennen (drahtlose Nachrichtenübertragung) eine bedeutende Rolle spielen, aufgezeigt. Eine detaillierte Behandlung der Wellenausbreitung und der Antennentechnik erfolgt an späterer Stelle.

1.2 Der Empfänger als Beispiel einer HF-Schaltung

In diesem Unterkapitel soll eine vereinfachte Darstellung unterschiedlicher Empfängerkonzepte erfolgen, damit an Hand dieser Beispiele wesentliche Aufgaben der Hoch- bzw. Höchstfrequenztechnik im Rahmen der Nachrichtenübertragungstechnik deutlich werden. Eine Empfängerstufe wird deswegen gewählt, da sie in nahezu allen Nachrichtenübertragungssystemen vorzufinden ist und an ihr eine Vielzahl wichtiger Aufgaben verschiedener Baugruppen und deren prinzipiellen Eigenschaften erläutert werden können.

Der Begriff „Empfänger" bezeichnet im nachrichtentechnischen Sinne eine Einrichtung, die zum frequenzselektiven Empfangen und Verstärken von hochfrequenten Signalen dient. Im Laufe der Entwicklung hat sich dabei der Überlagerungsempfänger nach dem Heterodynprinzip gemäß Bild 1.5 durchgesetzt, da dieser Empfängertyp bei schaltungstechnisch vertretbarem Aufwand eine große Selektivität mit hoher Trennschärfe ermöglicht. Die Forderungen nach großer Selektivität und hoher Trennschärfe haben gerade in den vergangenen Jahren erheblich an Bedeutung gewonnen, da das

Nutzungsinteresse an den durch Rundfunk und Fernsehfunk bereits stark genutzten Frequenzbereichen durch die Ausweitung des kommerziellen Mobil-
funks erheblich zugenommen hat. Die Folge davon ist ein Mangel an freien
Sendefrequenzen, der teilweise dadurch kompensiert wird, daß viele Funkdienste in höhere Frequenzbereiche verlegt werden. Außerdem steigen die
Anforderungen an die Übertragungsqualität, was oftmals zu einer Erhöhung
der zur Übertragung benötigten Kanalbandbreiten führt.

Um dem großen Nutzungsinteresse nachkommen und die zur Verfügung stehenden Frequenzbereiche optimal ausnutzen zu können, müssen die
Funkdienste „immer dichter zusammenrücken" und in höhere Frequenzbereiche ausgedehnt werden. Dieses hat zur Folge, daß zum störungsfreien
Empfang eines bestimmten Kanals die oben angesprochene Forderung nach
hoher Trennschärfe, bei sehr hohen Empfangsfrequenzen, unbedingt erforderlich ist. Gerade diese Forderung verursacht z.B. beim Filterentwurf zur
Selektion von hohen Empfangsfrequenzen, bei dazu relativ schmalen Kanalbandbreiten, erheblichen schaltungstechnischen und somit finanziellen Aufwand. Der Überlagerungsempfänger vermindert diesen Aufwand durch die
Umsetzung eines Empfangsspektrums, aus der technisch schlecht zu hand-
habenden hochfrequenten Lage, in eine feste, niedrigere Frequenzlage, in
der der Aufwand zur Realisierung selektionsstarker Verstärkerstufen geringer ist.

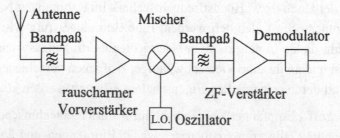

Bild 1.5: *Blockschaltbild eines Einfach-Überlagerungsempfängers*
        (superhet-receiver)

Der Überlagerungsempfänger ist ein linearer Empfänger mit Hochfre-
quenz- und Zwischenfrequenzverstärkung. Er besteht gemäß Bild 1.5 aus einer Antenne, einem rauscharmen Vorverstärker (low noise amplifier), einem
Signalgenerator (local oscillator), einem Mischer (mixer) zur Umsetzung des
Empfangssignals in die Zwischenfrequenz (ZF, IF), einem ZF-Verstärker

(IF-amplifier) und dem Demodulator. Ein sehr hochfrequentes Empfangs-spektrum gelangt über die Antenne in die HF-Vorstufe. Der Teil des hochfre-quenten Empfangsspektrums f_{HF}, der den Durchlaßbereich der HF-Vorstufe passiert, wird der im Oszillator erzeugten Oszillatorfrequenz f_{LO} im Mi-scher überlagert und in den festen Zwischenfrequenzbereich f_{ZF} umgesetzt. Die ZF ergibt sich, wie an späterer Stelle gezeigt wird, aus der Differenz von Eingangsfrequenz und Oszillatorfrequenz. Liegt am Eingang ein Si-gnalspektrum mit mehreren Übertragungskanälen, so kann durch das Ein-stellen einer bestimmten Oszillatorfrequenz jeder Kanal gezielt aus dem an-liegenden Spektrum in den ZF-Bereich umgesetzt werden. Der Umsetzungs-vorgang aus der hochfrequenten in die –im allgemeinen– niedrigere, feste Zwischenfrequenzlage wird als Abwärtsmischung bezeichnet und ist für die weitere Signalverarbeitung von großem Vorteil. Aus dem in die Zwischen-frequenzlage umgesetzten Frequenzspektrum wird in dem anschließenden mehrstufigen Zwischenfrequenzverstärker der gewünschte Empfangskanal herausgefiltert und auf einen zur Demodulation ausreichenden Pegel ver-stärkt. Die abschließende Demodulation erfolgt entsprechend dem für die Nachrichtenübertragung gewählten Modulationsverfahren.

Grundlagen der Frequenzumsetzung

Verschiedenen Aufgaben der analogen Signalverarbeitung werden durch den Einsatz von Halbleiterbauelementen in linearen Schaltungen (Verstär-ker) und nichtlinearen Schaltungen (Frequenzumsetzern (Mischer) oder Os-zillatoren) erreicht. Die Realisierung erfordert die genaue Kenntnis der Bau-elementeeigenschaften. Grundsätzlich zeigen diese Bauelemente ein nicht-lineares, arbeitspunktabhängiges Verhalten, das bei kleinen Signalamplitu-den näherungsweise durch ein linearisiertes Kleinsignalersatzschaltbild be-schrieben werden kann. Steigt jedoch die Signalamplitude, so nimmt der Einfluß der nichtlinearen Effekte zu. Im Verstärkerbetrieb führt das nichtli-neare Verhalten zur Verfälschung der Signale. Im Mischerbetrieb (Frequenz-umsetzung) liefert das nichtlineare Verhalten besondere Eigenschaften, die gezielt ausgenutzt werden. Die folgenden Ausführungen sollen die prinzipi-ellen Einflüsse der Nichtlinearitäten auf das Signalspektrum verdeutlichen, so daß eine Abschätzung der technischen Möglichkeiten, der Fehler und eine Angabe von Kenngrößen erfolgen kann.

Zur Durchführung der Untersuchung wird die Abhängigkeit des Stroms von der Spannung –in der Umgebung um den durch die Vorspannung U_0 vorgegebenen Arbeitspunkt– durch eine Reihenentwicklung in der Form

$$i(u) = i(U_0) + A_1 (u - U_0) + A_2 (u - U_0)^2 + A_3 (u - U_0)^3 + \ldots \qquad (1.7)$$

herangezogen. Die Koeffizienten A_k ($k = 1, 2, \ldots$) in Gl.(1.7),

$$A_k = \frac{1}{k!} \frac{\mathrm{d}^k}{\mathrm{d} u^k} i(u) \bigg|_{u = U_0}, \qquad (1.8)$$

ergeben sich aus der Strom-Spannungskennlinie. Der Wert U_0 entspricht der Vorspannung im Arbeitspunkt und $i(U_0) = I_0$ dem Strom im Arbeitspunkt. Wird nun eine Spannung der Form

$$u(t) = U_0 + u_1 \cos(\omega_1 t) + u_2 \cos(\omega_2 t) \qquad (1.9)$$

zugrundegelegt, dann kann mit

$$u(t) - U_0 = \Delta u = u_1 \cos(\omega_1 t) + u_2 \cos(\omega_2 t) \qquad (1.10)$$

und

$$I(u) - I_0 = \Delta i \qquad (1.11)$$

Gl.(1.7) zu

$$\Delta i = A_1 \Delta u + A_2 (\Delta u)^2 + A_3 (\Delta u)^3 + \ldots \qquad (1.12)$$

umgeformt werden. Für den durch Gl.(1.9) angegebenen Spannungsverlauf läßt sich unter der Berücksichtigung des Additionstheorems $\cos \alpha \cos \beta = \frac{1}{2}(\cos(\alpha + \beta) + \cos(\alpha - \beta))$ aus

$$(\Delta u)^2 = \left(u_1 \cos(\omega_1 t) + u_2 \cos(\omega_2 t) \right)^2 \qquad (1.13)$$

für $(\Delta u)^2$ der Ausdruck

$$(\Delta u)^2 = \frac{u_1^2}{2}(1 + \cos(2\omega_1 t)) + \frac{u_2^2}{2}(1 + \cos(2\omega_2 t)) \qquad (1.14)$$
$$+ u_1 u_2 \left(\cos((\omega_1 + \omega_2) t) + \cos((\omega_2 - \omega_1) t) \right)$$

ableiten. Entsprechend ergibt sich aus

$$(\Delta u)^3 = \left(u_1 \cos(\omega_1 t) + u_2 \cos(\omega_2 t) \right)^3 \qquad (1.15)$$

für $(\Delta u)^3$ der Ausdruck

$$(\Delta u)^3 = \left(\frac{3}{4}u_1^3 + \frac{3}{2}u_1 u_2^2\right)\cos(\omega_1 t) + \frac{1}{4}u_1^3 \cos(3\omega_1 t) \qquad (1.16)$$

$$+ \left(\frac{3}{4}u_2^3 + \frac{3}{2}u_1^2 u_2\right)\cos(\omega_2 t) + \frac{1}{4}u_2^3 \cos(3\omega_2 t)$$

$$+ \frac{3}{4}u_1^2 u_2 \Big(\cos((2\omega_1 + \omega_2)t) + \cos((2\omega_1 - \omega_2)t)\Big)$$

$$+ \frac{3}{4}u_1 u_2^2 \Big(\cos((2\omega_2 + \omega_1)t) + \cos((2\omega_2 - \omega_1)t)\Big),$$

so daß sich für $\Delta i(\Delta u)$ das in Tabelle 1.3 zusammengefaßte Ergebnis angeben läßt.

Tabelle 1.3: *Aufstellung der Spektralanteile von $\Delta i(\Delta u)$ mit*
$$\Delta u = u_1 \cos(\omega_1 t) + u_2 \cos(\omega_2 t); \; \omega_2 \approx \omega_1, \; \omega_2 > \omega_1$$

	ω_n	$A_1 \cdot$	$\Delta i = A_1\,\Delta u + A_2\,(\Delta u)^2 + A_3\,(\Delta u)^3$ $\cos(\omega_n t)\cdot$ $A_2\cdot$	$A_3\cdot$
1: Detektorbetrieb	0		$\frac{1}{2}(u_1^2 + u_2^2)$	
2: Mischerbetrieb	$\omega_2 - \omega_1$		$u_1 u_2$	
	$2\omega_1 - \omega_2$			$\frac{3}{4}u_1^2 u_2$
	ω_1	u_1		$\frac{3}{4}u_1^3 + \frac{3}{2}u_1 u_2^2$
3: Verstärkerbetrieb	ω_2	u_2		$\frac{3}{4}u_2^3 + \frac{3}{2}u_1^2 u_2$
	$2\omega_2 - \omega_1$			$\frac{3}{4}u_1 u_2^2$
	$2\omega_1$		$\frac{1}{2}u_1^2$	
4: Frequenzverdoppler	$\omega_1 + \omega_2$		$u_1 u_2$	
Mischer	$2\omega_2$		$\frac{1}{2}u_2^2$	
	$3\omega_1$			$\frac{1}{4}u_1^3$
5: Frequenzverdreifacher	$2\omega_1 + \omega_2$			$\frac{3}{4}u_1^2 u_2$
	$2\omega_2 + \omega_1$			$\frac{3}{4}u_1 u_2^2$
	$3\omega_2$			$\frac{1}{4}u_2^3$

Tabelle 1.3 zeigt die Zusammensetzung des Ausgangssignals, wobei die Beiträge gemäß der Taylorreihenentwicklung separat ausgewiesen sind. So zeigt die erste Spalte den zu den Spektralanteilen zugehörigen Einsatzbereich der Schaltung, die zweite Spalte die Kreisfrequenz ω_n des jeweiligen Signalanteils und die verbleibenden Spalten die Amplituden der Spektralanteile, die noch mit dem jeweiligen Koeffizienten A_k und den zugehörigen

$\cos(\omega_n t)$ multipliziert werden müssen. Die Spalte 3 (A_1) zeigt somit den linearen Anteil des Ausgangssignals, der in möglichst unverfälschter Weise am Ausgang anliegen soll. Die Spalten 4 (A_2) und 5 (A_3) zeigen die Anteile zweiter und dritter Ordnung. Ausgehend vom linearen Verstärkerbetrieb (**3**), bei dem nur die Frequenzanteile des Eingangssignals am Ausgang erwünscht sind, ist festzustellen, daß durch die Linearität dritten Grades zusätzliche Mischprodukte mit den Frequenzen $2\omega_1 - \omega_2$ und $2\omega_2 - \omega_1$ entstehen, die im Frequenzbereich des Übertragungskanals liegen und die nicht durch ein Filter von den Nutzsignalen getrennt werden können. Alle anderen Spektralanteile lassen sich durch einen geeigneten Bandpaß ausfiltern. Aus diesem Grunde spielt die Nichtlinearität dritter Ordnung im Verstärkerentwurf eine wesentliche Rolle, da sie zu sogenannten Intermodulationsverzerrungen führt. Die anderen Betriebsarten in Tabelle 1.3 (**1**), (**2**), (**4**) und (**5**) nutzen gezielt das nichtlineare Verhalten der Bauelemente. So erfolgt beim Detektorbetrieb (**1**) und beim Betrieb als Frequenzverdoppler (**4**) bzw. als Frequenzverdreifacher (**5**) die Ansteuerung des Bauelementes mit einem Signal, das nur einen Frequenzanteil ($u_2 = 0$) enthält. Im Detektorbetrieb wird die Nichtlinearität zweiter Ordnung genutzt. Sie liefert eine zu u_1^2 proportionale Gleichspannung, die als Maß für Signalleistung herangezogen werden kann. Auch bei Frequenzverdopplern (**4**) wird die Nichtlinearität zweiter Ordnung genutzt. Sie liefert zur Signalerzeugung eine Spannung mit der doppelten Frequenz. Entsprechend liefert die Nichtlinearität dritter Ordnung in Frequenzverdreifachern (**5**) ein Signal mit der dreifachen Frequenz.

Die größte Bedeutung in der Nachrichtenübertragungstechnik hat allerdings der Mischerbetrieb (**2**) bei der Frequenzumsetzung erlangt. Er nutzt den quadratischen Anteil der Kennlinie und ermöglicht somit, entsprechend der Ausgangsamplitude $u_1 u_2$, eine verzerrungsfreie Umsetzung des Signals $u_1 \cos(\omega_1 t)$ in einen anderen Frequenzbereich, der im Vergleich zum Basisband geeignetere Eigenschaften zur Weiterverarbeitung oder zur Übertragung aufweist.

Damit sind die prinzipiellen Auswirkungen nichtlinearer Eigenschaften beschrieben. Es fehlt jedoch die Vorstellung der Kenngrößen, die zur Beurteilung der Systemeigenschaften herangezogen werden können. Diese basieren auf der Leistung, die in den zuvor beschriebenen Signalanteilen enthalten sind. So ergibt sich –ausgehend vom linearen Betrieb– die Ausgangsleistung P_{out} aus dem Produkt des Leistungsverstärkungsfaktors (gain) g mit der Eingangsleistung P_{in}. Bei einer Erhöhung der Leistung des Eingangssignals erfolgt mit zunehmender Signalamplitude eine Aussteuerung in den nichtlinearen Bereich der Kennlinie und am Ausgang sind ein Gleichanteil sowie Signalanteile bei ganzzahligen Vielfachen der Grundfrequenz sowie „Mischprodukte" festzustellen, d.h. ein Teil der Eingangsleistung wird zur Erzeugung der zusätzlichen Spektralanteile verwendet, so daß die Ausgangsleistung bei der Grundfrequenz mit zunehmender Eingangsleistung deutlich geringer ansteigt als im linearen Betrieb. Besonders anschaulich kann dieser Sachverhalt in einem Diagramm mit einer logarithmischen Angabe der spektralen Anteile der Leistung im Ausgangssignal in Abhängigkeit von der Leistung des Eingangssignals gemäß Bild 1.6 verdeutlicht werden, da hier der Zusammenhang $P_{out} = g\, P_{in}$ in der Form $\log(P_{out}) = \log(g) + \log(P_{in})$ angegeben werden kann. Für den linearen Betrieb –keine Anregung weiterer Spektralanteile– ergibt sich in dem Diagramm eine Gerade mit der Steigung 1. Die Signalanteile, die aufgrund der Nichtlinearität zweiter Ordnung angeregt werden, führen gemäß den zuvor abgeleiteten Zusammenhängen zu Signalbeiträgen mit den Frequenzen f_i am Ausgang, deren Amplituden proportional zum Quadrat der Signalamplituden, bzw. dem Produkt der Signalamplituden bei Mehrfrequenzanregung, sind. Die Ausgangsleistung bei den Anteilen zweiter Ordnung ($P_{out}^{(2,i)}$) ist proportional zum Quadrat der Eingangsleistung ($P_{out}^{(2,i)} \sim (P_{in})^2$). In logarithmischer Darstellung gilt somit $\log(P_{out}^{(2,i)}) \sim 2\,\log(P_{in})$, d.h. es ergeben sich Geraden mit der Steigung 2. Entsprechend ergeben sich aufgrund der Nichtlinearität dritter Ordnung weitere Spektralanteile im Ausgangssignal mit der Leistung ($P_{out}^{(3,i)}$), die beim dreifachen der Eingangsfrequenzen der Eingangssignale, bzw. deren Mischfrequenzen, liegen. Die zugehörigen Signalamplituden steigen mit der dritten Potenz, so daß in logarithmischer Darstellung die jeweiligen Leistungsbeiträge $\log(P_{out}^{(3,i)}) \sim 3\,\log(P_{in})$ sind und sich in Bild 1.6 Geraden mit der Steigung 3 ergeben. Die Leistung in den Signalen höherer Ordnung liefern in dem Bereich, in dem das lineare Verhalten dominiert, einen vernachlässigbaren Anteil. Erst mit zunehmender Signalleistung am Eingang nimmt die Verstärkung ab und die Schaltung erzeugt Signalanteile bei ganzzahligen Vielfachen der Grundfrequenz und gegebenenfalls einen Gleichanteil.

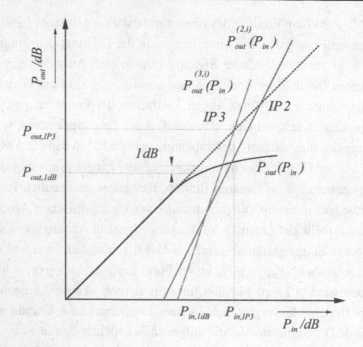

Bild 1.6: *Darstellung der Signalanteile zur Definition der Kenngrößen „Dynamikbereich" und „Intercept Points"*

Aus der grafischen Darstellung der Verstärkungseigenschaften in Bild 1.6 lassen sich nun die Kenngrößen angeben, die zur Beurteilung von Schaltungsteilen herangezogen werden können. Hierzu wird von dem in Tabelle 1.3 beschriebenen Fall, daß sich das Eingangssignal aus zwei Spektralanteilen zusammensetzt, ausgegangen. Im schmalbandigen Verstärkerbetrieb ergeben sich durch die Nichtlinearität zweiter Ordnung keine Spektralanteile im Grundfrequenzbereich. Alle höheren Anteile liegen bei der doppelten Signalfrequenz, so daß diese und auch der Gleichanteil herausgefiltert werden können. Eine gegenseitige Beeinflussung beider Spektralanteile findet nicht statt. Sie führen jedoch zu einer Verringerung der Verstärkung und somit zu einer Signalverfälschung, die den Arbeitsbereich, den sogenannten Dynamikbereich, einschränkt. Eine andere Problematik liefert die Nichtlinearität dritter Ordnung. Hier führt die gegenseitige Beeinflussung zu Spektralanteilen ($2\omega_1 - \omega_2$ und $2\omega_2 - \omega_1$) im Grundfrequenzbereich, die sich nicht herausfiltern lassen. Dieses führt zu den sogenannten Intermodulationsverzerrungen, die ebenfalls den Arbeitsbereich einschränken. Einzeichnen der einzelnen Beiträge in das Diagramm nach Bild 1.6 führt zu Schnittpunkten mit der Verlängerung der linearen Kennlinie, den sogenannten „**Inter-cept Points (IP)**". Je weiter diese Schnittpunkte vom linearen Bereich entfernt sind, um so geringer sind die unerwünschten Signalbeiträge, die in den Grundfrequenzbereich „gemischt" werden.

Zusammenfassend ergeben sich Signalveränderungen durch die nichtlinearen Anteile der Kennlinie, die zum einen die Verstärkung verringern und die zum anderen eine Störung durch Frequenzumsetzung (Modulation) bewirken. Der Bereich in dem sich die Verstärkung verringert, das ist der Bereich in dem die Schaltung nicht mehr lineares Verhalten aufweist, dient mit der minimalen Eingangsleistung, die eine fehlerfreie Detektion der Signale aus dem Eingangsrauschen sicherstellt, zur Definition des **Dynamikbereiches**, der sich aus der Differenz von maximalem Pegel und minimalem Pegel ergibt. Der maximale Pegel gibt dabei gemäß Bild 1.6 die Eingangsleistung an, bei der die Leistungsverstärkung gegenüber dem linearen Betriebsfall um 1 dB (1 dB compression point) abgesunken ist. Die Frequenzumsetzung, die sich durch die Nichtlinearität dritter Ordnung ergibt, führt bei der Realisierung von Verstärkerstufen zu unerwünschten Mischprodukten, die im Grundbereich liegen und nicht herausgefiltert werden können. Diese schränken ebenfalls den Bereich möglicher Eingangsamplituden ein. Im Gegensatz hierzu stellt der in Tabelle 1.3 genannte Mischerbetrieb, die gezielte Ausnutzung der Nichtlinearität zweiter Ordnung zur Erzeugung der Mischprodukte, die Forderung, daß möglichst viel Leistung in diese Mischprodukte gelangt.

Nachdem nun die prinzipiellen Möglichkeiten der gezielten Signalmanipulation vorgestellt wurden, kann die Diskussion der Empfängerstufen fortgesetzt werden. Die hier benötigte Fähigkeit der Frequenzumsetzung, bedingt durch den quadratischen Teil der Kennlinie, führt zu den Spektralanteilen in den ZF-Bereichen

$$f_{ZF} = |f_{LO} \pm f_{HF}| \,. \tag{1.17}$$

Dies ist gemäß Bild 1.7 a) zum einen der niederfrequente Spektralanteil f_{ZF1}, der sich aus der Differenz $|f_{LO} - f_{HF}|$ ergibt, und der hochfrequente Spektralanteil f_{ZF2}, der sich aus der Summe $|f_{LO} + f_{HF}|$ ergibt. Die Summenfrequenz f_{ZF2} wird i. allg. nicht verwendet, sie ist für die weitere Signalverarbeitung aufgrund ihrer hochfrequenten Lage nicht von Vorteil. Somit gibt f_{ZF1} die Lage der im Empfänger verwendeten ZF an. Gemäß Bild 1.7 b) läßt sich der gewünschte Empfangskanal, mit der Mittenfrequenz f_{HF}, durch zwei verschiedene Oszillatorfrequenzen f_{LO1} und f_{LO2}, die im Abstand von f_{ZF} symmetrisch um f_{HF} angeordnet sind, in die feste Zwischenfrequenzlage umsetzen.

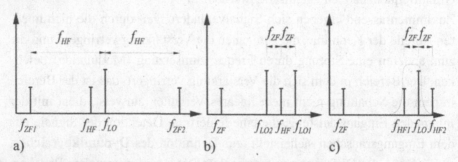

Bild 1.7: *Darstellung der Frequenzumsetzung; Lage der ZF a),*
Lage möglicher Oszillatorfrequenzen b) und Einfluß der Spiegel-
frequenzen c)

Der Vorteil, der in den meisten Überlagerungsempfängern zur Wahl von f_{LO1} führt, ist ein höherer Frequenzabstand zwischen f_{ZF1} und f_{ZF2}, so daß sich der unerwünschte Anteil f_{ZF2} mit einem weniger aufwendigeren Filter herausfiltern läßt. Es ist aber zu beachten, daß die Auswahl der höheren Oszillatorfrequenz f_{LO1} eine Frequenzkehrlage des Empfangskanals verursacht. Das bedeutet, daß höhere Frequenzen im HF-Bereich im ZF-Bereich bei niedrigeren Frequenzwerten liegen. Diese Frequenzkehrlage muß spätestens im Demodulator wieder in die Frequenzgleichlage umgesetzt werden, weil die im Empfangskanal enthaltene Nachricht sonst verzerrt am Empfängerausgang erscheint und somit wertlos wird. Ist das Spektrum dagegen schon vom Sender in Frequenzkehrlage umgesetzt und ausgesendet worden, müssen keine weiteren Maßnahmen getroffen werden, da es automatisch nach der Umsetzung auf die Zwischenfrequenz in Frequenzgleichlage erscheint.

Liegt nun, bedingt durch eine Vielzahl von Empfangskanälen, am Eingang ein breites Frequenzspektrum an, so werden gemäß Bild 1.7 c) unabhängig voneinander mit der Oszillatorfrequenz f_{LO} zwei Empfangsfrequenzen f_{HF1} und f_{HF2} in die Zwischenfrequenzlage umgesetzt, obwohl nur f_{HF1} gewünscht ist. Die Frequenz f_{HF2}, die gleichzeitig mit f_{HF1} in die Zwischenfrequenzlage umgesetzt wird, wird als Spiegelempfangsfrequenz oder kurz Spiegelfrequenz bezeichnet. Die Spiegelfrequenz muß durch geeignete Maßnahmen, z.B. durch den Einsatz von Eingangsfiltern oder einer speziellen, die Spiegelfrequenz unterdrückenden Mischerschaltung, schon vor der Umsetzung in die Zwischenfrequenzlage möglichst stark unterdrückt werden. Bleibt dieses aus, so ergibt sich eine nicht mehr trennbare Überlagerung von gewünschter Empfangsfrequenz und Spiegelfrequenz. Dieses Problem ist besonders ausgeprägt bei sehr hochfrequenten Empfangssignalen (z.B. im Frequenzbereich $11.7 GHz < f < 12.5 GHz$), die in einen relativ niedrigen ZF-Bereich (z.B. 100 MHz) umgesetzt werden sollen. In diesem Fall müßte die Oszillatorfrequenz im Bereich $11.8 GHz < f < 12.6 GHz$ variiert werden. Dieses würde nur mit einem abstimmbaren Filter hoher Güte im Eingang ohne Spiegelfrequenzstörung möglich sein. Abhilfe schafft in diesem Fall die Verwendung einer mehrstufige Frequenzumsetzung durch die Verwendung eines Mehrfachüberlagerungsempfängers (Doppel-Überlagerungsempfänger) gemäß Bild 1.8.

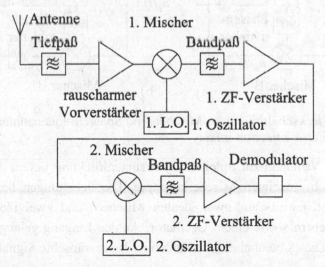

Bild 1.8: *Blockschaltbild eines Doppel-Überlagerungsempfängers (dual-superhet-receiver)*

Die Funktionsweise dieses Empfängertyps ist weitestgehend identisch mit der des einfachen Überlagerungsempfängers. Liegt in diesem Fall die Oszillatorfrequenz f_{LO1} der ersten Mischerstufe stets oberhalb der höchsten HF-Empfangsfrequenz (hier z.B. $12.7 GHz < f < 13.5 GHz$) so kann im Eingang der Schaltung ein relativ einfacher Tiefpaß eingesetzt werden, der alle Spiegelfrequenzen von der ersten Mischerstufe fernhält. Es ergibt sich eine erste, feste ZF-Frequenz bei $1\,GHz$, die mit einem zweiten Mischer mit fester Oszillatorfrequenz in die gewünschte niedrige ZF umgesetzt werden kann. In diesem Frequenzbereich ist die Realisierung von Filtern mit hoher Flankensteilheit und Sperrdämpfung deutlich einfacher, so daß sich dadurch auch höhere Trennschärfen erreichen lassen. Zudem werden mögliche Gleichlaufprobleme bei der Abstimmung der Oszillatorfrequenz und Mittenfrequenz des Eingangsfilters vermieden.

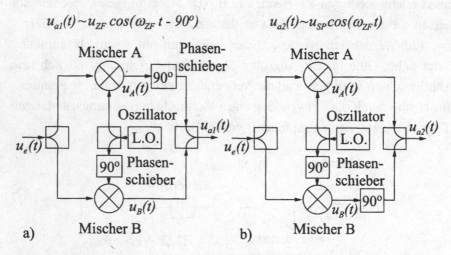

$$u_{a1}(t) \sim u_{ZF}\,cos(\omega_{ZF}\,t - 90^o) \qquad u_{a2}(t) \sim u_{SP}cos(\omega_{ZF}t)$$

a)   b)

Bild 1.9: *Blockschaltbild eines Mischers mit Spiegelfrequenzunterdrückung (image rejection mixer)*

Weitere Varianten zur Spiegelfrequenzunterdrückung liefern die in Bild 1.9 a) und b) gezeigten Mischerkonzepte. Die Schaltungen bestehen im wesentlichen jeweils aus zwei idealen Mischern und zwei idealen 90°-Phasenschiebern sowie einem Oszillator. An den Eingang gelangt das HF-Spektrum. Dieses beinhaltet unter anderem das gewünschte Signal $u_{e1}(t)$,

$$u_{e1}(t) = u_{ZF}\cos((\omega_{LO} - \omega_{ZF})t),$$

dessen Frequenz um die ZF unterhalb der Oszillatorfrequenz liegt, und das Spiegelfrequenzsignal $u_{e2}(t)$,

$$u_{e2}(t) = u_{SP}\cos((\omega_{LO} + \omega_{ZF})t),$$

dessen Frequenz um die ZF oberhalb der Oszillatorfrequenz liegt. Somit ergibt sich die Eingangsspannung zu

$$u_e(t) = u_{ZF}\,\cos((\omega_{LO} - \omega_{ZF})\,t) + u_{SP}\,\cos((\omega_{LO} + \omega_{ZF})\,t) \qquad (1.18)$$

Das Eingangssignal gelangt mit dem originalen Oszillatorsignal an Mischer A und mit dem um 90°-verzögerten Oszillatorsignal an Mischer B. Am Ausgang von Mischer A, der wie die bislang beschriebenen Mischer wirkt, ergibt sich als niederfrequentes Mischprodukt

$$u_A(t) \quad \sim \quad u_{ZF}\,\cos(\omega_{ZF}\,t) + u_{SP}\,\cos(\omega_{ZF}\,t). \qquad (1.19)$$

Am Mischer B ergibt sich als niederfrequentes Mischprodukt

$$u_B(t) \quad \sim \quad u_{ZF}\,\cos((\omega_{LO}\,t - 90°) - (\omega_{LO} - \omega_{ZF})\,t)$$
$$+ u_{SP}\,\cos((\omega_{LO} + \omega_{ZF})\,t - (\omega_{LO}\,t - 90°))$$

bzw.

$$u_B(t) \sim u_{ZF}\,\cos(\omega_{ZF}\,t - 90°) + u_{SP}\,\cos(\omega_{ZF}\,t + 90°). \qquad (1.20)$$

Die Addition des um 90° verzögerten Signals $u_A(t)$ gemäß Gl.(1.19) und dem Signal $u_B(t)$ gemäß Gl.(1.20) liefert am Ausgang der Schaltung gemäß Bild 1.9 a) für die Ausgangsspannung $u_{a1}(t)$,

$$u_{a1}(t) \quad \sim \quad u_{ZF}\,\cos(\omega_{ZF}\,t - 90°) + u_{SP}\,\cos(\omega_{ZF}\,t - 90°)$$
$$+ u_{ZF}\,\cos(\omega_{ZF}\,t - 90°) + u_{SP}\,\cos(\omega_{ZF}\,t + 90°)$$
$$\sim \quad u_{ZF}\,\cos(\omega_{ZF}\,t - 90°). \qquad (1.21)$$

Entsprechend liefert die Addition des Signals $u_A(t)$ gemäß Gl.(1.19) und dem um 90° verzögerten Signal $u_B(t)$ gemäß Gl.(1.20) am Ausgang der Schaltung gemäß Bild 1.9 b) für die Ausgangsspannung $u_{a2}(t)$,

$$u_{a2}(t) \quad \sim \quad u_{ZF}\,\cos(\omega_{ZF}\,t) + u_{SP}\,\cos(\omega_{ZF}\,t)$$
$$+ u_{ZF}\,\cos(\omega_{ZF}\,t - 180°) + u_{SP}\,\cos(\omega_{ZF}\,t)$$
$$\sim \quad u_{SP}\,\cos(\omega_{ZF}\,t), \qquad (1.22)$$

d.h. die Wahl des Signalzweigs in dem sich der zweite Phasenschieber befindet bestimmt die Auswahl des oberen oder des unteren Seitenbandes. Beim idealen „Image Rejection Mischer" ist lediglich **ein** Seitenband am Ausgang vorhanden. In der Praxis ist dieser Idealfall nicht erreichbar, da die Mischer und die Phasenschieber nicht identisch sind und zudem die 90°-Phasenbedingung von den Phasenschiebern, die im vollständigen Frequenzbereich gelten muß, nicht eingehalten wird.

Da es sich hier nur um eine einleitende Darstellung der Mischerkonzepte handelt, werden die bei den einzelnen Mischern auftretenden Probleme nicht weiter verfolgt. Die Ausführungen zur Beschreibung der Frequenzumsetzung werden somit abgeschlossen und es folgt nun –der Vollständigkeit halber– noch eine abschließende Kurzbeschreibung der restlichen Funktionsblöcke des Empfängers in Bild 1.5.

• **Die HF-Vorstufe** setzt sich aus einer oder mehreren Filterstufen sowie einem rauscharmen HF-Verstärker zusammen. Aufgrund der Lage im Signalweg sind, wie später gezeigt wird, die Elemente dieser Stufe maßgebend für das Rauschverhalten des gesamten Empfängers verantwortlich. Aus diesem Grunde sollte der HF-Verstärker eine geringe Rauschzahl F und eine hohe Leistungsverstärkung g aufweisen. Damit kann sichergestellt werden, daß das Rauschen der nachfolgenden Funktionsblöcke nur noch gering in die Gesamtrauschzahl des Empfängers eingeht. Durch die breitbandigen Selektionsfilter der HF-Vorstufe wird ein großer Teil des gewünschten Empfangsspektrums vorselektiert. Die Durchlaßbandbreite der eingesetzten Filter, deren Mittenfrequenz oftmals synchron, jedoch frequenzversetzt um den Betrag der Zwischenfrequenz, mit der Oszillatorfrequenz abgestimmt werden kann, ist abhängig von dem Betrag der Zwischenfrequenz. Der Durchlaßbereich darf nur so breit gewählt werden, daß der Spiegelempfangskanal genügend weit außerhalb dieses Bereichs liegt. Bei entsprechend hoher Zwischenfrequenz liegt der Spiegelempfangskanal sehr weit entfernt vom gewünschten Empfangskanal, so daß sehr einfache, preiswerte, nicht besonders steilflankige Filter zu seiner Unterdrückung eingesetzt werden können. Die Durchlaßdämpfung sollte jedoch sehr gering sein. Der anschließende HF-Verstärker muß wegen der schwachen Pegel (nV-Bereich) eine sehr große Empfindlichkeit, d.h. niedrige Rauschzahl, und eine hohe Dynamik aufweisen. Die hohe Dynamik hat besonders große Bedeutung weil jede Nichtlinearität zu unerwünschten Intermodulationserscheinungen führt. Die HF-Verstärkung sollte möglichst groß sein, um den Beitrag der Rauschzahlen der folgenden Funktionsblöcke zur Gesamtrauschzahl klein zu halten. Sie darf jedoch nicht so hoch gewählt werden, daß hohe Empfangspegel den Verstärker oder die Mischstufe in die Sättigung „fahren". Die HF-Vorstufe hat außerdem die Aufgabe den Empfänger gegen Antennenüberspannung, verursacht durch atmosphärische Entladungen oder zu hohen Signalspannungen, zu schützen. Desweiteren sorgt sie für eine optimale Ankopplung der Antenne an den Empfänger und verhindert die Abstrahlung vom Oszillatorsignal bzw. von Mischprodukten über die Antenne.

• **Der Oszillator** erzeugt eine variable, sinusförmige Frequenz mit konstanter Amplitude. Diese Frequenz muß über den gesamten Empfangsbereich abstimmbar sein, denn durch sie erfolgt die Wahl des gewünschten Empfangskanals. Damit eine hohe Treffsicherheit dieses Empfangskanals gewährleistet ist, wird vom Oszillator hohe Abstimmlinearität gefordert. Nach erfolgter Abstimmung auf den Empfangskanal muß die Oszillatorschwingung in Frequenz und Amplitude möglichst konstant sein. Amplitudenkonstanz ist wichtig, damit die Frequenzumsetzung unter immer gleichen Pegelbedingungen erfolgt. Dies ist sehr einfach zu realisieren, indem ein dem Oszillator nachgeschalteter Verstärker in Kompression gefahren wird. Kurzzeitige Frequenzschwankungen des Oszillators führen zum sogenannten Phasenrauschen. Es verschlechtert den Signal-Rauschabstand, führt also zu einer Erhöhung der Rauschzahl und vermindern die Empfängerempfindlichkeit.

• **Die ZF-Stufe** bereitet das Mischerausgangssignal für die anschließende Demodulation auf. Während die vorausgehenden Baugruppen HF-Vorstufe, Mischer und Oszillator die Aufgabe haben, das Empfangsspektrum in die ZF-Lage umzusetzen, übernimmt die ZF-Stufe die eigentliche Selektion des gewünschten Empfangskanals. Der gewünschte Empfangskanal muß steilflankig aus dem Zwischenfrequenzspektrum selektiert werden, um unerwünschte Störungen, hervorgerufen durch Intermodulation oder dicht benachbarte Kanäle zu unterdrücken. Desweiteren muß das Nutzsignal auf einen Pegel verstärkt werden, der zur problemlosen Demodulation geeignet ist. Die Hauptselektion erfolgt meistens in mehreren Stufen, um die Trennschärfe zu erhöhen, wobei die Durchlaßbandbreiten der verwendeten Filter immer geringer werden. Die Aufteilung auf mehrere Selektionsstufen erfordert von den Filtern eine geringe Durchlaßdämpfung und hohe Phasenlinearität damit das Empfangssignal verzerrungsfrei demoduliert werden kann.

• **Der Demodulator** übernimmt die Aufgabe der Signalrückgewinnung. Er ist durch die Modulationsart im Sender vorgegeben und wird entsprechend den Qualitätsanforderungen an das Empfangssignal und der zur Verfügung stehenden Bandbreite ausgewählt.

2 Grundlagen zur Feldberechnung

2.1 Die Maxwellschen Gleichungen

Die Bestimmung der Eigenschaften von Bauelementen im Höchstfrequenzbereich setzt im allgemeinen die Kenntnis der Feldverteilung in der zu untersuchenden Struktur voraus. Bei einer Anregung der Felder stellt sich in der
Gesamtstruktur eine Stromdichteverteilung $\vec{J}(\vec{r},t)$ bzw. eine Ladungsdichteverteilung $\rho(\vec{r},t)$ ein. Die Berechnung des zugehörigen elektrischen Feldes
$\vec{E}(\vec{r},t)$ und der magnetischen Erregung $\vec{H}(\vec{r},t)$ erfolgt ausgehend von den
Maxwellschen Gleichungen

$$\text{rot}\,\vec{E}(\vec{r},t) = -\frac{\partial}{\partial t}\vec{B}(\vec{r},t), \tag{2.1}$$

$$\text{rot}\,\vec{H}(\vec{r},t) = \vec{J}(\vec{r},t) + \frac{\partial}{\partial t}\vec{D}(\vec{r},t), \tag{2.2}$$

$$\text{div}\,\vec{D}(\vec{r},t) = \rho(\vec{r},t) \tag{2.3}$$

und

$$\text{div}\,\vec{B}(\vec{r},t) = 0, \tag{2.4}$$

wobei die Verschiebungsdichte $\vec{D}(\vec{r},t)$ durch

$$\vec{D}(\vec{r},t) = \varepsilon\vec{E}(\vec{r},t) \tag{2.5}$$

mit der elektrischen Feldstärke und die magnetische Flußdichte $\vec{B}(\vec{r},t)$ durch

$$\vec{B}(\vec{r},t) = \mu\vec{H}(\vec{r},t) \tag{2.6}$$

mit der magnetischen Feldstärke verknüpft sind. Die **Dielektrizitätskonstante** ε und die **Permeabilitätskonstante** μ beschreiben die Eigenschaften des Mediums, das den Raumbereich ausfüllt. Für die hier durchgeführten
Betrachtungen sollen die Materialien die Eigenschaften der

1. Homogenität, d.h., ε und μ sind unabhängig vom Ort,

2. Isotropie, d.h., die Materialeigenschaften sind in allen räumlichen
   Richtungen gleich,

3. Zeitunabhängigkeit und

4. Linearität

aufweisen. In diesem Fall kann die Dielektrizitätskonstante ε in der Form

$$\varepsilon = \varepsilon_0 \varepsilon_r \qquad (2.7)$$

und die Permeabilitätskonstante μ durch

$$\mu = \mu_0 \mu_r \qquad (2.8)$$

angegeben werden. ε_0 ($\varepsilon_0 = 8,8543 \cdot 10^{-12}$ As/Vm) ist die absolute Dielektrizitätskonstante bzw. μ_0 ($\mu_0 = 4\pi \cdot 10^{-7}$ Vs/Am) die absolute Permeabilitätskonstante des Vakuums und ε_r und μ_r sind die relative Dielektrizitätskonstante bzw. die relative Permeabilitätskonstante des jeweiligen Materials. ε_r und μ_r sind dimensionslose Größen.

Die in der Gleichung (2.2) verwendete Stromdichteverteilung $\vec{J}(\vec{r},t)$ setzt sich für die hier betrachteten Fälle im wesentlichen aus zwei Anteilen zusammen,

$$\vec{J}(\vec{r},t) = \vec{J_E}(\vec{r},t) + \vec{J_L}(\vec{r},t). \qquad (2.9)$$

Zum einen beinhaltet sie den durch eine Quelle eingeprägten Anteil $\vec{J_E}(\vec{r},t)$ und zum anderen die durch das elektrische Feld $\vec{E}(\vec{r},t)$ hervorgerufene Leitungsstromdichte $\vec{J_L}(\vec{r},t)$. Letztere ist durch eine weitere bedeutende Materialkonstante, der elektrischen Leitfähigkeit κ, mit der elektrischen Feldstärke $\vec{E}(\vec{r},t)$, in der Form

$$\vec{J_L}(\vec{r},t) = \kappa\vec{E}(\vec{r},t), \qquad (2.10)$$

verknüpft. Auch für κ gelten die oben getroffenen Vereinbarungen der Homogenität, Isotropie, Linearität und der Zeitunabhängigkeit. Aus Gl.(2.2) läßt sich direkt eine wichtige Beziehung für die Stromdichte ableiten. Danach gilt

$$\operatorname{div} \operatorname{rot}\vec{H}(\vec{r},t) = \operatorname{div}\left(\vec{J}(\vec{r},t) + \frac{\partial}{\partial t}\vec{D}(\vec{r},t)\right), \qquad (2.11)$$

so daß wegen $\operatorname{div} \operatorname{rot}\vec{H}(\vec{r},t) = 0$ aus Gl.(2.11) direkt

$$\operatorname{div}\vec{J}(\vec{r},t) + \operatorname{div}\left(\frac{\partial}{\partial t}\vec{D}(\vec{r},t)\right) = 0, \qquad (2.12)$$

bzw.

$$\operatorname{div} \vec{J}(\vec{r},t) + \frac{\partial}{\partial t}\operatorname{div}\vec{D}(\vec{r},t) = 0, \tag{2.13}$$

abgeleitet werden kann. Einsetzen von Gl.(2.3) in Gl.(2.13) führt zu der Beziehung

$$\operatorname{div} \vec{J}(\vec{r},t) = -\frac{\partial}{\partial t}\,\rho(\vec{r},t). \tag{2.14}$$

Gl.(2.14) wird als die **Kontinuitätsgleichung** bezeichnet.

2.2 Leistung, Energie und Poyntingvektor

Eine wesentliche Aufgabe bei der Behandlung elektromagnetischer Probleme ist die Betrachtung des Energie- bzw. des Leistungsflusses. Hierzu wird Gl.(2.1) mit $\vec{H}(\vec{r},t)$ und Gl.(2.2) mit $\vec{E}(\vec{r},t)$ multipliziert und die so gewonnenen Gleichungen voneinander subtrahiert, so daß sich aus

$$
\vec{H}(\vec{r},t)\cdot \operatorname{rot}\vec{E}(\vec{r},t) - \vec{E}(\vec{r},t)\cdot \operatorname{rot}\vec{H}(\vec{r},t) = -\vec{H}(\vec{r},t)\cdot \frac{\partial}{\partial t}\vec{B}(\vec{r},t)
$$
$$
-\vec{E}(\vec{r},t)\cdot \vec{J}(\vec{r},t) \tag{2.15}
$$
$$
-\vec{E}(\vec{r},t)\cdot \frac{\partial}{\partial t}\vec{D}(\vec{r},t),
$$

mit

$$\operatorname{div}\left(\vec{E}(\vec{r},t)\times\vec{H}(\vec{r},t)\right) = \vec{H}(\vec{r},t)\cdot \operatorname{rot}\vec{E}(\vec{r},t) - \vec{E}(\vec{r},t)\cdot \operatorname{rot}\vec{H}(\vec{r},t),$$

die Beziehung

$$\operatorname{div}\left(\vec{E}(\vec{r},t)\times\vec{H}(\vec{r},t)\right) = -\vec{E}(\vec{r},t)\cdot \vec{J}(\vec{r},t) - \vec{H}(\vec{r},t)\cdot \frac{\partial}{\partial t}\vec{B}(\vec{r},t)$$
$$
-\vec{E}(\vec{r},t)\cdot \frac{\partial}{\partial t}\vec{D}(\vec{r},t) \tag{2.16}
$$

ergibt. Unter der Berücksichtigung von

$$-\vec{H}(\vec{r},t)\cdot \frac{\partial}{\partial t}\vec{B}(\vec{r},t) - \vec{E}(\vec{r},t)\cdot \frac{\partial}{\partial t}\vec{D}(\vec{r},t) = -\frac{1}{2}\frac{\partial}{\partial t}\left(\varepsilon E^2(\vec{r},t) + \mu H^2(\vec{r},t)\right)$$

und

$$\vec{J}(\vec{r},t) = \vec{J_E}(\vec{r},t) + \vec{J_L}(\vec{r},t) = \vec{J_E}(\vec{r},t) + \kappa\vec{E}(\vec{r},t)$$

ergibt sich aus Gl.(2.16)

$$\operatorname{div}\left(\vec{E}(\vec{r},t)\times\vec{H}(\vec{r},t)\right) = -\vec{E}(\vec{r},t)\cdot \vec{J_E}(\vec{r},t)$$
$$
-\kappa E^2(\vec{r},t) \tag{2.17}
$$
$$
-\frac{1}{2}\frac{\partial}{\partial t}\left(\varepsilon E^2(\vec{r},t) + \mu H^2(\vec{r},t)\right).
$$

Wird nun nicht die differentielle Betrachtung im Aufpunkt, sondern die Integration der Gl.(2.17) über einen Volumenbereich V betrachtet, dann liefert die Integration

$$\iiint\limits_{V} \text{div}\left(\vec{E}\left(\vec{r},t\right)\times\vec{H}\left(\vec{r},t\right)\right)\,\mathrm{d}V = -\iiint\limits_{V}\vec{E}\left(\vec{r},t\right)\cdot\vec{J_E}\left(\vec{r},t\right)\,\mathrm{d}V$$

$$-\iiint\limits_{V}\kappa E^2\left(\vec{r},t\right)\,\mathrm{d}V \qquad (2.18)$$

$$-\frac{1}{2}\frac{\partial}{\partial t}\iiint\limits_{V}\left(\varepsilon E^2\left(\vec{r},t\right)+\mu H^2\left(\vec{r},t\right)\right)\,\mathrm{d}V,$$

unter Verwendung des Gaußschen Satzes,

$$\iiint\limits_{V} \text{div}\left(\vec{E}\left(\vec{r},t\right)\times\vec{H}\left(\vec{r},t\right)\right)\,\mathrm{d}V = \oiint\limits_{A}\left(\vec{E}\left(\vec{r},t\right)\times\vec{H}\left(\vec{r},t\right)\right)\,\mathrm{d}\vec{A},$$

die Beziehung

$$\frac{1}{2}\frac{\partial}{\partial t}\iiint\limits_{V}\left(\varepsilon E^2\left(\vec{r},t\right)+\mu H^2\left(\vec{r},t\right)\right)\,\mathrm{d}V = -\iiint\limits_{V}\vec{E}\left(\vec{r},t\right)\cdot\vec{J_E}\left(\vec{r},t\right)\,\mathrm{d}V$$

$$-\iiint\limits_{V}\kappa E^2\,\mathrm{d}V \qquad (2.19)$$

$$-\oiint\limits_{A}\left(\vec{E}\left(\vec{r},t\right)\times\vec{H}\left(\vec{r},t\right)\right)\,\mathrm{d}\vec{A}.$$

Die auf diese Art gewonnene Darstellung, die den **Energieerhaltungssatz** beschreibt, erlaubt eine anschauliche Interpretation der einzelnen Summanden in Gl.(2.19). So stellt der Ausdruck

$$\frac{1}{2}\frac{\partial}{\partial t}\iiint\limits_{V}\left(\varepsilon E^2\left(\vec{r},t\right)+\mu H^2\left(\vec{r},t\right)\right)\,\mathrm{d}V$$

ein Maß für die zeitliche Änderung der im elektromagnetischen Feld gespeicherten Energie dar. Diese ist identisch mit der Summe der Einzelbeiträge:

1. Der Leistung, die über die Quelle zugeführt wird, das ist die Leistung, die die eingeprägte Stromdichte gegen das elektrische Feld aufzubringen hat,

$$\iiint\limits_{V}\vec{E}\left(\vec{r},t\right)\cdot\vec{J_E}\left(\vec{r},t\right)\,\mathrm{d}V,$$

2. der Leistung, die durch Leiterverluste entsteht,

$$\iiint\limits_{V} \kappa E^2 (\vec{r},t) \, dV$$

und

3. einem Anteil, der in Form von Strahlungsleistung, die durch die Hüllfläche, die das Volumen einschließt, hindurchtritt,

$$\oiint\limits_{A} \left(\vec{E}(\vec{r},t) \times \vec{H}(\vec{r},t) \right) d\vec{A}.$$

Das Kreuzprodukt $\vec{E}(\vec{r},t) \times \vec{H}(\vec{r},t)$ in Gl.(2.20) wird als der **Poyntingsche Vektor** $\vec{S}(\vec{r},t)$,

$$\vec{S}(\vec{r},t) = \vec{E}(\vec{r},t) \times \vec{H}(\vec{r},t), \tag{2.20}$$

bezeichnet. Er beschreibt die Leistungsdichte, d.h. die Leistung pro Flächenelement, und spielt bei der Berechnung von Leitungs- und Antennenkenngrößen eine bedeutende Rolle.

2.3 Lösung der Maxwellschen Gleichungen

Die Lösung der Maxwellschen Gleichungen (Gl.(2.1)-Gl.(2.4)) geschieht über einen Umweg, der durch die Einführung zusätzlicher Hilfsgrößen, sogenannter Potentiale, erfolgt. Diese Vorgehensweise liegt darin begründet, daß zum einen das Auffinden der Lösung für die Potentiale einfacher ist als die direkte Bestimmung der Felder, und zum anderen lassen sich die zeitlichen Veränderungen von Quellgrößen, dessen Auswirkung am Ort der Beobachtung um die Laufzeit zeitlich verzögert auftritt, in diesen Potentialen einfach erfassen. Es handelt sich hierbei im Prinzip um die verzögerten Lösungen des stationären Falles. Dieses führt zu den „verzögerten Potentialen", die deswegen als die **retardierten Potentiale** bezeichnet werden. Eine derart einfache Erfassung der Verzögerung ist aber nur bei den Potentialen, nicht aber bei den daraus ableitbaren Feldgrößen möglich. Das heißt daß es falsch wäre, das magnetische Feld dadurch zu bestimmen, indem die Lösung für das magnetische Feld im stationären Zustand einfach um die Laufzeit τ verzögert werden würde. Für eine direkte Bestimmung der Felder wäre es nötig, die Maxwellschen Gleichungen heranzuziehen. Zur Lösung werden somit die Maxwellschen Gleichungen betrachtet. Da nach Gl.(2.4) die magnetische Induktion $\vec{B}(\vec{r},t)$ divergenzfrei ist, kann $\vec{B}(\vec{r},t)$ als die Rotation eines Vektorfeldes, dem sogenannten magnetischen Vektorpotential $\vec{A}\,(\vec{r},t)$, angenommen werden. Das heißt es gilt

$$\vec{B}\,(\vec{r},t) = \mathrm{rot}\vec{A}\,(\vec{r},t). \tag{2.21}$$

Einsetzen von Gl.(2.21) in Gl.(2.1) liefert

$$\mathrm{rot}\vec{E}\,(\vec{r},t) = -\frac{\partial}{\partial t}\,\mathrm{rot}\vec{A}\,(\vec{r},t) \tag{2.22}$$

oder

$$\mathrm{rot}\left(\vec{E}\,(\vec{r},t) + \frac{\partial}{\partial t}\vec{A}\,(\vec{r},t)\right) = \vec{0}. \tag{2.23}$$

Gl.(2.23) wird erfüllt, wenn der Ausdruck in den geschweiften Klammern als Gradientenfeld einer skalaren Funktion $\phi\,(\vec{r},t)$ (skalares elektrisches Potential) dargestellt werden kann, d.h. wenn

$$\vec{E}\,(\vec{r},t) + \frac{\partial}{\partial t}\vec{A}\,(\vec{r},t) = -\,\mathrm{grad}\,\phi\,(\vec{r},t) \tag{2.24}$$

oder

$$\vec{E}\,(\vec{r},t) = -\frac{\partial}{\partial t}\vec{A}\,(\vec{r},t) - \mathrm{grad}\,\phi\,(\vec{r},t) \tag{2.25}$$

gilt. Aussagen über die skalare Funktion $\phi\,(\vec{r},t)$ werden nun abgeleitet. Hierzu wird die elektrische Feldstärke nach Gl.(2.25) in Gl.(2.2) eingesetzt, so daß sich daraus

$$\mu\,\mathrm{rot}\vec{H}\,(\vec{r},t) = \mu\vec{J}\,(\vec{r},t) + \mu\,\varepsilon\frac{\partial}{\partial t}\left(-\frac{\partial}{\partial t}\vec{A}\,(\vec{r},t) - \mathrm{grad}\,\phi\,(\vec{r},t)\right), \tag{2.26}$$

$$\mathrm{rot}\,\mathrm{rot}\vec{A}\,(\vec{r},t) = \mu\vec{J}\,(\vec{r},t) - \mu\,\varepsilon\frac{\partial^2}{\partial t^2}\vec{A}\,(\vec{r},t) - \mu\,\varepsilon\frac{\partial}{\partial t}\,\mathrm{grad}\,\phi\,(\vec{r},t) \tag{2.27}$$

ableiten läßt. Mit der Berücksichtigung von

$$\mathrm{rot}\,\mathrm{rot}\vec{A}\,(\vec{r},t) = \mathrm{grad}\,\mathrm{div}\vec{A}\,(\vec{r},t) - \Delta\vec{A}\,(\vec{r},t)$$

ergibt sich aus Gl.(2.27)

$$\Delta\vec{A} - \frac{\partial^2}{\partial t^2}\mu\varepsilon\vec{A}\,(\vec{r},t) = -\mu\vec{J}\,(\vec{r},t) + \left\{\mathrm{grad}\,\mathrm{div}\vec{A}\,(\vec{r},t) + \mu\,\varepsilon\frac{\partial}{\partial t}\,\mathrm{grad}\,\phi\,(\vec{r},t)\right\} \tag{2.28}$$

bzw.

$$\Delta\vec{A} - \mu\,\varepsilon\frac{\partial^2}{\partial t^2}\vec{A}\,(\vec{r},t) = -\mu\vec{J}\,(\vec{r},t) + \mathrm{grad}\left\{\mathrm{div}\vec{A}\,(\vec{r},t) + \mu\,\varepsilon\frac{\partial}{\partial t}\,\phi\,(\vec{r},t)\right\}. \tag{2.29}$$

Die skalare Funktion $\phi(\vec{r},t)$ wird nun derart gewählt, daß der Ausdruck in der geschweiften Klammer in Gl.(2.29) verschwindet, d.h. es gilt

$$\operatorname{div}\vec{A}(\vec{r},t) = -\mu\,\varepsilon\frac{\partial}{\partial t}\,\phi(\vec{r},t). \tag{2.30}$$

Die Bedingung in Gl.(2.30) wird als **Lorentz-Bedingung** bezeichnet. Damit vereinfacht sich Gl.(2.29) zu

$$\Delta\vec{A}(\vec{r},t) - \mu\,\varepsilon\frac{\partial^2}{\partial t^2}\vec{A}(\vec{r},t) = -\mu\,\vec{J}(\vec{r},t)\;. \tag{2.31}$$

Gl.(2.31) stellt die **inhomogene Wellengleichung** für das magnetische Vektorpotential $\vec{A}(\vec{r},t)$ dar. Entsprechend ergibt sich durch Einsetzen von Gl.(2.25) in Gl.(2.3)

$$\operatorname{div}\left(-\frac{\partial}{\partial t}\vec{A}(\vec{r},t) - \operatorname{grad}\,\phi(\vec{r},t)\right) = \frac{\rho(\vec{r},t)}{\varepsilon} \tag{2.32}$$

bzw.

$$-\frac{\partial}{\partial t}\,\operatorname{div}\vec{A}(\vec{r},t) - \operatorname{div}\operatorname{grad}\,\phi(\vec{r},t) = \frac{\rho(\vec{r},t)}{\varepsilon}. \tag{2.33}$$

Mit $\operatorname{div}\operatorname{grad}\phi(\vec{r},t) = \Delta\phi(\vec{r},t)$ und der Lorentz-Bedingung aus Gl.(2.30) ergibt sich aus Gl.(2.33) die inhomogene Wellengleichung für das skalare elektrische Potential $\phi(\vec{r},t)$ in der Form

$$\Delta\,\phi(\vec{r},t) - \mu\,\varepsilon\frac{\partial^2}{\partial t^2}\,\phi(\vec{r},t) = -\frac{\rho(\vec{r},t)}{\varepsilon}. \tag{2.34}$$

Die Lösung der Wellengleichungen für das magnetische Vektorpotential $\vec{A}(\vec{r},t)$ oder für das skalare Potential $\phi(\vec{r},t)$ setzt sich aus der homogenen Lösung, die der Lösung für den ladungs- und stromfreien Raum entspricht, und der partikulären Lösung zusammen. Bevor diese bestimmt werden, soll an bekannte Spezialfälle erinnert werden. Diese befassen sich mit dem stationären Strömungsfeld bzw. mit dem statischen elektrischen Feld. Hierzu erfolgt der Grenzübergang $\frac{\partial}{\partial t}()\to 0$, wodurch sich Gl.(2.31) zu

$$\Delta\vec{A}(\vec{r}) = -\mu\,\vec{J}(\vec{r}) \tag{2.35}$$

und Gl.(2.34) zu

$$\Delta\phi(\vec{r}) = -\frac{\rho(\vec{r})}{\varepsilon} \tag{2.36}$$

ergibt.

Gl.(2.36) stellt die **Poissonsche Differentialgleichung** dar, die für den Fall des ladungsfreien Raumes in die **Laplacesche Differentialgleichung**,

$$\Delta\phi(\vec{r}) = 0, \tag{2.37}$$

übergeht.

2.3.1 Allgemeine Lösung der Wellengleichung

Wie zu Beginn des letzten Abschnitts kurz erwähnt wurde, ergibt sich die Lösung der Potentiale für den nichtstationären Fall aus der stationären Lösung, bei der eine zusätzliche zeitliche Verzögerung berücksichtigt werden muß. Das Zustandekommen der Lösung sei hier für die Lösung des skalaren Potentials $\phi(\vec{r})$ skizziert.

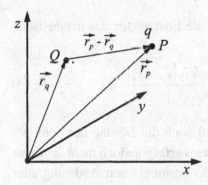

Bild 2.1: *Bezeichnung der Vektoren zur Bestimmung des Potentials*

Beschreibt $\vec{r}_p$, gemäß Bild 2.1, den Ortsvektor zum Aufpunkt P und $\vec{r}_q$ den Ortsvektor zum Quellpunkt Q, in dem sich eine infinitisimal kleine Ladung der Größe $\rho(\vec{r}_q)\,\mathrm{d}V$ befindet, dann ergibt sich das zugehörige statische skalare Potential $\mathrm{d}\phi(\vec{r}_p)$ aus der bekannten Beziehung

$$\mathrm{d}\phi(\vec{r}_p) = \frac{\rho(\vec{r}_q)\,\mathrm{d}V}{4\pi\varepsilon\,|\vec{r}_p - \vec{r}_q|}. \tag{2.38}$$

Im nichtstationären Fall nimmt das Potential im Aufpunkt P erst nach einer zeitlichen Verzögerung τ den eigentlichen Wert an, d.h. es ergibt sich zum Zeitpunkt t das Potential, das eine Ladung $\rho(\vec{r}_q)\,\mathrm{d}V$ zum Zeitpunkt $(t-\tau)$ erzeugt. Dieses führt auf die Beziehung

$$\mathrm{d}\phi(\vec{r}_p, t) = \frac{\rho(\vec{r}_q, t-\tau)\,\mathrm{d}V}{4\pi\varepsilon\,|\vec{r}_p - \vec{r}_q|}. \tag{2.39}$$

Die Verzögerungszeit τ (Laufzeit) ergibt sich dabei aus dem Verhältnis Abstand $|\vec{r}_p - \vec{r}_q|$ zu Ausbreitungsgeschwindigkeit der Welle, der sogenannten **Phasengeschwindigkeit** v_{ph}. Für die gesamte, räumlich verteilte Ladungsdichte $\rho(\vec{r}_q)$ ergibt sich mit

$$v_{ph} = \frac{1}{\sqrt{\varepsilon\mu}} \tag{2.40}$$

und

$$\tau = \frac{|\vec{r}_p - \vec{r}_q|}{v_{ph}} = \sqrt{\varepsilon\mu}\,|\vec{r}_p - \vec{r}_q| \tag{2.41}$$

das resultierende skalare Potential durch die Superposition aller Einzelbeiträge, d.h. aus der Integration über das gesamte Quellvolumen, zu

$$\phi(\vec{r}_p,t) = \frac{1}{4\pi\varepsilon} \iiint\limits_{V_Q} \frac{\rho(\vec{r}_q, t - \sqrt{\varepsilon\mu}\,|\vec{r}_p - \vec{r}_q|)}{|\vec{r}_p - \vec{r}_q|}\,\mathrm{d}V. \tag{2.42}$$

In entsprechender Weise ergibt sich auch die Lösung für das magnetische Vektorpotential $\vec{A}(\vec{r},t)$ zu

$$\vec{A}(\vec{r}_p,t) = \frac{\mu}{4\pi} \iiint\limits_{V_Q} \frac{\vec{J}(\vec{r}_q, t - \sqrt{\varepsilon\mu}\,|\vec{r}_p - \vec{r}_q|)}{|\vec{r}_p - \vec{r}_q|}\,\mathrm{d}V. \tag{2.43}$$

Zur Angabe der vollständigen Lösung muß noch die Lösung der homogenen Wellengleichung bestimmt werden. Dieses erfolgt jedoch nicht an dieser Stelle, sondern erst nach der Einführung der harmonischen Änderung aller zeitabhängigen Größen im nächsten Abschnitt. Die verzögerten Potentiale werden als **retardierte Potentiale** bezeichnet.

2.4 Harmonische Zeitabhängigkeit der Felder

Für alle weiteren Betrachtungen wird nun eine harmonische Zeitabhängigkeit der elektromagnetischen Größen zugrunde gelegt. Dementsprechend lassen sich die Maxwellschen Gleichungen – in bekannter Weise $\frac{\partial}{\partial t}() \to j\omega()$ – durch die Verwendung der komplexen Schreibweise in der Form

$$\mathrm{rot}\,\underline{\vec{E}}(\vec{r}) = -j\omega\mu\,\underline{\vec{H}}(\vec{r}), \tag{2.44}$$

$$\mathrm{rot}\,\underline{\vec{H}}(\vec{r}) = \underline{\vec{J}}(\vec{r}) + j\omega\varepsilon\,\underline{\vec{E}}(\vec{r}), \tag{2.45}$$

$$\mathrm{div}\,\underline{\vec{D}}(\vec{r}) = \underline{\rho}(\vec{r}) \tag{2.46}$$

und

$$\text{div } \underline{\vec{H}}(\vec{r}) = 0 \qquad (2.47)$$

darstellen. In den Gln.(2.44) bis (2.47) sind $\underline{\vec{E}}(\vec{r})$, $\underline{\vec{H}}(\vec{r})$, $\underline{\vec{J}}(\vec{r})$ und $\underline{\rho}(\vec{r})$ zeitunabhängige, komplexe Vektorzeiger, die nur vom Ort, d.h. vom Aufpunkt $\vec{r}_p = \vec{r}$, abhängig sind. Der Einfachheit halber werden sie im weiteren kurz durch $\underline{\vec{E}}$, $\underline{\vec{H}}$, $\underline{\vec{J}}$ und $\underline{\rho}$ angegeben.

Die Darstellung des Energieerhaltungssatzes (Gl.(2.19) Abschnitt 2.2) in komplexer Schreibweise erfolgt mit Hilfe des komplexen Poyntingvektors $\underline{\vec{S}}$, der durch

$$\underline{\vec{S}} = \frac{1}{2}(\underline{\vec{E}} \times \underline{\vec{H}}^*) \qquad (2.48)$$

gegeben ist. Damit liefert Gl.(2.19) den Zusammenhang zur Beschreibung der Leistungsbilanz im Frequenzbereich zu

$$\oiint_A \underline{\vec{S}} \, d\vec{A} = -\iiint_V \frac{\underline{\vec{E}} \cdot \underline{\vec{J}}_E^*}{2} \, dV - \iiint_V \kappa \frac{|\underline{E}|^2}{2} \, dV \qquad (2.49)$$

$$-j\omega \iiint_V \left(\varepsilon \frac{|\underline{E}|^2}{2} + \mu \frac{|\underline{H}|^2}{2} \right) dV.$$

Die Bestimmung der Felder erfolgt in diesem Fall aus der Lösung der inhomogenen Wellengleichung für das magnetische Potential $\underline{\vec{A}}(\vec{r})$ gemäß Gl.(2.31)

$$\Delta \underline{\vec{A}}(\vec{r}) + \omega^2 \mu \, \varepsilon \, \underline{\vec{A}}(\vec{r}) = -\mu \, \underline{\vec{J}}(\vec{r}) . \qquad (2.50)$$

und der Lösung für das elektrische Potential $\phi(r')$ gemäß Gl.(2.34)

$$\Delta \underline{\phi}(\vec{r}) + \omega^2 \mu \, \varepsilon \, \underline{\phi}(\vec{r}) = -\frac{\underline{\rho}(\vec{r})}{\varepsilon}. \qquad (2.51)$$

Der Ausdruck

$$k = \omega\sqrt{\mu\,\varepsilon} = \frac{2\pi}{\lambda} \qquad (2.52)$$

wird als Wellenzahl bezeichnet. Diese Beziehung liefert für die Wellenlänge λ der Welle

$$\lambda = \frac{1}{f\sqrt{\mu\,\varepsilon}} \qquad (2.53)$$

bzw. für die Phasengeschwindigkeit v_{ph} der Welle

$$v_{ph} = \frac{1}{\lambda\,f} = \frac{1}{\sqrt{\mu\,\varepsilon}}. \qquad (2.54)$$

Die Lösungen von Gl.(2.50) und Gl.(2.51) für einen homogenes, isotropes
Medium lauten entsprechend zu Gl.(2.42) und Gl.(2.43)

$$\underline{\phi}(\vec{r}) = \frac{1}{4\pi\varepsilon} \iiint\limits_{V_Q} \underline{\rho}(\vec{r}_q) \frac{e^{-jk|\vec{r}-\vec{r}_q|}}{|\vec{r}-\vec{r}_q|} \, dV \qquad (2.55)$$

bzw.

$$\underline{\vec{A}}(\vec{r}) = \frac{\mu}{4\pi} \iiint\limits_{V_Q} \underline{\vec{J}}(\vec{r}_q) \frac{e^{-jk|\vec{r}-\vec{r}_q|}}{|\vec{r}-\vec{r}_q|} \, dV. \qquad (2.56)$$

2.5   Stetigkeitsbedingungen für Feldgrößen

Die zuvor eingeführte Forderung der Homogenität läßt sich durch die Einführung zusätzlicher Randbedingungen abschwächen. Dieses gilt für den
Fall, daß die Materie im Raum derart verteilt ist, daß der gesamte Raumbereich in Teilbereiche unterteilt werden kann, wobei in jedem Teilbereich
die oben angeführten Bedingungen erfüllt sein müssen. Somit ergibt sich
das Feld aus den allgemeinen Lösungen für jeden homogenen Raumbereich
unter Berücksichtigung der zu fordernden Randbedingungen in den Grenzflächen. Diese lauten in Worten:

1. Die Tangentialkomponente der elektrischen Feldstärke in einer Grenzfläche ist stetig.

2. Die Normalkomponente der magnetischen Flußdichte in der Grenzfläche ist stetig.

3. Die Differenz der tangentialen magnetischen Erregung aus den beiden Raumbereichen liefert die in der Grenzfläche vorhandene Flächenstromdichte $\vec{J}_S$.

4. Die Differenz der Normalkomponenten der Verschiebungsdichten aus
   beiden Raumbereichen liefert die in der Grenzfläche gespeicherte Flä-
   chenladungsdichte ρ_S.

Mit Hilfe der in Bild 2.2 dargestellten Geometrie einer Grenzschicht in der
$\vec{n}_0$ den Normaleneinheitsvektor darstellt, der vom Raumbereich 1 in den
Raumbereich 2 zeigt, lautet die mathematische Formulierung der Randbedingungen

$$\vec{n}_0 \times (\vec{E}_2 - \vec{E}_1) = \vec{0}, \quad (2.57) \qquad\qquad \vec{n}_0 \times (\vec{H}_2 - \vec{H}_1) = \vec{J}_S, \quad (2.58)$$

$$\vec{n}_0 \cdot (\vec{D}_2 - \vec{D}_1) = \underline{\rho}_S \quad (2.59) \qquad \text{und} \qquad \vec{n}_0 \cdot (\vec{B}_2 - \vec{B}_1) = 0. \quad (2.60)$$

Der Index S (engl. Surface) soll kennzeichnen, daß es sich bei $\vec{J}_S$ und $\underline{\rho}_S$ um **flächenhaft** verteilte Größen in der Grenzfläche handelt.

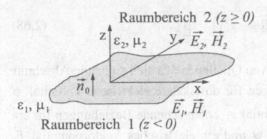

Bild 2.2: *Grenzschicht in der xy-Ebene an der Stelle $z = 0$*

2.6 Einführung fiktiver magnetischer Quellen

In den bisherigen Betrachtungen, die in den Gleichungen (2.44) bis (2.60) zum Ausdruck kommen, werden elektrische Stromdichteverteilungen $\vec{J}(\vec{r})$ und elektrische Ladungsdichteverteilungen $\rho(\vec{r})$ als Quellen für das elektromagnetische Feld erfaßt. Eine Erweiterung dieser Gleichungen durch die formale Einführung einer fiktiven magnetischen Stromdichteverteilung $\vec{J}_m(\vec{r})$ und einer fiktiven magnetischen Ladungsdichteverteilung $\underline{\rho}_m(\vec{r})$ führt auf eine vollständige Symmetrie dieser Gleichungen. Anmerkung: **Die Einführung dieser fiktiven Quellgrößen erweist sich bei der Behandlung von Antennenproblemen als besonders zweckmäßig.**

Werden diese Größen auch in den Randbedingungen berücksichtigt, dann lassen sich die Maxwellschen Gleichungen in symmetrisierter Form durch

$$\text{rot } \vec{E} = -\vec{J}_m - j\omega\mu\, \vec{H}, \qquad (2.61)$$

$$\text{rot } \vec{H} = \vec{J} + j\omega\varepsilon\, \vec{E} \qquad (2.62)$$

$$\text{div } \vec{D} = \underline{\rho}, \qquad (2.63)$$

und

$$\text{div } \vec{B} = \underline{\rho}_m \qquad (2.64)$$

und die zugehörigen Randbedingungen durch

$$\vec{n}_0 \times (\underline{\vec{E}}_2 - \underline{\vec{E}}_1) = - \underline{\vec{J}}_{Sm}, \tag{2.65}$$

$$\vec{n}_0 \times (\underline{\vec{H}}_2 - \underline{\vec{H}}_1) = \underline{\vec{J}}_S, \tag{2.66}$$

$$\vec{n}_0 \cdot (\underline{\vec{D}}_2 - \underline{\vec{D}}_1) = \underline{\rho}_S \tag{2.67}$$

und

$$\vec{n}_0 \cdot (\underline{\vec{B}}_2 - \underline{\vec{B}}_1) = \underline{\rho}_{Sm} \tag{2.68}$$

angeben.

Nach der Einführung der fiktiven Quellen lassen sich zu den in Abschnitt 2.3 abgeleiteten Wellengleichungen für das skalare elektrische Potential ϕ und das magnetische Vektorpotential $\vec{A}$ entsprechende Beziehungen für ein skalares magnetisches Potential ψ und ein elektrisches Vektorpotential $\vec{F}$ ableiten. Hierzu werden in den Gln.(2.61) bis (2.64) nur $\underline{\vec{J}}_m$ und $\underline{\rho}_m$ als Quellgrößen berücksichtigt. In diesem Fall ist mit $\underline{\rho} = 0$ nach Gl.(2.63) die Verschiebungdichte $\underline{\vec{D}}$ divergenzfrei, so daß $\underline{\vec{D}}$ aus der Rotation eines elektrischen Vektorpotentials $\vec{F}$ abgeleitet werden kann, d.h. es gilt

$$\underline{\vec{D}} = - \text{rot } \underline{\vec{F}}. \tag{2.69}$$

Einsetzen von Gl.(2.69) in Gl.(2.62) liefert für $\underline{\vec{J}} = 0$ die Beziehung

$$\text{rot } \underline{\vec{H}} = - j\omega \text{ rot } \underline{\vec{F}} \tag{2.70}$$

oder

$$\text{rot} (\underline{\vec{H}} + j\omega \underline{\vec{F}}) = \vec{0}. \tag{2.71}$$

Gl.(2.71) wird erfüllt, wenn der Klammerausdruck als Folge eines Gradientenfeldes eines skalaren magnetischen Potentials ψ betrachtet werden kann, d.h. wenn

$$\underline{\vec{H}} + j\omega \underline{\vec{F}} = - \text{grad } \underline{\psi} \tag{2.72}$$

bzw.

$$\underline{\vec{H}} = - j\omega \underline{\vec{F}} - \text{grad } \underline{\psi} \tag{2.73}$$

gilt. Einsetzen von Gl.(2.73) in Gl.(2.61) ergibt

$$\text{rot } \underline{\vec{E}} = - \underline{\vec{J}}_m - j\omega\mu (- j\omega \underline{\vec{F}} - \text{grad } \underline{\psi}) \tag{2.74}$$

oder

$$\text{rot } \vec{D} = -\varepsilon \, \vec{J}_m - \omega^2 \mu \, \varepsilon \, \vec{F} + j\omega\mu \, \varepsilon \, \text{grad } \underline{\psi}, \qquad (2.75)$$

woraus sich mit $\text{rot } \vec{D} = -\text{rot rot } \vec{F}$ und

$$\text{rot rot } \vec{F} = \text{grad div } \vec{F} - \Delta \, \vec{F},$$

$$\Delta \, \vec{F} - \text{grad div } \vec{F} = -\varepsilon \, \vec{J}_m - \omega^2 \mu \, \varepsilon \, \vec{F} + j\omega\mu \, \varepsilon \, \text{grad } \underline{\psi} \qquad (2.76)$$

oder

$$\Delta \, \vec{F} + \omega^2 \mu \, \varepsilon \, \vec{F} = -\varepsilon \, \vec{J}_m + \text{grad} \left\{ j\omega\mu \, \varepsilon \, \underline{\psi} + \text{div } \vec{F} \right\} \qquad (2.77)$$

ableiten läßt. Gl.(2.77) liefert einen der Lorentz-Bedingung (Gl.(2.30)) entsprechenden Ausdruck

$$\underline{\psi} = -\frac{\text{div } \vec{F}}{j\omega\mu \, \varepsilon}, \qquad (2.78)$$

der zur Bestimmung des skalaren magnetischen Potentials $\underline{\psi}$ dient. Unter dieser Bedingung ergibt sich mit der Wellenzahl $k = \omega^2 \mu \varepsilon$ nach Gl.(2.52) aus Gl.(2.77)

$$\Delta \, \vec{F} + k^2 \, \vec{F} = -\varepsilon \, \vec{J}_m, \qquad (2.79)$$

die Wellengleichung für das elektrische Vektorpotential $\vec{F}$. Desweiteren liefert das Einsetzen von Gl.(2.73) in Gl.(2.64) die Beziehung

$$-j\omega\text{div } \vec{F} - \text{div grad } \underline{\psi} - \frac{\rho_m}{\mu}, \qquad (2.80)$$

die sich mit $\text{div } \vec{F} = -j\omega\mu \, \varepsilon \, \underline{\psi}$ nach Gl.(2.78) durch

$$-k^2 \, \underline{\psi} - \text{div grad } \underline{\psi} = \frac{\rho_m}{\mu} \qquad (2.81)$$

angeben läßt. Unter der Berücksichtigung von $\text{div grad } \underline{\psi} = \Delta \, \underline{\psi}$ ergibt sich hieraus

$$\Delta \, \underline{\psi} + k^2 \, \underline{\psi} = -\frac{\rho_m}{\mu}, \qquad (2.82)$$

die Wellengleichung für das skalare magnetische Potential.

Zusammenfassend kann festgehalten werden, daß zur Bestimmung des vollständigen elektromagnetischen Feldes zum einen die Lösung der inhomogenen vektoriellen Wellengleichung für das magnetische Vektorpotential $\vec{A}$,

$$\Delta \vec{A} + k^2 \vec{A} = -\mu \vec{J}, \tag{2.83}$$

und zum anderen die Lösung der inhomogenen vektoriellen Wellengleichung für das elektrischen Vektorpotential $\vec{F}$,

$$\Delta \vec{F} + k^2 \vec{F} = -\varepsilon \vec{J}_m, \tag{2.84}$$

berechnet werden muß. Danach liefert die Überlagerung der Einzellösungen aus Gl.(2.25) und Gl.(2.69) für das elektrische Feld $\vec{E}$,

$$\vec{E} = -\frac{\text{rot } \vec{F}}{\varepsilon} - j\omega \vec{A} + \frac{\text{grad div } \vec{A}}{j\omega\varepsilon\mu} \tag{2.85}$$

bzw.

$$\vec{E} = -\frac{\text{rot } \vec{F}}{\varepsilon} - \frac{j\omega}{k^2} \left(k^2 \vec{A} + \text{grad div } \vec{A} \right) \tag{2.86}$$

und die Überlagerung der Einzellösungen aus Gl.(2.21) und Gl.(2.73) mit Gl.(2.78) für das magnetische Feld $\vec{H}$,

$$\vec{H} = \frac{\text{rot } \vec{A}}{\mu} - j\omega \vec{F} + \frac{\text{grad div } \vec{F}}{j\omega\varepsilon\mu} \tag{2.87}$$

bzw.

$$\vec{H} = \frac{\text{rot } \vec{A}}{\mu} - \frac{j\omega}{k^2} \left(k^2 \vec{F} + \text{grad div } \vec{F} \right). \tag{2.88}$$

Im Falle einer gegebenen Verteilung von Quellgrößen, lassen sich für den homogenen, unendlich ausgedehnten Raum die Lösungen der Wellengleichungen gemäß Gl.(2.51) aus

$$\vec{A}(\vec{r}) = \frac{\mu}{4\pi} \iiint\limits_{V_Q} \vec{J}(\vec{r}_q) \frac{e^{-jk|\vec{r}-\vec{r}_q|}}{|\vec{r}-\vec{r}_q|} \, dV \tag{2.89}$$

und

$$\vec{F}(\vec{r}) = \frac{\varepsilon}{4\pi} \iiint\limits_{V_Q} \vec{J}_m(\vec{r}_q) \frac{e^{-jk|\vec{r}-\vec{r}_q|}}{|\vec{r}-\vec{r}_q|} \, dV. \tag{2.90}$$

bestimmen. Diese Betrachtungsweise ist z.B. bei der Behandlung vieler Antennenprobleme nützlich.

Feldverteilung im großen Abstand von den Quellen

Die Lösung der hergeleiteten Beziehungen kann für bestimmte Raumbereiche durch vereinfachende Annahmen in den Gleichungen für die Vektorpotentiale erfolgen. So läßt sich für große Abstände des Aufpunktes $\vec{r}$ vom Quellpunkt $\vec{r}_q$ ($|\vec{r}| \gg |\vec{r}_q|$) durch die Reihenentwicklung des Ausdrucks $|\vec{r} - \vec{r}_q|$,

$$|\vec{r} - \vec{r}_q| = \sqrt{|\vec{r}|^2 + |\vec{r}_q|^2 - 2\,\vec{r}\,\vec{r}_q}\,, \qquad (2.91)$$

und einer Berücksichtigung der ersten Glieder der Reihe für die Quadratwurzel, das elektromagnetische Feld im **Fernfeld** bestimmen. Da dieser Bereich in der Antennentheorie eine bedeutende Rolle spielt, soll die Lösung der Felder hierfür in zusammengefaßter Form hergeleitet werden. Dies geschieht ohne Beschränkung der Allgemeinheit getrennt für magnetische und elektrische Quellen. Sind beide Quellformen vorhanden, so liefert die Überlagerung der Teillösungen die resultierende Lösung. Mit

$$|\vec{r} - \vec{r}_q| = |\vec{r}|\sqrt{1 + \left(\frac{|\vec{r}_q|}{|\vec{r}|}\right)^2 - 2\frac{\vec{r}\,\vec{r}_q}{|\vec{r}|^2}} \approx |\vec{r}|\sqrt{1 - 2\frac{\vec{r}\,\vec{r}_q}{|\vec{r}|^2}} \qquad (2.92)$$

für $|\vec{r}| \gg |\vec{r}_q|$ ergibt sich nach der Reihenentwicklung des Wurzelausdrucks die Beziehung

$$|\vec{r} - \vec{r}_q| \approx |\vec{r}|\left(1 - \frac{\vec{r}\,\vec{r}_q}{|\vec{r}|^2}\right) = |\vec{r}| - \frac{\vec{r}\,\vec{r}_q}{|\vec{r}|} \quad \text{für} \quad |\vec{r}| \gg |\vec{r}_q| \qquad (2.93)$$

als Näherung des Ausdrucks im Argument der Exponentialfunktion, in der wegen der Periodizität dieser Funktion der zweite Summand unbedingt erfaßt werden muß. Das liefert im Fernfeldbereich aus Gl.(2.89) für das magnetische Vektorpotential $\vec{A}$

$$\underline{\vec{A}}(\vec{r}) = \frac{\mu}{4\pi} \iiint\limits_{V_Q} \underline{\vec{J}}(\vec{r}_q)\, \frac{e^{-jk(|\vec{r}| - \frac{\vec{r}\,\vec{r}_q}{|\vec{r}|})}}{|\vec{r}|}\, dV \qquad (2.94)$$

und aus Gl.(2.89) für das elektrische Vektorpotential $\vec{F}$

$$\underline{\vec{F}}(\vec{r}) = \frac{\varepsilon}{4\pi} \iiint\limits_{V_Q} \underline{\vec{J}}_m(\vec{r}_q)\, \frac{e^{-jk(|\vec{r}| - \frac{\vec{r}\,\vec{r}_q}{|\vec{r}|})}}{|\vec{r}|}\, dV. \qquad (2.95)$$

1. Fall: Bestimmung des Feldes für magnetische Quellen

Die elektrische Feldstärke ergibt sich nach Gl.(2.85) aus

$$\vec{E} = -\frac{1}{\varepsilon}\,\text{rot}\,\underline{\vec{F}} \qquad (2.96)$$

zu

$$\underline{\vec{E}} = -\frac{1}{4\pi} \iiint\limits_{V_Q} \text{rot}\left(\underline{\vec{J}}_m(\vec{r}_q)\, \frac{e^{-jk\left(|\vec{r}|-\frac{\vec{r}\,\vec{r}_q}{|\vec{r}|}\right)}}{|\vec{r}|} \right) \mathrm{d}V, \qquad (2.97)$$

woraus sich unter der Berücksichtigung, daß die Rotationsbildung bezüglich der Aufpunktskoordinaten $\vec{r}$ erfolgt und daß $\text{rot}(\Phi\,\vec{A}) = \Phi\,\text{rot}\vec{A} - \vec{A} \times \text{grad}\,\Phi$ gemäß Abschnitt A.5.4.3 (Seite 619) gilt, der Ausdruck

$$\underline{\vec{E}} = \frac{1}{4\pi} \iiint\limits_{V_Q} \left(\underline{\vec{J}}_m(\vec{r}_q) \times \text{grad}\, \frac{e^{-jk\left(|\vec{r}|-\frac{\vec{r}\,\vec{r}_q}{|\vec{r}|}\right)}}{|\vec{r}|} \right) \mathrm{d}V \qquad (2.98)$$

ableiten läßt. Die Durchführung der Gradientenbildung liefert unter Vernachlässigung der Glieder die schneller als $|\vec{r}|^{-1}$ gegen null streben

$$\text{grad}\left(\frac{e^{-jk\left(|\vec{r}|-\frac{\vec{r}\,\vec{r}_q}{|\vec{r}|}\right)}}{|\vec{r}|} \right) = -jk\, \frac{e^{-jk\left(|\vec{r}|-\frac{\vec{r}\,\vec{r}_q}{|\vec{r}|}\right)}}{|\vec{r}|}\, \vec{e}_r, \qquad (2.99)$$

so daß sich damit für das elektrische Feld

$$\underline{\vec{E}} = \frac{-jk}{\varepsilon} \left(\frac{\varepsilon}{4\pi} \iiint\limits_{V_Q} \underline{\vec{J}}_m(\vec{r}_q) \frac{e^{-jk\left(|\vec{r}|-\frac{\vec{r}\,\vec{r}_q}{|\vec{r}|}\right)}}{|\vec{r}|} \mathrm{d}V \right) \times \vec{e}_r \qquad (2.100)$$

bzw.

$$\underline{\vec{E}} = -j\omega Z_0 \left[\underline{\vec{F}} \times \vec{e}_r \right], \qquad (2.101)$$

mit Z_0 dem Feldwellenwiderstand des umgebenden Mediums, angeben läßt. Die Darstellung des Zusammenhangs in Gl.(2.101) in Kugelkoordinaten, mit $\underline{\vec{F}} = (\underline{F}_r\,\vec{e}_r + \underline{F}_\vartheta\,\vec{e}_\vartheta + \underline{F}_\alpha\,\vec{e}_\alpha)$ führt auf

$$\underline{\vec{E}} = -j\omega Z_0 \left(\underline{F}_\alpha\,\vec{e}_\vartheta - \underline{F}_\vartheta\,\vec{e}_\alpha \right). \qquad (2.102)$$

Die magnetische Feldstärke in diesem Bereich ergibt sich aus Gl.(2.88),

$$\underline{\vec{H}} = -\frac{j\omega}{k^2} \left(k^2 \, \underline{\vec{F}} + \text{grad div } \underline{\vec{F}} \right),$$

wobei für

$$\text{grad div } \underline{\vec{F}} = \frac{\varepsilon}{4\pi} \iiint\limits_{V_Q} \text{grad div } \left(\underline{\vec{J}}_m(\vec{r}_q) \, \frac{e^{-jk\left(|\vec{r}| - \frac{\vec{r}\,\vec{r}_q}{|\vec{r}|}\right)}}{|\vec{r}|} \right) \, dV \quad (2.103)$$

unter der Berücksichtigung von $\text{div}\,(\Phi\,\vec{A}) = \Phi\,\text{div}\,(\vec{A}) + \vec{A}\,\text{grad }\Phi$ nach Abschnitt A.5.4.2 (Seite 619)

$$\text{grad div } \underline{\vec{F}} = \frac{\varepsilon}{4\pi} \iiint\limits_{V_Q} \text{grad } \left(\underline{\vec{J}}_m(\vec{r}_q) \, \text{grad } \frac{e^{-jk\left(|\vec{r}| - \frac{\vec{r}\,\vec{r}_q}{|\vec{r}|}\right)}}{|\vec{r}|} \right) \, dV$$

gilt. Diese Gleichung kann mit dem Ergebnis aus Gl.(2.99) in der Form

$$\text{grad div } \underline{\vec{F}} = \frac{-jk\varepsilon}{4\pi} \iiint\limits_{V_Q} \text{grad } \left(\left(\underline{\vec{J}}_m(\vec{r}_q) \, \vec{e}_r\right) \frac{e^{-jk\left(|\vec{r}| - \frac{\vec{r}\,\vec{r}_q}{|\vec{r}|}\right)}}{|\vec{r}|} \right) \, dV$$

bzw.

$$\text{grad div } \underline{\vec{F}} = \frac{-jk\varepsilon}{4\pi} \iiint\limits_{V_Q} \left(\underline{\vec{J}}_m(\vec{r}_q) \, \vec{e}_r \right) \text{grad } \left(\frac{e^{-jk\left(|\vec{r}| - \frac{\vec{r}\,\vec{r}_q}{|\vec{r}|}\right)}}{|\vec{r}|} \right) \, dV$$

angegeben werden, so daß sich daraus unter erneuter Verwendung des Ergebnisses in Gl.(2.99)

$$\text{grad div } \underline{\vec{F}} = -k^2 \left(\left(\frac{\varepsilon}{4\pi} \iiint\limits_{V_Q} \underline{\vec{J}}_m(\vec{r}_q) \frac{e^{-jk\left(|\vec{r}| - \frac{\vec{r}\,\vec{r}_q}{|\vec{r}|}\right)}}{|\vec{r}|} \, dV \right) \vec{e}_r \right) \vec{e}_r$$

oder in Kurzform

$$\text{grad div } \underline{\vec{F}} = -k^2 \left(\underline{\vec{F}} \, \vec{e}_r \right) \vec{e}_r \quad (2.104)$$

angeben läßt. Einsetzen von Gl.(2.104) in Gl.(2.88) liefert

$$\underline{\vec{H}} = -\frac{j\omega}{k^2} \left(k^2 \, \underline{\vec{F}} + \text{grad div } \underline{\vec{F}} \right) = -\frac{j\omega}{k^2} \left(k^2 \, \underline{\vec{F}} - k^2 \left(\underline{\vec{F}} \, \vec{e}_r \right) \vec{e}_r \right),$$

woraus sich unter Verwendung von Kugelkoordinaten für die magnetische
Feldstärke

$$\vec{H} = -\frac{j\omega}{k^2} \left(k^2 \left(\underline{F}_r \, \vec{e}_r + \underline{F}_\vartheta \, \vec{e}_\vartheta + \underline{F}_\alpha \, \vec{e}_\alpha \right) - k^2 \left(\underline{F}_r \right) \, \vec{e}_r \right),$$

bzw.

$$\vec{H} = -j\omega \left(\underline{F}_\vartheta \, \vec{e}_\vartheta + \underline{F}_\alpha \, \vec{e}_\alpha \right) \tag{2.105}$$

ableiten läßt. Hieraus kann unter der Berücksichtigung von

$$\underline{\vec{F}} \times \vec{e}_r = \begin{vmatrix} \vec{e}_r & \vec{e}_\vartheta & \vec{e}_\alpha \\ 0 & \underline{F}_\vartheta & \underline{F}_\alpha \\ 1 & 0 & 0 \end{vmatrix} = \underline{F}_\alpha \, \vec{e}_\vartheta - \underline{F}_\vartheta \, \vec{e}_\alpha,$$

$$\underline{\vec{H}} = -j\omega \left(\vec{e}_r \times \left(\underline{\vec{F}} \times \vec{e}_r \right) \right) = -j\omega \left(\underline{F}_\vartheta \, \vec{e}_\vartheta + \underline{F}_\alpha \, \vec{e}_\alpha \right)$$

und

$$\underline{\vec{E}} = -j\omega Z_0 \left[\underline{\vec{F}} \times \vec{e}_r \right] = -j\omega Z_0 \left(\underline{F}_\alpha \, \vec{e}_\vartheta - \underline{F}_\vartheta \, \vec{e}_\alpha \right) \tag{2.106}$$

die magnetische Feldstärke im Fernfeld in der Form

$$\underline{\vec{H}} = \vec{e}_r \times \frac{\underline{\vec{E}}}{Z_0} \tag{2.107}$$

angegeben werden. Die somit gewonnenen Ergebnisse können nun zur Bestimmung des Poyntingvektors gemäß Gl.(2.48),

$$\underline{\vec{S}} = \frac{1}{2} \left(\underline{\vec{E}} \times \underline{\vec{H}}^* \right),$$

herangezogen werden. Danach ergibt sich aus

$$\underline{\vec{S}} = \frac{1}{2} \begin{vmatrix} \vec{e}_r & \vec{e}_\vartheta & \vec{e}_\alpha \\ 0 & -j\omega Z_0 \, \underline{F}_\alpha & j\omega Z_0 \, \underline{F}_\vartheta \\ 0 & j\omega \, \underline{F}_\vartheta^* & j\omega \, \underline{F}_\alpha^* \end{vmatrix} = \frac{1}{2} \omega^2 Z_0 \left(|\underline{F}_\vartheta|^2 + |\underline{F}_\alpha|^2 \right) \vec{e}_r$$

$$\underline{\vec{S}} = \frac{1}{2} \omega^2 Z_0 \left(|\underline{F}_\vartheta|^2 + |\underline{F}_\alpha|^2 \right) \vec{e}_r. \tag{2.108}$$

Gl.(2.106), Gl.(2.107) und Gl.(2.108) zeigen deutlich die Eigenschaften des
Fernfeldes, das sich danach als eine rein transversale elektromagnetische Kugelwelle ausbreitet. Der Poyntingvektor ist rein reell, das bedeutet, daß im
Fernfeld keine Energie gespeichert ist. Die gespeicherte elektrische und magnetische Energie befindet sich ausschließlich im Nahfeld der Quellen.

2. Fall: Bestimmung des Feldes für elektrische Quellen.

Die Bestimmung der Felder erfolgt hier analog zur Feldberechnung bei magnetischen Quellen. Ausgehend von

$$\vec{A}(\vec{r}) = \frac{\mu}{4\pi} \iiint_{V_Q} \vec{J}(\vec{r}_q) \frac{e^{-jk|\vec{r} - \vec{r}_q|}}{|\vec{r} - \vec{r}_q|} \, dV,$$

$$\vec{H} = \frac{\text{rot } \vec{A}}{\mu} \qquad \text{und} \qquad \vec{E} = -\frac{j\omega}{k^2} \left(k^2 \, \vec{A} + \text{grad div } \vec{A} \right)$$

ergibt sich hier

$$\vec{H} = j\omega \frac{1}{Z_0} \left(\vec{A} \times \vec{e}_r \right) = j\omega \frac{1}{Z_0} \left(\underline{A}_\alpha \, \vec{e}_\vartheta - \underline{A}_\vartheta \, \vec{e}_\alpha \right), \qquad (2.109)$$

$$\vec{E} = Z_0 \, \vec{H} \times \vec{e}_r = -j\omega (\underline{A}_\vartheta \, \vec{e}_\vartheta + \underline{A}_\alpha \, \vec{e}_\alpha) \qquad (2.110)$$

und

$$\vec{S} = \frac{1}{2} (\vec{E} \times \vec{H}^*) = \frac{1}{2} \frac{\omega^2}{Z_0} \left(|\underline{A}_\vartheta|^2 + |\underline{A}_\alpha|^2 \right) \vec{e}_r. \qquad (2.111)$$

Damit ist die Zwischenbetrachtung für die Fernfeldberechnung abgeschlossen. Die Ergebnisse spielen bei der Behandlung von Antennen eine bedeutende Rolle.

2.7 Das Huygenssche Prinzip

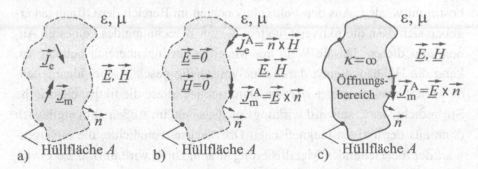

a) Hüllfläche A b) Hüllfläche A c) Hüllfläche A

Bild 2.3: *Äquivalente Anordnungen nach dem Huygensschen Prinzip*

Das Huygenssche Prinzip besagt, daß bei elektromagnetischen Wellen jeder Punkt einer Wellenfront als Quelle einer neuen Welle angesehen werden kann. Liegt nun, wie in Bild 2.3 a) angedeutet, eine Verteilung von Quellen im Raum vor und sind die Tangentialkomponenten der Felder auf einer geschlossenen Hüllfläche A, die sämtliche Quellen einschließt, bekannt, so kann das elektromagnetische Feld außerhalb der geschlossenen Hüllfläche A, vollständig durch eine fiktive elektrische Flächenstromdichten $\vec{\underline{J}}_e^{\,A}$ und eine fiktive magnetische Flächenstromdichten $\vec{\underline{J}}_m^{\,A}$ in der Hüllfläche bestimmt werden. Diese Flächenstromdichten ergeben sich aus

$$\vec{\underline{J}}_e^{\,A} = \vec{n} \times \vec{\underline{H}} \qquad (2.112)$$

und

$$\vec{\underline{J}}_m^{\,A} = \vec{\underline{E}} \times \vec{n}, \qquad (2.113)$$

mit $\vec{n}$ einem Flächennormaleneinheitsvektor, der von A in den Außenbereich zeigt. Die ursprünglichen Quellen werden dann durch die Quellen in der Hüllfläche ersetzt. Damit im Außenraum die Feldverteilung unverändert ist, liefern die soeben eingeführte fiktiven Ströme einen feldfreien Innenbereich gemäß Bild 2.3 b), so daß die tatsächliche Materialverteilung im Innenraum bei der Bestimmung des Feldes im Außenraum keine Rolle mehr spielt. Er kann somit der Einfachheit halber als homogen, wie der Außenraum, angenommen werden.

Die praktische Anwendung des Huygensschen Prinzips ist bei der Behandlung vieler Antennenprobleme von hoher Bedeutung. Stellt z.B. die Hüllfläche die Berandung der Antenne dar und erfolgt die Abstrahlung durch Öffnungen in dieser Berandung, dann kann häufig eine Näherung für die Verteilung des elektromagnetischen Feldes im Innern und in der Öffnung bestimmt werden. Aus den Feldkomponenten im Bereich der Öffnungen ergeben sich dann die fiktiven Quellen, die zur Berechnung des Feldes im Außenraum dienen. Da die Wahl des Materials im Innenbereich beliebig ist, kann die Hüllfläche auch durch eine vollständig geschlossene, ideal leitende Metallisierung ersetzt werden. Dann schließt diese die fiktive elektrische Stromdichte kurz, sie wird wirkungslos. Das Feld im Außenraum ergibt sich dann aus der fiktiven magnetischen Oberflächenstromdichte, die in Gegenwart der ideal leitenden Metallisierung strahlt. Diese wird in Bild 2.3 c) verdeutlicht. Bei beliebig geformten Körpern ist die Feldberechnung dennoch problematisch, aber in vielen praktischen Anwendungsfällen erfolgt die Abstrahlung durch ebene Platten, so daß eine einfache Lösung des Feldes mit Hilfe der im nächsten Abschnitt vorgestellten Bildtheorie gefunden werden kann.

2.8 Bildtheorie

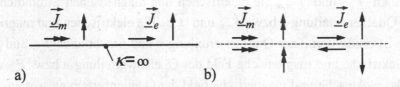

a)   b)

Bild 2.4: *Quellen vor einer elektrischen Wand a) und Original- und Spiegelquellen b)*

Häufig müssen elektromagnetische Felder bestimmt werden, bei denen
die Quellen sich Bild gemäß 2.4 a) vor einer unendlich gut leitenden Ebene
befinden. Diese Ebene, die als elektrische Wand bezeichnet wird, erzwingt
ein Verschwinden der tangentialen elektrischen Feldstärke in der Grenzfläche. Die Lösung derartiger Problemstellung erfolgt in der Elektrostatik mit
Hilfe von Spiegelladungen, die, ähnlich einem Spiegelbild, auf die andere
Seite der Grenzebene plaziert werden. Daher die Bezeichnung Bildtheorie
oder Spiegelungsmethode. Zur Bestimmung des Feldes kann dann nach Einführung der Spiegelquellen die ideal leitende Wand entfernt und das Feld aus
der Überlagerung der Felder, die von Originalquelle und Bildquelle erzeugt
werden, bestimmt werden. Dabei ist die Orientierung der Bildquelle Bild 2.4
b) zu entnehmen.

2.9 Reziprozitätsgesetz

Aus der Netzwerktheorie, d.h. der Analyse linearer Schaltungen, ist der Begriff der Reziprozität hinlänglich bekannt. Er beschreibt die Umkehrbarkeit
von Netzwerken in der Form:
*In einem Netzwerk mit den Toren a und b ist der Quotient aus Leerlaufspan-
nung am Tor b ($\underline{U}_{0,b}$) und Quellstromstärke ($\underline{I}_a$) einer idealen Stromquelle am Tor a identisch mit dem Quotienten aus Leerlaufspannung am Tor a
($\underline{U}_{0,a}$) und Quellstromstärke ($\underline{I}_b$) einer idealen Stromquelle am Tor b,*

$$\frac{U_{0,b}}{I_a} = \frac{U_{0,a}}{I_b}.$$

Dieser Sachverhalt ergibt sich aus der Analyse des elektromagnetischen
Feldes in linearen, homogenen und isotropen Werkstoffen und geht von
zwei unabhängigen Quellenverteilungen aus, die gemäß Bild 2.5 aus sowohl

elektrischen Strömen als auch magnetischen Strömen bestehen können. Beschreiben $\vec{J}_{e,a}$ und $\vec{J}_{m,a}$ die elektrischen und magnetischen Stromdichten einer Quellenverteilung a bzw. $\vec{J}_{e,b}$ und $\vec{J}_{m,b}$ die elektrischen und magnetischen Stromdichten einer Quellenverteilung b und beschreiben $\vec{E}_a$ und $\vec{H}_a$ das elektrische und magnetische Feld der Quellenverteilung a bzw. $\vec{E}_b$ und $\vec{H}_b$ das elektrische und magnetische Feld der Quellenverteilung b, dann besagt das Reziprozitätsgesetz in Worten, daß *die Reaktion des Feldes der Quellenverteilung a auf (mit) die (den) Quellen b identisch ist mit der Reaktion des Feldes der Quellenverteilung b auf (mit) die (den) Quellen a.*

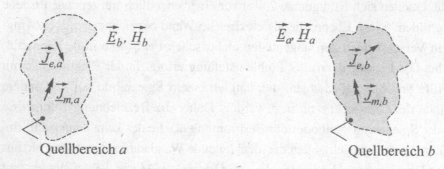

Quellbereich *a*   Quellbereich *b*

Bild 2.5: *Anordnung zweier Quellbereiche zur Erläuterung des Reziprozitätsgesetzes*

Der Nachweis erfolgt ausgehend von den Maxwellschen Gleichungen der beiden Quellenverteilungen, deren Lösungen zur Untersuchung von

$$\mathrm{div}\left(\vec{E}_a \times \vec{H}_b - \vec{E}_b \times \vec{H}_a\right) \tag{2.114}$$

im gesamten Raumbereich herangezogen werden sollen. Unter Berücksichtigung von $\mathrm{div}(\vec{A} \times \vec{B}) = \vec{B}\,\mathrm{rot}\vec{A} - \vec{A}\,\mathrm{rot}\vec{B}$ liefert Gl.(2.114)

$$\mathrm{div}\left(\vec{E}_a \times \vec{H}_b - \vec{E}_b \times \vec{H}_a\right) = \tag{2.115}$$

$$\vec{H}_b\,\mathrm{rot}\,\vec{E}_a - \vec{E}_a\,\mathrm{rot}\,\vec{H}_b - \vec{H}_a\,\mathrm{rot}\,\vec{E}_b + \vec{E}_b\,\mathrm{rot}\,\vec{H}_a,$$

woraus mit

$$\mathrm{rot}\,\vec{E}_a = -\vec{J}_{m,a} - j\omega\mu\,\vec{H}_a,$$
$$\mathrm{rot}\,\vec{H}_a = \vec{J}_{e,a} + j\omega\varepsilon\,\vec{E}_a,$$
$$\mathrm{rot}\,\vec{E}_b = -\vec{J}_{m,b} - j\omega\mu\,\vec{H}_b,$$
$$\mathrm{rot}\,\vec{H}_b = \vec{J}_{e,b} + j\omega\varepsilon\,\vec{E}_b$$

die Beziehung

$$\text{div}\left(\vec{\underline{E}}_a \times \vec{\underline{H}}_b - \vec{\underline{E}}_b \times \vec{\underline{H}}_a\right) = \tag{2.116}$$

$$\vec{\underline{H}}_b\left(-\vec{\underline{J}}_{m,a} - j\omega\mu\,\vec{\underline{H}}_a\right) - \vec{\underline{E}}_a\left(\vec{\underline{J}}_{e,b} + j\omega\varepsilon\,\vec{\underline{E}}_b\right)$$

$$-\vec{\underline{H}}_a\left(-\vec{\underline{J}}_{m,b} - j\omega\mu\,\vec{\underline{H}}_b\right) + \vec{\underline{E}}_b\left(\vec{\underline{J}}_{e,a} + j\omega\varepsilon\,\vec{\underline{E}}_a\right)$$

bzw.

$$\text{div}\left(\vec{\underline{E}}_a \times \vec{\underline{H}}_b - \vec{\underline{E}}_b \times \vec{\underline{H}}_a\right) = -\vec{\underline{H}}_b\,\vec{\underline{J}}_{m,a} - \vec{\underline{E}}_a\,\vec{\underline{J}}_{e,b} + \vec{\underline{H}}_a\,\vec{\underline{J}}_{m,b} + \vec{\underline{E}}_b\,\vec{\underline{J}}_{e,a}$$
$$\tag{2.117}$$

abgeleitet werden kann. Erfolgt nun eine Integration über einen Volumenbereich, der alle Quellen einschließt,

$$\iiint\limits_V \text{div}\left(\vec{\underline{E}}_a \times \vec{\underline{H}}_b - \vec{\underline{E}}_b \times \vec{\underline{H}}_a\right) dV = \tag{2.118}$$

$$\iiint\limits_V \left(-\vec{\underline{H}}_b\,\vec{\underline{J}}_{m,a} - \vec{\underline{E}}_a\,\vec{\underline{J}}_{e,b} + \vec{\underline{H}}_a\,\vec{\underline{J}}_{m,b} + \vec{\underline{E}}_b\,\vec{\underline{J}}_{e,a}\right) dV,$$

dann kann die linke Seite von Gl.(2.118) mit Hilfe des Gaußschen Satzes in ein Oberflächenintegral,

$$\iiint\limits_V \text{div}\left(\vec{\underline{E}}_a \times \vec{\underline{H}}_b - \vec{\underline{E}}_b \times \vec{\underline{H}}_a\right) dV = \oiint\limits_A \left(\vec{\underline{E}}_a \times \vec{\underline{H}}_b - \vec{\underline{E}}_b \times \vec{\underline{H}}_a\right) \vec{e}_r \, dV,$$
$$\tag{2.119}$$

überführt werden. Da sich die Felder mit wachsendem Abstand von den Quellen, d.h. im Fernfeldbereich, gemäß Gl.(2.107),

$$\vec{\underline{H}} = \vec{e}_r \times \frac{\vec{\underline{E}}}{Z_0}, \tag{2.120}$$

als TEM-Wellen ausbreiten, ergibt sich für

$$\vec{\underline{E}}_a \times \vec{\underline{H}}_b - \vec{\underline{E}}_b \times \vec{\underline{H}}_a = \vec{\underline{E}}_a \times \left(\vec{e}_r \times \frac{\vec{\underline{E}}_b}{Z_0}\right) - \vec{\underline{E}}_b \times \left(\vec{e}_r \times \frac{\vec{\underline{E}}_a}{Z_0}\right), \tag{2.121}$$

woraus mit $\vec{A} \times (\vec{B} \times \vec{C}) = \vec{B}\,(\vec{A}\,\vec{C}) - (\vec{A}\,\vec{B})\,\vec{C}$ für den Integranden im Integral über die Kugeloberfläche

$$\left(\vec{E}_a \times \vec{H}_b - \vec{E}_b \times \vec{H}_a\right)\vec{e}_r = \left(\vec{e}_r\left(\vec{E}_a\frac{\vec{E}_b}{Z_0}\right) - \left(\vec{E}_a\vec{e}_r\right)\frac{\vec{E}_b}{Z_0}\right.$$

$$\left. -\vec{e}_r\left(\vec{E}_b\frac{\vec{E}_a}{Z_0}\right) + \left(\vec{E}_b\vec{e}_r\right)\frac{\vec{E}_a}{Z_0}\right)\vec{e}_r,$$

$$= \frac{1}{Z_0}\left(-\left(\vec{E}_a\vec{e}_r\right)\vec{E}_b + \left(\vec{E}_b\vec{e}_r\right)\vec{E}_a\right)\vec{e}_r,$$

$$= 0 \qquad\qquad\qquad (2.122)$$

ergibt und für Gl.(2.118)

$$\iiint\limits_V \left(-\vec{H}_b\ \vec{J}_{m,a} - \vec{E}_a\ \vec{J}_{e,b} + \vec{H}_a\ \vec{J}_{m,b} + \vec{E}_b\ \vec{J}_{e,a}\right)\mathrm{d}V = 0 \qquad (2.123)$$

angegeben werden kann. Beschreibt nun $< a, b >$ gemäß

$$< a,b >= \iiint\limits_{V_{Q,b}} \left(\vec{E}_a\ \vec{J}_{e,b} - \vec{H}_a\ \vec{J}_{m,b}\right)\mathrm{d}V \qquad\qquad (2.124)$$

die Reaktion des Feldes der Quellenverteilung a mit den Quellen b und $< b,a >$ gemäß

$$< b,a >= \iiint\limits_{V_{Q,a}} \left(\vec{E}_b\ \vec{J}_{e,a} - \vec{H}_b\ \vec{J}_{m,a}\right)\mathrm{d}V \qquad\qquad (2.125)$$

die Reaktion des Feldes der Quellenverteilung b mit den Quellen a, so gilt

$$< a,b >=< b,a > \qquad\qquad\qquad (2.126)$$

oder

$$\iiint\limits_{V_{Q,a}} \left(\vec{E}_b\ \vec{J}_{e,a} - \vec{H}_b\ \vec{J}_{m,a}\right)\mathrm{d}V = \iiint\limits_{V_{Q,b}} \left(\vec{E}_a\ \vec{J}_{e,b} - \vec{H}_a\ \vec{J}_{m,b}\right)\mathrm{d}V.$$

$$(2.127)$$

Für den Fall, daß z.B. nur elektrische Quellen vorhanden sind, vereinfacht sich Gl.(2.127) zu

$$\iiint\limits_{V_{Q,a}} \vec{E}_b\ \vec{J}_{e,a}\mathrm{d}V = \iiint\limits_{V_{Q,b}} \vec{E}_a\ \vec{J}_{e,b}\mathrm{d}V. \qquad\qquad (2.128)$$

Für den zu Beginn genannten Fall, daß es sich um ein Zweitor gemäß Bild 2.6 handelt und bei dem die Felder in den Toren wirbelfrei sind, d.h. die Torspannungen eindeutig berechnet werden können, liefert Gl.(2.128)

$$\underline{U}_{0,1}\,\underline{I}_1 = \underline{U}_{0,2}\,\underline{I}_2, \tag{2.129}$$

mit $\underline{U}_{0,1}$ der Leerlaufspannung am Tor 1, die vom Speisestrom $\underline{I}_2$ im Tor 2 hervorgerufen wird, bzw. mit $\underline{U}_{0,2}$ der Leerlaufspannung am Tor 2, die vom Speisestrom $\underline{I}_1$ im Tor 1 hervorgerufen wird.

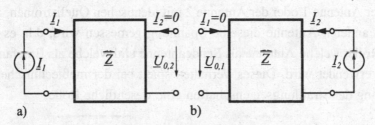

Bild 2.6: *Zweitor mit Stromquelle am Eingang und Leerlauf am Ausgang a),*
Zweitor mit Stromquelle am Ausgang und Leerlauf am Eingang b)

Dieses führt nun zu einer besonders bedeutenden Aussage, die bei der Behandlung von Antennen eine entscheidende Rolle spielt. Ausgehend von einer allgemeinen Beschreibung eines Zweitors mit Hilfe einer Impedanzmatrix,

$$\begin{pmatrix} \underline{U}_1 \\ \underline{U}_2 \end{pmatrix} = \begin{pmatrix} \underline{Z}_{11} & \underline{Z}_{12} \\ \underline{Z}_{21} & \underline{Z}_{22} \end{pmatrix} \begin{pmatrix} \underline{I}_1 \\ \underline{I}_2 \end{pmatrix}, \tag{2.130}$$

gilt für das Experiment in Bild 2.6 a)

$$\underline{U}_{0,2} = \underline{Z}_{21}\underline{I}_1 \tag{2.131}$$

und für das Experiment in Bild 2.6 b)

$$\underline{U}_{0,1} = \underline{Z}_{12}\underline{I}_2. \tag{2.132}$$

Da aber wegen der vorausgesetzten Reziprozität, die bei linearen, homogenen und isotropen Werkstoffen gegeben ist,

$$\underline{Z}_{21} = \underline{Z}_{12} \tag{2.133}$$

gelten muß, gilt auch

$$\underline{U}_{0,2} = \underline{U}_{0,1}\frac{\underline{I}_1}{\underline{I}_2} \tag{2.134}$$

oder bei identischen Quellströmen ($\underline{I}_2 = \underline{I}_1$)

$$\underline{U}_{0,2} = \underline{U}_{0,1}. \tag{2.135}$$

Besteht nun das Netzwerk nicht wie gewöhnlich aus Netzwerkelementen wie Widerstände, Spulen oder Kondensatoren, sondern aus zwei beliebigen Antennenanordnungen mit Übertragungsstrecke, bei denen entsprechend Bild 2.7 die beiden Anschlußtore der Antennen die Tore 1 und 2 des Zweitors darstellen, so liefern die gewonnenen Erkenntnisse, daß bei Speisung der Antenne 1 oder der Antenne 2 mit identischen Quellströmen, an der jeweils anderen Antenne dieselbe Spannung gemessen wird, d.h. es spielt keine Rolle, welche Antenne als Sendeantenne und welche als Empfangsantenne verwendet wird. Dieses Verhalten spielt bei der meßtechnischen Bestimmung der Strahlungseigenschaften eine wesentliche Rolle.

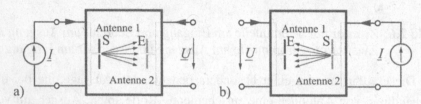

Bild 2.7: *Sendeantenne (S) und Empfangsantenne (E) als Zweitor*

Damit ist die Zusammenstellung der theoretischen Grundlagen zur Berechnung elektromagnetischer Felder abgeschlossen. Diese Grundlagen werden auch später bei der Behandlung von Antennen erneut aufgegriffen. Zuvor werden sie aber zur Analyse von Wellenleitern herangezogen. In diesem Fall liegen keine Quellen in den zu untersuchenden Raumbereichen, so daß die obige Deutung der Potentiale verloren geht. Darüber hinaus liegt bei den meisten Wellenleitern nur noch eine stückweise homogene Verteilung der Materie im Raum vor. Zur Feldberechnung stehen damit lediglich die Lösungen der homogenen vektoriellen Wellengleichungen, mit den Potentialen als mathematische Hilfsgrößen, und die zu berücksichtigenden Randbedingungen zur Verfügung. Hieraus kann dann durch Zuhilfenahme der Gl.(2.86) und Gl.(2.88) das elektromagnetische Feld bestimmt werden. Die letztgenannte Aufgabe gestaltet sich i. allg. recht schwierig. Hier gibt es für die unterschiedlichsten Leitungsstrukturen verschiedene Ansätze, die derzeit Gegenstand vieler Forschungsaktivitäten sind. Im Gegensatz dazu gibt es wenige, aber sehr bedeutende Leitungsstrukturen, deren Eigenschaften analytisch berechnet werden können. Hierzu ist insbesondere die Koaxialleitung zu zählen, die im nächsten Abschnitt ausführlich behandelt wird.

3 Wellenleiter

Nach den Aussagen im letzten Abschnitt läßt sich mit Hilfe der Maxwell-schen Gleichungen die Feldverteilung in Wellenleitern berechnen. Die Eigenschaften der verschiedenen Leitungsarten hängen dabei zum einen von der Geometrie in der Querschnittsebene und zum anderen von den Materialparametern der Füllung ab. In Bild 3.1 ist der Leitungsquerschnitt einiger gängiger Leitungsstrukturen angegeben.

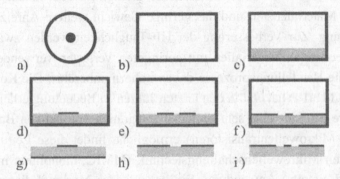

Bild 3.1: *Darstellung verschiedener Leiterquerschnitte; a) Koaxialleiter, b) Rechteckhohlleiter, c) Hohlleiter mit Teilfüllung, d) geschirmte Mikrostreifenleitung, e) geschirmte, gekoppelte Mikrostreifenleitung, f) geschirmte Koplanarleitung, g) offene Mikrostreifenleitung, h) offene Schlitzleitung ohne Rückseitenmetallisierung und i) offene Koplanarleitung ohne Rückseitenmetallisierung*

Von den in Bild 3.1 gezeigten Leitungsstrukturen stellen bis auf die in b) und c) gezeigten Konfigurationen Leitungsstrukturen dar, die mit der herkömmlichen Denkweise, d.h. mit einem Hinleiter und einem Rückleiter, die Ausbreitung der Wellen ermöglichen. Nicht in dieses Denkkonzept passen die Hohlleiterstrukturen nach b) und c). Diese bestehen in der gezeigten Form nur aus einem Rohr mit rechteckigem Querschnitt und eignen sich erst ab einer bestimmten Frequenz, der sogenannten cut-off Frequenz, zur Übertragung von Signalen. Neben den Rechteckhohlleitern werden in der Praxis auch häufig Rundhohlleiter verwendet. Eine weitere Eigenschaft, die die Strukturen a) bis f) gemeinsam haben, ist die Abschirmung, die dafür sorgt, daß sich das elektromagnetische Feld auf das Leiterinnere beschränkt. Dieses trifft für die in den Bildern g) bis i) gezeigten Leitungen nicht zu. Bei diesen Strukturen erstreckt sich das Feld bis ins Unendliche. Da es jedoch rasch mit dem Abstand vom Leiter abnimmt, kann das Feld für praktische Anwendung ab einem bestimmten Abstand vernachlässigt werden. Dieser Abstand hängt allerdings stark von der gewählten Geometrie und Materialfüllung ab.

Besonders zu erwähnen sind die in den Bildern 3.1 g) und i) gezeigten Leitungen. Die offene Mikrostreifenleitung in g) stellt die am weitesten verbreitete Leitungsart dar. Ihre Bedeutung hat diese Struktur, die auch in der herkömmlichen Schaltungstechnik bei gedruckten Schaltungen verwendet wird, durch ihre einfache Realisierbarkeit erlangt. Darüber hinaus bieten die geringen Materialkosten und das geringe Gewicht weitere Anreize für ihre Verwendung. Zur Verbesserung der HF-Tauglichkeit werden zwar bei höheren Frequenzen Materialien mit geringeren Verlusten verwendet, jedoch bleiben die Herstellungsprozesse davon nahezu unberührt. Die Koplanarleitung in Bild 3.1 i) hat erst in den letzten Jahren an Bedeutung erlangt. Da sie durch ihre Struktur eine sehr einfache Integration von aktiven Bauelementen (z.B. Mikrowellentransistoren) ermöglicht, findet diese Leitung in der Integrierten Mikrowellenschaltungstechnik (MMIC, monolithic microwave integrated circuits) Anwendung. Ein bedeutendes Merkmal dieser Struktur ist, daß sich alle Leiter auf derselben Substratseite befinden, wodurch z.B. unerwünschte Durchkontaktierungen entfallen.

Neben den bislang vorgestellten Leitungsstrukturen gibt es noch eine weitere bedeutende Gruppe von Wellenleitern. Es handelt sich hierbei um dielektrische Wellenleiter, die nach Bild 3.2 ganz ohne Metallisierung auskommen. Sie ergeben sich in der einfachsten Bauform nach Bild 3.2 a) aus einer einfachen dielektrischen Faser, die aus einem einheitlichen Material besteht. Dieser Leitungstyp wird in dieser Form jedoch nicht sehr häufig benutzt. Andere Bauformen haben dagegen mit dem Aufkommen der Breitbandkommunikation stärkere Verbreitung gefunden. Bekanntester Vertreter dieser Gruppe von dielektrischen Wellenleiter ist die Lichtleitfaser. Sie erlangt stetig an Bedeutung, da sie wegen ihrer hohen Betriebsfrequenz eine hohe Bandbreite zur Signalübertragung hat. Ein wesentliches Merkmal von Lichtleitfasern ist die in der oberen Reihe der Bilder 3.2 b) bis d) angedeutete Unterteilung der Faser in einen Innenbereich, den sogenannten Kern, und einen Außenbereich, den Mantel. In beiden Bereichen besitzt das Material eine unterschiedliche Dielektrizitätszahl und somit einen unterschiedlichen Brechungsindex n. Der zu den Fasern zugehörige prinzipielle Verlauf des Brechungsindexes $n(r)$ (in Abhängigkeit vom Radius r) ist ebenfalls in Bild 3.2 (untere Reihe) angegeben.

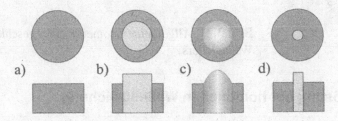

Bild 3.2: *Darstellung dielektrischer Wellenleiter, Leiterquerschnitt (obere Reihe) und Brechzahlprofil (untere Reihe)*
a) einfacher dielektrischer Leiter, b) Stufenindex-Faser (Multi-mode-Faser), c) Gradientenprofil-Faser und d) Stufenindex-Faser (Monomode-Faser)

3.1 Feldverteilung in Wellenleitern

Die Bestimmung des elektromagnetischen Feldes in Wellenleitern erfolgt, nach den Ausführungen im vorigen Kapitel, aus den Lösungen der homogenen, vektoriellen Wellengleichungen, die unter Berücksichtigung der gegebenen Randbedingungen zu ermitteln sind. Dabei beschreibt der Begriff Wellenleiter i. allg. eine unendlich lange Anordnung, mit konstanter Querschnittsgeometrie und Materialverteilung. Wird z.B. gemäß Bild 3.3 die Ausbreitungsrichtung parallel zur z-Richtung gewählt, dann bedeutet das, daß an jeder Stelle z dieselbe Querschnittsgeometrie und Materialverteilung vorliegt. In diesem Fall wird auch von einer längshomogenen Leitung gesprochen. Bei einer **idealen längshomogenen Leitung** wird darüber hinaus angenommen, daß sämtliche Leiter aus ideal leitenden ($\kappa = \infty$) Materialien aufgebaut sind. Neben diesen Eigenschaften werden für die hier durchgeführten Berechnungen zunächst nur geschirmte Leitungen betrachtet, die z.B. im Falle der Koaxialleitung mit einem Innenleiter und im Falle der Hohlleiter ohne Innenleiter aufgebaut sind. Die Beschränkung auf diese beiden Leitungsarten ist ausreichend um die prinzipiellen Lösungen der homogenen Wellengleichung diskutieren zu können. Darüber hinaus liefern die dabei gewonnenen Ergebnisse einen Großteil der zur allgemeinen Analyse von HF-Schaltungen benötigten Parameter.

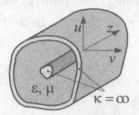

Bild 3.3: *Allgemeine Geometrie eines geschlossenen Wellenleiters*

3.1.1 Lösung der homogenen Wellengleichung

Die Untersuchungen von Wellenleitern haben ergeben, daß sich die allgemeine Lösung des Feldproblems aus der Überlagerung zweier Teillösungen zusammensetzen läßt. Die eine Lösung ist die Folge eines magnetischen Vektorpotentials $\vec{A}$ und die andere die eines elektrischen Vektorpotentials $\vec{F}$, wobei das jeweilige Vektorpotential nur eine von null verschiedene Komponente besitzt. Dieses ist die Komponente die in Ausbreitungsrichtung weist. Das heißt, bei der in Bild 3.3 gewählten Ausbreitung in z-Richtung lassen sich die beiden Teillösungen aus den Ansätzen

$$\vec{A} = \underline{A}_z\,\vec{e}_z \quad \text{mit} \quad \vec{F} = \vec{0} \tag{3.1}$$

und

$$\vec{F} = \underline{F}_z\,\vec{e}_z \quad \text{mit} \quad \vec{A} = \vec{0} \tag{3.2}$$

vollständig bestimmen. Einsetzen dieser Ansätze in die Wellengleichungen, Gl.(2.83) und Gl.(2.84), liefert mit der Abkürzung

$$k^2 = \omega^2 \varepsilon \mu, \tag{3.3}$$

wobei die Größe k als die **Wellenzahl** bezeichnet wird, die Differentialgleichungen für die Vektorpotentiale.

In **kartesische Koordinaten** (x, y, z) gilt somit:

$$\frac{\partial^2}{\partial x^2}\underline{A}_z + \frac{\partial^2}{\partial y^2}\underline{A}_z + \frac{\partial^2}{\partial z^2}\underline{A}_z + k^2\underline{A}_z = 0 \tag{3.4}$$

bzw.

$$\frac{\partial^2}{\partial x^2}\underline{F}_z + \frac{\partial^2}{\partial y^2}\underline{F}_z + \frac{\partial^2}{\partial z^2}\underline{F}_z + k^2\underline{F}_z = 0. \tag{3.5}$$

In entsprechender Weise können die Wellengleichungen in **Zylinderkoordinaten** (r, α, z) durch

$$\frac{1}{r}\frac{\partial}{\partial r}\left(r\frac{\partial}{\partial r}\underline{A}_z\right) + \frac{1}{r^2}\frac{\partial^2}{\partial \alpha^2}\underline{A}_z + \frac{\partial^2}{\partial z^2}\underline{A}_z + k^2\underline{A}_z = 0 \qquad (3.6)$$

und

$$\frac{1}{r}\frac{\partial}{\partial r}\left(r\frac{\partial}{\partial r}\underline{F}_z\right) + \frac{1}{r^2}\frac{\partial^2}{\partial \alpha^2}\underline{F}_z + \frac{\partial^2}{\partial z^2}\underline{F}_z + k^2\underline{F}_z = 0 \qquad (3.7)$$

angegeben werden.

Nach der Lösung dieser Differentialgleichungen, Gl.(3.4) und Gl.(3.5) im Falle kartesischer Koordinaten bzw. Gl.(3.6) und Gl.(3.7) für Zylinderkoordinaten, liegen die gesuchten Vektorpotentiale in Form allgemeiner Beziehungen zur Bestimmung der Feldgrößen vor. Die hierin enthaltenen Konstanten, die grundsätzlich bei der Lösung von Differentialgleichungen auftreten, müssen nach der allgemeinen Berechnung der Feldgrößen $\vec{\underline{E}}$ und $\vec{\underline{H}}$, aus den geforderten Rand- bzw. Stetigkeitsbedingungen ermittelt werden. Da jede Feldlösung aus den allgemeinen Vektorpotentialen, sowohl die aus dem magnetischen Vektorpotential in Gl.(3.4) bzw. Gl.(3.6) als auch die aus dem elektrischen Vektorpotential in Gl.(3.5) bzw. Gl.(3.7), für sich die Randbedingungen erfüllen muß, wird nun das zu dem jeweiligen Potential zugehörige elektromagnetische Feld bestimmt. Hierzu wird zunächst die Lösung für das magnetische Vektorpotential und anschließend die Lösung für das elektrische Vektorpotential in Gl.(2.86) und Gl.(2.88) eingesetzt.

In **kartesischen Koordinaten** ergibt sich somit:

1. $\vec{\underline{A}} = \underline{A}_z\vec{e}_z$ und $\vec{\underline{F}} = \vec{0}$

   $\vec{\underline{E}}$ aus Gl.(2.86):

$$\vec{\underline{E}} = \frac{-j\omega}{k^2}\left(\frac{\partial^2}{\partial x\partial z}\underline{A}_z\,\vec{e}_x + \frac{\partial^2}{\partial y\partial z}\underline{A}_z\,\vec{e}_y + (\frac{\partial^2}{\partial z^2}\underline{A}_z + k^2\,\underline{A}_z)\,\vec{e}_z\right)$$
$$(3.8)$$

   $\vec{\underline{H}}$ aus Gl.(2.88):

$$\vec{\underline{H}} = \frac{1}{\mu}\left(\frac{\partial}{\partial y}\underline{A}_z\,\vec{e}_x - \frac{\partial}{\partial x}\underline{A}_z\,\vec{e}_y + 0\,\vec{e}_z\right) \qquad (3.9)$$

2. $\vec{F} = \underline{F}_z \vec{e}_z$ und $\vec{A} = \vec{0}$

$\vec{\underline{E}}$ aus Gl.(2.86):

$$\vec{\underline{E}} = \frac{-1}{\varepsilon} \left(\frac{\partial}{\partial y} \underline{F}_z \vec{e}_x - \frac{\partial}{\partial x} \underline{F}_z \vec{e}_y + 0 \, \vec{e}_z \right) \tag{3.10}$$

$\vec{\underline{H}}$ aus Gl.(2.88):

$$\vec{\underline{H}} = \frac{-j\omega}{k^2} \left(\frac{\partial^2}{\partial x \partial z} \underline{F}_z \vec{e}_x + \frac{\partial^2}{\partial y \partial z} \underline{F}_z \vec{e}_y + (\frac{\partial^2}{\partial z^2} \underline{F}_z + k^2 \underline{F}_z) \, \vec{e}_z \right) \tag{3.11}$$

In **Zylinderkoordinaten** mit $\vec{\underline{A}} = \vec{\underline{A}}(r, \alpha, z)$ bzw. $\vec{\underline{F}} = \vec{\underline{F}}(r, \alpha, z)$

1. $\vec{\underline{A}} = \underline{A}_z \vec{e}_z$ und $\vec{F} = \vec{0}$

$\vec{\underline{E}}$ aus Gl.(2.86):

$$\vec{\underline{E}} = \frac{-j\omega}{k^2} \left(\frac{\partial^2}{\partial r \partial z} \underline{A}_z \vec{e}_r + \frac{1}{r} \frac{\partial^2}{\partial \alpha \partial z} \underline{A}_z \vec{e}_\alpha + (\frac{\partial^2}{\partial z^2} \underline{A}_z + k^2 \underline{A}_z) \, \vec{e}_z \right) \tag{3.12}$$

$\vec{\underline{H}}$ aus Gl.(2.88):

$$\vec{\underline{H}} = \frac{1}{\mu} \left(\frac{1}{r} \frac{\partial}{\partial \alpha} \underline{A}_z \vec{e}_r - \frac{\partial}{\partial r} \underline{A}_z \vec{e}_\alpha + 0 \, \vec{e}_z \right) \tag{3.13}$$

2. $\vec{F} = \underline{F}_z \vec{e}_z$ und $\vec{A} = \vec{0}$

$\vec{\underline{E}}$ aus Gl.(2.86):

$$\vec{\underline{E}} = \frac{-1}{\varepsilon} \left(\frac{1}{r} \frac{\partial}{\partial \alpha} \underline{F}_z \vec{e}_r - \frac{\partial}{\partial r} \underline{F}_z \vec{e}_\alpha + 0 \, \vec{e}_z \right) \tag{3.14}$$

$\vec{\underline{H}}$ aus Gl.(2.88):

$$\vec{\underline{H}} = \frac{-j\omega}{k^2} \left(\frac{\partial^2}{\partial r \partial z} \underline{F}_z \vec{e}_r + \frac{1}{r} \frac{\partial^2}{\partial \alpha \partial z} \underline{F}_z \vec{e}_\alpha + (\frac{\partial^2}{\partial z^2} \underline{F}_z + k^2 \underline{F}_z) \, \vec{e}_z \right) \tag{3.15}$$

Zur Lösung der Wellengleichungen, Gl.(3.4) bis Gl.(3.7), liefert in den hier betrachteten Fällen ein sogenannter **Separationsansatz** den gewünschten Erfolg. Das heißt daß die Lösung der homogenen Differentialgleichung mit einem Ansatz gesucht wird, in dem die Abhängigkeiten von den verschiedenen Koordinatenrichtungen jeweils in getrennten (sogenannten „separierten") Teilfunktionen auftreten. In kartesischen Koordinaten kann ein derartiger Ansatz z.B. für das magnetische Vektorpotential $\underline{A}_z$ in der Form

$$\underline{A}_z = \underline{X}(x) \cdot \underline{Y}(y) \cdot \underline{Z}(z) \tag{3.16}$$

und in Zylinderkoordinaten durch

$$\underline{A}_z = \underline{R}(r) \cdot \underline{T}(\alpha) \cdot \underline{Z}(z) \tag{3.17}$$

angegeben werden.

3.1.1.1 *Lösung in kartesischen Koordinaten*

Einsetzen von Gl.(3.16) in Gl.(3.4) liefert die Beziehung

$$\frac{\partial^2}{\partial x^2}(\underline{X}(x) \cdot \underline{Y}(y) \cdot \underline{Z}(z)) + \frac{\partial^2}{\partial y^2}(\underline{X}(x) \cdot \underline{Y}(y) \cdot \underline{Z}(z)) \tag{3.18}$$

$$+\frac{\partial^2}{\partial z^2}(\underline{X}(x) \cdot \underline{Y}(y) \cdot \underline{Z}(z)) + k^2(\underline{X}(x) \cdot \underline{Y}(y) \cdot \underline{Z}(z)) = 0,$$

die auch in der Form

$$\frac{1}{\underline{X}(x)} \frac{\partial^2}{\partial x^2}\underline{X}(x) + \frac{1}{\underline{Y}(y)} \frac{\partial^2}{\partial y^2}\underline{Y}(y) + \frac{1}{\underline{Z}(z)} \frac{\partial^2}{\partial z^2}\underline{Z}(z) + k^2 = 0 \tag{3.19}$$

angegeben werden kann. Die Besonderheit von Gl.(3.19) liegt darin, daß jeder einzelne Summand einen konstanten Wert liefern muß, denn wenn z.B. der erste Summand nur von x aber nicht von y und z abhängt, dann darf sich der Wert des ersten Summanden bei einer Variation von x nicht ändern, da die anderen Summanden unabhängig von x sind und somit unverändert bleiben. Damit ist nach der Einführung weiterer Wellenzahlen k_x, k_y und k_z, die, wie später erkennbar wird, die Art der Wellenausbreitung in der jeweiligen Koordinatenrichtung beschreiben, mit

$$\frac{1}{\underline{X}(x)} \frac{\partial^2}{\partial x^2}\underline{X}(x) = -k_x^2, \tag{3.20}$$

$$\frac{1}{\underline{Y}(y)} \frac{\partial^2}{\partial y^2}\underline{Y}(y) = -k_y^2 \tag{3.21}$$

und

$$\frac{1}{\underline{Z}(z)} \frac{\partial^2}{\partial z^2}\underline{Z}(z) = -k_z^2 \tag{3.22}$$

die Gl.(3.19) in der Form

$$k_x^2 + k_y^2 + k_z^2 = k^2 \tag{3.23}$$

darstellbar. Zusammenfassend läßt sich festhalten, daß mit Hilfe des Separationsansatzes nach Gl.(3.16), die partielle Differentialgleichung des dreidimensionalen Feldproblems nach Gl.(3.4), durch Gl.(3.20) bis Gl.(3.22) in drei gewöhnliche Differentialgleichungen 2-ter Ordnung,

$$\frac{\partial^2}{\partial x^2}\underline{X}(x) + k_x^2\,\underline{X}(x) = 0, \tag{3.24}$$

$$\frac{\partial^2}{\partial y^2}\underline{Y}(y) + k_y^2\,\underline{Y}(y) = 0 \tag{3.25}$$

und

$$\frac{\partial^2}{\partial z^2}\underline{Z}(z) + k_z^2\,\underline{Z}(z) = 0 \tag{3.26}$$

überführt worden ist. Die Lösungen der gewöhnlichen Differentialgleichungen für die einzelnen Koordinatenrichtungen können z.B. in der Form

$$\underline{Z}(z) = \underline{C}_{Z1}\,e^{-jk_z z} + \underline{C}_{Z2}\,e^{jk_z z} \tag{3.27}$$

angegeben werden. Danach ergibt sich die allgemeine Lösung für das Vektorpotential aus dem Produkt der Einzellösungen zu

$$\underline{A}_z(x,y,z) = \left(\underline{C}_{X1}\,e^{-jk_x x} + \underline{C}_{X2}\,e^{jk_x x}\right) \cdot \left(\underline{C}_{Y1}\,e^{-jk_y y} + \underline{C}_{Y2}\,e^{jk_y y}\right)$$
$$\cdot \left(\underline{C}_{Z1}\,e^{-jk_z z} + \underline{C}_{Z2}\,e^{jk_z z}\right). \tag{3.28}$$

Einsetzen dieser Beziehung in die Feldgleichungen Gl.(3.8) und Gl.(3.9) liefert unter der Beachtung der gegebenen Stetigkeits- bzw. Randbedingungen ein Gleichungssystem, das unter der Berücksichtigung von Gl.(3.23), $k_x^2 + k_y^2 + k_z^2 = k^2$, zur Bestimmung der Konstanten herangezogen werden kann.

Aufstellen ähnlicher Beziehungen für ein elektrisches Vektorpotential liefert nun die vollständige Lösung der Wellengleichung, die mit den hier in kartesischen Koordinaten angegebenen Beziehungen direkt zur Berechnung der Feldverteilung im Rechteckhohlleiter herangezogen werden kann.

3.1.1.2 Lösung in Zylinderkoordinaten

Ein wenig komplizierter gestaltet sich die Lösung in Zylinderkoordinaten. Hier liefert das Einsetzen des Ansatzes nach Gl.(3.17) in die Wellengleichung Gl.(3.6) die Beziehung

$$\frac{1}{\underline{R}(r)} \left[\frac{1}{r} \frac{\partial}{\partial r} \left(r \frac{\partial}{\partial r} \underline{R}(r) \right) \right] + \frac{1}{\underline{T}(\alpha)} \frac{1}{r^2} \frac{\partial^2}{\partial \alpha^2} \underline{T}(\alpha)$$

$$+ \frac{1}{\underline{Z}(z)} \frac{\partial^2}{\partial z^2} \underline{Z}(z) + k^2 \underline{Z}(z) = 0, \quad (3.29)$$

die mit Gl.(3.22),

$$\frac{1}{\underline{Z}(z)} \frac{\partial^2}{\partial z^2} \underline{Z}(z) = -k_z^2,$$

in der Form

$$\left\{ \frac{1}{\underline{R}(r)} \left(\frac{1}{r} \frac{\partial}{\partial r} \left(r \frac{\partial}{\partial r} \underline{R}(r) \right) \right) + \frac{1}{r^2} \left[\frac{1}{\underline{T}(\alpha)} \frac{\partial^2}{\partial \alpha^2} \underline{T}(\alpha) \right] \right\} - k_z^2 + k^2 = 0$$

$$(3.30)$$

angegeben werden kann. Da der Ausdruck in der geschweiften Klammer keine z-Abhängigkeit und der Ausdruck in der eckigen Klammer nur eine α-Abhängigkeit aufweist, läßt sich Gl.(3.30) mit

$$\frac{1}{\underline{T}(\alpha)} \frac{\partial^2}{\partial \alpha^2} \underline{T}(\alpha) = -k_\alpha^2 \quad (3.31)$$

und

$$\frac{1}{\underline{R}(r)} \left(\frac{\partial^2}{\partial r^2} \underline{R}(r) + \frac{1}{r} \frac{\partial}{\partial r} \underline{R}(r) \right) - \frac{1}{r^2} k_\alpha^2 = -k_{tr}^2 \quad (3.32)$$

durch

$$k_{tr}^2 + k_z^2 = k^2 \quad (3.33)$$

darstellen. Ein Vergleich von Gl.(3.33) mit Gl.(3.23) zeigt, daß in Zylinderkoordinaten **keine** vollkommene Separation möglich ist. Das heißt, die Ausbreitung des Feldes innerhalb der Transversalebene kann nicht wie in kartesischen Koordinaten in vollständig voneinander getrennte Anteile, die die Ausbreitungsform in die einzelnen Koordinatenrichtungen beschreiben, zerlegt werden. Hier kann lediglich eine Trennung der Eigenschaften in der Transversalebene von denen in Ausbreitungsrichtung erfolgen. Dabei kann zur Bestimmung der Abhängigkeit der Potentiale von den Transversalkoordinaten die Gl.(3.32) in der Form

$$\frac{1}{r}\frac{\partial}{\partial r}\left(r\frac{\partial}{\partial r}\underline{R}(r)\right)+\left(k_{tr}^2-\frac{k_\alpha^2}{r^2}\right)\underline{R}(r)=0 \tag{3.34}$$

herangezogen werden. Die Lösung von Gl.(3.34) führt i. allg. auf die Bes-
selsche Differentialgleichung, deren Lösungen durch Besselfunktionen gegeben sind.

Damit ist die allgemeine Lösung für das Vektorpotential in Zylinderkoordinaten durch

$$\underline{A}_z=\underline{A}_{tr}(r,\alpha)\cdot\left(\underline{C}_{Z1}\,e^{-jk_z z}+\underline{C}_{Z2}\,e^{jk_z z}\right) \tag{3.35}$$

darstellbar, wobei $\underline{A}_{tr}(r,\alpha)$ die Abhängigkeit von den Koordinaten in der
Transversalebene beschreibt. Auch hier werden die Konstanten in der Lö-
sung aus den Rand- und Stetigkeitsbedingungen und unter der Berücksichtigung von Gl.(3.33), $k_{tr}^2+k_z^2=k^2$, bestimmt. Die Durchführung dieser Berechnung liefert direkt die Feldverteilung im Rundhohlleiter und in der Koaxialleitung. Letztgenannter Leitungstyp wird in einem späteren Kapitel ausführlich behandelt.

3.1.2 Klassifizierung der Feldtypen

Die bislang durchgeführten Berechnungen gelten ganz allgemein bei der Bestimmung der Feldverteilung in Wellenleitern. Eine Betrachtung der Ergebnisse in Gl.(3.8) bis Gl.(3.15) läßt schon jetzt auf wesentliche Merkmale
dieser Felder schließen.

- Bei der Lösung aus dem magnetischen Vektorpotential $\underline{A}$ verschwindet die Komponente der magnetischen Feldstärke ($\underline{H}_z$=0) in Ausbreitungsrichtung. In diesem Fall existiert das Magnetfeld **nur** in der
  zur Ausbreitungsrichtung senkrecht stehenden Ebene, der sogenannten Transversalebene. Aus diesem Grunde wird diese Feldlösung als
  TM$_z$-Welle (**T**ransversal **M**agnetische Welle, wobei der Index z die
  Ausbreitungsrichtung angibt) oder E-Welle bezeichnet.

- Bei der Lösung aus dem elektrischen Vektorpotential $\underline{F}$ verschwindet
  die Komponente der elektrischen Feldstärke ($\underline{E}_z$=0) in Ausbreitungsrichtung. In diesem Fall existiert das elektrische Feld **nur** in der Transversalebene, weshalb diese Feldlösung als **TE**$_z$-Welle (**T**ransversal
  Elektrische Welle mit z als Ausbreitungsrichtung) oder H-Welle bezeichnet wird.

Diese Eigenschaften sind unabhängig vom gewählten Koordinatensystem. Darüber hinaus lassen sich die bei der Berechnung in Zylinderkoordinaten gewonnenen Ergebnisse weiter verallgemeinern. Es kann gesagt werden, daß stets ein Separationsansatz, der sich aus zwei Teilansätzen ergibt, zur Berechnung herangezogen werden kann. Der eine Anteil,

$$\underline{Z}(z) = \underline{C}_{Z1} e^{-jk_z z} + \underline{C}_{Z2} e^{jk_z z}$$

mit der Wellenzahl k_z beschreibt die Abhängigkeit in Ausbreitungsrichtung. Der andere Anteil, $\underline{A}_{tr}(r, \alpha)$, mit der Wellenzahl k_{tr}, beschreibt die Abhängigkeit von den Koordinaten in der Transversalebene. Dabei haben die Wellenzahlen die Bedingung in Gl.(3.33),

$$k_{tr}^2 + k_z^2 = k^2,$$

zu erfüllen.

3.1.2.1 Die TEM-Welle

An dieser Stelle wird nun ein Spezialfall betrachtet. Dieser stellt sich ein, wenn die Welle aus Teilkomponenten besteht, die sich alle nur entlang der z-Achse ausbreiten können. Das heißt es gilt

$$k_z^2 = k^2, \tag{3.36}$$

$$k_{tr}^2 = 0 \tag{3.37}$$

und damit, unter der Berücksichtigung von Gl.(3.3),

$$k_z = \omega \sqrt{\varepsilon \mu}. \tag{3.38}$$

Die zugehörige Lösung für das Vektorpotential führt zu einer Feldverteilung, die weder ein elektrisches Feld noch ein magnetisches Feld in Ausbreitungsrichtung besitzt. Das bedeutet, daß das elektromagnetische Feld nur Komponenten in der Transversalebene aufweist. Eine derartige Feldstruktur wird auch als **TEM**$_z$-Welle (**T**ransversal **E**lektro**M**agnetische-Welle) oder auch als **Lecherwelle** bezeichnet. Sie stellt einen Sonderfall der TM-Welle und der TE-Welle dar. An dieser Stelle soll auch noch darauf hingewiesen werden, daß durch Gl.(3.36) und einer Aufspaltung des Delta-Operators Δ,

$$\Delta = \Delta_{tr} + \frac{\partial^2}{\partial z^2},$$

in einen transversalen Delta-Operator Δ_{tr} und einen Summanden, der die z-Abhängigkeit enthält, die Wellengleichungen, Gl.(3.4) bis Gl.(3.7), in vereinfachter Form darstellbar sind. So ergibt sich zum Beispiel für den TEM-Fall aus Gl.(3.4) oder Gl.(3.6) (bzw. Gl.(3.5) oder Gl.(3.7)) die Beziehung

$$\Delta_{tr}\,\underline{A}_z = 0, \tag{3.39}$$

die der Laplaceschen Differentialgleichung aus der Elektrostatik entspricht. Dieses bedeutet für den TEM-Fall, daß die Feldstruktur in der Transversalebene unabhängig von der Koordinate ist, in deren Richtung die Ausbreitung stattfindet und daß diese Feldstruktur, d.h. die Lösung der Wellengleichung, mit den Mitteln, die auch in der Elektrostatik und bei der Betrachtung des stationären Strömungsfeldes benutzt wurden, bestimmt werden kann.

3.1.2.1.1 Die Wellenzahl der TEM-Welle

Die Ausbreitung der Welle entlang der z-Achse ergibt sich aus Gl.(3.26),

$$\frac{\partial^2}{\partial z^2}\underline{Z}(z) + k_z^2\,\underline{Z}(z) = 0,$$

in allgemeiner Form zu

$$\underline{Z}(z) = \underline{C}_{Z1}\,e^{-jk_z z} + \underline{C}_{Z2}\,e^{jk_z z},$$

wobei die Wellenzahl k_z durch Gl.(3.38) gegeben ist. Da in den meisten praktischen Anwendungen die Permeabilitätskonstante gleich der absoluten Permeabilitätskonstanten ($\mu_r = 1$) ist, kann mit Gl.(2.7) und Gl.(2.8) die Beziehung nach Gl.(3.38) in der Form

$$k_z = 2\pi f\sqrt{\varepsilon_0\mu_0}\,\sqrt{\varepsilon_r} \tag{3.40}$$

angegeben werden. Mit

$$v_{ph} = \frac{1}{\sqrt{\varepsilon_0\mu_0}\sqrt{\varepsilon_r}} = \frac{c_0}{\sqrt{\varepsilon_r}} \tag{3.41}$$

und

$$\frac{1}{\lambda_0} = f\sqrt{\varepsilon_0\mu_0} = \frac{f}{c_0}, \tag{3.42}$$

wobei v_{ph} die Phasengeschwindigkeit der Welle, c_0 die Lichtgeschwindigkeit im freien Raum und λ_0 die Freiraumwellenlänge beschreiben, ergibt sich mit k_0 der Freiraumwellenzahl,

$$k_0 = \frac{2\pi}{\lambda_0}, \tag{3.43}$$

die Wellenzahl zu

$$k_z = \frac{\omega}{v_{ph}} = k_0 \sqrt{\varepsilon_r}. \tag{3.44}$$

Gl.(3.44) eignet sich in dieser Form sehr gut zur Beschreibung der ungedämpften Wellenausbreitung, d.h. der Ausbreitung von Wellen auf Leitungen mit verlustloser Materialfüllung. Da jedoch die gebräuchlichen dielektrischen Werkstoffe Verluste aufweisen, die zudem noch frequenzabhängig sind, hat eine Modifikation der Wellenzahl zur Erfassung dieser Verluste zu erfolgen. Hierzu wird zunächst noch einmal Gl.(2.45),

$$\text{rot } \vec{H} = \vec{J} + j\omega\varepsilon \vec{E},$$

betrachtet. Bildet sich nun wegen dielektrischer Verluste eine Stromdichte zwischen den Leitern aus, dann kann diese Stromdichte gemäß Gl.(2.10) durch

$$\vec{J} = \kappa_D \vec{E}, \tag{3.45}$$

wobei der Index D bei κ auf die Leitfähigkeit des Dielektrikums hinweisen soll, angegeben werden. Mit Gl.(3.45) läßt sich somit Gl.(2.45) in der Form

$$\text{rot } \vec{H} = \kappa_D \vec{E} + j\omega\varepsilon \vec{E} \tag{3.46}$$

bzw. durch

$$\text{rot } \vec{H} = j\omega\varepsilon_0 \left(\varepsilon_r - j\frac{\kappa_D}{\omega\varepsilon_0} \right) \vec{E} \tag{3.47}$$

angeben. Dieses bedeutet, daß zur Erfassung der dielektrischen Verluste lediglich ε_r in Gl.(3.44) durch den Klammerausdruck in Gl.(3.47),

$$\varepsilon_r - j\frac{\kappa_D}{\omega\varepsilon_0},$$

ersetzt werden muß. In der Literatur wird deswegen zur Beschreibung der dielektrischen Verluste häufig eine komplexe relative Dielektrizitätskonstante $\underline{\varepsilon}_r$ oder ein Verlustfaktor $\tan\delta$ eingeführt. Danach gilt

$$\underline{\varepsilon}_r = \varepsilon_r' - j\varepsilon_r'' \tag{3.48}$$

und

$$\tan\delta = \frac{\varepsilon_r''}{\varepsilon_r'}. \tag{3.49}$$

Ein Vergleich von Gl.(3.48) mit dem Klammerausdruck in Gl.(3.47) zeigt, daß der Realteil von $\underline{\varepsilon}_r$,

$$\varepsilon'_r = \varepsilon_r, \tag{3.50}$$

dem bislang verwendeten reellen ε_r entspricht und daß der Imaginärteil,

$$\varepsilon''_r = \frac{\kappa_D}{\omega \varepsilon_0}, \tag{3.51}$$

zur Beschreibung der Leitungsverluste dient. Unter der Berücksichtigung von $\varepsilon''_r = \varepsilon'_r \tan \delta = \varepsilon_r \tan \delta$ folgt aus Gl.(3.47) die Beziehung

$$k_z = \frac{2\pi}{\lambda_0} \sqrt{\varepsilon_r - j\varepsilon_r \tan \delta}. \tag{3.52}$$

Die Wellenzahl k_z nach Gl.(3.44) wird durch die Berücksichtigung der Verluste im Dielektrikum komplex. Da im folgenden jedoch meistens k_z als reellwertig angenommen wird, wird auf eine komplexwertige Darstellung ($\underline{k}_z$) verzichtet.

Durch die Verluste im Dielektrikum wird die Welle auf der Leitung gedämpft. Zur allgemeinen Beschreibung dieser Ausbreitungsform ist es in der Leitungstheorie üblich, den Ausdruck $e^{-jk_z z}$ mit Hilfe einer **komplexen Ausbreitungskonstanten** $\underline{\gamma}$,

$$\underline{\gamma} = \alpha + j\beta, \tag{3.53}$$

mit der **Dämpfungskonstanten** α und der **Ausbreitungskonstanten** β, in der Form

$$e^{-jk_z z} = e^{-\underline{\gamma} z} \tag{3.54}$$

zu verwenden. Somit gilt

$$jk_z = \underline{\gamma} \tag{3.55}$$

oder

$$jk_0 \sqrt{\varepsilon_r} \sqrt{1 - j\tan \delta} = \alpha + j\beta. \tag{3.56}$$

Umstellen von Gl.(3.56) nach α und β liefert für die Dämpfungskonstante

$$\alpha = k_0 \sqrt{\frac{\varepsilon_r}{2} \left(\sqrt{1 + \tan^2 \delta} - 1 \right)} \tag{3.57}$$

und für Ausbreitungskonstante

$$\beta = k_0 \sqrt{\frac{\varepsilon_r}{2} \left(\sqrt{1 + \tan^2 \delta} + 1 \right)}. \tag{3.58}$$

Damit sind die Zwischenbetrachtungen zur Wellenzahl oder Ausbreitungskonstanten der TEM-Leitung abgeschlossen. Es sei jedoch zum Abschluß noch darauf hingewiesen, daß strenggenommen in der Praxis eine derartige Welle nicht auftritt, da eine wesentliche Voraussetzung zur Charakterisierung der **idealen Leitung**, nämlich die des **ideal leitenden Innenleiters und Außenleiters**, nicht erfüllt wird. So führen z.B. Leitungsverluste durch nicht ideal leitende Materialien direkt zu einer z-Komponente des elektrischen Feldes. Da allerdings durch eine geeignete Wahl der Materialien die transversalen Feldkomponenten das Verhalten im wesentlichen bestimmen und somit in erster Näherung die Komponenten in Ausbreitungsrichtung vernachlässigt werden können, stellt diese Lösung, die durch die Berücksichtigung von Gl.(3.36) entstanden ist, eine sehr bedeutende Rolle bei der grundsätzlichen Betrachtung von Leitungen dar.

3.2 Wellenausbreitung auf TEM-Leitungen

Die bisherigen Untersuchungen haben gezeigt, daß die allgemeine Lösung des elektromagnetischen Feldes auf verschiedene Feldtypen führt, die alle für sich die (durch die Struktur) vorgegebenen Randbedingungen erfüllen. Mit Hilfe dieser Feldtypen, die auch als die Eigenlösungen bezeichnet werden, liefert eine geeignete Superposition aller Feldtypen die Möglichkeit zur Beschreibung beliebiger Felder. Eine Durchführung solcher Berechnungen ist immer dann erforderlich, wenn die Größe der zu untersuchenden Anordnungen im Bereich der auftretenden Wellenlänge liegt. Bei hohen Frequenzen, d.h. im Gigahertzbereich, stellt sogar jede normale Verzweigung eine Struktur dar, die mit sehr aufwendigen Verfahren charakterisiert werden muß. Durch diese Art der Schaltungsanalyse steigt der zeitliche Aufwand und die benötigte Rechenleistung so schnell an, daß eine Berechnung aller Komponenten auf eine derart exakte Weise derzeit noch unpraktikabel ist. Aus diesem Grunde muß durch eine vereinfachte Näherungsbetrachtung dafür gesorgt werden, daß eine halbwegs brauchbare theoretische Beschreibung vorliegt, die dann unter Zuhilfenahme von Meßergebnissen zu einer funktionierenden Schaltung führt. Dabei wird deutlich, daß der Erfolg bei der Schaltungsrealisierung auch direkt von der Genauigkeit der Meßtechnik abhängt, so daß die Meßtechnik im Höchstfrequenzbereich eine sehr bedeutende Rolle einnimmt, die an späterer Stelle noch erörtert werden soll. An dieser Stelle wird gezeigt, daß eine Vielzahl von Problemen dadurch gelöst werden können, indem nur Feldlösungen vom TEM-Feldtypen berücksichtigt werden. Der Vorteil liegt in der Tatsache begründet, daß beim TEM-Feldtypen eine sinnvolle Definition bekannter elektrischer Größen, wie z.B. Ströme und Spannungen erfolgen kann. Hierdurch besteht dann die Möglichkeit auf bekannte Verfahren der Schaltungsanalyse, wie z.B. die komplexe Wechselstromrechnung, zurückgreifen zu können. Dieses Vorgehen führt zur sogenannten **Leitungstheorie**. In diesem Fall kann die Analyse einer komplexeren Schaltung folgendermaßen ablaufen. Im ersten Schritt erfolgt eine Unterteilung der Komponenten in Gruppen, von denen die eine mit Hilfe der Leitungstheorie beschrieben werden können. Hierbei handelt es sich im wesentlichen um die Leitungsstrukturen, die zur Verbindung komplizierter Bauelemente, deren Beschreibung mit anderen Verfahren erfolgen muß, dienen. Im nächsten Schritt werden die Eigenschaften der komplizierteren Bauelemente ermittelt, entweder meßtechnisch oder numerisch, so daß im Anschluß daran eine Analyse der gesamten Schaltung erfolgen kann. Dieses Vorgehen wird mit den zur Zeit zur Verfügung stehenden CAD-Programmen immer einfacher, da diese Hilfswerkzeuge auch immer mehr Verfahren beinhalten, die eine genaue Beschreibung der komplizierteren Bauelemente ermöglicht, so daß in vielen Fällen direkt die vollständige Schaltung, d.h. ohne Zuhilfenahme von Meßergebnissen, analysiert werden kann. Der wesentliche Vorteil solcher CAD-Programme liegt in der Einsparung an Entwicklungszeit begründet; denn jeder praktische Entwicklungsdurchgang erhöht die unmittelbar entstehenden Kosten und wirft zudem den Entwickler im Wettstreit mit anderen Herstellern weit zurück. Letztgenanntes ist im Bereich der monolithisch integrierten Schaltungstechnik von besonderer Bedeutung, da dort ein Fertigungsdurchlauf mehrere Monate dauern kann. Darüber hinaus bieten diese CAD-Programme auch die Möglichkeit, die Empfindlichkeit der Übertragungseigenschaften in Abhängigkeit von Schwankungen in den Bauelementewerten zu untersuchen. Dadurch kann der Schaltungsentwurf derart erfolgen, daß der Ausschuß, d.h. die Anzahl an nichtfunktionierenden Schaltungen, minimiert und somit die Ausbeute (engl. Yield) groß wird. Auch dieser Aspekt, der mit dem Begriff Ausbeuteoptimierung (Yield-Optimization) bezeichnet wird, gerät immer mehr in den Vordergrund. Aus diesen Anmerkungen, die nur eine kurze Übersicht bieten, kann schon die besondere Rolle der Leitungstheorie erkannt werden. Es sollen nun, in den folgenden Abschnitten, die wesentlichen Merkmale und Parameter der Leitungstheorie abgeleitet werden. Zur Verdeutlichung aller Schritte erfolgt dieses an einem konkreten Beispiel, der Koaxialleitung.

3.2.1 Die ideale Koaxialleitung

In diesem Beispiel soll der zuvor genannte Spezialfall, der die Lösung für die **ideale Koaxialleitung** liefert, genauer betrachtet werden. Dieser wird durch die Bedingungen

$$k_{tr}^2 = k^2 - k_z^2 = 0 \tag{3.59}$$

und

$$k_\alpha^2 = 0 \tag{3.60}$$

beschrieben. Hierfür ergibt sich die Abhängigkeit des Vektorpotentials von den Transversalkoordinaten aus der Lösung von Gl.(3.31),

$$\frac{1}{\underline{T}(\alpha)} \frac{\partial^2}{\partial \alpha^2} \underline{T}(\alpha) = 0 \tag{3.61}$$

und Gl.(3.32)

$$\frac{1}{\underline{R}(r)} \left(\frac{1}{r} \frac{\partial}{\partial r} \left(r \frac{\partial}{\partial r} \underline{R}(r) \right) \right) = 0. \tag{3.62}$$

Multiplikation der Gl.(3.62) mit $r \, \underline{R}(r)$ liefert die Beziehung

$$\frac{\partial}{\partial r} \left(r \frac{\partial}{\partial r} \underline{R}(r) \right) = 0 \tag{3.63}$$

zur Bestimmung der Lösung von Gl.(3.62). Integration von Gl.(3.63) bezüglich r liefert

$$\frac{\partial}{\partial r} \underline{R}(r) = \frac{\underline{C}_{R1}}{r}, \tag{3.64}$$

woraus sich nach einer weiteren Integration die allgemeine Lösung von $\underline{R}(r)$ durch

$$\underline{R}(r) = \underline{C}_{R1} \ln(r) + \underline{C}_{R2} \tag{3.65}$$

angeben läßt.

In entsprechender Weise ergibt sich die Lösung von Gl.(3.61) zu

$$\underline{T}(\alpha) = \underline{C}_{T1}\alpha + \underline{C}_{T2}, \tag{3.66}$$

so daß mit Gl.(3.27),

$$\underline{Z}(z) = \underline{C}_{Z1}\,e^{-jk_z z} + \underline{C}_{Z2}\,e^{jk_z z}, \tag{3.67}$$

die Gesamtlösung für das magnetische Vektorpotential $\underline{A}_z$ nach Gl.(3.17) durch

$$\underline{A}_z = \left(\underline{C}_{R1}\ln(r) + \underline{C}_{R2}\right) \cdot \left(\underline{C}_{T1}\alpha + \underline{C}_{T2}\right) \cdot \left(\underline{C}_{Z1}\,e^{-jk_z z} + \underline{C}_{Z2}\,e^{jk_z z}\right) \tag{3.68}$$

gegeben ist. Analog dazu kann die Lösung von Gl.(3.7) für das elektrische Vektorpotential $\underline{F}_z$ abgeleitet und in der Form

$$\underline{F}_z = \left(\underline{C}_{R3}\ln(r) + \underline{C}_{R4}\right) \cdot \left(\underline{C}_{T3}\alpha + \underline{C}_{T4}\right) \cdot \left(\underline{C}_{Z3}\,e^{-jk_z z} + \underline{C}_{Z4}\,e^{jk_z z}\right) \tag{3.69}$$

angegeben werden.

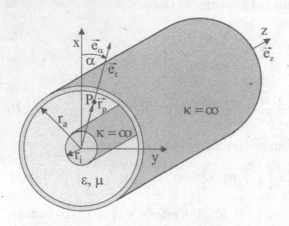

Bild 3.4: *Geometrie der idealen Koaxialleitung*

Zur Bestimmung der Konstanten $\underline{C}_{R1}$, $\underline{C}_{R2}$, $\underline{C}_{R3}$, $\underline{C}_{R4}$, $\underline{C}_{T1}$, $\underline{C}_{T2}$, $\underline{C}_{T3}$ und $\underline{C}_{T4}$, die zur Beschreibung der Abhängigkeit der Feldgrößen von den Transversalkoordinaten dienen, wird die in Bild 3.4 gezeigte Geometrie zugrundegelegt. Da jede Feldlösung aus den allgemeinen Vektorpotentialen, sowohl die aus dem magnetischen Vektorpotential nach Gl.(3.68), als auch die aus dem elektrischen Vektorpotential nach Gl.(3.69), für sich die Randbedingungen erfüllen muß, wird nun zunächst das zu dem jeweiligen Potential zugehörige elektromagnetische Feld bestimmt. Das heißt beginnend mit dem Einsetzen von Gl.(3.68) in Gl.(3.12) und Gl.(3.13) und anschließend von Gl.(3.69) in Gl.(3.14) und Gl.(3.15).

> **Berechnung des elektromagnetischen Feldes aus dem magnetischen Vektorpotential** $\vec{\underline{A}}$ **mit** $k = k_z$

1. Berechnung des elektrischen Feldes, $\vec{\underline{E}}^A = \underline{E}_r^A\,\vec{e}_r + \underline{E}_\alpha^A\,\vec{e}_\alpha + \underline{E}_z^A\,\vec{e}_z$:

- Die Radialkomponente $\vec{\underline{E}}_r^A = \underline{E}_r^A\,\vec{e}_r$:

$$\underline{E}_r^A = \frac{-j\omega}{k^2}\,\frac{\partial^2}{\partial r\,\partial z}\,\underline{A}_z$$

$$= \frac{-j\omega}{k^2}\,\frac{\underline{C}_{R1}}{r}\,(\underline{C}_{T1}\alpha + \underline{C}_{T2})\left(-jk_z\underline{C}_{Z1}e^{-jk_zz} + jk_z\underline{C}_{Z2}e^{jk_zz}\right)$$

$$= \frac{-\omega}{k_z}\,\frac{\underline{C}_{R1}}{r}\,(\underline{C}_{T1}\alpha + \underline{C}_{T2})\left(\underline{C}_{Z1}e^{-jk_zz} - \underline{C}_{Z2}e^{jk_zz}\right) \qquad (3.70)$$

- Die α-Komponente $\vec{\underline{E}}_\alpha^A = \underline{E}_\alpha^A\,\vec{e}_\alpha$:

$$\underline{E}_\alpha^A = \frac{-j\omega}{k^2}\,\frac{1}{r}\,\frac{\partial^2}{\partial\alpha\,\partial z}\,\underline{A}_z$$

$$= \frac{-j\omega}{k^2}\,\frac{1}{r}\,(\underline{C}_{R1}\ln(r) + \underline{C}_{R2})\,\underline{C}_{T1}$$

$$\cdot \left(-jk_z\underline{C}_{Z1}e^{-jk_zz} + jk_z\underline{C}_{Z2}e^{jk_zz}\right)$$

$$= \frac{-\omega}{k_z}\,\frac{\underline{C}_{T1}}{r}\,(\underline{C}_{R1}\ln(r) + \underline{C}_{R2})\left(\underline{C}_{Z1}e^{-jk_zz} - \underline{C}_{Z2}e^{jk_zz}\right) \qquad (3.71)$$

- Die z-Komponente $\vec{\underline{E}}_z^A = \underline{E}_z^A\,\vec{e}_z$:

$$\underline{E}_z^A = \frac{-j\omega}{k^2}\left(\frac{\partial^2}{\partial z^2}\,\underline{A}_z + k^2\,\underline{A}_z\right)$$

$$= \frac{-j\omega}{k^2}\,(\underline{C}_{R1}\ln(r) + \underline{C}_{R2})\,(\underline{C}_{T1}\alpha + \underline{C}_{T2})$$

$$\left[-k_z^2\left(\underline{C}_{Z1}e^{-jk_zz} + \underline{C}_{Z2}e^{jk_zz}\right) + k^2\left(\underline{C}_{Z1}e^{-jk_zz} + \underline{C}_{Z2}e^{jk_zz}\right)\right]$$

$$= \frac{-j\omega}{k^2}\,(\underline{C}_{R1}\ln(r) + \underline{C}_{R2})\,(\underline{C}_{T1}\alpha + \underline{C}_{T2})$$

$$\cdot \left(\underline{C}_{Z1}e^{-jk_zz} + \underline{C}_{Z2}e^{jk_zz}\right)\left[k^2 - k_z^2\right]$$

$$= 0 \qquad (3.72)$$

2. Berechnung des magnetischen Feldes, $\vec{\underline{H}}^A = \underline{H}_r^A \vec{e}_r + \underline{H}_\alpha^A \vec{e}_\alpha + \underline{H}_z^A \vec{e}_z$:

• Die Radialkomponente $\vec{\underline{H}}_r^A = \underline{H}_r^A \vec{e}_r$:

$$
\begin{aligned}
\underline{H}_r^A &= \frac{1}{\mu}\frac{1}{r}\frac{\partial}{\partial\alpha}\underline{A}_z \\
&= \frac{1}{\mu}\frac{1}{r}\left(\underline{C}_{R1}\ln(r) + \underline{C}_{R2}\right)\underline{C}_{T1}\left(\underline{C}_{Z1}e^{-jk_z z} + \underline{C}_{Z2}e^{jk_z z}\right) \\
&= \frac{1}{\mu}\frac{\underline{C}_{T1}}{r}\left(\underline{C}_{R1}\ln(r) + \underline{C}_{R2}\right)\left(\underline{C}_{Z1}e^{-jk_z z} + \underline{C}_{Z2}e^{jk_z z}\right)
\end{aligned} \tag{3.73}
$$

• Die α-Komponente $\vec{\underline{H}}_\alpha^A = \underline{H}_\alpha^A \vec{e}_\alpha$:

$$
\begin{aligned}
\underline{H}_\alpha^A &= -\frac{1}{\mu}\frac{\partial}{\partial r}\underline{A}_z \\
&= -\frac{1}{\mu}\frac{\underline{C}_{R1}}{r}\left(\underline{C}_{T1}\alpha + \underline{C}_{T2}\right)\left(\underline{C}_{Z1}e^{-jk_z z} + \underline{C}_{Z2}e^{jk_z z}\right)
\end{aligned} \tag{3.74}
$$

• Die z-Komponente $\vec{\underline{H}}_z^A = \underline{H}_z^A \vec{e}_z$:

$$
\underline{H}_z^A = 0 \tag{3.75}
$$

Berechnung des elektromagnetischen Feldes aus dem elektrischen Vektorpotential $\vec{F}$ mit $k = k_z$

---

1. Berechnung des elektrischen Feldes, $\vec{\underline{E}}^F = \underline{E}_r^F \vec{e}_r + \underline{E}_\alpha^F \vec{e}_\alpha + \underline{E}_z^F \vec{e}_z$:

• Die Radialkomponente $\vec{\underline{E}}_r^F = \underline{E}_r^F \vec{e}_r$:

$$
\begin{aligned}
\underline{E}_r^F &= -\frac{1}{\varepsilon}\frac{1}{r}\frac{\partial}{\partial\alpha}\underline{F}_z \\
&= -\frac{1}{\varepsilon}\frac{\underline{C}_{T3}}{r}\left(\underline{C}_{R3}\ln(r) + \underline{C}_{R4}\right)\left(\underline{C}_{Z3}e^{-jk_z z} + \underline{C}_{Z4}e^{jk_z z}\right)
\end{aligned} \tag{3.76}
$$

• Die α-Komponente $\vec{\underline{E}}_\alpha^F = \underline{E}_\alpha^F \vec{e}_\alpha$:

$$
\begin{aligned}
\underline{E}_\alpha^F &= \frac{1}{\varepsilon}\frac{\partial}{\partial r}\underline{F}_z \\
&= \frac{1}{\varepsilon}\frac{\underline{C}_{R3}}{r}\left(\underline{C}_{T3}\alpha + \underline{C}_{T4}\right)\left(\underline{C}_{Z3}e^{-jk_z z} + \underline{C}_{Z4}e^{jk_z z}\right)
\end{aligned} \tag{3.77}
$$

- Die z-Komponente $\vec{\underline{E}}_z^F = \underline{E}_z^F\, \vec{e}_z$:

$$\underline{E}_z^F = 0 \qquad (3.78)$$

2.Berechnung des magnetischen Feldes, $\vec{\underline{H}}^F = \underline{H}_r^F\, \vec{e}_r + \underline{H}_\alpha^F\, \vec{e}_\alpha + \underline{H}_z^F\, \vec{e}_z$:

- Die Radialkomponente $\vec{\underline{H}}_r^F = \underline{H}_r^F\, \vec{e}_r$:

$$
\begin{aligned}
\underline{H}_r^F &= \frac{-j\omega}{k^2}\frac{\partial^2}{\partial r \partial z}\underline{F}_z \\
&= \frac{-j\omega}{k^2}\frac{\underline{C}_{R3}}{r}\left(\underline{C}_{T3}\alpha + \underline{C}_{T4}\right)\left(-jk_z\underline{C}_{Z3}\,e^{-jk_zz} + jk_z\underline{C}_{Z4}\,e^{jk_zz}\right) \\
&= \frac{-\omega}{k_z}\frac{\underline{C}_{R3}}{r}\left(\underline{C}_{T3}\alpha + \underline{C}_{T4}\right)\left(\underline{C}_{Z3}\,e^{-jk_zz} - \underline{C}_{Z4}\,e^{jk_zz}\right) \qquad (3.79)
\end{aligned}
$$

- Die α-Komponente $\vec{\underline{H}}_\alpha^F = \underline{H}_\alpha^F\, \vec{e}_\alpha$:

$$
\begin{aligned}
\underline{H}_\alpha^F &= \frac{-j\omega}{k^2}\frac{1}{r}\frac{\partial^2}{\partial\alpha\partial z}\underline{F}_z \\
&= \frac{-j\omega}{k^2}\frac{1}{r}\left(\underline{C}_{R3}\ln(r) + \underline{C}_{R4}\right)\underline{C}_{T3} \\
&\qquad \cdot\left(-jk_z\underline{C}_{Z3}\,e^{-jk_zz} + jk_z\underline{C}_{Z4}\,e^{jk_zz}\right) \\
&= \frac{-\omega}{k_z}\frac{\underline{C}_{T3}}{r}\left(\underline{C}_{R3}\ln(r) + \underline{C}_{R4}\right)\left(\underline{C}_{Z3}\,e^{-jk_zz} - \underline{C}_{Z4}\,e^{jk_zz}\right) \qquad (3.80)
\end{aligned}
$$

- Die z-Komponente $\vec{\underline{H}}_z^F = \underline{H}_z^F\, \vec{e}_z$:

$$
\begin{aligned}
\underline{H}_z^F &= \frac{-j\omega}{k^2}\left(\frac{\partial^2}{\partial z^2}\underline{F}_z + k^2\,\underline{F}_z\right) \\
&= \frac{-j\omega}{k^2}\left(\underline{C}_{R3}\ln(r) + \underline{C}_{R4}\right)\left(\underline{C}_{T3}\alpha + \underline{C}_{T4}\right) \\
&\qquad \left[-k_z^2\left(\underline{C}_{Z3}e^{-jk_zz} + \underline{C}_{Z4}e^{jk_zz}\right) + k^2\left(\underline{C}_{Z3}e^{-jk_zz} + \underline{C}_{Z4}e^{jk_zz}\right)\right] \\
&= \frac{-j\omega}{k^2}\left(\underline{C}_{R3}\ln(r) + \underline{C}_{R4}\right)\left(\underline{C}_{T3}\alpha + \underline{C}_{T4}\right) \\
&\qquad \cdot\left(\underline{C}_{Z3}\,e^{-jk_zz} + \underline{C}_{Z4}\,e^{jk_zz}\right)\left[k^2 - k_z^2\right] \\
&= 0 \qquad (3.81)
\end{aligned}
$$

Zur Bestimmung der Konstanten in Gl.(3.70) bis Gl.(3.81) werden nun die Randbedingungen herangezogen. Diese besagen, daß sowohl die Tangentialkomponente der elektrischen Feldstärke als auch die Normalkomponente der magnetischen Feldstärke an den ideal leitenden Grenzflächen der Leiter verschwinden müssen. Das heißt es muß

$$\underline{E}_\alpha(r_i, \alpha, z) = 0, \tag{3.82}$$

$$\underline{E}_\alpha(r_a, \alpha, z) = 0, \tag{3.83}$$

$$\underline{H}_r(r_i, \alpha, z) = 0 \tag{3.84}$$

und

$$\underline{H}_r(r_a, \alpha, z) = 0 \tag{3.85}$$

gelten.

Einsetzen der Ergebnisse für $\underline{E}_\alpha$ und $\underline{H}_r$ in die Randbedingungen liefert direkt

$$C_{T1} = 0 \tag{3.86}$$

und

$$C_{R3} = 0, \tag{3.87}$$

wodurch die α-Komponente der elektrischen und die Radialkomponente der magnetischen Feldstärke vollständig verschwindet.

Damit kann unter der Berücksichtigung von $k_z = \omega\sqrt{\varepsilon\mu}$ die resultierende Feldverteilung, die sich aus der Überlagerung der Einzellösungen

$$\underline{\vec{E}} = \underline{\vec{E}}^A + \underline{\vec{E}}^F \tag{3.88}$$

bzw.

$$\underline{\vec{H}} = \underline{\vec{H}}^A + \underline{\vec{H}}^F \tag{3.89}$$

ergibt, durch

$$
\begin{aligned}
\underline{\vec{E}} = &-\frac{1}{\sqrt{\varepsilon\mu}}\, \frac{\underline{C}_{R1}\,\underline{C}_{T2}}{r}\left(\underline{C}_{Z1}\,e^{-jk_z z} - \underline{C}_{Z2}\,e^{jk_z z}\right)\vec{e}_r \\
&-\frac{1}{\varepsilon}\,\frac{\underline{C}_{T3}\,\underline{C}_{R4}}{r}\left(\underline{C}_{Z3}\,e^{-jk_z z} + \underline{C}_{Z4}\,e^{jk_z z}\right)\vec{e}_r \\
= &\frac{1}{r}\left[\left(\frac{-\underline{C}_{T3}\,\underline{C}_{R4}\,\underline{C}_{Z3}}{\varepsilon} + \sqrt{\frac{\mu}{\varepsilon}}\,\frac{-\underline{C}_{R1}\,\underline{C}_{T2}\,\underline{C}_{Z1}}{\mu}\right)e^{-jk_z z} \right. \\
&\left. +\left(\frac{-\underline{C}_{T3}\,\underline{C}_{R4}\,\underline{C}_{Z4}}{\varepsilon} - \sqrt{\frac{\mu}{\varepsilon}}\,\frac{-\underline{C}_{R1}\,\underline{C}_{T2}\,\underline{C}_{Z2}}{\mu}\right)e^{jk_z z}\right]\vec{e}_r \tag{3.90}
\end{aligned}
$$

und

$$\vec{\underline{H}} = -\frac{1}{\mu}\frac{\underline{C}_{R1}\underline{C}_{T2}}{r}\left(\underline{C}_{Z1}e^{-jk_zz} + \underline{C}_{Z2}e^{jk_zz}\right)\vec{e}_\alpha$$
$$-\frac{1}{\sqrt{\varepsilon\mu}}\frac{\underline{C}_{T3}\underline{C}_{R4}}{r}\left(\underline{C}_{Z3}e^{-jk_zz} - \underline{C}_{Z4}e^{jk_zz}\right)\vec{e}_\alpha$$
$$= \frac{1}{r}\sqrt{\frac{\varepsilon}{\mu}}\left[\left(\frac{-\underline{C}_{T3}\,\underline{C}_{R4}\,\underline{C}_{Z3}}{\varepsilon} + \sqrt{\frac{\mu}{\varepsilon}}\frac{-\underline{C}_{R1}\,\underline{C}_{T2}\,\underline{C}_{Z1}}{\mu}\right)e^{-jk_zz}\right.$$
$$\left. -\left(\frac{-\underline{C}_{T3}\,\underline{C}_{R4}\,\underline{C}_{Z4}}{\varepsilon} - \sqrt{\frac{\mu}{\varepsilon}}\frac{-\underline{C}_{R1}\,\underline{C}_{T2}\,\underline{C}_{Z2}}{\mu}\right)e^{jk_zz}\right]\vec{e}_\alpha \quad (3.91)$$

angegeben werden. Mit Hilfe der Abkürzungen

$$C_1 = \frac{-\underline{C}_{T3}\,\underline{C}_{R4}\,\underline{C}_{Z3}}{\varepsilon}, \quad (3.92)$$

$$C_2 = \frac{-\underline{C}_{T3}\,\underline{C}_{R4}\,\underline{C}_{Z4}}{\varepsilon} \quad (3.93)$$

$$K_1 = \frac{-\underline{C}_{R1}\,\underline{C}_{T2}\,\underline{C}_{Z1}}{\mu}, \quad (3.94)$$

und

$$K_2 = \frac{-\underline{C}_{R1}\,\underline{C}_{T2}\,\underline{C}_{Z2}}{\mu} \quad (3.95)$$

läßt sich daraus

$$\vec{\underline{E}} = \frac{1}{r}\left[\left(C_1 + \sqrt{\frac{\mu}{\varepsilon}}K_1\right)e^{-jk_zz} + \left(C_2 - \sqrt{\frac{\mu}{\varepsilon}}K_2\right)e^{jk_zz}\right]\vec{e}_r \quad (3.96)$$

und

$$\vec{\underline{H}} = \frac{1}{r}\sqrt{\frac{\varepsilon}{\mu}}\left[\left(C_1 + \sqrt{\frac{\mu}{\varepsilon}}K_1\right)e^{-jk_zz} - \left(C_2 - \sqrt{\frac{\mu}{\varepsilon}}K_2\right)e^{jk_zz}\right]\vec{e}_\alpha \quad (3.97)$$

bestimmen.

Hieraus wird deutlich, daß sich das Gesamtfeld in der Koaxialleitung aus eine in positive z-Richtung und eine in negative z-Richtung laufende Welle zusammensetzt. Das besondere jedoch an der Lösung für die **ideale Koaxialleitung**, d.h. **homogene Materialfüllung** und **ideal leitender Innenleiter bzw. Außenleiter**, ist die Welle vom TEM-Typ.

3.2.2 Ströme und Spannungen auf der TEM-Leitungen

In den meisten Anwendungen im Bereich des Schaltungsentwurfs bei hohen Frequenzen spielt die Kenntnis der Feldverteilung innerhalb der Leitung nur eine untergeordnete Rolle. In diesen Fällen werden häufig Leitungsstrukturen anstelle von RLC-Komponenten, die bei niedrigeren Frequenzen zum Einsatz kommen, verwendet, um eine gewünschte Beeinflussung der Signalübertragungseigenschaften zu ermöglichen. Typische Einsatzgebiete von Leitungen sind z.B. Leistungsteiler, Filterstrukturen und Anpassungsnetzwerke in Verstärkerstufen.

Zur Beschreibung der Eigenschaften von Leitungen in Netzwerken ist es somit in vielen Fällen ausreichend, wenn das Verhalten der Leitung bezüglich der Tore mit Hilfe von Strömen und Spannungen erfolgen kann. Dieses ist zwar nur bei der reinen TEM-Welle exakt möglich, führt aber auch für viele andere Leitungsarten, bei denen keine reine TEM-Welle vorliegt, zu brauchbaren Ergebnissen. Als Grundregel gilt: „Solange die Feldkomponenten in Ausbreitungsrichtung vernachlässigbar gegenüber den Transversalkomponenten sind, führt die Beschreibung durch Ströme und Spannungen zu sinnvollen Ergebnissen". Ist diese Voraussetzung verletzt, so müssen geeignete Korrekturen dafür sorgen, daß die Beschreibung mit Hilfe der TEM-Struktur zum Ziel führt. Typische Beispiele für derartige Leitungselemente sind Verzweigungen. Wie an späterer Stelle gezeigt wird, stehen hierfür jedoch in vielen Fällen geeignete Beziehungen bereit, so daß einer Schaltungsanalyse nichts im Wege steht. Aus diesem Grunde erfolgt nun zunächst die Berechnung der Spannung zwischen dem Innen- und Außenleiter sowie des Stroms im Innenleiter. Im Falle der Koaxialleitung erfolgt die Integration der elektrischen Feldstärke genau entlang einer Feldlinie in rein radialer Richtung, so daß die von der z-Koordinate abhängige Spannung $\underline{U}(z)$ aus

$$\underline{U}(z) = \int\limits_{r_i}^{r_a} \vec{\underline{E}} \; \vec{e}_r \; \mathrm{d}r \tag{3.98}$$

ermittelt werden kann. Zur Berechnung des Stroms $\underline{I}(z)$ im Innenleiter wird ein Integrationsweg gewählt der den Innenleiter vollständig einschließt. Bei der Koaxialleitung ist es daher zweckmäßig auf einem konstanten Radius r, mit $r_i < r < r_a$, entlang der α-Komponente, d.h. entlang einer magnetischen Feldlinie, von 0 bis 2π zu integrieren. Diese führt auf die Beziehung

$$\underline{I}(z) = \int\limits_0^{2\pi} \vec{\underline{H}} \, r \, \vec{e}_\alpha \, d\alpha. \tag{3.99}$$

Damit läßt sich aus Gl.(3.98) der Spannungsverlauf $\underline{U}(z)$ zu

$$\underline{U}(z) = \ln\left(\frac{r_a}{r_i}\right)\left[\left(C_1 + \sqrt{\frac{\mu}{\varepsilon}}\,K_1\right)e^{-jk_z z} + \left(C_2 - \sqrt{\frac{\mu}{\varepsilon}}\,K_2\right)e^{jk_z z}\right] \tag{3.100}$$

und aus Gl.(3.99) der Stromverlauf $\underline{I}(z)$ zu

$$\underline{I}(z) = 2\pi\sqrt{\frac{\varepsilon}{\mu}}\left[\left(C_1 + \sqrt{\frac{\mu}{\varepsilon}}\,K_1\right)e^{-jk_z z} - \left(C_2 - \sqrt{\frac{\mu}{\varepsilon}}\,K_2\right)e^{jk_z z}\right] \tag{3.101}$$

bestimmen. Zur weiteren Untersuchung werden Gl.(3.100) und Gl.(3.101) auf die Form

$$\underline{U}(z) = \left[C_1 \ln\left(\frac{r_a}{r_i}\right) + \left(\frac{\ln\left(\frac{r_a}{r_i}\right)}{2\pi}\sqrt{\frac{\mu}{\varepsilon}}\right)(2\pi K_1)\right]e^{-jk_z z}$$

$$+ \left[C_2 \ln\left(\frac{r_a}{r_i}\right) - \left(\frac{\ln\left(\frac{r_a}{r_i}\right)}{2\pi}\sqrt{\frac{\mu}{\varepsilon}}\right)(2\pi K_2)\right]e^{jk_z z} \tag{3.102}$$

und

$$\underline{I}(z) = \left\{\left[C_1 \ln\left(\frac{r_a}{r_i}\right) + \left(\frac{\ln\left(\frac{r_a}{r_i}\right)}{2\pi}\sqrt{\frac{\mu}{\varepsilon}}\right)(2\pi K_1)\right]e^{-jk_z z}\right.$$

$$\left. - \left[C_2 \ln\left(\frac{r_a}{r_i}\right) - \left(\frac{\ln\left(\frac{r_a}{r_i}\right)}{2\pi}\sqrt{\frac{\mu}{\varepsilon}}\right)(2\pi K_2)\right]e^{jk_z z}\right\}$$

$$\cdot \left(\frac{2\pi}{\ln\left(\frac{r_a}{r_i}\right)}\sqrt{\frac{\varepsilon}{\mu}}\right) \tag{3.103}$$

gebracht.

Eine Betrachtung der beiden letzten Gleichungen zeigt, daß die in den eckigen Klammern angegebenen Größen von der Dimension her Spannungswerte beschreiben, die durch $\underline{U}_1$ und $\underline{U}_2$ mit

$$\underline{U}_1 = C_1 \ln\left(\frac{r_a}{r_i}\right) + \left(\frac{\ln\left(\frac{r_a}{r_i}\right)}{2\pi}\sqrt{\frac{\mu}{\varepsilon}}\right)(2\pi K_1) \tag{3.104}$$

und

$$\underline{U}_2 = C_2 \ln\left(\frac{r_a}{r_i}\right) - \left(\frac{\ln\left(\frac{r_a}{r_i}\right)}{2\pi}\sqrt{\frac{\mu}{\varepsilon}}\right)(2\pi K_2) \tag{3.105}$$

dargestellt werden können. Zudem erfolgt die Einführung der Kenngröße Z_W, die durch

$$Z_W = \frac{\ln\left(\frac{r_a}{r_i}\right)}{2\pi}\sqrt{\frac{\mu}{\varepsilon}} \tag{3.106}$$

gegeben ist. Sie besitzt die Dimension einer Impedanz und wird als der **Wellenwiderstand** der Koaxialleitung bezeichnet. Die Bedeutung dieser Größe wird später, bei der Diskussion der Ergebnisse, deutlich. Damit ergeben sich aus Gl.(3.102) und Gl.(3.103) die Beziehungen

$$\underline{U}(z) = \underline{U}_1 e^{-jk_z z} + \underline{U}_2 e^{jk_z z} \tag{3.107}$$

und

$$\underline{I}(z) = \left(\underline{U}_1 e^{-jk_z z} - \underline{U}_2 e^{jk_z z}\right)\frac{1}{Z_W}. \tag{3.108}$$

Die in Gl.(3.107) und Gl.(3.108) verwendeten Konstanten $\underline{U}_1$ und $\underline{U}_2$ werden aus den Schaltungsbedingungen an den Toren der Leitung ermittelt.

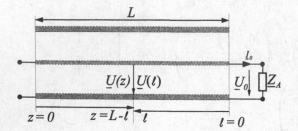

Bild 3.5: *Bezeichnung der Längskoordinaten einer Leitung mit Abschlußimpedanz*

Hierzu wird das in Bild 3.5 gezeigte Leitungsstück der Länge L betrachtet. Am Ausgang der Leitung soll sich eine Spannung der Größe $\underline{U}_0$ und ein

Strom der Stärke $\underline{I}_0$ einstellen. Die hierzu benötigte Impedanz $\underline{Z}_A$ ist somit direkt durch $\underline{U}_0 = \underline{Z}_A \underline{I}_0$ gegeben. Desweiteren wird der Abstand ℓ vom Leitungsende als neue Bezugskoordinate eingeführt. Somit muß die Spannung am Ort $z = L - \ell$, also $\underline{U}(z = L - \ell)$, mit $\underline{U}(\ell)$ übereinstimmen. Das heißt es gilt

$$\underline{U}(\ell) = \underline{U}(z = L - \ell) \tag{3.109}$$

und in entsprechender Weise

$$\underline{I}(\ell) = \underline{I}(z = L - \ell). \tag{3.110}$$

Die Wahl der neuen Koordinate ℓ führt auf die Beziehungen

$$\underline{U}(\ell) = \underline{U}_1 e^{-jk_z(L-\ell)} + \underline{U}_2 e^{jk_z(L-\ell)} \tag{3.111}$$

und

$$\underline{I}(\ell) = \left(\underline{U}_1 e^{-jk_z(L-\ell)} - \underline{U}_2 e^{jk_z(L-\ell)} \right) \frac{1}{Z_W}, \tag{3.112}$$

aus denen nun die Konstanten $\underline{U}_1$ und $\underline{U}_2$ bestimmt werden können. Hierzu werden sowohl die Spannung als auch der Strom an der Stelle $\ell = 0$ betrachtet. Mit den Vorgaben in Bild 3.5 liefert Gl.(3.111) für die Spannung den Ausdruck

$$\underline{U}(\ell = 0) = \underline{U}_1 e^{-jk_z L} + \underline{U}_2 e^{jk_z L}, \tag{3.113}$$

der mit $\underline{U}(\ell = 0) = \underline{U}_0$ durch

$$\underline{U}_0 = \underline{U}_1 e^{-jk_z L} + \underline{U}_2 e^{jk_z L} \tag{3.114}$$

angegeben werden kann. Analog dazu liefert Gl.(3.112) eine Beziehung für den Strom,

$$\underline{I}(\ell = 0) = \left[\underline{U}_1 e^{-jk_z L} - \underline{U}_2 e^{jk_z L} \right] \frac{1}{Z_W}, \tag{3.115}$$

die mit $\underline{I}(\ell = 0) = \underline{I}_0$ in der Form

$$Z_W \underline{I}_0 = \underline{U}_1 e^{-jk_z L} - \underline{U}_2 e^{jk_z L} \tag{3.116}$$

darstellbar ist.

Die Addition von Gl.(3.114) und Gl.(3.116) liefert somit

$$\underline{U}_0 + Z_W \underline{I}_0 = 2 \underline{U}_1 e^{-jk_z L},$$

woraus sich $\underline{U}_1$ zu

$$\underline{U}_1 = \frac{1}{2} \left(\underline{U}_0 + Z_W \underline{I}_0 \right) e^{jk_z L} \tag{3.117}$$

bestimmen läßt.

Entsprechend liefert die Subtraktion der Gl.(3.116) von Gl.(3.114)

$$\underline{U}_0 - Z_W \underline{I}_0 = 2\,\underline{U}_2\,e^{jk_zL},$$

woraus sich für $\underline{U}_2$

$$\underline{U}_2 = \frac{1}{2}\left(\underline{U}_0 - Z_W \underline{I}_0\right) e^{-jk_zL} \tag{3.118}$$

ergibt, so daß sich mit Gl.(3.117) und Gl.(3.118) die Spannungsverteilung nach Gl.(3.111) durch

$$\underline{U}(\ell) = \frac{1}{2}\left(\underline{U}_0 + Z_W \underline{I}_0\right) e^{jk_z\ell} + \frac{1}{2}\left(\underline{U}_0 - Z_W \underline{I}_0\right) e^{-jk_z\ell} \tag{3.119}$$

und die Stromverteilung nach Gl.(3.112) durch

$$\underline{I}(\ell) = \left[\frac{1}{2}\left(\underline{U}_0 + Z_W \underline{I}_0\right) e^{jk_z\ell} - \frac{1}{2}\left(\underline{U}_0 - Z_W \underline{I}_0\right) e^{-jk_z\ell}\right] \frac{1}{Z_W} \tag{3.120}$$

angeben läßt. Umformen von Gl.(3.119) liefert aus

$$\underline{U}(\ell) = \underline{U}_0 \frac{e^{jk_z\ell} + e^{-jk_z\ell}}{2} + Z_W \underline{I}_0 \frac{e^{jk_z\ell} - e^{-jk_z\ell}}{2} \tag{3.121}$$

für die Spannung

$$\underline{U}(\ell) = \underline{U}_0 \cos(k_z\ell) + jZ_W \underline{I}_0 \sin(k_z\ell) \tag{3.122}$$

und umformen von Gl.(3.120)

$$\underline{I}(\ell) = \left[\underline{U}_0 \frac{e^{jk_z\ell} - e^{-jk_z\ell}}{2} + Z_W \underline{I}_0 \frac{e^{jk_z\ell} + e^{-jk_z\ell}}{2}\right] \frac{1}{Z_W} \tag{3.123}$$

liefert für den Strom

$$\underline{I}(\ell) = \underline{I}_0 \cos(k_z\ell) + j\frac{\underline{U}_0}{Z_W} \sin(k_z\ell). \tag{3.124}$$

Gl.(3.122) und Gl.(3.124) werden als die **Leitungsgleichungen** der idealen TEM-Leitung bezeichnet. Sie liefern einen allgemeinen Zusammenhang zwischen Spannungen bzw. Strömen an einer beliebigen Position ℓ und den Werten von $\underline{U}_0$ bzw. $\underline{I}_0$ am Leitungsende. Diese Beziehungen können nun zur Bestimmung der Eingangsimpedanz $\underline{Z}(\ell)$ einer mit der Abschlußimpedanz $\underline{Z}_A$ abgeschlossenen Leitung dienen. Danach ergibt sich der Quotient von Gl.(3.122) und Gl.(3.124)

$$\underline{Z}(\ell) = \frac{\underline{U}(\ell)}{\underline{I}(\ell)} = Z_W \frac{\underline{U}_0 \cos(k_z\ell) + jZ_W \underline{I}_0 \sin(k_z\ell)}{Z_W \underline{I}_0 \cos(k_z\ell) + j\underline{U}_0 \sin(k_z\ell)}, \tag{3.125}$$

woraus sich mit $\underline{U}_0 = \underline{Z}_A \underline{I}_0$ die Beziehung

$$\underline{Z}(\ell) = Z_W \frac{1 + j\dfrac{Z_W}{\underline{Z}_A}\tan(k_z\ell)}{\dfrac{Z_W}{\underline{Z}_A} + j\tan(k_z\ell)} \tag{3.126}$$

ergibt.

$\underline{Z}(\ell)$, gemäß Gl.(3.126), beschreibt die Eingangsimpedanz eines Leitungsstücks mit Abschluß $\underline{Z}_A$. Da derartige Elemente in einer Vielzahl von Schaltungen verwendet werden, spielt die in Gl.(3.126) angegebene Beziehung eine bedeutende Rolle. Die Angabe von Besonderheiten und eine intensive Diskussion dieser Beziehung soll an einer späteren Stelle erfolgen. Es sei hier lediglich auf den Spezialfall $\underline{Z}_A = Z_W$ hingewiesen. In diesem Fall, d.h. die Leitung wird mit dem Wellenwiderstand Z_W abgeschlossen, ist nach Gl.(3.126) die Eingangsimpedanz $Z(\ell)$ unabhängig von der Position ℓ und somit unabhängig von der Länge. Der Abschluß einer Leitung mit dem Wellenwiderstand Z_W wird als **Anpassung** bezeichnet. Von den Eingangsklemmen her betrachtet kann nicht unterschieden werden, ob es sich um eine endlich lange oder eine unendlich lange Leitung handelt.

Es stellt sich nun die Frage, ob sich die durch Gl.(3.107) beschriebene Spannungsverteilung anschaulich interpretieren läßt? Zur Beantwortung dieser Frage wird die von der z-Koordinate abhängige Spannungsverteilung

$$\underline{U}(z) = \underline{U}_1 e^{-jk_z z} + \underline{U}_2 e^{jk_z z} \tag{3.127}$$

bzw.

$$\underline{U}(z) = \underline{U}_1 \left[e^{-jk_z z} + \frac{\underline{U}_2}{\underline{U}_1} e^{jk_z z} \right] \tag{3.128}$$

betrachtet. Mit der Einführung der Abkürzung $\underline{r}(z=0) = \underline{r}(\ell = L)$,

$$\frac{\underline{U}_2}{\underline{U}_1} = \underline{r}(z=0) = \underline{r}(\ell = L) = \underline{r}_A e^{-j2k_z L}, \tag{3.129}$$

die sich mit $\underline{U}_1$ nach Gl.(3.117) und $\underline{U}_2$ nach Gl.(3.118) zu

$$\underline{r}(\ell = L) = \frac{\underline{U}_0 - Z_W \underline{I}_0}{\underline{U}_0 + Z_W \underline{I}_0} e^{-j2k_z L} \tag{3.130}$$

ermitteln läßt, ergibt sich für den Spannungsverlauf

$$\underline{U}(z) = \underline{U}_1 e^{-jk_z z} + \underline{U}_1 \underline{r}(z=0) e^{jk_z z} \tag{3.131}$$

bzw.

$$\underline{U}(z) = \underline{U}_1 e^{-jk_z z} + \left(\underline{U}_1 e^{-j2k_z L} \right) \underline{r}_A e^{jk_z z}. \tag{3.132}$$

Eine entsprechende Beziehung ergibt sich auch für die Stromverteilung

$$\underline{I}(z) = \frac{\underline{U}_1}{Z_W} e^{-jk_z z} - \left(\frac{\underline{U}_1}{Z_W} e^{-j2k_z L} \right) \underline{r}_A e^{jk_z z}. \tag{3.133}$$

Gl.(3.132) und Gl.(3.133) lassen sich nun folgendermaßen interpretieren. Die Spannung an einer beliebigen Stelle z setzt sich, wie schon früher gesagt, aus zwei Spannungswellen zusammen. Die eine, die dem ersten Summanden in Gl.(3.132) entspricht, läuft entlang der z-Achse von $z = 0$ auf den Abschluß an der Stelle $z = L$ zu. Die andere, die dem zweiten Summanden in Gl.(3.132) entspricht, läuft in negativer z-Richtung, d.h. vom Abschluß aus kommend nach $z = 0$. Wird nun die Spannung am Leitungsanfang $z = 0$ betrachtet, dann ergibt sich nach Gl.(3.132)

$$\underline{U}(z = 0) = \underline{U}_1 + \left(\underline{U}_1 e^{-j2k_z L} \right) \underline{r}_A. \tag{3.134}$$

Darin beschreibt der erste Summand ($\underline{U}_1$) den Wert der Spannung, der sich am Leitungsanfang für den Fall $\underline{r}_A = 0$ ergibt und der zweite Summand eine Spannung, die gegenüber $\underline{U}_1$ mit einem Proportionalitätsfaktor $\underline{r}_A$ bewertet ist und die die Wegstrecke $2L$ zurückgelegt hat. Aus Gl.(3.129) und Gl.(3.130) folgt

$$\underline{r}_A = \frac{\underline{U}_0 - Z_W \underline{I}_0}{\underline{U}_0 + Z_W \underline{I}_0},$$

woraus sich die Abschlußimpedanz $\underline{Z}_A$, die für $\underline{r}_A = 0$ verantwortlich ist, aus dem Zähler,

$$\underline{U}_0 - Z_W \underline{I}_0 = 0, \tag{3.135}$$

zu

$$\underline{Z}_A = \frac{\underline{U}_0}{\underline{I}_0} = Z_W \tag{3.136}$$

berechnen läßt. $\underline{Z}_A = Z_W$ liefert den zuvor beschriebenen Fall der Anpassung. Das heißt, die Spannung am Leitungsanfang setzt sich zusammen aus einem Anteil $\underline{U}_1$, der sich bei der angepaßten oder auch unendlich langen Leitung ergibt und einem weiteren Teil, der sich ebenfalls aus $\underline{U}_1$ ableiten läßt. In jedem Fall geht von $\underline{U}_1$ eine Welle aus, die in Richtung Leitungsabschluß läuft. Dieser Abschluß stellt nun im allgemeinen Fall zunächst eine Störung der Leitung und somit auch ein Hindernis dar. Nun ist aus der

Optik bekannt, daß z.B. Licht – wobei Licht ebenfalls eine elektromagnetische Welle ist – wenn es auf eine Störung auftrifft, gestreut wird. Trifft das Licht z.B. senkrecht auf einen idealen Spiegel, dann wird der Lichtstrahl vollständig reflektiert. Wird der Spiegel z.B. durch eine Milchglasscheibe ersetzt, dann wird ein Teil des Lichtes durch die Scheibe hindurchdringen, d.h. transmittiert, und ein anderer Teil wird reflektiert. In diesem Fall setzt sich die Lichtstreuung aus zwei Anteilen, der Transmission und der Reflexion, zusammen. Ähnlich stellt sich der Sachverhalt auch auf Leitungen dar. Zur mathematischen Beschreibung dieses Vorgangs werden deshalb sogenannte Streuparameter, bestehend aus Reflexions- und Transmissionsfaktoren, eingeführt. Die Spannungswelle in Bild 3.5 läuft demnach vom Leitungsanfang in Richtung Abschluß, trifft auf die Störung, wird teilweise an dieser Störung reflektiert und läuft dann zurück zum Leitungsanfang. Das Maß der Reflexion wird durch die Größe der Störung, also durch den Wert der Abschlußimpedanz bestimmt. Die nach Gl.(3.134) reflektierte Spannungswelle, die als die rücklaufende Spannungswelle $\underline{U}_{rück}$ bezeichnet wird, läßt sich aus

$$\underline{U}_{rück}(\ell = L) = \underline{U}_1 \, e^{-j2k_zL} \, \underline{r}_A,\tag{3.137}$$

ermitteln. Hierbei gibt $\underline{U}_1$ die Spannung am Leitungsanfang und der Faktor e^{-j2k_zL} ein Maß für den von der Welle zurückgelegten Weg – zuerst hin zum Abschluß und dann zurück zum Eingang –, daher $2L$ an. Demnach muß die Größe $\underline{r}_A$, ein Maß für die Reflexion sein. Aus diesem Grund wird $\underline{r}_A$,

$$\underline{r}_A = \frac{\underline{Z}_A - Z_W}{\underline{Z}_A + Z_W},\tag{3.138}$$

als der **Reflexionsfaktor des Abschlusses** bezeichnet. Laut Gl.(3.138) ist der Reflexionsfaktor proportional zur Größe der Abweichung des Leitungsabschlusses vom Wellenwiderstand der Leitung. So liefert ein Kurzschluß ($\underline{Z}_A = 0$) am Leitungsende $\underline{r}_A = -1$ und ein Leerlauf ($\underline{Z}_A = \infty$) den Wert $\underline{r}_A = 1$.

Nach diesen Zwischenbetrachtungen und der Einführung von hinlaufenden und rücklaufenden Spannungswellen bzw. Stromwellen läßt sich die Spannung bzw. der Strom am Eingang eines Leitungsstücks der Länge L durch

$$\underline{U}(\ell = L) = \underline{U}_{hin}(L) + \underline{U}_{rück}(L)\tag{3.139}$$

und

$$\underline{I}(\ell = L) = \underline{I}_{hin}(L) + \underline{I}_{rück}(L), \tag{3.140}$$

mit

$$\underline{I}_{hin}(L) = \frac{\underline{U}_{hin}(L)}{Z_W}, \tag{3.141}$$

$$\underline{U}_{rück}(L) = \underline{r}(L)\,\underline{U}_{hin}(L) \tag{3.142}$$

und

$$\underline{I}_{rück}(L) = -\underline{r}(L)\,\underline{I}_{hin}(L) \tag{3.143}$$

in der Form

$$\underline{U}(L) = \underline{U}_{hin}(L)\,(1 + \underline{r}(L)) \tag{3.144}$$

und

$$\underline{I}(L) = \underline{I}_{hin}(L)\,(1 - \underline{r}(L)) \tag{3.145}$$

angeben.

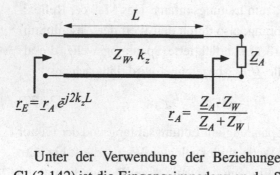

Bild 3.6: *Transformation des Reflexionsfaktors über die Leitung*

Unter der Verwendung der Beziehungen Gl.(3.144), Gl.(3.145) und Gl.(3.142) ist die Eingangsimpedanz an der Stelle L durch

$$\underline{Z}(L) = \frac{\underline{U}(L)}{\underline{I}(L)} = Z_W\,\frac{1 + \underline{r}(L)}{1 - \underline{r}(L)} \tag{3.146}$$

bestimmt. Dies bedeutet aber auch, daß gemäß Bild 3.6 nach Gl.(3.129), am Eingang der Leitung ein resultierender Eingangsreflexionsfaktor $\underline{r}_E = \underline{r}(L)$ angegeben werden kann. Der Eingangsreflexionsfaktor $\underline{r}_E$ ergibt sich demnach definitionsgemäß mit Gl.(3.142) und Gl.(3.129) aus

$$\underline{r}_E = \frac{\underline{U}_{rück}(\ell = L)}{\underline{U}_{hin}(\ell = L)}$$

zu

$$\underline{r}_E = \underline{r}(L) \tag{3.147}$$

bzw.

$$\underline{r}(L) = \underline{r}_A\,e^{-j2k_zL}. \tag{3.148}$$

3.2.3 Das Ersatzschaltbild der TEM-Leitung

Nach den Aussagen zur TEM-Welle im Abschnitt 3.1.2.1 lassen sich die Feldgrößen in der Transversalebene des Wellenleiters nach den Gesetzmäßigkeiten der Elektrostatik (dies gilt für $\vec{E}$ und $\vec{D}$) bzw. des stationären Strömungsfeldes (dies gilt für $\vec{H}$ und $\vec{B}$) ableiten.

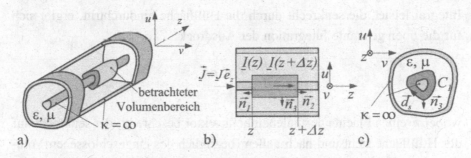

Bild 3.7: *Geometrie des Leiterausschnitts, Innenleiterbereich mit Hüllfläche a), Längsschnitt in der (u,z)-Ebene b), Querschnitt in der (u,v)-Ebene c)*

Dies führt mit der Bezeichnung der Koordinaten gemäß Bild 3.3 und entsprechend der Vorgehensweise in den letzten Abschnitten zu einer Darstellung des elektromagnetischen Feldes $\underline{\vec{E}}(u,v,z)$ und $\underline{\vec{H}}(u,v,z)$ in der Form

$$\underline{\vec{E}}(u,v,z) = \underline{U}(z)\,\vec{t}_E(u,v) \qquad (3.149)$$

und

$$\underline{\vec{H}}(u,v,z) = \underline{I}(z)\,\vec{t}_H(u,v). \qquad (3.150)$$

Dabei geben die Spannung $\underline{U}(z)$ und der Strom $\underline{I}(z)$ die Abhängigkeit in Ausbreitungsrichtung bzw. $\vec{t}_E(u,v)$ und $\vec{t}_H(u,v)$ den Verlauf der Feldverteilung in der Transversalebene an. $\vec{t}_E(u,v)$ und $\vec{t}_H(u,v)$ werden als die transversalen Strukturfunktionen des elektrischen und magnetischen Feldes bezeichnet. Unter Berücksichtigung der Feldbeschreibung nach Gl.(3.149) und Gl.(3.150) soll nun im folgenden eine Ersatzdarstellung der TEM-Leitung durch ein elektrisches Ersatzschaltbild ermittelt werden. Hierzu wird gemäß Bild 3.7 ein kurzer Ausschnitt aus einer Leitung herangezogen, entsprechend dem Bild 3.7 a) ein Teilstück des Innenleiters mit einer **geschlossenen** Hüllfläche, die die Querschnittsfläche des Innenleiters vollständig umschließt, umgeben und eine Ladungsbilanz erstellt.

Der Satz zur **Ladungserhaltung** (Kontinuitätsgleichung Gl.(2.14)) besagt, daß die Änderung der im Volumen gespeicherten Ladung identisch sein muß mit der Differenz von hineinfließenden und abfließenden Ladungsträgern, die sich aus der Stromdichte ermitteln lassen. Hierzu wird die gesamte Stromdichte $\vec{J}$, die durch diese Hüllfläche hindurchtritt aufsummiert bzw. integriert. Da jedoch nur die Komponente der Stromdichte einen Beitrag zum Integral leistet, die senkrecht durch die Hüllfläche hindurchtritt, ergibt sich für die oben genannte Integration der Ausdruck

$$\oint_A \vec{J} \, \vec{n} \, dA,$$

wobei $\vec{n}$ einen Flächennormaleneinheitsvektor beschreibt, der senkrecht auf der Hüllfläche steht und nach außen (bezüglich des eingeschlossenen Volumens) zeigt. Durch das Skalarprodukt wird die Normalkomponente von $\vec{J}$ ausgewählt. Nach der Anwendung des Gaußschen Satzes ergibt sich somit

$$\oint_A \vec{J} \, \vec{n} \, dA = \iiint_V \text{div} \, \vec{J} \, dV, \tag{3.151}$$

woraus sich mit Hilfe der Kontinuitätsgleichung (Gl.(2.14))

$$\oint_A \vec{J} \, \vec{n} \, dA = -j\omega \iiint_V \rho \, dV \tag{3.152}$$

und der Beziehung

$$\iiint_V \rho \, dV = Q \tag{3.153}$$

der Zusammenhang

$$\oint_A \vec{J} \, \vec{n} \, dA = -j\omega Q \tag{3.154}$$

ergibt. Die Größe Q in Gl.(3.153) gibt die in dem Volumenbereich eingeschlossene (gespeicherte) Ladung an. Die Auswertung der linken Seite von Gl.(3.154) liefert nach der Unterteilung der Integrationsfläche A in drei Teilgebiete

$$\oint_A \vec{J} \, \vec{n} \, dA = \iint_{A_1} \vec{J} \, \vec{n_1} \, dA + \iint_{A_2} \vec{J} \, \vec{n_2} \, dA + \iint_{A_3} \vec{J} \, \vec{n_3} \, dA, \tag{3.155}$$

wobei A_1 die Deckfläche an der Stelle z, A_2 die Deckfläche an der Stelle $z + \Delta z$ und A_3 die Mantelfläche des betrachteten Volumenbereichs beschreibt.

Da nach Gl.(3.149) die elektrische Feldstärke keine z-Komponente aufweist und somit im Dielektrikum auch kein Stromdichte in z-Richtung fließen kann, stellt der erste Summand den Leiterstrom an der Stelle z dar. Weil jedoch die Stromdichte im Leiter in positive z-Richtung fließt, zeigen der Vektor der Stromdichte und der Normaleneinheitsvektor $\vec{n}_1$ in entgegengesetzte Richtungen und die Integration liefert den Wert $-\underline{I}(z)$. Der zweite Summand, der den Leiterstrom an der Stelle $z + \Delta z$ beschreibt, liefert den Wert $\underline{I}(z + \Delta z)$. Das Vorzeichen ist positiv, da $\underline{\vec{J}}$ und $\vec{n}_2$ in die gleiche Richtung zeigen. Der dritte Anteil stellt den Beitrag der Stromdichte $\underline{\vec{J}} = \kappa_D \, \underline{\vec{E}}$ dar, der durch die in Bild 3.7 gezeigte Mantelfläche hindurchtritt. $\underline{\vec{J}}$ verläuft parallel zu $\underline{\vec{E}}$ und ist proportional zur Leitfähigkeit des Dielektrikums κ_D. Die Integration von $\underline{\vec{J}}$ auf der Mantelfläche liefert den Querstrom $\underline{I}_D$ zwischen dem Innenleiter und dem Außenleiter.

Damit folgt aus Gl.(3.155)

$$\oint_A \underline{\vec{J}} \; \vec{n} \; \mathsf{dA} = -\underline{I}(z) + \underline{I}(z + \Delta z) + \underline{I}_D \tag{3.156}$$

mit Gl.(3.154)

$$\underline{I}(z + \Delta z) - \underline{I}(z) + \underline{I}_D = -j\omega \underline{Q}. \tag{3.157}$$

Unter der Annahme, daß die Länge Δz des Leitungsauschnittes hinreichend klein gewählt wird, darf in diesem Bereich die elektrische Feldstärke $\underline{\vec{E}}(z)$ und somit auch die Spannung mit $\underline{U}(z)$ als konstant angenommen werden, so daß der Strom $\underline{I}_D$ durch

$$\underline{I}_D = G \, \underline{U}(z) \tag{3.158}$$

und die Ladung $\underline{Q}$ durch

$$\underline{Q} = C \, \underline{U}(z) \tag{3.159}$$

mit der Spannung $\underline{U}(z)$ verknüpft werden können. G in Gl.(3.158) ist der Leitwert und C in Gl.(3.159) die Kapazität zwischen dem Innenleiter und dem Außenleiter des kurzen Leitungsabschnittes der Länge Δz. Werden sowohl der Leitwert G als auch die Kapazität C in der Form

$$G = G' \Delta z \tag{3.160}$$

und

$$C = C' \Delta z \tag{3.161}$$

herangezogen, dann läßt sich Gl.(3.157) in der Form

$$\underline{I}(z+\Delta z) - \underline{I}(z) = -(G'\Delta z + j\omega C'\Delta z)\,\underline{U}(z) \tag{3.162}$$

oder

$$\frac{\underline{I}(z+\Delta z) - \underline{I}(z)}{\Delta z} = -(G' + j\omega C')\,\underline{U}(z) \tag{3.163}$$

schreiben. Der längenbezogene Leitwert G' und die längenbezogene Kapazität C' gehören zu den Kenngrößen der TEM-Leitung, die als **Leitungsbeläge** bezeichnet werden. Diese werden nur durch die Geometrie und die Materialfüllung der Leitung bestimmt. Zur weiteren Betrachtung von Gl.(3.163) erfolgt der Übergang von $\Delta z \to 0$. Damit ist die oben getroffene Annahme, eine konstante Spannung $\underline{U}(z)$ im Leiterabschnitt der Länge Δz, gerechtfertigt, so daß mit

$$\lim_{\Delta z \to 0} \frac{\underline{I}(z+\Delta z) - \underline{I}(z)}{\Delta z} = \frac{\partial}{\partial z}\underline{I}(z) \tag{3.164}$$

das Ergebnis des **Ladungserhaltungssatzes** durch

$$\frac{\partial}{\partial z}\underline{I}(z) = -(G' + j\omega C')\,\underline{U}(z) \tag{3.165}$$

angegeben werden kann.

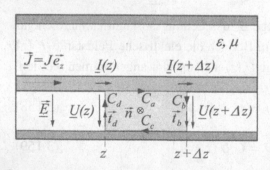

Bild 3.8: *Geometrie des Leiterausschnitts, Längsschnitt in der (u,z)-Ebene*

Als nächstes erfolgt für den betrachteten Leitungsabschnitt eine Auswertung des **Induktionsgesetzes**. Hierzu werden gemäß Bild 3.8 die Beiträge der elektrischen Feldstärke $\vec{E}$ entlang eines geschlossenen Wegs C aufsummiert bzw. integriert. Da in diesem Fall nur die Komponente von $\vec{E}$ einen Beitrag hierzu liefert, die parallel zum Integrationsweg verläuft, kann die genannte Integration durch die Auswertung des Ausdrucks

$$\oint_C \vec{E}\,\vec{t}\,\mathrm{d}s$$

erfolgen. Der Vektor $\vec{t}$ stellt den Einheitsvektor dar, der tangential zum Integrationsweg C verläuft. Die Anwendung des Stokeschen Satzes liefert daraus

$$\oint_C \underline{\vec{E}}\, \vec{t}\, \mathrm{ds} = \iint_A \mathrm{rot}\, \underline{\vec{E}}\, \vec{n}\, \mathrm{dA}, \qquad (3.166)$$

wodurch sich mit Hilfe von Gl.(2.44),

$$\mathrm{rot}\, \vec{E} = -j\omega\, \vec{B},$$

die Beziehung

$$\oint_C \underline{\vec{E}}\, \vec{t}\, \mathrm{ds} = -j\omega \iint_A \vec{B}\, \vec{n}\, \mathrm{dA} \qquad (3.167)$$

ergibt. Der in Gl.(3.166) und Gl.(3.167) angegebene Flächennormaleneinheitsvektor $\vec{n}$ steht senkrecht auf der von C eingeschlossenen Fläche A und ist im Rechtsschraubensinn dem Vektor $\vec{t}$ zugeordnet. Zur Auswertung der Gl.(3.167) wird das Bild 3.8 herangezogen. Demnach setzt sich der geschlossene Integrationsweg C aus vier Teilstrecken zusammen. Beginnend am Innenleiter an der Stelle z verläuft der erste Abschnitt C_a parallel zum Innenleiter zur Koordinate $z + \Delta z$. Von hier aus verläuft der zweite Abschnitt C_b direkt zum Außenleiter. Die dritte Teilstrecke C_c geht parallel zum Außenleiter zurück zur Koordinate z. Der Weg wird von dort aus über die Strecke C_d geschlossen, so daß die linke Seite von Gl.(3.167) in der Form

$$\oint_C \vec{E}\, \vec{t}\, \mathrm{ds} = \int_{C_a} \underline{\vec{E}}\, \vec{t_a}\, \mathrm{ds} + \int_{C_b} \underline{\vec{E}}\, \vec{t_b}\, \mathrm{ds} + \int_{C_c} \underline{\vec{E}}\, \vec{t_c}\, \mathrm{ds} + \int_{C_d} \underline{\vec{E}}\, \vec{t_d}\, \mathrm{ds} \qquad (3.168)$$

geschrieben werden kann. Da die elektrischen Feldstärke in der TEM-Leitung keine z-Komponente aufweist, verschwinden in Gl.(3.168) die Beiträge entlang der Strecken C_a und C_c. Entsprechend Gl.(3.98) gilt

$$\int_{C_b} \underline{\vec{E}}\, \vec{t_b}\, \mathrm{ds} = \underline{U}\,(z + \Delta z) \qquad (3.169)$$

und

$$\int_{C_d} \underline{\vec{E}}\, \vec{t_d}\, \mathrm{ds} = -\underline{U}\,(z). \qquad (3.170)$$

Das negative Vorzeichen in Gl.(3.170) ergibt sich dadurch, daß die Richtung des Integrationswegs entgegengesetzt zur Feldstärke verläuft.

Damit gilt

$$\oint_C \underline{\vec{E}} \, \vec{t} \, \mathrm{ds} = \underline{U}(z+\Delta z) - \underline{U}(z) \tag{3.171}$$

bzw.

$$\underline{U}(z+\Delta z) - \underline{U}(z) = -j\omega \iint_A \underline{\vec{B}} \, \vec{n} \, \mathrm{dA}. \tag{3.172}$$

Die rechte Seite in Gl.(3.172) stellt mit

$$\iint_A \underline{\vec{B}} \, \vec{n} \, \mathrm{dA} = \underline{\Psi} \tag{3.173}$$

ein Maß für die **magnetische Flußverkettung** $\underline{\Psi}$ im betrachteten Leitungs-abschnitt dar. Wird nun wieder vorausgesetzt, daß das Leitungselement sehr kurz ist, dann ist die magnetische Feldstärke $\underline{\vec{H}}$ und somit auch $\underline{\vec{B}}$ und $\underline{I}$ im Leitungselement konstant. Dieses bedeutet, daß mit $\underline{I} = \underline{I}(z+\Delta z)$ die Flußverkettung $\underline{\Psi}$ durch

$$\underline{\Psi} = L\,\underline{I}(z+\Delta z) \tag{3.174}$$

mit dem Strom an der Stelle $z+\Delta z$ verknüpft ist. Die Größe L in Gl.(3.174) beschreibt die **Induktivität** des kurzen Leitungselementes. Erfolgt auch hier eine Darstellung durch eine längenbezogene Induktivität, dem sogenannten Induktivitätsbelag L', dann kann Gl.(3.172) mit

$$L = L'\Delta z \tag{3.175}$$

in der Form

$$\underline{U}(z+\Delta z) - \underline{U}(z) = -j\omega L'\Delta z\,\underline{I}(z+\Delta z) \tag{3.176}$$

bzw. durch

$$\frac{\underline{U}(z+\Delta z) - \underline{U}(z)}{\Delta z} = -j\omega L'\,\underline{I}(z+\Delta z) \tag{3.177}$$

angegeben werden. Die Durchführung der Grenzwertbildung $\Delta z \to 0$,

$$\lim_{\Delta z \to 0} \frac{\underline{U}(z+\Delta z) - \underline{U}(z)}{\Delta z} = \frac{\partial}{\partial z}\underline{U}(z), \tag{3.178}$$

liefert für das **Induktionsgesetz** den Zusammenhang

$$\frac{\partial}{\partial z}\underline{U}(z) = -j\omega L'\,\underline{I}(z). \tag{3.179}$$

Mit diesen Ergebnissen kann zusammenfassend festgehalten werden, daß das Verhalten der TEM-Leitung durch die beiden miteinander verkoppelten Differentialgleichungen

$$\frac{\partial}{\partial z} \underline{I}(z) = -(G' + j\omega C') \, \underline{U}(z) \qquad (3.180)$$

und

$$\frac{\partial}{\partial z} \underline{U}(z) = -j\omega L' \, \underline{I}(z) \qquad (3.181)$$

beschrieben werden kann. Die hierin enthaltenen Leitungsbeläge, der **Leitwertsbelag** G', der **Kapazitätsbelag** C' und der **Induktivitätsbelag** L' sind Kenngrößen der Leitungsart, die aus den Geometrie- und Materialparametern ermittelt werden können. Die Lösung des Differentialgleichungssystems führt auf die Spannungs- und Stromverteilung der TEM-Leitung, die in Abschnitt 3.2.2 bestimmt und diskutiert wurde. An dieser Stelle soll eine anschauliche Interpretation der Ergebnisse abgeleitet werden. Hierzu werden Gl.(3.162) und Gl.(3.176) in der Form

$$\underline{I}(z) = \underline{I}(z + \Delta z) + (G'\Delta z + j\omega C'\Delta z) \, \underline{U}(z) \qquad (3.182)$$

und

$$\underline{U}(z) = j\omega L' \Delta z \, \underline{I}(z + \Delta z) + \underline{U}(z + \Delta z) \qquad (3.183)$$

verwendet. Gl.(3.182) stellt eine Knotengleichung und Gl.(3.183) eine Maschengleichung dar. Das hierdurch beschriebene Netzwerk ist in Bild 3.9 angegeben.

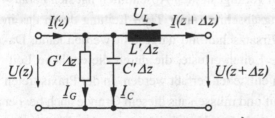

Bild 3.9: *Ersatzschaltbild der TEM-Leitung*

Die Behandlung der TEM-Leitung und deren Beschreibung durch ein elektrisches Ersatzschaltbild nach Bild 3.9 liefert die Grundlage zur Erfassung der Verluste in den Leitern, obwohl im Falle einer endlichen Leitfähigkeit des Leitermaterials eine elektrische Feldkomponente in Ausbreitungsrichtung entsteht und es sich dadurch nicht mehr um eine Feldverteilung vom TEM-Typen handelt. Damit aber die bisherigen Ergebnisse weiterhin gültig bleiben, wird bei der Verallgemeinerung der Leitungstheorie die Forderung gestellt, daß diese Longitudinalkomponenten des elektromagnetischen Feldes vernachlässigbar gegenüber den Transversalkomponenten sind, was –bei **schwachen** Verlusten in den Leitern– stets hinreichend gut erfüllt ist. Damit ergibt sich eine umfassende Beschreibungsmöglichkeit, die auf andere Leitungsbauformen übertragen werden kann.

Wegen der Vielzahl an verschiedenen Leitungsarten und Bauelementen, kann der einzelne Schaltungsentwickler nicht den vollständigen Überblick darüber haben, ob die zutreffenden Voraussetzungen stets erfüllt sind oder nicht. Er muß sich auf bestimmte Angaben, die von den Modellentwicklern anzugeben sind, wie z.B. der Frequenzbereich in dem die Daten oder Modelle (in diesem Fall die Leitungsbeläge) gültig sein sollen, verlassen können. Die Aufgabe der Modellentwicklung dagegen gestaltet sich wesentlich komplizierter. Sie war und ist Gegenstand vieler Forschungsaktivitäten und soll im Rahmen dieser Einführung nicht behandelt werden. Dagegen ist die verallgemeinerte Darstellung des Leitungsersatzschaltbildes und die Ableitung der zugehörigen Beziehungen zur Beschreibung des Leitungsverhaltens bei der Behandlung vollständiger Schaltungen von grundsätzlicher Bedeutung. Aus diesem Grunde erfolgt in den nächsten Abschnitten eine ausführliche Untersuchung des Einflusses der Verluste in den Leitern.

3.3   Die schwach verlustbehaftete Leitung

Nach den Ausführungen in den vorangestellten Abschnitten hat sich herausgestellt, daß ein kurzer Leitungsabschnitt einer TEM-Leitung durch das in Bild 3.9 gezeigte elektrische Ersatzschaltbild dargestellt werden kann. Damit können, wie gesagt, keine Leiterverluste, die durch die endliche Leitfähigkeit der Leitermaterialien entstehen, erfaßt werden. In der Praxis treten jedoch immer Leiterverluste auf und müssen aus diesem Grunde auch bei der Beschreibung der Leitungseigenschaften berücksichtigt werden. Eine exakte Bestimmung dieser Verluste mit Hilfe der Maxwellschen Gleichungen führt i. allg. auf umfangreiche Berechnungen, die nur mit erheblichem Aufwand durchzuführen sind. Es hat sich deswegen durchgesetzt, die Leiterverluste aus meßtechnisch ermittelten Ergebnissen oder aus Näherungsverfahren zu bestimmen. Die Anwendung dieses Verfahrens auf Leitungen geht in der Regel von der bekannten Feldlösung für $\kappa \to \infty$ aus, bei der das Leiterinnere feldfrei ist. In diesem Fall muß gemäß Gl.(2.66), $\vec{n}_0 \times (\vec{H}_2 - \vec{H}_1) = \vec{J}_S$, wobei gemäß Bild 2.2 $\vec{n}_0$ vom Raumbereich 1 in den Raumbereich 2 zeigt, eine Flächenstromdichte in der Oberfläche der Metallisierung entstehen. Mit zunehmenden Verlusten erstreckt sich das magnetische Feld und somit auch der Strom weiter ins Leiterinnere und läßt über $\vec{J} = \kappa \vec{E}$ eine elektrische Feldkomponente in Ausbreitungsrichtung entstehen. Das bedeutet, daß die in der Grenzschicht zum Leiter herrschende magnetische Feldstärke die Ursache für die elektrische Feldstärke und somit für eine Stromverteilung im Leiter angesehen werden kann. Es entsteht durch die endliche Leitfähigkeit ein zusätzlicher Feldanteil, der sich dem ursprünglichen Feld überlagert. Seine Rückwirkung auf das ursprüngliche Feld bleibt dabei jedoch vollkommen vernachlässigt. Solange die Störkomponente, d.h. die Longitudinalkomponente des elektrischen Feldes, gering im Vergleich zur Transversalkomponente bleibt, ist diese Art des Vorgehens, die zum Auffinden einer Näherungslösung dient, erlaubt.

Die im folgenden dargestellte Möglichkeit zur Behandlung der Verluste liefert die **wesentlichen Erkenntnisse** zur Beschreibung der Stromverteilung im Leiter bei hohen Frequenzen. In der Literatur sind diese Ausführungen unter den Stichworten **Stromverdrängung** und **Skineffekt** wiederzufinden.

3.3.1 Die Berechnung der Leiterverluste, der ebene Skineffekt

Nach den Ergebnissen des stationären Strömungsfeldes (Gleichstrom) verteilt sich die elektrische Stromdichte $\vec{J}$ im Leiter gemäß $\vec{J} = \kappa \vec{E}$ in der Regel gleichmäßig über den Leiterquerschnitt. Dieses Verhalten ändert sich bei zeitabhängigen Feldgrößen und führt mit zunehmender Frequenz zu einer deutlichen Verdrängung des Stroms in die Randbereiche des Leiters, die an den Raumbereich mit dem elektromagnetischen Feld angrenzen. Zur Berücksichtigung dieses Sachverhaltes bei komplizierteren Leitungskonfigurationen wird häufig von Näherungsverfahren Gebrauch gemacht, da die exakte Bestimmung zu aufwendig ist. Hierbei wird zuerst die Lösung für den verlustfreien Fall, d.h. die Lösung bei der die tangentiale elektrische Feldstärke in der Grenzschicht verschwindet, bestimmt. Die hierbei ermittelte tangentiale magnetische Feldstärke in der Grenzschicht $\underline{H}_0$ dient, wie später deutlich wird, dann als die Ursache für die Stromdichteverteilung und die elektrische Feldstärke im Leiter. Darüber hinaus werden die im folgenden abgeleiteten Ergebnisse zeigen, daß in vielen, in der Praxis verwendeten Leitungsarten die Leiterverluste näherungsweise mit Hilfe der Ergebnisse für den **ebenen Skineffekt** beschrieben werden können.

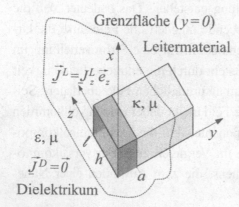

Bild 3.10: *Leitergeometrie zur Darstellung des ebenen Skineffektes*

Zur Durchführung dieser Berechnungen wird die Geometrie in Bild 3.10 betrachtet. Das Bild 3.10 zeigt einen Ausschnitt des betrachteten Raumbereichs. Die linke Hälfte ist mit einem Dielektrikum und die rechte Hälfte mit einem realen Leitermaterial mit der Leitfähigkeit κ gefüllt. Die Grenzfläche liegt genau in der (x, z)-Ebene an der Stelle $y = 0$. In einem Gedankenexperiment läuft nun eine ebene Welle, mit den Feldkomponenten

$$\underline{\vec{E}} = \underline{E}_z \, \vec{e}_z \tag{3.184}$$

und

$$\underline{\vec{H}} = \underline{H}_x \, \vec{e}_x, \tag{3.185}$$

in positive y-Richtung und trifft an der Stelle $y = 0$ auf die Grenzschicht. Für die ebene Welle gilt, daß $\underline{E}_z$ und $\underline{H}_x$ unabhängig von x und z sind. Bei einem unendlich gut leitenden Leitermaterial würde die elektrische Feldstärke in der Grenzschicht zu null erzwungen werden. Im Falle einer endlichen Leitfähigkeit wird sich in der Grenzschicht eine elektrische Feldstärke der Größe $\underline{E}_0$ ausbilden. Die Berechnung von $\underline{E}_0$ als Folge der tangentialen magnetischen Feldstärke $\underline{H}_0$ in der Grenzschicht, die aus der Berechnung für $\kappa \to \infty$ stammt, erfolgt mit Hilfe der Maxwellschen Gleichungen und der Materialgleichungen. Zur Verdeutlichung der Analogie zwischen der Bestimmung des Feldes im Dielektrikum und der Bestimmung des Feldes im Leiter werden die notwendigen Gleichungen nebeneinander aufgeführt.

| **Im Dielektrikum:** | | **Im Leitermaterial:** | |

$$\operatorname{rot}\vec{H} = j\omega\varepsilon\,\vec{E}, \qquad (3.186) \qquad\qquad \operatorname{rot}\vec{H} = \kappa\,\vec{E}, \qquad (3.188)$$

$$\operatorname{rot}\vec{E} = -j\omega\mu\,\vec{H}, \qquad (3.187) \qquad\qquad \operatorname{rot}\vec{E} = -j\omega\mu\,\vec{H}. \qquad (3.189)$$

Mit Gl.(3.184) und Gl.(3.185) ergibt sich hieraus

$$-\frac{\partial}{\partial y}\underline{H}_x^D = j\omega\varepsilon\,\underline{E}_z^D, \qquad (3.190) \qquad -\frac{\partial}{\partial y}\underline{H}_x^L = \kappa\,\underline{E}_z^L, \qquad (3.191)$$

$$\frac{\partial}{\partial y}\underline{E}_z^D = -j\omega\mu\,\underline{H}_x^D, \qquad (3.192) \qquad \frac{\partial}{\partial y}\underline{E}_z^L = -j\omega\mu\,\underline{H}_x^L \qquad (3.193)$$

bzw. die Differentialgleichungen

$$\frac{\partial^2}{\partial y^2}\underline{E}_z^D + \omega^2\varepsilon\mu\,\underline{E}_z^D = 0, \quad (3.194) \qquad \frac{\partial^2}{\partial y^2}\underline{E}_z^L - j\omega\mu\kappa\,\underline{E}_z^L = 0. \quad (3.195)$$

Die allgemeinen Lösungen hierfür lauten

$$\underline{E}_z^D = \underline{E}_{z1}^D e^{-jk_y^D y} + \underline{E}_{z2}^D e^{jk_y^D y}, \qquad \underline{E}_z^L = \underline{E}_{z1}^L e^{-jk_y^L y} + \underline{E}_{z2}^L e^{jk_y^L y}, \quad (3.197)$$
$$(3.196)$$

mit

$$k_y^D = \omega\sqrt{\varepsilon\mu}, \qquad (3.198) \qquad k_y^L = \sqrt{-j\omega\mu\kappa}, \qquad (3.199)$$

wobei die Konstanten $\underline{E}_{z1}^D$, $\underline{E}_{z2}^D$, $\underline{E}_{z1}^L$ und $\underline{E}_{z2}^L$ aus den Grenzbedingungen in der Grenzschicht an der Stelle $y = 0$ ermittelt werden müssen. Da die Lösung für den Bereich mit Dielektrikum in den vorstehenden Abschnitten ausführlich behandelt wurde, wird an dieser Stelle nur noch der Bereich im Leitermaterial ($y > 0$) betrachtet. Hierzu wird, wie schon zuvor erwähnt, angenommen, daß die magnetische Feldstärke in der Grenzschicht $\underline{H}_x(y = 0)$ den Wert $\underline{H}_0$ annimmt. Aus

$$k_y^L = \sqrt{-j\omega\mu\kappa} = \sqrt{-j}\,\sqrt{2\pi f\mu\kappa}$$

bzw.

$$k_y^L = \frac{1-j}{\sqrt{2}}\,\sqrt{2\pi f\mu\kappa}$$

ergibt sich

$$k_y^L = (1-j)\,\sqrt{\pi f\mu\kappa}, \qquad (3.200)$$

wobei die Dimension des Ausdrucks $\sqrt{\pi f\mu\kappa}$ in Gl.(3.200) m^{-1} beträgt.

Mit der Abkürzung

$$a = \frac{1}{\sqrt{\pi f \mu \kappa}} \tag{3.201}$$

kann jk_y^L auch in der Form

$$jk_y^L = \frac{1+j}{a} \tag{3.202}$$

angegeben werden. Durch diese Darstellung wird direkt deutlich, daß die Konstante $\underline{E}_{z2}^L$ in Gl.(3.197) verschwinden muß, da ansonsten das elektrische Feld mit anwachsendem y über alle Grenzen hinaus ansteigen würde. Dieses wäre physikalisch nicht sinnvoll, so daß das Ergebnis für das elektrische Feld eine in positive y-Richtung laufende, gedämpfte Welle

$$\underline{E}_z^L(y) = \underline{E}_{z1}^L e^{-(1+j)(y/a)} \tag{3.203}$$

beschreibt, die mit $\underline{E}_z^L(y=0) = \underline{E}_0$ in der Form

$$\underline{E}_z^L(y) = \underline{E}_0 e^{-(1+j)(y/a)} \tag{3.204}$$

darstellbar ist. Einsetzen von Gl.(3.204) in Gl.(3.193),

$$\underline{H}_x^L = \frac{-1}{j\omega\mu} \frac{\partial}{\partial y} \underline{E}_z^L,$$

liefert für das magnetische Feld

$$\underline{H}_x^L = \frac{1+j}{j} \frac{\underline{E}_0}{\omega\mu a} e^{-(1+j)(y/a)} \tag{3.205}$$

bzw.

$$\underline{H}_x^L = (1-j) \frac{\underline{E}_0}{\omega\mu a} e^{-(1+j)(y/a)}, \tag{3.206}$$

so daß sich unter Berücksichtigung von $\underline{H}_x^L(y=0) = \underline{H}_0$ die Beziehung

$$\underline{H}_x^L(y=0) = \underline{H}_0 e^{-(1+j)(y/a)}, \tag{3.207}$$

mit

$$\underline{H}_0 = (1-j) \frac{\underline{E}_0}{\omega\mu a} \tag{3.208}$$

ergibt. Gl.(3.208) liefert für $\underline{E}_0$, der elektrischen Feldstärke in der Grenzschicht,

$$\underline{E}_0 = \omega\mu a \frac{\underline{H}_0}{1-j},$$

$$\underline{E}_0 = \omega\mu a \frac{1+j}{2} \underline{H}_0,$$

$$\underline{E}_0 = \pi f \mu a \, (1+j) \, \underline{H}_0 \tag{3.209}$$

bzw. mit $\pi f \mu = \dfrac{1}{\kappa a^2}$

$$\underline{E}_0 = \frac{(1+j)\underline{H}_0}{\kappa a}. \tag{3.210}$$

Diese Berechnungen zeigen deutlich, daß aus der x-Komponente der magnetischen Feldstärke ein Beitrag zur z-Komponente der elektrischen Feldstärke entsteht, die zu der Stromdichte der Größe

$$\underline{J}_z^L(y) = \kappa \underline{E}_0 e^{-(1+j)(y/a)} \tag{3.211}$$

führt. Hieraus resultiert eine Stromverteilung, deren Betrag gemäß Bild 3.11 sehr schnell mit zunehmendem y abfällt.

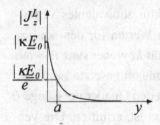

Bild 3.11: *Stromverteilung im Leiter*

Wesentlich ist, daß die Stromdichte bzw. die elektrische Feldstärke aus der tangentialen magnetischen Feldstärke in der Grenzschicht resultiert und daß der Strom überwiegend im Randbereich neben dem Dielektrikum fließt. Für $\kappa \to \infty$ fließt der gesamte Strom in der Grenzfläche (in der Haut; engl.: skin, daher Skineffekt) des Leiters.

Untersucht wird nun der Gesamtstrom $\underline{I}$, der sich in dem Bereich des Leiters, der durch die in Bild 3.10 angedeutete Querschnittsfläche A vorgegeben ist, ausbreitet. Diese Fläche erstreckt sich in x-Richtung von $x = 0$ bis $x = h$ und in y-Richtung von $y = 0$ bis $y = \infty$. Die Integration der Stromdichte nach Gl.(3.211) über A, d.h.

$$\underline{I} = \int\limits_0^\infty \int\limits_0^h \kappa \underline{E}_0 e^{-(1+j)(y/a)} \, dx \, dy \tag{3.212}$$

führt zu einem Gesamtstrom im Leiter der Größe

$$\underline{I} = \kappa a h \, \frac{\underline{E}_0}{1+j}, \tag{3.213}$$

der mit $\underline{E}_0$ nach Gl.(3.210) durch

$$\underline{I} = h\,\underline{H}_0 \tag{3.214}$$

angegeben werden kann und somit nur von $\underline{H}_0$ herrührt.

Um eine **anschauliche** Interpretation dieses Sachverhaltes zu erhalten, wird Gl.(3.213) genauer betrachtet. Die Struktur dieser Beziehung erinnert sehr stark an

$$\underline{I} = \frac{U}{\underline{Z}} = \frac{U}{R + j\omega L},$$

bei der $R = \omega L$ und somit

$$\underline{I} = \frac{U}{\underline{Z}} = \frac{U}{R(1+j)} \tag{3.215}$$

gilt. In dieser Form liefert die Reihenschaltung aus einem ohmschen Widerstand R und einer Induktivität L ein zur Originalstruktur äquivalentes Verhalten. Es stellt sich nun lediglich die Frage nach den Werten für den äquivalenten Widerstand R und der äquivalenten Induktivität L, wobei stets $R = \omega L$ gilt. Zur Beantwortung dieser Frage wird die in Wärme umgesetzte Leistung, die in einem bestimmten Volumenbereich, der durch den Quader der Länge ℓ und einer Seitenfläche A gemäß Bild (3.13) bestimmt ist, ermittelt. Die Verlustleistung P_V ergibt sich aus der Auswertung des zweiten Summanden auf der rechten Seite von Gl.(2.49),

$$P_V = \frac{1}{2} \iiint\limits_{V} \kappa |\underline{E}|^2\, dV. \tag{3.216}$$

Mit $\underline{E}$ aus Gl.(3.204) ergibt sich für die Verlustleistung

$$P_V = \frac{1}{2} \int\limits_{0}^{\ell} \int\limits_{0}^{\infty} \int\limits_{0}^{h} \kappa |\underline{E}_0|^2 e^{-2y/a}\, dx\, dy\, dz, \tag{3.217}$$

bzw.

$$P_V = \kappa h \ell a\, \frac{|\underline{E}_0|^2}{4}. \tag{3.218}$$

P_V nach Gl.(3.218) muß identisch sein mit der Verlustleistung, die sich aus der Ersatzschaltbildbeschreibung gemäß

$$P_V = \frac{1}{2} |\underline{I}|^2 R$$

bestimmen läßt.

Einsetzen von $|\underline{I}|$ aus Gl.(3.213) in Gl.(3.218) liefert

$$(\kappa a h)^2 \frac{|\underline{E}_0|^2}{4} R = \kappa a h \ell \frac{|\underline{E}_0|^2}{4}, \qquad (3.219)$$

die Beziehung zur Bestimmung des äquivalenten Widerstandes R, der das ohmsche Verhalten des unendlich ausgedehnten Halbraumes beschreibt. Danach ergibt sich

$$R = \frac{\ell}{\kappa a h}. \qquad (3.220)$$

Nach Gl.(3.220) beschreibt der äquivalente Widerstand R einen Widerstand, der durch ein Quader der Länge ℓ und der Querschnittsfläche $A_Q = ha$ gebildet wird und durch den gleichmäßig über den Querschnitt verteilter Strom $\underline{I}$ fließt. Dieses bedeutet im vorliegenden Fall jedoch nicht, daß der Strombeitrag für $y > a$ vernachlässigbar ist. Er liefert noch einen zusätzlichen Beitrag zum Gesamtstrom. Bezogen auf die Querschnittsfläche, die dieser Raumbereich besitzt, ist der Beitrag zum Gesamtstrom relativ gering. Das Ergebnis für R wird nun verwendet um aus Gl.(3.213) die Spannung zu berechnen, die für den dort angegebenen Wert von $\underline{I}$ verantwortlich ist. Mit

$$\underline{I} = \kappa a h \frac{\underline{E}_0}{1+j} = \frac{\kappa a h}{\ell} \frac{\underline{E}_0 \ell}{1+j}$$

ergibt sich direkt

$$\underline{I} = \frac{1}{R(1+j)} \underline{E}_0 \ell. \qquad (3.221)$$

mit $\underline{E}_0 \ell = \underline{U}$, wie ein Vergleich von Gl.(3.221) mit Gl.(3.215) liefert.

Zusammenfassung: Die Berechnungen zum ebenen Skineffekt haben gezeigt, daß das elektromagnetische Feld in Richtung zum Innern des Leiters exponentiell abfällt. Im Abstand a von der Grenzfläche beträgt die Amplitude der Stromdichte nur noch 37% vom Wert in der Grenzschicht. a nach Gl.(3.201) wird als **Eindringtiefe** oder **äquivalente Leitschichtdicke** bezeichnet. Sie ist gemäß

$$a = \frac{1}{\sqrt{\pi f \mu \kappa}}$$

im wesentlichen abhängig von der Leitfähigkeit κ und von der Frequenz f. Für Kupfer ($\kappa_{Cu} = 0{,}59 \cdot 10^6 \Omega^{-1} cm^{-1}$) ergibt sich z.B.

$$a_{Cu} = \frac{2}{\sqrt{f/\text{GHz}}} \, \mu\text{m}.$$

Hieraus wird deutlich, daß sich bei höheren Frequenzen nahezu die gesamte Stromverteilung auf wenige μm an der Oberfläche beschränkt. Dieses hat dazu geführt, daß bei Koaxialleitungen zum Aufbau der Kabel Materialien mit einer geringeren Leitfähigkeit benutzt werden, die anschließend mit einer dünnen Schicht (z.B. Silber) überzogen werden. Ganz andere Probleme treten beim Entwurf von planaren Schaltungen auf. Bei Frequenzen bis zu 100GHz liegt die Eindringtiefe unterhalb von einem μm. Da hier die Leitermaterialien auf einem Trägersubstrat aufgebracht sind, ist dafür Sorge zu tragen, daß die Oberflächenrauhigkeit extrem gering gehalten wird, da ansonsten die Verluste durch die Oberflächenrauhigkeit ein Vielfaches der Leiterverluste ausmachen würden. Aus diesem Grunde besitzen derartige Substrate oder Leiter häufig polierte Oberflächen.

Mit Hilfe der Eindringtiefe läßt sich ein Ersatzschaltbild zur Beschreibung des Leitereinflusses angeben. Dieses besteht aus der Serienschaltung eines Widerstandes und einer Induktivität, wobei stets $R = \omega L$ gilt. Die Induktivität L beschreibt den Einfluß des magnetischen Feldes im Leiterinnern und wird deswegen in der Regel als die **innere Induktivität** L_i bezeichnet. Es gilt laut Gl.(3.220)

$$R = \omega L_i = \frac{\ell}{\kappa a h}.$$

Streng genommen gelten diese Zusammenhänge nur für den ebenen Skineffekt. Liegt eine andere Leitergeometrie vor, wie z.B. bei der Koaxialleitung, dann können die hier gewonnenen Ergebnisse immer dann verwendet werden, wenn die Krümmungsradien und die Metallisierungsdicke sehr viel größer sind als die Eindringtiefe a. Diese Voraussetzung ist z.B. bei gedruckten Schaltungen nicht erfüllt, da die Leiter Kanten aufweisen, die gesondert zu betrachten sind. Für den Fall, daß diese Bedingungen also nicht erfüllt sind, können auch die genannten Beziehungen nicht verwendet werden. Das Ersatzschaltbild behält jedoch weiter seine Gültigkeit, lediglich müssen die Ersatzschaltbildelemente R und L_i auf andere Art bestimmt werden.

3.3.2 Leitungsersatzschaltbild für schwache Verluste

Zum Abschluß dieses Abschnittes soll das in Kapitel 3.2.3 abgeleitete Ersatzschaltbild zur Erfassung der Leiterverluste vervollständigt werden. Hierzu werden die durch den Skineffekt verursachten Ersatzschaltbildelemente R und L_i als längenbezogene Größen eingeführt, die als **Widerstandsbelag R'** und **innerer Induktivitätsbelag L_i'** bezeichnet werden. Da diese Elemente zu einem Spannungsabfall in Ausbreitungsrichtung führen, müssen sie gemäß Bild 3.12 in Reihe zum **äußeren Induktivitätsbelag L_a'** geschaltet werden. Im folgenden wird stets der in Abschnitt 3.2.3 abgeleitete Induktivitätsbelag als der äußere Induktivitätsbelag L_a' und die Summe von äußerem Induktivitätsbelag und innerem Induktivitätsbelag einfach als Induktivitätsbelag L' ($L' = L_a' + L_i'$) bezeichnet. Die Bezeichnung innerer und äußerer Induktivitätsbelag bezieht sich auf den Leiterbereich, in dem das magnetische Feld den Beitrag zum Induktivitätsbelag liefert. Für $\kappa \rightarrow \infty$ verschwindet das magnetische Feld im Leiter und somit R' und L_i'.

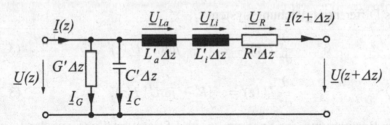

Bild 3.12: *Ersatzschaltbild der Leitung mit innerem und äußerem Induktivitätsbelag*

Zur Beschreibung der in Bild 3.12 gezeigten Ersatzschaltung erfolgt eine Modifikation von Gl.(3.180) und Gl.(3.181), indem lediglich in Gl.(3.181) der Ausdruck $j\omega L'$ durch $(R' + j\omega L')$ ersetzt wird. Dieses führt zu

$$\frac{\partial}{\partial z} \underline{I}(z) = -(G' + j\omega C')\,\underline{U}(z) \tag{3.222}$$

und

$$\frac{\partial}{\partial z} \underline{U}(z) = -(R' + j\omega L')\,\underline{I}(z). \tag{3.223}$$

3.4 Leitungstheorie

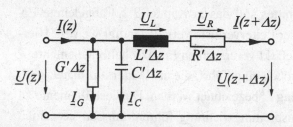

Bild 3.13: *Allgemeines Ersatzschaltbild der Leitung*

Die Analyse schwach verlustbehafteter Leitungen erfolgt ausgehend von dem in Bild 3.13 gezeigten Leitungsersatzschaltbild. Die Auswertung von Maschen- und Knotenregel und der Grenzübergang $\Delta z \to 0$ gemäß Gl.(3.164) (Seite 88) und Gl.(3.178) (Seite 90) führt unter Berücksichtigung von

$$\underline{I}_G = G' \Delta z \, \underline{U}_G, \qquad\qquad \underline{I}_C = j\omega C' \Delta z \, \underline{U}_C,$$

$$\underline{U}_R = R' \Delta z \, \underline{I}_R \qquad \text{und} \qquad \underline{U}_L = j\omega L' \Delta z \, \underline{I}_L$$

auf das Differentialgleichungssystem

$$\frac{\partial}{\partial z} \underline{I}(z) = -(G' + j\omega C') \, \underline{U}(z) \tag{3.224}$$

und

$$\frac{\partial}{\partial z} \underline{U}(z) = -(R' + j\omega L') \, \underline{I}(z), \tag{3.225}$$

das zur Bestimmung der Spannungs- und Stromverteilung auf der Leitung herangezogen werden kann. Zur Lösung des Differentialgleichungssystems wird Gl.(3.225) erneut nach z differenziert

$$\frac{\partial^2}{\partial z^2} \underline{U}(z) = -(R' + j\omega L') \frac{\partial}{\partial z} \underline{I}(z) \tag{3.226}$$

und Gl.(3.224) in Gl.(3.226) eingesetzt

$$\frac{\partial^2}{\partial z^2} \underline{U}(z) = (R' + j\omega L') \, (G' + j\omega C') \, \underline{U}(z). \tag{3.227}$$

Dadurch ergibt sich die gewöhnliche Differentialgleichung 2ter-Ordnung

$$\frac{\partial^2}{\partial z^2} \underline{U}(z) - (R' + j\omega L') \, (G' + j\omega C') \, \underline{U}(z) = 0. \tag{3.228}$$

Die Lösung dieser Differentialgleichung erfolgt mit Hilfe des Ansatzes

$$\underline{U}(z) = \underline{U} \, e^{-\underline{\gamma} z}. \tag{3.229}$$

Einsetzen des Ansatzes in Gl.(3.228) liefert

$$\underline{\gamma}^2\, \underline{U}(z) - (R' + j\omega L')\,(G' + j\omega C')\,\underline{U}(z) = 0 \qquad (3.230)$$

bzw.

$$\underline{\gamma}_{1,2} = \pm\sqrt{(R' + j\omega L')\,(G' + j\omega C')}, \qquad (3.231)$$

mit $\underline{\gamma}_1 = \underline{\gamma}$ und $\underline{\gamma}_2 = -\underline{\gamma}$. Die Größe $\underline{\gamma}$ entspricht dem in Gl.(3.53) eingeführten **Ausbreitungskoeffizienten**, der mit dem **Dämpfungskoeffizienten**
α und dem **Phasenkoeffizienten** β in der Form

$$\underline{\gamma} = \alpha + j\beta \qquad (3.232)$$

angegeben werden kann. Mit diesem Ergebnis ergibt sich die allgemeine Lösung für die Spannungsverteilung auf der Leitung aus der Superposition der
Einzellösungen zu

$$\underline{U}(z) = \underline{U}_1\, e^{-\underline{\gamma} z} + \underline{U}_2\, e^{\underline{\gamma} z}, \qquad (3.233)$$

wobei die Konstanten $\underline{U}_1$ und $\underline{U}_2$ aus den Spannungswerten an den Toren
der Leitung ermittelt werden müssen.

Die Stromverteilung auf der Leitung ergibt sich bei Berücksichtigung des
Ergebnisses für die Spannungsverteilung nach Gl.(3.233) aus Gl.(3.225) zu

$$\underline{I}(z) = \frac{\underline{\gamma}}{R' + j\omega L'}\,\left(\underline{U}_1\, e^{-\underline{\gamma} z} - \underline{U}_2\, e^{\underline{\gamma} z}\right), \qquad (3.234)$$

die mit der Abkürzung

$$\frac{1}{Z_W} = \frac{\underline{\gamma}}{R' + j\omega L'}$$

bzw. mit

$$Z_W = \sqrt{\frac{R' + j\omega L'}{G' + j\omega C'}} \qquad (3.235)$$

in der Form

$$\underline{I}(z) = \left(\underline{U}_1\, e^{-\underline{\gamma} z} - \underline{U}_2\, e^{\underline{\gamma} z}\right)\,\frac{1}{Z_W} \qquad (3.236)$$

angegeben werden kann. Die Größe Z_W entspricht dem schon zuvor in
Gl.(3.106) eingeführten **Wellenwiderstand** der Leitung. Es wird nun vorausgesetzt, daß der Einfluß der Verluste auf den Wellenwiderstand vernachlässigbar sei. Dieses ist bei schwachen Verlusten gerechtfertigt und führt auf
einen reellen Wellenwiderstand Z_W. Aus diesem Grunde wurde und wird Z_W
nicht als komplexe Größe gekennzeichnet.

Die Ergebnisse in Gl.(3.233) und Gl.(3.236) entsprechen den Ergebnissen für die Spannungs- und Stromverteilung auf der TEM-Leitung, wobei bei der Berechnung des Ausbreitungskoeffizienten $\underline{\gamma}$ und bei der Berechnung des Wellenwiderstandes Z_W die allgemeineren Beziehungen in Gl.(3.232) und Gl.(3.235) herangezogen werden müssen. Diese beinhalten im Gegensatz zu den vorher eingeführten Größen die Leiterverluste. Unter der Berücksichtigung dieser Tatsache können alle in Abschnitt 3.2.2 abgeleiteten Beziehungen verwendet werden. Es wird aus diesem Grunde hier auf eine erneute Darstellung verzichtet.

3.4.1   Betrachtung der Leitungskenngrößen

Im letzten Kapitel wurde häufig der Begriff **schwach verlustbehaftete Leitung** benutzt. Dieses setzt voraus, daß die Leitungsbeläge die Bedingungen $R' << \omega L'$ und $G' << \omega C'$ erfüllen. In diesem Fall ergibt sich eine zu $e^{-\alpha z}$ proportionale, gedämpfte Welle, die sich mit dem Phasenkoeffizienten β in positiver z-Richtung auf der Leitung mit dem Wellenwiderstand Z_W ausbreitet. Anhand der Ergebnisse für die Leitungskenngrößen sollen nun Näherungsbeziehungen für $\underline{\gamma}$ und Z_W abgeleitet werden. Nach Gl.(3.231) gilt

$$\underline{\gamma} = \sqrt{(R' + j\omega L')\,(G' + j\omega C')} = j\omega\,\sqrt{L'C'}\,\sqrt{1 - j\frac{R'}{\omega L'}}\,\sqrt{1 - j\frac{G'}{\omega C'}},$$

woraus sich mit der Näherung

$$\sqrt{1-x} \approx 1 - \frac{1}{2}x, \qquad \text{für } x < 0.2,$$

die Beziehung

$$\underline{\gamma} \approx j\omega\,\sqrt{L'C'}\,\left(1 - j\frac{R'}{2\omega L'}\right)\left(1 - j\frac{G'}{2\omega C'}\right) \qquad (3.237)$$

abgeleitet werden kann. Die Vernachlässigung von Gliedern höherer Ordnung in Gl.(3.237) führt zu

$$\underline{\gamma} = \alpha + j\beta \approx j\omega\,\sqrt{L'C'}\,\left[1 - j\frac{1}{2}\left(\frac{R'}{\omega L'} + \frac{G'}{\omega C'}\right)\right]. \qquad (3.238)$$

Aus

$$\alpha \approx \frac{R'}{2}\sqrt{\frac{C'}{L'}} + \frac{G'}{2}\sqrt{\frac{L'}{C'}} \quad (3.239) \quad \text{und} \quad \beta = \frac{2\pi}{\lambda} \approx \omega\,\sqrt{L'C'} \quad (3.240)$$

ist ersichtlich, daß im Falle schwacher Verluste, eine Auswirkung der Verluste nur im Dämpfungskoeffizienten α und nicht im Phasenkoeffizienten β festzustellen ist. Den Sonderfall stellt die verlustlose Leitung mit $\underline{\gamma} = j\beta$ und

$$\beta = \omega \sqrt{L'C'} \tag{3.241}$$

dar. Ähnliche Betrachtungen können auch für den Wellenwiderstand Z_W durchgeführt werden. Aus Gl.(3.235)

$$Z_W = \sqrt{\frac{R' + j\omega L'}{G' + j\omega C'}} = \frac{\sqrt{j\omega L'}\sqrt{1 - j\dfrac{R'}{\omega L'}}}{\sqrt{j\omega C'}\sqrt{1 - j\dfrac{G'}{\omega C'}}}$$

ergibt sich mit der oben angegebenen Näherung und mit

$$\frac{1}{\sqrt{1-x}} \approx 1 + \frac{1}{2}x, \qquad \text{für } x < 0.2,$$

die Beziehung

$$Z_W \approx \sqrt{\frac{L'}{C'}} \left(1 - j\frac{R'}{2\omega L'}\right)\left(1 + j\frac{G'}{2\omega C'}\right),$$

aus der sich entsprechend der obigen Vorgehensweise

$$Z_W \approx \sqrt{\frac{L'}{C'}} \left[1 - j\frac{1}{2}\left(\frac{R'}{2\omega L'} - \frac{G'}{2\omega C'}\right)\right] \tag{3.242}$$

ableiten läßt. Das Ergebnis für den Wellenwiderstand in Gl.(3.242) verdeutlicht, daß die Verluste lediglich einen Einfluß auf den Imaginärteil des Wellenwiderstandes haben, die sich zudem noch teilweise kompensieren können. Im Falle der verlustlosen Leitung ergibt sich somit

$$Z_W = \sqrt{\frac{L'}{C'}}. \tag{3.243}$$

Zusammenfassend kann festgehalten werden, daß die Berücksichtigung der Verluste in den Leitern zu einer leichten Modifikation des Ersatzschaltbildes der Leitung geführt hat. Dieses wirkt sich bei der mathematischen Beschreibung des Leitungsverhaltens dahingehend aus, daß lediglich die schon früher eingeführten Größen $\underline{\gamma}$ und Z_W in erweiterter Form verwendet werden müssen. Die ursprünglichen Beziehungen stellen damit einen Sonderfall der hier abgeleiteten Zusammenhänge zur Beschreibung der schwach verlustbehafteten Leitung dar. Immer wenn die getroffenen Vereinbarungen erfüllt sind, führt die hier angegebene Leitungsbeschreibung zum Ziel. Das Problem dabei liegt allerdings im Auffinden der **Leitungsbeläge** R', L', G' und C' um die Kenngrößen $\underline{\gamma}$ und Z_W ermitteln zu können.

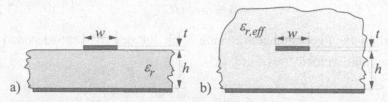

Bild 3.14: *Querschnitt einer ungeschirmten Mikrostreifenleitung. Originalstruktur a) und äquivalente Anordnung mit homogener Materialfüllung b)*

Anzumerken ist, daß nach den bisherigen Ausführungen die meisten hier abgeleiteten Leitungsbeläge Ergebnisse aus der statischen Feldberechnung (C') bzw. aus der Berechnung des stationären Strömungsfeldes (G' und L'_a) darstellen und somit frequenzunabhängige Größen sind. Lediglich die Größen R' und L'_i beinhalten eine gewisse Frequenzabhängigkeit. Leitungsarten bei denen der Raumbereich, in dem sich das elektromagnetische Feld ausbildet, in verschiedene Teilbereiche mit unterschiedlichen Materialeigenschaften unterteilt ist, sind alle Leitungsbeläge wegen der Dispersion frequenzabhängig und können damit nicht so einfach berechnet werden. Als Beispiel hierfür ist die in Bild 3.14 a) gezeigte offene Mikrostreifenleitung anzuführen, bei der das Trägermaterial, das als Substratmaterial bezeichnet wird, auf einer Seite vollständig und auf der anderen Seite mit Leiterstreifen teilweise metallisiert ist. Daher der Name „Streifenleiter".

Unter der Vernachlässigung der Leitungsverluste ($R' \to 0$ und $G' \to 0$) ist zur Berechnung der Leitungsbeläge dieser Struktur im wesentlichen die Kenntnis des Kapazitätsbelags erforderlich. Denn in diesem Fall gilt nach Gl.(3.231)

$$\underline{\gamma} = j\omega \sqrt{L'\,C'} \qquad (3.244)$$

bzw.

$$\beta = \omega \sqrt{L'\,C'}. \qquad (3.245)$$

Ist nun der Kapazitätsbelag der Originalstruktur und der Kapazitätsbelag derselben Anordnung, die jedoch anstelle des Dielektrikums **nur** mit Luft gefüllt ist, bekannt, dann kann, da der Induktivitätsbelag in beiden Fällen derselbe ist und da im nur mit Luft gefüllten Fall der Phasenkoeffizient $\beta = \beta_0$

beträgt, der Phasenkoeffizient β aus folgender Rechnung ermittelt werden. Mit C_0' dem Kapazitätsbelag der luftgefüllten Struktur ergibt sich die Beziehung

$$\beta_0 = \omega \sqrt{L' C_0'}, \qquad (3.246)$$

die mit $\beta_0 = \omega / c_0$ (c_0 der Lichtgeschwindigkeit im Vakuum) in der Form

$$\frac{\omega}{c_0} = \omega \sqrt{L' C_0'} \qquad (3.247)$$

zur Bestimmung des Induktivitätsbelags,

$$L' = \frac{1}{c_0^2 C_0'}, \qquad (3.248)$$

herangezogen werden kann. Entsprechend ergibt sich aus Gl.(3.245) mit dem Ergebnis für L' aus Gl.(3.248) und dem Kapazitätsbelag C_D' der Leitung mit Dielektrikum die Beziehung

$$\beta = \omega \sqrt{L' C_D'}, \qquad (3.249)$$

die in der Form

$$\beta = \frac{\omega}{c_0} \sqrt{\frac{C_D'}{C_0'}} \qquad (3.250)$$

zur Bestimmung des Phasenkoeffizienten β der Mikrostreifenleitung benutzt werden kann.

Bei der Behandlung von Leitungsstrukturen mit unterschiedlichen Dielektrika hat es sich als zweckmäßig erwiesen eine weitere Kenngröße, die **effektive relative Permittivität** $\varepsilon_{r,eff}$ einzuführen. Sie beschreibt den Wert der Permittivität eines fiktiven Dielektrikums, das gemäß Bild 3.14 b) den gesamten Raumbereich der Originalstruktur ausfüllen müßte, um den Kapazitätsbelag der vorliegenden Mikrostreifenleitung zu erzeugen. In diesem Fall gilt

$$C_D' = C_0' \, \varepsilon_{r,eff}. \qquad (3.251)$$

Einsetzen von Gl.(3.251) in Gl.(3.250) liefert die endgültige Beziehung für β,

$$\beta = \frac{\omega}{v_{ph}} = \frac{\omega}{c_0} \sqrt{\varepsilon_{r,eff}}. \qquad (3.252)$$

Damit gilt für v_{ph}, der Phasengeschwindigkeit der Welle auf der Leitung,

$$v_{ph} = \frac{c_0}{\sqrt{\varepsilon_{r,eff}}}. \qquad (3.253)$$

Da sich das elektromagnetische Feld teilweise im Substrat und teilweise in der Luft ausbreitet, liegt der Wert für $\varepsilon_{r,eff}$ zwischen 1 und ε_r und ist zudem mehr oder weniger frequenzabhängig. Exakte Lösungen hierfür müssen aus feldtheoretischen Verfahren gewonnen werden und liegen somit nur selten in Form von analytischen Beziehungen vor. Im Zeitalter des rechnergestützten Entwurfs von Mikrowellenschaltungen besteht jedoch zum interaktiven Betrieb geeigneter Softwarepakete der vordringliche Wunsch nach schnellen Näherungsbeziehungen. Aus diesem Grunde sind während vieler Forschungsaktivitäten, die sich mit der Modellierung von Leitungen und Leitungsbauelementen beschäftigten, derartige Näherungslösungen entwickelt worden. Da jedoch in der Regel bei der numerischen Analyse nicht die Leitungsbeläge als Ergebnisse von Interesse sind, werden häufig die zum Aufstellen der Leitungsgleichungen benötigten Größen Z_W und β, als Ergebnisse der Analyse ohne jegliche Verluste, direkt angegeben. Zur Einbeziehung schwacher Verluste, die sich im wesentlichen bei α und nicht bei Z_W und β bemerkbar machen, werden zusätzliche Beziehungen zur Bestimmung von α angegeben. Näherungen für diese Kenngrößen werden in einem der nachstehenden Kapiteln, das sich intensiv mit der Mikrostreifenleitungstechnik befaßt, angegeben.

3.5   Die Leitung als Schaltungselement

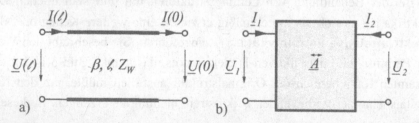

Bild 3.15: *Wahl der Bezugspfeile für Ströme und Spannungen bei der Leitung a) und allgemein beim Zweitor b)*

Zum Abschluß dieses Kapitels sollen nun noch einige Sonderfälle betrachtet werden, die sich aus einer speziellen Wahl der Leitungslänge oder des Leitungsabschlusses ergeben. Ausgehend von der verlustlosen Leitung, deren Spannungen und Ströme an den Toren gemäß Bild 3.15 a) durch Gl.(3.122) und Gl.(3.124) miteinander verknüpft sind, kann mit $k_z = \beta$ und bei einer symmetrischen Wahl der Bezugspfeile für Spannungen und Ströme nach Bild 3.15 b) die Kettenmatrix $\overset{\leftrightarrow}{\underline{A}}$ eines Leitungsabschnittes der Länge ℓ durch

$$\overset{\leftrightarrow}{\underline{A}} = \begin{pmatrix} \cos(\beta\ell) & jZ_W\sin(\beta\ell) \\ j\dfrac{1}{Z_W}\sin(\beta\ell) & \cos(\beta\ell) \end{pmatrix} \tag{3.254}$$

angegeben werden.

Die prinzipiellen Verläufe der Kettenparameter in Abhängigkeit von $\beta\ell$, die in Bild 3.16 gezeigt werden, zeigen, daß die Kettenparameter nach Gl.(3.254) für bestimmte Werte von $\beta\ell$ Nullstellen aufweisen.

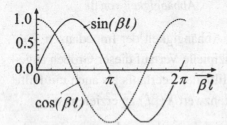

Bild 3.16: *Prinzipieller Verlauf der Kettenparameter*

Wird die Leitung am Ausgang mit der Abschlußimpedanz $\underline{Z}_A$ abgeschlossen, so liefern die Kettenparameter (entsprechend zu Gl.(3.126))

$$\underline{Z}_E = \underline{Z}(\ell) = Z_W\,\frac{1 + j\dfrac{Z_W}{\underline{Z}_A}\tan(\beta\ell)}{\dfrac{Z_W}{\underline{Z}_A} + j\tan(\beta\ell)}, \tag{3.255}$$

die Beziehung zur Beschreibung der Eingangsimpedanz $\underline{Z}_E$ am Anfang der Leitung. Dieses hat bei einer Beschaltung des Ausgangs der Leitung mit einem Leerlauf oder einem Kurzschluß zur Folge, daß die Eingangsimpedanz sowohl Nullstellen als auch Polstellen aufweist.

Im Falle einer leerlaufenden Leitung, d.h. $\underline{Z}_A = \infty$, verschwindet der Realteil der Eingangsimpedanz und Gl.(3.255) vereinfacht sich zu

$$\underline{Z}_{EL} = \frac{1}{\underline{Y}_{EL}} = \frac{1}{jB(\beta\ell)} = \frac{Z_W}{j\tan(\beta\ell)} \tag{3.256}$$

bzw.

$$\underline{Z}_{EL} = jX(\beta\ell) = -jZ_W\cot(\beta\ell). \tag{3.257}$$

Entsprechend vereinfacht sich für eine am Ausgang kurzgeschlossene Leitung, d.h. $\underline{Z}_A = 0$, die Eingangsimpedanz nach Gl.(3.255) zu

$$\underline{Z}_{EK} = jX(\beta\ell) = jZ_W \tan(\beta\ell). \tag{3.258}$$

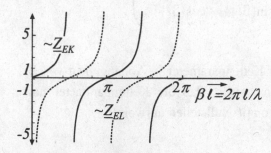

Bild 3.17: *Prinzipieller Verlauf der Reaktanz bei Leerlauf oder Kurzschluß am Leitungsende in Abhängigkeit von $\beta\ell$*

Zur graphischen Verdeutlichung der Abhängigkeit der Impedanzen $\underline{Z}_{EL}$ und $\underline{Z}_{EK}$ von $\beta\ell$ ist in Bild 3.17 der prinzipielle Verlauf dieser Größen angegeben. Das Bild zeigt, daß sowohl mit Hilfe des Leerlaufs als auch mit Hilfe des Kurzschlusses jeder beliebige Reaktanzwert $X(\beta\ell)$ zu erzielen ist.

Die Sonderfälle, die nun behandelt werden, ergeben sich aus der Betrachtung der Kettenparameter in der Umgebung ihrer Nullstellen. Das heißt, nach der Festlegung der Nullstelle wird die Leitungslänge konstant gehalten und die Abhängigkeit der Parameter von der Frequenz untersucht. Es sei an dieser Stelle schon vorweggenommen, daß dieses Vorgehen zu bestimmten Ersatzschaltbildkonfigurationen führen wird, die z.B. bei der Realisierung von Filtern und Anpassungsnetzwerken in Verstärkerschaltungen von hoher Bedeutung sind.

Zur Untersuchung der Frequenzabhängigkeit werden die Elemente der Kettenmatrix an ihren Nullstellen durch eine Reihenentwicklung dargestellt, bei der nur die Glieder nullter und erster Ordnung berücksichtigt werden.

1. Nullstellen von $\cos(\beta\ell)$:

Aus

$$\cos(\beta\ell) = \cos(\frac{2\pi f}{v_{ph}}\ell) = 0, \tag{3.259}$$

ergibt sich mit f_0, der zu der Länge ℓ zugehörigen Frequenz, in deren Umgebung die Reihenentwicklung durchgeführt wird,

$$\frac{\omega_{0,n}}{v_{ph}}\ell = \frac{2\pi f_{0,n}}{v_{ph}}\ell = \frac{\pi}{2} + n\pi = h_n, \text{ mit } n = 0, 1, 2, \ldots \quad , \tag{3.260}$$

$$f_{0,n} = h_n \frac{v_{ph}}{2\pi\ell} \qquad (3.261)$$

bzw.

$$\ell = h_n \frac{v_{ph}}{2\pi f_{0,n}}. \qquad (3.262)$$

Einsetzen von ℓ nach Gl.(3.262) in $\cos(\beta\ell)$ nach Gl.(3.259) liefert

$$\cos(\beta\ell) = \cos(\frac{2\pi f}{v_{ph}} \cdot h_n \frac{v_{ph}}{2\pi f_{0,n}}) - \cos(\frac{h_n}{f_{0,n}} f) \qquad (3.263)$$

bzw. für $\sin(\beta\ell)$

$$\sin(\beta\ell) = \sin(\frac{h_n}{f_{0,n}} f). \qquad (3.264)$$

Mit

$$\underline{A}_{ij}(f) \approx \underline{A}_{ij}(f_{0,n}) + \frac{d}{df} \underline{A}_{ij}(f)\Big|_{f=f_{0,n}} (f - f_{0,n}), \qquad (3.265)$$

der Reihenentwicklung des Parameters $A_{ij}(f)$ an der Stelle $f_{0,n}$, ergibt sich aus

$$\overset{\leftrightarrow}{\underline{A}} = \begin{pmatrix} \cos(\frac{h_n}{f_{0,n}} f) & jZ_W \sin(\frac{h_n}{f_{0,n}} f) \\ j\frac{1}{Z_W} \sin(\frac{h_n}{f_{0,n}} f) & \cos(\frac{h_n}{f_{0,n}} f) \end{pmatrix}, \qquad (3.266)$$

die Näherung für die Kettenmatrix in Gl.(3.254) zu

$$\overset{\leftrightarrow}{\underline{A}} = \begin{pmatrix} -\frac{h_n}{f_{0,n}} \sin(h_n)(f - f_{0,n}) & jZ_W \sin(h_n) \\ j\frac{1}{Z_W} \sin(h_n) & -\frac{h_n}{f_{0,n}} \sin(h_n)(f - f_{0,n}) \end{pmatrix}, \qquad (3.267)$$

die mit $\sin(h_n) = (-1)^n$ in der Form

$$\begin{pmatrix} \underline{U}_1 \\ \underline{I}_1 \end{pmatrix} = \begin{pmatrix} -(-1)^n \frac{h_n}{f_{0,n}}(f - f_{0,n}) & (-1)^n jZ_W \\ (-1)^n j\frac{1}{Z_W} & -(-1)^n \frac{h_n}{f_{0,n}}(f - f_{0,n}) \end{pmatrix} \begin{pmatrix} \underline{U}_2 \\ -\underline{I}_2 \end{pmatrix} \qquad (3.268)$$

angegeben werden kann.

2. Nullstellen von $\sin(\beta\ell)$:

Aus

$$\sin(\beta\ell) = \sin(\frac{2\pi f}{v_{ph}}\ell) = 0, \tag{3.269}$$

ergibt sich entsprechend dem Vorgehen bei $\cos(\beta\ell)$

$$\frac{\omega_{0,m}}{v_{ph}}\ell = \frac{2\pi f_{0,m}}{v_{ph}}\ell = m\pi = h_m, \text{ mit } m = 0,1,2,\ldots \quad , \tag{3.270}$$

$$f_{0,m} = h_m \frac{v_{ph}}{2\pi\ell}, \tag{3.271}$$

$$\ell = h_m \frac{v_{ph}}{2\pi f_{0,m}}, \tag{3.272}$$

$$\cos(\beta\ell) = \cos(\frac{h_m}{f_{0,m}}f) \tag{3.273}$$

und

$$\sin(\beta\ell) = \sin(\frac{h_m}{f_{0,m}}f). \tag{3.274}$$

Damit liefert Gl.(3.254)

$$\overset{\leftrightarrow}{\underline{A}} = \begin{pmatrix} \cos(\frac{h_m}{f_{0,m}}f) & jZ_W \sin(\frac{h_m}{f_{0,m}}f) \\ j\frac{1}{Z_W}\sin(\frac{h_m}{f_{0,m}}f) & \cos(\frac{h_m}{f_{0,m}}f) \end{pmatrix} \tag{3.275}$$

in Verbindung mit der Reihenentwicklung der Parameter $A_{ij}(f)$ an der Stelle $f_{0,m}$, die Näherung für die Kettenmatrix in der Form

$$\overset{\leftrightarrow}{\underline{A}} = \begin{pmatrix} \cos(h_m) & jZ_W \frac{h_m}{f_{0,m}}\cos(h_m)(f - f_{0,m}) \\ j\frac{1}{Z_W}\frac{h_m}{f_{0,m}}\cos(h_m)(f - f_{0,m}) & \cos(h_m) \end{pmatrix}, \tag{3.276}$$

woraus sich mit $\cos(h_m) = (-1)^m$ die Beziehung

$$\begin{pmatrix} \underline{U}_1 \\ \underline{I}_1 \end{pmatrix} = \begin{pmatrix} (-1)^m & j(-1)^m Z_W \frac{h_m}{f_{0,m}}(f - f_{0,m}) \\ j(-1)^m \frac{1}{Z_W}\frac{h_m}{f_{0,m}}(f - f_{0,m}) & (-1)^m \end{pmatrix} \begin{pmatrix} \underline{U}_2 \\ -\underline{I}_2 \end{pmatrix}$$
$$\tag{3.277}$$

ergibt. Die Ergebnisse nach Gl.(3.268) und Gl.(3.277) werden in den folgenden Abschnitten als Grundlage weiterer Untersuchungen verwendet.

3.5.1 Der $\lambda/4$-Transformator

In diesem Fall wird zuerst Gl.(3.268) für n= 0 und $f = f_{0,0}$ betrachtet. Damit ergibt sich

$$
\begin{pmatrix} \underline{U}_1 \\ \underline{I}_1 \end{pmatrix} = \begin{pmatrix} 0 & jZ_W \\ j\frac{1}{Z_W} & 0 \end{pmatrix} \begin{pmatrix} \underline{U}_2 \\ -\underline{I}_2 \end{pmatrix}, \tag{3.278}
$$

woraus sich die Beziehung

$$
\frac{\underline{U}_1}{\underline{I}_1} \cdot \frac{\underline{U}_2}{-\underline{I}_2} = Z_W^2 \tag{3.279}
$$

ableiten läßt. Beschreibt $\frac{\underline{U}_1}{\underline{I}_1}$ die Eingangsimpedanz $\underline{Z}_E$ am Leitungsanfang und $\frac{\underline{U}_2}{-\underline{I}_2}$ die Abschlußimpedanz $\underline{Z}_A$ am Leitungsende, so gilt

$$
\underline{Z}_E \cdot \underline{Z}_A = Z_W^2. \tag{3.280}
$$

Gl.(3.280) besagt, daß in diesem Fall das Produkt aus Eingangsimpedanz und Abschlußimpedanz stets reell wird und gleich dem Quadrat des Wellenwiderstandes ist. Da für n=0 mit $h_0 = \pi/2$ und

$$
v_{ph} = \lambda f_{0,0}, \tag{3.281}
$$

die Leitungslänge nach Gl.(3.262) zu

$$
\ell = h_0 \frac{v_{ph}}{2\pi f_{0,0}} = \frac{\lambda}{4} \tag{3.282}
$$

bestimmt werden kann, wird dieser Spezialfall als $\lambda/4$-**Transformation** bezeichnet. Ist die Abschlußimpedanz $\underline{Z}_A$ reellwertig, d.h. $\underline{Z}_A = R_A$, und beträgt die Länge der Leitung ein Viertel der Wellenlänge, so liefert Gl.(3.255) oder Gl.(3.280)

$$
\underline{Z}_E = R_E = \frac{Z_W^2}{R_A}, \tag{3.283}
$$

wodurch die Eingangsimpedanz auch reellwertig wird. Das durch Gl.(3.283) beschriebene Verhalten des $\lambda/4$-Transformators spielt in der Höchstfrequenzschaltungstechnik eine bedeutende Rolle, denn unter den oben aufgeführten Bedingungen kann durch die Wahl von Z_W des $\lambda/4$-Transformators der Abschlußwiderstand R_A in einen beliebigen Eingangswiderstand R_E überführt werden. Dieses ist, wie schon zuvor erwähnt, wichtig beim Entwurf von Anpassungsnetzwerken, die benötigt werden um einen Abschlußwiderstand, zum Zwecke maximaler Leistungsabgabe, an den Innenwiderstand der Quelle anzupassen. Nachteilig ist dabei, daß die oben geforderte Eigenschaft für die Leitungslänge nur bei einer Frequenz erfüllt ist, so daß die Anpassung mit Hilfe eines $\lambda/4$-Transformators als relativ schmalbandig angesehen werden muß. Dieses stellt in vielen Fällen aber keine wesentliche Einschränkung dar.

3.5.2 Das kurze Leitungselement

Hier wird ein kurzes Leitungselement der Länge ℓ, mit $\ell < \lambda/20$, betrachtet. In diesem Fall ergibt sich im betrachteten Frequenzbereich für $0 \leq \beta\ell \leq 0.31$ und einer Reihenentwicklung von $\cos(\beta\ell)$ und $\sin(\beta\ell)$ an der Stelle $\beta\ell = 0$ die Kettenmatrix in der Form

$$\overset{\leftrightarrow}{\underline{A}} = \begin{pmatrix} 1 & jZ_W\beta\ell \\ j\dfrac{1}{Z_W}\beta\ell & 1 \end{pmatrix}. \tag{3.284}$$

Mit

$$\beta\ell = \frac{\omega\ell}{v_{ph}}, \qquad Z_W = \sqrt{\frac{L'}{C'}} \quad \text{und} \quad v_{ph} = \frac{1}{\sqrt{L'C'}}$$

ergibt sich aus Gl.(3.284)

$$\overset{\leftrightarrow}{\underline{A}} = \begin{pmatrix} 1 & jZ_W\dfrac{\omega\ell}{v_{ph}} \\ j\dfrac{1}{Z_W}\dfrac{\omega\ell}{v_{ph}} & 1 \end{pmatrix} = \begin{pmatrix} 1 & j\omega L'\ell \\ j\omega C'\ell & 1 \end{pmatrix}. \tag{3.285}$$

Gl.(3.285) eignet sich hervorragend zur Beurteilung der Elemente der Kettenmatrix. Wird zugrundegelegt, daß bei einer gegebenen Leiterstruktur die Änderung der Leitergeometrie einen wesentlichen Einfluß auf den Wellenwiderstand, aber nur einen geringen auf die Phasengeschwindigkeit der Welle hat, dann kann der Wert des Wellenwiderstandes in einem weiten Bereich variiert werden. Bei einer Mikrostreifenleitung nach Bild 3.1 g) ergibt sich zum Beispiel für eine sehr schmale Leitung ein hoher Wellenwiderstand und für eine sehr breite Leitung ein sehr niedriger Wellenwiderstand. Dieses hat zur Folge, daß im erstgenannten Fall (hoher Wellenwiderstand) das Element $\underline{A}_{12}$ der Kettenmatrix dominiert und im zweitgenannten Fall (niedriger Wellenwiderstand) das Element $\underline{A}_{21}$ der Kettenmatrix überwiegt.

Zur Angabe eines Ersatzschaltbildes für das kurze Leitungsstück, erfolgt die Betrachtung der Kettenmatrix einer Längsimpedanz $\underline{Z}$ bzw. der einer Queradmittanz $\underline{Y}$. Im Falle einer Längsimpedanz $\underline{Z}$ lautet die Kettenmatrix

$$\underline{\overset{\leftrightarrow}{A}}_Z = \begin{pmatrix} 1 & \underline{Z} \\ 0 & 1 \end{pmatrix}, \qquad (3.286)$$

im Falle einer Queradmittanz $\underline{Y}$

$$\underline{\overset{\leftrightarrow}{A}}_Y = \begin{pmatrix} 1 & 0 \\ \underline{Y} & 1 \end{pmatrix}. \qquad (3.287)$$

Ein Vergleich der Kettenmatrix der Längsimpedanz nach Gl.(3.286) mit der Kettenmatrix einer Leitung (Gl.(3.285)), bei der sich für einen hohen Wellenwiderstand $\underline{A}_{21} \approx 0$ ergibt, liefert, daß sich das kurze Leitungsstück wie eine Längsimpedanz, mit $\underline{Z} = j\omega L'\ell$, verhält, d.h. wie eine Serieninduktivität. Entsprechend liefert dieser Vergleich für eine Leitung mit niedrigem Wellenwiderstand $\underline{A}_{12} \approx 0$, woraus sich das Verhalten einer Queradmittanz, mit $\underline{Y} = j\omega C'\ell$, ergibt. Das bedeutet, daß sich das kurze Leitungsstück mit niedrigem Wellenwiderstand wie eine Querkapazität verhält. Am Beispiel der Mikrostreifenleitung ist dieses Verhalten besonders einsichtig, denn die sehr breite Leitung ähnelt stark einem Plattenkondensator und die sehr schmale Leitungen einem dünnen Draht, der bei hohen Frequenzen als Induktivität wirkt. Prinzipiell läßt sich auf diese Weise aus der in Bild 3.18 a) gezeigten Leitungsstruktur das in Bild 3.18 b) angegebene Ersatzschaltbild ableiten.

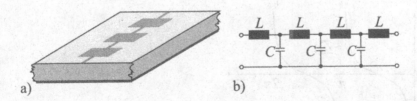

a)	b)

Bild 3.18: *Kettenschaltung von Leitungselementen mit hohem oder niedrigem Wellenwiderstand a) und das zugehörige Ersatzschaltbild b)*

3.5.3   Die leerlaufende oder kurzgeschlossene Leitung

In diesem letzten Abschnitt zum Themengebiet „Die Leitung als Schaltelement" wird das Verhalten einer am Leitungsende mit einem Leerlauf oder
einem Kurzschluß abgeschlossenen Leitung untersucht. Auch hier erfolgt eine Betrachtung der Abhängigkeit der Eingangsimpedanz von der Frequenz,
wobei sich diese Untersuchung, wie auch schon die in den vorangestellten Abschnitten, auf die Umgebung der Nullstellen der Kettenparameter beschränkt.

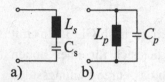

a)   b)

Bild 3.19: *Serienschwingkreis a) und Parallelschwingkreis b)*

Die Bedeutung dieser Betrachtungsweise liegt darin, daß, wie die Ergebnisse zeigen werden, das Verhalten der Leitung mit Leerlauf oder Kurzschluß
am Leitungsende, durch einfache elektrische Ersatzschaltbilder beschrieben
werden kann. Dabei handelt es sich im wesentlichen um einfache Kapazitäten, Induktivitäten oder um die Kombination von beiden in Form von Serien-
bzw. Parallelschwingkreisen gemäß Bild 3.19. Diese Schaltungselemente
werden in der Nachrichtentechnik zur Realisierung von Filterschaltungen
sowie Anpassungsnetzwerken benötigt und spielen daher eine bedeutende
Rolle.

3.5.3.1   *Die leerlaufende Leitung*

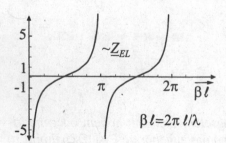

$\beta\ell = 2\pi\,\ell/\lambda$

Bild 3.20: *Prinzipieller Verlauf
von $\underline{Z}_{EL}$*

Im Falle einer leerlaufenden Leitung der Länge ℓ ergibt sich die Eingangsimpedanz $\underline{Z}_{EL}$ aus der Beziehung

$$\underline{Z}_{EL} = \frac{\underline{U}_1}{\underline{I}_1},$$

die unter der Verwendung der Kettenparameter und $\underline{I}_2 = 0$ auf

$$\underline{Z}_{EL} = \frac{\underline{A}_{11}}{\underline{A}_{21}} \qquad (3.288)$$

führt. Den grundsätzlichen Verlauf der Eingangsimpedanz einer leerlaufenden Leitung $\underline{Z}_{EL}$ nach Gl.(3.257) zeigt das Bild 3.20. Im folgenden wird eine Untersuchung von Gl.(3.257),

$$\underline{Z}_{EL} = jZ_W \cot(\beta\ell), \qquad (3.289)$$

an den Pol- und Nullstellen durchgeführt, wobei formal zwischen der Polstelle an der Stelle $\beta\ell = 0$ und den weiteren Pol- und Nullstellen unterschieden wird.

3.5.3.1.1 *Die kurze leerlaufende Leitung*

Dieser Fall behandelt entsprechend der Vorgehensweise im Abschnitt 3.5.2 ein kurzes Leitungsstück der Länge ℓ, mit $\ell < \lambda/20$ und $0 \leq \beta\ell \leq 0.31$, so daß sich mit den Kettenparametern nach Gl.(3.285) aus Gl.(3.288) die Eingangsimpedanz zu

$$\underline{Z}_{EL} = \frac{1}{j\omega C'\ell} \qquad (3.290)$$

bestimmen läßt. Dieses bedeutet, daß sich ein kurzes leerlaufendes Leitungselement wie eine Kapazität C, mit dem Kapazitätswert $C = C'\ell$, verhält.

3.5.3.1.2 *Die leerlaufende Leitung der Länge $\ell = i\frac{\lambda}{4}$*

An dieser Stelle erfolgt nun eine Fallunterscheidung. Im ersten Fall ergibt sich an den Nullstellen von $\underline{Z}_{EL}$ die Leitungslänge aus $\beta\ell_{L,s} = h_n$, mit h_n nach Gl.(3.260). Dieses führt auf die Länge

$$\ell_{L,s} = \frac{v_{ph}}{4f_{0,sn}}(1+2n) = \frac{\lambda}{4}(1+2n), \text{ mit } n = 0,1,2,\dots \quad ;$$

die gerade $\frac{\lambda}{4}$ plus einem ganzzahligen Vielfachen von $\frac{\lambda}{2}$ beträgt. Im zweiten Fall, d.h. an den Polstellen von $\underline{Z}_{EL}$, gilt $\beta\ell_{L,p} = h_m$, woraus sich mit h_m nach Gl.(3.270) für die Länge $\ell_{L,p}$,

$$\ell_{L,p} = m\frac{v_{ph}}{2f_{0,pm}} = m\frac{\lambda}{2}, \text{ mit } m = 1,2,3,\dots \quad ,$$

ein ganzzahliges Vielfaches von $\frac{\lambda}{2}$ ergibt. Damit kann nun unter der Berücksichtigung der Ergebnisse für die Reihenentwicklung der Kettenparameter nach Gl.(3.268) bzw. Gl.(3.277) die Eingangsimpedanz der am Ende leerlaufenden Leitung zu

$$\underline{Z}_{EL} \approx \begin{cases} \underline{Z}_{EL,sn} = jZ_W 2\pi(\frac{1}{4} + \frac{n}{2})\,(\frac{f}{f_{0,sn}} - 1) & \text{mit } n = 0, 1, 2, \ldots \\[4mm] \underline{Z}_{EL,pm} = \dfrac{1}{j\dfrac{m\pi}{Z_W}\,(\dfrac{f}{f_{0,pm}} - 1)} & \text{mit } m = 1, 2, 3, \ldots \end{cases}$$

$$(3.291)$$

bestimmt werden.

Eine anschauliche Interpretation des Ergebnisses nach Gl.(3.291) führt auf eine Darstellung durch einen Serien- bzw. einen Parallelschwingkreis gemäß Bild 3.19. Zum Nachweis erfolgt auch hier eine Reihenentwicklung der Eingangsimpedanz $\underline{Z}_s(f)$ bzw. der Eingangsadmittanz $\underline{Y}_p(f)$ an der Stelle der Resonanzfrequenz $f = f_0$. Mit

$$\underline{Z}_s(f) \approx \underline{Z}_s(f_0) + \frac{\mathrm{d}}{\mathrm{d}f}\underline{Z}_s(f)\Big|_{f=f_0}(f - f_0),$$

$$\omega_{0,s} = 2\pi f_{0,s} = \frac{1}{\sqrt{L_s C_s}} \qquad \text{und} \qquad C_s = \frac{1}{L_s \omega_{0,s}^2},$$

wobei $\omega_{0,s}$ die Resonanzkreisfrequenz des Reihenschwingkreises darstellt, ergibt sich für den Serienschwingkreis in Bild 3.19 a) aus

$$\underline{Z}_s(f) = j(\omega L_s - \frac{1}{\omega C_s}) = j\omega_{0,s}L_s(\frac{f}{f_{0,s}} - \frac{f_{0,s}}{f})$$

die Beziehung

$$\underline{Z}_s(f) \approx j2\omega_{0,s}L_s(\frac{f}{f_{0,s}} - 1). \qquad (3.292)$$

Entsprechend ergibt sich für die Eingangsadmittanz $\underline{Y}_s(f)$ des in Bild 3.19 b) gezeigten Parallelresonanzkreises die Näherung

$$\underline{Y}_p(f) \approx j2\omega_{0,p}C_p(\frac{f}{f_{0,p}} - 1), \qquad (3.293)$$

wobei in diesem Fall

$$\omega_{0,p} = 2\pi f_{0,p} = \frac{1}{\sqrt{L_p C_p}} \qquad \text{und} \qquad L_p = \frac{1}{C_p \omega_{0,p}^2}$$

gilt.

Die leerlaufende Leitung als Serienresonanzkreis

Nach diesen Zwischenbetrachtungen liefert der Vergleich von Gl.(3.291) mit Gl.(3.292) und Gl.(3.293), daß sich eine leerlaufende Leitung der Länge

$$\ell_{L,s} = \frac{v_{ph}}{f_{0,sn}} \left(\frac{1}{4} + \frac{n}{2}\right) = \lambda \left(\frac{1}{4} + \frac{n}{2}\right), \text{ mit } n = 0, 1, 2, \ldots \qquad (3.294)$$

gemäß

$$\underline{Z}_{EL,sn} \approx j Z_W 2\pi \left(\frac{1}{4} + \frac{n}{2}\right) \left(\frac{f}{f_{0,sn}} - 1\right) = j 2\omega_{0,sn} L_{s,n} \left(\frac{f}{f_{0,sn}} - 1\right) \qquad (3.295)$$

am Eingang wie ein Serienresonanzkreis verhält. Dabei gilt für $n = 0, 1, 2, \ldots$ nach Gl.(3.260)

$$\omega_{0,sn} = \frac{2\pi v_{ph}}{\ell_{L,s}} \left(\frac{1}{4} + \frac{n}{2}\right), \qquad (3.296)$$

$$L_{s,n} = \frac{2\pi Z_W}{2\omega_{0,sn}} \left(\frac{1}{4} + \frac{n}{2}\right) = \frac{Z_W}{2v_{ph}} \ell_{L,s} = \frac{L' \ell_{L,s}}{2} \qquad (3.297)$$

und

$$C_{s,n} = \frac{1}{L_{s,n} \omega_{0,sn}^2}. \qquad (3.298)$$

Die leerlaufende Leitung als Parallelresonanzkreis

Beträgt dagegen die Länge der leerlaufenden Leitung

$$\ell_{L,p} = \frac{v_{ph}}{f_{0,pm}} \frac{m}{2} = \lambda \frac{m}{2}, \text{ mit } m = 1, 2, \ldots \quad , \qquad (3.299)$$

so ergibt sich aus

$$\underline{Z}_{EL,pm} \approx \frac{1}{j\dfrac{m\pi}{Z_W} \left(\dfrac{f}{f_{0,pm}} - 1\right)} = \frac{1}{\underline{Y}_{p,m}(f)} = \frac{1}{j 2\omega_{0,pm} C_{p,m} \left(\dfrac{f}{f_{0,pm}} - 1\right)} \qquad (3.300)$$

und Gl.(3.270) für $m = 1, 2, \ldots$ das Verhalten eines Parallelresonanzkreises, mit

$$\omega_{0,pm} = \frac{m\pi v_{ph}}{\ell_{L,p}}, \qquad (3.301)$$

$$C_{p,m} = \frac{m\pi}{2\omega_{0,pm} Z_W} = \frac{\ell_{L,p}}{2v_{ph} Z_W} = \frac{C' \ell_{L,p}}{2} \qquad (3.302)$$

und

$$L_{p,m} = \frac{1}{C_{p,m} \omega_{0,pm}^2}. \qquad (3.303)$$

3.5.3.2 Die kurzgeschlossene Leitung

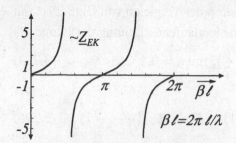

Bild 3.21: *Prinzipieller Verlauf von $\underline{Z}_{EK}$*

Im Falle einer am Ausgang kurzgeschlossenen Leitung der Länge ℓ ergibt sich die Eingangsimpedanz $\underline{Z}_{EK}$ unter der Verwendung der Kettenparameter und $\underline{U}_2 = 0$ aus

$$\underline{Z}_{EK} = \frac{\underline{A}_{12}}{\underline{A}_{22}}. \tag{3.304}$$

Der grundsätzliche Verlauf von $\underline{Z}_{EK}$ nach Gl.(3.304) zeigt Bild 3.21. Entsprechend dem Vorgehen bei der leerlaufenden Leitung liegt auch hier das besondere Interesse in der Untersuchung von Gl.(3.258),

$$\underline{Z}_{EK} = jZ_W \tan(\beta\ell), \tag{3.305}$$

an den Pol- und Nullstellen. Dabei erfolgt wieder eine Unterscheidung zwischen der Nullstelle an der Stelle $\beta\ell = 0$ und den weiteren Pol- und Nullstellen.

3.5.3.2.1 Die kurze kurzgeschlossene Leitung

Hier wird ebenfalls wie im Abschnitt 3.5.2 ein kurzes Leitungsstück der Länge ℓ, mit $\ell < \lambda/20$ und $0 \leq \beta\ell \leq 0.31$, betrachtet. Mit den Kettenparametern nach Gl.(3.285) aus Gl.(3.288) ergibt sich für $\underline{U}_2 = 0$ die Eingangsimpedanz zu

$$\underline{Z}_{EK} = j\omega L'\ell, \tag{3.306}$$

d.h. daß sich ein kurzes kurzgeschlossenes Leitungselement wie eine Induktivität L, mit $L = L'\ell$, verhält.

3.5.3.2.2 *Die kurzgeschlossene Leitung der Länge* $\ell = i\frac{\lambda}{4}$

Nun erfolgt erneut eine Fallunterscheidung. Im ersten Fall ergibt sich an den Polstellen von $\underline{Z}_{EK}$ die Leitungslänge aus $\beta\ell_{K,p} = h_n$ zu

$$\ell_{K,p} = \frac{v_{ph}}{4 f_{0,pn}}(1 + 2n) = \frac{\lambda}{4}(1 + 2n), \text{ mit } n = 0, 1, 2, \dots \quad,$$

und im zweiten Fall, d. h. an den Nullstellen von $\underline{Z}_{FK}$, gilt $\beta\ell_{K,s} = h_m$, was zu der Länge

$$\ell_{K,s} = m\frac{v_{ph}}{2 f_{0,sm}} = m\frac{\lambda}{2}, \text{ mit } m = 1, 2, 3, \dots$$

führt. Damit ergibt sich nun unter der Berücksichtigung der Ergebnisse für die Reihenentwicklung der Kettenparameter nach Gl.(3.268) bzw. Gl.(3.277) die Eingangsimpedanz der am Ende <u>kurzgeschlossenen</u> Leitung zu

$$\underline{Z}_{EK} \approx \begin{cases} \underline{Z}_{EK,pn} = \dfrac{1}{j\dfrac{2\pi}{Z_W}(\dfrac{1}{4} + \dfrac{n}{2})(\dfrac{f}{f_{0,pn}} - 1)} & \text{mit } n = 0, 1, 2, \dots \\[4em] \underline{Z}_{EK,sm} = jZ_W m\pi(\dfrac{f}{f_{0,sm}} - 1) & \text{mit } m = 1, 2, 3, \dots \end{cases}$$

$$(3.307)$$

Die kurzgeschlossene Leitung als Parallelresonanzkreis

Ein Vergleich von Gl.(3.307) mit Gl.(3.292) und Gl.(3.293) zeigt, daß sich eine kurzgeschlossene Leitung der Länge

$$\ell_{K,p} = \frac{v_{ph}}{f_{0,pn}}(\frac{1}{4} + \frac{n}{2}) = \lambda(\frac{1}{4} + \frac{n}{2}), \text{ mit } n = 0, 1, 2, \dots \qquad (3.308)$$

gemäß

$$\underline{Z}_{EK,pn} \approx \frac{1}{j\dfrac{2\pi}{Z_W}(\dfrac{1}{4} + \dfrac{n}{2})(\dfrac{f}{f_{0,pn}} - 1)} = \frac{1}{\underline{Y}_{p,n}(f)}, \qquad (3.309)$$

mit

$$\underline{Y}_{p,n}(f) = j2\omega_{0,pn}C_{p,n}(\frac{f}{f_{0,pn}} - 1), \qquad (3.310)$$

am Eingang wie ein Parallelresonanzkreis verhält. Dabei gilt nach Gl.(3.260)
für $n = 0, 1, 2, \ldots$

$$\omega_{0,pn} = \frac{2\pi v_{ph}}{\ell_{K,p}} \left(\frac{1}{4} + \frac{n}{2} \right), \tag{3.311}$$

$$C_{p,n} = \frac{2\pi}{2\omega_{0,pn} Z_W} \left(\frac{1}{4} + \frac{n}{2} \right) = \frac{\ell_{K,p}}{2 Z_W v_{ph}} = \frac{C' \ell_{K,p}}{2} \tag{3.312}$$

und

$$L_{p,n} = \frac{1}{C_{p,n} \omega_{0,pn}^2}. \tag{3.313}$$

Die kurzgeschlossene Leitung als Serienresonanzkreis

Hat dagegen die kurzgeschlossene Leitung die Länge

$$\ell_{K,s} = \frac{v_{ph}}{f_{0,sm}} \frac{m}{2} = \lambda \frac{m}{2}, \text{ mit } m = 1, 2, \ldots \quad , \tag{3.314}$$

so ergibt sich aus

$$\underline{Z}_{EK,sm} \approx j Z_W m\pi \left(\frac{f}{f_{0,sm}} - 1 \right) = j 2\omega_{0,sm} L_{s,m} \left(\frac{f}{f_{0,sm}} - 1 \right) \tag{3.315}$$

und Gl.(3.270) für $m = 1, 2, \ldots$ das Verhalten eines Serienresonanzkreises,
mit

$$\omega_{0,sm} = \frac{m\pi v_{ph}}{\ell_{K,s}}, \tag{3.316}$$

$$L_{s,m} = \frac{m\pi Z_W}{2\omega_{0,sm}} = \frac{Z_W \ell_{K,s}}{2 v_{ph}} = \frac{L' \ell_{K,s}}{2} \tag{3.317}$$

und

$$C_{s,m} = \frac{1}{L_{s,m} \omega_{0,sm}^2}. \tag{3.318}$$

Damit sind die Berechnungen zum Thema „Leitung als Schaltelement" abgeschlossen. Eine übersichtliche Zusammenstellung der Resultate zeigt die
Tabelle 3.1. Die praktische Bedeutung dieser Ergebnisse sollen am Beispiel
der Filterschaltung mit leerlaufenden Stichleitungen nach Bild 3.22 a) gezeigt werden.

Tabelle 3.1: *Die Leitung als Schaltelement*

Leitung als Zweitor			
Leitungslänge	$\ell < \lambda/20$ Z_W hoch	$\ell < \lambda/20$ Z_W niedrig	$\ell = \lambda/4$
$\beta, \ell,$ Z_W	L_s	C_p	
Leitung	Serieninduktivität $L = L'\ell$	Parallelkapazität $C = C'\ell$	$\lambda/4$-Transformator $\underline{Z}_E = \dfrac{Z_W^2}{\underline{Z}_A}$

Leitung als Eintor			
Leitungslänge	$\ell < \lambda/20$	$\ell \approx \lambda/4 + n\,\lambda/2,$ $n = 0,1,2,\ldots$	$\ell \approx m\,\lambda/2,$ $m = 1,2,\ldots$
$\beta, \ell,$ Z_W	C	Z_s L_s C_s	$Z_p\ L_p$ C_p
Leerlauf am Ende	Kapazität $C = C'\ell$	Serienresonanzkreis $\omega_{0,sn} = \dfrac{\pi v_{ph}}{\ell_{L,s}}\left(\dfrac{2n+1}{2}\right)$ $L_{s,n} = \dfrac{L'\,\ell_{L,s}}{2}$ $C_{s,n} = \dfrac{1}{L_{s,n}\omega_{0,sn}^2}$	Parallelresonanzkreis $\omega_{0,pm} = \dfrac{m\pi v_{ph}}{\ell_{L,p}}$ $C_{p,m} = \dfrac{C'\,\ell_{L,p}}{2}$ $L_{p,m} = \dfrac{1}{C_{p,m}\omega_{0,pm}^2}$
$\beta, \ell,$ Z_W	L	$\underline{Z}_p\ L_p$ C_p	$\underline{Z}_s$ L_s C_s
Kurzschluß am Ende	Induktivität $L = L'\ell$	Parallelresonanzkreis $\omega_{0,pn} = \dfrac{\pi v_{ph}}{\ell_{K,p}}\left(\dfrac{2n+1}{2}\right)$ $C_{p,n} = \dfrac{C'\,\ell_{K,p}}{2}$ $L_{p,n} = \dfrac{1}{C_{p,n}\omega_{0,pn}^2}$	Serienresonanzkreis $\omega_{0,sm} = \dfrac{m\pi v_{ph}}{\ell_{K,s}}$ $L_{s,m} = \dfrac{L'\,\ell_{K,s}}{2}$ $C_{s,m} = \dfrac{1}{L_{s,m}\omega_{0,sm}^2}$

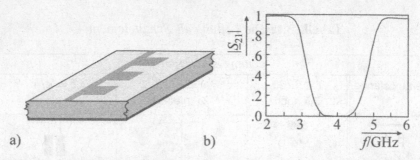

Bild 3.22: *Bandsperre in Mikrostreifenleitungstechnik a) mit zugehörigem Durchlaßverhalten b)*

Bild 3.22 zeigt eine Bandsperre für $4GHz$ in Mikrostreifenleitungstechnik. Hierbei handelt es sich um eine durchgehende Leitung mit mehreren leerlaufenden Stichleitungen. Die geeignete Wahl der Leiterlängen und Leiterbreiten führt auf das in Bild 3.22 b) gezeigte Durchlaßverhalten. So läßt sich das Verhalten prinzipiell dadurch erklären, daß bei der Mittenfrequenz eine $\lambda/4$ lange, leerlaufende Stichleitung den Leerlauf am Ende in einen Kurzschluß in der Durchgangsleitung transformiert, der das Signal kurzschließt. Damit der Sperrbereich breiter wird, können zusätzliche leerlaufende Stichleitungen angeordnet werden, deren Längen geringfügig kürzer oder länger gewählt werden.

Als Maß für die Leistung (genaugenommen: Wurzel der Leistung), die durch das Filter vom Eingang (Tor 1) an den Filterausgang (Tor 2) gelangen kann, dient in der Höchstfrequenztechnik der Transmissionskoeffizient $\underline{S}_{21}$. $\underline{S}_{21}$ ist ein Element der Streumatrix, die genau wie die Impedanz- oder Admittanzmatrix eine Möglichkeit zur Beschreibung des Verhaltens linearer n-Tore dient. Eine ausführliche Darstellung der Streuparameter erfolgt nach der Einführung der Wellengrößen in einem der folgenden Abschnitte.

4 Wellengrößen

4.1 Leistungswellen auf Leitungen

Zu Beginn dieses Kapitels wird eine alternative Möglichkeit zur Lösung des durch Gl.(3.224) und Gl.(3.225) gegebenen Differentialgleichungssystems abgeleitet, die der gewöhnlichen Vorstellung der Wellenausbreitung näher kommt als das Denken in Strom- und Spannungswellen. Wird zum Beispiel die Wellenausbreitung von Licht betrachtet, dann beinhaltet ein sich ausbreitender Lichtstrahl Energie. Trifft der Lichtstrahl auf eine Störung, dann werden von dieser Störung Lichtstrahlen reflektiert, die jeweils einen Teil der Gesamtenergie enthalten. Im Vergleich hierzu ist weder die Spannungswelle noch die Stromwelle alleine in der Lage den Energietransport zu beschreiben. Aus diesem Grunde erfolgt eine geeignete Kombination von Gl.(3.224) und Gl.(3.225). Bevor jedoch eine Addition oder eine Subtraktion beider Gleichungen erfolgen kann, müssen sie so modifiziert werden, daß sämtliche Terme in beiden Beziehungen die gleiche Dimension aufweisen. Es erfolgt eine Normierung mit Hilfe einer Normierungsimpedanz $\underline{Z}_N$ derart, daß die einzelnen Ausdrücke die Dimension $\sqrt{W}$ (W, die Dimension der Leistung) erhalten. Hierzu wird Gl.(3.224) mit $\sqrt{\underline{Z}_N}$ multipliziert und Gl.(3.225) durch $\sqrt{\underline{Z}_N}$ dividiert, wodurch sich die Beziehungen

$$\frac{\partial}{\partial z}\left(\sqrt{\underline{Z}_N}\,\underline{I}(z)\right) + (G' + j\omega C')\,\sqrt{\underline{Z}_N}\,\underline{U}(z) = 0$$

und

$$\frac{\partial}{\partial z}\left(\frac{\underline{U}(z)}{\sqrt{\underline{Z}_N}}\right) + \frac{(R' + j\omega L')}{\sqrt{\underline{Z}_N}}\,\underline{I}(z) = 0$$

bzw.

$$\frac{\partial}{\partial z}\left(\sqrt{\underline{Z}_N}\,\underline{I}(z)\right) + (G' + j\omega C')\,\underline{Z}_N\left(\frac{\underline{U}(z)}{\sqrt{\underline{Z}_N}}\right) = 0 \qquad (4.1)$$

und

$$\frac{\partial}{\partial z}\left(\frac{\underline{U}(z)}{\sqrt{\underline{Z}_N}}\right) + \frac{(R' + j\omega L')}{\underline{Z}_N}\left(\sqrt{\underline{Z}_N}\,\underline{I}(z)\right) = 0 \qquad (4.2)$$

ergeben.

Eine geeignete Wahl für den Wert der Normierungsimpedanz $\underline{Z}_N$ ergibt sich aus den nachfolgenden Betrachtungen, d.h. nach der Addition und der Subtraktion von Gl.(4.1) und Gl.(4.2). Die Addition liefert

$$0 = \frac{\partial}{\partial z}\left(\frac{U(z)}{\sqrt{\underline{Z}_N}} + \sqrt{\underline{Z}_N}\,\underline{I}(z)\right) \tag{4.3}$$

$$+(G'+j\omega C')\,\underline{Z}_N\left(\frac{U(z)}{\sqrt{\underline{Z}_N}}\right) + \frac{(R'+j\omega L')}{\underline{Z}_N}\left(\sqrt{\underline{Z}_N}\,\underline{I}(z)\right),$$

und die Subtraktion liefert

$$0 = \frac{\partial}{\partial z}\left(\frac{U(z)}{\sqrt{\underline{Z}_N}} - \sqrt{\underline{Z}_N}\,\underline{I}(z)\right) \tag{4.4}$$

$$-(G'+j\omega C')\,\underline{Z}_N\left(\frac{U(z)}{\sqrt{\underline{Z}_N}}\right) + \frac{(R'+j\omega L')}{\underline{Z}_N}\left(\sqrt{\underline{Z}_N}\,\underline{I}(z)\right).$$

Die Wahl von $\underline{Z}_N$ erfolgt nun derart, daß die Beziehung

$$(G'+j\omega C')\,\underline{Z}_N = \frac{(R'+j\omega L')}{\underline{Z}_N} \tag{4.5}$$

erfüllt wird, so daß sich hieraus für $\underline{Z}_N$,

$$\underline{Z}_N = \sqrt{\frac{R'+j\omega L'}{G'+j\omega C'}} = Z_W, \tag{4.6}$$

erneut der Wellenwiderstand Z_W, und damit für

$$(G'+j\omega C')\,\underline{Z}_N = \frac{(R'+j\omega L')}{\underline{Z}_N} = \sqrt{(R'+j\omega L')\,(G'+j\omega C')} = \underline{\gamma} \tag{4.7}$$

der Ausbreitungskoeffizient $\underline{\gamma}$ ergibt. Einsetzen der Ergebnisse aus Gl.(4.5) bis Gl.(4.7) in Gl.(4.3) und Gl.(4.4) liefert somit

$$\frac{\partial}{\partial z}\left(\frac{U(z)}{\sqrt{Z_W}} + \sqrt{Z_W}\,\underline{I}(z)\right) + \underline{\gamma}\left(\frac{U(z)}{\sqrt{Z_W}} + \sqrt{Z_W}\,\underline{I}(z)\right) = 0 \tag{4.8}$$

und

$$\frac{\partial}{\partial z}\left(\frac{U(z)}{\sqrt{Z_W}} - \sqrt{Z_W}\,\underline{I}(z)\right) - \underline{\gamma}\left(\frac{U(z)}{\sqrt{Z_W}} - \sqrt{Z_W}\,\underline{I}(z)\right) = 0. \tag{4.9}$$

Eine Betrachtung der beiden Gleichungen zeigt, daß durch die geeignete Normierung der Ausgangsgleichungen mit $\underline{Z}_N = Z_W$ und deren Addition bzw. Subtraktion, zwei entkoppelte Differentialgleichungen erster Ordnung entstanden sind, die mit den Abkürzungen

$$\underline{a}(z) = \frac{1}{2}\left(\frac{\underline{U}(z)}{\sqrt{Z_W}} + \sqrt{Z_W}\,\underline{I}(z)\right) \tag{4.10}$$

und

$$\underline{b}(z) = \frac{1}{2}\left(\frac{\underline{U}(z)}{\sqrt{Z_W}} - \sqrt{Z_W}\,\underline{I}(z)\right) \tag{4.11}$$

durch

$$\frac{\partial}{\partial z}\underline{a}(z) + \underline{\gamma}\,\underline{a}(z) = 0 \tag{4.12}$$

und

$$\frac{\partial}{\partial z}\underline{b}(z) - \underline{\gamma}\,\underline{b}(z) = 0 \tag{4.13}$$

dargestellt werden können. Die Lösungen dieser Gleichungen ergeben sich in allgemeiner Form zu

$$\underline{a}(z) = \underline{C}_1\,e^{-\underline{\gamma}z} \qquad \text{und} \qquad \underline{b}(z) = \underline{C}_2\,e^{\underline{\gamma}z}.$$

Demnach stellt $\underline{a}(z)$ eine in positive z-Richtung fortschreitende **Leistungs-welle** und $\underline{b}(z)$ eine in negative z-Richtung fortschreitende **Leistungswelle** dar, wobei die Konstanten $\underline{C}_1$ und $\underline{C}_2$ wieder aus den Bedingungen an den Toren der Leitung ermittelt werden müssen.

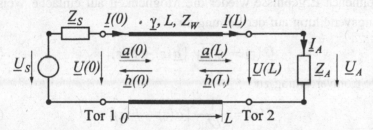

Bild 4.1: *Leitung mit Quelle am Leitungsanfang und Abschlußimpedanz am Leitungsende*

So ergibt sich bei einer Betrachtung von Bild 4.1 die Konstante $\underline{C}_1$ direkt aus der hinlaufenden Welle an der Stelle $z = 0$, d.h. am Tor 1, zu $\underline{C}_1 = \underline{a}(0) = \underline{a}_1$. Entsprechend gilt für die Konstante $\underline{C}_2$ an der Stelle $z = 0$ $\underline{C}_2 = \underline{b}(0) = \underline{b}_1$, so daß die Lösung von Gl.(4.12) und Gl.(4.13) durch

$$\underline{a}(z) = \underline{a}_1\,e^{-\underline{\gamma}z} \quad (4.14) \qquad \text{und} \qquad \underline{b}(z) = \underline{b}_1\,e^{\underline{\gamma}z} \quad (4.15)$$

gegeben ist.

Zur Interpretation dieser Lösung wird erneut Bild 4.1 betrachtet. Das Bild zeigt eine Leitung der Länge L mit den Leitungskenngrößen γ und Z_W sowie einer realen Spannungsquelle mit der Leerlaufspannung $\underline{U}_S$ und einer Innenimpedanz $\underline{Z}_S$ am Leitungsanfang (Tor 1) und einer Abschlußimpedanz $\underline{Z}_A$ am Leitungsende (Tor 2). Bei einer vorgegebenen Beschaltung der Leitung liefert die Quelle eine bestimmte Leistung, die als Leistungswelle über die Leitung in Richtung Abschluß läuft. Ein Teil der auf den Abschluß zulaufenden Leistung wird von der Last absorbiert. Der verbleibende Anteil jedoch wird reflektiert und gelangt über die Leitung zurück zur Quelle. Dabei beschreibt $\underline{a}(z)$ die auf die Last zulaufende und $\underline{b}(z)$ die von der Last ablaufende, auf die Quelle zulaufende Welle. $\underline{b}(z)$ resultiert somit von $\underline{a}(z)$ und der Abschlußimpedanz $\underline{Z}_A$. Es ist noch zu klären, wie $\underline{b}(z)$ von der Last $\underline{Z}_A$ abhängt. An dieser Stelle sei angemerkt, daß die Dimension von $\underline{a}(z)$ und $\underline{b}(z)$ $\sqrt{W}$ beträgt, obwohl bei den Wellengrößen $\underline{a}(z)$ und $\underline{b}(z)$ von **Leistungswellen** gesprochen wird. Diese ermöglichen eine wesentlich anschaulichere Interpretation der Wellenausbreitung auf Leitungen und in kompletten Schaltungen. Aus diesem Grunde haben sich die Wellengrößen im Bereich der Hoch- und Höchstfrequenztechnik zur Beschreibung des Schaltungsverhaltens durchgesetzt. Unter Verwendung von Gl.(4.10) und Gl.(4.11) bieten die so gewonnenen Ergebnisse wieder die Möglichkeit auf einfache Weise die Spannungsverteilung auf der Leitung zu

$$\underline{U}(z) = \sqrt{Z_W} \left[\underline{a}(z) + \underline{b}(z)\right] \tag{4.16}$$

und die Stromverteilung zu

$$\underline{I}(z) = \frac{1}{\sqrt{Z_W}} \left[\underline{a}(z) - \underline{b}(z)\right] \tag{4.17}$$

zu ermitteln. Eine Betrachtung von Gl.(4.16) und Gl.(4.17) zeigt, daß sich, wie schon im Abschnitt 3.2.2 festgestellt wurde, auch die Spannungen und Ströme auf der Leitung aus der Überlagerung von hinlaufenden und rücklaufenden Spannungs- bzw. Stromwellen darstellen lassen. Mit der hinlaufenden Spannungswelle

$$\underline{U}_{hin}(z) = \sqrt{Z_W} \, \underline{a}(z), \tag{4.18}$$

der rücklaufenden Spannungswelle

$$\underline{U}_{rück}(z) = \sqrt{Z_W} \, \underline{b}(z), \tag{4.19}$$

der hinlaufenden Stromwelle

$$\underline{I}_{hin}(z) = \frac{1}{\sqrt{Z_W}}\,\underline{a}(z) \tag{4.20}$$

und der rücklaufenden Stromwelle

$$\underline{I}_{rück}(z) = -\frac{1}{\sqrt{Z_W}}\,\underline{b}(z) \tag{4.21}$$

lassen sich Gl.(4.16) und Gl.(4.17) in der Form

$$\underline{U}(z) = \underline{U}_{hin}(z) + \underline{U}_{rück}(z) \tag{4.22}$$

und

$$\underline{I}(z) = \underline{I}_{hin}(z) + \underline{I}_{rück}(z) \tag{4.23}$$

angeben. Zur Beantwortung der Frage, wie $\underline{b}(z)$ von der Last $\underline{Z}_A$ abhängt, wird die Spannung und der Strom an der Last, d.h. $z = L$, betrachtet. Hier gilt

$$\underline{Z}_A = \frac{\underline{U}(L)}{\underline{I}(L)}, \tag{4.24}$$

woraus sich mit Gl.(4.16) und Gl.(4.17) die Beziehung

$$\underline{Z}_A = \frac{\sqrt{Z_W}\,[\underline{a}(L) + \underline{b}(L)]}{\dfrac{1}{\sqrt{Z_W}}\,[\underline{a}(L) - \underline{b}(L)]} \tag{4.25}$$

ergibt. Umformen von Gl.(4.25) liefert

$$\underline{Z}_A\left(\frac{1}{\sqrt{Z_W}}\,[\underline{a}(L) - \underline{b}(L)]\right) - \sqrt{Z_W}\,[\underline{a}(L) + \underline{b}(L)],$$

$$\frac{\underline{Z}_A}{Z_W}\,[\underline{a}(L) - \underline{b}(L)] = \underline{a}(L) + \underline{b}(L),$$

$$\underline{a}(L)\left(\frac{\underline{Z}_A}{Z_W} - 1\right) = \underline{b}(L)\left(\frac{\underline{Z}_A}{Z_W} + 1\right)$$

bzw.

$$\underline{b}(L) = \underline{a}(L)\,\frac{\underline{Z}_A - Z_W}{\underline{Z}_A + Z_W}, \tag{4.26}$$

woraus sich mit der Abkürzung

$$\underline{r}_A = \frac{\underline{Z}_A - Z_W}{\underline{Z}_A + Z_W} \tag{4.27}$$

der Ausdruck

$$\underline{b}(L) = \underline{a}(L)\,\underline{r}_A \tag{4.28}$$

ergibt. Die rücklaufende Welle $\underline{b}(L)$ ergibt sich damit aus dem Produkt der hinlaufenden Welle $\underline{a}(L)$ multipliziert mit dem Faktor $\underline{r}_A$. Die Größe $\underline{r}_A$ in Gl.(4.27) stellt den schon zuvor in Gl.(3.138) genannten **Reflexionsfaktor des Abschlusses** dar. Aus Gl.(4.28) ergibt sich mit Gl.(4.14) und Gl.(4.15)

$$\underline{b}_1\,e^{\underline{\gamma}L} = \underline{a}_1\,e^{-\underline{\gamma}L}\,\underline{r}_A,$$

$$\underline{r}_E = \frac{\underline{b}_1}{\underline{a}_1} = \underline{r}_A\,e^{-2\underline{\gamma}L}$$

oder allgemein

$$\underline{r}(z) = \frac{\underline{b}(z)}{\underline{a}(z)} = \underline{r}_A\,e^{-2\underline{\gamma}(L-z)}, \tag{4.29}$$

d.h. der Reflexionsfaktor am Eingang einer Leitung ($\underline{r}_E$) ergibt sich aus dem Reflexionsfaktor am Ende der Leitung ($\underline{r}_A$) multipliziert mit dem Faktor $e^{-2\underline{\gamma}(L-z)}$, wobei der Faktor 2 im Exponent von $e^{-2\underline{\gamma}(L-z)}$ die Ausbreitung der Welle vom Leitungsanfang hin zur Last und zurück zum Anfang, also über die „Gesamtstrecke" $2(L-z)$, erfaßt. Einsetzen des Ergebnisses aus Gl.(4.29) in die Beziehungen für die rücklaufende Spannungswelle (Gl.(4.19)) und für die rücklaufende Stromwelle (Gl.(4.21)) führt auf eine Darstellung der Spannungs- bzw. der Stromverteilung durch

$$\underline{U}(z) = \underline{U}_{hin}(z)\,(1 + \underline{r}(z)) \tag{4.30}$$

und

$$\underline{I}(z) = \underline{I}_{hin}(z)\,(1 - \underline{r}(z)). \tag{4.31}$$

4.1.1 Leistungstransport auf Leitungen

Um nun noch zu zeigen, daß die über die Leitung transportierte Leistung und insbesondere die Wirkleistung P_W unmittelbar aus den Wellengrößen zu berechnen ist, wird eine beliebige Stelle z auf der Leitung betrachtet. Die durch diese Ebene transportierte Wirkleistung P_W und Blindleistung P_B ergibt sich aus

$$\underline{P}(z) = P_W(z) + jP_B(z) = \frac{1}{2} \, \text{Re} \left\{ \underline{U}(z) \, \underline{I}^*(z) \right\} + j\frac{1}{2} \, \text{Im} \left\{ \underline{U}(z) \, \underline{I}^*(z) \right\}.$$

Einsetzen von $\underline{U}(z)$ und $\underline{I}(z)$ aus Gl.(4.16) und Gl.(4.17) liefert

$$\underline{P}(z) = \frac{1}{2} \left\{ \sqrt{Z_W} \, [\underline{a}(z) + \underline{b}(z)] \, \frac{1}{\sqrt{Z_W}} \, [\underline{a}(z) - \underline{b}(z)]^* \right\}, \qquad (4.32)$$

woraus sich

$$\underline{P}(z) = \frac{1}{2} \left[|\underline{a}(z)|^2 - |\underline{b}(z)|^2 \right] - \frac{1}{2} \left[\underline{a}(z) \, \underline{b}^*(z) - (\underline{a}(z) \, \underline{b}^*(z))^* \right] \qquad (4.33)$$

ableiten läßt. Der erste Summand in Gl.(4.33) beschreibt eine reelle Größe und stellt somit die Wirkleistung dar. Dagegen ist der zweite Summand imaginär, so daß dieser ein Maß für die Blindleistung angibt. Bei der Betrachtung der Wirkleistung beschreibt $\frac{1}{2}|a^2(z)|$ die Wirkleistung, die mit der hinlaufenden Welle in Richtung Last transportiert wird, und $\frac{1}{2}|b^2(z)|$ die Wirkleistung, die mit der von der Last kommenden, rücklaufenden Welle transportiert wird. Die Differenz aus beiden Anteilen an der Stelle $z = L$ entspricht der von der Last aufgenommenen Wirkleistung, die sich aus

$$P_W(L) = \frac{1}{2} \left(|\underline{a}(L)|^2 - |\underline{b}(L)|^2 \right) \qquad (4.34)$$

mit

$$b(L) = a(L) \, \underline{r}(L) \qquad (4.35)$$

zu

$$P_W(L) = \frac{1}{2} \left(|\underline{a}(L)|^2 - |\underline{a}(L)|^2 |\underline{r}_A|^2 \right) \qquad (4.36)$$

bzw.

$$P_W(L) = \frac{1}{2} \, |\underline{a}(L)|^2 \, (1 - |\underline{r}_A|^2) \qquad (4.37)$$

ermitteln läßt. Hieraus ist zu erkennen, daß sich die von der Last aufgenommene Leistung, direkt aus dem Reflexionsfaktor der Last und der zulaufenden Welle ergibt.

4.1.2 Die Leitung als Zweitor

Die grundlegende Betrachtung der Eigenschaften von Leitungen, d.h. die Bestimmung der Übertragungseigenschaften in Abhängigkeit von der Leitergeometrie oder der Materialfüllung, sind nun abgeschlossen. In den folgenden Abschnitten wird die Leitung wie in Abschnitt 3.5 als ein Schaltungselement, also als ein Zweitor, angesehen. Dabei ist lediglich das Verhalten bezüglich der beiden Tore von Interesse. Zur Beschreibung sollen jedoch nicht wie in Abschnitt 3.5 die in Bild 4.2 a) gezeigten Ströme und Spannungen in Verbindung mit den Elementen der Kettenmatrix $\overleftrightarrow{\underline{A}}$ (oder Impedanzmatrix $\overleftrightarrow{\underline{Z}}$ bzw. Admittanzmatrix $\overleftrightarrow{\underline{Y}}$) verwendet werden, sondern es soll gemäß Bild 4.2 b) eine Beschreibung mit Hilfe der Wellengrößen $\underline{a}_i$ und $\underline{b}_i$, die am Tor i auftreten, in Verbindung mit der Streumatrix $\overleftrightarrow{\underline{S}}$ erfolgen. Hierbei wird stets, wenn nichts anderes ausdrücklich vermerkt ist, die in Bild 4.2 a) gezeigte symmetrische Anordnung der Bezugspfeile für $\underline{U}_i$ und $\underline{I}_i$ verwendet und bei der Betrachtung mit Leistungswellen von den im folgenden definierten Torgrößen ausgegangen. Dabei ist zu beachten, daß der Strom am Tor 2 in Bild 4.2 entgegengesetzt zum Strom $\underline{I}(L)$ am Ende der Leitung in Bild 4.1 fließt.

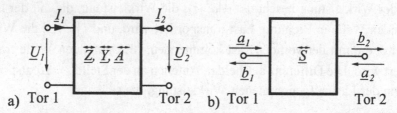

Bild 4.2: *Beschreibung eines Zweitors durch Z-, Y- oder A-Parameter a) bzw. durch Streuparameter (S-Parameter) b)*

Definition: *Bei der Verwendung von Leistungswellen $\underline{a}$ und $\underline{b}$ beschreibt im folgenden die Wellengröße $\underline{a}_i$ stets die am Tor i in das Netzwerk hineinlaufende und $\underline{b}_i$ stets die am Tor i aus dem Netzwerk austretende Wellengröße.*

Die Beschreibung der Zusammenhänge zwischen hineinlaufenden Leistungswellen (kurz: hinlaufende Wellen) und austretenden Leistungswellen (kurz: rücklaufende Wellen) erfolgt mit Hilfe der Streuparameter (S-Parameter), die in den folgenden Kapiteln ausführlich beschrieben werden.

Die Streuparameter der Leitung

Die Beschreibung einer Leitung der Länge L mit Hilfe von Wellengrößen erfolgt aus Gl.(4.14) und Gl.(4.15). Unter der Berücksichtigung von $\underline{a}(L) = \underline{b}_2$ und $\underline{b}(L) = \underline{a}_2$ am Tor 2 in Bild 4.1 gilt

$$\underline{b}_2 = \underline{a}_1\, e^{-\underline{\gamma}L} \qquad \text{und} \qquad \underline{a}_2 = \underline{b}_1\, e^{\underline{\gamma}L},$$

woraus sich in Matrizenschreibweise

$$\begin{pmatrix} \underline{b}_1 \\ \underline{b}_2 \end{pmatrix} = \begin{pmatrix} 0 & e^{-\underline{\gamma}L} \\ e^{-\underline{\gamma}L} & 0 \end{pmatrix} \begin{pmatrix} \underline{a}_1 \\ \underline{a}_2 \end{pmatrix} \tag{4.38}$$

bzw.

$$\vec{\underline{b}} = \overset{\leftrightarrow}{\underline{S}}\ \vec{\underline{a}} \tag{4.39}$$

die Streumatrix $\overset{\leftrightarrow}{\underline{S}}$,

$$\overset{\leftrightarrow}{\underline{S}} = \begin{pmatrix} 0 & e^{-\underline{\gamma}L} \\ e^{-\gamma L} & 0 \end{pmatrix}, \tag{4.40}$$

ableiten läßt. Gl.(4.40) stellt eine sehr einfache Beschreibungsmöglichkeit der Leitung dar, die im folgenden bei der Behandlung von weiteren Schaltungselementen und auch bei der Zusammenschaltung von mehreren Komponenten in dieser Form verwendet wird. Bevor jedoch die Darstellung der Schaltungstheorie erfolgt, sollen in den anschließenden Abschnitten die Streuparameter auf beliebige n-Tore erweitert und die Umrechnungsbeziehungen zwischen den verschiedenen Netzwerkparametern, wie z.B. $\overset{\leftrightarrow}{\underline{Z}}$, $\overset{\leftrightarrow}{\underline{Y}}$ und $\overset{\leftrightarrow}{\underline{A}}$, und den Streuparametern $\overset{\leftrightarrow}{\underline{S}}$ hergeleitet werden.

4.2 Eintorparameter

Das in Bild 4.1 angegebene Netzwerk, das die Zusammenschaltung einer Quelle, einer Leitung und einer Last darstellt, zeigt die einfachste vollständige Schaltung mit einer Leitung. Es handelt sich dabei um die Verbindung zweier Eintore (Quelle und Last) durch ein sehr einfaches Zweitor, nämlich der Leitung. Zur Ableitung der Eintoreigenschaften und der Beschreibung mit Wellenparametern erfolgt nun eine getrennte Betrachtung beider Elemente.

4.2.1 Eintorparameter der Abschlußimpedanz

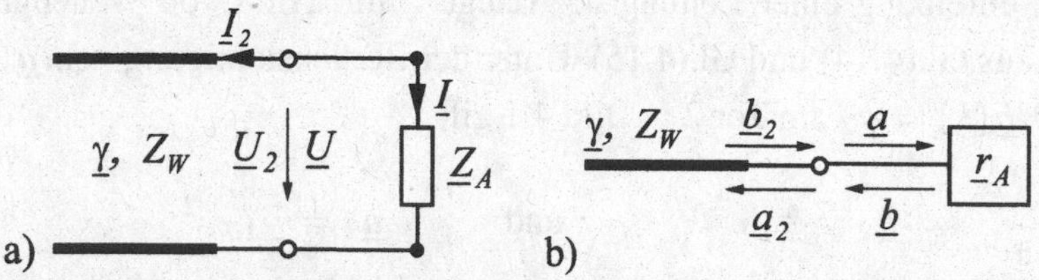

Bild 4.3: *Leitung mit Abschlußimpedanz am Leitungsende, Darstellung mit Strömen und Spannungen a) und mit Wellengrößen b)*

Unter Zuhilfenahme der Zusammenhänge zwischen Strömen, Spannungen und Wellengrößen, die durch Gl.(4.16) und Gl.(4.17) gegeben sind, und der Verwendung der Torgrößen nach Bild 4.2 gilt am Ende der Leitung in Bild 4.3

$$\underline{U} = \underline{U}_2 = \sqrt{Z_W}\,(\underline{b}_2 + \underline{a}_2) \tag{4.41}$$

und

$$\underline{I} = -\underline{I}_2 = \frac{1}{\sqrt{Z_W}}\,(\underline{b}_2 - \underline{a}_2), \tag{4.42}$$

woraus sich mit

$$\underline{b}_2 = \underline{a}, \quad \underline{a}_2 = \underline{b} \quad \text{und} \quad \underline{U} = \underline{Z}_A \underline{I}$$

$$\underline{Z}_A \underline{I} = \sqrt{Z_W}\,(\underline{a} + \underline{b}) \tag{4.43}$$

und

$$\underline{I} = \frac{1}{\sqrt{Z_W}}\,(\underline{a} - \underline{b}) \tag{4.44}$$

ergibt. Quotientenbildung von Gl.(4.43) und Gl.(4.44) liefert somit direkt

$$\underline{Z}_A = Z_W\,\frac{\underline{a} + \underline{b}}{\underline{a} - \underline{b}} = Z_W\,\frac{1 + \dfrac{\underline{b}}{\underline{a}}}{1 - \dfrac{\underline{b}}{\underline{a}}}. \tag{4.45}$$

Wird nun berücksichtigt, daß die von der Last reflektierte Welle $\underline{b}$ durch den Reflexionsfaktor $\underline{r}_A$ gemäß

$$\underline{b} = \underline{r}_A\,\underline{a}$$

mit der auf die Last zulaufenden Welle $\underline{a}$ verknüpft ist, dann ergibt sich aus Gl.(4.45)

$$\underline{Z}_A = Z_W\,\frac{1 + \underline{r}_A}{1 - \underline{r}_A} \tag{4.46}$$

und daraus für den Reflexionsfaktor der Last

$$r_A = \frac{\frac{Z_A}{Z_W} - 1}{\frac{Z_A}{Z_W} + 1},$$ (4.47)

der mit

$$\underline{z}_A = \frac{Z_A}{Z_W},$$ (4.48)

der auf den Wellenwiderstand der Leitung normierten Abschlußimpedanz, in der Form

$$\underline{r}_A = \frac{\underline{z}_A - 1}{\underline{z}_A + 1}$$ (4.49)

angegeben werden kann.

Es sei an dieser Stelle gesagt, daß die Eigenschaft des Abschlusses, die durch $\underline{r}_A$ beschrieben werden soll, nicht nur von der Last sondern auch vom Wellenwiderstand der Anschlußleitung abhängig ist. Das bedeutet, daß der Wert von Z_W stets bekannt sein muß, um aus einem Reflexionsfaktor den Wert der Abschlußimpedanz ermitteln zu können.

4.2.2 Eintorparameter der Quelle

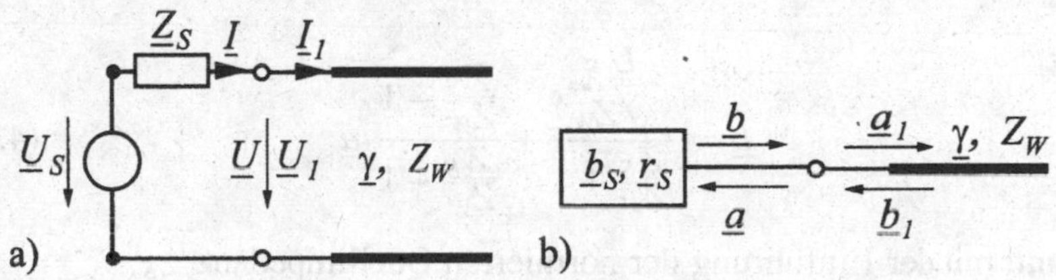

Bild 4.4: *Leitung mit Quelle am Leitungsanfang, Darstellung mit Strömen und Spannungen a) und mit Wellengrößen b)*

Entsprechend der Vorgehensweise beim Leitungsabschluß erfolgt hier eine Betrachtung der Spannung und des Stroms am Eingang der Leitung. Hier gilt

$$\underline{U} = \underline{U}_1 = \sqrt{Z_W} \, (\underline{a}_1 + \underline{b}_1)$$ (4.50)

und

$$\underline{I} = \underline{I}_1 = \frac{1}{\sqrt{Z_W}} \, (\underline{a}_1 - \underline{b}_1),$$ (4.51)

woraus sich mit

$$\underline{a}_1 = \underline{b}, \quad \underline{b}_1 = \underline{a} \quad \text{und} \quad \underline{U} = \underline{U}_S - \underline{Z}_S \underline{I}$$

$$\underline{Z}_S \underline{I} = \underline{U}_S - \sqrt{Z_W} \, (\underline{b} + \underline{a}) \tag{4.52}$$

und

$$\underline{I} = \frac{1}{\sqrt{Z_W}} \, (\underline{b} - \underline{a}), \tag{4.53}$$

ergibt. Die Quotientenbildung von Gl.(4.52) und Gl.(4.53) liefert in diesem Fall

$$\underline{Z}_S = \frac{\underline{U}_S \sqrt{Z_W} - Z_W \, (\underline{b} + \underline{a})}{\underline{b} - \underline{a}} \tag{4.54}$$

bzw.

$$\underline{Z}_S \, (\underline{b} - \underline{a}) + Z_W \, (\underline{b} + \underline{a}) = \underline{U}_S \, \sqrt{Z_W}. \tag{4.55}$$

Im folgenden steht die aus der Quelle austretende Wellengröße $\underline{b}$, in Abhängigkeit von der Innenimpedanz der Quelle $\underline{Z}_S$, der Leerlaufspannung $\underline{U}_S$ und der auf die Quelle zulaufenden Welle $\underline{a}$, im Mittelpunkt der Betrachtung. Sie ergibt sich durch Umformen der Gl.(4.55)

$$(\underline{Z}_S + Z_W) \, \underline{b} = \underline{U}_S \, \sqrt{Z_W} + (\underline{Z}_S - Z_W) \, \underline{a}, \tag{4.56}$$

$$\underline{b} = \frac{\underline{U}_S \sqrt{Z_W}}{\underline{Z}_S + Z_W} + \frac{\underline{Z}_S - Z_W}{\underline{Z}_S + Z_W} \, \underline{a} \tag{4.57}$$

zu

$$\underline{b} = \frac{\dfrac{\underline{U}_S}{\sqrt{Z_W}}}{\dfrac{\underline{Z}_S}{Z_W} + 1} + \frac{\dfrac{\underline{Z}_S}{Z_W} - 1}{\dfrac{\underline{Z}_S}{Z_W} + 1} \, \underline{a} \tag{4.58}$$

und kann mit der Einführung der normierten Quellimpedanz $\underline{z}_S$,

$$\underline{z}_S = \frac{\underline{Z}_S}{Z_W}, \tag{4.59}$$

in der Form

$$\underline{b} = \frac{\dfrac{\underline{U}_S}{\sqrt{Z_W}}}{\underline{z}_S + 1} + \frac{\underline{z}_S - 1}{\underline{z}_S + 1} \, \underline{a} \tag{4.60}$$

angeben werden. Nach Gl.(4.60) setzt sich die aus der Quelle austretende Welle $\underline{b}$ aus zwei Anteilen zusammen. Der erste Summand in Gl.(4.60) beinhaltet den Anteil, der durch die Quellspannung $\underline{U}_S$ hervorgerufen wird. Er charakterisiert eine Wellenquelle $\underline{b}_S$, mit

$$\underline{b}_S = \frac{\dfrac{\underline{U}_S}{\sqrt{Z_W}}}{\underline{z}_S + 1}. \tag{4.61}$$

Die Leistungswelle $\underline{b}_S$ stellt ein Maß für die von der Quelle an die Leitung abgegebene Leistung dar. Diese Welle läuft über die Leitung in Richtung Last und wird dort, je nach Reflexionsfaktor der Last, mehr oder weniger reflektiert und gelangt zurück zur Quelle, die ihrerseits wieder einen Teil der Leistung dieser Welle reflektiert bzw. aufnimmt und in Wirkleistung umwandelt. Im Falle der Anpassung, d.h. im Falle eines Verschwindens des Reflexionsfaktors am Ende der Leitung, wird die Leistungswelle $\underline{b}_S$ vollständig von der Leitung mit Abschluß aufgenommen und in Wirkleistung P_W,

$$P_W = \frac{1}{2}|\underline{b}_S|^2 = \frac{1}{2}\frac{|\underline{U}_S|^2 Z_W}{|\underline{Z}_S + Z_W|^2}, \tag{4.62}$$

umgesetzt. Liegt zudem Anpassung an der Quelle vor, d.h. $\underline{Z}_S = Z_W$ und somit $\underline{r}_S = 0$, so nimmt die aufgenommene Leistung ein Maximum an, die der maximal von der realen Quelle abgebbaren Leistung entspricht. Diese Leistung wird i. allg. als die verfügbare Leistung der Quelle bezeichnet und spielt im Abschnitt 5 „Verfahren zur Schaltungsanalyse" eine besondere Rolle bei der Analyse von Zweitoren. Der zweite Summand in Gl.(4.60) beschreibt einen Anteil, der unabhängig von der Spannungsquelle ist und der durch die Innenimpedanz der Quelle, dem Wellenwiderstand der Leitung und der auf die Quelle zulaufende Welle $\underline{a}$ bestimmt wird. Mit der Abkürzung

$$\underline{r}_S = \frac{\underline{z}_S - 1}{\underline{z}_S + 1} \tag{4.63}$$

und einem Vergleich von Gl.(4.63) mit Gl.(4.49) folgt, daß es sich bei $\underline{r}_S$ um einen Reflexionsfaktor, nämlich den der Quelle handelt. Das bedeutet, daß durch eine Fehlanpassung an der Quelle, ein Teil der auf die Quelle zulaufenden Leistung reflektiert wird und in die Leitung „zurückläuft".

Mit Hilfe von $\underline{b}_S$ und $\underline{r}_S$ läßt sich Gl.(4.60) in Kurzform durch

$$\underline{b} = \underline{b}_S + \underline{r}_S\underline{a} \tag{4.64}$$

angeben, so daß sich durch $\underline{b}_S$ und $\underline{r}_S$ die in Bild 4.4 b) gezeigte Ersatzdarstellung zur Beschreibung einer Quelle mit Wellengrößen ergibt.

4.3 Zweitorparameter

Nach der Ableitung der Streumatrix eines Leitungselementes in Abschnitt 4.1.2 soll an dieser Stelle der Übergang zur Beschreibung eines allgemeinen Zweitors erfolgen. Da ein Zweitor in einer HF-Schaltung in der Regel an den Toren mit Leitungen versehen ist, die nicht notwendigerweise denselben Wellenwiderstand besitzen müssen, wird zur Durchführung der folgenden Betrachtungen die in Bild 4.5 gezeigte Anordnung zugrundegelegt.

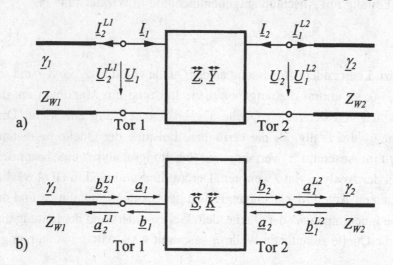

Bild 4.5: *Beschreibung eines Zweitors durch Z- oder Y-Parameter a) und durch Streu- oder Kettenstreuparameter (S-, K-Parameter) b)*

4.3.1 Streumatrix des Zweitors

Zur Berechnung der Streumatrix werden erneut die Spannungen, die Ströme und die Wellengrößen an den Toren 1 und 2 betrachtet. So ergibt sich unter Zuhilfenahme der Impedanzmatrix $\overset{\leftrightarrow}{\underline{Z}}$ und $\underline{U} = \overset{\leftrightarrow}{\underline{Z}}\,\underline{I}$ am Zweitor

$$\underline{U}_1 = \underline{Z}_{11}\underline{I}_1 + \underline{Z}_{12}\underline{I}_2 \qquad (4.65)$$

und

$$\underline{U}_2 = \underline{Z}_{21}\underline{I}_1 + \underline{Z}_{22}\underline{I}_2. \qquad (4.66)$$

Die Berücksichtigung von

$$\underline{U}_1 = \underline{U}_2^{L1} = \sqrt{Z_{W1}}\,(\underline{b}_2^{L1} + \underline{a}_2^{L1}), \qquad (4.67)$$

$$\underline{U}_2 = \underline{U}_1^{L2} = \sqrt{Z_{W2}} \, (\underline{a}_1^{L2} + \underline{b}_1^{L2}), \qquad (4.68)$$

$$\underline{I}_1 = -\underline{I}_2^{L1} = \frac{1}{\sqrt{Z_{W1}}} \, (\underline{b}_2^{L1} - \underline{a}_2^{L1}) \qquad (4.69)$$

und

$$\underline{I}_2 = -\underline{I}_1^{L2} = -\frac{1}{\sqrt{Z_{W2}}} \, (\underline{a}_1^{L2} - \underline{b}_1^{L2}), \qquad (4.70)$$

mit

$$\underline{b}_2^{L1} = \underline{a}_1, \qquad (4.71)$$

$$\underline{a}_2^{L1} = \underline{b}_1, \qquad (4.72)$$

$$\underline{a}_1^{L2} = \underline{b}_2 \qquad (4.73)$$

und

$$\underline{b}_1^{L2} = \underline{a}_2, \qquad (4.74)$$

in Gl.(4.65) und Gl.(4.66) liefert

$$\sqrt{Z_{W1}} \, (\underline{b}_2^{L1} + \underline{a}_2^{L1}) \;=\; \underline{Z}_{11} \frac{1}{\sqrt{Z_{W1}}} \, (\underline{b}_2^{L1} - \underline{a}_2^{L1}) + \qquad (4.75)$$
$$\underline{Z}_{12} \frac{1}{\sqrt{Z_{W2}}} \, (\underline{b}_1^{L2} - \underline{a}_1^{L2})$$

und

$$\sqrt{Z_{W2}} \, (\underline{a}_1^{L2} + \underline{b}_1^{L2}) \;=\; \underline{Z}_{21} \frac{1}{\sqrt{Z_{W1}}} \, (\underline{b}_2^{L1} - \underline{a}_2^{L1}) + \qquad (4.76)$$
$$\underline{Z}_{22} \frac{1}{\sqrt{Z_{W2}}} \, (\underline{b}_1^{L2} - \underline{a}_1^{L2})$$

bzw.

$$\underline{a}_1 + \underline{b}_1 = \frac{\underline{Z}_{11}}{\sqrt{Z_{W1}} \, \sqrt{Z_{W1}}} \, (\underline{a}_1 - \underline{b}_1) + \frac{\underline{Z}_{12}}{\sqrt{Z_{W1}} \, \sqrt{Z_{W2}}} \, (\underline{a}_2 - \underline{b}_2) \qquad (4.77)$$

und

$$\underline{a}_2 + \underline{b}_2 = \frac{\underline{Z}_{21}}{\sqrt{Z_{W2}} \, \sqrt{Z_{W1}}} \, (\underline{a}_1 - \underline{b}_1) + \frac{\underline{Z}_{22}}{\sqrt{Z_{W2}} \, \sqrt{Z_{W2}}} \, (\underline{a}_2 - \underline{b}_2). \qquad (4.78)$$

Gln.(4.77) und (4.78) lassen sich in Matrizenschreibweise auch in der Form

$$\begin{pmatrix} \underline{a}_1 + \underline{b}_1 \\[2mm] \underline{a}_2 + \underline{b}_2 \end{pmatrix} = \begin{pmatrix} \dfrac{\underline{Z}_{11}}{\sqrt{Z_{W1}} \, \sqrt{Z_{W1}}} & \dfrac{\underline{Z}_{12}}{\sqrt{Z_{W1}} \, \sqrt{Z_{W2}}} \\[4mm] \dfrac{\underline{Z}_{21}}{\sqrt{Z_{W2}} \, \sqrt{Z_{W1}}} & \dfrac{\underline{Z}_{22}}{\sqrt{Z_{W2}} \, \sqrt{Z_{W2}}} \end{pmatrix} \begin{pmatrix} \underline{a}_1 - \underline{b}_1 \\[2mm] \underline{a}_2 - \underline{b}_2 \end{pmatrix} \qquad (4.79)$$

angeben, die nach der Einführung einer normierten Impedanzmatrix $\overset{\leftrightarrow}{z}$, mit

$$\overset{\leftrightarrow}{z} = \begin{pmatrix} \dfrac{\underline{Z}_{11}}{\sqrt{Z_{W1}}\,\sqrt{Z_{W1}}} & \dfrac{\underline{Z}_{12}}{\sqrt{Z_{W1}}\,\sqrt{Z_{W2}}} \\[3mm] \dfrac{\underline{Z}_{21}}{\sqrt{Z_{W2}}\,\sqrt{Z_{W1}}} & \dfrac{\underline{Z}_{22}}{\sqrt{Z_{W2}}\,\sqrt{Z_{W2}}} \end{pmatrix} \quad \text{und} \quad \underline{z}_{ik} = \frac{\underline{Z}_{ik}}{\sqrt{Z_{Wi}}\,\sqrt{Z_{Wk}}}$$

(4.80)

für $i,k \in \{1,2\}$, auch durch

$$\vec{\underline{a}} + \vec{\underline{b}} = \overset{\leftrightarrow}{z}\,(\vec{\underline{a}} - \vec{\underline{b}})$$

(4.81)

dargestellt werden kann. Gl.(4.81) eignet sich nun hervorragend zur Bestimmung der Streumatrix $\overset{\leftrightarrow}{\underline{S}}$, die die Wellengrößen an den Toren in der Form

$$\vec{\underline{b}} = \overset{\leftrightarrow}{\underline{S}}\,\vec{\underline{a}}$$

(4.82)

miteinander verknüpft. Gl.(4.81) liefert mit $\overset{\leftrightarrow}{\underline{E}}$ der Einheitsmatrix

$$(\overset{\leftrightarrow}{z} + \overset{\leftrightarrow}{\underline{E}})\,\vec{\underline{b}} = (\overset{\leftrightarrow}{z} - \overset{\leftrightarrow}{\underline{E}})\,\vec{\underline{a}}$$

(4.83)

bzw.

$$\vec{\underline{b}} = (\overset{\leftrightarrow}{z} + \overset{\leftrightarrow}{\underline{E}})^{-1}\,(\overset{\leftrightarrow}{z} - \overset{\leftrightarrow}{\underline{E}})\,\vec{\underline{a}},$$

(4.84)

so daß ein Vergleich von Gl.(4.82) mit Gl.(4.84) direkt die Streumatrix $\overset{\leftrightarrow}{\underline{S}}$, mit

$$\overset{\leftrightarrow}{\underline{S}} = (\overset{\leftrightarrow}{z} + \overset{\leftrightarrow}{\underline{E}})^{-1}\,(\overset{\leftrightarrow}{z} - \overset{\leftrightarrow}{\underline{E}}),$$

(4.85)

liefert.

In analoger Weise ergibt sich die Streumatrix $\overset{\leftrightarrow}{\underline{S}}$ aus der Admittanzmatrix $\overset{\leftrightarrow}{\underline{Y}}$ durch Auswerten der Beziehung

$$\vec{\underline{I}} = \overset{\leftrightarrow}{\underline{Y}}\,\vec{\underline{U}}.$$

(4.86)

Die Durchführung dieser Berechnung führt auf die normierte Admittanzmatrix $\overset{\leftrightarrow}{y}$, mit

$$\overset{\leftrightarrow}{y} = \begin{pmatrix} \underline{Y}_{11}\,\sqrt{Z_{W1}}\,\sqrt{Z_{W1}} & \underline{Y}_{12}\,\sqrt{Z_{W1}}\,\sqrt{Z_{W2}} \\[3mm] \underline{Y}_{21}\,\sqrt{Z_{W2}}\,\sqrt{Z_{W1}} & \underline{Y}_{22}\,\sqrt{Z_{W2}}\,\sqrt{Z_{W2}} \end{pmatrix},$$

(4.87)

deren Elemente durch

$$\underline{y}_{ik} = \underline{Y}_{ik}\,\sqrt{Z_{Wi}}\,\sqrt{Z_{Wk}} \quad \text{für} \quad i,k \in \{1,2\}$$

(4.88)

gegeben sind.

Hiermit ergibt sich die Streumatrix des Zweitors zu

$$\underline{\overset{\leftrightarrow}{S}} = (\underline{\overset{\leftrightarrow}{E}} + \underline{\overset{\leftrightarrow}{y}})^{-1}\,(\underline{\overset{\leftrightarrow}{E}} - \underline{\overset{\leftrightarrow}{y}}).$$
(4.89)

4.3.2 Kettenstreumatrix des Zweitors

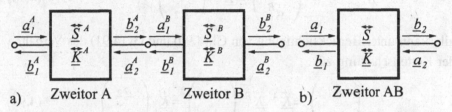

a)   Zweitor A   Zweitor B   b)   Zweitor AB

Bild 4.6: *Kettenschaltung zweier Zweitore A und B a) mit zugehöriger resultierender Beschreibung b)*

Neben der Beschreibung des Zweitorverhaltens mit Hilfe der zuvor abgeleiteten Streuparameterdarstellung haben sich die Kettenstreuparameter (K-Parameter) bei der Analyse von HF-Schaltungen als besonders zweckmäßig erwiesen. Der Grund liegt darin, daß eine Vielzahl von Schaltungen in Teilschaltungen zerlegt werden können, die in Kette hintereinandergeschaltet (kaskadiert) sind. Die Analyse dieser Kettenschaltung erfolgt dann sehr einfach dadurch, daß die Kettenstreuparameter der einzelnen Teilschaltungen miteinander multipliziert werden können. Das Vorgehen entspricht genau dem, das aus der Analyse mit herkömmlichen Kettenparametern (A-Parameter) hinlänglich bekannt ist. Zur Ableitung der Kettenstreuparameter $\underline{\overset{\leftrightarrow}{K}}$ wird die in Bild 4.6 a) gezeigte Kettenschaltung der beiden Zweitore A und B, die durch die Streumatrizen $\underline{\overset{\leftrightarrow}{S}}^A$ und $\underline{\overset{\leftrightarrow}{S}}^B$ beschrieben werden, untersucht. Das Ziel der nachstehenden Berechnungen liegt darin, einen einfachen Formalismus abzuleiten, der eine schnelle Berechnung der Gesamtstreumatrix $\underline{\overset{\leftrightarrow}{S}}$ in Bild 4.6 b) erlaubt. Ausgangspunkt dieser Überlegung ist die Betrachtung der Torgrößen am Ausgang von Zweitor A bzw. am Eingang von Zweitor B. Der Schaltungszwang fordert an dieser Stelle

$$\underline{a}_2^A = \underline{b}_1^B$$
(4.90)

und

$$\underline{b}_2^A = \underline{a}_1^B.$$
(4.91)

Bei einer Verknüpfung der Torgrößen derart, daß am Zweitor A

$$\begin{pmatrix} \underline{b}_1 \\ \underline{a}_1 \end{pmatrix} = \underline{\overset{\leftrightarrow}{K}}^A \begin{pmatrix} \underline{a}_2^A \\ \underline{b}_2^A \end{pmatrix} \tag{4.92}$$

und am Zweitor B

$$\begin{pmatrix} \underline{b}_1^B \\ \underline{a}_1^B \end{pmatrix} = \underline{\overset{\leftrightarrow}{K}}^B \begin{pmatrix} \underline{a}_2 \\ \underline{b}_2 \end{pmatrix} \tag{4.93}$$

gilt, kann unter Berücksichtigung von Gl.(4.90) und Gl.(4.91) das Verhalten der Kettenschaltung zu

$$\begin{pmatrix} \underline{b}_1 \\ \underline{a}_1 \end{pmatrix} = \underline{\overset{\leftrightarrow}{K}}^A \underline{\overset{\leftrightarrow}{K}}^B \begin{pmatrix} \underline{a}_2 \\ \underline{b}_2 \end{pmatrix} = \underline{\overset{\leftrightarrow}{K}} \begin{pmatrix} \underline{a}_2 \\ \underline{b}_2 \end{pmatrix} \tag{4.94}$$

ermittelt werden. Das bedeutet, die Gesamtkettenmatrix ergibt sich laut Gl.(4.94) aus dem Produkt der einzelnen Kettenmatrizen zu

$$\underline{\overset{\leftrightarrow}{K}} = \underline{\overset{\leftrightarrow}{K}}^A \underline{\overset{\leftrightarrow}{K}}^B. \tag{4.95}$$

Nun fehlen nur noch die Umrechnungsvorschriften zur Berechnung der Kettenstreuparameter aus den Streuparametern bzw. umgekehrt.

4.3.2.1 Berechnung der Kettenstreuparameter aus den Streuparametern

Für die Streuparameter gilt

$$\underline{b}_1 = \underline{S}_{11} \underline{a}_1 + \underline{S}_{12} \underline{a}_2 \tag{4.96}$$

und

$$\underline{b}_2 = \underline{S}_{21} \underline{a}_1 + \underline{S}_{22} \underline{a}_2. \tag{4.97}$$

Umstellen von Gl.(4.97) liefert direkt

$$\underline{a}_1 = \frac{1}{\underline{S}_{21}} \underline{b}_2 - \frac{\underline{S}_{22}}{\underline{S}_{21}} \underline{a}_2. \tag{4.98}$$

Einsetzen von Gl.(4.98) in Gl.(4.96) führt zu

$$\underline{b}_1 = \frac{\underline{S}_{11}}{\underline{S}_{21}} \underline{b}_2 - \frac{\underline{S}_{11} \underline{S}_{22} - \underline{S}_{12} \underline{S}_{21}}{\underline{S}_{21}} \underline{a}_2, \tag{4.99}$$

so daß in Matrizenschreibweise die Beziehung

$$
\begin{pmatrix} \underline{b}_1 \\ \underline{a}_1 \end{pmatrix} = \begin{pmatrix} -\dfrac{\underline{S}_{11}\,\underline{S}_{22} - \underline{S}_{12}\,\underline{S}_{21}}{\underline{S}_{21}} & \dfrac{\underline{S}_{11}}{\underline{S}_{21}} \\ -\dfrac{\underline{S}_{22}}{\underline{S}_{21}} & \dfrac{1}{\underline{S}_{21}} \end{pmatrix} \begin{pmatrix} \underline{a}_2 \\ \underline{b}_2 \end{pmatrix} \tag{4.100}
$$

bzw.

$$
\overset{\leftrightarrow}{\underline{K}} = \begin{pmatrix} -\dfrac{\underline{S}_{11}\,\underline{S}_{22} - \underline{S}_{12}\,\underline{S}_{21}}{\underline{S}_{21}} & \dfrac{\underline{S}_{11}}{\underline{S}_{21}} \\ -\dfrac{\underline{S}_{22}}{\underline{S}_{21}} & \dfrac{1}{\underline{S}_{21}} \end{pmatrix} \tag{4.101}
$$

zur Berechnung der Kettenparameter aus den Streuparametern angegeben werden kann.

4.3.2.2 Berechnung der Streuparameter aus den Kettenstreuparametern

Entsprechend dem vorherigen Abschnitt erfolgt die Betrachtung von

$$
\underline{b}_1 = \underline{K}_{11}\,\underline{a}_2 + \underline{K}_{12}\,\underline{b}_2 \tag{4.102}
$$

und

$$
\underline{a}_1 = \underline{K}_{21}\,\underline{a}_2 + \underline{K}_{22}\,\underline{b}_2. \tag{4.103}
$$

Umstellen von Gl.(4.103) liefert

$$
\underline{b}_2 = \frac{1}{\underline{K}_{22}}\,\underline{a}_1 - \frac{\underline{K}_{21}}{\underline{K}_{22}}\,\underline{a}_2. \tag{4.104}
$$

Einsetzen von Gl.(4.104) in Gl.(4.102) führt zu

$$
\underline{b}_1 = \frac{\underline{K}_{12}}{\underline{K}_{22}}\,\underline{a}_1 + \frac{\underline{K}_{11}\,\underline{K}_{22} - \underline{K}_{12}\,\underline{K}_{21}}{\underline{K}_{22}}\,\underline{a}_2, \tag{4.105}
$$

so daß in Matrizenschreibweise die Beziehung

$$
\begin{pmatrix} \underline{b}_1 \\ \underline{b}_2 \end{pmatrix} = \begin{pmatrix} \dfrac{\underline{K}_{12}}{\underline{K}_{22}} & \dfrac{\underline{K}_{11}\,\underline{K}_{22} - \underline{K}_{12}\,\underline{K}_{21}}{\underline{K}_{22}} \\ \dfrac{1}{\underline{K}_{22}} & -\dfrac{\underline{K}_{21}}{\underline{K}_{22}} \end{pmatrix} \begin{pmatrix} \underline{a}_1 \\ \underline{a}_2 \end{pmatrix} \tag{4.106}
$$

bzw.

$$
\overset{\leftrightarrow}{\underline{S}} = \begin{pmatrix} \underline{S}_{11} & \underline{S}_{12} \\ \underline{S}_{21} & \underline{S}_{22} \end{pmatrix} = \begin{pmatrix} \dfrac{\underline{K}_{12}}{\underline{K}_{22}} & \dfrac{\underline{K}_{11}\,\underline{K}_{22} - \underline{K}_{12}\,\underline{K}_{21}}{\underline{K}_{22}} \\ \dfrac{1}{\underline{K}_{22}} & -\dfrac{\underline{K}_{21}}{\underline{K}_{22}} \end{pmatrix} \tag{4.107}
$$

angegeben werden kann. Gl.(4.107) stellt somit die Umrechnungsvorschrift zur Bestimmung der Streuparameter aus den Kettenparametern dar.

Nach diesen Zwischenbetrachtungen läßt sich die Berechnung der Streumatrix einer Kettenschaltung nach Bild 4.6 a) auf einfache Weise durchfüh-
ren. Zuerst werden gemäß Gl.(4.101) die zu den Streumatrizen $\overset{\leftrightarrow}{\underline{S}}{}^A$ und $\overset{\leftrightarrow}{\underline{S}}{}^B$
zugehörigen Kettenstreumatrizen $\overset{\leftrightarrow}{\underline{K}}{}^A$ und $\overset{\leftrightarrow}{\underline{K}}{}^B$ bestimmt, das Produkt aus
$\overset{\leftrightarrow}{\underline{K}}{}^A\ \overset{\leftrightarrow}{\underline{K}}{}^B = \overset{\leftrightarrow}{\underline{K}}$ gebildet und abschließend nach Gl.(4.107) aus $\overset{\leftrightarrow}{\underline{K}}$ die resultierende Streumatrix $\overset{\leftrightarrow}{\underline{S}}$ ermittelt. Da es sich hierbei um einen einfachen For-
malismus handelt, eignet sich das Verfahren sehr gut bei der Durchführung
der Berechnungen auf einem Computer.

Achtung: *Bei der Durchführung der Berechnungen ist stets darauf zu achten, daß bei der Bestimmung der Streuparameter aus anderen Netzwerkparametern (z.B. Z- oder Y-Parameter), die Normierung an den Toren, die miteinander verschaltet werden, mit demselben Wellenwiderstand durchgeführt
wird.*

4.4 Streuparameter des n-Tors

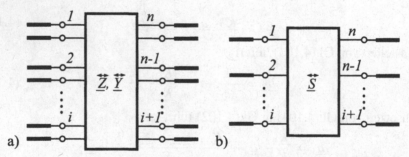

Bild 4.7: *Beschreibung eines n-Tors durch Z- oder Y-Parameter a) und durch
S-Parameter) b)*

Nach der ausführlichen Behandlung des 2-Tors bereitet die Berechnung
der Streumatrix $\overset{\leftrightarrow}{\underline{S}}$ des n-Tors, siehe Bild 4.7, aus den Impedanz- bzw. Admittanzparametern keine Probleme. Danach gilt am Tor i

$$\underline{U}_i = \sqrt{Z_{Wi}}\,(\underline{a}_i + \underline{b}_i) \qquad \text{und} \qquad \underline{I}_i = \frac{1}{\sqrt{Z_{Wi}}}\,(\underline{a}_i - \underline{b}_i).$$

Die Darstellung des Spannungsvektors $\underline{\vec{U}}$ und des Stromvektors $\underline{\vec{I}}$ erfolgt gemäß Abschnitt 4.1 durch Wellengrößen. Da es sich hier jedoch um
vektorielle Größen handelt, erfolgt an dieser Stelle die Normierung mit Hilfe
einer Normierungsmatrix $\overset{\leftrightarrow}{\underline{N}}$. Mit

$$\underline{\overset{\leftrightarrow}{N}} = \begin{pmatrix} \sqrt{Z_{W1}} & 0 & 0 & \cdots & 0 & 0 & 0 \\ 0 & \sqrt{Z_{W2}} & 0 & \cdots & 0 & 0 & 0 \\ \cdots & \cdots & \cdots & \cdots & \cdots & \cdots & \cdots \\ 0 & 0 & 0 & \sqrt{Z_{Wi}} & 0 & 0 & 0 \\ \cdots & \cdots & \cdots & \cdots & \cdots & \cdots & \cdots \\ 0 & 0 & 0 & \cdots & 0 & \sqrt{Z_{Wn-1}} & 0 \\ 0 & 0 & 0 & \cdots & 0 & 0 & \sqrt{Z_{Wn}} \end{pmatrix} \tag{4.108}$$

läßt sich der Spannungsvektor $\vec{U}$ in der Form

$$\vec{U} = \underline{\overset{\leftrightarrow}{N}} \, (\vec{a} + \vec{b}) \tag{4.109}$$

angeben. In entsprechender Weise liefert die Inverse von $\underline{\overset{\leftrightarrow}{N}}$, die durch

$$\underline{\overset{\leftrightarrow}{N}}^{-1} = \begin{pmatrix} \frac{1}{\sqrt{Z_{W1}}} & 0 & 0 & \cdots & 0 & 0 & 0 \\ 0 & \frac{1}{\sqrt{Z_{W2}}} & 0 & \cdots & 0 & 0 & 0 \\ \cdots & \cdots & \cdots & \cdots & \cdots & \cdots & \cdots \\ 0 & 0 & 0 & \frac{1}{\sqrt{Z_{Wi}}} & 0 & 0 & 0 \\ \cdots & \cdots & \cdots & \cdots & \cdots & \cdots & \cdots \\ 0 & 0 & 0 & \cdots & 0 & \frac{1}{\sqrt{Z_{Wn-1}}} & 0 \\ 0 & 0 & 0 & \cdots & 0 & 0 & \frac{1}{\sqrt{Z_{Wn}}} \end{pmatrix} \tag{4.110}$$

gegeben ist, für den Stromvektor $\vec{I}$ die Beziehung

$$\vec{I} = \underline{\overset{\leftrightarrow}{N}}^{-1} \, (\vec{a} - \vec{b}). \tag{4.111}$$

Die Richtigkeit von Gl.(4.110) ist leicht durch $\underline{\overset{\leftrightarrow}{N}} \, \underline{\overset{\leftrightarrow}{N}}^{-1} = \underline{\overset{\leftrightarrow}{E}}$ zu überprüfen. Einsetzen von Gl.(4.109) und Gl.(4.111) in $\vec{U} = \underline{\overset{\leftrightarrow}{Z}} \, \vec{I}$ liefert die Beziehung

$$\underline{\overset{\leftrightarrow}{N}} \, (\vec{a} + \vec{b}) = \underline{\overset{\leftrightarrow}{Z}} \, \underline{\overset{\leftrightarrow}{N}}^{-1} \, (\vec{a} - \vec{b}), \tag{4.112}$$

die nach der Multiplikation beider Seiten von links mit $\underline{\overset{\leftrightarrow}{N}}^{-1}$ auf

$$\vec{a} + \vec{b} = \underline{\overset{\leftrightarrow}{N}}^{-1} \, \underline{\overset{\leftrightarrow}{Z}} \, \underline{\overset{\leftrightarrow}{N}}^{-1} \, (\vec{a} - \vec{b}), \tag{4.113}$$

bzw.

$$\vec{a} + \vec{b} = \underline{\overset{\leftrightarrow}{z}} \, (\vec{a} - \vec{b}) \tag{4.114}$$

führt. Gl.(4.114) stellt eine Verallgemeinerung von Gl.(4.81) dar. In diesem Fall ist die normierte Impedanzmatrix $\underline{\overset{\leftrightarrow}{z}}$,

$$\underline{\overset{\leftrightarrow}{z}} = \underline{\overset{\leftrightarrow}{N}}^{-1} \, \underline{\overset{\leftrightarrow}{Z}} \, \underline{\overset{\leftrightarrow}{N}}^{-1}, \tag{4.115}$$

eine $(n \times n)$-Matrix, deren Elemente z_{ik} entsprechend zur Gl.(4.80) durch

$$\underline{z}_{ik} = \frac{\underline{Z}_{ik}}{\sqrt{Z_{Wi}}\,\sqrt{Z_{Wk}}}, \tag{4.116}$$

mit $i, k \in 1, \dots, n$, gegeben sind. Damit läßt sich die Streumatrix $\overset{\leftrightarrow}{\underline{S}}$ des n-Tors gemäß der Ableitung von Gl.(4.85) ermitteln. Das Ergebnis lautet

$$\overset{\leftrightarrow}{\underline{S}} = (\overset{\leftrightarrow}{\underline{z}} + \overset{\leftrightarrow}{\underline{E}})^{-1}\,(\overset{\leftrightarrow}{\underline{z}} - \overset{\leftrightarrow}{\underline{E}}). \tag{4.117}$$

In analoger Weise ergibt sich die Streumatrix $\overset{\leftrightarrow}{\underline{S}}$ aus der Admittanzmatrix $\overset{\leftrightarrow}{\underline{Y}}$. Einsetzen von Gl.(4.109) und Gl.(4.111) in $\vec{I} = \overset{\leftrightarrow}{\underline{Y}}\,\vec{U}$ liefert die Beziehung

$$\overset{\leftrightarrow}{\underline{N}}{}^{-1}\,(\vec{\underline{a}} - \vec{\underline{b}}) = \overset{\leftrightarrow}{\underline{Y}}\,\overset{\leftrightarrow}{\underline{N}}\,(\vec{\underline{a}} + \vec{\underline{b}}), \tag{4.118}$$

die nach der Multiplikation beider Seiten von links mit $\overset{\leftrightarrow}{\underline{N}}$ auf

$$\vec{\underline{a}} - \vec{\underline{b}} = \overset{\leftrightarrow}{\underline{N}}\,\overset{\leftrightarrow}{\underline{Y}}\,\overset{\leftrightarrow}{\underline{N}}\,(\vec{\underline{a}} + \vec{\underline{b}}), \tag{4.119}$$

bzw.

$$\vec{\underline{a}} - \vec{\underline{b}} = \overset{\leftrightarrow}{\underline{y}}\,(\vec{\underline{a}} + \vec{\underline{b}}), \tag{4.120}$$

führt. $\overset{\leftrightarrow}{\underline{y}}$,

$$\overset{\leftrightarrow}{\underline{y}} = \overset{\leftrightarrow}{\underline{N}}\,\overset{\leftrightarrow}{\underline{Y}}\,\overset{\leftrightarrow}{\underline{N}}, \tag{4.121}$$

stellt die normierte Admittanzmatrix dar, deren Elemente $\underline{y}_{ik}$ durch

$$\underline{y}_{ik} = \underline{Y}_{ik}\,\sqrt{Z_{Wi}}\,\sqrt{Z_{Wk}}, \tag{4.122}$$

mit $i, k \in 1, \dots, n$, gegeben sind. Hieraus ergibt sich die Streumatrix $\overset{\leftrightarrow}{\underline{S}}$ des n-Tors zu

$$\overset{\leftrightarrow}{\underline{S}} = (\overset{\leftrightarrow}{\underline{E}} + \overset{\leftrightarrow}{\underline{y}})^{-1}\,(\overset{\leftrightarrow}{\underline{E}} - \overset{\leftrightarrow}{\underline{y}}). \tag{4.123}$$

Zum Abschluß dieses Abschnittes soll auf die Bestimmung der Elemente der Streumatrix $\overset{\leftrightarrow}{\underline{S}}$ hingewiesen werden. Aus

$$\vec{\underline{b}} = \overset{\leftrightarrow}{\underline{S}}\,\vec{\underline{a}} \tag{4.124}$$

folgt, daß sich das Element $\underline{S}_{ik}$ dadurch ergibt, daß nur auf das Tor k eine Welle zuläuft und gleichzeitig die aus dem Tor i ablaufende Welle betrachtet wird, d.h. $\underline{a}_j = 0$ für alle $j \neq k$. Damit ergibt sich mathematisch

$$\underline{S}_{ik} = \frac{\underline{b}_i}{\underline{a}_k}\Bigg|_{\underline{a}_j = 0,\ \underline{\text{für alle }} j \neq k}. \tag{4.125}$$

Gl.(4.125) stellt insbesondere für die meßtechnische Ermittlung der Streuparameter eine bedeutende Grundlage dar.

4.4.1 n-Tor Eigenschaften

Unter der Überschrift „n-Tor Eigenschaften" werden hier grundlegende Eigenschaften verstanden, die dazu führen, daß bestimmte Arten von n-Toren in Klassen unterteilt werden können, zu deren Beschreibung nur ein Teil der gesamten Streuparameter benötigt werden, da z.B. aus Symmetrie- bzw. aus Leistungsbetrachtungen die verbleibenden Parameter ebenfalls bekannt sind. Im allgemeinen müssen zur vollständigen Charakterisierung eines n-Tors $n \times n$ verschiedene, komplexe Koeffizienten angegeben werden. Verhält sich z.B. ein Netzwerk bezüglich des Eigenreflexionsverhaltens an den Toren i und k gleich, d.h. $\underline{S}_{ii} = \underline{S}_{kk}$, dann wird es bezüglich dieser Tore als **reflexionssymmetrisch** bezeichnet. Gilt dieses für die Transmission zwischen den Toren i und k, d.h. $\underline{S}_{ik} = \underline{S}_{ki}$, so wird das n-Tor **transmissionssymmetrisch** bezüglich dieser Tore bezeichnet.

Eine besondere Klasse von n-Toren ergibt sich, wenn das Netzwerk zwischen allen Kombinationen von Torpaaren **Transmissionssymmetrie** aufweist, d.h. $\underline{S}_{ik} = \underline{S}_{ki}$ für $i, k = 1, \ldots, n$ $(i \neq k)$. In diesem Fall handelt es sich, wie im folgenden gezeigt wird, um ein **reziprokes n-Tor**, bei dem die Anzahl an verschiedenen Koeffizienten deutlich reduziert ist. Bei einem reziproken n-Tor ist die Streumatrix bezüglich der Hauptdiagonalen symmetrisch. Dadurch besitzt sie maximal $(n \times n - n)/2 + n$ verschiedene Parameter.

4.4.1.1 *Reziproke n-Tore*

Aus der Netzwerktheorie (oder siehe Abschnitt 2.9 (Seite 47)) ist bekannt, daß für reziproke Netzwerke, die z.B. gemäß Bild 4.8 a) durch eine Impedanzmatrix beschrieben werden, die Bedingung

$$\left. \frac{\underline{I}_k}{\underline{U}_{Si}} \right|_{\underline{U}_{Sk}=0} = \left. \frac{\underline{I}_i}{\underline{U}_{Sk}} \right|_{\underline{U}_{Si}=0} \tag{4.126}$$

erfüllt werden muß. Gl.(4.126) bedeutet in Worten, daß bei einem reziproken n-Tor das Verhältnis von $\underline{I}_k/\underline{U}_{Si}$, d.h. Strom am Tor k bei Kurzschluß von $\underline{U}_{Sk}$ und Speisung am Tor i mit der Spannung $\underline{U}_{Si}$, identisch ist mit $\underline{I}_i/\underline{U}_{Sk}$, d.h. Strom am Tor i bei Kurzschluß von $\underline{U}_{Si}$ und Speisung am Tor k mit der Spannung $\underline{U}_{Sk}$. Dieses bedeutet weiter, daß eine Quellspannung am Tor i den gleichen Strom am Tor k verursacht wie ihn dieselbe Quelle, angeschlossen an Tor k, am Tor i verursachen würde. Dabei sind der Einfachheithalber nur die Tore i und k in Bild 4.8 dargestellt. Die Auswertung von Gl.(4.16) hat ergeben, daß im Falle der Reziprozität des Netzwerks für die Netzwerkparameter $\underline{Z}_{ik} = \underline{Z}_{ki}$, $\underline{Y}_{ik} = \underline{Y}_{ki}$ bzw. $\det(\overset{\leftrightarrow}{\underline{A}}) = 1$ (det bedeutet Determinante) gelten muß.

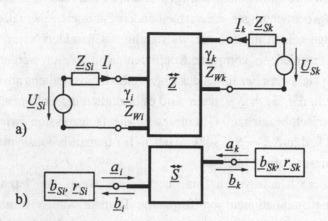

Bild 4.8: *n-Tor Beschreibung mit Z-Parameter a) bzw. Wellenparameter b)*

Im Folgenden soll nun untersucht werden, wie sich die Reziprozitätsbedingung (Gl.(4.126)) auf die Streuparameter auswirkt. Hierzu wird das Bild 4.8 b) zugrunde gelegt und die Wellengrößen an den Toren entweder für $\underline{b}_{Si} = 0$ oder $\underline{b}_{Sk} = 0$ berechnet. Dabei sind die hier nicht berücksichtigten Tore mit dem jeweiligen Wellenwiderstand <u>reflexionsfrei</u> abgeschlossen.

Für $\underline{b}_{Sk} = 0$ gilt

$$\underline{b}_i = \underline{S}_{ii}\underline{a}_i + \underline{S}_{ik}\underline{a}_k, \tag{4.127}$$

$$\underline{b}_k = \underline{S}_{ki}\underline{a}_i + \underline{S}_{kk}\underline{a}_k \tag{4.128}$$

mit

$$\underline{a}_i = \underline{b}_{Si} + \underline{r}_{Si}\underline{b}_i \tag{4.129}$$

und

$$\underline{a}_k = \underline{r}_{Sk}\underline{b}_k, \tag{4.130}$$

woraus sich für $\underline{b}_k$ die Beziehung

$$\underline{b}_k = \frac{\underline{S}_{ki}}{(1 - \underline{S}_{ii}\underline{r}_{Si})(1 - \underline{S}_{kk}\underline{r}_{Sk}) - \underline{S}_{ik}\underline{S}_{ki}\underline{r}_{Si}\underline{r}_{Sk}}\underline{b}_{Si} \tag{4.131}$$

ableiten läßt.

Mit dem Ergebnis nach Gl.(4.131) läßt sich gemäß Gl.(4.17) der Strom $\underline{I}_k$, unter der Berücksichtigung von $\underline{a}_k = \underline{r}_{Sk}\underline{b}_k$, zu

$$\underline{I}_k = \frac{1}{\sqrt{Z_{Wk}}}(\underline{a}_k - \underline{b}_k) = \frac{r_{Sk}-1}{\sqrt{Z_{Wk}}}\underline{b}_k$$

bzw.

$$\underline{I}_k = \frac{r_{Sk}-1}{\sqrt{Z_{Wk}}} \frac{\underline{S}_{ki}}{(1-\underline{S}_{ii}\underline{r}_{Si})(1-\underline{S}_{kk}\underline{r}_{Sk}) - \underline{S}_{ik}\underline{S}_{ki}\underline{r}_{Si}\underline{r}_{Sk}}\underline{b}_{Si} \qquad (4.132)$$

bestimmen, worin die Größe $\underline{b}_{Si}$ entsprechend Gl.(4.61),

$$\underline{b}_{Si} = \frac{U_{Si}\sqrt{Z_{Wi}}}{Z_{Si}+Z_{Wi}},$$

durch einen Ausdruck, der die Quellspannung enthält, zu ersetzen ist. Damit ergibt sich unter der Berücksichtigung von

$$\underline{r}_{Sk}-1 = \frac{Z_{Sk}-Z_{Wk}}{Z_{Sk}+Z_{Wk}} - 1 = -2\frac{Z_{Wk}}{Z_{Sk}+Z_{Wk}}$$

die Beziehung

$$\frac{\underline{I}_k}{\underline{U}_{Si}} = -2\frac{\sqrt{Z_{Wk}}}{Z_{Sk}+Z_{Wk}} \qquad (4.133)$$

$$\cdot \frac{\underline{S}_{ki}}{(1-\underline{S}_{ii}\underline{r}_{Si})(1-\underline{S}_{kk}\underline{r}_{Sk}) - \underline{S}_{ik}\underline{S}_{ki}\underline{r}_{Si}\underline{r}_{Sk}}\frac{\sqrt{Z_{Wi}}}{Z_{Si}+Z_{Wi}}.$$

Zur Bestimmung von $\underline{I}_i$ für $\underline{b}_{Si} = 0$ müssen lediglich die Indizes i und k in der Lösung nach Gl.(4.133) vertauscht werden, so daß die Lösung durch

$$\frac{\underline{I}_i}{\underline{U}_{Sk}} = -2\frac{\sqrt{Z_{Wi}}}{Z_{Si}+Z_{Wi}} \qquad (4.134)$$

$$\cdot \frac{\underline{S}_{ik}}{(1-\underline{S}_{ii}\underline{r}_{Si})(1-\underline{S}_{kk}\underline{r}_{Sk}) - \underline{S}_{ik}\underline{S}_{ki}\underline{r}_{Si}\underline{r}_{Sk}}\frac{\sqrt{Z_{Wk}}}{Z_{Sk}+Z_{Wk}}$$

angegeben werden kann.

Ein Vergleich von Gl.(4.133) mit Gl.(4.134) zeigt, daß zur Einhaltung der **Reziprozitätsbedingung** in Gl.(4.126), wie schon zuvor erwähnt, für die **Transmissionsparameter** $\underline{S}_{ik} = \underline{S}_{ki}$ für $i,k = 1,\ldots,n$; $i \neq k$ oder für die gesamte Streumatrix

$$\underline{\overset{\leftrightarrow}{S}} = \underline{\overset{\leftrightarrow}{S}}^{\mathrm{T}}, \qquad (4.135)$$

mit $\underline{\overset{\leftrightarrow}{S}}^{\mathrm{T}}$ der transponierten Streumatrix, gelten muß.

Die **Reziprozitätsbedingung** wird von den meisten passiven Grundelementen der Mikrowellentechnik, wie z.B. Leitungen und Diskontinuitäten in den vielen verschiedenen Leitungsformen, erfüllt. Darüber hinaus liefern auch die passiven, konzentrierten Bauelemente, wie Widerstände, Kondensatoren und Spulen, reziprokes Verhalten. Vorsicht ist allerdings bei der Verwendung von Halbleiterbauelementen (Dioden, Transistoren) und Bauelementen mit magnetischen Werkstoffen geboten. In diesen Fällen liegt in der Regel kein reziprokes Verhalten vor.

4.4.1.2 Verlustlose n-Tore

Neben der Reziprozität von Bauelementen liefern in vielen Anwendungsbereichen, insbesondere im niedrigeren Frequenzbereich, bis einige Gigahertz, die geringen Verluste auf Leitungsstrukturen eine zusätzliche Bedingung für die Elemente der Streumatrix. Dieses folgt direkt aus der Berechnung der von einem n-Tor aufgenommenen Leistung, die sich aus der Summation aller Leistungsbeiträge, die über die einzelnen Tore in das n-Tor gelangen, ergibt. So ist z.B. $\underline{P}_i$, mit

$$\underline{P}_i = \frac{1}{2} \underline{U}_i \underline{I}_i^* = \frac{1}{2}(\underline{a}_i + \underline{b}_i)(\underline{a}_i - \underline{b}_i)^* \qquad (4.136)$$

bzw.

$$\underline{P}_i = \frac{1}{2}(\underline{a}_i \underline{a}_i^* - \underline{b}_i \underline{b}_i^*) + \frac{1}{2}(\underline{a}_i^* \underline{b}_i - \underline{a}_i \underline{b}_i^*) = P_{Wi} + jP_{Bi} \qquad (4.137)$$

die in das Tor i transportierte Leistung, die sich aus der Wirkleistung P_{Wi} und der Blindleistung P_{Bi} zusammensetzt. Die gesamte aufgenommene Leistung $\underline{P}$ ergibt sich somit aus

$$\underline{P} = \frac{1}{2} \sum_{i=1}^{n} \underline{U}_i \underline{I}_i^*, \qquad (4.138)$$

$$\underline{P} = \frac{1}{2} \vec{\underline{U}}^{\mathrm{T}} \vec{\underline{I}}^* = \frac{1}{2} \vec{\underline{I}}^{*\mathrm{T}} \vec{\underline{U}} \qquad (4.139)$$

zu

$$\underline{P} = \frac{1}{2}(\vec{\underline{a}} - \vec{\underline{b}})^{*\mathrm{T}}(\vec{\underline{a}} + \vec{\underline{b}}) = \frac{1}{2}(\vec{\underline{a}}^{*\mathrm{T}} - \vec{\underline{b}}^{*\mathrm{T}})(\vec{\underline{a}} + \vec{\underline{b}}) \qquad (4.140)$$

bzw.

$$\underline{P} = \frac{1}{2}(\vec{\underline{a}}^{*\mathrm{T}} \vec{\underline{a}} - \vec{\underline{b}}^{*\mathrm{T}} \vec{\underline{b}}) + \frac{1}{2}(\vec{\underline{a}}^{*\mathrm{T}} \vec{\underline{b}} - \vec{\underline{b}}^{*\mathrm{T}} \vec{\underline{a}}). \qquad (4.141)$$

Aus Gl.(4.141) folgt mit $\vec{\underline{b}} = \overset{\leftrightarrow}{\underline{S}}\,\vec{\underline{a}}$ und $\vec{\underline{b}}^{*\mathrm{T}} = (\overset{\leftrightarrow}{\underline{S}}\,\vec{\underline{a}})^{*\mathrm{T}} = \vec{\underline{a}}^{*\mathrm{T}}\,\overset{\leftrightarrow}{\underline{S}}^{*\mathrm{T}}$ direkt die Beziehung

$$\underline{P} = \frac{1}{2}(\vec{\underline{a}}^{*\mathrm{T}}\,\vec{\underline{a}} - \vec{\underline{a}}^{*\mathrm{T}}\,\overset{\leftrightarrow}{\underline{S}}^{*\mathrm{T}}\,\overset{\leftrightarrow}{\underline{S}}\,\vec{\underline{a}}) + \frac{1}{2}(\vec{\underline{a}}^{*\mathrm{T}}\,\overset{\leftrightarrow}{\underline{S}}\,\vec{\underline{a}} - \vec{\underline{a}}^{*\mathrm{T}}\,\overset{\leftrightarrow}{\underline{S}}^{*\mathrm{T}}\,\vec{\underline{a}}) \quad (4.142)$$

bzw.

$$\underline{P} = \frac{1}{2}\,\vec{\underline{a}}^{*\mathrm{T}}(\overset{\leftrightarrow}{E} - \overset{\leftrightarrow}{\underline{S}}^{*\mathrm{T}}\,\overset{\leftrightarrow}{\underline{S}})\,\vec{\underline{a}} + \frac{1}{2}\,\vec{\underline{a}}^{*\mathrm{T}}(\overset{\leftrightarrow}{\underline{S}} - \overset{\leftrightarrow}{\underline{S}}^{*\mathrm{T}})\,\vec{\underline{a}}, \quad (4.143)$$

wobei der erste Summand die vom n-Tor aufgenommene Wirkleistung P_W,

$$P_W = \frac{1}{2}\,\vec{\underline{a}}^{*\mathrm{T}}(\overset{\leftrightarrow}{E} - \overset{\leftrightarrow}{\underline{S}}^{*\mathrm{T}}\,\overset{\leftrightarrow}{\underline{S}})\,\vec{\underline{a}}, \quad (4.144)$$

und der zweite Summand,

$$P_B = \frac{1}{2}\,\vec{\underline{a}}^{*\mathrm{T}}(\overset{\leftrightarrow}{\underline{S}} - \overset{\leftrightarrow}{\underline{S}}^{*\mathrm{T}})\,\vec{\underline{a}}, \quad (4.145)$$

die im n-Tor gespeicherte Blindleistung P_B angibt.

Der hier nun zu betrachtende Fall der **Verlustfreiheit**, d.h. das Zweitor nimmt keine Wirkleistung auf, erfordert nach Gl.(4.144) ein Verschwinden des Ausdrucks

$$\overset{\leftrightarrow}{0} = \overset{\leftrightarrow}{E} - \overset{\leftrightarrow}{\underline{S}}^{*\mathrm{T}}\,\overset{\leftrightarrow}{\underline{S}} \quad (4.146)$$

bzw. die Erfüllung von

$$\boxed{\overset{\leftrightarrow}{\underline{S}}^{*\mathrm{T}}\,\overset{\leftrightarrow}{\underline{S}} = \overset{\leftrightarrow}{E}.} \quad (4.147)$$

Danach muß die Transponierte der konjugiert komplexen Streumatrix identisch mit der Inversen der Streumatrix sein, d.h. die Streumatrix eines verlustfreien n-Tors stellt eine unitäre Matrix und Gl.(4.147) die **Unitaritätsbedingung** dar.

Abschließend sei noch erwähnt, daß für den Fall, daß im n-Tor **keine Energiespeicher** enthalten sind, d.h. es handelt sich um ein reines Wirknetzwerk, der Klammerausdruck in Gl.(4.145) verschwinden muß, so daß

$$\overset{\leftrightarrow}{0} = \overset{\leftrightarrow}{\underline{S}} - \overset{\leftrightarrow}{\underline{S}}^{*\mathrm{T}} \quad (4.148)$$

oder

$$\overset{\leftrightarrow}{\underline{S}} = \overset{\leftrightarrow}{\underline{S}}^{*\mathrm{T}} \quad (4.149)$$

gilt. Wird zudem die Forderung gestellt, daß das n-Tor reziprok ist und Gl.(4.135) erfüllt, dann gilt $\overset{\leftrightarrow}{\underline{S}} = \overset{\leftrightarrow}{\underline{S}}^{*}$, d.h. sämtliche Elemente der Streumatrix sind reell.

Die in den letzten Kapiteln angegebenen Zusammenhänge werden nun im nächsten Abschnitt benutzt um ideale Eigenschaften technischer n-Tore abzuleiten. In vielen Fällen stellen die so gewonnenen Ergebnisse eine gute Näherungslösung zur Überprüfung des prinzipiellen Verhaltens von Schaltungen dar.

4.4.2 Prinzipielles Verhalten technischer n-Tore

In diesem Abschnitt werden häufig verwendete Mikrowellenkomponenten, die allgemein als n-Tore aufzufassen sind, behandelt. Die Gliederung erfolgt dabei nach der Anzahl an Toren. Ausgehend von den idealen Eigenschaften sollen auch die prinzipiellen Phänomene genannt werden, die für ein Abweichen des Bauteilverhaltens vom Idealfall verantwortlich sind. Berücksichtigt werden ebenfalls auch wichtige aktive Elemente wie Dioden und Transistoren, die in Verstärkern, Oszillatoren und Mischern Einsatz finden. Bei den letztgenannten Bauteilen steht nicht die Darstellung der physikalischen Grundlagen im Vordergrund, sondern die Beschreibung des elektrischen Verhaltens (bei hohen Frequenzen) durch elektrische Ersatzschaltbilder und zwar bezüglich der Bauelementeanschlüsse. In diesem Zusammenhang erfolgt hier auch nur die Beschreibung des Verhaltens mit Hilfe der Leitungstheorie. Eigenarten realer Leitungsformen, insbesondere die der am häufigsten verwendeten Leitungsart, nämlich die der Mikrostreifenleitungstechnik, werden in einem späteren Abschnitt ausführlich behandelt.

4.4.2.1 *Eintore*

4.4.2.1.1 *Leerlauf*

Die einfachste Beschaltung eines Tors ist der Leerlauf (engl.: Open), d.h. ein abruptes Ende einer Leitung. In diesem Fall erstreckt sich das elektromagnetische Feld immer in Form eines Streufeldes am Ende der Leitung über das physikalische Leitungsende hinaus. In diesem Streufeld, dessen elektrischer Feldanteil überwiegt, wird somit elektrische Energie gebunden, d.h. gespeichert. Dieses entspricht der Speicherung elektrischer Energie in einer Kapazität, so daß das reale Leitungsende durch eine Leitung beschrieben werden kann, die am Ende mit einer Streukapazität C_{Streu} oder Endeffektkapazität C_{End} belastet wird. Der Wert dieser Kapazität ist jedoch so gering, daß C_{End}

bis hin zu wenigen Gigahertz vernachlässigt werden kann. Darüber hinaus führt mit wachsender Frequenz eine Vernachlässigung zu unkontrollierbaren Fehlern. Neben der Berücksichtigung dieser Endeffektkapazität, gibt es ein Phänomen, das am offenen Leitungsende zu Verlusten führen kann. Hierbei handelt es sich um den Teil der Energie, die sich in Form von Strahlung vom Leitungsende löst und sich als Welle im Raum fortpflanzt. Diese Eigenschaft, die durch eine geeignete Geometrie des Leitungsendes besonders gefördert werden kann, wird bei der Realisierung von Antennen gezielt ausgenutzt.

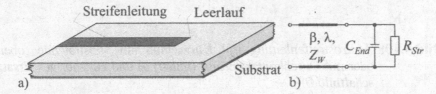

Bild 4.9: *Streifenleitungsleerlauf a) und zugehöriges Ersatzschaltbild b)*

Damit kann abschließend festgehalten werden, daß eine allgemeine Beschreibung des realen Leerlaufs, bzw. dessen Abschlußimpedanz $\underline{Z}_{AL}$, durch die Parallelschaltung einer Endeffektkapazität C_{End} und einem Strahlungswiderstand R_{Str} in der Form

$$\underline{Z}_{AL} = \frac{1}{\dfrac{1}{R_{Str}} + j\omega C_{End}} \qquad (4.150)$$

erfolgen kann. In Bild 4.9 ist zum Beispiel ein Mikrostreifenleitungsleerlauf a) mit zugehörigem Ersatzschaltbild b) angegeben.

4.4.2.1.2 Kurzschluß

Neben dem Leerlauf stellt der Kurzschluß (engl.: Short) am Leitungsende ein weiteres einfaches Eintor dar. In koaxialer Leitungstechnik oder in Hohlleitertechnik ist dieses Schaltungselement sehr einfach zu realisieren und erreicht zudem wesentlich besser die Eigenschaften des idealen Kurzschlusses als in der schon häufig genannten Mikrostreifenleitungstechnik. Bild 4.10 a) zeigt z.B. zwei Varianten des Kurzschlusses. In der oberen Bauform ist ein Kurzschluß am Substratende dargestellt, der durch Metallisieren der Substratseite oder durch Anlöten einer dünnen Folie entsteht. In der unteren

Bauform dagegen wird eine Durchkontaktierung benutzt. Probleme hierbei liegen in der wiederholbaren Herstellung der Verbindungen.

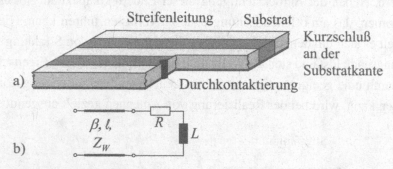

Bild 4.10: *Mikrostreifenleitung mit Kurzschluß am Substratende (oben) oder mit Durchkontaktierung (unten) a) und zugehöriges Ersatzschaltbild b)*

Zur Beschreibung des elektrischen Verhaltens realer Kurzschlüsse hat sich das in Bild 4.10 b) gezeigte Ersatzschaltbild als zweckmäßig erwiesen. Dabei beschreibt der Widerstand R die Verluste, die durch die endliche Leitfähigkeit des Materials entstehen, und die Induktivität L, die mehr oder weniger starke Stromeinschnürung im Bereich des Kurzschlusses. Je nach Frequenz und Geometrie können die Werte für den Widerstand R und die Induktivität L ein starkes Abweichen der Abschlußimpedanz des Kurzschlusses $\underline{Z}_{AK}$, die durch

$$\underline{Z}_{AK} = R + j\omega L \tag{4.151}$$

gegeben ist, vom Wert im Idealfall, $\underline{Z}_{AK} = 0$, hervorrufen.

4.4.2.1.3 *Reflexionsfreier Abschluß, Wellensumpf*

In sehr vielen Anwendungsbeispielen ist der Abschluß eines Tors oder einer Leitung mit einem reflexionsfreien Abschluß, der auch als Wellensumpf (in Kurzform auch einfach als Sumpf (engl.: Load)) bezeichnet wird, erforderlich. Ein Abschluß der Leitung mit einem konzentrierten Widerstand, der als Bauelementewert den Wellenwiderstand der Leitung besitzt, ist nur im niedrigeren Frequenzbereich möglich. Wegen der räumlichen Ausdehnung dieser Elemente bilden sich eine Streukapazität C sowie Induktivitäten im Bereich der beiden Anschlüsse, die zu einer resultierenden Anschlußinduktivität L zusammengefaßt werden können, aus, die bei höheren Frequenzen eine nicht vernachlässigbare Rolle spielen. Das Bauelement ist somit als komplexeres Element anzusehen, das in vielen Fällen nur durch eine meßtechnische Charakterisierung hinreichend gut beschrieben werden kann.

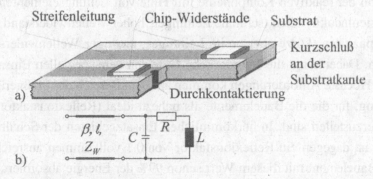

Bild 4.11: *Mikrostreifenleitung mit eingelötetem Chip-Widerstand am Substratende (oben) oder mit Durchkontaktierung (unten) a) und zugehöriges Ersatzschaltbild b)*

In erster Näherung kann das in Bild 4.11 b) angegebene elektrische Ersatzschaltbild verwendet werden. Dieses liefert für die Abschlußimpedanz des Widerstandes $\underline{Z}_{AR}$ die Beziehung

$$\underline{Z}_{AR} = \cfrac{1}{j\omega C + \cfrac{1}{R + j\omega L}}. \tag{4.152}$$

Unabhängig davon ist die Verwendung eines festen Widerstandes, wie z.B. bei der in Bild 4.11 a) gezeigten Mikrostreifenleitung mit eingelötetem Chip-Widerstand am Substratende (oben) oder mit Durchkontaktierung (unten), auch nicht immer zweckmäßig. Denn bei vielen Leitungsarten treten wegen der Dispersion, d.h. Frequenzabhängigkeit der Leitungskenngrößen, ebenfalls Reflexionen am Abschluß auf. Genaugenommen müßte in derartigen Fällen der Frequenzgang des Abschlusses mit dem des Wellenwiderstandes identisch sein. Das bedeutet, daß ein idealer Abschluß (breitbandig reflexionsfrei) in der Realität nicht existiert. Um jedoch einen brauchbaren Breitbandabschluß realisieren zu können, wird bei Leitungen, in vielen Fällen durch eine langsame, kontinuierliche Erhöhung der Leitungsverluste, sei es durch Einfügen oder durch Aufbringen stark dämpfender Materialien, ein Energieentzug aus der hinlaufenden Welle erreicht. Erfolgt diese über ein hinreichend langes Leitungsstück, dieses hängt von dem Frequenzbereich und der Leitungsart ab, so läßt sich auf diese Weise ein ausreichend guter Abschluß erzeugen. Bei schmalbandigen Anwendungen kann nach einer Bestimmung des Bauelementeverhaltens des realen Widerstandes eine Kompensation der reaktiven Komponente mit Hilfe von Leitungselementen, wie z.B. Serieninduktivitäten (schmale Leitungen, hoher Wellenwiderstand) oder Querkapazitäten (kurze aber breite Leitungen, niedriger Wellenwiderstand) erfolgen. Dabei hängt die erforderliche Güte von dem speziellen Einsatzgebiet ab. Höchste Anforderungen kommen aus dem Bereich der Meßgerätekalibrierung, für die die Bauelemente als nahezu ideal (Reflexionsfaktoren < 0.01) herzustellen sind. In herkömmlichen Einsatzgebieten der Schaltungstechnik ist dagegen ein Reflexionsfaktor von 0.1 vollkommen ausreichend, da ein Bauelement mit diesem Wert schon 99% der Energie absorbiert.

4.4.2.2 2-Tore

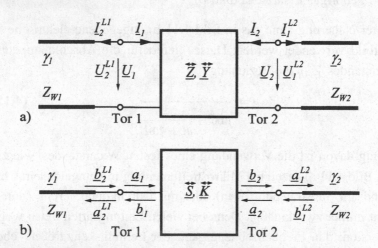

Bild 4.12: *Beschreibung eines allgemeinen Netzwerks mit Hilfe von Strömen und Spannungen a) und durch Wellengrößen b)*

In diesem Abschnitt erfolgt zunächst eine Untersuchung spezieller Zweitore, die entsprechend Bild 4.12 a) durch einfache Netzwerke angebbar sind. Die Berechnungen werden dabei in allgemeiner Form durchgeführt, so daß diese direkt auch bei der Betrachtung von Drei- bzw. Viertoren Anwendung finden können. Zur Berechnung der Streumatrix dieses Netzwerks werden gemäß Kapitel 4.3 die in Bild 4.12 gezeigten Spannungen, Ströme und Wellengrößen an den Toren 1 und 2 betrachtet. Dabei lassen sich die Elemente der Streumatrix nach Gl.(4.125) mit $(i, j, k = 1, 2)$ aus

$$\underline{S}_{ik} = \frac{\underline{b}_i}{\underline{a}_k}\bigg|_{\underline{a}_j=0, \text{ für alle } j \neq k} \tag{4.153}$$

bestimmen, wobei die Bedingung „$\underline{a}_j = 0$, für alle $j \neq k$" Abschluß von Tor j mit dem Wellenwiderstand der jeweiligen Leitung bedeutet.

Bei Anpassung an Tor 1 gilt

$$\underline{I}_2^{L1} = \frac{\underline{U}_2^{L1}}{Z_{W1}} \tag{4.154}$$

und an Tor 2

$$\underline{I}_1^{L2} = \frac{\underline{U}_1^{L2}}{Z_{W2}}. \tag{4.155}$$

Weiter ergeben sich nach Abschnitt 4.3 die Wellengrößen an den Toren zu

$$\underline{a}_2^{L1} = \underline{b}_1 = \frac{1}{2}\left(\frac{\underline{U}_2^{L1}}{\sqrt{Z_{W1}}} + \sqrt{Z_{W1}}\,\underline{I}_2^{L1}\right), \tag{4.156}$$

$$\underline{b}_2^{L1} = \underline{a}_1 = \frac{1}{2}\left(\frac{\underline{U}_2^{L1}}{\sqrt{Z_{W1}}} - \sqrt{Z_{W1}}\,\underline{I}_2^{L1}\right), \tag{4.157}$$

$$\underline{a}_1^{L2} = \underline{b}_2 = \frac{1}{2}\left(\frac{\underline{U}_1^{L2}}{\sqrt{Z_{W2}}} + \sqrt{Z_{W2}}\,\underline{I}_1^{L2}\right) \tag{4.158}$$

und

$$\underline{b}_1^{L2} = \underline{a}_2 = \frac{1}{2}\left(\frac{\underline{U}_1^{L2}}{\sqrt{Z_{W2}}} - \sqrt{Z_{W2}}\,\underline{I}_1^{L2}\right), \tag{4.159}$$

wobei die Ströme und Spannungen im speziellen Fall aus den Schaltungsbedingungen an den beiden Toren zu ermitteln sind.

4.4.2.2.1 *Leitung*

Die Leitung stellt das einfachste Zweitor dar. Eine ausführliche Beschreibung durch Ströme und Spannungen findet in Abschnitt 3.5 statt. Eine entsprechende Angabe des Verhaltens mit Hilfe der Streuparameter erfolgt gemäß Gl.(4.38) durch

$$\begin{pmatrix} \underline{b}_1 \\ \underline{b}_2 \end{pmatrix} = \begin{pmatrix} 0 & e^{-\underline{\gamma}L} \\ e^{-\underline{\gamma}L} & 0 \end{pmatrix} \begin{pmatrix} \underline{a}_1 \\ \underline{a}_2 \end{pmatrix},$$

wobei der Ausbreitungskoeffizient $\underline{\gamma}$ von der Leitergeometrie und dem Material abhängt.

4.4.2.2.2 Der Wellenwiderstandssprung

Bei der Zusammenschaltung von Leitungen mit unterschiedlichem Wellenwiderstand und einer Beschreibung der Leitung gemäß Gl.(4.38) durch Wellenparameter ist zu berücksichtigen, daß derartige Stoßstellen Reflexionen verursachen. Dieses Verhalten führt dazu, daß der Wellenwiderstandssprung als eigenständiges Zweitor anzusehen ist, obwohl dieses Bauelement keine räumliche Ausdehnung besitzt. Bei den nachstehenden Betrachtungen, die dieses Verhalten verdeutlichen werden, stellt das Netzwerk in Bild 4.12 a) eine direkte Verbindung der beiden Leitungen gemäß Bild 4.13 dar.

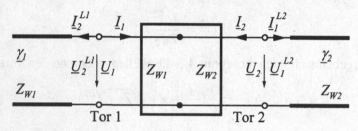

Bild 4.13: *Beschreibung des Wellenwiderstandssprungs mit Hilfe von Strömen und Spannungen*

Die Schaltungsbedingungen in diesem Fall lauten somit

$$\underline{I}_1 = -\underline{I}_2^{L1} = -\underline{I}_2 = \underline{I}_1^{L2} \tag{4.160}$$

und

$$\underline{U}_1 = \underline{U}_2^{L1} = \underline{U}_2 = \underline{U}_1^{L2}, \tag{4.161}$$

so daß sich die Elemente der Streumatrix $\underline{S}_{11}$ und $\underline{S}_{21}$ für $\underline{a}_2 = 0$, d.h. Verwendung von Gl.(4.155), sowie unter der Berücksichtigung von Gl.(4.160) und Gl.(4.161), aus

$$\underline{S}_{11} = \frac{\underline{b}_1}{\underline{a}_1}\bigg|_{\underline{I}_1^{L2} = -\underline{I}_2^{L1}} = \frac{\underline{U}_1^{L2}}{Z_{W2}} = \frac{\underline{U}_2^{L1}}{Z_{W2}} \tag{4.162}$$

und

$$\underline{S}_{21} = \frac{\underline{b}_2}{\underline{a}_1}\bigg|_{\underline{I}_1^{L2} = -\underline{I}_2^{L1}} = \frac{\underline{U}_1^{L2}}{Z_{W2}} = \frac{\underline{U}_2^{L1}}{Z_{W2}} \tag{4.163}$$

berechnen lassen. Damit ergibt sich aus Gl.(4.162) für $\underline{S}_{11}$ aus

$$\underline{S}_{11} = \frac{\underline{b}_1}{\underline{a}_1} = \frac{\dfrac{\underline{U}_2^{L1}}{\sqrt{Z_{W1}}} + \sqrt{Z_{W1}}\,\underline{I}_2^{L1}}{\dfrac{\underline{U}_2^{L1}}{\sqrt{Z_{W1}}} - \sqrt{Z_{W1}}\,\underline{I}_2^{L1}} \tag{4.164}$$

bzw.

$$\underline{S}_{11} = \frac{\dfrac{U_2^{L1}}{\sqrt{Z_{W1}}} - \sqrt{Z_{W1}}\,\dfrac{U_2^{L1}}{Z_{W2}}}{\dfrac{U_2^{L1}}{\sqrt{Z_{W1}}} + \sqrt{Z_{W1}}\,\dfrac{U_2^{L1}}{Z_{W2}}} = \frac{\dfrac{1}{\sqrt{Z_{W1}}} - \sqrt{Z_{W1}}\,\dfrac{1}{Z_{W2}}}{\dfrac{1}{\sqrt{Z_{W1}}} + \sqrt{Z_{W1}}\,\dfrac{1}{Z_{W2}}}$$

der Ausdruck

$$\underline{S}_{11} = \frac{Z_{W2} - Z_{W1}}{Z_{W2} + Z_{W1}}. \tag{4.165}$$

Das Ergebnis nach Gl.(4.165) kann zur Kontrolle durch eine sehr einfache Überlegung ermittelt werden, denn eine mit ihrem Wellenwiderstand abgeschlossene Leitung 2 wirkt am Ende der Leitung 1 wie ein Abschlußwiderstand der Größe Z_{W2}. In diesem Fall stellt $\underline{S}_{11}$ einen Reflexionsfaktor dar, der auch nach Gl.(4.49) bestimmt werden kann.

Für $\underline{S}_{21}$ ergibt sich entsprechend aus Gl.(4.163)

$$\underline{S}_{21} = \frac{\underline{b}_2}{\underline{a}_1} = \frac{\dfrac{U_1^{L2}}{\sqrt{Z_{W2}}} + \sqrt{Z_{W2}}\, \underline{I}_1^{L2}}{\dfrac{U_2^{L1}}{\sqrt{Z_{W1}}} - \sqrt{Z_{W1}}\, \underline{I}_2^{L1}} \tag{4.166}$$

bzw.

$$\underline{S}_{21} = \frac{\dfrac{U_2^{L1}}{\sqrt{Z_{W2}}} + \sqrt{Z_{W2}}\,\dfrac{U_2^{L1}}{Z_{W2}}}{\dfrac{U_2^{L1}}{\sqrt{Z_{W1}}} + \sqrt{Z_{W1}}\,\dfrac{U_2^{L1}}{Z_{W2}}} = \frac{\dfrac{1}{\sqrt{Z_{W2}}} + \sqrt{Z_{W2}}\,\dfrac{1}{Z_{W2}}}{\dfrac{1}{\sqrt{Z_{W1}}} + \sqrt{Z_{W1}}\,\dfrac{1}{Z_{W2}}}$$

die Beziehung

$$\underline{S}_{21} = \frac{2\sqrt{Z_{W2}\,Z_{W1}}}{Z_{W2} + Z_{W1}}. \tag{4.167}$$

Aus Symmetriegründen lassen sich die verbleibenden Parameter $\underline{S}_{12}$ und $\underline{S}_{22}$ durch Austauschen der Indizes 1 und 2 in den Ergebnissen nach Gl.(4.165) und Gl.(4.167) zu

$$\underline{S}_{22} = \frac{Z_{W1} - Z_{W2}}{Z_{W2} + Z_{W1}} \tag{4.168}$$

und

$$\underline{S}_{12} = \frac{2\sqrt{Z_{W2}\,Z_{W1}}}{Z_{W2} + Z_{W1}} \tag{4.169}$$

bestimmen. Das bedeutet, daß $\underline{S}_{22} = -\underline{S}_{11}$ und $\underline{S}_{12} = \underline{S}_{21}$ ist.

4.4.2.2.3 Queradmittanz, Längsimpedanz

Schaltungsbeispiele mit einfachen Netzwerken, wie z.B. eine Querimpedanz oder eine Längsimpedanz, zeigt Bild 4.14 bzw. Bild 4.15.

a) Queradmittanz

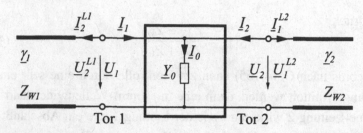

Bild 4.14: *Queradmittanz als Netzwerk zwischen zwei Leitungen*

Zur Ableitung der Streumatrix der Querimpedanz $\underline{Z}_0$ erfolgt erneut die Betrachtung der Ströme und Spannungen am Netzwerk in Bild 4.14. Hier gilt

$$\underline{U}_1 = \underline{U}_2^{L1} = \underline{U}_2 = \underline{U}_1^{L2} \tag{4.170}$$

und

$$\underline{I}_2^{L1} = -\underline{I}_1 = -\underline{I}_0 - \underline{I}_1^{L2}, \tag{4.171}$$

woraus sich bei der Berechnung der Elemente $\underline{S}_{11}$ und $\underline{S}_{21}$ der Streumatrix, d.h. eine Untersuchung für $\underline{a}_2 = 0$ (Abschluß der Leitung 2 mit Z_{W2}), für die Ströme $\underline{I}_2^{L1}$ und $\underline{I}_1^{L2}$

$$\underline{I}_1^{L2} = \frac{\underline{U}_2^{L1}}{Z_{W2}} \tag{4.172}$$

und

$$\underline{I}_2^{L1} = -\frac{\underline{U}_2^{L1}}{Z_{W2}} - \frac{\underline{U}_2^{L1}}{\underline{Z}_0} = -\underline{U}_2^{L1} \frac{\underline{Z}_0 + Z_{W2}}{\underline{Z}_0 Z_{W2}}, \tag{4.173}$$

bzw. mit der Abkürzung

$$\underline{Z}_2 = \frac{\underline{Z}_0 Z_{W2}}{\underline{Z}_0 + Z_{W2}}, \tag{4.174}$$

die Beziehung

$$\underline{I}_2^{L1} = -\frac{\underline{U}_2^{L1}}{\underline{Z}_2} \tag{4.175}$$

ergibt.

Einsetzen der Ergebnisse nach Gl.(4.172) und Gl.(4.175) in Gl.(4.164) liefert für $\underline{S}_{11}$

$$\underline{S}_{11} = \frac{\underline{b}_1}{\underline{a}_1} = \frac{\dfrac{U_2^{L1}}{\sqrt{Z_{W1}}} + \sqrt{Z_{W1}}\,I_2^{L1}}{\dfrac{U_2^{L1}}{\sqrt{Z_{W1}}} - \sqrt{Z_{W1}}\,I_2^{L1}} = \frac{\dfrac{1}{\sqrt{Z_{W1}}} - \dfrac{\sqrt{Z_{W1}}}{Z_2}}{\dfrac{1}{\sqrt{Z_{W1}}} + \dfrac{\sqrt{Z_{W1}}}{Z_2}} = \frac{Z_2 - Z_{W1}}{Z_2 + Z_{W1}}$$

bzw.

$$\underline{S}_{11} = \frac{\underline{Z}_0(Z_{W2} - Z_{W1}) - Z_{W1} Z_{W2}}{\underline{Z}_0(Z_{W2} + Z_{W1}) + Z_{W1} Z_{W2}}. \tag{4.176}$$

Einsetzen der Ergebnisse nach Gl.(4.172) und Gl.(4.175) in Gl.(4.165) liefert für $\underline{S}_{21}$

$$\underline{S}_{21} = \frac{\underline{b}_2}{\underline{a}_1} = \frac{\dfrac{U_1^{L2}}{\sqrt{Z_{W2}}} + \sqrt{Z_{W2}}\,I_1^{L2}}{\dfrac{U_2^{L1}}{\sqrt{Z_{W1}}} - \sqrt{Z_{W1}}\,I_2^{L1}} = \frac{\dfrac{1}{\sqrt{Z_{W2}}} + \dfrac{\sqrt{Z_{W2}}}{Z_{W2}}}{\dfrac{1}{\sqrt{Z_{W1}}} + \dfrac{\sqrt{Z_{W1}}}{Z_2}} = \frac{2\dfrac{\sqrt{Z_{W1}}\,Z_2}{\sqrt{Z_{W2}}}}{Z_2 + Z_{W1}}$$

bzw.

$$\underline{S}_{21} = \frac{2 \underline{Z}_0 \sqrt{Z_{W1}\,Z_{W2}}}{\underline{Z}_0\,(Z_{W2} + Z_{W1}) + Z_{W1}\,Z_{W2}}. \tag{4.177}$$

Auch hier lassen sich aus Symmetriegründen die verbleibenden Streuparameter durch Vertauschen der Indizes 1 und 2 ermitteln. Daraus folgt

$$\underline{S}_{12} = \frac{2 \underline{Z}_0 \sqrt{Z_{W1}\,Z_{W2}}}{\underline{Z}_0\,(Z_{W2} + Z_{W1}) + Z_{W1}\,Z_{W2}} \tag{4.178}$$

und

$$\underline{S}_{22} = \frac{\underline{Z}_0\,(Z_{W1} - Z_{W2}) - Z_{W1}\,Z_{W2}}{\underline{Z}_0\,(Z_{W2} + Z_{W1}) + Z_{W1}\,Z_{W2}}. \tag{4.179}$$

b) Längsimpedanz

Die Bestimmung der Streumatrix einer Längsimpedanz $\underline{Z}_0$ erfolgt unter der Berücksichtigung der Ströme und Spannungen am Netzwerk in Bild 4.15, wobei sich entsprechend der bisherigen Vorgehensweise die Elemente $\underline{S}_{11}$ und $\underline{S}_{21}$ der Streumatrix aus einem Abschluß der Leitung 2 mit Z_{W2}, d.h. $\underline{a}_2 = 0$, bestimmen lassen. In diesem Fall gilt

$$\underline{I}_2^{L1} = -\underline{I}_1 = \underline{I}_2 = -\underline{I}_1^{L2} \tag{4.180}$$

und nach Anwendung der Spannungsteilerregel

$$\underline{U}_2 = \underline{U}_1^{L2} = \underline{U}_1 \frac{Z_{W2}}{\underline{Z}_0 + Z_{W2}} = \underline{U}_2^{L1} \frac{Z_{W2}}{\underline{Z}_0 + Z_{W2}}. \qquad (4.181)$$

Damit können die Ströme $\underline{I}_2^{L1}$ und $\underline{I}_1^{L2}$ durch

$$\underline{I}_2^{L1} = -\frac{\underline{U}_2^{L1}}{\underline{Z}_0 + Z_{W2}} \qquad (4.182)$$

und

$$\underline{I}_1^{L2} = \frac{\underline{U}_2^{L1}}{\underline{Z}_0 + Z_{W2}} \qquad (4.183)$$

angeben werden.

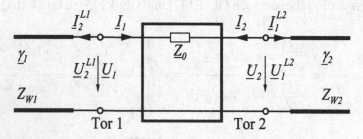

Bild 4.15: *Längsimpedanz als Netzwerk zwischen zwei Leitungen*

Einsetzen der Ergebnisse nach Gl.(4.181) bis Gl.(4.183) in Gl.(4.164) liefert für $\underline{S}_{11}$

$$\underline{S}_{11} = \frac{\underline{b}_1}{\underline{a}_1} = \frac{\dfrac{\underline{U}_2^{L1}}{\sqrt{Z_{W1}}} + \sqrt{Z_{W1}}\,\underline{I}_2^{L1}}{\dfrac{\underline{U}_2^{L1}}{\sqrt{Z_{W1}}} - \sqrt{Z_{W1}}\,\underline{I}_2^{L1}} = \frac{\dfrac{1}{\sqrt{Z_{W1}}} - \dfrac{\sqrt{Z_{W1}}}{\underline{Z}_0 + Z_{W2}}}{\dfrac{1}{\sqrt{Z_{W1}}} + \dfrac{\sqrt{Z_{W1}}}{\underline{Z}_0 + Z_{W2}}}$$

bzw.

$$\underline{S}_{11} = \frac{\underline{Z}_0 + Z_{W2} - Z_{W1}}{\underline{Z}_0 + Z_{W2} + Z_{W1}}. \qquad (4.184)$$

Einsetzen der Ergebnisse nach Gl.(4.181) und Gl.(4.183) in Gl.(4.165) liefert für $\underline{S}_{21}$

$$\underline{S}_{21} = \frac{\underline{b}_2}{\underline{a}_1} = \frac{\dfrac{\underline{U}_1^{L2}}{\sqrt{Z_{W2}}} + \sqrt{Z_{W2}}\,\underline{I}_1^{L2}}{\dfrac{\underline{U}_2^{L1}}{\sqrt{Z_{W1}}} - \sqrt{Z_{W1}}\,\underline{I}_2^{L1}} = \frac{\dfrac{Z_{W2}}{\sqrt{Z_{W2}}\,(\underline{Z}_0 + Z_{W2})} + \dfrac{\sqrt{Z_{W2}}}{\underline{Z}_0 + Z_{W2}}}{\dfrac{1}{\sqrt{Z_{W1}}} + \dfrac{\sqrt{Z_{W1}}}{\underline{Z}_0 + \underline{Z}_{W2}}}$$

bzw.

$$\underline{S}_{21} = \frac{2\sqrt{Z_{W1}\,Z_{W2}}}{\underline{Z}_0 + Z_{W2} + Z_{W1}}. \qquad (4.185)$$

Vertauschen der Indizes 1 und 2 liefert aus Symmetriegründen die verbleibenden Streuparameter zu

$$\underline{S}_{12} = \frac{2\sqrt{\underline{Z}_{W1}\,\underline{Z}_{W2}}}{\underline{Z}_0 + \underline{Z}_{W2} + \underline{Z}_{W1}} \tag{4.186}$$

und

$$\underline{S}_{22} = \frac{\underline{Z}_0 + \underline{Z}_{W1} - \underline{Z}_{W2}}{\underline{Z}_0 + \underline{Z}_{W2} + \underline{Z}_{W1}}. \tag{4.187}$$

4.4.2.2.4 Phasenschieber

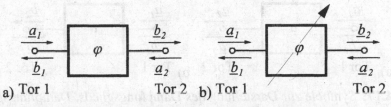

Bild 4.16: *Symbole zur Darstellung eines Phasenschiebers, Phasenschieber mit konstantem Wert a) und einstellbarer Phasenschieber b)*

Phasenschieber sind Zweitore, die eine vorgegebene Phasenverschiebung φ zwischen dem Signal am Eingang und dem Signal am Ausgang erzeugen. Ist die Bauform des Phasenschiebers fest und läßt sich der Koeffizient φ nicht verändern, so liegt ein Phasenschieber mit konstanter Phasenverschiebung vor, der durch das Symbol in Bild 4.16 a) dargestellt wird. Kann dagegen der Koeffizient φ verändert werden, z.B. durch die Änderung der Länge einer Leitung, so ergibt sich ein Phasenschieber mit einstellbarer Phasenverschiebung, der durch das in Bild 4.16 b) gezeigte Symbol beschrieben wird. Die Streumatrix eines idealen Phasenschiebers kann durch

$$\underline{\overset{\leftrightarrow}{S}} = \begin{pmatrix} 0 & e^{-j\varphi} \\ e^{-j\varphi} & 0 \end{pmatrix} \tag{4.188}$$

angegeben werden, wobei φ im Idealfall frequenzunabhängig ist. In der Realität dagegen ändert sich die Phasenverschiebung mehr oder weniger mit der Frequenz und an den Toren des Phasenschiebers treten Reflexionen auf. Einsatzgebiete von Phasenschiebern liegen z.B. in der Antennentechnik und in der Meßtechnik. Hier werden sie in phasengesteuerten Gruppenantennen eingesetzt, die eine elektronische Steuerung der Richtcharakteristik, d.h. der

Hauptstrahlrichtung, ermöglichen. In der Meßtechnik, dienen sie zur Kompensation von systembedingten Laufzeitunterschieden. In älteren Netzwerkanalysatoren sind derartige Phasenschieber vorzufinden. Sie wurden in koaxialer Leitungstechnik gefertigt, so daß sowohl der Innenleiter als auch die Abschirmung in der Länge veränderlich sind. Die Bauform ähnelt stark dem Prinzip einer Posaune.

4.4.2.2.5 Dämpfungsglieder

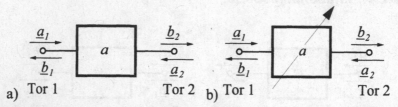

Bild 4.17: *Symbole zur Darstellung des Dämpfungsglieds, Dämpfungsglied mit konstantem Wert a) und einstellbares Dämpfungsglied b)*

Dämpfungsglieder, deren Symbole in Bild 4.17 angegeben sind, erzeugen eine vorgegebene Dämpfung a des Eingangssignals. Die Dämpfung wird in der Regel in dB angegeben. Auch Dämpfungsglieder werden sowohl mit festem Dämfungswert als auch mit veränderlichem Wert gefertigt. Die Streumatrix eines idealen Dämpfungsglieds kann durch

$$\overset{\leftrightarrow}{\underline{S}} = \begin{pmatrix} 0 & 10^{-\frac{a}{20\,dB}} \\ 10^{-\frac{a}{20\,dB}} & 0 \end{pmatrix} \qquad (4.189)$$

angegeben werden. In der Realität treten auch an Dämpfungsgliedern Reflexionen an den Toren auf, und die Dämpfung ändert sich mehr oder weniger mit der Frequenz.

Ein wesentliches Einsatzgebiet von Dämpfungsgliedern ist z.B. die Meßtechnik. Dort dienen sie zur Reduzierung von zu starken Signalen, die die nachfolgenden Stufen beschädigen oder übersteuern können.

4.4.2.2.6 Filter

Filter dienen zur gezielten Steuerung der Frequenzabhängigkeit des Amplituden- oder Phasengangs einer Schaltungskomponente. In den meisten Fällen handelt es sich dabei um eine Reduzierung unerwünschter Frequenzanteile, so daß das Filter einen Durchlaßbereich und einen Sperrbereich besitzt. Kenngrößen dieser Filter sind die Bandbreite, die maximale Dämpfung im Durchlaßbereich (Einfügungsdämpfung), die minimale Dämpfung im Sperrbereich (Sperrdämpfung), die Flankensteilheit sowie die Welligkeit im Durchlaßbereich. In vielen Bereichen werden Filter mit diskreten Bauelementen (Spulen und Kondensatoren) aufgebaut. Zur Darstellung einer Filterstufe wird häufig das in Bild 4.18 gezeigte Schaltungssymbol verwendet.

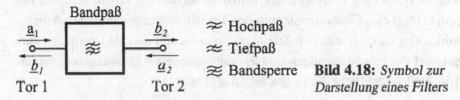

Bild 4.18: *Symbol zur Darstellung eines Filters*

In der Mikrowellentechnik dagegen dienen gemäß Abschnitt 3.5 kurze Leitungsstücke und Leitungsresonatoren als Grundelemente des Filterentwurfs. Je nach Aufgabenstellung ergibt sich ein Bandpaß, eine Bandsperre, ein Tiefpaß oder ein Hochpaß. Es ist besonders zu erwähnen, daß Filter bestehend aus Leitungsstrukturen wesentlich schmalbandiger sind als Filterschaltungen, die aus konzentrierten Bauelementen bestehen. Der Grund liegt darin, daß in vielen Fällen beim Entwurf des Filters von der Ersatzdarstellung des Leitungsresonators, d.h. einem Ersatzschwingkreis, ausgegangen wird. Dieser Schwingkreis beschreibt jedoch nur in der Umgebung der Resonanzfrequenz das Verhalten genau, so daß dadurch ein breitbandiger Entwurf scheitert. Filter hoher Güte, d.h. geringe Durchlaßdämpfung, lassen sich hervorragend in Hohlleitertechnik realisieren. Diese sind jedoch äußerst kompliziert herzustellen, haben große Abmessungen, ein hohes Gewicht und sind demzufolge recht teuer. Wesentlich preisgünstiger ist die Realisierung von Filterschaltungen in Streifenleitungstechnik. Ein Beispiel für eine derartige Schaltung wurde schon in Bild 3.22 vorgestellt.

4.4.2.2.7 Anpassungsnetzwerke

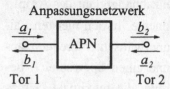

Anpassungsnetzwerk

Bild 4.19: *Symbol zur Darstellung eines Anpassungsnetzwerkes*

Anpassungsnetzwerke, die sich durch das in Bild 4.19 gezeigte Symbol darstellen lassen, werden benötigt, um bestimmte Bauelemente oder Baugruppen an die Impedanz der Quelle, der Last oder an ein anderes vorgegebenes Impedanzniveau anzupassen. Dieses Impedanzniveau beträgt in der Mikrowellentechnik in den meisten Fällen 50Ω. Der Einsatz von Anpassungsnetzwerken sei am Beispiel eines Transistorverstärkers verdeutlicht. Zu Beginn erfolgt eine Charakterisierung des Transistors im gewünschten Arbeitspunkt. Die dabei ermittelten Streuparameter dienen nun als Grundlage zum Entwurf des eingangsseitigen und ausgangsseitigen Anpassungsnetzwerkes. Bild 4.20 verdeutlicht die zu lösende Aufgabe.

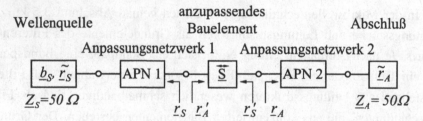

Bild 4.20: *Aufgabe von Anpassungsnetzwerken in einer Schaltung*

Das Bild zeigt eine Wellenquelle ($\underline{Z}_S = 50\Omega$, $\tilde{\underline{r}}_S$) und einen Abschluß ($\underline{Z}_A = 50\Omega$, $\tilde{\underline{r}}_A$). In der Mitte befindet sich das anzupassende Bauelement, z.B. der Transistor, dessen Eigenschaften entweder aus Herstellerangaben oder aus Messungen bekannt sind. Auf der Eingangsseite dieses Bauelementes wirkt der über das Anpassungsnetzwerk 1 transformierte Reflexionsfaktor der Quelle $\underline{r}_S$ und auf der Ausgangsseite der über das Anpassungsnetzwerk 2 transformierte Reflexionsfaktor des Abschlusses $\underline{r}_A$. Die Dimensionierung der Anpassungsnetzwerke hat nun derart zu erfolgen, daß die Schaltung geforderten Eigenschaften erfüllt. Diese könnten z.B. ein reflexionsfreier Abschluß von Quelle und Abschluß oder eine Rauschanpassung am Eingang mit Leistungsanpassung am Ausgang sein. Zur Durchführung dieser Berechnungen können die in Abschnitt 5.4 abgeleiteten Grundlagen herangezogen werden.

4.4.2.2.8 Übergänge, Wellentypwandler

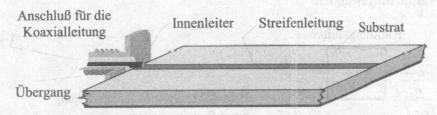

Bild 4.21: *Darstellung eines Übergangs von einer Koaxialleitung auf eine Mikrostreifenleitung*

Ein häufig auftretendes Problem in der Mikrowellenschaltungstechnik ergibt sich dadurch, daß verschiedene Komponenten getrennt –unter der Berücksichtigung der gestellten Anforderungen– entwickelt werden. Hierbei besteht die Möglichkeit, daß unterschiedliche Leitungsformen, wie z.B. die Mikrostreifenleitungstechnik, die Hohlleitertechnik und die Koaxialleitertechnik, Verwendung finden. In diesem Fall ist oft eine direkte Verbindung der Komponenten nur recht schwer möglich, da die elektromagnetischen Felder und somit auch die Wellenwiderstände der unterschiedlichen Leitungsarten deutlich voneinander abweichen. Aus diesem Grunde wurden in der Vergangenheit Übergänge entwickelt, die diese Verbindung mit geringen Reflexionen und Dämpfungsverlusten ermöglichen. Gute Übergänge zwischen

* Koaxialleitungen und Hohlleitern sowie

* Koaxialleitungen und Mikrostreifenleitungen

sind kommerziell verfügbar, dabei stellt der in Bild 4.21 gezeigte Übergang von einer Koaxialleitung auf eine Mikrostreifenleitung die am häufigsten verwendete Übergangsbauform dar. Die Abmessungen dieses Übergangs richten sich nach dem jeweiligen Frequenzbereich, in dem der Übergang verwendet wird. Dabei ist zu beachten, daß in der Koaxialleitung nur der TEM-Wellentyp ausbreitungsfähig ist. Dieses führt dazu, daß sich mit zunehmender Frequenz die Leiterdurchmesser verringern.

4.4.2.2.9 Richtungsleiter

Richtungsleiter sind nichtreziproke Bauelemente, die die Eigenschaft besitzen, die Welle nur in eine Richtung durchzulassen. Dabei wird die Energie, die auf den Richtungsleiter in Sperrichtung zuläuft im Richtungsleiter in Wärme umgewandelt.

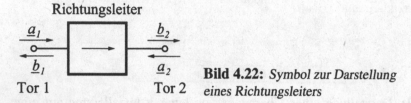

Bild 4.22: *Symbol zur Darstellung eines Richtungsleiters*

Das Symbol für den Richtungsleiter ist in Bild 4.22 angegeben. In speziellen Fällen werden Richtungsleiter als Ersatz von Anpassungsnetzwerken verwendet. Befindet sich nämlich ein Richtungsleiter zwischen zwei Komponenten und breitet sich die Welle von der Komponente 1 durch den Richtungsleiter in Richtung Komponente 2 aus, dann wird ein Teil dieser Welle reflektiert und läuft zurück in Richtung Komponente 1. Dieser Anteil gelangt jedoch nicht durch den Richtungsleiter zurück an Komponente 1, so daß diese reflexionsfrei angepaßt ist. Der Vorteil des Richtungsleiters gegenüber einem Anpassungsnetzwerk liegt darin, daß dieser unabhängig vom Abschluß Reflexionsfreiheit am Eingang liefert. Dieses ist wichtig, wenn sich durch unterschiedliche Betriebsfälle die Eigenschaft der Last ändert. Nachteilig ist die komplexe Bauform, die eine einfache Integration in eine Schaltung verhindert. Die Streumatrix des idealen Richtungsleiters lautet

$$\overset{\leftrightarrow}{\underline{S}} = \begin{pmatrix} 0 & 0 \\ 1 & 0 \end{pmatrix}. \tag{4.190}$$

4.4.2.2.10 Dioden

Ein weiteres wichtiges Bauelement stellt die Halbleiterdiode dar. In Bild 4.23 a) ist das Schaltungssymbol in b) das Kleinsignalersatzschaltbild in Durchlaßrichtung und in c) das Kleinsignalersatzschaltbild in Sperrichtung angegeben. In Durchlaßrichtung bestimmt die Einbauform und die endliche Leitfähigkeit der Diode das Verhalten. Dieses schlägt sich im Ersatzschaltbild durch die Anschlußinduktivität L und in dem Widerstand R nieder. In Sperrichtung wirkt die Diode dagegen wie ein verlustbehafteter Kondensator. Die Anschlußinduktivität ist dabei zunächst vernachlässigbar.

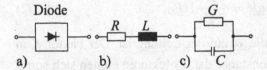

Bild 4.23: *Symbol zur Darstellung einer Diode a), Kleinsignalersatzschaltbild in Durchlaßrichtung b) und in Sperrichtung c)*

Typische Einsatzbereiche von Dioden liegen in Mischerschaltungen, in Detektoren und in Phasenschiebern. In den beiden erstgenannten Bereichen handelt es sich um nichtlineare Schaltungen, so daß das Kleinsignalersatzschaltbild nicht zur Beschreibung des Diodenverhaltens ausreicht. Bei Phasenschiebern dagegen dienen die Dioden als Schalter, um z.B. eine Umwegleitung definierter Länge, in den Signalweg zu schalten. Die Analyse der Gesamtschaltung kann in diesem Fall für die beiden möglichen Betriebsfälle (Durchlaßrichtung, Sperrichtung) mit den in Bild 4.23 b) und c) angegebenen Ersatzschaltbildern erfolgen, wobei die Werte der Ersatzschaltbildelemente bekannt sein müssen. Diese werden entweder vom Hersteller angegeben oder sind meßtechnisch zu ermitteln.

4.4.2.2.11 Detektoren

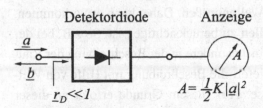

$$A = \frac{1}{2}K|\underline{a}|^2$$

Bild 4.24: *Detektordiode mit Anzeige*

An dieser Stelle soll der in Tabelle 1.3 genannte Detektor genauer vorgestellt werden. Dabei handelt es sich um eine Bauelement, das an der Eingangsseite einen möglichst guten Leitungsabschluß mit einem nahezu vernachlässigbaren Reflexionsfaktor $\underline{r}_D$,

$$\underline{r}_D \ll 1, \tag{4.191}$$

darstellt. Wird die Diode im quadratischen Teil ihrer Kennlinie betrieben, so fließt durch die Diode ein Strom der proportional zum Quadrat der anliegenden Spannung $\underline{U}_D$ ist. Sie liefert dadurch am Ausgang eine Gleichspannung, die ein Maß für die Leistung der Welle, die auf den Detektor zuläuft, darstellt. Damit ist die Anzeige A eine Größe, die gemäß

$$A = \frac{1}{2}K|\underline{a}|^2 = \frac{K}{2\,Z_W}|\underline{U}_D|^2 \qquad (4.192)$$

proportional zur Leistung der Welle $\underline{a}$ auf der Leitung ist. Der Faktor K in Gl.(4.192) stellt eine Meßgerätekonstante dar. Detektoren eignen sich somit zur Leistungsmessung. Als Diodentyp wird bei den hohen Frequenzen eine „Low Barrier Schottky-Diode" eingesetzt, mit deren Hilfe Leistungen in der Größenordnung von $0,1\,nW$ bis $10\,\mu W$ gemessen werden können.

Weitere Detektortypen, die keine Diode sondern Thermistoren verwenden, wandeln die Energie der ankommenden Welle zunächst in Wärme und anschließend in eine Spannung um. Die Empfindlichkeit dieser Detektoren liegt im Bereich von $1\,\mu W$ bis $10\,mW$, d.h. sie sind unempfindlicher als die Diodendetektoren. Dafür sind sie wegen der Ausnutzung der Energieumwandlung in Wärme jedoch in der Lage, die Messung der Leistung von stochastischen Signalen, also auch von Rauschgrößen, zu ermöglichen.

4.4.2.2.12 *Die Wellenquelle als Zweitor*

In vielen Bereichen der Höchstfrequenztechnik erfolgt die Beschreibung der Wellenausbreitung mit Hilfe von Wellengrößen. Dabei kann es vorkommen, daß ein Zweitor mit internen Quellen zu berücksichtigen ist. So z.B. bei der Behandlung aktiver Schaltungen. Insbesondere in der Beschreibung der Rauscheigenschaften von Zweitoren liefert die Beschreibung mit Hilfe von Wellengrößen anschauliche Ergebnisse. Aus diesem Grunde erfolgt an dieser Stelle die Beschreibung eines quellenbehafteten Wellenvierpols. Dazu sei einleitend an die Darstellung einer realen Spannungsquelle oder einer realen Stromquelle durch eine Wellenquelle, bestehend aus der Wellenquelle $\underline{b}_S$ und dem Quellenreflexionsfaktor $\underline{r}_S$ gemäß Abschnitt 4.2.2 erinnert. Bei der Behandlung quellenbehafteter Zweitore hat es sich als zweckmäßig erwiesen, das Zweitor als Kettenschaltung eines Quellenzweitors und einem passiven Zweitor zu betrachten. So soll die Beschreibung des idealen Quellenzweitors gemäß Bild 4.25 a) durch das Ersatz-Wellenquellenzweitor nach Bild 4.25 b) erfolgen. Es wird später an einem Beispiel verdeutlicht, daß sich daraus auch das quellenbehaftete Eintor gemäß Abschnitt 4.2.2 ableiten läßt.

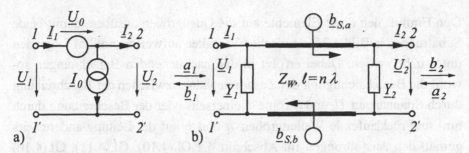

Bild 4.25: *Quellen-Zweitor a) und äquivalente Darstellung durch eine Ersatzwellenquelle b)*

Bei der Ersatzanordnung nach Bild 4.25 b) handelt es sich um eine Leitung, bei der z.B. unter Verwendung von idealen Richtkopplern Quellgrößen (in diesem Fall Wellengrößen) eingespeist werden. Der Ort der Einspeisung spielt bei der Betrachtung keine Rolle, da dieser lediglich eine zusätzliche Phasenänderung zur Folge hat, die durch eine geeignete Wahl der Phase der Quellgrößen $\underline{b}_{S,a}$ und $\underline{b}_{S,b}$ kompensiert werden kann.

Vorüberlegungen:

Frage: Wie müssen sich die Wellenquellen $\underline{b}_{S,a}$ und $\underline{b}_{S,b}$ in Bild 4.25 b) verhalten, damit die Netzwerke in den Bildern 4.25 a) und b) identisches Verhalten aufweisen?

Anforderungen: Bei Verschwinden der Quellgrößen darf keine Störung des Signals auftreten. Das heißt daß zum einen die Transmission unverändert bleiben muß und zum anderen keine zusätzlichen Reflexionen am Quellenzweitor auftreten dürfen.

Als hinreichende Bedingung, die die oben genannten Anforderungen erfüllt, ist die Wahl einer verlustlosen Leitung der Länge $\ell = n\lambda$ zu nennen. Der dabei zu wählende Wellenwiderstand Z_W der Leitung ist frei wählbar. Zudem läßt sich, wie bei der Wellenquelle nach Bild 4.25 b) gezeigt, die Leitung durch zusätzliche Admittanzen $\underline{Y}_1$ und $\underline{Y}_2$ an den Toren 1 und 2 erweitern, ohne dabei den Signalfluß von Tor 1 nach Tor 2 und umgekehrt zu beeinflussen, wenn dabei $\underline{Y}_1 = -\underline{Y}_2$ gilt. Da dieses die Realisierung von negativen Realteilen (aktive Elemente) erfordern würde, wird sich, auf die Verwendung von Reaktanzelementen der Größen jB und $-jB$ beschränkt.

Den Einfluß, den diese Elemente auf die Quellgrößen ausüben, damit beide Schaltungen in Bild 4.25 identisches Verhalten aufweisen, soll im folgenden untersucht werden. Dabei erfolgt in den nachstehenden Berechnungen sowohl die Berücksichtigung der Zusammenhänge zwischen der Beschreibung durch Spannungen $\underline{U}$ und Ströme $\underline{I}$ einerseits oder der Beschreibung durch hin- und rücklaufende Wellengrößen $\underline{a}$ und $\underline{b}$ auf der Leitung andererseits gemäß den Ausführungen im Abschnitt 4.1 Gl.(4.10), Gl.(4.11), Gl.(4.16) und Gl.(4.17)

$$\underline{U} = \sqrt{Z_W} \, (\underline{a} + \underline{b}) \tag{4.193}$$

und

$$\underline{I} = \frac{1}{\sqrt{Z_W}} \, (\underline{a} - \underline{b}) \tag{4.194}$$

bzw.

$$\underline{a} = \frac{1}{2} \, (\frac{\underline{U}}{\sqrt{Z_W}} + \sqrt{Z_W} \, \underline{I}) \tag{4.195}$$

und

$$\underline{b} = \frac{1}{2} \, (\frac{\underline{U}}{\sqrt{Z_W}} - \sqrt{Z_W} \, \underline{I}). \tag{4.196}$$

Zunächst erfolgt die Betrachtung der Quellenwelle $\underline{b}_{S,a}$ in Bild 4.25 b), die nach ihrer Einkopplung auf das Tor 2 zuläuft. Dort wird ein Teil der Welle $\underline{b}_{S,a}$ an $\underline{Y}_2$ am Tor 2 mit dem Reflexionsfaktor $\underline{r}_2$ reflektiert und läuft auf das Tor 1 zu. Ein anderer Teil wird am Tor 2 mit dem Transmissionskoeffizienten $\underline{t}_2$ transmittiert und verläßt das Quellenzweitor. Dazu addiert sich der von der zweiten Quelle stammende Anteil ($\underline{b}_{S,b}$), der zunächst auf Tor 1 zuläuft, dort teilweise reflektiert wird und so zum Tor 2 gelangt. Somit können mit den bekannten Regeln der Schaltungsanalyse (Abschnitt 5 (Seite 190)) die vom Zweitor in Bild 4.25 b) ablaufenden Wellen zu

$$\underline{b}_1 = \underline{a}_2 + \underline{b}_{S,b} \frac{\underline{t}_1}{1 - \underline{r}_1 \underline{r}_2} + \underline{b}_{S,a} \, \underline{r}_2 \, \frac{\underline{t}_1}{1 - \underline{r}_1 \underline{r}_2} \tag{4.197}$$

und

$$\underline{b}_2 = \underline{a}_1 + \underline{b}_{S,a} \frac{\underline{t}_2}{1 - \underline{r}_1 \underline{r}_2} + \underline{b}_{S,b} \, \underline{r}_1 \, \frac{\underline{t}_2}{1 - \underline{r}_1 \underline{r}_2}. \tag{4.198}$$

bestimmt werden. Die Größen $\underline{r}_1$, $\underline{t}_1$, $\underline{r}_2$ und $\underline{t}_2$ in den Gln.(4.197) und (4.198) stellen die durch die Queradmittanzen an den Toren 1 und 2 gebildeten Reflexions- und Transmissionsparameter dar. Sie ergeben sich aus der Betrachtung der Queradmittanz gemäß Abschnitt 4.4.2.2.3. Am Tor 1 gilt somit für $\underline{Y}_1 = jB$

$$\underline{r}_1 = \frac{-jBZ_W}{2 + jBZ_W} \tag{4.199}$$

und

$$\underline{t}_1 = \frac{2}{2 + jBZ_W}. \tag{4.200}$$

Entsprechend ergibt sich am Tor 2 für $\underline{Y}_1 = -jB$

$$\underline{r}_2 = \frac{jBZ_W}{2 - jBZ_W} \tag{4.201}$$

und

$$\underline{t}_2 = \frac{2}{2 - jBZ_W}, \tag{4.202}$$

so daß hiermit die vom Quellenzweitor ablaufenden Wellen $\underline{b}_1$ und $\underline{b}_2$ in den Gln.(4.197) und (4.198) durch

$$\underline{b}_1 = \underline{a}_2 + \underline{b}_{S,b} + j\frac{1}{2}BZ_W(\underline{b}_{S,a} - \underline{b}_{S,b}) \tag{4.203}$$

und

$$\underline{b}_2 = \underline{a}_1 + \underline{b}_{S,a} + j\frac{1}{2}BZ_W(\underline{b}_{S,a} - \underline{b}_{S,b}) \tag{4.204}$$

angegeben werden können. Die Ergebnisse in Gl.(4.203) und Gl.(4.204) werden nun zur Bestimmung der Quellgrößen $\underline{b}_{S,a}$ und $\underline{b}_{S,b}$ herangezogen, damit beide Quellenzweitore in Bild 4.25 identisches Verhalten aufweisen. Auswertung der Maschen- und Knotenregel für Spannungen und Ströme in den Schaltungen nach Bild 4.25 a) und b) ergeben

$$\underline{U}_1 = \underline{U}_0 + \underline{U}_2 \tag{4.205}$$

und

$$\underline{I}_1 = \underline{I}_0 + \underline{I}_2. \tag{4.206}$$

Verwendung von Gl.(4.193) und Gl.(4.194) am Tor 1,

$$\underline{U}_1 = \sqrt{Z_W}(\underline{a}_1 + \underline{b}_1) \tag{4.207}$$

und

$$\underline{I}_1 = \frac{1}{\sqrt{Z_W}}(\underline{a}_1 - \underline{b}_1), \tag{4.208}$$

bzw. am Tor 2,

$$\underline{U}_2 = \sqrt{Z_W}(\underline{a}_2 + \underline{b}_2) \tag{4.209}$$

und

$$\underline{I}_2 = \frac{1}{\sqrt{Z_W}}(\underline{b}_2 - \underline{a}_2), \tag{4.210}$$

sowie einsetzen von Gl.(4.207) und Gl.(4.209) in Gl.(4.205) liefert

$$\sqrt{Z_W}(\underline{a}_1 + \underline{b}_1) = \underline{U}_0 + \sqrt{Z_W}(\underline{a}_2 + \underline{b}_2). \tag{4.211}$$

Hieraus ergibt sich mit Gl.(4.203) und Gl.(4.204)

$$\sqrt{Z_W}(\underline{a}_1 + \underline{a}_2 + \underline{b}_{S,b} + j\frac{1}{2}BZ_W(\underline{b}_{S,a} - \underline{b}_{S,b})) \quad = \quad (4.212)$$

$$\underline{U}_0 + \sqrt{Z_W}(\underline{a}_2 + \underline{a}_1 + \underline{b}_{S,a} + j\frac{1}{2}BZ_W(\underline{b}_{S,a} - \underline{b}_{S,b}))$$

bzw.

$$\underline{b}_{S,a} - \underline{b}_{S,b} = -\frac{\underline{U}_0}{\sqrt{Z_W}}. \qquad (4.213)$$

Einsetzen von Gl.(4.207) und Gl.(4.209) in Gl.(4.206) führt zu

$$\frac{1}{\sqrt{Z_W}}(\underline{a}_1 - \underline{b}_1) = \underline{I}_0 + \underline{I}_2 = \frac{1}{\sqrt{Z_W}}(\underline{b}_2 - \underline{a}_2), \qquad (4.214)$$

woraus sich mit Gl.(4.203) und Gl.(4.204)

$$\frac{1}{\sqrt{Z_W}}(\underline{a}_1 - \underline{a}_2 - \underline{b}_{S,b} - j\frac{1}{2}BZ_W(\underline{b}_{S,a} - \underline{b}_{S,b})) \quad = \quad (4.215)$$

$$\underline{I}_0 + \frac{1}{\sqrt{Z_W}}(\underline{a}_1 + \underline{b}_{S,a} + j\frac{1}{2}BZ_W(\underline{b}_{S,a} - \underline{b}_{S,b}) - \underline{a}_2)$$

bzw. mit Gl.(4.213)

$$\underline{b}_{S,a} + \underline{b}_{S,b} = -\underline{I}_0\sqrt{Z_W} - jBZ_W(\underline{b}_{S,a} - \underline{b}_{S,b}), \qquad (4.216)$$

$$\underline{b}_{S,a} + \underline{b}_{S,b} = -\underline{I}_0\sqrt{Z_W} + jBZ_W\frac{\underline{U}_0}{\sqrt{Z_W}} \qquad (4.217)$$

oder

$$\underline{b}_{S,a} + \underline{b}_{S,b} = -\sqrt{Z_W}(\underline{I}_0 - jB\underline{U}_0) \qquad (4.218)$$

ergibt. Aus Gl.(4.213) und Gl.(4.218) lassen sich nun die Größen $\underline{b}_{S,a}$ und $\underline{b}_{S,b}$, die in Bild 4.25 zur Beschreibung des Quellencharakters verwendet wurden, direkt zu

$$\underline{b}_{S,a} = \frac{1}{2}(-\frac{\underline{U}_0}{\sqrt{Z_W}} - \sqrt{Z_W}(\underline{I}_0 - jB\underline{U}_0)) \qquad (4.219)$$

und

$$\underline{b}_{S,b} = \frac{1}{2}(\frac{\underline{U}_0}{\sqrt{Z_W}} - \sqrt{Z_W}(\underline{I}_0 - jB\underline{U}_0)) \qquad (4.220)$$

berechnen.

Beispiel: **Reale Spannungsquelle**

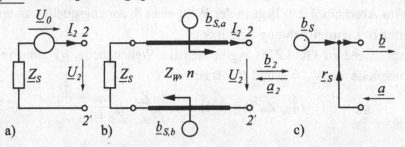

Bild 4.26: *Reale Spannungsquelle a) und äquivalente Wellenquellen b), c)*

Als Beispiel wird nun die zur realen Spannungsquelle nach Bild 4.26 a) äquivalente Wellenquelle gemäß Bild 4.26 b) bestimmt. Mit der Verwendung der Ergebnisse aus Gl.(4.219) und Gl.(4.220), sowie die Berücksichtigung von $\underline{I}_0 = 0$ und $B = 0$, sollen die in Bild 4.26 gezeigten Quellen identisches Verhalten am Tor 2 aufweisen. Ohne Einschränkung wird der Wellenwiderstand der Wellenquelle so gewählt, daß dieser identisch ist mit dem Wellenwiderstand Z_W einer an Tor 2 anzuschließenden Leitung. In diesem Fall ist die aus der Wellenquelle austretende Welle der Größe $\underline{b}_{S,a}$ identisch mit der Welle, die in die angeschlossene Leitung hinein läuft, und $\underline{a}_2$ ist identisch mit der aus der Leitung austretenden Welle. Das heißt am Tor 2 der Anordnung in Bild 4.26 b) treten keine Reflexionen auf. Somit gilt für die aus der Quelle austretende Welle $\underline{b}_2$

$$\underline{b}_2 = \underline{b}_{S,a} + \underline{b}_{S,b}\,\underline{r}_s + \underline{a}_2\,\underline{r}_s \qquad (4.221)$$

mit

$$\underline{r}_s = \frac{\underline{Z}_s - Z_W}{\underline{Z}_s + Z_W}. \qquad (4.222)$$

Mit $\underline{I}_0 = 0$ und $B = 0$ und den Ergebnissen aus Gl.(4.220) und Gl.(4.221) für $\underline{b}_{S,a}$ bzw. $\underline{b}_{S,b}$ ergibt sich hieraus

$$\underline{b}_2 = \underline{a}_2\,\underline{r}_s + \left(\frac{1}{2}\left(-\frac{U_0}{\sqrt{Z_W}}\right) + \underline{r}_s\left(\frac{1}{2}\left(\frac{U_0}{\sqrt{Z_W}}\right)\right)\right) \qquad (4.223)$$

bzw.

$$\underline{b}_2 = \underline{a}_2\,\underline{r}_s + \frac{1}{2}\frac{U_0}{\sqrt{Z_W}}\,(\underline{r}_s - 1). \qquad (4.224)$$

Ein Vergleich des Ergebnisses nach Gl.(4.224) mit der gebräuchlichen Bezeichnung der Kenngrößen in Bild 4.26 c) liefert

$$\underline{b}_S = \frac{1}{2}\frac{U_0}{\sqrt{Z_W}}\,(\underline{r}_s - 1) = \frac{-U_0}{\sqrt{Z_W}}\frac{Z_W}{\underline{Z}_s + Z_W}. \qquad (4.225)$$

Das abweichende Vorzeichen in Gl.(4.225), verglichen mit den Ausführungen im Abschnitt 4.2.2, liegt in der Wahl einer Spannungsquelle mit umgekehrter Bezugspfeilrichtung begründet.

Entsprechend zu Gl.(4.225) ergibt sich die Wellenquelle $\underline{b}_S$ einer realen Stromquelle mit $\underline{U}_0 = 0$ und $B = 0$ zu

$$\underline{b}_S = \frac{1}{2}\left(-\underline{I}_0\sqrt{Z_W}\right)\left(\underline{r}_s + 1\right) = \frac{-\underline{I}_0\underline{Z}_S}{\sqrt{Z_W}}\,\frac{Z_W}{\underline{Z}_S + Z_W}. \qquad (4.226)$$

4.4.2.3 3-Tore

4.4.2.3.1 Die Verzweigung

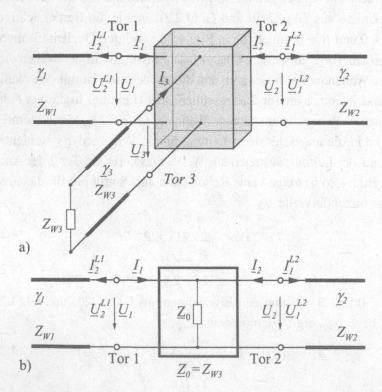

Bild 4.27: *Ideale Verzweigung mit Leitungen a), Reduzierung auf ein Zweitor durch Abschluß von Tor 3 mit dem Wellenwiderstand Z_{W3} b)*

Die Berechnung der Streumatrix einer idealen Verzweigung nach Bild 4.27 a) kann nach den Ausführungen im Abschnitt 4.4.2.2.3 sehr einfach durchgeführt werden, denn zur Bestimmung der Eigenschaften bezüglich der Tore 1 und 2 muß Tor 3 reflexionsfrei, d.h. mit Z_{W3}, abgeschlossen werden.

Dieses führt auf die in Bild 4.27 b) gezeigte Anordnung, so daß die Ergebnisse für die Querimpedanz aus Abschnitt 4.4.2.2.3 direkt übernommen werden können. Dabei ist lediglich $\underline{Z}_0$ durch Z_{W3} zu ersetzen. Zur Bestimmung der verbleibenden Streuparameter erfolgt ein Vertauschen der Indizes. Die Elemente der Streumatrix ergeben sich somit aus Gl.(4.176) bis Gl.(4.179) zu

$$\underline{S}_{11} = \frac{Z_{W2}Z_{W3} - Z_{W1}(Z_{W2} + Z_{W3})}{Z_{W1}Z_{W2} + Z_{W1}Z_{W3} + Z_{W2}Z_{W3}}, \tag{4.227}$$

$$\underline{S}_{22} = \frac{Z_{W1}Z_{W3} - Z_{W2}(Z_{W1} + Z_{W3})}{Z_{W1}Z_{W2} + Z_{W1}Z_{W3} + Z_{W2}Z_{W3}}, \tag{4.228}$$

$$\underline{S}_{33} = \frac{Z_{W1}Z_{W2} - Z_{W3}(Z_{W1} + Z_{W2})}{Z_{W1}Z_{W2} + Z_{W1}Z_{W3} + Z_{W2}Z_{W3}}, \tag{4.229}$$

$$\underline{S}_{12} = \underline{S}_{21} = \frac{2Z_{W3}\sqrt{Z_{W1}Z_{W2}}}{Z_{W1}Z_{W2} + Z_{W1}Z_{W3} + Z_{W2}Z_{W3}}, \tag{4.230}$$

$$\underline{S}_{13} = \underline{S}_{31} = \frac{2Z_{W2}\sqrt{Z_{W1}Z_{W3}}}{Z_{W1}Z_{W2} + Z_{W1}Z_{W3} + Z_{W2}Z_{W3}}, \tag{4.231}$$

und

$$\underline{S}_{23} = \underline{S}_{32} = \frac{2Z_{W1}\sqrt{Z_{W2}Z_{W3}}}{Z_{W1}Z_{W2} + Z_{W1}Z_{W3} + Z_{W2}Z_{W3}}. \tag{4.232}$$

Für den Fall, daß alle angeschlossenen Leitungen denselben Wellenwiderstand aufweisen, ist die Streumatrix durch

$$\overset{\leftrightarrow}{\underline{S}} = \begin{pmatrix} -\frac{1}{3} & \frac{2}{3} & \frac{2}{3} \\ \frac{2}{3} & -\frac{1}{3} & \frac{2}{3} \\ \frac{2}{3} & \frac{2}{3} & -\frac{1}{3} \end{pmatrix} \tag{4.233}$$

gegeben.

4.4.2.3.2   Die Meßleitung

Die Meßleitung nach Bild 4.28 ist ein modifizierter Wellenleiter, der eine Sonde enthält. Die Sonde ist derart angebracht, daß sie einen Teil der sich im Hohlleiter ausbreitenden Energie auskoppelt und einem Detektor zuführt. Dieser liefert dann, gemäß den Ausführungen im Abschnitt 4.4.2.2.11, eine Ausgangsspannung die proportional zum Quadrat der anliegenden Spannung und somit auch proportional zum Quadrat der Feldstärke im Wellenleiter ist. Wird die Ausgangsspannung einem Meßinstrument zugeführt, das einen Zeigerausschlag proportional zur Wurzel der Spannung liefert, so kann direkt der Betrag der Sondenspannung bzw. der Betrag der Sondenfeldstärke angezeigt werden. Dadurch, daß nun der Sondenhalter beweglich auf den Hohlleiter montiert ist, läßt sich die Sonde in einem Schlitz, der sich in der Mitte der breiteren Seite des Hohlleiters befindet, in Richtung der Wellenausbreitung verschieben, so daß mit Hilfe der Sonde die örtliche Verteilung der Feldstärke (oder Spannung) ermittelt werden kann. Durch die Aufnahme des Spannungsverlaufes läßt sich, wie im Abschnitt 5.3.1 gezeigt wird, der Reflexionsfaktor eines unbekannten Meßobjektes bestimmen.

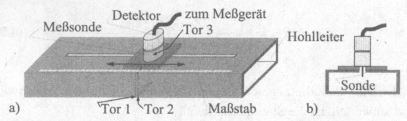

Bild 4.28: *Prinzipieller Aufbau einer Meßleitung a), Querschnittsgeometrie im Bereich der Sonde b)*

In einer realen Meßleitung treten stets Störungen des ursprünglichen Feldes durch die Sonde auf. Die Aufgabe bei der Herstellung von Sonden liegt nun darin, diese Störung so gering wie möglich zu halten. Unter der Berücksichtigung eines symmetrischen Aufbaus der Sonde läßt sich die Streumatrix des Auskoppelbereichs durch

$$\underline{\overleftrightarrow{S}}_M = \begin{pmatrix} \underline{r}_1 & \underline{t} & \underline{k} \\ \underline{t} & \underline{r}_1 & \underline{k} \\ \underline{k} & \underline{k} & \underline{r}_3 \end{pmatrix} \tag{4.234}$$

angeben, wobei $\underline{r}_1$ und $\underline{r}_3$ die Eigenreflexionsfaktoren, $\underline{k}$ den Koppelfaktor und $\underline{t}$ den Transmissionsfaktor darstellen. Für die Elemente der Streumatrix $\overset{\leftrightarrow}{\underline{S}}_M$ soll

$$\underline{r}_1 \ll 1, \qquad (4.235) \qquad\qquad \underline{r}_3 \approx 1, \qquad (4.236)$$

$$\underline{t} \approx 1 \qquad (4.237) \qquad \text{und} \qquad \underline{k} \ll 1 \qquad (4.238)$$

gelten. Mit dieser Streumatrix läßt sich die Ersatzdarstellung zur Beschreibung der Meßleitung mit Detektor und Anzeige durch Bild 4.29 angeben. Dabei sind die Längen ℓ_1 und ℓ_2 der beiden Leitungen abhängig von der Sondenposition, wobei stets $\ell_1 + \ell_2 = \ell_M$, mit ℓ_M der Länge der Meßleitung, gilt.

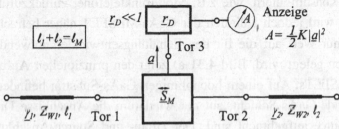

Bild 4.29: *Ersatzdarstellung der Meßleitung mit Detektor und Anzeige*

4.4.2.3.3 Der Zirkulator

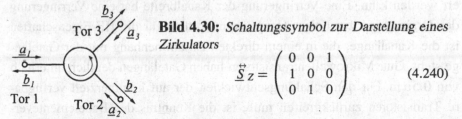

Bild 4.30: *Schaltungssymbol zur Darstellung eines Zirkulators*

$$\overset{\leftrightarrow}{\underline{S}}_Z = \begin{pmatrix} 0 & 0 & 1 \\ 1 & 0 & 0 \\ 0 & 1 & 0 \end{pmatrix} \qquad (4.240)$$

Zirkulatoren sind nichtreziproke Bauelemente mit einem richtungsabhängigen Energiefluß. Ein idealer Zirkulator, der durch das in Bild 4.30 angegebene Symbol dargestellt werden kann, wird durch die Streumatrix $\overset{\leftrightarrow}{\underline{S}}_Z$ nach Gl.(4.240) beschrieben. Danach tritt eine am Tor 1 eingespeiste Welle ungedämpft und ohne jegliche Phasenänderung am Tor 2 aus. Entsprechendes gilt von Tor 2 nach Tor 3 und von Tor 3 nach Tor 1. In der jeweils umgekehrten Richtung darf kein Energiefluß stattfinden. Wird z.B. ein Zirkulator an einem Tor reflexionsfrei abgeschlossen, so bilden die beiden verbleibenden Tore einen Richtungsleiter.

4.4.2.3.4 Transistoren

In der Mikrowellentechnik wurden in den letzten fünfzehn Jahren vorwiegend GaAs-Feldeffekttransistoren eingesetzt. Diese zeichnen sich im Gegensatz zu den Bipolartransistoren durch eine höhere Verstärkung bei hohen Frequenzen und eine niedrigere Rauschzahl aus. Neuere Entwicklungen führten auf sogenannte HEMTs (high electron mobility transistors), die im Vergleich zu den MESFETs noch bessere HF-Eigenschaften aufweisen. Für den unteren Gigahertzbereich vermehrt sich ebenfalls zur Zeit das Angebot an Bipolartransistoren, die kostengünstiger herzustellen sind als die erstgenannten Typen. Dies ist insbesondere auf einen Einsatz derartiger Bauelemente in Konsumgütern, wie z.B. Mobilfunktelefone, zurückzuführen. Im folgenden wird jedoch lediglich der GaAs-MESFET näher betrachtet, wobei auch nur Wert auf die für den Schaltungsentwickler notwendigen Eigenschaften gelegt wird. Bild 4.31 a) zeigt den prinzipiellen Aufbau eines GaAs-MESFETs. Auf einem hochohmigen GaAs-Substrat befindet sich eine n-leitende GaAs-Schicht, auf der wiederum die Anschlüsse Drain, Gate und Source aufgebracht sind. Der Drain- und Source-Anschluß bilden in Verbindung mit der n-leitenden GaAs-Schicht ohmsche Kontakte. Der Gate-Anschluß dagegen bildet in Verbindung mit der n-leitenden GaAs-Schicht einen Schottky-Kontakt, mittels dessen die Kanalbreite w gesteuert werden kann. Eine Verringerung der Kanalbreite hat eine Verringerung des Drainstroms zur Folge. Hauptverantwortlich für die HF-Eigenschaften ist die Kanallänge, die in einem direkten Zusammenhang mit der Gatelänge steht. Gute Mikrowellentransistoren haben Gatelängen deutlich unterhalb von 0.5μm. Für den Schaltungsentwickler, der auf kommerziell verfügbare Transistoren zurückgreifen muß, ist die Kenntnis des Bauelementeverhaltens von übergeordneter Bedeutung. Wegen der komplizierten Berechnung der Eigenschaften derartiger Bauelemente, die ohnehin nicht sämtliche Technologieparameter berücksichtigt, erfolgt die Charakterisierung derzeit überwiegend mit Hilfe meßtechnischer Verfahren. Im Falle der Kleinsignalbetrachtung ist somit die Angabe der Zweitor-Streuparameter ausreichend, denn der Transistor, der ein Bauelement mit drei Anschlüssen ist, wird überwiegend im „common-source" Betrieb eingesetzt. Das bedeutet, daß der Source-Anschluß auf Masse gelegt wird, der Gate-Anschluß mit der Masse den Eingang und der Drain-Anschluß mit der Masse den Ausgang bilden. Unter diesen Bedingungen haben die vom Hersteller bereitgestellten Angaben ihre Gültigkeit.

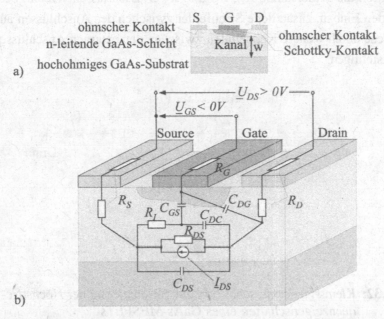

Bild 4.31: *Prinzipieller Aufbau eines GaAs-MESFETs a) und örtliche Verteilung der Ersatzschaltbildelemente b)*

Eine andere Art der Beschreibung des Transistorverhaltens stellt die Angabe des Ersatzschaltbildes mit den zugehörigen Werten der Parameter dar. Hieraus lassen sich dann direkt die Eigenschaften bezüglich der äußeren Anschlüsse berechnen. Diese Vorgehensweise wurde in der Vergangenheit häufig benutzt, denn nicht viele Anwender besaßen die Meßgeräte um die Bauelemente bei hohen Frequenzen meßtechnisch charakterisieren zu können. In diesem Fall wurden die Streuparameter in einem niedrigeren Frequenzbereich gemessen und mit Hilfe geeigneter Optimierungsprogramme die Ersatzschaltbildelemente bestimmt. Die dabei gewonnenen Ergebnisse konnten dann auch zur näherungsweisen Beschreibung bei höheren Frequenzen, bei denen ja keine Messungen möglich waren, benutzt werden. Das typische Ersatzschaltbild für den GaAs-MESFET zeigt das Bild 4.32. Die Elemente im markierten Bereich (gestrichelt dargestellter Rahmen) stellen die eigentlichen Elemente des internen Transistors, den intrinsischen FET, dar. Die zusätzlichen Anschlußinduktivitäten liegen außerhalb. Die zudem auftretenden

Verluste in den Anschlußleitungen könnten durch weitere Widerstände dargestellt werden. Darauf wird jedoch verzichtet, da sich diese Verluste ebenfalls durch die Widerstände R_D, R_G und R_S erfassen lassen. Treten, bedingt durch den Einbau, zusätzliche Streufelder zwischen den Anschlüssen auf, so sind diese durch weitere Kapazitäten zwischen den externen Anschlüssen zu berücksichtigen.

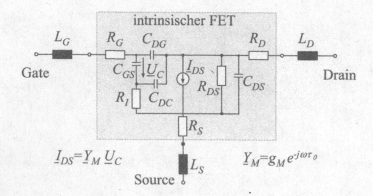

Bild 4.32: *Kleinsignalersatzschaltbild zur Beschreibung der Höchstfrequenzeigenschaften eines GaAs-MESFETs*

Eine anschauliche Darstellung der Ursachen für die in Bild 4.32 gezeigten Elemente kann dem Bild 4.31 b) entnommen werden, in dem die örtliche Verteilung der Bauelemente angedeutet ist. Nur ein Teil der in Bild 4.32 gezeigten Elemente ist abhängig vom Arbeitspunkt. Da dieser jedoch im Kleinsignalbetrieb unverändert bleibt, können sie als konstant angesehen werden. Anders stellt sich die Situation im Großsignalbetrieb dar. In diesem Fall muß, um eine nichtlineare Schaltungsanalyse durchführen zu können, zu der schon zuvor genannten Optimierung noch die Spannungsabhängigkeit der arbeitspunktabhängigen Elemente ermittelt werden.

Abschließend sei nochmals angemerkt, daß zum Kleinsignalbetrieb die Kenntnis der Streuparameter ausreichend ist. Das heißt, es genügt eine einfache meßtechnische Charakterisierung. Zum Entwurf nichtlinearer Schaltungen ist dagegen einen vollständige Bestimmung der Ersatzschaltbildelemente unter der Berücksichtigung der Arbeitspunktabhängigkeit erforderlich. Hierzu müssen sämtliche Parameter in vielen verschiedenen Arbeitspunkten gemessen und daraus mit Hilfe geeigneter Optimierungsroutinen die Bauelementewerte und deren Spannungsabhängigkeit ermittelt werden.

4.4.2.4   4-Tore

4.4.2.4.1   Kreuzverzweigung, Leitungskreuzung

Die Bestimmung der Streumatrix der idealen Kreuzverzweigung kann entsprechend der Ableitung der Streumatrix einer Dreitor-Verzweigung in Abschnitt 4.4.2.3.1 durchgeführt werden. Dabei erfolgt die Berechnung aus den Ergebnissen für die Querimpedanz in Abschnitt 4.4.2.2.3, wobei in diesem Fall die Querimpedanz aus der Parallelschaltung zweier, mit dem zugehörigen Wellenwiderstand abgeschlossenen, Leitungen gebildet wird. Wegen der Analogie der Berechnung wird hier auf eine Darstellung verzichtet.

4.4.2.4.2   Die gekoppelte Leitung

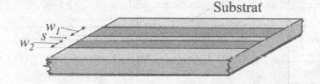

Bild 4.33: *Ausschnitt einer gekoppelten Leitung in Mikrostreifenleitungstechnik*

Eine mit den bislang abgeleiteten Beziehungen nicht zu charakterisierende Anordnung ergibt sich aus zwei (oder auch mehreren) Leitungen, die parallel zueinander verlaufen und deren Felder miteinander verkoppelt sind. Sie wird als gekoppelte Leitung bezeichnet und ist ein wesentlicher Bestandteil wichtiger Schaltungselemente, wie z.B. Filterschaltungen und Richtkoppler. In diesen Fällen wird das ansonsten ungewollte „Übersprechen" gezielt ausgenutzt. Bild 4.33 zeigt den Ausschnitt einer gekoppelten Leitung in Mikrostreifenleitungstechnik. An dieser Stelle sei lediglich angemerkt, daß eine exakte Analyse derartiger Strukturen noch wesentlich aufwendiger ist als die Analyse der einfachen Leitung. Eine vereinfachte Analyse läßt sich näherungsweise –mit Hilfe einer Leitungstheorie für **verkoppelte TEM-Leitungen**– durchführen. Zur Beschreibung werden neben den schon bekannten Leitungsbelägen weitere Kapazitätsbeläge, Ableitungsbeläge und Induktivitätsbeläge, die die Wechselwirkung der Leiter untereinander beschreiben, benötigt.

4.4.2.4.3 Koppler

Prinzipielle Eigenschaften

Weitere wichtige Schaltungskomponenten stellen Koppler dar. Je nach Ausführung lassen sich breitbandige und schmalbandige Kopplerstrukturen herstellen. Besonders hohe Anforderungen an die Breitbandigigkeit von Kopplern ergeben sich bei der Realisierung von Meßgeräten wie z.B. Netzwerkanalysatoren, bei denen die Koppler zur Trennung von hinlaufender und rücklaufender Welle dienen, so daß mit Hilfe einer anschließenden Quotientenbildung Rückschlüsse auf die Streuparameter vom Meßobjekten gezogen werden können. Detaillierte Berechnungen, die sich mit derartigen Problemen befassen, werden im Kapitel 8 durchgeführt.

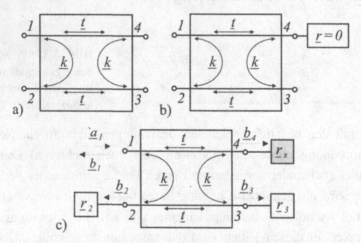

Bild 4.34: *Schaltungssymbol eines Koppler a), eines Richtkopplers b), Beschaltung des Kopplers zur Bestimmung eines unbekannten Reflexionsfaktors $\underline{r}_x$ c)*

An dieser Stelle sollen lediglich die prinzipiellen Eigenschaften sowie einige Anwendungsbeispiele von Kopplern aufgezeigt werden. So kann allgemein gesagt werden, daß bei der Realisierung angestrebt wird, bestimmte Tore voneinander zu entkoppeln und die eingespeiste Leistung in einem bestimmten Verhältnis auf die verbleibenden Tore aufzuteilen. Wegen der Bauform ergibt sich im Idealfall ein sehr symmetrisches Übertragungsverhalten, das auch durch die Wahl des in Bild 4.34 a) gezeigten Schaltungssymbols zum Ausdruck kommt. Die ideale Streumatrix des in Bild 4.34 a) gezeigten Kopplers lautet

$$\overset{\leftrightarrow}{\underline{S}} = \begin{pmatrix} 0 & \underline{k} & 0 & \underline{t} \\ \underline{k} & 0 & \underline{t} & 0 \\ 0 & \underline{t} & 0 & \underline{k} \\ \underline{t} & 0 & \underline{k} & 0 \end{pmatrix}, \qquad (4.241)$$

mit $\underline{k}$ als Koppelfaktor und $\underline{t}$ als Transmissionsfaktor. Im Falle der Verlustfreiheit gilt $|\underline{k}|^2 + |\underline{t}|^2 = 1$. Wird ein Tor des Kopplers, z.B. Tor 4 gemäß Bild 4.34 b), mit einen reflexionsfreien Abschluß versehen, so eignet sich das verbleibende Dreitor zur Auskopplung (am Tor 1) eines Teiles der auf das Tor 2 zulaufenden Welle. Die an Tor 3 einfallende Welle liefert an Tor 1 keinen Signalbeitrag. Wegen dieser Eigenschaft wird dieser Koppler als Richtkoppler bezeichnet. Er findet Einsatz in Meßgeräten. Zur Bestimmung eines unbekannten Reflexionsfaktors $\underline{r}_x$ kann prinzipiell die in Bild 4.34 c) gezeigte Schaltung herangezogen werden. In diesem Fall liefert $\underline{b}_2$ eine Welle, die proportional zu der Welle ist, die auf das Meßobjekt zuläuft, und $\underline{b}_3$ eine Welle, die proportional zu der Welle ist, die von dem Meßobjekt reflektiert wird. Demnach liefert das Verhältnis

$$\frac{\underline{b}_3}{\underline{b}_2} \sim \underline{r}_x \qquad (4.242)$$

einen Ausdruck der proportional zum Reflexionsfaktor des Meßobjektes ist.

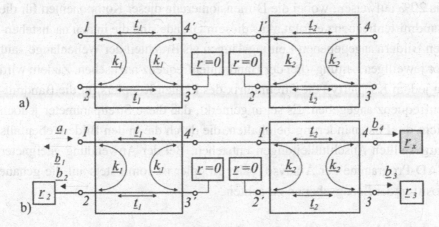

Bild 4.35: *Aufbau eines „dual directional coupler" aus zwei Richtkopplern a), Beschaltung zur Bestimmung eines unbekannten Reflexionsfaktors $\underline{r}_x$ b)*

Die nichtidealen Eigenschaften des Kopplers sowie Reflexionen an den Meßstellen, die hier durch $\underline{r}_2$ und $\underline{r}_3$ beschrieben werden, beeinträchtigen dabei die Meßgenauigkeit, da die an diesen Stoßstellen entstehenden Reflexionen die Meßwerte verfälschen. Es sei an dieser Stelle vorweggenommen, daß mit Hilfe geeigneter Kalibrierverfahren, eine rechnerische Korrektur der Fehlereinflüsse des Systems vorgenommen werden kann. Eine Verbesserung des Verhaltens der Meßanordnung liefert die Verwendung zweier Richtkoppler gemäß Bild 4.35 a). Das resultierende Viertor wird als „dual directional coupler" bezeichnet und kann bei einer Beschaltung gemäß Bild 4.35 b) wie die Anordnung in Bild 4.34 c) benutzt werden.

Wie zuvor erwähnt spielt die Fähigkeit, die Signale entsprechend ihrer Ausbreitungsrichtung trennen zu können, bei der Beurteilung von Kopplern eine wesentliche Rolle. Sie ist ein Maß für die Richtwirkung (**Directivity**) des Kopplers und ergibt sich bei der Bezeichnung der Größen gemäß Bild 4.35 b) direkt aus dem Quotienten von $\underline{b}_3/\underline{b}_2$ für $\underline{r}_x = \underline{r}_2 = \underline{r}_3 = 0$.

Spezielle Realisierungsformen von Kopplern

Zum Abschluß dieses Abschnitts werden noch einige Beispiele für Koppler in Mikrostreifenleitungstechnik vorgestellt. Die Verwendung von Leitungen bei der Realisierung dieser Koppler hat zur Folge, daß diese Strukturen in der Regel nur eine relative Bandbreite in der Größenordnung von 10% bis 20% aufweisen, wobei die Dimensionierung dieser Komponenten für die Bandmittenfrequenz erfolgt. Aus diesem Grunde sind die in den nachstehenden Bildern angegebenen Leitungslängen als Bruchteil der Wellenlänge –auf der jeweiligen Leitung– bei der Bandmittenfrequenz anzusehen. Zudem wird zu jedem Kopplertyp die Streumatrix des idealen Kopplers für die Bandmittenfrequenz angegeben. Es sei angemerkt, daß diese Streuparameter jedoch nicht die Phasenänderung beinhalten, die durch die in den Bildern ebenfalls dargestellten Anschlußleitungen entstehen. Bei der Anwendung geeigneter CAD-Programme zur Analyse realer Koppler ist somit stets auf die genaue Position der Bezugsebenen zu achten.

Richtkoppler aus einem gekoppelten Leitungsabschnitt

Als erstes Beispiel wird hier ein Richtkoppler mit einer $\lambda/4$ langen, gekoppelten Leitung in Mikrostreifenleitungstechnik nach Bild 4.36 vorgestellt. Vorteil dieser Anordnung ist die galvanische Trennung der Tore 1 und 4 von den Tore 2 und 3, die insbesondere beim Entwurf aktiver Schaltungen genutzt werden kann. Die Kenngröße dieses Kopplers ist der Koppelfaktor k.

Wird ein Signal mit der Leistung P am Tor 1 eingekoppelt, so teilt sich dieses Signal in zwei Anteile auf. Der erste Anteil gelangt direkt zum Tor 2 und der zweite Anteil gelangt um 90° verzögert zum Tor 4. Zum Tor 3 gelangt im Idealfall kein Signal.

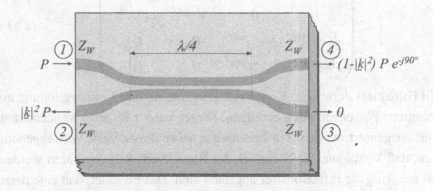

Bild 4.36: *Richtkoppler mit einer $\lambda/4$ langen, gekoppelten Leitung in Mikrostreifenleitungstechnik*

Branch-Line-Koppler

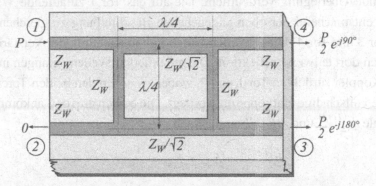

Bild 4.37: *Branch-Line-Koppler in Mikrostreifenleitungstechnik*

Die beiden abschließenden Beispiele zeigen Kopplerstrukturen, die häufig verwendet werden, wenn die Eingangsleistung gleichmäßig auf zwei getrennte Zweige aufzuteilen ist, oder wenn zwei Signale addiert werden müssen. Das Bild 4.37 zeigt einen Branch-Line-Koppler in Mikrostreifenleitungstechnik, bei dem an Tor 1 eine Welle eingespeist wird. Die Leistung dieser Welle wird geteilt und tritt zu gleichen Teilen an Tor 3 und Tor 4 aus, wobei die aus Tor 3 austretende Welle gegenüber der aus Tor 4 austretenden Welle ein zusätzliche Phasendrehung von $-90°$ erfährt. Das Tor 2 ist in diesem Fall vollständig von Tor 1 entkoppelt. Die Streumatrix des idealen Branch-Line-Kopplers lautet aus Symmetriegründen

$$
\overset{\leftrightarrow}{\underline{S}} = \begin{pmatrix} 0 & 0 & \frac{1}{\sqrt{2}}e^{-j180°} & \frac{1}{\sqrt{2}}e^{-j90°} \\ 0 & 0 & \frac{1}{\sqrt{2}}e^{-j90°} & \frac{1}{\sqrt{2}}e^{-j180°} \\ \frac{1}{\sqrt{2}}e^{-j180°} & \frac{1}{\sqrt{2}}e^{-j90°} & 0 & 0 \\ \frac{1}{\sqrt{2}}e^{-j90°} & \frac{1}{\sqrt{2}}e^{-j180°} & 0 & 0 \end{pmatrix} . \tag{4.243}
$$

Mit Hilfe eines derartigen Kopplers läßt sich somit eine Leistungteilung mit gezieltem Phasenverhalten erzeugen. Dieses kann z.B. beim Verstärkerentwurf ausgenutzt werden. Zur Erläuterung sei an dieser Stelle vorweggenommen, daß Verstärker, die bezüglich des Rauschverhaltens optimiert wurden, nur am Ausgang reflexionsfrei angepaßt sind. Das bedeutet, daß eine derartige Stufe am Eingang einen Reflexionsfaktor $\underline{r}$ aufweist, der stets zu Reflexionen führt. Werden nun zwei derartige Verstärker z.B. an Tor 3 und Tor 4, die Signalquelle an Tor 1 und ein Leitungsabschluß an Tor 2 des Branch-Line-Kopplers angeschlossen, dann liegt an Tor 1 Anpassung vor, wie die folgende Überlegung verdeutlicht. Die auf das Tor 1 zulaufende Welle gelangt entsprechend der oben angegebenen Beschreibung zu gleichen Teilen an Tor 3 und Tor 4. Diese Wellen laufen nun in Richtung der Verstärker und werden dort teilweise reflektiert. Die reflektierten Wellen gelangen nun über den Koppler zurück an Tor 1 und 2, wobei zwischen den beiden Toren 3 und 4 eine vollständige Entkopplung vorliegt. Die beiden an Tor 2 ankommenden Signale $\underline{b}_2^{(Tor3)}$ und $\underline{b}_2^{(Tor4)}$ sind gemäß

$$
\underline{b}_2^{(Tor3)} = \underline{S}_{31}\,\underline{r}\,\underline{S}_{23} = \frac{1}{2}\underline{r}\,e^{-j270°}
$$

und

$$
\underline{b}_2^{(Tor4)} = \underline{S}_{41}\,\underline{r}\,\underline{S}_{24} = \frac{1}{2}\underline{r}\,e^{-j270°}
$$

gleich, addieren sich somit, und werden vom Leitungsabschluß absorbiert. Die beiden an Tor 1 ankommenden Signale $\underline{b}_1^{(Tor3)}$ und $\underline{b}_1^{(Tor4)}$, mit

$$
\underline{b}_1^{(Tor3)} = \underline{S}_{31}\,\underline{r}\,\underline{S}_{13} = \frac{1}{2}\underline{r}\,e^{-j360°}
$$

und

$$
\underline{b}_1^{(Tor4)} = \underline{S}_{41}\,\underline{r}\,\underline{S}_{14} = \frac{1}{2}\underline{r}\,e^{-j180°},
$$

sind vom Betrag gleich aber gegenphasig und löschen sich somit gegenseitig aus. Damit tritt am Tor 1 keine Welle aus, d.h. es liegt Anpassung vor. Somit liegt sowohl Leistungsanpassung als auch Rauschanpassung am Tor 1 vor. Es bleibt aber anzumerken, daß ein Teil der Leistung, die am Tor 1 eingespeist und an den Verstärkern reflektiert wird, vom Abschluß an Tor 2 absorbiert wird.

Rat-Race-Koppler

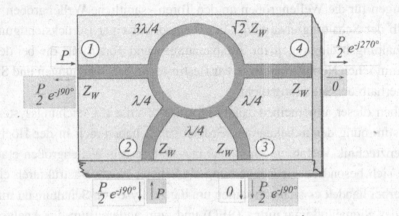

Bild 4.38: *Rat-Race-Koppler in Mikrostreifenleitungstechnik*

Der Rat-Race-Koppler nach Bild 4.38 weist bezüglich der Leistungsaufteilung ähnliche Eigenschaften wie der Branch-Line-Koppler auf, wobei lediglich andere Phasenverhältnisse vorliegen. Vorteil dieser Anordnung ist, daß sich mit Hilfe dieses Kopplers eine etwas höhere Bandbreite als beim Branch-Line-Koppler erzielen läßt. Als Nachteil sei anzumerken, daß hier die entkoppelten Tore nicht benachbart sind, wodurch die Verwendung des Rat-Race-Kopplers in einigen Anwendungen Schwierigkeiten bereitet. Mit den Angaben in Bild 4.38 kann die Streumatrix des Rat-Race-Kopplers durch

$$\underline{\overleftrightarrow{S}} = \begin{pmatrix} 0 & \frac{1}{\sqrt{2}}e^{-j90°} & 0 & \frac{1}{\sqrt{2}}e^{-j270°} \\ \frac{1}{\sqrt{2}}e^{-j90°} & 0 & \frac{1}{\sqrt{2}}e^{-j90°} & 0 \\ 0 & \frac{1}{\sqrt{2}}e^{-j90°} & 0 & \frac{1}{\sqrt{2}}e^{-j90°} \\ \frac{1}{\sqrt{2}}e^{-j270°} & 0 & \frac{1}{\sqrt{2}}e^{-j90°} & 0 \end{pmatrix} \qquad (4.244)$$

angegeben werden.

5 Verfahren zur Schaltungsanalyse

Im Abschnitt „Wellengrößen" wurden die grundlegenden Zusammenhänge zur allgemeinen Beschreibung der n-Tor Eigenschaften abgeleitet. Nach diesen Ausführungen lassen sich –unter Berücksichtigung der Schaltungsbedingungen für die Wellengrößen an den Toren– sämtliche Wellengrößen innerhalb der Schaltung ermitteln. Dieses entspricht einer Berücksichtigung der Schaltungsbedingungen für Torspannungen und Torströme, die bei der herkömmlichen Netzwerkanalyse zur Bestimmung der Spannungen und Ströme innerhalb der Schaltung dient.

Neben dieser allgemeinen Analyseform, die auf ein Gleichungssystem zur Bestimmung der unbekannten Größen führt, haben sich in der Höchstfrequenztechnik Verfahren zur Schaltungsanalyse mit Wellengrößen etabliert, die sich besonders zur Behandlung einfacherer Netzwerkstrukturen eignen. Hierbei handelt es sich zum einen um die Analyse von Schaltungen mit Hilfe des Signalflußdiagramms (SFD) und zum anderen um die Analyse von Leitungsanordnungen mit Hilfe des Smith-Diagramms (Smith-Chàrt). Es sei angemerkt, daß sich das erstgenannte Verfahren auch hervorragend zur Verdeutlichung grundlegender Problemstellungen aus dem Bereich der Meßtechnik eignet und das zweitgenannte Verfahren zur Ermittlung von sinnvollen Startwerten bei einer Schaltungsoptimierung herangezogen werden kann. Die nachstehenden Abschnitte werden einen ausführlichen Überblick über die Anwendungsmöglichkeiten dieser Verfahren geben.

5.1 Analyse mit Hilfe des Signalflußdiagramms

Eine Betrachtung der einfachen Schaltungsanordnung in Bild 5.1 zeigt eine Signalquelle, die über ein Zweitor mit einem Abschluß verbunden ist. Die Beschreibung erfolgt dabei mit Hilfe von Leistungswellen, Reflexionsfaktoren und Streuparametern. Anschaulich läßt sich das Verhalten der Anordnung wie folgt angeben. Aus der Signalquelle tritt eine Welle $\underline{b}_0$ aus, die sich aus der eigentlichen Quellgröße ($\underline{b}_s$) und einem an der Quelle reflektierten Anteil ($\underline{r}_s\,\underline{a}_0$) zusammensetzt.

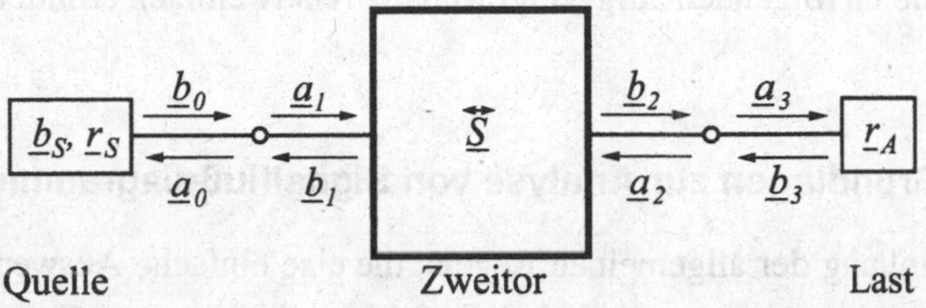

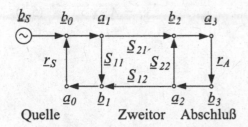

Bild 5.1: *Zusammenschaltung einer Signalquelle mit einem Abschluß über ein Zweitor*

Die austretende Welle läuft in Richtung des Zweitors und wird dort teilweise ($\underline{S}_{11}\,\underline{a}_1$) reflektiert. Ein anderer Teil ($\underline{S}_{21}\,\underline{a}_1$) tritt durch das Zweitor hindurch, d.h. wird transmittiert, und läuft in Richtung Abschluß. Am Abschluß wird die Welle $\underline{a}_3$ (gemäß $\underline{b}_3 = \underline{r}_A\,\underline{a}_3$) reflektiert und läuft zurück zum Tor 2 des Zweitors. Entsprechend der Betrachtung am Eingang wird hier erneut ein Teil ($\underline{S}_{22}\,\underline{a}_2$) reflektiert. Dieser Anteil addiert sich nun zu $\underline{S}_{21}\,\underline{a}_1$, so daß sich für die am Tor 2 des Zweitors austretende Welle $\underline{b}_2 = \underline{S}_{21}\,\underline{a}_1 + \underline{S}_{22}\,\underline{a}_2$ angeben läßt. Der Anteil $\underline{S}_{12}\,\underline{a}_2$ wird vom Tor 2 zum Tor 1 transmittiert. Das heißt am Tor 1 überlagern sich nun der am Tor 1 reflektierte Anteil ($\underline{S}_{11}\,\underline{a}_1$) und der von Tor 2 transmittierte Anteil ($\underline{S}_{12}\,\underline{a}_2$) zur Welle $\underline{b}_1 = \underline{S}_{11}\,\underline{a}_1 + \underline{S}_{12}\,\underline{a}_2$, die in Richtung Signalquelle läuft. Bild 5.2 gibt eine anschauliche Darstellung des beschriebenen Signalflusses.

Bild 5.2: *Signalflußdiagramm zur Beschreibung der Zusammenschaltung einer Signalquelle mit einem Abschluß über ein Zweitor*

Am Beispiel des in Bild 5.2 gezeigten Signalflußplans lassen sich nun einige Eigenschaften der Signalflußdiagramme aufzeigen. Es ist zu erkennen, daß das SFD aus **Knoten** und **Zweigen** besteht. Ein Zweig stellt dabei die **gerichtete Verbindung** zweier Knoten dar, d.h. daß der Signalfluß nur in der angegebenen Richtung stattfindet. Zudem erfolgt bei der Übertragung entlang des Zweigs eine Gewichtung des Signals mit einem Übertragungsfaktor.

Zur vollständigen Beschreibung der Schaltungseigenschaften gehört die Kenntnis der Signale an den Knoten des SFD, die mit Hilfe geeigneter Regeln, die im folgenden aufgezeigt werden, relativ einfach ermittelt werden können.

5.1.1 Grundlagen zur Analyse von Signalflußdiagrammen

Die Darstellung der allgemeinen Regeln, die eine einfache Auswertung von Signalflußdiagrammen ermöglichen, erfolgt an bestimmten Grundstrukturen, die in Signalflußdiagrammen häufig anzutreffen sind. Dadurch läßt sich ein komplizierteres SFD schrittweise durch grafische Vereinfachungen reduzieren, so daß letztendlich die gesuchten Größen einfach angegeben werden können. Ausgehend vom zuvorgenannten einfachen Zweig mit dem Eingangssignal $\underline{x}$ am Eingangsknoten, dem Gewichtungsfaktor $\underline{A}$ im Zweig und dem Ausgangssignal $\underline{y}$ am Ausgangsknoten, läßt sich der Zusammenhang

$$\underline{x} \circ \xrightarrow{\underline{A}} \circ \underline{y} \qquad\qquad \underline{y} = \underline{A}\,\underline{x} \qquad (5.1)$$

ableiten. Damit ergibt sich weiter:

a) Abbildungsregel:

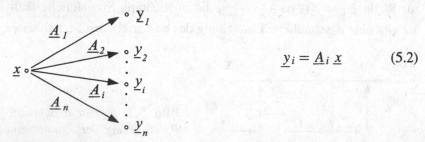

$$\underline{y}_i = \underline{A}_i\,\underline{x} \qquad (5.2)$$

b) Additionsregel 1:

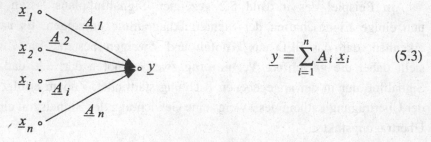

$$\underline{y} = \sum_{i=1}^{n} \underline{A}_i\,\underline{x}_i \qquad (5.3)$$

c) Additionsregel 2:

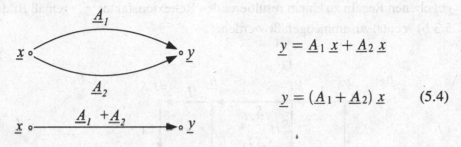

$$\underline{y} = \underline{A}_1\,\underline{x} + \underline{A}_2\,\underline{x}$$

$$\underline{y} = (\underline{A}_1 + \underline{A}_2)\,\underline{x} \qquad (5.4)$$

d) Multiplikationssregel:

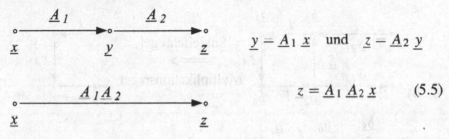

$$\underline{y} = \underline{A}_1\,\underline{x} \quad \text{und} \quad \underline{z} = \underline{A}_2\,\underline{y}$$

$$\underline{z} = \underline{A}_1\,\underline{A}_2\,\underline{x} \qquad (5.5)$$

e) Schleifenregel:

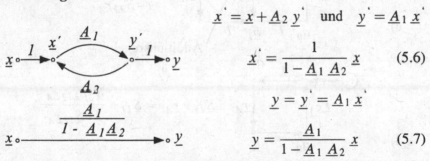

$$\underline{x}' = \underline{x} + \underline{A}_2\,\underline{y}' \quad \text{und} \quad \underline{y}' = \underline{A}_1\,\underline{x}'$$

$$\underline{x}' = \frac{1}{1 - \underline{A}_1\,\underline{A}_2}\,\underline{x} \qquad (5.6)$$

$$\underline{y} = \underline{y}' = \underline{A}_1\,\underline{x}'$$

$$\underline{y} = \frac{\underline{A}_1}{1 - \underline{A}_1\,\underline{A}_2}\,\underline{x} \qquad (5.7)$$

Die Anwendung der Grundregeln soll im folgenden zur Untersuchung der in Bild 5.2 gezeigten Anordnung dienen. Dabei wird der in Bild 5.3 d) gezeigte, von der Quelle aus gesehene, wirksame Reflexionsfaktor $\underline{r}_A''$ schrittweise ermittelt. Zur Bestimmung von $\underline{r}_A''$ erfolgt die Betrachtung der Anordnung in Bild 5.3 a). Zwischen den Knoten ① und ①' können zwei Signalflußzweige erkannt werden. Der eine Zweig stellt den an der Stoßstelle reflektierten Anteil und der andere Zweig den durch das Zweitor transmittierten und an der Last reflektierten Anteil dar. Letztgenannter, der durch das in Bild 5.3 b) links gezeigte SFD dargestellt wird, soll nun mit Hilfe der angegebenen Regeln zu einem resultierenden Reflexionsfaktor $\underline{r}_A'$ (gemäß Bild 5.3 b) rechts) zusammengefaßt werden.

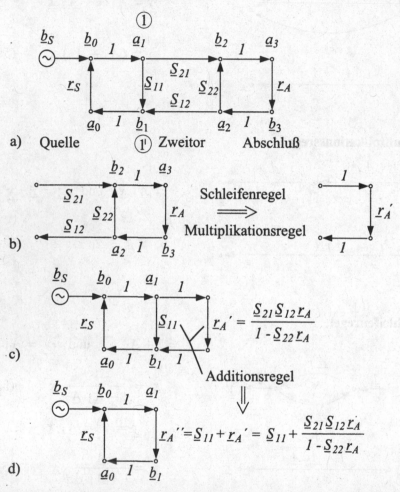

Bild 5.3: *Signalflußdiagramm zur Beschreibung der Zusammenschaltung einer Signalquelle mit einem Abschluß über ein Zweitor*

Hierzu erfolgt die Anwendung der Schleifenregel und der Multiplikationsregel, so daß sich $\underline{r}_A'$ durch

$$\underline{r}_A' = \frac{\underline{S}_{21}\,\underline{S}_{12}\,\underline{r}_A}{1 - \underline{S}_{22}\,\underline{r}_A} \tag{5.8}$$

angeben läßt.

Im nächsten Schritt werden entsprechend der Additionsregel 2, die in Bild 5.3 c) parallellaufenden Zweige $\underline{S}_{11}$ und $\underline{r}_A'$ zu $\underline{r}_A''$,

$$\underline{r}_A'' = \underline{S}_{11} + \underline{r}_A', \tag{5.9}$$

zusammengefaßt, so daß der am Eingang des Zweitors wirksamen Reflexionsfaktor des Zweitors mit Last durch

$$\underline{r}_A'' = \underline{S}_{11} + \frac{\underline{S}_{21}\,\underline{S}_{12}\,\underline{r}_A}{1 - \underline{S}_{22}\,\underline{r}_A} \tag{5.10}$$

angegeben werden kann.

e) Masonsche Regel (non touching loop rule):

Neben den Grundregeln findet bei umfangreicheren Signalflußdiagrammen häufig eine von Mason [15], [16] abgeleitete Regel Anwendung, die auf eine visuelle Kontrolle des Signalflußdiagramms hinausläuft. Vor der Nennung dieser Regel sind zunächst weitere Definitionen anzugeben.

Def. 1: Eine Strecke ist eine ununterbrochene, gerichtete Folge von Zweigen. Eine Strecke darf einen Knoten nur einmal berühren.

Def. 2: Die Streckenverstärkung ist das Produkt der Verstärkungsfaktoren aller Zweige, die die Strecke bilden.

Def. 3: Eine Quelle ist ein Knoten an dem nur Zweige beginnen.

Def. 4: Eine Senke ist ein Knoten an dem nur Zweige enden.

Def. 5: Eine Vorwärtsstrecke ist eine Strecke, die von einer Quelle zu einer Senke verläuft. Es kann in einem SFD mehrerer Vorwärtsstrecken mit verschiedenen Streckenverstärkungen geben. Zweige dürfen gleichzeitig zu mehreren Vorwärtsstrecken gehören.

Def. 6: Eine Rückführungsstrecke oder Schleife ist eine Strecke die am selben Knoten beginnt und endet. Das Produkt der Verstärkungsfaktoren einer Schleife wird als Schleifenverstärkung bezeichnet. Zweige dürfen gleichzeitig zu mehreren Schleifen gehören.

Die Regel von Mason (**non touching loop rule**) erlaubt eine einfach Bestimmung des Transmissionsfaktors $\underline{T}$, der sich für einen resultierenden Zweig zwischen einer Quelle und einer Senke ergibt. Sie kann aber auch nach der Einführung von Hilfsknoten (Scheinknoten) und Hilfszweigen mit der Zweigverstärkung 1 zur Ermittlung der Transmission zwischen zwei beliebigen Knoten herangezogen werden. Bild 5.4 verdeutlicht diesen Sachverhalt.

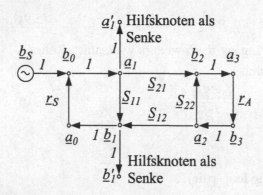

Bild 5.4: *Einführung von Schein-knoten zur Bestimmung von $\underline{a}_1$ und $\underline{b}_1$; denn es gilt $\underline{a}'_1 = 1 \cdot \underline{a}_1$ und $\underline{b}'_1 = 1 \cdot \underline{b}_1$*

Nach diesen Vorbemerkungen ergibt sich der Transmissionsfaktors $\underline{T}$ zwischen einem Quellknoten mit dem Signal $\underline{Q}$ und einem Senkenknoten mit dem Signal $\underline{S}$ aus

$$\underline{T} = \frac{\underline{S}}{\underline{Q}} = \frac{\sum\limits_{k} \underline{T}_k \Delta_k}{\Delta}. \tag{5.11}$$

Der Index k in Gl.(5.11) stellt die Anzahl verschiedener Vorwärtsstrecken zwischen Quellknoten und Zielknoten und $\underline{T}_k$ die Streckenverstärkung der k-ten Vorwärtsstrecke dar.

Zur Bestimmung von Δ in Gl.(5.11) werden zuerst alle möglichen Schleifen ermittelt und danach folgender Zusammenhang ausgewertet.

$$\Delta = \quad 1 \tag{5.12}$$

$-($ Summe aller **Schleifenverstärkungen**)

$+($ Summe aller (**Produkte der Schleifenverstärkungen von zwei sich nicht berührender Schleifen**))

$-($ Summe aller (**Produkte der Schleifenverstärkungen von drei sich nicht berührender Schleifen**)) $+ \dots$

Gl.(5.12) besagt, daß nur die Produkte sich nicht berührender Schleifen zu berücksichtigen sind. Die Produkte der Zweigverstärkungen zur Bildung der Schleifenverstärkung werden als Produkte erster Ordnung, Produkte der Schleifenverstärkung zweier sich nicht berührender Schleifen werden als Produkte zweiter Ordnung, Produkte der Schleifenverstärkung dreier sich nicht berührender Schleifen werden als Produkte dritter Ordnung usw. bezeichnet. Produkte mit ungerader Ordnung werden subtrahiert und Produkte mit gerader Ordnung werden addiert.

Abschließend ist der Faktor Δ_k in Gl.(5.11) zu bestimmen. Dieser ergibt sich, wenn von allen möglichen Schleifen diejenigen aussortiert werden, die die k-te Vorwärtsstrecke berühren. Die verbleibenden Schleifen werden nun zur Auswertung nach Gl.(5.13) benutzt. Damit gilt:

$$\Delta_k = \quad 1 \tag{5.13}$$

$-$(Summe der **Schleifenverstärkungen**, deren Schleifen

die k-te Vorwärtsstrecke nicht berühren)

$+$(Summe aller (**Produkte der Schleifenverstärkungen von**

zwei sich nicht berührender Schleifen),

wobei die Schleifen die k-te Vorwärtsstrecke nicht berühren)

$-$(Summe aller (**Produkte der Schleifenverstärkungen von**

drei sich nicht berührender Schleifen),

wobei die Schleifen die k-te Vorwärtsstrecke nicht berühren) $+\ldots$

Zur Verdeutlichung der Vorgehensweise werden mit Hilfe der in Bild 5.5 gezeigten Signalflußdiagramme die Größen $\underline{a}_1$ und $\underline{b}_1$ bestimmt.

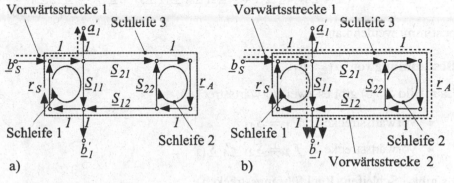

Bild 5.5: *Signalflußdiagramm zur Bestimmung von $\underline{a}_1'$ a) und $\underline{b}_1'$ b)*

Bestimmung von $\underline{a}_1 = \underline{a}'_1$:

Laut Bild 5.5 a) gibt es eine Vorwärtsstrecke:

- Vorwärtsstrecke 1: $\underline{T}_1 = 1$

Es gibt 3 Schleifen (Rückführungsstrecken):

- Schleife 1: $\underline{R}_1 = \underline{r}_S \, \underline{S}_{11}$
- Schleife 2: $\underline{R}_2 = \underline{r}_A \, \underline{S}_{22}$
- Schleife 3: $\underline{R}_3 = \underline{S}_{21} \, \underline{r}_A \, \underline{S}_{12} \, \underline{r}_S$

Schleife 3 berührt Schleife 1 und Schleife 2. Schleife 1 und Schleife 3 berühren die Vorwärtsstrecke 1. Damit liefert Gl.(5.12) für Δ,

$$\Delta = 1 - (\underline{S}_{11} \, \underline{r}_S + \underline{S}_{22} \, \underline{r}_A + \underline{S}_{21} \, \underline{r}_A \, \underline{S}_{12} \, \underline{r}_S) + (\underline{S}_{11} \, \underline{r}_S)(\underline{S}_{22} \, \underline{r}_A), \quad (5.14)$$

und Gl.(5.13) für Δ_1,

$$\Delta_1 = 1 - \underline{S}_{22} \, \underline{r}_A, \quad\quad\quad (5.15)$$

so daß mit $\underline{T}_1 = 1$ aus Gl.(5.11) das Signal $\underline{a}_1$ zu

$$\underline{a}_1 = \underline{a}'_1 = \frac{\underline{T}_1 \Delta_1}{\Delta} \, \underline{b}_S$$

bzw.

$$\underline{a}_1 = \underline{b}_S \frac{1 - \underline{S}_{22} \, \underline{r}_A}{1 - (\underline{S}_{11} \, \underline{r}_S + \underline{S}_{22} \, \underline{r}_A + \underline{S}_{21} \, \underline{r}_A \, \underline{S}_{12} \, \underline{r}_S) + \underline{S}_{11} \, \underline{r}_S \, \underline{S}_{22} \, \underline{r}_A}$$
$$(5.16)$$

bestimmt werden kann.

Bestimmung von $\underline{b}_1 = \underline{b}'_1$:

Laut Bild 5.5 b) gibt es zwei Vorwärtsstrecken:

- Vorwärtsstrecke 1: $\underline{T}_1 = \underline{S}_{11}$
- Vorwärtsstrecke 2: $\underline{T}_2 = \underline{S}_{21} \, \underline{r}_A \, \underline{S}_{12}$

Es gibt 3 Schleifen (Rückführungsstrecken):

- Schleife 1: $\underline{R}_1 = \underline{r}_S \, \underline{S}_{11}$
- Schleife 2: $\underline{R}_2 = \underline{r}_A \, \underline{S}_{22}$
- Schleife 3: $\underline{R}_3 = \underline{S}_{21} \, \underline{r}_A \, \underline{S}_{12} \, \underline{r}_S$

Schleife 3 berührt Schleife 1 und Schleife 2. Schleife 1 und Schleife 3 berühren die Vorwärtsstrecke 1. Alle Schleifen berühren die Vorwärtsstrecke 2. Damit liefert Gl.(5.12) erneut für Δ,

$$\Delta = 1 - (\underline{S}_{11}\,\underline{r}_S + \underline{S}_{22}\,\underline{r}_A + \underline{S}_{21}\,\underline{r}_A\,\underline{S}_{12}\,\underline{r}_S) + (\underline{S}_{11}\,\underline{r}_S)\,(\underline{S}_{22}\,\underline{r}_A), \quad (5.17)$$

Gl.(5.13) für Δ_1,

$$\Delta_1 = 1 - \underline{S}_{22}\,\underline{r}_A, \quad (5.18)$$

und für Δ_2,

$$\Delta_2 = 1 \quad (5.19)$$

so daß aus Gl.(5.11) das Signal $\underline{b}_1$ zu

$$\underline{b}_1 = \underline{b}_1' = \frac{\underline{T}_1\,\Delta_1 + \underline{T}_2\,\Delta_2}{\Delta}\,\underline{b}_S$$

bzw.

$$\underline{b}_1 = \underline{b}_S\,\frac{\underline{S}_{11}\,(1 - (\underline{S}_{22}\,\underline{r}_A)) + \underline{S}_{21}\,\underline{r}_A\,\underline{S}_{12}}{1 - (\underline{S}_{11}\,\underline{r}_S + \underline{S}_{22}\,\underline{r}_A + \underline{S}_{21}\,\underline{r}_A\,\underline{S}_{12}\,\underline{r}_S) + \underline{S}_{11}\,\underline{r}_S\,\underline{S}_{22}\,\underline{r}_A}$$
$$(5.20)$$

bestimmt werden kann. Nach diesen Betrachtungen ergibt sich der in Gl.(5.10) bestimmte resultierende Reflexionsfaktor $\underline{r}_A^{''}$ aus

$$\underline{r}_A^{''} = \frac{\underline{b}_1}{\underline{a}_1} \quad (5.21)$$

ebenfalls zu

$$\underline{r}_A^{''} = \frac{\underline{S}_{11}\,(1 - \underline{S}_{22}\,\underline{r}_A) + \underline{S}_{21}\,\underline{r}_A\,\underline{S}_{12}}{1 - \underline{S}_{22}\,\underline{r}_A} = \underline{S}_{11} + \frac{\underline{S}_{21}\,\underline{r}_A\,\underline{S}_{12}}{1 - \underline{S}_{22}\,\underline{r}_A}. \quad (5.22)$$

Die am Tor 1 auf das Zweitor zulaufende Welle $\underline{a}_1$ kann damit auch in der Form

$$\underline{a}_1 = \underline{b}_S\,\frac{1}{1 - \underline{r}_S\,\underline{r}_A^{''}}, \quad (5.23)$$

und die am Tor 1 aus dem Zweitor austretende Welle $\underline{b}_1$ mit $\underline{b}_1 = \underline{r}_A^{''}\,\underline{a}_1$ durch

$$\underline{b}_1 = \underline{b}_S\,\frac{\underline{r}_A^{''}}{1 - \underline{r}_S\,\underline{r}_A^{''}}, \quad (5.24)$$

angegeben werden, so daß mit Hilfe dieser Ergebnisse die verbleibenden unbekannten Größen einfach berechnet werden können.

Es stellt sich aber die interessante Frage nach dem Reflexionsfaktor $\underline{r}_A^{''}$, bei dem die Quelle die maximale Leistung an die gesamte Schaltung abgibt. Oder, bei welchem Reflexionsfaktor $\underline{r}_A^{''}$ liegt Leistungsanpassung vor?

5.1.2 Leistungsanpassung

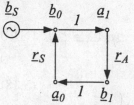

Quelle   Abschluß

Bild 5.6: *Signalflußdiagramm zur Beschreibung einer Signalquelle mit einem Abschluß*

Zur Berechnung des Abschlußreflexionsfaktors, bei dem die Quelle die maximale Leistung an die Last abgibt, erfolgt die Analyse der in Bild 5.6 angegebenen Anordnung, für die sich nach Gl.(5.25) die auf den Abschluß zulaufende Welle $\underline{a}_1$ durch

$$\underline{a}_1 = \underline{b}_s \, \frac{1}{1 - \underline{r}_s \, \underline{r}_A} \tag{5.25}$$

bzw. nach Gl.(5.24) die von der Last reflektierte Welle durch

$$\underline{b}_1 = \underline{r}_A \underline{a}_1 = \underline{b}_s \, \frac{\underline{r}_A}{1 - \underline{r}_s \, \underline{r}_A} \tag{5.26}$$

angeben läßt. Hieraus ergibt sich nach Abschnitt 4.1.1, Gl.(4.34), die von der Last aufgenommene Wirkleistung gemäß

$$P_W = \frac{1}{2} \left(|\underline{a}_1|^2 - |\underline{b}_1|^2 \right) \tag{5.27}$$

zu

$$P_W = \frac{1}{2} \, |\underline{b}_s|^2 \, \frac{1 - |\underline{r}_A|^2}{|1 - \underline{r}_s \, \underline{r}_A|^2}. \tag{5.28}$$

Gl.(5.28) dient nun zur direkten Bestimmung von $\underline{r}_A$, wobei sowohl $\underline{r}_A$ als auch $\underline{r}_s$ nach Betrag und Winkel, d.h. in der Form

$$\underline{r}_A = |\underline{r}_A| \, e^{j\varphi_A} \tag{5.29}$$

bzw.

$$\underline{r}_s = |\underline{r}_s| \, e^{j\varphi_s}, \tag{5.30}$$

dargestellt werden. Damit ergibt sich aus Gl.(5.28)

$$P_W = \frac{1}{2} \, |\underline{b}_s|^2 \, \frac{1 - |\underline{r}_A|^2}{|1 - |\underline{r}_s| \, |\underline{r}_A| \, e^{j(\varphi_A + \varphi_s)}|^2}. \tag{5.31}$$

Zur Bestimmung von $\underline{r}_{A,max}$ ($|\underline{r}_A| = |\underline{r}_{A,max}|$ und $\varphi_A = \varphi_{A,max}$), d.h. des Reflexionsfaktors der zum Maximum der aufgenommenen Wirkleistung $P_{W,max}$ führt, muß Gl.(5.31) partiell nach $|\underline{r}_A|$ und φ_A abgeleitet und die dadurch gewonnenen Gleichungen müssen zu null gesetzt werden. Das bedeutet, daß die Werte für $|\underline{r}_{A,max}|$ und $\varphi_{A,max}$, die für die Leistung $P_{W,max}$, die der maximal abgebbaren Leistung der Quelle P_{verf} (verfügbare Leistung) entspricht, verantwortlich sind, aus

$$0 = \frac{\partial}{\partial|\underline{r}_A|}P_W(|\underline{r}_A|,\varphi_A) \tag{5.32}$$

$$0 = \frac{\partial}{\partial\varphi_A}P_W(|\underline{r}_A|,\varphi_A) \tag{5.33}$$

ermittelt werden müssen. Zur Durchführung dieser Berechnung empfiehlt sich zunächst die Berechnung von $\varphi_{A,max}$. Da in Gl.(5.33) nur der Nenner von φ_A abhängt, genügt die Bestimmung des Minimums des Nenners, da dieses ein Maximum des Gesamtausdrucks zur Folge hat. Gesucht ist somit die Lösung von

$$0 = \frac{\partial}{\partial\varphi_A}(|1 - |\underline{r}_S|\,|\underline{r}_A|\,e^{j(\varphi_A+\varphi_S)}|^2)\bigg|_{\varphi_A=\varphi_{A,max}}, \tag{5.34}$$

die nach kurzer Rechnung zu

$$\varphi_{A,max} = -\varphi_S \tag{5.35}$$

bestimmt werden kann. Einsetzen dieses Ergebnisses in Gl.(5.31) und Lösung von Gl.(5.32) führt auf

$$|\underline{r}_{A,max}| = |\underline{r}_S|, \tag{5.36}$$

so daß $\underline{r}_{A,max}$, d.h. die Bedingung für Leistungsanpassung, durch

$$\underline{r}_{A,max} = \underline{r}_S^*, \tag{5.37}$$

angegeben werden kann. In diesem Fall ergibt sich mit Gl.(5.37) das Maximum der aufgenommenen Wirkleistung $P_{W,max}$ bzw. die verfügbare Leistung der Quelle P_{verf} aus Gl.(5.31) zu

$$P_{W,max} = P_{verf} = \frac{1}{2}\frac{|b_S|^2}{1 - |\underline{r}_S|^2}. \tag{5.38}$$

Das Ergebnis in Gl.(5.37) entspricht der aus der komplexen Wechselstromrechnung her bekannten Bedingung $\underline{Z}_A = \underline{Z}_S^*$.

Nach diesen Ausführungen ist erkennbar, daß auch beim Entwurf von Mikrowellenschaltungen ein Ziel im Vordergrund stehen muß, nämlich, das Erreichen der Leistungsanpassung. Da in der Regel Komponenten oder Bauteile, wie z.B. Transistoren, miteinander verschaltet werden, die nicht die Bedingung „Leistungsanpassung" erfüllen, sind sogenannte Anpassungsnetzwerke (APN; engl.: impedance matching network) einzufügen. Diese haben die Aufgabe, den Abschlußreflexionsfaktor so zu transformieren, daß der wirksame Eingangsreflexionsfaktor am Eingang des Zweitors, das am Ausgang mit r_A beschaltet ist, die Bedingung in Gl.(5.37) erfüllt. Für den Fall, daß das Anpassungsnetzwerk aus verlustlosen Elementen besteht, ist sehr leicht einsehbar, daß die gesamte verfügbare Leistung der Quelle an die Last abgegeben werden kann. Die Bedingung der Verlustlosigkeit der Zweitorelemente wird, je nach Material und Frequenzbereich, von Leitungsstrukturen hinreichend erfüllt. Aus diesem Grunde haben sich in der Vergangenheit grafische Verfahren zum Entwurf derartiger Anpassungsnetzwerke als außerordentlich zweckmäßig erwiesen. Der Schaltungsentwurf mit Hilfe des Smith Charts ist ein derartiges Verfahren. Es besitzt auch noch heute, trotz des Einsatzes komfortabler CAD-Entwurfsprogramme, seine Daseinsberechtigung, da es auf anschauliche Weise das Schaltungsverhalten aufzeigt. Die dadurch ermittelten Ergebnisse können z.B. als Startwerte bei der Optimierung von Anpassungsschaltungen im CAD dienen.

5.2 Schaltungsentwurf mit Hilfe des Smith-Charts

5.2.1 Herleitung des Smith-Charts

Zum Ende des letzten Abschnittes wurde auf die Verwendung grafischer Verfahren zum Entwurf von Schaltungen, die aus verlustlosen Leitungselementen bestehen, hingewiesen. Dabei wird von der Darstellung normierter Impedanzen bzw. Admittanzen, mit dem Wellenwiderstand der jeweiligen Leitung als Bezugswiderstand, ausgegangen. Dieses führt bei der Berechnung des Reflexionsfaktors auf die schon häufig benutzte Beziehung

$$\underline{r} = \frac{\underline{Z} - Z_W}{\underline{Z} + Z_W} = \frac{\frac{Z}{Z_W} - 1}{\frac{Z}{Z_W} + 1}, \tag{5.39}$$

die unter der Verwendung der normierten Impedanz $\underline{z}$ gemäß

$$z = \frac{Z}{Z_W}, \tag{5.40}$$

in der Form

$$r = \frac{z-1}{z+1} \tag{5.41}$$

geschrieben werden kann. Ausgehend von Gl.(5.41), die jeder Impedanz eindeutig umkehrbar einen Reflexionsfaktor zuordnet, wird nun der Bereich der komplexen Ebene gesucht, in der der Reflexionsfaktor r liegen kann. Dabei wird zunächst vorausgesetzt, daß alle Elemente passives Verhalten, d.h. $\text{Re}\{Z\} \geq 0$ bzw. $\text{Re}\{z\} \geq 0$, aufweisen. Zur Durchführung dieser Aufgabe wird Gl.(5.41) durch kurze Zwischenrechnung

$$r = \frac{z+1-2}{z+1} = 1 + (2\,e^{j\pi})\,\frac{1}{z+1} \quad \text{mit} \quad z' = z+1 = (r+1) + jx$$

auf die Form

$$r = 1 + (2\,e^{j\pi})\,\frac{1}{z'} \tag{5.42}$$

gebracht. Diese Darstellungsart eignet sich nun hervorragend zur Bestimmung der komplexen Reflexionsfaktorebene, da die Ableitung mit Hilfe der Ergebnisse der konformen Abbildung, die auch bei der Ermittlung von Ortskurven herangezogen werden, sehr anschaulich erfolgen kann.

Zur Erinnerung wird zunächst die in Bild 5.7 gezeigte Abbildung von $y = \frac{1}{z}$ betrachtet. Dabei zeigt sich, daß Impedanzkurven mit konstantem Realteil, d.h. Geraden parallel zur imaginären Achse, in der y-Ebene auf Kreise abgebildet werden, deren Mittelpunkte auf der reellen Achse liegen. In entsprechender Weise werden Geraden parallel zur reellen Achse, in der y-Ebene auf Kreise abgebildet, deren Mittelpunkte auf der imaginären Achse liegen. In diesem Fall werden, wegen der getroffenen Vereinbarung $\text{Re}\{z\} \geq 0$, nur die zugehörigen Teilabschnitte erfaßt, die zu den gezeigten Halbkreisen in der y-Ebene führen. Nach dieser Zwischenbetrachtung von $y = \frac{1}{z}$ wird Gl.(5.42),

$$r = 1 + (2\,e^{j\pi})\,\frac{1}{z'},$$

schrittweise analysiert, d.h. es erfolgt

1. die Invertierung von $z' = z + 1$,

2. die Drehstreckung gemäß $2\,e^{j\pi}$ und

3. die Verschiebung um 1.

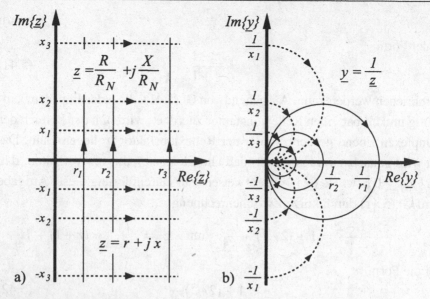

Bild 5.7: *Darstellung der Abbildung $\underline{y} = \frac{1}{\underline{z}}$, $\underline{x}$-Ebene a), $\underline{y}$-Ebene b)*
- - - - Kurven mit konstantem Imaginärteil,
——— Kurven mit konstantem Realteil

Vorsicht: Im folgenden wird allgemein der Realteil der normierten Impedanz mit r (reell) bezeichnet. Dieser darf jedoch nicht mit dem Reflexionsfaktor $\underline{r}$ (komplex) verwechselt werden.

1. Invertierung von $\underline{z}' = \underline{z} + 1$

Im ersten Schritt erfolgt die Abbildung von $\underline{z}'$ in Bild 5.8 a) auf $\underline{y}' = \frac{1}{\underline{z}'}$ in Bild 5.8 b). Da $r' = r + 1$ ist, werden in der $\underline{z}'$-Ebene nur die Werte von $\underline{z}'$ betrachtet deren Realteile größer oder gleich 1 sind. Die Parallele zur imaginären Achse, die durch $r = 1$ verläuft, stellt somit die Bereichsgrenze in der $\underline{z}'$-Ebene dar, die alle passiven Elemente von den aktiven Elementen trennt. Sämtliche gültigen Werte von $\underline{z}'$ werden somit auf den in Bild 5.8 b) grau hinterlegten Bereich, dessen Grenze der Kreis mit dem Radius 1 und dem Mittelpunkt $\underline{y}' = 0.5$ darstellt, abgebildet. Dabei stellen z.B. $\underline{y}' = 1$ den Kurzschlußpunkt und $\underline{y}' = 0$ den Leerlaufpunkt dar.

2. Drehstreckung gemäß $2e^{j\pi}$

Im zweiten Schritt erfolgt eine Drehung um $180°$ und eine Streckung um den Faktor 2 gemäß Bild 5.8 c), so daß der Kurzschlußpunkt durch $\underline{y}'' = -2$ und der Leerlaufpunkt durch $\underline{y}'' = 0$ gegeben ist.

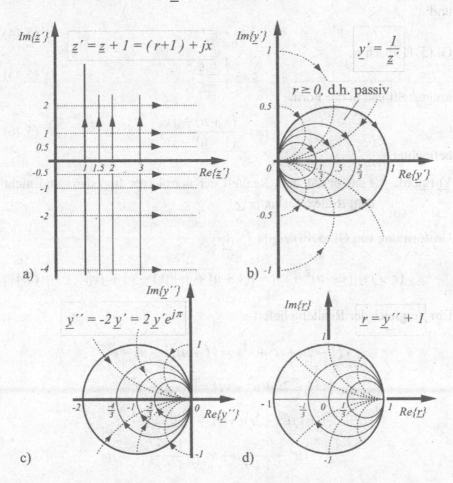

Bild 5.8: *Ableitung des Smith-Charts mit Hilfe der konformen Abbildung; Verschiebung a), Invertierung b), Drehung mit Streckung c) und erneute Verschiebung d)*

3. Verschiebung um 1

Im letzten Schritt erfolgt nun die Verschiebung aller Werte um 1, so daß in der Reflexionsfaktorebene $\underline{r}$ der Kurzschlußpunkt bei $\underline{r} = -1$ und der Leerlaufpunkt bei $\underline{r} = 1$ zu finden ist. Der Punkt $\underline{r} = 0$ ist bekanntlich der normierten Impedanz $\underline{z} = 1$ zugeordnet. In diesem Fall liegt Anpassung vor.

Neben dieser anschaulichen Herleitung des Smith-Charts sollen nun noch die Kreisgleichungen für die Kreise mit konstantem Realteil bzw. die für die Kreise mit konstantem Imaginärteil abgeleitet werden. Hierzu wird mit

$$\underline{r} = u + jv \tag{5.43}$$

und

$$\underline{z} = r + jx \tag{5.44}$$

Gl.(5.41) nach $\underline{z}$,

$$\underline{z} = \frac{1 + \underline{r}}{1 - \underline{r}}, \tag{5.45}$$

umgestellt und in der Form

$$r + jx = \frac{(1 + u) + jv}{(1 - u) - jv}, \tag{5.46}$$

betrachtet.

<u>Vorsicht:</u>   r entspricht dem Realteil der normierten Impedanz und nicht dem Reflexionsfaktor $\underline{r}$!

Umformung von Gl.(5.46) ergibt

$$(r + jx)[(1 - u)^2 + v^2] = [(1 + u) + jv][((1 - u) + jv]. \tag{5.47}$$

Ein Vergleich der Realteile liefert

$$r(1 - 2u + u^2 + v^2) = (1 + u)(1 - u) - v^2,$$

$$r(1 - 2u + u^2 + v^2) = 1 - u^2 - v^2,$$

$$(1 + r)u^2 - 2ru + (1 + r)v^2 = 1 - r,$$

$$u^2 - \frac{2r}{1 + r}u + v^2 = \frac{1 - r}{1 + r},$$

$$\left(u - \frac{r}{1 + r}\right)^2 + v^2 = \frac{1 - r}{1 + r} + \frac{r^2}{(1 + r)^2}$$

bzw.

$$\left(u - \frac{r}{1 + r}\right)^2 + v^2 = \left(\frac{1}{1 + r}\right)^2. \tag{5.48}$$

Entsprechend liefert ein Vergleich der Imaginärteile in Gl.(5.47)

$$x(1 - 2u + u^2 + v^2) = v(1 + u) + v(1 - u),$$

$$x(1 - 2u + u^2 + v^2) = 2v,$$

$$u^2 - 2u + v^2 - \frac{2}{x}v = -1,$$

$$(u - 1)^2 + \left(v - \frac{1}{x}\right)^2 = -1 + 1 + \left(\frac{1}{x}\right)^2,$$

$$(u - 1)^2 + \left(v - \frac{1}{x}\right)^2 = \left(\frac{1}{x}\right)^2. \qquad (5.49)$$

Die Ergebnisse in Gl.(5.48) und Gl.(5.49) stellen Kreisgleichungen der allgemeinen Form

$$(u - u_0)^2 + (v - v_0)^2 = w^2$$

dar, wobei u_0 die u-Koordinate des Mittelpunktes, v_0 die v-Koordinate des Mittelpunktes und w den Radius des Kreises beschreiben. Danach ergeben sich aus Gl.(5.48) die Kreismittelpunkte $u_{0r} + jv_{0r}$ der Kreise mit konstantem Realteil r im Smith-Chart aus

$$u_{0r} + jv_{0r} = \frac{r}{1 + r} \qquad (5.50)$$

und die zugehörigen Radien w_r aus

$$w_r = \frac{1}{1 + r}. \qquad (5.51)$$

Entsprechend liefert Gl.(5.49) für die Kreismittelpunkte $u_{0x} + jv_{0x}$ der Kreise mit konstantem Imaginärteil x

$$u_{0x} + jv_{0x} = 1 + j\frac{1}{x} \qquad (5.52)$$

und für die zugehörigen Radien w_x

$$w_x = \frac{1}{x}. \qquad (5.53)$$

Damit ist die vollständige Herleitung des Smith-Charts, einem Diagramm zur Darstellung normierter Impedanzwerte in der komplexen Reflexionsfaktorebene, abgeschlossen. Es hat in der Höchstfrequenztechnik eine außerordentliche hohe Bedeutung erlangt, da es sehr gut zur Analyse und Synthese von Schaltungen, die aus verlustlosen Leitungen bestehen, geeignet ist.

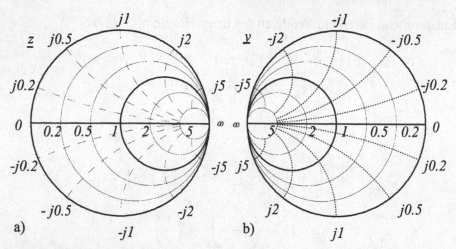

Bild 5.9: *Darstellung der normierten Impedanz z in der Reflexionsfaktor-ebene r a) und Darstellung der normierten Admittanz y in der Reflexionsfaktorebene r b)*

Es sei an dieser Stelle angemerkt, daß die Zuordnung von **normierten Admittanzen** zu den Reflexionsfaktoren zu dem in Bild 5.9 b) gezeigten Diagramm führt. Dabei handelt es sich lediglich um eine Drehung der gesamten Anordnung um 180°, wie sich mit $\underline{z} = \frac{1}{\underline{y}}$ in Gl.(5.45) einfach aus

$$\underline{z} = \frac{1+\underline{r}}{1-\underline{r}} \tag{5.54}$$

bzw.

$$\underline{y} = \frac{1+(-\underline{r})}{1-(-\underline{r})} \tag{5.55}$$

ableiten läßt. Beschreibt Gl.(5.54) den Zusammenhang, wie sich aus einem gegebenen Reflexionsfaktor die zugehörige normierte Impedanz $\underline{z}$ ergibt, so zeigt ein Vergleich der rechten Seiten von Gl.(5.54) mit der rechten Seiten von Gl.(5.55), daß sich die normierte Admittanz aus demselben funktionalen Zusammenhang ermitteln läßt, wobei lediglich $\underline{r}$ in Gl.(5.54) durch $-\underline{r} = \underline{r}\,e^{j\pi}$ zu ersetzen ist. Letzteres bedeutet, daß sich der Admittanzwert an dem Punkt ablesen läßt, der sich aus einer Drehung des Reflexionsfaktorzeigers um 180° ergibt. Diese Drehung ist bei der Darstellung der normierten Admittanz $\underline{y}$ im Diagramm nach Bild 5.9 b) schon berücksichtigt. Hier bleibt die Lage des Reflexionsfaktors $\underline{r} = |\underline{r}|\,e^{j\varphi}$ erhalten, aber das Koordinatensystem, hier das Smith Chart, wird um 180° gedreht.

5.3 Schaltungsanalyse im Smith-Chart

Die Darstellung von Reflexionsfaktoren mit den zugehörigen normierten Impedanzen bzw. Admittanzen in einem Diagramm, bietet eine einfache und überschaubare Möglichkeit Leitungsstrukturen analysieren zu können. Im Gegensatz zur Verwendung der rechenintensiven Beziehung

$$\underline{Z}_E(\ell) = Z_W \frac{1 + j\dfrac{Z_W}{\underline{Z}_A}\tan(\beta\ell)}{\dfrac{Z_W}{\underline{Z}_A} + j\tan(\beta\ell)}, \tag{5.56}$$

die nach Gl.(3.255) die über eine verlustlose Leitung transformierte Abschlußimpedanz liefert, erfolgt die grafische Lösung der Aufgabe auf sehr einfache Weise. Die einzigen Beziehungen, die hierbei zu beachten sind, werden noch einmal kurz zusammengefaßt.

1. Die Umrechnungsbeziehungen zwischen Impedanzen und Reflexionsfaktoren lauten mit

$$z_A = \frac{\underline{Z}_A}{Z_W} \tag{5.57}$$

$$\underline{Z}_A = Z_W \frac{1 + \underline{r}}{1 - \underline{r}} \quad (5.58) \qquad \text{und} \qquad \underline{r} = \frac{z_A - 1}{\underline{z}_A + 1}. \quad (5.59)$$

2. Die Transformation eines Reflexionsfaktors $\underline{r}_A$ über eine verlustlose Leitung ($\gamma = j\beta$) erfolgt nach Gl.(4.29) gemäß

$$\underline{r}(\ell) = \frac{\underline{b}(\ell)}{\underline{a}(\ell)} = \underline{r}_A\, e^{-2j\beta\ell}. \tag{5.60}$$

Das bedeutet eine Drehung des Reflexionsfaktorzeigers um den Winkel $-2\beta\ell$ um den **Mittelpunkt** des Smith-Charts. Demnach ergibt sich für eine volle Umdrehung, d.h. eine Drehung um 360°, die zugehörige Länge aus $2\pi = 2\beta\ell$ zu $\ell = \lambda/2$.

3. Die Spannungsverteilung auf der Leitung ergibt sich nach Gl.(4.30) aus

$$\underline{U}(\ell) = \underline{U}_{hin}(\ell) + \underline{U}_{rück}(\ell) = \underline{U}_{hin}(\ell)\,(1 + \underline{r}(\ell)). \tag{5.61}$$

4. Die Stromverteilung auf der Leitung ergibt sich nach Gl.(4.31) aus

$$\underline{I}(\ell) = \underline{I}_{hin}(\ell) + \underline{I}_{rück}(\ell) = \underline{I}_{hin}(\ell)\,(1 - \underline{r}(\ell)). \tag{5.62}$$

5. Bei der Darstellung der Reflexionsfaktoren mit den zugehörigen normierten Impedanzen in einem Diagramm, ergibt sich nach Gl.(5.55)
der zugehörige Wert der normierten Admittanz, indem der Wert im
Diagramm für den um 180° gedrehten Reflexionsfaktorzeiger entnommen wird.

Vorsicht: Bei der Transformation über eine Leitung muß als Normierungsimpedanz der Wellenwiderstand der jeweiligen Leitung verwendet werden.
Erfolgt die Analyse einer Schaltung, bei der mehrere Leitungsabschnitte mit
unterschiedlichen Wellenwiderständen verwendet werden, so hat bei jedem
Übergang auf einen anderen Leitungsabschnitt eine Umnormierung zu erfolgen. Das heißt, daß zuerst aus dem ursprünglichen Reflexionsfaktor $\underline{r}^a$
(a soll hier für alt stehen), unter der Berücksichtigung von Z_W^a, die zugehörige Impedanz $\underline{Z}$ bestimmt werden muß. Diese wiederum führt durch eine
Normierung mit dem neuen Normierungswellenwiderstand Z_W^n zum entsprechenden Reflexionsfaktor $\underline{r}^n$, der zur weiteren Analyse herangezogen werden kann. Die Durchführung der einzelnen Schritte liefert aus $\underline{r}^a$ die Impedanz

$$\underline{Z} = Z_W^a \, \frac{1 + \underline{r}^a}{1 - \underline{r}^a},$$ (5.63)

aus der sich zur Bestimmung von $\underline{r}^n$ die Beziehung

$$\underline{r}^n = \frac{\underline{Z} - Z_W^n}{\underline{Z} + Z_W^n}$$ (5.64)

bzw.

$$\underline{r}^n = \frac{Z_W^a \, \dfrac{1 + \underline{r}^a}{1 - \underline{r}^a} - Z_W^n}{Z_W^a \, \dfrac{1 + \underline{r}^a}{1 - \underline{r}^a} + Z_W^n}$$ (5.65)

ergibt. Mit dem Umrechnungsfaktor T,

$$T = \frac{Z_W^a - Z_W^n}{Z_W^a + Z_W^n},$$ (5.66)

läßt sich das Ergebnis in Gl.(5.65) in der Form

$$\underline{r}^n = \frac{\underline{r}^a + T}{\underline{r}^a T + 1},$$ (5.67)

angeben.

5.3.1 Spannungs- und Stromverteilung auf der Leitung

Die Spannungsverteilung $\underline{U}(\ell)$ und die Stromverteilung $\underline{I}(\ell)$ auf der verlustlosen Leitung läßt sich aus Gl.(3.122) und Gl.(3.124) (Abschnitt 3.2.2) bzw. aus Gl.(3.144) und Gl.(3.145) durch

$$\underline{U}(\ell) = \underline{U}_0 \cos(\beta\ell) + j Z_W \underline{I}_0 \sin(\beta\ell) = \underline{U}_{hin}(\ell) \, (1 + \underline{r}(\ell))$$

und

$$\underline{I}(\ell) = \underline{I}_0 \cos(\beta\ell) + j \frac{\underline{U}_0}{Z_W} \sin(\beta\ell) = \underline{I}_{hin}(\ell) \, (1 - \underline{r}(\ell))$$

angeben, wobei $\underline{U}_0$ und $\underline{I}_0$ die Spannung bzw. den Strom am Leitungsende, d.h. an der Stelle $\ell = 0$, beschreiben. In diesem Fall ist der Strom $\underline{I}_0$ direkt über $\underline{I}_0 = \frac{\underline{U}_0}{\underline{Z}_A}$ mit der Abschlußimpedanz $\underline{Z}_A$ verknüpft. Die Beschreibung von $\underline{U}(\ell)$ und $\underline{I}(\ell)$ mit Hilfe von Wellengrößen und Reflexionsfaktoren ermöglicht in Verbindung mit dem Smith-Chart eine sehr anschauliche Darstellung dieser Größen. Hierzu erfolgt die Betrachtung von

$$\frac{U(\ell)}{U_{hin}(\ell)} = 1 + \underline{r}(\ell) \quad (5.68) \qquad \text{bzw.} \qquad \frac{I(\ell)}{I_{hin}(\ell)} = 1 - \underline{r}(\ell). \quad (5.69)$$

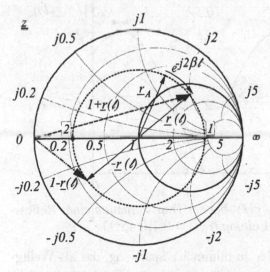

Bild 5.10: *Transformation eines Reflexionsfaktors über eine Leitung*

Somit beschränkt sich die Untersuchung auf die Analyse des Ausdrucks $1 + \underline{r}(\ell)$ im Falle der Spannungsverteilung und auf $1 - \underline{r}(\ell)$ im Falle der Stromverteilung. Diese erfolgt im folgenden anhand von Bild 5.10. Bild 5.10 zeigt das Smith-Chart, in das ein beliebig gewählter Reflexionsfaktor $\underline{r}_A$ eingezeichnet ist. Die Transformation dieses Reflexionsfaktors über eine Leitung erfolgt gemäß $\underline{r}_A \, e^{-2j\beta\ell}$ auf einem Kreis mit dem Radius $|\underline{r}_A|$

um den Mittelpunkt des Smith-Charts, d.h. auf dem in Bild 5.10 angedeuteten Kreis. Die Spitze des komplexen Zeiger $\underline{r}(\ell)$ läuft also mit wachsendem
Abstand vom Abschluß entlang des Kreises im Uhrzeigersinn. Um nun den
Verlauf der Spannung zu erhalten, ist gemäß Gl.(5.68) der Ausdruck $1 + \underline{r}(\ell)$
zu betrachten. Dieses entspricht jedoch dem komplexen Zeiger von der Stel-
le $\underline{r} = -1$ zur Spitze von $\underline{r}_{(\ell)}$, der sich aus der Addition von 1 (1 = dem
Zeiger von -1 nach 0!) und $\underline{r}(\ell)$ ergibt. Die Länge dieses Zeigers stellt somit ein Maß für die Spannungsverteilung auf der Leitung dar. Danach ergibt
sich aus Bild 5.10 im Falle maximaler Spannung (u_{max}) an der Stelle $\boxed{1}$
$\underline{r}(\boxed{1}) = 1 + |\underline{r}_A|$ und im Falle minimaler Spannung (u_{min}) an der Stelle $\boxed{2}$
$\underline{r}(\boxed{2}) = 1 - \lceil \underline{r}_A \rceil$. In Bild 5.11 ist z.B. der prinzipielle Verlauf von $|1 + \underline{r}(\ell)|$
für verschiedene Werte von $|\underline{r}_A|$ ($|\underline{r}_A| = 0.1; 0.45; 1$) dargestellt.

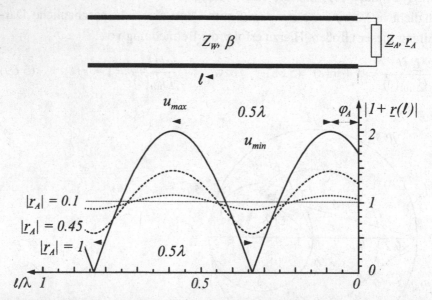

Bild 5.11: *Betrachtung von $|1 + \underline{r}(\ell)|$ bei der Transformation eines Reflexi-
onsfaktors über eine Leitung ($|\underline{r}_A| = 0.1; 0.45; 1$)*

Das Verhältnis von maximaler zu minimaler Spannung, das als **Wellig-
keitsfaktor** s oder VSWR (voltage standing wave ratio, kurz SWR) bezeichnet wird, ergibt sich aus

$$s = \frac{u_{max}}{u_{min}} = \frac{1 + |\underline{r}_A|}{1 - |\underline{r}_A|}, \qquad (5.70)$$

woraus sich durch Umstellen nach $|\underline{r}_A|$ die Beziehung

$$|\underline{r}_A| = \frac{s-1}{s+1} \tag{5.71}$$

zur Ermittlung von $|\underline{r}_A|$ angeben läßt. Dieses bedeutet, daß sich aus einer Messung des prinzipiellen Verlaufs der Spannungsverteilung auf der Leitung sofort der Betrag des Abschlußreflexionsfaktors ergibt. Neben dem eingeführten **Welligkeitsfaktor** s wird auch häufig der Kehrwert des Welligkeitsfaktors, der als **Anpassungsfaktor** m (mit $m = 1/s$) bezeichnet wird, verwendet.

Eine Möglichkeit zur Messung der Spannungsverteilung ergibt sich aus der Verwendung der in Abschnitt 4.4.2.3.2 vorgestellten Meßleitung, die mit Hilfe eines Detektors und eines geeigneten Meßinstruments (SWR-Meter) eine zur Sondenspannung proportionale Anzeige liefert. Da jedoch zur Bestimmung des Reflexionsfaktors gemäß Gl.(5.70) nur das Verhältnis von u_{max} zu u_{min} benötigt wird, kann auf die Bestimmung der Meßgerätekonstante, die zur Angabe des Spannungswertes benötigt wird, verzichtet werden. In diesem Fall wird zuerst die Sonde ins Spannungsmaximum gebracht und die Anzeige am Instrument auf 1 abgeglichen. Danach wird die Sonde ins Spannungsminimum gebracht und das Stehwellenverhältnis s abgelesen.

Zur vollständigen Bestimmung des Reflexionsfaktors $\underline{r}_A = |\underline{r}_A|\, e^{j\varphi_A}$ bleibt abschließend die Ermittlung des Winkels φ_A, der sich nach Bild 5.11 direkt aus dem Abstand vom Leitungsende zum Spannungsmaximum ergibt. Wie ebenfalls dem Bild 5.11 entnommen werden kann, eignen sich die Spannungsminima wesentlich besser für eine meßtechnische Ermittlung von markanten Positionen, da sie viel schärfer ausgeprägt sind als die Maxima. Somit stellt sich die Frage, wie aus der Messung von Spannungsminima der Winkel φ_A ermittelt werden kann. Hierzu wird die Meßleitung auf die Position des ersten Spannungsminimums, die als ℓ_{min} bezeichnet wird, eingestellt. In diesem Fall ergibt sich aus Bild 5.10 an der Stelle $\boxed{2}$ für $\underline{r}\,(\ell_{min})$,

$$\underline{r}\,(\ell_{min}) = -|\underline{r}_A| = \underline{r}_A\, e^{-j2\beta\ell_{min}} \tag{5.72}$$

bzw.

$$-|\underline{r}_A| = |\underline{r}_A|e^{-j\pi} = |\underline{r}_A|\, e^{j(\varphi_A - 2\beta\ell_{min})}, \tag{5.73}$$

woraus sich der gesuchte Winkel φ_A zu

$$\varphi_A = 2\beta\,\ell_{min} - \pi \tag{5.74}$$

bestimmen läßt. Unter der Berücksichtigung, daß der Abstand zweier Spannungsminima gerade $\frac{\lambda}{2}$ beträgt, läßt sich, nach der meßtechnischen Bestimmung von λ, der gesuchte Reflexionsfaktor $\underline{r}_A$ durch

$$\underline{r}_A = |\underline{r}_A| e^{j(2\beta \ell_{min} - \pi)} = -|\underline{r}_A| e^{j2\beta \ell_{min}} \tag{5.75}$$

bzw. mit $|\underline{r}_A|$ nach Gl.(5.71) in der Form

$$\underline{r}_A = -\frac{s-1}{s+1} e^{j2\beta \ell_{min}} \tag{5.76}$$

angeben.

5.3.2 Beispiele zur Schaltungsanalyse (Anpassungsnetzwerke)

Die nachstehenden Abschnitte sollen einige Beispiele für die Schaltungsanalyse im Smith-Chart aufzeigen.

5.3.2.1 *Analyse eines* $\lambda/4$-*Transformators*

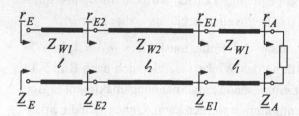

Bild 5.12: *Abschlußimpedanz mit verschiedenen Leitungsabschnitten*

Im ersten Beispiel soll gemäß Bild 5.12 eine Abschlußimpedanz $\underline{Z}_A$ ($\underline{Z}_A = 50\Omega + j50\Omega$) über zwei Leitungselemente an eine 50Ω-Leitung angepaßt werden. Der Wellenwiderstand Z_{W1} der ersten Leitung soll ebenfalls 50Ω betragen und die zweite Leitung soll einen $\lambda/4$-Transformator, d.h. $\ell_2/\lambda = 0.25$, darstellen. Damit lautet die Aufgabe: *Bestimmung des Minimums von* ℓ_1/λ *und des Wellenwiderstandes* Z_{W2} *so, daß die geforderte Anpassung am Eingang erreicht wird.*

Zur Lösung der Aufgabe wird gemäß Gl.(5.57), mit $Z_{W1} = 50\Omega$ als Normierungsgröße, zuerst die normierte Impedanz $\underline{z}_A$,

$$\underline{z}_A = \frac{\underline{Z}_A}{Z_{W1}} = \frac{50\Omega + j50\Omega}{50\Omega} = 1 + j1, \tag{5.77}$$

berechnet und ins Smith-Chart in Bild 5.13 eingetragen.

Danach kann der Wert des Reflexionsfaktor $\underline{r}_A$ direkt abgelesen oder mit Hilfe von Gl.(5.59) zu

$$\underline{r}_A = \frac{\underline{z}_A - 1}{\underline{z}_A + 1} = 0.447 e^{j63,43^\circ} \tag{5.78}$$

bestimmt werden.

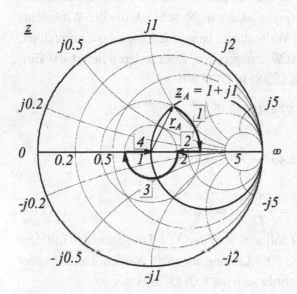

Bild 5.13: *Darstellung der einzelnen Schritte zur Verdeutlichung der* $\lambda/4$-*Transformation*

Nun erfolgt die Transformation über die Leitung der Länge ℓ_1 derart, daß mit Hilfe eines $\lambda/4$-Transformators die Anpassung an 50Ω erfolgen kann. Das heißt, da $\underline{Z}_{E2} = 50\Omega$ reellwertig ist, muß auch gemäß Gl.(3.283) die über ℓ_1 transformierte Impedanz $\underline{Z}_{E2}$ reellwertig sein. Bei einer Transformation gemäß

$$\underline{r}(\ell_1) = \underline{r}_A\, e^{-2j\beta\ell_1} = \underline{r}_A\, e^{-j4\pi\ell_1/\lambda}, \tag{5.79}$$

die sich mit einer Darstellung des Argumentes der e-Funktion in Grad durch

$$\underline{r}(\ell_1) = \underline{r}_A\, e^{-2j\beta\ell_1} = \underline{r}_A\, e^{-j720^\circ\ell_1/\lambda} \tag{5.80}$$

angeben läßt, ergibt sich nach den gemachten Aussagen die in Bild 5.13 durch $\boxed{1}$ angedeutete Drehung auf einem Kreis mit Mittelpunkt $\underline{r} = 0$. Die beiden Schnittpunkte mit der reellen Achse stellen die Lösungen für reelle Werte von $\underline{r}_{E1}$ bzw. $\underline{Z}_{E1}$ dar. Unter der Voraussetzung, daß die minimale Länge von ℓ_1 zu wählen ist, ergibt sich nach einer Drehung um $-63,43^\circ$ der gesuchte Wert für $\underline{r}_{E1,50\Omega}$ zu 0.447 bzw. für $\underline{Z}_{E1}$ nach Gl.(5.58)

$$\underline{Z}_{E1} = Z_{W1}\frac{1 + \underline{r}_{E1}}{1 - \underline{r}_{E1}} = 130.9\Omega. \tag{5.81}$$

Die Angabe von 50Ω bei $\underline{r}_{E1,50\Omega}$ soll daran erinnern, daß eine Normierungs-impedanz von 50Ω zur Ermittlung des Reflexionsfaktors verwendet wurde, die demzufolge auch bei der Berechnung von $\underline{Z}_{E1}$ heranzuziehen ist.

Das Verhältnis ℓ_1/λ kann zum einen aus dem Smith-Chart ermittelt wer-den, wenn am Rand eine geeignete Skala angebracht ist, die die Winkelein-teilung in Grad in eine auf die Wellenlänge bezogene Länge ℓ_1/λ umrechnet, wobei 360° einer Länge von 0.5λ entsprechen. Zum anderen liefert das Ein-setzen des Ergebnisses aus Gl.(5.78) in Gl.(5.80)

$$\underline{r}(\ell_1) = 0.447 = 0.447e^{j63.43^\circ}\,e^{-j720^\circ\ell_1/\lambda} \tag{5.82}$$

die Beziehung

$$63.43^\circ - 720^\circ\frac{\ell_1}{\lambda} = 0$$

bzw.

$$\frac{\ell_1}{\lambda} = \frac{63.43^\circ}{720^\circ} = 0.088. \tag{5.83}$$

Der Wert von $\underline{Z}_{E1} = 130{,}9\Omega$ soll nun über den $\lambda/4$-Transformator mit dem Wellenwiderstand Z_{W2} an eine 50Ω-Leitung angepaßt werden. Der erforder-liche Wellenwiderstand Z_{W2} ergibt sich nach Gl.(3.280) aus

$$\underline{Z}_{E1}Z_{W1} = 130.9\,\Omega\cdot 50\,\Omega = Z_{W2}^2 \tag{5.84}$$

zu $Z_{W2} = 80.9\Omega$. Um nun diese Transformation im Smith-Chart nachvoll-ziehen zu können, erfolgt die in Gl.(5.67) angegebene Umnormierung auf die 80.9Ω-Leitung, so daß sich nun mit $T = -0.236$ aus $\underline{r}_{E1,50\Omega} = 0.447$ ein Reflexionsfaktor $\underline{r}_{E1,80.9\Omega} = 0.23$ ergibt. Dieser Schritt ist in Bild 5.11 durch $\boxed{2}$ gekennzeichnet. Die anschließende Drehung über die $\lambda/4$-Leitung, die in Bild 5.13 durch $\boxed{3}$ beschrieben wird, führt auf den Reflexionsfak-tor $\underline{r}_{E2,80.9\Omega} = -0.23$. Eine erneute Umnormierung auf den Wellenwider-stand der 50Ω-Leitung liefert in diesem Fall mit $T = 0.236$ nach Gl.(5.67) $\underline{r}_{E2,50\Omega} = 0$, d.h. den geforderten Fall der Anpassung. Der letzte Schritt wird durch $\boxed{4}$ gezeigt. Hier wird deutlich: **Der Wert des Reflexionsfaktors än-dert sich beim Übergang auf eine andere Leitung mit anderem Wellen-widerstand**. Die Drehung über das erste Leitungsstück der Länge ℓ_1 ($\boxed{1}$) bezieht sich auf eine 50Ω-Leitung, die Drehung über das zweite Leitungs-stück der Länge $\lambda/4$ ($\boxed{3}$) bezieht sich auf eine 80.9Ω-Leitung. In diesen Fällen beziehen sich die **normierten** Impedanzen auf **unterschiedliche** Wel-lenwiderstände.

5.3.2.2 Analyse einer Schaltung mit einer Stichleitung

Als nächstes Beispiel für einen Schaltungsentwurf mit Hilfe des Smith-Charts soll zunächst die in Bild 5.14 a) gezeigte Schaltung zugrundegelegt werden.

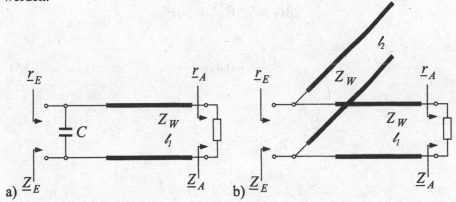

Bild 5.14: *Schaltung zur Anpassung eines Reflexionsfaktors $\underline{r}_A$, mit Hilfe einer Parallelkapazität a) bzw. mit einer Stichleitung b)*

Das Bild zeigt einen Abschluß, der über eine Leitung derart transformiert wird, daß die Parallelschaltung einer Kapazität im Eingang zur Anpassung führt. Der Wert für den hier anzupassenden Abschlußreflexionsfaktor $\underline{r}_A$ soll wie im vorherigen Beispiel zu $\underline{z}_A = 1 + j1$ gewählt werden. Zur Lösung dieser Aufgabe sei noch einmal darauf hingewiesen, daß im Smith-Chart der Wert der Admittanz gemäß Gl.(5.55) aus dem um 180° gedrehten Reflexionsfaktorzeiger ermittelt werden kann. Nach dieser Drehung des Reflexionsfaktorzeigers liefert das Diagramm stets normierte Admittanzen, aber den **negativen** Reflexionsfaktor. In diesem Fall muß jedoch das Diagramm nicht gedreht werden, so daß die Lösung in dem Smith-Chart erfolgen kann. Dieses bedeutet, daß der in der Aufgabenstellung angegebene Reflexionsfaktor $\underline{r}_A$ über die Leitung der Länge ℓ_1 so transformiert werden muß, daß die Eingangsadmittanz am Eingang auf dem Kreis mit $Re\{\underline{y}\} = 1$ liegt und einen negativen Imaginärteil aufweist, der mit Hilfe der Kapazität am Eingang kompensiert werden kann. Letzteres heißt, daß die transformierte Eingangsadmittanz auf der unteren Hälfte dieses Kreises liegen muß.

Unter der Berücksichtigung dieser Aussagen ergibt sich die in Bild 5.15 gezeigte Lösung. Danach erfolgt zunächst die mit $\boxed{1}$ bezeichnete Invertierung des Reflexionsfaktors in die Admittanzebene, d.h. die Drehung um

180°. Die anschließende Transformation über die Leitung der Länge ℓ_1, die mit $\boxed{2}$ gekennzeichnet ist, muß auf den Kreis mit $Re\{\underline{y}\} = 1$ führen. Die zugehörige Länge ℓ_1, die für die Drehung um ca. 307° auf $\underline{y} = 1 - j1$ verantwortlich ist, ergibt sich aus

$$2\beta\ell_1 = 720^\circ \frac{\ell_1}{\lambda} = 307^\circ$$

zu

$$\frac{\ell_1}{\lambda} = 0.426. \qquad (5.85)$$

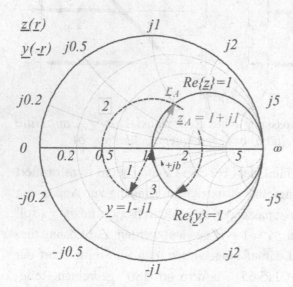

Bild 5.15: *Darstellung der einzelnen Schritte zur Ermittlung der Schaltungselemente der Anpassungsschaltung*

Zur Bestimmung der Parallelkapazität C, die die durch $\boxed{3}$ beschriebene Überführung in den Anpassungspunkt liefert, wird die Beziehung

$$1 - j1 + jb = 1,$$

$$b = Z_W \omega C = 1$$

herangezogen, so daß sich die Kapazität zu

$$C = \frac{1}{\omega Z_W} \qquad (5.86)$$

bestimmen läßt.

Da in vielen Schaltungen der Höchstfrequenztechnik die Realisierung von größeren Kapazitätswerten problematisch ist, erfolgt die Realisierung von $y = jb$ gemäß Bild 5.14 b) durch eine leerlaufende Stichleitung der Länge ℓ_2. Die benötigte Länge ℓ_2 kann entweder aus Gl.(3.257) oder grafisch aus dem Smith-Chart ermittelt werden. An dieser Stelle soll die letztgenannte Möglichkeit herangezogen werden. Dabei erfolgt, ausgehend von $y = 0$ eine Transformation auf dem Kreis mit $Re\{y\} = 0$ im Uhrzeigersinn bis der Wert der normierten Admittanz $y = j1$ erreicht wird. Der zugehörige Drehwinkel von 90° liefert aus

$$2\beta\ell_2 = 720^\circ \frac{\ell_2}{\lambda} = 90^\circ$$

die Länge der Stichleitung ℓ_2 zu

$$\ell_2 = \frac{\lambda}{8} \tag{5.87}$$

und somit die am Eingang der Schaltung geforderte Anpassung.

Abschließend sei noch einmal darauf hingewiesen, daß die Dimensionierung von Anpassungsschaltungen mit Hilfe des Smith-Charts gute Startwerte für eine anschließende Optimierung mit CAD-Programmen liefert. Dabei kann zur optimalen Erfüllung der vorgegebenen Kriterien zudem die Leitergeometrie variiert werden.

5.4 Zweitoranalyse

In diesem Abschnitt erfolgt eine detaillierte Untersuchung der linearen Übertragungseigenschaften allgemeiner Zweitore. Hierzu sind die **Verstärkung**, die **Stabilität** und das **Rauschverhalten** zu zählen. Diese Größen haben insbesondere in der Höchstfrequenzschaltungstechnik eine hohe Bedeutung erlangt, da sie zur Beurteilung vieler Schaltungen, die sich aus einer Hintereinanderschaltung von Zweitoren beschreiben lassen, herangezogen werden. Bei aktiven Komponenten, wie z.B. Verstärkerstufen, ist die Bestimmung von Verstärkung, Stabilität und insbesondere bei rauscharmen Verstärkern in Empfängereingangsstufen die Bestimmung des Rauschverhaltens wichtig, um durch geeignete Maßnahmen beim Schaltungsentwurf die geforderten Eigenschaften erreichen zu können.

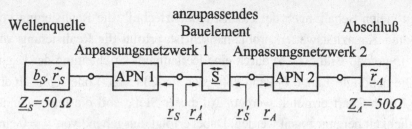

Bild 5.16: *Aufgabe von Anpassungsnetzwerken in einer Schaltung*

Der prinzipielle Aufbau derartiger Schaltungen, der im Abschnitt 4.4.2.2.7 vorgestellt wurde, zeigt Bild 5.16. In der Mitte befindet sich das anzupassende Bauelement, z.B. der Transistor, dessen Eigenschaften entweder aus Herstellerangaben oder aus Messungen bekannt sind. Anpassungsnetzwerke am Eingang und am Ausgang dieses Bauelementes haben dafür zu sorgen, daß das vorgegebene Bauelement die für den speziellen Anwendungsfall optimalen Anpassungsbedingungen vorfindet. Unter der Berücksichtigung, daß in der Mikrowellentechnik häufig ein Impedanzniveau von 50Ω gewählt wird, bedeutet das, daß der Reflexionsfaktor der Wellenquelle ($\underline{Z}_S = 50\Omega$) $\tilde{r}_S$ über das Anpassungsnetzwerk 1 in den am Eingang des Bauelementes wirksamen Reflexionsfaktor $\underline{r}_S$ und der Reflexionsfaktor des Abschlusses ($\underline{Z}_A = 50\Omega$) $\tilde{r}_A$ über das Anpassungsnetzwerk 2 in den am Ausgang des Bauelementes wirksamen Reflexionsfaktor $\underline{r}_A$ transformiert werden muß. Die Dimensionierung der Anpassungsnetzwerke hat dabei derart zu erfolgen, daß die Schaltung die geforderten Eigenschaften erfüllt. Diese könnten z.B. ein reflexionsfreier Abschluß von Quelle und Abschluß oder eine Rauschanpassung am Eingang mit Leistungsanpassung am Ausgang sein. Die Durchführung dieser Aufgabe läßt sich unter Berücksichtigung einer kurzen Zwischenbetrachtung auf die Analyse eines Zweitors mit Quelle und Abschluß (Last) reduzieren.

Zwischenbetrachtung zur Dimensionierung von Anpassungsnetzwerken:

Durch die Verwendung der Anpassungsnetzwerke lassen sich Quellenreflexionsfaktor und Lastreflexionsfaktor auf beliebige Werte transformieren. Gesucht sind jedoch die Werte für $\underline{r}_S$ und $\underline{r}_A$, die die geforderten Bedingungen, die an die zu entwickelnde Schaltung gestellt werden, in Abhängigkeit von den gegebenen Parameter des anzupassenden Bauelementes erfüllen. In diesem Fall bestimmen die Bauelementeparameter die Werte für $\underline{r}_S$ und $\underline{r}_A$. Dabei gilt:

1. Im Rahmen eines Verstärkerentwurfs soll z.B. mittels eines Transistors die eingehende Signalleistung verstärkt werden. Damit diese Leistung möglichst vollständig an die Last abgegeben wird, ist auf der Ausgangsseite für Leistungsanpassung zu sorgen. Das heißt es ist

$$\underline{r}_A = \underline{r}_S^{'*} \qquad (5.88)$$

   zu erfüllen, wobei $\underline{r}_S^{'*}$ von dem transformierten Quellenreflexionsfaktor $\underline{r}_S$ und den Streuparametern $\underline{S}_{11}$, $\underline{S}_{12}$, $\underline{S}_{21}$ und $\underline{S}_{22}$ des Bauelementes abhängt.

2. Nach den unter 1. eingeführten Voraussetzungen ist am Transistorausgang $\underline{r}_A$ durch $\underline{r}_S^{'*}$ zu ersetzen, so daß im folgenden stets von einer Leistungsanpassung am Ausgang auszugehen ist. Nun bleibt die Bestimmung des Wertes von $\underline{r}_S$, der im Sinne der Aufgabenstellung die bestmögliche Lösung darstellt. Handelt es sich um einen Schmalbandverstärker, so wird die optimale Lösung vermutlich auch zu einer Anpassung im Eingang führen, falls das Bauelement in diesem Arbeitsbetrieb einen stabilen Einsatz (keine Schwingneigung, siehe Abschnitt 5.4.2) ermöglicht. Im Falle eines rauscharmen Verstärkers müssen nähere Untersuchungen zur Bestimmung des optimalen Reflexionsfaktors am Eingang führen. Diese sind im Abschnitt 5.4.3 ausführlich dargestellt.

3. Ist nun der optimale Wert von $\underline{r}_S$ bestimmt, so können die Anpassungsnetzwerke berechnet werden. Das Anpassungsnetzwerk am Eingang, ist so zu wählen, das es den vorgegebenen Wert für $\tilde{r}_S$ möglichst gut in $\underline{r}_S$ transformiert. Danach kann der tatsächliche Wert von $\underline{r}_S^{'*}$ bestimmt werden. Dieser stellt nach Gl.(5.88) den Wert von $\underline{r}_A$ dar, in den das Anpassungsnetzwerk am Ausgang den gegebenen Lastreflexionsfaktor $\tilde{r}_A$ zu transformieren hat.

Die Umsetzung dieser Aufgabe in eine konkrete Schaltung gestaltet sich allerdings etwas komplizierter, da die Anpassungsnetzwerke die geforderten Bedingungen in einem vorgegebenen Frequenzbereich, das ist die Bandbreite die durch die Anwendung vorgegeben wird, zu erfüllen haben. Es ist somit die Lösung zu suchen, die im vorgegebenen Frequenzband eine befriedigende Lösung darstellt. Hierbei stellen moderne Entwurfswerkzeuge, die eine systematische Schaltungssynthese durch eine Kombination aus Schaltungs-analyse mit Einsatz von Optimierungsprogrammen bereitstellen, geeignete Hilfsmittel zum zielstrebigen Schaltungsentwurf dar.

Im folgenden werden nun die Kenngrößen abgeleitet, aus denen die Bedingungen zur Bestimmung von $\underline{r}_S$ abzuleiten sind. Dieses führt auf die Betrachtung der Leistungsverstärkung, wobei insbesondere die verfügbare Leistung der Quelle und die von der Last aufgenommene Leistung eine wesentliche Rolle spielen.

Analyse eines Zweitors mit Quelle und Last

Zur Durchführung der Eingangs aufgeführten Betrachtungen erfolgt an dieser Stelle erneut die Untersuchung des in Bild 5.2 bzw. in Bild 5.17 angegebenen Signalflußdiagramms, das die Zusammenschaltung einer Signalquelle mit einem Abschluß über ein Zweitor beschreibt. Die in Bild 5.17 angegebenen Größen $\underline{r}'_S$ bzw. $\underline{r}'_A$ sind durch

$$\underline{r}'_S = \underline{S}_{22} + \frac{\underline{S}_{21}\,\underline{S}_{12}\,\underline{r}_S}{1 - \underline{S}_{11}\,\underline{r}_S} \tag{5.89}$$

und

$$\underline{r}'_A = \underline{S}_{11} + \frac{\underline{S}_{21}\,\underline{S}_{12}\,\underline{r}_A}{1 - \underline{S}_{22}\,\underline{r}_A} \tag{5.90}$$

gegeben. $\underline{r}'_S$ beschreibt dabei den von der Last am Ausgang aus gesehenen, wirksamen Reflexionsfaktor der Quelle und $\underline{r}'_A$ die von der Quelle aus gesehene – über das Zweitor transformierte – Last.

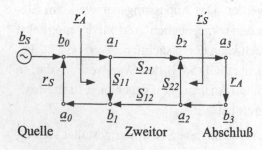

Bild 5.17: *Signalflußdiagramm zur Beschreibung eines Zweitors mit Signalquelle und Abschluß*

Diese Größen werden im folgenden zur Berechnung der Verstärkungseigenschaften des Zweitors herangezogen, wobei an dieser Stelle gesagt werden soll, daß bei der Berechnung der Verstärkung stets vorausgesetzt wird, daß sich das Zweitor stabil verhält. In diesem Fall müssen $\underline{r}'_S$ und $\underline{r}'_A$ passives Verhalten aufweisen, wenn $\underline{r}_A$ und $\underline{r}_S$ passive Eintore darstellen. Welche Anforderungen hierzu an die Zweitorparameter zu stellen sind, ist an dieser Stelle noch nicht zu erkennen; es soll aber im folgenden genauer darauf eingegangen werden. Ausführliche Betrachtungen sind Abschnitt 5.4.2 zu entnehmen.

Zur Berechnung der Verstärkung werden die vom Zweitor mit Last aufgenommene Wirkleistung bzw. die von der Quelle abgegebene Wirkleistung P_S und die vom Zweitor an die Last abgegebene Wirkleistung P_A benötigt. Ausgehend von der Bezeichnung der Wellengrößen in Bild 5.17 ergibt sich hierfür

$$P_A = \frac{1}{2}(|\underline{a}_3|^2 - |\underline{b}_3|^2) \tag{5.91}$$

und

$$P_S = \frac{1}{2}(|\underline{a}_1|^2 - |\underline{b}_1|^2), \tag{5.92}$$

wobei die Größen $\underline{a}_1$, $\underline{b}_1$, $\underline{a}_3$ und $\underline{b}_3$ aus einer Analyse der obigen Schaltung zu ermitteln sind. Mit

$$\underline{a}_1 = \underline{b}_S + \underline{r}_S \underline{b}_1 \qquad \text{und} \qquad \underline{b}_1 = \underline{r}'_A \underline{a}_1$$

ergibt sich für $\underline{a}_1$

$$\underline{a}_1 = \frac{\underline{b}_S}{1 - \underline{r}_S \underline{r}'_A}. \tag{5.93}$$

Unter Berücksichtigung von $\underline{r}'_A$ nach Gl.(5.90) kann hieraus für die auf das Zweitor zulaufende Welle $\underline{a}_1$

$$\underline{a}_1 = \frac{\underline{b}_S}{1 - \underline{r}_S \left(\underline{S}_{11} + \dfrac{\underline{S}_{21} \underline{S}_{12} \underline{r}_A}{1 - \underline{S}_{22} \underline{r}_A}\right)} \tag{5.94}$$

bzw.

$$\underline{a}_1 = \frac{\underline{b}_S (1 - \underline{S}_{22} \underline{r}_A)}{(1 - \underline{S}_{11} \underline{r}_S)(1 - \underline{S}_{22} \underline{r}_A) - \underline{S}_{21} \underline{S}_{12} \underline{r}_S \underline{r}_A} \tag{5.95}$$

angegeben werden, so daß sich mit $\underline{a}_1$ nach Gl.(5.95) die **von der Quelle abgegebene Wirkleistung** P_S aus

$$P_S = \frac{|\underline{a}_1|^2}{2}(1 - |\underline{r}'_A|^2) \tag{5.96}$$

zu

$$P_S = \frac{|\underline{b}_S|^2}{2} \frac{|1 - \underline{S}_{22} \underline{r}_A|^2 (1 - |\underline{r}'_A|^2)}{|(1 - \underline{S}_{11} \underline{r}_S)(1 - \underline{S}_{22} \underline{r}_A) - \underline{S}_{21} \underline{S}_{12} \underline{r}_S \underline{r}_A|^2} \tag{5.97}$$

ermitteln läßt.

In entsprechender Form muß die **von der Last aufgenommene Wirklei-stung** P_A bestimmt werden. Mit

$$\underline{a}_3 = \underline{b}_3\,\underline{S}_{22} + \underline{a}_1\,\underline{S}_{21} \qquad \text{und} \qquad \underline{b}_3 = \underline{r}_A\,\underline{a}_3$$

ergibt sich für $\underline{a}_3$

$$\underline{a}_3 = \frac{\underline{a}_1\,\underline{S}_{21}}{1 - \underline{S}_{22}\,\underline{r}_A}, \tag{5.98}$$

woraus sich mit $\underline{a}_1$ nach Gl.(5.95)

$$\underline{a}_3 = \frac{\underline{b}_S\,\underline{S}_{21}}{(1 - \underline{r}_S\,\underline{S}_{11})\,(1 - \underline{S}_{22}\,\underline{r}_A) - \underline{S}_{21}\,\underline{S}_{12}\,\underline{r}_S\,\underline{r}_A} \tag{5.99}$$

ableiten läßt. Die von der Last aufgenommene Wirkleistung P_A ergibt sich somit gemäß Gl.(5.91) aus

$$P_A = \frac{|\underline{a}_3|^2}{2}\,(1 - |\underline{r}_A|^2),$$

mit $\underline{a}_3$ nach Gl.(5.99), zu

$$P_A = \frac{|\underline{b}_S|^2}{2}\,\frac{|\underline{S}_{21}|^2\,(1 - |\underline{r}_A|^2)}{|(1 - \underline{r}_S\,\underline{S}_{11})\,(1 - \underline{S}_{22}\,\underline{r}_A) - \underline{S}_{21}\,\underline{S}_{12}\,\underline{r}_S\,\underline{r}_A|^2}. \tag{5.100}$$

Aus Gl.(5.100) ergibt sich das Maximum an aufgenommener Wirkleistung $P_{A,max}$ für den Fall, daß $\underline{r}_A = \underline{r}_S^*$ ist, zu

$$P_{A,max} = \frac{|\underline{b}_S|^2}{2}\,\frac{|\underline{S}_{21}|^2\,(1 - |\underline{r}_S^*|^2)}{|(1 - \underline{r}_S\,\underline{S}_{11})\,(1 - \underline{S}_{22}\,\underline{r}_S^*) - \underline{S}_{21}\,\underline{S}_{12}\,\underline{r}_S\,\underline{r}_S^*|^2}. \tag{5.101}$$

$P_{A,max}$ ist nun nur noch abhängig von dem Reflexionsfaktor der Quelle und den Streuparametern des Zweitors, da die Wahl der Last derart erfolgte, daß am Ausgang des Zweitors stets Leistungsanpassung vorliegt.

Das Maximum der von der Quelle abgegebenen Wirkleistung $P_{S,max}$, die der verfügbaren Leistung $P_{S,verf}$ entspricht, ergibt sich aus Gl.(5.96) im Falle der Leistungsanpassung an der Quelle. Mit $\underline{r}_A' = \underline{r}_S^*$ in Gl.(5.93) liefert Gl.(5.96)

$$P_{S,verf} = \frac{|\underline{b}_S|^2}{2}\,\frac{1}{1 - |\underline{r}_S|^2}. \tag{5.102}$$

5.4.1 Leistungsverstärkung

Nach der Berechnung der verschiedenen Leistungen, kann die Angabe der Leistungsverstärkung (Gewinn) G des Zweitors erfolgen. Sie ist definiert als das Verhältnis von abgegebener Wirkleistung P_A zu aufgenommener Wirkleistung P_S. Sie kann mit Hilfe von Gl.(5.97) und Gl.(5.100) durch

$$G = \frac{P_A}{P_S} = \cfrac{\cfrac{|\underline{S}_{21}|^2\,(1-|\underline{r}_A|^2)}{|(1-\underline{r}_S\,\underline{S}_{11})\,(1-\underline{S}_{22}\,\underline{r}_A) - \underline{S}_{21}\,\underline{S}_{12}\,\underline{r}_S\,\underline{r}_A|^2}}{\cfrac{|1-\underline{S}_{22}\,\underline{r}_A|^2\,(1-|\underline{r}_A'|^2)}{|(1-\underline{S}_{11}\,\underline{r}_S)\,(1-\underline{S}_{22}\,\underline{r}_A) - \underline{S}_{21}\,\underline{S}_{12}\,\underline{r}_S\,\underline{r}_A|^2}}$$

bzw.

$$G = \frac{|\underline{S}_{21}|^2\,(1-|\underline{r}_A|^2)}{|1-\underline{S}_{22}\,\underline{r}_A|^2\,(1-|\underline{r}_A'|^2)} \tag{5.103}$$

angegeben werden, wobei $\underline{r}_A'$ nach Gl.(5.90) zu verwenden ist. Neben dieser allgemeinen Verstärkungsdefinition werden in der Schaltungstechnik noch weitere Verstärkungsdefinitionen, die unilaterale Leistungsverstärkung und die verfügbare Leistungsverstärkung, die im folgenden noch näher betrachtet werden, benutzt.

5.4.1.1 Unilaterale Leistungsverstärkung

Die **unilaterale Leistungsverstärkung** G_u beschreibt die Leistungsverstärkung von rückwirkungsfreien Zweitoren, d.h. $\underline{S}_{12} = 0$. Sie spielt beim Entwurf von Mikrowellenverstärkern bei der Bestimmung der Anpassungsnetzwerke am Transistoreingang bzw. am Transistorausgang eine große Rolle. Besitzt in diesem Fall $\underline{S}_{12}$ einen niedrigen Absolutbetrag, so gilt in erster Näherung $\underline{r}_A' = \underline{S}_{11}$ und $\underline{r}_S' = \underline{S}_{22}$ und somit für die unilaterale Leistungsverstärkung

$$G_u = \frac{|\underline{S}_{21}|^2\,(1-|\underline{r}_A|^2)}{|1-\underline{S}_{22}\,\underline{r}_A|^2\,(1-|\underline{S}_{11}|^2)}. \tag{5.104}$$

5.4.1.2 Verfügbare Leistungsverstärkung

Als **verfügbare Leistungsverstärkung** G_{verf} wird das Verhältnis von verfügbarer Wirkleistung von Quelle mit Zweitor, die der maximal von der Last aufnehmbaren Leistung $P_{A,max}$ nach Gl.(5.101) entspricht, zu verfügbarer Wirkleistung der Quelle $P_{S,verf}$ nach Gl.(5.102),

$$G_{verf} = \frac{|\underline{S}_{21}|^2 \, (1 - |\underline{r}_S^{'*}|^2) \, (1 - |\underline{r}_S|^2)}{|(1 - \underline{r}_S \, \underline{S}_{11}) \, (1 - \underline{S}_{22} \, \underline{r}_S^{'*}) - \underline{S}_{21} \, \underline{S}_{12} \, \underline{r}_S \, \underline{r}_S^{'*}|^2}, \tag{5.105}$$

bezeichnet. Gl.(5.105) beschreibt die Abhängigkeit der verfügbaren Leistungsverstärkung G_{verf} in Abhängigkeit vom Quellenreflexionsfaktor $\underline{r}_S$. Zur Ableitung einer anschaulichen Darstellung dieser Größe, die auch in der Rauschparametermeßtechnik eine bedeutende Rolle spielt, erfolgt an dieser Stelle die Herleitung nach [46], die nicht Wellengrößen sondern Admittanzparameter, d.h. die Elemente der Y-Matrix ($\overset{\leftrightarrow}{\underline{Y}}$) und eine Stromquelle, benutzt. Eine ausführlichere Darstellung der in [46] angegebenen Beziehung ist [49] zu entnehmen.

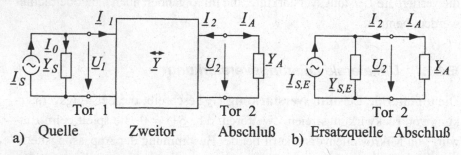

a) Quelle Zweitor Abschluß b) Ersatzquelle Abschluß

Bild 5.18: *Darstellung der Zusammenschaltung einer Stromquelle mit einer Last über ein Zweitor a) und einer Last mit einer äquivalenten Stromquelle b)*

Es wird im folgenden die in Bild 5.18 a) gezeigte Schaltung betrachtet, die aus einer realen Stromquelle, mit dem Quellstrom $\underline{I}_S$ und der Innenadmittanz $\underline{Y}_S$, einem Zweitor mit der Admittanzmatrix $\overset{\leftrightarrow}{\underline{Y}}$ und einer Abschlußadmittanz $\underline{Y}_A$ besteht. Zur Berechnung der verfügbaren Leistungsverstärkung G_{verf} wird die verfügbare Leistung der Quelle bezüglich Tor 1 und die verfügbare Leistung der Quelle mit Zweitor $P_{verf,E}$ bezüglich Tor 2 benötigt, wobei sich die verfügbare Leistung einer Stromquelle aus

$$P_{verf} = \frac{|\underline{I}_S|^2}{8 \, \text{Re}\{\underline{Y}_S\}} \tag{5.106}$$

bestimmen läßt. Zur Angabe der verfügbaren Leistung der Quelle mit Zweitor wird zunächst die in Bild 5.18 b) gezeigte Ersatzstromquelle bezüglich Tor 2, bestehend aus der Ersatzstromquelle $\underline{I}_{S,E}$,

$$\underline{I}_{S,E} = -\underline{I}_S \frac{\underline{Y}_{21}}{\underline{Y}_{11} + \underline{Y}_S}, \tag{5.107}$$

und der Quelladmittanz $\underline{Y}_{S,E}$,

$$\underline{Y}_{S,E} = \underline{Y}_{22} - \frac{\underline{Y}_{12}\underline{Y}_{21}}{\underline{Y}_{11} + \underline{Y}_S}, \tag{5.108}$$

ermittelt. Mit Hilfe dieser Ergebnisse ergibt sich aus einer Gl.(5.106) entsprechenden Beziehung die verfügbare Leistung der Ersatzstromquelle zu

$$P_{verf,E} = \frac{|\underline{I}_{S,E}|^2}{8 \, \text{Re}\{\underline{Y}_{S,E}\}}. \tag{5.109}$$

und die verfügbare Leistungsverstärkung G_{verf} aus

$$G_{verf} = \frac{P_{verf,E}}{P_{verf}} \tag{5.110}$$

zu

$$G_{verf} = \frac{\left| \dfrac{\underline{Y}_{21}}{\underline{Y}_{11} + \underline{Y}_S} \right|^2 \text{Re}\{\underline{Y}_S\}}{\text{Re}\left\{ \underline{Y}_{22} - \dfrac{\underline{Y}_{12}\,\underline{Y}_{21}}{\underline{Y}_{11} + \underline{Y}_S} \right\}}. \tag{5.111}$$

Gl.(5.111) läßt sich mit der Darstellung aller komplexen Impedanzen durch ihre Real- und Imaginärteile, d.h. $\underline{Y}_S = G_S + jB_S$ und $\underline{Y}_{ij} = G_{ij} + jB_{ij}$ (für $i,j = 1$ oder 2), auch durch die Beziehung

$$G_{verf} = \frac{G_S \, |\underline{Y}_{21}|^2}{G_{22} \, |\underline{Y}_{11} + \underline{Y}_S|^2 - \text{Re}\{\underline{Y}_{12} \, \underline{Y}_{21} \, (\underline{Y}_{11} + \underline{Y}_S)^*\}} \tag{5.112}$$

angeben, die in [46] als Ausgangsgleichung zur Ableitung eines sehr anschaulichen Zusammenhangs zwischen dem **Kehrwert der verfügbaren Verstärkung** und der Quelladmittanz dient. Im folgenden wird also anstatt Gl.(5.112) der Ausdruck

$$\frac{1}{G_{verf}} = \frac{1}{|\underline{Y}_{21}|^2} \left[\frac{G_{22} \, |\underline{Y}_{11} + \underline{Y}_S|^2}{G_S} - \frac{\text{Re}\{\underline{Y}_{12} \, \underline{Y}_{21} \, (\underline{Y}_{11} + \underline{Y}_S)^*\}}{G_S} \right] \tag{5.113}$$

betrachtet. Zur Analyse von Gleichung Gl.(5.113) wird berücksichtigt, daß G_{verf} für eine bestimmte Quelladmittanz $\underline{Y}_{S,max}$ ein Maximum $G_{verf,max}$ annimmt und daß bei einer Abweichung der Quelladmittanz $\underline{Y}_S$ von $\underline{Y}_{S,max}$ auch die Verstärkung abnimmt. Bezogen auf den Kehrwert bedeutet dieses, daß $\frac{1}{G_{verf}}$ für $\underline{Y}_{S,max}$ ein Minimum aufweisen muß. Zur Bestimmung dieses Minimums und der zugehörigen Werte für $G_{S,max}$ und $B_{S,max}$ müssen die Bedingungen

$$\frac{\partial}{\partial G_S}\left(\frac{1}{G_{verf}}\right) = 0 \quad (5.114) \quad \text{und} \quad \frac{\partial}{\partial B_S}\left(\frac{1}{G_{verf}}\right) = 0 \quad (5.115)$$

erfüllt werden, woraus sich

$$G_{S,max} = \frac{|\underline{Y}_{12}\,\underline{Y}_{21}|}{2\,G_{22}}\sqrt{k^2-1}, \quad (5.116)$$

$$B_{S,max} = -B_{11} + \frac{\text{Im}\{\underline{Y}_{12}\,\underline{Y}_{21}\}}{2\,G_{22}} \quad (5.117)$$

und der zugehörige Wert für $\frac{1}{G_{verf,max}}$,

$$\frac{1}{G_{verf,max}} = \frac{|\underline{Y}_{12}|}{|\underline{Y}_{21}|}\left[k+\sqrt{k^2-1}\right], \quad (5.118)$$

mit

$$k = \frac{2\,G_{11}\,G_{22} - \text{Re}\{\underline{Y}_{12}\,\underline{Y}_{21}\}}{|\underline{Y}_{12}\underline{Y}_{21}|} \quad (5.119)$$

ableiten läßt. Erfolgt die Darstellung der in Gl.(5.118) und Gl.(5.119) angegebenen Größen mit Hilfe von Streuparametern, so gilt

$$\frac{1}{G_{verf,max}} = \frac{|\underline{S}_{12}|}{|\underline{S}_{21}|}\left[k+\sqrt{k^2-1}\right], \quad (5.120)$$

mit

$$k = \frac{1-|S_{11}|^2-|S_{22}|^2+|S_{11}\,S_{22}-S_{12}\,S_{21}|^2}{2\,|\underline{S}_{12}|\,|\underline{S}_{21}|}. \quad (5.121)$$

Nach diesen Berechnungen lassen sich die ersten Aussagen über die Stabilität machen. Wird vorausgesetzt, daß $\underline{Y}_A$ und $\underline{Y}_S$ passive Eintore darstellen, dann muß $G_{S,max}$ nach Gl.(5.116) reell und positiv sein, d.h. es muß $k \geq 1$ gelten.

Unter Verwendung dieser Resultate läßt sich nach umfangreicher Zwischenrechnung, die in [49] nachvollzogen werden kann, aus Gl.(5.118) für $\frac{1}{G_{verf}}$ die Beziehung

$$\frac{1}{G_{verf}} = \frac{1}{G_{verf,max}} + \frac{G_{22}}{|\underline{Y}_{21}|^2 \, G_S} \left[|\underline{Y}_S - \underline{Y}_{S,max}|^2 \right] \qquad (5.122)$$

angeben, die mit Hilfe der Reflexionsfaktoren

$$\underline{r}_S = \frac{\dfrac{1}{\underline{Y}_S} - Z_W}{\dfrac{1}{\underline{Y}_S} + Z_W} \qquad (5.123) \qquad \text{und} \qquad \underline{r}_{S,max} = \frac{\dfrac{1}{\underline{Y}_{S,max}} - Z_W}{\dfrac{1}{\underline{Y}_{S,max}} + Z_W} \qquad (5.124)$$

in der Form

$$\frac{1}{G_{verf}} = \frac{1}{G_{verf,max}} + 4\,N_G \, \frac{|\underline{r}_S - \underline{r}_{S,max}|^2}{(1 - |\underline{r}_S|^2)\,(1 - |\underline{r}_{S,max}|^2)} \qquad (5.125)$$

dargestellt werden kann. Die Größe N_G in Gl.(5.125) kann durch

$$N_G = R_{eG} \, G_{S,max}, \qquad (5.126)$$

mit

$$R_{eG} = \frac{G_{22}}{|\underline{Y}_{21}|^2} \qquad (5.127)$$

angegeben werden.

Abschließend erfolgen noch einige Umformungen von Gl.(5.125), damit eine anschauliche, graphische Darstellung von $\frac{1}{G_{verf}(r_S)}$ angegeben werden kann. Umstellen führt auf die Beziehung

$$\frac{(1 - |\underline{r}_{S,max}|^2)}{4\,N_G} \left(\frac{1}{G_{verf}} - \frac{1}{G_{verf,max}} \right) = \frac{|\underline{r}_S - \underline{r}_{S,max}|^2}{(1 - |\underline{r}_S|^2)}, \qquad (5.128)$$

woraus sich bei der Betrachtung eines beliebigen, aber festen Wertes der Verstärkung $G_{verf,i}$ mit der Abkürzung

$$V_i = \frac{(1 - |\underline{r}_{S,max}|^2)}{4\,N_G} \left(\frac{1}{G_{verf,i}} - \frac{1}{G_{verf,max}} \right) \qquad (5.129)$$

der Ausdruck

$$V_i \, (1 - |\underline{r}_S|^2) = |\underline{r}_S - \underline{r}_{S,max}|^2 \qquad (5.130)$$

ableiten läßt.

Mit den Umformungen

$$V_i\left(1-|\underline{r}_S|^2\right) \;=\; |\underline{r}_S|^2 + |\underline{r}_{S,max}|^2 - \left(\underline{r}_S\,\underline{r}_{S,max}^* + \underline{r}_S^*\,\underline{r}_{S,max}\right),$$

$$V_i - |\underline{r}_{S,max}|^2 \;=\; (1+V_i)\,|\underline{r}_S|^2 - \left(\underline{r}_S\,\underline{r}_{S,max}^* + \underline{r}_S^*\,\underline{r}_{S,max}\right),$$

der Multiplikation beider Seiten mit $(1+V_i)$

$$V_i^2 + V_i - V_i\,|\underline{r}_{S,max}|^2 - |\underline{r}_{S,max}|^2 =$$
$$(1+V_i)^2\,\underline{r}_S\,\underline{r}_S^* - (1+V_i)\,\left(\underline{r}_S\,\underline{r}_{S,max}^* + \underline{r}_S^*\,\underline{r}_{S,max}\right)$$

und der Addition von $|\underline{r}_{S,max}|^2 = \underline{r}_{S,max}\,\underline{r}_{S,max}^*$

$$V_i^2 + V_i - V_i\,|\underline{r}_{S,max}|^2$$
$$= (1+V_i)^2\,\underline{r}_S\,\underline{r}_S^* - (1+V_i)\,\left(\underline{r}_S\,\underline{r}_{S,max}^* + \underline{r}_S^*\,\underline{r}_{S,max}\right) + \underline{r}_{S,max}\,\underline{r}_{S,max}^*$$
$$= \left((1+V_i)\,\underline{r}_S - \underline{r}_{S,max}\right)\left((1+V_i)\,\underline{r}_S^* - \underline{r}_{S,max}^*\right)$$
$$= \left((1+V_i)\,\underline{r}_S - \underline{r}_{S,max}\right)\left((1+V_i)\,\underline{r}_S - \underline{r}_{S,max}\right)^*$$
$$= (1+V_i)^2\,\left|\underline{r}_S - \frac{\underline{r}_{S,max}}{(1+V_i)}\right|^2$$

ergibt sich

$$\left(\frac{\sqrt{V_i^2 + V_i\left(1-|\underline{r}_{S,max}|^2\right)}}{1+V_i}\right)^2 = \left|\underline{r}_S - \frac{\underline{r}_{S,max}}{1+V_i}\right|^2. \tag{5.131}$$

Gl.(5.131) stellt eine Kreisgleichung in der komplexen $\underline{r}_S$-Ebene dar. Danach liefert die Wahl einer Verstärkung mit dem Wert $G_{verf,i}$ den Radius R_i des Kreises, mit

$$\mathsf{R}_i = \frac{\sqrt{V_i^2 + V_i\left(1-|\underline{r}_{S,max}|^2\right)}}{1+V_i}, \tag{5.132}$$

um den Mittelpunkt M_i, mit

$$\mathsf{M}_i = \frac{\underline{r}_{S,max}}{1+V_i}, \tag{5.133}$$

d.h. daß sämtliche Werte von $\underline{r}_S$, die gemäß Bild (5.19) auf einem Kreis liegen, zur Verstärkung $G_{verf,i}$ führen.

Wird nun zur Verdeutlichung dieses Zusammenhangs in einer dreidimensionalen Darstellung, mit der $\frac{1}{G_{verf}(\underline{r}_S)}$-Achse senkrecht auf der $\underline{r}_S$-Ebene (Smith-Chart), jedem Wert von $\underline{r}_S$ der zugehörige Wert von $\frac{1}{G_{verf}(\underline{r}_S)}$ zugeordnet, so ergibt sich der in Bild 5.19 gezeigte deformierte „Paraboloid" (verzerrt durch die Darstellung im Smith-Chart). Das Bild zeigt deutlich das Verhalten von $\frac{1}{G_{verf}(\underline{r}_S)}$. $\frac{1}{G_{verf,max}}$ ist genau oberhalb von $\underline{r}_{S,max}$ vorzufinden. Weicht $\underline{r}_S$ von $\underline{r}_{S,max}$ ab, so steigt $\frac{1}{G_{verf}(\underline{r}_S)}$ an bzw. fällt $G_{verf}(\underline{r}_S)$ ab. Dabei stellt nach Gl.(5.125) N_G ein Maß für die Steigung des „Paraboloiden" dar. Wird nun berücksichtigt, daß $\underline{r}_{S,max}$ komplex ist, d.h. aus zwei reellen Größen (Realteil und Imaginärteil) besteht, dann wird der durch Gl.(5.125) beschriebene „Paraboloid" durch $\underline{r}_{S,max}$, $\frac{1}{G_{verf,max}}$ und N_G vollständig durch vier reelle Größen beschrieben. Dieses bedeutet, daß theoretisch aus einer Messung von vier **verschiedenen** Werten $G_{verf,i}$ bei $\underline{r}_{S,i}$ mit $i \in 1,2,3,4$ der „Paraboloid" bestimmt werden kann. Um die Auswirkungen der Meßunsicherheit so gering wie möglich zu halten, empfiehlt sich die Messung an mehr als vier Stellen.

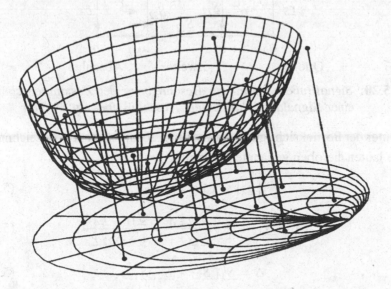

Bild 5.19: *Dreidimensionale Darstellung des prinzipiellen Verhaltens von* $\frac{1}{G_{verf}(\underline{r}_S)}$

5.4.2 Stabilität von Zweitoren

Die Untersuchung der Stabilität von Zweitoren erfolgt hier in anschaulicher Weise und beschränkt sich auf die Darstellung der Zusammenhänge mit Hilfe von Wellengrößen. Dabei wird zugrundegelegt, daß jede passive Impedanz, d.h. $r \leq 1$, „dämpfend" und jede Impedanz mit $r > 1$ „entdämpfend" wirkt. Aus diesem Grunde wird ein Zweitor, daß sich

1. mit jeder passiven Impedanz am Ausgang am Eingang passiv und ebenso

2. mit jeder passiven Impedanz am Eingang auch am Ausgang passiv

verhält, als ein unbedingt (ohne Zusatzbedingung) stabiles Zweitor bezeichnet. Weitergehende Aussagen sind [13] zu entnehmen.

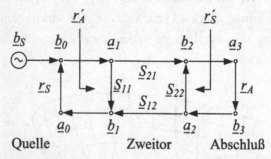

Bild 5.20: *Signalflußdiagramm zur Beschreibung der Zusammenschaltung einer Signalquelle mit einem Abschluß über ein Zweitor*

Unter der Berücksichtigung der in Bild 5.20 angegebenen Bezeichnungsweise lauten die oben genannte Bedingung

$$|\underline{r}_A'| \leq 1 \text{ für } |\underline{r}_A| \leq 1, \qquad (5.134)$$

mit

$$\underline{r}_A' = \underline{S}_{11} + \frac{\underline{S}_{21}\,\underline{S}_{12}\,\underline{r}_A}{1 - \underline{S}_{22}\,\underline{r}_A} = \frac{\underline{S}_{11} - \underline{r}_A\Delta}{1 - \underline{S}_{22}\,\underline{r}_A} \qquad (5.135)$$

und

$$\Delta = \underline{S}_{11}\,\underline{S}_{22} - \underline{S}_{21}\,\underline{S}_{12} \qquad (5.136)$$

bzw.

$$|\underline{r}_S'| \leq 1 \text{ für } |\underline{r}_S| \leq 1, \qquad (5.137)$$

mit

$$\underline{r}_S' = \underline{S}_{22} + \frac{\underline{S}_{21}\,\underline{S}_{12}\,\underline{r}_S}{1 - \underline{S}_{11}\,\underline{r}_S} = \frac{\underline{S}_{22} - \underline{r}_S\Delta}{1 - \underline{S}_{11}\,\underline{r}_S}. \qquad (5.138)$$

Nun erfolgt zunächst gemäß 1. eine Betrachtungen des Verhaltens am Eingang. Dabei wird der Bereich in der $\underline{r}'_A$-Ebene gesucht auf den gemäß Gl.(5.135) alle passiven Werte von $\underline{r}_A = |\underline{r}_A| \, e^{j\phi_{\underline{r}_A}}$ abgebildet werden. Dieses geschieht in der Weise, daß die Berandung, die alle passiven Impedanzen einschließt und die durch $|\underline{r}_A| = 1$ mit $0 \leq \phi_{\underline{r}'_A} < 2\pi$ beschrieben wird, als Grenzfall herangezogen wird. Es sei an dieser Stelle vorweggenommen, daß die Betrachtung der Berandung in der $\underline{r}_A$-Ebene auf eine neue geschlossene Kurve in der $\underline{r}'_A$-Ebene führt, die die gesamte $\underline{r}'_A$-Ebene in zwei zusammenhängende Bereiche unterteilt, wobei der eine Bereich die Abbildung aller passiven Impedanzen angibt. Es bleibt somit herauszufinden, welcher Bereich zu den passiven Impedanzen gehört. Liegt nun z.B. der gesamte Bereich innerhalb des Smith-Charts, d.h. es gilt $|\underline{r}'_A| \leq 1$, dann verhält sich das Zweitor für jede passive Last am Ausgang auch am Eingang passiv. Im nächsten Schritt muß diese Untersuchung auch für das Ausgangsverhalten durchgeführt werden. Ergibt sich auch dabei, daß am Ausgang $|\underline{r}'_S| \leq 1$ für $|\underline{r}_S| \leq 1$ gilt, d.h. es liegt auch hier der Bereich aller passiven Elemente innerhalb des Smith-Charts, so ist festzuhalten, daß das Zweitor bei beliebiger passiver Eingangs– bzw. Ausgangsbeschaltung zu passiven Elementen führt. Es wird aus diesem Grunde auch als „unbedingt stabil" bezeichnet. Liegt nur ein Teil dieser Bereiche außerhalb des Smith-Charts, so geht die unbedingte Stabilität verloren und das Zweitor ist nur noch „bedingt stabil". Neben der Beschreibung der stabilen Bereiche werden im folgenden auch Kriterien, die eine einfache Entscheidungshilfe bei der Frage nach unbedingter Stabilität darstellen, abgeleitet. Gilt, daß das Zweitor nur bedingt stabil ist, so ist zu entscheiden, welche passiven Elemente am Eingang bzw. am Ausgang zu vermeiden sind, da sie zu instabilem Verhalten führen. Hierzu erfolgt eine ähnliche Betrachtung, bei der die Abbildung der Berandung $|\underline{r}'_A| = 1$ auf die $\underline{r}_A$-Ebene gesucht wird. In diesem Fall wird die gesamte $\underline{r}_A$-Ebene in zwei zusammenhängende Bereiche unterteilt. Liegt nun ein Teil des Smith-Charts in dem einen Bereich und ein anderer Teil des Smith-Charts in dem anderen Bereich, so kann schon an dieser Stelle gesagt werden, daß nicht alle passive Elemente am Ausgang bzw. am Eingang zu stabilem Verhalten führen. Lassen sich nun durch Zwischenbetrachtungen die Bereiche zuordnen, so kann beim Schaltungsentwurf darauf geachtet werden, daß die Eingangs– bzw. die Ausgangsbeschaltung, die zu instabilem Verhalten führt, vermieden wird. Nach dieser kurzen Darstellung der Aufgabe werden nun die erforderlichen Berechnung durchgeführt. Ausgehend von Gl.(5.135), die die Abbildungsvorschrift von allen Reflexionsfaktoren der $\underline{r}_A$-Ebene auf die $\underline{r}'_A$-Ebene darstellt, erfolgt nun eine Herleitung grundsätzlicher Beziehungen, die zur Beurteilung der unbedingten Stabilität eines Zweitors herangezogen werden können. Einfache Merkmale ergeben sich direkt aus der Betrachtung der Fälle $\underline{r}_A = 0$ und $\underline{r}_S = 0$. Hieraus ergibt sich nach Gl.(5.135) und Gl.(5.138) sofort $\underline{r}'_S = \underline{S}_{11}$ bzw. $\underline{r}'_A = \underline{S}_{22}$ und somit aus $|\underline{r}'_A| \leq 1$ und $|\underline{r}'_S| \leq 1$

$$|\underline{S}_{11}| \leq 1 \qquad (5.139)$$

und

$$|\underline{S}_{22}| \leq 1. \qquad (5.140)$$

Für die weitere Untersuchung wird die Frage verfolgt, auf welchen Bereich der $\underline{r}'_A$-Ebene alle passiven Abschlußreflexionsfaktoren $\underline{r}_A$ abgebildet werden. Hierzu stellen alle Reflexionsfaktoren mit $|\underline{r}_A| = 1$ und beliebigen Winkel $\phi_{\underline{r}_A}$ die Bereichsgrenze dar, die die dämpfenden von den entdämpfenden Impedanzen trennt. Zu diesem Zwecke wird $\underline{r}'_A$ in Gl.(5.135) nach $\underline{r}_A$,

$$\underline{r}_A = \frac{\underline{S}_{11} - \underline{r}'_A}{\Delta - \underline{S}_{22}\,\underline{r}'_A}, \qquad (5.141)$$

umgestellt. Multiplikation beider Seiten mit der jeweils konjugiert komplexen Größe führt auf

$$\underline{r}_A\,\underline{r}_A^* = |\underline{r}_A|^2 = \left(\frac{\underline{S}_{11} - \underline{r}'_A}{\Delta - \underline{S}_{22}\,\underline{r}'_A}\right)\left(\frac{\underline{S}_{11}^* - \underline{r}'_A{}^*}{\Delta^* - \underline{S}_{22}^*\,\underline{r}'_A{}^*}\right) \leq 1. \qquad (5.142)$$

Um nun den Bereich aller passiven Reflexionsfaktoren mit $|\underline{r}'_A| \leq 1$ für $|\underline{r}_A| \leq 1$ zu bestimmen, wird in Gl.(5.142) der Grenzfall $|\underline{r}_A| = 1$ betrachtet, so daß sich aus Gl.(5.142) die Beziehung

$$(\underline{S}_{11} - \underline{r}'_A)\,(\underline{S}_{11}^* - \underline{r}'_A{}^*) = (\Delta - \underline{S}_{22}\,\underline{r}'_A)\,(\Delta^* - \underline{S}_{22}^*\,\underline{r}'_A{}^*) \qquad (5.143)$$

ergibt, die nun nach $\underline{r}'_A$ umgestellt werden muß. Ausmultiplizieren der Klammerausdrücke und anschließendes sortieren liefert

$$|\underline{S}_{11}|^2 - \underline{S}_{11}\,\underline{r}'_A{}^* - \underline{S}_{11}^*\,\underline{r}'_A + |\underline{r}'_A|^2 \qquad (5.144)$$
$$= |\Delta|^2 - \Delta\,\underline{S}_{22}^*\,\underline{r}'_A{}^* - \Delta^*\,\underline{S}_{22}\,\underline{r}'_A + |\underline{S}_{22}|^2\,|\underline{r}'_A|^2,$$

$$|\underline{r}_A'|^2 (1 - |\underline{S}_{22}|^2) - \underline{r}_A'(\underline{S}_{11}^* - \underline{S}_{22}\Delta^*) - \underline{r}_A'^*(\underline{S}_{11} - \underline{S}_{22}^*\Delta) \qquad (5.145)$$

$$= |\Delta|^2 - |\underline{S}_{11}|^2,$$

$$|\underline{r}_A'|^2 - \underline{r}_A' \underbrace{\frac{\underline{S}_{11}^* - \underline{S}_{22}\Delta^*}{1 - |\underline{S}_{22}|^2}}_{\underline{R}_A'^*} - \underline{r}_A'^* \underbrace{\frac{\underline{S}_{11} - \underline{S}_{22}^*\Delta}{1 - |\underline{S}_{22}|^2}}_{\underline{R}_A'} = \frac{|\Delta|^2 - |\underline{S}_{11}|^2}{1 - |\underline{S}_{22}|^2}. \qquad (5.146)$$

Mit der Abkürzung gemäß Gl.(5.135),

$$\underline{R}_A' = \underline{r}_A'(\underline{r}_A = \underline{S}_{22}^*) = \frac{\underline{S}_{11} - \underline{S}_{22}^*\Delta}{1 - |\underline{S}_{22}|^2}, \qquad (5.147)$$

und der Addition von $|\underline{R}_A'|^2$ auf beiden Seiten von Gl.(5.146) ergibt sich somit die Beziehung

$$|\underline{r}_A'|^2 - \underline{r}_A' \underline{R}_A'^* - \underline{r}_A'^* \underline{R}_A' + |\underline{R}_A'|^2 = \frac{|\Delta|^2 - |\underline{S}_{11}|^2}{1 - |\underline{S}_{22}|^2} + |\underline{R}_A'|^2, \qquad (5.148)$$

die sich in der Form

$$|\underline{r}_A' - \underline{R}_A'|^2 = \frac{|\Delta|^2 - |\underline{S}_{11}|^2}{1 - |\underline{S}_{22}|^2} + |\underline{R}_A'|^2 \qquad (5.149)$$

angeben läßt. Zusammenfassung der Terme auf der rechten Seite von Gl.(5.149) liefert

$$\frac{|\Delta|^2 - |\underline{S}_{11}|^2}{1 - |\underline{S}_{22}|^2} + |\underline{R}_A'|^2$$

$$= \frac{|\Delta|^2 - |\underline{S}_{11}|^2}{1 - |\underline{S}_{22}|^2} + \frac{(\underline{S}_{11} - \underline{S}_{22}^*\Delta)(\underline{S}_{11}^* - \underline{S}_{22}\Delta^*)}{(1 - |\underline{S}_{22}|^2)^2}$$

$$= \frac{(|\Delta|^2 - |\underline{S}_{11}|^2)(1 - |\underline{S}_{22}|^2) + (\underline{S}_{11} - \underline{S}_{22}^*\Delta)(\underline{S}_{11}^* - \underline{S}_{22}\Delta^*)}{(1 - |\underline{S}_{22}|^2)^2}.$$

Eine Betrachtung des Zählers führt auf

$$(|\Delta|^2 - |\underline{S}_{11}|^2)(1 - |\underline{S}_{22}|^2) + (\underline{S}_{11} - \underline{S}_{22}^*\Delta)(\underline{S}_{11}^* - \underline{S}_{22}\Delta^*)$$

$$= |\Delta|^2 - |\underline{S}_{11}|^2 - |\Delta|^2 |\underline{S}_{22}|^2 + |\underline{S}_{11}|^2 |\underline{S}_{22}|^2$$

$$+ |\underline{S}_{11}|^2 - \underline{S}_{22}^*\Delta \underline{S}_{11}^* - \underline{S}_{11}\underline{S}_{22}\Delta^* + |\underline{S}_{22}|^2 |\Delta|^2$$

$$= |\Delta|^2 + |\underline{S}_{11}|^2 |\underline{S}_{22}|^2 - \underline{S}_{11}^* \underline{S}_{22}^* \Delta - \underline{S}_{11}\underline{S}_{22}\Delta^*$$

$$= |\Delta|^2 + |\underline{S}_{11}|^2 |\underline{S}_{22}|^2 - |\underline{S}_{11}|^2 |\underline{S}_{22}|^2$$

$$+ \underline{S}_{11}^* \underline{S}_{22}^* \underline{S}_{12}\underline{S}_{21} - |\underline{S}_{11}|^2 |\underline{S}_{22}|^2 + \underline{S}_{11}\underline{S}_{22}\underline{S}_{12}^*\underline{S}_{21}^*$$

$$= \quad |\Delta|^2 - \left\{ |\underline{S}_{11}|^2 \, |\underline{S}_{22}|^2 - \underline{S}_{11}^* \, \underline{S}_{22}^* \, \underline{S}_{12} \, \underline{S}_{21} \right.$$

$$\left. - \, \underline{S}_{11} \, \underline{S}_{22} \, \underline{S}_{12}^* \, \underline{S}_{21}^* + |\underline{S}_{12}|^2 \, |\underline{S}_{21}|^2 \right\} + |\underline{S}_{12}|^2 \, |\underline{S}_{21}|^2$$

$$= \quad |\underline{S}_{12}|^2 \, |\underline{S}_{21}|^2 ,$$

so daß Gl.(5.149) durch

$$|\underline{r}_A' - \underline{R}_A'|^2 = \left(\frac{|\underline{S}_{12}| \, |\underline{S}_{21}|}{1 - |\underline{S}_{22}|^2} \right)^2 \tag{5.150}$$

oder mit der Abkürzung

$$R = \frac{|\underline{S}_{12}| \, |\underline{S}_{21}|}{1 - |\underline{S}_{22}|^2} \tag{5.151}$$

durch

$$|\underline{r}_A' - \underline{R}_A'|^2 = R^2 \tag{5.152}$$

angegeben werden kann. Die Gl.(5.152) stellt eine Kreisgleichung in der komplexen $\underline{r}_A'$-Ebene dar, wobei $\underline{R}_A'$ den Mittelpunkt und R den Radius des Kreises beschreiben. Bild 5.21 zeigt ein Beispiel für die Lage des Kreises.

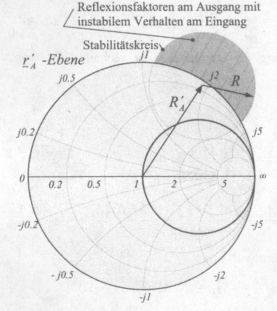

Bild 5.21: *Stabilitätskreis in der $\underline{r}_A'$-Ebene; nur die Reflexionsfaktoren $\underline{r}_A$, deren $\underline{r}_A'$ im Innern des Smith-Charts der $\underline{r}_A'$-Ebene liegen, liefern stabiles Verhalten am Eingang*

Sämtliche Werte von $\underline{r}_A'$, die auf diesem Kreis liegen, ergeben sich aus den Reflexionsfaktoren $\underline{r}_A$ am Ausgang des Zweitors mit $|\underline{r}_A| = 1$ und $\phi_{\underline{r}_A}$ beliebig. Die Frage die sich aber stellt ist, werden passive Reflexionsfaktoren mit $|\underline{r}_A| < 1$ auf den Bereich innerhalb des Kreises oder auf den Bereich außerhalb des Kreises abgebildet? Die Beantwortung ergibt sich direkt aus Gl.(5.147) für den Kreismittelpunkt; denn $\underline{R}'_A$ stellt gemäß Gl.(5.135) den Reflexionsfaktor am Eingang für $\underline{r}_A = \underline{S}^*_{22}$ dar. Da laut Voraussetzung $|\underline{S}_{22}| \leq 1$ sein muß, stellt das Kreisinnere den passiven Bereich dar. Obwohl nur die Reflexionsfaktoren mit $\underline{r}'_A \leq 1$ passives und somit stabiles Verhalten aufweisen wird der durch Gl.(5.152) beschriebene Kreis als **Stabilitätskreis** bezeichnet. In Bild 5.21 liefert der schraffiert dargestellte Bereich außerhalb des Smith-Charts, wegen $\underline{r}'_A > 1$, entdämpfendes und somit instabiles Verhalten. Sollen sämtliche passiven Abschlüsse zu einem stabilen Verhalten führen, dann muß dieser Kreis vollständig im Inneren des Smith-Charts in Bild 5.21 liegen. In diesem Fall muß

$$|\underline{R}'_A| + R \leq 1 \tag{5.153}$$

erfüllt sein. Da $\underline{R}'_A$ und R nur von den Streuparametern des Zweitors abhängig sind, muß sich aus Gl.(5.153) ein Bedingung für die Streuparameter ableiten lassen, die direkt angibt, ob der Stabilitätskreis vollständig im Bereich des Smith-Charts liegt. Hierzu erfolgt die Untersuchung von Gl.(5.153) ($|\underline{R}'_A| + R \leq 1$). Mit den Ergebnisse für $\underline{R}'_A$ und R aus Gl.(5.147) bzw. Gl.(5.151) in Gl.(5.153) ergibt sich

$$|\underline{R}'_A| + R = \left| \frac{\underline{S}_{11} - \underline{S}^*_{22}\Delta}{1 - |\underline{S}_{22}|^2} \right| + \frac{|\underline{S}_{12}| \, |\underline{S}_{21}|}{1 - |\underline{S}_{22}|^2} \leq 1, \tag{5.154}$$

$$|\underline{S}_{11} - \underline{S}^*_{22}\Delta| + |\underline{S}_{12}| \, |\underline{S}_{21}| \leq 1 - |\underline{S}_{22}|^2,$$

$$|\underline{S}_{11} - \underline{S}^*_{22}\Delta| \leq 1 - |\underline{S}_{22}|^2 - |\underline{S}_{12}| \, |\underline{S}_{21}|,$$

$$|\underline{S}_{11} - \underline{S}^*_{22}\Delta|^2 \leq (1 - |\underline{S}_{22}|^2 - |\underline{S}_{12}| \, |\underline{S}_{21}|)^2$$

bzw.

$$(\underline{S}_{11} - \underline{S}^*_{22}\Delta)(\underline{S}^*_{11} - \underline{S}_{22}\Delta^*) \leq (1 - |\underline{S}_{22}|^2 - |\underline{S}_{12}| \, |\underline{S}_{21}|)^2. \tag{5.155}$$

Betrachtung der linken Seite von Gl.(5.155) liefert

$$(\underline{S}_{11} - \underline{S}^*_{22}\Delta)(\underline{S}^*_{11} - \underline{S}_{22}\Delta^*)$$

$$= |\underline{S}_{11}|^2 - \underline{S}_{11}\underline{S}_{22}\Delta^* - \underline{S}^*_{11}\underline{S}^*_{22}\Delta + |\underline{S}_{22}|^2 \, |\Delta|^2$$

$$= |\underline{S}_{11}|^2 - |\underline{S}_{11}|^2 \, |\underline{S}_{22}|^2 + \underline{S}_{11}\underline{S}_{22}\underline{S}^*_{12}\underline{S}^*_{21}$$

$$\quad - |\underline{S}_{11}|^2 \, |\underline{S}_{22}|^2 + \underline{S}^*_{11}\underline{S}^*_{22}\underline{S}_{12}\underline{S}_{21} + |\underline{S}_{22}|^2 \, |\Delta|^2$$

$$= |\underline{S}_{11}|^2 \left(1 - |\underline{S}_{22}|^2\right) + |\underline{S}_{22}|^2 \, |\Delta|^2 - \left\{ |\underline{S}_{11}|^2 \, |\underline{S}_{22}|^2 \right.$$

$$\left. - \underline{S}_{11}\underline{S}_{22}\underline{S}^*_{12}\underline{S}^*_{21} - \underline{S}^*_{11}\underline{S}^*_{22}\underline{S}_{12}\underline{S}_{21} + |\underline{S}_{12}|^2 \, |\underline{S}_{12}|^2 \right\} + |\underline{S}_{12}|^2 \, |\underline{S}_{12}|^2$$

$$= |\underline{S}_{11}|^2 \left(1 - |\underline{S}_{22}|^2\right) + |\underline{S}_{22}|^2 |\Delta|^2 - |\Delta|^2 + |\underline{S}_{12}|^2 |\underline{S}_{12}|^2$$

$$= |\underline{S}_{11}|^2 \left(1 - |\underline{S}_{22}|^2\right) - |\Delta|^2 \left(1 - |\underline{S}_{22}|^2\right) + |\underline{S}_{12}|^2 |\underline{S}_{12}|^2$$

$$= \left(|\underline{S}_{11}|^2 - |\Delta|^2\right) \left(1 - |\underline{S}_{22}|^2\right) + |\underline{S}_{12}|^2 |\underline{S}_{12}|^2,$$

so daß sich die Bedingung in Gl.(5.155) durch

$$\left(|\underline{S}_{11}|^2 - |\Delta|^2\right) \left(1 - |\underline{S}_{22}|^2\right) + |\underline{S}_{12}|^2 |\underline{S}_{12}|^2 \tag{5.156}$$

$$\leq (1 - |\underline{S}_{22}|^2)^2 + |\underline{S}_{12}|^2 |\underline{S}_{21}|^2 - 2(1 - |\underline{S}_{22}|^2) |\underline{S}_{12}| |\underline{S}_{21}|,$$

$$|\underline{S}_{11}|^2 - |\Delta|^2 \leq 1 - |\underline{S}_{22}|^2 - 2 |\underline{S}_{12}| |\underline{S}_{21}| \tag{5.157}$$

bzw. durch

$$1 \leq \frac{1 + |\Delta|^2 - |\underline{S}_{11}|^2 - |\underline{S}_{22}|^2}{2 |\underline{S}_{12}| |\underline{S}_{21}|} = k \tag{5.158}$$

angeben läßt. Die Größe k in Gl.(5.158) wird als **Stabilitätsfaktor** des Zweitors bezeichnet. Für $k \geq 1$ liegt der Stabilitätskreis vollständig im Smith-Chart der $\underline{r}'_A$-Ebene und das Zweitor wirkt für jede passive Last am Ausgang auch passiv am Eingang. Entsprechende Ergebnisse lassen sich aus Gl.(5.138) für $\underline{r}'_S$ herleiten. Sie führen aus Symmetriegründen ebenfalls zu dem Ergebnis in Gl.(5.158), was durch ein Tauschen der Indizes 1 und 2 bei den Streuparametern in Gl.(5.158) leicht überprüft werden kann. Auf eine Darstellung dieser Berechnungen wird aus diesem Grunde hier verzichtet. Es kann an dieser Stelle direkt gesagt werden, daß sich das Zweitor für jede passive Last am Eingang auch am Ausgang passiv verhält und somit ohne zusätzliche Bedingung (unbedingt) stabil ist. Es sei hier noch einmal daran erinnert, daß der Stabilitätsfaktor schon bei der Behandlung der verfügbaren Leistungsverstärkung in Gl.(5.119) und Gl.(5.121) benutzt wurde.

Für den Fall, daß das Zweitor nicht unbedingt stabil ist, d.h. $k < 1$ ist, muß im Einzelfall überprüft werden, ob die gewählte Beschaltung am Ausgang bzw. am Eingang zu passivem Verhalten von $\underline{r}'_A$ bzw. $\underline{r}'_S$ führt. Um hierzu jedoch genauere Aussagen machen zu können, kann eine modifizierte Betrachtung erfolgen. Hierbei wird untersucht, ob eine Berechnung nicht **direkt** auf die Quell- bzw. Lastreflexionsfaktoren führt, für die die Schaltung stabiles bzw. instabiles Verhalten aufweist.

Ausgehend von Gl.(5.134) und Gl.(5.135)

$$|\underline{r}'_A| = \left| \frac{\underline{S}_{11} - r_A \Delta}{1 - \underline{S}_{22} r_A} \right| \leq 1 \qquad (5.159)$$

bzw. Gl.(5.137) und Gl.(5.138)

$$|\underline{r}'_S| = \left| \frac{\underline{S}_{22} - r_S \Delta}{1 - \underline{S}_{11} r_S} \right| \leq 1 \qquad (5.160)$$

werden die Bereiche für $\underline{r}_A$ und $\underline{r}_S$ gesucht, die zu stabilem Verhalten füh-ren. Auch hier dienen die Grenzfälle $|\underline{r}'_A| = 1$ und $|\underline{r}'_S| = 1$ in Gl.(5.159) und Gl.(5.160) als Berechnungsgrundlage, so daß sich aus Gl.(5.159)

$$|\underline{S}_{11} - \underline{r}_A \Delta| = |1 - \underline{S}_{22} \underline{r}_A|, \qquad (5.161)$$

$$(\underline{S}_{11} - \underline{r}_A \Delta)(\underline{S}_{11}^* - \underline{r}_A^* \Delta^*) = (1 - \underline{S}_{22} \underline{r}_A)(1 - \underline{S}_{22}^* \underline{r}_A^*), \qquad (5.162)$$

$$|\underline{S}_{11}|^2 - \underline{S}_{11} \underline{r}_A^* \Delta^* - \underline{r}_A \Delta \underline{S}_{11}^* + |r_A|^2 |\Delta|^2$$
$$= 1 - \underline{S}_{22} \underline{r}_A - \underline{S}_{22}^* \underline{r}_A^* + |\underline{S}_{22}|^2 |r_A|^2,$$

$$|\underline{r}_A|^2 (|\Delta|^2 - |\underline{S}_{22}|^2) - \underline{r}_A (\underline{S}_{11}^* \Delta - \underline{S}_{22}) - \underline{r}_A^* (\underline{S}_{11} \Delta^* - \underline{S}_{22}^*)$$
$$= 1 - |\underline{S}_{11}|^2,$$

$$|\underline{r}_A|^2 - \underline{r}_A \underbrace{\frac{\underline{S}_{22} - \underline{S}_{11}^* \Delta}{|\underline{S}_{22}|^2 - |\Delta|^2}}_{\underline{M}_A^*} - \underline{r}_A^* \underbrace{\frac{\underline{S}_{22}^* - \underline{S}_{11} \Delta^*}{|\underline{S}_{22}|^2 - |\Delta|^2}}_{\underline{M}_A} = \frac{|\underline{S}_{11}|^2 - 1}{|\underline{S}_{22}|^2 - |\Delta|^2}, \qquad (5.163)$$

bzw. mit der Abkürzung

$$\underline{M}_A = \frac{\underline{S}_{22}^* - \underline{S}_{11} \Delta^*}{|\underline{S}_{22}|^2 - |\Delta|^2} \qquad (5.164)$$

die Beziehung

$$|\underline{r}_A|^2 - \underline{r}_A \underline{M}_A^* - \underline{r}_A^* \underline{M}_A = \frac{|\underline{S}_{11}|^2 - 1}{|\underline{S}_{22}|^2 - |\Delta|^2} \qquad (5.165)$$

ergibt. Addition von $|\underline{M}_A|^2$ auf beiden Seiten von Gl.(5.165) liefert

$$|\underline{r}_A|^2 - \underline{r}_A \underline{M}_A^* - \underline{r}_A^* \underline{M}_A + |\underline{M}_A|^2 = \frac{|\underline{S}_{11}|^2 - 1}{|\underline{S}_{22}|^2 - |\Delta|^2} + |\underline{M}_A|^2 \qquad (5.166)$$

bzw.

$$|\underline{r}_A - \underline{M}_A|^2 = \frac{|\underline{S}_{11}|^2 - 1}{|\underline{S}_{22}|^2 - |\Delta|^2} + |\underline{M}_A|^2. \qquad (5.167)$$

Auch die Gl.(5.167) stellt wieder eine Kreisgleichung dar. Der Kreismittelpunkt ist dabei durch $\underline{M}_A$ nach Gl.(5.164) gegeben. Der Radius $R_{0,A}$ ergibt sich aus

$$R_{0,A}^2 = \frac{|\underline{S}_{11}|^2 - 1}{|\underline{S}_{22}|^2 - |\Delta|^2} + |\underline{M}_A|^2 , \tag{5.168}$$

$$R_{0,A}^2 = \frac{|\underline{S}_{11}|^2 - 1}{|\underline{S}_{22}|^2 - |\Delta|^2} + \left| \frac{\underline{S}_{22}^* - \underline{S}_{11}\Delta^*}{|\underline{S}_{22}|^2 - |\Delta|^2} \right|^2 , \tag{5.169}$$

$$R_{0,A}^2 = \frac{(|\underline{S}_{11}|^2 - 1)\,(|\underline{S}_{22}|^2 - |\Delta|^2) + |\underline{S}_{22}^* - \underline{S}_{11}\Delta^*|^2}{(|\underline{S}_{22}|^2 - |\Delta|^2)^2} . \tag{5.170}$$

Betrachtung des Zählers in Gl.(5.170) liefert

$$
\begin{aligned}
&(|\underline{S}_{11}|^2 - 1)\,(|\underline{S}_{22}|^2 - |\Delta|^2) + |\underline{S}_{22}^* - \underline{S}_{11}\Delta^*|^2 \\
=\ & (|\underline{S}_{11}|^2 - 1)\,(|\underline{S}_{22}|^2 - |\Delta|^2) + (\underline{S}_{22}^* - \underline{S}_{11}\Delta^*)\,(\underline{S}_{22} - \underline{S}_{11}^*\Delta) \\
=\ & |\Delta|^2 - |\underline{S}_{22}|^2 - |\underline{S}_{11}|^2\,|\Delta|^2 + |\underline{S}_{11}|^2\,|\underline{S}_{22}|^2 \\
& + |\underline{S}_{22}|^2 - \underline{S}_{11}^*\,\underline{S}_{22}^*\Delta - \underline{S}_{11}\,\underline{S}_{22}\Delta^* + |\underline{S}_{11}|^2\,|\Delta|^2 \\
=\ & |\Delta|^2 + |\underline{S}_{11}|^2\,|\underline{S}_{22}|^2 - \underline{S}_{11}^*\,\underline{S}_{22}^*\Delta - \underline{S}_{11}\,\underline{S}_{22}\Delta^* \\
=\ & |\Delta|^2 - \left\{ -|\underline{S}_{11}|^2\,|\underline{S}_{22}|^2 + \underline{S}_{11}^*\,\underline{S}_{22}^*\Delta + \underline{S}_{11}\,\underline{S}_{22}\Delta^* + |\underline{S}_{12}|^2\,|\underline{S}_{21}|^2 \right\} \\
& + |\underline{S}_{12}|^2\,|\underline{S}_{21}|^2 \\
=\ & |\underline{S}_{12}|^2\,|\underline{S}_{21}|^2 .
\end{aligned}
$$

Der Radius nach Gl.(5.169) kann somit durch

$$R_{0,A} = \frac{|\underline{S}_{12}|\,|\underline{S}_{21}|}{|\underline{S}_{22}|^2 - |\Delta|^2} \tag{5.171}$$

und die Kreisgleichung Gl.(5.167) in der $\underline{r}_A$-Ebene mit

$$\underline{M}_A = \frac{\underline{S}_{22}^* - \underline{S}_{11}\Delta^*}{|\underline{S}_{22}|^2 - |\Delta|^2} \tag{5.172}$$

in der Form

$$|\underline{r}_A - \underline{M}_A|^2 = R_{0,A}^2 \tag{5.173}$$

angegeben werden. Bild 5.22 zeigt ein Beispiel für die Lage des Stabilitätskreises in der $\underline{r}_A$-Ebene.

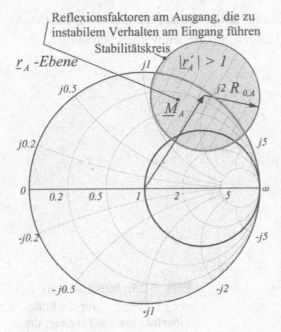

Bild 5.22: *Stabilitätskreis in der r_A-Ebene; nur die Reflexionsfaktoren am Ausgang, die nicht im Innern des Stabilitätskreises liegen, liefern stabiles Verhalten am Eingang*

In entsprechender Weise ergibt sich aus Gl.(5.160) die Kreisgleichung in der r_S-Ebene zu

$$|\underline{r}_S - \underline{M}_S|^2 = R_{0,S}^2, \tag{5.174}$$

mit

$$\underline{M}_S = \frac{\underline{S}_{11}^* - \underline{S}_{22}\Delta^*}{|\underline{S}_{11}|^2 - |\Delta|^2} \tag{5.175}$$

und

$$R_{0,S} = \frac{|\underline{S}_{12}|\,|\underline{S}_{21}|}{|\underline{S}_{11}|^2 - |\Delta|^2}. \tag{5.176}$$

Bild 5.23 zeigt ein Beispiel für die Lage des Stabilitätskreises in der r_S-Ebene. Auch bei diesen Ergebnissen stellt sich wieder die Frage, ob der Bereich passiver Reflexionsfaktoren $\underline{r}'_A$ bzw. $\underline{r}'_S$ auf das Kreisinnere oder das Kreisäußere abgebildet wird. Zur Entscheidung hilft auch hier eine einfache Überlegung, die sich durch die Betrachtung des Abschlußreflexionsfaktors $\underline{r}_A = 0$ ergibt. In diesem Fall gilt $\underline{r}'_A = \underline{S}_{11}$. Da laut Voraussetzung in Gl.(5.139) $|\underline{S}_{11}| \leq 1$ gelten muß, muß auch in diesem Fall, bei beliebiger Lage des Stabilitätskreises in der r_A-Ebene der Punkt $\underline{r}_A = 0$ im stabilen Bereich liegen. $\underline{r}_A = 0$ gehört aber zum Außenbereich des Kreises, so daß festgehalten werden kann, daß im Innern des Stabilitätskreises die Werte von $\underline{r}_A$ vorzufinden sind, die zu einem instabilen Verhalten führen. Entsprechendes gilt für die Stabilitätskreise in der r_S-Ebene. Für den Schaltungsentwurf bedeutet das, daß Quell- und Abschlußimpedanzen, die in den angedeuteten Bereichen in Bild 5.22 und 5.23 liegen, vermieden werden müssen!

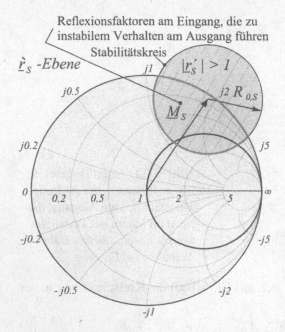

Bild 5.23: *Stabilitätskreis in der $\underline{r}_S$-Ebene; nur die Reflexionsfaktoren am Eingang, die nicht im Innern des Stabilitätskreises liegen, liefern stabiles Verhalten am Ausgang*

Zusammenfassung: Die Stabilität spielt beim Entwurf von Verstärkerschaltungen eine wesentliche Rolle. Zur Überprüfung, ob das aktive Element, z.B. ein Feldeffekttransistor, stabiles Verhalten aufweist, müssen seine Streuparameter bekannt sein. Erfüllen die S-Parameter die Bedingungen nach Gl.(5.139), Gl.(5.140) und Gl.(5.158)

$$|\underline{S}_{11}| \leq 1, \tag{5.139}$$

$$|\underline{S}_{22}| \leq 1 \tag{5.140}$$

und

$$1 \leq \frac{1 + |\Delta|^2 - |\underline{S}_{11}|^2 - |\underline{S}_{22}|^2}{2\,|\underline{S}_{12}|\,|\underline{S}_{21}|} = k, \tag{5.158}$$

so ist das Bauelement unbedingt stabil und es bedarf keiner weiteren Untersuchung. Sind die Bedingungen jedoch verletzt, so müssen die Stabilitätskreise in der $\underline{r}_A$-Ebene und in der $\underline{r}_S$-Ebene, nach Gl.(5.173) und Gl.(5.174),

$$|\underline{r}_A - \underline{M}_A|^2 = R_{0,A}^2 \quad (5.173) \quad \text{bzw.} \quad |\underline{r}_S - \underline{M}_S|^2 = R_{0,S}^2, \quad (5.174)$$

bestimmt werden. Quell- bzw. Abschlußreflexionsfaktor sind nun so zu wählen, daß der Verstärker bei allen Frequenzen stabil arbeitet.

5.4.3 Rauschen

Die Behandlung des Rauschens in elektrischen Netzwerken ist in der Nachrichtenübertragung immer dann von Bedeutung, wenn die Signalamplituden in der Größenordnung des Rauschpegels liegen. Dieses tritt am häufigsten in Empfängereingangsstufen auf, die die von der Antenne gelieferten Signale zur weiteren Verarbeitung aufzubereiten haben. In diesem Fall führt nur eine sorgfältige Auswahl der zu verwendenden Bauelemente sowie ein geeigneter Schaltungsentwurf zu einer optimalen Eingangsstufe.

Vorüberlegungen

Ohne genauere Beschreibung theoretischer Sachverhalte soll an dieser Stelle eine anschauliche Betrachtung der Problematik erfolgen. So liegt z.B. die Aufgabe des Eingangsverstärkers darin, das ankommende Signal zu verstärken, damit die für die Weiterverarbeitung bereitstehende verfügbare Leistung erhöht werden kann. Dieses ist jedoch i. allg. nur dann möglich, wenn die von der Antenne abgegebene Signalleistung (S) größer ist als die abgegebene Rauschleistung (N). Das bedeutet, daß das Verhältnis

$$\frac{Signalleistung}{Rauschleistung} = S/N$$

einen Mindestwert nicht unterschreiten darf, um eine fehlerfreie Signalerkennung und Signalverarbeitung zu garantieren.

Weiter ist bekannt, daß in allen Bauelementen und Baugruppen, in denen das Signal aufbereitet wird, ein Rauschanteil, der durch die Elemente in der Baugruppe verursacht wird, hinzukommt und der somit das Signal/Rauschleistungs-Verhältnis (S/N) am Ausgang gegenüber dem S/N-Verhältnis am Eingang verschlechtert. Zur Beurteilung der Stufe ist es somit zweckmäßig, eine Kenngröße einzuführen, die ein Maß für das zusätzliche Rauschen und damit auch eine Maß für die Verschlechterung des S/N-Verhältnisses darstellt. In der Praxis hat sich die sogenannte Rauschzahl F,

$$F = \frac{(S/N)_{Eingang}}{(S/N)_{Ausgang}},$$

die als Quotient von $(S/N)_{Eingang}$ zu $(S/N)_{Ausgang}$ definiert ist, zur Beurteilung durchgesetzt. Für den Fall, daß das jeweilige Zweitor keinen zusätzlichen Rauschbeitrag liefert und Signal und Rauschen durch die Stufe gleichermaßen behandelt werden, nimmt die Rauschzahl den minimalen Wert 1 an. Ansonsten ist $F > 1$. In den nachstehenden Abschnitten wird nun, ausgehend von der Beschreibung der Grundlagen, näher untersucht, wovon die Rauschzahl eines Zweitors abhängt.

5.4.3.1 Rauschen als ergodischer Prozeß

5.4.3.1.1 Einführung der Korrelationsfunktion

Bei der Behandlung stochastischer Prozesse wird das Phänomen Korrelation ausführlich behandelt. Dabei werden statistische Abhängigkeiten zwischen verschiedenen stochastischen Signalen ermittelt. So ist aufgrund von thermischen Prozessen (Gitterbewegungen) in leitenden Materialien einer geordneten Ladungsträgerbewegung stets ein ungeordneter Anteil (statistischer Prozeß) überlagert. Dies führt dazu, daß von dem Bauteil bei einer konstanten Temperatur T eine Rauschspannung erzeugt wird, die sich der eigentlichen Signalspannung störend überlagert. Am Beispiel des rauschenden Widerstandes und der in ihm entstehenden Rauschspannung sollen im folgenden einige Begriffe erläutert werden. Hierzu wird eine sehr große Anzahl M identischer Widerstände untersucht, wobei das zeitabhängige Signal $s_m(t)$ des m-ten Widerstandes aufgezeichnet wird. Zur Untersuchung, ob nun eine Abhängigkeit dieser Signale untereinander vorliegt, wird die Korrelationsfunktion $c_{kl}(\tau)$ gemäß

$$c_{kl}(\tau) = \lim_{t_0 \to \infty} \left\{ \frac{1}{2\,t_0} \int_{-t_0}^{t_0} s_k(t)\, s_l(t - \tau)\ \mathrm{d}t \right\} \qquad (5.177)$$

untersucht. Die Korrelationsfunktion verschiedener Rauschsignale $(k \neq l)$ wird als Kreuzkorrelationsfunktion und die für $(k = l)$ als Autokorrelationsfunktion bezeichnet. Für den Rauschprozeß lassen sich aus den Experimenten die nachstehenden Eigenschaften angeben. Wird bei der Beobachtung der Rauschspannung eines Widerstandes über einen festen Zeitraum der Dauer $2t_0$, aber zu verschiedenen Zeitpunkten beginnend, die Autokorrelationsfunktion $c_{kk}(0)$, die dem quadratische Mittelwerte der Rauschspannung entspricht, gemäß

$$\frac{1}{2\,t_0} \int_{-t_0}^{t_0} u_k^2(t)\ \mathrm{d}t$$

gebildet, wird festgestellt, daß diese mit hinreichender Beobachtungsdauer immer weniger voneinander abweichen und gegen den quadratischen Mittelwert, der Rauschspannung der durch

$$c_{kk}(o) = \overline{u^2(t)} = \lim_{t_0 \to \infty} \left\{ \frac{1}{2\,t_0} \int_{-t_0}^{t_0} u_k^2(t) \ \mathrm{d}t \right\} \qquad (5.178)$$

gegeben ist, konvergieren. Darüber hinaus zeigt sich, daß die Autokorrelationsfunktion $c_{kk}(\tau)$ unabhängig von der zeitlichen Verschiebung τ ist, d.h. daß $c_{kk}(\tau) = c_{kk}(0)$ gilt. Prozesse, die diese Eigenschaften aufweisen, werden als **stationäre** Prozesse bezeichnet. Darüber hinaus läßt sich bei der Betrachtung der Rauschspannungen an den M unterschiedlichen Widerständen mit demselben Widerstandswert zu einem beliebigen Zeitpunkt t_1 feststellen, daß der quadratische Mittelwert dieser Schar von Spannungen gemäß

$$\frac{1}{M} \sum_{m=1}^{M} u_m^2(t_1), \qquad (5.179)$$

für eine hinreichend großer Anzahl M an Widerständen, d.h. im strengen Sinne für

$$< u^2(t_1) > = \lim_{M \to \infty} \frac{1}{M} \sum_{m=1}^{M} u_m^2(t_1) \qquad (5.180)$$

identisch mit dem Zeitmittelwert $\overline{u^2(t)}$ ist. In diesem Fall gilt

$$< u^2(t_1) > = \lim_{M \to \infty} \frac{1}{M} \sum_{m=1}^{M} u_m^2(t_1) = \lim_{t_0 \to \infty} \left\{ \frac{1}{2\,t_0} \int_{t_0}^{t_0} u_k^2(t) \ \mathrm{d}t \right\} = \overline{u_k^2(t)},$$

für alle k und t_1, d.h.

$$c_{kk}(0) = < u^2(t) > = \overline{u^2(t)}. \qquad (5.181)$$

Der Mittelwert laut Gl.(5.180) wird als Scharmittelwert und Prozesse, deren Scharmittelwert gemäß laut Gl.(5.181) identisch mit dem Zeitmittelwert sind, als **ergodische** Prozesse bezeichnet. Rauschprozesse in Schaltungselementen sind in der Regel ergodische Prozesse.

5.4.3.1.2 Einführung des Korrelationsspektrums

Der durch Gl.(5.181) angegebene Zusammenhang berücksichtigt die Prozeßeigenschaften im Zeitbereich. Die Berechnung der Signaleigenschaften in linearen Netzwerken erfolgt in der Regel im Frequenzbereich, wobei das

Signalspektrum $\underline{S}(f)$ mit Hilfe der Fouriertransformierten der Zeitfunktion $s(t)$, gemäß

$$\underline{S}(f) = \int_{-\infty}^{\infty} s(t)e^{-j\omega t}\ dt, \tag{5.182}$$

ermittelt werden kann. Da die in der Technik interessierenden Signale zeitbeschränkt sind, konvergiert das Integral in Gl.(5.182). Da die Rauschprozesse jedoch nicht zeitbeschränkt sind, wird in [47] mit einer modifizierten Rauschsignalfunktion $s_{t_0}(t)$, mit

$$s_{t_0}(t) = \begin{cases} s(t) & ,\text{für} \quad -t_0 < t < t_0 \\ 0 & ,\text{sonst} \end{cases}, \tag{5.183}$$

eine modifizierte Berechnung des Rauschspektrums gemäß

$$\underline{S}_{t_0}(f) = \int_{-\infty}^{\infty} s_{t_0}(t)e^{-j\omega t}\ dt, \tag{5.184}$$

durchgeführt. Aus diesem Spektrum ergibt die Rücktransformation

$$\underline{s}_{t_0}(t) = \int_{-\infty}^{\infty} \underline{S}_{t_0}(f)\ e^{j\omega t}\ df = \frac{1}{2\pi}\int_{-\infty}^{\infty} \underline{S}_{t_0}(f)\ e^{j\omega t}\ d\omega \tag{5.185}$$

die zugehörige Zeitfunktion. Aus Gründen der Übersichtlichkeit wird im folgenden der Index t_0 bei den Signalfunktionen weggelassen. Mit Gl.(5.185) liefert Gl.(5.177) für das Korrelationsspektrum $c_{kl}(\tau)$,

$$c_{kl}(\tau) = \lim_{t_0 \to \infty} \left\{ \frac{1}{2\,t_0} \int_{-t_0}^{t_0} \left[\int_{-\infty}^{\infty} \underline{S}_k(f)\ e^{j\omega t}\ df \right] s_l(t-\tau)\ dt \right\},$$

woraus sich mit der Substitution $t' = t - \tau$ und $dt = d\tau$,

$$c_{kl}(\tau) = \lim_{t_0 \to \infty} \left\{ \frac{1}{2\,t_0} \int_{-t_0-\tau}^{t_0-\tau} \left[\int_{-\infty}^{\infty} \underline{S}_k(f)\ e^{j\omega t'}e^{j\omega\tau}\ df \right] s_l(t')\ dt' \right\},$$

sowie ein Vertauschen der Integrationsreihenfolge,

$$c_{kl}(\tau) = \int_{-\infty}^{\infty} \underline{S}_k(f) \left[\lim_{t_0 \to \infty} \frac{1}{2\,t_0} \int_{-t_0-\tau}^{t_0-\tau} s_l(t')\ e^{j\omega t'}\ dt' \right] e^{j\omega\tau}\ df, \tag{5.186}$$

wobei

$$\lim_{t_0 \to \infty} \frac{1}{2\,t_0} \int_{-t_0-\tau}^{t_0-\tau} s_l(t')\ e^{j\omega t'}\ dt' = \underline{S}_l^*(f) \tag{5.187}$$

das konjugiert komplexe Spektrum ist, die Beziehung für die Korrelationsfunktion zu

$$c_{kl}(\tau) = \int\limits_{-\infty}^{\infty} \underline{S}_k(f)\, \underline{S}_l^*(f)\, e^{j\omega\tau}\, \mathrm{d}f \qquad (5.188)$$

ergibt. Ein Vergleich von Gl.(5.188) mit Gl.(5.185) zeigt, daß im Prinzip für $t_0 \to \infty$ das Integral die Rücktransformation einer Spektralfunktion $\underline{C}_{kl}(f)$, mit

$$\underline{C}_{kl}(f) = \underline{S}_k(f)\, \underline{S}_l^*(f),$$

darstellt. $\underline{C}_{kl}(f)$ wird als das Korrelationsspektrum bezeichnet und es gilt

$$\underline{C}_{kl}(f) = \underline{S}_k(f)\, \underline{S}_l^*(f) = (\underline{S}_l(f)\, \underline{S}_k^*(f))^* = \underline{C}_{lk}^*(f). \qquad (5.189)$$

Für $\tau \to 0$ und $k = l$ ergibt sich aus Gl.(5.188) mit

$$\underline{C}_{kk}(f) = \underline{S}_k(f)\, \underline{S}_k^*(f) = |\underline{S}_k(f)|^2 \qquad (5.190)$$

für das Autokorrelationsspektrum

$$c_{kk}(0) = \int\limits_{-\infty}^{\infty} \underline{C}_{kk}(f)\, \mathrm{d}f = \int\limits_{-\infty}^{\infty} |\underline{S}_k(f)|^2\, \mathrm{d}f. \qquad (5.191)$$

Nach Gl.(5.190) ist somit das Autokorrelationsspektrum stets reell und da es sich aus dem Quadrat einer transformierten, reellen Zeitfunktion ergibt, zudem noch stets eine gerade Funktion. Ein Vergleich von Gl.(5.191) mit Gl.(5.178) führt direkt zu

$$c_{kk}(0) = \int\limits_{-\infty}^{\infty} \underline{C}_{kk}(f)\, \mathrm{d}f = \overline{s_k^2(t)}, \qquad (5.192)$$

d.h. das integrierte Autokorrelationsspektrum entspricht dem Quadrat des Effektivwertes des Zufallssignals $s(t)$. Das integrierte Autokorrelationsspektrum stellt somit ein Maß für die Leistung dar.

Die Betrachtung des Autokorrelationsspektrums ist somit sinnvoll, da das Rauschen einen Energiebeitrag liefert, der sich dem Signal überlagert. Es interessiert insbesondere die im Nutzfrequenzbereich der Netzwerke, die Netzwerke in der Regel einen Bandpaßcharakter aufweisen, enthaltene Rauschleistung. Bei zeitlich begrenzten, deterministischen Signalen erfolgt die Berechnung der im zeitlichen Mittel an einem Widerstand R in Wärme umgesetzte „Leistung" gemäß

$$\overline{u(t)\,i(t)} = \overline{i(t)\,R\,i(t)} = \overline{i(t)\,i(t)}\,R = \overline{i^2(t)}\,R. \qquad (5.193)$$

Mit Gl.(5.192) für $c_{II}(0)$ kann Gl.(5.193) in der Form

$$\overline{i^2(t)}\,R = c_{II}(0)\,R = \int\limits_{-\infty}^{\infty} \underline{C}_{II}(f)\ \mathsf{d}f\,R = \int\limits_{-\infty}^{\infty} \underline{I}(f)\,\underline{I}^*(f)\ \mathsf{d}f\,R \qquad (5.194)$$

angegeben werden. Es stellt sich nun die Frage, ob diese Betrachtungsweise auch auf Rauschsignale bzw. Rauschspektren übertragen werden kann, obwohl die Transformation des Rauschstroms $i_n(t)$ (Index n für noise) nicht möglich ist, da die Konvergenz des Fourierintegrals,

$$\underline{F}(f) = \int\limits_{-\infty}^{\infty} f(t)e^{-j\omega t}\ \mathsf{d}t, \qquad (5.195)$$

das zum Rauschspektrum führt, nicht sichergestellt ist (f(t) ist zeitlich nicht begrenzt). Wird jedoch berücksichtigt, daß die Rauschleistung in einem beschränkten Frequenzbereich Δf um eine Mittenfrequenz f_0 endlich ist und somit das Integral

$$\int\limits_{f_0-\frac{\Delta f}{2}}^{f_0+\frac{\Delta f}{2}} \underline{I}(f)\underline{I}^*(f)\ \mathsf{d}f \qquad (5.196)$$

existiert, so kann nach einer Scharmittelwertbildung zur Bestimmung des Stromspektrums die spektrale Leistungsdichte zu $\underline{C}_{II}$ aus

$$\underline{C}_{II}(f) = <\underline{I}(f)\,\underline{I}^*(f)> \qquad (5.197)$$

bestimmt werden. Entsprechend ergibt sich die spektrale Leistungsdichte eines Spannungsspektrums zu

$$\underline{C}_{UU}(f) = <\underline{U}(f)\,\underline{U}^*(f)>. \qquad (5.198)$$

Der Rauschleistungsbeitrag P_n in einem hinreichend schmalen Frequenzbereich Δf kann aus der spektralen Leistungsdichte $\underline{C}_{UU}(f)$ gemäß

$$P_n = \underline{C}_{UU}(f)\,\Delta f\ \mathrm{Re}\{\underline{Y}\} \qquad (5.199)$$

berechnet werden. Wird in Gl.(5.197) bzw. in Gl.(5.198) der Scharmittelwert für den Rauschstrom bzw. für die Rauschspannung herangezogen, dann ergibt sich die Rauschleistung zu

$$P_n = |\underline{U}(f)|^2\ \mathrm{Re}\{\underline{Y}\}. \qquad (5.200)$$

5.4.3.2 Der rauschende Zweipol

Aufgrund von thermischen Prozessen (Gitterbewegungen) in leitenden Materialien ist einer geordneten Ladungsträgerbewegung stets ein ungeordneter Anteil (statistischer Prozeß) überlagert. Die Leistung, die in einem Frequenzbereich Δf von einem ohmschen Widerstandes R bei einer konstanten Temperatur T als Rauschleistung P_n (n für noise) zur Verfügung gestellt wird, kann mit Hilfe des Korrelationsspektrums $\underline{C}_{UU}(f)$ der Rauschspannung nach Gl.(5.199) aus

$$P_n = \underline{C}_{UU}(f)\,\Delta f\,\mathrm{Re}\{\underline{Y}\} = \frac{\underline{C}_{UU}(f)\,\Delta f}{R} \qquad (5.201)$$

berechnet werden. Die Leistung in diesem Frequenzbereich, die sich aus dem Planckschen Strahlungsgesetz ergibt, wird hier ohne Beweis aus der spektralen Leistungsdichte

$$\frac{1}{df}\,(P_n(f)) = 2kT\,\frac{\frac{hf}{kT}}{e^{\frac{hf}{kT}} - 1} \qquad (5.202)$$

ermittelt. Dabei stellen in Gl.(5.202) die Größen k ($k = 1.38055\,10^{-23}\,J/K$) die Boltzmannkonstante, h ($h = 6.62256\,10^{-34}\,Js$) das Plancksche Wirkungsquantum und f die Frequenz dar. Im Frequenzbereich $f < 10^{12}Hz$ kann der Ausdruck

$$\frac{\frac{hf}{kT}}{e^{\frac{hf}{kT}} - 1}$$

in Gl.(5.202) zu Eins gesetzt werden, wodurch sich die mittlere spektrale Leistungsdichte der Rauschspannung am Widerstand R zu

$$\frac{1}{df}(P_n(f)) = 2kT \qquad (5.203)$$

und somit die Leistung im Frequenzbereich Δf zu

$$P_n = 2kT\Delta f \qquad (5.204)$$

ergibt. Gleichsetzen von Gl.(5.204) und Gl.(5.201) liefert für das Korrelationsspektrums der Rauschspannung $\underline{C}_{UU}(f)$

$$\underline{C}_{UU}(f) = 2kTR. \qquad (5.205)$$

Nach Gl.(5.204) liefert somit ein ohmscher Widerstand im betrachteten Frequenzbereich eine frequenzunabhängige, mittlere spektrale Leistungsdichte (weißes Rauschen). Die Tatsache, daß ein Widerstand der Größe R bedingt durch thermische Prozesse Leistung abgeben kann, liefert die Motivation, die Ersatzanordnung nach Bild 5.24 a), bestehend aus einer Ersatzrausch- spannungsquelle und einem rauschfreien Widerstand, mit gleichem Wider- standswert R, zu definieren.

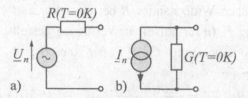

Bild 5.24: *Rauschersatzschaltbild für einen Widerstand bei der Tem- peratur T, Rauschspannungsquelle a) und Rauschstromquelle b)*

Soll nun eine Aussage über eine äquivalente Rauschspannung getroffen werden, dann kann diese aus dem zeitlichen Mittelwert des Quadrates der Rauschspannung $\overline{u_n^2(t)}$, der dem Quadrat eines Effektivwertes der Rausch- spannung $|\underline{U}_n|^2$ entspricht, gemäß

$$\overline{u_n^2(t)} = \lim_{t_0 \to \infty} \left\{ \frac{1}{2\,t_0} \int_{-t_0}^{t_0} u^2(t)\ \mathrm{d}t \right\} = c_{UU}(0) = \int_{-\infty}^{\infty} \underline{C}_{UU}(f)\ \mathrm{d}f \quad (5.206)$$

bestimmt werden. Wird nun zugrundegelegt, daß viele Übertragungssyste- me in der Nachrichtentechnik Bandpaßcharakter aufweisen, dann rechtfer- tigt dieses die Betrachtung des Leistungsdichtespektrums in einem schma- len Frequenzbereich Δf ($\Delta f = f_2 - f_1$), das durch Filterung des Rauschsig- nals mit einem idealen Bandpaß entstanden ist. Wird weiter berücksichtigt, daß jedes reelle Zeitsignal ein konjugiert komplexes Spektrum $\underline{C}_{UU}(f) = \underline{C}_{UU}^*(-f)$ aufweist, ergibt sich somit für das Quadrat des Effektivwertes

$$\overline{u_n^2(t)} = \int_{-f_2}^{-f_1} \underline{C}_{UU}(f)\ \mathrm{d}f + \int_{f_1}^{f_2} \underline{C}_{UU}(f)\ \mathrm{d}f$$

bzw.

$$\overline{u_n^2(t)} = \int_{-f_2}^{-f_1} 2kTR\ \mathrm{d}f + \int_{f_1}^{f_2} 2kTR\ \mathrm{d}f = 4kTR\Delta f. \quad (5.207)$$

Der Betrag des Quadrates des Effektivwertes der Spannung einer Ersatzspan- nungsquelle ergibt sich damit zu

$$|\underline{U}_n|^2 = 4kTR\Delta f, \quad (5.208)$$

woraus die Rauschleistung P_n des Widerstandes zu

$$P_n = \frac{|U_n|^2}{R} = 4kT\,\Delta f \qquad (5.209)$$

ermitteln läßt. Neben der in Bild 5.24 a) gezeigten Ersatzspannungsquelle für den rauschenden Widerstand, läßt sich die in Bild 5.24 b) angegebene Ersatzstromquelle mit einem Innenleitwert G zur Beschreibung heranziehen. Hierfür ergibt sich in analoger Weise der Betrag des Quadrates des Effektivwertes der Quellstromstärke einer äquivalenten Rauschstromquelle zu

$$|\underline{I}_n|^2 = 4kTG\Delta f, \qquad (5.210)$$

mit der Rauschleistung

$$P_n = \frac{|\underline{I}_n|^2}{G} = 4kT\,\Delta f. \qquad (5.211)$$

Die bisherige Betrachtung von Zweipolen, die nur rein ohmsche Elemente besitzen, kann durch eine Verallgemeinerung von Gl.(5.208) bzw. Gl.(5.210) auf beliebige komplexe Quellimpedanzen $\underline{Z}(f)$, mit $\underline{Z}(f) = R(f) + jX(f)$, bzw. Quelladmittanzen $\underline{Y}(f)$, mit $\underline{Y}(f) = G(f) + jB(f)$, erweitert werden. In diesen Fällen lassen sich die Ersatzquellgrößen in verallgemeinerter Form aus

$$|\underline{U}_n|^2 = 4kT\,\mathrm{Re}\{\underline{Z}(f)\}\,\Delta f = 4kTR(f)\,\Delta f \qquad (5.212)$$

bzw.

$$|\underline{I}_n|^2 = 4kT\,\mathrm{Re}\{\underline{Y}(f)\}\,\Delta f = 4kTG(f)\,\Delta f \qquad (5.213)$$

bestimmen. Gl.(5.212) und Gl.(5.213) werden in der Literatur sehr häufig als das verallgemeinerte Nyquist Theorem bezeichnet. Hierbei muß beachtet werden, daß die mittleren spektralen Leistungsdichten im allgemeinen kein weißes Rauschen mehr beschreiben.

Zum Abschluß dieses Abschnittes kann zusammenfassend festgehalten werden, daß es sich beim thermischen Rauschen um einen ergodischen Zufallsprozeß handelt, bei dem keine Aussage über den zeitlichen Verlauf der Rauschspannung getroffen werden kann. Das heißt es können weder Amplitudenspektren noch Leistungsspektren sondern nur mittlere spektrale Leistungsdichten der Quellgrößen bestimmt werden, die zur Analyse von linearen Netzwerken herangezogen werden können. Dabei lassen sich aber sämtliche Berechnungen mit den bekannten Verfahren der Netzwerkanalyse durchführen. Das heißt, zunächst wird die Quelle so behandelt, als ob sie durch ein Amplitudenspektrum beschreibbar wäre, dann erfolgt die Berechnung der Netzwerkgrößen, Ströme und Spannungen, aus denen abschließend wieder die entsprechenden mittleren spektralen Leistungsdichten der gesuchten Größen ermittelt werden. Der wesentliche Vorteil liegt in der Anwendbarkeit der komplexen Wechselstromrechnung.

5.4.3.3 Die Theorie rauschender Zweitore

Die herkömmliche Analyse linearer Netzwerke durch Netzwerkparameter wie Impedanz-(Z), Admittanz-(Y) oder Kettenparameter(A) erfaßt in der üblichen Form nicht die Charakterisierung des Rauschverhaltens einer Schaltung. Eine übersichtliche Ergänzung der Beschreibung des Vierpolverhaltens gemäß [43] erweitert die allgemeine Betrachtungsweise derart, daß sich nach einer Zerlegung des zu untersuchenden rauschenden Vierpols eine einfache Analysemöglichkeit bietet.

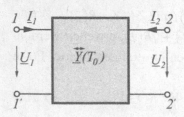

Bild 5.25: *Reales Zweitor bei der Umgebungstemperatur* $T = T_0$

Hierzu erfolgt zunächst die Betrachtung des realen Zweitors nach Bild 5.25, das bei einer Temperatur $T = T_0$ ($T > 0K$) Rauschleistung „produziert", die der Rauschleistung des am Eingang anliegenden Signals überlagert wird und somit das Signal/Rauschleistungs-Verhältnis am Ausgang verschlechtert. Die Rauschleistung ist statistischen Prozessen in den Bauelementen zuzuordnen.

Entsprechend der Beschreibung rauschender Zweipole, läßt sich durch eine geeignete Zusammenschaltung von Quellen und quellenlosen Zweitoren zeigen, daß das ursprüngliche, rauschende Zweitor (beschrieben durch Y-Parameter) durch ein rauschfreies Zweitor mit den gleichen Y-Parametern und zunächst jeweils einer Quelle am Eingang und am Ausgang dieses Zweitors dargestellt werden kann. Diese Vorstellung setzt voraus, daß das Zweitor, beschrieben durch die Y-Parameter, der Temperatur $T = 0K$ ausgesetzt ist. Mögliche Ersatzschaltbilder nehmen damit die in Bild 5.26 a) und b) gezeigte Gestalt an.

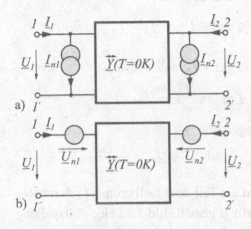

a)

b)

Bild 5.26: *Äquivalente Rauscher-satzzweitore unter Verwendung von Rauschstromquellen a) und Rausch-spannungsquellen b)*

Neben diesen Ersatzanordnungen für ein „aktives" Zweitor, kann das Netzwerkverhalten auch durch eine Schaltungsanordnung mit zwei unterschiedlichen Quellen auf entweder der Eingangs- oder der Ausgangsseite beschrieben werden. Bei der Charakterisierung der Rauscheigenschaften hat sich das in Bild 5.27 gezeigte Ersatzschaltbild als günstig erwiesen.

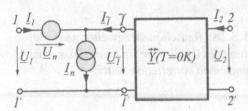

Bild 5.27: *Ersatzschaltbild zur Herleitung der Rauscheigenschaften*

Das Netzwerk setzt sich aus der Kettenschaltung eines Rauschquellenzweitors und des ursprünglichen Zweitors bei der Temperatur T=0K zusammen. Die Wahl dieser Struktur liefert die auf den <u>Eingang</u> bezogenen Rauschelemente des Zweitors. Diese können, da das darauffolgende rauschfreie Netzwerk keinen Rauschbeitrag mehr liefert, zur vollständigen Berechnung des Gesamtrauschverhaltens herangezogen werden. Hierzu erfolgen noch einige Vorüberlegungen. Die Aufspaltung des ursprünglichen Netzwerks nach Bild 5.25 in die Anordnung nach Bild 5.27 garantiert keine vollständige Entkopplung der Ersatzquellen voneinander. Dieses ergibt sich direkt aus dem Vergleich der Netzwerkgleichungen, die sich für die Anordnungen nach Bild 5.26 a) und Bild 5.27 angeben lassen; denn aus Bild 5.26 a) folgt direkt

$$\underline{I}_1 = \underline{Y}_{11}\,\underline{U}_1 + \underline{Y}_{12}\,\underline{U}_2 + \underline{I}_{n1},$$

$$\underline{I}_2 = \underline{Y}_{21}\,\underline{U}_1 + \underline{Y}_{22}\,\underline{U}_2 + \underline{I}_{n2}.$$

Bild 5.27 liefert mit $\underline{U}_{\widetilde{1}} = \underline{U}_1 - \underline{U}_n$ und $-\underline{I}_{\widetilde{1}} = \underline{I}_1 - \underline{I}_n$

$$\underline{I}_1 = \underline{Y}_{11}\,\underline{U}_1 + \underline{Y}_{12}\,\underline{U}_2 + \underline{I}_n - \underline{Y}_{11}\,\underline{U}_n,$$

$$\underline{I}_2 = \underline{Y}_{21}\,\underline{U}_1 + \underline{Y}_{22}\,\underline{U}_2 - \underline{Y}_{21}\,\underline{U}_n,$$

so daß der Vergleich dieser Gleichungen auf

$$\underline{I}_n = \underline{I}_{n1} + \underline{Y}_{11}\,\underline{U}_n \qquad \text{und} \qquad \underline{U}_n = -\frac{\underline{I}_{n2}}{\underline{Y}_{21}}$$

führt. Nach $\underline{I}_n = \underline{I}_{n1} + \underline{Y}_{11}\,\underline{U}_n$ wird ein Teil des Quellstroms $\underline{I}_n$ durch $\underline{U}_n$ hervorgerufen. Aus diesem Grund erfolgt gemäß Bild 5.28 eine Aufspaltung von $\underline{I}_n$ in einen eigenständigen (unkorrelierten) Anteil $\underline{I}_{nu}$ und einen korrelierten Anteil $\underline{I}_{nc}$. $\underline{I}_{nc}$ ist über einen komplexen Proportionalitätsfaktor, der die Einheit einer Impedanz besitzt, der sogenannten Korrelationsadmittanz $\underline{Y}_c$, mit $\underline{U}_n$ verknüpft.

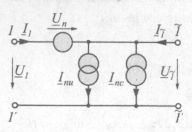

Bild 5.28: *Rauschquellenzweitor nach Aufspaltung des Quellstroms in einen unkorrelierten und einen korrelierten Anteil*

Somit gilt

$$\underline{I}_{nc} = \underline{Y}_c\,\underline{U}_n \tag{5.214}$$

und

$$\underline{I}_n = \underline{I}_{nu} + \underline{I}_{nc}. \tag{5.215}$$

Die Auswertung von Maschen- und Knotengleichungen in der Schaltung nach Bild 5.28 liefert somit

$$\underline{I}_1 = \underline{I}_{nu} + \underline{I}_{nc} - \underline{I}_{\widetilde{1}} = \underline{I}_{nu} + \underline{Y}_c\,\underline{U}_n - \underline{I}_{\widetilde{1}} \tag{5.216}$$

und

$$\underline{U}_1 = \underline{U}_{\widetilde{1}} + \underline{U}_n. \tag{5.217}$$

Aus Gl.(5.217) folgt

$$\underline{U}_n = \underline{U}_1 - \underline{U}_{\widetilde{1}}. \tag{5.218}$$

Einsetzen von Gl.(5.218) in Gl.(5.216) führt auf

oder
$$\underline{I}_1 = \underline{I}_{nu} + \underline{Y}_c\,(\underline{U}_1 - \underline{U}_{\tilde{1}}) - \underline{I}_{\tilde{1}}$$

$$\underline{I}_1 = \underline{I}_{nu} + \underline{Y}_c\,\underline{U}_1 - \underline{Y}_c\,\underline{U}_{\tilde{1}} - \underline{I}_{\tilde{1}}. \tag{5.219}$$

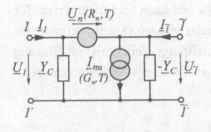

Bild 5.29: *Vollständiges Ersatzschaltbild zur Charakterisierung des Rauschquellen-zweitors*

Damit läßt sich aus Gl.(5.218) und Gl.(5.219) ein zu dem in Bild 5.28 ge-zeigten Netzwerk äquivalentes Zweitor, das in Bild 5.29 abgebildet ist, ablei-ten. Damit die Korrelationsadmittanz $\underline{Y}_c$ keinen zusätzlichen Rauschbeitrag licfert, muß dicse cbenso der Temperatur $T = 0K$ ausgesetzt sein. Die Be-rechnung der Rauschspannung $\underline{U}_n$ und des Rauschstroms $\underline{I}_{nu}$ der idealen Quellen erfolgt aus äquivalenten rauschenden Elementen, also rauschenden Widerständen, entsprechend

$$P_u = \frac{|U_n|^2}{R_n} = 4kT\,\Delta f \tag{5.220}$$
und
$$P_i = \frac{|I_{nu}|^2}{G_n} = 4kT\,\Delta f, \tag{5.221}$$

so daß das Gesamtrauschverhalten mit Hilfe der Ersatzschaltung nach Bild 5.29 aus den Elementen G_n und R_n bei der Betriebstemperatur T sowie der Korrelationsadmittanz $\underline{Y}_c = G_c + jB_c$ berechnet werden kann. Das vollstän-dige Ersatzschaltbild für den rauschenden Vierpol in Bild 5.25 nimmt damit die in Bild 5.30 gezeigte Gestalt an.

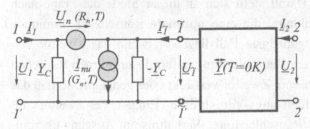

Bild 5.30: *Ersatzschal-tung des rauschenden Vierpols*

5.4.3.4 Die Rauschzahl des Zweitors

Als Kenngröße zur Beschreibung des Rauschverhaltens von Zweitoren wurde von Friis [45] die in der Einleitung (Seite 243) angegebene (verfügbare) Rauschzahl F eingeführt. Sie stellt ein Maß für die durch das Zweitor zusätzlich hervorgerufenen Rauschbeiträge dar und kann als Gütekriterium für Schaltungen und Schaltungselemente benutzt werden. Sie ist definiert als Quotient aus verfügbarem Signal-/Rauschleistungs-Verhältnis am Eingang des Zweitors zum verfügbarem Signal-/Rauschleistungs-Verhältnis am Ausgang des Zweitors.

$$F = \frac{\left.\dfrac{verfügbare\ Signalleistung}{verfügbare\ Rauschleistung}\right|_{Eingang}}{\left.\dfrac{verfügbare\ Signalleistung}{verfügbare\ Rauschleistung}\right|_{Ausgang}} = \frac{\dfrac{P_{sE,verf}}{P_{nE,verf}}}{\dfrac{P_{sA,verf}}{P_{nA,verf}}} \qquad (5.222)$$

Der Begriff verfügbare Leistung, der schon bei der Bestimmung der verfügbaren Leistungsverstärkung (G_{verf}) in Abschnitt 5.4.1.2 benutzt wurde, beschreibt, bezogen auf den Zweitoreingang, die maximal abgebbare Leistung der Quelle und bezogen auf den Zweitorausgang, die maximal abgebbare Leistung von Zweitor mit Quelle. Im ersten Fall liegt Leistungsanpassung an der Quelle und im zweiten Fall am Ausgang des Zweitors mit Quelle vor. Durch diese Betrachtung ist die Beschaltung am Ausgang, die die Leistungsanpassung sicherstellt, durch die Quelle und das Zweitor bestimmt, d.h. ein Wert für die Abschlußimpedanz taucht, wie die Berechnungen in Abschnitt 5.4.1.2 gezeigt haben, in diesen Beziehungen nicht auf und es bleibt lediglich die Quellimpedanz bzw. die Quelladmittanz bei der Bestimmung des verfügbaren Signal-/Rauschleistungs-Verhältnisses als veränderliche Größe übrig. Damit stellt sich an dieser Stelle die Frage nach der **optimalen** Quelladmittanz, die eine **optimale** Rauschzahl (minimale Rauschzahl) liefert. Der günstigste Fall liegt vor, wenn das Zweitor keinen zusätzlichen Beitrag zur Rauschleistung liefert. Dann werden Rauschen und Signal gleichermaßen vom Zweitor verstärkt oder gedämpft, so daß das verfügbare Signal-/Rauschleistungs-Verhältnis am Eingang des Zweitors mit dem verfügbarem Signal-/Rauschleistungs-Verhältnis am Ausgang übereinstimmt und die Rauschzahl F zu 1 wird. In allen anderen Fällen gilt $F > 1$.

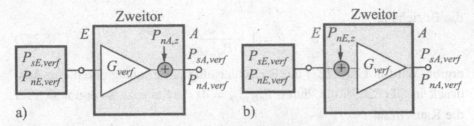

Bild 5.31: *Ersatzanordnungen zur Darstellung der Einkopplung des Rau-*
schens. Einkopplung am Zweitorausgang a), Einkopplung am
Zweitoreingang b)

Anschaulich lassen sich die beiden Modellvorstellungen nach Bild 5.31 a)
und b) heranziehen. Bild 5.31 zeigt eine Quelle, die Rauschen mit der verfügbaren Rauschleistung $P_{nE,verf}$ und ein Signal mit der verfügbaren Signalleistung $P_{sE,verf}$ in das Eingangstor des Zweitors einspeist. $P_{sE,verf}$ wird nun
mit der verfügbaren Leistungsverstärkung verstärkt, so daß am Ausgang die
Signalleistung

$$P_{sA,verf} = G_{verf} \, P_{sE,verf} \tag{5.223}$$

zur Verfügung steht. Ebenso wird auch die Rauschleistung $P_{nE,verf}$ verstärkt.
Nur überlagert sich nach Bild 5.31 a) zu dieser Rauschleistung am Ausgang
des Zweitors noch der vom Zweitor erzeugte Rauschanteil, der als zusätzliche Rauschleistung $P_{nA,z}$ bezeichnet wird. Damit ergibt sich am Ausgang die
Rauschleistung

$$P_{nA,verf} = G_{verf} \, P_{nE,verf} + P_{nA,z}. \tag{5.224}$$

Nach der Interpretation in Bild 5.31 b) liefert das Zweitor den Rauschbeitrag
$P_{nE,z}$ an der Eingangsseite, so daß die Rauschleistung am Ausgang zu

$$P_{nA,verf} = G_{verf} \, (P_{nE,verf} + P_{nE,z}) \tag{5.225}$$

bestimmt werden kann. Vergleich von Gl.(5.224) mit Gl.(5.225) liefert direkt

$$P_{nA,z} = G_{verf} \, P_{nE,z}. \tag{5.226}$$

Im folgenden wird stets die Ersatzdarstellung nach Bild 5.31 b) herangezogen, so daß sich für die Rauschzahl nach Gl.(5.222), d.h. aus

$$F = \frac{\dfrac{P_{sE,verf}}{P_{nE,verf}}}{\dfrac{P_{sA,verf}}{P_{nA,verf}}} = \frac{\dfrac{P_{sE,verf}}{P_{nE,verf}}}{\dfrac{G_{verf} \, P_{sE,verf}}{G_{verf} \, (P_{nE,verf} + P_{nE,z})}},$$

die Beziehung

$$F = 1 + \frac{P_{nE,z}}{P_{nE,verf}} \tag{5.227}$$

ergibt. Wird in Gl.(5.227) die Rauschleistung am Eingang durch den Ausdruck in Gl.(5.209), d.h. durch $P_{nE,verf} = 4kT\,\Delta f$ ersetzt, so ergibt sich für die Rauschzahl

$$F = 1 + \frac{P_{nE,z}}{4kT\,\Delta f} \tag{5.228}$$

bzw. für die auf den Eingang bezogene Rauschleistung des Zweitors

$$P_{nE,z} = (F-1)\,4kT\,\Delta f. \tag{5.229}$$

5.4.3.5 Rauschzahl von kaskadierten Zweitoren

An dieser Stelle soll das vorgestellte Modell zur Analyse von zwei gemäß Bild 5.32 hintereinandergeschalteten Zweitoren erweitert werden.

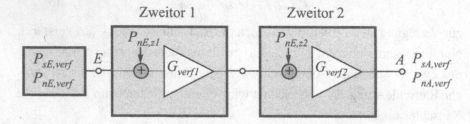

Bild 5.32: *Modell zur Analyse von zwei kaskadierten Zweitoren*

Danach ergibt sich mit

$$P_{sA,verf} = G_{verf1}\,G_{verf2}\,P_{sE,verf} \tag{5.230}$$

und

$$P_{nA,verf} = G_{verf1}\,G_{verf2}\,(P_{nE,verf} + P_{nE,z1}) + G_{verf2}\,P_{nE,z2} \tag{5.231}$$

die Rauschzahl F_{12} der Gesamtanordnung aus Gl.(5.222),

$$F_{12} = \frac{P_{sE,verf}\,P_{nA,verf}}{P_{nE,verf}\,P_{sA,verf}},$$

$$F_{12} = \frac{P_{sE,verf}\,(G_{verf1}G_{verf2}\,(P_{nE,verf} + P_{nE,z1}) + G_{verf2}\,P_{nE,z2})}{P_{nE,verf}\quad G_{verf1}\,G_{verf2}\,P_{sE,verf}},$$

$$F_{12} = \frac{P_{nE,verf} + P_{nE,z1}}{P_{nE,verf}} + \frac{P_{nE,z2}}{P_{nE,verf}\quad G_{verf1}},$$

$$F_{12} = 1 + \frac{P_{nE,z1}}{P_{nE,verf}} + \frac{P_{nE,z2}}{P_{nE,verf}} \frac{1}{G_{verf1}}$$

zu

$$F_{12} = 1 + \underbrace{\frac{P_{nE,z1}}{P_{nE,verf}}}_{F_1} + \underbrace{(1 + \frac{P_{nE,z2}}{P_{nE,verf}} - 1)}_{F_2} \frac{1}{G_{verf1}} \qquad (5.232)$$

Der mit F_1 bezeichnete Ausdruck beschreibt gemäß Gl.(5.227) die Rauschzahl des ersten Zweitors. Entsprechend gibt F_2 die Rauschzahl des zweiten
Zweitors an, so daß sich aus Gl.(5.232) für die Gesamtrauschzahl

$$F_{12} = F_1 + \frac{F_2 - 1}{G_{verf1}} \ . \qquad (5.233)$$

ableiten läßt. Nach Gl.(5.233) geht die Rauschzahl der ersten Stufe voll in
die Rauschzahl der Gesamtanordnung ein. Die Rauschzahl der zweiten Stufe
dagegen hat keine so große Bedeutung, da sie um Eins verringert und durch
G_{verf1} dividiert wird. Verfügt die Eingangsstufe über eine hinreichende Verstärkung, so kann die Rauschzahl der zweiten Stufe sogar vernachlässigt
werden. Aus diesem Grund ist beim Empfängerentwurf die **Eingangsstufe
rauscharm** zu gestalten. Dieses geschieht durch eine geeignete Anpassung
der Quelladmittanz an die Eingangsadmittanz der ersten Stufe, der sogenannten Rauschanpassung. Welchen Wert in diesem Fall die Quelladmittanz $\underline{Y}_S$
anzunehmen hat, werden die im folgenden durchgeführten Berechnungen
zeigen.

5.4.3.6 *Berechnung der Rauschkenngrößen von Zweitoren*

Die Berechnung der charakteristischen Rauschkenngrößen des rauschenden
Zweitors erfolgt ausgehend von der Ersatzdarstellung in Bild 5.30. Diese
Ersatzschaltung besteht aus dem Rauschquellenzweitor an der Eingangsseite und dem rauschfreien Zweitor ($T = 0K$) auf der Ausgangsseite. Dieses
rauschfreie Zweitor behandelt nach den zuvor betrachteten Abschnitten die
am Eingang dieses Zweitors anliegenden Rausch- und Signalbeiträge gleich,
liefert also keinen zusätzlichen Beitrag zur Rauschzahl und kann dadurch für
die Berechnung der Rauschzahl vernachlässigt werden. Es rechtfertigt sich
somit die Aufspaltung des realen Zweitors in ein rauschfreies Zweitor mit
Quellen am Eingang, da sich dadurch eine einfachere Betrachtungsmöglich-
keit zur Berechnung der Rauschzahl ergibt. Diese berücksichtigt das Rausch-

quellenzweitor mit Signalquelle an den Eingangsklemmen $1 - 1'$ gemäß Bild 5.33 a). Mit Hilfe der Ersatzrauschstromquelle $\underline{I}_{nS}$ und der Quelladmittanz $\underline{Y}_S$ zur Charakterisierung des Rauschverhaltens der Signalquelle gemäß Abschnitt 5.4.3.2 sowie dem abgeleiteten Ersatzschaltbild für das rauschende Zweitor, läßt sich bezüglich der Klemmen $\tilde{1} - \tilde{1}'$, die in Bild 5.33 b) gezeigte, resultierende Rauschstromquelle mit den Elementen $\underline{I}_{n,ges}$ und $\underline{Y}_S$ ermitteln.

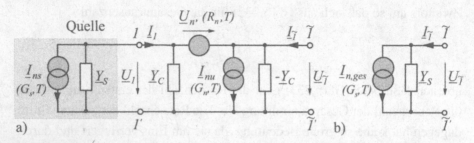

Bild 5.33: *Quelle mit Rauschersatzzweitor a), Ersatzquelle bezüglich der Klemmen $\tilde{1} - \tilde{1}'$ zur Rauschcharakterisierung des Zweitors b)*

Der Quellstrom der Ersatzquelle $\underline{I}_{n,ges}$, der dem Kurzschlußstrom zwischen den Klemmen $\tilde{1} - \tilde{1}'$ entspricht, ergibt sich nach dem Überlagerungsprinzip direkt zu

$$\underline{I}_{n,ges} = \underline{I}_{nS} + \underline{I}_{nu} + \underline{U}_n(\underline{Y}_S + \underline{Y}_c). \tag{5.234}$$

Die gesamte verfügbare Rauschleistung $P_{n,ges,verf}$, die von dieser Quelle abgegeben werden kann, muß unter der Berücksichtigung der Tatsache ermittelt werden, daß alle Quellbeiträge in Gl.(5.234) unkorreliert sind. In diesem Fall ergibt sich die Rauschleistung aus der **Summe der einzelnen Rauschleistungsbeiträge** zu

$$P_{n,ges,verf} = \frac{|\underline{I}_{nS}|^2 + |\underline{I}_{nu}|^2 + |\underline{U}_n|^2\, |\underline{Y}_S + \underline{Y}_c|^2}{|\underline{Y}_S + \underline{Y}_S^*|^2}\, G_S. \tag{5.235}$$

Mit der verfügbaren Rauschleistung $P_{nE,verf}$ der Quelle, die durch

$$P_{nE,verf} = \frac{|\underline{I}_{nS}|^2}{|\underline{Y}_S + \underline{Y}_S^*|^2}\, \mathrm{Re}\{\underline{Y}_S\} = \frac{|\underline{I}_{nS}|^2}{|\underline{Y}_S + \underline{Y}_S^*|^2}\, G_S \tag{5.236}$$

gegeben ist, und der gesamten verfügbaren Rauschleistung $P_{n,ges,verf}$ der Ersatzquelle in Bild 5.33 b) gemäß Gl.(5.235) ergibt sich die Rauschzahl F nach Gl.(5.222) aus

$$F = \frac{P_{n,ges,verf}}{P_{nE,verf}}. \tag{5.237}$$

In Gl.(5.237) tauchen die Ausdrücke für die Signalleistung nicht auf, da das Quellenzweitor keinen Einfluß auf die Signalleistung hat und diese folglich an den Toren $1 - 1'$ und $\tilde{1} - \tilde{1}'$ identisch ist. Somit liefert Gl.(5.237) für die Rauschzahl

$$F = \frac{|\underline{I}_{nS}|^2 + |\underline{I}_{nu}|^2 + |\underline{U}_n|^2 \, |\underline{Y}_S + \underline{Y}_c|^2}{|\underline{I}_{nS}|^2} \tag{5.238}$$

bzw.

$$F = 1 + \frac{|\underline{I}_{nu}|^2 + |\underline{U}_n|^2 \, |\underline{Y}_S + \underline{Y}_c|^2}{|\underline{I}_{nS}|^2}. \tag{5.239}$$

Mit den Ergebnissen nach Gl.(5.220) und Gl.(5.221) zur Beschreibung der Quellgrößen $|\underline{U}_n|^2$ und $|\underline{I}_{nu}|^2$ in der Form

$$|\underline{U}_n|^2 = 4kT \Delta f R_n \tag{5.240}$$

und

$$|\underline{I}_{nu}|^2 = 4kT \Delta f G_n \tag{5.241}$$

ergibt sich aus Gl.(5.239),

$$F = 1 + \frac{4kT \Delta f G_n + 4kT \Delta f R_n \, |\underline{Y}_S + \underline{Y}_c|^2}{4kT \Delta f G_S},$$

die Rauschzahl F zu

$$F = 1 + \frac{G_n}{G_S} + \frac{R_n}{G_S} \, |\underline{Y}_S + \underline{Y}_c|^2 \tag{5.242}$$

bzw.

$$F = 1 + \frac{G_n}{G_S} + \frac{R_n}{G_S} \left((G_S + G_c)^2 + (B_S + B_c)^2 \right). \tag{5.243}$$

Gl.(5.243) stellt nun die Grundlage weiterer Untersuchungen der Rauschzahl in Abhängigkeit von der Quelladmittanz ($\underline{Y}_S = G_S + jB_S$) dar. Dabei besteht das Ziel, durch eine geeignete Wahl der Quelladmittanz $\underline{Y}_S = \underline{Y}_{S,opt}$, die Rauschzahl F zu minimieren. Da ein Minimum das Verschwinden der ersten Ableitungen erfordert, werden die partiellen Ableitungen bezüglich G_S und B_S gebildet, die so gewonnenen Gleichungen zu null gesetzt und nach G_S und B_S aufgelöst. Zur Bestimmung dieser Größen erfolgt an dieser Stelle eine genaue Betrachtung von Gl.(5.243). Hieraus ist direkt zu erkennen, daß im Optimum der Imaginärteil der Quelladmittanz $B_S = B_{S,opt}$ den Wert $-B_c$

annehmen muß, da jeder andere Wert zu einer Erhöhung der Rauschzahl führt. Einsetzen dieses Wertes erlaubt die Betrachtung von

$$\frac{\partial}{\partial G_S} F = \frac{\partial}{\partial G_S} \left(1 + \frac{G_n + R_n (G_S + G_c)^2}{G_S} \right) = 0, \qquad (5.244)$$

die eine zur Bestimmungsgleichung für $G_{S,opt}$ darstellt. Differentiation liefert

$$\frac{2R_n (G_S + G_c) G_S - G_n - R_n (G_S + G_c)^2}{G_S^2} = 0 \qquad (5.245)$$

und Auflösung nach G_S

$$2R_n G_S^2 + 2R_n G_c G_S - G_n - R_n G_S^2 - 2R_n G_c G_S - R_n G_c^2 = 0,$$

$$R_n(G_S^2 - G_c^2) - G_n = 0$$

führt auf

$$G_S = \sqrt{\frac{G_n}{R_n} + G_c^2}, \qquad (5.246)$$

so daß sich die optimale Quelladmittanz zu

$$\underline{Y}_{S,opt} = G_{S,opt} + jB_{S,opt}, \qquad (5.247)$$

mit

$$G_{S,opt} = \sqrt{\frac{G_n}{R_n} + G_c^2} \qquad (5.248)$$

und

$$B_{S,opt} = -B_c \qquad (5.249)$$

angeben läßt. Einsetzen dieser Größen in Gl.(5.243) für G_S und B_S führt auf das Optimum der Rauschzahl F_{opt}, mit

$$F_{opt} = 1 + 2 R_n (G_{S,opt} + G_c). \qquad (5.250)$$

In praktischen Anwendungen ist eine genaue meßtechnische Bestimmung der **minimalen Rauschzahl** F_{opt} und der dafür verantwortlichen Quelladmittanz $\underline{Y}_{S,opt}$ (**Rauschanpassung**) von Interesse. Eine direkte Ermittlung dieser Größen aus einer Messung im optimalen „Arbeitspunkt", d.h. $\underline{Y}_S = \underline{Y}_{S,opt}$, erweist sich nicht immer als zweckmäßig, da diese Vorgehensweise zum einen das Vorhandensein eines **kontinuierlich** einstellbaren Anpassungsnetzwerkes (Impedanztuner) voraussetzt und zum anderen stets mit einem zeitintensiven Abgleich verbunden ist. Eine andere Vorgehensweise, die sich aus einer weiteren Untersuchung der Gl.(5.243) ergibt, ist die Messung der Rauschzahl für verschiedene Quelladmittanzen und einer anschließenden Auflösung des daraus gewonnenen Gleichungssystems zur Ermittlung der gesuchten Größen. Die unbekannten Größen in Gl.(5.243) sind R_n, G_n, G_c und B_c. Diese können nach ihrer Bestimmung zur Berechnung von F_{opt}, $G_{S,opt}$ und $B_{S,opt}$ herangezogen werden. Es besteht allerdings auch die Möglichkeit, die Rauschzahl in Abhängigkeit von F_{opt}, $G_{S,opt}$, $B_{S,opt}$ und R_n anzugeben, so daß die für den Schaltungsentwurf interessanten Daten direkt zur Verfügung stehen. In diesem Fall ergibt sich aus Gl.(5.248), Gl.(5.249) und Gl.(5.250)

$$G_c = \sqrt{G_{S,opt}^2 - \frac{G_n}{R_n}}, \tag{5.251}$$

$$B_c = -B_{S,opt} \tag{5.252}$$

und

$$1 = F_{opt} - 2 R_n \left(G_{S,opt} + G_c \right) \tag{5.253}$$

sowie durch Einsetzen dieser Größen in die Gleichung für die Rauschzahl nach Gl.(5.243)

$$
\begin{aligned}
F &= F_{opt} - 2 R_n \left(G_{S,opt} + \sqrt{G_{S,opt}^2 - \frac{G_n}{R_n}} \right) \\
&\quad + \frac{G_n}{G_S} + \frac{R_n}{G_S} \left(\left(G_S + \sqrt{G_{S,opt}^2 - \frac{G_n}{R_n}} \right)^2 + (B_S - B_{S,opt})^2 \right) \\
&= F_{opt} - 2 R_n G_{S,opt} - 2 R_n \sqrt{G_{S,opt}^2 - \frac{G_n}{R_n}} \\
&\quad + \frac{G_n}{G_S} + \frac{R_n}{G_S} \left(G_S + \sqrt{G_{S,opt}^2 - \frac{G_n}{R_n}} \right)^2 + \frac{R_n}{G_S} (B_S - B_{S,opt})^2 \\
&= F_{opt} - 2 R_n G_{S,opt} - 2 R_n \sqrt{G_{S,opt}^2 - \frac{G_n}{R_n}} + \frac{G_n}{G_S} + R_n G_S \\
&\quad + 2 R_n \sqrt{G_{S,opt}^2 - \frac{G_n}{R_n}} + \frac{R_n}{G_S} G_{S,opt}^2 - \frac{G_n}{G_S} + \frac{R_n}{G_S} (B_S - B_{S,opt})^2 \\
&= F_{opt} - 2 R_n G_{S,opt} + R_n G_S + \frac{R_n}{G_S} G_{S,opt}^2 + \frac{R_n}{G_S} (B_S - B_{S,opt})^2 \\
&= F_{opt} + \frac{R_n}{G_S} (G_S^2 - 2 G_S G_{S,opt} + G_{S,opt}^2) + \frac{R_n}{G_S} (B_S - B_{S,opt})^2 \\
&= F_{opt} + \frac{R_n}{G_S} \left((G_S - G_{S,opt})^2 + (B_S - B_{S,opt})^2 \right)
\end{aligned}
$$

bzw.

$$F = F_{opt} + \frac{R_n}{G_S} \, |\underline{Y}_S - \underline{Y}_{S,opt}|^2. \tag{5.254}$$

Das Ergebnis nach Gl.(5.254) stellt für die **meßtechnische** Ermittlung der Rauschkenngrößen F_{opt}, $\underline{Y}_{S,opt}$ und R_n eine wesentliche Grundlage dar, so daß nach der Bestimmung dieser Größen unter Verwendung von Gl.(5.248), Gl.(5.249) und Gl.(5.250) auch G_n, G_c und B_c zu

$$G_c = \frac{F_{opt} - 1}{2R_n} - G_{S,opt}, \quad (5.255) \qquad B_c = -B_{S,opt} \tag{5.256}$$

und

$$G_n = (F_{opt} - 1)\left(G_{S,opt} - \frac{F_{opt} - 1}{4R_n} \right) \tag{5.257}$$

bestimmt werden können. Da allerdings in der Höchstfrequenztechnik sehr häufig bei der Beschreibung der Netzwerkeigenschaften von Streuparametern Gebrauch gemacht wird, soll der Zusammenhang in Gl.(5.254) mit Hilfe von Reflexionsfaktoren dargestellt werden. Mit

$$\underline{Y} = \frac{1}{Z_W} \frac{1 - \underline{r}}{1 + \underline{r}}, \tag{5.258}$$

wobei Z_W die Normierungsimpedanz darstellt, die häufig dem Wellenwiderstand des Meßsystems entspricht, liefert die Durchführung dieser Berechnungen

$$|\underline{Y}_S - \underline{Y}_{S,opt}|^2 = \left(\frac{2}{Z_W} \right)^2 \frac{|\underline{r}_S - \underline{r}_{S,opt}|^2}{|1 + \underline{r}_S|^2 \, |1 + \underline{r}_{S,opt}|^2}, \tag{5.259}$$

$$G_S = \frac{\underline{Y}_S + \underline{Y}_S^*}{2} = \frac{1}{Z_W} \frac{1 - |\underline{r}_S|^2}{|1 + \underline{r}_S|^2} \tag{5.260}$$

und

$$G_{S,opt} = \frac{\underline{Y}_{S,opt} + \underline{Y}_{S,opt}^*}{2} = \frac{1}{Z_W} \frac{1 - |\underline{r}_{S,opt}|^2}{|1 + \underline{r}_{S,opt}|^2}, \tag{5.261}$$

so daß unter Verwendung von Gl.(5.259) bis Gl.(5.261) in Gl.(5.254) die Rauschzahl durch

$$F = F_{opt} + 4N \frac{|\underline{r}_S - \underline{r}_{S,opt}|^2}{(1 - |\underline{r}_S|^2)(1 - |\underline{r}_{S,opt}|^2)}, \tag{5.262}$$

mit

$$N = R_n \, G_{S,opt}, \tag{5.263}$$

angegeben werden kann.

Kreise konstanter Rauschzahl

Anhand von Gl.(5.262) soll nun kurz die Abhängigkeit der Rauschzahl F vom Reflexionsfaktor der Quelle diskutiert werden. Hierzu erfolgt ein Vergleich Gl.(5.262) mit Gl.(5.125). Dieser Vergleich zeigt, daß beide Gleichungen dieselbe Struktur aufweisen und daß sich damit die Rauschzahl F prinzipiell wie der Verlauf von $\frac{1}{G_{verf}}$ nach Bild 5.19 verhält. Zur graphischen Darstellung erfolgt eine Umformung von Gl.(5.262) gemäß Abschnitt 5.4.1.2. Diese liefert aus Gl.(5.263) die Beziehung

$$\left(\frac{\sqrt{N_i^2 + N_i \left(1 - |\underline{r}_{S,opt}|^2\right)}}{1 + N_i} \right)^2 = \left| \underline{r}_S - \frac{\underline{r}_{S,opt}}{1 + N_i} \right|^2, \qquad (5.264)$$

die einen Kreis mit dem Radius R,

$$R = \frac{\sqrt{N_i^2 + N_i \left(1 - |\underline{r}_{S,opt}|^2\right)}}{1 + N_i}, \qquad (5.265)$$

um den Mittelpunkt C,

$$C = \frac{\underline{r}_{S,opt}}{1 + N_i}, \qquad (5.266)$$

beschreibt. Dabei ergibt sich die Konstante N_i, mit $N = R_n\, G_{S,opt}$, direkt aus

$$N_i = \frac{F - F_{opt}}{4N} \left(1 - |\underline{r}_{S,opt}|^2\right). \qquad (5.267)$$

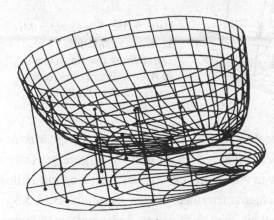

Bild 5.34: $F(\underline{r}_S)$ *eines Mikrowellentransistors; Darstellung der Rauschzahl in Abhängigkeit vom Reflexionsfaktor der Quelle bei* $f = 4 GHz$

Der durch Gl.(5.264) angegebene Zusammenhang liefert für verschiedene Werte der Rauschzahl F eine Schar von Kreisen, deren Radien sich aus Gl.(5.265) und deren Mittelpunkte sich aus Gl.(5.266) bestimmen lassen.

Diese Kreise werden als „Kreise konstanter Rauschzahl" („Constant Noise Circles") bezeichnet. Bild 5.34 zeigt ein Beispiel für eine dreidimensionale Darstellung der Rauschzahl, bei der zu jeder Quellimpedanz im Smith-Chart die zugehörige Rauschzahl in z-Richtung aufgetragen ist. Dadurch ergibt sich der gezeigte „Paraboloid" (verzerrt durch die Darstellung im Smith-Chart), der zur Darstellung von Gl.(5.262) dienen soll. Bild 5.34 zeigt deutlich, daß sich ein Minimum der Rauschzahl F_{opt} ergibt. Dieses befindet sich oberhalb von $\underline{r}_{S,opt}$. Ausgehend von diesem Reflexionsfaktor steigt die Rauschzahl an. Ein Maß für die Größe des Anstiegs stellt der Wert von R_n dar. Kleine Werte für R_n liefern einen flachen Paraboloid, große dagegen führen bei einer geringen Abweichung des Reflexionsfaktors $\underline{r}_S$ von $\underline{r}_{S,opt}$ zu einer starken Erhöhung von F. Es ist einsichtig, daß im letztgenannten Fall die Meßaufgaben und der Schaltungsentwurf sorgfältiger zu erfolgen haben. Aus Gründen der Anschaulichkeit hat die Art der Darstellung nach Bild 5.34 in der Rauschzahlmeßtechnik eine wesentliche Bedeutung erlangt. Zum Vergleich zu Bild 5.34 zeigt Bild 5.35 die Abhängigkeit $F(\underline{r}_S)$ für $f = 14 GHz$.

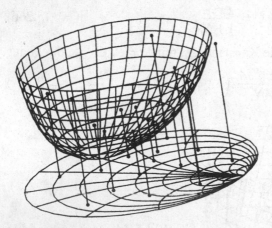

Bild 5.35: $F(\underline{r}_S)$ *eines Mikrowellentransistors; Darstellung der Rauschzahl in Abhängigkeit vom Reflexionsfaktor der Quelle bei* $f = 14 GHz$

Weitere Ergebnisse der meßtechnischen Charakterisierung eines Mikrowellentransistors werden in den Bildern 5.36 a) und b) aufgezeigt. Dazu wurden die Rauschkenngrößen in Abhängigkeit von der Frequenz mit Hilfe eines vollautomatischen Rauschparametermeßsystems ermittelt. Bild 5.36 a) zeigt die Frequenzabhängigkeit der verfügbaren Leistungsverstärkung G_{verf} und der optimalen Rauschzahl F_{opt}. Danach nimmt mit zunehmender Frequenz G_{verf} ab und F_{opt} zu. Bild 5.36 b) zeigt die Änderung von $\underline{r}_{S,opt}$ im betrachteten Frequenzbereich. Es ist die Aufgabe des Schaltungsentwicklers, dafür zu sorgen, daß das Anpassungsnetzwerk am Eingang des Transistors den geforderten Wert von $\underline{r}_{S,opt}$ liefert, da ansonsten mit jeder Abweichung von $\underline{r}_{S,opt}$ die Rauschzahl F zunimmt.

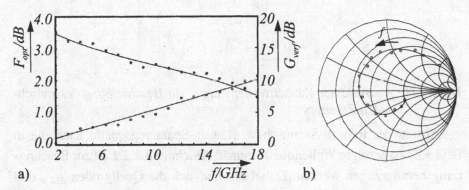

a)   f/GHz   b)

Bild 5.36: *F_{opt} und G_{verf} in Abhängigkeit von der Frequenz a), $\underline{r}_{S,opt}$ in Abhängigkeit von der Frequenz b)*

5.4.3.7 Der äquivalente Rauschvierpol als Wellenvierpol

Das im folgenden aufgezeigte Verfahren zur Beschreibung rauschender Zweitore wurde von Bauer und Rothe [44] vorgestellt. Es macht von einer Darstellung des äquivalenten Rauschvierpols durch einen quellenbehafteten Wellenvierpol Gebrauch.

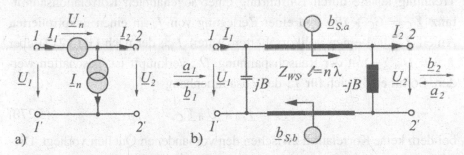

a)   b)

Bild 5.37: *Rauschquellen-Zweitor a) und äquivalente Darstellung durch eine Ersatz-Rauschwellenquelle b)*

Hierbei erfolgt gemäß den Ausführungen im vorherigen Abschnitt eine Aufspaltung der Zweitors, so daß sich das rauschende Zweitor durch eine Kettenschaltung von einem zusätzlichen Quellenzweitor gemäß Bild 5.37 a) bzw. b), das lediglich zur Erfassung der Rauschquellen dient, und dem ursprünglichen Zweitor, jedoch ohne Rauschquellen, darstellen läßt. Dieses führte im weiteren auf die ausschließliche Betrachtung des Zweitors zwischen den Klemmenpaaren $1-1'$ und $\tilde{1}-\tilde{1}'$ der in Bild 5.38 gezeigten Anordnung.

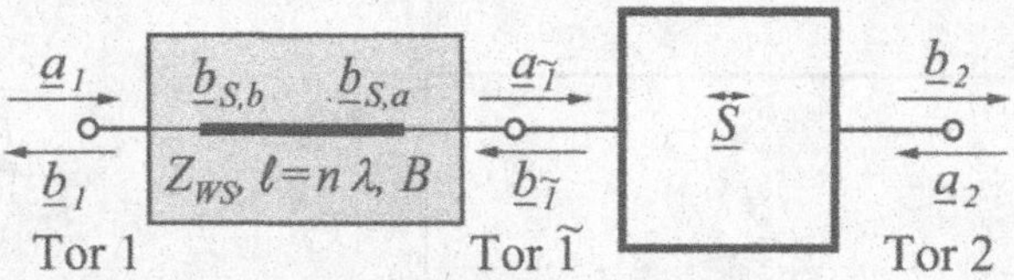

Bild 5.38: *Äquivalenter Rauschwellenvierpol zur Beschreibung des rauschenden Zweitors*

Anstatt der Rausch-Strom- bzw. Rausch-Spannungsquelle kann die in Bild 5.37 b) gezeigte Wellenquelle gemäß Abschnitt 4.4.2.2.12 zur Beschreibung herangezogen werden. Dabei ergeben sich die Quellgrößen $\underline{b}_{S,a}$ und $\underline{b}_{S,b}$, die in Bild 5.38 zur Beschreibung des Quellencharakters verwendet werden, mit $Z_W = Z_{WS}$ aus Gl.(4.219) und Gl.(4.220) zu

$$\underline{b}_{S,a} = \frac{1}{2}\left(-\frac{\underline{U}_n}{\sqrt{Z_{WS}}} - \sqrt{Z_{WS}}(\underline{I}_n - jB\,\underline{U}_n)\right) \tag{5.268}$$

und

$$\underline{b}_{S,b} = \frac{1}{2}\left(\frac{\underline{U}_n}{\sqrt{Z_{WS}}} - \sqrt{Z_{WS}}(\underline{I}_n - jB\,\underline{U}_n)\right). \tag{5.269}$$

Wie aus den im Abschnitt 5.4.3.3 durchgeführten Betrachtungen ersichtlich ist, liegt eine Korrelation zwischen den beiden Quellen $\underline{U}_n$ und $\underline{I}_n$ vor. Trennung konnte durch Einführung einer sogenannten Korrelationsadmittanz $\underline{Y}_C = G_C + jB_C$ und einer Zerlegung von $\underline{I}_n$ in einen unkorrelierten Anteil $\underline{I}_{nu}$ und einen vollkorrelierten Anteil $\underline{I}_{nc}$, der nach Gl.(5.214) über $\underline{I}_{nc} = \underline{U}_n\,\underline{Y}_C$ mit der Rauschspannung $\underline{U}_n$ verknüpft ist, geschaffen werden. Somit ergibt sich für $\underline{I}_n$ der Zusammenhang

$$\underline{I}_n = \underline{I}_{nu} + \underline{U}_n\,\underline{Y}_C, \tag{5.270}$$

bei dem keine Korrelation zwischen den vorhandenen Quellen vorliegt. Dieses wird nun in die Beziehungen für die Wellengrößen $\underline{b}_{S,a}$ und $\underline{b}_{S,b}$ nach Gl.(5.268) und Gl.(5.269) eingesetzt, so daß $\underline{b}_{S,a}$ und $\underline{b}_{S,b}$ durch

$$\underline{b}_{S,a} = \frac{-1}{2\sqrt{Z_{WS}}}\left(\underline{U}_n\left(1 + Z_{WS}\,G_C + jZ_{WS}(B_C - B)\right) + Z_{WS}\,\underline{I}_{nu}\right) \tag{5.271}$$

und

$$\underline{b}_{S,b} = \frac{1}{2\sqrt{Z_{WS}}}\left(\underline{U}_n\left(1 - Z_{WS}\,G_C - jZ_{WS}(B_C - B)\right) - Z_{WS}\,\underline{I}_{nu}\right) \tag{5.272}$$

angegeben werden können. Hieraus wird ersichtlich, daß die Quellen $\underline{b}_{S,a}$ und $\underline{b}_{S,b}$ i. allg. miteinander korreliert sind. Der Korrelationskoeffizient $\overline{\underline{b}_{S,a}\,\underline{b}_{S,b}^*}$, der dem Erwartungswert entspricht, ergibt sich entsprechend Gl.(5.188) direkt aus

$$E[b_{S,a}(t)\,b_{S,b}(t)] = \overline{\underline{b}_{S,a}\,\underline{b}_{S,b}^*} = \int\limits_{-\infty}^{\infty} \underline{b}_{S,a}\,\underline{b}_{S,b}^*\;\mathrm{d}f. \qquad (5.273)$$

Auswertung von Gl.(5.273) liefert die Beziehung

$$\overline{\underline{b}_{S,a}\,\underline{b}_{S,b}^*} = \frac{-1}{4Z_{WS}} \int\limits_{-\infty}^{\infty} [(\underline{U}_n(1+Z_{WS}G_C+jZ_{WS}(B_C-B))+Z_{WS}\underline{I}_{nu})$$

$$\cdot (\underline{U}_n^*(1-Z_{WS}G_C+jZ_{WS}(B_C-B))-Z_{WS}\underline{I}_{nu}^*)]\;\mathrm{d}f,$$

die wegen der Unkorreliertheit von $\underline{U}_n$ und $\underline{I}_{nu}$ in der Form

$$\overline{\underline{b}_{S,a}\,\underline{b}_{S,b}^*} = \frac{-1}{4Z_{WS}} \int\limits_{-\infty}^{\infty}[-Z_{WS}^2\underline{I}_{nu}\underline{I}_{nu}^*+ \qquad (5.274)$$

$$\underline{U}_n\underline{U}_n^*(1+Z_{WS}G_C+jZ_{WS}(B_C-B))$$

$$\cdot(1-Z_{WS}G_C+jZ_{WS}(B_C-B))]\;\mathrm{d}f$$

angegeben werden kann. Da, wie im Abschnitt 4.4.2.2.12 erwähnt wurde, die Werte für Z_{WS} und B frei wählbar sind, könnte als Auswahlkriterium hierfür ein Verschwinden der Korrelation zwischen $\underline{b}_{S,a}$ und $\underline{b}_{S,b}$ sein. Diese Werte werden in diesem Sinne als optimale Werte angesehen. Gilt $B=B_{opt}=B_C$, so verschwindet der Imaginärteil in Gl.(5.274) und es ergibt sich

$$\overline{\underline{b}_{S,a}\,\underline{b}_{S,b}^*} = \frac{-1}{4Z_{WS}} \int\limits_{-\infty}^{\infty}\left[-Z_{WS}^2\underline{I}_{nu}\underline{I}_{nu}^*+ \right. \qquad (5.275)$$

$$\left. \underline{U}_n\underline{U}_n^*(1+Z_{WS}G_C)(1-Z_{WS}G_C)\right]\;\mathrm{d}f,$$

$$\overline{\underline{b}_{S,a}\,\underline{b}_{S,b}^*} = \frac{-1}{4Z_{WS}}\left[(-Z_{WS}^2)\int\limits_{-\infty}^{\infty}\underline{I}_{nu}\underline{I}_{nu}^*\;\mathrm{d}f \right. \qquad (5.276)$$

$$\left. (1+Z_{WS}G_C)(1-Z_{WS}G_C)\int\limits_{-\infty}^{\infty}\underline{U}_n\underline{U}_n^*\;\mathrm{d}f\right]$$

bzw.

$$\overline{\underline{b}_{S,a}\,\underline{b}_{S,b}^*} = \frac{-1}{4Z_{WS}}\left[(1+Z_{WS}G_C)(1-Z_{WS}G_C)\,\overline{\underline{U}_n\underline{U}_n^*}-Z_{WS}^2\,\overline{\underline{I}_{nu}\underline{I}_{nu}^*}\right].$$

$$(5.277)$$

Unter der Berücksichtigung von

$$\overline{\underline{U}_n \, \underline{U}_n^*} = 4kT\Delta f R_n \qquad (5.278)$$

und

$$\overline{\underline{I}_{nu} \, \underline{I}_{nu}^*} = 4kT\Delta f G_n \qquad (5.279)$$

ergibt sich aus Gl.(5.277)

$$\overline{\underline{b}_{S,a} \, \underline{b}_{S,b}^*} = \frac{-kT\Delta f}{Z_{WS}} \left[(1 + Z_{WS} G_C)(1 - Z_{WS} G_C) \, R_n - Z_{WS}^2 \, G_n \right] \qquad (5.280)$$

oder

$$\overline{\underline{b}_{S,a} \, \underline{b}_{S,b}^*} = \frac{-kT\Delta f R_n}{Z_{WS}} \left[1 - Z_{WS}^2 \left(G_C^2 + \frac{G_n}{R_n} \right) \right]. \qquad (5.281)$$

Erfolgt nun die Wahl des optimalen Wellenwiderstandes zu

$$Z_{WS} = Z_{WS,opt} = \frac{1}{\sqrt{G_C^2 + \frac{G_n}{R_n}}} = \frac{1}{G_{S,opt}}, \qquad (5.282)$$

mit $G_{S,opt}$ nach Gl.(5.248), so ergibt sich

$$\overline{\underline{b}_{S,a} \, \underline{b}_{S,b}^*} = 0, \qquad (5.283)$$

d.h. ein Verschwinden der Korrelation zwischen den Wellengrößen $\underline{b}_{S,a}$ und $\underline{b}_{S,b}$. Im Sinne der Unkorreliertheit der Quellen kann dieser als der optimale Wellenwiderstand der Leitung angesehen werden.

Mit der Wahl von $B = B_C$ und $Z_{WS} = Z_{WS,opt}$ entsprechend Gl.(5.282) lassen sich die Wellenquellen nach Gl.(5.271) und Gl.(5.272) in der Form

$$\underline{b}_{S,a} = \frac{-1}{2\sqrt{Z_{WS,opt}}} \left(\underline{U}_n (1 + Z_{WS,opt} \, G_C) + Z_{WS,opt} \, \underline{I}_{nu} \right) \qquad (5.284)$$

und

$$\underline{b}_{S,b} = \frac{1}{2\sqrt{Z_{WS,opt}}} \left(\underline{U}_n (1 - Z_{WS,opt} \, G_C) - Z_{WS,opt} \, \underline{I}_{nu} \right) \qquad (5.285)$$

darstellen. Für die verfügbaren Rauschleistungen der einzelnen Quellen, die durch $|\underline{b}_{S,a}|^2 = \overline{\underline{b}_{S,a} \, \underline{b}_{S,a}^*}$ und $|\underline{b}_{S,b}|^2 = \overline{\underline{b}_{S,b} \, \underline{b}_{S,b}^*}$ gegeben sind, kann daraus

$$|\underline{b}_{S,a}|^2 = \frac{kT\Delta f}{Z_{WS,opt}} \left(R_n (1 + Z_{WS,opt} \, G_C)^2 + Z_{WS,opt}^2 \, G_n \right), \qquad (5.286)$$

$$|\underline{b}_{S,a}|^2 = \frac{kT\Delta f}{Z_{WS,opt}}\left[R_n\left(1 + 2Z_{WS,opt}\,G_C\right) + R_n Z_{WS,opt}^2\left(G_C^2 + \frac{G_n}{R_n}\right)\right], \quad (5.287)$$

mit $Z_{WS,opt}^2 = G_C^2 + \frac{G_n}{R_n}$ nach Gl.(5.282),

$$|\underline{b}_{S,a}|^2 = 2kT\Delta f\,R_n\left(\frac{1}{Z_{WS,opt}} + G_C\right) \quad (5.288)$$

bzw. aus

$$|\underline{b}_{S,b}|^2 = \frac{kT\Delta f}{Z_{WS,opt}}\left(R_n\left(1 - Z_{WS,opt}\,G_C\right)\left(1 - Z_{WS,opt}\,G_C\right)^2 + Z_{WS,opt}^2\,G_n\right)$$
$$(5.289)$$

die Beziehung

$$|\underline{b}_{S,b}|^2 = 2kT\Delta f\,R_n\left(\frac{1}{Z_{WS,opt}} - G_C\right) \quad (5.290)$$

abgeleitet werden. Desweiteren liefert die Einführung effektiver Rausch-temperaturen $T_{S,a}$ und $T_{S,b}$, die durch

$$T_{S,a} = \frac{|\underline{b}_{S,a}|^2}{k\Delta f} \quad (5.291)$$

und

$$T_{S,b} = \frac{|\underline{b}_{S,b}|^2}{k\Delta f} \quad (5.292)$$

definiert und mit Gl.(5.288) und Gl.(5.290) durch

$$T_{S,a} = 2T\,R_n\left(\frac{1}{Z_{WS,opt}} + G_C\right) \quad (5.293)$$

und

$$T_{S,b} = 2T\,R_n\left(\frac{1}{Z_{WS,opt}} - G_C\right) \quad (5.294)$$

gegeben sind, eine Darstellung der verfügbaren Rauschleistungen der Quellen in der Form

$$|\underline{b}_{S,a}|^2 = k\Delta f\,T_{S,a} \quad (5.295)$$

und

$$|\underline{b}_{S,b}|^2 = k\Delta f\,T_{S,b}. \quad (5.296)$$

Abschließend läßt sich festhalten, daß das in Bild 5.38 gezeigte Ersatz-schaltbild des rauschenden Zweitors durch die Einführung der effektiven Rauschtemperaturen der Rauschquellen gemäß Gl.(5.293) und Gl.(5.294) und ein Bezugswellenwiderstand $Z_{WS} = Z_{WS,opt}$ nach Gl.(5.282) sowie mit $B = B_{opt} = B_C$ zur vollständigen Beschreibung des Rauschverhaltens mit Hilfe von Wellengrößen herangezogen werden kann.

5.4.3.7.1 Berechnung der Rauschkenngrößen aus der Wellendarstellung

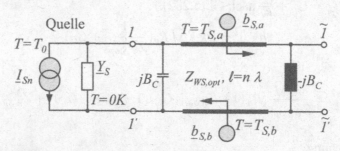

Bild 5.39: *Quelle mit äquivalentem Rauschwellenvierpol zur Beschreibung der Rauschquellen im rauschenden Zweitor*

Die im Kapitel 5.4.3.6 abgeleiteten Rauschkenngrößen lassen sich ebenfalls aus der Wellendarstellung gewinnen. Hierzu wird die Ersatzschaltung nach Bild 5.38 an den Eingangsklemmen 1-1' mit einer Quelladmittanz $Y_S(T = 0K)$ und einer Stromquelle mit der Quellstromstärke I_{Sn}, die den Rauschbeitrag von $\underline{Y}_S(T = T_0)$ beschreibt, gemäß Bild 5.39 beschaltet, so daß das gesamte rauschende Zweitor mit Quelle am Eingang durch die in Bild 5.40 gezeigte Ersatzanordnung beschrieben werden kann.

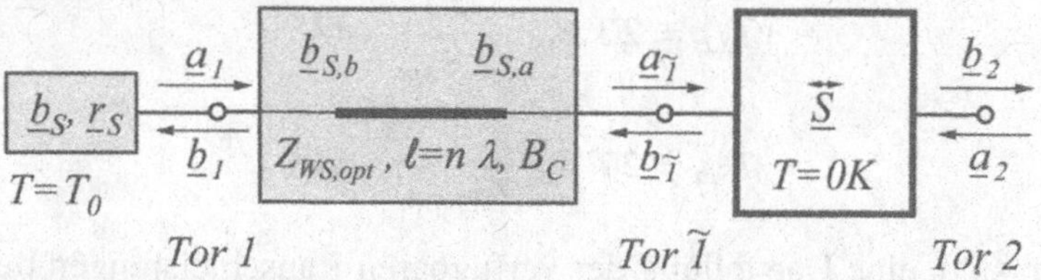

Bild 5.40: *Ersatzdarstellung für das rauschende Zweitor mit Quelle am Eingang*

Zur Berechnung der Rauschzahl genügt auch hier nur Betrachtung eines Teiles der Schaltung in Bild 5.41 a), da die nachgeschalteten Elemente keinen zusätzlichen Rauschbeitrag mehr liefern. Eine zu Bild 5.41 a) äquivalente Darstellung bei der jB_C durch eine Streumatrix mit den Streuparametern $\underline{r}_C$ und $\underline{t}_C$ dargestellt und die Quelle durch eine Wellenquelle ersetzt ist, stellt das in Bild 5.41 b) angegebene Signalflußdiagramm dar.

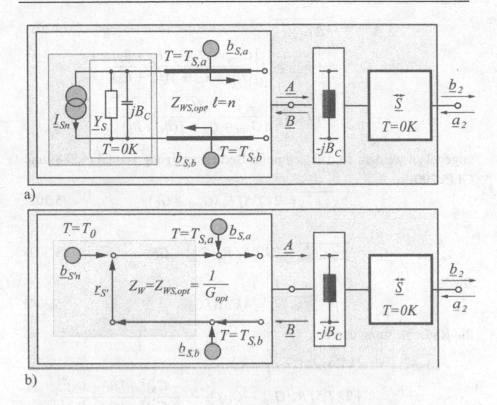

Bild 5.41: *Ersatzanordnung a) und zugehöriges Signalflußdiagramm zur Beschreibung der Rauscheigenschaften des rauschenden Vierpols b)*

Das Signalflußdiagramm beschreibt die Rauscheigenschaften mit Hilfe von Streuparametern und Leistungswellen. Hieraus ergibt sich für die ablaufende Wellengröße $\underline{A}$

$$\underline{A} = \underline{b}_{S,a} + \underline{b}_{S,b}\,\underline{r}_{S'} + \underline{b}_{S'n}, \tag{5.297}$$

woraus sich, bei Unkorreliertheit aller Quellen, die verfügbare Rauschleistung des resultierenden Rauschwellenzweitors zu

$$\overline{\underline{A}\,\underline{A}^*} = \overline{\underline{b}_{S,a}\,\underline{b}_{S,a}^*} + \overline{\underline{b}_{S,b}\,\underline{b}_{S,b}^*}\,|\underline{r}_{S'}|^2 + \overline{\underline{b}_{S'n}\,\underline{b}_{S'n}^*} \tag{5.298}$$

bestimmen läßt. Mit $\underline{Y}_{S'} = \underline{Y}_S + jB$, $Z_{WS,opt} = 1/G_{opt}$ gemäß Gl.(5.282),

$$\underline{r}_{S'} = \frac{G_{opt} - \underline{Y}_{S'}}{G_{opt} + \underline{Y}_{S'}} \tag{5.299}$$

und

$$\underline{b}_{S'n} = -\underline{I}_{Sn}\frac{\sqrt{G_{opt}}}{G_{opt} + \underline{Y}_{S'}} \tag{5.300}$$

gemäß Gl.(4.226), kann Gl.(5.298) in der Form

$$\overline{\underline{A}\,\underline{A}^*} = \overline{\underline{b}_{S,a}\,\underline{b}_{S,a}^*} \tag{5.301}$$

$$+ \overline{\underline{b}_{S,b}\,\underline{b}_{S,b}^*} \left| \frac{G_{opt} - G_S - j(B_C + B_S)}{G_{opt} + G_S + j(B_C + B_S)} \right|^2$$

$$+ \overline{\underline{I}_{Sn}\,\underline{I}_{Sn}^*} \left| \frac{\sqrt{G_{opt}}}{G_{opt} + G_S + j(B_C + B_S)} \right|^2$$

angegeben werden, so daß sich unter Berücksichtigung von Gl.(5.288) und Gl.(5.290)

$$\overline{\underline{b}_{S,a}\,\underline{b}_{S,a}^*} = 2kT\Delta f R_n(G_{opt} + G_C), \tag{5.302}$$

$$\overline{\underline{b}_{S,b}\,\underline{b}_{S,b}^*} = 2kT\Delta f R_n(G_{opt} - G_C) \tag{5.303}$$

sowie

$$\overline{\underline{I}_{Sn}\,\underline{I}_{Sn}^*} = 4kT\Delta f G_S, \tag{5.304}$$

die Rauschleistung durch

$$\overline{\underline{A}\,\underline{A}^*} = 2kT\Delta f R_n(G_{opt} + G_C)$$

$$+ 2kT\Delta f R_n(G_{opt} - G_C) \frac{(G_{opt} - G_S)^2 + (B_C + B_S)^2}{(G_{opt} + G_S)^2 + (B_C + B_S)^2}$$

$$+ 4kT\Delta f G_S \frac{G_{opt}}{(G_{opt} + G_S)^2 + (B_C + B_S)^2}, \tag{5.305}$$

$$\overline{\underline{A}\,\underline{A}^*} = 2kT\Delta f \left[R_n(G_{opt} + G_C) \frac{(G_{opt} + G_S)^2 + (B_C + B_S)^2}{(G_{opt} + G_S)^2 + (B_C + B_S)^2} \right.$$

$$+ R_n(G_{opt} - G_C) \frac{(G_{opt} - G_S)^2 + (B_C + B_S)^2}{(G_{opt} + G_S)^2 + (B_C + B_S)^2}$$

$$\left. + 2G_S \frac{G_{opt}}{(G_{opt} + G_S)^2 + (B_C + B_S)^2} \right], \tag{5.306}$$

$$\overline{\underline{A}\,\underline{A}^*} = 2kT\Delta f \left[R_n \frac{2G_{opt}(B_C + B_S)^2}{(G_{opt} + G_S)^2 + (B_C + B_S)^2} \right.$$

$$+ R_n \frac{(G_{opt} + G_C)(G_{opt} + G_S)^2 + (G_{opt} - G_C)(G_{opt} - G_S)^2}{(G_{opt} + G_S)^2 + (B_C + B_S)^2}$$

$$\left. + 2G_S \frac{G_{opt}}{(G_{opt} + G_S)^2 + (B_C + B_S)^2} \right], \tag{5.307}$$

$$\overline{\underline{A}\,\underline{A}^*} = 2kT\Delta f \left[R_n \frac{2G_{opt}(B_C+B_S)^2}{(G_{opt}+G_S)^2+(B_C+B_S)^2} \right.$$

$$+R_n \frac{2G_{opt}(G_{opt}^2+G_S^2)+2G_C\,2G_{opt}\,G_S}{(G_{opt}+G_S)^2+(B_C+B_S)^2}$$

$$\left. + 2G_S \frac{G_{opt}}{(G_{opt}+G_S)^2+(B_C+B_S)^2} \right], \qquad (5.308)$$

$$\overline{\underline{A}\,\underline{A}^*} = 4kT\Delta f \left[R_n G_{opt} \frac{(B_C+B_S)^2+(G_{opt}^2+G_S^2)+2G_C G_S}{(G_{opt}+G_S)^2+(B_C+B_S)^2} \right.$$

$$\left. + \frac{G_S G_{opt}}{(G_{opt}+G_S)^2+(B_C+B_S)^2} \right] \qquad (5.309)$$

bzw.

$$\overline{\underline{A}\,\underline{A}^*} = 4kT\Delta f \left[R_n G_{opt} \frac{(B_C+B_S)^2+(G_{opt}+G_S)^2+2G_S(G_C-G_{opt})}{(G_{opt}+G_S)^2+(B_C+B_S)^2} \right.$$

$$\left. + \frac{G_S G_{opt}}{(G_{opt}+G_S)^2+(B_C+B_S)^2} \right] \qquad (5.310)$$

angeben läßt. Die Rauschzahl F des Zweitors ergibt sich nun mit der Rauschleistung der Quelle im Eingang $\overline{\underline{b}_{Sn}\,\underline{b}_{Sn}^*}$,

$$\overline{\underline{b}_{Sn}\,\underline{b}_{Sn}^*} = 4kT\Delta f \frac{G_S G_{opt}}{(G_{opt}+G_S)^2+(B_C+B_S)^2}, \qquad (5.311)$$

aus

$$F = \frac{\overline{\underline{A}\,\underline{A}^*}}{\overline{\underline{b}_{Sn}\,\underline{b}_{Sn}^*}} \qquad (5.312)$$

zu

$$F = 1+2R_n(G_C-G_{opt}) + \frac{R_n}{G_S}\left[(G_{opt}+G_S)^2+(B_C+B_S)^2\right] \qquad (5.313)$$

bzw.

$$F = 1+2R_n(G_{opt}+G_C) + \frac{R_n}{G_S}\left[(G_S-G_{opt})^2+(B_S+B_C)^2\right]. \qquad (5.314)$$

Eine Analyse von Gl.(5.314) ist ohne weitere Rechnung möglich, da die optimale Quelladmittanz, die eine minimale Rauschzahl zur Folge hat, aus einer einfachen Überlegung gewonnen werden kann. Gesucht wird hier die Quelladmittanz $G_{S,opt}$ und $B_{S,opt}$ die zu F_{opt} führt. Die Betrachtung von Gl.(5.314) zeigt sofort, daß dieses für $G_S = G_{S,opt} = G_{opt}$ und $B_S = B_{S,opt} = -B_C$ gilt und daß in diesem Fall Gl.(5.314) für den minimalen Wert der Rauschzahl F_{opt},

$$F_{opt} = 1 + 2R_n\,(G_{S,opt} + G_C). \tag{5.315}$$

liefert.

Zusammenfassung: Das Ergebnis nach Gl.(5.315) stimmt mit dem Resultat nach Gl.(5.250) überein. Es ist wurde jedoch nur aus anschaulichen Überlegungen gewonnen, die bei der Darstellung mit Wellenquellen übersichtlich durchzuführen sind.

Bei genauer Betrachtung der Schaltung nach Bild 5.41 sorgt die Wahl der Quelladmittanz $\underline{Y}_s = G_{opt} - jB_C$, wobei $G_{opt} = 1/Z_{WS,opt}$ ist, dafür, daß der Imaginärteil von $\underline{Y}_s$ die Reaktanz jB_C kompensiert und $G_{S,opt} = G_{opt}$ einen Abschluß der Leitung mit dem Wellenwiderstand bildet. Dieses hat zur Folge, daß die Leistung der Wellenquelle $\underline{b}_{S,b}$ voll von der Quelladmittanz absorbiert wird und somit keinen Beitrag zur Rauschzahl liefern kann. Nach dieser Überlegung hätte man das Ergebnis für F_{opt} viel einfacher mit

$$\overline{(\underline{A}\,\underline{A}^*)}_{min} = \overline{\underline{b}_{S,a}\,\underline{b}_{S,a}^*} + \overline{\underline{b}_{S'n}\,\underline{b}_{S'n}^*} \tag{5.316}$$

aus

$$F = \frac{\overline{(\underline{A}\,\underline{A}^*)}_{min}}{\overline{\underline{b}_{Sn}\,\underline{b}_{Sn}^*}} \tag{5.317}$$

bzw.

$$F = 1 + \frac{\overline{\underline{b}_{S,a}\,\underline{b}_{S,a}^*}}{\overline{\underline{b}_{Sn}\,\underline{b}_{Sn}^*}} \tag{5.318}$$

gewinnen können. Einsetzen von $\overline{\underline{b}_{S,a}\,\underline{b}_{S,a}^*}$ nach Gl.(5.302) und $\overline{\underline{b}_{Sn}\,\underline{b}_{Sn}^*}$ nach Gl.(5.311) in der Form

$$\overline{\underline{b}_{S,a}\,\underline{b}_{S,a}^*} = 2kT\Delta f\,R_n(G_{S,opt} + G_C) \tag{5.319}$$

und

$$\overline{\underline{b}_{Sn}\,\underline{b}_{Sn}^*} = 4kT\Delta f\,\frac{G_{S,opt}\,G_{opt}}{4G_{S,opt}^2} = kT\Delta f \tag{5.320}$$

in Gl.(5.317) führt zu

$$F = 1 + \frac{2kT\Delta f\,R_n\,(G_{S,opt} + G_C)}{kT\Delta f} = 1 + 2R_n\,(G_{S,opt} + G_C). \tag{5.321}$$

Mit Hilfe der in Gl.(5.291) eingeführten Rauschtemperatur $T_{S,a}$,

$$T_{S,a} = \frac{|\underline{b}_{S,a}|^2}{k\Delta f}, \tag{5.322}$$

und der Darstellung der verfügbaren Rauschleistungen der Quelle in der Form nach Gl.(5.295),

$$|\underline{b}_{S,a}|^2 = k\Delta f\, T_{S,a}, \tag{5.323}$$

läßt sich die minimale Rauschzahl auch in der Form

$$F = 1 + \frac{\overline{\underline{b}_{S,a}\,\underline{b}_{S,a}^*}}{\overline{\underline{b}_{Sn}\,\underline{b}_{Sn}^*}} = 1 + \frac{k\Delta f\, T_{S,a}}{kT\Delta f} = 1 + \frac{T_{S,a}}{T} \tag{5.324}$$

angeben.

5.4.3.8 Analyse rauschender Zweitore mit Korrelationsspektren

Es wird erneut die Schaltung in Bild 5.42 zugrundegelegt. Das Bild zeigt die Beschaltung eines rauschenden Zweitors mit einer Quelle am Eingang und einer Last am Ausgang. Da gemäß den Ausführungen in den Abschnitten 5.4.3.3 und 5.4.3.6 zur Rauschcharakterisierung das Zweitor durch eine Kettenschaltung, bestehend aus einem Rauschquellenzweitor und einem rauschfreien Zweitor, das identisches Kleinsignalverhalten wie das ursprüngliche Zweitor aufweist, dargestellt wird, liefern die nachstehenden Berechnungen die zur Kettenschaltung zugehörigen Rauschparameter.

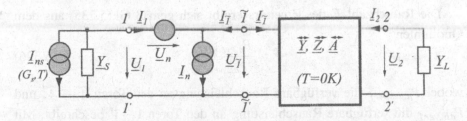

Bild 5.42: *Rauschendes Zweitor bezüglich der Klemmenpaare 1-1' und 2-2' mit Quelle am Eingang und Last am Ausgang*

Es erfolgt zunächst die Bestimmung der äquivalenten Ersatzstromquelle bezüglich der Klemmen 1- 1', die durch den Quellstrom $\underline{I}_{n,ges}$ und die Quelladmittanz $\underline{Y}_S$ vollkommen beschrieben ist. Der Quellstrom $\underline{I}_{n,ges}$, der gleich dem Kurzschlußstrom zwischen den Klemmen $\tilde{1} - \tilde{1}'$ ist, ergibt sich zu

$$\underline{I}_{n,ges} = \underline{I}_{nS} + \underline{I}_n + \underline{U}_n\underline{Y}_S, \tag{5.325}$$

so daß die Schaltung nach Bild 5.42, die in Bild 5.43 gezeigte Gestalt annimmt.

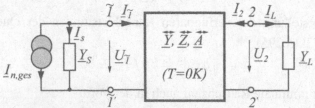

Bild 5.43: *Zweitor bezüglich der Klemmen $\tilde{1} - \tilde{1}'$ mit resultierender Ersatzquelle am Eingang und Last am Ausgang*

Die Bestimmung der Rauschzahl mit Hilfe der Regeln aus der komplexen Wechselstromrechnung kann aus der Betrachtung von Amplitudenspektren stochastischer Prozesse erfolgen. Die Durchführung erfolgt mit den in Abschnitt 5.4.3.1.2 nach [47] eingeführten Korrelationsspektren, die die Abhängigkeit verschiedener Quellen voneinander beschreiben. Im vorliegenden Fall sind die beiden Quellen des Ersatzrauschquellenzweitors voneinander abhängig. Im Abschnitt 5.4.3.3 wurde dieses durch Einführung einer Korrelationsadmittanz, die eine Aufspaltung in einen unkorrelierten und einen vollkorrelierten Anteil der Stromquelle ermöglichte, erfaßt. An dieser Stelle erfolgt die Berechnung mit Hilfe von Korrelationsspektren $\underline{C}_{ik}$, die hier zur Bestimmung spektraler Leistungsdichten herangezogen werden.

Die Rauschzahl F des Zweitors ergibt sich gemäß Gl.(5.235) aus dem Quotienten

$$F = \frac{P_{n,ges,verf}}{P_{nE,verf}}, \tag{5.326}$$

wobei $P_{n,ges,verf}$ die verfügbare Rauschleistung an den Toren $\tilde{1} - \tilde{1}'$ und $P_{nE,verf}$ die verfügbare Rauschleistung an den Toren $1 - 1'$ beschreibt. Mit der verfügbaren Rauschleistung $P_{nE,verf}$ der Quelle, die durch

$$P_{nE,verf} = \frac{|\underline{I}_{nS}|^2}{|\underline{Y}_S + \underline{Y}_S^*|^2}\,\text{Re}\{\underline{Y}_S\} = \frac{|\underline{I}_{nS}|^2}{|\underline{Y}_S + \underline{Y}_S^*|^2}\,G_S \tag{5.327}$$

gegeben ist, und $P_{n,ges,verf}$ in der Form

$$P_{n,ges,verf} = \frac{|\underline{I}_{n,ges}|^2}{|\underline{Y}_S + \underline{Y}_S^*|^2}\,\text{Re}\{\underline{Y}_S\} = \frac{|\underline{I}_{n,ges}|^2}{|\underline{Y}_S + \underline{Y}_S^*|^2}\,G_S \tag{5.328}$$

ergibt sich für die Rauschzahl F des Zweitors

$$F = \frac{|\underline{I}_{n,ges}|^2}{|\underline{I}_{nS}|^2}.$$

(5.329)

Da es sich bei den hier verwendeten Quellgrößen um Amplitudenspektren handelt, muß zur Rauschzahlbestimmung zunächst wie in [47] die Scharmittelwertbildung gemäß Gl.(5.181) bzw. Gl.(5.192) und anschließend die Quotientenbildung erfolgen. Dieses führt zu

$$F = \frac{\overline{\underline{I}_{n,ges}\, \underline{I}_{n,ges}^*}}{\overline{\underline{I}_{nS}\, \underline{I}_{nS}^*}}.$$

(5.330)

Mit $\underline{I}_{n,ges}$ nach Gl.(5.325) ergibt sich aus Gl.(5.330)

$$F = \frac{\overline{(\underline{I}_{nS} + \underline{I}_n + \underline{U}_n\,\underline{Y}_S)\,(\underline{I}_{nS} + \underline{I}_n + \underline{U}_n\,\underline{Y}_S)^*}}{\overline{\underline{I}_{nS}\, \underline{I}_{nS}^*}}.$$

(5.331)

Die Auswertung des Zählers in Gl.(5.331) erfolgt unter der Berücksichtigung, daß eine Korrelation zwischen $\underline{U}_n$ und $\underline{I}_n$ vorliegt, so daß sich dadurch

$$F = \frac{\overline{\underline{I}_{nS}\, \underline{I}_{nS}^*} + \overline{\underline{I}_n\, \underline{I}_n^*} + \overline{\underline{U}_n\, \underline{U}_n^*\,|\underline{Y}_S|^2} + \overline{\underline{U}_n\, \underline{I}_n^*\,\underline{Y}_S} + \overline{\underline{I}_n\, \underline{U}_n^*\,\underline{Y}_S^*}}{\overline{\underline{I}_{nS}\, \underline{I}_{nS}^*}}$$

(5.332)

ergibt. Erfolgt hier die Betrachtung der Rauschleistungsbeiträge in einem schmalen Frequenzbereich Δf so ergibt sich aus Gl.(5.332)

$$F = 1 + \frac{\overline{\underline{I}_n\, \underline{I}_n^*} + \overline{\underline{U}_n\, \underline{U}_n^*\,|\underline{Y}_S|^2} + \overline{\underline{U}_n\, \underline{I}_n^*\,\underline{Y}_S} + \overline{\underline{I}_n\, \underline{U}_n^*\,\underline{Y}_S^*}}{\overline{\underline{I}_{nS}\, \underline{I}_{nS}^*}},$$

(5.333)

woraus nach der Scharmittelwertbildung und unter Berücksichtigung von Gl.(5.192),

$$\overline{s_i(t)s_j(t)} = \int\limits_{-\infty}^{\infty} \underline{C}_{ij}(f)\ \mathrm{d}f, = \underline{C}_{ij}\,\Delta f,$$

sowie den Abkürzungen

$$\overline{\underline{U}_n\, \underline{U}_n^*} = \underline{C}_{11}\,\Delta f,$$

(5.334)

$$\overline{\underline{I}_n\, \underline{I}_n^*} = \underline{C}_{22}\,\Delta f,$$

(5.335)

$$\overline{\underline{U}_n\, \underline{I}_n^*} = \underline{C}_{12}\,\Delta f,$$

(5.336)

$$\overline{I_n \, U_n^*} = \underline{C}_{12}^* \, \Delta f \tag{5.337}$$

und

$$\overline{I_{nS} \, I_{nS}^*} = \underline{C}_S \, \Delta f = 2kT \, \text{Re}\{\underline{Y}_S\} \, \Delta f \tag{5.338}$$

die Beziehung

$$F = 1 + \frac{\underline{C}_{22} + \underline{C}_{11} \, |\underline{Y}_S|^2 + \underline{C}_{12} \, \underline{Y}_S + \underline{C}_{12}^* \, \underline{Y}_S^*}{2kT \, \text{Re}\{\underline{Y}_S\}}, \tag{5.339}$$

$$F = 1 + \frac{\underline{C}_{22} + \underline{C}_{11} \, |\underline{Y}_S|^2 + 2 \, \text{Re}\{\underline{C}_{12} \, \underline{Y}_S\}}{2kT \, G_S},$$

$$F = 1 + \frac{\underline{C}_{22} + \underline{C}_{11} \, (G_S^2 + B_S^2) + 2 \, (\text{Re}\{\underline{C}_{12}\} \, G_S - \text{Im}\{\underline{C}_{12}\} \, B_S)}{2kT \, G_S},$$

$$F = 1 + \frac{\underline{C}_{22} + \underline{C}_{11} \, G_S^2 + 2 \, \text{Re}\{\underline{C}_{12}\} \, G_S + (\underline{C}_{11} \, B_S^2 - 2 \, \text{Im}\{\underline{C}_{12}\} \, B_S)}{2kT \, G_S},$$

$$F = 1 + \frac{2 \, \text{Re}\{\underline{C}_{12}\}}{2kT} + \frac{1}{2kT \, G_S} \left(\underline{C}_{22} + \underline{C}_{11} \, G_S^2 \right.$$
$$\left. + \underline{C}_{11} \, (B_S^2 - \frac{2 \, \text{Im}\{\underline{C}_{12}\}}{\underline{C}_{11}} \, B_S) \right),$$

$$F = 1 + \frac{\text{Re}\{\underline{C}_{12}\}}{kT} + \frac{1}{2kT \, G_S} \left[\underline{C}_{22} - \left(\frac{\text{Im}\{\underline{C}_{12}\}}{\underline{C}_{11}} \right)^2 \right.$$
$$\left. + \underline{C}_{11} \, G_S^2 + \underline{C}_{11} \left(B_S - \frac{\text{Im}\{\underline{C}_{12}\}}{\underline{C}_{11}} \right)^2 \right]$$

bzw.

$$F = 1 + \frac{\text{Re}\{\underline{C}_{12}\}}{kT} \tag{5.340}$$
$$+ \frac{\underline{C}_{11}}{2kT \, G_S} \left[G_S^2 + \frac{\underline{C}_{11} \, \underline{C}_{22} - (\text{Im}\{\underline{C}_{12}\})^2}{\underline{C}_{11}^2} + \left(B_S - \frac{\text{Im}\{\underline{C}_{12}\}}{\underline{C}_{11}} \right)^2 \right]$$

ergibt. Da das Ergebnis in Gl.(5.340) den gleichen Zusammenhang beschreibt wie Gl.(5.254),

$$F = F_{opt} + \frac{R_n}{G_S} \, |\underline{Y}_S - \underline{Y}_{S,opt}|^2, \tag{5.341}$$

mit F_{opt} nach Gl.(5.250),

$$F_{opt} = 1 + 2\,R_n\,(G_{S,opt} + G_c), \qquad (5.342)$$

mit $B_{S,opt}$ nach Gl.(5.248),

$$B_{S,opt} = -B_c, \qquad (5.343)$$

und mit $G_{S,opt}$ nach Gl.(5.248),

$$G_{S,opt} = \sqrt{\frac{G_n}{R_n} + G_c^2}, \qquad (5.344)$$

und die Rauschparameter F_{opt}, R_n und $\underline{Y}_{S,opt}$ wie an späterer Stelle gezeigt wird, meßtechnisch bestimmt werden können, können auch die Meßergebnisse zur Bestimmung der Korrelationsspektren herangezogen werden. Hierzu erfolgt eine Berechnung dieser Kenngrößen entsprechend dem Vorgehen nach Abschnitt 5.4.3.6, d.h. es werden die partiellen Ableitungen von Gl.(5.340) nach G_S und B_S gebildet und zu null gesetzt. Durch die Umformung von Gl.(5.340) kann das Ableiten nach B_S entfallen, da die Betrachtung der Gleichung sofort für $B_{S,opt}$,

$$B_{S,opt} = \frac{\text{Im}\{\underline{C}_{12}\}}{\underline{C}_{11}}, \qquad (5.345)$$

liefert. Unter Berücksichtigung des Ergebnisses in Gl.(5.345) führt das Bilden der Ableitung nach G_S und Nullsetzen zu

$$2\,G_S\,G_S - \left(G_S^2 + \frac{\underline{C}_{11}\,\underline{C}_{22} - (\text{Im}\{\underline{C}_{12}\})^2}{\underline{C}_{11}^2} \right) = 0$$

bzw.

$$G_{S,opt} = \frac{\sqrt{\underline{C}_{11}\,\underline{C}_{22} - (\text{Im}\{\underline{C}_{12}\})^2}}{\underline{C}_{11}}, \qquad (5.346)$$

so daß sich mit den Ergebnissen aus Gl.(5.345) und Gl.(5.346) für F_{opt}

$$F_{opt} = 1 + \frac{1}{kT}\left(\text{Re}\{\underline{C}_{12}\} + \sqrt{\underline{C}_{11}\,\underline{C}_{22} - (\text{Im}\{\underline{C}_{12}\})^2} \right) \qquad (5.347)$$

angeben läßt. Zur vollständigen Beschreibung des Rauschverhaltens ist der äquivalente Rauschwiderstand R_n zu berücksichtigen. Er ist ein Maß für die Rauschspannung $\underline{U}_n$ und stellt über Gl.(5.334) gemäß

$$\overline{\underline{U}_n \underline{U}_n^*} = \underline{C}_{11} \Delta f = 2kTR_n \Delta f \tag{5.348}$$

eine Beziehung zum Korrelationsspektrum $\underline{C}_{11}$ her. Danach ergibt sich direkt das Korrelationsspektrum $\underline{C}_{11}$ zu

$$\underline{C}_{11} = 2kTR_n. \tag{5.349}$$

Einsetzen von Gl.(5.349) in Gl.(5.345) liefert für den Imaginärteil von $\underline{C}_{12}$

$$\text{Im}\{\underline{C}_{12}\} = 2kTB_{S,opt}R_n. \tag{5.350}$$

Aus Gl.(5.346),

$$G_{S,opt} = \frac{\sqrt{\underline{C}_{11}\,\underline{C}_{22} - (\text{Im}\{\underline{C}_{12}\})^2}}{\underline{C}_{11}},$$

kann nach Umstellen,

$$\underline{C}_{22} = \frac{1}{\underline{C}_{11}}(G_{S,opt}^2\,\underline{C}_{11}^2 + (\text{Im}\{\underline{C}_{12}\})^2),$$

und Einsetzen der Ergebnisse aus Gl.(5.349) und Gl.(5.350) für $\underline{C}_{22}$,

$$\underline{C}_{22} = \frac{1}{2kTR_n}(G_{S,opt}^2\,(2kTR_n)^2 + (2kTB_{S,opt}R_n)^2)$$

bzw.

$$\underline{C}_{22} = 2kTR_n\,|\underline{Y}_{S,opt}|^2 \tag{5.351}$$

hergeleitet werden. Damit kann aus Gl.(5.347) für F_{opt},

$$F_{opt} = 1 + \frac{1}{kT}\left(\text{Re}\{\underline{C}_{12}\} + \sqrt{\underline{C}_{11}\,\underline{C}_{22} - (\text{Im}\{\underline{C}_{12}\})^2}\right),$$

$$F_{opt} = 1 + \frac{1}{kT}\left(\text{Re}\{\underline{C}_{12}\} + 2kTR_n\,G_{S,opt}\right),$$

nach Umstellen mit $\text{Re}\{\underline{C}_{12}\}$,

$$\text{Re}\{\underline{C}_{12}\} = 2kT\left(\frac{F_{opt}-1}{2} - R_n\,G_{S,opt}\right), \tag{5.352}$$

und mit $\text{Im}\{\underline{C}_{12}\}$ nach Gl.(5.350) für $\underline{C}_{12} = \text{Re}\{\underline{C}_{12}\} + j\,\text{Im}\{\underline{C}_{12}\}$ die Beziehung

$$\underline{C}_{12} = 2kT\left(\frac{F_{opt}-1}{2} - R_n\,G_{S,opt}\right) + j2kTB_{S,opt}R_n$$

bzw.

$$\underline{C}_{12} = 2kT \left(\frac{F_{opt} - 1}{2} - R_n \underline{Y}^*_{S,opt} \right) \qquad (5.353)$$

angeben werden.

Mit diesen Ergebnissen für die Elemente der Korrelationsmatrix und den gegebenen Kettenparametern (A-Matrix) des Zweitors kann nun die Analyse komplexerer Schaltungen erfolgen. In [47] ist eine ausführliche Darstellung der hierzu notwendigen Schritte aufgeführt. Das wesentliche Ergebnis für die Anwendung dieser Theorie in der Meßtechnik ist die Berechnung der Rauscheigenschaften von in „Kette" geschalteten Komponenten. Als Beispiel hierfür kann eine Transistor-Meßhalterung angeführt werden. Die Verwendung einer derartigen Halterung ist notwendig, um den Transistor ohne Modifikation, d.h. im unveränderten Transistorgehäuse, der Meßanordnung zugänglich zu machen. In diesem Fall befinden sich entsprechend Bild 5.44 sowohl vor dem Meßobjekt (DUT; device under test), in diesem Fall der Transistor, als auch nach dem Meßobjekt zusätzliche Schaltungskomponenten, die mit Zweitor 1 bzw. Zweitor 2 bezeichnet und durch ihre Kettenmatrizen $\overset{\leftrightarrow}{A}_1$ bzw. $\overset{\leftrightarrow}{A}_2$ beschrieben werden. Derartige Komponenten können z.B. bei einer Meßhalterung, die zur Charakterisierung des Transistors in einer Mikrostreifenleitungsumgebung dient, die Übergänge von der koaxialen Zuleitung auf die Mikrostreifenleitung sowie die Mikrostreifenleitungen zum Transistor darstellen.

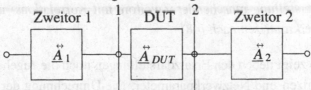

BezugsebeneBezugsebene

Zweitor 1   1   DUT   2   Zweitor 2

$\overset{\leftrightarrow}{\underline{A}}_1$ $\overset{\leftrightarrow}{\underline{A}}_{DUT}$ $\overset{\leftrightarrow}{\underline{A}}_2$

Bild 5.44 *Blockschaltbild einer Meßhalterung mit DUT*

Mit Hilfe der in Abschnitt 8 beschriebenen Meßsysteme erfolgt zunächst die Bestimmung der Rausch- und Kettenparameter der gesamten Meßanordnung in Bild 5.44. Sind desweiteren die Kettenparameter der Übergänge bekannt, dann können nach [47] die Rauschbeiträge der Übergänge ganz einfach eliminiert werden. Die Grundlagen zur Durchführung des sogenannten „Deembedding" des Transistors werden im folgenden zusammengefaßt.

In Bild 5.45 sind drei äquivalente Darstellungsformen zur Beschreibung rauschender Zweitore angegeben. Bei der ersten, Bild 5.45 a), werden zur Erfassung der Rauscheigenschaften zwei Rauschstromquellen parallel zu den Toren des Netzwerks geschaltet. Die Beschreibung der Übertragungseigenschaften des Netzwerks erfolgt in diesem Fall zweckmäßigerweise mit Admittanzparametern (Y-Parameter). Bei der zweiten Darstellungsform, Bild 5.45 b), liegen eingangs- und ausgangsseitig jeweils eine Rauschspannungsquelle in Reihe zu den Toren. Die Beschreibung des linearen Netzwerks erfolgt mit Impedanzparametern (Z-Parameter). Die letzte Beschreibungsmöglichkeit, Bild 5.45 c), benutzt die Kettenschaltung eines Rauschquellenzweitors am Eingang und dem linearen Netzwerk am Ausgang, dessen Signaleigenschaften durch Kettenparameter (A-Parameter) charakterisiert werden.

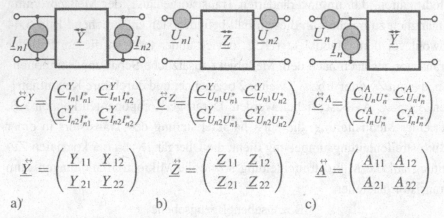

$$\overset{\leftrightarrow}{\underline{C}}{}^{Y}=\begin{pmatrix} \underline{C}^{Y}_{I_{n1}I^{*}_{n1}} & \underline{C}^{Y}_{I_{n1}I^{*}_{n2}} \\ \underline{C}^{Y}_{I_{n2}I^{*}_{n1}} & \underline{C}^{Y}_{I_{n2}I^{*}_{n2}} \end{pmatrix} \qquad \overset{\leftrightarrow}{\underline{C}}{}^{Z}=\begin{pmatrix} \underline{C}^{Y}_{U_{n1}U^{*}_{n1}} & \underline{C}^{Y}_{U_{n1}U^{*}_{n2}} \\ \underline{C}^{Y}_{U_{n2}U^{*}_{n1}} & \underline{C}^{Y}_{U_{n2}U^{*}_{n2}} \end{pmatrix} \qquad \overset{\leftrightarrow}{\underline{C}}{}^{A}=\begin{pmatrix} \underline{C}^{A}_{U_{n}U^{*}_{n}} & \underline{C}^{A}_{U_{n}I^{*}_{n}} \\ \underline{C}^{A}_{I_{n}U^{*}_{n}} & \underline{C}^{A}_{I_{n}I^{*}_{n}} \end{pmatrix}$$

$$\overset{\leftrightarrow}{\underline{Y}}=\begin{pmatrix} \underline{Y}_{11} & \underline{Y}_{12} \\ \underline{Y}_{21} & \underline{Y}_{22} \end{pmatrix} \qquad \overset{\leftrightarrow}{\underline{Z}}=\begin{pmatrix} \underline{Z}_{11} & \underline{Z}_{12} \\ \underline{Z}_{21} & \underline{Z}_{22} \end{pmatrix} \qquad \overset{\leftrightarrow}{\underline{A}}=\begin{pmatrix} \underline{A}_{11} & \underline{A}_{12} \\ \underline{A}_{21} & \underline{A}_{22} \end{pmatrix}$$

a)   b)   c)

Bild 5.45 *Darstellung rauschender Zweitore mit Korrelations- und Netzwerkmatrizen nach [48]*

Bild 5.45 zeigt neben den Ersatzdarstellungen noch die zugehörigen Korrelationsmatrizen und Netzwerkparameter. Die Umrechnung der Netzwerkparameter ist aus der Theorie zur Analyse linearer Netzwerke hinlänglich bekannt. Von größerer Bedeutung an dieser Stelle ist die Umrechnungsvorschrift, die es ermöglicht die Korrelationsmatrix der Darstellungsform I, die durch $\overset{\leftrightarrow}{\underline{C}}_{I}$ gegeben ist, in die einer anderen Darstellungsform II, die durch $\overset{\leftrightarrow}{\underline{C}}_{II}$ gekennzeichnet werden soll, umzurechnen. Die Umrechnungsvorschrift hierzu lautet

$$\overset{\leftrightarrow}{\underline{C}}_{II}=\overset{\leftrightarrow}{\underline{C}}_{I}\,\overset{\leftrightarrow}{\underline{T}}{}^{+} \tag{5.354}$$

wobei $\overset{\leftrightarrow}{\underline{T}}{}^{+}$ die hermitesche Matrix (konjugiert komplex, transponiert) der Transformationsmatrix $\overset{\leftrightarrow}{\underline{T}}$ darstellt. Das besondere hierbei ist, daß die Elemente der Transformationsmatrix $\overset{\leftrightarrow}{\underline{T}}$ ausschließlich von den linearen Netzwerkparametern abhängig sind.

Tabelle 5.1: *Transformationsmatrizen $\overset{\leftrightarrow}{\underline{T}}$ zur Umrechnung von Korrelationsspektren*

Transformationsmatrix $\overset{\leftrightarrow}{\underline{T}}$			
	$\overset{\leftrightarrow}{\underline{C}}{}_{I}^{Y}$	$\overset{\leftrightarrow}{\underline{C}}{}_{I}^{Z}$	$\overset{\leftrightarrow}{\underline{C}}{}_{I}^{A}$
$\overset{\leftrightarrow}{\underline{C}}{}_{II}^{Y}$	$\begin{pmatrix} 1 & 0 \\ 0 & 1 \end{pmatrix}$	$\begin{pmatrix} \underline{Y}_{11} & \underline{Y}_{12} \\ \underline{Y}_{21} & \underline{Y}_{22} \end{pmatrix}$	$\begin{pmatrix} -\underline{Y}_{11} & 1 \\ -\underline{Y}_{21} & 0 \end{pmatrix}$
$\overset{\leftrightarrow}{\underline{C}}{}_{II}^{Z}$	$\begin{pmatrix} \underline{Z}_{11} & \underline{Z}_{12} \\ \underline{Z}_{21} & \underline{Z}_{22} \end{pmatrix}$	$\begin{pmatrix} 1 & 0 \\ 0 & 1 \end{pmatrix}$	$\begin{pmatrix} 1 & -\underline{Z}_{11} \\ 0 & -\underline{Z}_{21} \end{pmatrix}$
$\overset{\leftrightarrow}{\underline{C}}{}_{II}^{A}$	$\begin{pmatrix} 0 & \underline{A}_{12} \\ 1 & \underline{A}_{22} \end{pmatrix}$	$\begin{pmatrix} 1 & \underline{A}_{11} \\ 0 & \underline{A}_{21} \end{pmatrix}$	$\begin{pmatrix} 1 & 0 \\ 0 & 1 \end{pmatrix}$

Tabelle 5.1 zeigt die verschiedenen Transformationsmatrizen, die zur Umrechnung benötigt werden. Neben dieser Umrechnung von Korrelationsspektren ist die Bestimmung resultierender Korrelationsspektren, die sich aus der Zusammenschaltung von Netzwerken ergeben, von Interesse. Auch hierfür liefert [48] eine einfache Bestimmungsmöglichkeit, die in Verbindung mit den Rechenregeln zur Ermittlung der Signalübertragungseigenschaften eine vollständige Signal- und Rauschanalyse ermöglicht. Danach ergibt sich die resultierende Korrelationsmatrix $\overset{\leftrightarrow}{\underline{C}}{}^{Y}$ einer Parallelschaltung aus

$$\overset{\leftrightarrow}{\underline{C}}{}^{Y} = \overset{\leftrightarrow}{\underline{C}}{}_{1}^{Y} + \overset{\leftrightarrow}{\underline{C}}{}_{2}^{Y}, \tag{5.355}$$

die resultierende Korrelationsmatrix $\overset{\leftrightarrow}{\underline{C}}{}^{Z}$ einer Reihenschaltung aus

$$\overset{\leftrightarrow}{\underline{C}}{}^{Z} = \overset{\leftrightarrow}{\underline{C}}{}_{1}^{Z} + \overset{\leftrightarrow}{\underline{C}}{}_{2}^{Z} \tag{5.356}$$

und die resultierende Korrelationsmatrix $\overset{\leftrightarrow}{\underline{C}}{}^{A}$ einer Kettenschaltung aus

$$\overset{\leftrightarrow}{\underline{C}}{}^{A} = \overset{\leftrightarrow}{\underline{C}}{}_{1}^{A} + \overset{\leftrightarrow}{\underline{A}}{}_{1} \, \overset{\leftrightarrow}{\underline{C}}{}_{2}^{A} \, \overset{\leftrightarrow}{\underline{A}}{}_{1}^{+}. \tag{5.357}$$

Die bislang durchgeführten Betrachtungen sind für alle lineare Netzwerke gültig. Für passive lineare Netzwerke können noch weitere Aussagen getroffen werden. Hier besteht nämlich die Möglichkeit, die Korrelationsspektren direkt aus den Netzwerkparametern angeben zu können. Dabei gilt für die Admittanz-Korrelationsspektren $\underline{\overset{\leftrightarrow}{C}}^Y$,

$$\underline{\overset{\leftrightarrow}{C}}^Y = 2kT \operatorname{Re}\{\underline{\overset{\leftrightarrow}{Y}}\} \tag{5.358}$$

und für die Impedanzkorrelationsspektren $\underline{\overset{\leftrightarrow}{C}}^Z$

$$\underline{\overset{\leftrightarrow}{C}}^Z = 2kT \operatorname{Re}\{\underline{\overset{\leftrightarrow}{Z}}\}. \tag{5.359}$$

Damit sind nun alle Grundlagen zur Durchführung des „Deembeddings" des Meßobjektes in Bild 5.44 gegeben. Hierzu erfolgt zunächst die Bestimmung der Kettenparameter $\overset{\leftrightarrow}{A}_1$ und $\overset{\leftrightarrow}{A}_2$ der beiden Zweitore. Nach der Messung der resultierenden Ketten-Korrelationsspektren $\underline{\overset{\leftrightarrow}{C}}^A_{ges}$ und der Kettenmatrix $\overset{\leftrightarrow}{A}_{ges}$, die sich aus

$$\overset{\leftrightarrow}{A}_{ges} = \overset{\leftrightarrow}{A}_1 \, \overset{\leftrightarrow}{A}_{DUT} \, \overset{\leftrightarrow}{A}_2 \tag{5.360}$$

ergibt, kann direkt die Kettenmatrix des Meßobjektes $\overset{\leftrightarrow}{A}_{DUT}$ zu

$$\overset{\leftrightarrow}{A}_{DUT} = \overset{\leftrightarrow}{A}_1^{-1} \, \overset{\leftrightarrow}{A}_{ges} \, \overset{\leftrightarrow}{A}_2^{-1} \tag{5.361}$$

bestimmt werden. Im nächsten Schritt werden aus den Kettenparametern die Admittanzparameter der Zweitore $\underline{\overset{\leftrightarrow}{Y}}_1$ sowie $\underline{\overset{\leftrightarrow}{Y}}_2$ und hieraus die zugehörigen Korrelationsspektren $\underline{\overset{\leftrightarrow}{C}}^A_1$ sowie $\underline{\overset{\leftrightarrow}{C}}^A_2$ nach Gl.(3.8) zu

$$\underline{\overset{\leftrightarrow}{C}}^Y_1 = 2kT \operatorname{Re}\{\underline{\overset{\leftrightarrow}{Y}}_1\} \tag{5.362}$$

und

$$\underline{\overset{\leftrightarrow}{C}}^Y_2 = 2kT \operatorname{Re}\{\underline{\overset{\leftrightarrow}{Y}}_2\} \tag{5.363}$$

berechnet. Anwendung der Transformationsvorschrift in Gl.(5.354) überführt die Admittanz-Korrelationsspektren in Ketten-Korrelationsspektren,

$$\underline{\overset{\leftrightarrow}{C}}^A_1 = \underline{\overset{\leftrightarrow}{T}}_1 \, \underline{\overset{\leftrightarrow}{C}}^{Y1} \, \underline{\overset{\leftrightarrow}{T}}_1^+ \tag{5.364}$$

und

$$\underline{\overset{\leftrightarrow}{C}}^A_2 = \underline{\overset{\leftrightarrow}{T}}_2 \, \underline{\overset{\leftrightarrow}{C}}^{Y2} \, \underline{\overset{\leftrightarrow}{T}}_2^+. \tag{5.365}$$

Die Bestimmung der Ketten-Korrelationsmatrix des Meßobjektes $\overset{\leftrightarrow}{\underline{C}}_{DUT}$ erfolgt nun ausgehend von der resultierenden Kettenkorrelationsmatrix der Gesamtanordnung $\overset{\leftrightarrow}{\underline{C}}_{ges} = \overset{\leftrightarrow}{\underline{C}}^A_{A1,DUT,A2}$ in mehreren Schritten. Zuerst werden die Rauschquellen des Zweitors 2 über die Kettenmatrix des Meßobjektes $\overset{\leftrightarrow}{\underline{A}}_{DUT}$ in den Eingang des Meßobjektes transformiert und zu den Rauschquellen des Meßobjektes gemäß

$$\overset{\leftrightarrow}{\underline{C}}^A_{DUT,A2} = \overset{\leftrightarrow}{\underline{C}}^A_{DUT} + \overset{\leftrightarrow}{\underline{A}}_{DUT} \; \overset{\leftrightarrow}{\underline{C}}^A_2 \; \overset{\leftrightarrow}{\underline{A}}^+_{DUT} \tag{5.366}$$

addiert. Im nächsten Schritt werden die in Gl.(5.366) ermittelten Quellen über die Kettenmatrix des Zweitors 1 $\overset{\leftrightarrow}{\underline{A}}_1$ in den Eingang vom Zweitor 1 transformiert und zu den Rauschquellen des Zweitors 1 addiert, so daß sich die Kettenkorrelationsmatrix der Gesamtanordnung durch

$$\overset{\leftrightarrow}{\underline{C}}_{ges} = \overset{\leftrightarrow}{\underline{C}}^A_{A1,DUT,A2} = \overset{\leftrightarrow}{\underline{C}}^A_1 + \overset{\leftrightarrow}{\underline{A}}_1 \; \overset{\leftrightarrow}{\underline{C}}^A_{DUT,A2} \; \overset{\leftrightarrow}{\underline{A}}^+_1 \tag{5.367}$$

angeben läßt. Einsetzen von Gl.(5.366) in Gl.(5.367) liefert

$$\overset{\leftrightarrow}{\underline{C}}^A_{A1,DUT,A2} = \overset{\leftrightarrow}{\underline{C}}^A_1 + \overset{\leftrightarrow}{\underline{A}}_1 (\overset{\leftrightarrow}{\underline{C}}^A_{DUT} + \overset{\leftrightarrow}{\underline{A}}_{DUT} \; \overset{\leftrightarrow}{\underline{C}}^A_2 \; \overset{\leftrightarrow}{\underline{A}}^+_{DUT}) \; \overset{\leftrightarrow}{\underline{A}}^+_1 \tag{5.368}$$

und somit für die gesuchte Ketten-Korrelationsmatrix des Meßobjektes

$$\overset{\leftrightarrow}{\underline{C}}^A_{DUT} = \overset{\leftrightarrow}{\underline{A}}^{-1}_1 (\overset{\leftrightarrow}{\underline{C}}^A_{A1,DUT,A2} - \overset{\leftrightarrow}{\underline{C}}^A_1)(\overset{\leftrightarrow}{\underline{A}}^+_1)^{-1} - \overset{\leftrightarrow}{\underline{A}}_{DUT} \; \overset{\leftrightarrow}{\underline{C}}^A_2 \; \overset{\leftrightarrow}{\underline{A}}^+_{DUT}, \tag{5.369}$$

woraus sich die Rauschparameter $\underline{Y}_{S,opt}$, F_{opt} und R_n nach Auswerten von Gl.(5.346), Gl.(5.345), Gl.(5.347) und Gl.(5.349) angeben lassen.

6 Streifenleitungstechnik

6.1 Einführung

Dieser Abschnitt wird einen engeren Bezug zum Aufbau von Mikrowellenschaltungen herstellen. Dabei sollen technische Bauformen realer Schaltungskomponenten vorgestellt und diskutiert werden. Zum Aufbau dieser Elemente stehen die in den vorherigen Abschnitten bereits vorgestellten Leitungsstrukturen wie Koaxialleiter, Hohlleiter und Streifenleiter zur Verfügung. Ausführlich behandelt wurde die Koaxialleitung, die im Idealfall eine Leitung mit einem reinen transversal-elektromagnetischen Feld darstellt. Hohlleiter dagegen besitzen eine kompliziertere Feldstruktur, in Form einer E-Welle, einer H-Welle bzw. eine Überlagerung beider Feldtypen, die als EH-Welle bezeichnet wird. Wegen der Verwendung von Luft als Dielektrikum im Hohlleiter, gestatten diese die dämpfungsarme Übertragung von Mikrowellen mit hoher Leistung. Beim Aufbau von Mikrowellenschaltungen lassen sich somit Schaltungskomponenten hoher Güte (z.B. Filter) realisieren. Nachteilig weisen sich bei Schaltungen in Hohlleitertechnik die komplizierten Strukturen aus, die mit sehr engen Toleranzen gefertigt werden müssen. Zudem ist die räumliche Ausdehnung dieser Bauteile relativ groß, so daß die Herstellung und Verwendung von Schaltungen in Hohlleitertechnik sehr teuer und für die Produktion großer Stückzahlen ungeeignet ist. Dasselbe gilt auch für Komponenten in Koaxialleitungstechnik.

Abhilfe bietet der Einsatz der drittgenannten Gruppe von Leitungen, der Streifenleiter, die zum Teil aus der Herstellung gedruckter Schaltungen bekannt sind. Bei Streifenleitern lassen sich hohe Genauigkeitsanforderungen mit Hilfe der Fotoätztechnik einfacher, billiger und genauer reproduzierbar erfüllen. Streifenleiter eignen sich somit ausgezeichnet für die Serienfertigung. Weitere Vorteile sind: Auf einer Trägerplatte lassen sich mehrere Schaltungskomponenten platzsparend zu einem System integrieren. Kurze Verbindungen zwischen den Komponenten verringern den Aufwand, die Leitungsverluste, die Anzahl der Verbindungselemente und damit die Anzahl von Stoßstellen und folglich die Ursache für Reflexionen. Außerdem ist die Integration von Halbleiterbauteilen einfacher als in Hohlleitern. Nachteilig bei Streifenleiter, im Vergleich zu Hohlleiter, sind die höheren Verluste und damit die geringere Güte bei Leitungsbauelementen und -baugruppen (Reaktanznetzwerke, Filter). Es lassen sich zudem auch keine hohen Leistungen übertragen.

6.2 Aufbau verschiedener Streifenleitungsbauformen

Streifenleitung ist ein Sammelbegriff für Wellenleiter mit streifenförmigen Leiteranordnungen, die von einer dielektrischen Trägerplatte, dem sogenannten Substrat, gehalten werden. Eine Ausnahme bildet hier allerdings die dielektrische Bildleitung, bei der eine metallene Grundplatte eine Anordnung aus dielektrischem Material trägt.

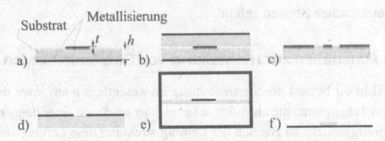

Bild 6.1: *Leiterquerschnitt einer Mikrostreifenleitung a), einer Triplate-Leitung b), einer Koplanarleitung c), einer Schlitzleitung d), einer Suspended-Stripline e) und einer dielektrischen Bildleitung f)*

In Bild 6.1 wird eine kurze Übersicht über Querschnitte häufig verwendeter Streifenleiter gegeben. Bild 6.1 a) zeigt die wegen ihres einfachen Aufbaus am weitesten verbreitete Streifenleitungsart, die unsymmetrische Mikrostreifenleitung, die im allgemeinen Sprachgebrauch häufig als Mikrostreifenleitung bezeichnet wird. Wenn dieser Anordnung eine zweite spiegelsymmetrisch aufgesetzt wird, ergibt sich die in Bild 6.1 b) zu sehende Triplate-Leitung. In der Praxis weist diese im Vergleich zur Mikrostreifenleitung eine geringere Dispersion auf, die für $t \to 0$ verschwindet. Zudem verhindert der geschirmte Aufbau die Abstrahlung von Energie, wodurch sich auch eine Verringerung der Verluste ergibt. Die in Bild 6.1 c) und d) gezeigten Leitungsarten unterscheiden sich von den vorherigen Streifenleitungen dadurch, daß nur eine Seite des Substrats mit leitenden Bereichen versehen ist, d.h. es handelt sich um Leitungen ohne Rückseitenmetallisierung. Bei der Koplanarleitung in Bild 6.1 c) bilden die beiden äußeren Leiter die Masse. Auf einen der Masseleiter wird im Falle der Schlitzleitung in Bild 6.1 d) verzichtet. Kompliziertere Leitungsarten, die von geringerer Bedeutung sind, sind in den Bildern 6.1 e) und f) dargestellt. Bei der Suspended-Stripline („hängenden Streifenleitung") umschließt der Masseleiter vollständig das Substrat mit dem darauf befindlichen Streifenleiter. Eine Abstrahlung wird durch die Abschirmung verhindert. Nachteilig wirkt sich allerdings die schwierige Herstellung und die im Vergleich zu den anderen Streifenleitungsarten voluminöse Bauform aus. Als Vorteil ist im Falle eines sehr dünnen Substrates die geringe Dämpfung der Welle auf der Leitung anzuführen. Ausschließlich für den Millimeterwellenbereich (etwa 30 ... 100 GHz) ist die in Bild 6.1 f) gezeigte Bildleitung (Imageline) geeignete. Bei der Bildleitung wird die Welle in dem auf einer Metallebene aufgebrachten dielektrischen Streifen geführt.

6.3 Materialien zur Herstellung von Streifenleitungen

Nach Bild 6.1 besteht die Streifenleitung im wesentlichen aus einer dielektrischen Trägerplatte, die als Substrat bezeichnet wird, und einer dünnen Metallisierungsschicht im Bereich der Leitungsstruktur. Diese Leitungsstruktur kann sich aus einer einseitigen Metallisierung oder aus einer beidseitigen Metallisierung des Substrates zusammensetzen. Das Substrat besitzt dabei die Aufgaben,

- zum einen als mechanischer Träger der Schaltung (Bauteile) und

- zum anderen als wellenleitendes Material

zu dienen. Bei der Auswahl der Substratmaterialien sind, neben der technischen Eignung für das zur Herstellung der Schaltung verwendete technologische Verfahren noch mechanische, elektrische, thermische und chemische Eigenschaften zu beachten. In Frage kommende Herstellungsverfahren sind die in [17] detailliert beschriebenen Verfahren:

1. Die Fotoätztechnik bei kupferkaschierten Platinenmaterialien,

2. die Dünnfilmtechnik und

3. die Dickschichttechnik.

1. Fotoätztechnik:

Bei der Fotoätztechnik, dem einfachsten und kostengünstigsten Weg Mikrowellenschaltungen herzustellen, wird aus kupferkaschierten Kunststoffplatten die gesamte Metallisierung bis auf die Leiterstruktur herausgeätzt. Hierzu erfolgt zunächst eine gründliche Reinigung des Platinenmaterials. Danach wird die Platinenoberfläche mit einer dünnen Fotolackschicht beschichtet und durch eine sogenannte Maske, die die endgültige Leiterstruktur vorgibt, belichtet. Im Bereich der Leiterstruktur ist diese Maske lichtundurchlässig, so daß der gesamte Bereich, in dem die Metallisierung entfernt werden muß, belichtet wird. Bei der anschließenden „Entwicklung" der Platine wird der belichtete Fotolack entfernt, so daß dort die Metallisierung wieder zugänglich wird. Nun wird die so vorbereitete Platine einem Ätzmittel ausgesetzt, das sämtliche zugängliche Metallisierungsbereiche entfernt. Lediglich die durch den unbelichteten Fotolack geschützten Leiterbereiche bleiben zurück, so daß nach der Entfernung dieser Fotolackschicht die fertige Platine vorliegt. Typische Metallisierungsdicken bei diesem Verfahren liegen in der Größenordnung von $5\,\mu\text{m}$ bis $35\,\mu\text{m}$.

2. Dünnfilmtechnik:

In der Dünnfilmtechnik werden die leitenden Bereiche im Vakuum aufgedampft. Zuvor wird allerdings noch eine hochohmige Metall-Haftschicht zur Verbesserung der Adhäsionseigenschaften des Substrat aufgebracht. Das eigentliche Leitungsmuster läßt sich mit Hilfe der Fotolithographie und durch Ätzen herstellen. Die typische Metallisierungsdicke bei diesem Verfahren liegt zwischen $5\,\mu\text{m}$ und $10\,\mu\text{m}$.

3. Dickschichttechnik:

In der Dickschichttechnik werden die leitenden Strukturen als Metallpulverpaste im Siebdruckverfahren auf das Substrat aufgetragen und dann gebrannt. Die typische Leiterdicke hier beträgt $\approx 25\mu\text{m}$.

6.3.1 Substratmaterialien

Der Einfluß des Substrates auf die Wellenausbreitung ergibt sich dadurch, daß sich bei den Streifenleitungen ein hoher Feldanteil im Substrat befindet. Somit beeinflussen die Substrateigenschaften wie relative Permittivität ε_r, dielektrischer Verlustfaktor $\tan\delta$ und Substratdicke h die Leitungsparameter

Wellenwiderstand Z_W, Phasengeschwindigkeit v_{ph} und Dämpfungsbelag α. Die gängigen Substratmaterialien lassen sich in drei Gruppen einteilen.

1. Kunststoffmaterialien mit einer relativen Permittivität $\varepsilon_r = 2 - 3$

2. Keramiken, Gläser, einkristalline Stoffe (Saphir, Quarz) und Halbleiter mit einer relativen Permittivität zwischen $\varepsilon_r = 6$ und $\varepsilon_r = 13$

3. Ferritmaterialien

Bis auf die Ferrite sind alle genannten Substratmaterialien reine Dielektrika, d.h. nichtmagnetisch ($\mu_r = 1$). Ferrite besitzen eine relative Permeabilität $\mu_r > 1$, liefern nichtreziproke Eigenschaften und dienen somit als Substrat zur Herstellung nichtreziproker Bauelemente wie z.B. Zirkulatoren und Richtungsleiter (engl. Isolator). Anzumerken bleibt noch, daß einige Substratmaterialien anisotropes dielektrisches Verhalten aufweisen, was zu einer Erschwerung der Charakterisierung von Streifenleitungen und Bauelementen führt, da in verschiedenen Raumrichtungen unterschiedliche Werte für ε_r wirksam sind.

6.3.2 Leitermaterialien

An die Leitermaterialien werden folgende Anforderungen gestellt:

- Niedriger spezifischer Widerstand

- Gute Strukturgenauigkeit (besonders an Kanten)

- Geringe Anfälligkeit gegen Oxidation und aggressive Gase

- Gute Lötbarkeit (keine Diffusion des Lotes ins Leitermaterial)

- Eignung für verschiedene Kontaktierungsverfahren

- Gute Haftfestigkeit auf dem Substrat, auch bei mechanischer Beanspruchung (Vibration, Temperaturwechsel)

- Stabilität gegen Alterung

Als Leitermaterialien kommen Gold, Silber, Kupfer, Aluminium und deren Legierungen in Frage.

6.4 Wellentypen auf Streifenleitungen

Auf den verschiedenen Streifenleitungsvarianten breiten sich unterschiedliche Wellentypen aus. Es wird zwischen Leitungen mit reinen TEM-Wellen, mit Quasi-TEM-Wellen und allgemeinen hybriden Wellen unterschieden.

6.4.1 TEM-Wellen

Reine TEM-Leitungen sind vom Aufbau her durch zwei voneinander isolierten Leitungselektroden und durch ein homogenes Dielektrikum im gesamten felderfüllten Leitungsquerschnitt gekennzeichnet. Zu den reinen TEM-Leitungen gehört z.B. in sehr guter Näherung die Triplate-Leitung. Das Kennzeichen einer TEM-Welle ist, daß sie ausschließlich transversal zur Ausbreitungsrichtung gerichtete elektrische und magnetische Feldkomponenten besitzt. Alle Feldlinien liegen also in der Transversalebene der Leitung. Bei TEM-Leitungen sind die Leitungsparameter (Z_L, v_{ph}) eindeutig bestimmt und unabhängig von der Frequenz. Im strengen Sinne dürfen in diesem Fall auch keine Leiterverluste auftreten, da diese unmittelbar zu Longitudinalkomponenten des Feldes führen.

6.4.2 Hybride Wellen und Quasi-TEM-Wellen

Allgemeine hybride Wellen besitzen im Gegensatz zu TEM-Wellen nicht nur transversale Feldkomponenten $\vec{E}_{tr}$ und $\vec{H}_{tr}$, sondern auch Longitudinalkomponenten $\vec{E}_\ell$ und $\vec{H}_\ell$, die in Ausbreitungsrichtung zeigen. Sie stellen die allgemeinste Form elektromagnetischer Wellen auf Leitungen dar. In den leitenden Bereichen fließen sowohl Längs- als auch Querströme.

Quasi-TEM-Wellen (Q-TEM-Wellen) sind im Prinzip ebenfalls hybride Wellen, jedoch mit großer Ähnlichkeit zu reinen TEM-Wellen. Das heißt daß in diesem Fall die Querkomponenten des Feldes gegenüber den Längskomponenten dominieren (d. h. $|\vec{E}_\ell|/|\vec{E}_{tr}| \ll 1$ und $|\vec{H}_\ell|/|\vec{H}_{tr}| \ll 1$) und daß somit die Querströme gegenüber den Längsströmen zu vernachlässigen sind. Je niedriger die Frequenz der zu übertragenden Welle ist, desto größer wird die Ähnlichkeit der Q-TEM-Welle mit der reinen TEM-Welle. Auch Q-TEM-Leitungen haben wie reine TEM-Leitungen zwei voneinander isolierte „Leitungselektroden", jedoch im Gegensatz dazu eine inhomogene

Verteilung des Dielektrikums im felderfüllten Leitungsquerschnitt. Die Tatsache, daß bei einem inhomogenen Dielektrikum (z.B. eine Schichtung unterschiedlicher Substratmaterialien mit unterschiedlichem ε_r) keine reinen TEM-Wellen auftreten, wird durch die folgende Überlegung bestätigt. Eine Welle auf der Leitung breitet sich teilweise im Dielektrikum und teilweise in der Luft aus. Wäre die Phasengeschwindigkeit der Welle in der Luft $v_{ph} = c_0$ und im Dielektrikum $v_{ph} = c_0/\sqrt{\varepsilon_r}$, so ließen sich beide Teilwellen auf Grund der verschiedenen Phasengeschwindigkeiten nicht zu einer Gesamtwelle mit gemeinsamer Phasengeschwindigkeit zusammenfassen. Da jedoch die Ausbreitung entlang der Leitung mit einer resultierenden Phasengeschwindigkeit erfolgt, die zwischen $c_0/\sqrt{\varepsilon_r}$ und c_0 liegt, ergibt sich (wie mit Hilfe der Maxwellschen Gleichungen und der Lösung des Randwertproblems gezeigt werden kann) durch die unterschiedlichen Ausbreitungsgeschwindigkeiten in Luft und Dielektrikum ein resultierendes Feld mit Feldkomponenten in Ausbreitungsrichtung. Die auftretenden Felder sind vom EH-oder HE-Typ, d.h. die Felder besitzen gleichzeitig alle drei Feldkomponenten und die Leitungskenngrößen sind frequenzabhängig.

6.4.3 Grundwellen und höhere Wellentypen

Die im vorigen Abschnitt genannte Quasi-TEM-Welle stellt nur den Grundtypen der möglichen hybriden Wellentypen dar. Ebenso wie bei Hohlleitern besitzen auch hier die Maxwellschen Gleichungen viele Lösungen, die sogenannten Eigenlösungen. Aus der Gesamtheit aller Lösungen stellt die Quasi-TEM-Welle den Wellentypen dar, der bis $f = 0Hz$ auf der Leitung ausbreitungsfähig ist. Er wird als Grundtyp bezeichnet. Die transversale Feldstruktur ist im betrachteten Frequenzbereich nahezu frequenzunabhängig und läßt sich näherungsweise mit den Verfahren der Elektrostatik ermitteln. Die Wellentypen neben der Grundwelle, die auch als höhere Moden bezeichnet werden, sind vom EH- bzw. HE-Typ. Die niedrigsten Moden auf Mikrostreifenleitungen sind vom HE_m-Typ ($m \geq 0$), d.h. die H-Längsfeldkomponente dominiert gegenüber der E-Längsfeldkomponente. Die HE_0-Welle, die dem Q-TEM-Typen entspricht, ist, wie schon gesagt, bei Gleichspannung ausbreitungsfähig, d.h. sie hat eine untere Grenzfrequenz $f_{gHE_0} = 0Hz$. Die hybriden HE_m-Moden mit $m \geq 1$ besitzen dagegen alle eine Grenzfrequenz größer als $0Hz$, die mit der Ordnungszahl m ansteigt. Die höheren Wellentypen zeigen ein ausgesprochen dispersives Verhalten, vor allem im Bereich ihrer Grenzfrequenz, was die schaltungstechnische Funktion von Mikrowellenkomponenten stark beeinflussen kann.

Die heutzutage am häufigsten verwendete Streifenleitungsart ist die Mikrostreifenleitung. Integrierte Mikrowellenschaltungen sind zum Großteil aus dieser Leitungsart aufgebaut. Sie ist in einem weiten Frequenzbereich, der von der Substratdicke h und der Permittivität ε_r abhängt, eine Quasi-TEM-Leitung. Schaltungen der Mikrostreifenleitungstechnik haben den Vorteil, daß sie sehr einfach mit kleinen Abmessungen, geringem Gewicht und relativ günstig hergestellt werden können. Um dieser Bedeutung Rechnung zu tragen, wird im weiteren hauptsächlich die Mikrostreifenleitung behandelt. Dabei soll eine Übersicht über wesentliche Eigenschaften und verfügbare Dimensionierungsverfahren gegeben werden.

6.5 Quasi-TEM-Verhalten der Mikrostreifenleitung

Wie schon an verschiedenen Stellen erwähnt wurde, besitzt die Mikrostreifenleitung nach Bild 6.1 a) eine besondere Bedeutung bei der Realisierung von elektrischen Schaltungen. Ausgehend von der Anwendung dieser Leitungsart in der analogen Nachrichtentechnik, d.h. vom Schaltungsentwurf im Niederfrequenzbereich bis hin zu Anwendungen im Gigahertzbereich, stellt die Mikrostreifenleitung auch die Grundleitungsform für die digitale Nachrichtenverarbeitung mit höheren Bitraten dar. Die genaue Kenntnis der Übertragungseigenschaften dieser Leitung sowie von Bauelementen in dieser Leitungstechnik ist damit von hoher Bedeutung, da nur damit eine zuverlässige Vorhersage der Schaltungseigenschaften und somit ein gezielter Schaltungsentwurf möglich ist. In allen kommerziell erhältlichen, allgemeingültigen CAD-Programmpaketen sind Mikrostreifenleitungselemente implementiert. Die Zuverlässigkeit der Modelle variiert jedoch sehr stark. Ausgehend von den in der Literatur angegebenen Näherungsbeziehungen haben die Programmhersteller Modifikationen an den einzelnen Modellen vorgenommen, so daß diese Programme nahezu alle gewisse Unterschiede bezüglich der Genauigkeit und dem Umfang an Modellen aufweisen. Eine endgültige Beurteilung muß somit an konkreten Beispielen erfolgen. Eine sehr gute Übersicht über Streifenleitungselemente und Beschreibungsverfahren ist in

[18] zusammengestellt. Dieses Buch kann als ein Standardwerk auf diesem Themengebiet angesehen werden und ist zur Vertiefung in diese Thematik außerordentlich zu empfehlen. Die nachfolgenden Abschnitte können dagegen lediglich einen Einblick in die Mikrostreifenleitungstechnik geben, wobei die grundlegenden Eigenschaften zur Schaltungsentwicklung im Mittelpunkt stehen sollen. Diese sind in vielen Fällen ausreichend um mit einem mächtigen CAD-Programm erfolgreich Schaltungen in Mikrostreifenleitungstechnik entwerfen zu können.

Eine Vorstellung feldtheoretischer Berechnungsverfahren, die zur Bestimmung der Leitungskenngrößen herangezogen werden müssen, erfolgt hier nicht. Es werden nur kurz die wesentlichen Merkmale der Stromdichte- und Feldstärkeverteilung angegeben, woraus grundsätzliche Hinweise, die bei der Herstellung von Mikrostreifenleitungsschaltungen zu beachten sind, abgeleitet werden können.

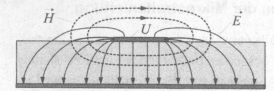

Bild 6.2: *Prinzipieller Verlauf des Feldes in der Querschnitts-ebene einer ungeschirmten Mikrostreifenleitung*

Bild 6.2 zeigt den prinzipiellen Verlauf des transversalen elektromagnetischen Feldes (des Grundtypen) in der Querschnittsebene einer ungeschirmten Mikrostreifenleitung. Daraus ergibt sich zwischen dem Leiterstreifen und der Grundmetallisierung ein Bereich mit einem nahezu homogenem elektrischen Feld (in der Mitte) und ein Streufeld an den Rändern. Feldlinien des elektrischen Feldes, die vom Luftbereich ins Dielektrikum gehen, besitzen in der Grenzschicht wegen der geforderten Stetigkeitsbedingungen einen Knick. Hervorgerufen wird die gezeigte Feldverteilung von den Strömen in den Leitern. Bild 6.3 zeigt den prinzipiellen Verlauf der Stromdichteverteilung in den verschiedenen Leiterbereichen der ungeschirmten Mikrostreifenleitung. Unter der Berücksichtigung eines Oberleiters mit endlicher Dicke t liefert die Anwendung spezieller Berechnungsverfahren die im Bild 6.3 oben gezeigte Verteilung der Stromdichte J_S an der Oberfläche des Leiterstreifens. Der Index u deutet auf die Unterseite, das ist die dem Substrat zugewandte Seite, und der Index o deutet auf die Oberseite hin. Gemäß Bild 6.3 ist die Stromdichte in der Unterseite $J_{S,u}$ größer als die Stromdichte $J_{S,o}$

in der Oberseite. Ausgehend von der Leitermitte nimmt nach Bild 6.3 in beiden Fällen die Stromdichte zum Rande (zur Kante) des Oberleiters zunächst langsam und dann sehr rasch zu. Dieses kann prinzipiell durch einen sogenannten Kantenterm,

$$J_{S,u} = \frac{J_{S,u}(x=0)}{\sqrt{1-(\frac{2x}{w})^2}},$$

berücksichtigt werden. In der Grundmetallisierung dagegen fließt das Maximum der Stromdichte J_G in der Mitte der Leitung, d.h. genau unter dem Oberleiter, und klingt mit wachsendem Abstand von der Leitermitte ab.

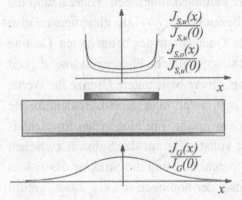

Bild 6.3: *Prinzipieller Verlauf der Stromdichteverteilung in den verschiedenen Leiterbereichen der ungeschirmten Mikrostreifenleitung*

Diese Verteilung des Stromes in der Grundmetallisierung und die Ausdehnung des elektromagnetischen Feldes haben zur Folge, daß bei der Führung der Leiterbahn entlang einer Substratkante ein Mindestabstand einzuhalten ist, der von den vorliegenden Material- und Geometrieparametern abhängig ist. Aus der Stromdichteverteilung im Oberleiter lassen sich zwei wichtige Forderungen für die Herstellung ableiten.

1. Da der Gesamtstrom, wie nach den Berechnungen zum Skineffekt zu erwarten war, überwiegend in einer dünnen Schicht an der Oberfläche fließt und der größere Anteil auf der zum Substrat zugewandten Seite anzutreffen ist, muß die Oberflächenrauhigkeit des Substratmaterials so gering wie möglich sein, da ansonsten Verluste entstehen, die zu einer Dämpfung der Welle auf der Leitung führt. Aus diesem Grunde gibt es zur Herstellung von Schaltungen hoher Güte auch hochwertige Substratmaterialien mit polierter Oberfläche.

2. Der Hauptanteil des Stromes fließt im Bereich der „Leiterkante". Auch hier führen Rauhigkeiten zu einer unerwünschten Dämpfung der Welle. Die Vermeidung dieser Verluste ergibt sich nur durch eine Verwendung hochwertiger Masken mit einer hohen Kantenschärfe für die Belichtung des Fotolacks und einer sorgfältige Auswahl des Ätzverfahrens.

6.5.1　Berechnung der Leitungskenngrößen $\varepsilon_{r,eff}$ und Z_W

Die Beschreibung der Mikrostreifenleitung nach Bild 6.4 erfolgt mit Hilfe der in Abschnitt 3.4.1 diskutierten Leitungskenngrößen. Hierzu zählt die effektive Permittivität $\varepsilon_{r,eff}$. Man bezeichnet $\varepsilon_{r,eff}$ als diejenige relative Permittivität, mit der der felderfüllte Querschnitt der betrachteten Leitung vollständig gefüllt sein müßte, damit sich die gleiche Phasengeschwindigkeit v_{ph} ergibt, wie bei der Originalleitung. Obere bzw. untere Grenze für Werte, die $\varepsilon_{r,eff}$ annehmen kann, ergeben sich, wenn man die Streifenleiterbreite einmal sehr groß und einmal sehr klein macht. Für eine große Streifenleiterbreite ist das elektrische Feld fast vollständig auf das Substrat zwischen Oberleiter und Grundmetallisierung beschränkt und die Struktur des Feldes ähnelt der in einem Plattenkondensator, der homogen mit $\varepsilon_{r,eff} \approx \varepsilon_r$ gefüllt ist. Im Falle einer sehr schmalen Streifenleitung verläuft das elektrische Feld dagegen fast gleichsam durch Luft und Substrat, so daß $\varepsilon_{r,eff} \approx (\varepsilon_r + 1)/2$ gilt. Daraus folgt für $\varepsilon_{r,eff}$: $(\varepsilon_r + 1)/2 < \varepsilon_{r,eff} < \varepsilon_r$.

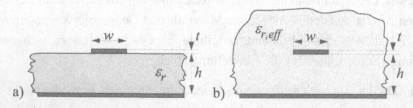

Bild 6.4: *Querschnitt einer ungeschirmten Mikrostreifenleitung; Originalstruktur a) und äquivalente Anordnung mit homogener Materialfüllung b)*

Bei der Analyse von Mikrostreifenleitungen (Berechnung der Feldverteilung, v_{ph}, $\varepsilon_{r,eff}$ und Z_L) wird grundsätzlich zwischen der statischen ($f = 0\,\text{Hz}$) und der dynamischen ($f > 0\,\text{Hz}$) Analyse unterschieden. Erstere stammt aus der Zeit in der leistungsfähige Rechner nicht verfügbar waren und führt zu Näherungen, die im unteren Frequenzbereich durchaus zufriedenstellende Ergebnisse liefern. Erst mit zunehmendem Einsatz moderner Rechnersysteme wurde die exakte Berechnung der Mikrostreifenleitung und somit die Angabe von Näherungsbeziehungen möglich. Sogar heute noch sind die numerischen Verfahren zu zeitintensiv, um diese im Rahmen einer vollständigen Schaltungssynthese einzusetzen.

6.5.1.1 Statische Analyse der Mikrostreifenleitung

Die statische Analyse der Mikrostreifenleitung geht von der Existenz einer reinen TEM-Welle aus und vernachlässigt die Längsfeldkomponenten. Die Ergebnisse für den Wellenwiderstand $Z_{W,stat}$ und der effektiven Permittivität $\varepsilon_{r,eff,stat}$ sind von der Frequenz unabhängige Werte. Der Fehler der statischen Näherung, im Vergleich zur exakten dynamischen Analyse, nimmt mit steigender Frequenz zu. Daher sollte die statische Näherung nur bis zu einer gewissen maximalen Frequenz benutzt werden, die bei technischen Mikrostreifenleitungen bei einigen Gigahertz liegt. Um einen groben Anhaltspunkt zu erhalten, bis zu welcher Grenzfrequenz f_g das statische Verfahren anwendbar ist, kann man die empirisch gefundene Beziehung $f_g/GHz \approx 0.04(Z_W/\Omega)/(h/mm)$ benutzen. Exakte Formeln für $Z_{W,stat}$ und $\varepsilon_{r,eff,stat}$ der Mikrostreifenleitung lassen sich nicht herleiten. Es lassen sich jedoch nach verschiedenen Verfahren Näherungsformeln ermitteln, die für die Praxis ausreichen. Für die statische Permittivität $\varepsilon_{r,eff,stat}$ ergibt sich nach [20]

$$\varepsilon_{r,eff,stat} = \frac{\varepsilon_r + 1}{2} + \frac{\varepsilon_r - 1}{2} \left(1 + \frac{10}{u}\right)^{-0.564a\left(\frac{\varepsilon_r - 0.9}{\varepsilon_r + 1}\right)^{0.053}} \tag{6.1}$$

mit

$$a = 1 + \frac{1}{49}\ln\left(\frac{u^4 + u^2/2704}{u^4 + .432}\right) + \frac{1}{18.7}\ln\left(1 + \left(\frac{u}{18.1}\right)^3\right) \tag{6.2}$$

und

$$u = \frac{w}{h}. \tag{6.3}$$

Für den statischen Wellenwiderstand $Z_{W,stat}$ wird ebenfalls in [20] die Beziehung

$$Z_{W,stat} = \frac{Z_{W,stat,Luft}}{\sqrt{\varepsilon_{r,eff,stat}}} \tag{6.4}$$

mit

$$Z_{W,stat,Luft} = \frac{59.96}{u} \ln \left(6 + 0.2832 e^{-\left(\frac{30.666}{u}\right)^{0.7528}} + \sqrt{1+4/u^2} \right) \Omega$$

(6.5)

angegeben. In den Bildern 6.5 und 6.6 sind für ein Beispiel die nach [20] ermittelten Verläufe von Z_W und $\varepsilon_{r,eff}$ in Abhängigkeit von der Substrathöhe h dargestellt.

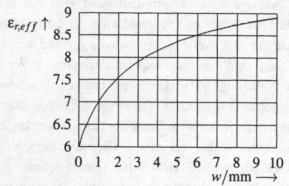

Bild 6.5: *Statische effektive relative Permittivität $\varepsilon_{r,eff}$ in Abhängigkeit von der Leiterbahnbreite w nach [20] ($h = 0.635$mm, $\varepsilon_r = 10$)*

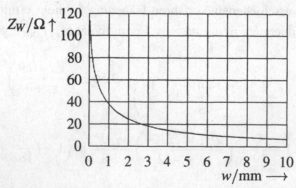

Bild 6.6: *Statischer Wellenwiderstand Z_W in Abhängigkeit von der Leiterbahnbreite w nach [20] ($h = 0.635$mm, $\varepsilon_r = 10$)*

6.5.1.2 Dynamische Analyse der Mikrostreifenleitung

Oberhalb einer gewissen Grenzfrequenz kann die Frequenzabhängigkeit des Wellenwiderstandes Z_W und der relativen Permittivität $\varepsilon_{r,eff}$ der Mikrostreifenleitung nicht mehr vernachlässigt werden. Diese Abhängigkeit wird von der dynamischen Analyse erfaßt, bei der eine genaue Feldberechnung mittels numerischer Verfahren erfolgt. Diese Verfahren liefern den Verlauf des elektromagnetischen Feldes, woraus sich dann die Leitungskenngrößen ermitteln lassen. An dieser Stelle sei auf eine grundsätzliche Problematik bei der Analyse von Leitungen mit hybrider Feldstruktur hingewiesen. Im Falle der TEM-Leitung liefert die Auswertung des Wegintegrals

$$\int\limits_{P_1}^{P_2} \underline{\vec{E}}\, d\vec{s},$$

wobei die Punkte P_1 und P_2 in der Querschnittsebene der Leitung liegen, eindeutig die Spannung zwischen diesen beiden Punkten, d.h. das Ergebnis ist unabhängig vom gewählten Weg. Liegt jedoch eine Leitungsanordnung vor, bei der das elektromagnetische Feld nicht vom TEM-Typen ist, so ist das Ergebnis des Wegintegrals sehr wohl abhängig von der Wahl des Integrationswegs und eine Bestimmung der Spannung zwischen den beiden Leitern kann nicht eindeutig durchgeführt werden. Am einfachsten läßt sich dieser Sachverhalt an einem Rechteckhohlleiter verdeutlichen.

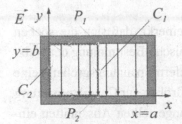

Bild 6.7: *Querschnitt eines Rechteckhohlleiters mit angedeutetem Verlauf des elektrischen Feldes*

Das Bild 6.7 zeigt den Querschnitt eines Rechteckhohlleiters mit angedeutetem Verlauf des elektrischen Feldes. Werden nun die Punkte P_1 und P_2 in der in Bild 6.7 gezeigten Weise gewählt, dann führt die Auswertung des Integrals entlang des Integrationswegs C_1 auf den Wert $\underline{E}_y\, b$ und entlang des Integrationswegs C_2 auf den Wert 0, da C_2 entlang der Hohlleiterberandung in der Grenzschicht Metall-Luft, in der bekanntlich das elektrische Feld verschwindet, verläuft. In diesem Fall ergeben sich deutlich unterschiedliche Ergebnisse. Erfolgt nun mittels des Wegintegrals eine Berechnung der Spannung zwischen Oberleitermetallisierung und Grundmetallisierung bei der Mikrostreifenleitung, so ergeben sich ebenfalls unterschiedliche Ergebnisse in Abhängigkeit von der Wahl von P_1 und P_2 bzw. des gewählten Integrationswegs. Dieses wirkt sich direkt bei der Bestimmung des Wellenwiderstandes aus, der sich bei einer unendlich langen TEM-Leitung aus

$$Z_W = \frac{\underline{U}_{hin}}{\underline{I}_{hin}}$$

bestimmen läßt. Nach den gemachten Aussagen kann bei der Mikrostreifenleitung der Wert für $\underline{U}_{hin}$ nicht genau angegeben werden. Abhilfe dieses Problems der Uneindeutigkeit ergibt sich aus der Verwendung der transportierten Wirkleistung P_W bei der Berechnung des Wellenwiderstandes, die gemäß

$$P_W = \frac{1}{2} \frac{|\underline{U}_{hin}|^2}{Z_W} = \frac{1}{2} |\underline{I}_{hin}|^2 Z_W$$

ein Verknüpfung zwischen $\underline{U}_{hin}$, $\underline{I}_{hin}$ und P_W zur Bestimmung von Z_W liefert. Ergibt sich P_W aus der Integration des Poyntingvektors über die gesamte Querschnittsfläche und $\underline{I}_{hin}$ aus der Integration der Stromdichteverteilung im Bereich der Oberleitermetallisierung, so läßt sich der Wellenwiderstand direkt aus

$$Z_W = \frac{2 P_W}{|\underline{I}_{hin}|^2} \tag{6.6}$$

bestimmen. Es sei an dieser Stelle schon angemerkt, daß sich die soeben geschilderte Problematik auch auf die meßtechnische Bestimmung der Netzwerkparameter auswirkt. Wie gezeigt wurde, liefern Spannungsgrößen keine eindeutige Aussage, so daß leistungsbezogene Größen zur Charakterisierung herangezogen werden müssen. Die in den vorangestellten Abschnitten eingeführten Streuparameter erfüllen als leistungsbezogene Wellengrößen diese Forderung und spielen somit eine wesentliche Rolle in der Netzwerkanalyse.

Die Berechnung von $Z_W(f)$ gemäß Gl.(6.6) und $\varepsilon_{r,eff}(f)$ mit Hilfe numerischer Analyseverfahren diente zur Bestimmung einfacherer Näherungsbeziehungen für die Leitungsparameter. Der Dispersionsverlauf dieser Kenngrößen läßt sich dann in Form analytischer Ausdrücke angeben, so daß dadurch handhabbare Beziehungen für CAD-Werkzeuge bereitstehen. Ergebnisse derartiger Berechnungen werden in [21] und [22] vorgestellt. Danach ergibt sich für die frequenzabhängige relative Permittivität $\varepsilon_{r,eff}$ nach [21]

$$p_1 = 0.27488 + \left(0.6315 + \frac{0.525}{(1+0.0157f_n)^{20}}\right)u - 0.065683e^{-8.7513u},$$

$$p_2 = 0.33622\left(1 - e^{-0.03442\varepsilon_r}\right),$$

$$p_3 = 0.0363e^{-4.6u}\left(1 - e^{-(f_n/38.7)^{4.97}}\right),$$

$$p_4 = 1. + 2.751\left(1 - e^{-(\varepsilon_r/15.916)^8}\right),$$

$$p_5 = p_1 p_2 \left((0.1844 + p_3\, p_4)f_n\right)^{1.5763},$$

mit

$$f_n = \frac{f}{\text{GHz}}\frac{h}{\text{mm}} \tag{6.7}$$

für $\varepsilon_{r,eff}(f)$

$$\varepsilon_{r,eff}(f) = \varepsilon_r - \frac{\varepsilon_r - \varepsilon_{r,eff,stat}}{1+p_5}. \tag{6.8}$$

Der frequenzabhängige Wellenwiderstand $Z_W(f)$ ergibt sich nach [22] aus

$$r_1 = 0.03891\varepsilon_r^{1.4}, \qquad\qquad r_2 = 0.267u^7,$$

$$r_3 = 4.766e^{-3.228u^{0.641}}, \qquad\qquad r_4 = 0.016 + (0.0514\varepsilon_r)^{4.524},$$

$$r_5 = (f_n/28.843)^{12}, \qquad\qquad r_6 = 22.2u^{1.92},$$

$$r_7 = 1.206 - 0.3144e^{-r_1}(1 - e^{-r_2}),$$

$$r_8 = 1 + 1.275\left(1 - e^{-(0.004625\, r_3\, \varepsilon_r^{1.674}(f_n/18.365)^{2.745})}\right),$$

$$r_9 = \frac{5.086\, r_4\, r_5\, e^{-r_6}(\varepsilon_r - 1)^6}{(0.3838 + 0.386r_4)\,(1 + 1.2992r_5)\,(1 + 10(\varepsilon_r - 1)^6)},$$

$$r_{10} = 0.00044\,\varepsilon_r^{2.136} + 0.0184, \qquad\qquad r_{11} = \frac{(f_n/19.47)^6}{1 + 0.0962(f_n/19.47)^6},$$

$$r_{12} = \frac{1}{1 + 0.00245u^2}, \qquad\qquad r_{13} = 0.9408\,\varepsilon_{r,eff}^{r8} - 0.9603,$$

$$r_{14} = (0.9408 - r_9)\,\varepsilon_{r,eff,stat}^{r8} - 0.9603,$$

$$r_{15} = 0.707\,r_{10}(f_n/12.3)^{1.097},$$

$$r_{16} = 1. + 0.0503\,\varepsilon_r^2\,r_{11}\left(1. - e^{-(u/15)^6}\right)$$

und

$$r_{17} = r_7\left(1. - 1.1241\,\frac{r_{12}}{r_{16}}e^{-(0.026f_n^{1.15656} + r_{15})}\right),$$

mit f_n nach Gl.(6.7) zu

$$Z_W(f) = Z_{W,stat,Luft}\left(\frac{r_{13}}{r_{14}}\right)^{r_{17}}. \tag{6.9}$$

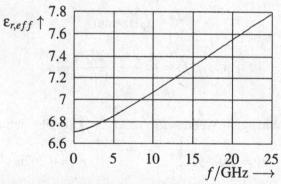

Bild 6.8: *Dynamische effektive relative Permittivität $\varepsilon_{r,eff}$ in Abhängigkeit von der Frequenz nach [22] ($h = 0.635$mm, $w = 0.635$mm, $\varepsilon_r = 10$)*

Die Bilder 6.8 und 6.9 zeigen die Verläufe von $\varepsilon_{r,eff}$ und Z_W als Funktion der Frequenz f. $\varepsilon_{r,eff}(f)$ (Bild 6.8) beginnt bei dem statischen Wert für $f = 0$GHz und geht für steigende Frequenzen gegen ε_r. Das bedeutet, daß die Phasengeschwindigkeit der Welle $v_{ph} = c_0/\sqrt{\varepsilon_{r,eff}}$ mit steigender Frequenz niedriger wird. Die Dispersion von $\varepsilon_{r,eff}$, die hier durch die Steigung des Verlaufs gegeben ist, hängt noch von ε_r, der Substrathöhe h und der Leiterbreite w ab. Nehmen diese Größen zu, so nimmt auch die Dispersion zu.

Ähnliches ist auch für die Frequenzabhängigkeit des Wellenwiderstandes Z_L zu sagen. Die Steigung der Funktion nimmt für steigendes ε_r und h zu und nimmt für größer werdende Leiterbreite w dagegen ab. Auf Grund des Verlaufs von $\varepsilon_{r,eff}(f)$ läßt sich auch eine Aussage über die Feldverteilung im Mikrostreifenleiter machen. Dadurch, daß sich $\varepsilon_{r,eff}(f)$ für $f \to \infty$ immer mehr dem Wert ε_r nähert, muß auch das elektrische Feld mehr und mehr im Substrat konzentriert sein, während kaum noch elektrische Feldlinien durch die Luft verlaufen. Das heißt von dem Zustand bei $f = 0\,\text{GHz}$, bei dem das Feld durch Luft als auch durch Substrat verläuft, verlagert sich das Feld für höhere Frequenzen immer stärker ins Substrat.

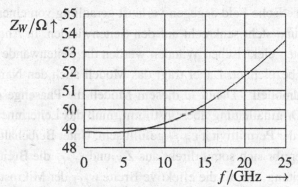

Bild 6.9: *Dynamischer Wellenwiderstand Z_W in Abhängigkeit von der Frequenz nach [21] ($h = 0.635\,\text{mm}$, $w = 0.635\,\text{mm}$, $\varepsilon_r = 10$)*

6.5.2 Magnetisches Wandmodell

Abschließend soll hier noch ein weiteres Modell zur Beschreibung der Mikrostreifenleitung vorgestellt werden, das sehr häufig zur Analyse von Streifenleitungsdiskontinuitäten dient. Hierbei handelt es sich um das sogenannte „magnetische Wandmodell", das auch als Bandleitungsmodell bezeichnet wird. Dieses bildet die reale Mikrostreifenleitung gemäß Bild 6.10 a), deren elektrisches Feld sich nicht nur auf den Bereich zwischen dem Oberleiter und der Grundmetallisierung beschränkt, auf eine ideale Parallelplattenleitung gemäß Bild 6.10 b), ab. In dieser Modellvorstellung liegt im Leiterinnern eine homogene TEM-Feldverteilung vor. Dabei verläuft das elektrische Feld gemäß Bild 6.10 b) vom Oberleiter zur Grundmetallisierung, wobei das elektrische Feld senkrecht auf den idealen Leitern steht. In diesem Fall werden die Leiterflächen als elektrische Wände bezeichnet.

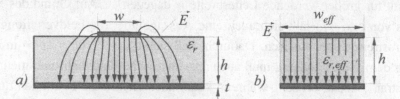

Bild 6.10: *Querschnitt einer ungeschirmten Mikrostreifenleitung. Originalstruktur a) und äquivalente Parallelplattenleitung mit homogener Materialfüllung b)*

Das magnetische Feld dagegen verläuft geradlinig von einer Seitenwand zur anderen und steht senkrecht auf den Seitenwänden. In Analogie zu den oben genannten elektrischen Wänden werden die Seitenwände als magnetische Wände bezeichnet. Daher trägt das Modell auch den Namen „magnetisches Wandmodell". Damit in diesem Modell die Phasengeschwindigkeit mit der der Originalleitung übereinstimmt, muß das Leiterinnere mit einem Material mit der Permittivität $\varepsilon_{r,eff}$ gefüllt sein. Unter Beibehaltung der Substrathöhe h ergibt sich somit direkt aus Z_W und $\varepsilon_{r,eff}$ die Breite dieser Parallelplattenleitung, die als die effektive Breite w_{eff} der Mikrostreifenleitung bezeichnet wird. Es gilt

$$Z_W = \sqrt{\frac{L'}{C'}} \qquad \text{und} \qquad v_{ph} = \frac{c_0}{\sqrt{\varepsilon_{r,eff}}} = \sqrt{\frac{1}{L'\,C'}},$$

woraus sich für C' die Beziehung

$$C' = \frac{\varepsilon_0\,\varepsilon_{r,eff}\,w_{eff}}{h} = \frac{\sqrt{\varepsilon_{r,eff}}}{c_0\,Z_W}$$

ergibt. Umstellen nach w_{eff} liefert unter der Berücksichtigung von

$$\frac{1}{c_0\,\varepsilon_0} = \sqrt{\frac{\mu_0}{\varepsilon_0}} \approx 120\pi\Omega$$

direkt

$$w_{eff} \approx \frac{120\pi\Omega}{Z_W\,\sqrt{\varepsilon_{r,eff}}}\,h. \qquad (6.10)$$

6.5.3 Dämpfung auf der Mikrostreifenleitung

Die Dämpfung auf der Mikrostreifenleitung setzt sich aus zwei Anteilen zusammen. Zum einen liefern die Verluste im Dielektrikum und zum anderen die Leiterverluste eine Beitrag zum Gesamtdämpfungsbelag α der Leitung. Exakte Berechnungen sind außerordentlich schwierig. Aus diesem Grunde werden auch hier Näherungsbeziehungen verwendet. In [23] wird für den Beitrag der dielektrischen Verluste α_d zum Gesamtdämpfungsbelag α die Beziehung

$$\alpha_d = 0.01048 \sqrt{\varepsilon_{reff}} \, \frac{f}{\text{GHz}} \, \tan\delta \frac{1}{\text{mm}} \tag{6.11}$$

angegeben. Für den Anteil, der durch die endliche Leitfähigkeit des Leiters entsteht, wird ebenfalls in [23] eine Näherung aufgeführt. Mit a, der äquivalenten Leitschichtdicke nach Gl.(3.201) ($a = \sqrt{\pi f \mu \kappa}^{-1}$), und

$$R_s = \frac{1}{\kappa a} \tag{6.12}$$

ergibt sich der Dämpfungsbelag α_c zu

$$\alpha_c = \left(\frac{1}{w_{eff}} + \frac{1}{w} \left(1 + \frac{1}{3}\log(2 + \frac{h}{w}) \right) \right) \frac{R_s}{2Z_W} \tag{6.13}$$

und damit die resultierende Dämpfung α in der Form

$$\alpha = \alpha_d + \alpha_c. \tag{6.14}$$

6.6 Mikrostreifenleitungs-Diskontinuitäten

Bei der Betrachtung realer Mikrostreifenleitungsschaltungen ist festzustellen, daß ein Vielzahl an Leitergeometrien vorzufinden sind, die von der Form einer einfachen Leitung abweichen. Im einfachsten Falle stellt eine Änderung des Wellenwiderstandes (Impedanzsprung) eine derartige Struktur, die als Diskontinuität bezeichnet wird, dar. Als Diskontinuität wird somit jede Abweichung vom geradlinigen Verlauf der Leitung bezeichnet. Die wichtigsten Diskontinuitäten in Mikrostreifenleitungsschaltungen sind der Leerlauf, der Kurzschluß, der Wellenwiderstandssprung, der Leitungsknick, die T-Verzweigung und die Kreuz-Verzweigung. Aus diesen Grundelementen kann eine Vielzahl an Streifenleitungsbauelementen wie Koppler, Anpassungsnetzwerke oder Filter realisiert werden. Obwohl solche Diskontinuitäten nur sehr kleine Kapazitäten und Induktivitäten hervorrufen ($C < 0.1$pF,

$L < 0.1$nH) sind deren Auswirkungen bei höheren Frequenzen nicht zu vernachlässigen. Eine Diskontinuität wird dann als eigenes Schaltungselement (Eintor, Zweitor, ..., n-Tor) betrachtet. Im Fall einer näherungsweisen Beschreibung ist dieses Schaltungselement durch ein Ersatzschaltbild, das aus konzentrierten, **frequenzunabhängigen Bauelementen** (R, L, C) besteht, darstellbar. Ansonsten werden Diskontinuitäten durch die frequenzabhängigen Streuparameter, die sich aus feldtheoretischen Lösungsverfahren ergeben, beschrieben. Im folgenden wird eine Zusammenstellung an Näherungsbeziehungen angegeben, die in einem weiten Frequenzbereich zur Analyse von Streifenleitungsdiskontinuitäten herangezogen werden können.

6.6.1 Leerlaufende Mikrostreifenleitung

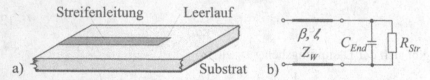

Bild 6.11: *Mikrostreifenleitung mit Leerlauf a) und zugehöriges Ersatzschaltbild b)*

Bei Mikrowellenschaltungen unterscheidet sich ein realer Leerlauf nach Bild 6.11 a) vom idealen Leerlauf dadurch, daß am Leitungsende gemäß Bild 6.12 a) ein elektrisches Streufeld auftritt. In diesem Streufeld wird eine bestimmte Energie gespeichert, die in dem Ersatzschaltbild nach Bild 6.11 b) durch eine Endeffektkapazität C_{End} erfaßt werden kann. Wird darüber hinaus berücksichtigt, daß an dem offenen Ende Energie abgestrahlt wird, so läßt sich diese durch einen zusätzlichen Strahlungswiderstand R_{Str} beschreiben.

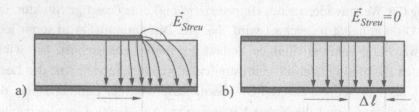

Bild 6.12: *Elektrisches Feld am Ende der Mikrostreifenleitung a) und zugehöriges Modell mit Leitungsverlängerung und idealem Leerlauf ohne Streufeld b)*

Der Endeffekt läßt sich aber auch gemäß Bild 6.12 b) durch eine sogenannte äquivalente Leitungsverlängerung $\Delta\ell$ berücksichtigen, wobei die Leitung der Länge $\Delta\ell$ als ein Leitungsstück betrachtet wird, das dieselben Eigenschaften wie die eigentliche Leitung besitzt. Die beiden Größen $\Delta\ell$ und C_{End} sind gleichwertig und lassen sich gemäß Abschnitt 3.5.3.1 Gl.(3.289),

$$\underline{Z}_{EL} = -j\frac{1}{\omega C_{End}} = -jZ_W \cot(\beta\Delta\ell), \tag{6.15}$$

mit

$$\beta = \frac{2\pi}{\lambda} \tag{6.16}$$

und

$$\lambda = \frac{c_0}{f\sqrt{\varepsilon_{r,eff}}} \tag{6.17}$$

durch

$$\frac{1}{\omega C_{End}} = Z_W \cot\left(\frac{2\pi f\sqrt{\varepsilon_{r,eff}}\,\Delta\ell}{c_0}\right) \tag{6.18}$$

ineinander umrechnen. Umstellen von (6.18) liefert

$$C_{End} = \frac{\tan\left(\frac{2\pi f\sqrt{\varepsilon_{r,eff}}\,\Delta\ell}{c_0}\right)}{2\pi f\,Z_W}, \tag{6.19}$$

woraus sich unter der Berücksichtigung von $\tan(x) \approx x$ für $x \ll 1$ direkt

$$C_{End} = \frac{\Delta\ell\,\sqrt{\varepsilon_{r,eff}}}{Z_W\,c_0} \tag{6.20}$$

oder

$$\Delta\ell = \frac{C_{End}\,Z_W\,c_0}{\sqrt{\varepsilon_{r,eff}}}, \tag{6.21}$$

mit c_0 der Lichtgeschwindigkeit im freien Raum, ableiten läßt.

Ein analytischer Ausdruck zur Berechnung der äquivalenten Leitungsverlängerung $\Delta\ell$ ergibt sich nach [30] durch

$$t_1 = 0.434907\,\frac{\varepsilon_{r,eff,stat}^{0.81} + 0.26}{\varepsilon_{r,eff,stat}^{0.81} - 0.189}\,\frac{u^{0.8544} + 0.236}{u^{0.8544} + 0.87},$$

$$t_2 = 1 + \frac{u^{0.371}}{2.358\,\varepsilon_r + 1},$$

$$t_3 = 1 + 0.5274\,\text{arc}\tan\left(0.084u^{1.9413/t_2}\right)\,\varepsilon_{r,eff,stat}^{0.9236},$$

$$t_4 = 1 + 0.0377 \arctan\left(0.067u^{1.456}\right)\left(6 - 5e^{0.036(1-\varepsilon_r)}\right),$$

$$t_5 = 1 - 0.218\, e^{-7.5u}$$

und

$$\Delta\ell = \frac{t_1\, t_2\, t_5}{t_4}\, h. \qquad (6.22)$$

Bild 6.13 zeigt den nach Gl.(6.22) berechneten Verlauf der äquivalenten Leitungsverlängerung $\Delta\ell$ eines Mikrostreifenleitungsleerlaufs in Abhängigkeit von der Leiterbreite w. Danach steigt die äquivalente Leitungsverlängerung bei niedrigen Werten von w stärker und bei größeren Werten von w nur noch sehr schwach an.

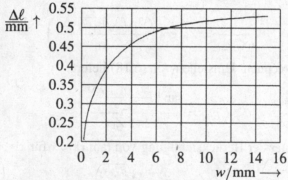

Bild 6.13: *Äquivalente Leitungsverlängerung $\Delta\ell$ eines Streifenleitungsleerlaufs in Abhängigkeit von der Leiterbreite für $f = 10\,\mathrm{GHz}, \varepsilon_r = 2.2$ und $h = 0.787\mathrm{mm}$*

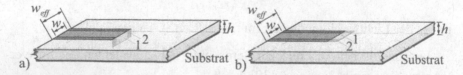

Bild 6.14: *Aperturdefinitionen an einer leerlaufenden Leitung nach [25] a) und [27] b)*

Die Berücksichtigung der Abstrahlung am offenen Leitungsende kann durch den Strahlungswiderstand R_{Str} bzw. den Strahlungsleitwert G_{Str} erfolgen. Eine genaue Bestimmung mit Hilfe exakter Berechnungsverfahren wird an späterer Stelle aufgezeigt. Hier wird auf Verfahren zur näherungsweisen Berechnung hingewiesen. In [26] erfolgt die Berechnung des Strahlungsfeldes aus dem Oberleiterstrom und dem Polarisationsstrom im Dielektrikum.

[25] macht von dem magnetischen Wandmodell Gebrauch und berechnet das Strahlungsfeld aus einer äquivalenten magnetischen Flächenstromdichte am Leitungsende gemäß Bild 6.14 a). Danach beträgt die Leerlaufspannung am Leitungsende den Wert $\underline{U}_0$. Diese ruft am Strahlungsleitwert die Strahlungsleistung P_{Str}

$$P_{Str} = \frac{1}{2} |\underline{U}_0|^2 G_{Str} \qquad (6.23)$$

hervor. Im magnetischen Wandmodell liefert die Leerlaufspannung am Ende die elektrische Feldstärke E_0, mit $U_0 = E_0\, h$, so daß die Strahlungsleistung P_{Str} nach Gl.(6.23) in der Form

$$P_{Str} = \frac{1}{2} (|\underline{\vec{E}}_0|\, h)^2 G_{Str} \qquad (6.24)$$

angegeben werden kann. Wird nun die elektrische und magnetische Feldstärke im offenen Leitungsende zur Bestimmung einer fiktiven elektrischen Flächenstromdichte $\vec{J}_e^A$ und einer fiktiven magnetischen Flächenstromdichte $\vec{J}_m^A$ nach dem Huygensschen Prinzip (nach Abschnitt 2.7, Seite 45) benutzt, so ergibt sich aus dem Feld $\underline{\vec{E}}_0$ und $\vec{H}_0$ am Leitungsende für die Flächenstromdichten

$$\underline{\vec{J}}_e^A - \vec{n} \times \underline{\vec{H}}_0 \qquad (6.25)$$

und

$$\underline{\vec{J}}_m^A = \underline{\vec{E}}_0 \times \vec{n}, \qquad (6.26)$$

mit $\vec{n}$ einem Flächennormaleneinheitsvektor, der von der Fläche A am offenen Leitungsende vom Leitungsende weg in den Außenbereich zeigt. Diese Quellen dienen nun zur Berechnung des Fernfeldes $\underline{\vec{E}}$, $\underline{\vec{H}}$ sowie zur Berechnung des Poyntingvektors, so daß die vom Leitungsende abgestrahlte Leistung auch aus

$$P_{Str} = \frac{1}{2} \iint\limits_A (\underline{\vec{E}} \times \underline{\vec{H}}^*)\mathrm{d}\vec{A} \qquad (6.27)$$

ermittelt werden kann. Die Integration in Gl.(6.27) erstreckt sich über die komplette Halbebene oberhalb der Grundmetallisierung der Mikrostreifenleitung. Eine vollständige Beschreibung der Berechnung, die unter Nutzung der Bildtheorie gemäß Abschnitt 2.8 (Seite 47) erfolgt, wird der Behandlung der Strahlungseigenschaften des Streifenleitungsresonators als Strahlerelement vorgestellt. An dieser Stelle werden nur die wesentlichen Ergebnisse aufgezeigt. Die Abstrahlung am offenen Leitungsende kann durch den in

[25] angegebenen Strahlungsleitwert erfolgen. Untersuchungen haben gezeigt, daß eine Modifikation der ursprünglichen Ergebnisse nach [25] derart, daß in den dort angegebenen Gleichungen die Leiterbreite w in Bild 6.14 a) durch die effektive Leiterbreite w_{eff} gemäß Gl.(6.10) ersetzt wird, zu besseren Ergebnissen führt. Danach gilt

$$G_{Str} = \frac{1}{R_{Str}} = \frac{1}{120\pi^2\Omega}\left(\cos(A) + \frac{\sin(A)}{A} + A\int_0^A \frac{\sin(x)}{x}\,dx - 2\right), \quad (6.28)$$

mit $A = k_0\,w_{eff}$. Nach Bild 6.15 steigt der Strahlungsleitwert G_{Str} mit steigender Leiterbreite. Dasselbe Verhalten ergibt sich auch bei fallender Permittivität ε_r, da dadurch $\varepsilon_{r,eff}$ niedriger wird und somit w_{eff} ansteigt.

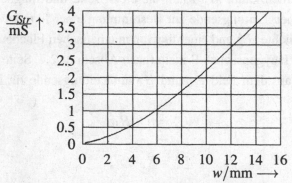

Bild 6.15: *Strahlungsleitwert eines Mikrostreifenleitungsleerlaufs in Abhängigkeit von der Leiterbreite für $f = 10\,$GHz, $\varepsilon_r = 2.2$ und $h = 0.787\,$mm*

Es besteht aber auch die Möglichkeit die Berechnung des Fernfeldes nach anderen Modellvorstellungen durchzuführen. Derneryd [27] betrachtet ebenfalls eine Strahlungsquelle am Leitungsende. Diese befindet sich im Gegensatz zum magnetischen Wandmodell nach Bild 6.14 a) jedoch nicht im Dielektrikum, sondern in der Grenzschicht Dielektrikum-Luft gemäß Bild 6.14 b). Ergebnisse nach den unterschiedlichen Berechnungsmethoden sind in Bild 6.16 den Messungen von Hall, Wood und James [28] gegenübergestellt. Hieraus ist zu entnehmen, daß die modifizierte Beziehung nach Sobol [25], eine sehr gute Approximation zur Beschreibung des Strahlungsleitwertes einer offenen Streifenleitung darstellt.

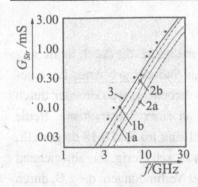

Bild 6.16: *Strahlungsleitwert G_{Str} eines leerlaufenden Leitungsendes für $\varepsilon_r = 2.32$, $h = 1.58$mm und $w = 2.82$mm; 1 Sobol [25] $W = w$ a) und $W = w_{eff}$ b) 2 Derneryd [27] $W = w$ a) und $W = w_{eff}$ b) 3 $\cdots$ Messung: Wood, James, Hall [29]*

Ergebnisse für das Fernfeld der leerlaufenden Streifenleitung nach dem zuvor kurz beschriebenen Verfahren mit der Apertur nach Bild 6.14 a) werden in den Bildern 6.17 a) und b) gezeigt.

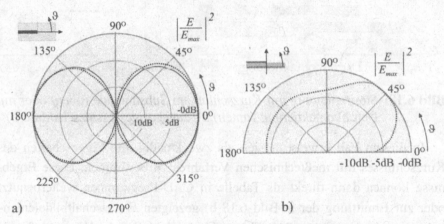

a)   b)

Bild 6.17: *Strahlungsdiagramme einer leerlaufenden Mikrostreifenleitung nach [28]; Strahlungsdiagramm in der Substratebene a) und Strahlungsdiagramm senkrecht zur Substratebene, parallel zur Leitung b) (—— Theorie, $\cdots\cdots$ Messung)*

Bild 6.17 a) zeigt das Strahlungsdiagramm in der Substratebene. Die Abweichungen zwischen der Theorie nach Sobol [25] und der Messung nach [28] sind relativ gering. Die gemessene Richtcharakteristik in der Ebene senkrecht zum Substrat ist in Bild 6.17 b) dargestellt und zeigt deutlich die bevorzugte Abstrahlung in Richtung des offenen Leitungsendes, die durch diese modellhafte Beschreibung nicht erfaßt werden kann, da die Anwesenheit der Oberleitermetallisierung der Mikrostreifenleitung unberücksichtigt bleibt. Aus diesem Grunde erübrigt sich auch eine Angabe des theoretischen Verlaufes in Bild 6.17 b).

6.6.2   Kurzschluß

Ein Kurzschluß von Mikrostreifenleitungen erfolgt häufig durch runde me-
tallische Kurzschlußstifte, die in ein durch das Substrat gebohrtes Loch ge-
schoben und mit dem Leiter und der Masse verbunden werden oder durch
eine Verbindung des Leiters mit der Masse an einer Substratkante. Beide
Varianten und das zugehörige Ersatzschaltbild sind im Bild 6.18 dargestellt.
Eine exakte Beschreibung des Kurzschlusses ist schwierig, da, abweichend
vom dargestellten Idealfall, die Herstellung der Verbindungen, die z.B. durch
Löten oder durch Kleben entstehen, mit einer Unsicherheit verbunden ist, die
bei theoretischen Berechnungen kaum erfaßt werden kann.

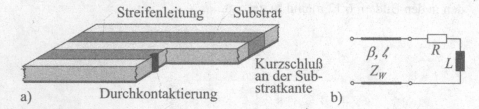

Bild 6.18: *Streifenleitung mit Kurzschluß am Substratende (oben) oder mit*
Durchkontaktierung (unten) a); zugehöriges Ersatzschaltbild b)

In diesem Fall erweist es sich als zweckmäßig, die Eigenschaften des
Kurzschlusses mit meßtechnischen Verfahren zu bestimmen. Diese Ergebnisse können dann direkt als Tabelle in CAD-Programmen weiterbenutzt
oder zur Ermittlung der in Bild 6.18 b) gezeigten Ersatzschaltbildelemente herangezogen werden. Dabei ist es sehr wichtig, daß der Kurzschluß stets
identisch angefertigt wird, da ansonsten die Beschreibung fehlerbehaftet ist.

6.6.3   Wellenwiderstandssprung

Ein Wellenwiderstandssprung (Leiterbahnbreitenstufe oder engl. impedance
step) ergibt sich aus einer abrupten Änderung der Streifenleiterbreite von
w_1 auf w_2 gemäß Bild 6.19 a). Bei dieser Diskontinuität tritt zum einen ein
Streufeld an der Stirnseite des breiten Leiters und zum anderen eine Störung des Stromlinienverlaufs beim Übergang vom breiten auf den schmalen
Leiter, eine sogenannte Stromeinschnürung, auf. Diese Effekte werden im
Ersatzschaltbild in Bild 6.19 b) durch eine Serieninduktivität L und eine Parallelkapazität C erfaßt, wobei die Induktivität die Störung des Stromlinien-

verlaufs und die Kapazität gegen Masse das elektrische Streufeld, das von der Kante des breiten Streifenleiters ausgeht, berücksichtigt. Verluste, die durch Abstrahlung vornehmlich an der Stirnseite des breiten Leiters auftreten, werden in Ersatzschaltbildern in der Regel nicht erfaßt, da sie im Schaltungsentwurf vernachlässigt werden können.

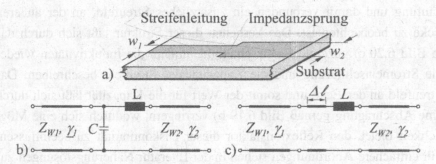

Bild 6.19: *Wellenwiderstandssprung a), zugehöriges Ersatzschaltbild b) bzw. c)*

Eine vereinfachte dynamische Analyse dieser Struktur erfolgt mit Hilfe des Bandleitungsmodells [38]. Der Nachteil dieser Methode besteht darin, daß das Streufeld der Stirnseite nicht beachtet wird und sich daher nur die Längsinduktivität L berechnen läßt. Den Einfluß der Streukapazität muß nach anderen Verfahren erfaßt werden. Eine einfache Möglichkeit besteht z.B. darin, die Leerlaufkapazitäten der breiten und schmalen Leitung getrennt zu berechnen. Die resultierende Kapazität ergibt sich aus der Differenz der beiden Leerlaufkapazitäten. Diese Kapazität läßt sich nun, nach den in Abschnitt 3.5.2 abgeleiteten Beziehungen, in eine kurze Leitung der Länge $\Delta\ell$ gemäß Bild 6.19 c) überführen, so daß sich aus der Lösung nach dem magnetischen Wandmodell in Verbindung mit einer Bezugsebenenverschiebung die gesuchte Beschreibung des Wellenwiderstandssprungs mit ausreichender Genauigkeit ermitteln läßt. Es sei jedoch angemerkt, daß es sich dabei um ein feldtheoretisches Verfahren handelt, das nur für den Einsatz auf leistungsfähigeren Rechnern, wie sie die modernen PCs darstellen, geeignet ist. Exakte Verfahren benötigen dagegen wesentlich mehr Rechenleistung und sind somit derzeit noch nicht für den Einsatz in interaktiven Schaltungsanalyseprogrammen geeignet. Mit zunehmender Leistungsfähigkeit der Rechner ist aber mit einem verstärkten Einsatz an exakten Verfahren zu rechnen.

6.6.4   Leitungsknick

Beim Leitungsknick nach Bild 6.20 a) treten im Vergleich zur homogen ver-
laufenden Mikrostreifenleitung ebenfalls wieder Feld- und Stromlinienver-
zerrungen auf. Eine Stromlinienkonzentration läßt sich an der inneren Ecke
des Leitungsknicks feststellen, während eine zusätzliche Ladungsträgeran-
häufung und damit verbunden ein zusätzliches Streufeld, an der äußeren
Ecke zu beobachten ist. Das Verhalten dieser Struktur läßt sich durch das
in Bild 6.20 c) gezeigte Ersatzschaltbild, in dem die Induktivitäten wieder
die Stromeinschnürung und die Kapazität das Streufeld beschreiben. Das
Streufeld an der Ecke und somit der Wert für die Kapazität läßt sich durch
eine Abschrägung gemäß Bild 6.19 b) verringern, wodurch sich eine Möglichkeit bietet, den Reflexionsfaktor dieser Diskontinuität zu beeinflussen.
Für einfachere Anordnungen stehen in der Literatur Näherungslösungen zur
Verfügung.

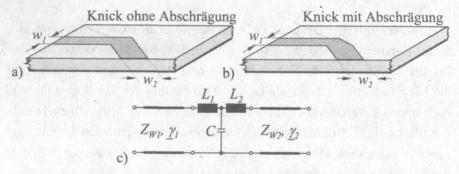

Bild 6.20: *Leitungsknick in Mikrostreifenleitungstechnik*

So z.B. für den im nächsten Abschnitt beschriebenen symmetrischen,
rechtwinkligen Leitungsknick. Die Elemente des Ersatzschaltbildes $L_1 = L_2$
und C sind für niedrige Frequenzen weitgehend frequenzunabhängig. Die Induktivitäten in Bild 6.20 c) lassen sich wieder gemäß Abschnitt 3.5.2 durch
äquivalente Leitungsstücke der Länge $\Delta\ell_1 = L_1/L'$ und $\Delta\ell_2 = L_2/L'$ (L' beschreibt den Induktivitätsbelag der Leitung im Knickbereich) ersetzen. Da-
mit bei Richtungsänderungen von Mikrostreifenleitungen möglichst wenig
Substratfläche in Anspruch genommen wird, werden abrupte Richtungsänderungen bevorzugt (90°-Winkel) verwendet.

6.6.4.1 Symmetrischer, rechtwinkliger Leitungsknick

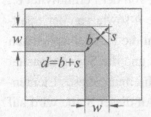

Bild 6.21: *Rechtwinkliger Leitungsknick mit Abschrägung*

In diesem Fall gilt $L_1 = L_2 = L$. Um das elektrische Streufeld und damit die Parallelkapazität C zu verringern und um somit das Durchlaßverhalten zu verbessern, wird der Knick abgeschrägt. Bild 6.21 zeigt ein Beispiel eines solchen abgeschrägten, rechtwinkligen Leitungsknicks. Die Größe $S = s/d * 100 = (1 - b/d) * 100$ in % wird als relative Eckabschrägung bezeichnet. Je nach Stärke der Eckabschrägung handelt es sich um einem teilweise kompensierten Knick, wenn $C > C_{opt}$, um einem kompensierten Knick für $C = C_{opt}$ und um einen überkompensierten Knick für $C < C_{opt}$. In [35] ist die Näherungsbeziehung

$$S = 52 + 65e^{-1.35\frac{w}{h}} \qquad \text{für} \qquad \frac{w}{h} \geq 0.25 \quad \text{und} \quad \varepsilon_r \leq 25 \qquad (6.29)$$

zur Ermittlung der optimalen Abschrägung angegeben.

6.6.5 Spalt in der Mikrostreifenleitung

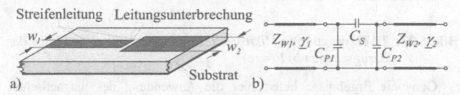

Bild 6.22: *Streifenleitung mit Spalt a) und zugehöriges Ersatzschaltbild b)*

Bild 6.22 a) zeigt die allgemeine Ausführung einer Mikrostreifenleitung mit Querspalt (engl. gap). In dieser Anordnung besteht ein elektrisches Feld sowohl zwischen den offenen Leitungsenden, als auch zwischen dem jeweiligen Leitungsende und Masse. Die einzelnen Beiträge lassen sich gemäß Bild 6.22 b) im Ersatzschaltbild durch die beiden Kapazitäten C_{P1} und C_{P2}, die vom Leitungsende gegen Masse gehen, und durch die Serienkapazität C_S erfassen. Die Werte für die Kapazitäten sind abhängig von der Permittivität ε_r, den Leiterbahnbreiten w_1 und w_2, der Substrathöhe h sowie von der Spaltbreite s. Mit zunehmender Breite des Spaltes streben die Parallelkapazitäten gegen die Endeffektkapazität des idealen Leerlaufs und die Serienkapazität nimmt einen vernachlässigbaren Wert an. Zur Beschreibung dieses Elementes stehen Näherungsbeziehungen zur Verfügung. An dieser Stelle wird auf eine Angabe gebräuchlicher Beziehungen verzichtet und auf [37] verwiesen.

6.6.6 Rechtwinklige Verzweigung, T-Verzweigung

In ihrer idealen Form stellt eine rechtwinklige Verzweigung nach Bild 6.23 eine Parallelschaltung aus drei Mikrostreifenleitungen dar. Im Vergleich zur längshomogenen Leitung verursacht eine reale Verzweigung Verzerrungen sowohl der Stromlinien auf dem Leiter, als auch der elektrischen und magnetischen Felder. Die Angabe eines Ersatzschaltbildes, das in einem weiten Frequenzbereich hinreichend genaue Ergebnisse liefert, ist nicht möglich, da die Hersteller von CAD-Programmpaketen ihre verwendeten Modelle, die ausgehend von dem Ersatzschaltbild in [20], das unter Zuhilfenahme von Messungen ständig optimiert wurde, nicht veröffentlichen.

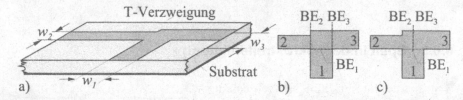

Bild 6.23: *T-Verzweigung in Mikrostreifenleitungstechnik a) und Lage der Bezugsebenen b) bzw. c)*

Genauere Ergebnisse liefert hier die Anwendung des magnetischen Wandmodells [40]. Bild 6.24 zeigt z.B. die in [32] angegebenen Ergebnisse für berechnete und gemessene Verläufe der Streuparameter einer symmetrischen T-Verzweigung, die unter der Berücksichtigung der in Bild 6.23 b) gezeigten Lage der Bezugsebenen ermittelt wurden. Auf eine Darstellung theoretischer Verfahren zur Berechnung der Verzweigung wird hier ebenfalls verzichtet. Es soll lediglich auf ein häufig unbeachtetes Problem aufmerksam gemacht werden, das bei der Verwendung von CAD-Programmpaketen auftreten kann. Es handelt sich dabei um die schon zuvor erwähnte Lage der Bezugsebenen. Begrenzen nach Bild 6.23 a) die angeschlossenen Leitungen die Verzweigung, so besteht die eigentliche Verzweigung aus der gesamten Metallisierung, die sich zwischen den angeschlossenen Leitungen befindet, d.h. die Bezugsebenen der Verzweigung sind gemäß Bild 6.23 b) zu wählen. Aus historischen Gründen, die mit der Anwendung der Leitungstheorie und der Verwendung eines Ersatzschaltbildes für die T-Verzweigung in Zusammenhang stehen, wird häufig die Wahl der Bezugsebenen nach Bild 6.23 c) verwendet. Es ist einsichtig, daß in beiden Fällen deutlich unterschiedliche Ergebnisse in den Winkeln der Streuparameter der T-Verzweigung entstehen, die bei einer Vernachlässigung zu Fehlinterpretationen bzw. zu falschen Ergebnissen bei der Berechnung des Schaltungsverhaltens führen können.

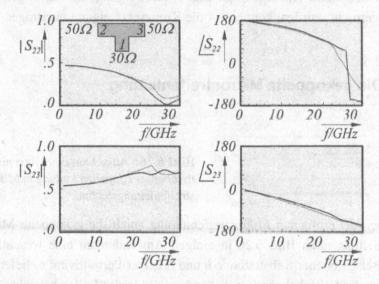

Bild 6.24: *Gemessene (──) und berechnete (_ _) Streuparameter einer T-Verzweigung ($w_1 = 1.58$mm; $w_2 = w_3 = 0.61$mm; $\varepsilon_r = 9.8$; $h = 0,635$mm)*

6.6.7 Kreuzverzweigung

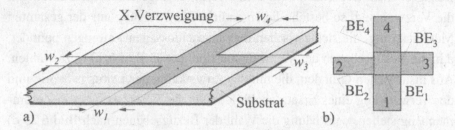

Bild 6.25: *Kreuzverzweigung in Mikrostreifenleitungstechnik a) und Lage der Bezugsebenen b)*

Eine Kreuzverzweigung in Mikrostreifenleitungstechnik ist in Bild 6.25 dargestellt. Sämtliche Aussagen, die zur T-Verzweigung im vorherigen Abschnitt gemacht wurden, können auf die Kreuzverzweigung übertragen werden.

6.7 Die gekoppelte Mikrostreifenleitung

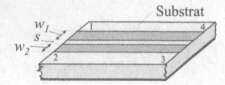

Bild 6.26: *Ausschnitt einer unsymmetrischen, gekoppelten Leitung in Mikrostreifenleitungstechnik*

Neben der einfachen Mikrostreifenleitung spielt die gekoppelte Mikrostreifenleitung nach Bild 6.26 in einigen Anwendungen eine wesentliche Rolle. Bei gegebener Substrathöhe h und relativer Permittivität ε_r liefert die Variation der Leiterbahnbreiten w_1 und w_2 sowie des Leiterabstandes s die Möglichkeit zur Beeinflussung der Übertragungseigenschaften. Die theoretische Beschreibung gekoppelter TEM-Leitungen führt auf eine System von Differentialgleichungen. Die Lösung dieses Systems führt auf zwei Eigenlösungen, die beide eine Welle vom TEM-Typen darstellen. Mit Hilfe dieser Eigenlösungen läßt sich durch geeignete Superposition jeder mögliche Betriebszustand beschreiben. Die Eigenlösungen zeichnen sich dadurch aus, daß jede für sich auf der gekoppelten Leitungsanordnung ausbreitungsfähig ist. Im TEM-Fall, d.h. wenn eine homogene Materialfüllung die Leiter umgeben, breiten sich beide Eigenlösungen mit gleicher Phasengeschwindig-

keit aus. Sie besitzen jedoch eine unterschiedliche Feldverteilung und somit
i. allg. auch unterschiedliche Wellenwiderstände. Mit abnehmender Kopplung nähern sich beide Wellenwiderstände an. Bei der gekoppelten Mikrostreifenleitung liegen dagegen lediglich quasi TEM-Verhältnisse vor, die am
Beispiel der **symmetrischen**, gekoppelten Leitung verdeutlicht werden sollen.

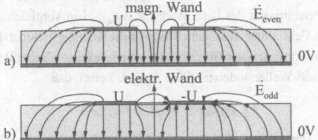

Bild 6.27: *Feldverteilung der Eigenlösungen für die symmetrische,
gekoppelte Leitung in Mikrostreifenleitungstechnik,
Gleichtakt-Mode a) und Gegentakt-Mode b)*

Bild 6.27 zeigt die Feldverteilung der Eigenlösungen für die symmetrische, gekoppelte Leitung in Mikrostreifenleitungstechnik. Der Gleichtakt-
Mode (even-mode) nach Bild 6.27 a) ergibt sich wenn beide Leitungen
gegenüber der Grundmetallisierung gleiches Potential und der Gegentakt-
Mode (odd-mode) nach Bild 6.27 b) ergibt sich wenn beide Leitungen gegenüber der Grundmetallisierung entgegengesetztes Potential aufweisen. Beim
Even-Mode verlaufen – bei der hier gewählten Polarität des Potentials– die
elektrischen Feldlinien von beiden Leitern direkt zur Grundmetallisierung,
wobei keine Feldlinie die Symmetrielinie zwischen beiden Leitern durch-
quert. Das bedeutet, daß in der Symmetrieebene die Normalkomponente des
elektrischen Feldes verschwindet. Es liegt somit eine magnetische Wand vor.
Beim Odd-Mode dagegen verlaufen bei der nach Bild 6.27 b) gewählten Polarität des Potentials ein Teil der Feldlinien vom linken Leiter zur Grundmetallisierung und von der Grundmetallisierung zum rechten Leiter. Ein anderer Teil verläuft aber auch direkt vom linken zum rechten Leiter. In diesem
Fall stehen alle Feldlinien, die die Symmetrieebene durchdringen, senkrecht
auf der Symmetrieebene. Es liegt somit eine elektrische Wand vor. Aus der
angedeuteten Verteilung des elektrischen Feldes lassen sich gewisse Eigenschaften der Leitungskenngrößen der symmetrisch gekoppelten Leitung ab-

leiten. Ein Vergleich des Feldanteils der sich beim Even-Mode im Dielektrikum ausbildet mit dem entsprechenden Anteil des Odd-Modes zeigt, daß im Falle des Even-Modes der Feldanteil im Substrat deutlich höher ist als beim Odd-Mode, bei dem sich wegen des Spaltfeldes zwischen den Leitern auch ein höherer Feldanteil im Luftbereich befindet. Demnach muß die effektive relative Permittivität des Even-Modes $\varepsilon_{r,eff,even}$ größer sein als die effektive relative Permittivität des Odd-Modes $\varepsilon_{r,eff,odd}$. Ein Vergleich dieser Felder mit dem Feld einer einfachen Mikrostreifenleitung gleicher Breite und auf gleichem Substrat nach Bild 6.2, die eine effektive relative Permittivität $\varepsilon_{r,eff}$ und einen Wellenwiderstand Z_W besitzt, liefert, daß

$$\varepsilon_{r,eff,odd} \leq \varepsilon_{r,eff} \leq \varepsilon_{r,eff,even} \tag{6.30}$$

gelten muß. Das Gleichheitszeichen gilt bei einer homogenen Materialfüllung oder bei ausreichendem Abstand. Im letztgenannten Fall verschwindet die Verkopplung und beide Leiter gehen in die einfache Mikrostreifenleitung über. Entsprechendes gilt für die Wellenwiderstände,

$$Z_{W,odd} \leq Z_W \leq Z_{W,even}. \tag{6.31}$$

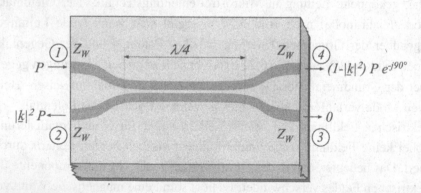

Bild 6.28: *Richtkoppler mit einer $\lambda/4$ langen, gekoppelten Leitung in Mikrostreifenleitungstechnik*

Mit Hilfe der Kenngrößen für Even- und Odd-Mode lassen sich die Elemente der Streumatrix eines gekoppelten Leitungsabschnittes der Länge ℓ, bei der die Tornumerierung gemäß Bild 6.28 erfolgt, angeben. Aus Symmetriegründen gilt

$$\underline{S}_{11} = \underline{S}_{22} = \underline{S}_{33} = \underline{S}_{44}, \quad (6.32) \qquad \underline{S}_{12} = \underline{S}_{21} = \underline{S}_{34} = \underline{S}_{43}, \quad (6.33)$$

$$\underline{S}_{13} = \underline{S}_{31} = \underline{S}_{24} = \underline{S}_{42}, \quad (6.34) \qquad \underline{S}_{14} = \underline{S}_{41} = \underline{S}_{23} = \underline{S}_{32}. \quad (6.35)$$

Die Streuparameter des in Bild 6.28 dargestellten Richtkopplers ergeben sich mit

$$\beta_{even}\, \ell = \frac{2\pi}{\lambda_0} \sqrt{\varepsilon_{r,eff,even}}\, \ell, \quad (6.36) \qquad \beta_{odd}\, \ell = \frac{2\pi}{\lambda_0} \sqrt{\varepsilon_{r,eff,odd}}\, \ell, \quad (6.37)$$

der Normierung

$$z_{W,odd} = \frac{Z_{W,odd}}{Z_W}, \qquad (6.38) \qquad z_{W,even} = \frac{Z_{W,even}}{Z_W}, \qquad (6.39)$$

mit Z_W dem Normierungswiderstand, der dem Wellenwiderstand der in Bild 6.28 gezeigten Anschlußleitungen entspricht, sowie der Verwendung der Abkürzungen

$$\underline{A} = \frac{1}{1 - j\, z_{W,even}\, \cot\left(\beta_{even}\, \frac{\ell}{2}\right)}, \qquad (6.40)$$

$$\underline{B} = \frac{1}{1 + j\, z_{W,even}\, \cot\left(\beta_{even}\, \frac{\ell}{2}\right)}, \qquad (6.41)$$

$$\underline{C} = \frac{1}{1 - j\, z_{W,odd}\, \cot\left(\beta_{odd}\, \frac{\ell}{2}\right)} \qquad (6.42)$$

und

$$\underline{D} = \frac{1}{1 + j\, z_{W,odd}\, \cot\left(\beta_{odd}\, \frac{\ell}{2}\right)} \qquad (6.43)$$

zu

$$\underline{S}_{11} = 1 - \frac{1}{2}\left(\underline{A} + \underline{B} + \underline{C} + \underline{D}\right), \qquad (6.44)$$

$$\underline{S}_{12} = -\frac{1}{2}\left(\underline{A} + \underline{B} - \underline{C} - \underline{D}\right), \qquad (6.45)$$

$$\underline{S}_{13} = -\frac{1}{2}\left(\underline{A} - \underline{B} - \underline{C} + \underline{D}\right) \qquad (6.46)$$

und

$$\underline{S}_{14} = -\frac{1}{2}\left(\underline{A} - \underline{B} + \underline{C} - \underline{D}\right). \qquad (6.47)$$

Erfolgt nun die Wahl der Länge ℓ derart, daß

$$\ell = \frac{1}{2}\left(\frac{\lambda_{even}}{4} + \frac{\lambda_{odd}}{4}\right) \tag{6.48}$$

gilt und wird der Wellenwiderstand der Anschlußleitung Z_W zu

$$Z_W = \sqrt{Z_{W,odd}\, Z_{W,even}} \tag{6.49}$$

gewählt, dann ergeben sich im Idealfall, d.h. für

$$\varepsilon_{r,eff,odd} = \varepsilon_{r,eff} = \varepsilon_{r,eff,even}, \tag{6.50}$$

die Streuparameter zu

$$\underline{S}_{11} = \underline{S}_{13} = 0, \tag{6.51}$$

$$\underline{S}_{12} = \frac{z_{W,even} - z_{W,odd}}{z_{W,even} + z_{W,odd}}, \quad (6.52) \quad \text{und} \quad \underline{S}_{14} = -j\,\frac{2}{z_{W,even} + z_{W,odd}}. \quad (6.53)$$

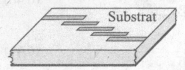

Bild 6.29: *Filter in Mikrostreifenleitungstechnik mit gekoppelten Leitungen*

Dieses Verhalten läßt sich mit Hilfe von Mikrostreifenleitungen nur Näherungsweise erreichen, da wegen der Quasi-TEM Bedingungen die Forderung in Gl.(6.50) nicht erfüllbar ist. Abhilfe schaffen nur Maßnahmen, die zu einer besseren Übereinstimmung von $\varepsilon_{r,eff,odd}$ und $\varepsilon_{r,eff,even}$ führen. Ein Beispiel für Schaltungen mit gekoppelten Mikrostreifenleitungen ist das in Bild 6.29 gezeigte Filter (Bandpaß), das aus mehreren gekoppelten Leitungsabschnitten besteht. Die genaue Berechnung derartiger Filteranordnungen ist verhältnismäßig schwierig, da sich die dabei verwendeten Diskontinuitäten in unmittelbarer Umgebung von benachbarten Leiterstrukturen befinden. So liegt z.B. der Leerlauf am Ende eines gekoppelten Leitungsabschnittes direkt neben einer Leitung. Er ist dadurch mit dieser Leitung verkoppelt und verhält sich damit etwas anders als der ideale Mikrostreifenleitungsleerlauf. Dieses wirkt sich in einer Veränderung der Endeffektkapazität und somit einer Verschiebung der Resonanzfrequenz aus. Der Entwurf derartiger Filter, der sich etwas komplizierter gestaltet, kann mit Hilfe von komfortablen Mikrowellen-CAD-Programmen durchgeführt werden.

6.8 Mikrostreifenleitungskomponenten

Als Mikrostreifenleitungskomponenten sollen hier Bauelemente bezeichnet werden, die sich aus Leitungen und Diskontinuitäten zusammensetzen. Ein Teil dieser Komponenten, z.B. die in Bild 6.30 und 6.31 gezeigten Koppler (Branch-Line-Koppler und Rat-Race-Koppler), wurden schon im Abschnitt 4.4.2.4 als Viertore vorgestellt.

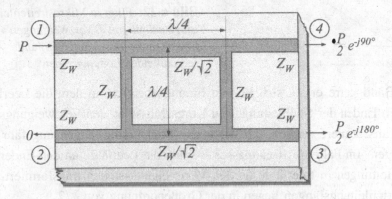

Bild 6.30: *Branch-Line-Koppler in Mikrostreifenleitungstechnik*

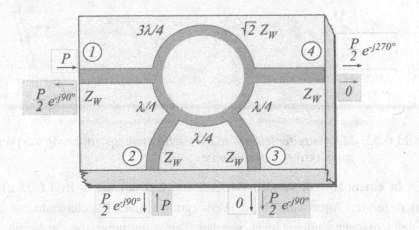

Bild 6.31: *Rat-Race-Koppler in Mikrostreifenleitungstechnik*

Neben dem Einsatz der T-Verzweigung in Kopplern wird die T-Verzweigung unter anderem häufig in Anpassungsnetzwerken und Filterschaltungen eingesetzt. In Bild 6.32 a) und b) werden Filterstrukturen mit T-Verzweigungen bzw. Kreuzverzweigungen und leerlaufenden Leitungsenden gezeigt. Die Schaltungen, die in jedem Fall Tiefpaßcharakter aufweisen, können in bestimmten Frequenzbereichen auch als Bandsperre oder auch als „Bandpaß" ausgelegt werden.

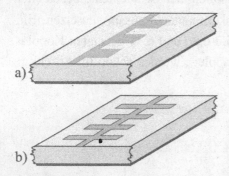

Bild 6.32: *Filter in Mikrostreifenlei-tungstechnik mit T-Verzweigungen a) bzw. Kreuzverzweigungen b) und leerlaufenden Leitungsenden*

Die Bandsperre ergibt sich in dem Frequenzbereich, in dem die Leerläufe an den Enden der Stichleitungen in Kurzschlüsse an den Verzweigungsstellen transformiert werden, d.h. wenn die Stichleitungslängen ungefähr $\lambda/4$ betragen. Im Falle des Bandpasses werden die Leerläufe an den Enden der Stichleitungen in Leerläufe an den Verzweigungsstellen transformiert, d.h. die Stichleitungslängen liegen in der Größenordnung von $\lambda/2$.

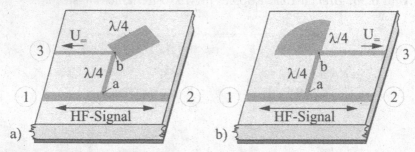

Bild 6.33: *Mikrostreifenleitung mit Gleichspannungszuführung zur Versorgung aktiver Bauelemente*

In einem abschließenden Beispiel soll hier auf die in Bild 6.33 a) und b) gezeigten Anordnungen zur Versorgung aktiver Bauelemente mit einer Gleichspannung eingegangen werden. Die Anordnung, die die Verbindung vom Signalzweig zum Tor 3 herstellt, ermöglicht das Anlegen einer Gleichspannung bei gleichzeitiger Entkopplung des Signalzweiges von der Spannungsversorgung für hochfrequente Signale. In diesem Fall muß dafür gesorgt werden, daß das HF-Signal ungestört vom Tor 1 zum Tor 2 gelangen kann. Die Wirkungsweise soll anhand von Bild 6.33 a) erläutert werden. Bild 6.33 zeigt den Signalzweig (Hauptleitung), der vom Tor 1 zum Tor 2 führt. Von dieser Leitung zweigt im Punkt a eine möglichst hochohmige, d.h. schmale, Leitung ab. Im Abstand von $\lambda/4$ von der Hauptleitung wird an diese abgehende Leitung im Punkt b eine ebenfalls $\lambda/4$ lange, leerlaufende Stichleitung angeschlossen. Diese Stichleitung transformiert den Leerlauf am Ende der Leitung in einen Kurzschluß an der Anschlußstelle b, an der auch die Leitung zur Spannungsquelle angeschlossen ist. Damit kann kein Signal über diesen „hf-mäßigen" Kurzschluß zum Tor 3 gelangen. Da dieser Kurzschluß genau $\lambda/4$ von der Hauptleitung entfernt ist, wird dieser in einen Leerlauf im Punkt a an der Signalleitung transformiert und beeinflußt somit nicht das Übertragungsverhalten von Tor 1 zum Tor 2. Dieses gilt jedoch nur für eine bestimmte Frequenz. Abweichend von dieser Frequenz verringert sich die Entkopplung. Damit wird deutlich, daß dieses nur eine schmalbandige Lösung, d.h. eine relative Bandbreite von ungefähr 10% bis 15%, zur Gleichspannungsversorgung darstellt. Dabei hängt die Bandbreite unter anderem von der leerlaufenden Stichleitung im Punkt b ab. Es erweist sich als zweckmäßig an dieser Stelle eine $\lambda/4$-Stichleitung in Form eines Kreissektorelementes (engl.: radial stub) nach Bild 6.33 b) zu verwenden. Dabei erhöht sich die Bandbreite mit zunehmenden Öffnungswinkel des Kreissektorelementes.

6.9   Konzentrierte Mikrostreifenleitungsbauelemente

Als konzentrierte Mikrostreifenleitungsbauelemente (lumped elements) werden Bauelemente bezeichnet, die wegen ihrer Abmessung im Vergleich zur Wellenlänge als klein anzusehen sind. Hierzu gehören bestimmte Realisierungsformen von Spulen und Kondensatoren.

6.9.1   Spulen in Mikrostreifenleitungstechnik

Bild 6.34 zeigt verschiedene Realisierungsformen von Spiralspulen (spiral inductor) in Mikrostreifenleitungstechnik. In beiden Fällen handelt es sich um gedruckte Leitungswindungen. Die oben angeordnete ist „kreisförmig" und die untere Spule ist „rechteckförmig". Der Anschluß der Windungen an die Zuführungsleitungen muß an einer Seite mit Hilfe einer Drahtbrücke (Luftbrücke, engl. air-bridge), die z.B. gelötet oder gebondet werden kann, erfolgen. In der monolythisch integrierten Schaltungstechnik erfolgt die Realisierung derartiger Brücken durch einen gezielten Aufbau der einzelnen Schichten. Zur genauen theoretischen Bestimmung des Verhaltens muß die Verkopplung der Leitungen untereinander, die Verkopplung der Brücke mit den Windungen und im Falle der Rechteckspule noch die Verkopplung der Leitungswinkel berücksichtigt werden. Dieses stellt extrem hohe Anforderungen an die feldtheoretischen Berechnungsverfahren, so daß derzeit in CAD-Paketen in der Regel auf Näherungsmodelle zurückgegriffen wird.

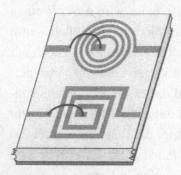

Bild 6.34: *Oberleitergeometrie von Spulen in Mikrostreifenleitungstechnik. Spiralspule (oben) und Rechteckspule (unten)*

6.9.2   Kondensatoren in Mikrostreifenleitungstechnik

In Bild 6.35 sind verschiedene Realisierungsformen von Kondensatoren angegeben. Der Schichtkondensator in Bild 6.35 a) entspricht einem Plattenkondensator, der zwischen den Leiterbahnen angeordnet ist. Der Kondensator in Bild 6.35 b) dagegen besteht aus zwei „Fingerstrukturen", die ineinander greifen. Er wird als Interdigitalkondensator bezeichnet.

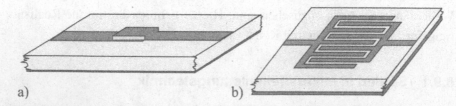

a)   b)

Bild 6.35: *Kondensatoren in Mikrostreifenleitungstechnik. Schichtkondensator a) und Interdigitalkondensator b)*

   Die genaue numerische Berechnung dieser Strukturen gestaltet sich ähnlich problematisch wie bei den Spulen, so daß auch hierfür überwiegend Näherungsmodelle verwendet werden.

6.10 Mikrostreifenleitungsresonator als Strahlerelement

Im Abschnitt 6.6.1 (Leerlaufende Mikrostreifenleitung) wurden die realen Eigenschaften einer leerlaufenden Mikrostreifenleitung aufgezeigt. Dabei wurde gesagt, daß sich am Ende der Leitung ein Streufeld ausbildet, das zur Abstrahlung von Energie führen kann. Dieses Phänomen wird in Streifenleitungsantennen gezielt ausgenutzt, um Strahlergruppen in Mikrostreifenleitungstechnik (Streifenleitungsantennen) aufzubauen. In Ergänzung zu den Ausführungen zur Berechnung des Strahlungswiderstandes in Abschnitt 6.6.1 können bei der Dimensionierung des $\lambda/2$-Resonators die in [41] und [42] angegebenen analytischen Beziehungen benutzt werden. Der Ausdruck für den Strahlungsleitwert am Resonatorende nach [41], der in dem angegebenen Gültigkeitsbereich eine gute Übereinstimmung mit den Werten nach [27] aufweist, lautet für $(0.2 \leq w/\lambda_0 \leq 0.6)$ und $(\ell/\lambda_0 \leq 0.4)$

$$G_{Str} = \frac{1}{90} \left(\frac{w}{\lambda_0} \right)^2 \left(1 - \frac{9}{16} \left(\frac{w}{\lambda_0} \right)^2 \right) \left(1.32 + 0.68 \cos(4.85 \frac{\ell}{\lambda_0}) \right) \Omega^{-1}.$$

$$(6.54)$$

Die Kopplung zwischen den Resonatorenden läßt sich durch den in [42] angegebenen Ausdruck berücksichtigen. Der Kopplungsfaktor F ergibt sich hiernach für $(w/\lambda_0 \leq 1)$ und $(\ell/\lambda_0 \leq 0.45)$ aus

$$F = 1 + 0.87 \frac{\ell}{\lambda_0} \left(1 - 0.37 \left(\frac{\ell}{\lambda_0} \right)^2 \right) \cos^2(0.87 \frac{w}{\lambda_0}), \qquad (6.55)$$

so daß sich der Gesamtstrahlungswiderstand des offenen Resonatorendes zu

$$R_{Str} = \frac{1}{G_{Str} F} \qquad (6.56)$$

ergibt. Von der Vielzahl an möglichen Strahlerformen stellt der in Bild 6.36 a) gezeigte $\lambda/2$-Resonator den verbreitetsten Strahlertypen dar. Das Bild zeigt einen Streifenleitungsresonator der Länge ℓ, der im Abstand x_s von einem Resonatorende entfernt mit einer Zuführungsleitung (Speiseleitung) der Breite w_1 angeregt wird. Um nun das prinzipielle Verhalten beschreiben und verstehen zu können erfolgt eine Zerlegung der Gesamtanordnung in Teilelemente, so daß sich das in Bild 6.36 b) gezeigte Ersatzschaltbild ergibt. Dabei erfolgt die Beschreibung der Resonatorenden durch die Ersatzschaltbildelemente des Leerlaufs nach Abschnitt 6.6.1 und die der Ankopplung durch eine T-Verzweigung, die über Leitungen mit den offenen Leitungsenden verbunden ist. Das dritte Tor der T-Verzweigung ist mit der Speiseleitung verbunden, an deren Eingang die Eingangsimpedanz $\underline{Z}_E$ wirksam wird.

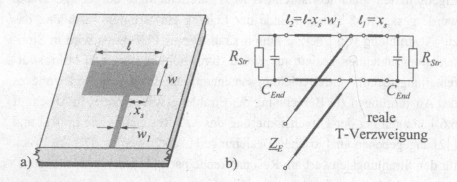

Bild 6.36: $\lambda/2$-*Resonator als Mikrostreifenleitungsstrahlerelement a) und zugehöriges Ersatzschaltbild b)*

Die Dimensionierung eines Streifenleitungsresonators, der als Strahlerelement eingesetzt werden soll, beginnt mit der Auswahl eines geeigneten Substratmaterials. Hier werden bevorzugt Materialien mit einer niedrigen relativen Permittivitätszahl ε_r eingesetzt. Bei gegebener Substrathöhe h, relativen Permittivitätszahl ε_r und Resonatorbreite w ergibt sich die Resonatorlänge ℓ des $\lambda/2$-Resonators zu

$$\ell = \frac{\lambda}{2} - 2\,\Delta\ell, \tag{6.57}$$

mit λ der Wellenlänge im Resonator und $\Delta\ell$ der äquivalenten Leitungsverlängerung nach Gl.(6.22). Ausgehend von dieser Länge kann das Ersatzschaltbild zur Bestimmung der Ankoppelstelle x_s herangezogen werden. Demnach lassen sich die Resonatorlängen ℓ_1 und ℓ_2 in Bild 6.36 aus

$$\ell_1 = \ell - w_1 - x_s \tag{6.58}$$

und

$$\ell_2 = x_s \tag{6.59}$$

gewinnen. Für $x_s = 0$ liegt der Strahlungswiderstand des rechten offenen Endes direkt und der Strahlungswiderstand des linken offenen Endes über eine nahezu $\lambda/2$ lange Leitung an der Speiseleitung. Damit liegen beide Strahlungswiderstände parallel, so daß sich für diesen Betriebsfall als Eingangsimpedanz

$$\underline{Z}_E(x_s = 0) \approx \frac{R_{Str}}{2}$$

ergibt. Für $x_s = (\ell - w_1)/2 \approx \lambda/4$, d.h. Speisung in der Resonatormitte, ergibt sich für die Eingangsimpedanz ein Wert nahe bei 0Ω; denn in diesem Fall werden beide Strahlungswiderstände über eine $\lambda/4$-Leitung transformiert und parallel geschaltet. Damit gilt

$$\underline{Z}_E(x_s = \frac{\ell - w_1}{2}) \approx \frac{1}{2} \frac{Z_{W,R}^2}{R_{Str}},$$

mit $Z_{W,R}$ dem Wellenwiderstand des Resonators der Breite w. Da in realen Strahleranordnungen der Wellenwiderstand des Resonators sehr viel niedriger als der Strahlungswiderstand ist, kann der resultierende Eingangswiderstand an der Ankoppelstelle vernachlässigt werden, so daß der wirksame Eingangswiderstand Werte zwischen $\approx 0\Omega$ und $R_{Str}/2$ annehmen kann. Abschließend besteht die Aufgabe, die Position x_s zu finden, bei der $\underline{Z}_E(x_s) = Z_W$, mit Z_W dem Wellenwiderstand der Speiseleitung, beträgt; denn in diesem Fall ist der Eingangsreflexionsfaktor am Resonator null und nahezu die gesamte auf den Resonator zulaufende Energie wird abgestrahlt.

Es ist anzumerken, daß die zuletzt durchgeführten Überlegungen einer sehr vereinfachten Darstellung der Zusammenhänge entspricht. Die dadurch gewonnenen Ergebnisse liefern somit auch keine hochgenauen Entwurfsdaten. Als Startwerte für einen Antennenentwurf bei einigen Gigahertz, der mit experimentellen Mitteln einfach durchgeführt werden kann, sind die Ergebnisse jedoch ausreichend. Mit zunehmender Frequenz steigt allerdings der Bedarf an genaueren Berechnungsverfahren, die Abschnitt 9.5 (Seite 498) entnommen werden konnen.

7 Elektronische Bauelemente

Die Anwendungsgebiete elektronischer Halbleiterbauelemente im Bereich der Höchstfrequenztechnik sind in den letzten Jahrzehnten mit zunehmenden Forschungsaktivitäten stark ausgeweitet worden. Lediglich in den Schaltungsbereichen mit hohen Leistungen werden derzeit noch Mikrowellenröhren eingesetzt. Um dieser Entwicklung Rechnung zu tragen, wird in diesem Kapitel eine Übersicht über die wichtigsten Bauelemente und deren Einsatzgebiete gegeben. Dabei werden zum einen die zur Schaltungsentwicklung notwendigen physikalischen Eigenschaften aufgezeigt, zum anderen erfolgt die ersatzschaltbildmäßige Beschreibung der Bauelemente, die im rechnergestützten Schaltungsentwurf verwendet wird. Ausgehend von den Halbleiterdioden werden im folgenden Bipolartransistoren und Feldeffekttransistoren behandelt. Zur Vertiefung wird hier auf die weiterführende Literatur [10], [63], [64], [65], [66] und [62] verwiesen.

Im Kapitel 1.2 (Seite 13) wurde eine Übersicht über Einflüsse von Nichtlinearitäten gegeben. Die dort abgeleiteten Eigenschaften, die sich aus der Verwendung von Halbleiterbauelementen in Schaltungen, wie z.B. Verstärkern, Frequenzumsetzern (Mischer) oder Oszillatoren ergeben, beschreiben Maßnahmen zur gezielten Signalaufbereitung und aber auch mögliche Fehlereinflüsse. Grundsätzlich zeigen die Bauelemente ein nichtlineares, arbeitspunktabhängiges Verhalten, das bei kleinen Signalamplituden näherungsweise durch ein linearisiertes Kleinsignalersatzschaltbild beschrieben werden kann. Steigt die Signalamplitude, so nimmt der Einfluß der nichtlinearen Effekte zu. Im Verstärkerbetrieb führt das nichtlineare Verhalten zur Verfälschung der Signale. Im Mischerbetrieb (Frequenzumsetzung) liefert das nichtlineare Verhalten besondere Eigenschaften, die gezielt ausgenutzt werden können. Eine genaue Vorhersage des Schaltungsverhaltens erfordert somit die genaue Kenntnis sämtlicher Bauelementeeigenschaften. Aus diesem Grunde werden in den nachstehenden Abschnitten die wichtigsten Halbleiterbauelemente, die im Entwurf von Schaltungen der Höchstfrequenztechnik Einsatz finden, sowie deren Eigenschaften vorgestellt.

7.1 Halbleiterdioden

Aus den Bereichen der Mikroelektronik ist der pn-Übergang als Halbleiter-Diodentyp hinlänglich bekannt. Dieser Diodentyp ist in seiner ursprünglichen Form jedoch für den Einsatz bei hohen Frequenzen nicht besonders geeignet, so daß in der Höchstfrequenztechnik eine Vielzahl modifizierter Diodentypen Verwendung finden. Eine Übersicht über die verschiedenen Diodentypen sowie eine kurze Angabe des entsprechenden Anwendungsgebietes gibt die Tabelle 7.1. Ausgehend von einer ausführlichen Behandlung der Schottky-Diode, für die nach einer Diskussion des Gleichstromverhaltens die wesentlichen Hochfrequenzeigenschaften aufgezeigt werden, erfolgt in den nachfolgenden Abschnitten eine kurze Vorstellung der Eigenschaften der verbleibenden Diodentypen.

Tabelle 7.1: *Aufstellung verschiedener Diodentypen mit den entsprechenden Anwendungsgebieten*

Diodentyp	Anwendungsgebiete
Schottky-Diode	Diode zur Modulation (Detektoren, Mischer)
Varaktordiode	Steuerbare Kapazität (Abstimmelement, Frequenzvervielfacher)
PIN-Diode	Steuerbarer Widerstand bei hohen Frequenzen, (Schalter)
Tunnel-Diode	Diode zur Schwingungserzeugung
Backward-Diode	Diode zur Modulation (Detektoren, Mischer)
Gunn-Diode	Diode zur Schwingungserzeugung
Impatt-Diode	Diode zur Schwingungserzeugung

7.1.1 Schottky-Diode

Die Grundeigenschaften einer Schottky-Diode beruhen auf der gezielten Ausnutzung des Schottky-Effektes, der sich unter bestimmten Bedingungen bei einem Metall-Halbleiter Übergang erreichen läßt. Wird ein n-dotierter Halbleiter mit einem Metall in Verbindung gebracht, so wandern Elektronen aus dem Halbleiter in das Metall und es bildet sich in der dem Halbleiter zugewandten Metalloberfläche eine Grenzflächenladung aus. Das Abwandern dieser Elektronen aus dem ursprünglich ladungsneutralen Halbleiter hinterläßt in einem bestimmten Bereich (der Bereich aus dem die Elektronen abgewandert sind) eine positive Raumladungsdichte. Durch Anlegen einer äußeren Spannung U kann die Länge dieser „Verarmungszone" variiert werden. Dieses führt dazu, daß beim Anlegen einer negativen Spannung zwischen der Metallelektrode (Anode) und dem Halbleiteranschluß (Kathode) die Länge dieser Verarmungszone weiter ansteigt. Beim Anlegen einer positiven Spannung zwischen der Anode und Kathode verkürzt sich die Weite der Verarmungszone. Strebt die Spannung gegen den Wert U_0, so strebt die Länge gegen null. Dieses führt bei einer weiteren Erhöhung der Spannung zu dem in Bild 7.1 gezeigten, raschen Anstieg des Stroms durch die Diode (Kurve a)). Durch konstruktive Maßnahmen lassen sich Schottky-Dioden herstellen, bei denen der rasche Stromanstieg schon bei sehr kleinen positiven Spannungen erfolgt. In diesem Fall ergibt sich ein stark nichtlinearer Bereich der Kennlinie um $0V$, was in Mischern und Detektoren von Bedeutung sein kann. Dieses Verhalten wird durch die in Bild 7.1 gezeigte Strom-Spannungskennlinie b) graphisch verdeutlicht.

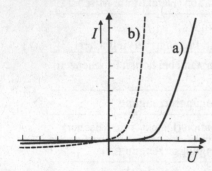

Bild 7.1: *Strom-Spannungskennlinie der Schottky-Diode*

Um das gleichstrommäßige Verhalten durch ein Ersatzschaltbild beschreiben zu können, muß sowohl das Sperrverhalten als auch das Durchlaßverhalten betrachtet werden. Ausgehend von einer negativen Spannung, bei der sich die Verarmungszone ausbildet, kann aus der Ladungsverteilung, die sich aus den Material- und Geometrieparametern ermitteln läßt, eine spannungsabhängige Kapazität $C_j(U_j)$ abgeleitet werden, deren Kapazitätswert mit zunehmender Spannung ansteigt, da sich die Weite der Verarmungszone verringert. Für $U_j > U_0$ ergibt sich ein starkes Anwachsen des Stroms und es dominiert zunächst ein zur Grenzschichtkapazität parallelgeschalteter, spannungsabhängiger Widerstand $R_j(U_j)$ das Diodenverhalten. Die Spannung

U_j stellt bei diesen Betrachtungen stets die Spannung am Metall-Halbleiter Übergang und nicht die Spannung an der realen Diode dar; denn in Reihe zu den zuvor genannten Ersatzschaltbildelementen ist noch ein zusätzlicher Serienwiderstand R_s zu berücksichtigen, der die endliche Leitfähigkeit der Materialien erfaßt. Dieser bestimmt bei höheren Strömen das Diodenverhalten und begrenzt den Strom. Dieses Verhalten läßt sich an einem Beispiel, das die Ergebnisse einer Simulation aufzeigt, verdeutlichen.

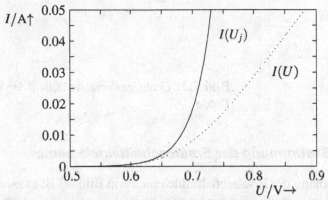

Bild 7.2: *Darstellung des Diodenstroms in Abhängigkeit von der Übergangsspannung U_j bzw. von der äußeren Spannung U*

Bild 7.2 zeigt den Verlauf des Diodenstroms für $I \geq 0A$ zum einen in Abhängigkeit von der Übergangsspannung U_j und zum anderen von der äußeren Spannung U. Der am Serienwiderstand R_s entstehende Spannungsabfall $R_s I$ verschiebt bei ansteigenden Strömen die Stromwerte, die sich im Idealfall einstellen würden, zu deutlich höheren Spannungswerten U. Der Wert für R_s hängt im wesentlichen vom Aufbau der Diode und weniger von U_j ab und zeigt nur bei „höheren" Strömen einen nichtvernachlässigbaren Einfluß auf das Diodenverhalten. Bei einer Beschreibung des Bauelementeverhaltens durch die äußere Spannung muß zur Berücksichtigung der Längsverluste die ideale Kennlinie geschert werden. Dieses ist insbesondere bei einer meßtechnischen Bestimmung der für den rechnergestützten Entwurf benötigten Daten zu berücksichtigen, da bei der Messung nur die an den Anschlüssen meßbaren Größen ermittelt werden können und nicht U_j. Zur Beschreibung des Bauelementeverhaltens bei hohen Frequenzen sind die bislang aufgeführten Ersatzschaltbildelemente durch die arbeitspunktunabhängige Streufeldkapazität C_f am Metall-Halbleiter Übergang und der Anschlußinduktivität L_s zu ergänzen. Für den Fall, daß das Bauelement in ein Gehäuse eingebracht wird, ist zudem eine Gehäusekapazität C_p zu berücksichtigen. In Bild 7.3 ist das vollständige arbeitspunktabhängige HF-Ersatzschaltbild der Diode angegeben.

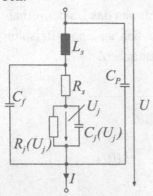

Bild 7.3: *Großsignalersatzschaltbild der Schottky-Diode*

7.1.1.1 Bestimmung der Ersatzschaltbildelemente

Zur Bestimmung der Ersatzschaltbildelemente in Bild 7.3 ist es zweckmäßig, zunächst die Kennlinie nach Bild 7.1 meßtechnisch zu ermitteln. Eine mathematische Beschreibung der idealen Strom-Spannungskennlinie $I(U_j)$ nach Bild 7.2 kann durch

$$I(U_j) = I_0 \left(e^{\frac{U_j}{\eta U_T}} - 1 \right), \qquad \text{mit} \qquad U_T = \frac{k\,T}{q}, \qquad (7.1)$$

angegeben werden. U_T in Gl.(7.1) beschreibt dabei die Temperaturspannung, die sich aus k, der Boltzmann-Konstante, T, der absoluten Temperatur, und q, der Elementarladung der Elektronen, ergibt. η in Gl.(7.1) wird als Idealitätsfaktor bezeichnet. η nimmt in der Regel Werte zwischen 1.02 und 1.25 an und beschreibt die Abweichungen zum Idealfall (idealer Schottky-Kontakt). Damit werden durch den Idealitätsfaktor auch die durch gezielte Maßnahmen erzeugten Eigenschaften einfach beschreibbar. Im unteren Bereich der Kennlinie, das ist der Bereich in dem der Diodenwiderstand das Verhalten bestimmt, sind die Verläufe von $I(U)$ und $I(U_j)$ identisch. Wegen $R_j >> R_s$ bzw. $R_s I << U_j$ kann R_s dort vernachlässigt werden. Besonders deutlich wird das in Bild 7.2 gezeigte Verhalten in diesem Kennlinienbereich bei der einfach logarithmischen Darstellung von $I(U)$ bzw. $I(U_j)$ in Bild 7.4

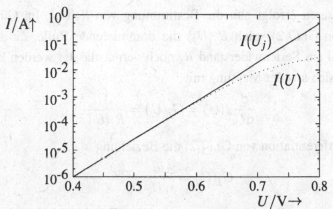

Bild 7.4: *Einfach logarithmische Darstellung des Diodenstroms in Abhängigkeit von der Übergangsspannung U_j bzw. von der äußeren Spannung U*

In dem Bereich, in dem beide Verläufe identisch sind, kann das reale Verhalten der realen Diode durch die idealisierte Kennlinie nach Gl.(7.1) beschrieben werden. Darüber hinaus zeigt Bild 7.4 deutlich, daß der Wert für I_0 im Verhältnis zu den auftretenden Strömen vernachlässigbar ist, so daß $-I_0$ in Gl.(7.1) vernachlässigt werden kann. Damit gilt

$$I(U) \approx I(U_j) = I_0 \, e^{\frac{U_j}{\eta U_T}} \qquad \text{für} \qquad R_s I << U_j. \qquad (7.2)$$

Gl.(7.2) stellt die Grundlage zur Bestimmung sämtlicher unbekannten Größen dar. So liefert z.B. die Messung der Ströme bei zwei verschiedenen Spannungen gemäß Gl.(7.2)

$$I(U_1) = I_0 \, e^{\frac{U_1}{\eta U_T}} \qquad (7.3)$$

und

$$I(U_2) = I_0 \, e^{\frac{U_2}{\eta U_T}}, \qquad (7.4)$$

so daß sich nach der Quotientenbildung und einer Auflösung nach η der Idealitätsfaktor zu

$$\eta = \frac{U_2 - U_1}{U_T \ln\left(\frac{I(U_2)}{I(U_1)}\right)} \qquad (7.5)$$

und damit I_0 zu

$$I_0 = I(U_1) \, e^{-\left(\frac{U_1}{\eta U_T}\right)} = I(U_2) \, e^{-\left(\frac{U_2}{\eta U_T}\right)} \qquad (7.6)$$

ermitteln läßt.

Desweiteren erfolgt nun die Bestimmung von $R_j(U_j)$. Im Gültigkeitsbereich von Gl.(7.2) spielt $R_j(U_j)$ die dominierende Rolle, da der Spannungsabfall am Serienwiderstand R_s noch vernachlässigt werden kann. Somit ergibt sich aus der Messung mit

$$\frac{\mathrm{d}}{\mathrm{d}U} I(U) = G_j(U) = \frac{1}{R_j(U)} \tag{7.7}$$

und der Differentiation von Gl.(7.2) die Beziehung

$$G_j(U) = \frac{I_0}{\eta\, U_T}\, e^{\frac{U}{\eta U_T}} \tag{7.8}$$

zur vollständigen Beschreibung von $R_j(U_j)$. Darüber hinaus gilt für den Diodenstrom I in Abhängigkeit von der äußeren Spannung U im Bereich $R_s I >> U_j$, das ist der Bereich in Bild 7.2 bzw. Bild 7.4 in dem die beiden Kurvenverläufe deutlich verschieden sind,

$$I(U) = I(U_j + R_s I(U)) \tag{7.9}$$

bzw.

$$U = U_j + R_s I(U) \tag{7.10}$$

mit U_j aus $I(U_j)$ nach Gl.(7.2),

$$U_j = \eta\, U_T\, \ln\left(\frac{I(U)}{I_0}\right), \tag{7.11}$$

ergibt sich für R_s die Beziehung

$$R_s = \frac{U - U_j}{I(U)} = \frac{U - \eta\, U_T\, \ln\left(\frac{I(U)}{I_0}\right)}{I(U)}. \tag{7.12}$$

Das Ergebnis nach Gl.(7.12) kann auch graphisch aus Bild 7.4 ermittelt werden. Da U_j den Spannungswert zwischen der I-Achse und der idealen Diodenkennlinie darstellt, beschreibt die Differenzspannung ΔU, die sich bei einem festen Wert I aus dem Spannungswert der gemessenen Diodenkennlinie minus dem Spannungswert der idealen Diodenkennlinie ergibt, den Spannungsabfall an R_s, so daß R_s direkt aus $\Delta U / I$ ermittelt werden kann. Da bei der Messung jedoch nur die reale Diodenkennlinie ermittelt wird, muß zur Bestimmung von R_s der Verlauf der idealen Kennlinie durch Extrapolation des geradlinigen Kurvenbereichs in Bild 7.4, der sich auf Grund der einfach logarithmische Darstellung ergibt, konstruiert werden.

Die Beschreibung des Gleichstromverhaltens in Sperrichtung, die auf die spannungsabhängige Sperrschichtkapazität C_j führt, ergibt sich zunächst aus der schon eingangs erwähnten Ladungsverteilung im Metall-Halbleiter Übergang und der Anwendung der Poissonschen Differentialgleichung

$$\Delta\phi(\vec{r}) = -\frac{\rho(\vec{r})}{\varepsilon}$$

nach Gl.(2.36). Die Durchführung dieser Berechnung führt direkt auf die in der Sperrschicht bzw. in der Metallelektrode gespeicherten Ladung, woraus sich die Sperrschichtkapazität des Schottky-Kontaktes C_j zu

$$C_j(U) = \frac{C_{j0}}{\sqrt{1 - \frac{U}{U_0}}}, \tag{7.13}$$

mit U_0, der Diffusionsspannung des Übergangs, und C_{j0}, dem Kapazitätswert im Leerlauf (ohne äußere Spannung $U = 0$), ergibt.

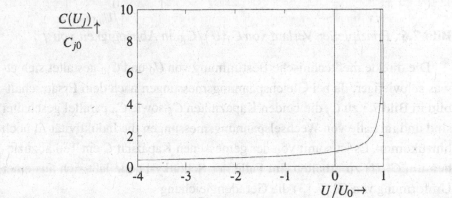

Bild 7.5: *Prinzipieller Verlauf von $C_j(U)/C_{j0}$*

Bild 7.5 zeigt den prinzipiellen Verlauf von Gl.(7.13). Eine Verallgemeinerung von Gl.(7.13) kann durch

$$C_j(U) = C_{j0} \left(1 - \frac{U}{U_0}\right)^{-\gamma} \tag{7.14}$$

angegeben werden. Der Wert von γ hängt von der örtlichen Verteilung der Störstellen (Donatorkonzentration, Akzeptorkonzentration) in der Grenzschicht, d.h. vom Dotierungsprofil, ab. Für den abrupten Übergang bei der Schottky-Diode gilt wie zuvor gesagt $\gamma = 1/2$, für einen linearen Übergang gilt $\gamma = 1/3$ und für einen hyperabrupten Übergang gilt $\gamma = 0.7 \ldots 0.8$. Bild

7.6 verdeutlicht den Einfluß des Dotierungsprofils auf den Kapazitätsverlauf. Durch die geeignete Wahl von γ ergeben sich somit Bauelemente, die bei größeren Kapazitätswerten eine etwas geringere Empfindlichkeit gegenüber einer Spannungsänderung aufweisen. Dieses wirkt sich insbesondere bei der Verwendung der Diode als steuerbare Kapazität aus, die häufig als Abstimmelement in Schwingkreisen eingesetzt wird.

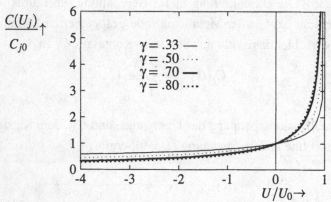

Bild 7.6: *Prinzipieller Verlauf von $C_j(U)/C_{j0}$ in Abhängigkeit von γ*

Die direkte meßtechnische Bestimmung von U_0 und C_{j0} gestaltet sich etwas schwieriger, da bei Gleichspannungsmessungen nach dem Ersatzschaltbild in Bild 7.3 zu C_j die beiden Kapazitäten C_f sowie C_p parallel geschaltet sind und im Falle von Wechselspannungsmessungen die Induktivität L_s noch hinzukommt. Es ist somit von der gemessenen Kapazität C ein Teil abzuziehen um $C_j(U)$ zu erhalten. Im Falle der Schottky-Diode läßt sich aus einer Umformung von Gl.(7.13) die Geradengleichung

$$\frac{1}{C_j^2(U)} = \frac{1}{C_{j0}^2} \left(1 - \frac{U}{U_0}\right) \tag{7.15}$$

ableiten. Das heißt daß sich aus der Messung der Kapazität für verschiedene Spannungen, dem Quadrieren der Meßwerte und einer Kehrwertbildung Punkte ergeben, die auf einer Geraden liegen. Der Schnittpunkt dieser Geraden mit der Spannungsachse liefert U_0 und der Schnittpunkt der Geraden mit der $1/C_j^2(U)$-Achse liefert den Wert für C_{j0}. Der Wert von C_{j0} liegt in der Größenordnung um 0.01pF und der Wert für U_0 bei ca. 0.8V. Die Bestimmung der parasitären Elemente L_s, C_f und C_p können anschließend aus Wechselspannungsmessungen bei hinreichend hohen Frequenzen ermittelt werden. Wird dabei eine starke negative Vorspannung gewählt, dann kann C_j als konstant angesehen werden, so daß die verbleibenden Unbekannten aus der Ortskurve der Eingangsimpedanz bzw. Eingangsadmittanz zu bestimmen sind.

7.1.2 Varaktordiode

Varaktordioden nutzen gezielt das Sperrverhalten von pn-Übergängen oder Schottky-Dioden aus. Im Sperrbereich dieser Bauelemente, d.h. im Bereich niedriger Ströme, steuert die angelegte Spannung im wesentlichen die Sperrschichtkapazität, wobei der Einfluß der Spannung auf den Widerstand vernachlässigt werden kann. Die prinzipielle Abhängigkeit der Sperrschichtkapazität C_j von der anliegenden Spannung U nach Bild 7.6 kann durch Gl.(7.14) angegeben werden. Durch die geeignete Wahl von γ lassen sich Kapazitätsdioden erzeugen, deren Kapazitätswerte in einem weiten Bereich variiert werden können. Die Varaktordiode eignet sich somit als Abstimmkondensator in Resonanzkreisen. Darüber hinaus kann das nichtlineare Verhalten der Sperrschichtkapazität zur Modulation verwendet werden. Im Gegensatz zur Ausnutzung der nichtlinearen Strom-Spannungskennlinie im Durchlaßbereich, bei der sich ein spannungsabhängiger Widerstand erreichen läßt, der zu Verlusten führt, liefert die Verwendung der spannungsabhängigen Kapazität einen höheren Wirkungsgrad bei der Modulation. Diese ist insbesondere bei der Schwingungserzeugung von großer Bedeutung, bei der Varaktor-Dioden als Frequenzverdoppler Einsatz finden.

7.1.3 PIN-Diode

Bei der PIN-Diode handelt es sich um eine Flächendiode mit jeweils einer hochdotierten p- und n-Zone. Dazwischen befindet sich eine eigenleitende Schicht (intrinsic layer). Die Kennlinie der PIN-Diode gleicht prinzipiell der eines üblichen pn-Übergangs. Bei hohen Frequenzen jedoch unterscheidet sich im Sperrbereich das Verhalten der PIN-Diode von dem Verhalten des pn-Übergangs, da –wegen der zwischengelagerten intrinsischen Schicht– die Sperrschichtweite zwischen dem pn-Übergang groß ist. Dieses verringert die Sperrschichtkapazität, so daß im Sperrbereich lediglich der Sperrwiderstand der Diode vom Arbeitspunkt abhängt. Dadurch läßt sich bei der PIN-Diode mit Hilfe der Vorspannung der Widerstand zwischen einem sehr hochohmigen Wert im Sperrbereich und einem niederohmigen Wert im Durchlaßbereich steuern, wobei die vorspannungsabhängige Sperrschicht-kapazität vernachlässigt werden kann. Eingesetzt werden PIN-Dioden somit als steuerbare Widerstände und speziell als Schaltdioden, z.B. in Phasen-schiebern, bei denen Umwegleitungen in den Transmissionspfad geschaltet werden müssen. Wegen der großen Sperrschichtweite können an dieses Bau-element auch extrem hohe Sperrspannungen angelegt werden, ohne daß es zu einem Durchbruch kommt. Daher wird die PIN-Diode auch als Hoch-spannungsgleichrichter eingesetzt.

7.1.4 Tunneldiode, Tunnel-Effekt

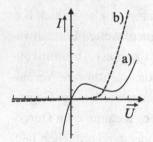

Bild 7.7: *I,U-Kennlinie der Tunneldiode a) im Vergleich zur Schottky-Diode b)*

Bei der Tunneldiode handelt es sich um einen hochdotierten abrupten pn-Übergang, dessen Kennlinie im Durchlaßbereich einen Bereich mit nega-tivem differentiellen Widerstand aufweist. Die Strom-Spannungskennlinie der Tunneldiode zeigt Bild 7.7 (Kurve a)). Die Kennlinie zeigt für negati-ve Spannungen eine für Dioden atypische, steile Zunahme des Stroms, der für $U = 0V$ verschwindet. Bei niedriger positiver Spannung steigt der Strom zunächst bis zu einem bestimmten Wert an, fällt danach in einem schmalen Spannungsbereich wieder ab und steigt dann wie bei einer herkömmlichen Diode mit zunehmender Spannung an. Für die Anwendung im Mikrowellen-bereich ist ein Arbeitspunkt auf dem Teil der Kennlinie mit negativer Stei-gung von besonderer Bedeutung, da dort ein negativer differentieller Wider-stand vorzufinden ist. Dieser negative Widerstand eignet sich hervorragend zur Entdämpfung von Resonatoren und somit zur Schwingungserzeugung. Da die Ausbildung des negativen differentiellen Widerstandes schwach ist, ist darauf zu achten, daß andere Verlustwiderstände den Effekt nicht über-decken.

7.1.5 Backward-Diode

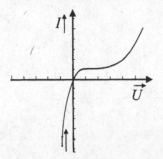

Bild 7.8: *I,U-Kennlinie der Backward-Diode*

Bei der Backward-Diode handelt es sich um eine Sonderform der Tunneldiode. Durch technologische Maßnahmen läßt sich der „Höcker" in der Strom-Spannungskennlinie der Tunneldiode nach Bild 7.7 beseitigen. In diesem Fall weist die Strom-Spannungskennlinie der Backward-Diode das Verhalten nach Bild 7.8 auf. Die für die Mikrowellentechnik wesentliche Eigenschaft liegt in der starken Nichtlinearität bei $U = 0V$. Hierdurch eignet sich diese Diode hervorragend zum Einsatz als Mischerdiode ohne Vorspannung.

7.1.6 Gunn-Diode (Gunn-Element)

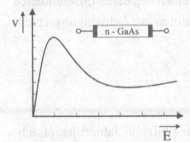

Bild 7.9: *Abhängigkeit der Driftgeschwindigkeit von der elektrischen Feldstärke im n-GaAs*

Das Funktionsprinzip bei der Gunn-Diode basiert auf der beim Gunn-effekt vorzufindenden negativen differentiellen Driftgeschwindigkeit in Abhängigkeit von der elektrischen Feldstärke. Dieses führt genauso wie bei der Tunneldiode (Ursache: Tunneleffekt) zu einem Kennlinienbereich mit negativem differentiellen Widerstand. Bei diesem Diodentyp handelt es sich jedoch nicht um einen pn-Übergang sondern um einen n-dotierten GaAs Halbleiter, bei dem es gemäß Bild 7.9 auf Grund des Gunn-Effektes zu einer Abnahme der Driftgeschwindigkeit bei zunehmender elektrischen Feldstärke in der Probe kommt. Diese Eigenschaft wird in Gunn-Oszillatoren zur Schwingungserzeugung ausgenutzt.

7.1.7 Impatt-Diode

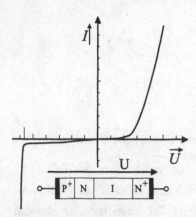

Bild 7.10: *Strom-Spannungskennlinie der Impatt-Diode*

Die Impatt-Diode (Lawinendiode) besitzt für weite Spannungsbereiche eine typische Diodenkennlinie, allerdings mit einem ausgeprägten Durchbrucheffekt, der sich, gemäß Bild 7.10, dem Sperrbereich anschließt. Für Spannungen unterhalb der Durchbruchspannung U_B ergibt sich ein lawinenartiger Anstieg des Stroms. In diesem Bereich der Kennlinie treten bei hohen Frequenzen Laufzeiten auf, die zu einer Phasenverschiebung von 180° zwischen Spannung und Strom führen. Diese verursacht einen negativen differentiellen Widerstand, der zur Entdämpfung von Resonatoren zur Schwingungserzeugung ausgenutzt werden kann.

7.2 Transistoren

In der Mikrowellentechnik sind in den letzten fünfzehn Jahren hauptsächlich GaAs-Feldeffekttransistoren eingesetzt worden. Diese zeichnen sich im Gegensatz zu den Bipolartransistoren durch eine höhere Verstärkung bei hohen Frequenzen und eine niedrigere Rauschzahl aus. Neuere Entwicklungen führten auf sogenannte HEMTs (high electron mobility transistors), die im Vergleich zu den MESFETs noch bessere HF-Eigenschaften aufweisen. Für den unteren Gigahertzbereich vermehrt sich ebenfalls zur Zeit das Angebot an Bipolartransistoren, die kostengünstiger herzustellen sind als die erstgenannten Typen. Dies ist insbesondere auf einen Einsatz derartiger Bauelemente in Konsumgütern, wie z.B. Mobilfunktelefone, zurückzuführen.

7.2.1 Bipolartransistoren

Einsatzbereiche von Bipolartransistoren in Schaltungen der Höchstfrequenz-technik liegen im wesentlichen im Frequenzbereich unterhalb von $5GHz$ und überwiegend in Produkten, die in großen Stückzahlen gefertigt werden. Die Mobilfunktechnik ist ein typischer Einsatzbereich für derartige Bauelemente. Dabei werden die Bipolartransistoren in der Regel in den Sende- und Empfangsstufen eingesetzt, in denen sie als lineare Bauelemente zur Realisierung von Verstärkerstufen oder als nichtlineare Bauelemente in Frequenzumsetzern benutzt werden. Im erstgenannten Fall erfolgt der Betrieb des Transistors in einem festen Arbeitspunkt mit Kleinsignalansteuerung, d.h. daß die Signalamplitude so klein gewählt wird, daß das Bauelementeverhalten linear ist und daß dieses Verhalten durch ein lineares Ersatzschaltbild beschrieben werden kann. Die Herleitung dieses Erschatzschaltbildes erfolgt ausgehend von der Betrachtung des Bauelementeverhaltens bei Gleichspannungen bzw. Gleichströmen (statisches Verhalten).

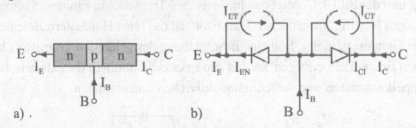

Bild 7.11: *Prinzipieller Aufbau eines npn-Transistors a) und Ersatzschaltbild nach „Ebers-Moll" b)* [63]

Das statische Verhalten eines *npn*-Transistors, dessen Aufbau prinzipiell in Bild 7.11 a) gezeigt ist, kann durch das in Bild 7.11 b) gezeigte Ersatzschaltbild nach „Ebers-Moll" beschrieben werden. Dieses Modell geht von einer Zusammenschaltung zweier Dioden aus, wobei in den meisten Fällen die Emitter-Basis-Diode in Durchlaßrichtung und die Kollektor-Basis-Diode in Sperrichtung betrieben wird. Die Beschreibung der Verstärkungseigenschaften erfolgt mit Hilfe gesteuerter Stromquellen, deren Ströme durch

$$I_{ET} = I_{ECS}\left(e^{\frac{U_{BC}}{U_T}} - 1\right), \qquad I_{CT} = I_{CES}\left(e^{\frac{U_{BE}}{U_T}} - 1\right),$$

$$I_{EN} = I_{ES}\left(e^{\frac{U_{BE}}{U_T}} - 1\right) \qquad \text{und} \qquad I_{CI} = I_{CS}\left(e^{\frac{U_{BC}}{U_T}} - 1\right)$$

angegeben werden können. Die Größen I_{ECS}, I_{CES}, I_{ES} und I_{CS} sind abhängig von der Geometrie und den gewählten Dotierungen.

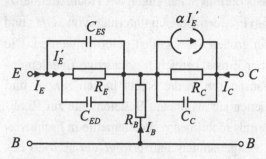

Bild 7.12: *Ersatzschaltung für den Bipolartransistor in Basisschaltung*

Erfolgt nun die Betrachtung des Verhaltens in einem bestimmten Arbeitspunkt, in dem der Gleichspannung eine Wechselspannung überlagert wird, so läßt sich eine vereinfachte Beschreibung durch die in den Bildern 7.12 und 7.13 gezeigten Ersatzschaltnetzwerke durchführen.

Das Bild 7.12 zeigt den inneren (intrinsischen) Transistor in Basisschaltung und das Bild 7.13 zeigt den intrinsischen Transistor in Emitterschaltung. Mit dem Begriff „intrinsischer Transistor" ist das reine Halbleiterbauelement ohne Gehäuse gemeint. Soll eine Beschreibung des gehäusten Transistors bei hohen Frequenzen erfolgen, so sind den Ersatzschaltbildern die extrinsischen Koppelkapazitäten und Anschlußinduktivitäten hinzuzufügen.

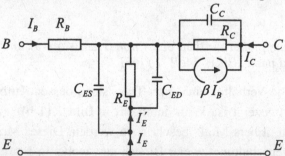

Bild 7.13: *Ersatzschaltung für den Bipolartransistor in Emitterschaltung*

Die Beschreibung mit Hilfe von Ersatzschaltbildern hat den Vorteil, daß das Übertragungsverhalten des Bipolartransistors mit Hilfe frequenzunabhängiger Ersatzschaltbildelemente erfolgen kann. Lediglich die gesteuerten Stromquellen, deren Ströme über α bzw. β vom Emitterstrom bzw. Basisstrom abhängen, weisen eine Abhängigkeit von der Frequenz auf, die im Falle von α näherungsweise durch

$$\alpha = \frac{\alpha_0}{1 + j\frac{f}{f_\alpha}} \tag{7.16}$$

und im Falle von β näherungsweise durch

$$\beta = \frac{\beta_0}{1 + j\frac{f}{f_\beta}}, \tag{7.17}$$

beschrieben werden kann. α stellt die Stromverstärkung der Basisschaltung bei Kurzschluß am Ausgang ($\underline{U}_{CB} = 0$),

$$\alpha = \frac{\underline{I}_C}{\underline{I}_E}, \tag{7.18}$$

und β die Stromverstärkung der Emitterschaltung bei Kurzschluß am Ausgang ($\underline{U}_{CE} = 0$),

$$\beta = \frac{\underline{I}_C}{\underline{I}_B}, \tag{7.19}$$

dar. α_0 in Gl.(7.16) beschreibt die Kurzschlußstromverstärkung in Basisschaltung bei niedrigen Frequenzen und f_α in Gl.(7.16) die Grenzfrequenz, bei der α auf den Wert $1/\sqrt{2}$ abgefallen ist. Entsprechendes gilt im Falle der Emitterschaltung für β_0 und f_β in Gl.(7.17). Da der Emitterstrom $\underline{I}_E$ über $\underline{I}_E = \underline{I}_C - \underline{I}_B$ mit dem Basisstrom verknüpft ist, ergibt sich aus Gl.(7.19) für β die Beziehung

$$\beta = \frac{\beta_0}{1 + j\frac{f}{f_\beta}} = \frac{\alpha}{1 - \alpha}, \tag{7.20}$$

woraus mit Gl.(7.16)

$$\beta = \frac{\frac{\alpha_0}{1 + j\frac{f}{f_\alpha}}}{1 - \frac{\alpha_0}{1 + j\frac{f}{f_\alpha}}} = \frac{\alpha_0}{1 + j\frac{f}{f_\alpha} - \alpha_0} = \frac{\frac{\alpha_0}{1 - \alpha_0}}{1 + j\frac{f}{(1 - \alpha_0)f_\alpha}} \tag{7.21}$$

abgeleitet werden kann. Ein Vergleich von Gl.(7.20) mit Gl.(7.21),

$$\beta = \frac{\beta_0}{1 + j\frac{f}{f_\beta}} = \frac{\frac{\alpha_0}{1 - \alpha_0}}{1 + j\frac{f}{(1 - \alpha_0)f_\alpha}}, \tag{7.22}$$

liefert direkt

$$\beta_0 = \frac{\alpha_0}{1 - \alpha_0} \tag{7.23}$$

und

$$f_\beta = (1 - \alpha_0)\, f_\alpha. \tag{7.24}$$

Aus diesen Ergebnissen lassen sich nun unter der Berücksichtigung, daß in Verstärkerschaltungen der Basisstrom I_B sehr viel kleiner als der Emitterstrom I_E ist, prinzipielle Eigenschaften ableiten. Demnach gilt $I_E \approx I_C$ und $\alpha_0 \approx 1$. Dieses führt bei niedrigen Frequenzen gemäß Gl.(7.23) zu einer wesentlich höheren Stromverstärkung der Emitterschaltung gegenüber der Basisschaltung, wobei mit zunehmender Frequenz die Stromverstärkung der Emitterschaltung im Vergleich zur Basisschaltung stärker abnimmt; denn nach Gl.(7.24) gilt $f_\beta \ll f_\alpha$. Im Rahmen des Entwurfs linearer Schaltungen ist entweder die Kenntnis der Elemente des Ersatzschaltbildes oder die Kenntnis der frequenzabhängigen Zweitorparameter erforderlich. Diese lassen sich z.B. aus der Messung der Streuparameter im gewählten Arbeitspunkt ermitteln. **Da im Mikrowellenbereich die Einbauart des Transistors die extrinsischen Elemente des Transistorersatzschaltbildes beeinflußt, ist bei der meßtechnischen Untersuchung des Bauelementeverhaltens darauf zu achten, daß der Einbau des Bauelementes während der Charakterisierung der Einbauform in der endgültigen Schaltung möglichst nahe kommt.** Im Entwurf nichtlinearer Schaltungen ist die Verwendung von Netzwerkparametern, die zum einen vom Arbeitspunkt und zum anderen von der Frequenz abhängen, ungeeignet. Hier erweist sich die Verwendung des Ersatzschaltbildes mit arbeitspunktabhängigen Elementen als zweckmäßig. Aber auch hier ist eine meßtechnische Bestimmung der Netzwerkelemente erforderlich, da derzeit noch keine theoretischen Berechnungsverfahren zur genauen Vorhersage des Bauelementeverhaltens verfügbar sind. Moderne CAD-Programme liefern dem Schaltungsentwickler umfangreiche Hilfswerkzeuge zum Entwurf linearer und nichtlinearer Schaltungen. In diesen Programmen sind in der Regel auch fertige Ersatzschaltbilder für Transistoren implementiert, wobei der Anwender „lediglich" die Werte für die Bauelemente zu liefern hat. Hierzu bieten die Programmhersteller auch Zusatzprogramme an, die zur Parameterbestimmung (Parameterextraktion, Modellbildung) aus den Meßwerten herangezogen werden können.

7.2.2 Feldeffekttransistoren

Die ausführliche Vorstellung von Feldeffekttransistoren erfolgte in Abschnitt 4.4.2.3.4 (Seite 180). Aus diesem Grunde wird an dieser Stelle auf eine erneute Vorstellung verzichtet und lediglich auf Abschnitt 4.4.2.3.4 verwiesen.

8 HF-Meßtechnik

Die in den vorangestellten Abschnitten behandelten Parameter zur Charakterisierung des Verhaltens von Bauteilen bei hohen Frequenzen, beschreiben zum überwiegenden Teil die Eigenschaften im linearen Betrieb. Die Kenntnis der genauen Bauteileeigenschaften ist für den Schaltungsentwickler von hoher Bedeutung, da dieser beim Entwurf zuverlässige Daten benötigt. Neben der theoretischen Berechnung der Bauteileeigenschaften spielt in der Praxis die meßtechnische Bestimmung der Bauteileeigenschaften eine bedeutende Rolle, da damit die tatsächlichen Eigenschaften, unter Berücksichtigung der endgültigen Umgebung, ermittelt werden können. In vielen theoretischen Verfahren werden die Eigenschaften der Einbauumgebung wegen des rechnerischen Aufwandes nur näherungsweise erfaßt.

Der vorliegende Abschnitt wird sich aus diesem Grunde mit Meßverfahren zur Bestimmung der linearen Kenngrößen wie Streuparameter und Rauschparameter befassen. Ausgehend von der Vorstellung des prinzipiellen Aufbaus der benötigten Geräte, einer anschließenden Beschreibung moderner Meßsysteme und der Behandlung erforderlichen Kalibrieraufgaben, werden in diesem Kapitel die wesentlichen Aspekte der Meßtechnik behandelt.

8.1 Streuparametermeßtechnik

Im Gegensatz zur herkömmlichen Beschreibung von Bauelementeeigenschaften mit Hilfe von Impedanz-, Admittanz- oder Kettenparametern erfolgt bei hohen Frequenzen die Charakterisierung mit Hilfe der Streuparameter. Ein wesentlicher Grund hierfür ist, daß bei hohen Frequenzen in Wellenleitern (z.B. Streifenleiter, Hohlleiter, Lichtwellenleiter) in der Regel keine TEM-Wellenausbreitung stattfindet und die Beschreibung über Streuparameter, die ein Maß für den Leistungsfluß darstellen, erfolgt. Zudem entfallen bei der Messung der Streuparameter die bei der Messung von Impedanz-, Admittanz- oder Kettenparametern benötigten Leerlauf und Kurzschlußexperimente, die bei hohen Frequenzen besondere Probleme liefern. Bild

8.1 zeigt den prinzipiellen Aufbau einer vollständigen Meßanordnung zur Messung der Wellengrößen, die zur Beschreibung eines aktiven Zweitors benötigt werden. Dabei ist das Meßobjekt (DUT, device under test) mit den Toren 1 und 2 symmetrisch zwischen zwei Kopplern und zwei Gleichspannungsversorgungselementen (bias-tees) eingebettet. Kernelemente stellen die Koppler dar. Sie dienen dazu, Anteile der hin- bzw. rücklaufenden Leistungswellen auszukoppeln und den Meßempfängern, die an den Anschlüssen A, B, C und D angeschlossen werden, zuzuführen.

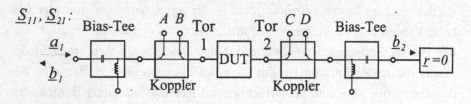

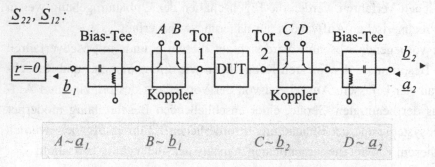

Bild 8.1: *Prinzipieller Aufbau einer Meßanordnung*

Die in den folgenden Ausführungen aufgezeigten Aufgaben und Probleme der Streuparametermeßtechnik, werden alle Bereiche der Streuparametermeßtechnik behandeln. Hierzu gehört die Darstellung der Meßprinzipien, die Betrachtung möglicher Meßsysteme und die Behandlung der Fehlerkorrektur. Auch eine kritische Gegenüberstellung und Beurteilung der vorgestellten Verfahren, insbesondere im Hinblick auf die Meßumgebung, die z.B. in Koaxialleitungstechnik, in Mikrostreifenleitungstechnik oder in Koplanarleitungstechnik ausgelegt sein kann, wird erfolgen.

8.1.1 Darstellung der Meßprinzipien

Die Bestimmung der Streuparameter führt, laut Definition in Abschnitt 4.4, immer auf eine Messung zweier Größen mit einer anschließenden Verhältnisbildung. So gilt gemäß Gl.(4.124)

$$\vec{b} = \overset{\leftrightarrow}{\underline{S}} \ \vec{a},$$
(8.1)

wobei sich das Element $\underline{S}_{ik}$ dadurch ergibt, daß nur auf das Tor k eine Welle zuläuft und gleichzeitig die aus dem Tor i ablaufende Welle betrachtet wird, d.h. $\underline{a}_j = 0$ für alle $j \neq k$. Damit ergibt sich

$$\underline{S}_{ik} = \frac{\underline{b}_i}{\underline{a}_k}\bigg|_{\underline{a}_j = 0, \ \underline{\text{für alle}} \ j \neq k} .$$
(8.2)

Gl.(8.2) stellt die Grundlage zur meßtechnischen Ermittlung der Streuparameter dar. Die Gesamtaufgabe läßt sich prinzipiell in drei Teilbereiche

1. der Ermittlung der Wellengrößen,

2. der Bildung der Quotienten und

3. der Korrektur von Fehlern

einteilen.

Der Aufgabenbereich, der sich mit der Signalaufbereitung und der Quotientenbildung befaßt soll hier nicht ausführlich behandelt werden, da dabei nicht die Aufgaben der Höchstfrequenzmeßtechnik sondern der Empfängertechnik im Mittelpunkt stehen. Es wird lediglich die prinzipielle Signalverarbeitung anhand des in Bild 8.2 gezeigten Blockschaltbildes des manuellen (vektoriellen) Netzwerkanalysators (HP8410/HP8411, Hewlett Packard) aufgezeigt.

Nach der Messung der beiden Größen in Gl.(8.1), $\underline{b}_i$ und $\underline{a}_k$, die in diesem Fall im Frequenzbereich bis 18GHz liegen können, werden diese zwei Mischern zugeführt, die beide vom gemeinsamen Lokaloszillator gespeist werden. Dadurch erfolgt eine Umsetzung in eine erste Zwischenfrequenz von 20MHz unter Beibehaltung der Phasen- und Betragsinformation beider Signale, da bezüglich der Frequenzumsetzung der Mischer ein lineares Element darstellt. Die nachfolgenden Stufen ermöglichen die weitere Verarbeitung bei einer festen Frequenz, wodurch die Optimierung einzelner Baugruppen deutlich vereinfacht wird. Abschließend sei darauf hingewiesen, daß noch eine weitere Mischung erfolgt, die eine zweite Zwischenfrequenz von 278kHz liefert. Dieses Prinzip wird auch heute bei modernen automatischen Netzwerkanalysatoren angewendet, wobei eine Erweiterung der Systeme dahingehend erfolgte, daß möglichst alle Wellengrößen, die zur Bestimmung der Streuparameter von Zweitoren benötigt werden, gleichzeitig umgesetzt werden. Dieses Vorgehen liefert deutliche Vorteile hinsichtlich der Verringerung von Meßfehlern und wird deswegen in den nachstehenden Abschnitten auch weiter verfolgt.

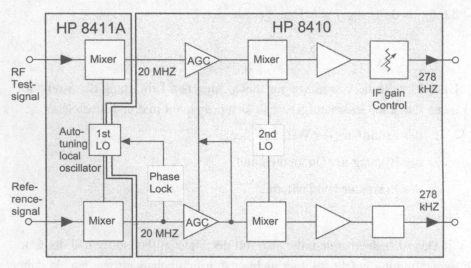

Bild 8.2: *Blockschaltbild eines manuellen (vektoriellen) Netzwerkanalysators (HP8410/HP8411, Hewlett Packard [55])*

Nach diesen Anmerkungen werden zuerst die grundlegenden Prinzipien zur Trennung der hin- bzw. rücklaufenden Wellen auf den Leitungen behandelt. Die Betrachtungen erfolgen ausgehend von den in Abschnitt 4.4.2.4.3 vorgestellten Kopplern. So zeigt z.B. Bild 8.3 a) das allgemeine Schaltungssymbol eines idealen Kopplers, dessen Übertragungsverhalten durch die Streumatrix

$$\overset{\leftrightarrow}{\underline{S}} = \begin{pmatrix} 0 & \underline{k} & 0 & \underline{t} \\ \underline{k} & 0 & \underline{t} & 0 \\ 0 & \underline{t} & 0 & \underline{k} \\ \underline{t} & 0 & \underline{k} & 0 \end{pmatrix}, \tag{8.3}$$

mit $\underline{k}$ als Koppelfaktor und $\underline{t}$ als Transmissionsfaktor, beschrieben wird.

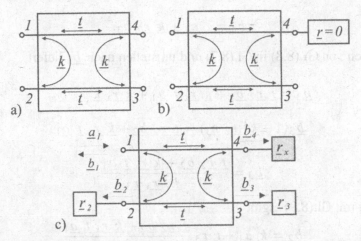

Bild 8.3: *Schaltungssymbol eines idealen Kopplers a), eines Richtkopplers b), Beschaltung des Kopplers zur Bestimmung eines unbekannten Reflexionsfaktors $\underline{r}_x$ c)*

Zur Ermittlung des Reflexionsfaktors $\underline{r}_x$ eines unbekannten Meßobjektes kann der in Bild 8.3 a) gezeigte Koppler gemäß Bild 8.3 c) beschaltet werden. In diesem Fall liefert $\underline{b}_2$ eine Welle, die proportional zu der Welle ist, die auf das Meßobjekt zuläuft, und $\underline{b}_3$ eine Welle, die proportional zu der Welle ist, die von dem Meßobjekt reflektiert wird. Demnach liefert das Verhältnis

$$\frac{\underline{b}_3}{\underline{b}_2} \sim \underline{r}_x \tag{8.4}$$

einen Ausdruck der proportional zum Reflexionsfaktor des Meßobjektes ist. Die genaue Abhängigkeit des Quotienten in Gl.(8.4) wird im folgenden aus

$$\begin{pmatrix} \underline{b}_1 \\ \underline{b}_2 \\ \underline{b}_3 \\ \underline{b}_4 \end{pmatrix} = \begin{pmatrix} 0 & \underline{k} & 0 & \underline{t} \\ \underline{k} & 0 & \underline{t} & 0 \\ 0 & \underline{t} & 0 & \underline{k} \\ \underline{t} & 0 & \underline{k} & 0 \end{pmatrix} \begin{pmatrix} \underline{a}_1 \\ \underline{a}_2 \\ \underline{a}_3 \\ \underline{a}_4 \end{pmatrix} \tag{8.5}$$

abgeleitet. Mit

$$\underline{a}_2 = \underline{r}_2\,\underline{b}_2, \qquad \underline{a}_3 = \underline{r}_3\,\underline{b}_3 \quad \text{und} \quad \underline{a}_4 = \underline{r}_x\,\underline{b}_4$$

ergibt sich aus Gl.(8.5)

$$\underline{b}_2 = \underline{k}\,\underline{a}_1 + \underline{t}\,\underline{r}_3\,\underline{b}_3, \tag{8.6}$$

$$\underline{b}_3 = \underline{t}\,\underline{r}_2\,\underline{b}_2 + \underline{k}\,\underline{r}_x\,\underline{b}_4 \tag{8.7}$$

und
$$\underline{b}_4 = \underline{t}\,\underline{a}_1 + \underline{k}\,\underline{r}_3\,\underline{b}_3. \tag{8.8}$$

Einsetzen von Gl.(8.8) in Gl.(8.7) und umstellen nach $\underline{b}_3$ liefert

$$\underline{b}_3 = \underline{t}\,\underline{r}_2\,\underline{b}_2 + \underline{k}\,\underline{r}_x\,\underline{t}\,\underline{a}_1 + \underline{k}\,\underline{r}_x\,\underline{k}\,\underline{r}_3\,\underline{b}_3,$$

$$\underline{b}_3(1 - \underline{k}^2\,\underline{r}_x\,\underline{r}_3) = \underline{t}\,\underline{r}_2\,\underline{b}_2 + \underline{k}\,\underline{r}_x\,\underline{t}\,\underline{a}_1$$

bzw.

$$\underline{b}_3 = \frac{\underline{t}\,\underline{r}_2\,\underline{b}_2 + \underline{k}\,\underline{r}_x\,\underline{t}\,\underline{a}_1}{1 - \underline{k}^2\,\underline{r}_x\,\underline{r}_3}. \tag{8.9}$$

Gl.(8.6) mit Gl.(8.9) ergibt

$$\underline{b}_2 = \underline{k}\,\underline{a}_1 + \underline{t}\,\underline{r}_3\,\frac{\underline{t}\,\underline{r}_2\,\underline{b}_2 + \underline{k}\,\underline{r}_x\,\underline{t}\,\underline{a}_1}{1 - \underline{k}^2\,\underline{r}_x\,\underline{r}_3},$$

$$\underline{b}_2\,(1 - \underline{k}^2\,\underline{r}_x\,\underline{r}_3 - \underline{t}^2\,\underline{r}_3\,\underline{r}_2) = ((1 - \underline{k}^2\,\underline{r}_x\,\underline{r}_3)\,\underline{k} + \underline{t}^2\,\underline{r}_x\,\underline{r}_3\,\underline{k})\,\underline{a}_1,$$

$$\underline{b}_2 = \frac{\underline{k}\,(1 - \underline{k}^2\,\underline{r}_x\,\underline{r}_3) + \underline{t}^2\,\underline{r}_x\,\underline{r}_3\,\underline{k}}{1 - \underline{k}^2\,\underline{r}_x\,\underline{r}_3 - \underline{t}^2\,\underline{r}_3\,\underline{r}_2}\,\underline{a}_1$$

oder

$$\underline{b}_2 = \frac{\underline{k}\,(1 - \underline{r}_x\,\underline{r}_3\,(\underline{k}^2 - \underline{t}^2))}{1 - \underline{k}^2\,\underline{r}_x\,\underline{r}_3 - \underline{t}^2\,\underline{r}_3\,\underline{r}_2}\,\underline{a}_1. \tag{8.10}$$

Einsetzen von Gl.(8.10) in Gl.(8.9) führt somit zu

$$\underline{b}_3 \;=\; \frac{\underline{t}\,\underline{r}_2\,(\underline{k}\,(1 - \underline{k}^2\,\underline{r}_x\,\underline{r}_3) + \underline{t}^2\,\underline{r}_x\,\underline{r}_3\,\underline{k})}{(1 - \underline{k}^2\,\underline{r}_x\,\underline{r}_3 - \underline{t}^2\,\underline{r}_3\,\underline{r}_2)\,(1 - \underline{k}^2\,\underline{r}_x\,\underline{r}_3)}\,\underline{a}_1$$

$$+\,\frac{\underline{k}\,\underline{r}_x\,\underline{t}\,(1 - \underline{k}^2\,\underline{r}_x\,\underline{r}_3 - \underline{t}^2\,\underline{r}_3\,\underline{r}_2)}{(1 - \underline{k}^2\,\underline{r}_x\,\underline{r}_3 - \underline{t}^2\,\underline{r}_3\,\underline{r}_2)\,(1 - \underline{k}^2\,\underline{r}_x\,\underline{r}_3)}\,\underline{a}_1,$$

$$\underline{b}_3 \;=\; \frac{\underline{t}\,\underline{r}_2\,\underline{k}\,(1 - \underline{k}^2\,\underline{r}_x\,\underline{r}_3) + \underline{t}^3\,\underline{r}_x\,\underline{r}_2\,\underline{r}_3\,\underline{k}}{(1 - \underline{k}^2\,\underline{r}_x\,\underline{r}_3 - \underline{t}^2\,\underline{r}_3\,\underline{r}_2)\,(1 - \underline{k}^2\,\underline{r}_x\,\underline{r}_3)}\,\underline{a}_1$$

$$+\,\frac{\underline{k}\,\underline{r}_x\,\underline{t}\,(1 - \underline{k}^2\,\underline{r}_x\,\underline{r}_3) - \underline{t}^3\,\underline{r}_x\,\underline{r}_2\,\underline{r}_3\,\underline{k}}{(1 - \underline{k}^2\,\underline{r}_x\,\underline{r}_3 - \underline{t}^2\,\underline{r}_3\,\underline{r}_2)\,(1 - \underline{k}^2\,\underline{r}_x\,\underline{r}_3)}\,\underline{a}_1$$

bzw.

$$\underline{b}_3 = \frac{\underline{t}\,\underline{k}\,(\underline{r}_2 + \underline{r}_x)}{1 - \underline{k}^2\,\underline{r}_x\,\underline{r}_3 - \underline{t}^2\,\underline{r}_3\,\underline{r}_2}\,\underline{a}_1, \tag{8.11}$$

so daß sich der Quotient nach Gl.(8.4) in der Form

$$\frac{\underline{b}_3}{\underline{b}_2} = \frac{\underline{t}\,(\underline{r}_2 + \underline{r}_x)}{1 - \underline{r}_x\,\underline{r}_3\,(\underline{k}^2 - \underline{t}^2)} \tag{8.12}$$

angeben läßt. Gl.(8.12) zeigt, daß die Anzeige, die ein Maß für den Reflexionsfaktor des unbekannten Meßobjektes darstellen soll, deutlich durch die
Eigenschaften des Kopplers und durch Reflexionen an den Meßstellen ver-
fälscht werden. Gilt für den Betrag des Koppelfaktors $|\underline{k}| < 0.1$, so kann in
erster Näherung der Ausdruck $\underline{k}^2 \, \underline{r}_x \, \underline{r}_3$ im Nenner vernachlässigt werden.
Dies führt zu

$$\frac{\underline{b}_3}{\underline{b}_2} = \frac{\underline{t}\,(\underline{r}_2 + \underline{r}_x)}{1 + \underline{t}^2 \, \underline{r}_x \, \underline{r}_3}. \tag{8.13}$$

Nach Gl.(8.13) ergeben sich nun die wesentlichen Verfälschungen aus den
Reflexionsfaktoren der Meßstellen. Für geringe Reflexionen am Meßobjekt
beeinflußt der Fehler durch $\underline{r}_2$ im wesentlichen die Genauigkeit, wobei für
stärkere Reflexionen am Meßobjekt der relative Fehler geringer wird.

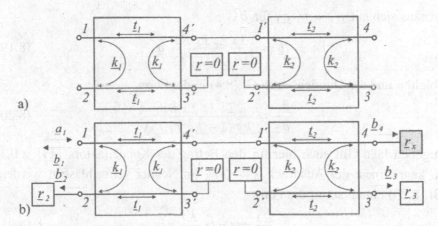

Bild 8.4: *Aufbau eines „dual directional coupler" aus zwei Richtkopplern
a), Beschaltung zur Bestimmung eines unbekannten Reflexionsfaktors $\underline{r}_x$ b)*

Nach diesen vereinfachten Betrachtungen wird schon deutlich, daß immer eine Überlagerung von störenden Beiträgen die Genauigkeit in der Bestimmung des Reflexionsfaktors des unbekannten Meßobjektes beeinflußt.
Es stellt sich aber die Frage, ob das Maß der Beeinflussung gerätetechnisch
verringert werden kann. Ein erster Ansatz liefert der Ersatz des bislang betrachteten Kopplers durch den im Abschnitt 4.4.2.4.3 vorgestellten „dual directional coupler" gemäß Bild 8.4 a), der mit der in Bild 8.4 b) angegebenen
Beschaltung erneut zur Bestimmung eines unbekannten Reflexionsfaktors
$\underline{r}_x$ herangezogen werden soll. Aus Bild 8.4 b) ergibt sich mit $\underline{a}'_3 = 0$ bzw.
$\underline{a}'_2 = 0$ sowie

$$\underline{a}'_1 = \underline{b}'_4, \qquad \underline{a}'_4 = \underline{b}'_1$$

und

$$\underline{a}_2 = \underline{r}_2\,\underline{b}_2, \qquad \underline{a}_3 = \underline{r}_3\,\underline{b}_3 \quad \text{und} \quad \underline{a}_4 = \underline{r}_x\,\underline{b}_4$$

am linken Richtkoppler

$$\underline{b}_2 = \underline{k}_1\,\underline{a}_1 \qquad (8.14)$$

und

$$\underline{b}'_4 = \underline{t}_1\,\underline{a}_1 \qquad (8.15)$$

und am rechten Richtkoppler

$$\underline{b}_3 = \underline{k}_2\,\underline{r}_x\,\underline{b}_4 \qquad (8.16)$$

und

$$\underline{b}_4 = \underline{t}_2\,\underline{a}'_1 + \underline{k}_2\,\underline{r}_3\,\underline{b}_3. \qquad (8.17)$$

Einsetzen von Gl.(8.17) in Gl.(8.16) liefert

$$\underline{b}_3 = \underline{k}_2\,\underline{r}_x\,(\underline{t}_2\,\underline{a}'_1 + \underline{k}_2\,\underline{r}_3\,\underline{b}_3), \qquad (8.18)$$

woraus sich mit $\underline{a}'_1 = \underline{t}_1\,\underline{a}_1$ für $\underline{b}_3$

$$\underline{b}_3 = \frac{\underline{t}_1\,\underline{t}_2\,\underline{r}_x\,\underline{k}_2}{1 - \underline{k}_2^2\,\underline{r}_x\,\underline{r}_3}\,\underline{a}_1 \qquad (8.19)$$

ableiten und der Quotient nach Gl.(8.4) in der Form

$$\frac{\underline{b}_3}{\underline{b}_2} = \frac{\underline{t}_1\,\underline{t}_2\,\underline{r}_x\,\underline{k}_2}{\underline{k}_1\,(1 - \underline{k}_2^2\,\underline{r}_x\,\underline{r}_3)} \qquad (8.20)$$

angeben läßt. Gilt auch hier für den Betrag des Koppelfaktors $|\underline{k}_2| < 0.1$, so kann erneut der Ausdruck $\underline{k}_2^2\,\underline{r}_x\,\underline{r}_3$ im Nenner vernachlässigt werden. Gl.(8.20) nimmt somit die Form

$$\frac{\underline{b}_3}{\underline{b}_2} = \underline{t}_1\,\underline{t}_2\,\frac{\underline{k}_2}{\underline{k}_1}\,\underline{r}_x \qquad (8.21)$$

an. Ein Vergleich von Gl.(8.21) mit Gl.(8.13) zeigt, daß die Verwendung des dual directional coupler die Rückwirkung der Meßwandler deutlich verringert. Es ist allerdings anzumerken, daß gemäß Gl.(8.21) der Quotient von $\underline{k}_2/\underline{k}_1$ in die Anzeige eingeht und daß geringfügige Unterschiede zu erheblichen Fehlern führen können, allerdings besteht die Möglichkeit, daß durch eine Referenzmessung der Faktor

$$\underline{t}_1\,\underline{t}_2\,\frac{\underline{k}_2}{\underline{k}_1} \qquad (8.22)$$

ermittelt und bei Folgemessungen berücksichtigt wird. Als Referenzmeßobjekte bieten sich Leerlauf oder Kurzschluß, deren Eigenschaften bekannt sind, an.

Diese Art der Meßwertekorrektur wird schon vom manuellen vektoriellen Netzwerkanalysator in Bild 8.2 unterstützt. Das System soll an dieser Stelle erneut aufgegriffen und weiter diskutiert werden. Dazu erfolgt eine Vervollständigung durch die in Bild 8.5 gezeigte Einheit, die die Höchstfrequenzkomponenten zur Bestimmung des Reflexionsfaktors beinhaltet und als Test-Set bezeichnet wird.

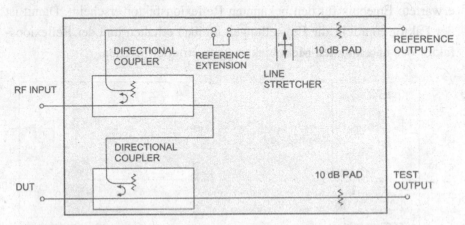

Bild 8.5: *Prinzipieller Aufbau eines Test-Sets zur Messung von $\underline{S}_{11}$*

Bild 8.5 zeigt die beiden Richtkoppler, wobei die Welle $\underline{b}_2$ am oberen und die Welle $\underline{b}_3$ am unteren Richtkoppler ausgekoppelt wird. Das ausgekoppelte Signal, das proportional zur Welle ist, die auf das DUT zuläuft, gelangt zum Ausgang, der mit REFERENCE OUTPUT bezeichnet wird. In diesem Signalzweig befindet sich ein sogenannter LINE STRETCHER (einstellbarer Phasenschieber), der eine Phasenverzögerung des Referenzsignals ermöglicht. Über den zweiten Richtkoppler gelangt das Eingangssignal zum Meßobjekt, wird reflektiert und gelangt zum Ausgang TEST OUTPUT. In beiden Zweigen sind zusätzliche Dämpfungsglieder eingefügt um Einflüsse durch Fehlanpassungen an den Ausgängen zu verringern. Die Ausgangssignale vom Test-Set werden nun dem in Bild 8.6 gezeigten Analysator zugeführt und durch die Mischer in die ZF überführt. An dieser Stelle sei darauf hingewiesen, daß im Testzweig des Analysators ein einstellbarer Verstärker (IF GAIN CONTROL) vorhanden ist. Dieser einstellbare Verstärker und die Verzögerungsleitung im Test-Set werden zur „Meßwertekorrektur" benötigt. Laut Gl.(8.21) liefert die Quotientenbildung $\underline{b}_3/\underline{b}_2$ ein Ergebnis, das bis auf einen Faktor dem gesuchten Reflexionsfaktor $\underline{r}_x$ entspricht. Vom Meßsystem könnte der Wert für $\underline{r}_x$ somit nach der Bestimmung dieses Faktors angezeigt werden. Im betrachteten System wird dieser Faktor schaltungstechnisch realisiert. So erfolgt die Korrektur zunächst durch Anschluß eines Meßobjektes mit bekanntem Reflexionsfaktor. Dabei wird die Verstärkung des einstellbaren Verstärkers im Analysator und die Phasenverzögerung der Verzögerungsleitung im Test-Set solange verändert, bis in der Anzeige das erwartete Ergebnis für den bekannten Reflexionsfaktor erscheint. Damit ist der Faktor ermittelt, die Einstellungen bleiben erhalten und der Reflexionsfaktor des unbekannten Meßobjektes kann ermittelt werden.

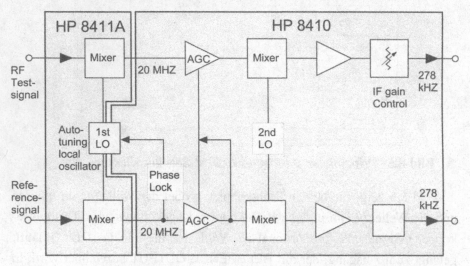

Bild 8.6: *Blockschaltbild eines manuellen (vektoriellen) Netzwerkanalysators (HP8410/HP8411, Hewlett Packard [55])*

Der Name „**manueller** vektorieller Netzwerkanalysator" besagt, daß die zuvor beschriebenen Einstellungen immer von Hand vorgenommen werden müssen. Dieses ist um so mühsamer, je größer die Anzahl der Frequenzwerte ist, an denen die Eigenschaften zu bestimmen sind. Hierzu müssen bei jeder Veränderung der Frequenz erneut zuerst mit Hilfe des Referenzobjektes die Einstellungen für die Verstärkung und die Verzögerung vorgenommen werden, bevor der jeweilige Reflexionsfaktor des unbekannten Meßobjektes bestimmt werden kann. Dieses führte zu einem hohen Zeitaufwand, so daß diese Systeme durch einen externen Steuerrechner automatisiert wurden. Dieser ermittelt nach der Vorgabe der Frequenzwerte zuerst mit Hilfe des Referenzobjektes für alle Frequenzwerte den Korrekturfaktor, speichert diese und führt nach den Messungen am unbekannten Meßobjekt die Korrektur durch. In der nachfolgenden Gerätegeneration erfolgte direkt die Integration eines Mikrocomputersystems, so daß die Messungen automatisiert ablaufen. Diese Geräte werden „**automatisierter** vektorieller Netzwerkanalysator" bezeichnet. Mit dem Einzug der Rechner zur Steuerung der Meßabläufe erfolgte auch gleichzeitig eine Erweiterung der Meßverfahren. So stellen die bislang abgeleiteten Beziehungen die Verhältnisse in einem idealen System dar. In realen Systemen treten dagegen an allen Komponenten Reflexionen und in Kopplern ein zusätzliches unerwünschtes Übersprechen auf, so daß eine Korrektur durch eine einfache Ermittlung des Korrekturfaktors nicht ausreichend ist. In diesem Fall wird eine allgemeinere Beschreibung benötigt, die auch diese Fehler erfaßt. Die Behandlung derartiger Korrekturverfahren erfolgt in einem der nächsten Abschnitte.

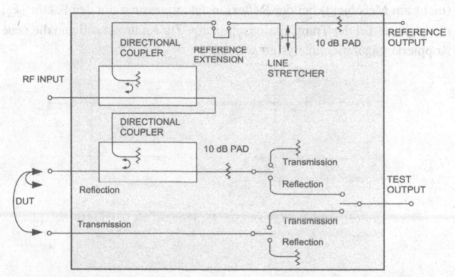

Bild 8.7: *Prinzipieller Aufbau eines Test-Sets zur Bestimmung von $\underline{S}_{11}$ und $\underline{S}_{21}$ [55]*

Damit sind die grundsätzlichen Betrachtungen zur Bestimmung von Reflexionsfaktoren abgeschlossen. Es erfolgt der Übergang zur Messung des Transmissionsverhaltens. Dieses ist gerätetechnisch sehr einfach zu realisieren. Ausgehend von dem Test-Set in Bild 8.5 erfolgt die in Bild 8.7 gezeigte Erweiterung durch die Hinzunahme von drei Umschaltern im Test-Pfad. Dadurch kann auf einfache Weise der Streuparameter $\underline{S}_{21}$ eines Zweitors ermittelt werden. Dieser Betrieb wird als Vorwärtsbetrieb bezeichnet.

Die direkte Bestimmung von $\underline{S}_{22}$ und $\underline{S}_{12}$ im Rückwärtsbetrieb ist mit diesem Test-Set erst nach dem Umdrehen des Meßobjektes möglich. Aus diesem Grunde wird dieses Test-Set auch „Reflection-Transmission"-Test-Set bezeichnet. Die genaue Betrachtung des Bildes 8.7 zeigt einen Unterschied in der Anordnung des zweiten Kopplers (im Vergleich mit Bild 8.4), der bei der Reflexionsfaktormessung zur Auskopplung der reflektierten Welle dient. Das System gemäß Bild 8.7 verwendet eine Anordnung des Kopplers gemäß Bild 8.8. Wie die nachstehenden Berechnungen zeigen werden, liefert die neue Anordnung ähnliche Ergebnisse. Der Vorteil ergibt sich bei der Zweitormessung. So ist im Fall nach Bild 8.7 der Signalpegel bei der Reflexionsfaktorbestimmung und der Transmissionsmessung identisch. Bei einer Anordnung des zweiten Kopplers gemäß Bild 8.4 und einer zusätzlichen Verwendung einiger Umschalter ist der Signalpegel am Meßwandler (nicht am Meßobjekt) bei der Reflexionsfaktormessung um den Faktor $|\underline{k}_2|$ niedriger als bei der Transmissionsmessung. Zur Kontrolle soll nun die neue Kopplerkonfiguration analysiert werden.

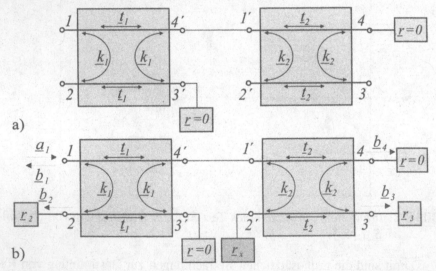

Bild 8.8: *Aufbau eines „dual directional coupler" aus zwei Richtkopplern a), modifizierte Beschaltung zur Bestimmung eines unbekannten Reflexionsfaktors $\underline{r}_x$ b)*

Aus Bild 8.8 b) ergibt sich mit $\underline{a}'_3 = 0$ bzw. $\underline{a}_4 = 0$ sowie

und
$$\underline{a}'_1 = \underline{b}'_4, \qquad \underline{a}'_4 = \underline{b}'_1$$

$$\underline{a}_2 = \underline{r}_2\,\underline{b}_2, \qquad \underline{a}_3 = \underline{r}_3\,\underline{b}_3 \quad \text{und} \quad \underline{a}'_2 = \underline{r}_x\,\underline{b}'_2$$

am linken Richtkoppler	und am rechten Richtkoppler
$$\underline{b}_2 = \underline{k}_1\,\underline{a}_1 \qquad (8.23)$$	$$\underline{b}'_2 = \underline{k}_2\,\underline{a}'_1 + \underline{t}_2\,\underline{r}_3\,\underline{b}_3, \quad (8.25)$$
und	und
$$\underline{b}'_4 = \underline{t}_1\,\underline{a}_1 \qquad (8.24)$$	$$\underline{b}_3 = \underline{t}_2\,\underline{a}_2'. \qquad (8.26)$$

Einsetzen von Gl.(8.25) in Gl.(8.26) liefert unter der Berücksichtigung von $\underline{a}'_2 = \underline{r}_x\,\underline{b}'_2$

$$\underline{b}_3 = \underline{t}_2\,\underline{r}_x\,(\underline{k}_2\,\underline{a}'_1 + \underline{t}_2\,\underline{r}_3\,\underline{b}_3), \qquad (8.27)$$

woraus sich mit $\underline{a}'_1 = \underline{t}_1\,\underline{a}_1$

$$\underline{b}_3(1 - \underline{t}_2^2\,\underline{r}_x\,\underline{r}_3) = \underline{t}_1\,\underline{t}_2\,\underline{k}_2\,\underline{r}_x\,\underline{a}_1,$$

für $\underline{b}_3$

$$\underline{b}_3 = \frac{\underline{t}_1\,\underline{t}_2\,\underline{r}_x\,\underline{k}_2}{1 - \underline{t}_2^2\,\underline{r}_x\,\underline{r}_3}\,\underline{a}_1 \qquad (8.28)$$

ableiten und der Quotient nach Gl.(8.4) in der Form

$$\frac{\underline{b}_3}{\underline{b}_2} = \frac{\underline{t}_1\,\underline{t}_2\,\underline{r}_x\,\underline{k}_2}{\underline{k}_1\,(1 - \underline{t}_2^2\,\underline{r}_x\,\underline{r}_3)} \qquad (8.29)$$

angeben läßt. Gilt hier für den Betrag des Reflexionsfaktors an der Meßstelle 3 $|\underline{r}_3| < 0.1$, so kann der Ausdruck $\underline{t}_2^2\,\underline{r}_x\,\underline{r}_3$ im Nenner vernachlässigt werden. Gl.(8.29) nimmt somit die Form

$$\frac{\underline{b}_3}{\underline{b}_2} = \underline{t}_1\,\underline{t}_2\,\frac{\underline{k}_2}{\underline{k}_1}\,\underline{r}_x \qquad (8.30)$$

an. Ein Vergleich von Gl.(8.30) mit Gl.(8.21) liefert ein identisches Ergebnis. Es ist allerdings anzumerken, daß gemäß Gl.(8.29) der Nenner des Quotienten von $\underline{b}_3/\underline{b}_2$ den Ausdruck $(1 - \underline{t}_2^2\,\underline{r}_x\,\underline{r}_3)$ und in Gl.(8.20) den Ausdruck $(1 - \underline{k}_2^2\,\underline{r}_x\,\underline{r}_3)$ enthält und da $\underline{k}_2 << \underline{t}_2$ der Einfluß der Meßstelle 2, die hier durch $\underline{r}_3$ beschrieben wird, bei der Konfiguration in Bild 8.4 geringer ist. Zudem erfolgt die Transmissionsmessung mit einem höheren Signalpegel wodurch die Meßdynamik ansteigt. In bestimmten Anwendungsfällen (z.B. bei der Messung des Durchlaßverhaltens von Filterstrukturen mit hoher Sperrdämpfung) kann diese erhöhte Meßdynamik von Nutzen sein, so daß die Hersteller von Netzwerkanalysatoren auch Test-Sets mit derartigen Kopplerkonfigurationen anbieten. Das Umdrehen des Bauelementes zur Messung aller vier Streuparameter ist in vielen Anwendungsfällen sehr unbefriedigend, so daß eine zusätzliche Erweiterung unter Zuhilfenahme weiterer Koppler und Umschalter gemäß Bild 8.9 zu einem vollständigen Test-Set, einem sogenannten S-Parameter Test-Set, führt. Damit ist die Bestimmung aller Streuparameter ohne Drehung des Meßobjektes möglich. Die Anordnung der Koppler in Bild 8.9 ist erneut so gewählt, daß der Signalpegel am Ausgang TEST OUTPUT bei der Bestimmung der Reflexionsparameter und der Transmissionsparameter vergleichbar wird.

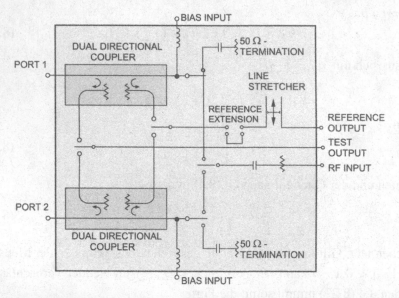

Bild 8.9: *Prinzipieller Aufbau eines Test-Sets zur Streuparameterbestimmung ($\underline{S}_{11}, \underline{S}_{12}, \underline{S}_{21}$ und $\underline{S}_{22}$) [55]*

Alle vorgestellten Test-Sets können mit dem in Bild 8.6 vorgestellten manuellen (vektoriellen) Netzwerkanalysator benutzt werden. Sie sind derart aufgebaut, daß ein minimaler gerätetechnischer Aufwand im Netzwerkanalysator zu treiben ist, d.h. es werden jeweils immer nur die zur Quotientenbildung notwendigen Signale den beiden Mischern zugeführt. Dieses führt zu einer Vielzahl an Schaltern im Test-Set, die –je nach zu bestimmenden Parameter– für die erforderliche Signalflußrichtung einzustellen sind. Dieses führt zu der Situation, daß ein vollständig zu charakterisierendes Zweitor bei der Ermittlung der entsprechenden Wellengrößen, wegen der unterschiedlichen Schalterstellungen, unterschiedliche Betriebsfälle vorfindet. Bei idealem Verhalten der verwendeten Komponenten im Test-Set ergeben sich bei der Messung keine Fehler. In der Realität führt die Verwendung unterschiedlicher Schalterstellungen zu Problemen, deren Auswirkungen bei der Meßwertekorrektur berücksichtigt werden müssen. Um diese Problematik, die durch die Verwendung der Umschalter in den Signalzweigen entsteht, zu umgehen, werden in modernen automatischen Netzwerkanalysatoren so viele Koppler eingesetzt, daß stets alle vier Wellengrößen ($\underline{a}_1, \underline{a}_2, \underline{b}_1$ und $\underline{b}_2$) zur Verfügung stehen und den vier Mischern zugeführt werden können. Dabei werden allerdings gemäß Bild 8.10 die Referenzsignale $\underline{a}_1$ und $\underline{a}_2$ nicht über Koppler sondern über Leistungsteiler (power splitter) ausgekoppelt. Die Wellengrößen $\underline{b}_1$ und $\underline{b}_2$ werden über Richtkoppler an den Meßtoren gewonnen.

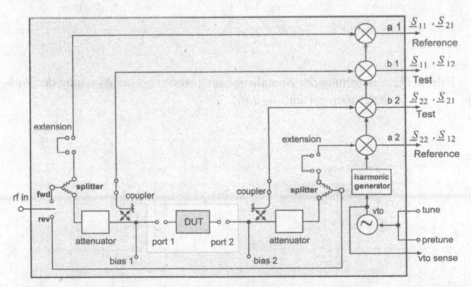

Bild 8.10: *Darstellung der Signalwege im Test-Set bei der Messung der Wellengrößen* ($\underline{a}_1, \underline{a}_2, \underline{b}_1$ und $\underline{b}_2$) [56]

Zur vollständigen Übersicht ist in den Bildern 8.11, 8.12 und 8.13 der Signalpfad des zu messenden Signals für alle Betriebsfälle angegeben. In Bild 8.11 sind die Wege für die Referenzsignale $\underline{a}_1$ und $\underline{a}_2$ skizziert. Bild 8.12 zeigt die Signalwege für $\underline{b}_1$ und $\underline{b}_2$ zur Reflexionsparameterbestimmung und Bild 8.13 die Signalwege bei der Ermittlung der Wellengrößen

$\underline{b}_1$ und $\underline{b}_2$ zur Transmissionsparameterbestimmung. Es ist anzumerken, daß bei den gezeigten Anordnungen stets an allen Meßstellen Signale anliegen. Diese rühren daher, daß beim Betrieb in Vorwärtsrichtung der Zweig zur Messung von $\underline{a}_2$ nicht isoliert ist. Zudem werden an den Komponenten in diesem Zweig Signalanteile reflektiert, die zurück zum Meßobjekt laufen.

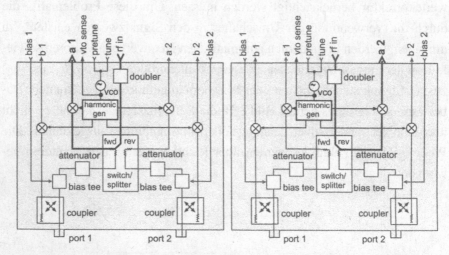

Bild 8.11: *Darstellung der Signalwege im Test-Set bei der Messung der Wellengrößen $\underline{a}_1$ und $\underline{a}_2$ [56]*

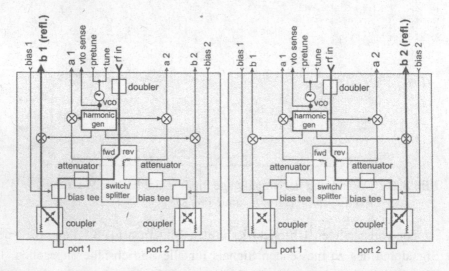

Bild 8.12: *Darstellung der Signalwege im Test-Set bei der Ermittlung der Wellengrößen $\underline{b}_1$ und $\underline{b}_2$ zur Reflexionsparameterbestimmung [56]*

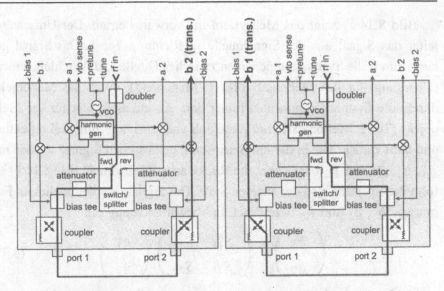

Bild 8.13: *Signalwege im Test-Set bei der Ermittlung der Wellengrößen $\underline{b}_1$ und $\underline{b}_2$ zur Transmissionsparameterbestimmung [56]*

Durch die Verwendung der Umschalter wird z.B. im Vorwärtsbetrieb die zur Bestimmung der Streuparameter $\underline{S}_{11}$ und $\underline{S}_{21}$ geforderte Bedingung $\underline{a}_2 = 0$ verletzt. Entsprechende Aussagen gelten im Rückwärtsbetrieb bei der Ermittlung der Streuparameter $\underline{S}_{22}$ und $\underline{S}_{12}$. Hier wird die Bedingung $\underline{a}_1 = 0$ verletzt. Zur Ermittlung der Streuparameter sind somit zusätzliche Parameter erforderlich, die aus dem Vorwärts- und Rückwärtsbetrieb ermittelt werden müssen. Das Vorgehen soll anhand der in Bild 8.14 gezeigten Ersatzanordnungen aufgezeigt werden.

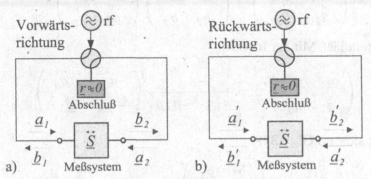

Bild 8.14: *Prinzipielle Darstellung der Signalwege im Test-Set; Vorwärtsbetrieb a), Rückwärtsbetrieb b) [53]*

Bild 8.14 a) zeigt das Meßsystem im Vorwärtsbetrieb. Der Umschalter leitet das Signal aus der Signalquelle in Richtung Tor 1. Das Signal gelangt durch alle Systemkomponenten zwischen Quelle und Anschlußelement (Übergang) für das Meßobjekt (Tor 1, Meßobjekt), durch das Meßobjekt, durch alle Systemkomponenten hinter dem Anschlußelement für das Meßobjekt (Tor 2, Meßobjekt) zum Abschluß und wird dort zum Teil reflektiert und läuft zurück. Die in diesem Betriebsfall gemessenen Signale werden mit $\underline{a}_1$, $\underline{b}_1$, $\underline{a}_2$ und $\underline{b}_2$ bezeichnet. Im Rückwärtsbetrieb gemäß Bild 8.14 b) erfolgt die Speisung von der anderen Seite. Die Signale werden in diesem Fall mit $\underline{a}_1'$, $\underline{b}_1'$, $\underline{a}_2'$ und $\underline{b}_2'$ bezeichnet. In Vorwärtsrichtung gilt

$$\begin{pmatrix} \underline{b}_1 \\ \underline{b}_2 \end{pmatrix} = \begin{pmatrix} \underline{S}_{11} & \underline{S}_{12} \\ \underline{S}_{21} & \underline{S}_{22} \end{pmatrix} \begin{pmatrix} \underline{a}_1 \\ \underline{a}_2 \end{pmatrix} \tag{8.31}$$

und in Rückwärtsrichtung gilt

$$\begin{pmatrix} \underline{b}_1' \\ \underline{b}_2' \end{pmatrix} = \begin{pmatrix} \underline{S}_{11} & \underline{S}_{12} \\ \underline{S}_{21} & \underline{S}_{22} \end{pmatrix} \begin{pmatrix} \underline{a}_1' \\ \underline{a}_2' \end{pmatrix}. \tag{8.32}$$

Zusammenfassen der Gl.(8.31) und Gl.(8.32) liefert in Matrizenschreibweise

$$\begin{pmatrix} \underline{b}_1 & \underline{b}_1' \\ \underline{b}_2 & \underline{b}_2' \end{pmatrix} = \begin{pmatrix} \underline{S}_{11} & \underline{S}_{12} \\ \underline{S}_{21} & \underline{S}_{22} \end{pmatrix} \begin{pmatrix} \underline{a}_1 & \underline{a}_1' \\ \underline{a}_2 & \underline{a}_2' \end{pmatrix}, \tag{8.33}$$

woraus sich direkt die Streumatrix zu

$$\begin{pmatrix} \underline{S}_{11} & \underline{S}_{12} \\ \underline{S}_{21} & \underline{S}_{22} \end{pmatrix} = \begin{pmatrix} \underline{b}_1 & \underline{b}_1' \\ \underline{b}_2 & \underline{b}_2' \end{pmatrix} \begin{pmatrix} \underline{a}_1 & \underline{a}_1' \\ \underline{a}_2 & \underline{a}_2' \end{pmatrix}^{-1} \tag{8.34}$$

ermitteln läßt. Mit der Inversen

$$\begin{pmatrix} \underline{a}_1 & \underline{a}_1' \\ \underline{a}_2 & \underline{a}_2' \end{pmatrix}^{-1} = \frac{1}{\underline{a}_1\underline{a}_2' - \underline{a}_2\underline{a}_1'} \begin{pmatrix} \underline{a}_2' & -\underline{a}_1' \\ -\underline{a}_2 & \underline{a}_1 \end{pmatrix} \tag{8.35}$$

ergibt sich aus Gl.(8.34)

$$\begin{pmatrix} \underline{S}_{11} & \underline{S}_{12} \\ \underline{S}_{21} & \underline{S}_{22} \end{pmatrix} = \begin{pmatrix} \underline{b}_1 & \underline{b}_1' \\ \underline{b}_2 & \underline{b}_2' \end{pmatrix} \frac{1}{\underline{a}_1\underline{a}_2' - \underline{a}_2\underline{a}_1'} \begin{pmatrix} \underline{a}_2' & -\underline{a}_1' \\ -\underline{a}_2 & \underline{a}_1 \end{pmatrix}, \tag{8.36}$$

$$\begin{pmatrix} \underline{S}_{11} & \underline{S}_{12} \\ \underline{S}_{21} & \underline{S}_{22} \end{pmatrix} = \frac{1}{\underline{a}_1\underline{a}_2' - \underline{a}_2\underline{a}_1'} \begin{pmatrix} \underline{b}_1\,\underline{a}_2' - \underline{b}_1'\,\underline{a}_2 & -\underline{b}_1\,\underline{a}_1' + \underline{b}_1'\,\underline{a}_1 \\ \underline{b}_2\,\underline{a}_2' - \underline{b}_2'\,\underline{a}_2 & -\underline{b}_2\,\underline{a}_1' + \underline{b}_2'\,\underline{a}_1 \end{pmatrix},$$
$$(8.37)$$

$$\begin{pmatrix} \underline{S}_{11} & \underline{S}_{12} \\ \underline{S}_{21} & \underline{S}_{22} \end{pmatrix} = \frac{1}{1 - \frac{\underline{a}_2}{\underline{a}_1}\frac{\underline{a}_1'}{\underline{a}_2'}} \begin{pmatrix} \frac{\underline{b}_1\,\underline{a}_2' - \underline{b}_1'\,\underline{a}_2}{\underline{a}_1\,\underline{a}_2'} & \frac{\underline{b}_1'\,\underline{a}_1 - \underline{b}_1\,\underline{a}_1'}{\underline{a}_1\,\underline{a}_2'} \\ \frac{\underline{b}_2\,\underline{a}_2' - \underline{b}_2'\,\underline{a}_2}{\underline{a}_1\,\underline{a}_2'} & \frac{\underline{b}_2'\,\underline{a}_1 - \underline{b}_2\,\underline{a}_1'}{\underline{a}_1\,\underline{a}_2'} \end{pmatrix} \qquad (8.38)$$

bzw.

$$\begin{pmatrix} \underline{S}_{11} & \underline{S}_{12} \\ \underline{S}_{21} & \underline{S}_{22} \end{pmatrix} = \frac{1}{1 - \frac{\underline{a}_2}{\underline{a}_1}\frac{\underline{a}_1'}{\underline{a}_2'}} \begin{pmatrix} \frac{\underline{b}_1}{\underline{a}_1} - \frac{\underline{b}_1'}{\underline{a}_2'}\frac{\underline{a}_2}{\underline{a}_1} & \frac{\underline{b}_1'}{\underline{a}_2'} - \frac{\underline{b}_1}{\underline{a}_1}\frac{\underline{a}_1'}{\underline{a}_2'} \\ \frac{\underline{b}_2}{\underline{a}_1} - \frac{\underline{b}_2'}{\underline{a}_2'}\frac{\underline{a}_2}{\underline{a}_1} & \frac{\underline{b}_2'}{\underline{a}_2'} - \frac{\underline{b}_2}{\underline{a}_1}\frac{\underline{a}_1'}{\underline{a}_2'} \end{pmatrix}. \qquad (8.39)$$

Zur Interpretation von Gl.(8.39) erfolgt eine genaue Betrachtung der zusammengefaßten Quotienten. Im einzelnen stellen die Ausdrücke

Anzeige für $\underline{S}_{11}$ am Meßgerät $:= \underline{S}_{11M}$ $\qquad \underline{S}_{11M} = \dfrac{\underline{b}_1}{\underline{a}_1}$ $\qquad$ (8.40)

Anzeige für $\underline{S}_{21}$ am Meßgerät $:= \underline{S}_{21M}$ $\qquad \underline{S}_{21M} = \dfrac{\underline{b}_2}{\underline{a}_1}$ $\qquad$ (8.41)

Anzeige für $\underline{S}_{22}$ am Meßgerät $:= \underline{S}_{22M}$ $\qquad \underline{S}_{22M} = \dfrac{\underline{b}_2'}{\underline{a}_2'}$ $\qquad$ (8.42)

Anzeige für $\underline{S}_{12}$ am Meßgerät $:= \underline{S}_{12M}$ $\qquad \underline{S}_{12M} = \dfrac{\underline{b}_1'}{\underline{a}_2'}$ $\qquad$ (8.43)

die am Meßinstrument **angezeigten** Werte für die Streuparameter $\underline{S}_{11M}$, $\underline{S}_{12M}$, $\underline{S}_{21M}$ und $\underline{S}_{22M}$ dar, die den durch das nichtideale Systemverhalten überlagerten Reflexionsanteil am Umschalter beinhalten. Zudem kann aus den Signalen an den Meßstellen, die die jeweils hinlaufenden Wellen erfassen, für den Vorwärtsbetrieb der Faktor $\underline{A}$, mit

Anzeige am Meßgerät im Vorwärtsbetrieb $:= \underline{A}$ $\qquad \underline{A} = \dfrac{\underline{a}_2}{\underline{a}_1}$, $\qquad$ (8.44)

und für den Rückwärtsbetrieb der Faktor $\underline{B}$, mit

Anzeige am Meßgerät im Rückwärtsbetrieb $:= \underline{B}$ $\qquad \underline{B} = \dfrac{\underline{a}_2'}{\underline{a}_1'}$, $\qquad$ (8.45)

ermittelt werden. Mit diesen Größen läßt sich das Ergebnis für die tatsächlichen Streuparameter, die in Gl.(8.39) auf der linken Seite stehen, durch

$$
\begin{pmatrix} \underline{S}_{11} & \underline{S}_{12} \\ \underline{S}_{21} & \underline{S}_{22} \end{pmatrix} = \frac{1}{1 - \frac{\underline{A}}{\underline{B}}} \begin{pmatrix} \underline{S}_{11M} - \underline{A}\,\underline{S}_{12M} & \underline{S}_{12M} - \frac{1}{\underline{B}}\,\underline{S}_{11M} \\ \underline{S}_{21M} - \underline{A}\,\underline{S}_{22M} & \underline{S}_{22M} - \frac{1}{\underline{B}}\,\underline{S}_{21M} \end{pmatrix}
$$
(8.46)

angeben. Das Ergebnis in Gl.(8.46) gibt das gesamte Systemverhalten an. Im Idealfall strebt $\underline{A} \to 0$ und $\frac{1}{\underline{B}} \to 0$. Die Faktoren $\underline{A}$ und $\underline{B}$ beinhalten im wesentlichen die Unzulänglichkeiten des Umschalters und der Richtkoppler sowie Reflexionen an den Stoßstellen.

Zusammenfassend ist festzuhalten, daß mit der Vorstellung des Blockschaltbildes eines modernen S-Parameter Test-Sets die Betrachtung der Hardware zur Streuparameterbestimmung abgeschlossen ist. Die in diesem Abschnitt zugrunde gelegten Voraussetzungen für die Eigenschaften der verwendeten Komponenten führten zu einer vereinfachten Analyse, die allerdings eine vollständige Diskussion der Grundproblematik ermöglichte. Eine Berücksichtigung des realen Komponentenverhaltens würde sämtliche Berechnungen komplizierter gestalten, aber keine wesentlich veränderten Erkenntnisse liefern. Als Fazit gilt, daß das reale Komponentenverhalten dazu führt, daß die von dem Gesamtsystem ermittelten Wellengrößen $\underline{a}_1$, $\underline{a}_2$, $\underline{b}_1$ und $\underline{b}_2$, die die Eigenschaften des Meßobjektes wiedergeben sollen, von den Systemeigenschaften beeinflußt werden. Auch bei einem modernen S-Parameter Test-Set nach Bild 8.10, daß alle Wellengrößen an separaten Meßstellen ermittelt, hat eine Korrektur gemäß Gl.(8.46) zu erfolgen, damit unterschiedliche Schalterstellungen erfaßt werden. Hierzu besteht die Notwendigkeit, daß der Benutzer Zugriff auf die einzelnen Signale hat, damit die Korrekturfaktoren $\underline{A}$ und $\underline{B}$ ermittelt werden können. Diese werden bei der Meßwertekorrektur benötigt, die die Systemeigenschaften herausrechnet, wenn die tatsächlichen Eigenschaften des Meßobjektes berechnet werden. Diese Aufgabe erfordert eine umfassende Kenntnis aller Systemeigenschaften, die durch zusätzliche Messungen zu ermitteln sind. Es ist die Aufgabe des nachstehenden Abschnittes die hierzu notwendigen Schritte aufzuzeigen.

8.1.2 Vorstellung von Fehlermodellen und Kalibriertechniken

8.1.3 Eintor-Kalibrierung (SOL; Short, Open, Load)

Die Behandlung von Kalibrierverfahren zur rechnerischen Korrektur der Meßwerte (Rohdaten) erfolgt im Anschluß an die Betrachtung von Gl.(8.12). Es sei daran erinnert, daß diese Beziehung den Quotienten zweier Meßsignale darstellt, wobei $\underline{b}_2$ proportional zu der Welle ist, die in Richtung Meßobjekt läuft, und $\underline{b}_3$ proportional zu der Welle ist, die vom Meßobjekt reflektiert ist. Die Parameter in dieser Gleichung beschreiben in vereinfachter Form das Verhalten der Eintor-Meßanordnung (Reflektometer). Zur Interpretation von Gl.(8.12),

$$\frac{\underline{b}_3}{\underline{b}_2} = \underline{M}_x = \frac{\underline{t}\,(\underline{r}_2 + \underline{r}_x)}{1 - \underline{r}_x\,\underline{r}_3\,(\underline{k}^2 - \underline{t}^2)},\tag{8.12}$$

erfolgt die Umformung

$$\underline{M}_x = \underline{t}\,\underline{r}_2 + \frac{\underline{t}\,\underline{r}_2 + \underline{t}\,\underline{r}_x - \underline{t}\,\underline{r}_2\,(1 - \underline{r}_x\,\underline{r}_3\,(\underline{k}^2 - \underline{t}^2))}{1 - \underline{r}_x\,\underline{r}_3\,(\underline{k}^2 - \underline{t}^2)}$$

zu

$$\underline{M}_x = \underline{t}\,\underline{r}_2 + \frac{\underline{r}_x\,\underline{t}\,(1 + \underline{r}_2\,\underline{r}_3\,(\underline{k}^2 - \underline{t}^2))}{1 - \underline{r}_x\,\underline{r}_3\,(\underline{k}^2 - \underline{t}^2)}\tag{8.47}$$

und eine Berechnung des Eingangsreflexionsfaktors $\underline{r}_E$ der in Bild 8.15 a) gezeigten Anordnung. Hier ergibt sich

$$\underline{r}_E = \underline{S}_{11} + \frac{\underline{r}_x\,\underline{S}_{21}\,\underline{S}_{12}}{1 - \underline{S}_{22}\,\underline{r}_x}.\tag{8.48}$$

Erfolgt nun ein Vergleich der Koeffizienten in Gl.(8.48) mit denen in Gl.(8.47), so kann aus

$$\underline{S}_{11} = \underline{t}\,\underline{r}_2,\tag{8.49}$$

$$\underline{S}_{21}\,\underline{S}_{12} = \underline{t}\,(1 + \underline{r}_2\,\underline{r}_3\,(\underline{k}^2 - \underline{t}^2))\tag{8.50}$$

und

$$\underline{S}_{22} = \underline{r}_3\,(\underline{k}^2 - \underline{t}^2)\tag{8.51}$$

geschlossen werden, daß sich das Reflektometer durch ein Ersatzzweitor beschreiben läßt. Die Eigenschaften dieses Ersatzzweitors, die durch Streuparameter angegeben werden können, verfälschen die Meßwerte, die zur Bestimmung des unbekannten Reflexionsfaktors $\underline{r}_x$ ermittelt werden.

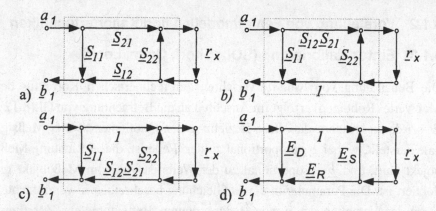

Bild 8.15: *Unterschiedliche Fehlerzweitore zur Reflexionskalibrierung*

Es ist die Aufgabe der Meßwertekorrektur, das Verhalten des Systems zu bestimmen und es aus den Meßwerten herauszurechnen. Erfolgt nun eine Umstellung von Gl.(8.48) nach $\underline{r}_x$,

$$\underline{r}_x = \frac{\underline{r}_E - \underline{S}_{11}}{(\underline{r}_E - \underline{S}_{11})\,\underline{S}_{22} + \underline{S}_{21}\,\underline{S}_{12}}, \qquad (8.52)$$

so zeigt sich, daß nach Gl.(8.52) nur die Größen $\underline{S}_{11}$, $\underline{S}_{22}$ und das Produkt $\underline{S}_{21}\,\underline{S}_{12}$ zur Meßwertekorrektur benötigt werden, nur das Produkt $\underline{S}_{21}\,\underline{S}_{12}$ und nicht jeder Parameter für sich. Dieses ist einsichtig; denn wie ein Vergleich des Signalflußdiagramms in Bild 8.15 a) mit denen in den Bildern 8.15 b) und 8.15 c) zeigt, handelt es sich in allen Fällen um gleichwertige Darstellungen bezüglich der Beschreibung von $\underline{b}_1$. Anschaulich läßt sich dadurch aber das Systemverhalten vollständig beschreiben, d.h. es gilt nicht nur die näherungsweise Betrachtung, die zu Gl.(8.12) geführt hat. Beschreibt $\underline{a}_1$ den ausgekoppelten Anteil der zum Meßobjekt laufenden Welle und $\underline{b}_1$ das Signal an der Meßstelle, die einen Teil des ausgekoppelten, vom Meßobjekt kommenden Signals empfängt, so setzt sich $\underline{b}_1$ aus mehreren Anteilen zusammen. Der erste, der durch $\underline{S}_{11}$ beschrieben wird, erfaßt das interne Übersprechen von der einen Meßstelle zu der anderen. Er ist ein Maß für die Isolation beider Meßstellen und wird überwiegend durch die Richtwirkung (Directivity) des Kopplers bestimmt. Der zweite Anteil ergibt sich aus dem Produkt aller Transmissionsfaktoren vom Eingang bis zur Meßstelle, wobei die Schleife, die die Last mit dem Eingangsreflexionsfaktor des Meßanschlusses bildet, berücksichtigt werden muß. Hierbei beschreibt $\underline{S}_{22}$ den resultierenden Reflexionsfaktor, den das Meßsystem als Quelle für das Meßobjekt darstellt. $\underline{S}_{22}$ wird daher als Anpassung der Quelle (source match) bezeichnet. Das Produkt $\underline{S}_{21}\,\underline{S}_{12}$ beschreibt die Eigenschaften des Pfades zwischen Signalquelle und Meßempfänger für $\underline{b}_1$ (source tracking). Von den drei in den Bildern 8.15 a) bis c) gezeigten Möglichkeiten, den Signalfluß im Meßsystem zu beschreiben, hat sich bei der Netzwerkanalysatorbeschreibung die Variante c) durchgesetzt. Dabei werden gemäß Bild 8.15 d) die Fehlerterme mit Directivity-Error $\underline{E}_D$ ($\underline{S}_{11}$), Source-Match-Error $\underline{E}_S$ ($\underline{S}_{22}$) und Source-Tracking-Error $\underline{E}_R$ ($\underline{S}_{21}\,\underline{S}_{12}$) bezeichnet. Unter Berücksichtigung dieser Bezeichnungsweise läßt sich mit $\underline{r}_E = \underline{M}_x$ Gl.(8.48) in der Form

$$\underline{M}_x = \underline{E}_D + \frac{\underline{r}_x\,\underline{E}_R}{1 - \underline{E}_S\,\underline{r}_x} \qquad (8.53)$$

angeben. Es muß nun nach einer Möglichkeit gesucht werden, die die benötigten Fehlerkoeffizienten liefert; denn sind sämtliche Parameter in Gl.(8.53) bekannt, so kann aus $\underline{M}_x$, d.h. aus einer Messung von $\underline{b}_2$ und $\underline{b}_3$ und einer Quotientenbildung gemäß $\underline{M}_x = \underline{r}_E = \underline{b}_3/\underline{b}_2$, der unbekannte Reflexionsfaktor $\underline{r}_x$ des Meßobjektes (DUT) nach Gl.(8.52)

$$\underline{r}_x = \frac{\underline{M}_x - \underline{E}_D}{(\underline{M}_x - \underline{E}_D)\,\underline{E}_S + \underline{E}_R}, \qquad (8.54)$$

bestimmt werden. Zur Bestimmung der Fehlerkoeffizienten in Gl.(8.54) werden drei bekannte Meßobjekte gemessen. Dies liefert das Gleichungssystem

$$\underline{M}_1 = \underline{E}_D + \frac{\underline{r}_1\,\underline{E}_R}{1 - \underline{E}_S\,\underline{r}_1}, \qquad (8.55)$$

$$\underline{M}_2 = \underline{E}_D + \frac{\underline{r}_2\,\underline{E}_R}{1 - \underline{E}_S\,\underline{r}_2} \qquad (8.56)$$

und

$$\underline{M}_3 = \underline{E}_D + \frac{\underline{r}_3\,\underline{E}_R}{1 - \underline{E}_S\,\underline{r}_3}. \qquad (8.57)$$

Subtraktion von Gl.(8.56) von Gl.(8.55) und Gl.(8.57) von Gl.(8.55) führt auf

$$\frac{\underline{M}_1 - \underline{M}_2}{\underline{r}_1 - \underline{r}_2} = \underline{N}_{12} = \frac{\underline{E}_R}{(1 - \underline{E}_S\,\underline{r}_1)(1 - \underline{E}_S\,\underline{r}_2)}, \qquad (8.58)$$

$$\frac{\underline{M}_1 - \underline{M}_3}{\underline{r}_1 - \underline{r}_3} = \underline{N}_{13} = \frac{\underline{E}_R}{(1 - \underline{E}_S\,\underline{r}_1)(1 - \underline{E}_S\,\underline{r}_3)}, \qquad (8.59)$$

woraus die Quotientenbildung

$$\frac{\underline{N}_{12}}{\underline{N}_{13}} = \frac{1 - \underline{E}_S\,\underline{r}_3}{1 - \underline{E}_S\,\underline{r}_2} \qquad (8.60)$$

liefert, so daß sich nach kurzer Umformung der Fehlerkoeffizient $\underline{E}_S$ zu

$$\underline{E}_S = \frac{\underline{N}_{12} - \underline{N}_{13}}{\underline{r}_2\,\underline{N}_{12} - \underline{r}_3\,\underline{N}_{13}} \tag{8.61}$$

bestimmen läßt. Einsetzen des Ergebnisses nach Gl.(8.61) in Gl.(8.58) liefert für der Fehlerkoeffizient $\underline{E}_R$

$$\underline{E}_R = \underline{N}_{12}(1 - \underline{E}_S\,\underline{r}_1)(1 - \underline{E}_S\,\underline{r}_2), \tag{8.62}$$

so daß sich damit $\underline{E}_D$ aus Gl.(8.55) zu

$$\underline{E}_D = \underline{M}_1 - \frac{\underline{r}_1\,\underline{E}_R}{1 - \underline{E}_S\,\underline{r}_1} \tag{8.63}$$

bestimmen läßt.

Mit diesen Ergebnissen ist die allgemeine Lösung gefunden. Einen für die Praxis sehr bedeutenden Fall liefert die Verwendung eines reflexionsfreien Abschlusses (Load, Match; $\underline{r}_1 = \underline{r}_L = 0$), eines Leerlaufs (Open; $\underline{r}_2 = \underline{r}_O = 1$) und eines Kurzschlusses (Short; $\underline{r}_3 = \underline{r}_S = -1$) als Kalibrierstandards. Für diesen Fall gilt $\underline{N}_{12} = \underline{M}_2 - \underline{M}_1 = \underline{M}_O - \underline{M}_L$ und $\underline{N}_{13} = \underline{M}_1 - \underline{M}_3 = \underline{M}_L - \underline{M}_S$ und die Auswertung von Gl.(8.61) bis Gl.(8.63) liefert

$$\underline{E}_S = \frac{\underline{N}_{12} - \underline{N}_{13}}{\underline{N}_{12} + \underline{N}_{13}} = \frac{\underline{M}_O + \underline{M}_S - 2\underline{M}_L}{\underline{M}_O - \underline{M}_S}, \tag{8.64}$$

$$\underline{E}_R = \underline{N}_{12}\,(1 - \underline{E}_S) = 2\,\frac{(\underline{M}_L - \underline{M}_O)(\underline{M}_L - \underline{M}_S)}{\underline{M}_S - \underline{M}_O} \tag{8.65}$$

und

$$\underline{E}_D = \underline{M}_1. \tag{8.66}$$

Die Ergebnisse in Gl.(8.64) bis Gl.(8.66) stellen einen Idealfall dar, der nur bei niedrigen Frequenzen vernachlässigbare Fehler liefert. Mit zunehmender Frequenz weicht das tatsächliche Verhalten realer Kalibrierstandards vom Idealverhalten ab. Der Leerlauf wirkt kapazitiv, der Kurzschluß induktiv und der Leitungsabschluß hat einen geringen aber nicht vernachlässigbaren Reflexionsfaktor. Damit liegt das Problem in der Ermittlung der Eigenschaften der Kalibrierstandards. Bei Leitungsarten, in denen das Bauelementeverhalten bestimmbar ist, z.B. durch numerische Berechnungen, können die tatsächlichen Eigenschaften berechnet und zur Kalibrierung verwendet werden. Dieses gilt i. allg. für die Standards Leerlauf und Kurzschluß in koaxialer Leitungstechnik. In anderen Leitungstechniken ist dagegen die theoretische Vorhersage des Verhaltens der Standards schwieriger. Ein grundsätzliches Problem besteht jedoch bei der Realisierung breitbandiger Leitungsabschlüsse. Um dieses Problem zu lösen, erfolgt die Verwendung einer Last mit vorgeschalteter, verlustloser Leitung, deren Länge einstellbar ist. In diesem Fall beschreibt der vom System gemessene Eingangsreflexionsfaktor bei Änderung der Länge der Leitung in der Reflexionsfaktorebene einen Kreis. Mittelpunkt und Radius dieses Kreises dienen zur Bestimmung von $\underline{E}_D$.

Kalibrierung mit einer „Sliding Load" [53] [54]

Die Realisierung fester, hochwertiger Leitungsabschlüsse mit vernachlässigbarem Reflexionsfaktor bei höheren Frequenzen ($f > 4\,\text{GHz}$) ist sehr problematisch. Aus diesem Grunde werden verschiebbare Leitungsabschlüsse (**Sliding Loads**) realisiert, bei denen sich der Abschluß im Leiterinnern befindet und dessen Position von außen eingestellt werden kann. Diese Load kann nun zur Bestimmung von $\underline{E}_D$ in Gl.(8.53) eingesetzt werden. Zur Verdeutlichung des Prinzips erfolgt die Betrachtung des Eingangsreflexionsfaktors $\underline{r}_E = \underline{M}_x$ nach Gl.(8.53),

$$\underline{M}_x = \underline{E}_D + \frac{\underline{r}_x\,\underline{E}_R}{1 - \underline{E}_S\,\underline{r}_x}. \tag{8.67}$$

Für ein Meßobjekt $\underline{r}_x$ mit vorgeschalteter, **verlustloser** Leitung, deren Länge einstellbar ist, ergibt sich bei Änderung der Länge in der Reflexionsfaktorebene $\underline{M}_x$ ein Kreis. Mittelpunkt und Radius dieses Kreises können zur Bestimmung von $\underline{E}_D$ herangezogen werden. Das Vorgehen soll mit $\underline{r}_x = \underline{r}_L e^{-j2\beta\ell}$ in Gl.(8.67), so daß sich daraus

$$\underline{M}_x = \underline{E}_D + \frac{\underline{E}_R}{\underline{E}_S}\left(\frac{\underline{E}_S\,\underline{r}_L\,e^{-j2\beta\ell}}{1 - \underline{E}_S\,\underline{r}_L\,e^{-j2\beta\ell}}\right),$$

$$\underline{M}_x = \underline{E}_D + \frac{\underline{E}_R}{\underline{E}_S}\left(\frac{1 - (1 - \underline{E}_S\,\underline{r}_L\,e^{-j2\beta\ell})}{1 - \underline{E}_S\,\underline{r}_L\,e^{-j2\beta\ell}}\right)$$

bzw.

$$\underline{M}_x = \underline{E}_D + \frac{\underline{E}_R}{\underline{E}_S}\left(\frac{1}{1 - \underline{E}_S\,\underline{r}_L\,e^{-j2\beta\ell}} - 1\right) \tag{8.68}$$

ergibt, anhand von Bild 8.16 aufgezeigt werden.

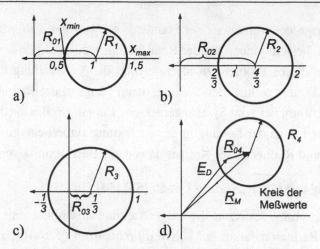

Bild 8.16: *Prinzipielle Darstellung der Meßwerte bei Verwendung einer Sliding-Load;* $(1 - \underline{E}_S \, \underline{r}_L \, e^{-j2\beta\ell})$ *a),* $((1 - \underline{E}_S \, \underline{r}_L \, e^{-j2\beta\ell})^{-1})$ *b),* $((1 - \underline{E}_S \, \underline{r}_L \, e^{-j2\beta\ell})^{-1} - 1)$ *c) und* $\underline{M}_x$ *d)*

Der Ausdruck $\underline{E}_S \, \underline{r}_L = \underline{Z}$ in Gl.(8.68) stellt eine komplexe Zahl dar. Die Multiplikation von $\underline{Z}$ mit $e^{-j2\beta\ell}$ bedeutet ein Drehung dieses Zeigers $\underline{Z}$ um den Ursprung, d.h. die Zeigerspitze beschreibt bei kontinuierlicher Änderung der Länge ℓ einen Kreis mit dem Radius $R_0 = |\underline{E}_S| \, |\underline{r}_L|$ um den Ursprung. Die Addition von 1 verschiebt diesen Kreis gemäß Bild 8.16 a) um 1 nach rechts, d.h. der Mittelpunkt R_{01} liegt bei 1, der Radius $R_1 = R_0$ bleibt erhalten. Die anschließende Inversion bildet diesen Kreis erneut auf einen Kreis mit dem Radius R_2 ab, dessen Mittelpunkt R_{02} erneut, wie in Bild 8.16 b) angedeutet, auf der reellen Achse liegt. Für $\underline{r}_L \to 0$ wandert dieser Mittelpunkt von rechts gegen 1. Die Subtraktion der 1 schiebt gemäß Bild 8.16 c) diesen Kreis um 1 in Richtung Ursprung. Es ergibt sich der Mittelpunktfehler R_{03}. Dieser verschwindet für $\underline{r}_L \to 0$. Die anschließende Multiplikation mit $\frac{E_R}{E_S}$, die eine Drehstreckung bedeutet, und die Addition von $\underline{E}_D$, die eine Verschiebung bewirkt, liefert für die Meßwerte der Sliding Load Werte, die, wie in Bild 8.16 d) angedeutet, auf einem Kreis liegen. Werden nun die Meßwerte für verschiedene Werte von ℓ gemessen, so kann rechnerisch die Lage des Mittelpunktes $\underline{R}_M$ und der Radius R_4 dieses Kreises bestimmt werden.

Es stellt sich die Frage, inwieweit dieser Mittelpunkt zur Bestimmung von $\underline{E}_D$ herangezogen werden kann. Die Antwort ergibt sich aus den nachstehenden Überlegungen. Die Mittelpunkte der Kreise in Bild 8.16 ergeben sich aus der jeweiligen Betrachtung des maximalen und des minimalen Abstand auf dem Kreis vom Ursprung. So gilt für $1 - \underline{E}_S\,\underline{r}_L\,e^{-j2\beta\ell}$ gemäß Bild 8.16 a)

$$R_{01} = \frac{1}{2}\,(x_{max} + x_{min}) \qquad \text{und} \qquad R_1 = \frac{1}{2}\,(x_{max} - x_{min}),$$

mit $x_{max} = 1 + |\underline{E}_S|\,|\underline{r}_L|$ und $x_{min} = 1 - |\underline{E}_S|\,|\underline{r}_L|$,

$$R_{01} = 1 \qquad \text{und} \qquad R_1 = |\underline{E}_S|\,|\underline{r}_L|.$$

Entsprechend ergibt sich aus $((1 - \underline{E}_S\,\underline{r}_L\,e^{-j2\beta\ell})^{-1})$

$$R_{02} = \frac{1}{2}\left(\frac{1}{x_{min}} + \frac{1}{x_{max}}\right) = \frac{1}{2}\left(\frac{1}{1 - |\underline{E}_S|\,|\underline{r}_L|} + \frac{1}{1 + |\underline{E}_S|\,|\underline{r}_L|}\right)$$

und

$$R_2 = \frac{1}{2}\left(\frac{1}{x_{min}} - \frac{1}{x_{max}}\right) = \frac{1}{2}\left(\frac{1}{1 - |\underline{E}_S|\,|\underline{r}_L|} - \frac{1}{1 + |\underline{E}_S|\,|\underline{r}_L|}\right)$$

direkt

$$R_{02} = \frac{1}{1 - |\underline{E}_S|^2\,|\underline{r}_L|^2} \tag{8.69}$$

und

$$R_2 = \frac{|\underline{E}_S|\,|\underline{r}_L|}{1 - |\underline{E}_S|^2\,|\underline{r}_L|^2}. \tag{8.70}$$

Bei der anschließenden Subtraktion von 1, die die in Bild 8.16 b) gezeigte Verschiebung nach links liefert, bleibt der Radius erhalten, d.h. es gilt

$$R_3 = R_2 = \frac{|\underline{E}_S|\,|\underline{r}_L|}{1 - |\underline{E}_S|^2\,|\underline{r}_L|^2}. \tag{8.71}$$

Es ergibt sich aber ein Mittelpunktfehler R_{03},

$$R_{03} = \frac{1}{1 - |\underline{E}_S|^2\,|\underline{r}_L|^2} - 1 = \frac{|\underline{E}_S|^2\,|\underline{r}_L|^2}{1 - |\underline{E}_S|^2\,|\underline{r}_L|^2}, \tag{8.72}$$

der durch den Reflexionsfaktor $\underline{r}_L$ der Sliding Load verursacht wird. Ausgehend von diesem Kreis ergibt sich der Zeiger zum Mittelpunkt des Kreises der Meßwerte $\underline{R}_M$ in Bild 8.16 d) gemäß Gl.(8.68) zu

$$\underline{R}_M = \underline{E}_D + \underline{R}_{04} \tag{8.73}$$

mit

$$\underline{R}_{04} = \frac{\underline{E}_R}{\underline{E}_S}\,R_{03} = \frac{\underline{E}_R}{\underline{E}_S}\left(\frac{|\underline{E}_S|^2\,|\underline{r}_L|^2}{1 - |\underline{E}_S|^2\,|\underline{r}_L|^2}\right) \tag{8.74}$$

zu

$$\underline{R}_M = \underline{E}_D + \frac{\underline{E}_R}{\underline{E}_S} \left(\frac{|\underline{E}_S|^2 \, |\underline{r}_L|^2}{1 - |\underline{E}_S|^2 \, |\underline{r}_L|^2} \right), \qquad (8.75)$$

mit dem Radius

$$R_4 = \frac{|\underline{E}_R|}{|\underline{E}_S|} \, R_3 = \frac{|\underline{E}_R| \, |\underline{r}_L|}{1 - |\underline{E}_S|^2 \, |\underline{r}_L|^2}. \qquad (8.76)$$

Auf diesem Kreis liegen die bei der Messung ermittelten Werte für $\underline{R}_M$. Ist nun der durch die Last $\underline{r}_L$ verursachte Mittelpunktfehler $\underline{R}_{04}$, dessen Betrag durch

$$|\underline{R}_{04}| = \frac{|\underline{E}_R| \, |\underline{E}_S| \, |\underline{r}_L|^2}{1 - |\underline{E}_S|^2 \, |\underline{r}_L|^2} = |\underline{E}_S| \, |\underline{r}_L| \, R_4 \qquad (8.77)$$

gegeben ist, bekannt, so könnte nach der Bestimmung von $\underline{R}_M$ aus den Meßwerten der gesuchte Wert für $\underline{E}_D$ aus Gl.(8.73) bestimmt werden. An dieser Stelle kann allerdings schon eine Abschätzung durchgeführt werden, denn laut Gl.(8.77) ergibt sich der Betrag des Mittelpunktfehlers aus der Multiplikation von $|\underline{E}_S| \, |\underline{r}_L|$ mit dem Radius R_4 des Kreises. Da sowohl $|\underline{E}_S| << 1$ als auch $|\underline{r}_L| << 1$ gilt, ist der Mittelpunktfehler nahezu vernachlässigbar.

Zur genauen Bestimmung aller Fehlerkoeffizienten muß nach der Ermittlung von $\underline{R}_M$ und R_4 aus den Meßwerten für die Sliding Load

$$\underline{E}_D = \underline{R}_M - \frac{\underline{E}_R}{\underline{E}_S} \left(\frac{|\underline{E}_S|^2 \, |\underline{r}_L|^2}{1 - |\underline{E}_S|^2 \, |\underline{r}_L|^2} \right) \qquad (8.78)$$

und

$$R_4 = \frac{|\underline{E}_R| \, |\underline{r}_L|}{1 - |\underline{E}_S|^2 \, |\underline{r}_L|^2} \qquad (8.79)$$

und den Ergebnissen aus Leerlauf- und Kurzschlußmessung

$$\underline{M}_O = \underline{E}_D + \frac{\underline{E}_R}{\underline{E}_S} \left(\frac{\underline{E}_S \, \underline{r}_O}{1 - \underline{E}_S \, \underline{r}_O} \right) \qquad (8.80)$$

und

$$\underline{M}_S = \underline{E}_D + \frac{\underline{E}_R}{\underline{E}_S} \left(\frac{\underline{E}_S \, \underline{r}_S}{1 - \underline{E}_S \, \underline{r}_S} \right), \qquad (8.81)$$

das Gleichungssystem bestehend aus Gl.(8.78) bis Gl.(8.81) gelöst werden.

Iterative Bestimmung aller Fehlerkoeffizienten?

Nach den letzten Aussagen kann der Mittelpunktfehler nahezu vernachlässigt werden. Somit soll als Näherung, der Startwert $\underline{E}_D = \underline{R}_M$ gesetzt werden, so daß sich mit der Abkürzung

$$\underline{M}_{OS} = \frac{\underline{M}_O - \underline{E}_D}{\underline{M}_S - \underline{E}_D} \tag{8.82}$$

aus Gl.(8.80) und Gl.(8.81) die Beziehung

$$\underline{M}_{OS} = \frac{\underline{r}_O \, (1 - \underline{E}_S \, \underline{r}_S)}{\underline{r}_S \, (1 - \underline{E}_S \, \underline{r}_O)}$$

ergibt, die nach kurzer Rechnung $\underline{E}_S$ in der Form

$$\underline{E}_S = \frac{\underline{M}_{OS} \, \underline{r}_S - \underline{r}_O}{\underline{r}_S \, \underline{r}_O \, (\underline{M}_{OS} - 1)} \tag{8.83}$$

liefert. Einsetzen des Ergebnisses aus Gl.(8.83) in Gl.(8.80) ergibt für $\underline{E}_R$

$$\underline{E}_R = \frac{(\underline{M}_O - \underline{E}_D) \, (\underline{r}_O - \underline{r}_S)}{\underline{r}_S \, \underline{r}_O \, (\underline{M}_{OS} - 1)}. \tag{8.84}$$

Nach der Bestimmung von $\underline{E}_S$ und $\underline{E}_R$ gemäß Gl.(8.61) und Gl.(8.62) muß aus Gl.(8.79) der Betrag $|\underline{r}_L|$ der verschiebbaren Last ermittelt werden. Gl.(8.79) liefert

$$\frac{1}{|\underline{E}_S|^2} = |\underline{r}_L|^2 + \frac{|\underline{E}_R|}{R_4 \, |\underline{E}_S|^2} \, |\underline{r}_L|$$

bzw.

$$\frac{1}{|\underline{E}_S|^2} + \left(\frac{|\underline{E}_R|}{2 \, R_4 \, |\underline{E}_S|^2} \right)^2 = \left(|\underline{r}_L| + \frac{|\underline{E}_R|}{2 \, R_4 \, |\underline{E}_S|^2} \right)^2 ,$$

woraus sich für $|\underline{r}_L|$ die Beziehung

$$|\underline{r}_L| = \sqrt{ \frac{1}{|\underline{E}_S|^2} + \left(\frac{|\underline{E}_R|}{2 \, R_4 \, |\underline{E}_S|^2} \right)^2 } - \frac{|\underline{E}_R|}{2 \, R_4 \, |\underline{E}_S|^2} \tag{8.85}$$

ergibt, die in Gl.(8.72) zur Berechnung der Directivity $\underline{E}_D$ benötigt wird. Somit ergibt sich $\underline{E}_D$ zu

$$\underline{E}_D = \underline{R}_M - \frac{\underline{E}_R}{\underline{E}_S} \left(\frac{|\underline{E}_S|^2 \, |\underline{r}_L|^2}{1 - |\underline{E}_S|^2 \, |\underline{r}_L|^2} \right). \tag{8.86}$$

Dieses Ergebnis für $\underline{E}_D$ soll nun erneut in Gl.(8.82) eingesetzt und zur Bestimmung neuer Werte von $\underline{E}_S$ und $\underline{E}_R$ gemäß Gl.(8.83) bzw. Gl.(8.84) herangezogen werden, so daß dadurch eine Korrektur von $|\underline{r}_L|$ und somit von $\underline{E}_D$, $\underline{E}_S$ und $\underline{E}_R$ erfolgen kann. Dieser Vorgang ist so oft zu wiederholen, bis keine nennenswerte Änderung in den Werten mehr festzustellen ist.

Nach diesen Betrachtungen ist die Darstellung der Eintorkalibrierung abgeschlossen. Es bleibt festzuhalten, daß aus der Messung eines Leerlaufs und eines Kurzschlusses, wobei deren Eigenschaften bekannt sein müssen, sowie der Messung mehrerer Eingangsreflexionsfaktoren mit Sliding Load für verschiedene Positionen, alle Koeffizienten des Fehlermodells bestimmt werden können und daß das System dadurch in der Lage ist, den Reflexionsfaktor eines unbekannten Meßobjektes nach Gl.(8.54) zu bestimmen.

8.1.4 Zweitor-Kalibrierung

8.1.4.1 Fehlermodelle

Die Erweiterung des Eintormeßplatzes zum S-Parameter Meßsystem erfordert eine erweiterte Beschreibung der Meßanordnung. So haben sich zwei verschiedene Modelle zur Beschreibung der Netzwerkanalysatoren durchgesetzt, die im folgenden näher betrachtet werden sollen. Zum einen das 12-Term Fehlermodell, das eine Erweiterung der Eintorbeschreibung darstellt, und zum anderen das 8-Term Fehlermodell, das heute in der Regel zur Kalibrierung in Streifenleitungstechnik eingesetzt wird.

8.1.4.1.1 12-Term Fehlermodell

Nach der Behandlung der Eintorkalibrierung ergibt sich die Zweitorkalibrierung durch die Erweiterung des Fehlermodells in Bild 8.15 d). Da das zu charakterisierende Zweitor in Vorwärtsrichtung und in Rückwärtsrichtung betrieben wird, sind gemäß Bild 8.17 a) und b) zwei derartige Fehlermodelle notwendig, um die ausgangsseitige Beschaltung des Zweitors bei der Reflexions- und der Transmissionsmessung zu erfassen. Beim Anschluß eines Zweitors ergibt sich in Vorwärtsrichtung ein Systemverhalten, das durch das Fehlermodell in Bild 8.17 a) beschrieben wird. Das Bild zeigt, daß das Zweitor ausgangsseitig mit einen Reflexionsfaktor $\underline{E}_{LF}$ beschaltet ist, wobei der Index F (forward) auf den Vorwärtsbetrieb hindeutet. Dieser Reflexionsfaktor beinhaltet als resultierender Reflexionsfaktor die Komponenten im Test-Set, die sich hinter dem Ausgang des Zweitors befinden, und liefert somit den Einfluß der Anordnung bei der Messung von $\underline{b}_1$.

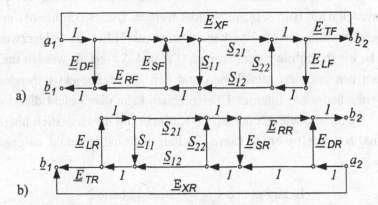

Bild 8.17: *Darstellung des 12-Term Fehlermodells zur Zweitorkalibrierung; Vorwärtsrichtung a), Rückwärtsrichtung b)*

In Transmissionsstellung, d.h. bei der Messung von $\underline{b}_2$, wird das Signal sowohl im Systemteil am Eingang des Zweitors als auch im Systemteil am Ausgang des Zweitors unerwünscht beeinflußt. Da bei der gewählten Beschreibung nach Bild 8.17 die Beeinflussung im Systemteil am Eingang unberücksichtigt bleibt, muß der Faktor $\underline{E}_{TF}$ beide Anteile beinhalten. Eine derartige Vorgehensweise ist ohne Einschränkung möglich, da sich das Übertragungsverhalten dieser beiden Strecken aus dem Produkt der einzelnen Faktoren ergibt, und somit zusammengefaßt werden kann. Dieses ist die Folge davon, daß bei der Reflexionskalibrierung nur drei Parameter zur Beschreibung des Systems am Zweitoreingang verwendet wurden. Der Einfachheit halber wurde dort die Zweigverstärkung im oberen Zweig zu 1 gesetzt. Zu dem Signalanteil, der durch das Meßobjekt transmittiert wird, kann $\underline{b}_2$ noch eine weitere Komponente beinhalten, die sich aus der Überlagerung eines systeminternen Übersprechens ergibt. Dieser Anteil soll durch den zusätzlichen Zweig mit der Zweigverstärkung $\underline{E}_{XF}$ erfaßt werden. Neben der Erfassung des Systemverhaltens der Vorwärtsrichtung ist im Rückwärtsbetrieb eine entsprechende Berücksichtigung der Meßeinrichtung erforderlich, so daß mit dem in Bild 8.17 b) gezeigten Modell insgesamt 12-Fehlerterme zu berücksichtigen sind. Das Modell trägt daher den Namen „12-Term Fehlermodell".

8.1.4.1.2 8-Term Fehlermodell

Neben dem 12-Term Fehlermodell kann bei moderneren Netzwerkanalysatoren, die über getrennte Zweige zur Auskopplung der Wellengrößen verfügen (siehe Blockschaltbild in Bild 8.10), ein vereinfachtes Modell, das 8-Term Fehlermodell nach Bild 8.18, verwendet werden. Dieses beschreibt die internen Eigenschaften des Netzwerkanalysators mit Hilfe von Fehlerzweitoren A und B, die durch die Streumatrizen $\overset{\leftrightarrow}{\underline{S}}{}^A$ und $\overset{\leftrightarrow}{\underline{S}}{}^B$ erfaßt werden und sich zwischen den internen Meßebenen und den am Meßobjekt liegenden Bezugsebenen befinden. Internes Übersprechen kann dabei nicht direkt erfaßt werden. Da dieses, wie bei der SOLT-Kalibrierung als zusätzlich überlagertes Signal behandelt werden kann, soll hier nicht näher darauf eingegangen werden.

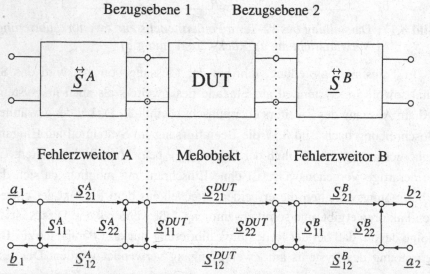

Bild 8.18 *8-Term Fehlermodell mit zugehörigem Signalflußdiagramm*

8.1.4.1.3 Überführung des 8-Term Fehlermodells in das 12-Term Fehlermodell

In modernen Netzwerkanalysatoren, in denen das 12-Term Fehlermodell nach Bild 8.17 Verwendung findet, können die abgeleiteten Ergebnisse, die sich auf das 8-Term Fehlermodell nach Bild 8.18 beziehen, nicht direkt verwendet werden. Die Umwandlung der Modellparameter des 8-Term Fehlermodells in die des 12-Term Fehlermodells ist jedoch ohne weiteres möglich, so daß nach diesem Zwischenschritt die Ergebnisse aus diesem Abschnitt in den modernen Meßgeräten Anwendung finden können. Auf eine Herleitung dieser Umrechnungsbeziehungen soll hier verzichtet werden. Elementare Rechnung führt auf die in [57] angegebenen Beziehungen, die der Vollständigkeit halber hier in Tabelle 8.1 zusammengestellt sind. Die Kalibrierung des Übersprechens hat getrennt zu erfolgen.

Tabelle 8.1: *Beziehungen zur Umrechnung von 8-Term Fehlerkoeffizienten in 12-Term Fehlerkoeffizienten*

Vorwärtsrichtung	Rückwärtsrichtung
$\underline{E}_{DF} = \underline{S}_{11}^A$	$\underline{E}_{DR} = \underline{S}_{22}^B$
$\underline{E}_{RF} = \underline{S}_{12}^A \underline{S}_{21}^A$	$\underline{E}_{RR} = \underline{S}_{12}^B \underline{S}_{21}^B$
$\underline{E}_{SF} = \underline{S}_{22}^A$	$\underline{E}_{SR} = \underline{S}_{11}^B$
$\underline{E}_{LF} = \underline{S}_{11}^B$	$\underline{E}_{LR} = \underline{S}_{22}^A$
$\underline{E}_{TF} = \underline{S}_{21}^A \underline{S}_{21}^B$	$\underline{E}_{TR} = \underline{S}_{12}^B \underline{S}_{12}^A$

8.1.4.2 SOLT-Kalibrierung

Bei der SOLT-Kalibrierung (Short, Open, Load, Thru) erfolgt die Verwendung des 12-Term Fehlermodells in Bild 8.17. Die Fehlerterme $\underline{E}_{DF}$, $\underline{E}_{SF}$, $\underline{E}_{RF}$, $\underline{E}_{DR}$, $\underline{E}_{SR}$ und $\underline{E}_{RR}$ werden aus den zuvor beschriebenen SOL-Eintorkalibrierungen, die für Tor 1 und Tor 2 getrennt durchzuführen sind, ermittelt. Die verbleibenden Elemente $\underline{E}_{LF}$, $\underline{E}_{TF}$, $\underline{E}_{XF}$, $\underline{E}_{LR}$, $\underline{E}_{TR}$ und $\underline{E}_{XR}$ sind aus zusätzlichen Messungen zu bestimmen. Die Betrachtung der Signalflußdiagramme zeigt, daß die Terme zur Beschreibung des internen Übersprechens $\underline{E}_{XF}$ und $\underline{E}_{XR}$ während der Eintorkalibrierung, d.h. bei der Messung mit der Load, gemessen werden können. Die Messung von $\underline{b}_2$ bei Speisung an Tor 1 bzw. die Messung von $\underline{b}_1$ bei Speisung an Tor 2 und eine anschließende Quotientenbildung liefert direkt die Größen $\underline{E}_{XF}$ und $\underline{E}_{XR}$. Zur Bestimmung von $\underline{E}_{LF}$, $\underline{E}_{TF}$, $\underline{E}_{LR}$ und $\underline{E}_{TR}$ wird ein weiterer Kalibrierstandard, eine Durchverbindung mit bekannten Eigenschaften, benötigt. Die Verbindung von Tor 1 mit Tor 2 mit Hilfe dieses **Line**-Standards der Länge

ℓ ermöglicht nach der Durchführung der Eintorkalibrierung eine sofortige Messung von $\underline{S}_{11}$, mit

$$\underline{S}_{11} = e^{-2\gamma\ell} \, \underline{E}_{LF}, \qquad (8.87)$$

bzw. $\underline{S}_{22}$, mit

$$\underline{S}_{22} = e^{-2\gamma\ell} \, \underline{E}_{LR}, \qquad (8.88)$$

woraus $\underline{E}_{LF}$ und $\underline{E}_{LR}$ zu

$$\underline{E}_{LF} = e^{2\gamma\ell} \, \underline{S}_{11} \qquad (8.89)$$

und

$$\underline{E}_{LR} = e^{2\gamma\ell} \, \underline{S}_{22} \qquad (8.90)$$

bestimmt werden können. Entsprechend liefert nach der Bestimmung von $\underline{E}_{LF}$ und $\underline{E}_{LR}$ die Messung der transmittierten Größen $\underline{b}_2$ bzw. $\underline{b}_1$ die Werte für $\underline{E}_{TF}$ und $\underline{E}_{TR}$. So ergibt sich aus

$$\underline{S}_{21M} = \frac{\underline{b}_2}{\underline{a}_1} = \frac{e^{-\gamma\ell} \, \underline{E}_{TF}}{1 - e^{-2\gamma\ell} \, \underline{E}_{SF} \, \underline{E}_{LF}} \qquad (8.91)$$

direkt

$$\underline{E}_{TF} = \underline{S}_{21M} \, e^{\gamma\ell} \, (1 - e^{-2\gamma\ell} \, \underline{E}_{SF} \, \underline{E}_{LF}) \qquad (8.92)$$

und aus

$$\underline{S}_{12M} = \frac{\underline{b}_1}{\underline{a}_2} = \frac{e^{-\gamma\ell} \, \underline{E}_{TR}}{1 - e^{-2\gamma\ell} \, \underline{E}_{SR} \, \underline{E}_{LR}} \qquad (8.93)$$

direkt

$$\underline{E}_{TR} = \underline{S}_{12M} \, e^{\gamma\ell} \, (1 - e^{-2\gamma\ell} \, \underline{E}_{SR} \, \underline{E}_{LR}), \qquad (8.94)$$

so daß damit alle Fehlerterme als bekannt anzusehen sind.

8.1.4.2.1 Charakterisierung des Meßobjektes

Nun besteht die Aufgabe, aus der Messung der Torgrößen $\underline{a}_1$, $\underline{b}_1$, $\underline{a}_2$ und $\underline{b}_2$ mit Meßobjekt, die unbekannten Streuparameter des Meßobjektes $\underline{S}_{11}$, $\underline{S}_{12}$, $\underline{S}_{21}$ und $\underline{S}_{22}$ zu bestimmen. In diesem Fall ergibt sich aus Bild 8.17 nach der Einführung der Abkürzungen

$$\underline{S}_{11M} = \frac{\underline{b}_1}{\underline{a}_1}, \qquad (8.95) \qquad\qquad \underline{S}_{12M} = \frac{\underline{b}_1}{\underline{a}_2}, \qquad (8.96)$$

$$\underline{S}_{21M} = \frac{\underline{b}_2}{\underline{a}_1} \qquad (8.97) \qquad \text{und} \qquad \underline{S}_{22M} = \frac{\underline{b}_2}{\underline{a}_2} \qquad (8.98)$$

das Gleichungssystem

$$\underline{S}_{11M} = \underline{E}_{DF} + \frac{\underline{E}_{RF}\,(\underline{S}_{11} - \underline{E}_{LF}\,(\underline{S}_{11}\underline{S}_{22} - \underline{S}_{12}\underline{S}_{21}))}{1 - \underline{S}_{11}\underline{E}_{SF} - \underline{S}_{22}\underline{E}_{LF} + \underline{E}_{SF}\underline{E}_{LF}(\underline{S}_{11}\underline{S}_{22} - \underline{S}_{12}\underline{S}_{21})},$$

$$\text{(8.99)}$$

$$\underline{S}_{21M} = \underline{E}_{XF} + \frac{\underline{E}_{TF}\,\underline{S}_{21}}{1 - \underline{S}_{11}\underline{E}_{SF} - \underline{S}_{22}\underline{E}_{LF} + \underline{E}_{SF}\underline{E}_{LF}(\underline{S}_{11}\underline{S}_{22} - \underline{S}_{12}\underline{S}_{21})},$$

$$\text{(8.100)}$$

$$\underline{S}_{12M} = \underline{E}_{XR} + \frac{\underline{E}_{TR}\,\underline{S}_{12}}{1 - \underline{S}_{22}\underline{E}_{SR} - \underline{S}_{11}\underline{E}_{LR} + \underline{E}_{SR}\underline{E}_{LR}(\underline{S}_{11}\underline{S}_{22} - \underline{S}_{12}\underline{S}_{21})}$$

$$\text{(8.101)}$$

und

$$\underline{S}_{22M} = \underline{E}_{DR} + \frac{\underline{E}_{RR}\,(\underline{S}_{22} - \underline{E}_{LR}\,(\underline{S}_{11}\underline{S}_{22} - \underline{S}_{12}\underline{S}_{21}))}{1 - \underline{S}_{22}\underline{E}_{SR} - \underline{S}_{11}\underline{E}_{LR} + \underline{E}_{SR}\underline{E}_{LR}(\underline{S}_{11}\underline{S}_{22} - \underline{S}_{12}\underline{S}_{21})},$$

$$\text{(8.102)}$$

das zur Bestimmung der Streuparameter gelöst werden muß. Mit

$$\underline{A} = \frac{\underline{S}_{11M} - \underline{E}_{DF}}{\underline{E}_{RF}}, \quad \text{(8.103)} \qquad \underline{B} = \frac{\underline{S}_{21M} - \underline{E}_{XF}}{\underline{E}_{TF}}, \quad \text{(8.104)}$$

$$\underline{C} = \frac{\underline{S}_{12M} - \underline{E}_{XR}}{\underline{E}_{TR}}, \quad \text{(8.105)} \qquad \underline{D} = \frac{\underline{S}_{22M} - \underline{E}_{DR}}{\underline{E}_{RR}} \quad \text{(8.106)}$$

und

$$\underline{\Delta} = \det \overset{\leftrightarrow}{\underline{S}} = \underline{S}_{11}\underline{S}_{22} - \underline{S}_{12}\underline{S}_{21} \qquad \text{(8.107)}$$

ergibt sich aus Gl.(8.99) bis Gl.(8.102)

$$\underline{A} = \frac{\underline{S}_{11} - \underline{E}_{LF}\,\underline{\Delta}}{1 - \underline{S}_{11}\underline{E}_{SF} - \underline{S}_{22}\underline{E}_{LF} + \underline{E}_{SF}\,\underline{E}_{LF}\,\underline{\Delta}}, \qquad \text{(8.108)}$$

$$\underline{B} = \frac{\underline{S}_{21}}{1 - \underline{S}_{11}\underline{E}_{SF} - \underline{S}_{22}\underline{E}_{LF} + \underline{E}_{SF}\,\underline{E}_{LF}\,\underline{\Delta}}, \qquad \text{(8.109)}$$

$$\underline{C} = \frac{\underline{S}_{12}}{1 - \underline{S}_{22}\underline{E}_{SR} - \underline{S}_{11}\underline{E}_{LR} + \underline{E}_{SR}\,\underline{E}_{LR}\,\underline{\Delta}} \qquad \text{(8.110)}$$

und

$$\underline{D} = \frac{\underline{S}_{22} - \underline{E}_{LR}\,\underline{\Delta}}{1 - \underline{S}_{22}\underline{E}_{SR} - \underline{S}_{11}\underline{E}_{LR} + \underline{E}_{SR}\,\underline{E}_{LR}\,\underline{\Delta}}. \qquad \text{(8.111)}$$

Umstellen von Gl.(8.107) nach $\underline{S}_{21}$,

$$\underline{S}_{21} = \frac{\underline{S}_{11}\underline{S}_{22} - \underline{\Delta}}{\underline{S}_{12}}, \tag{8.112}$$

und einsetzen von Gl.(8.112) in Gl.(8.109) liefert

$$\underline{B} = \frac{\dfrac{\underline{S}_{11}\underline{S}_{22} - \underline{\Delta}}{\underline{S}_{12}}}{1 - \underline{S}_{11}\underline{E}_{SF} - \underline{S}_{22}\underline{E}_{LF} + \underline{E}_{SF}\underline{E}_{LF}\underline{\Delta}}. \tag{8.113}$$

Gl.(8.108), Gl.(8.110), Gl.(8.111) und Gl.(8.113) bilden nun das zu lösende Gleichungssystem mit den unbekannten Größen $\underline{S}_{11}$, $\underline{S}_{12}$, $\underline{S}_{22}$ und $\underline{\Delta}$.

Quotientenbildung von Gl.(8.108) durch Gl.(8.113) und Gl.(8.110) durch Gl.(8.111) liefert

$$\frac{\underline{A}}{\underline{B}} = \frac{\underline{S}_{12}\,(\underline{S}_{11} - \underline{E}_{LF}\,\underline{\Delta})}{\underline{S}_{11}\underline{S}_{22} - \underline{\Delta}}. \tag{8.114}$$

und

$$\frac{\underline{C}}{\underline{D}} = \frac{\underline{S}_{12}}{\underline{S}_{22} - \underline{E}_{LR}\,\underline{\Delta}}. \tag{8.115}$$

Umstellen von Gl.(8.115) nach $\underline{\Delta}$,

$$\underline{\Delta} = \frac{\underline{C}\,\underline{S}_{22} - \underline{D}\,\underline{S}_{12}}{\underline{C}\,\underline{E}_{LR}} \tag{8.116}$$

und einsetzen von Gl.(8.116) in Gl.(8.114) führt zu

$$\underline{A}\,\underline{S}_{11}\,\underline{S}_{22} - \underline{A}\,\frac{\underline{C}\,\underline{S}_{22} - \underline{D}\,\underline{S}_{12}}{\underline{C}\,\underline{E}_{LR}} = \underline{B}\,\underline{S}_{12}\,\underline{S}_{11} - \underline{B}\,\underline{S}_{12}\,\underline{E}_{LF}\,\frac{\underline{C}\,\underline{S}_{22} - \underline{D}\,\underline{S}_{12}}{\underline{C}\,\underline{E}_{LR}},$$

$$\underline{A}\,\underline{S}_{11}\,\underline{S}_{22}\,\underline{C}\,\underline{E}_{LR} - \underline{A}\,(\underline{C}\,\underline{S}_{22} - \underline{D}\,\underline{S}_{12})$$
$$= \underline{B}\,\underline{S}_{12}\,\underline{S}_{11}\,\underline{C}\,\underline{E}_{LR} - \underline{B}\,\underline{S}_{12}\,\underline{E}_{LF}\,(\underline{C}\,\underline{S}_{22} - \underline{D}\,\underline{S}_{12})$$

bzw.

$$\underline{C}\,\underline{S}_{11}\,\underline{E}_{LR}(\underline{A}\,\underline{S}_{22} - \underline{B}\,\underline{S}_{12}) = (\underline{A} - \underline{B}\,\underline{S}_{12}\,\underline{E}_{LF})(\underline{C}\,\underline{S}_{22} - \underline{D}\,\underline{S}_{12}). \tag{8.117}$$

Zur weiteren Berechnung der unbekannten Größen wird das Ergebnis für $\underline{\Delta}$ nach Gl.(8.116) in Gl.(8.108) und Gl.(8.111) eingesetzt, so daß sich damit aus Gl.(8.108)

$$\underline{A} = \frac{\underline{S}_{11} - \underline{E}_{LF}\,\dfrac{\underline{C}\,\underline{S}_{22} - \underline{D}\,\underline{S}_{12}}{\underline{C}\,\underline{E}_{LR}}}{1 - \underline{S}_{11}\,\underline{E}_{SF} - \underline{S}_{22}\,\underline{E}_{LF} + \underline{E}_{SF}\,\underline{E}_{LF}\,\dfrac{\underline{C}\,\underline{S}_{22} - \underline{D}\,\underline{S}_{12}}{\underline{C}\,\underline{E}_{LR}}},$$

$$\underline{A}\,C\,\underline{E}_{LR} - \underline{A}\,\underline{S}_{11}\,E_{SF}\,\underline{C}\,\underline{E}_{LR} - \underline{A}\,\underline{S}_{22}\,E_{LF}\,\underline{C}\,\underline{E}_{LR} + \underline{A}\,E_{SF}\,E_{LF}\,C\,\underline{S}_{22}$$

$$-\underline{A}\,E_{SF}\,E_{LF}\,\underline{D}\,\underline{S}_{12} = \underline{S}_{11}\,\underline{C}\,\underline{E}_{LR} - E_{LF}\,\underline{C}\,\underline{S}_{22} + E_{LF}\,\underline{D}\,\underline{S}_{12},$$

$$\underline{A}\,C\,\underline{E}_{LR} = \underline{S}_{11}\,(\underline{C}\,\underline{E}_{LR} + \underline{A}\,\underline{C}\,E_{SF}\,\underline{E}_{LR})$$

$$+\underline{S}_{12}\,(\underline{D}\,\underline{E}_{LF} + \underline{A}\,\underline{D}\,E_{SF}\,\underline{E}_{LF})$$

$$+\underline{S}_{22}\,(\underline{A}\,C\,\underline{E}_{LF}\,\underline{E}_{LR} - \underline{A}\,C\,E_{SF}\,\underline{E}_{LF} - \underline{C}\,\underline{E}_{LF}),$$

die Beziehung

$$\underline{A}\,\underline{C}\,\underline{E}_{LR} = \underline{S}_{11}\,\underline{C}\,\underline{E}_{LR}\,(1 + \underline{A}\,E_{SF}) \tag{8.118}$$

$$+\underline{S}_{12}\,\underline{D}\,\underline{E}_{LF}\,(1 + \underline{A}\,E_{SF})$$

$$+\underline{S}_{22}\,\underline{C}\,\underline{E}_{LF}\,(\underline{A}\,(\underline{E}_{LR} - \underline{E}_{SF}) - 1)$$

ergibt. $\underline{\Delta}$ nach Gl.(8.116) in Gl.(8.111) liefert

$$\underline{D} = \frac{\underline{S}_{22} - E_{LR}\frac{C\,\underline{S}_{22} - \underline{D}\,\underline{S}_{12}}{C\,\underline{E}_{LR}}}{1 - \underline{S}_{22}\,E_{SR} - \underline{S}_{11}\,E_{LR} + E_{SR}\,E_{LR}\frac{C\,\underline{S}_{22} - \underline{D}\,\underline{S}_{12}}{C\,\underline{E}_{LR}}},$$

$$\underline{C}\,\underline{D} - \underline{D}\,\underline{S}_{22}\,E_{SR}\,\underline{C} - \underline{D}\,\underline{S}_{11}\,E_{LR}\,\underline{C} + \underline{D}\,E_{SR}\,\underline{C}\,\underline{S}_{22} - \underline{D}\,E_{SR}\,\underline{D}\,\underline{S}_{12}$$

$$= \underline{S}_{22}\,\underline{C} - \underline{C}\,\underline{S}_{22} + \underline{D}\,\underline{S}_{12},$$

$$\underline{C}\,\underline{D} = \underline{S}_{11}\,\underline{C}\,\underline{D}\,\underline{E}_{LR} + \underline{S}_{12}\,(\underline{D} + \underline{D}^2\,E_{SR}),$$

$$\underline{C} = \underline{S}_{11}\,\underline{C}\,\underline{E}_{LR} + \underline{S}_{12}\,(1 + \underline{D}\,E_{SR})$$

bzw.

$$\underline{S}_{11} = \frac{\underline{C} - \underline{S}_{12}\,(1 + \underline{D}\,E_{SR})}{\underline{C}\,\underline{E}_{LR}}. \tag{8.119}$$

Die Gln.(8.117), (8.118) und (8.119) bilden nun das verbleibende Gleichungssystem zur Bestimmung von $\underline{S}_{11}$, $\underline{S}_{12}$ und $\underline{S}_{22}$. Zur Lösung wird zunächst Gl.(8.119) in Gl.(8.117) und anschließend Gl.(8.119) in Gl.(8.118) eingesetzt. Gl.(8.119) in Gl.(8.117) liefert

$$(\underline{C} - \underline{S}_{12}\,(1 + \underline{D}\,E_{SR}))(\underline{A}\,\underline{S}_{22} - \underline{B}\,\underline{S}_{12})$$

$$= (\underline{A} - \underline{B}\,\underline{S}_{12}\,E_{LF})(\underline{C}\,\underline{S}_{22} - \underline{D}\,\underline{S}_{12}),$$

$$\underline{A}\,\underline{C}\,\underline{S}_{22} - \underline{S}_{12}\,(\underline{B}\,\underline{C} + (1 + \underline{D}\,E_{SR})(\underline{A}\,\underline{S}_{22} - \underline{B}\,\underline{S}_{12}))$$

$$= \underline{A}\,\underline{C}\,\underline{S}_{22} - \underline{S}_{12}\,(\underline{A}\,\underline{D} + \underline{B}\,E_{LF}\,(\underline{C}\,\underline{S}_{22} - \underline{D}\,\underline{S}_{12})),$$

$$\underline{B}\,\underline{C} + (1 + \underline{D}\,\underline{E}_{SR})(\underline{A}\,\underline{S}_{22} - \underline{B}\,\underline{S}_{12}) = \underline{A}\,\underline{D} + \underline{B}\,\underline{E}_{LF}(\underline{C}\,\underline{S}_{22} - \underline{D}\,\underline{S}_{12})$$

bzw.

$$\underline{A}\,\underline{D} - \underline{B}\,\underline{C} \hspace{6cm} (8.120)$$
$$= \underline{S}_{22}(\underline{A}\,(1 + \underline{D}\,\underline{E}_{SR}) - \underline{B}\,\underline{C}\,\underline{E}_{LF}) - \underline{B}\,\underline{S}_{12}(1 + \underline{D}\,(\underline{E}_{SR} - \underline{E}_{LF})).$$

Gl.(8.119) in Gl.(8.118) liefert

$$\underline{A}\,\underline{C}\,\underline{E}_{LR} = (\underline{C} - \underline{S}_{12}(1 + \underline{D}\,\underline{E}_{SR}))(1 + \underline{A}\,\underline{E}_{SF})$$
$$+ \underline{S}_{12}\,\underline{D}\,\underline{E}_{LF}\,(1 + \underline{A}\,\underline{E}_{SF})$$
$$+ \underline{S}_{22}\,\underline{C}\,\underline{E}_{LF}\,(\underline{A}\,(\underline{E}_{LR} - \underline{E}_{SF}) - 1),$$

$$\underline{A}\,\underline{C}\,\underline{E}_{LR} - \underline{C}\,(1 + \underline{A}\,\underline{E}_{SF}) = -\underline{S}_{12}(1 + \underline{D}\,\underline{E}_{SR})(1 + \underline{A}\,\underline{E}_{SF})$$
$$+ \underline{S}_{12}\,\underline{D}\,\underline{E}_{LF}\,(1 + \underline{A}\,\underline{E}_{SF})$$
$$+ \underline{S}_{22}\,\underline{C}\,\underline{E}_{LF}\,(\underline{A}\,(\underline{E}_{LR} - \underline{E}_{SF}) - 1),$$

$$-\underline{C}\,(1 + \underline{A}\,(\underline{E}_{SF} - \underline{E}_{LR})) = -\underline{S}_{12}(1 + \underline{A}\,\underline{E}_{SF})(1 + \underline{D}\,(\underline{E}_{SR} - \underline{E}_{LF}))$$
$$- \underline{S}_{22}\,\underline{E}_{LF}\,\underline{C}\,(1 + \underline{A}\,(\underline{E}_{SF} - \underline{E}_{LR}))$$

oder umgestellt nach $\underline{S}_{12}$

$$\underline{S}_{12} = \frac{\underline{C}\,(1 + \underline{A}\,(\underline{E}_{SF} - \underline{E}_{LR}))\,(1 - \underline{S}_{22}\,\underline{E}_{LF})}{(1 + \underline{A}\,\underline{E}_{SF})(1 + \underline{D}\,(\underline{E}_{SR} - \underline{E}_{LF}))}. \hspace{2cm} (8.121)$$

Abschließend wird das Ergebnis nach Gl.(8.121) in Gl.(8.120) eingesetzt und nach $\underline{S}_{22}$ aufgelöst. Somit ergibt sich

$$\underline{A}\,\underline{D} - \underline{B}\,\underline{C} = \underline{S}_{22}(\underline{A}\,(1 + \underline{D}\,\underline{E}_{SR}) - \underline{B}\,\underline{C}\,\underline{E}_{LF})$$
$$- \underline{B}\,\frac{\underline{C}\,(1 + \underline{A}\,(\underline{E}_{SF} - \underline{E}_{LR}))\,(1 - \underline{S}_{22}\,\underline{E}_{LF})}{(1 + \underline{A}\,\underline{E}_{SF})},$$

$$(\underline{A}\,\underline{D} - \underline{B}\,\underline{C})(1 + \underline{A}\,\underline{E}_{SF}) = \underline{S}_{22}(\underline{A}\,(1 + \underline{D}\,\underline{E}_{SR}) - \underline{B}\,\underline{C}\,\underline{E}_{LF})(1 + \underline{A}\,\underline{E}_{SF})$$
$$- \underline{B}\,\underline{C}\,(1 + \underline{A}\,(\underline{E}_{SF} - \underline{E}_{LR}))\,(1 - \underline{S}_{22}\,\underline{E}_{LF})$$
$$= \underline{S}_{22}(\underline{A}\,(1 + \underline{D}\,\underline{E}_{SR}) - \underline{B}\,\underline{C}\,\underline{E}_{LF})(1 + \underline{A}\,\underline{E}_{SF})$$
$$- \underline{B}\,\underline{C}\,(1 + \underline{A}\,(\underline{E}_{SF} - \underline{E}_{LR}))$$
$$+ \underline{S}_{22}\,\underline{E}_{LF}\,\underline{B}\,\underline{C}\,(1 + \underline{A}\,(\underline{E}_{SF} - \underline{E}_{LR})),$$

$$(\underline{A}\,\underline{D} - \underline{B}\,\underline{C})(1 + \underline{A}\,\underline{E}_{SF}) + \underline{B}\,\underline{C}(1 + \underline{A}\,(\underline{E}_{SF} - \underline{E}_{LR}))$$

$$= \underline{S}_{22}(\underline{A}\,(1 + \underline{D}\,\underline{E}_{SR}) - \underline{B}\,\underline{C}\,\underline{E}_{LF})(1 + \underline{A}\,\underline{E}_{SF})$$

$$+ \underline{S}_{22}\,\underline{E}_{LF}\,\underline{B}\,\underline{C}\,(1 + \underline{A}\,(\underline{E}_{SF} - \underline{E}_{LR})),$$

$$\underline{A}\,\underline{D}\,(1 + \underline{A}\,\underline{E}_{SF}) - \underline{A}\,B\,C\,\underline{E}_{LR}$$

$$= \underline{S}_{22}\,\underline{A}\,(1 + \underline{D}\,\underline{E}_{SR})(1 + \underline{A}\,\underline{E}_{SF})$$

$$- \underline{S}_{22}\,\underline{B}\,\underline{C}\,\underline{E}_{LF}\,(1 + \underline{A}\,\underline{E}_{SF})$$

$$+ \underline{S}_{22}\,\underline{E}_{LF}\,\underline{B}\,\underline{C}\,(1 + \underline{A}\,(\underline{E}_{SF} - \underline{E}_{LR}))$$

$$= \underline{S}_{22}\,\underline{A}\,(1 + \underline{D}\,\underline{E}_{SR})(1 + \underline{A}\,\underline{E}_{SF})$$

$$- \underline{S}_{22}\,\underline{B}\,\underline{C}\,\underline{E}_{LF}\,(1 + \underline{A}\,\underline{E}_{SF})$$

$$+ \underline{S}_{22}\,\underline{E}_{LF}\,\underline{B}\,\underline{C}\,(1 + \underline{A}\,\underline{E}_{SF})$$

$$- \underline{S}_{22}\,\underline{E}_{LF}\,\underline{B}\,\underline{C}\,\underline{A}\,\underline{E}_{LR}$$

$$= \underline{S}_{22}\,\underline{A}\,(1 + \underline{D}\,\underline{E}_{SR})(1 + \underline{A}\,\underline{E}_{SF})$$

$$- \underline{S}_{22}\,\underline{E}_{LF}\,\underline{B}\,\underline{C}\,\underline{A}\,\underline{E}_{LR}$$

bzw.

$$\underline{D}\,(1 + \underline{A}\,\underline{E}_{SF}) - \underline{B}\,\underline{C}\,\underline{E}_{LR}$$

$$= \underline{S}_{22}((1 + \underline{D}\,\underline{E}_{SR})(1 + \underline{A}\,\underline{E}_{SF}) - \underline{B}\,\underline{C}\,\underline{E}_{LF}\,\underline{E}_{LR}),$$

woraus sich der gesuchte Reflexionsfaktors $\underline{S}_{22}$ des Meßobjektes zu

$$\underline{S}_{22} = \frac{\underline{D}\,(1 + \underline{A}\,\underline{E}_{SF}) - \underline{B}\,\underline{C}\,\underline{E}_{LR}}{(1 + \underline{D}\,\underline{E}_{SR})(1 + \underline{A}\,\underline{E}_{SF}) - \underline{B}\,\underline{C}\,\underline{E}_{LF}\,\underline{E}_{LR}} \qquad (8.122)$$

angeben läßt. Das Ergebnis nach Gl.(8.122) in Gl.(8.121),

$$\underline{S}_{12} = \frac{\underline{C}\,(1 + \underline{A}\,(\underline{E}_{SF} - \underline{E}_{LR}))(1 - \underline{S}_{22}\,\underline{E}_{LF})}{(1 + \underline{A}\,\underline{E}_{SF})(1 + \underline{D}\,(\underline{E}_{SR} - \underline{E}_{LF}))},$$

eingesetzt, liefert den Transmissionsfaktor $\underline{S}_{12}$. Die Betrachtung von $1 - \underline{S}_{22}\,\underline{E}_{LF}$ führt zu

$$1 - \underline{S}_{22}\,\underline{E}_{LF} = 1 - \frac{\underline{E}_{LF}\,\underline{D}\,(1 + \underline{A}\,\underline{E}_{SF}) - \underline{B}\,\underline{C}\,\underline{E}_{LF}\,\underline{E}_{LR}}{(1 + \underline{D}\,\underline{E}_{SR})(1 + \underline{A}\,\underline{E}_{SF}) - \underline{B}\,\underline{C}\,\underline{E}_{LF}\,\underline{E}_{LR}}$$

bzw.

$$1 - \underline{S}_{22}\,\underline{E}_{LF} = \frac{(1 + \underline{A}\,\underline{E}_{SF})(1 + \underline{D}\,(\underline{E}_{SR} - \underline{E}_{LF})}{(1 + \underline{D}\,\underline{E}_{SR})(1 + \underline{A}\,\underline{E}_{SF}) - \underline{B}\,\underline{C}\,\underline{E}_{LF}\,\underline{E}_{LR}},$$

so daß der Transmissionsfaktor $\underline{S}_{12}$ in der Form

$$\underline{S}_{12} = \frac{\underline{C}\,(1 + \underline{A}\,(\underline{E}_{SF} - \underline{E}_{LR}))}{(1 + \underline{D}\,\underline{E}_{SR})(1 + \underline{A}\,\underline{E}_{SF}) - \underline{B}\,\underline{C}\,\underline{E}_{LF}\,\underline{E}_{LR}} \qquad (8.123)$$

angegeben werden kann. Die verbleibenden Parameter können entweder durch weitere Rechnung, d.h. durch Einsetzen der Ergebnisse in Gl.(8.122) und Gl.(8.123) in Gl.(8.119), Gl.(8.116) und Gl.(8.112) oder durch einfachere Symmetriebetrachtungen gewonnen werden. Dabei müssen lediglich die beim Rückwärtsbetrieb benutzten Größen durch die entsprechenden des Vorwärtsbetriebs, und umgekehrt, getauscht werden. Das heißt z.B. $\underline{A} \to \underline{D}$ bzw. $\underline{D} \to \underline{A}$, $\underline{B} \to \underline{C}$ bzw. $\underline{C} \to \underline{B}$ oder $\underline{E}_{SF} \to \underline{E}_{SR}$ bzw. $\underline{E}_{SF} \to \underline{E}_{SR}$ usw.. Somit ergibt sich aus Gl.(8.123)

$$\underline{S}_{21} = \frac{\underline{B}\,(1 + \underline{D}\,(\underline{E}_{SR} - \underline{E}_{LF}))}{(1 + \underline{D}\,\underline{E}_{SR})(1 + \underline{A}\,\underline{E}_{SF}) - \underline{B}\,\underline{C}\,\underline{E}_{LF}\,\underline{E}_{LR}} \qquad (8.124)$$

und aus Gl.(8.122)

$$\underline{S}_{11} = \frac{\underline{A}\,(1 + \underline{D}\,\underline{E}_{SR}) - \underline{B}\,\underline{C}\,\underline{E}_{LF}}{(1 + \underline{D}\,\underline{E}_{SR})(1 + \underline{A}\,\underline{E}_{SF}) - \underline{B}\,\underline{C}\,\underline{E}_{LF}\,\underline{E}_{LR}}. \qquad (8.125)$$

Nach diesen Berechnungen wird deutlich, daß die korrigierten Meßwerte, die das Verhalten des Meßobjektes wiedergeben, erst nach einer vollständigen Systemkalibrierung und der Messung **aller** Parameter, selbst wenn nur eine Meßgröße benötigt wird, angegeben werden können. Liegen die Fehlerkoeffizienten vor und sind die Meßwerte $\underline{S}_{11M}$, $\underline{S}_{12M}$, $\underline{S}_{21M}$ und $\underline{S}_{22M}$ gemäß Gl.(8.95)-(8.98) erfaßt, dann lassen sich die unbekannten Streuparameter des Meßobjektes aus der nachstehend zusammengefaßten Beziehungen ermitteln.

Die Berechnungen erfolgen bei modernen Netzwerkanalysatoren durch die implementierte Firmware, so daß der Benutzer lediglich für den ordnungsgemäßen Anschluß von Kalibrierstandards und Meßobjekten sorgen muß. Dabei basiert die Meßwertekorrektur stets auf das umfassende 12-Term Fehlermodell. Werden z.B. die in den nachfolgend aufgeführten Abschnitten vorgestellten Verfahren zur Beschreibung der Meßgeräteeigenschaften verwendet, so müssen die gewonnenen Resultate gemäß Abschnitt 8.1.4.1.3 Tabelle 8.1 (Seite 381) in die Modellparameter des 12-Term Fehlermodells überführt werden.

Zusammenstellung der Korrekturformeln des 12-Term Fehlermodells

$$\underline{S}_{11} = \frac{\underline{A}\,(1 + \underline{D}\,\underline{E}_{SR}) - \underline{B}\,\underline{C}\,\underline{E}_{LF}}{(1 + \underline{D}\,\underline{E}_{SR})(1 + \underline{A}\,\underline{E}_{SF}) - \underline{B}\,\underline{C}\,\underline{E}_{LF}\,\underline{E}_{LR}}$$

$$\underline{S}_{21} = \frac{\underline{B}\,(1 + \underline{D}\,(\underline{E}_{SR} - \underline{E}_{LF}))}{(1 + \underline{D}\,\underline{E}_{SR})(1 + \underline{A}\,\underline{E}_{SF}) - \underline{B}\,\underline{C}\,\underline{E}_{LF}\,\underline{E}_{LR}}$$

$$\underline{S}_{12} = \frac{\underline{C}\,(1 + \underline{A}\,(\underline{E}_{SF} - \underline{E}_{LR}))}{(1 + \underline{D}\,\underline{E}_{SR})(1 + \underline{A}\,\underline{E}_{SF}) - \underline{B}\,\underline{C}\,\underline{E}_{LF}\,\underline{E}_{LR}}$$

$$\underline{S}_{22} = \frac{\underline{D}\,(1 + \underline{A}\,\underline{E}_{SF}) - \underline{B}\,\underline{C}\,\underline{E}_{LR}}{(1 + \underline{D}\,\underline{E}_{SR})(1 + \underline{A}\,\underline{E}_{SF}) - \underline{B}\,\underline{C}\,\underline{E}_{LF}\,\underline{E}_{LR}}$$

$$\underline{A} = \frac{\underline{S}_{11M} - \underline{E}_{DF}}{\underline{E}_{RF}} \qquad \underline{B} = \frac{\underline{S}_{21M} - \underline{E}_{XF}}{\underline{E}_{TF}}$$

$$\underline{C} = \frac{\underline{S}_{12M} - \underline{E}_{XR}}{\underline{E}_{TR}} \qquad \underline{D} = \frac{\underline{S}_{22M} - \underline{E}_{DR}}{\underline{E}_{RR}}$$

8.1.4.3 TRL(LRL)-Kalibrierung

Das **T**hru, **R**eflect und delay-**L**ine (TRL)- bzw. das **L**ine, **R**eflect und delay-**L**ine (LRL)-Verfahren macht von dem in Bild 8.18 gezeigten Fehlermodell (8-Term Fehlermodell) Gebrauch. Es beschreibt die internen Eigenschaften des Netzwerkanalysators mit Hilfe der Fehlerzweitore A und B, die durch die Streumatrizen $\overset{\leftrightarrow}{\underline{S}}{}^{A}$ und $\overset{\leftrightarrow}{\underline{S}}{}^{B}$ beschrieben werden und sich zwischen den internen Meßebenen und den am Meßobjekt liegenden Bezugsebenen befinden. Internes Übersprechen kann dabei nicht direkt erfaßt werden. Da dieses, wie bei der SOLT-Kalibrierung als zusätzlich überlagertes Signal behandelt werden kann, soll hier nicht näher darauf eingegangen werden. Beide Methoden, sowohl TRL als auch LRL, basieren auf dem in [52] vorgestellten Verfahren.

Die Aufgabe besteht in der Ermittlung der Elemente der Streumatrizen $\overset{\leftrightarrow}{\underline{S}}{}^{A}$ und $\overset{\leftrightarrow}{\underline{S}}{}^{B}$. Dieses erfolgt zweckmäßigerweise mit Hilfe von Kettenstreu-parametern, die in den Abschnitten 4.3.2.1 und 4.3.2.2 vorgestellt wurden. Hierzu wird als erstes der sogenannte **T**hru-Standard gemessen, d.h. es werden die Anschlußleitungen, die zum Meßobjekt führen, miteinander verbunden. Die Streumatrix $\overleftrightarrow{\underline{S}}_{thru}$ hat die Form

$$\overleftrightarrow{\underline{S}}_{thru} = \begin{pmatrix} 0 & 1 \\ 1 & 0 \end{pmatrix}. \tag{8.126}$$

In einem zweiten Schritt, der sogenannten **Reflect-Messung**, wird an den beiden Bezugsebenen nacheinander ein stark reflektierender Kalibrierstandard (Leerlauf oder Kurzschluß) angeschlossen und die S-Parameter gemessen. Die Streumatrix des **Reflect-Standards** lautet

$$\overleftrightarrow{\underline{S}}_{refl} = \begin{pmatrix} \underline{\Gamma} & 0 \\ 0 & \underline{\Gamma} \end{pmatrix}. \tag{8.127}$$

$\underline{\Gamma}$ ist der Reflexionsfaktor des stark reflektierenden Bauelementes. Wichtig hierfür ist, daß er für beide Tore gleich ist. Die Kenntnis der Abweichungen vom Idealverhalten ist unbedeutend, da die Eigenschaften des Reflexionsfaktors während der Kalibrierung genau berechnet werden.

In einem dritten und letzten Schritt der Kalibrierung, der **Line Messung**, wird eine zusätzliche Durchgangsleitung zwischen die Anschlüsse geschaltet und es werden ebenfalls die Streuparameter dieser Anordnung gemessen. Die Länge ist, wie später deutlich wird, entscheidend für den Frequenzbereich der Kalibrierung. Die Dimensionierung des Line-Standards wird später beschrieben. Die Streumatrix für eine Leitung ist mit $\overleftrightarrow{\underline{S}}_{line}$ gegeben. Es gilt

$$\overleftrightarrow{\underline{S}}_{line} = \begin{pmatrix} 0 & e^{-\gamma\ell} \\ e^{-\gamma\ell} & 0 \end{pmatrix}. \tag{8.128}$$

Aus diesen drei Messungen hat die Bestimmung der Parameter der Fehlerzweitore A und B zu erfolgen.

8.1.4.3.1 Beschreibung des TRL(LRL)-Verfahrens

Die resultierende Kettenstreumatrix $\overleftrightarrow{\underline{K}}^{AB}$ zwischen den Meßtoren ergibt sich bei einer direkten Verbindung der Bezugsebenen in Bild 8.18 aus dem Produkt der Kettenstreumatrizen $\overleftrightarrow{\underline{K}}^{A}$ und $\overleftrightarrow{\underline{K}}^{B}$ zu

$$\overleftrightarrow{\underline{K}}^{AB} = \overleftrightarrow{\underline{K}}^{A} \, \overleftrightarrow{\underline{K}}^{B}. \tag{8.129}$$

Die Kettenstreumatrix zwischen den Meßebenen, bei einer Verbindung der beiden Bezugsebenen in Bild 8.18 mit einer Leitung, ist durch $\underline{\overset{\leftrightarrow}{K}}^{AlB}$ gegeben. Sie ergibt sich mit $\underline{\overset{\leftrightarrow}{K}}^{l}$, der Kettenstreumatrix des Line-Standards, aus dem Produkt der Kettenstreumatrizen $\underline{\overset{\leftrightarrow}{K}}^{A}$, $\underline{\overset{\leftrightarrow}{K}}^{l}$ und $\underline{\overset{\leftrightarrow}{K}}^{B}$ zu

$$\underline{\overset{\leftrightarrow}{K}}^{AlB} = \underline{\overset{\leftrightarrow}{K}}^{A}\; \underline{\overset{\leftrightarrow}{K}}^{l}\; \underline{\overset{\leftrightarrow}{K}}^{B}. \tag{8.130}$$

Wird nun Gl.(8.129) nach $\underline{\overset{\leftrightarrow}{K}}^{B}$ aufgelöst

$$\underline{\overset{\leftrightarrow}{K}}^{B} = \underline{\overset{\leftrightarrow}{K}}^{A-1}\; \underline{\overset{\leftrightarrow}{K}}^{AB} \tag{8.131}$$

und das Ergebnis in Gl.(8.130) eingesetzt, so ergibt sich

$$\underline{\overset{\leftrightarrow}{K}}^{AlB} = \underline{\overset{\leftrightarrow}{K}}^{A}\; \underline{\overset{\leftrightarrow}{K}}^{l}\; \underline{\overset{\leftrightarrow}{K}}^{A-1}\; \underline{\overset{\leftrightarrow}{K}}^{AB}, \tag{8.132}$$

woraus

$$\underline{\overset{\leftrightarrow}{K}}^{AlB}\; \underline{\overset{\leftrightarrow}{K}}^{AB-1}\; \underline{\overset{\leftrightarrow}{K}}^{A} = \underline{\overset{\leftrightarrow}{K}}^{A}\; \underline{\overset{\leftrightarrow}{K}}^{l} \tag{8.133}$$

abgeleitet werden kann. Mit der Abkürzung

$$\underline{\overset{\leftrightarrow}{M}}^{A} = \underline{\overset{\leftrightarrow}{K}}^{AlB}\; \underline{\overset{\leftrightarrow}{K}}^{AB-1} \tag{8.134}$$

kann Gl.(8.133) als Matrizenprodukt in der Form

$$\underline{\overset{\leftrightarrow}{M}}^{A}\; \underline{\overset{\leftrightarrow}{K}}^{A} = \underline{\overset{\leftrightarrow}{K}}^{A}\; \underline{\overset{\leftrightarrow}{K}}^{l} \tag{8.135}$$

geschrieben werden. Die durch Zusammenfassung entstandene Matrix $\underline{\overset{\leftrightarrow}{M}}^{A}$ nach Gl.(8.134) enthält nur Elemente, die durch Messungen bekannt sind. Zur weiteren Berechnung wird das durch Gl.(8.135) beschriebene Gleichungssystem in ausführlicher Schreibweise

$$\underline{M}^{A}_{11}\underline{K}^{A}_{11} + \underline{M}^{A}_{12}\underline{K}^{A}_{21} = \underline{K}^{A}_{11}e^{-\gamma \ell}, \tag{8.136}$$

$$\underline{M}^{A}_{11}\underline{K}^{A}_{12} + \underline{M}^{A}_{12}\underline{K}^{A}_{22} = \underline{K}^{A}_{12}e^{+\gamma \ell}, \tag{8.137}$$

$$\underline{M}^{A}_{21}\underline{K}^{A}_{11} + \underline{M}^{A}_{22}\underline{K}^{A}_{21} = \underline{K}^{A}_{21}e^{-\gamma \ell} \tag{8.138}$$

und

$$\underline{M}^{A}_{21}\underline{K}^{A}_{12} + \underline{M}^{A}_{22}\underline{K}^{A}_{22} = \underline{K}^{A}_{22}e^{+\gamma \ell}. \tag{8.139}$$

herangezogen. Hieraus bietet sich die Möglichkeit zur Berechnung des Ausbreitungskoeffizienten γ.

Berechnung des Ausbreitungskoeffizienten γ

Die Gln.(8.136)-(8.139) werden zunächst auf die Form

$$\frac{\underline{K}^A_{11}}{\underline{K}^A_{21}} = \frac{\underline{M}^A_{12}}{e^{-\gamma\ell} - \underline{M}^A_{11}}, \qquad (8.140)$$

$$\frac{\underline{K}^A_{12}}{\underline{K}^A_{22}} = \frac{\underline{M}^A_{12}}{e^{+\gamma\ell} - \underline{M}^A_{11}}, \qquad (8.141)$$

$$\frac{\underline{K}^A_{11}}{\underline{K}^A_{21}} = \frac{e^{-\gamma\ell} - \underline{M}^A_{22}}{\underline{M}^A_{21}} \qquad (8.142)$$

und

$$\frac{\underline{K}^A_{12}}{\underline{K}^A_{22}} = \frac{e^{+\gamma\ell} - \underline{M}^A_{22}}{\underline{M}^A_{21}} \qquad (8.143)$$

gebracht.

Gleichsetzen von Gl.(8.140) mit Gl.(8.142) bzw. Gl.(8.141) mit Gl.(8.143) liefert die Gleichungen

$$e^{-2\gamma\ell} - (\underline{M}^A_{11} + \underline{M}^A_{22})e^{-\gamma\ell} + (\underline{M}^A_{11}\underline{M}^A_{22} - \underline{M}^A_{12}\underline{M}^A_{21}) = 0 \qquad (8.144)$$

und

$$e^{2\gamma\ell} - (\underline{M}^A_{11} + \underline{M}^A_{22})e^{\gamma\ell} + (\underline{M}^A_{11}\underline{M}^A_{22} - \underline{M}^A_{12}\underline{M}^A_{21}) = 0, \qquad (8.145)$$

die mit $\underline{z} = e^{-\gamma\ell}$ in der Form

$$\underline{z}^2 - (\underline{M}^A_{11} + \underline{M}^A_{22})\underline{z} + (\underline{M}^A_{11}\underline{M}^A_{22} - \underline{M}^A_{12}\underline{M}^A_{21}) = 0 \qquad (8.146)$$

und

$$\left(\frac{1}{\underline{z}}\right)^2 - (\underline{M}^A_{11} + \underline{M}^A_{22})\left(\frac{1}{\underline{z}}\right) + (\underline{M}^A_{11}\underline{M}^A_{22} - \underline{M}^A_{12}\underline{M}^A_{21}) = 0 \qquad (8.147)$$

angegeben werden können. Die Gln.(8.146) und (8.147) stellen identische quadratische Gleichungen bezüglich $\underline{z}$ bzw. $\underline{z}^{-1}$ dar. Ihre Lösungen $\underline{z}_1$ und $\underline{z}_2$ führen direkt zum Ausbreitungskoeffizienten γ, der aus

$$\gamma = -\frac{\ln(\underline{z})}{\ell}, \qquad (8.148)$$

mit

$$\gamma = \alpha + j\beta \qquad (8.149)$$

berechnet werden kann. In Gl.(8.149) ist α der Dämpfungs- und β der Phasenkoeffizient. Dabei ist zu beachten, daß nur diejenige Lösung in Gl.(8.149) eingesetzt werden darf, die zu einer physikalisch sinnvollen Lösung von γ führt!

8.1.4.3.2 Charakterisierung der Fehlerzweitore

Die Herleitung der Streuparameter der Fehlerzweitore erfolgt ebenfalls aus Gl.(8.136)-Gl.(8.139). Die Division von Gl.(8.136) durch (8.138) bzw. (8.137) durch Gl.(8.139) liefert

$$\frac{\underline{M}^A_{11}\underline{K}^A_{11} + \underline{M}^A_{12}\underline{K}^A_{21}}{\underline{M}^A_{21}\underline{K}^A_{11} + \underline{M}^A_{22}\underline{K}^A_{21}} = \frac{\underline{K}^A_{11}}{\underline{K}^A_{21}} \tag{8.150}$$

und

$$\frac{\underline{M}^A_{11}\underline{K}^A_{12} + \underline{M}^A_{12}\underline{K}^A_{22}}{\underline{M}^A_{21}\underline{K}^A_{12} + \underline{M}^A_{22}\underline{K}^A_{22}} = \frac{\underline{K}^A_{12}}{\underline{K}^A_{22}} \,. \tag{8.151}$$

Umformen dieser Beziehungen führt zu den beiden quadratischen Gleichungen

$$\left(\frac{\underline{K}^A_{11}}{\underline{K}^A_{21}}\right)^2 + \left(\frac{\underline{K}^A_{11}}{\underline{K}^A_{21}}\right)\frac{\underline{M}^A_{22} - \underline{M}^A_{11}}{\underline{M}^A_{21}} - \frac{\underline{M}^A_{12}}{\underline{M}^A_{21}} = 0 \tag{8.152}$$

und

$$\left(\frac{\underline{K}^A_{12}}{\underline{K}^A_{22}}\right)^2 + \left(\frac{\underline{K}^A_{12}}{\underline{K}^A_{22}}\right)\frac{\underline{M}^A_{22} - \underline{M}^A_{11}}{\underline{M}^A_{21}} - \frac{\underline{M}^A_{12}}{\underline{M}^A_{21}} = 0. \tag{8.153}$$

Die Struktur ergibt identische Lösungen beider Gleichungen, für die

$$\boxed{\frac{\underline{K}^A_{11}}{\underline{K}^A_{21}} = \frac{\underline{K}^A_{12}}{\underline{K}^A_{22}}} \tag{8.154}$$

gelten muß. Es stellt sich lediglich die Frage, welche Lösung für welche Größe zu wählen ist. Aufschluß müssen weitere Untersuchungen ergeben. Hierzu werden die Kettenparameter in Gl.(8.154) durch die zugehörigen Streuparameter nach Gl.(4.107) ersetzt. Dieses liefert

$$\frac{\underline{K}^A_{11}}{\underline{K}^A_{21}} = \underline{S}^A_{11} - \frac{\underline{S}^A_{12}\,\underline{S}^A_{21}}{\underline{S}^A_{22}} \tag{8.155}$$

und

$$\frac{\underline{K}^A_{12}}{\underline{K}^A_{22}} = \underline{S}^A_{11} \,. \tag{8.156}$$

Die Ergebnisse aus Gl.(8.155) und Gl.(8.156) beschreiben den Eingangsreflexionsfaktor $\underline{S}^A_{11}$ des Fehlerzweitors A durch

$$\boxed{\underline{S}^A_{11} = \frac{\underline{K}^A_{12}}{\underline{K}^A_{22}}} \tag{8.157}$$

und das Produkt $\underline{S}^A_{12}\underline{S}^A_{21}$ der beiden Transmissionsfaktoren mit

$$\underline{S}^A_{12}\underline{S}^A_{21} = \underline{S}^A_{22}\left(\frac{\underline{K}^A_{12}}{\underline{K}^A_{22}} - \frac{\underline{K}^A_{11}}{\underline{K}^A_{21}}\right). \tag{8.158}$$

Zur Ermittlung der fehlenden Parameter wird Gl.(8.129) nach $\overset{\leftrightarrow}{\underline{K}}{}^A$,

$$\overset{\leftrightarrow}{\underline{K}}{}^A = \overset{\leftrightarrow}{\underline{K}}{}^{AB}\ \overset{\leftrightarrow}{\underline{K}}{}^{B^{-1}}, \tag{8.159}$$

aufgelöst und in Gl.(8.130) eingesetzt. Dieses führt zu

$$\overset{\leftrightarrow}{\underline{K}}{}^{AlB} = \overset{\leftrightarrow}{\underline{K}}{}^{AB}\ \overset{\leftrightarrow}{\underline{K}}{}^{B^{-1}}\ \overset{\leftrightarrow}{\underline{K}}{}^{l}\ \overset{\leftrightarrow}{\underline{K}}{}^{B}. \tag{8.160}$$

Umformen der Gl.(8.160) ergibt die Beziehung

$$\overset{\leftrightarrow}{\underline{K}}{}^{B}\ \overset{\leftrightarrow}{\underline{K}}{}^{AB^{-1}}\ \overset{\leftrightarrow}{\underline{K}}{}^{AlB} = \overset{\leftrightarrow}{\underline{K}}{}^{l}\ \overset{\leftrightarrow}{\underline{K}}{}^{B}, \tag{8.161}$$

die mit

$$\overset{\leftrightarrow}{\underline{M}}{}^{B} = \overset{\leftrightarrow}{\underline{K}}{}^{AB^{-1}}\ \overset{\leftrightarrow}{\underline{K}}{}^{AlB} \tag{8.162}$$

in der Form

$$\overset{\leftrightarrow}{\underline{K}}{}^{B}\ \overset{\leftrightarrow}{\underline{M}}{}^{B} = \overset{\leftrightarrow}{\underline{K}}{}^{l}\ \overset{\leftrightarrow}{\underline{K}}{}^{B}. \tag{8.163}$$

angegeben werden kann. Die Matrix $\overset{\leftrightarrow}{\underline{M}}{}^{B}$ in Gl.(8.162) beinhaltet ebenfalls die Elemente der gemessenen Kettenstreuparameter und ist demnach genauso zu behandeln wie die Matrix $\overset{\leftrightarrow}{\underline{M}}{}^{A}$ in Gl.(8.134).

Gl.(8.163) wird, entsprechend Gl.(8.135), auf die Form

$$\overset{\leftrightarrow}{\underline{K}}{}^{B}_{11}\ \overset{\leftrightarrow}{\underline{M}}{}^{B}_{11} + \overset{\leftrightarrow}{\underline{K}}{}^{B}_{12}\ \overset{\leftrightarrow}{\underline{M}}{}^{B}_{21} = \overset{\leftrightarrow}{\underline{K}}{}^{B}_{11}e^{-\gamma\ell}, \tag{8.164}$$

$$\overset{\leftrightarrow}{\underline{K}}{}^{B}_{11}\ \overset{\leftrightarrow}{\underline{M}}{}^{B}_{12} + \overset{\leftrightarrow}{\underline{K}}{}^{B}_{12}\ \overset{\leftrightarrow}{\underline{M}}{}^{B}_{22} = \overset{\leftrightarrow}{\underline{K}}{}^{B}_{12}e^{-\gamma\ell}, \tag{8.165}$$

$$\overset{\leftrightarrow}{\underline{K}}{}^{B}_{21}\ \overset{\leftrightarrow}{\underline{M}}{}^{B}_{11} + \overset{\leftrightarrow}{\underline{K}}{}^{B}_{22}\ \overset{\leftrightarrow}{\underline{M}}{}^{B}_{21} = \overset{\leftrightarrow}{\underline{K}}{}^{B}_{21}e^{+\gamma\ell} \tag{8.166}$$

und

$$\overset{\leftrightarrow}{\underline{K}}{}^{B}_{21}\ \overset{\leftrightarrow}{\underline{M}}{}^{B}_{12} + \overset{\leftrightarrow}{\underline{K}}{}^{B}_{22}\ \overset{\leftrightarrow}{\underline{M}}{}^{B}_{22} = \overset{\leftrightarrow}{\underline{K}}{}^{B}_{22}e^{+\gamma\ell} \tag{8.167}$$

gebracht. Division der Gl.(8.164) durch Gl.(8.165) bzw. Gl.(8.166) durch Gl.(8.167) ergibt

$$\frac{\underline{K}^B_{11}\underline{M}^B_{11} + \underline{K}^B_{12}\underline{M}^B_{21}}{\underline{K}^B_{11}\underline{M}^B_{12} + \underline{K}^B_{12}\underline{M}^B_{22}} = \frac{\underline{K}^B_{11}}{\underline{K}^B_{12}} \tag{8.168}$$

und

$$\frac{\underline{K}_{21}^B \underline{M}_{11}^B + \underline{K}_{22}^B \underline{M}_{21}^B}{\underline{K}_{21}^B \underline{M}_{12}^B + \underline{K}_{22}^B \underline{M}_{22}^B} = \frac{\underline{K}_{21}^B}{\underline{K}_{22}^B}. \tag{8.169}$$

Umformen von Gl.(8.168) und Gl.(8.169) führt auf die beiden quadratischen Gleichungen

$$\left(\frac{\underline{K}_{11}^B}{\underline{K}_{12}^B}\right)^2 + \left(\frac{\underline{K}_{11}^B}{\underline{K}_{12}^B}\right)\frac{\underline{M}_{22}^B - \underline{M}_{11}^B}{\underline{M}_{12}^B} - \frac{\underline{M}_{21}^B}{\underline{M}_{12}^B} = 0 \tag{8.170}$$

und

$$\left(\frac{\underline{K}_{21}^B}{\underline{K}_{22}^B}\right)^2 + \left(\frac{\underline{K}_{21}^B}{\underline{K}_{22}^B}\right)\frac{\underline{M}_{22}^B - \underline{M}_{11}^B}{\underline{M}_{12}^B} - \frac{\underline{M}_{21}^B}{\underline{M}_{12}^B} = 0. \tag{8.171}$$

Ein Vergleich von Gl.(8.170) mit Gl.(8.171) zeigt, daß

$$\boxed{\frac{\underline{K}_{11}^B}{\underline{K}_{12}^B} = \frac{\underline{K}_{21}^B}{\underline{K}_{22}^B}} \tag{8.172}$$

gelten muß. Ersetzen der K-Parameter in Gl.(8.172) durch die zugehörigen S-Parameter gemäß Gl.(4.107) ergibt die Ausdrücke

$$\frac{\underline{K}_{11}^B}{\underline{K}_{12}^B} = \frac{\underline{S}_{12}^B \underline{S}_{21}^B}{\underline{S}_{11}^B} - \underline{S}_{22}^B \tag{8.173}$$

und

$$\frac{\underline{K}_{21}^B}{\underline{K}_{22}^B} = -\underline{S}_{22}^B. \tag{8.174}$$

Umstellen liefert Bestimmungsgleichungen für die Streuparameter des Fehlerzweitors B. Gl.(8.173) führt auf den Ausgangsreflexionsfaktor $\underline{S}_{22}^B$ mit

$$\boxed{\underline{S}_{22}^B = -\frac{\underline{K}_{21}^B}{\underline{K}_{22}^B}} \tag{8.175}$$

und Gl.(8.174) liefert einen Ausdruck für das Produkt der beiden Transmissionsfaktoren $\underline{S}_{12}^B \underline{S}_{21}^B$ in der Form

$$\boxed{\underline{S}_{12}^B \underline{S}_{21}^B = \underline{S}_{11}^B \left(\frac{\underline{K}_{11}^B}{\underline{K}_{12}^B} - \frac{\underline{K}_{21}^B}{\underline{K}_{22}^B}\right).} \tag{8.176}$$

Zur weiteren Berechnung werden die Ergebnisse der Messungen an den Reflect-Standards herangezogen. In Bild 8.19 a) und Bild 8.19 b) sind die Signalflußdiagramme zur Beschreibung der Reflect-Messungen dargestellt. Am Fehlerzweitor A ergibt sich der gemessene Reflexionsfaktor $\underline{S}_{11r}$ zu

$$\underline{S}_{11r} = \underline{S}_{11}^A + \frac{\underline{S}_{12}^A \underline{S}_{21}^A \Gamma}{1 - \underline{S}_{22}^A \Gamma} \tag{8.177}$$

, und am Fehlerzweitor B der Reflexionsfaktor $\underline{S}_{22r}$ zu

$$\underline{S}_{22r} = \underline{S}_{22}^B + \frac{\underline{S}_{12}^B \underline{S}_{21}^B \Gamma}{1 - \underline{S}_{11}^B \Gamma} . \tag{8.178}$$

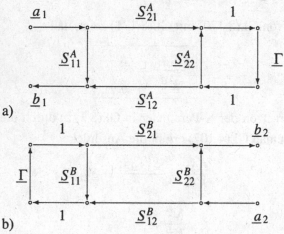

Bild 8.19 *Signalflußdiagramme für die Reflect-Messung an Fehlerzweitor*
A a) bzw. an Fehlerzweitor B b)

Auflösen von Gl.(8.177) und Gl.(8.178) nach dem Reflexionsfaktor Γ führt zu

$$\Gamma = \frac{1}{\underline{S}_{22}^A} \frac{\underline{S}_{11r} - \underline{S}_{11}^A}{\frac{\underline{S}_{12}^A \underline{S}_{21}^A}{\underline{S}_{22}^A} - \underline{S}_{11}^A + \underline{S}_{11r}} \tag{8.179}$$

und

$$\Gamma = \frac{1}{\underline{S}_{11}^B} \frac{\underline{S}_{22r} - \underline{S}_{22}^B}{\frac{\underline{S}_{12}^B \underline{S}_{21}^B}{\underline{S}_{11}^B} - \underline{S}_{22}^B + \underline{S}_{22r}} . \tag{8.180}$$

In Gl.(8.179) kann der Nenner teilweise durch Gl.(8.155) ersetzt werden, so daß sich dadurch der Reflexionsfaktor Γ durch

$$\underline{\Gamma} = \frac{1}{\underline{S}_{22}^A} \frac{\underline{S}_{11r} - \underline{S}_{11}^A}{\underline{S}_{11r} - \dfrac{\underline{K}_{11}^A}{\underline{K}_{21}^A}} \tag{8.181}$$

angeben läßt. Eine ähnliche Beziehung ergibt sich, wenn der Nenner von Gl.(8.180) teilweise durch Gl.(8.173) ersetzt wird,

$$\underline{\Gamma} = \frac{1}{\underline{S}_{11}^B} \frac{\underline{S}_{22r} - \underline{S}_{22}^B}{\underline{S}_{22r} + \dfrac{\underline{K}_{11}^B}{\underline{K}_{12}^B}} . \tag{8.182}$$

Gleichsetzen von Gl.(8.181) mit Gl.(8.182) liefert

$$\frac{1}{\underline{S}_{11}^B} \frac{\underline{S}_{22r} - \underline{S}_{22}^B}{\underline{S}_{22r} + \dfrac{\underline{K}_{11}^B}{\underline{K}_{12}^B}} = \frac{1}{\underline{S}_{22}^A} \frac{\underline{S}_{11r} - \underline{S}_{11}^A}{\underline{S}_{11r} - \dfrac{\underline{K}_{11}^A}{\underline{K}_{21}^A}}, \tag{8.183}$$

so daß sich für $\underline{S}_{11}^B$

$$\underline{S}_{11}^B = \underline{S}_{22}^A \frac{\left(\underline{S}_{11r} - \dfrac{\underline{K}_{11}^A}{\underline{K}_{21}^A}\right) \left(\underline{S}_{22r} - \underline{S}_{22}^B\right)}{\left(\underline{S}_{11r} - \underline{S}_{11}^A\right) \left(\underline{S}_{22r} + \dfrac{\underline{K}_{11}^B}{\underline{K}_{12}^B}\right)} \tag{8.184}$$

ergibt.

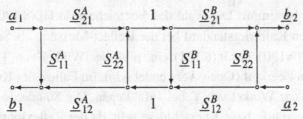

Bild 8.20 *Signalflußdiagramm der Thru-Messung*

Abschließend werden die gemessenen Reflexionsfaktoren $\underline{S}_{11t}$ und $\underline{S}_{22t}$ der Thru-Messung, die dem Signalflußdiagramm für die Thru-Messung in Bild 8.20 entnommen werden können, herangezogen. Mit

$$\underline{S}_{11t} = \underline{S}_{11}^A + \frac{\underline{S}_{12}^A \underline{S}_{21}^A \underline{S}_{11}^B}{1 - \underline{S}_{22}^A \underline{S}_{11}^B} \tag{8.185}$$

und

$$\underline{S}_{22t} = \underline{S}_{22}^B + \frac{\underline{S}_{12}^B \underline{S}_{21}^B \underline{S}_{22}^A}{1 - \underline{S}_{11}^B \underline{S}_{22}^A} \tag{8.186}$$

liefert die Auflösung von Gl.(8.185) nach $\underline{S}_{11}^B$ unter Berücksichtigung von Gl.(8.155) und die Auflösung von Gl.(8.186) nach $\underline{S}_{22}^A$ unter Berücksichtigung von Gl.(8.173)

$$\underline{S}_{11}^B = \frac{1}{\underline{S}_{22}^A} \frac{\underline{S}_{11t} - \underline{S}_{11}^A}{\underline{S}_{11t} - \frac{K_{11}^A}{K_{21}^A}} \quad (8.187) \text{ und } \quad \underline{S}_{22}^A = \frac{1}{\underline{S}_{11}^B} \frac{\underline{S}_{22t} - \underline{S}_{22}^B}{\underline{S}_{22t} + \frac{K_{11}^B}{K_{12}^B}}. \quad (8.188)$$

Gleichsetzen von Gl.(8.187) mit Gl.(8.184) liefert

$$\frac{1}{\underline{S}_{22}^A} \frac{\underline{S}_{11t} - \underline{S}_{11}^A}{\underline{S}_{11t} - \frac{K_{11}^A}{K_{21}^A}} = \underline{S}_{22}^A \frac{\left(\underline{S}_{11r} - \frac{K_{11}^A}{K_{21}^A}\right)\left(\underline{S}_{22r} - \underline{S}_{22}^B\right)}{\left(\underline{S}_{11r} - \underline{S}_{11}^A\right)\left(\underline{S}_{22r} + \frac{K_{11}^B}{K_{12}^B}\right)}, \quad (8.189)$$

woraus die Auflösung nach $\underline{S}_{22}^A$ zu

$$\underline{S}_{22}^A = \pm \sqrt{\frac{\left(\underline{S}_{11r} - \underline{S}_{11}^A\right)\left(\underline{S}_{11t} - \underline{S}_{11}^A\right)\left(\underline{S}_{22r} + \frac{K_{11}^B}{K_{12}^B}\right)}{\left(\underline{S}_{11r} - \frac{K_{11}^A}{K_{21}^A}\right)\left(\underline{S}_{11t} - \frac{K_{11}^A}{K_{21}^A}\right)\left(\underline{S}_{22r} - \underline{S}_{22}^B\right)}} \quad (8.190)$$

führt. Da neben den gemessenen Größen in Gl.(8.190) $\frac{K_{11}^A}{K_{21}^A}$ nach Gl.(8.154), $\underline{S}_{11}^A$ nach Gl.(8.157), $\frac{K_{11}^B}{K_{12}^B}$ nach Gl.(8.172) und $\underline{S}_{22}^B$ nach Gl.(8.175) bekannt sind, ist $\underline{S}_{22}^A$ bestimmt. Die Wahl des Vorzeichens in Gl.(8.190) hängt von dem benutzten Kalibrierstandard bei der Reflect-Messung ab. Setzt man das Ergebnis Gl.(8.190) in Gl.(8.181) ein, muß der Winkel von $\underline{\Gamma}$ um 0° liegen, wenn ein Leerlauf (Open) verwendet wird. Im Falle eines Kurzschlusses (Short), muß der Winkel von $\underline{\Gamma}$ bei 180° liegen. Die Standards müssen keine idealen Leerläufe bzw. Kurzschlüsse sein, da der Reflexionsfaktor durch Gl.(8.181) genau berechnet werden kann.

Nach der Berechnung von $\underline{S}_{22}^A$ liefert das Einsetzen des Ergebnisses in Gl.(8.187) den Wert für $\underline{S}_{11}^B$ zu

$$\underline{S}_{11}^B = \frac{1}{\underline{S}_{22}^A} \frac{\underline{S}_{11t} - \underline{S}_{11}^A}{\underline{S}_{11t} - \frac{K_{11}^A}{K_{21}^A}}, \quad (8.191)$$

so daß die Bestimmung der Parameter der Fehlerzweitore A und B, die zur Charakterisierung unbekannter Meßobjekte benötigt werden (Nachweis später), abgeschlossen ist. Zudem liefert das Verfahren mit Gl.(8.148) den Ausbreitungskoeffizienten der Welle auf der Leitung und mit Gl.(8.181) bzw. Gl.(8.182) Ergebnisse für den Reflect-Standard.

8.1.4.3.3 Anmerkungen zur TRL-Kalibrierung

Das TRL(LRL)-Verfahren ist sehr nützlich bei der Anwendung in Koplanarleitungstechnik (CPW) oder Mikrostreifenleitungstechnik um die Probleme
der Herstellung von Standards wie Abschlüsse und Kurzschlüsse zu umgehen. Um eine Kalibrierung in Mikrostreifenleitungs- oder Koplanarleitungstechnik durchführen zu können ist es notwendig, die Standards und später
auch das DUT in einer dafür vorgesehenen Meßhalterung (Test-Fixture) zu
befestigen, die eine optimale Verbindung zwischen Anschlüssen und DUT
herstellt. Die Anschlüsse des Netzwerkanalysators sind für eine koaxiale
Anschlußtechnik ausgelegt. Um eine entsprechende Verbindung mit der Mikrostreifenleitung herstellen zu können, werden speziell für diesen Zweck
entwickelte Übergänge von koaxialer- zur Mikrostreifenleitungstechnik benötigt.

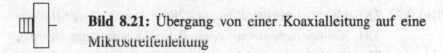

Bild 8.21: Übergang von einer Koaxialleitung auf eine
Mikrostreifenleitung

Ein derartiger Übergang, dessen schematische Darstellung Bild 8.21
zeigt, wurde in Abschnitt 4.4.2.2.8 vorgestellt. An der linken Seite wird das
Koaxialkabel befestigt. Die rechte Seite wird mit einem dünnen Drahtstift,
dem Innenleiter der Koaxialleitung, mit der Mikrostreifenleitung verbunden.
Wichtig ist, daß die Eigenschaften der Kontaktierungsstellen sowohl während der Kalibrierung als auch während der Messung identisch sind. Da aber
hier Kalibrier- und Meßobjekte gewechselt werden müssen, müssen Verbin-
dungstechniken verwendet werden, die eine ausgezeichnete Wiederholbarkeit aufweisen. Obwohl dieses i. allg. nicht sehr einfach ist, wird aber dadurch das Hauptziel, nämlich ein einfacher Wechsel von Bauteilen, erreicht.

An dieser Stelle sei auf ein Problem hingewiesen, das bei einer Vielzahl von Veröffentlichungen zu diesem Verfahren unberücksichtigt bleibt. Es
tritt auf, wenn mit einer Meßhalterung gearbeitet wird, bei der zur Vereinfachung der Kalibrierung die offenen Leitungsenden der Zuführungsleitungen
als stark reflektierende Kalibrierobjekte und als Teil der direkten Durchverbindung benutzt werden. Die nachstehenden Bilder sollen zum Vergleich von
ungünstigen (Bild 8.22, links) und günstigen (Bild 8.22, rechts) Konfigurationen herangezogen werden.

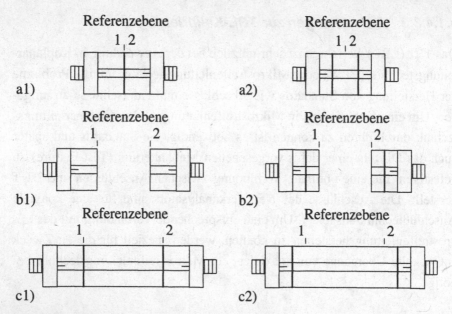

Bild 8.22 *TRL-Kalibrierschritte ohne zusätzliche Leitungslänge (links);*
TRL-Kalibrierschritte mit zusätzlicher Leitungslänge (rechts);
Thru a), Reflect b) und Line c)

Bild 8.22 b1) und b2) zeigen beide Leerlaufkonfigurationen. Im Bild 8.22
b1) sind die offenen Enden in den Bezugsebenen als reflektierender Standard
benutzt. Im Bild 8.22 b2) dagegen werden zusätzliche leerlaufende Leitungen angeschlossen. Die Durchverbindungen (Thru configuration) in den Bildern sind ebenfalls unterschiedlich. Im ersten Fall werden gemäß Bild 8.22
a1) die beiden offenen Enden direkt miteinander verbunden und im zweiten Fall erfolgt die Erzeugung einer Durchverbindung mit Hilfe einer eingefügten Leitung gemäß Bild 8.22 a2). Wie in Bild 8.22 c1) und Bild 8.22
c2) dargestellt, sieht die Line-Konfiguration in beiden Fällen nahezu identisch aus. Um nun den Nachteil der in Bild 8.22 links gezeigten Wahl der
Standards, nämlich die Verwendung von „keiner" Stoßstelle bei der Open-
Messung, einer Stoßstelle bei der Thru-Messung und zwei Stoßstellen bei
der Line-Messung, zu umgehen, werden alle Kalibrierelemente mit einem
zusätzlichen Leitungsabschnitt versehen, so daß die in Bild 8.22 rechts gezeigten Elemente entstehen.

Aus theoretischer Sicht sind beide Vorgehensweisen identisch, in der praktischen Durchführung führt die Vorgehensweise nach Bild 8.22 links aber nur dann zu genauen Resultaten, wenn an den Stoßstellen, an denen die Mikrostreifenleitungen aneinander stoßen, keine Reflexionen auftreten, d.h. wenn reflexionsfreie Stoßstellen realisiert werden können. Im Fall nach Bild 8.22 rechts werden keine ideale Verbindungen benötigt. Die einzige Anforderung in diesem Fall ist eine wiederholbare Verbindungstechnik. Die Signalflußdiagramme in den Bildern 8.23 und 8.24, die zur Beschreibung der Thru-Verbindung nach Bild 8.22 a1) und Bild 8.22 a2) dienen, sollen dieses Problem verdeutlichen.

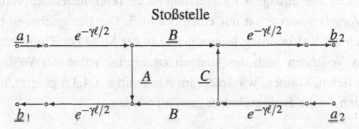

Bild 8.23 *SFD der Thru-Kalibriermessung nach Bild 8.22 a1)*

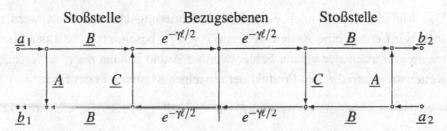

Bild 8.24 *SFD der Thru-Kalibriermessung nach Bild 8.22 a2)*

Unter der Voraussetzung, daß das Meßobjekt bei der Messung eine Anordnung bildet, die der in Bild 8.22 a2) oder c2) dargestellten Konfiguration nahekommt, stellt die Struktur mit zwei Stoßstellen den tatsächlichen Fall dar. Vorausgesetzt, daß die Durchverbindung den Spezialfall einer Leitung der Länge 0mm darstellt, müßte der Grenzübergang von $\ell \to 0$mm in Bild 8.24 auf das Signalflußdiagramm in Bild 8.23 führen. Da dies aber nicht der Fall ist, wenn die Übergänge nicht ideal sind, muß die Vorgehensweise nach Bild 8.23 zu Fehlern in der Beschreibung führen. Ähnliche Überlegungen lassen sich auch für den Leerlauf anstellen. Das Vorgehen nach Bild 8.22

rechts erfordert einen Thru-Standard mit beliebiger aber fester Länge ℓ. Die Reflect-Messung wird mit einer Leitung der Länge $\ell/2$ an jedem der Eingänge durchgeführt. Wichtig ist hierbei weniger die Leitungslänge von genau $\ell/2$, sondern daß für beide Standards möglichst exakt die **gleiche** Länge verwendet wird. Letzteres ist durch die Verwendung eines Standards stets sichergestellt. Bei der Line-Messung wird die berechnete Länge des Kalibrierstandards um die bei der Thru-Messung eingefügten Länge verlängert. Die Stoßstellen werden nun bei jedem Kalibrierschritt und bei der Messung mit Meßobjekt in der gleichen Art und Weise erfaßt und die nicht idealen Eigenschaften fallen bei einer späteren Messung eines Bauelementes nicht mehr ins Gewicht. Die einzige Voraussetzung ist die reproduzierbare Verbindung. Diese Vorgehensweise hat nur einen Nachteil. Die Bezugsebenen befinden sich nach der Kalibrierung immer genau in der Mitte der Thru-Leitung. Da aber das Verfahren auch die Ausbreitungseigenschaften der Welle auf der Leitung liefert, können, wie später im Abschnitt 8.1.4.3.6 gezeigt, beliebige Positionen für die Bezugsebenen gewählt werden.

8.1.4.3.4 Charakterisierung unbekannter Meßobjekte

Das Meßobjekt, das nach einer TRL-Kalibrierung charakterisiert werden soll, wird durch eine Kettenstreumatrix $\overset{\leftrightarrow}{\underline{K}}^{DUT}$ beschrieben. Mit den Kettenstreumatrizen der beiden Fehlerzweitore A und B kann die resultierende Kettenstreumatrix $\overset{\leftrightarrow}{\underline{K}}$ als Produkt der einzelnen Matrizen in der Form

$$\overset{\leftrightarrow}{\underline{K}} = \overset{\leftrightarrow}{\underline{K}}^A \, \overset{\leftrightarrow}{\underline{K}}^{DUT} \, \overset{\leftrightarrow}{\underline{K}}^B \tag{8.192}$$

angegeben werden. Darstellung der Elemente der Kettenstreumatrizen $\overset{\leftrightarrow}{\underline{K}}_A$ und $\overset{\leftrightarrow}{\underline{K}}_B$ durch die zugehörigen Streuparameter liefert für die Kettenstreumatrix $\overset{\leftrightarrow}{\underline{K}}_A$

$$\overset{\leftrightarrow}{\underline{K}}^A = \frac{1}{\overset{\leftrightarrow}{\underline{S}}{}^A_{21}} \left(\begin{array}{cc} \underline{S}^A_{12}\underline{S}^A_{21} - \underline{S}^A_{11}\underline{S}^A_{22} & \underline{S}^A_{11} \\ -\underline{S}^A_{22} & 1 \end{array} \right) \tag{8.193}$$

und für die Kettenstreumatrix $\overset{\leftrightarrow}{\underline{K}}^B$

$$\overset{\leftrightarrow}{\underline{K}}^B = \frac{1}{\overset{\leftrightarrow}{\underline{S}}{}^B_{21}} \left(\begin{array}{cc} \underline{S}^B_{12}\underline{S}^B_{21} - \underline{S}^B_{11}\underline{S}^B_{22} & \underline{S}^B_{11} \\ -\underline{S}^B_{22} & 1 \end{array} \right). \tag{8.194}$$

Mit $\overset{\leftrightarrow}{\underline{X}}{}^A$ für die Matrix in Gl.(8.193) und $\overset{\leftrightarrow}{\underline{X}}{}^B$ für die Matrix in Gl.(8.194) lassen sich beide Gleichungen durch

$$\overset{\leftrightarrow}{\underline{K}}{}^A = \frac{1}{\underline{S}_{21}^A} \; \overset{\leftrightarrow}{\underline{X}}{}^A \tag{8.195}$$

und

$$\overset{\leftrightarrow}{\underline{K}}{}^B = \frac{1}{\underline{S}_{21}^B} \; \overset{\leftrightarrow}{\underline{X}}{}^B \tag{8.196}$$

angeben, wobei die Elemente der beiden Matrizen $\overset{\leftrightarrow}{\underline{X}}{}^A$ und $\overset{\leftrightarrow}{\underline{X}}{}^B$ nach den Berechnungen im vorherigen Abschnitt alle bekannt sind. Einsetzen der Gl.(8.195) und Gl.(8.194) in Gl.(8.192) führt zu

$$\overset{\leftrightarrow}{\underline{K}} = \frac{1}{\underline{S}_{21}^A} \, \frac{1}{\underline{S}_{21}^B} \; \overset{\leftrightarrow}{\underline{X}}{}^A \; \overset{\leftrightarrow}{\underline{K}}{}^{DUT} \; \overset{\leftrightarrow}{\underline{X}}{}^B, \tag{8.197}$$

woraus sich die Kettenstreumatrix $\overset{\leftrightarrow}{\underline{K}}_{DUT}$ zu

$$\overset{\leftrightarrow}{\underline{K}}{}^{DUT} = \underline{S}_{21}^A \underline{S}_{21}^B \; \overset{\leftrightarrow}{\underline{X}}{}^{A^{-1}} \; \overset{\leftrightarrow}{\underline{K}} \; \overset{\leftrightarrow}{\underline{X}}{}^{B^{-1}} \tag{8.198}$$

bestimmen läßt. Das Produkt $\underline{S}_{21}^A \underline{S}_{21}^B$ in Gl.(8.198) ist noch nicht bestimmt, kann aber aus der Transmissionsmessung des Thru-Kalibrierschrittes ermittelt werden. Unter Berücksichtigung des Signalflußdiagramms in Bild 8.20 kann der resultierende Transmissionsfaktor $\overset{\leftrightarrow}{\underline{S}}_{21}^{AB}$ in der Form

$$\underline{S}_{21}^{AB} = \frac{\underline{S}_{21}^A \underline{S}_{21}^B}{1 - \underline{S}_{22}^A \underline{S}_{11}^B} \tag{8.199}$$

geschrieben werden. Hieraus ergibt sich für $\underline{S}_{21}^A \underline{S}_{21}^B$

$$\underline{S}_{21}^A \underline{S}_{21}^B = \underline{S}_{21}^{AB}(1 - \underline{S}_{22}^A \underline{S}_{11}^B), \tag{8.200}$$

so daß nach Einsetzen von Gl.(8.200) in Gl.(8.198) der Ausdruck

$$\overset{\leftrightarrow}{\underline{K}}{}^{DUT} = \underline{S}_{21}^{AB}(1 - \underline{S}_{22}^A \underline{S}_{11}^B) \; \overset{\leftrightarrow}{\underline{X}}{}^{A^{-1}} \; \overset{\leftrightarrow}{\underline{K}} \; \overset{\leftrightarrow}{\underline{X}}{}^{B^{-1}} \tag{8.201}$$

zur Bestimmung der Kettenstreumatrix $\overset{\leftrightarrow}{\underline{K}}{}^{DUT}$ des Meßobjektes angegeben werden kann. Gl.(8.201) beinhaltet nur noch Größen, die bei der Kalibrierung des Netzwerkanalysators bestimmt wurden, so daß das unbekannte Meßobjekt mit der Kettenstreumatrix $\overset{\leftrightarrow}{\underline{K}}{}^{DUT}$ vollständig charakterisiert ist.

8.1.4.3.5   *Dimensionierung der Länge des Line-Standards*

Zum Abschluß dieses Kapitels wird die Dimensionierung der Leitungslänge des Line-Standards betrachtet. Anzumerken ist hier, daß die Dimensionierung der Leitungslänge nicht für eine Frequenz, sondern für einen Frequenzbereich ausschlaggebend ist. Für tiefe Frequenzen sind die Abmessungen des Kalibrierstandards sehr groß, da die Leitungslänge proportional zur Wellenlänge des Signals ist. Ist die Startfrequenz niedrig, lassen sich, aufgrund der großen Abmessungen, die Kalibrierstandards in Mikrostreifenleitungstechnik nicht oder schwierig realisieren. Zudem ist nicht jede Meßhalterung für die Aufnahme langer Standards geeignet. Auch die Phasendrehung entlang der Leitung muß in einem bestimmten Wertebereich liegen, damit eine direkte Auswertung der abgeleiteten Beziehungen eindeutig bleibt. Durch diese Randbedingung ist die für die Kalibrierung höchste Frequenz, die Stoppfrequenz, festgelegt. Wird ein größerer Frequenzbereich benötigt, müssen mehrere Line-Standards mit den entsprechenden Längen benutzt werden. Bei der Auswahl der Standards wird die Differenz der Phasendrehung zwischen Line- und Thru-Standard betrachtet, die einen Wert von 180° nicht überschreiten sollte. Zudem können sich bei der Meßwerteauswertung Probleme ergeben, wenn sich die Phase 0° oder 180° nähert. Aus diesen Gründen wird die Phase bei f_{start} und f_{stop} unter Berücksichtigung der Wellenlänge festgelegt. Bei der niedrigsten Frequenz ist die Phasendrehung am geringsten. Beträgt nun die Leitungslänge bei dieser Frequenz ungefähr $\lambda/20$, so ergibt sich eine Phasendrehung von 18°, d.h.

$$\ell = \frac{1}{20}\lambda(f_{start}). \qquad (8.202)$$

Gilt für die Stoppfrequenz, daß die Leitungslänge ungefähr $(9\lambda)/20$ ist, dann ergibt sich eine Phasendrehung von 172° und es gilt

$$\ell = \frac{9}{20}\lambda(f_{stop}), \qquad (8.203)$$

mit

$$\lambda = \frac{\lambda_0}{\sqrt{\varepsilon_{reff}}} = \frac{c_0}{f\sqrt{\varepsilon_{reff}}}. \qquad (8.204)$$

Wie aus den Phasenbedingungen zu erkennen ist, soll das Verhältnis von f_{stop} zu f_{start} ca. 9:1 sein, da sonst die Phasendrehung, die durch die Leitung der Länge l_{line} hervorgerufen wird, größer als 162° ist. Ist jedoch eine höhere

Bandbreite erforderlich, so muß der Frequenzbereich so unterteilt werden, daß eine Leitung für den unteren Bereich benutzt werden kann und die zweite für den oberen Bereich. Die optimale Trennfrequenz f_{break} ergibt sich aus der Bedingung, daß die „Bandbreite" nicht größer als 1:9 sein darf. Somit liefert

$$f_{break} = 9 f_{start} \quad (8.205) \qquad \text{und} \qquad f_{break} = \frac{1}{9} f_{stop} \qquad (8.206)$$

für f_{break},

$$f_{break} = \sqrt{f_{stop} f_{start}} \, . \tag{8.207}$$

Die so ermittelte Frequenz f_{break} wird für die erste Leitung als Stopfrequenz und für die zweite Leitung als Startfrequenz verwendet.

8.1.4.3.6 Bezugsebenenverschiebung

Erfolgt eine ordnungsgemäße TRL-Kalibrierung gemäß Bild 8.22 rechts, so liegt die Referenzebene genau in der Mitte des Thru-Standards in Bild 8.25.

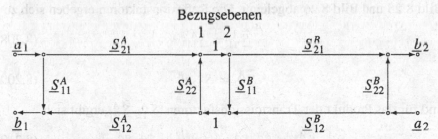

Bild 8.25 *Lage der Bezugsebenen nach der TRL-Kalibrierung mit Thru-Standard als Meßobjekt*

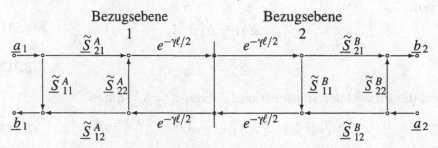

Bild 8.26 *Lage der Bezugsebenen nach der Bezugsebenenverschiebung mit Thru-Standard als Meßobjekt*

Für die Charakterisierung eines Bauelementes mit unterschiedlichen Anschlußlängen, sind die Referenzebenen in die *Bezugsebenen*, d.h die Eingänge, des Bauteils, zu verschieben. Um diese Aufgabe zu lösen, werden die während der Kalibrierung ermittelten Ausbreitungseigenschaften nach Gl.(8.149) verwendet und durch eine Bezugsebenenverschiebung die Bezugsebenen in die Kontaktierungsebenen gemäß Bild 8.26 verschoben. Dieses Vorgehen wird im folgenden unter Verwendung der in Bild 8.25 und Bild 8.26 gezeigten Signalflußdiagramme für den Thru-Standard der Länge ℓ dargestellt. Da die Bezugsebene genau in der Mitte der eingefügten Leitung liegt, sind die Transmissionsfaktoren für die Leitung unterteilt worden in $e^{-\gamma\ell/2}$. Bei der Kalibrierung beinhalten die berechneten Parameter für die Fehlerzweitore A und B alle Einflüsse der gesamten Meßanordnung bis hin zu den Bezugsebenen in der Mitte des Thru-Standards. Die nun betrachteten, neuen Bezugsebenen, die in den Kontaktierungsebenen liegen sollen, liefern neue Fehlerkoeffizienten, die im folgenden mit $\sim$ gekennzeichnet werden, um eine Unterscheidung zu den zuvor ermittelten Parametern sicherzustellen. Die Parameter $\underline{\tilde{S}}\,^A_{11}$ und $\underline{\tilde{S}}\,^A_{22}$ für das neue Fehlerzweitor $\tilde{A}$ werden aus Bild 8.25 und Bild 8.26 abgeleitet. Die Reflexionsfaktoren ergeben sich zu

$$\underline{\tilde{S}}\,^A_{11} = \underline{S}^A_{11}, \tag{8.208}$$

$$\underline{\tilde{S}}\,^A_{22} = \underline{S}^A_{22}e^{\gamma\ell} \tag{8.209}$$

und für das Produkt der Transmissionsfaktoren $\underline{\tilde{S}}\,^A_{12}\,\underline{\tilde{S}}\,^A_{21}$ ergibt sich

$$\underline{\tilde{S}}\,^A_{12}\,\underline{\tilde{S}}\,^A_{21} = \underline{S}^A_{12}\underline{S}^A_{21}e^{\gamma\ell/2}e^{\gamma\ell/2} = \underline{S}^A_{12}\underline{S}^A_{21}e^{\gamma\ell}\,. \tag{8.210}$$

Analog können die Parameter $\underline{\tilde{S}}\,^B_{11}$ und $\underline{\tilde{S}}\,^B_{22}$ für das Fehlerzweitor $\tilde{B}$ in der Form

$$\underline{\tilde{S}}\,^B_{11} = \underline{S}^B_{11}e^{\gamma\ell}, \tag{8.211}$$

$$\underline{\tilde{S}}\,^B_{22} = \underline{S}^B_{22} \tag{8.212}$$

und das Produkt der Transmissionsfaktoren $\underline{\tilde{S}}\,^B_{12}\,\underline{\tilde{S}}\,^B_{21}$ mit

$$\underline{\tilde{S}}\,^B_{12}\,\underline{\tilde{S}}\,^B_{21} = \underline{S}^B_{12}\underline{S}^B_{21}e^{\gamma\ell/2}e^{\gamma\ell/2} = \underline{S}^B_{12}\underline{S}^B_{21}e^{\gamma\ell} \tag{8.213}$$

beschrieben werden. Der Leitungsanteil kann durch die Multiplikation mit $e^{\gamma\ell}$ in Gl.(8.209), Gl.(8.210) sowie in Gl.(8.211) und in Gl.(8.213) eliminiert werden und die „neuen" Referenzebenen stimmen jetzt mit den Anschlußebenen der Meßhalterung überein.

Abschließend sind die Bezugsebenen in die Bezugsebenen des Meßobjektes zu verschieben. Dieses wird durch das Einfügen einer Leitung der Länge ℓ_A für das Fehlerzweitor $\tilde{A}$ und ℓ_B für das Fehlerzweitor $\tilde{B}$ erreicht. Die Länge ℓ ist dann jeweils der Abstand von der Kontaktierungsebene bis zur neuen Bezugsebene. Sie können unterschiedlich lang sein. Bild 8.27 verdeutlicht diesen Sachverhalt.

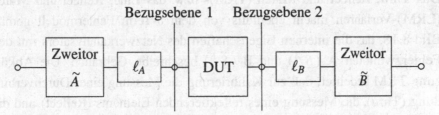

Bild 8.27 *Beliebige Bezugsebenen durch Einfügen von unterschiedlichen Leitungslängen*

Die Parameter für die neue Bezugsebene können für Tor $\tilde{A}_{ref}$ durch

$$\tilde{\underline{S}}^A_{11ref} = \tilde{\underline{S}}^A_{11} = \underline{S}^A_{11}, \tag{8.214}$$

$$\tilde{\underline{S}}^A_{22ref} = \tilde{\underline{S}}^A_{22} e^{-2\gamma\ell_A} = \underline{S}^A_{22} e^{-2\gamma(\ell_A-\ell)} \tag{8.215}$$

und

$$\tilde{\underline{S}}^A_{12ref}\,\tilde{\underline{S}}^A_{21ref} = \tilde{\underline{S}}^A_{12}\,\tilde{\underline{S}}^A_{21} e^{-\gamma(\ell_A+\ell_A)} = \tilde{\underline{S}}^A_{12}\,\tilde{\underline{S}}^A_{21} e^{-2\gamma\ell_A} = \underline{S}^A_{12}\underline{S}^A_{21} e^{-2\gamma(\ell_A-\ell)} \tag{8.216}$$

bzw. für Tor $\tilde{B}_{ref}$ durch

$$\tilde{\underline{S}}^B_{11ref} = \tilde{\underline{S}}^B_{11} e^{-2\gamma\ell_B} = \underline{S}^B_{11} e^{-2\gamma(\ell_B-\ell)}, \tag{8.217}$$

$$\tilde{\underline{S}}^B_{22ref} = \tilde{\underline{S}}^B_{22} = \underline{S}^B_{22} \tag{8.218}$$

und

$$\tilde{\underline{S}}^B_{12ref}\,\tilde{\underline{S}}^B_{21ref} = \tilde{\underline{S}}^B_{12}\,\tilde{\underline{S}}^B_{21} e^{-\gamma(\ell_B+\ell_B)} = \tilde{\underline{S}}^B_{12}\,\tilde{\underline{S}}^B_{21} e^{-2\gamma\ell_B} = \underline{S}^B_{12}\underline{S}^B_{21} e^{-2\gamma(\ell_B-\ell)} \tag{8.219}$$

angegeben werden. Soll ein Bauteil mit unterschiedlichen Anschlußlängen charakterisiert werden, dann müssen die bei der TRL-Kalibrierung ermittelten Parameter gemäß Gl.(8.214) - Gl.(8.219) modifiziert werden und man erhält die Streumatrix des neuen Bauelementes. Abschließend sei noch angemerkt, daß die Verschiebung der Bezugsebenen mit dem bei der Kalibrierung berechneten Ausbreitungskoeffizienten γ erfolgt. Aus diesem Grund müssen die Meßobjekte vom gleichen Substrat sein wie die Kalibrierstandards.

8.1.4.4 TRM(LRM)-Kalibrierung

Das Thru, Reflect und Match (TRM)- bzw. das Line, Reflect und Match (LRM)-Verfahren macht ebenfalls von dem 8-Term Fehlermodell gemäß Bild 8.18, das die internen Eigenschaften des Netzwerkanalysators mit den Fehlerzweitoren A ($\overset{\leftrightarrow}{\underline{S}}{}^A$) und B ($\overset{\leftrightarrow}{\underline{S}}{}^B$) beschreibt, Gebrauch. Die Abkürzung TRM bedeutet, daß zur Kalibrierung die Messung einer Durchverbindung (Thru), die Messung eines reflektierenden Elements (Reflect) und die Messung eines idealen Leitungsabschlusses (Match) benutzt werden. Die Verwendung von idealen Leitungsabschlüssen (Wellensumpf, Match oder Load) anstelle verschiedener Durchgangsleitungen, wie es bei der TRL-Kalibrierung üblich ist, macht diese Technik immer dann anwendbar, wenn die Realisierung dieser Loads möglich ist, z.B. in der On-Wafer Koplanarleitungstechnik. Zur Überprüfung der Load muß jedoch ein anderes Kalibrierverfahren (z.B. TRL oder LRL) verwendet werden, um sicherzustellen, daß es sich auch wirklich um einen guten Leitungsabschluß handelt. Abweichungen wirken sich als Kalibrierfehler und somit als Meßfehler aus, so daß i. allg. die Anwendung des Verfahrens nur bis zu einigen GHz erfolgt.

Für die nachstehenden Berechnungen werden erneut Kettenstreuparameter verwendet. Somit liefert das Gleichungssystem

$$
\begin{pmatrix} \underline{b}_1 \\ \underline{a}_1 \end{pmatrix} = \begin{pmatrix} \underline{K}_{11} & \underline{K}_{12} \\ \underline{K}_{21} & \underline{K}_{22} \end{pmatrix} \begin{pmatrix} \underline{a}_2 \\ \underline{b}_2 \end{pmatrix} \tag{8.220}
$$

den Zusammenhang zwischen den Torgrößen und den zugehörigen Kettenstreuparametern. Hieraus ergibt sich der Reflexionsfaktor $\underline{S}_{11M}$ am Tor 1, bei Abschluß von Tor 2 des Fehlerzweitors A mit dem Reflexionsfaktor Γ_M, zu

$$
\underline{S}_{11M} = \frac{\underline{b}_1}{\underline{a}_1}\bigg|_{\underline{a}_2' = \Gamma_M \underline{b}_2'} = \frac{\underline{K}_{11}^A \underline{a}_2' + \underline{K}_{12}^A \underline{b}_2'}{\underline{K}_{21}^A \underline{a}_2' + \underline{K}_{22}^A \underline{b}_2'}\bigg|_{\underline{a}_2' = \Gamma_M \underline{b}_2'} = \frac{\Gamma_M \underline{K}_{11}^A + \underline{K}_{12}^A}{\Gamma_M \underline{K}_{21}^A + \underline{K}_{22}^A}
\tag{8.221}
$$

und entsprechend der Reflexionsfaktor $\underline{S}_{22M}$ am Tor 2, bei Abschluß von Tor 1 des Fehlerzweitors B mit dem Reflexionsfaktor $\underline{\Gamma}_M$, zu

$$\underline{S}_{22M} = \frac{\underline{b}_2}{\underline{a}_2}\bigg|_{\underline{a}_1' = \underline{\Gamma}_M \underline{b}_1'} = \frac{\underline{\Gamma}_M \underline{K}_{11}^B - \underline{K}_{21}^B}{\underline{K}_{22}^B - \underline{\Gamma}_M \underline{K}_{12}^B}. \tag{8.222}$$

Da bei diesem Verfahren mit idealen Leitungsabschlüssen als Meßobjekte in Bild 8.18 gearbeitet wird, folgt daraus, daß der Reflexionsfaktor $\underline{\Gamma}_M$ zu null wird und somit für Gl.(8.221) und GL.(8.222) die Beziehungen

$$\underline{S}_{11M} = \frac{\underline{K}_{12}^A}{\underline{K}_{22}^A} \tag{8.223} \qquad \text{und} \qquad \underline{S}_{22M} = -\frac{\underline{K}_{21}^B}{\underline{K}_{22}^B} \tag{8.224}$$

abgeleitet werden können.

Bei der Messung des Reflect-Standards $\underline{\Gamma}$ als Meßobjekte in Bild 8.18 liefern Gl.(8.221) und Gl.(8.222)

$$\underline{S}_{11R} = \frac{\underline{\Gamma} \underline{K}_{11}^A + \underline{K}_{12}^A}{\underline{\Gamma} \underline{K}_{21}^A + \underline{K}_{22}^A} \tag{8.225}$$

und

$$\underline{S}_{22R} = \frac{\underline{\Gamma} \underline{K}_{11}^B - \underline{K}_{21}^B}{\underline{K}_{22}^B - \underline{\Gamma} \underline{K}_{12}^B}. \tag{8.226}$$

Für das dritte Element dieses Kalibrierverfahrens, die Durchverbindung, wird zunächst die resultierende Kettenstreumatrix $\overset{\leftrightarrow}{\underline{K}}^{AB}$ zwischen den Meßtoren betrachtet. Sie ergibt sich bei einer direkten Verbindung der Bezugsebenen in Bild 8.18 aus dem Produkt der Kettenstreumatrizen $\overset{\leftrightarrow}{\underline{K}}^A$ und $\overset{\leftrightarrow}{\underline{K}}^B$,

$$\overset{\leftrightarrow}{\underline{K}}^{AB} = \overset{\leftrightarrow}{\underline{K}}^A \, \overset{\leftrightarrow}{\underline{K}}^B, \tag{8.227}$$

zu

$$\overset{\leftrightarrow}{\underline{K}}^{AB} = \begin{bmatrix} \underline{K}_{11}^A & \underline{K}_{12}^A \\ \underline{K}_{21}^A & \underline{K}_{22}^A \end{bmatrix} \begin{bmatrix} \underline{K}_{11}^B & \underline{K}_{12}^B \\ \underline{K}_{21}^B & \underline{K}_{22}^B \end{bmatrix}. \tag{8.228}$$

Auflösen von Gl.(8.228) nach $\overset{\leftrightarrow}{\underline{K}}_B$ liefert

$$\begin{bmatrix} \underline{K}_{11}^B & \underline{K}_{12}^B \\ \underline{K}_{21}^B & \underline{K}_{22}^B \end{bmatrix} = \begin{bmatrix} \underline{K}_{11}^A & \underline{K}_{12}^A \\ \underline{K}_{21}^A & \underline{K}_{22}^A \end{bmatrix}^{-1} \begin{bmatrix} \underline{K}_{11}^{AB} & \underline{K}_{12}^{AB} \\ \underline{K}_{21}^{AB} & \underline{K}_{22}^{AB} \end{bmatrix} \tag{8.229}$$

bzw.

$$\begin{bmatrix} \underline{K}_{11}^B & \underline{K}_{12}^B \\ \underline{K}_{21}^B & \underline{K}_{22}^B \end{bmatrix} = \frac{1}{\det \overset{\leftrightarrow}{\underline{K}}^A} \begin{bmatrix} \underline{K}_{22}^A & -\underline{K}_{12}^A \\ -\underline{K}_{21}^A & \underline{K}_{11}^A \end{bmatrix} \begin{bmatrix} \underline{K}_{11}^{AB} & \underline{K}_{12}^{AB} \\ \underline{K}_{21}^{AB} & \underline{K}_{22}^{AB} \end{bmatrix}. \tag{8.230}$$

Die Elemente der Matrix $\overset{\leftrightarrow}{\underline{K}}{}^{B}$ ergeben sich damit zu

$$\underline{K}_{11}^{B} = \frac{1}{\det \overset{\leftrightarrow}{\underline{K}}{}^{A}} \left(\underline{K}_{22}^{A} \underline{K}_{11}^{AB} - \underline{K}_{12}^{A} \underline{K}_{21}^{AB} \right), \tag{8.231}$$

$$\underline{K}_{12}^{B} = \frac{1}{\det \overset{\leftrightarrow}{\underline{K}}{}^{A}} \left(\underline{K}_{22}^{A} \underline{K}_{12}^{AB} - \underline{K}_{12}^{A} \underline{K}_{22}^{AB} \right), \tag{8.232}$$

$$\underline{K}_{21}^{B} = \frac{1}{\det \overset{\leftrightarrow}{\underline{K}}{}^{A}} \left(-\underline{K}_{21}^{A} \underline{K}_{11}^{AB} + \underline{K}_{11}^{A} \underline{K}_{21}^{AB} \right) \tag{8.233}$$

und

$$\underline{K}_{22}^{B} = \frac{1}{\det \overset{\leftrightarrow}{\underline{K}}{}^{A}} \left(-\underline{K}_{21}^{A} \underline{K}_{12}^{AB} + \underline{K}_{11}^{A} \underline{K}_{22}^{AB} \right). \tag{8.234}$$

Einsetzen der Ergebnisse aus Gl.(8.231) bis (8.234) in die Gln.(8.224) und (8.226) liefert

$$\underline{S}_{22M} = \frac{\underline{K}_{21}^{A} \underline{K}_{11}^{AB} - \underline{K}_{11}^{A} \underline{K}_{21}^{AB}}{-\underline{K}_{21}^{A} \underline{K}_{12}^{AB} + \underline{K}_{11}^{A} \underline{K}_{22}^{AB}} \tag{8.235}$$

und

$$\underline{S}_{22R} = \frac{\Gamma \left(\underline{K}_{22}^{A} \underline{K}_{11}^{AB} - \underline{K}_{12}^{A} \underline{K}_{21}^{AB} \right) - \left(-\underline{K}_{21}^{A} \underline{K}_{11}^{AB} + \underline{K}_{11}^{A} \underline{K}_{21}^{AB} \right)}{\left(-\underline{K}_{21}^{A} \underline{K}_{12}^{AB} + \underline{K}_{11}^{A} \underline{K}_{22}^{AB} \right) - \Gamma \left(\underline{K}_{22}^{A} \underline{K}_{12}^{AB} - \underline{K}_{12}^{A} \underline{K}_{22}^{AB} \right)}. \tag{8.236}$$

Diese beiden Gleichungen werden nun nach den Elementen der Matrix $\overset{\leftrightarrow}{\underline{K}}{}^{A}$ aufgelöst. Umformen von Gl.(8.235) liefert

$$\left(\underline{K}_{21}^{AB} + \underline{S}_{22M} \underline{K}_{22}^{AB} \right) \underline{K}_{11}^{A} - \left(\underline{K}_{11}^{AB} + \underline{S}_{22M} \underline{K}_{12}^{AB} \right) \underline{K}_{21}^{A} = 0 \tag{8.237}$$

und umformen von Gl.(8.236) führt zu

$$\underline{S}_{22R} \left(-\underline{K}_{21}^{A} \underline{K}_{12}^{AB} + \underline{K}_{11}^{A} \underline{K}_{22}^{AB} \right) - \underline{S}_{22R} \Gamma \left(\underline{K}_{22}^{A} \underline{K}_{12}^{AB} - \underline{K}_{12}^{A} \underline{K}_{22}^{AB} \right)$$
$$- \Gamma \left(\underline{K}_{22}^{A} \underline{K}_{11}^{AB} - \underline{K}_{12}^{A} \underline{K}_{21}^{AB} \right) + \left(-\underline{K}_{21}^{A} \underline{K}_{11}^{AB} + \underline{K}_{11}^{A} \underline{K}_{21}^{AB} \right) = 0$$

oder

$$\left(\underline{K}_{21}^{AB} + \underline{S}_{22R} \underline{K}_{22}^{AB} \right) \underline{K}_{11}^{A} + \Gamma \left(\underline{K}_{21}^{AB} + \underline{S}_{22R} \underline{K}_{22}^{AB} \right) \underline{K}_{12}^{A} \tag{8.238}$$
$$- \left(\underline{K}_{11}^{AB} + \underline{S}_{22R} \underline{K}_{12}^{AB} \right) \underline{K}_{21}^{A} - \Gamma \left(\underline{K}_{11}^{AB} + \underline{S}_{22R} \underline{K}_{12}^{AB} \right) \underline{K}_{22}^{A} = 0.$$

Nach diesen Berechnungen ergibt sich aus Gl.(8.223), (8.225), (8.237) und Gl.(8.238) das Gleichungssystem

$$\vec{0} = \overset{\leftrightarrow}{\underline{V}} \vec{\underline{K}}^{A} = \begin{pmatrix} 0 & 1 & 0 & -\underline{S}_{11M} \\ \Gamma & 1 & -\underline{S}_{11R}\Gamma & -\underline{S}_{11R} \\ \underline{V}_{31} & 0 & \underline{V}_{33} & 0 \\ \underline{V}_{41} & \underline{V}_{42} & \underline{V}_{43} & \underline{V}_{44} \end{pmatrix} \begin{pmatrix} \underline{K}_{11}^{A} \\ \underline{K}_{12}^{A} \\ \underline{K}_{21}^{A} \\ \underline{K}_{22}^{A} \end{pmatrix}, \tag{8.239}$$

mit

$$\underline{V}_{31} = \underline{K}_{21}^{AB} + \underline{S}_{22M}\underline{K}_{22}^{AB}, \qquad\qquad \underline{V}_{33} = -(\underline{K}_{11}^{AB} + \underline{S}_{22M}\underline{K}_{12}^{AB}),$$

$$\underline{V}_{41} = \underline{K}_{21}^{AB} + \underline{S}_{22R}\underline{K}_{22}^{AB}, \qquad\qquad \underline{V}_{42} = \underline{\Gamma}(\underline{K}_{21}^{AB} + \underline{S}_{22R}\underline{K}_{22}^{AB}),$$

$$\underline{V}_{43} = -(\underline{K}_{11}^{AB} + \underline{S}_{22R}\underline{K}_{12}^{AB}), \qquad\qquad \underline{V}_{44} = -\underline{\Gamma}(\underline{K}_{11}^{AB} + \underline{S}_{22R}\underline{K}_{12}^{AB}),$$

das zur Bestimmung der Elemente der Kettenstreumatrix $\overset{\leftrightarrow}{\underline{K}}{}^{A}$ herangezogen werden kann. Dieses homogene Gleichungssystem besitzt mindestens einen nichttrivialen Lösungsvektor, nämlich die Lösung zur Beschreibung des Meßproblems. Somit gilt auch

$$\det \overset{\leftrightarrow}{\underline{V}} = 0. \tag{8.240}$$

Gl.(8.240) stellt eine zusätzliche Bedingung dar, aus der der Wert des Reflexionsfaktors $\underline{\Gamma}$ bestimmt werden kann. Mit diesem Ergebnis führt die Auswertung des homogenen Gleichungssystems Gl.(8.239) auf die Elemente der Kettenstreumatrix $\overset{\leftrightarrow}{\underline{K}}{}^{A}$, die bis auf einen konstanten Faktor v_a, bestimmt sind. Die Lösung kann somit durch

$$\overset{\leftrightarrow}{\underline{K}}{}^{A} = \underline{v}_a \overset{\leftrightarrow}{\underline{\tilde{K}}}{}^{A} \tag{8.241}$$

zur Berechnung des zweiten Fehlerzweitors $\overset{\leftrightarrow}{\underline{K}}{}^{B}$ herangezogen werden. Desweiteren ergibt sich aus

$$\overset{\leftrightarrow}{\underline{K}}{}^{AB} = \overset{\leftrightarrow}{\underline{K}}{}^{A} \,\overset{\leftrightarrow}{\underline{K}}{}^{B} = \underline{v}_a \overset{\leftrightarrow}{\underline{\tilde{K}}}{}^{A} \,\overset{\leftrightarrow}{\underline{K}}{}^{B} \tag{8.242}$$

für $\overset{\leftrightarrow}{\underline{K}}{}^{B}$ der Zusammenhang

$$\overset{\leftrightarrow}{\underline{K}}{}^{B} = \frac{1}{\underline{v}_a} \overset{\leftrightarrow}{\underline{\tilde{K}}}{}^{A\,-1} \,\overset{\leftrightarrow}{\underline{K}}{}^{AB} = \frac{1}{\underline{v}_a} \overset{\leftrightarrow}{\underline{\tilde{K}}}{}^{B}. \tag{8.243}$$

Mit Hilfe dieser Ergebnisse und den gemessenen Streuparametern $\overset{\leftrightarrow}{\underline{S}}$ für ein unbekanntes Meßobjekt mit der Streumatrix $\overset{\leftrightarrow}{\underline{S}}{}^{DUT}$, das sich zwischen den beiden Fehlerzweitoren in Bild 8.18 befindet, ergibt sich nach der Berechnung der Kettenstreumatrix $\overset{\leftrightarrow}{\underline{K}}$ aus

$$\overset{\leftrightarrow}{\underline{K}} = \overset{\leftrightarrow}{\underline{K}}{}^{A} \,\overset{\leftrightarrow}{\underline{K}}{}^{DUT} \,\overset{\leftrightarrow}{\underline{K}}{}^{B} \tag{8.244}$$

die Kettenstreumatrix $\overset{\leftrightarrow}{\underline{K}}{}^{DUT}$ und somit das Verhalten des Meßobjektes zu

$$\overset{\leftrightarrow}{\underline{K}}{}^{DUT} = \overset{\leftrightarrow}{\underline{K}}{}^{A\,-1} \,\overset{\leftrightarrow}{\underline{K}} \,\overset{\leftrightarrow}{\underline{K}}{}^{B\,-1},$$

$$\underline{\overset{\leftrightarrow}{K}}{}^{DUT} = \frac{1}{\underline{v}_a} \, \underline{\overset{\leftrightarrow}{\widetilde{K}}}{}^{A^{-1}} \, \underline{\overset{\leftrightarrow}{K}} \, \underline{v}_a \, \underline{\overset{\leftrightarrow}{\widetilde{K}}}{}^{B^{-1}}$$

bzw.

$$\underline{\overset{\leftrightarrow}{K}}{}^{DUT} = \underline{\overset{\leftrightarrow}{\widetilde{K}}}{}^{A^{-1}} \, \underline{\overset{\leftrightarrow}{K}} \, \underline{\overset{\leftrightarrow}{\widetilde{K}}}{}^{B^{-1}}. \tag{8.245}$$

Gl.(8.245) zeigt nun, daß die in Gl.(8.241) eingeführte Konstante $\underline{v}_a$ bei der Berechnung des Meßobjektes wegfällt, d.h. daß jede Lösung von Gl.(8.239) eine Lösung der „ Deembedding" - Aufgabe darstellt. Auch bei der Verwendung dieser Ergebnisse zur Berechnung der angegebenen Fehlerkoeffizienten der SOLT-Kalibrierung entfällt die Konstante $\underline{v}_a$, so daß damit die durch die LRM-Kalibrierung erzielten Ergebnisse ebenfalls in modernen Netzwerkanalysatoren zur Fehlerkorrektur verwendet werden können. Hierzu werden Gl.(8.241) und Gl.(8.243) in der Form

$$\underline{\overset{\leftrightarrow}{K}}{}^{A} = \underline{v}_a \begin{bmatrix} \underline{\widetilde{K}}{}^{A}_{11} & \underline{\widetilde{K}}{}^{A}_{12} \\ \underline{\widetilde{K}}{}^{A}_{21} & \underline{\widetilde{K}}{}^{A}_{22} \end{bmatrix} \tag{8.246}$$

und

$$\underline{\overset{\leftrightarrow}{K}}{}^{B} = \frac{1}{\underline{v}_a} \begin{bmatrix} \underline{\widetilde{K}}{}^{B}_{11} & \underline{\widetilde{K}}{}^{B}_{12} \\ \underline{\widetilde{K}}{}^{B}_{21} & \underline{\widetilde{K}}{}^{B}_{22} \end{bmatrix}, \tag{8.247}$$

unter Verwendung von

$$\begin{pmatrix} \underline{S}_{11} & \underline{S}_{12} \\ \underline{S}_{21} & \underline{S}_{22} \end{pmatrix} = \begin{pmatrix} \dfrac{\underline{K}_{12}}{\underline{K}_{22}} & \dfrac{\underline{K}_{11}\underline{K}_{22} - \underline{K}_{12}\underline{K}_{21}}{\underline{K}_{22}} \\ \dfrac{1}{\underline{K}_{22}} & -\dfrac{\underline{K}_{21}}{\underline{K}_{22}} \end{pmatrix}, \tag{8.248}$$

zur Berechnung der Streuparameter aus den Kettenstreuparametern benutzt. Bei der Angabe der Werte für $\underline{S}^{A}_{11}$, $\underline{S}^{A}_{22}$, $\underline{S}^{B}_{11}$ und $\underline{S}^{B}_{22}$ spielt, wie aus Gl.(8.248) direkt zu erkennen ist, die Größe $\underline{v}_a$ keine Rolle. Mit

$$\det(\underline{\overset{\leftrightarrow}{\widetilde{K}}}{}^{A}) = \underline{\widetilde{K}}{}^{A}_{11} \, \underline{\widetilde{K}}{}^{A}_{22} - \underline{\widetilde{K}}{}^{A}_{12} \, \underline{\widetilde{K}}{}^{A}_{21} \tag{8.249}$$

und

$$\det(\underline{\overset{\leftrightarrow}{\widetilde{K}}}{}^{B}) = \underline{\widetilde{K}}{}^{B}_{11} \, \underline{\widetilde{K}}{}^{B}_{22} - \underline{\widetilde{K}}{}^{B}_{12} \, \underline{\widetilde{K}}{}^{B}_{21} \tag{8.250}$$

entfällt dieser Faktor auch bei

$$\underline{S}^{A}_{21} \, \underline{S}^{A}_{12} = \frac{1}{\underline{v}_a} \frac{1}{\underline{\widetilde{K}}{}^{A}_{22}} \, \underline{v}_a \, \frac{\det(\underline{\overset{\leftrightarrow}{\widetilde{K}}}{}^{A})}{\underline{\widetilde{K}}{}^{A}_{22}}, \tag{8.251}$$

$$S_{21}^B \, S_{12}^B = \frac{1}{\underline{v}_a} \, \frac{1}{\widetilde{K}_{22}^B} \, \underline{v}_a \, \frac{\det(\widetilde{\overset{\leftrightarrow}{\underline{K}}}{}^B)}{\widetilde{K}_{22}^B}, \qquad (8.252)$$

$$S_{21}^A \, S_{21}^B = \frac{1}{\underline{v}_a} \, \frac{1}{\widetilde{K}_{22}^A} \, \underline{v}_a \, \frac{1}{\widetilde{K}_{22}^B} \qquad (8.253)$$

und

$$S_{12}^A \, S_{12}^B = \underline{v}_a \, \frac{\det(\widetilde{\overset{\leftrightarrow}{\underline{K}}}{}^A)}{\widetilde{K}_{22}^A} \, \frac{1}{\underline{v}_a} \, \frac{\det(\widetilde{\overset{\leftrightarrow}{\underline{K}}}{}^B)}{\widetilde{K}_{22}^B}, \qquad (8.254)$$

so daß die Fehlerkoeffizienten der SOLT-Kalibrierung, unter Verwendung der Kettenstreuparameter, die in der Tabelle 8.2 gezeigte Gestalt annehmen. Die Kalibrierung des Übersprechens ($\underline{E}_{XF}, \underline{E}_{XR}$) findet hier keine Berücksichtigung, da sie getrennt erfolgen muß.

Tabelle 8.2: *Umrechnung der TRM-Fehlerkoeffizienten in SOLT-Fehlerkoeffizienten*

Vorwärtsrichtung	Rückwärtsrichtung
$\underline{E}_{DF} = \dfrac{\widetilde{K}_{12}^A}{\widetilde{K}_{22}^A}$	$\underline{E}_{DR} = -\dfrac{\widetilde{K}_{21}^B}{\widetilde{K}_{22}^B}$
$\underline{E}_{RF} = \dfrac{\det(\widetilde{\overset{\leftrightarrow}{\underline{K}}}{}^A)}{\widetilde{K}_{22}^A \, \widetilde{K}_{22}^A}$	$\underline{E}_{RR} = \dfrac{\det(\widetilde{\overset{\leftrightarrow}{\underline{K}}}{}^R)}{\widetilde{K}_{22}^B \, \widetilde{K}_{22}^B}$
$\underline{E}_{SF} = -\dfrac{\widetilde{K}_{21}^A}{\widetilde{K}_{22}^A}$	$\underline{E}_{SR} = \dfrac{\widetilde{K}_{12}^B}{\widetilde{K}_{22}^B}$
$\underline{E}_{LF} = \dfrac{\widetilde{K}_{12}^B}{\widetilde{K}_{22}^B}$	$\underline{E}_{LR} = -\dfrac{\widetilde{K}_{21}^A}{\widetilde{K}_{22}^A}$
$\underline{E}_{TF} = \dfrac{1}{\widetilde{K}_{22}^A} \, \dfrac{1}{\widetilde{K}_{22}^B}$	$\underline{E}_{TR} = \dfrac{\det(\widetilde{\overset{\leftrightarrow}{\underline{K}}}{}^A) \, \det(\widetilde{\overset{\leftrightarrow}{\underline{K}}}{}^B)}{\widetilde{K}_{22}^A \, \widetilde{K}_{22}^B}$

Damit ist die Vorstellung des TRM-Verfahrens abgeschlossen. Wie zuvor erwähnt, setzt dieses Verfahren einen idealen Leitungsabschluß voraus. Dieses schränkt bei höheren Frequenzen die Genauigkeit ein. Einen Kompromiß hinsichtlich der Genauigkeit und Breitbandigkeit stellt eine „gemischte" Kalibrierung, d.h. TRM bzw. LRM für niedrige und TRL bzw. LRL für höhere Frequenzen dar. Die Gesamtgenauigkeit des Verfahrens wird hierbei durch die Güte der Load bestimmt, da TRL bzw. LRL nahezu ideal ist und die Wiederholbarkeit guter Meßhalterungen besser ist als die Güte der Loads.

8.1.4.5 Kalibrierung mit Hilfe der Zeitbereichsoption

Neben der direkten Kalibrierung von Netzwerkanalysatoren mit Hilfe der Verfahren, die in den vorangestellten Abschnitten behandelt wurden, kann auch eine schrittweise Kalibrierung erfolgen. Das kann z.B. für die Messung von Komponenten in Mikrostreifenleitungstechnik, die gemäß Bild 8.28 in einer Meßhalterung (Test-Fixture) eingebettet sind, bedeuten, daß im ersten Schritt in koaxialer Leitungstechnik bis zu den Anschlüssen der Halterung kalibriert wird. Im zweiten Schritt werden die Eigenschaften der Übergänge von koaxialer Leitungstechnik auf Streifenleitungstechnik bestimmt.

Bild 8.28: *Meßhalterung mit Branch-Line-Koppler in Mikrostreifenleitungstechnik*

Dieses Vorgehen ermöglicht nach einer Modifikation der koaxial ermittelten Kalibrierdaten zur nachträglichen Erfassung der Eigenschaften der Übergänge ebenfalls eine meßtechnische Charakterisierung von unbekannten Objekten. Ein derartiges Vorgehen ist sogar notwendig, wenn das Meßsystem eine Kalibrierung nach dem 12-Term Fehlermodell benötigt. Dieses ist immer der Fall, wenn die Signalzweige mit Hilfe von Schaltern während der Messung verändert werden. In diesem Fall kann im zweiten Schritt auch eine Kalibrierung mit Hilfe des TRL-Verfahrens oder des TRM-Verfahrens zu den Eigenschaften der Übergänge, die entsprechend Bild 8.28 das Meßobjekt in der Meßhalterung umgeben, führen.

Neben den genannten Verfahren bietet die in modernen Netzwerkanalysatoren implementierte „Zeitbereichsoption", die die Transformation von im Frequenzbereich ermittelten Streuparametern in den Zeitbereich –und auch umgekehrt– übernimmt, eine Möglichkeit zur Bestimmung der Eigenschaften der Meßhalterung. In Ergänzung zur Fouriertransformation erlauben diese Netzwerkanalysatoren bestimmte Zeitintervalle gezielt zu betrachten, in dem die Signalanteile außerhalb des gewählten Zeitfensters rechnerisch auf null gesetzt werden. Dadurch lassen sich, wie im folgenden an einem Beispiel verdeutlicht wird, gezielt Reflexions- bzw. Transmissionsanteile selektieren, die direkt den Stoßstellen in der Anordnung zugeordnet werden können. Unter Ausnutzung dieser Möglichkeiten kann mit Hilfe

- einer Durchgangsleitung und
- zweier Leitungen unterschiedlicher Länge mit identischen, stark reflektierenden Elementen ($|\underline{\Gamma}|$), z.B. Leerlauf oder Kurzschluß) am Ende

eine Bestimmung der Streuparameter der Übergänge erfolgen.

Bild 8.29: *Kalibriersubstrat*

Die Wahl dieser Standards erfolgt aus dem Grunde, daß diese Elemente mit einfachen Mitteln kostengünstig auf einem Substrat gemäß Bild 8.29 herzustellen sind. Die obere Durchgangsleitung und die beiden leerlaufenden Leitungen werden zur Charakterisierung der Übergänge und somit zur Kalibrierung verwendet. Die untere Durchgangsleitung dient als Testobjekt zur Überprüfung der Kalibrierung. Dadurch, daß alle Standards auf einem Substrat untergebracht sind, ist eine geringstmögliche Schwankung in den Substrateigenschaften (ε_r und Substrathöhe h) sichergestellt. An dieser Stelle sei schon vorweggenommen, daß der Reflexionsfaktor Γ des stark reflektierenden Objektes nicht bekannt sein muß, da dieses Verfahren ebenfalls die frequenzabhängigen Werte für Γ liefert.

Vorstellung des Zeitbereichsverfahrens

Im ersten Schritt erfolgt eine Kalibrierung des NWA in koaxialer Technik mit den verfügbaren Kalibrierelementen. Hierdurch kann in den nachfolgenden Messungen davon ausgegangen werden, daß die gemessenen Ergebnisse bezüglich der koaxialen Referenzebenen, Tor 1 und Tor 2 in Bild 8.30, genau sind. Wird nun angenommen, daß Reflexionen auf den Leitungen, bedingt durch schwache Verluste, vernachlässigbar sind, dann kann das in Bild 8.30 gezeigte Signalflußdiagramm zur Beschreibung der Meßhalterung mit Meßobjekt (DUT) herangezogen werden. Bild 8.10 zeigt das Signalflußdiagramm der Meßhalterung mit dem DUT, das durch die Streuparameter $\underline{S}_{11}^{DUT}$, $\underline{S}_{12}^{DUT}$, $\underline{S}_{21}^{DUT}$ und $\underline{S}_{22}^{DUT}$ beschrieben ist. Die Elemente $\underline{S}_{11}^{A}$, $\underline{S}_{12}^{A}$, $\underline{S}_{21}^{A}$, $\underline{S}_{22}^{A}$ bzw. $\underline{S}_{11}^{B}$, $\underline{S}_{12}^{B}$, $\underline{S}_{21}^{B}$ und $\underline{S}_{22}^{B}$ charakterisieren die S-Parameter der Übergänge A und B am Tor 1 bzw. am Tor 2, die benötigt werden um die Zuführungsleitungen zum DUT in Streifenleitungstechnik mit den Koaxialleitungen des NWAs zu verbinden. Die Referenzebenen der Übergänge sind auf der einen Seite durch die Referenzebene der koaxialen Standards und auf der anderen Seite durch den Anfang der Streifenleitung bestimmt. Die Größe γ in Bild 8.30 beschreibt die Ausbreitungseigenschaften des Quasi-TEM Wellentyps auf der Leitung. Die Längen der Zuführungsleitungen sind aus Gründen der Allgemeinheit unterschiedlich lang gewählt.

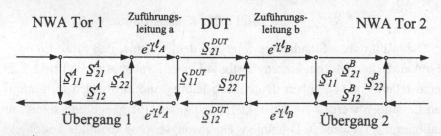

Bild 8.30: *Signalflußdiagramm zur Beschreibung eines Meßobjektes in einer Meßhalterung*

Wegen der Reziprozität der Übergänge sind die S-Parameter $\underline{S}_{12}^{A}$, $\underline{S}_{21}^{A}$ bzw. $\underline{S}_{12}^{B}$, $\underline{S}_{21}^{B}$ identisch. Aus diesem Grunde wird in den folgenden Rechnungen nur noch $\underline{S}_{21}^{A}$ bzw. $\underline{S}_{21}^{B}$ verwendet.

Messungen mit Hilfe der Zeitbereichsoption

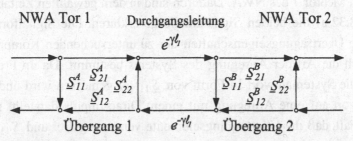

Bild 8.31: *Signalflußdiagramm der Meßhalterung mit Durchgangsleitung der Länge ℓ_1*

Im ersten Meßabschnitt sind entsprechend dem Bild 8.31 beide Übergänge an der Durchgangsleitung. Nun erfolgt die Messung von $\underline{S}_{11}$ und eine Transformation dieses Ergebnisses in den Zeitbereich, so daß der Netzwerkanalysator $s_{11}(t)$ gemäß Bild 8.32 a) anzeigt.

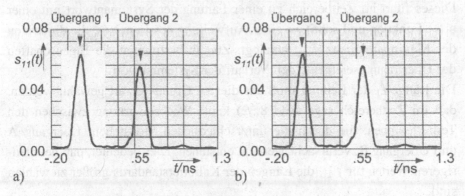

Bild 8.32: *Zeitbereichsantwort am Tor 1 und geeignete „Gates" zum Ausblenden der Reflexionen an den Übergängen.*
Gate zur Messung der ersten Reflexion a)
Gate zur Messung der zweiten Reflexion b)

Durch die zuvor durchgeführte Kalibrierung des Netzwerkanalysators in koaxialer Leitungstechnik mit Bezugsebenen an den Anschlüssen der Übergänge, werden alle Reflexionen, die vor den Bezugsebenen liegen, rechnerisch eliminiert. Dadurch sind im Zeitbereich vor der ersten Reflexion, die vom Tor 1 aus gesehen am Übergang A entsteht, keine Beiträge in $s_{11}(t)$ vorzufinden. Die auf den Übergang A zulaufende Welle wird nun zum Teil am Übergang A reflektiert. Ein anderer Teil der Welle wird durch den Übergang A über die Leitung zum Übergang B transmittiert, dort wieder teilweise reflektiert und läuft somit über die Leitung und durch den Übergang A zurück zum Meßtor 1 des NWA. Dadurch sind in dem gewählten Zeitabschnitt in Bild 8.32 a) die beiden Signalanteile zu erklären. Die Signalform wird durch die Übertragungseigenschaften der zu untersuchenden Komponenten und durch die Art der Anregung des Systems bestimmt. Da im Frequenzbereich die Systemantwort in Form von $\underline{S}_{11}(\omega)$ gemessen wird und dieses die Antwort auf eine Anregung mit einem Dirac-Impuls darstellt, müßten für den Fall, daß die Übertragungselemente verzerrungsfrei und $\underline{S}_{11}(\omega)$ im Bereich $(-\infty < \omega < \infty)$ vorliegen würde, im Zeitbereich ebenfalls Dirac-Impulse vorzufinden sein. Diese ist aber wegen der begrenzten Bandbreite des Meßsystems nicht der Fall. Die Messung bis zu einer Maximalfrequenz f_{max}, die zu ω_{max} führt, erlaubt eine Darstellung der Meßwerte $\underline{S}_{11,gem}(\omega)$ in der Form

$$\underline{S}_{11,gem}(\omega) = \underline{S}_{11}(\omega) \cdot \text{rect}\left(\frac{\omega}{2\omega_{max}}\right).$$

Dieses führt im Zeitbereich zu einer Faltung der Systemantwort mit einer $\text{si}(t)$-Funktion und somit zu einer Aufweitung des Impulses, die direkt von der Maximalfrequenz f_{max} abhängt. Zudem bestimmen die Eigenschaften der Übertragungselemente den Verlauf der Systemantwort.

Die Länge ℓ_1 der Leitung muß aus diesem Grunde derart gewählt werden, daß im Zeitbereich (vgl. Bild 8.32) keine Wechselwirkung zwischen den Teilreflexionen, die durch die unterschiedlichen Stoßstellen, Übergang A und Übergang B, verursacht werden, entstehen. Dies bedeutet, daß bei niedrigeren Werten für f_{max} die Längen der Kalibrierstandards größer zu wählen sind.

Die Betrachtung von Bild 8.32 zeigt, daß der Reflexionsbeitrag vom ersten Übergang im Zeitbereich bei ca. 0ns und damit viel früher als der Beitrag des gegenüberliegenden Übergangs, der bei ca. 0.59ns sein Maximum aufweist, erscheint. Ist nun der zeitliche Abstand zwischen beiden Reflexionen so groß, daß eine vernachlässigbare Überlappung der Teilreflexionen vorliegt, dann können beide Anteile getrennt voneinander gemessen werden. Dieses erfolgt durch die Wahl eines geeigneten Zeitfensters (Gate), das entsprechend Bild 8.32 auf die zu messende Reflexionskomponente positioniert und anschließend aktiviert wird. Dieses hat zur Folge, daß alle Beiträge außerhalb des Gate-Bereiches zu null gesetzt werden. Wird das so gewonnene Zeitbereichsverhalten für ein Gate, das gemäß Bild 8.32 a) auf die erste Reflexion im Zeitbereich (erst am Tor 1 und danach am Tor 2) gesetzt ist, nun in den Frequenzbereich zurücktransformiert, liefert dieses direkt die gemessenen Werte für $\underline{S}_{11}^A$ bzw. für $\underline{S}_{22}^B$ der Übergänge. Messungen mit einem Gate, das auf die zweite Reflexion, gemäß Bild 8.32 b) gesetzt ist, liefert jeweils den Beitrag am gegenüberliegenden Übergang. Es ergibt sich hierfür an den beiden Meßtoren des NWAs

$$\underline{C}_1 = \underline{S}_{21}^A{}^2 e^{-2\underline{\gamma}\ell_1} \underline{S}_{11}^B \tag{8.255}$$

und

$$\underline{C}_2 = \underline{S}_{21}^B{}^2 e^{-2\underline{\gamma}\ell_1} \underline{S}_{22}^A. \tag{8.256}$$

Entsprechend der Vorgehensweise für Reflexionen liefert das Ausblenden des Hauptbeitrags zur Transmission von Tor 1 nach Tor 2 die Größe

$$\underline{C}_3 = \underline{S}_{21}^A \underline{S}_{21}^B e^{-\underline{\gamma}\ell_1}. \tag{8.257}$$

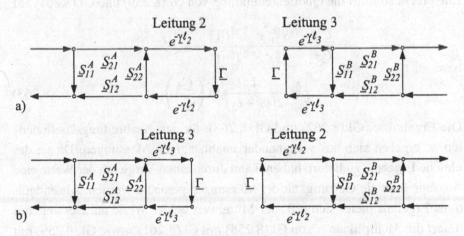

Bild 8.33: *Signalflußdiagramm der Meßhalterung mit den beiden leerlaufenden Leitungen ($\ell_2 > \ell_3$);*
a) Leitung 2 am Tor 1 und Leitung 3 am Tor 2
b) Leitung 3 am Tor 1 und Leitung 2 am Tor 2

Im nächsten Meßabschnitt wird die Transmissionsleitung durch die beiden Leerläufe der Längen ℓ_2 und ℓ_3 entsprechend Bild 8.33 a) ersetzt. Die Messung des Reflexionsbeitrags des Leerlaufs $\underline{\Gamma}$, der sich durch Setzen eines Gates auf den Reflexionsbeitrag des Leerlaufs im Zeitbereich und einer anschließenden Rücktransformation in den Frequenzbereich ergibt, liefert die Werte für $\underline{C}_4$, $\underline{C}_5$, $\underline{C}_6$ und $\underline{C}_7$ gemäß

$$\underline{C}_4 = \underline{S}_{21}^{A}{}^2 e^{-2\underline{\gamma}\ell_2}\,\underline{\Gamma}, \tag{8.258}$$

$$\underline{C}_5 = \underline{S}_{21}^{B}{}^2 e^{-2\underline{\gamma}\ell_3}\,\underline{\Gamma}, \tag{8.259}$$

$$\underline{C}_6 = \underline{S}_{21}^{A}{}^2 e^{-2\underline{\gamma}\ell_3}\,\underline{\Gamma} \tag{8.260}$$

und

$$\underline{C}_7 = \underline{S}_{21}^{B}{}^2 e^{-2\underline{\gamma}\ell_2}\,\underline{\Gamma}. \tag{8.261}$$

Quotientenbildung von Gl.(8.260) und Gl.(8.258) liefert

$$\frac{\underline{C}_6}{\underline{C}_4} = \frac{\underline{S}_{21}^{A}{}^2 e^{-2\underline{\gamma}\ell_3}\,\underline{\Gamma}}{\underline{S}_{21}^{A}{}^2 e^{-2\underline{\gamma}\ell_2}\,\underline{\Gamma}} = e^{2\underline{\gamma}(\ell_2-\ell_3)}$$

bzw.

$$\underline{\gamma} = \frac{1}{2(\ell_2-\ell_3)}\ln\left(\frac{\underline{C}_6}{\underline{C}_4}\right). \tag{8.262}$$

Entsprechend führt die Quotientenbildung von Gl.(8.259) und Gl.(8.261) auf

$$\frac{\underline{C}_5}{\underline{C}_7} = \frac{\underline{S}_{21}^{B}{}^2 e^{-2\underline{\gamma}\ell_3}\,\underline{\Gamma}}{\underline{S}_{21}^{B}{}^2 e^{-2\underline{\gamma}\ell_2}\,\underline{\Gamma}} = e^{2\underline{\gamma}(\ell_2-\ell_3)}$$

bzw.

$$\underline{\gamma} = \frac{1}{2(\ell_2-\ell_3)}\ln\left(\frac{\underline{C}_6}{\underline{C}_4}\right). \tag{8.263}$$

Die Ergebnisse, Gl.(8.262) und Gl.(8.263), für den Ausbreitungskoeffizienten $\underline{\gamma}$, ergeben sich aus voneinander unabhängigen Messungen. Da sie das gleiche Ergebnis zu liefern haben, kann durch einen Vergleich der Werte eine Aussage über die Genauigkeit der Messungen gemacht werden. Als endgültiges Ergebnis bietet sich z.B. der Mittelwert beider Werte an. Desweiteren liefert die Multiplikation von Gl.(8.258) mit Gl.(8.261) sowie Gl.(8.259) mit Gl.(8.260) die Beziehungen

$$\underline{C}_4\,\underline{C}_7 = \underline{S}_{21}^{A}{}^2 \underline{S}_{21}^{B}{}^2 \underline{\Gamma}^2 e^{-4\underline{\gamma}\ell_2} \tag{8.264}$$

und

$$\underline{C}_5\,\underline{C}_6 = \underline{S}_{21}^{A}{}^2 \underline{S}_{21}^{B}{}^2 \underline{\Gamma}^2 e^{-4\underline{\gamma}\ell_3} \tag{8.265}$$

woraus sich der Reflexionsfaktor $\underline{\Gamma}$ am Leitungsende zu

$$\underline{\Gamma} = \frac{\sqrt{\underline{C}_4\,\underline{C}_7}}{\underline{S}_{21}^{A}\underline{S}_{21}^{B}}e^{2\underline{\gamma}\ell_2} \quad (8.266) \qquad \text{und} \qquad \underline{\Gamma} = \frac{\sqrt{\underline{C}_5\,\underline{C}_6}}{\underline{S}_{21}^{A}\underline{S}_{21}^{B}}e^{2\underline{\gamma}\ell_3} \qquad (8.267)$$

berechnen läßt.

Aus mathematischer Sicht müßten auch die Gl.(8.266) und Gl.(8.267) identische Ergebnisse liefern. Aber in der Realität, es sei daran erinnert, daß die Meßwerte durch „Gating" entstanden sind, wird das Ergebnis nach Gl.(8.266) bevorzugt, da der Abstand zwischen dem Übergang und dem offenen Leitungsende bei der Leitung der Länge ℓ_2 ($\ell_2 > \ell_3$) größer ist. Wird nun in Gl.(8.266) der Ausdruck $\underline{S}_{21}^A \underline{S}_{21}^B$ nach Umformen des Ergebnisses der Transmissionsmessung gemäß

$$\underline{S}_{21}^A \underline{S}_{21}^B = \underline{C}_3 e^{\underline{\gamma}\ell_1} \tag{8.268}$$

ersetzt, so ergibt sich mit

$$\underline{\Gamma} = \frac{\sqrt{\underline{C}_4 \underline{C}_7}}{\underline{C}_3} e^{\underline{\gamma}(2\ell_2 - \ell_1)} \tag{8.269}$$

das endgültige Ergebnis für den Reflexionsfaktor $\underline{\Gamma}$.

Mit Hilfe der bislang ermittelten Resultate lassen sich aus Gl.(8.258), Gl.(8.261), Gl.(8.255) und Gl.(8.256) die verbleibenden unbekannten S-Parameter der Übergänge in Bild 8.30 zu

$$\underline{S}_{21}^A = \sqrt{\frac{\underline{C}_4}{\underline{\Gamma}}} e^{\underline{\gamma}\ell_2}, \quad (8.270) \qquad \underline{S}_{21}^B = \sqrt{\frac{\underline{C}_7}{\underline{\Gamma}}} e^{\underline{\gamma}\ell_2}, \tag{8.271}$$

$$\underline{S}_{11}^B = \frac{\underline{C}_1}{\underline{S}_{21}^A{}^2} e^{2\underline{\gamma}\ell_1} \quad (8.272) \qquad \text{und} \qquad \underline{S}_{22}^A = \frac{\underline{C}_2}{\underline{S}_{21}^B{}^2} e^{2\underline{\gamma}\ell_1} \tag{8.273}$$

berechnen. Damit können auch die Streuparameter des Meßobjektes berechnet werden. Aus der resultierenden Streumatrix bezüglich der Tore 1 und 2 des Netzwerkanalysators ergibt sich mit $\overset{\leftrightarrow}{\underline{K}}{}^{L_A}$, der Kettenstreumatrix der Leitung A, und $\overset{\leftrightarrow}{\underline{K}}{}^{L_B}$, der Kettenstreumatrix der Leitung B, aus

$$\overset{\leftrightarrow}{\underline{K}} = \overset{\leftrightarrow}{\underline{K}}{}^A \, \overset{\leftrightarrow}{\underline{K}}{}^{L_A} \, \overset{\leftrightarrow}{\underline{K}}{}^{DUT} \, \overset{\leftrightarrow}{\underline{K}}{}^{L_B} \, \overset{\leftrightarrow}{\underline{K}}{}^B \tag{8.274}$$

die Kettenstreumatrix des Meßobjektes $\overset{\leftrightarrow}{\underline{K}}{}^{DUT}$ zu

$$\overset{\leftrightarrow}{\underline{K}}{}^{DUT} = \overset{\leftrightarrow}{\underline{K}}{}^{L_A}{}^{-1} \, \overset{\leftrightarrow}{\underline{K}}{}^{A}{}^{-1} \, \overset{\leftrightarrow}{\underline{K}} \, \overset{\leftrightarrow}{\underline{K}}{}^{B}{}^{-1} \, \overset{\leftrightarrow}{\underline{K}}{}^{L_B}{}^{-1}. \tag{8.275}$$

Alle Berechnungen des dargestellten Verfahrens lassen sich einfach mit Hilfe eines externen Steuerrechners durchführen. Nachteil ist, daß keine direkten Meßergebnisse für das eigentliche Meßobjekt am Netzwerkanalysator angezeigt werden. Dieser Mißstand läßt sich allerdings sehr leicht beseitigen.

Hierzu sind die Schritte

1. auslesen aller Streuparameter aus dem NWA, die zur Charakterisierung der Übergänge notwendig sind, und Berechnung aller unbekannten Parameter nach dem vorgestellten Verfahren,

2. auslesen der Fehlerkoeffizienten der koaxialen NWA-Kalibrierung (CALSETS) aus dem NWA,

3. modifizieren der Fehlerkoeffizienten der koaxialen NWA-Kalibrierung zur Erfassung der Eigenschaften der Meßhalterung und

4. speichern der neuen Fehlerkoeffizienten in den Datenspeicher des Netzwerkanalysators

notwendig. Danach können mit dem NWA, der bezüglich der Referenzebenen in der Streifenleitung kalibriert ist, „on-line" Messungen durchgeführt werden. Die Möglichkeit, die Referenzebenen unter der korrekten Berücksichtigung der frequenz- und geometrieabhängigen Ausbreitungseigenschaften der Welle auf der Leitung in die Bezugsebenen des Meßobjektes verschieben zu können, liefert eine sehr einfache, komfortable und genaue Möglichkeit zur breitbandigen Kalibrierung.

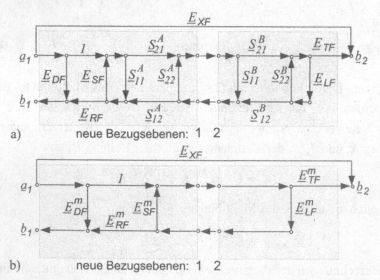

Bild 8.34: *Signalflußdiagramm zur Umrechnung von 12-Term Fehlerkoeffizienten mit zusätzlichen Zweitoren a) in neue 12-Term Fehlerkoeffizienten b) nach [57]*

Die Herleitung der zugehörigen Umrechnungsbeziehungen kann aus den Signalflußdiagrammen zur Beschreibung der Fehlermodelle abgeleitet werden. In Bild 8.34 ist das Signalflußdiagramm für die Vorwärtsrichtung zur Beschreibung des 12-Term Fehlermodells angegeben. Unter Berücksichtigung der in Bild 8.34 b) gewählten Bezeichnungsweise für die modifizierten Fehlerkoeffizienten können diese aus dem Signalflußdiagramm gemäß Bild 8.34 a) ermittelt werden. Es gelten die in Tabelle 8.3 angegebenen Umrechnungsbeziehungen, die eine zusätzliche Berücksichtigung von Leitungen zum Meßobjekt ebenfalls erfassen können.

Tabelle 8.3: *Umrechnung von 12-Term Fehlerkoeffizienten mit zusätzlichen Zweitoren in neue 12-Term Fehlerkoeffizienten nach [57]*

Vorwärtsrichtung	Rückwärtsrichtung
$\underline{E}_{DF}^{m} = \underline{E}_{DF} + \dfrac{\underline{E}_{RF}\,\underline{S}_{11}^{A}}{1 - \underline{E}_{SF}\,\underline{S}_{11}^{A}}$	$\underline{E}_{DR}^{m} = \underline{E}_{DR} + \dfrac{\underline{E}_{RR}\,\underline{S}_{22}^{B}}{1 - \underline{E}_{SR}\,\underline{S}_{22}^{B}}$
$\underline{E}_{RF}^{m} = \dfrac{\underline{E}_{RF}\,\underline{S}_{12}^{A}\,\underline{S}_{21}^{A}}{(1 - \underline{E}_{SF}\,\underline{S}_{11}^{A})^{2}}$	$\underline{E}_{RR}^{m} = \dfrac{\underline{E}_{RR}\,\underline{S}_{12}^{B}\,\underline{S}_{21}^{B}}{(1 - \underline{E}_{SR}\,\underline{S}_{22}^{B})^{2}}$
$\underline{E}_{SF}^{m} = \underline{S}_{22}^{A} + \dfrac{\underline{E}_{SF}\,\underline{S}_{12}^{A}\,\underline{S}_{21}^{A}}{1 - \underline{E}_{SF}\,\underline{S}_{11}^{A}}$	$\underline{E}_{SR}^{m} = \underline{S}_{11}^{B} + \dfrac{\underline{E}_{SR}\,\underline{S}_{12}^{B}\,\underline{S}_{21}^{B}}{1 - \underline{E}_{SR}\,\underline{S}_{22}^{B}}$
$\underline{E}_{LF}^{m} = \underline{S}_{11}^{B} + \dfrac{\underline{E}_{LF}\,\underline{S}_{12}^{B}\,\underline{S}_{21}^{B}}{1 - \underline{E}_{LF}\,\underline{S}_{22}^{B}}$	$\underline{E}_{LR}^{m} = \underline{S}_{22}^{A} + \dfrac{\underline{E}_{LR}\,\underline{S}_{12}^{A}\,\underline{S}_{21}^{A}}{1 - \underline{E}_{LR}\,\underline{S}_{11}^{A}}$
$\underline{E}_{TF}^{m} = \dfrac{\underline{E}_{TF}\,\underline{S}_{21}^{A}\,\underline{S}_{21}^{B}}{(1 - \underline{E}_{SF}\,\underline{S}_{11}^{A})(1 - \underline{E}_{LF}\,\underline{S}_{22}^{B})}$	$\underline{E}_{TR}^{m} = \dfrac{\underline{E}_{TR}\,\underline{S}_{12}^{A}\,\underline{S}_{12}^{B}}{(1 - \underline{E}_{SR}\,\underline{S}_{22}^{B})(1 - \underline{E}_{LR}\,\underline{S}_{11}^{A})}$
$\underline{E}_{XF}^{m} = \underline{E}_{XF}$	$\underline{E}_{XR}^{m} = \underline{E}_{XR}$

Nach dieser ausführlichen Darstellung des Verfahrens soll die Anwendung dieser Kalibriermethode anhand einiger Beispiele diskutiert werden. Die ersten Beispiele zeigen die Ergebnisse während der Kalibrierung. Aus Gl.(8.262) und Gl.(8.263) ergibt sich die Phasengeschwindigkeit β und der Dämpfungskoeffizient α der Welle. Bild 8.35 a) zeigt den aus der Phasengeschwindigkeit ermittelten Verlauf der effektiven Permittivität $\varepsilon_{r,eff}$ und Bild 8:35 b) die zugehörigen Werte für α.

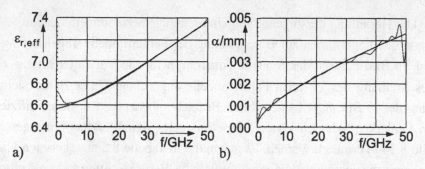

a)   b)

Bild 8.35: *Effektive Permittivität $\varepsilon_{r,eff}$ a) und Dämpfungskoeffizient α b)*
der Mikrostreifenleitung ($\varepsilon_r = 9.8$, $h = .254mm$ und $w = .24mm$);
..... Messung, ____ Ergebnis nach Gl.(6.8) bzw. Gl.(6.14)

Desweiteren liefert Gl.(8.266) den Reflexionsfaktor des Streifenleitungsleerlaufs. Ergebnisse hierfür, die sich aus der Anwendung der Time Domain
Option ergeben, sind in Bild 8.36 dargestellt. Das Bild zeigt zum Vergleich
theoretisch ermittelte Ergebnisse für den Betrag und den Winkel von Γ, die
sich aus den Näherungsbeziehungen Gl.(6.22) und Gl.(6.28) berechnen lassen.

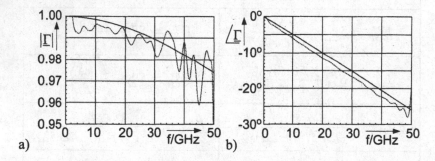

a)   b)

Bild 8.36: *Betrag a) und Winkel b) des Reflexionsfaktors eines Leerlaufs*
in Mikrostreifenleitungstechnik ($\varepsilon_r = 9.8$, $h = .254mm$ und $w =
.24mm$); ..... Messung, ____ Ergebnis nach Gl.(6.22) bzw.
Gl.(6.28)

Ein abschließendes Beispiel, das zur Demonstration der Tauglichkeit dieses Verfahrens dienen soll, wird in den Bildern 8.37 a) bis d) gezeigt. Als
Meßobjekt wurde dabei eine Leitung der Länge $\ell = 50.8mm$ gewählt. Unter Verwendung von Bezugsebenen mit einem Abstand von 25.4mm von der
jeweiligen Substratkante, d.h. beide Referenzebenen liegen in der Substrat-
mitte, hat das gemessene Objekt die Länge 0mm. Die für diese Struktur er-

warteten Ergebnisse lauten $\underline{S}_{11} = \underline{S}_{22} = 0$ und $\underline{S}_{12} = \underline{S}_{21} = 1$. Die Wahl dieses Elementes als Teststruktur eröffnet die Möglichkeit einer intensiveren Diskussion der zu erwartenden Genauigkeit des durchgeführten Kalibriervorgangs. Diese wird zum einen durch das angewendete Zeitbereichsverfahren und zum anderen durch die Wiederholbarkeit der Meßhalterung bestimmt. In den Bildern 8.37 a) und b) sind die Beträge der Reflexionsfaktoren $\underline{S}_{11}$ und $\underline{S}_{22}$ dargestellt. Im Frequenzbereich bis 95% von der maximalen Frequenz, ist die Abweichung vom erwarteten Wert geringer als 0.03. Bild 8.37 c) zeigt den Betrag des Transmissionskoeffizienten $\underline{S}_{21}$. Hierfür ist im gleichen Frequenzbereich ebenfalls eine Abweichung geringer als 0.03 vom theoretischen Wert festzustellen. Die abschließende Betrachtung des Winkels von $\underline{S}_{21}$, der in Bild 8.37 d) gezeigt ist, weist maximale Abweichungen in der Größenordnung von 3° auf. Diese hohe Genauigkeit ist jedoch nur auf die Verwendung der exakten Ausbreitungseigenschaften auf dem verwendeten Substratmaterial, die direkt aus den Ergebnissen nach Gl.(8.262) und (8.263) entnommen werden können, zurückzuführen.

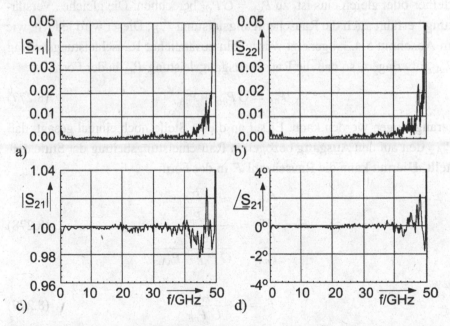

Bild 8.37: *Betrag der Reflexionsfaktoren $\underline{S}_{11}$ a) und $\underline{S}_{22}$ b) sowie der Betrag von $\underline{S}_{21}$ c) und der Winkel von $\underline{S}_{21}$ d) einer Leitung der Länge 0mm (Bezugsebene in der Leitungsmitte, $\varepsilon_r = 9.8$, $h = .254mm$ und $w = .24mm$)*

8.2 Rauschzahlmeßtechnik

Nach den Ausführungen im Abschnitt 5.4.3.4 stellt die in Gl.(5.222) angegebene Beziehung zur Definition der Rauschzahl eines Zweitors,

$$F = \frac{\dfrac{\text{verfügbare Signalleistung}}{\text{verfügbare Rauschleistung}}\bigg|_{Eingang}}{\dfrac{\text{verfügbare Signalleistung}}{\text{verfügbare Rauschleistung}}\bigg|_{Ausgang}} = \frac{\dfrac{P_{sE}}{P_{nE}}}{\dfrac{P_{sA}}{P_{nA}}}, \tag{8.276}$$

das Verhältnis von verfügbarem Signal-Rauschleistungsverhältnis am Eingang zu dem am Ausgang der Schaltung dar.

Hier erfolgt die Betrachtung der Größen in Gl.(8.276), die von prinzipiellen Überlegungen gemäß Bild 5.31 b) Gebrauch macht. So läßt sich die Signalausgangsleistung P_{sA} aus der Multiplikation der Signaleingangsleistung P_{sE} mit einem Proportionalitätsfaktor G, dessen Betrag im Falle einer verstärkenden Schaltung größer als eins und im Falle einer passiven Schaltung kleiner oder gleich eins ist, zu $P_{sA} = G P_{sE}$ berechnen. Die gleiche „Verstärkung" erfährt auch die Rauscheingangsleistung P_{nE}. Dieser wird jedoch, wie im Abschnitt 5.4.3.4 gezeigt wurde, ein zusätzlicher Rauschleistungsbeitrag $P_{nA,z}$ überlagert, so daß die Rauschausgangsleistung P_{nA} in der Form

$$P_{nA} = G P_{nE} + P_{nA,z} \tag{8.277}$$

herangezogen werden kann. Es sei an dieser Stelle noch einmal gesagt, daß $P_{nA,z}$ den auf den **Ausgang** bezogenen Rauschleistungsbeitrag der Stufe darstellt. Hiermit kann die Rauschzahl F in der Form

$$F = \frac{\dfrac{P_{sE}}{P_{nE}}}{\dfrac{P_{sA}}{P_{nA}}} = \frac{\dfrac{P_{sE}}{P_{nE}}}{\dfrac{G P_{sE}}{G P_{nE} + P_{nA,z}}} \tag{8.278}$$

bzw.

$$F = 1 + \frac{P_{nA,z}}{G P_{nE}} \tag{8.279}$$

angegeben werden.

8.2.1　Die Einführung der effektiven Rauschtemperatur T_e

Eine Betrachtung der Anordnung in Bild 5.31 b), d.h. ein Zweitor mit realer Quelle, die der Umgebungstemperatur T_S ausgesetzt ist, liefert, mit

$$P_{nE} = k\Delta f T_S \qquad (8.280)$$

für die Ausgangsrauschleistung P_{nA}

$$P_{nA} = Gk\Delta f T_S + P_{nA,z}. \qquad (8.281)$$

Es stellt sich nun die Frage, ob sich der durch das Zweitor erzeugte Rauschbeitrag durch eine fiktive Temperaturerhöhung ΔT der Quelle entstanden denken läßt, so daß gilt

$$P_{nA} = Gk\Delta f (T_S + \Delta T). \qquad (8.282)$$

Diese Überlegung führt zu der Interpretation, daß das rauschende Zweitor durch ein rauschfreies Zweitor mit ansonsten unveränderten Eigenschaften und einer Rauschquelle am Eingang, die die Leistung $Gk\Delta f\Delta T$ erzeugt, dargestellt werden kann. Dieses bedeutet, daß bei der Temperatur $T_S = 0K$ am Ausgang eine Leistung zur Verfügung steht, die von einem Widerstand bei der Temperatur ΔT erzeugt wird. Diese äquivalente Temperatur, die sich ebenfalls zur Beschreibung des Zweitors verwenden läßt, wird als die **effektive Rauschtemperatur** T_e des Zweitors bezeichnet. Für sie gilt

$$P_{nA,z} = Gk\Delta f T_e. \qquad (8.283)$$

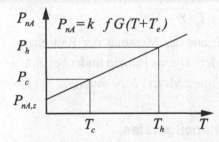

Bild 8.38: *Temperaturabhängigkeit der Ausgangsrauschleistung*

Die Temperaturabhängigkeit der Ausgangsrauschleistung zeigt Bild 8.38. Danach kann aus der Messung der Rauschleistungen bei zwei verschiedenen Temperaturen $T_1 = T_c$ (c für engl. cold) und $T_2 = T_h$ (h für engl. hot) die effektive Rauschtemperatur T_e und die Verstärkung G berechnet werden. Zur Erzeugung der unterschiedlichen Rauscheingangsleistungen werden in der

Rauschzahlmeßtechnik sogenannte Rauschquellen verwendet. Diese beinhalten eine Diode, die möglichst gut an die 50Ω-Meßumgebung angepaßt ist. Im ausgeschalteten Zustand beträgt somit die von der Rauschquelle erzeugte Rauschleistung die eines 50Ω Widerstandes. Wird die Diode aufgesteuert, so erzeugt diese ein zusätzliches Rauschen. Die Rauschquelle wirkt somit wie ein Widerstand bei hoher Temperatur. Zur genauen Messung der Rauscheigenschaften ist die Kenntnis der Rauschleistung und der Eingangsimpedanz erforderlich, so daß die Rauschquellen von den Herstellern zu eichen sind, d.h. daß jede Rauschquelle mit einem sogenannten Rauschstandard verglichen und mit einem Vergleichsprotokoll versehen werden muß. Dieses gibt dem Anwender Auskunft über die frequenzabhängige Rauschleistung der Quelle im aktiven (heißen) Zustand. Unter Zuhilfenahme einer derartigen Rauschquelle ergibt sich mit Y (Y-Faktor), dem Quotienten aus P_h zu P_c,

$$Y = \frac{P_h}{P_c} = \frac{Gk\Delta f(T_h + T_e)}{Gk\Delta f(T_c + T_e)}, \tag{8.284}$$

für T_e

$$T_e = \frac{T_h - Y T_c}{Y - 1}, \tag{8.285}$$

so daß mit Gl.(8.283), $P_{nA,z} = Gk\Delta f T_e$ und $P_{nE} = k\Delta f T_c$ die Rauschzahl F durch

$$F = 1 + \frac{P_{nA,z}}{G\,P_{nE}} = 1 + \frac{Gk\Delta f T_e}{Gk\Delta f T_c}$$

zu

$$F = 1 + \frac{T_e}{T_c} = 1 + \frac{T_h - Y T_c}{T_c\,(Y - 1)} \tag{8.286}$$

gegeben ist. Die Rauschzahl kann somit aus der Messung der Rauschausgangsleistung des Zweitors ermittelt werden. Dieses Prinzip findet bei einem modernen Rauschzahlmeßgerät (Noise Figure Meter) Anwendung.

8.2.2 Kalibrierung des Rauschzahlmeßgerätes

In der Rauschmeßtechnik werden die Rauschkenngrößen mit Meßgeräten ermittelt, die, ähnlich wie in der Streuparameter-Meßtechnik, die Messung unerwünscht beeinflussen. Aus diesem Grunde wird eine Kalibrierung des Meßgerätes erforderlich, so daß nach einer Art „Deembedding" die wirklichen Ergebnisse für das untersuchte Meßobjekt vorliegen. Die wesentlichen

Einflußgrößen sind die Rauschzahl F_2 sowie die Verstärkung G_2 der Eingangsstufe des Rauschempfängers (second stage noise).

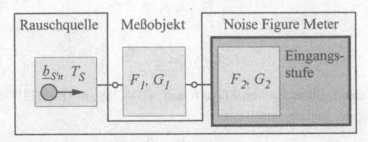

Bild 8.39: *Blockschaltbild eines Meßempfängers mit Meßobjekt*

Mit Hilfe des Blockschaltbildes in Bild 8.39, das den prinzipiellen Aufbau eines Rauschmeßplatzes wiedergeben soll, ergibt sich nach Kapitel 5.4.3.5 die resultierende Rauschzahl F_{12} der Gesamtanordnung aus Gl.(5.233) zu

$$F_{12} = F_1 + \frac{F_2 - 1}{G_1}.\tag{8.287}$$

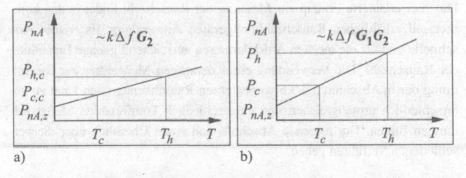

a) b)

Bild 8.40: *Temperaturabhängigkeit der gemessenen Rauschleistung während der Kalibrierung a) und der Messung mit Meßobjekt b)*

Die Kalibrierung des Noise Figure Meters erfolgt durch eine Messung mit der Rauschquelle direkt am Eingang des Rauschempfängers (ohne Meßobjekt). Die gemessenen Rauschleistungen $P_{h,c}$ und $P_{c,c}$ bei den Temperaturen T_c und T_h der Rauschquelle liefern nach Bild 8.40 a) aus den Gl.(8.286) die Rauschzahl F_{M1} und den Wert für den Ausdruck $k\,G_2\Delta f$ zu

$$F_{M1} = F_2\tag{8.288}$$

und

$$k\,G_2\Delta f = \frac{P_{h,c} - P_{c,c}}{T_h - T_c}.\tag{8.289}$$

Die anschließende Messung mit Meßobjekt liefert entsprechend Bild 8.40 b)

$$F_{M2} = F_{12} \qquad (8.290)$$

und

$$k G_1 G_2 \Delta f = \frac{P_h - P_c}{T_h - T_c}, \qquad (8.291)$$

so daß durch Einsetzen von $k G_2 \Delta f$ nach Gl.(8.289) in Gl.(8.291) die Verstärkung des Meßobjektes G_1 zu

$$G_1 = \frac{P_h - P_c}{P_{h,c} - P_{c,c}} \qquad (8.292)$$

ermittelt werden kann. Mit G_1 aus Gl.(8.292) und den Ergebnissen für F_2 nach Gl.(8.288) sowie für F_{12} nach Gl.(8.290) folgt aus Gl.(8.287) für die Rauschzahl F_1 des Meßobjektes

$$F_1 = F_{12} - \frac{F_2 - 1}{G_1}. \qquad (8.293)$$

Das hier erläuterte Prinzip zur Messung der Rauschzahl findet in den kommerziell erhältlichen Rauschzahlmeßgeräten Anwendung. Es erlaubt eine schnelle und für die meisten Anforderungen ausreichend genaue Ermittlung der Rauschzahl. Die Verwendung eines derartigen Meßgerätes zur Bestimmung der in Abschnitt 5.4.3.6 vorgestellten Rauschkenngrößen kann zu unterschiedlich umfangreichen und unterschiedlich komfortablen Meßanordnungen führen. Der folgende Abschnitt soll einen Überblick über die verschiedenen Verfahren geben.

8.2.3   Die meßtechnische Bestimmung der Rauschkenngrößen

In Abschnitt 5.4.3.6 wurde eine ausführliche Beschreibung des Rauschverhaltens von Zweitoren vorgestellt. In diesem Kapitel soll nun eine Übersicht über verschiedene Methoden zur Ermittlung dieser Kenngrößen gegeben werden.

8.2.3.1 Bestimmung der Rauschkenngrößen aus Rauschzahlmessungen

8.2.3.1.1 Die direkte Messung von F_{opt} und $\underline{r}_{S,opt}$

Wie in den vorangestellten Abschnitten verdeutlicht wurde, ist die Rauschzahl eines Zweitors abhängig von der Impedanz, die das vorgeschaltete Netzwerk am Eingang des Zweitors repräsentiert. Diese Eigenschaft ermöglicht die direkte Messung der minimalen Rauschzahl F_{opt} durch eine Abstimmung des Eingangsnetzwerks derart, daß am Ausgang des Zweitors F_{opt} vorliegt. Dieses Vorgehen setzt jedoch voraus, daß das Anpassungsnetzwerk am Eingang jede beliebige Impedanz erzeugen kann. Schaltungen, die diese Möglichkeiten bieten werden als Impedanztuner oder auch einfach Tuner bezeichnet. Den prinzipiellen Aufbau einer Meßanordnung zeigt Bild 8.41.

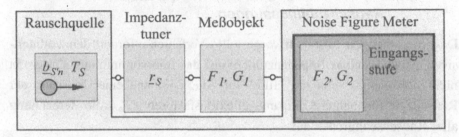

Bild 8.41: *Blockschaltbild eines Meßempfängers mit Meßobjekt*

Nachteilig an diesem Verfahrens ist, daß eine vollständige Charakterisierung eines Meßobjektes, d.h. Messung von F_{opt} und $\underline{r}_{S,opt}$ für mehrere Frequenzen, sehr zeitintensiv ist. Zum einen ist dabei der Abgleich des Tuners zur Einstellung der minimalen Rauschzahl sehr mühsam, und zum anderen ist die Messung des Reflexionsfaktors $\underline{r}_{S,opt}$ nach dem Abgleich des Tuners mit Hilfe eines Netzwerkanalysators sehr aufwendig, denn der Tuner muß dazu aus dem Rauschmeßplatz ausgebaut, in den Streuparametermeßplatz eingebaut und anschließend vermessen werden. Eine Automatisierung des Abgleichvorgangs sowie die Verwendung eines Tuners, dessen Impedanzverhalten vorab bestimmt wurde, ermöglicht eine wesentliche Reduzierung der Meßdauer und somit auch eine Verbesserung des Verfahrens. Dabei spielt jedoch die Reproduzierbarkeit des Tuners eine ganz entscheidende Rolle, da die zu jeder Tunerposition zugehörige Impedanz über einen längeren Zeitraum konstant sein muß. Besonders bei mechanischen Tunern kann dieses

zu Schwierigkeiten führen. Nahezu ohne Wiederholbarkeitsprobleme ist die
Verwendung eines elektronischen Tuners, der mit Hilfe von Dioden, die als
Schalter in einem Leitungsnetzwerk benutzt werden, unterschiedliche Impedanzwerte erzeugt. Dieser weist zwar einerseits eine hohe Reproduzierbarkeit auf, kann aber andererseits nicht jede beliebige Impedanz am Eingang
des Meßobjektes zur Verfügung stellen. Damit ist auch die Einstellung des
Rauschminimums nicht garantiert, so daß sich dieses Gerät für einen Einsatz in dem aufgezeigten Verfahren als ungeeignet erweist. Die im nächsten Abschnitt behandelte Methode, bei der ein Abgleich zur Erzeugung des
Rauschminimums nicht erforderlich ist, erlaubt allerdings den Einsatz des
elektronischen Tuners.

8.2.3.1.2 Die Berechnung von F_{opt} und $\underline{r}_{S,opt}$ aus mehreren Rauschzahlmessungen

Das im vorherigen Abschnitt vorgestellte Verfahren erfordert den zeitintensiven Abgleich eines Impedanztuners auf das Rauschminimum. Dieser ist
nicht notwendig, wenn mit Hilfe von Gl.(5.262) und einer Messung der
Rauschzahl für mehrere Eingangsreflexionsfaktoren $\underline{r}_{S,opt}$ die Berechnung
aller Rauschkenngrößen aus

$$F = F_{opt} + 4N\frac{|\underline{r}_S - \underline{r}_{S,opt}|^2}{(1 - |\underline{r}_S|^2)(1 - |\underline{r}_{S,opt}|^2)}, \qquad (8.294)$$

mit

$$N = R_n\, G_{S,opt} \qquad (8.295)$$

erfolgen kann. Hierzu hat sich das von Lane in [60] vorgestellte bzw. das von
Caruso und Sannino in [58] erweiterte Verfahren als besonders zweckmäßig
erwiesen. Aus Gl.(8.286),

$$F = 1 + \frac{T_e}{T}, $$

aus der sich im Rauschminimum für F_{opt}

$$F_{opt} = 1 + \frac{T_{e,opt}}{T} \qquad (8.296)$$

ergibt, kann mit Gl.(8.294) die Abhängigkeit der effektiven Rauschtemperatur T_e vom Reflexionsfaktor $\underline{r}_S$ der Quelle in der Form

$$T_e = T\,(F - 1),\tag{8.297}$$

$$T_e = T\,(F_{opt} + 4\,N\,\frac{|\,r_S - r_{S,opt}|^2}{(1 - |\,r_S|^2)\,(1 - |\,r_{S,opt}|^2)} - 1),$$

mit F_{opt} nach Gl.(8.296)

$$T_e = T\,(1 + \frac{T_{e,opt}}{T} + 4\,N\,\frac{|\,r_S - r_{S,opt}|^2}{(1 - |\,r_S|^2)\,(1 - |\,r_{S,opt}|^2)} - 1)$$

bzw. durch

$$T_e = T_{e,opt} + 4\,N\,T\,\frac{|\,r_S - r_{S,opt}|^2}{(1 - |\,r_S|^2)\,(1 - |\,r_{S,opt}|^2)}\tag{8.298}$$

angegeben werden. Die Berechnung der unbekannten Größen $T_{e,opt}$, N und $r_{S,opt}$ in Gl.(8.298) erfolgt in [58] nach einer Transformation von Gl.(8.298) in eine linearisierte Form und der Einführung einer Fehlerfunktion, die ein Maß für die Abweichung zwischen dem berechneten Wert von $T_{ei} = T_e(r_{Si})$ für $r_S = r_{Si}$ und dem gemessenen Wert T_{ei} darstellt, durch eine Minimumsuche. Die Durchführung dieser Berechnung führt auf ein lineares Gleichungssystem zur Bestimmung der unbekannten Größen in Gl.(8.298). Hierbei stellt sich heraus, daß die Güte der Approximation zum einen von der Anzahl der Experimente, d.h. von der Anzahl der gewählten Reflexionsfaktoren r_{Si} (Impedanzwerte des Tuners), und zum anderen von der Wahl geeigneter Reflexionsfaktoren abhängt. Zum Beispiel ist es einsichtig, daß Reflexionsfaktoren r_{Si}, die auf einem Kreis konstanter Rauschzahl (Constant Noise Circle) liegen, keine Beschreibung des Zusammenhangs in Gl.(8.298) liefern können. Desweiteren wird in [58] gezeigt, daß für eine ausreichende Genauigkeit bei der Bestimmung der Kenngrößen die Anzahl n an unterschiedlichen Reflexionsfaktoren des Tuners größer als sieben (n>7) gewählt werden sollte.

Abschließend kann gesagt werden, daß mit diesem Verfahren, das ohne einen kontinuierlich einstellbaren Impedanztuner auskommt, eine einfachere und sehr viel schnellere Bestimmung der Rauschparameter erfolgen kann. Die Genauigkeit der Ergebnisse hängt außer von den zuvor genannten Bedingungen noch stark von der Reproduzierbarkeit des Impedanztuners ab. Hier liefert die Verwendung eines elektronischen Tuners, der eine extrem hohe Reproduzierbarkeit aufweist, gute Voraussetzungen für das Gelingen des Verfahrens.

8.2.3.2 Die Bestimmung der Rauschkenngrößen aus Rauschleistungsmessungen

Eine Anwendung des Verfahrens nach Abschnitt 8.2.3.1.2 setzt das Vorhandensein eines Rauschfaktormeßgerätes voraus. Hierbei wird bei jeder Messung für eine feste Impedanz am Eingang des Meßobjektes mit einer eingeschalteten und anschließend mit einer ausgeschalteten Rauschquelle (T_h und T_c) gemessen. Diese unterschiedlichen Betriebsweisen der Quelle können mit einer schwachen Veränderung der Quelle und somit auch der Eingangsimpedanz am Meßobjekt verbunden sein, die zu einer Meßunsicherheit führen. Die nachstehend aufgezeigte Methode zeigt, wie dieser Nachteil reduziert werden kann.

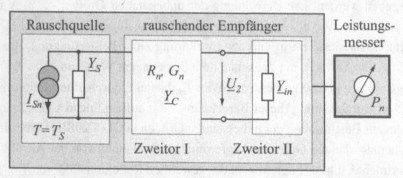

Bild 8.42: *Blockschaltbild eines Empfänger-Rauschleistungsmeßplatzes (Zweitor 1: Rauschquellen-Zweitor; Zweitor 2: rauschfreie Eingangsimpedanz des Empfängers)*

Das von Adamian und Uhlir [59] vorgestellte Verfahren diente ursprünglich der Bestimmung des Empfängerrauschens. Hierzu wird das in Bild 8.42 gezeigte Blockschaltbild eines Rauschleistungsmeßplatzes betrachtet. Bild 8.42 zeigt die Zusammenschaltung einer Verstärkerstufe mit einer Rauschquelle am Verstärkereingang und einem Rauschleistungsmesser am Verstärkerausgang. Die Bestimmung der optimalen Quellimpedanz, die zu einer minimalen Rauschzahl führt, erfolgt hier nach der in Bild 8.42 gezeigten Zerlegung der Verstärkerstufe in ein Rauschquellenzweitor (Zweitor I) und ein rauschfreies Zweitor (Zweitor II). Entsprechend der Vorgehensweise in Abschnitt 5.4.3 ergibt sich die in Bild 8.43 dargestellte Ersatzschaltung des Empfängers.

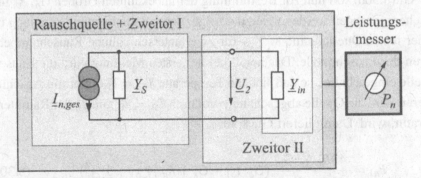

Bild 8.43: *Ersatzquelle bezüglich des Eingangs von Zweitor II*

Die von dem Leistungsmesser angezeigte Rauschleistung ergibt sich mit Gl.(5.235),

$$|\underline{I}_{n,ges}|^2 = |\underline{I}_{nS}|^2 + |\underline{I}_{nu}|^2 + |\underline{U}_n|^2 \, |\underline{Y}_S + \underline{Y}_c|^2 \qquad (8.299)$$

und

$$P_n = |\underline{U}_2|^2 \, \mathrm{Re}\{\underline{Y}_{in}\} = \frac{|\underline{I}_{n,ges}|^2}{|\underline{Y}_S + \underline{Y}_{in}|^2} G_{in} \qquad (8.300)$$

zu

$$P_n = \frac{|\underline{I}_{nS}|^2 + |\underline{I}_{nu}|^2 + |\underline{U}_n|^2 \, |\underline{Y}_S + \underline{Y}_c|^2}{|\underline{Y}_S + \underline{Y}_{in}|^2} G_{in}. \qquad (8.301)$$

Weist die Quelle die Temperatur T_S und der Empfänger die Umgebungstemperatur T_0 auf, so kann mit

$$|\underline{U}_n|^2 = 4 k T_0 \Delta f R_n, \qquad (8.302)$$

$$|\underline{I}_{nu}|^2 = 4 k T_0 \Delta f G_n, \qquad (8.303)$$

$$|\underline{I}_{nS}|^2 = 4 k T_S \Delta f G_S \qquad (8.304)$$

sowie der Normierung

$$t_S = \frac{T_S}{T_0} \qquad (8.305)$$

aus Gl.(8.301)

$$P_n = \frac{4 k T_0 \Delta f G_{in}}{|\underline{Y}_S + \underline{Y}_{in}|^2} (G_S t_S + G_n + R_n \, |\underline{Y}_S + \underline{Y}_c|^2) \qquad (8.306)$$

abgeleitet werden.

Gl.(8.306) soll nun zur Bestimmung der unbekannten Größen G_n, R_n und $\underline{Y}_c$ herangezogen werden. Hierzu erfolgt zunächst die Leistungsmessung bei einer festen Quelladmittanz $\underline{Y}_{S1}$ für zwei unterschiedliche Rauschtemperaturen der Rauschquelle. Das heißt, bei der ersten Messung wird die Rauschquelle eingeschaltet, so daß sich die Temperatur $T_{S1} = T_1$ ergibt. Im Anschluß hieran wird die Quelle abgeschaltet, wodurch $T_{S0} = T_0$, mit T_0 der Raumtemperatur, wird. Damit liefert Gl.(8.306)

$$P_{n1} = \frac{4kT_0 \Delta f G_{in}}{|\underline{Y}_{S1} + \underline{Y}_{in}|^2}(G_{S1}\, t_{S1} + G_n + R_n\, |\underline{Y}_{S1} + \underline{Y}_c|^2) \qquad (8.307)$$

und

$$P_{n2} = \frac{4kT_0 \Delta f G_{in}}{|\underline{Y}_{S1} + \underline{Y}_{in}|^2}(G_{S1}\, t_{S0} + G_n + R_n\, |\underline{Y}_{S1} + \underline{Y}_c|^2), \qquad (8.308)$$

woraus sich die Differenz von $P_{n1} - P_{n2}$ durch

$$P_{n1} - P_{n2} = \frac{4kT_0 \Delta f G_{in} G_{S1}}{|\underline{Y}_{S1} + \underline{Y}_{in}|^2}(t_{S1} - t_{S0}) \qquad (8.309)$$

angeben läßt. Somit kann nach Einführung der Konstanten λ, die sich aus Gl.(8.309) ergibt, mit

$$\lambda = \frac{1}{4kT_0 \Delta f G_{in}} = \frac{(t_{S1} - t_{S0})\, G_{S1}}{(P_{n1} - P_{n2})\, |\underline{Y}_{S1} + \underline{Y}_{in}|^2}, \qquad (8.310)$$

aus Gl.(8.306) die Beziehung

$$\lambda P_n\, |\underline{Y}_S + \underline{Y}_{in}|^2 = G_S t_S + G_n + R_n\, |\underline{Y}_S + \underline{Y}_c|^2 \qquad (8.311)$$

abgeleitet werden. Dieser Zusammenhang ermöglicht nun, nach der Messung der Rauschleistung P_{ni} bei unterschiedlichen Quelladmittanzen $\underline{Y}_{Si}$ (i=2,3,4,5), die numerische Berechnung der für den Schaltungsentwurf wichtigen Parameter wie R_n, G_n, die Rauschzahl F_{opt} und die optimale Quelladmittanz $\underline{Y}_{S,opt}$. Der Vorteil hierbei ergibt sich aus der Tatsache, daß die Messungen auch ohne Einschränkungen bei der selben Rauschtemperatur, die der Raumtemperatur entsprechen kann, durchgeführt werden können, so daß die ständige Änderung der Impedanz der Rauschquelle beim Wechsel zwischen „heiß"- bzw. „kalt"-Messungen, der bei der Y-Faktor Bestimmung gemäß Abschnitt 8.2.1 Gl.(8.284) erforderlich ist, entfällt.

8.2.4 Beschreibung eines Rauschparametermeßsystems

Die Einsatzmöglichkeiten moderner Meßgeräte in Verbindung mit schnellen Rechnern haben aus der gewöhnlich langwierigen Meßprozedur zur Ermittlung der Rauschparameter eine Meßanordnung entstehen lassen, mit der alle notwendigen Messungen mit hoher Genauigkeit und Geschwindigkeit durchgeführt werden können. Die gleichzeitige Verwendung von Datenausgabegeräten (Drucker, Plotter) liefern somit dem Benutzer sofort die zum Bauelement- oder Schaltungsentwurf notwendigen Informationen.

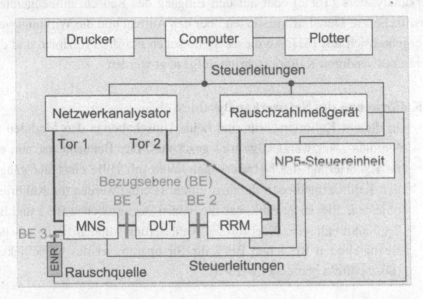

Bild 8.44: *Aufbau eines vollautomatischen Rauschparametermeßplatzes*

Das Bild 8.44 zeigt einen derartigen Meßplatz, bestehend aus einem Steuer- und Auswerterechner, einem automatischen vektoriellen Netzwerkanalysator, einem Rauschzahlmeßgerät und dem automatischen Impedanztuner, der im Mittelpunkt der Gesamtanordnung steht. Die Beschreibung des Meßaufbaus, des Kalibriervorgangs und der Messung erfolgt hier für den Impedanztuner NP5 der Firma *atn* [61]. Dieses Gerät besteht aus drei Einheiten, der Steuereinheit (Main Frame), der Impedanztunereinheit (Mismatch Noise Source, MNS) und einer Empfängereinheit (Remote Reciever Module, RRM). Den Mittelpunkt des in Bild 8.44 gezeigten Meßaufbaus stellt der automatische Impedanztuner NP5 mit der hierzu gehörigen Steuersoftware dar. Die Steuereinheit beinhaltet die gesamte Steuerelektronik, die zum einen die unterschiedlichen Impedanzwerte des elektronischen Tuners, der sich im MNS-Modul befindet, einstellt und zum anderen die sich in den beiden Modulen MNS und RRM befindenden Umschalter steuert. Der Umschalter im Eingang des MNS-Moduls stellt entweder die Verbindung zum Netzwerkanalysator (Tor 1) her, oder er schaltet um auf den Eingang an der Bezugsebene BE 3, der zum Anschluß der Referenz-Rauschquelle oder von Kalibrierelementen zur Netzwerkanalysator-Kalibrierung dient. Der Umschalter im Ausgang des RRM-Moduls schaltet entweder auf den Eingang des Netzwerkanalysators (Tor 2) oder auf den Eingang des Rauschzahlmeßgerätes. Ausführlichere Detailinformationen über den Aufbau und die Wirkungsweise ergeben sich aus [61]. An dieser Stelle sollen nur die Prinzipien und die hierzu notwendigen Kalibrierschritte aufgezeigt werden.

1. Kalibrierung des Netzwerkanalysators:

In diesem Kalibrierschritt sind beide Umschalter in den Modulen in Stellung „Netzwerkanalysator" geschaltet. Der Benutzer hat nun eine Kalibrierung des Netzwerkanalysators mit Hilfe einer der gängigen Kalibriermethoden durchzuführen. Hierbei werden die Kalibrierobjekte i. allg. so gewählt, daß die beiden Bezugsebenen BE 1 und BE 2 zusammenliegen. Nach dieser Kalibrierung können bezüglich der Bezugsebenen BE 1 und BE 2 die Streuparameter des Meßobjektes (DUT) direkt gemessen werden.

2. Kalibrierung zur Messung des Reflexionsfaktors der Rauschquelle:

Der Umschalter im NMS-Modul befindet sich in Stellung „Rauschquelle" und der Umschalter im RRM-Modul in Richtung „Netzwerkanalysator". Zwischen den Bezugsebenen BE 1 und BE 2 befindet sich eine Durchverbindung der Länge 0mm. Am Eingang, an dem die Rauschquelle angeschlossen werden soll, wird nun bezüglich der Bezugsebene BE 3 eine Eintorkalibrierung durchgeführt. Diese ist erforderlich, um die Messung der frequenzabhängigen Eingangsreflexionsfaktoren der Rauschquelle („hot-state" bzw. „cold-state") durchführen zu können. Desweiteren lassen sich hieraus in Verbindung mit Kalibrierschritt 1 die Übertragungseigenschaften des elektronischen Tuners ermitteln.

3. Messung der Reflexionsfaktoren des Tuners mit Rauschquelle:

Nun wird die Rauschquelle an das MNS-Modul angeschlossen und ihre Eingangsreflexionsfaktoren bezüglich der Referenzebene BE 3 gemessen. Danach werden für alle Meßfrequenzen die Eingangsreflexionsfaktoren des Tuners mit Rauschquelle gemessen. Dabei stellt die Steuereinheit die unterschiedlichen Tunerstellungen, die zur späteren Berechnung der Rauschparameter benötigt werden, ein.

4. Messung der Reflexionsfaktoren des Rauschempfängers:

Als Rauschempfangseinheit wird hier das Rauschzahlmeßgerät mit vorgeschaltetem RRM-Modul bezeichnet. In diesem Schritt werden die Eingangsreflexionsfaktoren der gesamten Rauschempfangseinheit bezüglich der Referenzebene BE 2 gemessen. Der Umschalter im MNS-Modul befindet sich nun wieder in Stellung „Netzwerkanalysator" und der Umschalter im RRM-Modul in Richtung „Rauschzahlmeßgerät".

5. Rauschcharakterisierung der Rauschempfangseinheit:

Die Umschalter befinden sich nun in Stellung „Rauschquelle" und „Rauschempfänger" und zwischen den Referenzebenen BE 1 und BE 2 befindet sich immer noch die Durchverbindung. Das Rauschzahlmeßgerät mißt nun die Rauschleistungen des Gesamtsystems für die ausgeschaltete und eingeschaltete Rauschquelle. Hieraus wird nun gemäß Gl.(8.310) die Konstante λ berechnet.

Aus weiteren Rauschleistungsmessungen für unterschiedliche Tunerstellungen bei ausgeschalteter Rauschquelle lassen sich nun alle Rauschparameter des Rauschempfängers sowie die Abhängigkeit der verfügbaren Leistungsverstärkung von der Impedanz, die der Eingang des Rauschempfängers sieht, berechnen.

Nach diesem Schritt ist das vorliegende System vollständig charakterisiert und kann zur Messung herangezogen werden. Hierzu wird das Meßobjekt zwischen den Referenzebenen BE 1 und BE 2 angeschlossen. Das System befindet sich im Netzwerkanalysatormodus und mißt die Streuparameter des Meßobjektes. Danach wird das System in den Rauschzahlmodus geschaltet und es werden analog zum Kalibrierschritt 5 die Rauschparameter des Meßobjektes mit nachgeschaltetem Rauschempfänger ermittelt. Aus der Messung der Gesamtrauschzahl und der vorherigen Ermittlung der Rauschzahl des Empfängers kann die Rauschzahl des Meßobjektes in Abhängigkeit von der Tunerimpedanz berechnet werden, woraus sich nun auch sämtliche Rauschparameter des Meßobjektes ermitteln lassen.

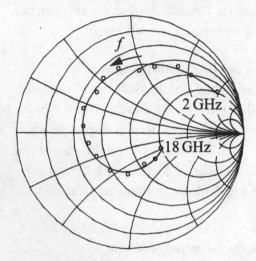

Bild 8.45: *Frequenzabhängigkeit des Reflexionsfaktors $\underline{r}_{S,opt}(f)$ eines Mikrowellentransistors*

Die Bilder 8.45 bis 8.48 zeigen typische Ergebnisse für einen Mikrowellentransistor. Bild 8.45 zeigt die Frequenzabhängigkeit des Reflexionsfaktors $\underline{r}_{S,opt}(f)$. In Bild 8.46 sind die Rauschzahl und die zur Rauschanpassung zugehörige Leistungsverstärkung G_{as} (associated gain) dargestellt.

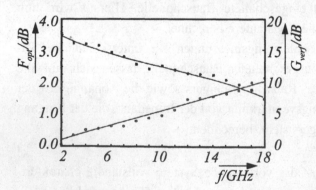

Bild 8.46: $F_{opt}(f)$ und $G_{verf}(f)$ eines Mikrowellentransistors

In Bild 8.47 und 8.48 ist für zwei Frequenzwerte eine dreidimensionale Darstellung des „Rauschparaboloiden" dargestellt. Die unterschiedlichen Steilheiten beider Ergebnisse sind auf deutlich unterschiedliche Werte für R_n zurückzuführen.

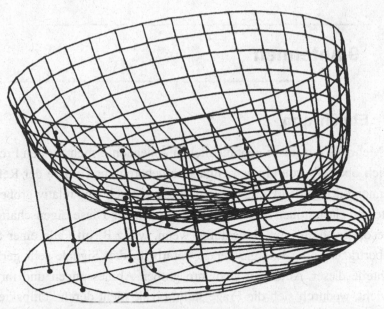

Bild 8.47: *Grafische Darstellung der Rauschzahl in Abhängigkeit vom Reflexionsfaktor der Quelle $(F(\underline{r}_S))$ bei $f = 4GHz$*

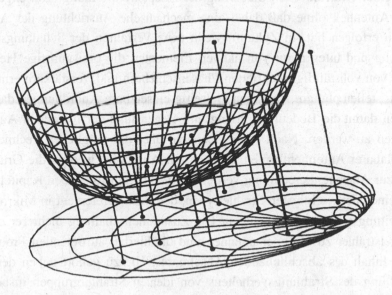

Bild 8.48: *Grafische Darstellung der Rauschzahl in Abhängigkeit vom Reflexionsfaktor der Quelle $(F(\underline{r}_S))$ bei $f = 14GHz$*

9 Antennen

9.1 Einführung

Die Mehrzahl der heute gebräuchlichen Antennenformen für den Frequenzbereich oberhalb von einigen Gigahertz gehören zur Gruppe der Reflektorantennen oder zu den Hornstrahlern, die sich durch eine relativ große Bandbreite und einen hohen Wirkungsgrad auszeichnen. Diese Eigenschaften sind insbesondere dann von Bedeutung, wenn, wie z.B. im Falle einer Satellitenübertragung, die Energie der zu verarbeitenden Signale sehr gering ist. Nachteile dieser Antennen sind ihre großen Abmessungen und ihr hohes Gewicht, wodurch sich die Frage stellt, ob sie nicht durch kompaktere und leichtere Antennenformen zu ersetzen sind. Dieses kann z.B. durch planare Antennenformen geschehen. Zudem bietet die Realisierung von Gruppenantennen unter Verwendung von einstellbaren Phasenschiebern die Möglichkeit einer elektronischen Steuerung der Hauptstrahlrichtung (phasengesteuerte Antenne), ohne daß dabei eine mechanische Ausrichtung der Antenne zu erfolgen hat. In Zukunft, wenn neue Verfahren der Schaltungsrealisierung und Integration von aktiven Elementen die preisgünstige Herstellung von vollständig integrierten Phasenschiebern und Verstärkern ermöglichen, stellen planare Antennen vielseitig einsetzbare Anordnungen dar. Sie haben damit die Bedeutung erlangt um Gegenstand der folgenden Ausführungen zu werden. Nach einer Übersicht über die möglichen Technologien planarer Antennenformen im nächsten Abschnitt, werden die Grundlagen zur Antennenberechnung vertieft. In dem darauf folgenden Kapitel wird auf einen der wichtigsten Strahlertypen, dem Strahlerelement in Mikrostreifenleitungstechnik, eingegangen. Die Zusammenschaltung mehrerer dieser Einzelstrahler zu Gruppenantennen und die hierbei auftretenden Probleme sind Inhalt des abschließenden Abschnittes. Hierzu gehört neben der Behandlung des Strahlungsverhaltens von idealen Strahlergruppen insbesondere die Darstellung der Eigenschaften von Mikrostreifenleitungsantennen auch unter Berücksichtigung der Kopplungseinflüsse, die die idealisierenden Annahmen beeinträchtigen. Als Literaturhinweis auf eine allgemeinere

Darstellung von Antenneneigenschaften sei an dieser Stelle auf [67], [68], [69] und [70] verwiesen. [71] und [72] dagegen behandeln ausführlicher die Streifenleitungsantenne.

9.2　Übersicht über planare Antennenstrukturen

9.2.1　Mikrostreifenleitungsantenne

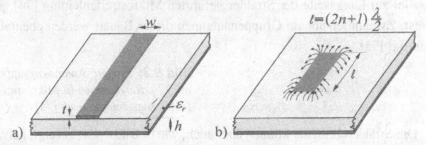

$$l = (2n+1)\frac{\lambda}{2}$$

Bild 9.1: *Mikrostreifenleitung a), Mikrostreifenleitungsresonator rechteckigen Querschnitts (Leitungsresonator) mit eingezeichneten elektrischen Streufeldlinien b)*

In Bild 9.1 a) ist die unsymmetrische Streifenleitung, auch als Mikrostreifenleitung bezeichnet, skizziert. Sie bildet die Basis der am weitesten verbreiteten planaren Antennenstrukturen. Sie besteht aus einem dielektrischen Trägermaterial der Höhe h und der Permittivitätszahl ε_r, das auf der Rückseite voll metallisiert ist. Auf der Substratoberseite befindet sich ein Metallstreifen der Breite w und der Metallisierungsdicke t. In Bild 9.1 b) sind für einen Mikrostreifenleitungsresonator, dessen Länge ein ungeradzahliges Vielfaches der halben Wellenlänge einer elektromagnetischen Welle auf der Leitung beträgt, qualitativ die aus dem Substratmaterial austretenden elektrischen Streufeldlinien gezeichnet. Die Streufelder an den Enden der Resonanzleitung sind in diesem Fall so gerichtet, daß, wie später gezeigt wird, eine Abstrahlung senkrecht zur Substratebene möglich ist. Leitungsresonatoren, die ein geradzahliges Vielfaches von λ lang sind, strahlen dagegen keine Energie senkrecht zur Substratebene ab. Außer diesem Strahler gibt es zusätzlich noch viele andere Strahlerformen. Bild 9.2 zeigt neben den rechteckigen Konfigurationen auch Resonatoren mit einem dreieckförmigen, pentagonförmigen, kreisförmigen, ringförmigen und ellipsenförmigen Oberleiter. Angaben über das Verhalten von diesen Resonatoren sind z.B. in [73] aufgeführt.

Bild 9.2: *Verschiedene Oberleiterformen von planaren Strahlerelementen*

Bild 9.3 zeigt, wie eine Gruppenantenne mit $\lambda/2$- Resonatoren aussehen kann. In dieser Antenne werden die einzelnen Strahlerelemente von einer parallel zur Längsseite der Strahler geführten Mikrostreifenleitung [74] gespeist. Zweidimensionale Gruppenantennen dieser Bauart werden ebenfalls gefertigt [75].

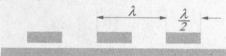

Bild 9.3: *Lineare Antennengruppe mit $\lambda/2$-Resonatoren in Mikrostreifenleitungstechnik, nach [75]*

Die Strahlerelemente können aber auch, wie in Bild 9.4 a) gezeigt, galvanisch an die Speiseleitung gekoppelt sein, wobei zum Aufbau von Gruppenantennen entsprechende Leitungsverzweigungen und Anpassungsschaltungen benötigt werden. Eine derartige Speiseanordnung ist, wie in Bild 9.4 b) dargestellt, von Munson [76] zur gleichmäßigen Anregung eines sehr breiten Streifenleitungsresonators benutzt worden. Um einen Zylinder gewickelt realisiert er eine sehr kompakte Antenne mit Rundstrahlcharakteristik.

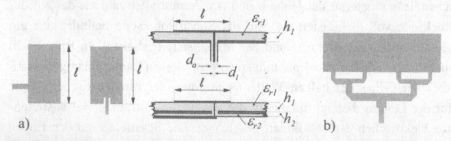

Bild 9.4: *Galvanisch gekoppelte Mikrostreifenleitungsresonatoren als Antennen-Strahlerelemente a), Mikrostreifenleitungsantenne mit Speisenetzwerk nach Munson [76] b)*

Die Benutzung von Resonatoren als Strahlerelemente schränkt jedoch die Bandbreite der Antennen auf wenige Prozent ein. Eine Variante der beschriebenen Antennentechnik benutzt daher die Abstrahlung an Leitungselementen, die sich nicht in Resonanz befinden. Hierzu zählt z.B. die **kurze**, leerlaufende Stichleitung [77], die in Bild 9.5 a) gezeigt wird, oder der Leitungswinkel gemäß Bild 9.5 b).

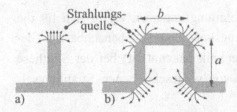

Bild 9.5: *Leerlaufende Stichleitung a) und Leitungswinkel b) als Strahlerelement*

Die mit diesen Strahlerelementen aufgebauten Gruppenantennen [78], wie z.B. die in Bild 9.6 gezeigte Antenne, zeichnen sich durch eine größere nutzbare Bandbreite im Vergleich zu Antennen, die auf der Basis der Resonanzstrahler aufgebaut sind, aus. Durch passende Wahl der Abstände a und b in dem Leitungswinkel nach Bild 9.5 b) können in einfacher Weise gebräuchliche Polarisationsrichtungen des Fernfeldes realisiert werden.

Bild 9.6: *Prinzipieller Aufbau einer zweidimensionalen Gruppenantenne unter Benutzung von Leitungswinkeln als Strahlerelemente*

Eine zweite, weniger verbreitete Gruppe von Antennen in der Technik der Mikrostreifenleitungen benutzt Schlitze in der Grundplatte der Leitung [79], Bild 9.7 a). Da die Abstrahlung gewöhnlich nur in eine Richtung zugelassen werden soll, muß in dieser Antennenstruktur eine zweite leitende Abschirmung benutzt werden, z.B. eine Deckfläche über der Streifenleitung. Dieses führt zur Verwendung der symmetrischen Streifenleitung (Triplate-Leitung) in Bild 9.7 b).

Bild 9.7: *Schlitz in der Grundplatte der Mikrostreifenleitung als Strahlerelement a), Querschnitt einer symmetrischen Streifenleitung (Triplate-Leitung) b)*

Die Dimensionierung von Streifenleitungs-Schlitzantennen kann analog der von Hohlleiter-Schlitzantennen vorgenommen werden. Gegenüber der vorgenannten Gruppe von Streifenleitungsantennen ergibt sich für die Schlitzantenne eine geringere Strahlungskopplung von benachbarten Elementen, was (wie aus der Hohlleitertechnik bekannt ist) bei der Synthese von Gruppenantennen die Einhaltung von vorgeschriebenen Strahlungseigenschaften erleichtert.

9.2.2   Antennen auf der Basis der Koplanar-Streifenleitung

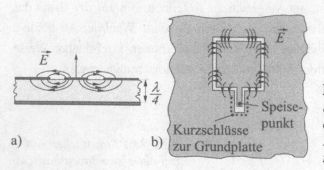

Bild 9.8: *Koplanar-Streifenleitung a) und ein Strahlerelement in Koplanar-Technik nach [80] b)*

Neben den Antennenformen auf der Basis der Mikrostreifenleitung wurden weitere planare Antennenformen entwickelt, die die Koplanar-Streifenleitung nach Bild 9.8 als Basis haben [80]. Im wesentlichen handelt es sich auch bei diesen Bauformen um Schlitzstrahlerantennen. Obwohl in dieser Technik schon Gruppenantennen vorgestellt wurden, muß hier als Nachteil genannt werden, daß die Strahlungseigenschaften der Strahlerelemente und die Eigenschaften von Leitungsdiskontinuitäten in koplanarer Streifenleitungstechnik für die Leistungsteiler und Anpassungsnetzwerke noch wenig bekannt sind. Dasselbe gilt allerdings auch für die Mehrzahl der im weiteren vorgestellten Leitungsvarianten und den darauf aufbauenden Antennenformen, die speziell für Aufgaben im Millimeterwellenbereich ausgelegt sind.

9.2.3   Antennen auf der Basis der „Suspended Strip"-Leitung

Als Variante der Mikrostreifenleitung muß die Streifenleitung mit reduziertem Trägermaterial („Suspended-Strip-Line") angesehen werden, Bild 9.9 a). Der Leitungsstreifen wird hier von einem sehr dünnen dielektrischen Trägermaterial in einem metallischen Hohlleiterkanal, in dem Hohlleiterwellen nicht ausbreitungsfähig sind, gehalten. Diese abgeschirmte Bauweise der Streifenleitung wird zur Reduzierung der mit ansteigender Betriebsfrequenz wachsenden Leitungsverluste und Abstrahlungsneigung an den Leitungsdiskontinuitäten ausgenutzt.

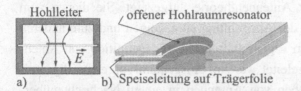

Bild 9.9: *Querschnitt der „Suspended-Strip"-Leitung a) und Strahlerelement in dieser Leitungstechnik nach [81] b)*

Zum Aufbau von planaren Antennen auf der Basis der Streifenleitung mit reduziertem Trägermaterial ist es nötig, die Abschirmung teilweise (analog zur Hohlleitertechnik, z.B. Schlitzantennen) oder ganz zu öffnen, so daß an dieser Stelle die Ankopplung eines Streifenleitungsresonators oder, wie in [81] gezeigt, die Anregung eines offenen Hohlleiters erfolgen kann. Das Bild 9.9 b) zeigt ein Strahlerelement in dieser Technik wie es in [81] zum Aufbau von Gruppenantennen verwendet wurde. Die geringen Leitungsverluste im Speisenetzwerk führen zu einem hohen Wirkungsgrad der Antenne.

9.2.4 Finleitungsantennen

Die seit längerer Zeit für den Bereich der Millimeterwellen am intensivsten untersuchte geschirmte Leitungsform ist die sogenannte Finleitung, wie sie Bild 9.10 a) in der Form der unilateralen (einseitigen) Finleitung zeigt.

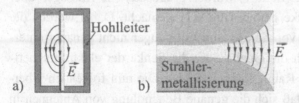

Bild 9.10: *Querschnitt der Finleitung a) und Finleitungsantenne b)*

Für diese Leitungsform wurde die in Bild 9.10 b) skizzierte Antennenstruktur untersucht, die im Prinzip als ein planarer Hornstrahler (Vivaldi-Antenne) betrachtet werden kann. Diese Antennenform kann sehr breitbandig ausgelegt werden und eignet sich zudem, wie in [82] gezeigt wird, ausgezeichnet zur vorangehenden oder anschließenden Integration von Millimeterwellenschaltungen in Finleitungstechnik. Auch Gruppenantennen in dieser Technik sind durchaus vorstellbar.

9.3   Grundlagen zur Antennenberechnung

Nach dieser einführenden Übersicht werden die grundlegenden theoretischen Zusammenhänge der Antennentheorie aufgezeigt. Sie dienen zum einen dazu, die Phänomene der Abstrahlung aufzuzeigen und zum anderen sollen dadurch die wichtigen Eigenschaften, die zur Definition von Antennenkenngrößen führen, hergeleitet werden. Ausgehend von einer allgemeinen Betrachtung der Aufgaben von Antennen in einem Nachrichtenübertragungssystem erfolgt im nachstehenden, neben der Analyse elementarer Strahlertypen, eine umfassende Behandlung von Streifenleitungsantennen, einschließlich einer Einbeziehung der Verkopplung der Strahlerelemente untereinander.

9.3.1   Antennen im Übertragungssystem

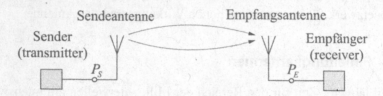

Bild 9.11: *Prinzipielle Darstellung einer Kommunikationsstrecke*

Schon im Abschnitt 1.1 (Seite 7) wurden grundsätzliche Aussagen über eine Kommunikationsstrecke gemäß Bild 9.11 gemacht. Dabei wurden die Antennen als Bestandteile von Sender und Empfänger nicht genauer untersucht. Sie stellten lediglich die Quelle oder die Senke der elektromagnetischen Wellen, die sich im Raum ausbreiten, dar. Die nun folgenden Überlegungen werden zeigen, daß sich die genaue Behandlung von Antennen in zwei Problembereiche einteilen läßt.

1. Der eine Bereich ergibt sich aus der Tatsache, daß die Antenne ein Zweitor, eine Art Wellentypwandler, darstellt, bei dem im Falle einer Sendeantenne das Eingangstor einen passiven Abschluß des Senders darstellt. Im Empfangsfall dagegen stellt die Ausgangsseite eine Signalquelle für die Empfängerschaltung dar. In diesen beiden Anwendungsfällen ist die Kenntnis der Abschluß- bzw. der Quellimpedanz von Bedeutung, um Leistungsanpassung erzielen zu können, damit

zum einen die vollständige Sendeleistung abgestrahlt oder zum anderen die gesamte empfangene Leistung an den Empfänger abgegeben werden kann.

2. Der andere Bereich ergibt sich aus der Betrachtung der elektromagnetischen Felder der Antenne, d.h. aus den Fragestellungen:

   - Wie sieht die Feldverteilung im Raum bei Sendeantennen aus?
   - Wie hängt die Empfangsleistung bei Empfangsantennen von der Orientierung der Antenne ab?

Der erstgenannte Bereich stellt wesentlich höhere Anforderungen an die benötigten Berechnungsverfahren. So wird sich zeigen, daß zur Bestimmung der Impedanzeigenschaften der Antenne eine deutlich genauere Kenntnis der Strom- bzw. der Feldverteilung im Strahlerelement erforderlich ist als bei der Fernfeldberechnung. Dies liegt darin begründet, daß die Eingangsimpedanz im Speisetor aus dem Feld im Nahbereich zu ermitteln ist. Das Fernfeld dagegen ist nur ein Teil des Gesamtfeldes; es ist der Anteil, der proportional r^{-1} mit zunehmendem Abstand von der Antenne abnimmt. Die Nahfeldkomponenten nehmen dagegen wesentlich schneller ab. Zudem ist die räumliche Verteilung des Fernfeldes relativ unempfindlich gegenüber leichten Änderungen der Stromverteilung im Strahlerelement, so daß eine Näherungslösung für die Stromverteilung schon ausreichend ist, um das Fernfeld hinreichend genau beschreiben zu können. Bei der Bestimmung der Eingangsimpedanz wirken sich dagegen leichte Abweichungen in der Stromverteilung deutlich aus. Im wesentlichen wird dadurch das Nahfeld nicht korrekt beschrieben. Da die Nahfeldbeiträge, die stärker als r^{-1} mit zunehmendem Abstand von der Antenne abnehmen, keinen Beitrag zur Strahlungsleistung liefern, beschreiben diese die im Nahfeld gespeicherte elektromagnetische Energie, so daß diese den Imaginärteil der Eingangsimpedanz bestimmen. Da, wie schon zuvor gesagt, am Antenneneingang bzw. Antennenausgang Leistungsanpassung gewünscht wird, muß eine genau Kenntnis der Feldverteilung im Nahbereich und somit der Stromverteilung vorausgesetzt werden. Dies ist wichtig, weil eine Vielzahl gebräuchlicher Strahlertypen in Resonanz betrieben werden. Da deren relative Bandbreite oft in der Größenordnung von 2%-10% liegt, führen leichte Abweichung in der Stromverteilung schnell zu einer Fehlanpassung. Dieses ist umso kritischer, wenn Toleranzen in den Materialien oder in den Abmessungen bei der Herstellung zu Fehler

führen können, die einen Einsatz des Strahlers deutlich einschränken. Um
diesen unterschiedlichen Anforderungen gerecht zu werden, werden im folgenden auch die beiden Bereiche getrennt behandelt.

9.3.2 Eigenschaften elementarer Strahlertypen

Die Berechnung der Strahlungseigenschaften sowie die Angabe von Antennenkenngrößen steht im Mittelpunkt dieses Kapitels. Dabei erfolgt die Angabe der Kenngrößen parallel zu den Berechnungen, um deren Bedeutung
anhand der Beispiele zu verdeutlichen. Bei der Behandlung von Strahlertypen bzw. bei der Angabe deren Kenngrößen werden häufig Vergleiche mit
Grundstrahlerelementen gemacht, die, obwohl sie nicht realisierbar sind, eine anschauliche Deutung gewisser Eigenschaften und einen einfacheren Vergleich der Strahler untereinander ermöglichen. Typisches Beispiel hierfür ist
der an späterer Stelle behandelte isotrope Kugelstrahler. Er zeichnet sich dadurch aus, daß er sämtliche Energie gleichmäßig verteilt in alle Raumrichtungen aussendet. Daneben gibt es weitere Strahlertypen, die nun im einzelnen behandelt werden.

9.3.2.1 *Hertzscher Dipol*

9.3.2.1.1 *Strahlungsfeld des Hertzschen Dipols*

Der erste Strahlertyp, der hier behandelt wird, ist der Hertzsche Dipol. Dieser hypothetische Strahler geht von einem Dipol nach Bild 9.12 a) aus, bei
dem die beiden Ladungen in entgegengesetzter Richtung mit der Frequenz f
hin- und herschwingen. Wird diese Ladungsbewegung als Stromfluß aufge-
faßt, der entlang der Strecke ℓ konstant ist und sich zeitlich ebenfalls mit der
Frequenz f ändert, so ergibt sich mit

$$\underline{q}(t) = Q e^{j\omega t} \tag{9.1}$$

aus

$$\underline{i}_a(t) = -\frac{\partial}{\partial t}\underline{q}(t) = -j\omega Q e^{j\omega t}, \tag{9.2}$$

ein Strom, der in Bild 9.12 a) von oben nach unten fließt. Der Strom $\underline{I}$ in
Bild 9.12 b), der von unten nach oben fließt, ergibt sich demnach aus $\frac{\partial}{\partial t}\underline{q}(t)$
zu

$$\underline{I} = j\omega Q. \tag{9.3}$$

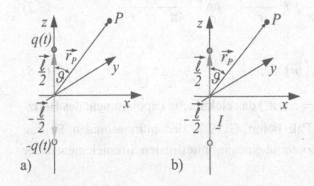

Bild 9.12: *Geometrie zur Beschreibung der Dipoleigenschaften*

An dieser Stelle soll nun zur Verdeutlichung der Feldeigenschaften die ausführliche Bestimmung des elektromagnetischen Feldes des Hertzschen Dipols erfolgen. Dieses geschieht hier unter der Berücksichtigung, daß nur elektrische Ströme als Quellen vorliegen, durch die Bestimmung des magnetischen Vektorpotentials nach Gl.(2.56) (Seite 36)

$$\vec{A}(\vec{r}) - \frac{\mu_0}{4\pi} \iiint_{V_Q} \vec{J}(\vec{r}_q) \frac{e^{-jk|\vec{r}-\vec{r}_q|}}{|\vec{r}-\vec{r}_q|} \, dV. \tag{9.4}$$

Die Integration erfolgt über das Quellvolumen mit $dV = A_q \, ds$, so daß sich aus Gl.(9.4)

$$\underline{\vec{A}}(\vec{r}) = \frac{\mu_0}{4\pi} \iiint_{V_Q} \underline{\vec{J}}(\vec{r}_q) \frac{e^{-jk|\vec{r}-\vec{r}_q|}}{|\vec{r}-\vec{r}_q|} A_q \, ds = \frac{\mu_0}{4\pi} \int_{-\ell/2}^{\ell/2} \underline{\vec{J}}(\vec{r}_q) A_q \frac{e^{-jk|\vec{r}-\vec{r}_q|}}{|\vec{r}-\vec{r}_q|} \, ds \tag{9.5}$$

und unter der Berücksichtigung von

$$\underline{\vec{J}}(\vec{r}_q) A_q = \underline{I} \frac{\vec{\ell}}{|\vec{\ell}|},$$

daß sich das Stromelement im Koordinatenursprung ($\vec{r}_q = \vec{0}$) befindet und daß $|\vec{r}| = r$ gilt, die Beziehung

$$\underline{\vec{A}}(\vec{r}) = \frac{\mu_0}{4\pi} \int_{-\ell/2}^{\ell/2} \underline{I} \frac{\vec{\ell}}{|\vec{\ell}|} \frac{e^{-jkr}}{r} \, ds \tag{9.6}$$

angeben läßt. Da der Strom entlang des Integrationswegs als konstant angesehen wird, liefert die Integration unter Berücksichtigung des Ausdrucks für den Strom nach Gl.(9.3)

$$\underline{\vec{A}}(\vec{r}) = \frac{\mu_0}{4\pi} \underline{I}\,\vec{\ell}\,\frac{e^{-jkr}}{r} = j\omega\,\frac{\mu_0\,(Q\,\vec{\ell})}{4\pi}\,\frac{e^{-jkr}}{r} \tag{9.7}$$

bzw. mit $\vec{p}_e = Q\,\vec{\ell}$

$$\underline{\vec{A}}(\vec{r}) = j\omega\,\frac{\mu_0\vec{p}_e}{4\pi}\,\frac{e^{-jkr}}{r}. \tag{9.8}$$

$\vec{p}_e$ beschreibt (für $\lim_{\ell\to 0}|\vec{p}_e| = const.$) das elektrische Dipolmoment des Hertzschen Dipols. In diesem Fall liefert Gl.(9.7) den infinitesimalen Beitrag zum magnetischen Vektorpotential eines infinitesimalen Stromelementes der Länge $d\,\vec{\ell}$ gemäß

$$d\,\underline{\vec{A}}(\vec{r}) = \frac{\mu_0}{4\pi}\,(\underline{I}\,d\vec{\ell})\,\frac{e^{-jkr}}{r}. \tag{9.9}$$

Das Ergebnis nach Gl.(9.9) soll nun zur Berechnung des Feldes herangezogen werden. Dazu wird das Stromelement gemäß Bild 9.12 b) in z-Richtung angenommen, so daß auch das Vektorpotential nur eine Komponente in z-Richtung besitzt, die wegen der Rotationssymmetrie unabhängig von α ist. Die Berechnung der magnetischen Feldstärke erfolgt aus

$$\underline{\vec{H}} = \frac{1}{\mu_0}\,\text{rot }\underline{\vec{A}}, \tag{9.10}$$

unter der Berücksichtigung der Rotationsbildung in Kugelkoordinaten gemäß

$$\begin{aligned}
\text{rot }\underline{\vec{A}} =\ & \frac{1}{r\sin(\vartheta)}\left[\frac{\partial}{\partial\vartheta}\,(\sin(\vartheta)\underline{A}_\alpha) - \frac{\partial}{\partial\alpha}\underline{A}_\vartheta\right]\vec{e}_r \\
& + \frac{1}{r}\left[\frac{1}{\sin(\vartheta)}\frac{\partial}{\partial\alpha}\underline{A}_r - \frac{\partial}{\partial r}(r\underline{A}_\alpha)\right]\vec{e}_\vartheta \\
& + \frac{1}{r}\left[\frac{\partial}{\partial r}(r\underline{A}_\vartheta) - \frac{\partial}{\partial\vartheta}\underline{A}_r\right]\vec{e}_\alpha. \tag{9.11}
\end{aligned}$$

Mit $d\,\vec{\ell} = d\ell\,\vec{e}_z$ und

$$\vec{e}_z = \cos(\vartheta)\,\vec{e}_r - \sin(\vartheta)\,\vec{e}_\vartheta$$

in Gl.(9.9),

$$\underline{\vec{A}}(\vec{r}) = \frac{\mu_0}{4\pi}\,(\underline{I}\,d\ell)\,\frac{e^{-jkr}}{r}\left(\cos(\vartheta)\,\vec{e}_r - \sin(\vartheta)\,\vec{e}_\vartheta\right), \tag{9.12}$$

liefert die Rotationsbildung direkt

$$\underline{H}_r = \underline{H}_\vartheta = 0 \tag{9.13}$$

und

$$\underline{H}_\alpha = \frac{1}{\mu_0 r} \left[\frac{\partial}{\partial r} (r\underline{A}_\vartheta) - \frac{\partial}{\partial \vartheta} \underline{A}_r \right], \tag{9.14}$$

$$\underline{H}_\alpha = \frac{I\,\mathrm{d}\ell}{4\pi r} \left[\frac{\partial}{\partial r} \left(r \frac{-e^{-jkr}}{r} \sin(\vartheta) \right) - \frac{\partial}{\partial \vartheta} \frac{e^{-jkr}}{r} \cos(\vartheta) \right],$$

$$\underline{H}_\alpha = \frac{I\,\mathrm{d}\ell}{4\pi r} \left[-\sin(\vartheta) \frac{\partial}{\partial r} e^{-jkr} + \frac{e^{-jkr}}{r} \sin(\vartheta) \right]$$

bzw.

$$\underline{H}_\alpha = \frac{I\,\mathrm{d}\ell}{4\pi} \left[\frac{jk}{r} + \frac{1}{r^2} \right] e^{-jkr} \sin(\vartheta), \tag{9.15}$$

woraus sich mit $k = \frac{2\pi}{\lambda}$ die Beziehung

$$\underline{H}_\alpha(r, \vartheta) = j \frac{I\,\mathrm{d}\ell}{2\lambda r} \left[1 + \frac{1}{jkr} \right] e^{-jkr} \sin(\vartheta) \tag{9.16}$$

ergibt. Zur Bestimmung des elektrischen Feldes wird hier direkt die Maxwellsche Gleichung

$$\mathrm{rot}\, \underline{\vec{H}} = j\omega\varepsilon_0\, \underline{\vec{E}} \tag{9.17}$$

benutzt. Sie liefert aus

$$\underline{\vec{E}} = \frac{1}{j\omega\varepsilon_0}\, \mathrm{rot}\, \underline{\vec{H}} \tag{9.18}$$

unter Verwendung von Gl.(9.16) die Beziehung

$$
\begin{aligned}
\underline{\vec{E}} \;=\; & \frac{1}{j\omega\varepsilon_0} \left(\frac{1}{r\sin(\vartheta)} \left[\frac{\partial}{\partial \vartheta} (\sin(\vartheta)\underline{H}_\alpha) - \frac{\partial}{\partial \alpha} \underline{H}_\vartheta \right] \vec{e}_r \right. \\
& + \frac{1}{r} \left[\frac{1}{\sin(\vartheta)} \frac{\partial}{\partial \alpha} \underline{H}_r - \frac{\partial}{\partial r} (r\underline{H}_\alpha) \right] \vec{e}_\vartheta \\
& \left. + \frac{1}{r} \left[\frac{\partial}{\partial r} (r\underline{H}_\vartheta) - \frac{\partial}{\partial \vartheta} \underline{H}_r \right] \vec{e}_\alpha \right)
\end{aligned}
$$

bzw.

$$\underline{\vec{E}} = \frac{1}{j\omega\varepsilon_0} \left(\frac{1}{r\sin(\vartheta)} \left[\frac{\partial}{\partial \vartheta} (\sin(\vartheta)\underline{H}_\alpha) \right] \vec{e}_r - \frac{1}{r} \left[\frac{\partial}{\partial r} (r\underline{H}_\alpha) \right] \vec{e}_\vartheta \right). \tag{9.19}$$

Durchführung der Differentiation in Gl.(9.19),

$$\vec{E} = \frac{I\,\mathrm{d}\ell}{2\lambda\omega\varepsilon_0} \left(\frac{1}{r\sin(\vartheta)}\frac{1}{r}\left[1+\frac{1}{jkr}\right]e^{-jkr}\left[\frac{\partial}{\partial\vartheta}\left(\sin^2(\vartheta)\right)\right]\vec{e}_r \right. \tag{9.20}$$

$$\left. -\frac{1}{r}\left[\sin(\vartheta)\frac{\partial}{\partial r}\left(r\left[\frac{1}{r}+\frac{1}{jkr^2}\right]e^{-jkr}\right)\right]\vec{e}_\vartheta \right),$$

liefert für das elektrische Feld

$$\underline{\vec{E}} = \frac{I\,\mathrm{d}\ell}{2\lambda\omega\varepsilon_0}\frac{jk}{r}e^{-jkr}\left(\frac{2}{jkr}\left[1+\frac{1}{jkr}\right]\cos(\vartheta)\vec{e}_r \right. \tag{9.21}$$

$$\left. + \left[1+\frac{1}{jkr}-\frac{1}{k^2r^2}\right]\sin(\vartheta)\vec{e}_\vartheta \right).$$

Unter Berücksichtigung von $\frac{k}{\omega\varepsilon_0} = Z_0$ in Gl.(9.21) ergibt sich hieraus

$$\underline{\vec{E}} = j\frac{I\,\mathrm{d}\ell}{2\lambda r}Z_0 e^{-jkr}\left(\frac{2}{jkr}\left[1+\frac{1}{jkr}\right]\cos(\vartheta)\vec{e}_r \right. \tag{9.22}$$

$$\left. + \left[1+\frac{1}{jkr}-\frac{1}{k^2r^2}\right]\sin(\vartheta)\vec{e}_\vartheta \right)$$

oder in der Darstellungsform

$$\underline{\vec{E}} = \underline{E}_r(r,\vartheta)\,\vec{e}_r + \underline{E}_\vartheta(r,\vartheta)\,\vec{e}_\vartheta, \tag{9.23}$$

wobei die Komponenten des elektrischen Feldes durch

$$\underline{E}_\alpha = 0, \tag{9.24}$$

$$\boxed{\underline{E}_r(r,\vartheta) = \frac{I\,\mathrm{d}\ell}{2\lambda r}\frac{2Z_0}{kr}e^{-jkr}\left[1+\frac{1}{jkr}\right]\cos(\vartheta)} \tag{9.25}$$

und

$$\boxed{\underline{E}_\vartheta(r,\vartheta) = j\frac{I\,\mathrm{d}\ell}{2\lambda r}Z_0 e^{-jkr}\left[1+\frac{1}{jkr}-\frac{1}{k^2r^2}\right]\sin(\vartheta)} \tag{9.26}$$

gegeben sind. Für die magnetische Feldstärke gilt lt. Gl.(9.16)

$$\boxed{\underline{H}_\alpha = j\frac{I\,\mathrm{d}\ell}{2\lambda r}\left[1+\frac{1}{jkr}\right]e^{-jkr}\sin(\vartheta).} \tag{9.27}$$

Die allgemeine Lösung für das elektromagnetische Feld des Hertzschen Dipols ist damit bestimmt und soll nun im folgenden zur Herleitung von Strahlungseigenschaften herangezogen werden. Zunächst soll das elektrische Feld des Hertzschen Dipols mit der Lösung für das elektrische Feld eines Dipols (Elektrostatik), das mit dem Dipolmoment $|\vec{p}\,| = Q\,\mathrm{d}\ell$ für $r >> \mathrm{d}\ell$ abgeleitet wurde und durch

$$\vec{E}(\vec{r}\,) = \frac{|\vec{p}\,|}{4\pi\varepsilon r^3}\left(2\cos(\vartheta)\ \vec{e}_r + \sin(\vartheta)\ \vec{e}_\vartheta\right) \tag{9.28}$$

angegeben werden kann, verglichen werden. In der Lösung nach Gl.(9.28) nehmen die Komponenten des Feldes proportional r^{-3} mit zunehmendem Abstand ab. Dieses Verhalten weisen auch die Beiträge des elektrischen Feldes des Hertzschen Dipols auf, die in Gl.(9.25) und Gl.(9.26) mit der höchsten Potenz von r abnehmen. Diese Beiträge bestimmen das prinzipielle Verhalten in der näheren Umgebung des Dipols, so daß gesagt werden kann, daß das Nahfeld des Hertzschen Dipols dem Feld des Dipols entspricht. Darüberhinaus enthält das Feld noch Beiträge, die auch in weiterer Entfernung wahrgenommen werden können. Um deren Auswirkung zu untersuchen, wird unter der Berücksichtigung der Lösung für die magnetische Feldstärke nach Gl.(9.27) mit Hilfe des komplexen Poyntingvektors $\underline{\vec{S}}$ nach Gl.(2.48) (Seite 35),

$$\underline{\vec{S}} = \frac{1}{2}(\underline{\vec{E}} \times \underline{\vec{H}}^*), \tag{9.29}$$

die richtungsabhängige, im zeitlichen Mittel abgegebene Leistungsdichte berechnet. Sie ergibt sich nach

$$\underline{\vec{S}} = \frac{1}{2}\begin{vmatrix} \vec{e}_r & \vec{e}_\vartheta & \vec{e}_\alpha \\ \underline{E}_r & \underline{E}_\vartheta & 0 \\ 0 & 0 & \underline{H}_\alpha^* \end{vmatrix}, \tag{9.30}$$

aus

$$\underline{\vec{S}} = \frac{1}{2}(\underline{E}_\vartheta\,\underline{H}_\alpha^*\,\vec{e}_r - \underline{E}_r\,\underline{H}_\alpha^*\,\vec{e}_\vartheta). \tag{9.31}$$

Einsetzen der Feldlösungen liefert für die Ausdrücke

$$\underline{E}_\vartheta\,\underline{H}_\alpha^* = \left(\frac{I\,\mathrm{d}\ell}{2\lambda r}\right)^2 Z_0\left[1 - j\frac{1}{kr} - \frac{1}{k^2 r^2}\right]\left[1 + j\frac{1}{kr}\right]\sin^2(\vartheta) \tag{9.32}$$

mit

$$\left[1 - j\frac{1}{kr} - \frac{1}{k^2 r^2}\right]\left[1 + j\frac{1}{kr}\right]$$

$$= \left[1 - j\frac{1}{kr}\right]\left[1 + j\frac{1}{kr}\right] - \frac{1}{k^2 r^2}\left[1 + j\frac{1}{kr}\right]$$

$$= 1 + \frac{1}{k^2 r^2} - \frac{1}{k^2 r^2} - j\frac{1}{k^3 r^3}$$

$$= 1 - j\frac{1}{k^3 r^3},$$

so daß die r-Komponente des Poyntingvektors durch

$$\frac{1}{2}\underline{E}_\vartheta\,\underline{H}_\alpha^* = \frac{1}{2}\left(\frac{I\,\mathrm{d}\ell}{2\lambda r}\right)^2 Z_0\left[1 - j\frac{1}{k^3 r^3}\right]\sin^2(\vartheta) \qquad (9.33)$$

angegeben werden kann. Entsprechend ergibt sich für die ϑ-Komponente des Poyntingvektors

$$\frac{1}{2}\underline{E}_r\underline{H}_\alpha^* = -j\frac{1}{2}\left(\frac{I\,\mathrm{d}\ell}{2\lambda r}\right)^2\frac{2Z_0}{kr}\left[1 + \frac{1}{jkr}\right]\cos(\vartheta)\left[1 - \frac{1}{jkr}\right]\sin(\vartheta)$$

$$(9.34)$$

bzw.

$$\underline{E}_r\underline{H}_\alpha^* = -j\,2Z_0\left(\frac{I\,\mathrm{d}\ell}{2\lambda r}\right)^2\left[\frac{1}{kr} + \frac{1}{k^3 r^3}\right]\sin(\vartheta)\cos(\vartheta), \qquad (9.35)$$

so daß der Poyntingvektor durch

$$\underline{\vec{S}} = \frac{1}{2}\left(\underline{E}_\vartheta\,\underline{H}_\alpha^*\,\vec{e}_r - \underline{E}_r\,\underline{H}_\alpha^*\,\vec{e}_\vartheta\right)$$

$$= \frac{1}{2}\left(\frac{I\,\mathrm{d}\ell}{2\lambda r}\right)^2 Z_0\sin(\vartheta)\left(\left[1 - j\frac{1}{k^3 r^3}\right]\sin(\vartheta)\,\vec{e}_r\right.$$

$$\left. -2j\left[\frac{1}{kr} + \frac{1}{k^3 r^3}\right]\cos(\vartheta)\,\vec{e}_\vartheta\right)$$

bzw.

$$\underline{\vec{S}} = \frac{1}{2}\left(\frac{I\,\mathrm{d}\ell}{2\lambda r}\right)^2 Z_0\sin(\vartheta)\left[\sin(\vartheta)\,\vec{e}_r\right. \qquad (9.36)$$

$$\left. -j\left(2\frac{1}{kr}\cos(\vartheta)\,\vec{e}_\vartheta + \frac{1}{k^3 r^3}\left(\sin(\vartheta)\,\vec{e}_r + 2\cos(\vartheta)\,\vec{e}_\vartheta\right)\right)\right]$$

angegeben werden kann. Dieses Ergebnis dient nun dazu, die abgestrahlte komplexe Leistung $\underline{P}$ zu berechnen. Hierzu wird eine geschlossene Hüllfläche, eine Kugel mit dem Dipol im Mittelpunkt, gewählt und gemäß

$$\underline{P} = \lim_{r \to \infty} \oiint_{A} \vec{\underline{S}}(r)\,\vec{n}\,\mathrm{d}A \qquad (9.37)$$

die durch die Hüllfläche ($\vec{n}\,\mathrm{d}A = \vec{e}_r\,r^2 \sin(\vartheta)\,\mathrm{d}\vartheta\,\mathrm{d}\alpha$) hindurchtretende Leistung berechnet. Dabei können alle Beiträge die schneller als r^{-2} abklingen vernachlässigt werden, da sie für $r \to \infty$ keinen Beitrag zum Integral liefern.

Somit ergibt sich die Leistung aus

$$\underline{P} = \lim_{r \to \infty} \int_0^{2\pi} \int_0^{\pi} \left[\frac{1}{2} \left(\frac{I\,\mathrm{d}\ell}{2\lambda r} \right)^2 Z_0 \sin^2(\vartheta) \right] r^2 \sin(\vartheta)\,\mathrm{d}\vartheta\,\mathrm{d}\alpha, \qquad (9.38)$$

$$\underline{P} = \frac{\pi}{2} \left(\frac{I\,\mathrm{d}\ell}{2\lambda} \right)^2 Z_0 \int_0^{\pi} \sin^3(\vartheta)\,\mathrm{d}\vartheta \qquad (9.39)$$

zu

$$\underline{P} = \frac{\pi}{2} \left(\frac{I\,\mathrm{d}\ell}{2\lambda} \right)^2 Z_0 \left[-\cos(\vartheta) + \frac{1}{3}\cos^3(\vartheta) \right]_0^{\pi}$$

bzw.

$$\underline{P} = \frac{2\pi}{3} \left(\frac{I\,\mathrm{d}\ell}{2\lambda} \right)^2 Z_0. \qquad (9.40)$$

Nach Gl.(9.40) liefert der Feldbeitrag in hinreichend großem Abstand vom Dipol nur noch eine Wirkleistung, die durch die Hülle hindurchtritt. Die gesamte Leistung ist konstant, d.h. daß mit zunehmendem Abstand die Leistungsdichte proportional r^{-2} abnimmt. Diese Wirkleistung stellt die vom Dipol abgestrahlte Leistung dar. Sie ergibt sich aus den Beiträgen des Poyntingvektors, die nicht stärker als r^{-2} abnehmen, oder den Beiträgen der Feldgrößen, die nicht stärker als r^{-1} abnehmen. Alle anderen Beiträge liefern ein Maß für die im Nahfeld des Dipols gespeicherte elektromagnetische Energie. Dieses wird auch in der Phasenverschiebung von 90° in den Summanden höherer Ordnung in Gl.(9.36) deutlich.

Identische Ergebnisse für die Fernfeldgrößen liefert direkt die Anwendung der Fernfeldgleichungen nach Gl.(2.109), Gl.(2.110) und Gl.(2.111) (Seite 45). Demnach ergibt sich das magnetische Fernfeld aus

$$\vec{\underline{H}} = j\omega \frac{1}{Z_0} \left(\underline{A}_\alpha \, \vec{e}_\vartheta - \underline{A}_\vartheta \, \vec{e}_\alpha \right), \tag{9.41}$$

das elektrische Fernfeld aus

$$\vec{\underline{E}} = Z_0 \, \vec{\underline{H}} \times \vec{e}_r = -j\omega (\underline{A}_\vartheta \, \vec{e}_\vartheta + \underline{A}_\alpha \, \vec{e}_\alpha) \tag{9.42}$$

und der Poyntingvektor aus

$$\vec{\underline{S}} = \frac{1}{2} \frac{\omega^2}{Z_0} \left(|\underline{A}_\vartheta|^2 + |\underline{A}_\alpha|^2 \right) \vec{e}_r. \tag{9.43}$$

Da nach Gl.(9.12) $\underline{A}_\alpha = 0$ ist, führen Umformungen zum magnetischen Vektorpotential in der Form

$$\vec{\underline{A}}(\vec{r}) = \underline{A}_\vartheta \vec{e}_\alpha = -\frac{\mu_0}{4\pi} (\underline{I} \, d\ell) \frac{e^{-jkr}}{r} \sin(\vartheta) \, \vec{e}_\vartheta, \tag{9.44}$$

mit $c_0 = \lambda f$

$$\underline{A}_\vartheta(r, \vartheta) = -\frac{\mu_0}{4\pi} \frac{\underline{I} \, d\ell}{r} e^{-jkr} \sin(\vartheta) = -\frac{\mu_0 c_0}{2\pi f} \frac{\underline{I} \, d\ell}{2\lambda r} e^{-jkr} \sin(\vartheta) \tag{9.45}$$

und $c_0 \mu_0 = Z_0$

$$\underline{A}_\vartheta(r, \vartheta) = -\frac{Z_0}{\omega} \frac{\underline{I} \, d\ell}{2\lambda r} e^{-jkr} \sin(\vartheta). \tag{9.46}$$

Einsetzen von Gl.(9.46) in Gl.(9.41) liefert für das magnetische Fernfeld

$$\vec{\underline{H}} = -j\omega \frac{1}{Z_0} \underline{A}_\vartheta \vec{e}_\alpha = j\omega \frac{1}{Z_0} \frac{Z_0}{\omega} \frac{\underline{I} \, d\ell}{2\lambda r} \sin(\vartheta) \, \vec{e}_\alpha = j\frac{\underline{I} \, d\ell}{2\lambda r} \sin(\vartheta) \, \vec{e}_\alpha. \tag{9.47}$$

Einsetzen von Gl.(9.46) in Gl.(9.42) liefert für das elektrische Fernfeld

$$\vec{\underline{E}} = -j\omega \underline{A}_\vartheta \, \vec{e}_\vartheta = jZ_0 \frac{\underline{I} \, d\ell}{2\lambda r} e^{-jkr} \sin(\vartheta) \, \vec{e}_\vartheta \tag{9.48}$$

und einsetzen von Gl.(9.46) in Gl.(9.43) liefert für den Poyntingvektor

$$\vec{\underline{S}} = \frac{1}{2} \frac{\omega^2}{Z_0} \left(\frac{Z_0}{\omega} \frac{\underline{I} \, d\ell}{2\lambda r} \sin(\vartheta) \right)^2 \vec{e}_r = \frac{1}{2} Z_0 \left(\frac{\underline{I} \, d\ell}{2\lambda} \right)^2 \frac{\sin^2(\vartheta)}{r^2} \vec{e}_r, \tag{9.49}$$

der in Gl.(9.38) zur Bestimmung der abgestrahlten Leistung verwendet wurde. Damit läßt sich festhalten, daß die Anwendung von Gl.(2.109), Gl.(2.110) und Gl.(2.111) (Seite 45) die Berechnung der Fernfeldeigenschaften vereinfacht. Sind nur diese Größen gesucht, so ist deren Anwendung außerordentlich zweckmäßig. Die abgeleiteten Ergebnisse zeigen, daß die

Feldkomponenten die durch Gl.(9.47) und Gl.(9.48) gegeben sind, im Fern-feld senkrecht zueinander und senkrecht zur Ausbreitungsrichtung stehen. Es handelt sich somit um eine rein transversale elektromagnetische Kugelwel-le, die bei hinreichendem Abstand als ebene Welle angesehen werden kann. Die gesamte abgestrahlte Leistung wird nicht gleichmäßig in alle Raumrich-tungen abgestrahlt, sondern bevorzugt senkrecht zur Dipolachse, wie dem Bild 9.13 zu entnehmen ist. Zur Verdeutlichung der „Richtcharakteristik" des Strahlertypen wird häufig eine normierte Darstellung des elektrischen Fernfeldes benutzt. Dabei wird die elektrische Feldstärke im Abstand r auf ihren Maximalwert $\underline{E}_{max}$ normiert.

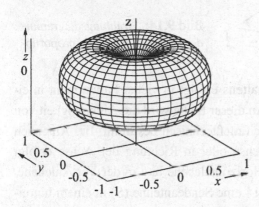

Bild 9.13: *Fläche konstanter Strahlungs-Leistungsdichte (proportional $\sin^2(\vartheta)$)*

Mit

$$\underline{E}_{max} = j Z_0 \, \frac{I \, \mathrm{d}\ell}{2\lambda} \, \frac{e^{-jkr}}{r} \qquad (9.50)$$

ergibt sich aus Gl.(9.48)

$$C(\vartheta, \alpha) \, \vec{e}_\vartheta = \frac{\underline{E}}{\underline{E}_{max}}$$

zu

$$C(\vartheta, \alpha) = \sin(\vartheta) \, . \qquad (9.51)$$

$C(\vartheta, \alpha)$ wird allgemein als das normierte Fernfeld bezeichnet und beschreibt die Strahlungscharakteristik. Die graphische Darstellung von $C(\vartheta, \alpha)$ führt zum **Strahlungsdiagramm**. Dieses ist unabhängig vom Abstand r und spe-ziell in diesem Fall, wegen der Rotationssymmetrie bezüglich der z-Achse, auch unabhängig von α.

Bild 9.14 zeigt das Strahlungsdiagramm als dreidimensionale Verteilung des elektrischen Fernfeldes. Die Angabe des elektrischen Feldes stellt kei-ne Einschränkung dar, da hieraus sofort gemäß $|\underline{\vec{H}}| = |\underline{\vec{E}}|/Z_0$ der Betrag der magnetischen Feldstärke bestimmt werden kann. Die dreidimensionale Angabe des Strahlungsfeldes ist besonders anschaulich. Sie kann aus den theoretisch ermittelten Feldern einfach gewonnen werden.

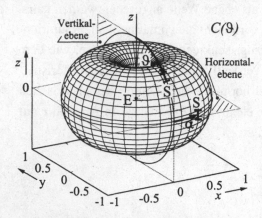

Bild 9.14: *Strahlungsdiagramm des Hertzschen Dipols (proportional $\sin(\vartheta)$)*

Die Messung des Fernfeldverhaltens erfolgt in vielen Fällen nicht in einer derartig ausführlichen Form. An dieser Stelle wird die Abhängigkeit von α und ϑ in ausgezeichneten Ebenen meßtechnisch bestimmt. Bei Antennen mit Abstrahlung senkrecht zur Achse oder in Richtung der Achse erfolgt die Messung in der sogenannten Horizontalebene und in der Vertikalebene. Dabei befindet sich gemäß Bild 9.14 eine Sendeantenne (S) in einem hinreichend großen Abstand (im Fernfeld) von der zu untersuchenden Antenne, die als Empfangsantenne (E) ausgelegt ist. Die Position der Empfangsantenne stellt somit den Koordinatenursprung des Bezugssystems dar. Wird die Antennenachse in Richtung der z-Achse und die Hauptstrahlrichtung in Richtung der x-Achse gelegt, so ergibt sich bei Drehung der Empfangsantenne um die z-Achse ($0° \leq \alpha \leq 360°$, $\vartheta = 90°$) das Horizontaldiagramm und bei Drehung der Empfangsantenne um die y-Achse ($\alpha = 0°$, $0° \leq \vartheta \leq 360°$) das Vertikaldiagramm. Obwohl bei dieser Messung die Empfangseigenschaften ermittelt werden, gelten nach dem Reziprozitätsgesetz in Abschnitt 2.9 (Seite 47) die ermittelten Eigenschaften auch für den Sendefall.

Das Strahlungsdiagramm des Hertzschen Dipols in der Vertikalebene ist in Bild 9.15 a) und das in der Horizontalebene in Bild 9.15 b) dargestellt. Neben der linearen Darstellung der Feldamplitude kann auch eine logarithmische Darstellung erfolgen. Dieses ist besonders zweckmäßig, wenn im Diagramm besonders geringe Amplitudenwerte erkannt werden sollen. Wie im folgenden aufgezeigt wird ist dieses bei der Behandlung von Strahlergruppen besonders wichtig, denn in vielen Fällen wird die Anordnung mehrerer Strahler gezielt zur Unterdrückung der Abstrahlung in bestimmte Richtungen gewählt. Aus diesem Grund wird an geeigneter Stelle noch einmal etwas ausführlicher auf das Strahlungsdiagramm eingegangen.

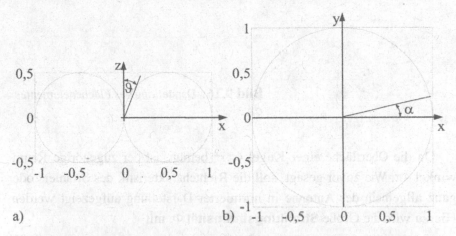

Bild 9.15: *Strahlungsdiagramm des Hertzschen Dipols in der Vertikalebene a) und in der Horizontalebene b)*

Da gemäß Gl.(9.49) die Leistungsdichte proportional r^{-2} mit zunehmendem Abstand abnimmt, die durch einen fest vorgegebenen Raumwinkel vorgegebene Fläche proportional r^2 anwächst, ist die in eine Richtung abgestrahlte Leistung unabhängig vom Abstand. Werden in Gl.(9.37) die Fernfeldkomponenten des Feldes benutzt, so ist der Fernfeldbeitrag des Poyntingvektors reell und parallel zum Flächennormaleneinheitsvektor $\vec{n} = \vec{e}_r$ und bei der Bestimmung der abgestrahlten Leistung P_r kann der Grenzübergang $r \to \infty$ gemäß

$$P_r = \oiint_A \underline{\vec{S}}(r)\,\vec{n}\,\mathrm{d}A = \oiint_A S(r,\vartheta,\alpha)\,r^2 \sin(\vartheta)\,\mathrm{d}\vartheta\,\mathrm{d}\alpha \qquad (9.52)$$

entfallen. Die Leistung $\mathrm{d}P_r$, die ein Flächenelement $\mathrm{d}A$ gemäß Bild 9.16 durchsetzt, ergibt sich demnach aus

$$\mathrm{d}P_r = S(r,\vartheta,\alpha)\,r^2 \sin(\vartheta)\,\mathrm{d}\vartheta\,\mathrm{d}\alpha \qquad (9.53)$$

oder

$$\mathrm{d}P_r = S(r,\vartheta,\alpha)\,r^2\,\mathrm{d}\Omega \qquad (9.54)$$

mit

$$d\Omega = \sin(\vartheta)\, d\vartheta\, d\alpha. \tag{9.55}$$

$d\Omega$ ist ein Raumwinkelelement, das den Flächenausschnitt auf einer Kugel-oberfläche mit dem Radius 1 beschreibt.

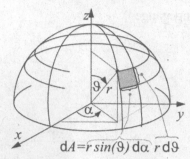

Bild 9.16: *Darstellung des Flächenelementes dA*

$$dA = r\sin(\vartheta)\, d\alpha \;\; r\, d\vartheta$$

Da die Oberfläche einer Kugel $4\pi r^2$ beträgt, ist der zugehörige Raum-winkel 4π. Wie zuvor gesagt, soll die Richtcharakteristik des Strahlers oder ganz allgemein der Antenne in normierter Darstellung aufgezeigt werden. Hierzu wird die Größe **Strahlungsintensität** Φ, mit

$$\Phi = S\, r^2, \tag{9.56}$$

eingeführt. Für die Strahlungsintensität des Hertzschen Dipols gilt mit Gl.(9.49)

$$\Phi = \frac{1}{2} Z_0 \left(\frac{I\, d\ell}{2\lambda} \right)^2 \sin^2(\vartheta), \tag{9.57}$$

woraus sich der Maximalwert der Strahlungsintensität Φ_{max} durch

$$\Phi_{max} = \frac{1}{2} Z_0 \left(\frac{I\, d\ell}{2\lambda} \right)^2 \tag{9.58}$$

angeben läßt. Unter Berücksichtigung des Maximalwertes ergibt sich die durch ein Flächenelement $d\Omega$ abgestrahlte Leistung aus

$$dP_r = \Phi\, d\Omega = \Phi_{max} \frac{S(r, \vartheta, \alpha)}{S_{max}}\, d\Omega = \Phi_{max} C^2(\vartheta, \alpha)\, d\Omega \tag{9.59}$$

und somit die gesamte Leistung aus

$$P_r = \Phi_{max} \iint C^2(\vartheta, \alpha)\, d\Omega = \Phi_{max}\, \Omega_a. \tag{9.60}$$

Die Größe Ω_a, mit

$$\Omega_a = \iint C^2(\vartheta,\alpha)\, d\Omega, \tag{9.61}$$

wird als der **äquivalente Raumwinkel** und $C(\vartheta,\alpha)$ die Strahlungscharakteristik der Antenne bezeichnet. Ω_a stellt den Raumwinkel dar, in dem die gesamte Leistung abgestrahlt werden würde, wenn die Abstrahlung der Antenne gleichmäßig mit der maximalen Leistungsdichte erfolgen würde. Im Falle des Hertzschen Dipols beträgt der Raumwinkel $\Omega_{a,HD}$

$$\Omega_{a,HD} = \int\limits_{\alpha=0}^{2\pi} \int\limits_{\vartheta=0}^{\pi} \sin^2(\vartheta)\, \sin(\vartheta)\, d\vartheta\, d\alpha = \frac{8\pi}{3}. \tag{9.62}$$

Die Strahlungscharakteristik $C(\vartheta,\alpha)$ der Antenne stellt dabei die Richtungsabhängigkeit der Abstrahlung dar. Sie liefert über die Bestimmung des äquivalenten Raumwinkels Ω_a ein Maß für das „Bündelungsvermögen" der Antenne. Als Referenzstrahler hat sich zur Beurteilung von Antennen ein hypothetischer Strahler, der sogenannte Kugelstrahler oder auch isotroper Strahler bewährt. Dieser Strahlertyp strahlt die gesamte Leistung gleichmäßig verteilt in alle Richtungen. Für den äquivalenten Raumwinkel des Kugelstrahlers $\Omega_{a,K}$ gilt somit

$$\Omega_{a,K} = 4\pi. \tag{9.63}$$

Je kleiner der äquivalente Raumwinkel der Antenne ist, umso stärker ist das Bündelungsvermögen der Antenne. Mit $\Omega_{a,K} = 4\pi$ ergibt sich somit für den äquivalenten Raumwinkel des Hertzschen Dipols

$$\Omega_{a,HD} = \frac{2}{3}\, \Omega_{a,K}. \tag{9.64}$$

Anstelle des äquivalenten Raumwinkels hat sich eine andere Antennenkenngröße zur Beurteilung des Bündelungsvermögens eingebürgert. Die sogenannte „**Directivity**"(D), die die Richtwirkung beschreibt. Sie gibt gemäß

$$D = \frac{\Phi_{max}}{\overline{\Phi}} \tag{9.65}$$

das Verhältnis der maximalen Strahlungsintensität Φ_{max} zur mittleren Strahlungsintensität $\overline{\Phi}$ an. Die mittlere Strahlungsintensität $\overline{\Phi}$ ergibt sich direkt, indem die gesamte Leistung gleichmäßig über den gesamten Raumwinkel 4π aufgeteilt wird. Mit

$$4\pi\overline{\Phi} = \Phi_{max}\, \Omega_a \tag{9.66}$$

liefert Gl.(9.65) für die Directivity

$$D = \frac{\Phi_{max}}{\overline{\Phi}} = \frac{4\pi}{\Omega_a}, \tag{9.67}$$

die unter Verwendung der Strahlungscharakteristik $C(\vartheta, \alpha)$ nach Gl.(9.61) in der Form

$$D = \frac{4\pi}{\displaystyle\iint C^2(\vartheta, \alpha)\, d\Omega} \tag{9.68}$$

angegeben werden kann. Demnach ergibt sich für die Directivity des Hertzschen Dipols D_{HD} mit Gl.(9.62) in Gl.(9.68)

$$D_{HD} = \frac{4\pi}{\Omega_{a,HD}} = 4\pi\, \frac{3}{8\pi} = \frac{3}{2}, \tag{9.69}$$

d.h. daß in Hauptstrahlrichtung die Strahlungsdichte um 50% gegenüber dem isotropen Kugelstrahler stärker ist. Im allgemeinen wird dieser Wert in logarithmischer Form angegeben. In diesem Fall ergibt sich die Directivity des Hertzschen Dipols aus

$$D_{dB} = 10 \log D \text{ dB} \tag{9.70}$$

zu

$$D_{dB,HD} = 10 \log D_{HD} \text{ dB} = 1.76 \text{ dB}. \tag{9.71}$$

9.3.2.1.2 *Strahlungswiderstand des Hertzschen Dipols*

Da, wie schon zuvor gesagt, die abgestrahlte Leistung des Dipols von einer Quelle aufgebracht werden muß, kann auch ein Widerstand angegeben werden, mit dem diese Quelle beschaltet ist. Denken wir uns im Ursprung, d.h. in der Mitte des Strahlers, eine ideale Stromquelle, die den Strom der Stärke $\underline{I}$ liefert, so hat diese Quelle die gesamte Strahlungsleistung P_r aufzubringen. Diese Leistung entsteht an einem sogenannten **Strahlungswiderstand** R_{Str} gemäß

$$P_r = \frac{1}{2}\underline{I}^2 R_{Str}. \tag{9.72}$$

Sie ergibt sich unter der Berücksichtigung von Gl.(9.58),

$$\Phi_{max} = \frac{1}{2} Z_0 \left(\frac{\underline{I}\, d\ell}{2\lambda} \right)^2, \tag{9.73}$$

und Gl.(9.62),

$$\Omega_{a,HD} = \frac{8\pi}{3}, \tag{9.74}$$

aus

$$P_r = \Phi_{max}\, \Omega_{a,HD} \tag{9.75}$$

zu

$$P_r = \frac{1}{2} Z_0 \left(\frac{I\, \mathrm{d}\ell}{2\lambda} \right)^2 \frac{8\pi}{3}. \tag{9.76}$$

Ein Vergleich von Gl.(9.72) mit Gl.(9.76) führt zu

$$R_{Str,HD} = Z_0 \left(\frac{\mathrm{d}\ell}{2\lambda} \right)^2 \frac{8\pi}{3}, \tag{9.77}$$

woraus sich mit $Z_0 = 120\pi\Omega$

$$R_{Str,HD} = 80\pi^2 \left(\frac{\mathrm{d}\ell}{\lambda} \right)^2 \Omega \tag{9.78}$$

angeben läßt.

An dieser Stelle muß angemerkt werden, daß bei der Angabe des Strahlungswiderstandes immer auch der Speisepunkt des Strahlers zu nennen ist, da die Berechnung der abgestrahlten Leistung ausgehend von der Vorgabe der Spannung bzw. des Stroms im Speisepunkt erfolgt.

9.3.2.2 *Der ideale lineare Strahler*

In den nachstehenden Ausführungen werden die grundlegenden Eigenschaften idealer linearer Strahler, das sind Strahler, die aus geraden, linienhaften, unendlich gut leitenden Leitermaterialien bestehen, behandelt. Ideal bedeutet dabei, daß die Leiterdicke und die endliche Leitfähigkeit vernachlässigt werden. Als Ausgangspunkt dient hier eine ideale, am Leitungsende leerlaufende Zweidrahtleitung gemäß Bild 9.17 a), die für den Fall, daß die Leitung eine Länge von $\ell = \lambda/4$ aufweist, am Eingang wie ein Serienresonanzkreis nach Bild 9.17 c) wirkt. Die Leitung transformiert den Leerlauf am Ende in einen Kurzschluß. Das bedeutet, daß der Strom am Leitungsende eine Nullstelle aufweist und daß dieser sich gemäß $\sin(k\ell)$ ändert. ℓ beschreibt dabei den Abstand vom Leitungsende. Wie schon bei der Beschreibung realer Leerläufe festgestellt wurde, entsteht am Leitungsende ein Streufeld, das zum einen einer kapazitiven Belastung am Ende entspricht und zum anderen auch die Quelle für das Abstrahlen von Leistung darstellt. Diese Abstrahlung kann nun dadurch verstärkt werden, indem die Enden der Zweidrahtleitung gemäß Bild 9.17 b) aufgebogen werden.

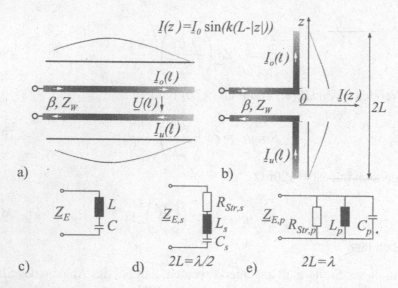

Bild 9.17: *Prinzipielle Darstellung der Stromverteilung linearer Strahler*

Wird in erster Näherung angenommen, daß sich die Stromverteilung in den Leitern nicht nennenswert ändert, dann ergibt sich eine von der z-Koordinate abhängige Stromstärke $\underline{I}(z)$ der Form

$$\underline{I}(z) = \underline{I}_0 \sin(k(L - |z|)) \quad \text{für} \quad -L < z < L, \qquad (9.79)$$

die als Strahlungsquelle dient. Das daraus resultierende Strahlungsfeld sowie die Strahlerkenngrößen sollen im folgenden ermittelt werden. Prinzipiell wird die Abstrahlung der Energie im Ersatzschaltbild durch einen Widerstand, den sogenannten Strahlungswiderstand, berücksichtigt. Dadurch geht das Idealverhalten verloren, d. h. im Stromverlauf bzw. im Spannungsverlauf gibt es keine Nullstellen mehr, die Resonanzkreise erhalten eine endliche Güte. Das Ersatzschaltbild unter Berücksichtigung der Verluste führt für $2L = \lambda/2$ zu dem verlustbehafteten Serienresonanzkreis gemäß Bild 9.17 d) (mit Spannungsminimum im Speisepunkt) und für $2L = \lambda$ zu dem verlustbehafteten Parallelresonanzkreis gemäß Bild 9.17 e) (mit Stromminimum im Speisepunkt).

Zur Bestimmung der Strahlerkenngrößen wird das Vektorpotential für den Fernfeldbereich nach Gl.(2.94),

$$\vec{\underline{A}}(\vec{r}) = \frac{\mu}{4\pi} \iiint\limits_{V_Q} \frac{\vec{\underline{J}}(\vec{r}_q)}{|\vec{r}|} e^{-jk\left(|\vec{r}| - \frac{\vec{r}\,\vec{r}_q}{|\vec{r}|}\right)} \, dV, \qquad (9.80)$$

unter Berücksichtigung der linienhaften Stromverteilung herangezogen. Einsetzen von Gl.(9.79) in Gl.(9.80) führt auf

$$\vec{\underline{A}}(\vec{r}) = \frac{\mu}{4\pi} \int\limits_{-L}^{L} \frac{I(z_q)\vec{e}_z}{|\vec{r}|} e^{-jk\left(|\vec{r}| - \frac{\vec{r}\,\vec{r}_q}{|\vec{r}|}\right)} \, dz_q \qquad (9.81)$$

bzw.

$$\vec{\underline{A}}(\vec{r}) = \frac{I_0\,\mu}{4\pi} \frac{e^{-jk|\vec{r}|}}{|\vec{r}|} \vec{e}_z \left(\int\limits_{-L}^{0} \sin(k(L+z_q)) \, e^{jk\frac{z\,z_q}{|\vec{r}|}} \, dz_q \right. \qquad (9.82)$$

$$\left. + \int\limits_{0}^{L} \sin(k(L-z_q)) \, e^{jk\frac{z\,z_q}{|\vec{r}|}} \, dz_q \right).$$

Die Substitution $z_q = -v$ im ersten Summanden im Klammerausdruck liefert

$$\vec{\underline{A}}(\vec{r}) = \frac{I_0\,\mu}{4\pi} \frac{e^{-jk|\vec{r}|}}{|\vec{r}|} \vec{e}_z \left(\int\limits_{0}^{L} \sin(k(L-v)) \, e^{-jk\frac{z\,v}{|\vec{r}|}} \, dv \right. \qquad (9.83)$$

$$\left. + \int\limits_{0}^{L} \sin(k(L-z_q)) \, e^{jk\frac{z\,z_q}{|\vec{r}|}} \, dz_q \right),$$

d.h. zwei Integrale, die sich über denselben Integrationsbereich erstrecken, so daß Gl.(9.83), mit $\sin(k(L-z_q)) = \sin(kL)\cos(k\,z_q) - \cos(kL)\sin(k\,z_q)$ und der Rücksubstitution $v = z_q$, in der Form

$$\vec{\underline{A}}(\vec{r}) = \frac{I_0\,\mu}{4\pi} \frac{e^{-jk|\vec{r}|}}{|\vec{r}|} \vec{e}_z \qquad (9.84)$$

$$\left(\int\limits_{0}^{L} [\sin(kL)\cos(k\,z_q) - \cos(kL)\sin(k\,z_q)] \, e^{-jk\frac{z\,z_q}{|\vec{r}|}} \, dz_q \right.$$

$$\left. + \int\limits_{0}^{L} [\sin(kL)\cos(k\,z_q) - \cos(kL)\sin(k\,z_q)] \, e^{jk\frac{z\,z_q}{|\vec{r}|}} \, dz_q \right)$$

bzw.

$$\underline{\vec{A}}(\vec{r}) = \frac{I_0\,\mu\,e^{-jk|\vec{r}|}}{4\pi\,|\vec{r}|}\,\vec{e}_z \tag{9.85}$$

$$\cdot \left(\sin(kL) \int_0^L \cos(kz_q)\,e^{-jk\frac{z\,z_q}{|\vec{r}|}}\,dz_q - \cos(kL) \int_0^L \sin(kz_q)\,e^{-jk\frac{z\,z_q}{|\vec{r}|}}\,dz_q \right.$$

$$\left. + \sin(kL) \int_0^L \cos(kz_q)\,e^{jk\frac{z\,z_q}{|\vec{r}|}}\,dz_q - \cos(kL) \int_0^L \sin(kz_q)\,e^{jk\frac{z\,z_q}{|\vec{r}|}}\,dz_q \right)$$

angegeben werden kann. Integration von Gl.(9.85) liefert unter Berücksichtigung von Kugelkoordinaten ($z = r\cos(\vartheta)$, $\vec{e}_z = \cos(\vartheta)\,\vec{e}_r - \sin(\vartheta)\,\vec{e}_\vartheta$) für das Vektorpotential die Beziehung

$$\underline{\vec{A}}(\vec{r}) = \frac{I_0\,\mu\,e^{-jk|\vec{r}|}}{2\pi k\,|\vec{r}|}\,\frac{\cos[k\cos(\vartheta)L] - \cos(kL)}{\sin^2(\vartheta)} \left(\cos(\vartheta)\,\vec{e}_r - \sin(\vartheta)\,\vec{e}_\vartheta \right). \tag{9.86}$$

Unter Zuhilfenahme der Fernfeldgleichungen nach Gl.(2.109), Gl.(2.110) und Gl.(2.111) (Seite 45) ergibt sich das magnetische Fernfeld aus

$$\underline{\vec{H}} = -j\omega\,\frac{1}{Z_0}\,\underline{A}_\vartheta\,\vec{e}_\alpha,$$

das elektrische Fernfeld aus

$$\underline{\vec{E}} = Z_0\,\underline{\vec{H}} \times \vec{e}_r = -j\omega\,\underline{A}_\vartheta\,\vec{e}_\vartheta$$

und der Poyntingvektor aus

$$\vec{S} = \frac{1}{2}\,\frac{\omega^2}{Z_0}\,|\underline{A}_\vartheta|^2\,\vec{e}_r = \frac{1}{2}\,\frac{1}{Z_0}\,|\omega^2\underline{A}_\vartheta|^2\,\vec{e}_r = \frac{1}{2}\,\frac{1}{Z_0}\,|\underline{E}_\vartheta|^2\,\vec{e}_r$$

zu

$$\underline{\vec{H}} = j\omega\,\frac{1}{Z_0}\,\frac{I_0\,\mu\,e^{-jk|\vec{r}|}}{2\pi k\,|\vec{r}|}\,\frac{\cos[k\cos(\vartheta)L] - \cos(kL)}{\sin(\vartheta)}\,\vec{e}_\alpha$$

bzw. mit $\frac{\omega\mu}{k} = Z_0$

$$\boxed{\underline{\vec{H}} = j\,\frac{I_0}{2\pi\,|\vec{r}|}\,\frac{\cos[k\cos(\vartheta)L] - \cos(kL)}{\sin(\vartheta)}\,e^{-jk|\vec{r}|}\,\vec{e}_\alpha,} \tag{9.87}$$

$$\vec{E} = jZ_0 \, \frac{I_0}{2\pi \, |\vec{r}|} \, \frac{\cos[k\cos(\vartheta)\,L] - \cos(kL)}{\sin(\vartheta)} \, e^{-jk|\vec{r}|} \, \vec{e}_\vartheta \qquad (9.88)$$

und

$$\vec{S} = \frac{Z_0}{2} \left(\frac{I_0}{2\pi \, |\vec{r}|} \, \frac{\cos[k\cos(\vartheta)\,L] - \cos(kL)}{\sin(\vartheta)} \right)^2 \vec{e}_r. \qquad (9.89)$$

9.3.2.2.1 Strahlungsdiagramm des idealen, linearen Strahlers

Das Strahlungsdiagramm des idealen, linearen Strahlers ergibt sich aus Gl.(9.88) zu

$$C(\vartheta, \alpha) = \frac{1}{C_0(L)} \, \frac{\cos[k\cos(\vartheta)\,L] - \cos(kL)}{\sin(\vartheta)}, \qquad (9.90)$$

wobei die Konstante $C_0(L)$ so zu wählen ist, daß $C(\vartheta, \alpha)$ für eine gegebene Länge L im Maximum, d.h. in Hauptstrahlrichtung, den Wert 1 annimmt.

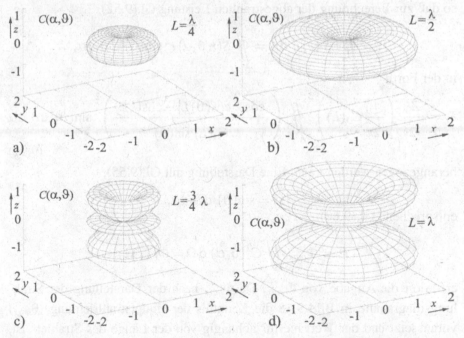

Bild 9.18: *Dreidimensionale Strahlungsdiagramme linearer Strahler,*
$L = \lambda/4$ a), $L = \lambda/2$ b), $L = 3\lambda/4$ c) und $L = \lambda$ d)

In Bild 9.18 ist eine dreidimensionale Darstellung von Gl.(9.90) für $C_0 = 1$ und für verschiedene Werte der Dipollänge aufgezeigt. Aus Bild 9.18 a) läßt sich für $L = \lambda/4$ eine hohe Ähnlichkeit mit dem Strahlungsdiagramm des Hertzschen Dipols erkennen. Der Wert im Maximum ist 1. Desweiteren zeigt Bild 9.18 b), daß für $L = \lambda/2$, mit einem Wert im Maximum von 2, ein deutlich stärkeres Bündelungsvermögen gegenüber einer Länge von $L = \lambda/4$ vorliegt und daß für größere Dipollängen im Strahlungsdiagramm mehrere ausgezeichnete Richtungen festzustellen sind, in die die Energie gebündelt abgestrahlt wird.

9.3.2.2.2   *Kenngrößen des idealen linearen Strahlers*

Die Bestimmung der Kenngrößen erfolgt, unter Berücksichtigung der in Gl.(9.90) eingeführten Konstanten $C_0(L)$, aus Gl.(9.89),

$$\vec{S} = \frac{Z_0}{2} \left(\frac{I_0}{2\pi} C_0(L) \right)^2 \frac{1}{r^2} \left(\frac{\cos[k\cos(\vartheta)L] - \cos(kL)}{C_0(L)\sin(\vartheta)} \right)^2 \vec{e}_r,$$

so daß zur Berechnung der abgestrahlten Leistung Gl.(9.52),

$$P_r = \oiint\limits_A \vec{S}(r)\,\vec{n}\,\mathrm{d}A = \oiint\limits_A S(r,\vartheta,\alpha)\,r^2\sin(\vartheta)\,\mathrm{d}\vartheta\,\mathrm{d}\alpha,$$

in der Form

$$P_r = \frac{Z_0}{2} \left(\frac{I_0}{2\pi} C_0(L) \right)^2 \oiint\limits_A \left(\frac{\cos[k\cos(\vartheta)L] - \cos(kL)}{C_0(L)\sin(\vartheta)} \right)^2 \sin(\vartheta)\,\mathrm{d}\vartheta\,\mathrm{d}\alpha$$

$$(9.91)$$

herangezogen werden kann. Eine Darstellung mit Gl.(9.55),

$$\mathrm{d}\Omega = \sin(\vartheta)\,\mathrm{d}\vartheta\,\mathrm{d}\alpha,$$

entsprechend Gl.(9.60),

$$P_r = \Phi_{max} \iint C^2(\vartheta,\alpha)\,\mathrm{d}\Omega = \Phi_{max}\,\Omega_a,$$

erfordert die Angabe von Φ_{max}. Da Φ_{max} nach der Darstellung der Strahlungsdiagramme in Bild 9.18 die Kenntnis der Hauptstrahlrichtung (θ_{max}) voraussetzt und der Wert hierfür abhängig von der Länge des Strahlers ist, wird hier der Fall $\theta_{max} = 90°$, der sich aus Bild 9.18 a) und b) entnehmen läßt, betrachtet. Dieses ist bei Strahlerlängen L, die kleiner als 0.6λ sind, der

Fall und ermöglicht somit eine einfache Bestimmung von $C_0(L)$. So gilt z.B. für $C_0(L = \lambda/4) = 1$ bzw. $C_0(L = \lambda/2) = 2$. Bei größerer Strahlerlänge teilt sich die ausgeprägte Hauptstrahlrichtung in mehrere Hauptstrahlrichtungen gemäß Bild 9.18 c) und d) auf. Somit läßt sich der **äquivalente Raumwinkel** aus

$$\Omega_a = \oiint_A C^2(\vartheta, \alpha)\, d\vartheta\, d\alpha$$

zu

$$\Omega_a = \oiint_A \left(\frac{\cos[k\cos(\vartheta)L] - \cos(kL)}{C_0(L)\sin(\vartheta)} \right)^2 \sin(\vartheta)\, d\vartheta\, d\alpha, \qquad (9.92)$$

mit

$$C_0(L) = \left. \frac{\cos[k\cos(\vartheta)L] - \cos(kL)}{\sin(\vartheta)} \right|_{\vartheta = 90^\circ} \qquad (9.93)$$

bestimmen.

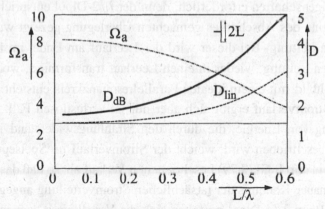

Bild 9.19: *Äquivalenter Raumwinkel und Directivity des linearen Strahlers in Abhängigkeit von der Strahlerlänge*

Eine numerische Auswertung von Gl.(9.92) führt zu den in Bild 9.19 gezeigten Ergebnissen für den äquivalenten Raumwinkel Ω_a und die Directivity des linearen Strahlers in Abhängigkeit von der Strahlerlänge L. Dabei wird deutlich, daß für $L \to 0$ die Ergebnisse gegen das Verhalten des Hertzschen Dipols streben. Für steigende Werte von L nimmt, wie erwartet, der äquivalente Raumwinkel ab und die Directivity zu. Von praktischer Bedeutung sind dabei lediglich die Werte für $L = \lambda/4$ und $L = \lambda/2$. Die Werte hierfür sind in Tabelle 9.1 angegeben.

L	Ω_a	D	D/dB
0mm	8.38	1.50	1.76
$\lambda/4$	7.66	1.64	2.15
$\lambda/2$	5.21	2.41	3.82

Tabelle 9.1: *Äquivalenter Raumwinkel und Directivity des linearen Strahlers*

Zum Vergleich beinhaltet die Tabelle auch die Werte für den Hertzschen Dipol ($L \to 0$mm). Es zeigt sich, daß das Bündelungsvermögen des $\lambda/4$-Dipols nicht stark von dem des Hertzschen Dipols abweicht. Der $\lambda/2$-Dipol dagegen zeigt, wie aus der Darstellung des Strahlungsdiagramms in Bild 9.18 b) schon erkannt werden kann, deutlich günstigere Strahlungsverhältnisse. In diesem Fall ergibt sich jedoch ein deutlich höherer Wert für den Strahlungswiderstand mit einer erhöhten Frequenzabhängigkeit. Da diese Eigenschaften von Nachteil sind, spielt der $\lambda/2$-Dipol keine besondere Rolle in der Praxis. Zudem ist ein genaueres Berechnungsverfahren zur Angabe prinzipieller Eigenschaften erforderlich; denn der $\lambda/2$-Dipol entspricht, wie aus der zu Beginn des Abschnittes gemachten Überlegung gezeigt wurde, einer $\lambda/2$ langen Leitung. Bei dieser wird der Leerlauf am Ende, im Falle einer verlustfreien Leitung, wieder in einen Leerlauf transformiert, wodurch eine Ersatzschaltbild mit einem idealen Parallelresonanzkreis entsteht. Die Nullstelle im Stromverlauf ergibt sich aber nur im verlustlosen Fall. Durch die Abstrahlung von Energie, die durch den Strahlungswiderstand im Ersatzschaltbild beschrieben wird, weicht der Stromverlauf im Speisepunkt deutlich von dem durch Gl.(9.79) beschriebenen Verlauf ab, so daß das Verhalten erst bei genauer Kenntnis der tatsächlichen Stromverteilung angegeben werden kann. Beim $\lambda/4$-Dipol gestalten sich die Verhältnisse dagegen deutlich einfacher. Hier wird das Stromminimum am Ende in ein Maximum im Speisepunkt transformiert. Im Maximum der Sinus-Funktion ändert sich der Verlauf des Stroms nur sehr wenig, so daß die hierfür gefundenen Ergebnisse für die Strahlungskenngrößen des idealen $\lambda/4$-Dipols zuverlässige Erkenntnisse darstellen. Lediglich die genaue Angabe des Imaginärteils der Eingangsimpedanz bereitet Probleme, da hierzu ebenfalls die tatsächliche Stromverteilung bekannt sein muß. Dies hat für die praktische Anwendung hohe Bedeutung, da der Strahler in Resonanz betrieben wird und in diesem Fall der Imaginärteil der Eingangsimpedanz verschwinden muß. Dieses Verhalten ist bei Frequenzen, die unterhalb $f = c_0/(4 L_{mechanisch})$ liegen, der Fall, da das reaktive elektrische Streufeld am Leitungsende einer Leitung und auch an den Enden des Strahlers durch eine Kapazität beschrieben werden kann, die die Leitung „elektrisch" durch die Endlänge L_{Ende} verlängert. Bei Resonanz gilt somit $L = L_{mechanisch} + L_{Ende} = \lambda/4$ bzw.

$$L_{mechanisch} = \lambda/4 - L_{Ende}, \tag{9.94}$$

wobei die Schwierigkeit in der Angabe von L_{Ende} liegt. Für dünne Leiter liegt L_{Ende} in der Größenordnung von 0.005λ, so daß die Antenne eine Gesamtlänge $(= 2 \cdot L_{mechanisch})$ von 0.49λ aufweist. Diese geringfügige Veränderung der Länge wirkt sich bei der Angabe des Stroms im Speisepunkt kaum aus, so daß aus diesem Strom, der dem Wert $\underline{I}_0$ in

$$\underline{I}(z) = \underline{I}_0 \sin(k(L - |z|)) \quad \text{für} \quad -L < z < L$$

entspricht, der Strahlungswiderstand ermittelt werden kann. In diesem Fall gilt

$$P_r = \frac{1}{2} \underline{I}_0^2 R_{Str} = \Phi_{max} \Omega_a, \tag{9.95}$$

woraus sich

$$R_{Str} = \frac{2\Phi_{max} \Omega_a}{\underline{I}_0^2} \tag{9.96}$$

angeben läßt. Mit $\Omega_a = 7.66$ nach Tabelle 9.1 und Φ_{max} aus Gl.(9.91) (mit $C_0(L) = 1$),

$$\Phi_{max} = \frac{Z_0}{2} \left(\frac{\underline{I}_0}{2\pi}\right)^2 = \frac{120\pi\Omega}{2} \frac{\underline{I}_0^2}{4\pi^2} = \frac{15}{\pi} \underline{I}_0^2 \Omega, \tag{9.97}$$

liefert Gl.(9.96) für den Strahlungswiderstand R_{Str} aus

$$R_{Str} = \frac{2 \cdot 15 \cdot 7.66 \cdot \underline{I}_0^2}{\pi \underline{I}_0^2} \Omega$$

den Wert

$$R_{Str} = 73.15 \, \Omega. \tag{9.98}$$

9.3.2.3 Der Faltdipol

Neben dem einfachen Dipol (mechanische Dipollänge: $\ell_{mech} = 2L = \lambda/2$)
spielt der Faltdipol gleicher Länge eine wichtige Rolle. Er besteht wie dem
Bild 9.20 zu entnehmen ist, aus einem einfachen Dipol, dessen Enden über
einen leitenden Bügel zu einer Leiterschleife verbunden sind.

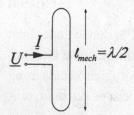

Bild 9.20: *Faltdipol*

Die nachstehenden Ausführungen sollen anhand einfacher Überlegungen
zeigen, daß wenn der Abstand der gegenüberliegenden Leiter und der Leiterdurchmesser sehr viel kleiner als die Wellenlänge sind, der Faltdipol bei
nahezu identischem Strahlungsverhalten den vierfachen Eingangswiderstand
des einfachen Dipols besitzt.

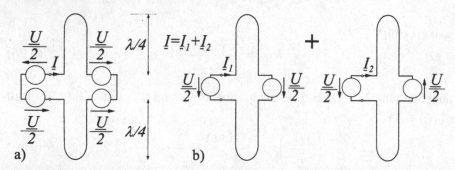

Bild 9.21: *Betriebsbedingungen des Faltdipols a) sowie Zerlegung in einen
symmetrischen und einen unsymmetrischen Betriebsmodus b)*

Zum Nachweis erfolgt eine Betrachtung der Verhältnisse im Sendebe-
trieb gemäß Bild 9.21 a). Demnach ist in dem Bild die Spannungsquelle, die
den Dipol speist (linke Seite), in zwei Spannungsquellen halber Quellspannung $U/2$, die wiederum gleichphasig in Reihe geschaltet sind, unterteilt.
Am gegenüberliegenden Punkt des Faltdipols werden nun ebenfalls zwei
Spannungsquellen halber Quellspannung $U/2$ eingefügt, die allerdings gegenphasig in Reihe geschaltet sind, so daß sich die Spannungen gegenseitig
kompensieren und damit den Ursprungszustand unverändert lassen. Durch

diese Art der Betrachtung läßt sich unter Ausnutzung des Überlagerungs-prinzips der gesamte Speisestrom $\underline{I}$ in Bild 9.21 a) aus der Summe der einzelnen Strömen $\underline{I}_1$ und $\underline{I}_2$ in Bild 9.21 b) bestimmen. Durch diese Art der Zerlegung werden die in den Bild 9.22 und 9.23 gezeigten Betriebsfäl-le, symmetrischer Betrieb und unsymmetrischer Betrieb, zunächst getrennt betrachtet.

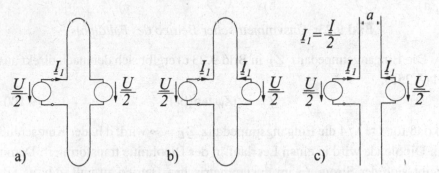

Bild 9.22: *Symmetrischer Betrieb des Faltdipols*

Im symmetrischen Betrieb gemäß Bild 9.22 a) gilt es den Strom $\underline{I}_1$ zu be-stimmen. Da jedoch die Anordnung vollkommen symmetrisch ist, kann auf der rechten Seite ebenfalls ein Strom der Stärke $\underline{I}_1$ eingeführt werden. Bei-de Ströme fließen in die Antenne und müssen sich somit an den Bügelenden in Bild 9.22 b) kompensieren, so daß die in Bild 9.22 c) gezeigte Trennung erlaubt ist. In diesem Fall befinden sich zwei herkömmliche Dipole im Ab-stand a nebeneinander, wobei der einzelne Dipol mit der halben Spannung der ursprünglichen Quelle gespeist wird. Damit entspricht auch der Speise-strom $\underline{I}_1$ dem halben Speisestrom des herkömmliche Dipols, also $\underline{I}_{Dipol}/2$. Es gilt

$$\underline{I}_1 = \frac{\underline{I}_{Dipol}}{2}. \tag{9.99}$$

Bezüglich des Fernfeldes ergeben sich zwei unmittelbar benachbarte Dipole im Abstand a, die zusammen den Gesamtstrom $2\,\underline{I}_1 = \underline{I}$ als Strahlungsquelle besitzen und somit dasselbe Strahlungsverhalten wie der herkömmliche Di-pol erzeugen. Zu diesen Ergebnissen sind nun noch die Beiträge des unsym-metrischen Betriebs in Bild 9.23 hinzuzufügen. In diesem Fall ist der Strom $\underline{I}_2$ zu bestimmen. Eine genaue Betrachtung von Bild 9.23 b) zeigt, daß hier die Quellspannungen eine Stromverteilung hervorrufen, die der Stromvertei-lung einer gewöhnlichen Zweidrahtleitung entspricht.

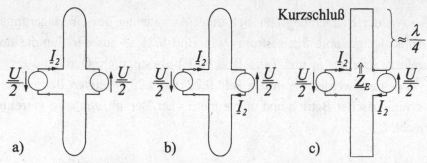

Bild 9.23: *Unsymmetrischer Betrieb des Faltdipols*

Die Eingangsimpedanz $\underline{Z}_E$ in Bild 9.23 c) ergibt sich demnach direkt aus Gl.(3.258),

$$\underline{Z}_E = jZ_W \tan(\beta\ell), \tag{9.100}$$

so daß für $\ell \approx \lambda/4$ die Eingangsimpedanz $\underline{Z}_E = \infty$ wird, d.h. der Kurzschluß am Dipolende wird in einen Leerlauf in der Dipolmitte transformiert. Damit ergibt sich der Strom $\underline{I}_2$ im unsymmetrischen Betrieb zu null, d.h. es gilt $\underline{I}_2 = 0$. Der gesamte Speisestrom des Faltdipols beträgt somit

$$\underline{I} = \underline{I}_{Faltdipol} = \underline{I}_1 + \underline{I}_2 = \frac{I_{Dipol}}{2}. \tag{9.101}$$

Dieser verursacht jedoch dieselbe abgestrahlte Leistung P_r, d.h. es gilt

$$P_r = \frac{1}{2} I^2_{Dipol} R_{Str,Dipol} = \frac{1}{2} I^2_{Faltdipol} R_{Str,Faltdipol}, \tag{9.102}$$

woraus mit $\underline{I}_{Faltdipol} = \frac{I_{Dipol}}{2}$ direkt

$$\underline{I}^2_{Dipol} R_{Str,Dipol} = (\frac{I_{Dipol}}{2})^2 R_{Str,Faltdipol}$$

oder

$$R_{Str,Faltdipol} = 4 R_{Str,Dipol} \approx 294\,\Omega \tag{9.103}$$

abgeleitet werden kann. Damit sind die prinzipiellen Eigenschaften des Faltdipols durch eine Zerlegung in eine symmetrische Betriebsart und eine unsymmetrische Betriebsart aufgezeigt. Da die symmetrische Betriebsart das Strahlungsverhalten beschreibt wird diese Betriebsart als „Antennenmode" (engl.: antenna mode), die unsymmetrische Betriebsart dagegen als „Leitungsmode" (engl.: transmission line mode) bezeichnet. Genauere Ergebnisse und weitere Erkenntnisse lassen sich mit Hilfe feldtheoretischer Berechnungsverfahren ableiten. An dieser Stelle sollen jedoch nur einige Ergebnisse angegeben werden.

Die Eingangsimpedanz des Faltdipols kann durch die Leiterdicke d und Leiterabstand a verändert werden. Die Länge des Faltdipols bei der ersten Resonanz liegt wie beim herkömmlichen Dipol etwas unterhalb von $\lambda/2$ bei $\ell \approx 0.46\lambda$. Durch die Wahl des Leiterabstandes a und der Leiterdicke d, so daß $d \approx 12.5\,a$ gilt, ergibt sich für die Eingangsimpedanz ca. 300Ω. Diese entspricht dem Wellenwiderstand einer Zweidrahtleitung mit denselben Abmessungen, der aus

$$Z_{W,Zweidrahtleitung} = 120 \ln(\frac{d}{a})\,\Omega \tag{9.104}$$

ebenfalls zu ca. 300Ω bestimmt werden kann. Dadurch läßt sich mit einfachen Mitteln eine Empfangsantenne als Faltdipol realisieren. Hierzu wird ein Leitungsstück der Länge 0.46λ einer Zweidrahtleitung an den Enden zusammengelötet, einer der beiden Leiter in der Mitte aufgetrennt und an das Ende einer Zweidrahtleitung angeschlossen. Derartige Antennen dienen heute noch als einfache Empfangsantennen im UKW-, VHF- und UHF-Bereich.

9.3.3 Der ideale lineare Strahler als Empfangsantenne

Die bisherigen Betrachtungen haben den Strahler in der Funktion als Sendeantenne gesehen. In diesem Fall stellen die Eingangsklemmen des Strahlers eine passive Impedanz dar, die die Speiseleitung abschließt. Der Realteil der Eingangsimpedanz entspricht, bei verlustlosen Materialien dem Strahlungswiderstand. Wird der Strahler als Empfangsantenne verwendet, so erhält er die Aufgabe, aus einem elektromagnetischen Feld eine Spannung an den Antennenklemmen bereitzustellen. Der Strahler wirkt somit als Quelle. Diese Eigenschaft wurde schon im Abschnitt 2.9 (Seite 47) vorgestellt.

An dieser Stelle wird das Reziprozitätsgesetzes erneut herangezogen werden, um die Leerlaufspannung der Empfangsantenne zu bestimmen. Dazu wird die in Bild 9.24 gezeigte Anordnung, bestehend aus einer Sende- und einer Empfangsantenne, betrachtet. Beide Antennen sind soweit voneinander entfernt, daß sich die Empfangsantenne im Fernfeld der Sendeantenne befindet. Das Fernfeld breitet sich als ebene Welle aus, trifft gemäß Bild 9.24 a) auf die Empfangsantenne und influenziert eine Spannung, die bei Leerlauf an den Klemmen als $\underline{U}_E$ der Antenne gemessen werden kann.

Zur Bestimmung der Leerlaufspannung an der Empfangsantenne wird das Reziprozitätsgesetz herangezogen. Dazu werden zunächst die Antennen und die Übertragungsstrecke als Zweitor betrachtet. Laut Gl.(2.134) gilt mit den Bezeichnungen in Bild 9.24

$$\underline{U}_E \, \underline{I}_E = \underline{U}_S \, \underline{I}_S, \qquad (9.105)$$

wobei gemäß Bild 9.24 a) $\underline{U}_E$ die Leerlaufspannung an Antenne 2 (Empfangsantenne) bei Speisung der Antenne 1 (Sendeantenne) mit dem Speisestrom $\underline{I}_S$ und gemäß Bild 9.24 b) $\underline{U}_S$ die Leerlaufspannung an Antenne 1 (Empfangsantenne) bei Speisung der Antenne 2 (Sendeantenne) mit dem Speisestrom $\underline{I}_E$ darstellt. Der Vorteil in diesem Zusammenhang beide Betriebsfälle zu betrachten, obwohl nur die Lösung von $\underline{U}_E$ in Bild 9.24 a) gesucht ist, liegt nun darin, daß nach Gl.(9.105) die Leerlaufspannung an der Antenne 2 mit dem Verhalten derselben Antenne im Sendefall verknüpft wird und daß dieser Betriebsfall schon ausführlich behandelt wurde.

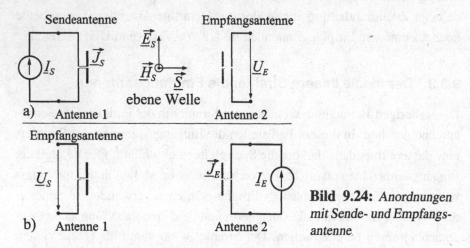

Bild 9.24: *Anordnungen mit Sende- und Empfangsantenne.*

Nach dem Reaktionskonzept im Abschnitt 2.9 stellt die linke Seite von Gl.(9.105) die Reaktion der Stromverteilung $\vec{J}_E$ in der Antenne 2 auf das elektrische Feld $\vec{E}_S$ der Antenne 1 am Ort der Antenne 2 gemäß

$$\iiint\limits_{V_E} \vec{E}_S \, \vec{J}_E \, \mathrm{d}V = \underline{U}_E \, \underline{I}_E \qquad (9.106)$$

dar, so daß daraus sofort

$$\underline{U}_E = \frac{1}{\underline{I}_E} \iiint\limits_{V_E} \vec{E}_S \, \vec{J}_E \, \mathrm{d}V \qquad (9.107)$$

angegeben werden kann. Im Falle des linearen Strahlers kann mit der Stromverteilung nach Gl.(9.79),

$$\underline{I}(z) = \underline{I}_{0,E}\ \sin(k(L - |z|)) \quad \text{für} \quad -L < z < L, \tag{9.108}$$

Gl.(9.107) in der Form

$$\underline{U}_E = \frac{1}{\underline{I}_E} \int\limits_{-L}^{L} \vec{\underline{E}}_S\ \vec{I}(z)\,\mathrm{d}z \tag{9.109}$$

benutzt werden, wobei für das elektrische Feld nach Gl.(9.88)

$$\vec{\underline{E}}_S = jZ_0\ \frac{\underline{I}_{0,S}}{2\pi\ |\vec{r}|}\ \frac{\cos[k\cos(\vartheta)\,L] - \cos(kL)}{\sin(\vartheta)}\ e^{-jk|\vec{r}|}\ \vec{e}_\vartheta \tag{9.110}$$

gilt. Wird vorausgesetzt, daß die beiden Antennen eine Länge von $\lambda/2$ aufweisen, d.h. $L = \lambda/4$ ist, und die Sendeantenne optimal in Richtung der Empfangsantenne ($\vartheta = 90^\circ$, dann ist $\vec{e}_\vartheta = \vec{e}_z$) ausgerichtet ist, so hat die Empfangsfeldstärke nur eine z-Komponente die durch

$$\vec{\underline{E}}_S = \underline{E}_z = \underline{E}_{z,opt} = Z_0\ \frac{\underline{I}_{0,S}}{2\pi\ |\vec{r}|}\ e^{-jk|\vec{r}|} \tag{9.111}$$

angegeben werden kann.

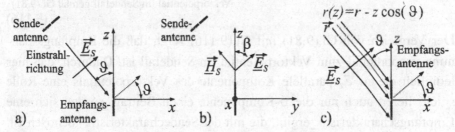

Bild 9.25: *Anordnungen mit Sende- und Empfangsantenne*

Besitzt dagegen die Sendeantenne eine andere Position und Orientierung, die dadurch beschrieben werden kann, daß die Einfallsrichtung der Welle gemäß Bild 9.25 a) um den Winkel ϑ gegenüber der z-Achse geneigt ist und daß die Sendeantenne um einen Winkel β gegenüber der z-Achse gedreht ist, so muß zur Auswertung von Gl.(9.109) die z-Komponente des einfallenden elektrischen Feldes herangezogen werden. In diesem Fall gilt für die Amplitude

$$\underline{E}_z = Z_0\ \frac{\underline{I}_{0,S}}{2\pi\ |\vec{r}|}\ \sin(\vartheta)\cos(\beta). \tag{9.112}$$

Diese ist trotz des schrägen Einfalls der Welle an allen Stellen des Auftreffens auf die Empfangsantenne konstant. Die Phasenlage ist wegen der Laufzeitunterschiede nicht konstant. Unter Berücksichtigung von Bild 9.25

c) muß die z-Abhängigkeit des Laufwegs in der Phase berücksichtigt werden. Beschreibt $\vec{r}$ den Abstand der Antennenmittelpunkte, dann geschieht dieses durch

$$e^{-jk|\vec{r}'(z)|} = e^{-jk(r-z\cos(\vartheta))}, \tag{9.113}$$

so daß der elektrische Feldvektor in der Form

$$\underline{E}_z = Z_0 \, \frac{\underline{I}_{0,S}}{2\pi \, |\vec{r}|} \, \sin(\vartheta) \cos(\beta) \, e^{-jk(r-z\cos(\vartheta))} \tag{9.114}$$

zur Bestimmung der Leerlaufspannung in Gl.(9.109) dient. Einsetzen von Gl.(9.114) in Gl.(9.109) liefert für die Leerlaufspannung

$$\underline{U}_E = \frac{1}{\underline{I}_E} \int_{-L}^{L} Z_0 \, \frac{\underline{I}_{0,S}}{2\pi \, |\vec{r}|} \, \sin(\vartheta) \cos(\beta) \, e^{-jk(r-z\cos(\vartheta))} \, \underline{I}(z) \, dz \tag{9.115}$$

bzw.

$$\underline{U}_E = \frac{1}{\underline{I}_E} Z_0 \, \frac{2\underline{I}_{0,S}}{\mu} \, \sin(\vartheta) \cos(\beta) \, \vec{e}_z \underbrace{\left[\frac{\mu}{4\pi} \int_{-L}^{L} \underline{I}(z) \frac{e^{-jk(r-z\cos(\vartheta))}}{|\vec{r}|} \, dz \, \vec{e}_z \right]}_{\text{Vektorpotential im Sendefall gemäß Gl.(9.81)}}.$$

$$\tag{9.116}$$

Der Vergleich von Gl.(9.81) mit Gl.(9.116) zeigt, daß die Empfangsspannung proportional zum Vektorpotential im Sendefall ist. Dadurch, daß hier lediglich die zu $\vec{e}_z$ parallele Komponente des Vektorpotentials eine Rolle spielt, liefert auch nur die ϑ-Komponente einen Beitrag, so daß sich eine Empfangscharakteristik ergibt, die mit der Sendecharakteristik identisch ist. An dieser Stelle sei aber angemerkt, daß die Stromverteilung in der Antenne in beiden Fällen verschieden ist, da die Stromverteilung in der Antenne im Sendefall durch den Speisestrom und nicht wie im Empfangsfall durch den Einfall einer ebenen Welle angeregt wird. Der Unterschied in der Feldverteilung ist im Nahfeld der Strahler zu finden. Die Antenne wirkt somit als Quelle mit der durch Gl.(9.116) angegebenen Leerlaufspannung. Der im Sendefall ermittelte Strahlungswiderstand stellt im Empfangsfall den Innenwiderstand der Spannungsquelle „Antenne" dar, so daß bei Abschluß der Antenne mit einem Abschlußwiderstand $R_A = R_{Str}$ die maximale Leistung, d.h. die verfügbare Leistung

$$P_E = \frac{1}{2R_{Str}} \left(\frac{|\underline{U}_E|}{2} \right)^2, \tag{9.117}$$

entnommen werden kann.

9.3.4 Polarisation

Nach den in den vorangestellten Abschnitten abgeleiteten Beziehungen für das Feld elementarer Strahler breitet sich das elektromagnetische Feld als Kugelwelle aus, die keine Feldkomponenten in Ausbreitungsrichtung aufweist. Für hinreichend große Abstände von der Sendeantenne kann die Krümmung der Kugeloberfläche vernachlässigt werden, so daß bezüglich der kartesischen Koordinaten von einer **ebenen Welle** gesprochen werden kann. Dabei steht die Ausbreitungsrichtung der Welle senkrecht auf der Ebene, die von dem elektrischen und dem magnetischen Feldvektor, die ebenfalls senkrecht aufeinander stehen, aufgespannt wird. Bei den gezeigten Beispielen besaß das elektrische Feld lediglich eine ϑ-Komponente und das magnetische Feld lediglich eine α-Komponente.

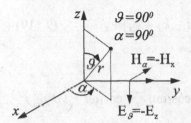

Bild 9.26: *Verhältnisse der Felder im Fernfeldbereich*

Gemäß Bild 9.26 entspricht bei einer Welle, die sich entlang der y-Achse ausbreitet, die ϑ-Komponente der elektrischen Feldstärke einer z-Komponente und die α-Komponente der magnetischen Feldstärke einer x-Komponente. Bei einer harmonischen Anregung der Sendeantenne ändert sich am Ort der Empfangsantenne die elektrische Feldstärke gemäß $\cos(\omega t)$. Das bedeutet, daß sich die Spitze des Zeigers zur Beschreibung der elektrischen Feldstärke (aber auch der Zeiger zur Beschreibung der magnetischen Feldstärke) entlang einer Linie bewegt. Man spricht in diesem Fall von einer **linearen Polarisation** der Welle. Als Bezugsrichtung für die Polarisation wurde die Richtung der elektrischen Feldstärke festgelegt. Ist nun die Richtung der elektrischen Feldstärke senkrecht zur Erdoberfläche, so spricht man von einer **vertikalen Polarisation**, ist die Richtung der elektrischen Feldstärke parallel zur Erdoberfläche, so spricht man von einer **horizontalen Polarisation** der ebenen Welle.

Um nun zu einer allgemeineren Beschreibung der Welle zu gelangen, soll das elektrische Feld in zwei zueinander orthogonale Anteile, eine x-Komponente und eine z-Komponente gemäß

$$\vec{\underline{E}} = \left[E_{0z}\, e^{j\phi_z}\, \vec{e}_z + E_{0x}\, e^{j\phi_x}\, \vec{e}_x \right] e^{-jky}.$$

zerlegt werden. Ohne Einschränkung kann hier der Winkel ϕ_z zu null gesetzt werden, so daß

$$\vec{\underline{E}} = \left[E_{0z}\, \vec{e}_z + E_{0x}\, e^{j\phi_x}\, \vec{e}_x \right] e^{-jky} \tag{9.118}$$

für die weitere Betrachtung herangezogen werden soll. Es stellt sich nun die Frage, wie sich die elektrische Feldstärke am Empfangsort ändert. Hierzu erfolgt der Übergang zu einem reellen Zeitsignal ($\mathrm{Re}\{\underline{E}\, e^{j\omega t}\}$), so daß für die elektrische Feldstärke

$$\vec{E} = E_{0z} \cos(\omega t - ky)\, \vec{e}_z + E_{0x} \cos(\omega t - ky + \phi_x)\, \vec{e}_x \tag{9.119}$$

angegeben werden kann.

allgemeine Polarisationsellipse

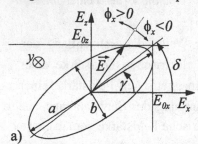

$\vec{E} = E_0\left(\cos(\omega t)\,\vec{e}_z + \cos(\omega t \pm 90^0)\,\vec{e}_x\right)$

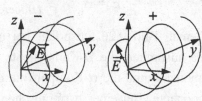

a)
b)   rechtsdrehende- linksdrehende- zirkulare Polarisation

Bild 9.27: *Allgemeine Polarisationsellipse a) und Beispiele für zirkulare Polarisation b)*

Bild 9.27 a) zeigt die prinzipielle Kontur, die die Zeigerspitze des Vektors der elektrischen Feldstärke im Laufe der Zeit entlang läuft. Hierbei handelt es sich im allgemeinen um eine Ellipse, wobei die Längen der Achsen der Ellipse a (Hauptachse, große Achse) und b (kleine Achse) sowie der Umlaufsinn durch ϕ_x in Gl.(9.85) bestimmt werden. Bedeutende Sonderfälle ergeben sich für:

1. $\phi_x = 0$, d.h. $\vec{E}_z$ und $\vec{E}_x$ sind in Phase. Die Ellipse entartet zu einer Geraden, die den Winkel δ,

$$\delta = \arctan\left(\frac{E_{0z}}{E_{0x}}\right), \qquad (9.120)$$

mit der x-Achse einschließt. Für $E_{0x} = 0$ ergibt sich eine elektrische Feldstärke senkrecht zur Erdoberfläche, d.h. eine **vertikal polarisierte Welle**, für $E_{0z} = 0$ ergibt sich eine elektrische Feldstärke parallel zur Erdoberfläche, d.h. eine **horizontale polarisierte Welle**.

2. $\phi_x \pm 90^\circ$ und $E_{0z} = E_{0x}$. Die Ellipse entartet zu einem Kreis.

- Bei einer Blickrichtung in Richtung der Wellenausbreitung dreht sich gemäß Bild 9.27 b) (links) für $\phi_x = -90^\circ$ der Vektor der elektrischen Feldstärke im Uhrzeigersinn. Unter Zuhilfenahme der rechten Hand beschreiben die gekrümmten Finger den Umlaufsinn und der Daumen die Ausbreitungsrichtung. Man sagt, es handelt sich um eine **rechtsdrehend zirkular polarisierte Welle** (engl.: right hand circular polarisation (**RHCP**)).

- Bei einer Blickrichtung in Richtung der Wellenausbreitung dreht sich gemäß Bild 9.27 b) (rechts) für $\phi_r = 90^\circ$ der Vektor der elektrischen Feldstärke entgegen dem Uhrzeigersinn. Unter Zuhilfenahme der linken Hand beschreiben erneut die gekrümmten Finger den Umlaufsinn und der Daumen die Ausbreitungsrichtung. Man sagt, es handelt sich um eine **linksdrehend zirkular polarisierte Welle** (engl.: left hand circular polarisation (**LHCP**)).

In allen anderen Fällen ergibt sich eine mehr oder weniger ausgeprägte Ellipse. Diese wird eindeutig beschrieben durch

1. den Neigungswinkel γ, den die x-Achse mit der Hauptachse der Ellipse bildet, und

2. das Achsenverhältnis $\mathbf{AR} = \frac{b}{a}$ (engl.: axial ratio) mit $1 < \mathbf{AR} < \infty$.

Im Antennenentwurf spielt die Polarisation des Fernfeldes eine bedeutende Rolle, da bei der Nachrichtenübertragung die Hauptaufgabe darin besteht, eine möglichst hohe Signalleistung mit Hilfe der Empfangsantenne aus dem Strahlungsfeld zu detektieren. Hierzu sind die Polarisationseigenschaften der Empfangsantennen den Polarisationseigenschaften der Sendeantennen anzupassen, da ansonsten eine Polarisations-Fehlanpassung (polarisationmissmatch) zu einer verminderten Empfangsleistung führt. Durch konstruktive Maßnahmen und durch die Orientierung der Antenne lassen sich die geforderte Polarisationsarten weitestgehend erzeugen. Die Sonderfälle lineare

Polarisation und zirkulare Polarisation stellen jedoch angestrebte Idealfälle
dar, die durch unerwünschte Feldkomponenten gestört werden. Im Falle linearer Polarisation führt die Störkomponente zu einer „Kreuzpolarisation"
(engl.: cross polarisation). Diese Störung kann von der Sendeantenne selber
erzeugt werden oder auch durch Objekte, die sich im Ausbreitungspfad befinden, entstehen. So können zum Beispiel Störkomponenten durch Streuung
(Reflexion) der Welle an Objekten hervorgerufen werden.

9.3.5 Die wirksame Antennenfläche

Bei der Bestimmung der Empfangseigenschaften einer Antenne in Abhängigkeit von der Orientierung der Antenne im elektromagnetischen Feld hat
sich herausgestellt, daß die Empfangscharakteristik und die Sendecharakteristik identisch sind. Das Maximum der Leerlaufspannung an den Klemmen
der Antenne ergibt sich wenn die Hauptstrahlrichtung senkrecht zur einfallenden Welle steht. So kann beim Hertzschen Dipol, bei dem die elektrische
Feldstärke im Bereich des Strahlers konstant ist, die verfügbare Leistung
(Gl.(9.117)) mit Hilfe der Leerlaufspannung $|\underline{U}_E| = |\underline{E}|\,\mathrm{d}\ell$ durch

$$P_E = \frac{1}{2}\frac{(|\underline{E}|\,\mathrm{d}\ell)^2}{4R_{Str}} \tag{9.121}$$

angegeben werden. Mit einer Leistungsdichte der einfallenden Welle, die aus
dem Poyntingvektor bestimmt wird, ergibt sich die verfügbare Leistung aus

$$P_E = \iint\limits_A \vec{\underline{S}}\,\vec{n}\,\mathrm{d}A = \frac{1}{2}\iint\limits_A (\vec{\underline{E}}\times\vec{\underline{H}}^*)\,\vec{n}\,\mathrm{d}A, \tag{9.122}$$

mit $\vec{\underline{H}}^* = \dfrac{\vec{\underline{E}}^*}{Z_0}$ zu

$$P_E = \frac{1}{2}\frac{|\underline{E}|^2}{Z_0}A_W = |\underline{S}|A_W. \tag{9.123}$$

Dabei beschreibt A_W die **wirksame Antennenfläche** der Empfangsantenne. Sie stellt die senkrecht zur Ausbreitungsrichtung stehende Fläche dar,
durch die die verfügbare Leistung der Antenne, die als Signalquelle dient,
hindurchtritt. Vergleich von Gl.(9.121) mit Gl.(9.123) liefert

$$A_W = \frac{Z_0\,(\mathrm{d}\ell)^2}{4R_{Str}}. \tag{9.124}$$

Der Strahlungswiderstand R_{Str} ergibt sich aus der abgestrahlten Leistung gemäß Gl.(9.60) und Gl.(9.72),

$$P_r = \Phi_{max}\,\Omega_{a,HD} = \frac{1}{2}\underline{I}^2 R_{Str}, \tag{9.125}$$

mit

$$\Phi_{max} = \frac{1}{2}Z_0\left(\frac{\underline{I}\,\mathrm{d}\ell}{2\lambda}\right)^2 \tag{9.126}$$

zu

$$R_{Str} = Z_0\left(\frac{\mathrm{d}\ell}{2\lambda}\right)^2\Omega_{a,HD}, \tag{9.127}$$

so daß Gl.(9.127) in Gl.(9.124) eingesetzt, die Beziehung

$$A_W = \frac{Z_0\,(\mathrm{d}\ell)^2}{4}\,\frac{1}{Z_0\,\Omega_{a,HD}}\left(\frac{2\lambda}{\mathrm{d}\ell}\right)^2$$

bzw.

$$A_W = \frac{\lambda^2}{\Omega_{a,HD}} \tag{9.128}$$

liefert. Gl.(9.128) läßt sich zu

$$A_W\,\Omega_a = \lambda^2 \tag{9.129}$$

verallgemeinern. Demnach ist das Produkt aus wirksamer Antennenfläche und äquivalentem Raumwinkel gleich dem Quadrat der Wellenlänge. Anstatt des äquivalenten Raumwinkels liefert die Formulierung mit Hilfe der Directivity gemäß Gl.(9.67), $D = 4\pi\,\Omega_a^{-1}$ eine zu Gl.(9.129) gleichwertige Beziehung, so daß

$$\frac{A_W}{D} = \frac{\lambda^2}{4\pi} \tag{9.130}$$

gilt. Demnach verhalten sich die wirksamen Antennenflächen verschiedener Antennenarten zueinander wie deren Werte für die Directivity,

$$\frac{A_{W1}}{A_{W2}} = \frac{D_1}{D_2}. \tag{9.131}$$

Mit den Ergebnissen in Gl.(9.62) und Tabelle 9.1 ergeben sich die wirksamen Antennenflächen für den Kugelstrahler ($\Omega_{a,Kugel} = 4\pi$), den Hertzschen Dipol ($\Omega_{a,Kugel} = 8.38$) und den Halbwellendipol ($2L = \lambda/2$, $\Omega_{a,\lambda/2} = 7.66$) zu:

$$\text{Kugelstrahler:} \quad A_{W,Kugel} = \frac{\lambda^2}{\Omega_{a,Kugel}} = \frac{\lambda^2}{4\pi}$$

$$\text{Hertzscher Dipol:} \quad A_{W,HD} = \frac{\lambda^2}{\Omega_{a,HD}} = 1,5\frac{\lambda^2}{4\pi}$$

$$\text{Halbwellendipol:} \quad A_{W,\lambda/2} = \frac{\lambda^2}{\Omega_{a,\lambda/2}} = 1.64\frac{\lambda^2}{4\pi}$$

Bei den bislang behandelten Strahlertypen stellt die Angabe der Antennen-wirkfläche jedoch keinen Bezug zur tatsächlichen Ausdehnung der Strahlerelemente dar, da diese keine räumliche Ausdehnung besitzen. Bei den in den nachfolgenden Abschnitten noch zu behandelnden Strahlerformen oder den Gruppenantennen ist die Angabe einer Antennenwirkfläche von Interesse. Je größer die Wirkfläche ist, umso größer ist die verfügbare Leistung. Die Antennenwirkfläche ist allerdings stets kleiner als die tatsächliche Antennenfläche.

9.4 Strahlergruppen

Die Behandlung verschiedener Strahlertypen hat gezeigt, daß durch die Wahl der Strahlerform eine Beeinflussung des Fernfeldes möglich ist. Diese ist aber derart begrenzt, daß zur Erzielung bestimmter Fernfeldeigenschaften, wie z.B. eine bestimmte Hauptstrahlrichtung, Nebenzipfeldämpfung oder Richtwirkung, eine Zusammenschaltung mehrerer Einzelstrahler zu einer Strahlergruppe nötig wird. Die Möglichkeit, Einzelstrahler in verschiedener Weise in einer Antenne anzuordnen, empfiehlt eine Unterteilung dieser Strahlergruppen in räumliche, ebene und lineare Antennengruppen. Wegen der planaren Struktur von Streifenleitungsantennen, deren Eigenschaften später genauer vorgestellt werden, wird sich eine ausführliche Behandlung von Gruppenantennen auf ebene und lineare Strahlergruppen beschränken. Im ersten Teil dieses Abschnittes wird, ausgehend von der Vorstellung einiger Antenneneigenschaften, eine allgemeine Beschreibungsmöglichkeit erarbeitet. Im zweiten Teil dieses Abschnittes werden, nach Einführen bestimmter Voraussetzungen, Möglichkeiten zur Diagrammanalyse und -synthese aufgezeigt.

9.4.1 Beschreibung des Fernfeldes planarer Gruppenantennen

Um allgemeingültige Beziehungen über das Antennenverhalten angeben zu können, sollen zu Beginn dieses Abschnittes die notwendigen Voraussetzungen aufgeführt werden, die die darauffolgende Vorgehensweise erlauben.

- Sämtliche Aussagen, die zu der Feldverteilung einer Antennengruppe gemacht werden, beziehen sich auf das Fernfeld der Anordnung. Dieses gilt für Abstände die weiter als R von der Antenne entfernt sind. R ergibt sich aus

  Fernfeldbereich:
  $$R \geq 2\lambda_0 \left(\frac{D}{\lambda_0}\right)^2, \qquad (9.132)$$

  wobei D die größte Abmessung innerhalb der Antenne ist.

- Eine Beeinflussung der Antennenelemente untereinander wird zunächst nicht berücksichtigt.

Die erste Bedingung kann durch einen großen Abstand des Aufpunktes von der Antenne stets eingehalten werden. Die zweite Bedingung wird fast immer durch die in der Praxis gegebenen Verhältnisse verletzt. Als Beispiel hierfür seien die phasengesteuerten Antennen aufgeführt, bei denen zur Erzeugung großer Schwenkwinkelbereiche Strahlerabstände entstehen, die kleiner sind als die halbe Freiraumwellenlänge. Eine Vernachlässigung der Verkopplung führt hierbei in den meisten Fällen zu unerwünschten Antenneneigenschaften, z.B. zu einer Fehlanpassung. Aus diesen Anmerkungen ist zu erkennen, daß die meßtechnische Bestimmung des Fernfeldverhaltens von Gruppenantennen, unter Einhaltung der getroffenen Vereinbarungen nur recht schwer durchzuführen ist. Für die anschließende mathematische Behandlung der Strahlungseigenschaften liefern diese Voraussetzungen jedoch wesentliche Vereinfachungen.

Mit Hilfe der in Abschnitt 9.3 eingeführten Zusammenhänge zur Beschreibung des elektrischen Feldes im Fernfeldbereich und einer Darstellung der Größen in Kugelkoordinaten kann das Strahlungsverhalten eines sich im Koordinatenursprung befindenden Strahlerelementes unter Zuhilfenahme der Strahlungscharakteristik, die die Winkelabhängigkeit (ϑ, α) des verwendeten Strahlerelementes beschreibt, in allgemeiner Form durch

$$\underline{\vec{E}} = \underline{E}_0 \, \underline{\vec{C}}(\vartheta, \alpha) \frac{e^{-jk_0 r}}{r} \qquad (9.133)$$

beschrieben werden. Die Verwendung einer vektoriellen Strahlungscharakteristik $\vec{\underline{C}}(\vartheta,\alpha)$ soll verdeutlichen, daß im allgemeinen das Strahlungsfeld Komponenten aufweist, die in die einzelnen Raumrichtungen zeigen können. Befindet sich nun das Strahlerelement nicht im Koordinatenursprung sondern an der Stelle $\vec{r}_0 = (x_0, y_0, 0)$, so ergibt sich im Aufpunkt $\vec{r}$ eine Phasenverschiebung, die sich durch

$$\vec{\underline{E}} = \underline{E}_0 \, \vec{\underline{C}}(\vartheta,\alpha) \frac{e^{-jk_0 r}}{r} \, e^{jk_0 (x_0 \sin(\vartheta) \cos(\alpha) + y_0 \sin(\vartheta) \sin(\alpha))} \quad (9.134)$$

erfassen läßt. Soll nun das elektrische Feld von K Strahlerelementen ermittelt werden, so liefert die Anwendung des Superpositionsprinzip die Beziehung

$$\vec{\underline{E}} = \sum_{k=1}^{K} \underline{E}_{0k} \, \vec{\underline{C}}_k(\vartheta,\alpha) \frac{e^{-jk_0 r}}{r} \, e^{jk_0 (x_{0k} \sin(\vartheta) \cos(\alpha) + y_{0k} \sin(\vartheta) \sin(\alpha))},$$

$$(9.135)$$

in der $\underline{E}_{0k}$ die komplexe Anregungsamplitude, $\vec{\underline{C}}_k(\vartheta,\alpha)$ die Einzelstrahlercharakteristik und (x_{0k}, y_{0k}) die Lagekoordinaten des k-ten Einzelstrahlers angeben. Besitzen in der Strahlergruppe alle Strahlerelemente dieselbe Einzelcharakteristik, d.h. gilt

$$\vec{\underline{C}}_k(\vartheta,\alpha) = \vec{\underline{C}}(\vartheta,\alpha) \qquad \text{für} \qquad 1 \le k \le K, \qquad (9.136)$$

dann läßt sich mit

$$\underline{G}(\vartheta,\alpha) = \sum_{k=1}^{K} \underline{T}_k \, e^{jk_0 (x_{0k} \sin(\vartheta) \cos(\alpha) + y_{0k} \sin(\vartheta) \sin(\alpha))} \qquad (9.137)$$

das elektrische Feld nach Gl.(9.135) in der Form

$$\vec{\underline{E}} = \underbrace{\left(\underline{E}_0 \, \vec{\underline{C}}(\vartheta,\alpha) \frac{e^{-jk_0 r}}{r} \right)}_{\text{Feld des Einzelstrahlers}} \underline{G}(\vartheta,\alpha) = \vec{\underline{E}}_{Str} \, \underline{G}(\vartheta,\alpha) \qquad (9.138)$$

darstellen. Der Zusammenhang in Gl.(9.138) wird als das "**Multiplikative Gesetz**" bezeichnet. Hiernach ergibt sich das Gesamtfeld der Strahlergruppe aus der Multiplikation der Einzelstrahlercharakteristik mit einem sogenannten **Gruppenfaktor** $\underline{G}(\vartheta,\alpha)$, der das Fernfeldverhalten der planaren Strahlergruppe bestehend aus K isotropen Kugelstrahlern beschreibt. Die Möglichkeit, das Fernfeld der Antenne in der Form von Gl.(9.138) darstellen zu können zeigt, daß eine Untersuchung der wesentlichen Strahlungseigenschaften durch die Analyse des Gruppenfaktor $\underline{G}(\vartheta,\alpha)$ erfolgen kann.

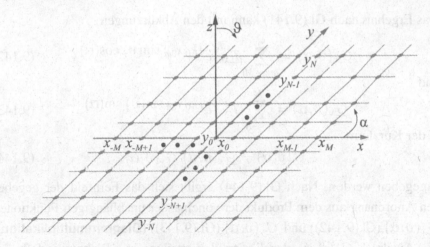

Bild 9.28: *Planare Strahlerverteilung*

Aus der Menge der möglichen planaren Strahlerverteilungen haben bei der Realisierung von Streifenleitungsantennen die Strahleranordnungen die größte praktische Bedeutung erlangt, bei denen die Strahlerelemente gemäß Bild 9.28 in Zeilen, die zur übersichtlicheren Beschreibung parallel zur x-Achse und y-Achse liegen, angeordnet sind. Bild 9.28 zeigt eine zweidimensionale Strahlerverteilung, die bezüglich der x-Achse und der y-Achse symmetrisch aufgebaut ist. Die Anzahl der Strahler auf einer Linie parallel zur x-Achse ist mit $2M + M_0$ und die auf einer Geraden parallel zu y-Achse mit $2N + N_0$ bezeichnet. M_0 bzw. N_0 sind im Falle einer geraden Strahleranzahl in der entsprechenden Zeile 0 und im Falle einer ungeraden Anzahl 1.

Zur weiteren Auswertung von Gl.(9.137) werden die Strahlergruppen betrachtet, deren Amplitudenkoeffizient $\underline{T}_k$ des k-ten Strahlers sich durch

$$\underline{T}_k = \underline{T}_0\, \underline{T}_{xm}\, \underline{T}_{yn} \tag{9.139}$$

und deren Strahlerposition sich durch

$$(x_k, y_k) = (x_m, y_n) \tag{9.140}$$

darstellen lassen, so daß einsetzen dieser Beziehungen in Gl.(9.137) den Ausdruck

$$\underline{G}(\vartheta, \alpha) = \sum_{m=-M}^{M} \sum_{n=-N}^{N} \underline{T}_{xm}\underline{T}_{yn}e^{j k_0 x_{0n} \sin(\vartheta)\cos(\alpha)}\, e^{j k_0 y_{0n}\sin(\vartheta)\sin(\alpha)} \tag{9.141}$$

liefert.

Das Ergebnis nach Gl.(9.141) kann mit den Abkürzungen

$$\underline{G}_x(\vartheta,\alpha) = \sum_{m=-M}^{M} \underline{T}_{xm}\, e^{j\,k_0\,x_{0m}\,\sin(\vartheta)\,\cos(\alpha)} \qquad (9.142)$$

und

$$\underline{G}_y(\vartheta,\alpha) = \sum_{n=-N}^{N} \underline{T}_{yn}\, e^{j\,k_0\,y_{0n}\,\sin(\vartheta)\,\sin(\alpha)} \qquad (9.143)$$

in der Kurzform

$$\underline{G}(\vartheta,\alpha) = \underline{G}_x(\vartheta,\alpha)\, \underline{G}_y(\vartheta,\alpha) \qquad (9.144)$$

angegeben werden. Nach Gl.(9.144) ergibt sich das Fernfeld der gegebenen Anordnung aus dem Produkt der voneinander unabhängigen Funktionen $\underline{G}_x(\vartheta,\alpha)$ (Gl.(9.142)) und $\underline{G}_y(\vartheta,\alpha)$ (Gl.(9.143)) (**Diagrammultiplikation**). Der Ausdruck $\underline{G}_x(\vartheta,\alpha)$, der die Strahlerverteilung in x-Richtung erfaßt, liefert die Abhängigkeit des Fernfeldes von der Lage der Strahler x_{0n} sowie deren Anregungsamplituden $\underline{T}_{xm}$ und $\underline{G}_y(\vartheta,\alpha)$, der die Strahlerverteilung in y-Richtung erfaßt, die Abhängigkeit des Fernfeldes von der Lage der Strahler y_{0n} sowie deren Anregungsamplituden $\underline{T}_{yn}$. Der Fall der linearen Antenne ist in Gl.(9.141) bzw. Gl.(9.144) ebenfalls enthalten und kann z.B. ohne Beschränkung der Allgemeinheit mit $N=0$, $N_0=1$, $y_0=0$ und $T_{y0}=1$ für eine Strahlerzeile entlang der x-Achse durch

$$\underline{G}_x(\vartheta,\alpha) = \sum_{m=-M}^{M} \underline{T}_{xm}\, e^{j\,k_0\,x_{0m}\,\sin(\vartheta)\,\cos(\alpha)} \qquad (9.145)$$

bzw. mit $M=0$, $M_0=1$, $x_0=0$ und $T_{x0}=1$ für eine Strahlerzeile entlang der y-Achse durch

$$\underline{G}_y(\vartheta,\alpha) = \sum_{n=-N}^{N} \underline{T}_{yn}\, e^{j\,k_0\,y_{0m}\,\sin(\vartheta)\,\sin(\alpha)} \qquad (9.146)$$

beschrieben werden. Zusammenfassend läßt sich festhalten, daß sich das gesamte Fernfeld der Strahlerverteilung nach Bild 9.28 aus

$$\vec{E} = \vec{E}_{Str}\, \underline{G}_x(\vartheta,\alpha)\, \underline{G}_y(\vartheta,\alpha) \qquad (9.147)$$

ergibt. Die Aufspaltung des Fernfeldes in die voneinander unabhängigen Funktionen erlaubt die getrennte Untersuchung eines der durch Gl.(9.145) bzw. Gl.(9.146) angegebenen Ausdrücke, da die dadurch gewonnenen Erkenntnisse auf den jeweils anderen übertragen werden können. Dadurch kann sich der folgende Abschnitt auf die Analyse einer linearen Strahleranordnung konzentrieren.

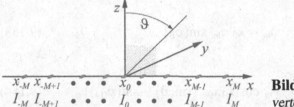

Bild 9.29: *Lineare Strahlerverteilung*

Bild 9.29 zeigt eine lineare Strahlerverteilung bestehend aus isotropen Kugelstrahlern, die symmetrisch zur y-Achse entlang der x-Achse angeordnet sind. Wegen der Rotationssymmetrie bezüglich der x-Achse läßt sich die Winkelabhängigkeit des Feldes einer linearen Strahlergruppe (linearen Antenne) aus der Betrachtung des Winkels ϑ für $\alpha = 0°$ oder für $\vartheta = 90°$ und einer Betrachtung des Winkels α gewinnen. An dieser Stelle wird die erstgenannte Variante gewählt, so daß mit $\alpha = 0°$ aus Gl.(9.145) die Beziehung

$$\underline{G}_1(\vartheta) = \sum_{m=-M}^{M} \underline{I}_m \, e^{j k_0 x_{0m} \sin(\vartheta)} \qquad (9.148)$$

angegeben werden kann. Zur übersichtlichen Darstellung des Gruppenfaktors nach Gl.(9.148) wird der Einzelstrahler an der Stelle x=0 (im Falle einer ungeraden Anzahl an Strahlerelementen) aus der Summe herausgezogen. Die verbleibenden 2M Strahler sind dann entsprechend Bild 9.29 paarweise symmetrisch zum Nullpunkt angeordnet und deren komplexe Amplitudenkoeffizienten $\underline{I}_m$ und $\underline{I}_{-m}$ sollen entsprechend

$$\underline{I}_m = \underline{I}_{-m}^* = V_m e^{-j \varphi_m} \qquad (9.149)$$

gewählt werden. Mit diesen Voraussetzungen und $\underline{I}_0 = V_0$ läßt sich der Gruppenfaktor nach Gl.(5.221) in der Form

$$\underline{G}_1(\vartheta) = V_0 + 2 \sum_{m=1}^{M} V_m \cos(k_0 x_{0m} \sin(\vartheta) - \varphi_m) \qquad (9.150)$$

schreiben. Das m-te Strahlerpaar hat somit eine Hauptstrahlrichtung unter dem Winkel ϑ_{0m}, der sich aus

$$0 = k_0 x_{0m} \sin(\vartheta_{0m}) - \varphi_m \qquad (9.151)$$

ergibt. Sollen alle Strahlerpaare dieselbe Hauptstrahlrichtung unter dem Winkel ϑ_0 besitzen, dann müssen die Winkel φ_m der Amplitudenkoeffizienten die Bedingung

$$k_0 x_{0m} \sin(\vartheta_0) - \varphi_m = 0 \qquad (9.152)$$

erfüllen, so daß mit

$$\varphi_m = k_0\, x_{0m}\, \sin(\vartheta_0) \tag{9.153}$$

Gl.(9.150) in der Form

$$\underline{G}_1(\vartheta) = V_0 + 2 \sum_{m=1}^{M} V_m\, \cos(k_0\, x_{0m}\,(\sin(\vartheta) - \sin(\vartheta_0))) \tag{9.154}$$

geschrieben werden kann.

Zur weiteren Analyse von Gl.(9.154) werden hier, wie auch in der Literatur, die beiden Fälle

1. Strahlergruppen mit gleichen Strahlerabständen und

2. Strahlergruppen mit ungleichen Strahlerabständen

getrennt behandelt. Das Ziel dieser Analyse liegt darin, bestimmte Antenneneigenschaften durch eine geeignete Wahl der Anregungskoeffizienten oder der Strahlerpositionen zu erreichen. Ein mögliches Entwurfsziel kann z.B. ein hoher Richtfaktor bei einer vorgegebenen Nebenzipfeldämpfung sein.

9.4.1.1 *Antennen mit gleichen Strahlerabständen*

In linearen Strahlergruppen mit gleichen Strahlerabständen s_x ergibt sich die Position x_m des m-ten Strahlers zu

$$x_{0m} = \begin{cases} s_x\,(m - \tfrac{1}{2}) & \text{für } 2M \text{ Strahler} \\[2mm] s_x\, m & \text{für } (2M+1) \text{ Strahler} \end{cases}, \tag{9.155}$$

so daß die Gruppencharakteristik nach Gl.(9.154) in der Gestalt

$$\underline{G}_1(\vartheta) = \begin{cases} 2 \sum\limits_{m=1}^{M} V_m\, \cos(k_0\,(m-\tfrac{1}{2})\,s_x\,(\sin(\vartheta) - \sin(\vartheta_0))) \;;\; 2M \text{ Strahler} \\[4mm] V_0 + 2 \sum\limits_{m=1}^{M} V_m\, \cos(k_0\, m\, s_x\,(\sin(\vartheta) - \sin(\vartheta_0))) \;;\; \begin{array}{l}(2M+1)\\ \text{Strahler}\end{array} \end{cases} \tag{9.156}$$

geschrieben werden kann. Die Wahl der Anregungskoeffizienten V_m und des Strahlerabstandes s_x liefert nun eine Möglichkeit das Strahlungsdiagramm gezielt zu beeinflussen.

9.4.1.1.1 Antennen mit konstanter Amplitudenbelegung

In diesem Fall läßt sich mit $V_m = V_0$ die Gruppencharakteristik nach Gl.(9.156) durch

$$\underline{G}_1(\vartheta,\alpha) = \begin{cases} 2V_0 \sum_{m=1}^{M} \cos(k_0(m-\tfrac{1}{2})s_x(\sin(\vartheta) - \sin(\vartheta_0))) \; ; 2M \text{ Strahler} \\[2em] V_0 + 2V_0 \sum_{m=1}^{M} \cos(k_0 m s_x(\sin(\vartheta) - \sin(\vartheta_0))) \; ; \begin{array}{l}(2M+1) \\ \text{Strahler}\end{array} \end{cases}$$

$$(9.157)$$

angeben.

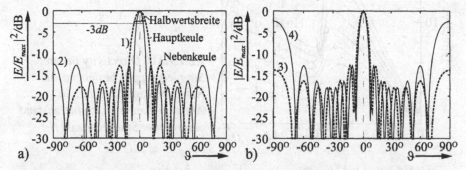

Bild 9.30: *Strahlungsdiagramme verschiedener linearer Strahlergruppen bestehend aus 8 Einzelstrahlern. Strahlerabstand $s_x = 0.5\lambda_0$ a), $s_x = 0.8\lambda_0$ b) (linkes Diagramm), $s_x = 0.9\lambda_0$ c) und $s_x = 0.95\lambda_0$ d) (rechtes Diagramm)*

Bild 9.30 zeigt die Strahlungsdiagramme verschiedener linearer Strahlergruppen bestehend aus 8 Einzelstrahlern für verschiedene Strahlerabstände. Gegenüber dem Einzelstrahler ist eine deutliche Konzentration des Feldes in **Hauptstrahlrichtung**, die durch die **Hauptkeule** wiedergegeben wird, festzustellen. Als Maß für das Bündelungsvermögen wird auch häufig die **Halbwertsbreite** der Hauptkeule angegeben. Sie gibt den Winkelbereich an, in dem die Strahlungsleistung bis auf den halben Wert der in Hauptstrahlrichtung ausgestrahlten Leistungsdichte abgefallen ist. Für kleine Strahlerabstände, z.B. $s_x = 0.5\lambda_0$ Kurve 1) in Bild 9.30 a), ist der Öffnungswinkel größer als für größere Abstände, z.B. $s_x = 0.8\lambda_0$ Kurve 2) in Bild 9.30 a), d.h. die Gruppe mit größeren Strahlerabständen weist ein stärkeres Bündelungsvermögen auf. Die Directivity ist deutlich höher, obwohl in Winkelbereichen abseits von der Hauptstrahlrichtung Energie in sogenannte **Nebenkeulen oder Nebenzipfel** abgestrahlt wird. Als Beurteilungskriterium dient hier die geringste Dämpfung der größten Nebenkeule gegenüber dem Maximum der Hauptkeule. Diese wird als **Nebenzipfeldämpfung** bezeichnet. Sie beträgt für $s_x = 0.5\lambda_0$ -12.4dB. Die Directivity kann allerdings nicht beliebig durch die Erhöhung des Strahlerabstandes gesteigert werden, denn wie in Bild 9.30 b) aus den Verläufen für $s_x = 0.9\lambda_0$ 3) und $s_x = 0.95\lambda_0$ 4) b) zu erkennen ist, treten in den Winkelbereichen um $\pm 90^\circ$ extreme Nebenkeulen mit extremen Breiten auf.

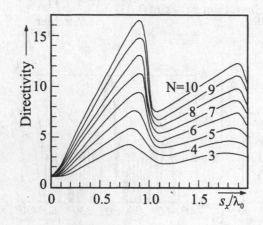

Bild 9.31: *Directivity linearer Strahlergruppen bestehend aus isotropen Kugelstrahlern in Abhängigkeit vom Strahlerabstand und von der Strahleranzahl N*

Bild 9.31 zeigt die Directivity linearer Strahlergruppen bestehend aus isotropen Kugelstrahlern in Abhängigkeit vom Strahlerabstand und von der Strahleranzahl N. Daraus wird deutlich, daß für Strahlerabstände größer als $0.85\lambda_0$ ein drastischer Einbruch im Verlauf der Directivity festzustellen ist. In realen Strahlergruppen wirkt sich dieser Effekt nicht so deutlich aus, da in vielen Fällen die Einzelcharakteristik des verwendeten Strahlertypen ein bevorzugte Abstrahlung senkrecht zur Strahlerebene aufweist.

Abschließend soll auf eine Problematik hingewiesen werden, die bei der Realisierung phasengesteuerter Gruppenantennen zur „Strahlschwenkung" zu beachten ist. Für größere Schwenkwinkel ergeben sich bei zu großen Strahlerabständen zusätzliche „Hauptstrahlrichtungen" (engl. grating lobe), die für Schwenkwinkel in positive ϑ-Richtung von $\vartheta = -90^\circ$ aus ins Diagramm und für Schwenkwinkel in negative ϑ-Richtung von $\vartheta = 90^\circ$ aus ins Diagramm treten. Bild 9.32 soll diesen Sachverhalt für verschiedene lineare Strahlergruppen bestehend aus 8 Einzelstrahlern mit jeweils unterschiedlichen Strahlerabständen und einer Hauptstrahlrichtung bei $\vartheta_0 = 45^\circ$ verdeutlichen. Die Strahlergruppe mit $s_x = 0.5\lambda_0$ zeigt ein Strahlungsverhalten in

Bild 9.32 1) bei dem die bei $\vartheta = -90°$ festzustellende Nebenkeule noch eine Nebenzipfeldämpfung aufweist, die in der Größenordnung der anderen Nebenzipfel liegt. Für $s_x = 0.6\lambda_0$ zeigt sich in Bild 9.32 2) eine zweite Hauptstrahlrichtung, die sogar einen deutlich größeren Öffnungswinkel hat als die gewünschte Hauptkeule. Für $s_x = 0.7\lambda_0$ verlagert sich diese zweite Hauptkeule gemäß Bild 9.32 3) immer weiter in Richtung der eigentlichen Hauptkeule. Da diese zusätzlichen Hauptkeulen die Directivity deutlich verschlechtern, ist eine Zunahme des Bündelungsvermögens in Hauptstrahlrichtung nur durch eine Erhöhung der Strahleranzahl mit geringeren Abständen zu erzielen.

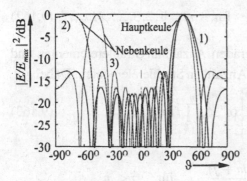

Bild 9.32: *Strahlungsdiagramme verschiedener linearer Strahlergruppen bestehend aus 8 Einzelstrahlern mit einer Hauptstrahlrichtung bei* $\vartheta_0 = 45°$. *Strahlerabstand* $s_x = 0.5\lambda_0$ 1), $s_x = 0.6\lambda_0$ 2) *und* $s_x = 0.7\lambda_0$ 3)

9.4.1.1.2 Antennen mit nicht konstanter Amplitudenbelegung

Die bekannteste Methode zur Diagrammsynthese mittels variabler Amplitudenbelegung stellt die von Dolph [84] durchgeführte Entwicklung der Gruppencharakteristik nach Tschebyscheff-Polynomen dar. Dieses Verfahren führt bei einer vorgegebenen Nebenzipfeldämpfung zu einer minimalen Hauptkeulenbreite oder bei vorgegebener Hauptkeulenbreite zu einer minimalen Nebenzipfelamplitude in der Strahlungscharakteristik der Antenne und liefert in diesem Sinne eine optimale Amplitudenbelegung. Aus der Vielzahl der Veröffentlichungen, die eine ausführlichere Beschreibung dieses Verfahrens darstellen, sei an dieser Stelle auf [85] verwiesen. Aus praktischer Sicht jedoch ist lediglich die Bestimmung der Amplitudenkoeffizienten von großer Bedeutung. Hierzu wird in [86] eine Methode vorgestellt, die eine einfache und problemlose Bestimmung der Amplitudenkoeffizienten ermöglicht. Hierzu wird der Amplitudenkoeffizient V_M des M-ten Strahlers zu

1 festgesetzt und mit σ, die auf das Maximum der elektrische Feldstärke normierte Nebenzipfelamplitude, vorgegeben. Mit

$$M_{ges} = \begin{cases} 2M & ; \text{ gerade Anzahl} \\ 2M+1 & ; \text{ ungerade Anzahl} \end{cases}, \tag{9.158}$$

$$Q = \cosh^{-1}(\sigma) = \ln(\sigma + \sqrt{\sigma^2 - 1}), \tag{9.159}$$

$$\beta = \cosh^2\left(\frac{Q}{M_{ges}-1}\right) \quad (9.160) \qquad \text{und} \quad \alpha = 1 - \frac{1}{\beta} \qquad (9.161)$$

ergibt sich die Amplitude V_{M-m} des $(M-m)$-ten Strahlers nach [86] aus

$$V_{M-m} = (M_{ges} - 1)\,\alpha\,NP(m,\alpha), \quad \text{für} \quad m = 1,2,3,\dots,M_{max}, \tag{9.162}$$

mit $M_{max} = M - 1$ im Falle einer geraden Anzahl an Strahlerelementen und $M_{max} = M$ im Falle einer ungeraden Anzahl an Strahlerelementen. Dabei gilt

$$NP(m,\alpha) = \sum_{k=1}^{m}\left[\alpha^{m-k}\prod_{j=k}^{m}f(m,j)\right], \tag{9.163}$$

mit

$$f(m,j) = \begin{cases} \dfrac{j\,(M_{ges}-1-2m+j)}{(m-j)\,(m+1-j)} & \text{für} \quad j < m \\ 1 & \text{für} \quad j = m \end{cases}. \tag{9.164}$$

Ein FORTRAN-Programm mit den Zeilen

```
real   NP
     .
alpha=1.-1./beta
M=MGES/2
V(M)=1.
if ((MGES-2*M) .eq. 0) M=M-1
do 2   j=1,M
       NP=1.
       do 1 k=1,j-1
            fk=float(k*(MGES-1-2*j+k))/float((j-k)*(j+1-k))
            NP=NP*alpha*fk+1.
1           continue
       V(M-n)=float(M-1)*alpha*IP
2      continue
```

liefert die gesuchte Amplitudenverteilung.

Die Directivity D und den 3dB Öffnungswinkel (beamwidth) BW einer derartigen Strahlerzeile kann mit

$$F = 1 + 0.636 \left\{ \frac{2}{\sigma} \cosh \left[\sqrt{(\cosh^{-1}(\sigma))^2 - \pi^2} \right] \right\}^2 \qquad (9.165)$$

aus

$$D = M_{ges} \frac{s_x}{\lambda_0} \frac{2\sigma^2}{M_{ges}\frac{s_x}{\lambda_0} + (\sigma^2 - 1) F} \quad (9.166) \quad \text{und} \quad BW = \frac{101.5^\circ}{D} \quad (9.167)$$

bestimmt werden.

9.4.1.2 Antennen mit ungleichen Strahlerabständen

Eine Analyse der Fernfeldcharakteristik kann mit Hilfe der Beziehungen Gl.(9.153) und Gl.(9.154),

$$\varphi_m = k_0 \, x_{0m} \sin(\vartheta_0) \qquad (9.168)$$

und

$$\underline{G}_1(\vartheta, \alpha) = V_0 + 2 \sum_{m=1}^{M} V_m \cos(k_0 x_{0m} (\sin(\vartheta) - \sin(\vartheta_0))), \qquad (9.169)$$

die variable Strahlerabstände berücksichtigen, durchgeführt werden. Eine allgemeingültige Theorie, die günstige Strahlerpositionen zur Erzeugung vorgegebener Diagrammeigenschaften liefert, ist dem Autor nicht bekannt, so daß die aufgeführten Beispiele nicht den Anforderungen einer optimalen Strahlerverteilung genügen müssen. Es soll damit lediglich verdeutlicht werden, daß durch die Möglichkeit der Wahl ungleicher Strahlerabstände gewisse Vorteile gegenüber den herkömmlichen Anordnungen erreicht werden können. Zur tieferen Information sei jedoch auf die Literaturstellen [85], [87] und [88] verwiesen. Einige der hieraus resultierenden Ergebnisse sollen kurz aufgeführt werden. Für Gruppenantennen mit konstanten Anregungsamplituden gilt:

1. Eine Erhöhung der Strahlerdichte im Antennenzentrum führt zur Reduzierung der Nebenzipfelamplitude und zur Vergrößerung des Öffnungswinkels der Strahlungscharakteristik.

2. Ungleiche Strahlerabstände können das Auftreten von extrem hohen Nebenzipfelamplituden (grating lobes) in phasengesteuerten Antennen verhindern.

Eine Verdeutlichung dieser Eigenschaften soll im folgenden an konkreten Strahlergruppen in Mikrostreifenleitungstechnik erfolgen.

9.5   Streifenleitungsantennen

Nach der kurzen Übersicht über die verschiedenen planaren Antennenarten im Abschnitt 9.2 (Seite 443) wird sich dieses Kapitel ausführlicher mit der Mikrostreifenleitungsantenne befassen. Neben einer exakten feldtheoretischen Analyse des Streifenleitungsresonators, die zum Abschluß dieses Kapitels ausführlich vorgestellt wird, gibt es verschiedene Näherungsmodelle, die auf einfachem Weg die grundlegenden Eigenschaften des $\lambda/2$-Streifenleitungsresonators liefern. Hierzu gehört das Leitungsersatzschaltbild zur Berechnung der Eingangsimpedanz in der Speiseebene und das magnetische Wandmodell zur Ermittlung des Strahlungsverhaltens.

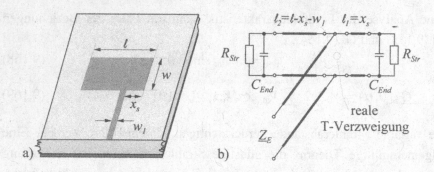

Bild 9.33: $\lambda/2$-Resonator als Mikrostreifenleitungsstrahlerelement a) und zugehöriges Ersatzschaltbild b)

Die vereinfachte Beschreibung der Eingangsimpedanz des $\lambda/2$-Streifenleitungsresonators mit Streifenleitungsspeisung gemäß Bild 9.33 a) mit Hilfe eines Leitungsersatzschaltbildes nach Bild 9.33 b) wurde schon im Abschnitt 6.10 (Seite 329) vorgestellt. Die Betrachtung der Eingangsimpedanz für weitere Anregungsarten wird nach der Fernfeldberechnung mit Hilfe des magnetischen Wandmodells erneut aufgegriffen. Hierzu werden noch einmal kurz die Eigenschaften der Mikrostreifenleitung, die ausführlich in Abschnitt 6 vorgestellt wurden, zusammengefaßt.

Die Mikrostreifenleitung nach Bild 9.34 a) besteht aus einer leitenden Grundfläche, einem dielektrischen Trägermaterial, dem Substrat, der Höhe h und der Permittivitätszahl ε_r . Hierauf befindet sich eine Leiterbahn mit der Breite w und der Metallisierungsdicke t. Die Mikrostreifenleitung ist eine offene Leitung, bestehend aus zwei Bereichen mit unterschiedlichen Dielektrizitätszahlen und einem elektromagnetischen Feld, das sich bis ins Unendliche erstreckt. Aufgrund der dielektrischen Grenzschicht folgt, daß nur hybride Feldtypen, d.h. Feldtypen die alle drei Komponenten des elektrischen und des magnetischen Feldes besitzen, auf der Leitung ausbreitungsfähig sind. Für niedrige Frequenzen sind die Abweichungen der Felder des Grundwellentypes von einer rein transversalen Feldstruktur (TEM-Typ) relativ gering, so daß je nach Substratmaterial im Frequenzbereich bis zu einigen GHz näherungsweise mit einem Quasi-TEM-Feldtyp gerechnet werden kann.

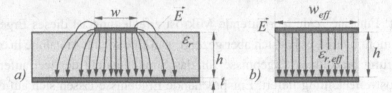

Bild 9.34: *Querschnitt einer ungeschirmten Mikrostreifenleitung; Originalstruktur a) und zugehöriges Bandleitungsmodell mit homogener Materialfüllung b)*

In diesem Fall lassen sich die Leitungsparameter mit den Methoden der Elektrostatik, z.B. unter Verwendung der konformen Abbildung, die die Mikrostreifenleitung als eine ideale Bandleitung der effektiven Breite w_{eff} und einem homogenen Dielektrikum der effektiven Permittivitätszahl $\varepsilon_{r,eff}$ auffaßt, berechnen. Hieraus ergeben sich analytische Formeln für die effektive Breite w_{eff}, die effektive Permittivitätszahl $\varepsilon_{r,eff}$ und den Leitungswellenwiderstand Z_W der Modell-Bandleitung nach Bild 9.34 b). Diese sind in Abschnitt 6 „Streifenleitungstechnik" (Seite 288) ausführlich beschrieben.

9.5.1 Der Streifenleitungsresonator als Strahlerelement

In Mikrostreifenleitungsstrukturen wird, wie bereits in Abschnitt 6.6.1 (Seite 308) erwähnt, an allen Diskontinuitäten elektromagnetische Energie abgestrahlt. Eine genaue Berechnung dieser Abstrahlung ist allerdings außerordentlich schwierig. Das Vorhandensein von zwei Bereichen mit unterschiedlichen Permittivitätszahlen (Luft und Dielektrikum) verhindert einerseits eine einfache analytische Darstellung der Felder der Mikrostreifenleitung und erschwert andererseits, selbst bei (näherungsweise) bekannter Feldverteilung in der Leitung, die Berechnung der Strahlungsfelder. Aus diesen Gründen wird zur theoretischen Bestimmung der Abstrahlungseigenschaften häufig auf Näherungsverfahren zurückgegriffen ([26], [25], [27]). In [25] und [28] wird z.B. die Mikrostreifenleitung als ideale Bandleitung mit homogenem elektrischen und magnetischen Feld nach Bild 9.34 b) betrachtet. Der Bereich außerhalb der Bandleitung bleibt unberücksichtigt, so daß ein leerlaufendes Leitungsende die idealen Eigenschaften

- Maximum der elektrischen Feldstärke und

- Nullstelle der magnetischen Feldstärke

erhält. Für eine reale leerlaufende Mikrostreifenleitung ist dieses Ergebnis zwar nicht richtig, es hat sich aber gezeigt, daß eine solche Annahme in erster Näherung brauchbare Ergebnisse für das Strahlungsfeld der leerlaufenden Mikrostreifenleitung liefert. Entsprechende Ergebnisse lassen sich auf diese Weise auch für andere Oberleitergeometrien oder Resonatoren bestimmen. Hierbei ergibt sich jedoch die Schwierigkeit, eine hinreichend genaue Beschreibung des elektromagnetischen Feldes im Nahbereich der Anordnung zu finden. Zur vollständigen Beschreibung der Eigenschaften von Streifenleitungselementen hat es sich deswegen als zweckmäßig erwiesen, das Gesamtproblem in zwei Schritten zu lösen. Der erste Schritt befaßt sich mit der Lösung des „inneren Feldproblems". Hierzu gehört die Bestimmung der Feldverteilung im Leitungs- oder Resonatorbereich, unter Berücksichtigung der Anregungsart und dem daraus resultierenden Verlauf der Eingangsimpedanz an der Speiseleitung. Da dieses Problem mit verschiedenen Methoden, je nach Genauigkeit, gelöst werden kann, wird in einem der folgenden Abschnitte getrennt hierauf eingegangen werden. An dieser Stelle wird, nach einer Zusammenstellung der notwendigen Berechnungsgrundlagen, zuerst der zweite Problembereich, die Bestimmung des Strahlungsfeldes von offenen Strukturen bei Kenntnis des elektromagnetischen Feldes in der strahlenden Apertur, genauer beschrieben.

9.5.1.1 *Strahlungseigenschaften des* $\lambda/2$-*Resonators*

Die Berechnung der Strahlungseigenschaften des rechteckigen Mikrostreifenleitungsresonators im Grundschwingungstyp (1,0-Typ) erfolgt unter Berücksichtigung der Grundlagen in Abschnitt 2 (Seite 26). Der Grundschwingungstyp einer rechteckigen Mikrostreifenleitungsstruktur nach Bild 9.35 entspricht einer stehenden Welle auf einem $\lambda/2$ langen Leitungsabschnitt.

Der Grund für die ausführliche Behandlung dieses Resonators liegt in der häufigen Anwendung dieses Elementes in Gruppenantennen zur Erzielung bestimmter Fernfeldeigenschaften. Wie in Abschnitt 9.4 gezeigt wurde, ist es in Strahlergruppen zweckmäßig, die Abstände der Strahler untereinander in einem großen Bereich variieren zu können. Hieraus ergibt sich die Forderung, die Abmessungen der Einzelelemente möglichst gering zu wählen, so daß sich bei einer vorgegebenen Arbeitsfrequenz f der $\lambda/2$-Resonator als das günstigste Element erweist. Resonatoren, in denen bei der gleichen Frequenz höhere Schwingungstypen angeregt werden, haben deutlich größere Abmessungen, eine geringere Bandbreite und werden deshalb seltener verwendet.

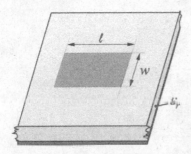

Bild 9.35: *Rechteckresonator in Mikrostreifenleitungstechnik*

Zur Herleitung des Fernfeldes des Grundschwingungstyps wird ein idealer Streifenleitungsresonator nach Bild 9.35 betrachtet. Das Bild zeigt eine unendlich ausgedehnte leitende Grundebene mit dem Trägermaterial der Permittivitätszahl ε_r. Hierauf befindet sich der Oberleiter des Resonators mit der Breite w und der Länge ℓ, wobei ℓ die Abmessung angibt, längs der sich die stehende Welle ausbildet. Parallel zur Kante der Breite w sei das Feld konstant.

Da eine genaue analytische Beschreibung des elektromagnetischen Feldes des Resonators mit einfachen Mitteln nicht möglich ist, soll an dieser Stelle wieder von dem **Bandleitungsmodell** (vgl. Bild 9.34) oder **magnetischen Wandmodell** Gebrauch gemacht werden, um eine Beschreibung der Strahlerstruktur zu erhalten. Eine ausführliche Behandlung dieser Strahlerelemente mit Hilfe des magnetischen Wandmodells ist in [83] beschrieben. Dieses Modell ersetzt die Orginalstruktur, in der an den Rändern Streufelder auftreten, durch einen streufeldlosen Modellresonator mit den effektiven Abmessungen W und L. Die Größe L des idealen Resonators läßt sich aus einer anschaulichen Vorstellung bestimmen. Hierzu wird ein Resonator der Länge ℓ, dessen Feldverteilung prinzipiell in Bild 9.36 a) dargestellt ist, betrachtet. Die Streueffekte an den Strahlerenden lassen sich in einem Ersatzschaltbild durch äquivalente Streukapazitäten C_{end} entsprechend Bild 9.36 b) berücksichtigen. Die Interpretation dieser Streukapazitäten als ideale leerlaufende Leitungsabschnitte der Länge ΔL liefert für die wirksame Resonatorlänge L in Bild 9.36 c)

$$L = \ell + 2\Delta\ell, \tag{9.170}$$

die gleich der halben Resonatorwellenlänge $\lambda/2$ sein soll.

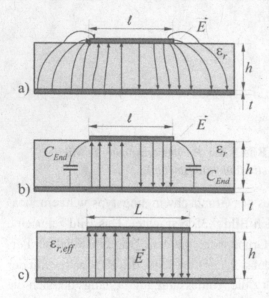

Bild 9.36: *Strahlerelement mit Streufeld a), Strahlerelement mit Streukapazitäten b), Äquivalentes Strahlerelement c)*

Aus Gl.(9.170) ergibt sich die Beziehung für die physikalische Resonatorlänge ℓ zu

$$\ell = \lambda/2 - 2\Delta\ell, \tag{9.171}$$

die mit

$$\lambda = \frac{c_0}{f\sqrt{\varepsilon_{r,eff}}} \tag{9.172}$$

auch in der Form

$$\ell = \frac{c_0}{2f\sqrt{\varepsilon_{r,eff}}} - 2\Delta\ell, \tag{9.173}$$

geschrieben werden kann. Gl.(9.173) stellt somit eine erste Dimensionierungsvorschrift für das Strahlerelement dar. Die effektive Permittivitätszahl kann nach Gl.(6.8), die effektive Breite W, die den Einfluß des elektrischen

Streufeldes an den Seitenkanten der Resonatorstruktur in äquivalenter Weise, wie oben beschrieben, charakterisieren, kann nach Gl.(6.10) und die zusätzliche Leitungslänge $\Delta\ell$ kann nach Gl.(6.22) bestimmt werden.

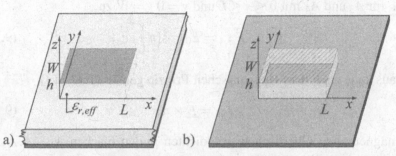

Bild 9.37: *Modellresonator in Streifenleitungstechnik a) mit Ersatzgeometrie nach Anwendung des Huygensschen Prinzips b)*

Damit erhält der Modellresonator in der Interpretation des magnetischen Wandmodells die in Bild 9.37 a) angegebene Gestalt. Im Resonanzfall ($L = \lambda/2$) stellt sich im Resonatorinnern ein durch

$$\vec{\underline{E}} = E_0 \cos(\pi\frac{x}{L})\,\vec{e}_z \qquad (9.174)$$

beschriebener Verlauf der elektrischen Feldstärke ein, der mit Hilfe des Huygensschen Prinzips (Abschnitt 2.7) zur Berechnung des Strahlungsfeldes herangezogen werden soll. Hierzu wird eine Hüllfläche A gewählt, die aus den magnetischen Wänden an den Resonatorseiten besteht. Aus der tangentialen elektrischen Feldstärke in den einzelnen Resonatorseiten werden die fiktiven magnetischen Oberflächenstromdichten berechnet, die dann, nachdem die magnetischen Wände durch ideal leitende Wände ersetzt wurden, in Gegenwart der unendlich ausgedehnten Grundfläche mit „metallisiertem" Resonator gemäß Bild 9.37 b), als Strahlungsquellen dienen. Durch die Verwendung elektrischer Wände wird bezüglich des Strahlungsfeldes die fiktive elektrische Stromdichte in A, die ebenfalls nach dem Huygensschen Prinzip bestimmt werden kann, unwirksam und es bleibt die fiktive magnetische Oberflächenstromdichte übrig.

Die tangentiale elektrische Feldstärke in den einzelnen Resonatorseiten ergibt sich aus Gl.(9.174)

1. für A_1 mit $0 \leq y \leq W$ und $x = L$ zu

$$\vec{\underline{E}}_1 = -E_0\,\vec{e}_z, \qquad (9.175)$$

2. für A_2 mit $0 \leq y \leq W$ und $x = 0$ zu

$$\vec{\underline{E}}_2 = E_0 \, \vec{e}_z \qquad (9.176)$$

und

3. für A_3 und A_4 mit $0 \leq x \leq L$ und $y = 0$ $y = W$ zu

$$\vec{\underline{E}}_{3,4} = E_0 \cos(\pi \frac{x}{L}) \, \vec{e}_z. \qquad (9.177)$$

Hieraus kann nach dem Huygensschen Prinzip gemäß Gl.(2.113),

$$\vec{\underline{J}}_m = \vec{\underline{E}} \times \vec{n}, \qquad (9.178)$$

die magnetischen Oberflächenstromdichten in den Flächen A_1, A_2, A_3 und A_4 bestimmt werden. Demnach gilt

1. für A_1 mit $\vec{n} = \vec{e}_x$

$$\vec{\underline{J}}_{m1} = -E_0 \, \vec{e}_z \times \vec{e}_x = -E_0 \, \vec{e}_y, \qquad (9.179)$$

2. für A_2 mit $\vec{n} = -\vec{e}_x$

$$\vec{\underline{J}}_{m2} = E_0 \, \vec{e}_z \times (-\vec{e}_x) = -E_0 \, \vec{e}_y, \qquad (9.180)$$

3. für A_3 mit $\vec{n} = \vec{e}_y$

$$\vec{\underline{J}}_{m3} = E_0 \cos(\pi \frac{x}{L}) \, \vec{e}_z \times \vec{e}_y = -E_0 \cos(\pi \frac{x}{L}) \, \vec{e}_x \qquad (9.181)$$

und

4. für A_4 mit $\vec{n} = -\vec{e}_y$

$$\vec{\underline{J}}_{m4} = E_0 \cos(\pi \frac{x}{L}) \, \vec{e}_z \times (-\vec{e}_y) = E_0 \cos(\pi \frac{x}{L}) \, \vec{e}_x. \qquad (9.182)$$

In Bild 9.38 a) ist die Lage und die Orientierung der magnetischen Oberflächenstromdichten in den Seitenflächen des Resonators dargestellt. Nach dem Huygensschen Prinzip stellen diese Oberflächenstromdichten die Quellen für ein sich auszubildendes Strahlungsfeld dar. Sie strahlen jedoch in Gegenwart des Modellresonators, d.h. insbesondere in Gegenwart der unendlich ausgedehnten, metallisierten Grundplatte und des Dielektrikums (Substratmaterial), wodurch eine exakte Bestimmung des Strahlungsfeldes für diese Anordnung recht schwierig wird. Für den Fall, daß die Substrathöhe h sehr viel kleiner ist als die Freiraumwellenlänge λ_0, läßt sich das Strahlungsfeld näherungsweise durch folgende Überlegung ermitteln.

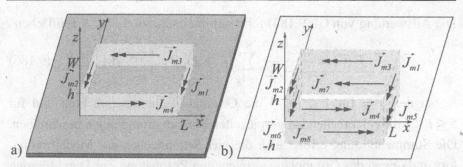

Bild 9.38: *Magnetische Oberflächenstromdichten zur Fernfeldberechnung a), Verteilung der resultierenden magnetischen Flächenstromdichte, Originalstromdichten mit gespiegelten Quellenstromdichten b)*

Durch die unendlich ausgedehnte Grundplatte der Mikrostreifenleitung wird eine Abstrahlung nur in den Bereich oberhalb dieser Grundplatte erfolgen. Wird wegen $h << \lambda_0$ zum einen der Einfluß des Substratmaterials und zum anderen die Metallisierung im Bereich des Modellresonators auf die Abstrahlung der elektromagnetischen Welle vernachlässigt, so kann der Einfluß der Grundplatte dadurch berücksichtigt werden, daß gemäß Abschnitt 2.8 (Seite 47) und wie Bild 9.38 b) verdeutlicht, neben den eigentlichen Strahlungsquellen in der Seitenfläche des Resonators zusätzliche –an der Grundfläche „gespiegelte"– magnetische Flächenstromdichten als felderregende Quellen eingeführt werden. Unter Berücksichtigung der Originalquellen und der Spiegelquellen kann nun der gesamte Raum als homogen angesehen werden. Das abgestrahlte elektromagnetische Feld dieser Quellen ergibt sich somit aus dem elektrischen Vektorpotential gemäß Gl.(2.95), das sich in modifizierter Form für flächenhaft verteilte Ströme durch

$$\vec{F}(\vec{r}) = \frac{\varepsilon e^{-jk|\vec{r}|}}{4\pi |\vec{r}|} \iint\limits_{A_Q} \underline{\vec{J}}_m(\vec{r_q}) \, e^{jk \frac{\vec{r} \, \vec{r_q}}{|\vec{r}|}} \, dA \qquad (9.183)$$

angegeben läßt. Daraus liefert die Anwendung von Gl.(2.106),

$$\underline{\vec{E}} = -j\omega Z_0 \left[\underline{\vec{F}} \times \vec{e}_r \right] = -j\omega Z_0 \left(\underline{F}_\alpha \, \vec{e}_\vartheta - \underline{F}_\vartheta \, \vec{e}_\alpha \right), \qquad (9.184)$$

und Gl.(2.107),

$$\underline{\vec{H}} = \vec{e}_r \times \frac{\underline{\vec{E}}}{Z_0}, \qquad (9.185)$$

das elektromagnetische Fernfeld.

Die Auswertung von Gl.(9.183) führt auf die Integration über 8 Teilflächen

$$\underline{\vec{F}}(\vec{r}) = \frac{\varepsilon e^{-jk|\vec{r}|}}{4\pi\,|\vec{r}|} \sum_{i=1}^{8} \iint_{A_{Qi}} \underline{\vec{J}}_{mi}(\vec{r_q})\, e^{jk\frac{\vec{r}\,\vec{r_q}}{|\vec{r}|}}\, dA, \tag{9.186}$$

wobei die $\underline{\vec{J}}_{mi}$ für $1 \leq i \leq 4$ die Original-Flächenstromdichten und für $5 \leq i \leq 8$ die entsprechenden gespiegelten Flächenstromdichten beschreiben. Die Summenbildung erfolgt über die vier Seitenflächen des Modellresonators und des an der Grundplatte gespiegelten Resonators. Zur Durchführung der Integration wird jeweils eine Originalstromdichte und ihr Spiegelstrom, der identisch zur Originalstromdichte nur um h in negative z-Richtung verschoben ist, zusammengefaßt. In allen Fällen sind die Stromdichten unabhängig von z, so daß mit $|\vec{r}\,\vec{r_q}| = x x_q + y y_q + z z_q$ in z-Richtung die Integration gemäß

$$I(A_{Q1}) + I(A_{Q5}) = \iint_{A_{Q1}} \underline{\vec{J}}_{m1}(\vec{r_q})\, e^{jk\frac{\vec{r}\,\vec{r_q}}{|\vec{r}|}}\, dA + \iint_{A_{Q5}} \underline{\vec{J}}_{m5}(\vec{r_q})\, e^{jk\frac{\vec{r}\,\vec{r_q}}{|\vec{r}|}}\, dA$$

$$= \int_0^h \int_0^W \underline{\vec{J}}_{m1}(\vec{r_q})\, e^{jk\frac{\vec{r}\,\vec{r_q}}{|\vec{r}|}}\, dy_q\, dz_q + \int_{-h}^h \int_0^W \underline{\vec{J}}_{m1}(\vec{r_q})\, e^{jk\frac{\vec{r}\,\vec{r_q}}{|\vec{r}|}}\, dy_q\, dz_q$$

$$= \int_{-h}^h \int_0^W \underline{\vec{J}}_{m1}(\vec{r_q})\, e^{jk\frac{\vec{r}\,\vec{r_q}}{|\vec{r}|}}\, dy_q\, dz_q$$

$$= \int_{-h}^h \int_0^W \underline{\vec{J}}_{m1}(\vec{r_q})\, e^{jk\frac{x x_q + y y_q + z z_q}{|\vec{r}|}}\, dy_q\, dz_q$$

$$= \int_{-h}^h e^{jk\frac{z}{|\vec{r}|}z_q} \left(\int_0^W \underline{\vec{J}}_{m1}(\vec{r_q})\, e^{jk\frac{x}{|\vec{r}|}x_q} e^{jk\frac{y}{|\vec{r}|}y_q}\, dy_q \right) dz_q$$

$$= \int_{-h}^h e^{jk\frac{z}{|\vec{r}|}z_q}\, dz_q \left(\int_0^W \underline{\vec{J}}_{m1}(\vec{r_q})\, e^{jk\frac{x}{|\vec{r}|}x_q} e^{jk\frac{y}{|\vec{r}|}y_q}\, dy_q \right)$$

$$= \frac{|\vec{r}|}{jkz} \left[e^{jk\frac{z}{|\vec{r}|}z_q} \right]_{-h}^h \left(\int_0^W \underline{\vec{J}}_{m1}(\vec{r_q})\, e^{jk\frac{x}{|\vec{r}|}x_q} e^{jk\frac{y}{|\vec{r}|}y_q}\, dy_q \right) \tag{9.187}$$

durchgeführt werden kann.

Mit

$$\int_{-h}^{h} e^{jk\frac{z}{|\vec{r}|}z_q}\,\mathrm{d}z_q = \frac{|\vec{r}|}{jkz}\left[e^{jk\frac{z}{|\vec{r}|}z_q}\right]_{-h}^{h}$$

$$= \frac{|\vec{r}|}{jkz}\left[e^{jk\frac{z}{|\vec{r}|}h} - e^{-jk\frac{z}{|\vec{r}|}h}\right]$$

$$= \frac{|\vec{r}|}{jkz}\left[2j\sin\left(k\frac{z}{|\vec{r}|}h\right)\right]$$

$$= 2h\,\mathrm{si}\left(k\frac{z}{|\vec{r}|}h\right)$$

und Gl.(9.179), $\underline{\vec{J}}_{m1} = -E_0\,\vec{e}_y$, ergibt sich aus Gl.(9.187)

$$I(A_{Q1}) + I(A_{Q5})$$

$$= 2h\,\mathrm{si}\left(k\frac{z}{|\vec{r}|}h\right)e^{jk\frac{x}{|\vec{r}|}x_q}\left(\int_{0}^{W}\underline{\vec{J}}_{m1}(\vec{r_q})\,e^{jk\frac{y}{|\vec{r}|}y_q}\,\mathrm{d}y_q\right)$$

$$= 2h\,\mathrm{si}\left(k\frac{z}{|\vec{r}|}h\right)e^{jk\frac{x}{|\vec{r}|}x_q}\left(\int_{0}^{W}(-E_0\,\vec{e}_y)\,e^{jk\frac{y}{|\vec{r}|}y_q}\,\mathrm{d}y_q\right)$$

$$= -2E_0h\,\vec{e}_y\,\mathrm{si}\left(k\frac{z}{|\vec{r}|}h\right)e^{jk\frac{x}{|\vec{r}|}x_q}\left(\int_{0}^{W}e^{jk\frac{y}{|\vec{r}|}y_q}\,\mathrm{d}y_q\right)$$

$$= -2E_0h\,\vec{e}_y\,\mathrm{si}\left(k\frac{z}{|\vec{r}|}h\right)e^{jk\frac{x}{|\vec{r}|}x_q}\frac{|\vec{r}|}{jky}\left[e^{jk\frac{y}{|\vec{r}|}y_q}\right]_{0}^{W}$$

$$= -2E_0h\,\vec{e}_y\,\mathrm{si}\left(k\frac{z}{|\vec{r}|}h\right)e^{jk\frac{x}{|\vec{r}|}x_q}\frac{|\vec{r}|}{jky}\left[e^{jk\frac{y}{|\vec{r}|}W} - 1\right]$$

$$= -2E_0h\,\vec{e}_y\,\mathrm{si}\left(k\frac{z}{|\vec{r}|}h\right)e^{jk\frac{x}{|\vec{r}|}x_q}\frac{|\vec{r}|}{jky}e^{jk\frac{y}{|\vec{r}|}\frac{W}{2}}$$

$$\cdot\left[e^{jk\frac{y}{|\vec{r}|}\frac{W}{2}} - e^{-jk\frac{y}{|\vec{r}|}\frac{W}{2}}\right]$$

$$= -4E_0h\frac{W}{2}\,\vec{e}_y\,\mathrm{si}\left(k\frac{z}{|\vec{r}|}h\right)e^{jk\frac{x}{|\vec{r}|}x_q}e^{jk\frac{y}{|\vec{r}|}\frac{W}{2}}\,\mathrm{si}\left(k\frac{y}{|\vec{r}|}\frac{W}{2}\right)$$

oder unter der Berücksichtigung, daß die Quellen sich an der Stelle $x_q = L$ befinden

$$I(A_{Q1}) + I(A_{Q5}) = -4E_0h\frac{W}{2}\,\vec{e}_y\,\mathrm{si}\left(k\frac{z}{|\vec{r}|}h\right)\mathrm{si}\left(k\frac{y}{|\vec{r}|}\frac{W}{2}\right)e^{jk\frac{x}{|\vec{r}|}L}e^{jk\frac{y}{|\vec{r}|}\frac{W}{2}}.$$

$$(9.188)$$

Da $\vec{J}_{m1} = \vec{J}_{m2}$ gilt, ergibt sich für $\vec{J}_{m2}$ und $\vec{J}_{m6}$ ein identischer Ausdruck. Dabei muß nur die Koordinate $x_q = L$ durch $x_q = 0$ ersetzt werden, so daß

$$I(A_{Q2}) + I(A_{Q6}) = -4E_0 h \frac{W}{2} \vec{e}_y \, \mathrm{si}\left(k\frac{z}{|\vec{r}|}h\right) \mathrm{si}\left(k\frac{y}{|\vec{r}|}\frac{W}{2}\right) e^{jk\frac{y}{|\vec{r}|}\frac{W}{2}}$$

$$(9.189)$$

gilt. Somit liefert die Addition von Gl.(9.188) und Gl.(9.189)

$$I_1 = I(A_{Q1}) + I(A_{Q5}) + I(A_{Q2}) + I(A_{Q6}) =$$

$$-4E_0 h \frac{W}{2} \vec{e}_y \, \mathrm{si}\left(k\frac{z}{|\vec{r}|}h\right) \mathrm{si}\left(k\frac{y}{|\vec{r}|}\frac{W}{2}\right) e^{jk\frac{y}{|\vec{r}|}\frac{W}{2}} e^{jk\frac{x}{|\vec{r}|}L}$$

$$-4E_0 h \frac{W}{2} \vec{e}_y \, \mathrm{si}\left(k\frac{z}{|\vec{r}|}h\right) \mathrm{si}\left(k\frac{y}{|\vec{r}|}\frac{W}{2}\right) e^{jk\frac{y}{|\vec{r}|}\frac{W}{2}},$$

$$I_1 = -4E_0 h \frac{W}{2} \, \mathrm{si}\left(k\frac{z}{|\vec{r}|}h\right) \mathrm{si}\left(k\frac{y}{|\vec{r}|}\frac{W}{2}\right)$$

$$\cdot e^{jk\frac{y}{|\vec{r}|}\frac{W}{2}} \left(e^{jk\frac{x}{|\vec{r}|}L} + 1\right) \vec{e}_y$$

bzw.

$$I_1 = -4E_0 h W \, \mathrm{si}\left(k\frac{z}{|\vec{r}|}h\right) \mathrm{si}\left(k\frac{y}{|\vec{r}|}\frac{W}{2}\right) \cos\left(k\frac{x}{|\vec{r}|}\frac{L}{2}\right)$$

$$(9.190)$$

$$\cdot e^{jk\frac{y}{|\vec{r}|}\frac{W}{2}} e^{jk\frac{x}{|\vec{r}|}\frac{L}{2}} \vec{e}_y.$$

In entsprechender Weise ist unter der Berücksichtigung von Gl.(9.181), $\vec{J}_{m3} = -E_0 \cos(\pi\frac{x}{L}) \vec{e}_x$, die Integration über die verbleibenden Beiträge durchzuführen, so daß

$$I(A_{Q3}) + I(A_{Q7}) =$$

$$(9.191)$$

$$= 2h \, \mathrm{si}\left(k\frac{z}{|\vec{r}|}h\right) e^{jk\frac{y}{|\vec{r}|}y_q} \left(\int_0^L \vec{J}_{m3}(\vec{r}_q) e^{jk\frac{x}{|\vec{r}|}x_q} \, \mathrm{d}x_q\right)$$

$$= 2h \, \mathrm{si}\left(k\frac{z}{|\vec{r}|}h\right) e^{jk\frac{y}{|\vec{r}|}y_q} \left(\int_0^L (-E_0 \cos(\pi\frac{x_q}{L}) \vec{e}_x) e^{jk\frac{x}{|\vec{r}|}x_q} \, \mathrm{d}x_q\right)$$

$$= -2E_0 h \vec{e}_x \, \mathrm{si}\left(k\frac{z}{|\vec{r}|}h\right) e^{jk\frac{y}{|\vec{r}|}y_q} \left(\int_0^L \cos(\pi\frac{x_q}{L}) e^{jk\frac{x}{|\vec{r}|}x_q} \, \mathrm{d}x_q\right)$$

mit

$$\int_0^L \cos(\pi\frac{x_q}{L})\, e^{jk\frac{x}{|\vec{r}|}x_q}\, dx_q = \frac{-j2k\frac{x}{|\vec{r}|}L^2\cos(k\frac{x}{|\vec{r}|}\frac{L}{2})}{\pi^2 - (kL\frac{x}{|\vec{r}|})^2}\, e^{jk\frac{x}{|\vec{r}|}\frac{L}{2}}$$

und $y_q = W$ der Ausdruck

$$I(A_{Q3}) + I(A_{Q7}) = 2E_0 h\,\vec{e}_x\,\text{si}\left(k\frac{z}{|\vec{r}|}h\right) e^{jk\frac{y}{|\vec{r}|}W} \tag{9.192}$$

$$\cdot \frac{j2k\frac{x}{|\vec{r}|}L^2\cos(k\frac{x}{|\vec{r}|}\frac{L}{2})}{\pi^2 - (kL\frac{x}{|\vec{r}|})^2}\, e^{jk\frac{x}{|\vec{r}|}\frac{L}{2}}$$

abgeleitet werden kann. Analog ergibt sich mit $\vec{J}_{m4} = -\vec{J}_{m3}$ für $I(A_{Q4}) + I(A_{Q8})$ an der Stelle $y_q = 0$

$$I(A_{Q4}) + I(A_{Q8}) = -2E_0 h\, e'_x\,\text{si}\left(k\frac{z}{|\vec{r}|}h\right)\frac{j2k\frac{x}{|\vec{r}|}L^2\cos(k\frac{x}{|\vec{r}|}\frac{L}{2})}{\pi^2 - (kL\frac{x}{|\vec{r}|})^2}\, e^{jk\frac{x}{|\vec{r}|}\frac{L}{2}},$$

$$\tag{9.193}$$

so daß für $I_2 = I(A_{Q3}) + I(A_{Q7}) + I(A_{Q4}) + I(A_{Q8})$

$$I_2 = 2E_0 h\,\vec{e}_x\,\text{si}\left(k\frac{z}{|\vec{r}|}h\right)\frac{j2k\frac{x}{|\vec{r}|}L^2\cos(k\frac{x}{|\vec{r}|}\frac{L}{2})}{\pi^2 - (kL\frac{x}{|\vec{r}|})^2}\, e^{jk\frac{x}{|\vec{r}|}\frac{L}{2}}\left(e^{jk\frac{y}{|\vec{r}|}W} - 1\right)\vec{e}_x$$

bzw.

$$I_2 = -4E_0 hW\frac{y}{|\vec{r}|}\frac{x}{|\vec{r}|}\text{si}\left(k\frac{z}{|\vec{r}|}h\right)\text{si}\left(k\frac{y}{|\vec{r}|}\frac{W}{2}\right) \tag{9.194}$$

$$\cdot\frac{(kL)^2\cos\left(k\frac{x}{|\vec{r}|}\frac{L}{2}\right)}{\pi^2 - (kL\frac{x}{|\vec{r}|})^2}\, e^{jk\frac{y}{|\vec{r}|}\frac{W}{2}}e^{jk\frac{x}{|\vec{r}|}\frac{L}{2}}\,\vec{e}_x$$

gilt. Gl.(9.194) kann mit der Abkürzung

$$\underline{R}(\vec{r}) = \text{si}\left(k\frac{z}{|\vec{r}|}h\right)\text{si}\left(k\frac{y}{|\vec{r}|}\frac{W}{2}\right)\frac{\cos\left(k\frac{x}{|\vec{r}|}\frac{L}{2}\right)}{\pi^2 - (kL\frac{x}{|\vec{r}|})^2}\, e^{jk\frac{y}{|\vec{r}|}\frac{W}{2}}e^{jk\frac{x}{|\vec{r}|}\frac{L}{2}} \tag{9.195}$$

in der Form

$$I_2 = -4E_0 hW\frac{y}{|\vec{r}|}\frac{x}{|\vec{r}|}(kL)^2\underline{R}(\vec{r})\,\vec{e}_x \tag{9.196}$$

dargestellt werden. Entsprechend liefert die Verwendung von $\underline{R}(\vec{r})$ nach Gl.(9.195) in Gl.(9.190)

$$I_1 = -4E_0 hW\left(\pi^2 - (kL\frac{x}{|\vec{r}|})^2\right)\underline{R}(\vec{r})\,\vec{e}_y, \tag{9.197}$$

so daß sich das elektrische Vektorpotential nach Gl.(9.183) durch

$$\vec{F}(\vec{r}) \;=\; -\frac{\varepsilon E_0 h W \, e^{-jk|\vec{r}|}}{\pi \, |\vec{r}|} R(\vec{r}) \tag{9.198}$$

$$\cdot \left((kL)^2 \frac{y}{|\vec{r}|} \frac{x}{|\vec{r}|} \, \vec{e}_x + \left(\pi^2 - (kL\frac{x}{|\vec{r}|})^2 \right) \vec{e}_y \right)$$

angeben läßt. Unter Verwendung von Kugelkoordinaten

$$x \;=\; r\sin(\vartheta)\cos(\alpha),$$

$$y \;=\; r\sin(\vartheta)\sin(\alpha),$$

$$z \;=\; r\cos(\vartheta),$$

$$\vec{e}_x \;=\; \sin(\vartheta)\cos(\alpha)\,\vec{e}_r + \cos(\vartheta)\cos(\alpha)\,\vec{e}_\vartheta - \sin(\alpha)\,\vec{e}_\alpha$$

und

$$\vec{e}_y \;=\; \sin(\vartheta)\sin(\alpha)\,\vec{e}_r + \cos(\vartheta)\sin(\alpha)\,\vec{e}_\vartheta + \cos(\alpha)\,\vec{e}_\alpha$$

ergibt sich für $\underline{R}(\vec{r}) = \underline{R}(\vartheta,\alpha)$

$$\underline{R}(\vartheta,\alpha) \;=\; \frac{\cos\left(k\frac{L}{2}\sin(\vartheta)\cos(\alpha)\right)}{\pi^2 - (kL\sin(\vartheta)\cos(\alpha))^2} \; \mathrm{si}\left(k\frac{W}{2}\sin(\vartheta)\sin(\alpha)\right) \tag{9.199}$$

$$\cdot \, \mathrm{si}\left(k\,h\cos(\vartheta)\right) e^{\displaystyle jk\frac{1}{2}\sin(\vartheta)(W\sin(\alpha)+L\cos(\alpha))}$$

und entsprechend Gl.(9.184),

$$\vec{E} = -j\omega Z_0 \left[\vec{F} \times \vec{e}_r \right] = -j\omega Z_0 \left(\underline{F}_\alpha\,\vec{e}_\vartheta - \underline{F}_\vartheta\,\vec{e}_\alpha \right), \tag{9.200}$$

für die für das Fernfeld bedeutenden Komponenten des Vektorpotentials $\underline{F}_\vartheta$ und $\underline{F}_\alpha$

$$\underline{F}_\vartheta = -\frac{\varepsilon E_0 h W \, e^{-jk|\vec{r}|}}{\pi \, |\vec{r}|} R(\vartheta,\alpha) \left[\pi^2 \cos(\vartheta)\sin(\alpha) \right] \tag{9.201}$$

und

$$\underline{F}_\alpha = -\frac{\varepsilon E_0 h W \, e^{-jk|\vec{r}|}}{\pi \, |\vec{r}|} R(\vartheta,\alpha) \left[\pi^2 \cos(\alpha) - (kL)^2 \sin^2(\vartheta)\cos(\alpha) \right] . \tag{9.202}$$

Unter Freiraumbedingungen gilt mit $k = k_0$, $\omega Z_0 = k_0/\varepsilon_0$ und

$$\vec{E} = -j\omega Z_0 \left(\underline{F}_\alpha\,\vec{e}_\vartheta - \underline{F}_\vartheta\,\vec{e}_\alpha \right) = -j\frac{k_0}{\varepsilon_0} \left(\underline{F}_\alpha\,\vec{e}_\vartheta - \underline{F}_\vartheta\,\vec{e}_\alpha \right) \tag{9.203}$$

für das elektrische Fernfeld des Streifenleitungsresonators

$$\vec{E}(r,\vartheta,\alpha) = \frac{jE_0 k_0 h W e^{-jk|\vec{r}|}}{\pi |\vec{r}|} R(\vartheta,\alpha) \cdot \tag{9.204}$$

$$= \left[\left(\pi^2 \cos(\alpha) - (kL)^2 \sin^2(\vartheta) \cos(\alpha) \right) \vec{e}_\vartheta - \left(\pi^2 \cos(\vartheta) \sin(\alpha) \, \vec{e}_\alpha \right) \right]$$

und somit für das Strahlungsdiagramm, d.h. den normierten Verlauf der elektrischen Feldstärke,

$$C(\vartheta,\alpha) = \left| \frac{\vec{E}(r,\vartheta,\alpha)}{\vec{E}_{max}} \right| = \frac{1}{\pi^2} \sqrt{(R(\vartheta,\alpha))^2} \tag{9.205}$$

$$\cdot \sqrt{\left[\left(\pi^2 \cos(\alpha) - (k_0 L)^2 \sin^2(\vartheta) \cos(\alpha) \right)^2 + \left(\pi^2 \cos(\vartheta) \sin(\alpha) \right)^2 \right]}.$$

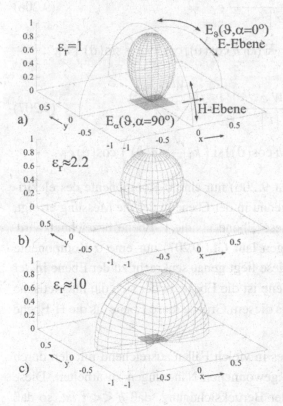

Bild 9.39: *Strahlungsverhalten des Streifenleitungsresonators in Abhängigkeit von ε_r für W=L;*
a) $\varepsilon_r = 1$,
b) $\varepsilon_r \approx 2.2$ und
c) $\varepsilon_r \approx 10$

In Bild 9.39 ist das Strahlungsverhalten des Streifenleitungsresonators für verschiedene Werte von ε_r dargestellt. Bild 9.39 a) zeigt das Verhalten für $\varepsilon_r = 1$, Bild 9.39 b) für $\varepsilon_r \approx 2.2$ und Bild 9.39 c) für $\varepsilon_r \approx 10$. Es wird deutlich, daß mit zunehmendem ε_r das Bündelungsvermögen, insbesondere in der E-Ebene, geringer wird. Dieses ist dadurch zu erklären, daß mit wachsendem ε_r die effektive Strahlerlänge L, die sich aus $L = \lambda_0/(2\sqrt{\varepsilon_{r,eff}})$ ergibt, abnimmt. Insofern nimmt auch die wirksame Strahlerfläche und somit auch das Bündelungsvermögen ab. Eine Kontrolle der theoretischen Ergebnisse kann durch die Messung des Strahlungsdiagramms in zwei zueinander orthogonalen Ebenen, der Horizontal- und der Vertikalebene, erfolgen. Diese Ergebnisse stellen gemäß Gl.(9.51) den normierten Verlauf der elektrischen Feldstärke dar. Für den Streifenleitungsresonators erfolgen die Messungen der Feldkomponente $\underline{E}_\vartheta(\vartheta, \alpha = 0^o)$ und $\underline{E}_\alpha(\vartheta, \alpha = 90^o)$. Das elektrische Feld in diesen Ebenen ergibt sich aus Gl.(9.204) zu

$$\vec{\underline{E}}(r, \vartheta, \alpha = 0^o) = \frac{jE_0 k_0 hW e^{-jk_0|\vec{r}|}}{\pi |\vec{r}|} e^{jk_0 \frac{L}{2} \sin(\vartheta)} \tag{9.206}$$

$$\cdot \mathrm{si}\left(k_0 h \cos(\vartheta)\right) \cos\left(k_0 \frac{L}{2} \sin(\vartheta)\right) \vec{e}_\vartheta$$

und

$$\vec{\underline{E}}(r, \vartheta, \alpha = 90^o) = \frac{jE_0 k_0 hW e^{-jk_0|\vec{r}|}}{\pi |\vec{r}|} e^{jk_0 \frac{W}{2} \sin(\vartheta)} \tag{9.207}$$

$$\cdot \mathrm{si}\left(k_0 h \cos(\vartheta)\right) \mathrm{si}\left(k_0 \frac{W}{2} \sin(\vartheta)\right) \cos(\vartheta) \vec{e}_\alpha.$$

Für $\alpha = 0^o$ ergibt sich laut Gl.(9.206) nur eine ϑ-Komponente des elektrischen Fernfeldes. Diese liegt genau in der Ebene in der die Messung erfolgt, so daß aus diesem Grunde diese Ebene als die E-Ebene bezeichnet wird. Für $\alpha = 90^o$ ergibt sich dagegen laut Gl.(9.207) nur eine α-Komponente des elektrischen Fernfeldes. Diese liegt genau senkrecht zu der Ebene in der die Messung erfolgt. Diese Ebene ist die Ebene, in der sich die magnetische Feldstärke ausbildet, so daß aus diesem Grunde diese Ebene als die H-Ebene bezeichnet wird.

Für praktische Zwecke ist es in vielen Fällen ausreichend mit den durch die folgenden Abschätzungen gewonnenen Näherungen zu arbeiten. Diese ergeben sich zum einen aus der Berücksichtigung, daß $h << \ell$ ist, so daß für

$$k_0 h \cos(\vartheta) \leq k_0 h = \frac{2\pi h}{\lambda_0} \leq 0.85$$

die Funktion

$$\mathrm{si}\,(k_0\,h\cos(\vartheta)) \geq 0.9$$

durch die Näherung

$$\mathrm{si}\,(k_0\,h\cos(\vartheta)) \approx 1$$

ersetzt werden kann.

Da zur Herstellung von Streifenleitungsantennen üblicherweise Substrate mit einer niedrigen Permittivitätszahl ($\varepsilon_r \approx 2-2.6$) benutzt werden, läßt sich wegen $L = \lambda/2$, $k_0 = 2\pi/\lambda_0$ und $\lambda = \lambda_0/\sqrt{\varepsilon_{r,eff}}$ für

$$\cos\left(k_0\,\frac{L}{2}\sin(\vartheta)\right)$$

mit

$$k_0\,\frac{L}{2} = \frac{\pi}{2\sqrt{\varepsilon_{r,eff}}}$$

der Faktor

$$\cos\left(k_0\,\frac{L}{2}\sin(\vartheta)\right) = \cos\left(\frac{\pi}{2\sqrt{\varepsilon_{r,eff}}}\sin(\vartheta)\right) \approx \cos\left(1.1\sin(\vartheta)\right)$$

vereinfachen, so daß für eine näherungsweise Beschreibung des elektrischen Fernfeldes unter den gemachten Voraussetzungen die Ausdrücke

$$\underline{\vec{E}}(r,\vartheta,0^\circ) = \frac{jE_0 k_0 hW e^{-jk_0|\vec{r}|}}{\pi\,|\vec{r}|} e^{jk_0\,\frac{L}{2}\sin(\vartheta)}\cos\left(1.1\sin(\vartheta)\right)\vec{e}_\vartheta \quad (9.208)$$

und

$$\underline{\vec{E}}(r,\vartheta,90^\circ) = \frac{jE_0 k_0 hW e^{-jk_0|\vec{r}|}}{\pi\,|\vec{r}|} e^{jk_0\,\frac{W}{2}\sin(\vartheta)} \quad\quad (9.209)$$

$$\cdot\mathrm{si}\left(k_0\,\frac{W}{2}\sin(\vartheta)\right)\cos(\vartheta)\vec{e}_\alpha$$

herangezogen werden dürfen. Die Einführung dieser vereinfachten Strahlungscharakteristik für ein einzelnes Strahlerelement erweist sich im Hinblick auf die Analyse von Strahlergruppen als äußerst zweckmäßig, da sie eine sehr einfache, aber, wie Bild 9.40 a) und b) zeigt, hinreichend genaue Beschreibung ermöglicht. In dem Bild sind die gemessenen Strahlungsdiagramme im logarithmischen Maßstab ($20\log(E/E_{max})$) für unterschiedlich breite $\lambda/2$-Resonatoren den Ergebnissen nach Gl.(9.205) und den vereinfachten Beziehungen nach Gl.(9.208) und Gl.(9.209) gegenübergestellt.

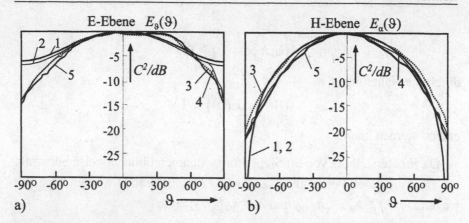

Bild 9.40: *Strahlungsdiagramme in der E-Ebene a) und in der H-Ebene b) für verschiedene Resonatorbreiten (h = 0.787mm, ℓ = 7.8mm, f=11.9GHz), Vereinfachte Einzelcharakteristik (1), Lösung nach Gl.(9.205) (2), w/ℓ = 0.77 (3), w/ℓ = 1.15 (4), w/ℓ = 1.5 (5)*

Bild 9.40 verdeutlicht, daß unter den getroffenen Vereinbarungen die Approximation der Strahlungsdiagramme durch die vereinfachten Einzelcharakteristiken (1, in Bild 9.40) für weite Winkelbereiche eine gute Näherung der Lösung nach Gl.(9.205) (2, in Bild 9.40) darstellt. Die Abweichungen zwischen den gemessenen und theoretisch ermittelten Verläufen im Winkelbereich $25° < \vartheta < 50°$ ist auf die Anregung des Streifenleitungsresonators zurückzuführen. Durch die Anregung des Resonators wird die Stromverteilung im Oberleiter und somit das Feld in den bei der Berechnung des Strahlungsfeldes berücksichtigten Flächen verändert und es ergibt sich die im Bild gezeigte Unsymmetrie im Diagramm der E-Ebene. Somit kann festgehalten werden, daß

1. eine Verbreiterung des Resonators zu einer Zunahme der Richtwirkung in der H-Ebene führt und

2. eine Verbreiterung des Resonators die Strahlungseigenschaften in der E-Ebene nahezu unverändert läßt.

Die Berechnung des Fernfeldes des $\lambda/2$-Resonators nach dem magnetischen Wandmodell ist abgeschlossen. In Ergänzung zu den vorgestellten Verfahren, die von einer Modellvorstellung Gebrauch machen, wird im Anschluß an die Bestimmung des Impedanzverhaltens von Streifenleitungsresonatoren eine Methode zur exakten Bestimmung des Fernfeldes vorgestellt, die das Fernfeld aus der Stromverteilung im Oberleiter liefert.

9.5.1.2 *Impedanzverhalten des Streifenleitungsresonators*

Der vorherige Abschnitt hat sich ausführlich mit der Beschreibung der Strahlungseigenschaften eines $\lambda/2$-Resonators, dessen innere Feldverteilung als bekannt vorausgesetzt wurde, beschäftigt. Eine Vorgabe der elektrischen Feldstärke nach Gl.(9.174) stellt jedoch für die Praxis eine sehr idealisierende Annahme dar, da durch die Anregung der Antennenelemente ein Auftreten höherer Schwingungstypen nicht verhindert werden kann. Hieraus kann gefolgert werden, daß zu einer genaueren Beschreibung des Strahlungsverhaltens auch die höheren Feldtypen mit einbezogen werden müssen. Im allgemeinen ist diese Folgerung richtig. Nur in den Fällen, in denen die Abstrahlung durch einen dominierenden Feldtyp hervorgerufen wird, dürfen die Fernfeldbeiträge der anderen Feldtypen vernachlässigt werden. Anders sind jedoch die Verhältnisse, die sich bei der Berechnung des Impedanzverhaltens ergeben. Hier liefern die nicht dominierenden Feldtypen einen nicht zu vernachlässigenden Beitrag zur Reaktanz der Eingangsimpedanz. Aus diesem Grund muß zur genauen Beschreibung der Impedanzen die Art der Anregung und das hieraus resultierende elektromagnetische Feld im Resonator genauer berücksichtigt werden. Im Bild 9.41 sind verschiedene Anregungsarten zur Speisung von Streifenleitungsresonatoren dargestellt.

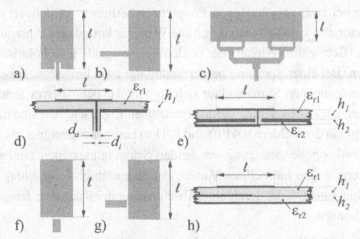

Bild 9.41: *Verschiedene Möglichkeiten zur Anregung eines $\lambda/2$-Resonators*

Eine Möglichkeit der Anregung besteht in der direkten galvanischen Ankopplung über eine schmale Mikrostreifenleitung. Die Zuführungsleitung kann, wie im Bild 9.41 a) gezeigt, mit einem der Resonatorenden oder, wie im Bild 9.41 b) gezeigt, mit einer Resonatorseite verbunden werden. Bei sehr breiten Resonatoren kann nach [76], zur Aufrechterhaltung des Grundschwingungstyps, die Speisung auch an mehreren Stellen des Resonatorendes erfolgen (Bild 9.41 c)). Eine andere Art der Ankopplung stellt die in Bild 9.41 d) angegebene Speisung des Resonators mit einer Koaxialleitung von unten durch das Substratmaterial dar. Eine Variante dieser Anordnung zeigt das Bild 9.41 e). Hier erfolgt die Ankopplung über eine koaxiale Durchkontaktierung und eine Speiseleitung in Streifenleitungstechnik auf der Rückseite des Antennensubstrates. Schließlich gibt es noch verschiedene Möglichkeiten (Bilder 9.41 f), g), h)) die Antenne über das Streufeld einer zuführenden Mikrostreifenleitung anzukoppeln. Sei es, daß das offene Ende der Speiseleitung an eine Kante des Strahlers oder unter den Resonator geführt wird. Eine Ankopplung entsprechend den Bildern 9.41 a), b), d), e), g) oder h) hat den Vorteil, daß durch eine geeignete Wahl der Ankoppelstelle eine Leistungsanpassung erreicht werden kann, während in den anderen Fällen i. allg. ein zusätzliches Anpassungsnetzwerk (z.B. ein $\lambda/4$-Transformator in Mikrostreifenleitungstechnik) zur Leistungsanpassung benötigt wird. Besondere Eigenschaften von rechteckigen Mikrostreifenleitungsantennen lassen sich erzielen, wenn das Antennenelement an zwei benachbarten Seiten gespeist wird. Hat der Resonator zwei verschieden lange Seiten, so kann die Antenne bei zwei verschiedenen Frequenzen betrieben werden. Ist das Element quadratisch, so läßt sich durch die Wahl der komplexen Anregungsamplituden (Betrag und Winkel) der beiden Speisesignale jede Polarisationsart einstellen. Bei einer Speisung beider Seiten mit zwei um 90° gegeneinander phasenverschobenen Signalen läßt sich ein zirkular polarisiertes Strahlungsfeld erzeugen. Zur Erzielung der letztgenannten Eigenschaften sind die Speisekonzepte in den Bildern 9.41 d) und 9.41 e) besonders geeignet, da sie eine nahezu entkoppelte Anregung der beiden Schwingungstypen ermöglichen. Zudem ergibt sich hierbei der Vorteil, daß unerwünschte Strahlungsbeiträge des Speisenetzwerks durch eine Abschirmung der Rückseite ferngehalten werden können.

Ergänzend sollen noch die in [126] vorgestellten Arten der Anregung gezeigt werden. Hierbei handelt es sich um Speisekonzepte bei denen entsprechend Bild 9.42 das Speisenetzwerk auf der Antennenrückseite angeordnet ist. Die Anregung erfolgt ebenfalls durch eine Koppelapertur, aber im Gegensatz zu allen vorher genannten Speisekonzepten ist das Speisenetzwerksubstrat senkrecht zum Antennensubstrat angeordnet. Diese Konfiguration bietet zum einen die einfachere Integration komplexer Schaltungen ins Speisenetzwerk und zum anderen die Möglichkeit des modularen Aufbaus. Nachteilig sind der Verlust der flachen, kompakten Bauweise sowie die Probleme bei der Erzeugung zirkularer Polarisation.

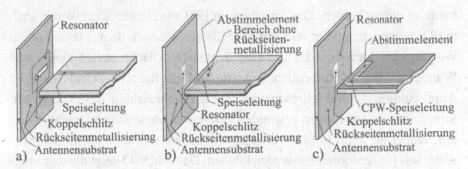

Bild 9.42: *Anregung des Streifenleitungsresonators mit Speisenetzwerksubstrat senkrecht zum Antennensubstrat*
a) galvanische Ankopplung in Streifenleitungstechnik,
b) kontaktlose Anregung durch eine Streifenleitung und
c) kontaktlose Anregung durch eine Koplanarleitung

Bild 9.42 a) zeigt den schlitzgespeisten Resonator, bei dem die Streifenleitung, sowohl Grundmetallisierung als auch der Oberleiter, direkt am Schlitz an der Grundmetallisierung des Antennensubstrates kontaktiert werden muß. Den Nachteil der galvanischen Verbindung des Oberleiters der Speiseleitung umgeht die in Bild 9.42 b) gezeigte Anregung durch das Feld der Speiseleitung. Eine Modifikation der in Bild 9.42 b) gezeigten Anregung wurde in [127] zur Erfassung eines Speisenetzwerks in Koplanarleitungstechnik nach Bild 9.42 c) vorgestellt. Dieses bietet Vorteile beim Einbau aktiver Komponenten, z.B. Transistoren, da in diesem Fall alle an der Signalübertragung beteiligten Leitungen auf einer Substratseite liegen und sich somit die bei der Herstellung unerwünschten Durchkontaktierungen erübrigen.

Im folgenden wird bei der Bestimmung des Impedanzverhaltens überwiegend von den Speisekonzepten nach Bild 9.41 a), b), d) und e) Gebrauch gemacht. Die Reihenfolge der aufgeführten Berechnungsmodelle ist so gewählt, daß der Leser möglichst schnell eine Übersicht über das prinzipielle Verhalten der Streifenleitungsresonatoren erhält.

9.5.1.2.1 Entwicklung des inneren Feldes nach Eigenfeldtypen

Von den in der Literatur angegebenen Verfahren, die das elektrische Feld im Innern des Streifenleitungsresonators nach Eigenfeldtypen entwickeln, sollen die Verfahren nach [93] und [94] vorgestellt werden. Beide machen bei der Behandlung des inneren Feldproblems von Modellresonatoren Gebrauch, die sich im wesentlichen durch die Beschreibung der Resonatorberandung unterscheiden. Das Verfahren in [93] wird in ähnlicher Weise auch in [83] beschrieben. Hier wird ein Modellresonator nach dem „magnetischen Wandmodell" gewählt, d.h. die Grund- und Deckfläche stellen elektrische Wände und die verbleibenden Seitenflächen magnetische Wände dar. Die Abmessungen des Modellresonators sind zur Einbeziehung des elektrischen Streufeldes an den Kanten gegenüber den realen Abmessungen leicht erweitert, wobei die auch in [83] verwendeten frequenzabhängigen Modellparameter aus [95] entnommen werden können. Das Bild 9.43 zeigt die ursprüngliche Anordnung und den Modellresonator mit den effektiven Kenngrößen.

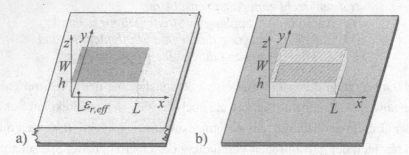

Bild 9.43: *Geometrie des untersuchten Streifenleitungsresonators a) und zugehöriges Ersatzmodell b)*

Die mathematische Behandlung des Resonatorproblems findet unter der Annahme statt, daß zur Entwicklung des Feldes aufgrund der geringen Substrathöhe nur die Eigenfunktionen gewählt werden, die eine von der z-Koordinate unabhängige z-Komponente der elektrischen Feldstärke besitzen. Damit läßt sich die elektrische Feldstärke $\underline{\vec{E}}$ durch skalare Eigenfunktionen $\Psi_{mn}(x,y)$ in der Form

$$\underline{\vec{E}} = \underline{E}_0\,\Psi_{mn}(x,y)\,\vec{e}_z \tag{9.210}$$

darstellen.

Die Eigenfunktionen ergeben sich aus der Lösung der skalaren Helmholtz-gleichung,

$$\frac{\partial^2}{\partial x^2}\Psi_{mn}(x,y) + \frac{\partial^2}{\partial y^2}\Psi_{mn}(x,y) + k_{mn}^2\Psi_{mn}(x,y) = 0, \qquad (9.211)$$

und aus der Randbedingung, daß die Richtungsableitung

$$\frac{\partial}{\partial \vec{n}}\Psi_{mn}(x,y) = 0 \qquad (9.212)$$

in jeder magnetischen Wand verschwindet.

Die Lösung der Gl.(9.211) erfolgt mit elementaren Lösungsansätzen und führt auf Ergebnisse der Form

$$\Psi_{mn}(x,y) \sim \cos(k_x x)\cos(k_y y), \qquad (9.213)$$

wobei die Konstanten k_x und k_y nach Einsetzen des Ansatzes in Gl.(9.211) die Bedingung

$$k_x^2 + k_y^2 = k_{mn}^2 \qquad (9.214)$$

erfüllen müssen. Die Eigenwerte nach Gl.(9.214) können zur Bestimmung der Resonanzfrequenzen f_{mn} des ungestörten Resonators herangezogen werden. Mit

$$k_{mn} = \frac{2\pi}{\lambda_0}\sqrt{\varepsilon_{r,eff}} \quad \text{und} \quad \lambda_0 = \frac{c_0}{f}$$

ergeben sich die Resonanzfrequenzen f_{mn} zu

$$f_{mn} = \frac{c_0}{2\sqrt{\varepsilon_{r,eff}}}\sqrt{\left(\frac{m}{L}\right)^2 + \left(\frac{n}{W}\right)^2}. \qquad (9.215)$$

Es sei angemerkt, daß $\varepsilon_{r,eff}$ eine vom Resonanztyp abhängige Größe ist, deren Bestimmung für höhere Wellentypen Schwierigkeiten bereitet. Das Eigenwertproblem des vorgestellten Modellresonators ist durch die aufgeführten Beziehungen vollständig beschrieben. In der Praxis stellt sich jedoch das Problem, daß das Impedanzverhalten des gespeisten Resonators in bestimmten definierten Bezugsebenen, im allgemeinen am Ort der Anregung, beschrieben werden muß. Dieses Problem führt auf die inhomogene vektorielle Helmholtzgleichung,

$$\frac{\partial^2}{\partial x^2}\Psi_{mn}(x,y) + \frac{\partial^2}{\partial y^2}\Psi_{mn}(x,y) + k_{mn}^2\Psi_{mn}(x,y) = -\mu\,\underline{S}_z, \qquad (9.216)$$

deren Lösung sich nach [96] durch den Reihenansatz

$$\vec{\underline{E}} = \sum_{m=0}^{\infty} \sum_{n=0}^{\infty} \underline{A}_{mn} \, \Psi_{mn}(x,y) \, \vec{e}_z, \qquad (9.217)$$

in dem die Eigenlösungen nach Gl.(9.217) als Entwicklungsfunktionen dienen, bestimmen läßt. Dieser Lösungsweg entspricht einer zweidimensionalen Fourieranalyse der eingeprägten Feldgröße in der Anregungsfläche, wobei sich die komplexen Anregungskoeffizienten $\underline{A}_{mn}$ in Gl.(9.213) aus den
geforderten Stetigkeitsbedingungen in der Ankoppelapertur ergeben. Eine
ähnliche Vorgehensweise ist aus der Darstellung von periodischen oder peri-
odisch fortsetzbaren Funktionen im Zeitbereich bekannt, bei der durch eine
eindimensionale Fourieranalyse die gegebene Funktion durch die Überlagerung von Entwicklungsfunktionen, im allgemeinen harmonische Zeitfunk-
tionen, dargestellt werden.

Die Koeffizienten $\underline{A}_{mn}$ in Gl.(9.217) lassen sich aus der Beziehung

$$\underline{A}_{mn} = \frac{1}{\omega_{mn}^2 - \omega^2} \left(\iiint_{V_Q} \vec{\underline{S}} \ \vec{\underline{E}}_{mn}^* \, dV + \iint_{A_Q} (\vec{n} \times \vec{\underline{H}}) \ \vec{\underline{E}}_{mn}^* \, dA \right) \qquad (9.218)$$

gewinnen, wobei $\vec{\underline{S}}$ und $(\vec{n} \times \vec{\underline{H}})$ als die anregenden Größen der Schwingun-
gen im Resonator betrachtet werden können. Bei Speisung des Resonators
mit einer elektrischen Stromdichte $\vec{\underline{S}}$ verschwindet der zweite Summand
in Gl.(9.218). Bei Speisung des Resonators durch eine Streifenleitung läßt
sich nach Gl.(9.218) in der Speiseebene eine äquivalente elektrische Flächenstromdichte der Größe $(\vec{n} \times \vec{\underline{H}})$ einführen, die bei Verschwinden des
ersten Summanden in Gl.(9.218) zu den gesuchten Koeffizienten $\underline{A}_{mn}$ führt.
Die Anwendung des dargestellten Verfahrens liefert die Feldverteilung im
Resonator, aus der sich zum einen das Fernfeld und zum anderen die Eingangsimpedanz nach [96] durch die Auswertung der Beziehung

$$\underline{Z}_E = \frac{-1}{\underline{I}_0^2} \iiint_{V_Q} \vec{\underline{S}} \ \vec{\underline{E}} \, dV \qquad (9.219)$$

mit $\underline{I}_0$ der Speisestromstärke, ergibt. Ergebnisse, die die Anwendung dieses Verfahrens liefert sind für den rechteckigen, den kreisförmigen und
den kreissektorförmigen Resonator in [83] angegeben. Eine thermografische
Nahfeldanalyse zeigt, daß diese Methode zur Feldberechnung brauchbare

Ergebnisse liefert. In [93] wird das Verfahren im weiteren auch auf andere Oberleiterformen wie z.B. dreieckige, ellipsenförmige und ringförmige Resonatoren angewendet. Die dort aufgeführten Ergebnisse für die Strahlungsdiagramme zeigen ebenfalls eine gute Übereinstimmung zwischen der Theorie und der Messung. Die angegebenen Impedanzverläufe liefern jedoch nicht die gewünschte Übereinstimmung zwischen der Theorie und der Messung. In [97] wird eine Verbesserung der Theorie vorgestellt, die es ermöglicht, auch Strahlungsverluste in dem Modell zu berücksichtigen. Dieses geschieht durch die Definition eines effektiven Verlustfaktors des Dielektrikums, der sich aus den gesamten Verlusten (Leiterverluste, dielektrische Verluste und Strahlungsverluste) und der gespeicherten elektromagnetischen Energie bestimmen läßt. Als Folgerung dieser Formulierung ergibt sich aus der Separationsgleichung ein komplexes Eigenwertspektrum, das die möglichen Resonanzfrequenzen der Anordnung beschreibt. Die Art der Darstellung in [97] zeigt weiter, daß jeder Eigenwert in einem elektrischen Ersatznetzwerk durch ein Parallelresonanzkreis beschrieben werden kann. Möglichkeiten zur näherungsweisen Beschreibung, die sich aus dieser Vorstellung ergeben, werden bei der Beschreibung des Resonatorverhaltens durch ein einfacheres Ersatzschaltbild mit Hilfe der Leitungstheorie im nächsten Abschnitt deutlich. Zuvor soll jedoch noch eine ähnliche Lösungsmethode erwähnt werden, die sich im wesentlichen von den bisher diskutierten Methoden dadurch unterscheidet, daß der in [94] zur Feldentwicklung herangezogene Modellresonator anstatt magnetischer Wände eine komplexe Wandimpedanz, deren Realteil den abgestrahlten Energieanteil und deren Imaginärteil die gespeicherte Nahfeldenergie repräsentieren soll, als Berandung benutzt. Diese Modellvorstellung berücksichtigt die strahlende Eigenschaft der Anordnung etwas deutlicher als das reine magnetische Wandmodell. Eine umfangreiche Beschreibung des Verfahrens findet an dieser Stelle nicht statt. Es sei deswegen erwähnt, daß dieses Modell, wie in [94] an einer Vielzahl von Beispielen mit verschiedenen Oberleiterformen gezeigt wird, sehr gut zur Berechnung des Impedanzverlaufs geeignet ist.

Damit sind die wesentlichen Merkmale der Berechnungsverfahren, die von einer Feldentwicklung im Resonatorinnern Gebrauch machen, erläutert. Das Problem dieser Modelle liegt in der Tatsache, daß zur genauen Vorhersage des Impedanzverhaltens, Modellparameter, wie die effektiven Abmessun-

gen und die effektive Permittivitätszahl in [83] und [97] oder die komplexe
Wandimpedanz in [94], benötigt werden. Die Bestimmung dieser Parameter ist oft ebenso kompliziert und umfangreich wie das eigentlich Problem.
Mittlerweile stehen allerdings einfache und genaue analytische Beziehungen
zur Berechnung der Modellparameter zur Verfügung, so daß diese Verfahren
auch die Möglichkeit bieten, kompliziertere Strukturen über weite Frequenzbereiche analysieren zu können.

9.5.1.2.2 Das Leitungsersatzschaltbild

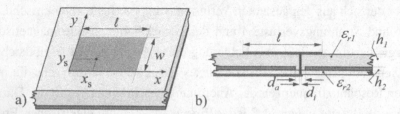

Bild 9.44: *Geometrie des Streifenleitungsresonators a), Geometrie der Ankopplung b)*

In diesem Abschnitt wird ein Ersatzschaltbild für den Streifenleitungsresonator angegeben, das eine Beschreibung des Resonatorverhaltens mit einfachen Mitteln ermöglicht. Die Anregung des Resonators, der in Bild 3.15
a) dargestellt ist, soll dabei mit Hilfe einer koaxialen Durchkontaktierung
erfolgen, die entweder direkt an eine Koaxialleitung oder an eine Streifenleitung nach Bild 3.15 b) angeschlossen wird. Das Verhalten eines Streifenleitungsresonators läßt sich durch das in [97] angegebene und in Bild 9.45 a)
gezeigte Ersatzschaltbild beschreiben. Hierbei werden die einzelnen Resonanzschwingungstypen durch äquivalente Parallelresonanzkreise, deren Elemente ebenfalls nach [97] bestimmt werden können, dargestellt.

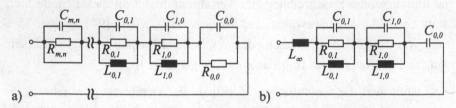

Bild 9.45: *Vollständiges Ersatzschaltbild für den Streifenleitungsresonator a), Vereinfachtes Ersatzschaltbild zur Beschreibung des $\lambda/2$-Resonators b) nach [97]*

Da Streifenleitungsresonatoren in Strahlergruppen überwiegend im (1,0)-oder (0,1)-Schwingungstyp ($\ell \approx \lambda/2$) betrieben werden, bestimmen diese beiden Schwingungstypen das Resonatorverhalten. Die höheren Schwingungstypen liefern nur einen induktiven Beitrag zur Eingangsimpedanz und können somit durch eine resultierende Ersatzinduktivität L_∞ zusammengefaßt werden. Für Frequenzen, die weit unterhalb der ersten Schwingungstypen liegen, zeigt die Anordnung rein kapazitives Verhalten, so daß sich unter der Berücksichtigung der „statischen Kapazität" $C_{0,0}$, das vereinfachte Ersatzschaltbild nach Bild 9.45 b) ergibt. Für eine Betrachtung der Anordnung in unmittelbarer Umgebung der Resonanzfrequenzen dürfen im weiteren auch die Elemente $C_{0,0}$ und L_∞ vernachlässigt werden, so daß die beiden Resonanzkreise in Bild 9.45 b), die den (1,0)-Schwingungstyp und den (0,1)-Schwingungstyp im Resonator beschreiben, das Verhalten vollständig bestimmen. Eine modifizierte Darstellung dieser Resonanzkreise als Leitungsresonatoren liefert das in Bild 9.46 dargestellte Leitungsersatzschaltbild zur Berücksichtigung der Speiseposition (x_s, y_s) bei der Berechnung der Eingangsimpedanz. Dabei sei vorausgesetzt, daß der (1,0)-Resonanztyp in x-Richtung im Resonator angeregt wird. Im Ersatzschaltbild wird dieser Schwingungstyp durch eine Leitung der Breite w und der Länge ℓ beschrieben. Die Abstrahlung an den offenen Enden des Resonators kann nach Abschnitt 6.10 (Seite 329) durch einen Strahlungsleitwert G_{Str} nach Gl.(6.56) am Leitungsende erfaßt werden. Parallel zu diesem Leitwert befindet sich die Kapazität C_{End}, die das Streufeld am Resonatorende berücksichtigen soll.

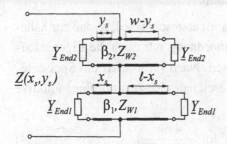

Bild 9.46: *Leitungsersatzschaltbild zur Beschreibung der Resonanztypen*

Die Berechnung dieser Streukapazität kann aus Gl.(6.22) nach Abschnitt 6.6.1 (Seite 308) aus der Ersatzlänge $\Delta\ell$ erfolgen. Damit läßt sich die Admittanz $\underline{Y}_{End}$ am Leitungsende durch die Beziehung

$$\underline{Y}_{End1} = \frac{1}{\underline{Z}_{End1}} = G_{Str1} + j\omega C_{End1} \tag{9.220}$$

mit

$$C_{End1} = \frac{1}{\omega Z_{W1}} \tan(\beta_1 \Delta \ell) \tag{9.221}$$

bestimmen. Die frequenzabhängigen Leitungskenngrößen können ebenfalls Abschnitt 6 entnommen werden.

Die Transformation der Endadmittanz nach Gl.(9.220) in den Speisepunkt liefert den von x_s abhängigen Anteil der Eingangsimpedanz, der die Eigenschaften des (1,0)-Schwingungstypen durch den Ausdruck

$$\underline{Z}_x(x_s) = \frac{Z_{W1}}{\dfrac{Z_{W1} + j\underline{Z}_{End1}\tan(\beta_1 x_s)}{\underline{Z}_{End1} + j Z_{W1}\tan(\beta_1 x_s)} + \dfrac{Z_{W1} + j\underline{Z}_{End1}\tan(\beta_1(\ell - x_s))}{\underline{Z}_{End1} + j Z_{W1}\tan(\beta_1(\ell - x_s))}} \tag{9.222}$$

mit Z_{W1} dem Wellenwiderstand und β_1 dem Phasenmaß der Mikrostreifenleitung der Breite w, beschrieben. Eine Berücksichtigung des (0,1)- Schwingungstyps ergibt sich durch Austauschen der Kenngrößen des (1,0)-Typs durch die des (0,1)-Schwingungstyps in den Gl.(9.222), so daß der von y_s abhängige Anteil der Eingangsimpedanz in der Form

$$\underline{Z}_y(y_s) = \frac{Z_{W2}}{\dfrac{Z_{W2} + j\underline{Z}_{End2}\tan(\beta_2 y_s)}{\underline{Z}_{End2} + j Z_{W2}\tan(\beta_2 y_s)} + \dfrac{Z_{W2} + j\underline{Z}_{End2}\tan(\beta_2(\ell - y_s))}{\underline{Z}_{End2} + j Z_{W2}\tan(\beta_2(\ell - y_s))}} \tag{9.223}$$

mit Z_{W2} dem Wellenwiderstand und β_2 dem Phasenmaß der Mikrostreifenleitung der Breite ℓ angegeben werden kann.

Die Behandlung des Resonators ist damit abgeschlossen, so daß zur näherungsweisen Beschreibung der Gesamtanordnung nur noch die Eigenschaften der Ankopplung erfaßt werden müssen. Nach [96] liefert ein Speiseelement mit dem Innendurchmesser d_i im Bereich des Resonators eine induktive Serienreaktanz, die durch

$$X_{L1} = \omega L_1 = \mu h_1 f \ln\left(\frac{4 c_0}{\gamma \omega d_i \sqrt{\varepsilon_r}}\right) \tag{9.224}$$

berücksichtigt werden kann, so daß sich mit den Gln.(9.222), (9.223) und (9.224) die Eingangsimpedanz $\underline{Z}_{Ko}(x_s, y_s)$ in einer Bezugsebene, die sich in der Grundplatte des Resonatorsubstrates befindet, durch

$$\underline{Z}_{Ko}(x_s, y_s) = j X_{L1} + \underline{Z}_x(x_s) + \underline{Z}_y(y_s) \tag{9.225}$$

angeben läßt. Die Impedanz $\underline{Z}_{Ko}(x_s, y_s)$ nach Gl.(9.225) beschreibt dabei die Abschlußimpedanz, mit der eine speisende Koaxialleitung am Leitungsende belastet ist. Sollen jedoch mehrere dieser Strahlerelemente z.B. in einer Gruppenantenne, gleichzeitig mit Energie gespeist werden, dann ist der Anschluß an eine Koaxialleitung nicht zweckmäßig. In diesem Fall liefert nach [98] ein Übergang auf eine Streifenleitung, die einen Teil des gesamten Speisenetzwerks darstellt, eine wesentlich kompaktere Bauweise. Im Bereich der Durchkontaktierung entsteht eine Konzentration des elektrischen Feldes, die sich nach [99] näherungsweise durch eine Durchführungskapazität C_D,

$$C_D = \frac{4\pi\varepsilon_0\varepsilon_r(h_1 + h_2)}{\ln(2\frac{d_a}{d_i})}), \qquad (9.226)$$

mit den Abmessung nach Bild 9.44 b), erfassen läßt. Eine Berücksichtigung der Induktivität des Durchführungselementes im Speisenetzwerksubstrat kann durch einen Austausch der entsprechenden Größen in Gl.(9.224) erfolgen. Hieraus ergibt sich der Ausdruck

$$X_{L2} = \omega L_2 = \mu\, h_2\, f \ln(\frac{4c_0}{\gamma\omega d_i\sqrt{\varepsilon_r}}) \qquad (9.227)$$

und damit die vollständige Beziehung zur Beschreibung der Eingangsimpedanz $\underline{Z}_E$ der Anordnung nach Bild 9.44 b) zu

$$\underline{Z}_E(x_s, y_s) = jX_{L2} + \frac{\underline{Z}_{Ko}(x_s, y_s)}{1 + j\omega C_D\,\underline{Z}_{Ko}(x_s, y_s)}. \qquad (9.228)$$

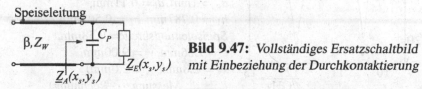

Bild 9.47: *Vollständiges Ersatzschaltbild mit Einbeziehung der Durchkontaktierung*

Eine Darstellung des Resonators und der Ankopplung durch ein elektrisches Ersatznetzwerk führt somit auf die in Bild 9.47 angegebene Schaltung. Die zusätzlich angegebene Parallelkapazität C_p kann zur Berücksichtigung eines Abstimmelementes, z.B. eines leerlaufenden Leitungsstücks (Stub) in Streifenleitungstechnik, benutzt werden, so daß die ankommende Speiseleitung durch $\underline{Z}_A(x_s, y_s)$, mit

$$\underline{Z}_A(x_s, y_s) = \frac{\underline{Z}_E(x_s, y_s)}{1 + j\omega C_P\,\underline{Z}_E(x_s, y_s)}, \qquad (9.229)$$

abgeschlossen wird.

Die Gültigkeit dieses Ersatzschaltbildes wurde für das Substratmaterial RT-DUROID 5880 mit den Substrathöhen $h = 0.508mm$ und $h = 0.787mm$ für verschiedene Werte der Durchmesser der Durchkontaktierung und der Strahlerbreite überprüft. Im Frequenzbereich zwischen 10GHz und 12GHz ergaben sich für einen Speisepunkt auf der Symmetrieachse ($y_s = w/2$) des Resonators Abweichungen zwischen den theoretischen und gemessenen Resonanzfrequenzen, die weniger als 1% betrugen. Für $y_s \neq w/2$ lagen die gemessenen Resonanzfrequenzen weniger als 1,5% von der gewünschten Frequenz entfernt. Die Variation des Speisepunktes kann zur Anpassung der Abschlußimpedanz $\underline{Z}_A(x_s, y_s)$ in Bild 9.47 an den Wellenwiderstand der Speiseleitung dienen. Liegt die Speiseposition auf der Symmetrieachse, so wird nur der (1,0)-Resonanztyp angeregt. Durch die Änderung der Koordinate y_s kann aber auch der (0,1)-Schwingungstyp angeregt werden, so daß z.B. für $w = \ell$ der Fall der Entartung vorliegt. Für $w \neq \ell$ besteht die Möglichkeit, die beiden Schwingungstypen getrennt voneinander anregen zu können, wobei die Resonanzfrequenzen von den Resonatorabmessungen w, ℓ und von den Koordinaten des Speisepunktes (x_s, y_s) abhängig sind. Das Bild 9.48 zeigt den typische Verlauf der Reflexionsdämpfung eines solchen $\lambda/2$-Resonators mit zwei Resonanzfrequenzen.

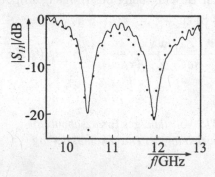

Bild 9.48: *Reflexionsdämpfung eines Streifenleitungsresonators mit zwei Resonanzfrequenzen* ($\varepsilon_{r1} = 2.2$, $\varepsilon_{r2} = 2.2$, $d_a = 1mm$, $d_i = 0.11mm$, $h_1 = 0.787mm$, $h_2 = 0.508mm$, *Speiseleitungsbreite*$= 0.58mm$, $\ell = 7.66mm$, $w = 9.00mm$, $x_s = 2.8mm$, $y_s = 2.0mm$) (———— *Messung*, ··· *Rechnung*)

Zur Beurteilung der Genauigkeit des Modells sind im Bild 9.49 für drei Resonatoren mit unterschiedlicher Breite die gemessenen Verläufe der Reflexionsdämpfung den berechneten Verläufen gegenübergestellt. Hieraus ist eine gute Übereinstimmung zwischen den meßtechnisch und theoretisch ermittelten Ergebnissen zu entnehmen. Das Leitungsersatzschaltbild kann somit zur grundsätzlichen Beurteilung des Resonatorverhaltens herangezogen werden. Es liefert die Resonatorkenngrößen schnell und gemessen am rechnerischen Aufwand sehr genau.

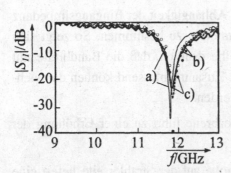

Bild 9.49: *Reflexionsdämpfung von Streifenleitungsresonatoren unterschiedlicher Breite ($h_1 = 0.787mm$ $h_2 = 0.508mm$, $\varepsilon_{r1} = 2.2$, $\varepsilon_{r2} = 2.2$, $d_i = 0.11mm$, $d_a = 1mm$, Speiseleitungsbreite= 0.58mm), ($\cdots$ Rechnung, —— Messung) a) w=6mm, ℓ=7.83mm, x_s=2.52mm, y_s=3mm; b) w=9mm, ℓ=7.71mm, x_s=1.94mm, y_s=4.5mm; c) w=12mm, ℓ=7.66mm, $x_s = 1.36mm$, y_s=6mm*

Desweiteren wird nun die Bandbreite BW des Strahlerelementes untersucht. Diese ergibt sich aus dem Verlauf der Reflexionsdämpfung durch Auswerten der Beziehung

$$BW = \frac{s-1}{Q\sqrt{s}} \quad \text{mit} \quad Q = \frac{f_0}{\Delta f}, \tag{9.230}$$

wobei Δf den Frequenzbereich angibt, in dem ein gefordertes Stehwellenverhältnis s (VSWR) eingehalten wird. Für ein Stehwellenverhältnis $s = 2.6$ ($|\underline{S}_{11}| = -7dB$) ergibt sich die von den Resonanzkreisen her bekannte Beziehung für die Bandbreite

$$BW = \frac{\Delta f}{f_0}. \tag{9.231}$$

Bei der Beurteilung von Streifenleitungsresonatoren wird jedoch häufiger ein Stehwellenverhältnis von $s = 2$ ($|\underline{S}_{11}| = -10dB$) herangezogen, so daß sich die Bandbreite aus

$$BW = 0.71 \frac{\Delta f}{f_0}, \tag{9.232}$$

bestimmen läßt.

Resonator-	Bandbreite in %	
breite	Theorie	Messung
6mm	2.10	2.15
9mm	2.70	2.60
12mm	3.30	3.00

Tabelle 9.2: *Vergleich der gemessenen Bandbreite mit der berechneten Bandbreite für die drei Resonatoren nach Bild 9.49 (VSWR: $s = 2$)*

Ergebnisse für die gemessenen und berechneten Bandbreiten für die in Bild 9.49 vorgestellten Resonatoren sind in der Tabelle 9.2 zusammengefaßt. Ein Vergleich der Ergebnisse zeigt eine gute Übereinstimmung zwischen den

Meßwerten und den theoretisch ermittelten Werten. Damit ist das vorgestellte Verfahren durchaus geeignet um die Abhängigkeit der Eingangsimpedanz
von den Geometrie- und Materialparametern zu bestimmen. So zeigt sich
durch die hier vorgestellte Versuchsreihe deutlich, daß die Bandbreite mit
zunehmender Resonatorbreite ansteigt. Zusammenfassend können die nachfolgenden Eigenschaften festgestellt werden.

1. Eine Vergrößerung der Resonatorbreite führt zu einer Erhöhung der
   Bandbreite,

2. eine Vergrößerung der Substrathöhe auf der Strahlerseite liefert eine
   Erhöhung der Bandbreite und

3. eine Vergrößerung der Permittivität auf der Strahlerseite liefert eine
   Verringerung der Bandbreite.

Abschließend kann festgehalten werden, daß das vorgestellte Näherungsmodell zur Bestimmung des Impedanzverhaltens eines $\lambda/2$-Resonators benutzt
werden kann. Insbesondere für die Anwendung in rechnergestützten Ent-
wurfsverfahren (CAD) ist diese Methode sehr gut geeignet, da sie geringe Rechenzeiten und wenig Speicherplatz benötigt. Nachteilig ist, daß diese
Vorgehensweise nicht einfach auf kompliziertere Strahlerstrukturen übertragen werden kann.

9.5.1.2.3 Impedanzberechnung mit Hilfe des Spektralbereichs-verfahrens

Die in den vorherigen Abschnitten angegebenen Berechnungsverfahren zur
Beschreibung des Strahlerverhaltens machen alle von einer Modellvorstellung Gebrauch. Im folgenden soll eine in sich geschlossene Methode zur
Bestimmung der Resonatoreigenschaften vorgestellt werden, die im allgemeinen unabhängig von umfangreichen Vorberechnungen, wie z.B. der Bestimmung von Modellparametern, ist. Hierbei ergibt sich eine analytische
Beziehung zwischen dem Strom im Oberleiterbereich und dem elektrischen
Feld in der Gesamtanordnung. Die Formulierung dieses Zusammenhangs erfolgt dabei durch eine dyadische Greensche Funktion, die in [90] zur Analyse von gedruckten Dipolen herangezogen wurde. Eine Anwendung dieser
Theorie auf einzelne Streifenleitungsresonatoren oder auch auf zwei miteinander verkoppelte Resonatoren ist in [100], [101] und in [102] vorgestellt.

Die in [103] durchgeführten Berechnungen zu diesem Thema sind ebenfalls zu beachten, da dort unter anderem auch die Bestimmung der Stromverteilung in Resonatoren, die sich nicht in Resonanz befinden, erfolgt. Die aufgeführten Ergebnisse in diesen Veröffentlichungen zeigen eine sehr gute Übereinstimmung zwischen den Messungen und den Berechnungen, die, zur Einsparung an Rechenzeit, durch Näherungsbeziehungen entstanden sind. Trotz der Benutzung von Näherungen führt die Anwendung dieser Methode auf einen hohen numerischen Aufwand.

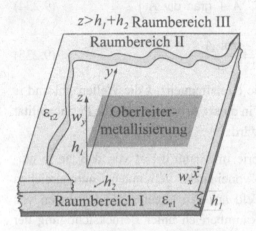

Bild 9.50: *Rechteckresonator in Streifenleitungstechnik auf einem Substrat mit der Permittivitätszahl ε_{r1} und einem Overlay mit der Permittivitätszahl ε_{r2}*

Da diese Methode aber nach [92] die Berechnung der Verkopplung von mehreren Streifenleitungsresonatoren, die Einbeziehung einer dielektrischen Schutzschicht (Overlay) nach Bild 9.50 sowie eine Berücksichtigung der in Bild 9.51 dargestellten Schlitzspeisung ermöglicht, soll sie hier ausführlich vorgestellt und im Abschnitt über Strahlergruppen erweitert werden.

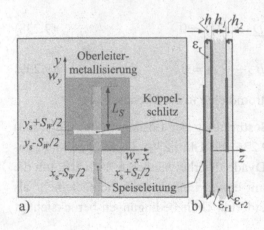

Bild 9.51: *Ankopplung eines Streifenleitungsresonators durch eine Koppelapertur in der Grundfläche*

Das elektromagnetische Feld mit den komplexen Vektorzeigern $\vec{\underline{E}}$ und $\vec{\underline{H}}$, angeregt durch eine elektrische Stromdichte $\vec{\underline{J}}$, in einem raumladungsfreien homogenen Medium läßt sich (siehe Abschnitt 2.4 Gl.(2.83) bis Gl.(2.90)) nach der Bestimmung des magnetischen Vektorpotentials $\vec{\underline{A}}$ aus der inhomogenen vektoriellen Helmholtzgleichung

$$\Delta \vec{\underline{A}} + k^2 \vec{\underline{A}} = -\mu \vec{\underline{J}}, \qquad (9.233)$$

zu

$$\vec{\underline{E}} = -\frac{j\omega}{k^2}\left(k^2 \vec{\underline{A}} + \text{grad div } \vec{\underline{A}}\right) \qquad (9.234)$$

und

$$\vec{\underline{H}} = \frac{\text{rot } \vec{\underline{A}}}{\mu} \qquad (9.235)$$

berechnen. Hierbei beschreibt ω die Kreisfrequenz, k die Wellenzahl und μ die Permeabilität des Mediums, die in dieser Arbeit stets als die Permeabilität des Vakuums μ_0 ($\mu_r = 1$) gesetzt wird.

Liegt eine Verteilung der Materie im Raum derart vor, daß sie in einzelnen, durch ebene Grenzflächen voneinander getrennten Raumbereichen homogen ist, so ergibt sich das Feld aus den allgemeinen Lösungen von Gl.(9.233) für jeden homogenen Raumbereich unter Berücksichtigung der gegebenen Grenzbedingungen in den Grenzflächen. Diese lauten nach Abschnitt 2.6 (Gl.(2.65) bis Gl.(2.68)) im einzelnen

$$\vec{n}_0 \times (\vec{\underline{E}}_2 - \vec{\underline{E}}_1) = 0, \qquad (9.236)$$

$$\vec{n}_0 \times (\vec{\underline{H}}_2 - \vec{\underline{H}}_1) = \vec{\underline{J}}_s, \qquad (9.237)$$

$$\vec{n}_0 \cdot (\vec{\underline{D}}_2 - \vec{\underline{D}}_1) = 0 \qquad (9.238)$$

und

$$\vec{n}_0 \cdot (\vec{\underline{B}}_2 - \vec{\underline{B}}_1) = 0, \qquad (9.239)$$

mit $\vec{\underline{J}}_s$ der elektrischen Flächenstromdichte in der Grenzschicht.

Die Aufgabe besteht in der Bestimmung der Lösungen von Gl.(9.233) unter Berücksichtigung von Gl.(9.236) bis Gl.(9.239). Dieses geschieht unter Zuhilfenahme der Greensche Dyade. Hierbei handelt es sich z.B. um die Lösung für das Vektorpotential mit einem Einheitsstromdichteelement als anregende Größe, wobei alle geforderten Grenzbedingungen berücksichtigt werden. Eine anschließende Anwendung des Superpositionsprinzips erlaubt die Ermittlung des Vektorpotentials sowie der Feldverteilung einer gegebenen Stromverteilung. Die Lösung für das Einheitsstromdichteelement wird als die **Greensche Dyade** $\overset{\leftrightarrow}{\underline{G}}_A(\vec{r}|\vec{r}_Q)$ für das magnetische Vektorpotential (daher der Index A) bezeichnet. Sie liefert aus

$$\underline{\vec{A}} = \iint\limits_{A_Q} \overset{\leftrightarrow}{\underline{G}}_A(\vec{r}|\vec{r}_Q)\,\underline{\vec{J}}_e\,\mathrm{d}A \tag{9.240}$$

das gesuchte magnetische Vektorpotential, das von einer elektrischen Flächenstromdichte $\underline{\vec{J}}_e$ in der Grenzfläche hervorgerufen wird. A ist die Fläche, in der die Flächenstromdichte $\underline{\vec{J}}_e$ existiert. Neben der Greenschen Dyade für das magnetische Vektorpotential $\underline{\vec{A}}$ lassen sich auch modifizierte Dyaden berechnen, die einen direkten Zusammenhang zwischen der magnetischen Erregung $\vec{H}$ bzw. der elektrischen Feldstärke $\vec{E}$ und der gegebenen Stromdichteverteilung $\underline{\vec{J}}_e$ gemäß

$$\underline{\vec{H}} = \iint\limits_{A_Q} \overset{\leftrightarrow}{\underline{G}}_H(\vec{r}|\vec{r}_Q)\,\underline{\vec{J}}_e\,\mathrm{d}A \tag{9.241}$$

bzw.

$$\underline{\vec{E}} = \iint\limits_{A_Q} \overset{\leftrightarrow}{\underline{G}}_E(\vec{r}|\vec{r}_Q)\,\underline{\vec{J}}_e\,\mathrm{d}A \tag{9.242}$$

herstellen.

9.5.1.2.3.1 *Berechnung der Greenschen Dyade*

Die Anwendung des Huygensschen Prinzips auf einen idealen Streifenleitungsresonator erlaubt die Berechnung des elektromagnetischen Feldes dieser Anordnung aus einer Stromdichte $\underline{\vec{J}}(\vec{r}_Q)$, die identisch mit dem Strombelag in der Metallisierungsfläche des Resonators ist. Diese Flächenstromdichte befindet sich somit in der Grenzschicht zwischen den Raumbereichen I und II nach Bild 9.52, so daß auch ein schützendes Deckmaterial (Overlay) bei der Berechnung erfaßt werden kann. Hierfür kann das magnetische Vektorpotential in Gl.(9.233) unter Berücksichtigung der geforderten Randbedingungen nach Gl.(9.236) bis Gl.(9.239) in den einzelnen Teilbereichen berechnet werden. Eine Lösung dieser Aufgabe erfolgt mit Hilfe der Greenschen Dyade für das Vektorpotential. Hierzu wird eine elektrische Stromdichte $\underline{\vec{J}}_G(\vec{r}_Q)$ (Stromdichteelement), beschrieben durch einen Stromfaden mit der Stromstärke I und einem infinitesimalen Längenvektor $\vec{\ell}$, der die Richtung von $\underline{\vec{J}}_G(\vec{r}_Q)$ in der Grenzschicht gemäß

$$\underline{\vec{J}}_G(\vec{r}_Q) = I\,\vec{\ell}\,\delta(x - x_Q)\,\delta(y - y_Q)\,\delta(z - h_1) \qquad (9.243)$$

angibt, zur Bestimmung der Greenschen Dyade verwendet.

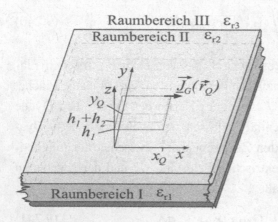

Bild 9.52: *Geometrie der Anordnung zur Berechnung der Greenschen Dyade*

Nach einer getrennten Durchführung dieser Berechnung für ein Stromelement in x-Richtung (siehe Bild 9.52) mit dem in [89] angegebenen Lösungsansatz für das magnetische Vektorpotential a in der Form

$$\underline{A}(\vec{r}) = A_x(\vec{r})\,\vec{e}_x + A_z(\vec{r})\,\vec{e}_z \qquad (9.244)$$

und einer analogen Vorgehensweise für ein Stromelement in y-Richtung, ergibt die Anwendung des Superpositionsprinzips die gesuchte Greensche Dyade, die nach Gl.(9.240) einen direkten Zusammenhang zwischen der Verteilung einer elektrischen Flächenstromdichte in der Grenzfläche und dem zugehörigen magnetischen Vektorpotential liefert. Mit den Abkürzungen

$$k_i^2 = (k^i)^2 - k_x^2 - k_y^2 \qquad (\mathrm{Re}\{k_i\} \geq 0,\ \mathrm{Im}\{k_i\} < 0) \qquad (9.245)$$

und

$$k_i^2 = \varepsilon_{ri}\,k_0^2 \quad \text{mit} \quad k_0 = \frac{2\pi}{\lambda_0} = \omega\sqrt{\varepsilon_0\mu_0} \qquad (9.246)$$

für $i = \mathrm{I, II, III}$ liefert das Einsetzen dieses Ansatzes in die inhomogene Helmholtzgleichung Gl.(9.233) die partiellen Differentialgleichungen für die einzelnen Komponenten von $\underline{A}(\vec{r})$ in den Teilbereichen I, II und III

$$\frac{\partial^2}{\partial x^2} A_x^{\mathrm{I}} + \frac{\partial^2}{\partial y^2} A_x^{\mathrm{I}} + \frac{\partial^2}{\partial z^2} A_x^{\mathrm{I}} + (k^{\mathrm{I}})^2 A_x^{\mathrm{I}} = 0,$$

$$\frac{\partial^2}{\partial x^2} A_z^{\mathrm{I}} + \frac{\partial^2}{\partial y^2} A_z^{\mathrm{I}} + \frac{\partial^2}{\partial z^2} A_z^{\mathrm{I}} + (k^{\mathrm{I}})^2 A_z^{\mathrm{I}} = 0,$$

$$\frac{\partial^2}{\partial x^2} A_x^{\mathrm{II}} + \frac{\partial^2}{\partial y^2} A_x^{\mathrm{II}} + \frac{\partial^2}{\partial z^2} A_x^{\mathrm{II}} + (k^{\mathrm{II}})^2 A_x^{\mathrm{II}} = \qquad (9.247)$$

$$-\mu \, |I \, \vec{\ell}| \, \delta(x - x_Q) \, \delta(y - y_Q) \, \delta(z - h_1),$$

$$\frac{\partial^2}{\partial x^2} A_z^{\mathrm{II}} + \frac{\partial^2}{\partial y^2} A_z^{\mathrm{II}} + \frac{\partial^2}{\partial z^2} A_z^{\mathrm{II}} + (k^{\mathrm{II}})^2 A_z^{\mathrm{II}} = 0,$$

$$\frac{\partial^2}{\partial x^2} A_x^{\mathrm{III}} + \frac{\partial^2}{\partial y^2} A_x^{\mathrm{III}} + \frac{\partial^2}{\partial z^2} A_x^{\mathrm{III}} + (k^{\mathrm{III}})^2 A_x^{\mathrm{III}} = 0,$$

$$\frac{\partial^2}{\partial x^2} A_z^{\mathrm{III}} + \frac{\partial^2}{\partial y^2} A_z^{\mathrm{III}} + \frac{\partial^2}{\partial z^2} A_z^{\mathrm{III}} + (k^{\mathrm{III}})^2 A_z^{\mathrm{III}} = 0,$$

die mit $\underline{A}_y = 0$ im Zusammenhang mit den allgemeinen Gleichungen für das magnetische Feld $\underline{\vec{H}}^i$ ($i = \mathrm{I, II, III}$),

$$\underline{\vec{H}}^i = \frac{1}{\mu} \left[\left(\frac{\partial}{\partial y} A_z^i \right) \vec{e}_x + \left(\frac{\partial}{\partial z} A_x^i - \frac{\partial}{\partial x} A_z^i \right) \vec{e}_y + \left(-\frac{\partial}{\partial y} A_x^i \right) \vec{e}_z \right], \qquad (9.248)$$

und für das elektrische Feld $\underline{\vec{E}}^i$ ($i = \mathrm{I, II, III}$),

$$\begin{aligned}
\underline{\vec{E}}^i = {}& -\frac{j\omega}{(k^i)^2} \left[\left((k^i)^2 A_x^i + \frac{\partial^2}{\partial x^2} A_x^i + \frac{\partial^2}{\partial x \partial z} A_z^i \right) \vec{e}_x \right. \\
& + \left(\frac{\partial^2}{\partial x \partial y} A_x^i + \frac{\partial^2}{\partial y \partial z} A_z^i \right) \vec{e}_y \qquad (9.249) \\
& + \left. \left((k^i)^2 A_z^i + \frac{\partial^2}{\partial z^2} A_z^i + \frac{\partial^2}{\partial x \partial z} A_x^i \right) \vec{e}_z \right],
\end{aligned}$$

und den Grenzbedingungen nach Gl.(9.236) bis Gl.(9.239) das gesuchte magnetische Vektorpotential ergeben.

Die Lösung der Differentialgleichungen in Gl.(9.247) wird nach Anwendung einer zweidimensionalen Fouriertransformation im sogenannten Spektralbereich durchgeführt. Die Transformationsvorschrift hierzu lautet

$$\underline{\tilde{\vec{A}}} = \int_{-\infty}^{\infty} \int_{-\infty}^{\infty} \underline{\vec{A}}(x, y, z) \, e^{j(k_x x + k_y y)} \, \mathrm{d}x \, \mathrm{d}y, \qquad (9.250)$$

wobei die Tilde ($\sim$) zur Kennzeichnung aller Größen im Spektralbereich dient. Entsprechend zur Gl.(3.105) erfolgt die Rücktransformation in den Ortsbereich durch die Beziehung

$$\vec{\underline{A}} = \frac{1}{4\pi^2} \int\limits_{-\infty}^{\infty} \int\limits_{-\infty}^{\infty} \vec{\tilde{A}}\,(k_x,k_y,z)\, e^{-j(k_x x + k_y y)}\, \mathrm{d}k_x\, \mathrm{d}k_y. \tag{9.251}$$

Die Anwendung der Fouriertransformation nach Gl.(9.250) überführt die partiellen Differentialgleichungen Gl.(9.247) in gewöhnliche Differential-gleichungen zweiter Ordnung, die mit elementaren Lösungsverfahren gelöst werden können. Die dabei auftretenden Konstanten in den Lösungsansätzen ergeben sich aus den Randbedingungen für das elektromagnetische Feld, die im Spektralbereich durch

$$
\begin{array}{ll}
\underline{z = 0:} & \\
\quad \tilde{E}_x^{\,\mathrm{I}} = 0 & \tilde{E}_y^{\,\mathrm{I}} = 0 \\[1ex]
\underline{z = h_1:} & \\
\quad \tilde{E}_x^{\,\mathrm{I}} = \tilde{E}_x^{\,\mathrm{II}}, & \tilde{E}_y^{\,\mathrm{I}} = \tilde{E}_y^{\,\mathrm{II}} \\[1ex]
\quad \tilde{H}_x^{\,\mathrm{I}} = \tilde{H}_x^{\,\mathrm{II}} & \tilde{H}_y^{\,\mathrm{I}} - \tilde{H}_y^{\,\mathrm{II}} = |I\,\vec{\ell}\,|\, e^{j(k_x x_Q + k_y y_Q)} \\[1ex]
\underline{z = h_1 + h_2:} & \\
\quad \tilde{E}_x^{\,\mathrm{II}} = \tilde{E}_x^{\,\mathrm{III}} & \tilde{E}_y^{\,\mathrm{II}} = \tilde{E}_y^{\,\mathrm{III}} \\[1ex]
\quad \tilde{H}_x^{\,\mathrm{II}} = \tilde{H}_x^{\,\mathrm{III}} & \tilde{H}_y^{\,\mathrm{II}} = \tilde{H}_y^{\,\mathrm{III}}
\end{array}
\tag{9.252}
$$

angegeben werden können. Hierzu werden die aus dem allgemeinen Ansatz für das magnetische Vektorpotential abgeleiteten Beziehungen für die trans-formierte magnetische Feldstärke $\vec{\tilde{\underline{H}}}^{\,i}$ ($i = \mathrm{I, II, III}$),

$$\vec{\tilde{\underline{H}}}^{\,i} = \frac{1}{\mu}\left[(-jk_y\,\tilde{A}_z^{\,i})\,\vec{e}_x + (\frac{\partial}{\partial z}\,\tilde{A}_x^{\,i} + jk_y\,\tilde{A}_z^{\,i})\,\vec{e}_y + (jk_y\,\tilde{A}_x^{\,i})\,\vec{e}_z \right], \tag{9.253}$$

und für die transformierte elektrische Feldstärke $\vec{\tilde{\underline{E}}}^{\,i}$ ($i = \mathrm{I, II, III}$),

$$
\begin{aligned}
\vec{\tilde{\underline{E}}}^{\,i} = -\frac{j\omega}{(k^i)^2} \Bigg[&\left(((k^i)^2 - k_x^2)\,\tilde{A}_x^{\,i} - jk_x\frac{\partial}{\partial z}\,\tilde{A}_z^{\,i} \right)\vec{e}_x \\
&+ \left(-k_x k_y\,\tilde{A}_x^{\,i} - jk_y\frac{\partial}{\partial z}\,\tilde{A}_z^{\,i} \right)\vec{e}_y \\
&+ \left(-jk_x\frac{\partial}{\partial z}\,\tilde{A}_x^{\,i} + (k^i)^2\,\tilde{A}_z^{\,i} + \frac{\partial^2}{\partial z^2}\,\tilde{A}_z^{\,i} \right)\vec{e}_z \Bigg],
\end{aligned}
\tag{9.254}
$$

in die Grenzbedingungen nach Gl.(9.252) eingesetzt, wodurch sich unter Berücksichtigung von $\underline{A}_y = 0$ nach Gl.(9.244) das folgende Gleichungssystem zur Bestimmung der Konstanten ergibt:

$$
\begin{aligned}
&\underline{z = 0:} \\
&\tilde{A}^{\,\mathrm{I}}_x = 0 \qquad\qquad\qquad\qquad \frac{\partial}{\partial z}\,\tilde{A}^{\,\mathrm{I}}_z = 0 \\[2mm]
&\underline{z = h_1:} \\
&\tilde{A}^{\,\mathrm{I}}_x = \tilde{A}^{\,\mathrm{II}}_x \quad (k^{\mathrm{I}})^2\frac{\partial}{\partial z}\,\tilde{A}^{\,\mathrm{II}}_z - (k^{\mathrm{II}})^2\frac{\partial}{\partial z}\,\tilde{A}^{\,\mathrm{I}}_z = jk_x\big((k^{\mathrm{I}})^2 - (k^{\mathrm{II}})^2\big)\,\tilde{A}^{\,\mathrm{I}}_x \\[2mm]
&\tilde{A}^{\,\mathrm{I}}_z = \tilde{A}^{\,\mathrm{II}}_z \quad \mu|I\,\vec{\ell}|\,e^{j(k_x x_Q + k_y y_Q)} = \frac{\partial}{\partial z}\,\tilde{A}^{\,\mathrm{I}}_x - \frac{\partial}{\partial z}\,\tilde{A}^{\,\mathrm{II}}_x \\[2mm]
&\underline{z = h_1 + h_2:} \\
&\tilde{A}^{\,\mathrm{II}}_x = \tilde{A}^{\,\mathrm{III}}_x \quad (k^{\mathrm{II}})^2\frac{\partial}{\partial z}\,\tilde{A}^{\,\mathrm{II}}_z - (k^{\mathrm{III}})^2\frac{\partial}{\partial z}\,\tilde{A}^{\,\mathrm{I}}_z = jk_x\big((k^{\mathrm{II}})^2 - (k^{\mathrm{III}})^2\big)\,\tilde{A}^{\,\mathrm{I}}_x \\[2mm]
&\tilde{A}^{\,\mathrm{II}}_z = \tilde{A}^{\,\mathrm{III}}_z \qquad\qquad 0 = \frac{\partial}{\partial z}\,\tilde{A}^{\,\mathrm{II}}_x - \frac{\partial}{\partial z}\,\tilde{A}^{\,\mathrm{III}}_x
\end{aligned}
\tag{9.255}
$$

Ein entsprechendes Gleichungssystem kann auch für ein Stromelement in y-Richtung aufgestellt werden, so daß sich nach der Auflösung dieser Gleichungssysteme und einer Superposition der Ergebnisse die Spektralbereichslösung für das Vektorpotential $\vec{\underline{A}}$ eines Stromelementes, dessen Richtungsvektor sich in der Grenzschicht an der Stelle $z = h_1$ befindet, ergibt. Das Ergebnis dieser umfangreichen Zwischenrechnung ist im Anhang D (Seite 639) zusammengestellt. Mit den dort eingeführten Abkürzungen läßt sich für das magnetische Vektorpotential im Spektralbereich die Beziehung

$$
\tilde{\vec{\underline{A}}} = \tilde{\underline{\overset{\leftrightarrow}{G}}}_A\, e^{j(k_x x_Q + k_y y_Q)}\, I\,\vec{\ell}
\tag{9.256}
$$

angeben, in der der Ausdruck

$$
\tilde{\underline{\overset{\leftrightarrow}{G}}} = \tilde{\underline{\overset{\leftrightarrow}{G}}}_A\, e^{j(k_x x_Q + k_y y_Q)}
\tag{9.257}
$$

die fouriertransformierte Greensche Dyade $\tilde{\underline{\overset{\leftrightarrow}{G}}}$ des gegebenen Randwertproblems darstellt. Die Rücktransformation von $\tilde{\underline{\overset{\leftrightarrow}{G}}}$ entsprechend

$$
\underline{\overset{\leftrightarrow}{G}} = \frac{1}{4\pi^2}\int\limits_{-\infty}^{\infty}\int\limits_{-\infty}^{\infty} \tilde{\underline{\overset{\leftrightarrow}{G}}}_A\, e^{j(k_x x_Q + k_y y_Q)}\, e^{-j(k_x x + k_y y)}\; \mathrm{d}k_x\,\mathrm{d}k_y
\tag{9.258}
$$

liefert nach Gl.(9.240) das Vektorpotential für eine beliebige Flächenstrom-dichte $\vec{\underline{J}}_e$ im Ortsbereich zu

$$\vec{\underline{A}} = \iint\limits_{A_Q} \frac{1}{4\pi^2} \int\limits_{-\infty}^{\infty} \int\limits_{-\infty}^{\infty} \underline{\tilde{\overset{\leftrightarrow}{G}}}_A\, e^{j(k_x x_Q + k_y y_Q)}\, e^{-j(k_x x + k_y y)}\, dk_x\, dk_y\, \vec{\underline{J}}_e\, dx_Q\, dy_Q.$$

(9.259)

Da in diesem Fall die Matrix $\tilde{\overset{\leftrightarrow}{\underline{G}}}$ keine Abhängigkeit von den Quellpunktko-ordinaten aufweist, läßt sich Gl.(9.259) durch die Beziehung

$$\vec{\underline{A}} = \frac{1}{4\pi^2} \int\limits_{-\infty}^{\infty} \int\limits_{-\infty}^{\infty} \tilde{\overset{\leftrightarrow}{\underline{G}}}_A \iint\limits_{A_Q} \vec{\underline{J}}_e\, e^{j(k_x x_Q + k_y y_Q)}\, dx_Q\, dy_Q\, e^{-j(k_x x + k_y y)}\, dk_x\, dk_y,$$

(9.260)

in der wegen des Verschwindens von $\vec{\underline{J}}_e$ außerhalb des Oberleiterbereichs der Ausdruck

$$\iint\limits_{A_Q} \vec{\underline{J}}_e\, e^{j(k_x x_Q + k_y y_Q)}\, dx_Q\, dy_Q = \int\limits_{-\infty}^{\infty} \int\limits_{-\infty}^{\infty} \vec{\underline{J}}_e\, e^{j(k_x x_Q + k_y y_Q)}\, dx_Q\, dy_Q \quad (9.261)$$

die Fouriertransformierte von $\vec{\underline{J}}_e$ beschreibt, darstellen. Demzufolge ergibt sich aus Gl.(9.260)

$$\vec{\underline{A}} = \frac{1}{4\pi^2} \int\limits_{-\infty}^{\infty} \int\limits_{-\infty}^{\infty} \tilde{\overset{\leftrightarrow}{\underline{G}}}_A\, \tilde{\vec{\underline{J}}}_e\, e^{-j(k_x x + k_y y)}\, dk_x\, dk_y,$$

(9.262)

wobei die Größe

$$\tilde{\vec{\underline{A}}} = \tilde{\overset{\leftrightarrow}{\underline{G}}}_A\, \tilde{\vec{\underline{J}}}_e$$

(9.263)

als das Vektorpotential im Spektralbereich erkannt werden kann, so daß sich hieraus das transformierte elektromagnetische Feld nach den Gln.(9.253) und (9.254) zu

$$\tilde{\vec{\underline{E}}} = \tilde{\overset{\leftrightarrow}{\underline{G}}}_E\, \tilde{\vec{\underline{J}}}_e$$

(9.264)

und

$$\tilde{\vec{\underline{H}}} = \tilde{\overset{\leftrightarrow}{\underline{G}}}_H\, \tilde{\vec{\underline{J}}}_e$$

(9.265)

bestimmen läßt. Die Elemente der Matrizen $\tilde{\overset{\leftrightarrow}{\underline{G}}}_E$ und $\tilde{\overset{\leftrightarrow}{\underline{G}}}_H$ in den Gln.(9.264) und (9.265) sind ebenfalls im Anhang D angegeben.

Somit liefert die Anwendung der Transformationsvorschrift Gl.(9.251) für das elektromagnetische Feld im Ortsbereich

$$\underline{\vec{E}} = \mathsf{L}^E(\underline{\vec{J}}_e) = \frac{1}{4\pi^2} \int\limits_{-\infty}^{\infty} \int\limits_{-\infty}^{\infty} \underline{\tilde{\vec{\tilde{G}}}}_E \, \underline{\tilde{\vec{J}}}_e \, e^{-j(k_x x + k_y y)} \, \mathrm{d}k_x \, \mathrm{d}k_y \qquad (9.266)$$

und

$$\underline{\vec{H}} = \mathsf{L}^H(\underline{\vec{J}}_e) = \frac{1}{4\pi^2} \int\limits_{-\infty}^{\infty} \int\limits_{-\infty}^{\infty} \underline{\tilde{\vec{\tilde{G}}}}_H \, \underline{\tilde{\vec{J}}}_e \, e^{-j(k_x x + k_y y)} \, \mathrm{d}k_x \, \mathrm{d}k_y. \qquad (9.267)$$

Die in den Gln.(9.266) und (9.267) angegebenen Beziehungen, die in Operatorenschreibweise abkürzend durch $\mathsf{L}^E(\underline{\vec{J}}_e)$ und $\mathsf{L}^H(\underline{\vec{J}}_e)$ angegeben werden können, stellen einen allgemeinen Zusammenhang zwischen den Feldgrößen und der noch zu bestimmenden Flächenstromdichteverteilung $\vec{J}_e$ im Oberleiterbereich dar. In [91] erfolgt die Bestimmung von $\vec{J}_e$ für den einfachen (ohne Overlay), ungestörten Streifenleitungsresonator (Eigenwertproblem) durch die Auswertung des Ausdrucks

$$\int\limits_{-\infty}^{\infty} \int\limits_{-\infty}^{\infty} \underline{\vec{E}} \, \vec{J}_e \, \mathrm{d}x \, \mathrm{d}y,$$

der wegen der geforderten Bedingungen

1. Verschwinden der Stromdichteverteilung außerhalb des Oberleiterbereichs und

2. Verschwinden der tangentialen elektrischen Feldstärke im Bereich des Oberleiters

identisch Null sein muß. Somit gilt

$$\int\limits_{-\infty}^{\infty} \int\limits_{-\infty}^{\infty} \underline{\vec{E}} \, \vec{J}_e \, \mathrm{d}x \, \mathrm{d}y \bigg|_{z=h_1} = 0, \qquad (9.268)$$

woraus sich durch Anwendung des Parsevalschen Theorems die Beziehung

$$\int\limits_{-\infty}^{\infty} \int\limits_{-\infty}^{\infty} \underline{\vec{E}} \, \vec{J}_e \, \mathrm{d}x \, \mathrm{d}y \bigg|_{z=h_1} = \frac{1}{4\pi^2} \int\limits_{-\infty}^{\infty} \int\limits_{-\infty}^{\infty} \underline{\tilde{\vec{E}}} \, \underline{\tilde{\vec{J}}}_e^* \, \mathrm{d}x \, \mathrm{d}y \bigg|_{z=h_1} = 0 \qquad (9.269)$$

herleiten läßt. Gl.(9.269) ermöglicht die Bestimmung von $\underline{\vec{J}}_e$ im Spektralbereich.

Hier soll jedoch nicht der Resonator als Eigenwertproblem betrachtet werden, vielmehr soll die Beschreibung des durch eine Quelle angeregten Resonators erfolgen. Hierzu wird das Reaktionskonzept gemäß Abschnitt 2.9 (Seite 50) in der Form

$$< a,b >=< b,a >, \tag{9.270}$$

mit

$$< a,b >= \iiint\limits_{V_{Q,b}} \left(\underline{\vec{E}}_a\, \underline{\vec{J}}_{e,b} - \underline{\vec{H}}_a\, \underline{\vec{J}}_{m,b} \right) \mathrm{d}V \tag{9.271}$$

herangezogen. Im Falle einer Anregung des Streifenleitungsresonators durch eine elektrische Stromdichte (in Kurzform „stromerregter Streifenleitungsresonator") entspricht die Stromdichteverteilung $\vec{J}_{e,a}$ der Stromdichteverteilung $\vec{J}_Q$ im Anregungselement („Quelle") und die Stromdichte $\vec{J}_{e,b}$ einer Stromdichteverteilung $\vec{J}_{e,P}$ im Oberleiterbereich. Die Größen $\vec{\underline{E}}_{e,a}$, $\vec{\underline{E}}_{e,b}$ bzw. $\underline{\vec{H}}_{e,a}$, $\underline{\vec{H}}_{e,b}$ sind die von den entsprechenden Stromdichten hervorgerufenen elektromagnetischen Felder. Mit diesen Beziehungen können die Speisekonzepte nach Bild 9.41 d) und Bild 9.41 e) direkt behandelt werden. Soll auch die Anregung durch eine Streifenleitung nach Bild 9.41 a) bzw. Bild 9.41 b) erfaßt werden, so kann dies nach [101] näherungsweise durch eine fiktive elektrische Flächenstromdichte in der Ankoppelebene, die sich aus dem magnetischen Feld des Quasi-TEM-Wellentypen auf der Speiseleitung ergibt, erfolgen. Ähnlich ist auch die Behandlung der Anregung durch eine Koppelapertur in der Grundfläche. In diesem Fall wird entsprechend dem Huygensschen Prinzip (Abschnitt 2.7, Seite 45) eine fiktive magnetische Flächenstromdichte $\vec{J}_m$ eingeführt, die sich aus

$$\underline{\vec{J}}_{m,Q} = \underline{\vec{E}}_s \times \vec{n} \tag{9.272}$$

mit der elektrischen Feldstärke $\underline{\vec{E}}_s$ in der Ankoppelebene bzw. im Schlitz, berechnen läßt. Zur Auswertung der Gl.(9.270) werden die in der Fläche verteilten Stromdichten der Quellen in der Form

$$\underline{\vec{J}}_{e,Q} = \underline{\vec{J}}_e \tag{9.273}$$

und

$$\underline{\vec{J}}_{m,Q} = \underline{\vec{J}}_m \tag{9.274}$$

geschrieben.

Einsetzen von Gl.(9.273) und Gl.(9.274) in Gl.(9.270) liefert die Beziehung

$$\iint\limits_{A_Q} \left(\vec{\underline{E}}_P \, \vec{\underline{J}}_{e,Q} - \vec{\underline{H}}_P \, \vec{\underline{J}}_{m,Q} \right) dA = \iint\limits_{A_P} \left(\vec{\underline{E}}_Q \, \vec{\underline{J}}_{e,P} \right) dA, \qquad (9.275)$$

die unter Berücksichtigung der Randbedingungen im Bereich der idealen Metallisierung im Oberleiterbereich,

$$\vec{\underline{E}}_P + \vec{\underline{E}}_Q = \vec{0}, \qquad (9.276)$$

zur Bestimmung von $\vec{\underline{E}}_Q$ herangezogen werden kann. Hierzu erfolgt eine Darstellung des elektrischen Feldes $\vec{\underline{E}}_Q$ durch die Reihenentwicklung

$$\vec{\underline{E}}_Q = \sum_{i=1}^{\infty} \underline{B}_i \, \vec{\underline{E}}_{Qi}, \qquad (9.277)$$

in der jeder einzelne Summand $\vec{\underline{E}}_{Qi}$ durch eine Entwicklungsfunktion für die elektrische Flächenstromdichte $\vec{\underline{J}}_{ePi}$ im Oberleiterbereich hervorgerufen wird, d.h. daß das Feld der Anregung durch eine geeignete Überlagerung der Eigenlösungen für den ungestörten Resonator angegeben werden soll. Somit gilt in abkürzender Operatorschreibweise, in der die verwendeten Operatoren die in den Gln.(9.267) und (9.266) angegebenen Beziehungen darstellen,

$$\vec{\underline{E}}_{Qi} = \mathsf{L}^E(\vec{\underline{J}}_{ePi}), \qquad (9.278)$$

wobei die Entwicklungsfunktionen für die elektrische Flächenstromdichte $\vec{\underline{J}}_{ePi}$ zur exakten Bestimmung von $\vec{\underline{E}}_Q$ ein vollständiges Funktionensystem bilden müssen. Wird des weiteren auch die Flächenstromdichte $\vec{\underline{J}}_{eP}$ nach dem gleichen Funktionensystem entwickelt, so gilt auch für das elektromagnetische Feld der j-ten Entwicklungsfunktion $\vec{\underline{J}}_{ePi}$

$$\vec{\underline{H}}_{Pj} = \mathsf{L}^E(\vec{\underline{J}}_{ePj}) \qquad (9.279)$$

und

$$\vec{\underline{E}}_{Pj} = \mathsf{L}^E(\vec{\underline{J}}_{ePj}). \qquad (9.280)$$

Mit den Gln.(9.277) bis (9.280) ergibt sich aus dem Reaktionskonzept nach Gl.(9.275) unter der Berücksichtigung der Randbedingung in Gl.(9.276) der Zusammenhang

$$
\iint\limits_{A_Q} \left(\underline{\vec{J}}_{e,Q}\, \mathsf{L}^E(\underline{\vec{J}}_{ePj}) - \underline{\vec{J}}_{m,Q}\, \mathsf{L}^H(\underline{\vec{J}}_{ePj}) \right) \mathsf{d}A \tag{9.281}
$$

$$
= - \iint\limits_{A_P} \left(\underline{\vec{J}}_{e,Pj} \sum_{i=1}^{\infty} \underline{B}_i\, \underline{\vec{E}}_{Qi} \right) \mathsf{d}A,
$$

der mit Hilfe des Galerkinschen Verfahrens zur Berechnung der unbekannten Entwicklungskoeffizienten $\underline{B}_i$ im Ansatz von $\underline{\vec{E}}_Q$ und damit auch zur Bestimmung des Impedanzverhaltens herangezogen werden kann.

Zur Auswertung von Gl.(9.281) werden die Spektralbereichslösungen nach Gl.(9.266) und Gl.(9.267) in Gl.(9.281) eingesetzt, so daß sich mit

$$
\underline{\tilde{\vec{J}}}_{ePi}(-k_x, -k_y) = \underline{\tilde{\vec{J}}}^{\,*}_{ePi}(k_x, k_y), \tag{9.282}
$$

der konjugiert komplexen Flächenstromdichteverteilung im Spektralbereich, nach einigen Umformungen die rechte Seite der Gl.(9.281) in der Form

$$
\iint\limits_{A_P} \left(\underline{\vec{J}}_{e,Pj} \sum_{i=1}^{\infty} \underline{B}_i\, \underline{\vec{E}}_{Qi} \right) \mathsf{d}A \tag{9.283}
$$

$$
= \frac{1}{4\pi^2} \sum_{i=1}^{\infty} \underline{B}_i \int\limits_{-\infty}^{\infty} \int\limits_{-\infty}^{\infty} \left[\underline{\tilde{\tilde{G}}}_E\, \underline{\tilde{\vec{J}}}_{ePi} \right]_{z=h_1} \underline{\tilde{\vec{J}}}^{\,*}_{ePj}\, \mathsf{d}k_x\, \mathsf{d}k_y
$$

angeben läßt. Die Behandlung der linken Seite von Gl.(9.281) wird im folgenden für die beiden Fälle

1. elektrische Quellen ($\underline{\vec{J}}_{eQ} \neq \vec{0}$ und $\underline{\vec{J}}_{mQ} = \vec{0}$)

2. magnetische Quellen ($\underline{\vec{J}}_{eQ} = \vec{0}$ und $\underline{\vec{J}}_{mQ} \neq \vec{0}$)

getrennt durchgeführt.

9.5.1.2.3.2 Berücksichtigung elektrischer Ströme als Quellen

Als elektrische Quellen werden elektrische Flächenstromdichten $\vec{J}_{eQ}$ betrachtet, die zwischen der unendlich ausgedehnten Grundplatte und dem Oberleiter in z-Richtung verlaufen. Diese werden durch

$$\vec{J}_{eQ} = \begin{cases} = \vec{\underline{J}}_{eQ}^{\,St} & ; \text{Streifenleitungsspeisung} \\[2ex] = \vec{\underline{J}}_{eQ}^{\,Ko} & ; \text{Koaxialleitungsspeisung} \end{cases},$$

mit

$$\vec{J}_{eQ} = \begin{cases} = \vec{\underline{J}}_{eQ}^{\,St} = \frac{I_0}{\sqrt{h_1\, w_{eff}}} \operatorname{rect}\left[\frac{y-y_s}{w_{eff}}\right] \delta(x-x_s)\, \vec{e}_z \\[2ex] = \vec{\underline{J}}_{eQ}^{\,Ko} = \frac{I_0}{2\pi r_0}\, \delta\left((x-x_s)^2 + (y-y_s)^2 - r_0^2\right) \vec{e}_z \end{cases} \qquad (9.284)$$

beschrieben.

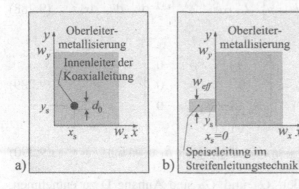

a)   b)

Bild 9.53: *Lage der Speiseelemente*

Im Falle der koaxialen Speisung nach Bild 9.41 d) oder e) befindet sich die elektrische Flächenstromdichte auf der Oberfläche des speisenden Innenleiters. Im Falle der Streifenleitungsspeisung handelt es sich um die fiktive elektrische Flächenstromdichte im Bereich der Anregungsebene; diese ergibt sich aus Anwendung des Huygensschen Prinzips auf das magnetische Wandmodell der Streifenleitung. Bild 9.53 verdeutlicht die mögliche Lage der Speiseelemente in der (x, y)-Ebene. Die Integration über A_Q erstreckt sich somit über eine Fläche, die sich im Bereich $0 \leq z \leq h_1$ durch eine Kurve C_Q in der (x, y)-Ebene beschreiben läßt, so daß die linke Seite der Gl.(9.281) in der Form

$$\iint\limits_{A_Q} \vec{\underline{J}}_{e,Q}\, \mathsf{L}^E(\vec{\underline{J}}_{ePj})\, dA \tag{9.285}$$

$$= \frac{1}{4\pi^2} \int\limits_{C_Q} \int\limits_{0}^{h_1} \int\limits_{-\infty}^{\infty} \int\limits_{-\infty}^{\infty} \tilde{\overset{\leftrightarrow}{\underline{G}}}_E\, \tilde{\vec{\underline{J}}}_{ePj}\, e^{-j(k_x x + k_y y)}\, dk_x\, dk_y\, \underline{J}_{e,Q}\, dz\, ds$$

angegeben werden kann. Die Auswertung dieser Beziehung für eine gleichmäßig verteilte, von z unabhängige Speisestromdichte führt mit

$$\vec{\underline{J}}_{e,Q} = \underline{J}_{e,Q}\, \vec{e}_z \tag{9.286}$$

auf den Ausdruck

$$\frac{1}{4\pi^2} \int\limits_{C_Q} \int\limits_{-\infty}^{\infty} \int\limits_{-\infty}^{\infty} \int\limits_{0}^{h_1} \left(\tilde{\overset{\leftrightarrow}{\underline{G}}}_E\, \tilde{\vec{\underline{J}}}_{ePj} \right) \vec{e}_z\, dz\, \underline{J}_{e,Q}\, e^{-j(k_x x + k_y y)}\, dk_x\, dk_y\, ds, \tag{9.287}$$

der sich mit den Ergebnissen im Anhang D nach kurzer Rechnung durch

$$\frac{1}{4\pi^2} \int\limits_{C_Q} \int\limits_{-\infty}^{\infty} \int\limits_{-\infty}^{\infty} \left(\tilde{\overset{\leftrightarrow}{\underline{G}}}_{Ve}\, \tilde{\vec{\underline{J}}}_{ePj} \right) \vec{\underline{J}}_{e,Q}\, e^{-j(k_x x + k_y y)}\, dk_x\, dk_y\, ds, \tag{9.288}$$

mit

$$\tilde{\overset{\leftrightarrow}{\underline{G}}}_{Ve} = \begin{bmatrix} 0 & 0 & 0 \\ 0 & 0 & 0 \\ k_x\, \underline{Q}_6 & k_y\, \underline{Q}_6 & 0 \end{bmatrix} \tag{9.289}$$

und

$$\underline{Q}_6 = \frac{j\omega\mu}{k^{\mathrm{I}2}} \left[(k^{\mathrm{I}2} - k_{\mathrm{I}}^2)\, \underline{G}_2 + jk_{\mathrm{I}}\, \underline{G}_1 \right] h_1\, \mathrm{si}(k_{\mathrm{I}} h_1) \tag{9.290}$$

beschreiben läßt. Die Größen $\underline{G}_1$ und $\underline{G}_2$ sind Anhang D zu entnehmen. Da die Speisestromverteilung außerhalb von C_Q verschwindet, kann durch Betrachtung der Stromdichteverteilung $\vec{\underline{J}}_{e,Q}$, mit

$$\vec{\underline{J}}_{e,Q} = \vec{\underline{J}}_{e,Q}\, \delta(\vec{r} - \vec{r}_{CQ}) \tag{9.291}$$

die Integration über die gesamte (x,y)-Ebene ausgedehnt werden, so daß sich für die rechte Seite von Gl.(9.285) der Ausdruck

$$\frac{1}{4\pi^2} \int\limits_{C_Q} \int\limits_{-\infty}^{\infty} \int\limits_{-\infty}^{\infty} \left(\tilde{\overset{\leftrightarrow}{\underline{G}}}_{Ve}\, \tilde{\vec{\underline{J}}}_{ePj} \right) \int\limits_{-\infty}^{\infty} \int\limits_{-\infty}^{\infty} \vec{\underline{J}}_{e,Q}\, \delta(\vec{r} - \vec{r}_{CQ})\, e^{-j(k_x x + k_y y)}\, dx\, dy\, dk_x\, dk_y$$

$$\tag{9.292}$$

ergibt, in dem

$$\vec{J}_{e,Q}(-k_x,-k_y) = \int\limits_{-\infty}^{\infty} \int\limits_{-\infty}^{\infty} \vec{J}_{e,Q}\delta(\vec{r}-\vec{r}_{CQ})\,e^{-j(k_x x + k_y y)} \ \mathrm{d}x \ \mathrm{d}y \qquad (9.293)$$

als die Fouriertransformierte von $\vec{J}_{e,Q}$ bezüglich $(-k_x,-k_y)$ erkannt werden kann. Da $\vec{J}_{e,Q}$ ebenfalls eine reelle Ortsfunktion darstellt, ist dieser Ausdruck identisch mit der konjugiert komplexen Speisestromdichte im Spektralbereich und darf durch

$$\vec{J}_{e,Q}(-k_x,-k_y) = \vec{J}^{\,*}_{e,Q}(k_x,k_y) \qquad (9.294)$$

abgekürzt werden. Mit der Fouriertransformierten der Speisestromdichte nach Gl.(9.284),

$$\tilde{\vec{J}}_{eQ} = I_0\, e^{j(k_x x + k_y y)}\, \vec{e}_z \cdot \begin{cases} \sqrt{\dfrac{w_{eff}}{h_1}}\,\mathrm{si}\left(k_y\,\dfrac{w_{eff}}{2}\right) & ; \text{Streifenleitungsspeisung} \\[3mm] \mathrm{J}_0(r_0\sqrt{k_x^2+k_y^2}) & ; \text{Koaxialleitungsspeisung} \end{cases},$$
$$(9.295)$$

mit J_0 der Besselfunktion 0-ter Ordnung, ergibt sich aus dem Reaktionskonzept nach Gl.(9.281), unter Verwendung von Gl.(9.283) und Gl.(9.295) zur Berücksichtigung elektrischer Quellen, die Beziehung

$$\frac{1}{4\pi^2}\int\limits_{-\infty}^{\infty}\int\limits_{-\infty}^{\infty}\left(\tilde{\underline{\underline{G}}}_{Ve}\,\tilde{\vec{J}}_{ePj}\right)\vec{J}^{\,*}_{e,Q}\ \mathrm{d}k_x\ \mathrm{d}k_y \qquad (9.296)$$

$$= -\frac{1}{4\pi^2}\sum_{i=1}^{\infty}\underline{B}_i\int\limits_{-\infty}^{\infty}\int\limits_{-\infty}^{\infty}\left[\tilde{\underline{\underline{G}}}_E\,\tilde{\vec{J}}_{ePi}\right]_{z=h_1}\tilde{\vec{J}}^{\,*}_{ePj}\ \mathrm{d}k_x\ \mathrm{d}k_y.$$

9.5.1.2.3.3 Berücksichtigung magnetischer Ströme als Quellen

Die Einbeziehung von magnetischen Quellen zur Anregung eines Streifenleitungsresonators macht eine Analyse des in Bild 9.51 (Seite 529) dargestellten Speisekonzeptes möglich. In [104] wird eine vollständige Beschreibung der Schlitzspeisung unter exakter Einbeziehung der Speiseleitung vorgestellt. Im Gegensatz dazu kann das hier vorgestellte Berechnungsverfahren nicht dazu dienen, die Feldverteilung in der Gesamtanordnung zu berechnen, sondern soll zur näherungsweisen Beschreibung des Resonatorverhaltens herangezogen werden. Aus diesem Grunde beschränken sich die Ausführungen auf die Behandlung von schmalen, schlitzförmigen Koppelaperturen, deren Längen so gewählt werden, daß sich bei der betrachteten Frequenz im Schlitz eine stehende Welle (Resonanz) ausbildet.

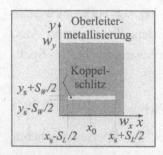

Bild 9.54: *Geometrie des Koppelschlitzes*

Im Resonanzfall weist nach [105] und [106] die elektrische Feldstärke im Schlitz näherungsweise einen kosinusförmigen Verlauf auf, der mit den Abmessungen in Bild 9.54 durch

$$\vec{\underline{E}}^{S}(x,y) = \underline{E}_0 \cos\left[\frac{\pi}{2S_L}(x-x_s)\right] \text{rect}\left[\frac{x-x_s}{S_L}\right] \text{rect}\left[\frac{y-y_s}{S_W}\right] \vec{e}_y \quad (9.297)$$

beschrieben werden kann. Hieraus läßt sich mit Hilfe des Huygensschen Prinzips (Abschnitt 2.7, Seite 45) eine magnetische Oberflächenstromdichte $\vec{\underline{J}}_{m,Q}$ der Größe

$$\vec{\underline{J}}_{m,Q} = \vec{\underline{E}}^{S} \times \vec{n}, \quad (9.298)$$

mit $\vec{\underline{E}}^{S}$ der elektrischen Feldstärke in der Ankoppelebene bzw. im Schlitz, ableiten, die in Gegenwart der geschlossenen Grundebene als Quelle anzusehen ist. Mit

$$\tilde{\vec{\underline{J}}}_{m,Q} = 2\pi \underline{E}_0 S_W S_L \, \text{si}\left(k_y \frac{S_W}{2}\right) \frac{\cos\left(k_x \frac{S_L}{2}\right)}{\pi^2 - (k_x S_L)^2} e^{-j(k_x x_s + k_y y_s)} \vec{e}_x \quad (9.299)$$

und unter Berücksichtigung der Ergebnisse aus Anhang D (Seite 639) ergibt sich aus dem Reaktionskonzept entsprechend Gl.(9.281) und Gl.(9.283)

$$\frac{1}{4\pi^2} \int\limits_{-\infty}^{\infty} \int\limits_{-\infty}^{\infty} \left(\tilde{\overset{\leftrightarrow}{\underline{G}}}_{Vm} \, \tilde{\vec{\underline{J}}}_{ePj}\right) \tilde{\vec{\underline{J}}}^{*}_{m,Q} \, dk_x \, dk_y \quad (9.300)$$

$$= -\frac{1}{4\pi^2} \sum_{i=1}^{\infty} \underline{B}_i \int\limits_{-\infty}^{\infty} \int\limits_{-\infty}^{\infty} \left[\tilde{\overset{\leftrightarrow}{\underline{G}}}_{E} \, \tilde{\vec{\underline{J}}}_{ePi}\right]_{z=h_1} \tilde{\vec{\underline{J}}}^{*}_{ePj} \, dk_x \, dk_y$$

eine Beziehung, die mit

$$\underset{=}{\tilde{G}}_{Vm} = \begin{bmatrix} -jk_x k_y \underline{G}_2 & -jk_y^2 \underline{G}_2 + k_1 \underline{G}_1 & 0 \\ 0 & 0 & 0 \\ 0 & 0 & 0 \end{bmatrix} \qquad (9.301)$$

mit den Größen $\underline{G}_1$ und $\underline{G}_2$ nach Anhang D zur Bestimmung der elektrischen Feldstärke $\vec{E}_Q$ und der Eingangsimpedanz herangezogen werden kann.

Zusammenfassung: Mit den Abkürzungen

$$\underline{V}_j = \begin{cases} \dfrac{1}{4\pi^2} \displaystyle\int\limits_{-\infty}^{\infty} \int\limits_{-\infty}^{\infty} \left(\underset{=}{\tilde{G}}_{Ve} \, \underset{}{\tilde{\vec{J}}}_{ePj} \right) \vec{J}_{e,Q}^{\,*} \, \mathrm{d}k_x \, \mathrm{d}k_y & ; \text{stromerregter} \\ & \quad \text{Resonator} \\[4mm] \dfrac{1}{4\pi^2} \displaystyle\int\limits_{-\infty}^{\infty} \int\limits_{-\infty}^{\infty} \left(\underset{=}{\tilde{G}}_{Vm} \, \underset{}{\tilde{\vec{J}}}_{ePj} \right) \vec{J}_{m,Q}^{\,*} \, \mathrm{d}k_x \, \mathrm{d}k_y & ; \text{schlitzgespeister} \\ & \quad \text{Resonator} \end{cases}$$

$$(9.302)$$

und

$$\underline{Z}_{ji}^{\Lambda} = -\frac{1}{4\pi^2} \int\limits_{-\infty}^{\infty} \int\limits_{-\infty}^{\infty} \left[\underset{=}{\tilde{G}}_E \, \underset{}{\tilde{\vec{J}}}_{ePi} \right]_{z=h_1} \tilde{\vec{J}}_{ePj}^{\,*} \, \mathrm{d}k_x \, \mathrm{d}k_y \qquad (9.303)$$

läßt sich die Gleichung des Reaktionskonzeptes in Kurzschreibweise durch die Beziehung

$$\underline{V}_j = \sum_{i=1}^{\infty} \underline{Z}_{ji}^A \underline{B}_i \qquad (9.304)$$

angeben. Diese wird zur Berechnung der unbekannten Feldverteilung $\vec{E}_Q$ mit Hilfe des Galerkinschen Verfahrens herangezogen. Hierzu wird die Reihe zur Darstellung von $\vec{E}_Q$ in Gl.(9.277) nach dem J-ten Summanden abgebrochen, so daß sich nach Einsetzen der Testfunktionen $\vec{J}_{ePj}$ $(j = 1, ..., J)$ und einer Auswertung der hieraus resultierenden Gleichungen ein Gleichungssystem J-ter Ordnung zur Bestimmung der auftretenden Konstanten $\underline{B}_i$ ergibt. In Matrizenschreibweise lautet dieser Zusammenhang

$$\vec{\underline{V}} = \underset{=}{\tilde{\underline{Z}}}^A \, \vec{\underline{B}}, \qquad (9.305)$$

wobei die Elemente des Vektors $\vec{\underline{V}}$ durch Gl.(9.302), die Elemente der Matrix $\underset{=}{\tilde{\underline{Z}}}^A$ durch Gl.(9.303) definiert sind und der Vektor $\vec{\underline{B}}$ die gesuchten Koeffizienten $\underline{B}_i$ enthält.

9.5.1.2.3.4 Eingangsimpedanz des $\lambda/2$-Resonators

Die Anwendung der zusammengestellten Grundlagen auf den rechteckigen $\lambda/2$-Resonator erfolgt wegen der großen Bedeutung dieses Strahlerelementes in größeren Strahlergruppen, bei denen zur Erzielung bestimmter Fernfeldeigenschaften, wie z. B. der elektronischen Steuerung der Hauptstrahlrichtung, geringe Abstände zwischen benachbarten Strahlerelementen erforderlich sind. Da bei einer vorgegebenen Betriebsfrequenz der $\lambda/2$- Resonator (es werden hier nur rechteckige Oberleiterformen betrachtet) die geringsten Abmessungen besitzt, bietet sich dieses Strahlerelement zur Anwendung in Gruppenantennen an und macht somit eine Analyse des Impedanz- und Strahlungsverhaltens der Anordnung notwendig. Da eine exakte Bestimmung der Eigenschaften, insbesondere bei großen Strahlergruppen, zu sehr umfangreichen Berechnungen führt, erfolgt im betrachteten Frequenzbereich (in unmittelbarer Umgebung der Resonanzfrequenz) eine näherungsweise Darstellung der Oberleiterstromdichte durch einen rein sinusförmigen Verlauf. Die Berechtigung für diese Vorgehensweise liegt in der Anwendung des Reaktionskonzeptes begründet. Dieses stellt eine stationäre Beziehung für das Resonatorverhalten dar und liefert somit schon bei Näherungslösungen für $\vec{\underline{J}}_{eP1}$ recht gute Ergebnisse für das Impedanzverhalten. Demzufolge wird die Reihenentwicklung zur Beschreibung der elektrischen Feldstärke in Gl.(9.278) nach dem ersten Summanden abgebrochen und für den Resonator nach Bild 9.50 eine Oberleiterstromverteilung $\vec{\underline{J}}_{eP1}$ in der Form

$$\vec{\underline{J}}_{eP1} = \frac{I_1}{w_x} \sin\left(\frac{\pi y}{w_y}\right) \text{rect}\left[\frac{2x - w_x}{2w_x}\right] \text{rect}\left[\frac{2y - w_y}{2w_y}\right] \vec{e}_y \qquad (9.306)$$

mit der Fouriertransformierten $\vec{\tilde{\underline{J}}}_{eP1}$,

$$\vec{\tilde{\underline{J}}}_{eP1} = 2\pi \underline{I}_1 w_y \, \text{si}\left(k_x \frac{w_x}{2}\right) \frac{\cos\left(k_y \frac{w_y}{2}\right)}{\pi^2 - (k_y w_y)^2} e^{-j(k_x w_x + k_y w_y)/2} \vec{e}_y, \qquad (9.307)$$

gewählt. Eine zusätzliche Berücksichtigung des bei Streifenleitungen üblichen Stromanstiegs zu den Leiterseiten durch einen sogenannten Kantenterm $f(x)$,

$$f(x) = \frac{1}{\sqrt{1 - \left(\frac{2x - w_x}{w_x}\right)^2}},$$

führt, wie Untersuchungen zeigten, zu keiner deutlichen Veränderung der Ergebnisse und wird deswegen zur Einsparung an Rechenzeit nicht weiter erfaßt. Auch bei der Behandlung der Strahlungseigenschaften des $\lambda/2$-Resonators führt der Ansatz nach Gl.(9.306) zu guten Resultaten, so daß hierdurch im Gegensatz zu den Verfahren in [83] und [95], die von dem magnetischen Wandmodell Gebrauch machen, eine Berücksichtigung des Dielektrikums außerhalb des Resonatorbereiches möglich wird.

Die Eingangsimpedanz des stromerregten $\lambda/2$-Resonators

Die Ermittlung der Eingangsimpedanz $\underline{Z}_{11}$ eines durch die Stromstärke $\underline{I}_0$ erregten Strahlerelementes erfolgt nach [7], [8] mit Hilfe des Reaktionskonzeptes in der Form

$$-\underline{Z}_{11}\underline{I}_0^2 = <a,a> = \iint_{A_Q} \vec{\underline{J}}_{e,Q} \, \vec{\underline{E}}_Q \, dA, \qquad (9.308)$$

wobei $\vec{\underline{J}}_{e,Q}$ die Speisestromdichteverteilung und $\vec{\underline{E}}_Q$ das daraus resultierende elektrische Feld der Antenne beschreibt. Das Feld $\vec{\underline{E}}_Q$ kann auch als Folge einer Flächenstromdichte $\vec{\underline{J}}_{eP}$ betrachtet werden, die in Abwesenheit der Metallisierung strahlt und dabei die durch die Anordnung geforderten Randbedingungen, ein Verschwinden des elektrischen Feldes im Bereich der Metallisierung, erfüllt. Damit ergibt sich für die rechte Seite der Gl.(9.308) die Beziehung

$$\iint_{A_Q} \vec{\underline{J}}_{e,Q} \, \vec{\underline{E}}_Q(\vec{\underline{J}}_{e,Q}) = \iint_{A_Q} \vec{\underline{J}}_{e,Q} \, \vec{\underline{E}}_Q(\vec{\underline{J}}_{eP}) \, dA, \qquad (9.309)$$

die mit dem Ansatz nach Gl.(9.277), den darauffolgenden Umformungen und den gemachten Voraussetzungen für die Reihenentwicklung des elektrischen Feldes mit der Oberleiterstromdichte nach Gl.(9.306) durch den Ausdruck

$$\iint_{A_Q} \vec{\underline{J}}_{e,Q} \, \vec{\underline{E}}_Q(\vec{\underline{J}}_{eP}) \, dA = \underline{B}_1 \underline{V}_1 \qquad (9.310)$$

angegeben werden kann, so daß sich aus Gl.(9.308) mit $\underline{B}_1 = \dfrac{V_1}{\underline{Z}_{11}^A}$ die Eingangsimpedanz in der Ankoppelebene zu

$$\underline{Z}_{11} = -\frac{1}{\underline{I}_0^2} \frac{V_1^2}{\underline{Z}_{11}^A} \qquad (9.311)$$

bestimmen läßt.

Das Impedanzverhalten des $\lambda/2$-Resonators mit Schlitzspeisung

Analog zu der im letzten Abschnitt durchgeführten Berechnung des strom-
erregten Strahlerelementes läßt sich näherungsweise die Schlitzspeisung
analysieren. Hierzu erfolgt entsprechend der Behandlung von Öffnungen in
Hohlleitern oder Hohlraumresonatoren in [96] und [107] eine getrennte Betrachtung des Strahlungs- und Leitungsverhaltens. Nach der Bestimmung der
Feldverteilung in der Koppelapertur wird zur Beschreibung der Strahlerseite
eine fiktive magnetische Flächenstromdichte $\vec{J}_{m,Q}$ im Schlitzbereich eingeführt, woraus sich die Admittanz dieser Teilanordnung aus

$$\underline{Y}_{11} = \frac{1}{\underline{V}_0^2} \iint\limits_{A_Q} \vec{J}_{m,Q}\, \vec{\underline{H}}_Q(\vec{J}_{eP})\, \mathrm{d}A, \qquad (9.312)$$

mit

$$\underline{V}_0 = \underline{E}_0 s_w \qquad (9.313)$$

der Schlitzspannung, ergibt. Die Berücksichtigung der Eigenschaften auf der
Speiseseite erfolgt entsprechend den in [107] angegebenen Zusammenhänge
zur Berechnung von Öffnungen in Hohlleitern. Danach läßt sich ein Schlitz
in der Grundebene der Streifenleitung als eine Serienimpedanz $\underline{Z}_S$ betrachten, die sich mit der komplexen Leistung $\underline{P}$, die durch die Koppelapertur
hindurchtritt, aus

$$\underline{Z}_S = \frac{(\Delta V)^2}{\underline{P}} \qquad (9.314)$$

ermitteln läßt. Die Größe ΔV in Gl.(9.314) stellt die effektive Spannung am
Ort der Ankopplung dar. Sie ergibt sich nach [107] mit β dem Phasenkoeffi-
zienten, $\vec{h}_{trv}$ der Strukturfunktion für das transversale magnetische Feld des
Quasi-TEM-Wellentyps auf der Speiseleitung und der fiktiven magnetischen
Flächenstromdichte auf der Speiseleitungsseite zu

$$\Delta V = - \iint\limits_{A_Q} \vec{J}_{m,Q}\, \vec{h}_{trv} \cos(\beta y)\, \mathrm{d}A. \qquad (9.315)$$

Die Leistung $\underline{P}$ kann aus aus Gl.(9.312) zu

$$\underline{P} = \underline{Y}_{11}\, \underline{V}_0^2 = \iint\limits_{A_Q} \vec{J}_{m,Q}\, \vec{\underline{H}}_Q(\vec{J}_{eP})\, \mathrm{d}A \qquad (9.316)$$

bestimmt werden.

Einsetzen von Gl.(9.316) in Gl.(9.314) liefert für die Serienimpedanz $\underline{Z}_S$ des Strahlerelementes die Beziehung

$$\underline{Z}_S = \frac{(\Delta V)^2}{\displaystyle\iint\limits_{A_Q} \vec{\underline{J}}_{m,Q}\,\vec{\underline{H}}_Q(\vec{\underline{J}}_{eP})\,\mathrm{d}A},\qquad(9.317)$$

die nach der Lösung von Gl.(9.312) entsprechend Gl.(9.309),

$$\iint\limits_{A_Q} \vec{\underline{J}}_{m,Q}\,\vec{\underline{H}}_Q(\vec{\underline{J}}_{eP})\,\mathrm{d}A = \frac{V_1}{\underline{Z}^A_{11}},$$

durch

$$\underline{Z}_S = \frac{(\Delta V)^2}{V_1}\,\underline{Z}^A_{11}\qquad(9.318)$$

angegeben werden kann. Die zur Auswertung dieser Beziehung erforderliche, transversale magnetische Feldstärke der Speiseleitung im Bereich der Koppelapertur kann den Arbeiten [105] oder [106] entnommen werden, in denen eine Beschreibung von Schlitzstrahlern mit Streifenleitungsspeisung erfolgt.

Die numerische Auswertung der abgeleiteten Zusammenhänge

Die Berechnung des Impedanzverhaltens von Streifenleitungsresonatoren, das sich für den einzelnen Resonator durch die Gl.(9.311) und Gl.(9.318) angeben läßt, erfordert die Auswertung der in den Gl.(9.302) und Gl.(9.303) angegebenen Integrale. Die hierbei auftretende zweidimensionale Integration, die sich über die vollständige (k_x, k_y)-Ebene erstreckt, wird mit Hilfe der Variablensubstitution

$$k_x = k_0\,\beta\cos(\alpha)\qquad(9.319)$$

und

$$k_y = k_0\,\beta\sin(\alpha)\qquad(9.320)$$

durchgeführt. Am Beispiel eines allgemeinen Integranden $\underline{R}(k_x, k_y)$, wie er der Form nach in Gl.(9.302) oder Gl.(9.303) auftritt, liefert diese Substitution die Beziehung

$$\int\limits_{-\infty}^{\infty}\int\limits_{-\infty}^{\infty} \underline{R}(k_x, k_y)\,\mathrm{d}k_x\,\mathrm{d}k_y = \int\limits_{0}^{\infty}\int\limits_{-\pi}^{\pi} \underline{R}(\alpha, \beta)\,k_0^2\,\beta\,\mathrm{d}\alpha\,\mathrm{d}\beta\qquad(9.321)$$

die durch die Auswertung von Symmetrieeigenschaften des Integranden $\underline{R}(\alpha, \beta)$ bezüglich $\alpha = -\pi/2$, $\alpha = 0$ und $\alpha = \pi/2$ zu einer wesentlichen Reduzierung des Aufwandes bei der numerischen Integration führt. Beschreibt $\underline{R}_{eff}(\alpha, \beta)$ den Teil des Integranden, der einen nicht verschwindenden Beitrag zum Integral in Gl.(9.321) liefert, dann läßt sich Gl.(9.321) durch

$$\int\limits_{-\infty}^{\infty} \int\limits_{-\infty}^{\infty} \underline{R}(k_x, k_y)\ \mathrm{d}k_x\ \mathrm{d}k_y = 4 \int\limits_{0}^{\infty} \int\limits_{0}^{\pi/2} \underline{R}_{eff}(\alpha, \beta)\, k_0^2\, \beta\ \mathrm{d}\alpha\ \mathrm{d}\beta \qquad (9.322)$$

angeben, in dem zur praktischen Durchführbarkeit der numerischen Integration über β die Integration an der oberen Grenze β_{max} abgebrochen wird. β_{max} wird dabei so gewählt, daß das zu berechnende Integral einen vorgegebenen relativen Fehler nicht überschreitet. Eine weitere Betrachtung der Größe $\underline{R}_{eff}(\alpha, \beta)$ erlaubt die Aufspaltung dieses Ausdrucks in zwei Faktoren $\underline{R}_1(\beta)$ und $\underline{R}_2(\alpha, \beta)$, von denen einer, $\underline{R}_1(\beta)$, nur noch eine β-Abhängigkeit aufweist, so daß sich damit die Gl.(9.322) in der Form

$$\int\limits_{-\infty}^{\infty} \int\limits_{-\infty}^{\infty} \underline{R}(k_x, k_y)\ \mathrm{d}k_x\ \mathrm{d}k_y = 4 \int\limits_{0}^{\infty} \underline{R}_1(\beta) \int\limits_{0}^{\pi/2} \underline{R}_2(\alpha, \beta)\, k_0^2\, \beta\ \mathrm{d}\alpha\ \mathrm{d}\beta \qquad (9.323)$$

zur Berechnung der Resonatoreigenschaften heranziehen läßt. Der Integrand $\underline{R}_2(\alpha, \beta)$ stellt auf dem Integrationsweg des inneren Integrals eine reguläre (holomorphe) Funktion dar, so daß diese Integration problemlos durchgeführt werden kann. Im Gegensatz hierzu weist unter Verwendung der Ergebnisse im Anhang D (siehe $\underline{G}_1$ und $\underline{G}_2$) die Funktion $\underline{R}_1(\beta)$ im Bereich $1 < \beta < \max(\sqrt{\varepsilon_{r1}}, \sqrt{\varepsilon_{r2}})$ Polstellen auf. Diese sind durch die Nullstellen der Nennerausdrücke

$$\mathsf{TM}(\beta) = \left[1 + j\frac{\varepsilon_{r3} k_{\mathrm{II}}}{\varepsilon_{r2} k_{\mathrm{III}}} \tan(k_{\mathrm{II}} h_2) \right] \qquad (9.324)$$

$$+ j \left[1 + j\frac{\varepsilon_{r2} k_{\mathrm{III}}}{\varepsilon_{r3} k_{\mathrm{II}}} \tan(k_{\mathrm{II}} h_2) \right] \frac{\varepsilon_{r3} k_{\mathrm{I}}}{\varepsilon_{r1} k_{\mathrm{III}}} \tan(k_{\mathrm{I}} h_1)$$

und

$$\mathsf{TE}(\beta) = \left[1 + j\frac{k_{\mathrm{III}}}{k_{\mathrm{II}}} \tan(k_{\mathrm{II}} h_2) \right] + j \left[1 + j\frac{k_{\mathrm{II}}}{k_{\mathrm{III}}} \tan(k_{\mathrm{II}} h_2) \right] \frac{k_{\mathrm{III}}}{k_{\mathrm{I}}} \tan(k_{\mathrm{I}} h_1)$$
$$(9.325)$$

bestimmt und beschreiben die Eigenwerte der TM- und TE- Oberflächenwellen, die sich auf der mit den dielektrischen Materialien beschichteten, unendlich ausgedehnten Grundplatte ausbreiten können.

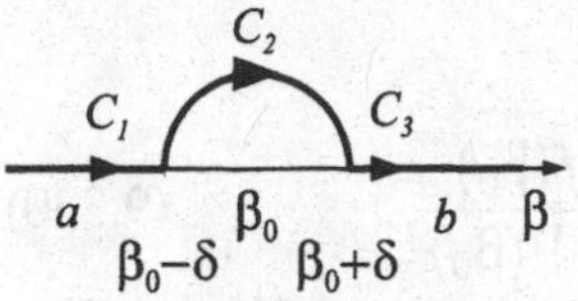

Bild 9.55: *Ausschnitt des Integrationswegs in der Umgebung einer Polstelle β_0*

Eine Berücksichtigung der Polstellen im Integranden erfolgt mit Hilfe der Residuentheorie [108], die am Beispiel des in Bild 9.55 gezeigten Ausschnitts des Integrationswegs erläutert werden soll. Für eine allgemeingültige Aussage wird die Auswertung des Ausdrucks

$$\int_a^b \frac{f(\beta)}{g(\beta)}\, d\beta \tag{9.326}$$

betrachtet, in dem der Integrand auf dem Integrationsweg C Polstellen erster Ordnung besitzen soll, die durch die Nullstellen der Funktion $g(\beta)$ gegeben sind. Nach einer Zerlegung des Integrationswegs entsprechend dem Bild 9.55, läßt sich das Integral in Gl.(9.326) in der Form

$$C\int_a^b \frac{f(\beta)}{g(\beta)}\, d\beta = \lim_{\delta\to 0}\left[C_1\int_a^{\beta_0-\delta} \frac{f(\beta)}{g(\beta)}\, d\beta + C_2\int_{\beta_0-\delta}^{\beta_0+\delta} \frac{f(\beta)}{g(\beta)}\, d\beta + C_3\int_{\beta_0+\delta}^b \frac{f(\beta)}{g(\beta)}\, d\beta \right]$$

bzw.

$$C\int_a^b \frac{f(\beta)}{g(\beta)}\, d\beta = \lim_{\delta\to 0}\int_{C_1+C_3} \frac{f(\beta)}{g(\beta)}\, d\beta + \lim_{\delta\to 0}\int_{C_2} \frac{f(\beta)}{g(\beta)}\, d\beta \tag{9.327}$$

darstellen. Die Auswertung des ersten Summanden auf der rechten Seite von Gl.(9.327) kann mit herkömmlichen Mitteln erfolgen. Eine Erfassung des zweiten Summanden gelingt mit Hilfe der Residuentheorie. Nach [108] gilt

$$\lim_{\delta\to 0}\int_{C_2} \frac{f(\beta)}{g(\beta)}\, d\beta = -j\pi a_{-1}, \tag{9.328}$$

wobei der Faktor a_{-1}, das Residuum des Integranden an der Stelle $\beta = \beta_0$, sich aus

$$a_{-1} = \lim_{\beta\to\beta_0} \frac{f(\beta)}{g(\beta)}(\beta - \beta_0) = \frac{f(\beta_0)}{g^{(1)}(\beta_0)}, \tag{9.329}$$

mit

$$g^{(1)}(\beta) = \left.\frac{dg(\beta)}{d\beta}\right|_{\beta=\beta_0}$$

ermitteln läßt.

Für Gl.(9.327) gilt somit

$$C\int_a^b \frac{f(\beta)}{g(\beta)}\,d\beta = \lim_{\delta\to 0}\int_{C_1+C_3}\frac{f(\beta)}{g(\beta)}\,d\beta - j\pi\frac{f(\beta_0)}{g^{(1)}(\beta_0)}, \qquad (9.330)$$

so daß die durch Gl.(9.321) charakterisierten Doppelintegrale in der Form

$$\int_{-\infty}^{\infty}\int_{-\infty}^{\infty}\underline{R}(k_x,k_y)\,dk_x\,dk_y = 4\int_{C_g}\underline{R}_1(\beta)\int_0^{\pi/2}\underline{R}_2(\alpha,\beta)k_0^2\beta\,d\alpha\,d\beta \qquad (9.331)$$

$$-4\pi j\sum_{i=1}^{N_0}a_{-1,i}k_0^2\beta_{0,i}\int_0^{\pi/2}\underline{R}_2(\alpha,\beta_{0,i})\,d\alpha$$

zur numerischen Integration herangezogen werden dürfen. N_0 beschreibt dabei die Anzahl der Polstellen und $a_{-1,i}$ das Residuum an der i-ten Polstelle $\beta_{0,i}$. Der Integrationsweg C_g in Gl.(9.331) beschreibt dabei den Abschnitt $0 < \beta < \beta_{max}$ mit Ausnahme der Polstellen $\beta_{0,i}$ auf der β-Achse.

Darstellung theoretisch und experimentell ermittelter Ergebnisse

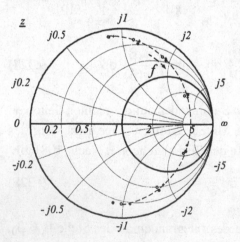

Bild 9.56: *Impedanzverlauf des Streifenleitungsresonators mit Streifenleitungsspeisung ($Z_W = 50\Omega$)*
(○ Rechnung, + Rechnung [101],
● Messung [101])
($w_x = 40.2$mm, $w_y = 40.2$mm,
$x_s = 20.1$mm, $y_s = 0$mm,
$h_1 = 1.59$mm, $\varepsilon_{r1} = 2.55$,
$\tan\delta = 0.002$, $\varepsilon_{r2} = 1$,
$f_a = 2.1$GHz, $f_e = 2.4$GHz,
$\Delta f = 0.05$GHz)

Die in den vorangestellten Abschnitten durchgeführten Berechnungen zur Bestimmung des Impedanzverhaltens von Streifenleitungsresonatoren machen bei der Beschreibung der Speiseanordnung von einem Näherungsmodell Gebrauch. So wird bei der Speisung durch eine Streifenleitung im Bereich der Ankoppelebene mit w_{eff} die effektive Breite dieser Leitung, die sich z.B. durch Anwendung des magnetischen Wandmodells ermitteln läßt, als Quellbereich berücksichtigt. Bild 9.56 stellt die hier berechneten Ergebnisse für das in [101] angegebene Beispiel eines herkömmlichen Streifenleitungsresonators mit Streifenleitungsspeisung dar.

Im Falle der koaxialen Speisung wird die Anwesenheit des Speiseleiters zunächst nicht erfaßt. Zur näherungsweisen Korrektur dieses Einflusses kann die in [96] angegebene Beziehung zur Beschreibung der Ersatzinduktivität eines Speiseelementes bei einer Parallelplattenleitung in der Form

$$X_L = \omega L = 60\sqrt{\varepsilon_{r1}}\, k_0\, h_1 \ln\left(\frac{2.25}{\sqrt{\varepsilon_{r1}}\, k_0\, d_0}\right) \qquad (9.332)$$

herangezogen werden. Für Speiseelementabmessungen, die sehr viel kleiner sind als die auftretende Wellenlänge, lassen sich hierdurch gute Ergebnisse erzielen, so daß sich die in [101] und [102] angegebenen Resultate reproduzieren lassen. Bild 9.57 zeigt z.B. eine Gegenüberstellung der theoretischen Ergebnisse nach dem hier vorgestellten Verfahren, der berechneten Werte in [101] und [93] und des in [93] experimentell ermittelten Verlaufs der Eingangsimpedanz.

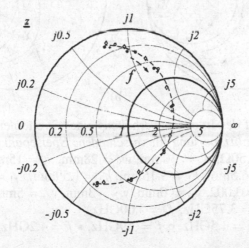

Bild 9.57: *Impedanzverlauf eines Streifenleitungsresonators mit koaxialer Speisung ($Z_W = 50\Omega$) (∘ Rechnung, + Rechnung [101], ◇ Rechnung [93], • Messung [93]) ($w_x = 114.3$mm, $w_y = 76.2$mm, $d_0 = 1.27$mm, $x_s = 53.3$mm, $y_s = 7.6$mm, $h_1 = 1.59$mm, $\varepsilon_{r1} = 2.64$, $\tan\delta = 0.002$, $\varepsilon_{r2} = 1$, $\Delta f = 0.01$GHz, $f_a = 2.10$GHz, $f_e = 2.40$GHz) (∘, • und +: $f_a = 1.155$GHz, $f_e = 1.215$GHz; ◇: $f_a = 1.1555$GHz, $f_e = 1.2155$GHz)*

Die Formulierung des Problems zur Berücksichtigung von Koppelaperturen als Anregungselemente ermöglicht, im Gegensatz zu den bisher vorgestellten Berechnungsverfahren, die theoretische Analyse einer technolo-
gisch sehr einfach zu realisierenden Speiseart. Dieser praktische Gesichts-
punkt ist auch der Grund dafür, daß durch die Arbeiten [109] und [110], die
eine Anregung durch eine relativ kleine Koppelapertur beschreiben, erste
Näherungsansätze für die Behandlung solcher Anordnungen vorgelegt wurden. Mit [104] wurde eine exaktere Formulierung der in [109] angedeuteten
Problematik vorgestellt, die ähnlich wie das hier beschriebene Verfahren von
einer Lösung im Spektralbereich ausgeht und desweiteren auch die Speiseleitungsseite mit in die Analyse einbezieht.

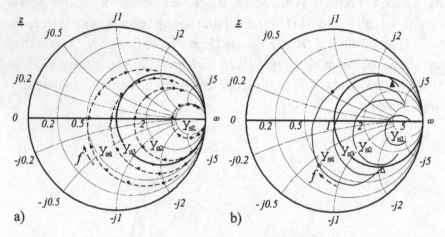

Bild 9.58: *Verlauf des Impedanzverhaltens eines Streifenleitungsresonators
mit Schlitzspeisung für verschiedene Speisepunkte y_s
($Z_W = 50\Omega$, $w_x = 30$mm, $w_y = 28$mm, $x_s = 15$mm, $S_W = 1$mm,
$S_L = 26.5$mm, $h_1 = 3.15$mm, $h_2 = 1.59$mm, $\varepsilon_{r1} = 1$, $\varepsilon_{r2} = 2.2$,
$\tan\delta = 0.002$, $y_{s1} = 0$mm, $y_{s2} = 3$mm, $y_{s3} = 5$mm, $y_{s4} = 8$mm)
a) ($f_a = 3.75$GHz, $f_e = 5.00$GHz)
b) $\triangle f = 3.5$GHz, $\circ f = 3.9$GHz, $\bullet f = 4.2$GHz, $\blacktriangle f = 4.6$GHz*

Ergebnisse, die die Anwendung der auf Seite 548 ff. angegebenen Beziehungen liefern, sind in Bild 9.58 a) dargestellt. Bild 9.58 b) zeigt zum
Vergleich die gemessenen Verläufe der Eingangsimpedanz. Dabei wurde,
wie im Bild 9.51 dargestellt, die Speiseleitung um die Länge $L_s \approx \lambda/4$ über
den Schlitz hinaus verlängert. Hierdurch ließ sich nach Transformation des
leerlaufenden Leitungsendes über einen $\lambda/4$-Transformator der zur Messung
erforderliche Kurzschluß am Koppelschlitz erzielen. Ein Vergleich dieser Er-

gebnisse mit dem berechneten Impedanzverhalten in Bild 9.58 a) liefert eine relativ gute Übereinstimmung, so daß die zur Analyse getroffenen Annahmen zur prinzipiellen Vorhersage des Verhaltens als gerechtfertigt angesehen werden dürfen.

Das Impedanzverhalten der verschiedenen Speisevarianten zeigt einen deutlichen Unterschied. Verhält sich der leitungsgespeiste Resonator entsprechend Bild 9.57 in der Umgebung der Resonanzfrequenz wie ein Parallelresonanzkreis, so kann bei der Schlitzanregung das Verhalten eines Reihenresonanzkreises festgestellt werden. Dies hat zur Folge, daß in den Fällen, in denen die Anpassung an einen vorgegebenen Wellenwiderstand durch einen $\lambda/4$-Transformator erfolgen soll, die Bandbreite des leitungsgespeisten Elementes leicht verringert und die des schlitzgespeisten Elementes geringfügig erhöht wird. Bei der Schmalbandigkeit dieser Anordnung kann dieses in speziellen Anwendungen von Bedeutung sein. Als Nachteil der Anregung des Streifenleitungsresonators durch einen Resonanzschlitz muß die mögliche Abstrahlung zur Antennenrückseite genannt werden, die zur Reduzierung des Antennengewinns und zu einer Beeinflussung der Stromverteilung im Speisenetzwerk führen kann.

9.5.1.2.3.5 Das Fernfeld des $\lambda/2$-Resonators

Nach den Ausführungen im Abschnitt 9.5.1.1 (Seite 500) kann das Strahlungsverhalten des Streifenleitungsresonators näherungsweise aus Modellbetrachtungen ermittelt werden. Hierbei wird aus der Feldverteilung im Modellresonator und einer Anwendung des Huygensschen Prinzips eine fiktive magnetische Flächenstromdichte in der Resonatorberandung ermittelt, die als fernfeldanregende Quellgröße zur Berechnung des elektrischen Vektorpotentials im Fernfeldbereich dient. Eine ähnliche Vorgehensweise erlaubt auch hier die einfache Berechnung des Fernfeldes. Die so gewonnene Lösung stellt jedoch die exakte Lösung des Problems dar und kann somit zur genauen Untersuchung des Fernfeldes herangezogen werden. Eine wesentliche, in der Praxis nicht erfüllbare Annahme stellt die in (x,y)-Richtung unendlich ausgedehnte, mit Dielektrikum beschichtete Grundplatte dar, so daß Beugungseffekte an der Antennenberandung unberücksichtigt bleiben. Die Schritte zur Durchführung der Fernfeldberechnung sollen am Bild 9.59 verdeutlicht werden.

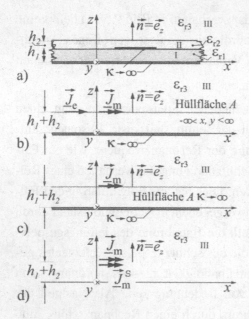

Bild 9.59: *Umwandlung des Originalproblems in einen äquivalenten homogenen Raumbereich mit fiktiven Flächenstromdichten zur Bestimmung des elektromagnetischen Feldes im Raumbereich III Originalproblem a), Einführung der fiktiven Flächenstromdichten in der gewählten Hüllfläche A b), Einführung einer elektrischen Wand in der Fläche A c), Einführung der geeigneten Bildquellen liefert den homogenen Raum d)*

Das Huygenssche Prinzip besagt, daß das elektromagnetische Feld außerhalb einer geschlossenen Hüllfläche A, die sämtliche Quellen einschließt, vollständig durch fiktive magnetische Oberflächenstromdichten $\vec{J}_m$ und fiktive elektrische Oberflächenstromdichten $\vec{J}_e$ in der Hüllfläche A bestimmt ist. Als Hüllfläche wird in der Originalanordnung nach Bild 9.59 a) die Grenzschicht zwischen den Raumbereichen II und III entsprechend Bild 9.59 b) gewählt. Nach Einführung einer elektrischen Wand in der Hüllfläche A, wie im Bild 9.59 c) verdeutlicht, erfolgt die Bestimmung dieser fiktiven Oberflächenstromdichten entsprechend den Beziehungen

$$\underline{\vec{J}}_e = \vec{n} \times (\underline{\vec{H}}^{\,\text{III}} - \underline{\vec{H}}^{\,\text{II}}) \qquad (9.333)$$

und

$$\underline{\vec{J}}_m = (\underline{\vec{E}}^{\,\text{III}} - \underline{\vec{E}}^{\,\text{II}}) \times \vec{n}, \qquad (9.334)$$

in denen $\underline{\vec{E}}^{\,\text{II}}$ und $\underline{\vec{H}}^{\,\text{II}}$ die magnetische Feldstärke im Inneren des durch A eingeschlossenen Volumenbereichs und $\underline{\vec{E}}^{\,\text{III}}$ und $\underline{\vec{H}}^{\,\text{III}}$ die Feldgrößen im Außenbereich von A beschreiben und $\vec{n}$ einen Flächennormaleneinheitsvektor darstellt, der von A in den Raumbereich III zeigt. Da die fiktive elektrische Oberflächenstromdichte $\underline{\vec{J}}_e$ in Gegenwart der elektrischen Wand unwirksam ist, ergeben sich nach Einführung der magnetischen Spiegelstromdichte $\underline{\vec{J}}_e^{\,S}$ ($\underline{\vec{J}}_e^{\,S} = \underline{\vec{J}}_e$) entsprechend den Regeln der Bildtheorie im Abschnitt 2.8 (Seite

47), nur noch magnetische Quellströme, die sich in einem homogenen Medium befinden und somit eine Berechnung des elektromagnetischen Feldes aus dem elektrischen Vektorpotential $\vec{F}(\vec{r})$ nach Gl.(2.95) ermöglichen.

Unter der Berücksichtigung von $\underline{\vec{E}}^{\,\mathrm{II}} = \vec{0}$ wegen der ideal leitenden Ebene und

$$\underline{\vec{J}}_{m}^{\,S}(\vec{r}_q) = \underline{\vec{J}}_m(\vec{r}_q) = \underline{\vec{E}}^{\,\mathrm{III}} \times \vec{n} \tag{9.335}$$

kann die resultierende Flächenstromdichte in der Fläche A durch

$$\underline{\vec{J}}_{m,ges}(\vec{r}_q) = 2\,\underline{\vec{J}}_m(\vec{r}_q) = 2\,\underline{\vec{E}}^{\,\mathrm{III}}\Big|_{z=h_1+h_2} \times \vec{n} \tag{9.336}$$

angegeben werden. Somit ergibt sich das elektrische Vektorpotential aus

$$\underline{\vec{F}}(\vec{r}) = \frac{\varepsilon_0\, e^{-jk_0|\vec{r}|}}{2\pi|\vec{r}|} \iiint\limits_{V_Q} \underline{\vec{J}}_m(\vec{r}_q)\,\delta(z_Q - (h_1+h_2))\, e^{jk_0 \frac{\vec{r}\,\vec{r}_q}{|\vec{r}|}}\, dV. \tag{9.337}$$

Mit einer Darstellung der kartesischen Komponenten in Kugelkoordinaten gemäß

$$\vec{r} = |\vec{r}|\left(\sin(\vartheta)\cos(\alpha)\,\vec{e}_x + \sin(\vartheta)\sin(\alpha)\,\vec{e}_y + \cos(\vartheta)\,\vec{e}_z\right) \tag{9.338}$$

liefert die Auswertung von Gl.(9.337)

$$\iiint\limits_{V_Q} \underline{\vec{J}}_m(\vec{r}_q)\,\delta(z_Q - (h_1+h_2))\, e^{jk_0 \frac{\vec{r}\,\vec{r}_q}{|\vec{r}|}}\, dx_Q\, dy_Q\, dz_Q \tag{9.339}$$

$$= \iiint\limits_{V_Q} \underline{\vec{J}}_m(\vec{r}_q)\,\delta(z_Q - (h_1+h_2))$$

$$\cdot e^{jk_0\,(x_Q\sin(\vartheta)\cos(\alpha) + y_Q\sin(\vartheta)\sin(\alpha) + z_Q\cos(\vartheta))}\, dx_Q\, dy_Q\, dz_Q$$

$$= e^{jk_0\,(h_1+h_2)\cos(\vartheta)}$$

$$\cdot \iint\limits_{A_Q} \underline{\vec{J}}_m(\vec{r}_q)\, e^{jk_0\,(x_Q\sin(\vartheta)\cos(\alpha) + y_Q\sin(\vartheta)\sin(\alpha))}\, dx_Q\, dy_Q$$

$$= e^{jk_0\,(h_1+h_2)\cos(\vartheta)}\, \underline{\tilde{\vec{J}}}_m(k_x, k_y),$$

mit

$$\underline{\tilde{\vec{J}}}_m(k_x, k_y) = \iint\limits_{A_Q} \underline{\vec{J}}_m(\vec{r}_q)\, e^{jk_0\,(x_Q\sin(\vartheta)\cos(\alpha) + y_Q\sin(\vartheta)\sin(\alpha))}\, dx_Q\, dy_Q,$$

$$\tag{9.340}$$

der Fouriertransformierten der Flächenstromdichte $\vec{J}_m(\vec{r}_q)$ in der Grenzfläche, sowie

$$k_x = k_0 \sin(\vartheta) \cos(\alpha) \tag{9.341}$$

und

$$k_y = k_0 \sin(\vartheta) \sin(\alpha). \tag{9.342}$$

Damit kann das elektrische Vektorpotential nach Gl.(9.337) in der Form

$$\underline{\vec{F}}(\vec{r}) = \frac{\varepsilon_0 e^{-jk_0|\vec{r}|}}{2\pi|\vec{r}|} e^{jk_0(h_1+h_2)\cos(\vartheta)} \underline{\tilde{\vec{J}}}_m(k_x,k_y) \tag{9.343}$$

angegeben werden, wobei sich $\underline{\tilde{\vec{J}}}_m(k_x,k_y)$ aus

$$\underline{\tilde{\vec{J}}}_m(k_x,k_y) = \underline{\tilde{\vec{E}}}^{\,III}\bigg|_{z=h_1+h_2} \times \vec{n}, \tag{9.344}$$

d.h. aus der Fouriertransformierten der elektrischen Feldstärke in der Grenzschicht zum Raumbereich III, bestimmen läßt. Hierzu wird die Fouriertransformierte der elektrischen Feldstärke nach Gl.(9.264),

$$\underline{\tilde{\vec{E}}} = \underline{\tilde{\overset{\leftrightarrow}{G}}}_E \underline{\tilde{\vec{J}}}_e, \tag{9.345}$$

in Gl.(9.344) eingesetzt, so daß

$$\underline{\tilde{\vec{J}}}_m(k_x,k_y) = \left[\underline{\tilde{\overset{\leftrightarrow}{G}}}_E \underline{\tilde{\vec{J}}}_e\right]_{z=h_1+h_2} \times \vec{n}, \tag{9.346}$$

mit

$$\underline{\tilde{\vec{J}}}_e = \underline{\tilde{\vec{J}}}_{eP1} \tag{9.347}$$

gemäß Gl.(9.307), gilt.

Das dem Vektorpotential zugeordnete Fernfeld $(\underline{\vec{E}}, \underline{\vec{H}})$ läßt sich aus der Anwendung von Gl.(2.106),

$$\underline{\vec{E}} = -j\omega Z_0 \left[\underline{\vec{F}} \times \vec{e}_r\right] = -j\omega Z_0 \left(\underline{F}_\alpha \vec{e}_\vartheta - \underline{F}_\vartheta \vec{e}_\alpha\right), \tag{9.348}$$

und Gl.(2.107),

$$\underline{\vec{H}} = \vec{e}_r \times \frac{\underline{\vec{E}}}{Z_0} = -j\omega \left(\underline{F}_\vartheta \vec{e}_\vartheta + \underline{F}_\alpha \vec{e}_\alpha\right), \tag{9.349}$$

bestimmen. Damit ist auch das elektromagnetische Feld im Fernfeldbereich proportional zur Fouriertransformierten der fiktiven magnetischen Flächenstromdichte $\underline{\tilde{\vec{J}}}_m$, die sich nach Gl.(9.334) aus dem elektrischen Feld in der

Grenzschicht ergibt. Das elektrische Feld wiederum ist die Folge der erregten Stromverteilung $\underset{\sim}{\vec{J}}{}_{eP1}$ in der Oberleitermetallisierung. Somit liefert das Einsetzen von Gl.(9.346) und Gl.(9.347) in Gl.(9.343) mit

$$\underline{\vec{F}}(\vec{r}) = \frac{\varepsilon_0 \, e^{-jk_0|\vec{r}|}}{2\pi |\vec{r}|} \, e^{jk_0 \, (h_1+h_2) \, \cos(\vartheta)} \left[\left(\underset{\sim}{\overset{\leftrightarrow}{\underline{G}}}{}_E \, \underset{\sim}{\vec{J}}{}_{eP1} \right) \times \vec{e}_z \right]_{z=h_1+h_2} \tag{9.350}$$

einen analytischen Zusammenhang zwischen der elektrischen Flächenstromdichte in der Oberleitermetallisierung und dem elektrischen Vektorpotential im Fernfeldbereich. Hieraus kann nun entsprechend Gl.(9.348) und Gl.(9.349) das elektromagnetische Fernfeld, die abgestrahlte Leistungsdichte (Strahlungsdichte) $\vec{\underline{S}}$ (Poyntingvektor) entsprechend

$$\vec{\underline{S}} = \frac{\omega^2 Z_0^2}{2} \left(|\underline{F}_\alpha|^2 + |\underline{F}_\vartheta|^2 \right) \vec{e}_r, \tag{9.351}$$

die abgestrahlte Leistung P_r, der Strahlungswiderstand R_{Str} und somit auch die Directivity D,

$$D = \frac{|\vec{\underline{S}}|_{max} 4\pi \, r^2}{P_r}, \tag{9.352}$$

bestimmt werden. Die graphische Darstellung der Winkelabhängigkeit des Poyntingvektors nach Gl.(9.351) erfolgt durch das Strahlungsdiagramm in der normierten logarithmischen Form

$$s(\vartheta, \alpha) = 10 \log \left(\frac{\vec{\underline{S}}}{|\vec{\underline{S}}|_{max}} \right) \text{dB} = 20 \log \left(\frac{\vec{\underline{E}}}{|\vec{\underline{E}}|_{max}} \right) \text{dB}. \tag{9.353}$$

Zur Verdeutlichung der Einflüsse der Geometrieparameter und der dielektrischen Eigenschaften der Substratmaterialien auf das Fernfeldverhalten eines $\lambda/2$-Resonators nach Bild 9.50 erfolgt nun erneut die Darstellung theoretischer Ergebnisse und der Vergleich mit Meßergebnissen. Wegen der Formulierung der Aufgabe im Spektralbereich ergeben sich mit den theoretischen Ergebnissen relativ einfache Beziehungen, die das Verhalten des Strahlers unter Berücksichtigung der vollständigen Geometrie genau wiedergeben.

Bild 9.60 a) zeigt die mit der Spektralbereichsmethode berechneten Strahlungsdiagramme in der E-Ebene und Bild 9.60 b) die Ergebnisse für die Directivity eines Streifenleitungsresonators ohne Overlay ($\varepsilon_{r2} = 1$) für einige Werte der in der Praxis zur Verfügung stehenden Substratmaterialien ($\varepsilon_{r2} = 1, 2.2, 6, 10.5$).

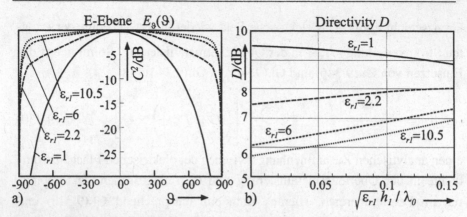

Bild 9.60: *Strahlungsdiagramme des quadratischen $\lambda/2$-Resonators in der E-Ebene a) und Directivity b) für verschiedene Werte von ε_{r1}.*

Die Ergebnisse zeigen, daß eine Veränderung der Strahlungscharakteristik in der H-Ebene durch eine Variation der Resonatorbreite zu erreichen ist. Eine Vergrößerung der Substrathöhe führt zu einer Erhöhung der Bündelung in der E-Ebene. Die stärkste Einflußgröße auf das Strahlungsverhalten, das Bündelungsvermögen in der E-Ebene, stellt jedoch die Permittivitätszahl ε_{r1} des Substratmaterials dar. Diese Abhängigkeit ist darauf zurückzuführen, daß die Resonatorlänge w_y, die ungefähr der halben Wellenlänge auf einer Streifenleitung der Breite w_x entspricht, sehr stark von ε_{r1} abhängig ist. Dieses führt bei wachsendem ε_{r1} zu einer Verringerung der Resonatorlänge, wodurch die für die Abstrahlung im wesentlichen verantwortlichen Resonatorseiten dichter zusammenrücken und die Anordnung das Verhalten eines kurzen Dipols wiedergibt.

Die Angabe der Directivity stellt ein gutes Beurteilungskriterium für die Strahlungseigenschaften des herkömmlichen Streifenleitungsresonators dar. In Bild 9.60 b) ist die Directivity in Abhängigkeit von der Substrathöhe h_1 für verschiedene Werte von ε_{r1} dargestellt. Daraus wird deutlich, daß, wie nach der Untersuchung der Strahlungsdiagramme zu erwarten ist, ein Substrat mit niedriger Permittivitätszahl ε_{r1} eine stärkere Richtwirkung liefert als ein Resonator mit großer Permittivitätszahl. Desweiteren ist zu erkennen, daß für Permittivitätszahlen, die größer als eins sind, die Directivity mit steigender Substrathöhe h_1 steigt. In der Praxis können diese Eigenschaften für die Auswahl der zu verwendenden Materialien von großer Bedeutung sein. So würde z.B. für eine stark bündelnde Gruppenantenne mit fester Hauptstrahlrichtung senkrecht zur Substratoberfläche eine Permittivitätszahl in der Größenordnung von eins die besten Ergebnisse liefern. Besteht jedoch der Wunsch, die Hauptstrahlrichtung in einem möglichst weiten Winkelbereich verändern zu können (z.B. in einer phasengesteuerten Gruppenantenne), so ist ein Substratmaterial mit hoher Permittivitätszahl besser geeignet.

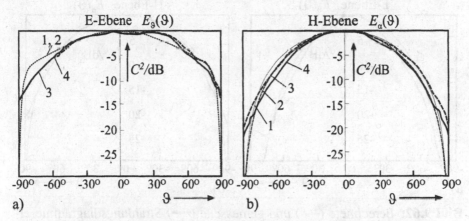

Bild 9.61: *Strahlungsdiagramme in der E-Ebene a) und in der H-Ebene b) des $\lambda/2$-Resonators für verschiedene Resonatorbreiten ($\varepsilon_{r1} = 2.2$, $h_1 \sqrt{\varepsilon_{r1}/\lambda_0} = 0.042$); Rechnung (1, 2), Messung (3, 4); $w/\lambda_0 = 0.24$ (1, 3), $w/\lambda_0 = 0.36$ (2, 4)*

Der Vergleich der gemessenen und berechneten Strahlungsdiagramme in Bild 9.61 a) und b) zeigt in einem weiten Winkelbereich eine sehr gute Übereinstimmung mit den theoretischen Verläufen. Lediglich für Winkel $\vartheta > 80°$ lassen sich nennenswerte Abweichungen feststellen, die überwiegend auf die endlichen Substratabmessungen zurückzuführen sind. In den Meßergebnissen kann eine leichte Unsymmetrie, die später bei der Diskussion von Strahlergruppen berücksichtigt werden muß, erkannt werden. Die Ursache hierfür stellt die Störung des elektromagnetischen Feldes im Resonator durch die Ankoppelanordnung, in diesem Fall eine koaxiale Durchkontaktierung, dar.

Ähnliche Untersuchungen wie die für den herkömmlichen Resonator lassen sich für die in Bild 9.50 gezeigte Struktur durchführen. Zur Ausnutzung der hohen Directivity des Strahlerelementes wird eine niedrige Permittivitätszahl ε_{r1} durch die Verwendung von Luft im Bereich unter dem Oberleiter benutzt. Bild 9.62 zeigt eine Gegenüberstellung von gemessenen und berechneten Ergebnissen für die Strahlungsdiagramme eines $\lambda/2$-Resonators mit

Overlay in der E-Ebene a) und in der H-Ebene b). Der Vergleich der Strahlungsdiagramme liefert auch in diesem Fall eine sehr gute Übereinstimmung zwischen Rechnung und Messung. Die leichte Unsymmetrie in der E-Ebene läßt sich wieder auf die Feldstörung durch das Anregungselement zurückführen.

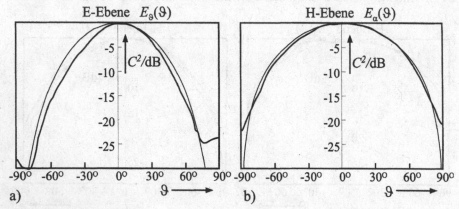

Bild 9.62: *Berechnete (—) und gemessene (▬) Strahlungsdiagramme eines $\lambda/2$-Resonators mit Overlay in der E-Ebene a) und in der H-Ebene b) ($f = 12$GHz, $w_x = w_y = 9.25$mm, $\varepsilon_{r1} = 1$, $\varepsilon_{r2} = 2.2$, $h_1 = 1.575$mm, $h_2 = 0.508$mm)*

Eine genauere Untersuchung der Beeinflussung des Strahlungsverhaltens durch ein Overlay liefert eine schwache Abhängigkeit des Strahlungsverhaltens von den Eigenschaften des Overlays. Mit steigender Substrathöhe h_1 nimmt die Richtwirkung der Anordnung in der E-Ebene leicht zu und in der H-Ebene geringfügig ab.

Damit ist die Untersuchung der Strahlungseigenschaften des einzelnen $\lambda/2$-Streifenleitungsresonators abgeschlossen. Die hierbei gewonnenen Erkenntnisse sollen in dem folgenden Abschnitt, der sich mit der Behandlung von Strahlergruppen in Mikrostreifenleitungstechnik befaßt, zur Beurteilung der Ergebnisse herangezogen werden.

9.5.2 Strahlergruppen in Mikrostreifenleitungstechnik

In Abschnitt 9.4 wurden Berechnungsverfahren zur Beschreibung von Gruppenantennen und in Abschnitt 9.5.1.2 Verfahren zur Charakterisierung von Einzelstrahlern in Mikrostreifenleitungstechnik vorgestellt. Ausgehend von diese Ergebnissen werden nun einige Konzepte zur Realisierung von Gruppenantennen in Mikrostreifenleitungstechnik vorgestellt. Dabei wird zur einfacheren Verdeutlichung der Prinzipien weitestgehend von idealen Strahlerelementen Gebrauch gemacht. Im Anschluß an diese Betrachtungen werden die theoretischen Grundlagen zur Berücksichtigung der Verkopplung der Strahlerelemente untereinander vorgestellt, so daß auch eine umfassende Analyse von Gruppenantennen in Mikrostreifenleitungstechnik möglich wird.

9.5.2.1 Konzepte für Streifenleitungsantennen

9.5.2.1.1 Antennen mit gleichen Strahlerabständen

Streifenleitungsantennen mit einer variablen Amplitudenbelegung stellen im allgemeinen hohe Ansprüche an das Speisenetzwerk. Insbesondere wenn jedes Einzelelement getrennt gespeist werden soll. Einfacher zu realisieren sind die Antennenstrukturen, die aus Strahlerelementen mit integriertem Verbindungsnetzwerk bestehen. Sie liefern eine einfache Möglichkeit zur Erzielung einer variablen Amplitudenbelegung. Beispiele derartiger Anordnungen werden im folgenden vorgestellt.

Eine ausführliche Untersuchung der Antennenstruktur nach Bild 9.63 wurde in [111] durchgeführt. Das Hauptelement in dieser Dipolzeile stellt der am Spannungsbauch angekoppelte Streifenleitungsdipol nach Bild 9.63 a) dar. Das physikalische Verhalten dieses Strahlerelementes soll durch das elektrische Ersatznetzwerk in Bild 9.63 b) beschrieben werden. Hierbei erfolgt die Berücksichtigung der Streueffekte und der Abstrahlung am offenen Leitungsende durch eine Leitungsverlängerung der Länge $\Delta \ell$ und einen Strahlungswiderstand R_{Str} nach Abschnitt 6.6.1 (Seite 308). Die Beschreibung der Ankoppelanordnung am anderen Ende des $\lambda/2$-Dipols erfolgt durch die Berücksichtigung der Streifenleitungs-T-Verzweigung. Näherungsweise liefert die Leitungstheorie im Falle einer $\lambda/2$ langen Stichleitung den Strahlungswiderstand am offenen Ende auch als wirksamen Widerstand in der Speiseleitung.

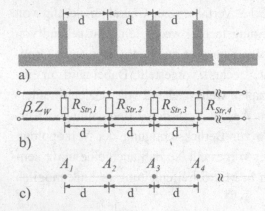

Bild 9.63: *Mikrostreifenleitungs-Dipolzeile a), Leitungsersatzschaltbild b), äquivalente Punktquellenverteilung c)*

Erfolgt die Wahl der Abstände d in Bild 9.63 derart, daß sich die Abstände zwischen den wirksamen Strahlungswiderständen im Ersatzschaltbild nach Bild 9.63 b) zu $d = \lambda$ ergeben, dann liegt an allen Widerständen die gleiche Spannung $\underline{U}$. Die am i-ten Strahlungswiderstand, der in Bild 9.63 c) als ideale Punktquelle angesehen wird, abgestrahlte Leistung P_i, ergibt sich somit zu

$$P_i = \frac{1}{2}\frac{|\underline{U}|^2}{R_{Str,i}}. \tag{9.354}$$

Hieraus läßt sich der Anregungskoeffizienten A_i des i-ten Strahlerelementes gemäß

$$A_i = \sqrt{P_i} = \frac{|\underline{U}|}{\sqrt{2R_{Str,i}}} \tag{9.355}$$

ermitteln. Zur Erzielung der gewünschten Diagrammeigenschaften sind jedoch nur die Verhältnisse der Anregungskoeffizienten zueinander von Bedeutung. Die absoluten Werte ergeben sich aus der geforderten Anpassung der Antenne an die Speiseleitung. Da bei einer Antennen mit m Strahlerelementen im Speisepunkt alle m Strahlungswiderstände parallel geschaltet sind, muß hierzu die Bedingung

$$\frac{1}{\underline{Z}_{ein}} = \sum_{i=1}^{m}\frac{1}{R_{Str,i}} \tag{9.356}$$

erfüllt werden.

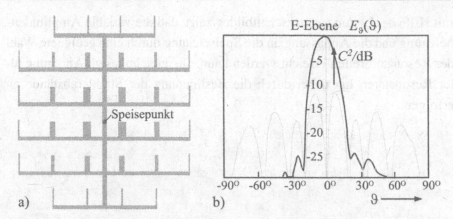

Bild 9.64: *Layout einer zweidimensionalen Strahlergruppe mit variabler Amplitudenbelegung a) und Strahlungsdiagramm in der E-Ebene b) (── Nutzpolarisation, (——) Kreuzpolarisation*

In Bild 9.64 a) ist das Layout einer ebenen Strahlergruppe nach [113] mit variabler Amplitudenbelegung dargestellt. Die E-Ebene des Strahlungsdiagramms dieser Antenne zeigt das Bild 9.64 b). Hieraus ist zu entnehmen, daß durch die variable Amplitudenbelegung eine Reduktion der Nebenzipfelamplitude von -13dB, bei konstanter Amplitudenbelegung, auf -25dB erreicht wurde. Die unerwünschte hohe Kreuzpolarisation in dieser Ebene, die auf die Abstrahlung des Speisenetzwerks zurückzuführen ist, stellt ebenso wie die geringe Bandbreite einen entscheidenden Nachteil dieser Anordnung dar. Da Strahlerelemente und Speisenetzwerk zusammen eine Resonanzstruktur ergeben, verhält sich die gesamte Antenne wie ein schmalbandiges Filter, dessen Bandbreite mit zunehmender Elementezahl geringer wird. Maximal erreichbare Bandbreiten für Antennen in dieser Bauart liegen in der Größenordnung von 1%-2%.

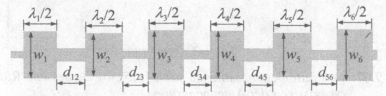

Bild 9.65: *Kettenschaltung von $\lambda/2$-Resonatoren*

Neben der Möglichkeit die Strahlerelemente als Stichleitung parallel zu einer Dipolzeile zu verschalten, bietet sich noch die Kettenschaltung der Resonatoren zu einer Dipollinie nach Bild 9.65 an. Eine Analyse dieser Struktur

mit Hilfe des Leitungsersatzschaltbildes zeigt, daß die variable Amplitudenbelegung und die Anpassung an die Speiseleitung durch eine geeignete Wahl
der Resonatorbreiten erreicht werden kann. Die gleichphasige Anregung aller Resonatoren hat dabei durch die Bestimmung der Strahlerabstände zu
erfolgen.

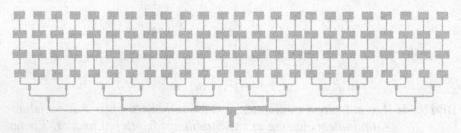

Bild 9.66: *Layout einer Streifenleitungsantenne aus Dipollinien für 40 GHz*

Das Bild 9.66 zeigt das Layout einer 4x24-Elemente Streifenleitungsantenne, die nach [114] für eine Resonanzfrequenz von 40 GHz entwickelt
wurde. Die geringe Bandbreite von 2% läßt sich ebenfalls auf die Resonanz-
anordnung einer Zeile zurückführen.

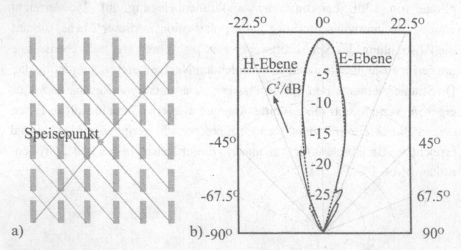

Bild 9.67: a) *Streifenleitungsantenne nach [115], b) Gemessene Richtcha-
rakteristiken der Antennengruppe*

Als letztes Beispiel für die Resonanzantennen soll die in Bild 9.67 a)
gezeigte Antennenkonstruktion nach [115] vorgestellt werden. Diese Antenne besteht aus 6x6 identischen Strahlerelementen, die durch eine besondere Anordnung des Speisenetzwerks mit unterschiedlichen Speiseamplituden

angeregt werden. Dies führt ebenfalls zu einer starken Reduzierung der Nebenzipfelamplitude im Strahlungsdiagramm, das im Bild 9.67 b) dargestellt ist. In [116] wird beschrieben, daß die gleiche Antennenkonstruktion geeignet ist um auch für Frequenzen im Millimeterwellenbereich eine brauchbare Lösung zu liefern. Für eine Antenne mit 16x16 Elementen wird ein Antennengewinn von 25dB bei einem Wirkungsgrad von ungefähr 60% und einer Nebenzipfeldämpfung von 20dB angegeben.

Die angeführten Beispiele haben gezeigt, daß durch eine variable Amplitudenbelegung der Wert der Nebenzipfelamplitude deutlich verringert werden kann. Wegen der Besonderheiten der Speisenetzwerke erfolgt dabei jedoch eine starke Verringerung der Bandbreite, so daß sich diese Art der Streifenleitungsantennen für viele Anwendungszwecke als ungeeignet erweist und andere Antennenformen mit größeren Bandbreiten notwendig werden. Eine Möglichkeit die gesamte Bandbreite des $\lambda/2$-Resonators ausnutzen zu können ergibt sich aus der Wahl eines geeigneten Speisepunktes zur Anpassung der Eingangsimpedanz des Strahlers an den Wellenwiderstand der Speiseleitung, so daß der Resonator als Leitungsabschluß im Speisenetzwerk dienen kann. In diesem Fall entspricht die abgestrahlte Energie nahezu der Speisewellenenergie, so daß die Leistungsaufteilung zur Erzielung bestimmter Diagrammeigenschaften im Speisenetzwerk erfolgen muß. Eine Anordnung des Speisenetzwerks zwischen den Strahlerelementen ist jedoch wegen des bestehenden Platzmangels sehr problematisch und stört zudem bei größeren Antennengruppen die gewünschten Strahlungseigenschaften durch die unerwünschten Strahlungsbeiträge der Netzwerkelemente. Ein Beispiel hierfür ist die hohe Kreuzpolarisation der Antennengruppe in Bild 4.5b), die überwiegend durch das Speisenetzwerk verursacht wird. Eine Lösungsmöglichkeit zur Verringerung dieser Probleme stellt die Verlegung des Speisenetzwerks auf die Antennenrückseite dar, wodurch sich die folgenden Vorteile ergeben.

1. Die gesamte Antennenfläche steht zur Realisierung des Speisenetzwerks zur Verfügung.

2. Durch die Wahl eines Substrates mit einer hohen Permittivitätszahl lassen sich die Abmessungen der Netzwerkelemente weiter reduzieren, so daß im Hinblick auf eine Integration von aktiven Elementen mehr Platz zur Verfügung steht.

3. Die bei den Resonanzstrukturen fest vorgegebenen Strahlerpositionen können in einem weiten Bereich frei gewählt werden.

4. Unerwünschte Strahlungsbeiträge des Speisenetzwerks lassen sich durch eine Abschirmung unterdrücken.

Bedingung 3 ermöglicht somit die Betrachtung von Antennen mit ungleichen Strahlerabständen.

9.5.2.1.2 *Antennen mit ungleichen Strahlerabständen*

Eine Analyse der Fernfeldcharakteristik kann mit Hilfe der Beziehungen Gl.(9.168) und Gl.(9.169), die variable Strahlerabstände berücksichtigen,

$$\varphi_m = k_0 \, x_{0m} \sin(\vartheta_0) \tag{9.357}$$

und

$$\underline{G}_1(\vartheta, \alpha) = V_0 + 2 \sum_{m=1}^{M} V_m \cos(k_0 x_{0m} (\sin(\vartheta) - \sin(\vartheta_0))), \tag{9.358}$$

durchgeführt werden. Da dieser Zusammenhang jedoch nur für eine Anordnung aus isotropen Kugelstrahlern gilt und somit die Einzelcharakteristik des Streifenleitungsresonators vollkommen unberücksichtigt läßt, soll an dieser Stelle von den in Gl.(9.208) und Gl.(9.209) eingeführten, vereinfachten Einzelcharakteristiken des Mikrostreifenleitungsstrahlers Gebrauch gemacht werden. Somit lassen sich die Strahlungsdiagramme des $\lambda/2$-Resonators sowohl in der E-Ebene als auch in der H-Ebene näherungsweise aus

$$\underline{G}(\vartheta, \alpha) = \underline{G}_1(\vartheta, \alpha) \cdot \begin{cases} \cos\left(k_0 \frac{L}{2} \sin(\vartheta)\right) & \text{; E-Ebene} \\[2mm] \cos(\vartheta) & \text{; H-Ebene} \end{cases} \tag{9.359}$$

berechnen. Gl.(9.359) kann zur Bestimmung günstiger Strahlerpositionen x_{0m} herangezogen werden.

Bild 9.68 zeigt drei verschiedene Strahlerverteilungen von Antennen mit ungleichen Strahlerabständen zur Reduktion der Nebenzipfelamplituden. Bei allen Antennen befindet sich das Speisenetzwerk auf der Rückseite. Die Antenne nach Bild 9.68 a) besteht aus 4 Elementen, die in der H-Ebene untereinander verkoppelt sind. Bild 9.68 b) zeigt eine 8 Elemente Gruppe, bei der die Einzelstrahler in der E-Ebene miteinander verkoppelt sind und im

Bild 9.68 c) ist eine zweidimensionale Strahlerverteilung bestehend aus 4x8 Elementen abgebildet, die sich aus den linearen Strahlergruppen nach Bild 9.68 a) und Bild 9.68 b) zusammensetzt. Das Speisenetzwerk dieser Antenne ist im Bild 9.68 d) angegeben.

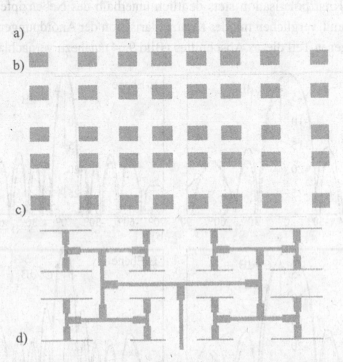

Bild 9.68: *Streifenleitungsantennen mit ungleichen Strahlerabständen, 4 Elemente-Strahlergruppe a), 8 Elemente-Strahlergruppe b), 4x8 Elemente-Strahlergruppe c), Speisenetzwerk der Antenne in d)*

Die gemessenen Strahlungsdiagramme dieser Antennen sind im Bild 9.69 den theoretischen Ergebnissen nach Gl.(9.359) gegenübergestellt. Bild 9.69 a) zeigt die Strahlungscharakteristik in der H-Ebene der 4-Elemente-Antenne, Bild 9.69 b) die Strahlungscharakteristik in der E-Ebene der 8-Elemente Antenne und die Bilder 9.69 c) und 9.69 d) zeigen die beiden Strahlungsdiagramme der 4x8-Elemente Strahlergruppe. Die Berechnung des Strahlungsdiagramms der linearen Strahlergruppen zeigt noch recht gute Übereinstimmung mit der Messung. Dieses gilt sowohl für die Lage als auch für die Amplitude der Nebenzipfel. Die Diagramme der zweidimensionalen Strahlerverteilung zeigen jedoch schon deutliche Abweichungen in den Amplituden der Nebenzipfel. Die Ursache hierfür liegt in der Vernachlässigung aller Verkopplungseinflüsse. Die Messung der Kreuzpolarisation dieser Antennen bestätigt, daß durch die Verlegung des Speisenetzwerks auf die Antennenrückseite diese unerwünschte Eigenschaft verringert werden kann. Mit Werten von -25dB gegenüber dem Maximalwert der Nutzpolarisation liegt die Kreuzpolarisation stets deutlich unterhalb des Nebenzipfelniveaus und ist somit, verglichen mit der Kreuzpolarisation der Anordnungen im vorangegangenen Teil dieses Abschnittes (Bild 9.64), nahezu vernachlässigbar.

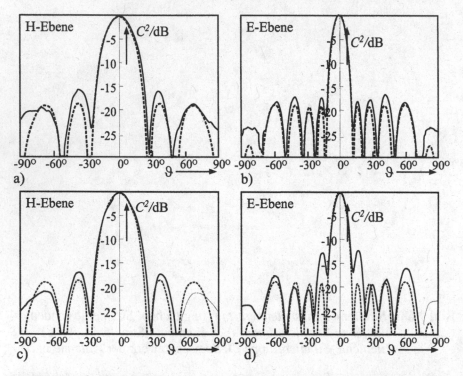

Bild 9.69: *Strahlungsdiagramme der Antennen nach Bild 9.68 a), b) und c), H-Ebene der 4 Elemente-Antenne a), E-Ebene der 8 Elemente-Antenne b), H-Ebene der 4x8 Elemente-Antenne c), E-Ebene der 4x8 Elemente-Antenne d) ((——) Messung, (– –) Theorie nach Gl.(9.359) mit $V_m = 1$, $m = 1, \ldots, M$)*

Zum Abschluß soll noch auf die Bandbreite der Antennenstrukturen eingegangen werden. Die Messung der Reflexionsdämpfung der Antennen zeigt, daß die Bandbreite im Vergleich zu der eines einzelnen $\lambda/2$-Resonators nicht nennenswert verringert wird. Als Beispiel hierfür zeigt das Bild 9.70 den gemessenen Verlauf des Eingangsreflexionsfaktors der 32 Elemente-Antenne nach Bild 9.68 c).

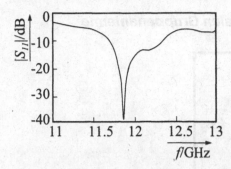

Bild 9.70: *Gemessener Eingangsreflexionsfaktor der 32 Elemente-Antenne nach Bild 9.68 c)*

Zusammenfassend kann festgestellt werden, daß Gl.(9.359) zur prinzipiellen Beschreibung des Fernfeldverhaltens herangezogen werden kann. Die Abweichung zwischen den Messungen und der Theorie kann im wesentlichen auf die Vernachlässigung der Verkopplung zurückgeführt werden. Da jedoch in speziellen Anwendungsgebieten, insbesondere beim Entwurf phasengesteuerter Antennen, die Verkopplung der Elemente untereinander berücksichtigt werden muß, wird dieses Problem im nächsten Abschnitt ausführlicher betrachtet.

9.5.2.2 Verkopplung von Streifenleitungsresonatoren

Der vorherige Abschnitt hat sich mit der Beschreibung idealer Gruppenantennen befaßt. In realen Strahlergruppen wird das Impedanzverhalten der einzelnen Strahlerelemente jedoch durch die Verkopplung der Elemente untereinander derart beeinflußt, daß dieses zu einer Veränderung der komplexen Anregungskoeffizienten und somit zu einem veränderten Strahlungsverhalten führen kann. Dieses Phänomen soll in diesem Abschnitt ausführlich behandelt werden, so daß sich bei Kenntnis und einer geeigneten Beschreibung der Verkopplung die Möglichkeit bietet, diesen Einfluß beim Antennenentwurf mit einzubeziehen. Ausgehend von dem in [117] vorgestellten Verfahren zur Bestimmung der Streumatrix von zwei verkoppelten Streifenleitungsresonatoren wird eine Erweiterung dieser Berechnungsmethode auf eine beliebige Anzahl von Strahlerelementen durchgeführt, bei der eine Beschreibung der gesamten Antenne mit den Mitteln der Netzwerktheorie, z.B. durch die Streumatrix, die Admittanzmatrix oder die Impedanzmatrix erfolgen kann. Eine Anwendung dieses Verfahrens liefert somit die komplexen Anregungskoeffizienten des Feldes der Einzelstrahler, die zur Bestimmung des Fernfeldverhaltens benötigt werden.

9.5.2.2.1 Beschreibung einer realen Gruppenantenne

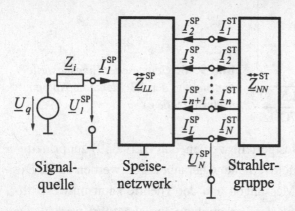

Signal-   Speise-   Strahler-   **Bild 9.71:** *Ersatzschaltbild*
quelle   netzwerk   gruppe   *einer realen Sendeantenne*

Die bei der Beschreibung idealer Strahlergruppen zugrunde gelegten Annahmen sind in vielen Anwendungsfällen nicht ausreichend erfüllt, um das Verhalten der Antennen vollständig zu beschreiben, da das Phänomen der Verkopplung der Strahlerelemente untereinander unberücksichtigt bleibt. Eine
Erfassung dieses Einflusses erfolgt durch eine Analyse der in Bild 9.71 dargestellten Anordnung, die den allgemeinen Fall einer Sendeantenne darstellen soll. Einen Teil der Gesamtanordnung stellt die in Bild 9.71 angegebene
reale Strahlergruppe dar, die im folgenden durch eine sogenannte Strahler-
impedanzmatrix $\overset{\leftrightarrow}{\underline{Z}}{}_{NN}^{ST}$ beschrieben wird. Der Index NN soll dabei verdeutlichen, daß $\overset{\leftrightarrow}{\underline{Z}}{}_{NN}^{ST}$ eine $N \times N$ Matrix darstellt. Eine weitere Komponente der
Anordnung ist die Signalquelle, die sich aus einer idealen Quelle und ei-
ner Innenimpedanz zusammensetzt. Die Verbindung dieser Signalquelle mit
der Strahlereinheit erfolgt durch das in Bild 9.71 gezeigte Speisenetzwerk,
das sich durch eine Impedanzmatrix $\overset{\leftrightarrow}{\underline{Z}}{}_{LL}^{SP}$ der Ordnung $L \times L$ ($L = N + 1$)
beschreiben und in allgemeiner Form durch

$$\vec{\underline{U}}_L^{SP} = \overset{\leftrightarrow}{\underline{Z}}{}_{LL}^{SP} \; \vec{\underline{I}}_L^{SP}, \tag{9.360}$$

$$\vec{\underline{U}}_N^{ST} = \overset{\leftrightarrow}{\underline{Z}}{}_{NN}^{ST} \; \vec{\underline{I}}_N^{ST} \tag{9.361}$$

und

$$\underline{U}_1^{SP} = \underline{U}_q - \underline{Z}_i \, \underline{I}_1^{SP} \tag{9.362}$$

angeben läßt.

Wird zur Darstellung der Vektoren $\vec{\underline{U}}_L^{SP}$ und $\vec{\underline{I}}_L^{SP}$ entsprechend den Schalt-
bedingungen die Schreibweise

$$\vec{\underline{U}}_L^{SP} = \begin{bmatrix} \underline{U}_q - \underline{Z}_i \underline{I}_1^{SP} \\ \vec{\underline{U}}_N^{ST} \end{bmatrix} \tag{9.363}$$

und

$$\vec{\underline{I}}_L^{SP} = \begin{bmatrix} \underline{I}_1^{SP} \\ - \vec{\underline{I}}_N^{ST} \end{bmatrix} \tag{9.364}$$

benutzt, dann läßt sich Gl.(9.360) in der Form

$$\begin{bmatrix} \underline{U}_q - \underline{Z}_i \underline{I}_1^{SP} \\ \vec{\underline{U}}_N^{ST} \end{bmatrix} = \overset{\leftrightarrow}{\underline{Z}}_{LL}^{SP} \begin{bmatrix} \underline{I}_1^{SP} \\ - \vec{\underline{I}}_N^{ST} \end{bmatrix} \tag{9.365}$$

angeben. Zur Auflösung von Gl.(9.365) nach der gesuchten Speisestromverteilung erfolgt die nachstehende Zerlegung der Speisenetzwerk-Impedanz-
matrix in Untermatrizen gemäß

$$\overset{\leftrightarrow}{\underline{Z}}_{LL}^{SP} = \begin{bmatrix} \underline{Z}_{11}^{SP} & \vec{\underline{Z}}_{1N}^{SP} \\ \vec{\underline{Z}}_{N1}^{SP} & \overset{\leftrightarrow}{\underline{Z}}_{NN}^{SP} \end{bmatrix} . \tag{9.366}$$

Einsetzen der Gln.(9.366) und (9.361) in Gl.(9.365) liefert die Beziehungen

$$\underline{U}_q - \underline{Z}_i \underline{I}_1^{SP} = \underline{Z}_{11}^{SP} \underline{I}_1^{SP} - \vec{\underline{Z}}_{1N}^{SP} \vec{\underline{I}}_N^{ST} \tag{9.367}$$

und

$$\vec{\underline{U}}_N^{ST} = \overset{\leftrightarrow}{\underline{Z}}_{NN}^{ST} \vec{\underline{I}}_N^{ST} = \vec{\underline{Z}}_{N1}^{SP} \underline{I}_1^{SP} - \overset{\leftrightarrow}{\underline{Z}}_{NN}^{SP} \vec{\underline{I}}_N^{ST} \tag{9.368}$$

aus denen sich der Eingangsstrom $\underline{I}_1^{SP}$ des Speisenetzwerks

$$\underline{I}_1^{SP} = \frac{\underline{U}_q + \vec{\underline{Z}}_{1N}^{SP} \vec{\underline{I}}_N^{ST}}{\underline{Z}_{11}^{SP} + \underline{Z}_i} \tag{9.369}$$

und der Speisestromvektor $\vec{\underline{I}}_N^{ST}$ der Strahler

$$\vec{\underline{I}}_N^{ST} = \underline{U}_q \left[\overset{\leftrightarrow}{\underline{Z}}_{NN}^{ST} + \overset{\leftrightarrow}{\underline{Z}}_{NN}^{SP} + \frac{\vec{\underline{Z}}_{N1}^{SP} \vec{\underline{Z}}_{1N}^{SP}}{\underline{Z}_{11}^{SP} + \underline{Z}_i} \right]^{-1} \frac{\vec{\underline{Z}}_{1N}^{SP}}{\underline{Z}_{11}^{SP} + \underline{Z}_i} \tag{9.370}$$

ergeben. Damit ist für den Fall, daß sich die Impedanzmatrix $\overset{\leftrightarrow}{\underline{Z}}_{NN}^{SP}$ des Speisenetzwerks und die Impedanzmatrix $\overset{\leftrightarrow}{\underline{Z}}_{NN}^{ST}$ der Strahlergruppe bestimmen
lassen, die Speisestromverteilung bekannt.

Diese dient desweiteren zur Berechnung der Strahlungseigenschaften und der Eingangsimpedanz der Antenne. Da für die weitere Berechnung die Kenntnis der Impedanzmatrix des Speisenetzwerks als bekannt vorausgesetzt wird, liegt die Aufgabe des nachstehenden Abschnittes in der Bestimmung der Impedanzmatrix der Strahlergruppe.

9.5.2.2.1.1   Bestimmung der Impedanzmatrix der Strahlergruppe

Die Anwendung der Gl.(9.370) zur Berechnung der Speiseströme der Antenne erfordert die Bestimmung der Impedanzmatrix $\overset{\leftrightarrow}{\underline{Z}}{}^{ST}_{NN}$ der Strahlergruppe. Eine mathematisch einfache aber umständlich zu handhabende Methode stellt die Umrechnung der gemessenen Streuparameter dar. Zur näherungsweisen Erfassung der Verkopplung genügt jedoch die Messung der Streuparameter von zwei Resonatoren in Abhängigkeit vom Abstand und der Lage dieser Elemente zueinander, so daß sich somit die Streumatrix der Gruppe zusammenstellen läßt. Im Bild 9.72 sind z.B. einige Ergebnisse der in [118] durchgeführten Messungen des Streuparameters $\underline{S}_{21}$ ($\underline{S}_{21} = \underline{S}_{12}$) für verschiedene Resonatorpaare aufgezeigt.

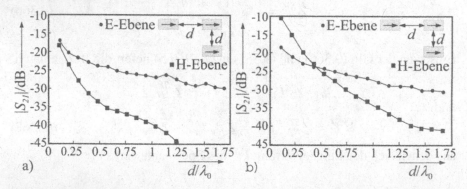

Bild 9.72: *Gemessene Streuparameter* $|\underline{S}_{21}|$ *für unterschiedliche Resonatorpaare in Abhängigkeit vom Abstand d nach [118];*
a) $w_y = 105.7\text{mm}$, $w_x = 65.5\text{mm}$, $h = 1{,}575\text{mm}$, $\varepsilon_r = 2.5$, $f = 1.41\text{GHz}$;
b) $w_y = 50.0\text{mm}$, $w_x = 60.0\text{mm}$, $h = 3.05\text{mm}$, $\varepsilon_r = 2.5$, $f = 1.56\text{GHz}$

Neben der meßtechnischen Methode zur Erfassung der Verkopplung bieten sich verschiedene Berechnungsverfahren zur Bestimmung der Verkopplungseinflüsse an. In [119] wird ein Leitungsersatzschaltbild zur Ermittlung der Verkopplung herangezogen. Andere Verfahren, die auf dem magnetischen Wandmodell beruhen werden in [120] und [83] vorgestellt. Der Vorteil dieser Methoden liegt im relativ geringen numerischen Aufwand. Im Gegensatz hierzu stellt die zur Bestimmung der Eingangsimpedanz vorgestellte Spektralbereichsmethode ein genaueres, aber zugleich auch ein wesentlich aufwendigeres Verfahren dar. Die mögliche Einbeziehung der dielektrischen Schicht (Overlay) oberhalb der Oberleitermetallisierung liefert eine umfangreichere Beschreibungsmöglichkeit, so daß dieses Verfahren hier zur Berechnung der Verkopplung einer Strahlergruppe nach Bild 9.73 vorgestellt werden soll.

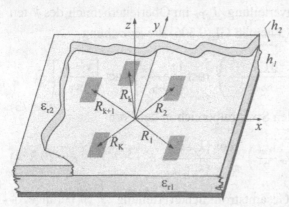

Bild 9.73: *Zweidimensionale Strahlerverteilung in der (x, y)-Ebene. Das Koordinatenpaar (x_k, y_k) stellt den Strahlermittelpunkt des k-ten Resonators dar*

Die Berechnung der Elemente der Impedanz- bzw. der Admittanzmatrix einer Strahlergruppe in Streifenleitungstechnik kann mit Hilfe der in Abschnitt 9.5.1.2.3 (Seite 528) hergeleiteten Zusammenhänge zwischen einer gegebenen Stromverteilung und dem daraus resultierenden elektromagnetischen Feld erfolgen. Die Anwendung des Reaktionskonzeptes nach Gl.(9.270) ermöglicht die Berechnung der Netzwerkparameter, die das Verhalten bezüglich der Netzwerktore beschreiben. Werden hierbei eingeprägte elektrische Ströme $\underline{I}_n$ und $\underline{I}_m$, die in die Speisetore hineinfließen, als anregende Größen betrachtet, so ergeben sich die Elemente $\underline{Z}_{nm}$ der Impedanzmatrix an bzw. zwischen diesen Toren aus

$$\underline{Z}_{nm} = \frac{-1}{\underline{I}_n \underline{I}_m} < a, b > \qquad (9.371)$$

und, wenn die Anregung durch eingeprägte Klemmenspannungen $\underline{U}_n$ und $\underline{U}_m$ erfolgt, ergeben sich die Elemente $\underline{Y}_{nm}$ der Admittanzmatrix aus

$$\underline{Y}_{nm} = \frac{-1}{\underline{U}_n \underline{U}_m} < a, b > . \qquad (9.372)$$

Analog zur Vorgehensweise bei der Behandlung des einzelnen Resonators muß zur Bestimmung des exakten Verhaltens der Anordnung mehrerer verkoppelter Resonatoren eine Entwicklung der Stromdichte im Oberleiter durch ein vollständiges Funktionensystem erfolgen. Da der bei der Analyse von Gruppenantennen erforderliche numerische Rechenaufwand noch größer ist als im Fall des Einzelresonators, soll auch hier die Oberleiterstromdichte in unmittelbarer Umgebung der Eigenresonanzfrequenz durch eine Näherung für den dominierenden Resonanzfeldtyp beschrieben werden. Somit ergibt sich für die Stromverteilung $\underline{J}_{ePk}$ im Oberleiterbereich des k-ten Strahlerelementes in Bild 9.73 gemäß Gl.(9.306) die Beziehung

$$\underline{\vec{J}}_{ePk} = \underline{T}_k \frac{I_1}{w_{xk}} \sin\left(\pi \frac{y - y_k + \frac{w_{yk}}{2}}{w_{yk}}\right) \text{rect}\left[\frac{x - x_k}{w_x}\right] \text{rect}\left[\frac{y - y_k}{w_y}\right] \vec{e}_y$$

(9.373)

die nach Transformation in den Spektralbereich in der Form

$$\underline{\widetilde{\vec{J}}}_{ePk} = \underline{T}_k \, 2\pi \, \underline{I}_1 w_{yk} \, \text{si}\left(k_x \frac{w_{xk}}{2}\right) \frac{\cos\left(k_y \frac{w_{yk}}{2}\right)}{\pi^2 - (k_y w_{yk})^2} \, e^{-j(k_x x_k + k_y y_k)} \vec{e}_y \quad (9.374)$$

zur Reihenentwicklung der Gesamtstromdichteverteilung $\underline{\widetilde{\vec{J}}}_{eP}$ herangezogen werden kann. Der komplexe Amplitudenkoeffizient $\underline{T}_k$ in Gl.(9.373) und Gl.(9.374) liefert aus dem Bezugsstrom $\underline{I}_1$ die tatsächliche Amplitude des Stroms im k-ten Resonator. Einsetzen dieser Beziehung in die Gln.(9.302) bis (9.305) (Seite 545) liefert bei Speisung des n-ten Resonators mit dem Strom der Stärke $\underline{I}_0$ und Leerlauf der verbleibenden Speisetore das Gleichungssystem

$$\underline{\vec{V}}_n = \underline{\overset{\leftrightarrow}{\widetilde{Z}}}{}^A \, \underline{\vec{B}}_n$$

(9.375)

zur Bestimmung der unbekannten Koeffizienten $\underline{B}_{in}$ des Vektors $\underline{\vec{B}}_n$. Eine Speisung der Gesamtanordnung an N Speisetoren führt somit auf N Gleichungssysteme dieser Art, deren Lösungen durch

$$\underline{\vec{B}}_n = \left(\underline{\overset{\leftrightarrow}{\widetilde{Z}}}{}^A\right)^{-1} \underline{\vec{V}}_n \,; (n \leq n \leq N)$$

(9.376)

gegeben sind. In zusammengefaßter Form lassen sich die Ergebnisse nach Gl.(9.375) und Gl.(9.376) für die Gesamtanordnung durch

$$\underline{\overset{\leftrightarrow}{V}} = \underline{\overset{\leftrightarrow}{\widetilde{Z}}}{}^A \, \underline{\overset{\leftrightarrow}{B}}$$

(9.377)

und

$$\underline{\overset{\leftrightarrow}{B}} = \left(\underline{\overset{\approx}{Z}}^{A} \right)^{-1} \underline{\overset{\leftrightarrow}{V}} \, ; (1 \leq n \leq N) \tag{9.378}$$

angeben, wobei die Elemente der Matrizen durch die Definitionen in den Gln.(9.302) und (9.303) bestimmt sind. Aus den Indizes dieser Elemente kann zur Verdeutlichung die nachstehende Zuordnungsregel entnommen werden.

$\underline{V}_{nm}$: $\underline{V}_{nm}$ ergibt sich aus dem Skalarprodukt der n-ten Testfunktion mit dem elektrischen Feld am Speisetor des m-ten Resonators

$\underline{Z}_{nk}$: $\underline{Z}_{nk}$ ergibt sich aus dem Skalarprodukt der n-ten Testfunktion mit dem Feld im Oberleiterbereich des k-ten Resonators.

$\underline{B}_{km}$: $\underline{B}_{km}$ stellt den Amplitudenkoeffizienten der k-ten Entwicklungsfunktion bei Anregung am Tor m dar.

Aus diesen Ergebnissen liefert die Anwendung des Reaktionskonzeptes in der Form

$$\underline{Z}_{nm} = \frac{-1}{\underline{I}_{0n} \, \underline{I}_{0m}} \iint\limits_{A_{Qm}} \underline{\vec{E}}\,(\vec{J}_{e,Qn}) \; \vec{J}_{e,Qm} \, \mathrm{d}A \tag{9.379}$$

die Elemente der Impedanzmatrix einer durch elektrische Ströme gespeisten Strahlergruppe zu

$$\underline{Z}_{nm} = \frac{-1}{\underline{I}_{0n} \, \underline{I}_{0m}} \sum_{k=1}^{K} \underline{B}_{kn} \, \underline{V}_{km}. \tag{9.380}$$

Entsprechend hierzu lassen sich auch die Elemente der Admittanzmatrix einer durch magnetische Ströme angeregten Antenne aus

$$\underline{Y}_{nm} = \frac{-1}{\underline{U}_{0n} \, \underline{U}_{0m}} \iint\limits_{A_{Qm}} \underline{\vec{H}}\,(\vec{J}_{m,Qn}) \; \vec{J}_{m,Qm} \, \mathrm{d}A \tag{9.381}$$

zu

$$\underline{Y}_{nm} = \frac{-1}{\underline{U}_{0n} \, \underline{U}_{0m}} \sum_{k=1}^{K} \underline{B}_{kn} \, \underline{V}_{km} \tag{9.382}$$

berechnen, so daß hiermit das Impedanzverhalten der Strahlergruppe zur Berechnung der Stromverteilung nach den Gln.(9.369) und (9.370) und dem daraus resultierenden Fernfeld gegeben ist.

9.5.2.2.1.2 Fernfeld verkoppelter Strahler

Die Berechnung des vollständigen elektromagnetischen Fernfeldes der in Bild 9.73 gezeigten Strahlerverteilung kann entsprechend der Vorgehensweise im Abschnitt 9.5.1.2.3.5 aus der tangentialen elektrischen Feldstärke in der Grenzschicht an der Stelle $z = h_1 + h_2$ erfolgen. Eine Berücksichtigung der Strahlungsbeiträge aller Einzelstrahler durch die Anwendung des Superpositionsprinzips liefert für das elektrische Vektorpotential entsprechend Gl.(9.350) die Beziehung

$$\vec{F}(\vec{r}) = \frac{\varepsilon_0 \, e^{-jk_0|\vec{r}|}}{2\pi|\vec{r}|} \, e^{jk_0(h_1+h_2)\cos(\vartheta)} \left[\left(\overset{\leftrightarrow}{\tilde{G}}_E \, \overset{\approx}{\tilde{J}}_{eP} \right) \times \vec{e}_z \right]_{z=h_1+h_2} , \quad (9.383)$$

in der der Vektor $\overset{\approx}{\tilde{J}}_{eP}$ ($\overset{\approx}{\tilde{J}}_{eP} = \sum\limits_{k=1}^{K} \overset{\approx}{\tilde{J}}_{ePk}$)

$$\overset{\approx}{\tilde{J}}_{eP} = \sum_{k=1}^{K} \underline{T}_k \, 2\pi \underline{I}_1 \, w_{yk} \, \text{si}\left(k_x \frac{w_{xk}}{2}\right) \frac{\cos\left(k_y \frac{w_{yk}}{2}\right)}{\pi^2 - (k_y w_{yk})^2} \, e^{-j(k_x x_k + k_y y_k)} \, \vec{e}_y ,$$
$$(9.384)$$

mit
$$k_x = k_0 \sin(\vartheta) \cos(\alpha)$$

und
$$k_y = k_0 \sin(\vartheta) \sin(\alpha),$$

die tatsächliche Verteilung der Flächenstromdichte im Oberleiter beschreibt. Die hierin auftretenden komplexen Amplitudenkoeffizienten $\underline{T}_k$ sind die Elemente des Vektors $\vec{\underline{T}}$, der sich aus der Koeffizientenmatrix $\overset{\leftrightarrow}{\underline{B}}$ und dem Speisestromvektor $\underline{I}_N^{ST}$ zu

$$\vec{\underline{T}} = \overset{\leftrightarrow}{\underline{B}} \, \underline{I}_N^{SP} \quad (9.385)$$

berechnen läßt. Da in den meisten Anwendungsfällen die einzelnen Strahlerelemente identisch sind, läßt sich hierfür mit den Abkürzungen im Anhang sowie

$$\vec{R}(\vartheta,\alpha) = k_0 w_y \cos(\vartheta) \, e^{jk_0(h_1+h_2)\cos(\vartheta)}$$
$$\frac{\cos\left(k_0 \frac{w_y}{2}\sin(\vartheta)\sin(\alpha)\right) \text{si}\left(k_0 \frac{w_x}{2}\sin(\vartheta)\cos(\alpha)\right)}{\pi^2 - (k_0 w_y \sin(\vartheta)\sin(\alpha))^2}$$
$$\left[k_0 Q_1^{III}\cos(\alpha)\vec{e}_\vartheta - (k_0 Q_1^{III}\cos(\vartheta) + k_0^2 Q_2^{III}\sin^2(\vartheta))\sin(\alpha)\vec{e}_\alpha\right] \quad (9.386)$$

und

$$\underline{G}(\vartheta,\alpha) = \sum_{k=1}^{K} \underline{T}_k \, e^{j k_0 \, (x_k \, \sin(\vartheta) \, \cos(\alpha) + y_k \, \sin(\vartheta) \, \sin(\alpha))} \qquad (9.387)$$

das elektrische Vektorpotential im Fernfeldbereich durch das **Multiplikative Gesetz**

$$\vec{F}(\vec{r}) = -j \frac{\underline{I}_1 \, e^{-j k_0 |\vec{r}|}}{\omega |\vec{r}|} \, \underline{G}(\vartheta,\alpha) \, \underline{\vec{R}}(\vartheta,\alpha) \qquad (9.388)$$

angeben. $\underline{G}(\vartheta,\alpha)$ beschreibt die Gruppeneigenschaften und $\underline{\vec{R}}(\vartheta,\alpha)$ die Eigenschaften des einzelnen Strahlers.

9.5.2.2.1.3   Ergebnisse zur Verdeutlichung der Verkopplung

Die Berücksichtigung der Verkopplungseinflüsse aller Strahlerelemente untereinander, die Erfassung eines Overlays und eine mögliche Einbeziehung der Schlitzanregung stellt eine verallgemeinerte Beschreibung der in [117] angegebenen Theorie dar, die durch einen Vergleich der erzielten Ergebnisse zum einen mit den Resultaten nach der in [83] entwickelten Methode, die von dem magnetischen Wandmodell Gebrauch macht, und zum anderen mit meßtechnisch ermittelten Ergebnissen in diesem Abschnitt überprüft werden soll.

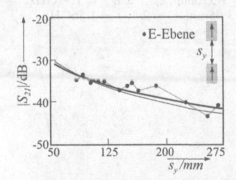

Bild 9.74: *Transmissionskoeffizient* $|\underline{S}_{21}|$ *zwischen den Toren eines Strahlerpaares* ($w_x = 29$mm, $w_y = 20$mm, $x_s = 0$mm, $y_s = 1$mm, $\varepsilon_{r1} = 2.32$, $\varepsilon_{r2} = 1$, $h = 0.508$mm) **——** *Spektralbereichslösung,* —— *Rechnung [83],* • *Messung [83]*

Im Bild 9.74 ist der Betrag des Transmissionskoeffizienten $|\underline{S}_{21}|$ zwischen den Speisetoren in Abhängigkeit vom Strahlerabstand s_y für ein Strahlerpaar mit Streifenleitungsspeisung ($Z_W = 50\Omega$) dargestellt. Die Gegenüberstellung des gemessenen und berechneten Verlaufs nach [83] zu den hier berechneten Werten zeigt im Mittel eine Verbesserung der theoretischen Ergebnisse durch das vorgestellte Spektralbereichsverfahren.

Auch der Vergleich im Bild 9.75, in dem die theoretischen Ergebnisse den gemessenen Resultaten aus Bild 9.72 gegenübergestellt sind, verdeutlicht die Tauglichkeit dieses Verfahrens. Hierzu sei allerdings angemerkt, daß bei der Angabe der Geometrieparameter in [118] keine Aussage über die Wahl des Speisepunktes und des Speiseelementes gemacht wurde. Zur Berechnung des Transmissionskoeffizienten wurde aus diesem Grunde eine Speiseposition gewählt, bei der für die angegebenen Daten die günstigste Anpassung an die Speiseleitung vorlag.

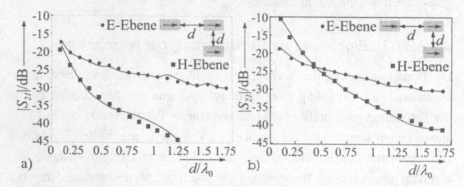

Bild 9.75: *Streuparameter* $|\underline{S}_{21}|$ *für unterschiedliche Resonatorpaare in Abhängigkeit vom Abstand* d (—— *Messung [118]*); •, ■ *Spektralbereichslösung;*
a) $w_y = 105.7mm$, $w_x = 65.5mm$, $h = 1.575mm$, $\varepsilon_r = 2.5$, $f = 1.41GHz$;
b) $w_y = 50.0mm$, $w_x = 60.0mm$, $h = 3.05mm$, $\varepsilon_r = 2.5$, $f = 1.56GHz$

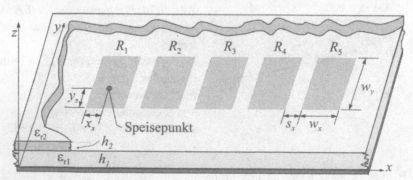

Bild 9.76: *Geometrie der Strahlergruppe zur Untersuchung der Verkopplungseinflüsse*

Eine Überprüfung der Theorie zur Berechnung der Verkopplungseinflüsse in Antennenanordnungen mit mehreren Strahlern erfolgt anhand der in Bild 9.76 gezeigten Strahlergruppe. Das Bild zeigt eine lineare Strahlerverteilung, bei der wahlweise der erste bzw. der dritte Resonator über eine koaxiale Speiseleitung angeregt wird. Zur Vermeidung von nicht genau berechenbaren Einflüssen durch ein Speisenetzwerk üben die verbleibenden Strahlerelemente „passiv", d.h. die Anregung erfolgt nur durch das vom gespeisten Resonator erzeugte elektromagnetische Feld, ihren Einfluß auf das Antennenverhalten aus.

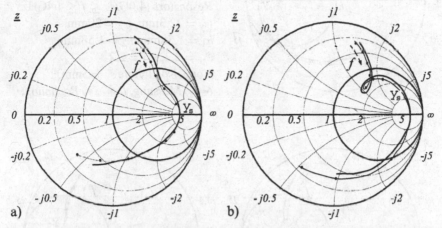

Bild 9.77: *Verlauf der normierten Eingangsimpedanz ($Z_W = 50\Omega$) einer Antenne nach Bild 9.76 ohne Overlay bei Speisung des dritten Resonators ($4.1GHz \leq f \leq 4.5GHz$, $w_y = 22.3$mm, $w_x = 20$mm, $h_1 = 1,58$mm, $\varepsilon_{r1} = 2.2$, $\varepsilon_{r2} = 1$) (——) Messung, (—— , •) Rechnung); Koppelspaltbreite: $s_x = 10$mm a), $s_x = 5$mm b)*

Damit die Verkopplung der Elemente untereinander besonders deutlich wird, sind in den untersuchten Strahlergruppen die Resonatorabstände extrem klein gewählt. So werden in den beiden ersten Beispielen zunächst zwei herkömmliche Streifenleitungsantennenstrukturen ($\varepsilon_{r2} = 1$) mit fünf Strahlerelementen nach Bild 9.76 mit unterschiedlichen Resonatorabständen s_x ($s_x/\lambda_0 = 0.14$ bzw. $s_x/\lambda_0 = 0.07$) miteinander verglichen. Die Darstellung der gemessenen und berechneten Impedanzverläufe beider Antennen in den Bildern 9.77 a) und b) zeigt zum einen eine gute Übereinstimmung zwischen den theoretischen und den gemessenen Ergebnissen und zum anderen den stärkeren Einfluß der Verkopplung bei Verringerung des Resonatorabstandes. Der Einfluß eines Overlays auf das Impedanzverhalten ist für die Anordnung mit dem geringeren Strahlerabstand in Bild 9.78 aufgezeigt. Hieraus läßt sich, wie auch schon bei Einzelresonatoren festgestellt wurde, im wesentlichen eine Frequenzverschiebung zu niedrigeren Werten hin erkennen.

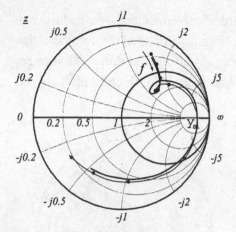

Bild 9.78: *Verlauf der normierten Eingangsimpedanz ($Z_W = 50\Omega$) einer Antenne nach Bild 9.76 mit Overlay bei Speisung des dritten Resonators (4.0GHz $\leq f \leq$ 4.4GHz, $w_y = 22.3$mm, $w_x = 20$mm, $h_1 = 1.58$mm, $h_2 = 1.58$mm, $\varepsilon_{r1} = 2.2$, $\varepsilon_{r2} = 2.2$ Koppelspaltbreite $s_x = 5$mm); (——) Messung, (—— , •) Rechnung;*

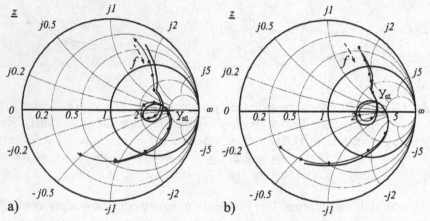

Bild 9.79: Verlauf der normierten Eingangsimpedanz ($Z_W = 50\Omega$) einer Antenne nach Bild 9.76 bei Speisung des ersten Resonators ($w_y = 22.3$mm, $w_x = 20$mm, $h_1 = h_2 = 1,58$mm, $\varepsilon_{r1} = 2.2$, $s_x = 5$mm) (——) Messung, (—— , •) Rechnung;
a) (4.1GHz $\leq f \leq$ 4.5GHz) ohne Overlay ($\varepsilon_{r2} = 1$)
b) (4.0GHz $\leq f \leq$ 4.4GHz) mit Overlay ($\varepsilon_{r2} = 2.2$)

Die in den Bildern 9.77 und 9.78 angegebenen Verläufe der normierten Eingangsimpedanz beschreiben Antennenstrukturen, die bezüglich des angeregten Resonators symmetrische Anordnungen darstellen. Die Speisung des ersten Resonators in der Strahlerzeile ermöglicht die Analyse von unsymmetrischen Strahlergruppen. Die hierfür theoretisch und experimentell ermittelten Ergebnisse zeigen die in Bild 9.79 angegebenen Verläufe der normierten Eingangsimpedanz. Auch aus diesen Bildern kann die sehr gute Übereinstimmung der berechneten und gemessenen Werte erkannt werden.

Neben der Darstellung des Impedanzverhaltens dieser Antennenanordnung liefert eine Untersuchung der Strahlungseigenschaften eine weitere Kontrollmöglichkeit der Theorie. Bild 9.80 zeigt eine Gegenüberstellung der gemessenen Strahlungsdiagramme in der H-Ebene ($\alpha = 0^\circ$) zu den theoretischen Ergebnissen. Hierbei sind zur Verdeutlichung der starken Frequenzabhängigkeit der Verkopplungseinflüsse die Strahlungsdiagramme für mehrere Arbeitsfrequenzen angegeben. Der Vergleich der Strahlungsdiagramme in den Bildern liefert eine gute Übereinstimmung zwischen den theoretisch und experimentell ermittelten Verläufen.

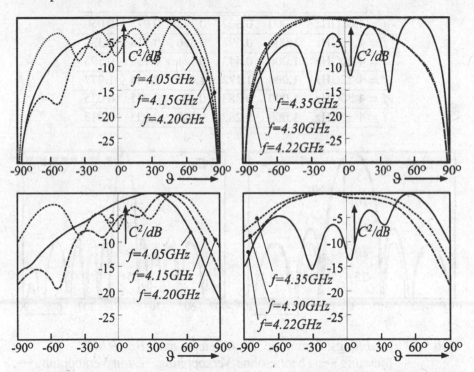

Bild 9.80: *Berechnete (oben) und gemessene (unten) Strahlungsdiagramme der in Bild 9.76 und Bild 9.79 b) beschriebenen Antenne*

Aufgrund der extremen Verkopplung der Strahlerelemente untereinander ändert die Gesamtanordnung im interessierenden Frequenzbereich ihr Verhalten sehr stark. Das zeigen auch die in der Tabelle 9.3 angegebenen Beträge der Amplitudenkoeffizienten der Felder im k-ten Resonator ($k = 1, \ldots, 5$), die zur Berechnung der Strahlungsdiagramme ermittelt wurden. Besonders deutlich wird der Einfluß bei der Frequenz von 4.22GHz, bei der die Strahlungsbeiträge der „passiven" Elemente größer sind als die des gespeisten

Resonators. In gewöhnlichen Strahlergruppen wirkt sich die Verkopplung jedoch nicht so gravierend aus, da zum einen die Strahlerabstände größer sind als sie in diesen Beispielen zur Verdeutlichung der Verkopplungseffekte gewählt wurden und zum anderen die einzelnen Resonatoren entweder durch eine Quell- oder eine Lastimpedanz beschaltet und somit bedämpft werden.

Tabelle 9.3: *Normierte Beträge der Amplitudenkoeffizienten in den Resonatoren R1-R5 bei Speisung des ersten Resonators*

Frequenz	Resonator				
	1	2	3	4	5
$f = 4.05\,\text{GHz}$	1.000	0.302	0.145	0.073	0.050
$f = 4.15\,\text{GHz}$	1.000	0.597	0.366	0.318	0.336
$f = 4.20\,\text{GHz}$	1.000	0.443	0.521	0.757	0.593
$f = 4.22\,\text{GHz}$	**1.000**	**1.172**	**1.673**	**1.666**	**1.077**
$f = 4.30\,\text{GHz}$	1.000	0.383	0.170	0.071	0.025
$f = 4.35\,\text{GHz}$	1.000	0.282	0.098	0.035	0.013

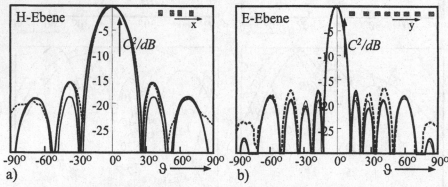

Bild 9.81: *Strahlungsdiagramme der Antennen nach Bild 9.68,*
Messung – –, Theorie ohne Verkopplung ——, mit Verkopplung ▬,
a) H-Ebene der 4 Elemente-Antenne
(Strahlerkoordinaten: $x_1 = -x_4 = -21.68\,\text{mm}$, $x_2 = -x_3 = -5.38\,\text{mm}$),
b) E-Ebene der 8 Elemente-Antenne
(Strahlerkoordinaten: $y_1 = -y_8 = 55.58\,\text{mm}$, $y_2 = -y_7 = 35.55\,\text{mm}$,
$y_3 = -y_6 = 19.78\,\text{mm}$, $y_4 = -y_5 = 6.58\,\text{mm}$)

Abschließend sind in Bild 9.81 die Strahlungsdiagramme von zwei linearen Strahlergruppen, bei denen die Anregung der einzelnen Resonatoren durch ein Speisenetzwerk in Streifenleitungstechnik auf der Strahlerrückseite und eine koaxiale Durchkontaktierung nach Bild 9.44 b) (Seite 522) erfolgt. Zur Verringerung der Nebenzipfelamplituden wurden dabei ungleiche Strahlerabstände gewählt, die bei einer gleichmäßigen Speisung aller Einzelelemente und einer Vernachlässigung der Verkopplungseinflüsse zu einer Nebenzipfeldämpfung von 19 dB führen. Zum Vergleich mit den Verläufen, die die Verkopplung erfassen, sind diese Ergebnisse ebenfalls in den Diagrammen eingetragen. Die in Bild 9.81 dargestellten Strahlungsdiagramme zeigen den Einfluß der Verkopplung, der in den gezeigten Beispielen im wesentlichen zu einer Vergrößerung des ersten Nebenzipfels führt, recht deutlich. Besonders gut ist hieraus die Übereinstimmung zwischen den theoretisch und experimentell ermittelten Ergebnissen in Bild 9.81 a) zu erkennen. Dagegen liefert die Untersuchung der Verkopplung in der E-Ebene im Winkelbereich $15^0 \leq \vartheta \leq 50^0$ eine Abweichung zwischen der Rechnung und der Messung. Eine Erklärung hierfür liefert die Betrachtung der in Bild 9.61 a) (Seite 561) dargestellten Strahlungscharakteristik eines Einzelstrahlers in der E-Ebene. Die schon dort festgestellte Unsymmetrie, die auf das Ankoppelelement zurückzuführen ist, wirkt sich auch hier auf das Verhalten der Gruppenantennen aus.

9.5.3 Sonderbeiträge der Streifenleitungs-Antennentechnik

Aus der ausführlichen Behandlung der Eigenschaften des $\lambda/2$-Resonators in den vorangegangenen Abschnitten lassen sich zusammenfassend die im folgenden aufgezeigten Merkmale bestimmen.

- Die Strahlungseigenschaften des $\lambda/2$-Resonators sind im wesentlichen durch die Wahl des Dielektrikums zwischen dem Oberleiter und der Grundmetallisierung zu beeinflussen.

   1. Eine niedrige Permittivität erhöht das Bündelungsvermögen in der E-Ebene und führt dadurch zu einer höheren Directivity.

   2. Eine Erhöhung der Permittivität führt wegen der stärkeren Anregung von Oberflächenwellen zu einer Verringerung des Wirkungsgrades.

   3. Ein dünnes Overlay beeinflußt das Strahlungsverhalten kaum.

- Das Impedanzverhalten des $\lambda/2$-Resonators ist ebenfalls von der Permittivität des Substrates abhängig.

   1. Mit steigender Permittivität sinkt die Bandbreite des Strahlers.

2. Mit steigender Substrathöhe steigt die Resonatorbandbreite.

3. Ein Overlay führt zu einer leichten Verschiebung der Resonanzfrequenz zu niedrigeren Frequenzen.

Ausgehend von diesem Verhalten müssen durch Wahl geeigneter Geometrie-
bzw. Materialparameter die für bestimmte Anwendungsfälle notwendigen
Eigenschaften der Strahler erzeugt werden. Zu den häufig vorkommenden
Anforderungen, die sich z.B. auch aus den Anforderungen des direkten Sa-
tellitenrundfunks (DBS) ergeben und hier beispielhaft betrachtet werden, gehören:

1. Eine Erhöhung der Bandbreite bis zu 15% - 20%. Das bedeutet, daß
   bei einer Bandmittenfrequenz von 12.1GHz im Frequenzbereich von
   11.7GHz bis 12.5GHz die Reflexionsdämpfung am Eingang der Antenne 14dB und besser sein sollte. Um gewisse Sicherheitstoleranzen
   bei der Fertigung noch einbeziehen zu können, scheint die oben genannte Bandbreite realistisch.

2. Aus der Forderung, daß der Gewinn der Antenne ca. 35dB betragen
   soll, sollte bei der Auswahl des Einzelelementes ein Strahler mit möglichst hohem Gewinn gewählt werden, um die Antennengröße und die
   damit verbundenen Verluste im Speisenetzwerk gering zu halten. Diese Vorgehensweise ist jedoch nur bei Antennen mit einer Hauptstrahlrichtung senkrecht zur Substratoberfläche (Broadside-Arrays) sinnvoll, da für andere Hauptstrahlrichtungen, z.B. in phasengesteuerten Gruppenantennen, die starke Bündelung des Einzelelementes den
   Schwenkwinkelbereich der Antenne reduziert. In diesem Fall müßte
   somit auf den hohen Gewinn des Einzelelementes verzichtet werden.

3. Die Vorgabe bei der Übertragung von zirkular polarisierten Wellen
   Gebrauch zu machen, stellt eine zusätzliche Anforderung an das zu
   verwendende Strahlerelement. Zum einen muß durch eine geeignete Wahl des Speisekonzepts die Anregung zweier um 90° gegeneinander phasenverschobener, orthogonaler Strahlungsfelder ermöglicht
   werden, bei denen zudem die Winkelabhängigkeit der Strahlungsdiagramme sowohl in der E-Ebene als auch in der H-Ebene im erforderlichen Schwenkwinkelbereich ähnliches Verhalten aufweisen.

Am Beispiel der angegebenen Forderungen, sollen hier Überlegungen und Möglichkeiten aufgezeigt werden, die in [121] zur Lösung der gestellten Aufgabe, ein geeignetes Strahlerelement zu finden, durchgeführt wurden. Hierzu erfolgt zunächst erneut die Betrachtung des in Bild 9.82 angegebenen Strahlungsverhaltens eines $\lambda/2$-Resonators. Die schon zuvor erwähnte Bündelung, die mit geringer werdender Permittivität zunimmt, liefert auf einem Material mit der Permittivität in der Größenordnung von eins den Streifenleitungsresonator mit dem größtmöglichen Gewinn, da bei diesem Element wegen der Unterdrückung von Oberflächenwellen ein Wirkungsgrad von eins erreicht wird. Die Wahl dieses Materials ist jedoch nur für Hauptstrahlrichtungen geeignet, die weniger als $\pm 15°$ von der Flächennormalen abweichen. Im Falle größerer Schwenkwinkel muß durch die Wahl einer höheren Permittivität eine Gewinneinbuße in Kauf genommen werden.

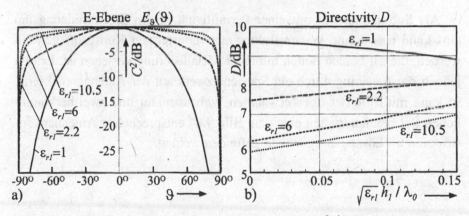

Bild 9.82: *Strahlungsdiagramme des quadratischen $\lambda/2$-Resonators in der E-Ebene a) und Directivity b) für verschiedene Werte von ε_{r1}*

Da die nachstehenden Betrachtungen eine feste Hauptstrahlrichtung senkrecht zur Substratoberfläche liefern sollen, wird versucht, eine Realisierungsmöglichkeit auf einem Substrat mit möglichst niedriger Permittivität zu finden. Dabei soll stets der in Bild 9.83 a) gezeigte Streifenleitungsresonator, der auf einem herkömmlichen Substratmaterial mit einer Permittivität $\varepsilon_{r1} = 2.2$ gefertigt ist, als Referenz dienen. Der in Bild 9.83 b) angegebene Verlauf der Reflexionsdämpfung des Resonators nach Bild 9.83 a), in dem der zuvor genannte Frequenzen markiert ist, zeigt eine viel zu geringe Bandbreite für diesen Anwendungsfall.

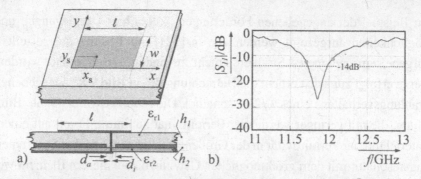

Bild 9.83: *Geometrie des Streifenleitungsresonators mit Ankopplung a),*
gemessene Reflexionsdämpfung ($\varepsilon_{r1} = 2.2$, $w = 9.00$mm,
$\ell = 7.71$mm, $x_s = 1.94$mm, $y_s = 4.50$mm, $h_1 = 0.787$mm,
Speisung durch eine Streifenleitung auf der Rückseite mit
$h_2 = 0.508$mm, $d_i = 0.11$mm, $d_a = 1$mm, $\varepsilon_{r2} = 2.2$,
Speiseleitungsbreite $= 0.58$mm

Als Substratmaterial mit einer Permittivität in der Größenordnung um
eins kann eine dünne Wabenstruktur aus verlustarmen Kunststoff gewählt
werden, die auf beiden Seiten mit einer Metallisierung versehen ist. Erfolgt
jedoch die Anregung durch ein Speisenetzwerk auf der Antennenrückseite,
so kann mit Hilfe der oben erwähnten Wabenstruktur und zwei herkömmlichen Substratmaterialien eine dem Bild 9.84 entsprechende Antennenkonstruktion als Lösungsmöglichkeit gefunden werden.

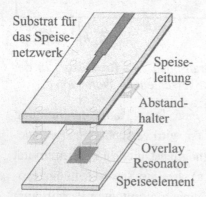

Bild 9.84: *Resonatoranordnung zur Ver-*
wendung von Luft als Dielektrikum

Bild 9.84 zeigt die beiden Substratmaterialien die in den nachstehenden
Beispielen nicht durch eine Wabenstruktur sondern durch einfache Abstand-
halter miteinander befestigt werden. Das obere Substrat enthält dabei das
Speisenetzwerk in Mikrostreifenleitungstechnik und das untere Substrat, bei
dem nur die dem Speisenetzwerk zugekehrte Seite eine Metallisierung be-

sitzt, enthält die Oberleitermetallisierung des Resonators und dient gleichzeitig als schützendes Overlay. Diese Konstruktion bietet somit die größten
Freiheitsgrade zur Auslegung der Antenne und des Speisenetzwerks und liefert zudem alle Vorteile die durch die Verlegung des Speisenetzwerks entstehen, z.B. eine niedrige Kreuzpolarisation. Weitere Vorteile, die die niedrige
Permittivität dieser Struktur beim Antennendesign anbietet, sind:

1. Die Wahl einer größeren Substrathöhe ohne deutliche Beeinflussung
   des Wirkungsgrades.

2. Die durch das Ankoppelelement (Durchkontaktierung) erzeugte Induktivität läßt sich durch die Wahl eines größeren Durchmessers verringern. Dieses ist hier möglich, da die Resonatorabmessungen des
   luftgefüllten Strahlerelementes deutlich größer sind als im Falle des
   herkömmlichen Elementes nach Bild 9.83.

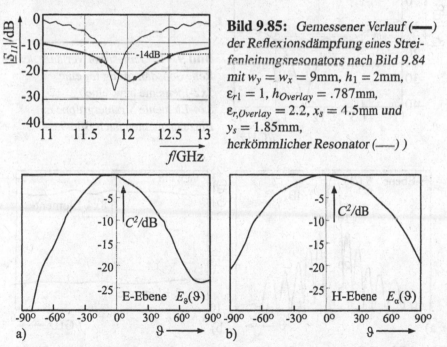

Bild 9.85: *Gemessener Verlauf (——)
der Reflexionsdämpfung eines Streifenleitungsresonators nach Bild 9.84
mit $w_y = w_x = 9$mm, $h_1 = 2$mm,
$\varepsilon_{r1} = 1$, $h_{Overlay} = .787$mm,
$\varepsilon_{r,Overlay} = 2.2$, $x_s = 4.5$mm und
$y_s = 1.85$mm,
herkömmlicher Resonator (——))*

Bild 9.86: *Gemessene Strahlungsdiagramme des Resonators nach Bild 9.85
E-Ebene a) und H-Ebene b)*

Unter Ausnutzung dieser Freiheitsgrade ergibt sich der im Bild 9.85 gezeigte, gemessene Verlauf der Reflexionsdämpfung. Der Vergleich mit dem
Ergebnis nach Bild 9.83 b) zeigt die deutliche Vergrößerung der Bandbreite. Die Markierung des für den DBS-Empfang wichtigen Frequenzbereichs

verdeutlicht, daß dieses Element bezüglich der Bandbreite das oben gesteck-
te Ziel erreicht. Auch die Darstellung der gemessenen Strahlungsdiagramme
dieser Struktur in Bild 9.86 liefert im Vergleich zum herkömmlichen Resonator erwartungsgemäß eine stärkere Bündelung in der E-Ebene.

Zur Überprüfung ob dieses Element in Gruppenantennen ebenfalls die
Erwartungen erfüllt, wurden Strahlergruppen bestehend aus 2x2-Strahler-
elementen und 8x4-Strahlerelementen mit gleichen Strahlerabständen und
gleichen Anregungsamplituden aufgebaut und meßtechnisch untersucht. Der
daraus resultierende Verlauf des Eingangsreflexionsfaktors beider Antennen
zeigt das Bild 9.87. Sowohl die 4-Elemente Antenne als auch die deutlich größere 32-Elemente Anordnung liefert zufriedenstellende Ergebnisse
in Hinsicht der erzielten Bandbreite.

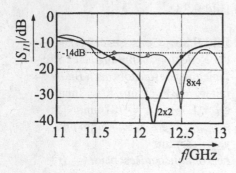

Bild 9.87: *Gemessene Verläufe der Reflexionsdämpfung für eine 2x2-Elemente bzw. eine 8x4-Elemente Strahlergruppe mit Einzelelementen nach Bild 9.84*

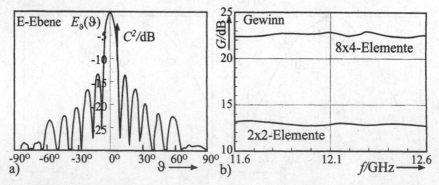

Bild 9.88: *E-Ebene des Strahlungsdiagramms der 8x4-Elemente Strahler-gruppe a), Gewinn der 2x2-Elemente und 8x4-Elemente Strahler-gruppe in Abhängigkeit von der Frequenz b)*

Auch der gemessene Verlauf der Strahlungsdiagramme dieser Antennen
zeigt, wie auch im Falle des Einzelelementes festgestellt wurde, keine deutlichen Abweichungen von den erwarteten Ergebnissen. Als Beispiel hierzu

stellt das Bild 9.88 a) den gemessenen Verlauf der E-Ebene des Strahlungs-diagramms der 32-Elemente Anordnung dar. Ebenso liefert die Messung des Antennengewinns im interessierenden Frequenzbereich sehr zufriedenstel-lende Ergebnisse. Die Darstellung der gewonnenen Resultate in Bild 9.88 b) zeigt die Abhängigkeit des Antennengewinns von der Frequenz. Mit Wer-ten um 13dB für die 4-Elemente Gruppe und 22.5dB für die 32-Elemente Gruppe ergeben sich sehr konstante und hohe Werte für Antennen in Mikro-streifenleitungstechnik.

Zum Abschluß der Betrachtung dieses Antennentyps soll noch auf die Möglichkeit der Erzielung zirkular polarisierter Wellen eingegangen wer-den. Hierzu erfolgt eine getrennte Anregung des (1,0)- bzw. des (0,1)-Schwingungstyps eines quadratischen Resonators mit Signalen, die um 90° gegeneinander phasenverschoben sind. In einigen Anwendungsfällen wurde diese Anregung mit Hilfe eines geeigneten Kopplers, der direkt am Resona-tor angebracht wurde, realisiert.

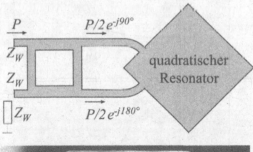

Bild 9.89: *Quadratischer Resonator mit Branch-Line Koppler zur Erzeugung zirkularer Polarisation*

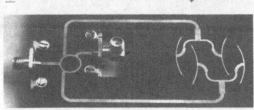

Bild 9.90: *Speisenetzwerk der Strahlergruppe zur gleichzeiti-gen Erzeugung von rechts und links zirkularer Polarisation*

Das Bild 9.89 zeigt wie dieses Element mit Hilfe eines Branch-Line Kopp-lers, der an seinen Ausgängen die beiden um 90° gegeneinander phasenver-schobenen Signale zur Verfügung stellt, gefertigt werden kann. Bei Speisung eines der Tore am Koppler und Abschluß des verbleibenden Tors mit einem Wellensumpf, können entweder rechts oder links zirkular polarisierte Wellen ausgesendet bzw. empfangen werden. Um jedoch eine gleichzeitige Sende- bzw. Empfangsmöglichkeit von rechts und links zirkular polarisierten Wel-len zu erzeugen, ist in dem nachstehenden Beispiel der Koppler nicht direkt

am Strahlerelement sondern am Antenneneingang angebracht. Durch die in
Bild 9.89 gezeigte Speiseart werden jedoch zwei getrennte Speisenetzwerke zur Anregung der unterschiedlichen Schwingungstypen erforderlich. In
Antennen mit integriertem Speisenetzwerk zwischen den Strahlerelementen
wäre eine solche Anordnung aus Platzmangel undenkbar. Das Bild 9.90 zeigt
die Antennenrückseite der Antenne mit dem Speisenetzwerk und einem Rat-
Race-Koppler. Die beiden Übergänge am Koppler erlauben nun den gleich-
zeitigen Empfang links bzw. rechts zirkular polarisierter Wellen.

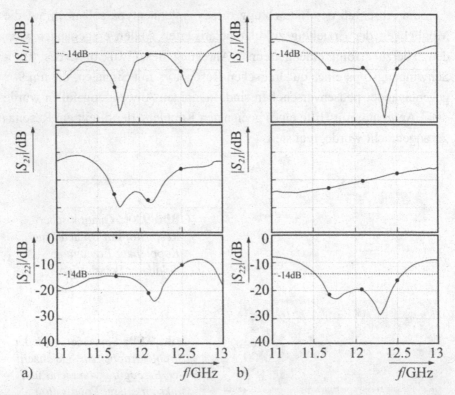

Bild 9.91: *a) Gemessene Beträge der Streuparameter an den Speisetoren der
Anordnung nach Bild 9.90, b) Gemessene Beträge der Streuparameter der Antennenstruktur (wie a) jedoch ohne Koppler)*

Das Bild 9.91 a) zeigt die gemessenen Verläufe der Eingangsreflexionsfaktoren sowie der Transmission an bzw. zwischen den beiden Antennen-
anschlüssen. Aus diesen Ergebnissen kann eine Verschiebung der günstigen
Eigenschaften zu niedrigeren Frequenzen hin festgestellt werden. Wie aus
dem Bild 9.91 b), das die Eigenschaften der gleichen Strahleranordnung je-

doch ohne Koppler zeigt, zu entnehmen ist, muß diese Verschiebung auf eine unzulängliche Auslegung des Kopplers zurückzuführen sein. Die Ergebnisse in Bild 9.91 b) zeigen hervorragende Antenneneigenschaften, die bei richtiger Dimensionierung des Kopplers zu einer Antenne führen kann, die alle eingangs gewünschten Eigenschaften einer Strahlergruppe mit Hauptstrahlrichtung senkrecht zur Antennenoberfläche besitzt.

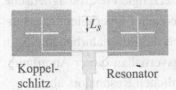

Koppel-　　　Resonator　　**Bild 9.92:** *Strahleranordnung mit*
schlitz　　　　　　　　　　*Schlitzspeisung*

Neben der Anregung des Streifenleitungsresonators mit Hilfe der koaxialen Durchkontaktierung kann von der zuvor behandelten Schlitzspeisung Gebrauch gemacht werden. Bild 9.92 zeigt eine Antennenstruktur mit zwei Strahlerelementen bei der die Anregung der Strahler durch eine schlitzförmige Koppelapertur erfolgt. Der Vorteil dieser Struktur liegt in der einfacheren Herstellung der Anregung, da hier das Einlöten des Ankoppelelementes entfällt. Probleme ergeben sich jedoch bei der Anregung zirkular polarisierter Wellen, da sich die Schlitze überlappen und somit gegenseitig beeinflussen.

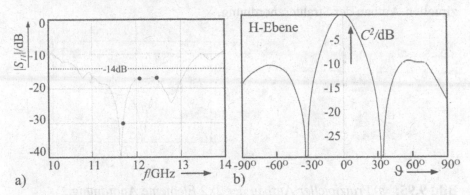

Bild 9.93: *Reflexionsdämpfung a) und H-Ebene des Strahlungsdiagramms der Antenne nach Bild 9.92 b)*

Bild 9.93 a) zeigt den gemessenen Verlauf der Reflexionsdämpfung dieser Antenne. Auch in diesem Fall werden alle Anforderungen in Hinsicht der Bandbreite erfüllt. In Bild 9.93 b) ist zur Veranschaulichung des Strahlungsverhaltens die H-Ebene der Antenne nach Bild 9.92 dargestellt.

Weitere Methoden zur Erhöhung der Resonatorbandbreite wurden in [122], [123] vorgestellt. In den dort angegebenen Beispielen erfolgte die Bandbreitenerhöhung durch die gezielte Nutzung der Verkopplung zwischen zwei Resonatoren, die entsprechend Bild 9.94 angeordnet sind. Das Bild zeigt einen Streifenleitungsresonator, der durch eine koaxiale Durchkontaktierung angeregt wird. Auf diesem Element befindet sich ein zweiter Resonator, der durch das vom unteren Resonator erzeugte elektromagnetische Feld angeregt wird. Durch die Wahl unterschiedlicher Oberleiterabmessungen, Substrathöhen und Permittivitäten läßt sich die Resonatorbandbreite in einem weiten Bereich variieren. Das Strahlungsverhalten dieser Anordnung weicht dabei nicht stark von dem des herkömmlichen Resonators ab.

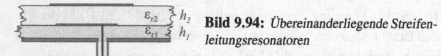

Bild 9.94: *Übereinanderliegende Streifenleitungsresonatoren*

Neben der oben genannten Art der Ausnutzung der Verkopplung wurde in [124] eine Strahlergruppe vorgestellt, die aus 2x2 Strahlerelementen in einer Ebene besteht. Die Abstände $s_x = s_y$ zwischen den Strahlerelementen sind dabei so gering, daß die Verkopplung zwischen den Elementen zur Bandbreitenerhöhung ausgenutzt werden kann. Bild 9.95 a) zeigt den prinzipiellen Aufbau der Strahleranordnung.

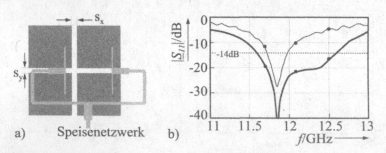

Bild 9.95: *a) Prinzipieller Aufbau der 2x2 Elemente Anordnung,*
b) gemessene Reflexionsdämpfung —— ($w_x = w_y = 7.18$mm, $h_1 = 0.787$mm, $\varepsilon_{r1} = 2.2$, $x_s = 3.59$mm, $y_s = 1.2$mm und $s_x = s_y = 0.62$mm), herkömmlicher Resonator —— zum Vergleich

Die Darstellung des gemessenen Verlaufs des Eingangsreflexionsfaktors in Bild 9.95 b) zeigt eine deutliche Vergrößerung der Bandbreite. Da diese Gruppe auf dem gleichen Substrat aufgebaut wurde wie der Resonator in Bild 9.83, darf an dieser Stelle ein direkter Vergleich durchgeführt werden.

Hierzu ist der Verlauf zusätzlich in Bild 9.95 b) eingezeichnet. Bild 9.96 zeigt die gemessenen Strahlungsdiagramme der Antenne nach Bild 9.95.

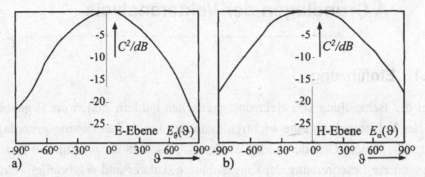

Bild 9.96: *Strahlungsdiagramm in der E-Ebene a) und in der H-Ebene b) der Strahlergruppe nach Bild 9.95*

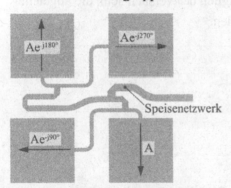

Bild 9.97: *2x2 Elemente Strahlergruppe mit integriertem Speisenetzwerk zur Bandbreitenerhöhung*

Als abschließendes Beispiel zur Erhöhung der Antennenbandbreite wird noch die in [125] vorgestellte Antenne erläutert. Hierbei handelt es sich um eine sehr intelligente Methode zur Erzeugung einer breitbandigen Antenne, die Abstrahlung zirkular polarisierter Wellen ermöglicht. Dabei werden entsprechend Bild 9.97 zunächst jeweils zwei Resonatoren derart verschaltet, daß sie zueinander orthogonale Feldtypen, die um 90° gegeneinander phasenverschoben angeregt sind, abstrahlen. Besitzen nun beide Strahler die gleichen Impedanzeigenschaften im Speisepunkt, dann löschen sich die dort entstehenden Reflexionen in der verwendeten T-Verzweigung aus und an der Eingangsleitung liegt Anpassung vor. Erfolgt nun die Verschaltung der dadurch entstandenen identischen Untergruppen unter Beachtung der zuvor genannten Verhältnisse, so liefert die Gesamtanordnung eine relativ breitbandige Strahlergruppe, die als Untergruppe (Subarray) in größeren Antennen Verwendung finden kann.

A Grundlagen der Vektoranalysis

A.1 Einführung

Bei der Behandlung von elektromagnetischen Feldern stellen die Ergebnisse der Vektoranalysis eine wichtige mathematischen Berechnungsgrundlage dar. Aus diesem Grunde werden in diesem Abschnitt die wichtigsten Beziehungen zur Beschreibung der Eigenschaften skalarer und vektorieller Felder zusammengefaßt. Es handelt sich hierbei nicht um eine mathematische Ableitung mit Beweisführung. Es soll lediglich der Versuch sein, die abgeleiteten Beziehungen anschaulich darzustellen.

A.1.1 Das skalare Feld

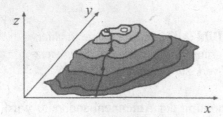

Bild A.1: *Darstellung der Höhenverteilung eines Berges*

Als skalares Feld wird die Abhängigkeit einer skalaren Größe von mehreren Veränderlichen bezeichnet.

Beispiele hierfür sind:

- Die Höhenverteilung $h(x,y)$ eines Berges gemäß Bild A.1
- Die Temperaturverteilung $T(x,y,z)$ im Raum
- Die Potentialverteilung $\varphi(x,y,z)$ in einer vorgegebenen Geometrie

A.1.2 Das Vektorfeld

Bei einem Vektorfeld wird, in Ergänzung zum skalaren Feld, den unabhängigen Veränderlichen (z.B.: x,y,z) nicht nur der Betrag einer abhängigen

Veränderlichen (z.B.: $T(x,y,z)$) sondern zudem noch eine Richtung (z.B.: $\vec{t}(x,y,z)$, mit $|\vec{t}(x,y,z)| = 1$), zugeordnet. Am Beispiel der Temperaturverteilung im Raum, könnte ein Vektorfeld zur Beschreibung der Wärmeströmung im Raum oder in einer Platte gemäß Bild A.2 a) angegeben werden. Weitere Beispiele sind Strömungsverteilungen von Flüssigkeiten (siehe Bild A.2 b)) und Gasen.

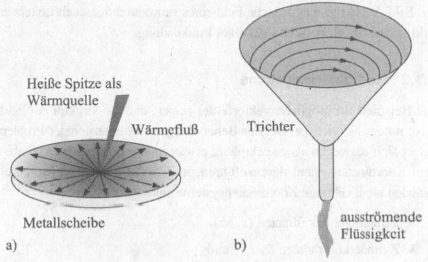

Bild A.2: *Darstellung von Vektorfelder, Wärmeströmung in einer Platte a) und Flüssigkeitsabfluß aus einem Trichter b)*

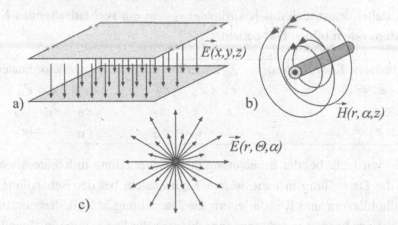

Bild A.3: *Beispiele für Vektorfelder aus dem Bereich der Elektrotechnik a) elektrisches Feld im idealen Plattenkondensator, b) magnetisches Feld eines stromdurchflossenen Leiters und c) elektrisches Feld einer Punktladung*

Von größerem Interesse sind in diesem Zusammenhang die Vektorfelder, die in der Behandlung elektromagnetischer Feldprobleme entstehen. So erfolgt hier unter anderem eine genaue Untersuchung des elektrischen und des magnetischen Feldes bzw. der elektrischen Verschiebungsdichte und der magnetischen Induktion. Beispiele hierfür sind in dem Bild A.3 aufgezeigt. Das Bild A.3 a) zeigt die Feldverteilung in einem idealen Plattenkondensator, Bild A.3 b) das magnetische Feld eines stromdurchflossenen Leiters und Bild A.3 c) das elektrische Feld einer Punktladung.

A.1.3 Koordinatensysteme

Die Beispiele für mögliche Vektorfelder zeigen, daß die Struktur der Felder stark unterschiedlich ist. Bei der Behandlung mehrdimensionaler Probleme hat es sich deswegen als zweckmäßig erwiesen, die Lösung der Aufgabe in dem Koordinatensystem durchzuführen, in dem die Berechnungen am einfachsten sind. Gängige Koordinatensysteme sind

- kartesische Koordinaten (x, y, z),

- Zylinderkoordinaten (r, α, z) und

- Kugelkoordinaten (r, ϑ, α).

Die Wahl der einzelnen Koordinatenrichtungen, z.B. $\vec{e}_x$, $\vec{e}_y$ und $\vec{e}_z$ erfolgt dabei derart, daß das Koordinatensystem ein **rechtsdrehendes Koordinatensystem** bildet. Das bedeutet:

Kartesische Koordinaten:	Zylinderkoordinaten:	Kugelkoordinaten:
$\vec{e}_x \times \vec{e}_y = \vec{e}_z$	$\vec{e}_r \times \vec{e}_\alpha = \vec{e}_z$	$\vec{e}_r \times \vec{e}_\vartheta = \vec{e}_\alpha$
$\vec{e}_y \times \vec{e}_z = \vec{e}_x$	$\vec{e}_\alpha \times \vec{e}_z = \vec{e}_r$	$\vec{e}_\vartheta \times \vec{e}_\alpha = \vec{e}_r$
$\vec{e}_z \times \vec{e}_x = \vec{e}_y$	$\vec{e}_z \times \vec{e}_r = \vec{e}_\alpha$	$\vec{e}_\alpha \times \vec{e}_r = \vec{e}_\vartheta$

So wird z.B. bei der Berechnung der Feldverteilung in Rechteckhohlleitern die Darstellung in kartesischen Koordinaten, bei der Behandlung von Rundhohlleitern und Koaxialleitern die Darstellung in Zylinderkoordinaten und bei der Lösung von Antennenproblemen die Darstellung in Kugelkoordinaten bevorzugt verwendet.

A.2 Eigenschaften skalarer Felder

A.2.1 Der Gradient eines skalaren Feldes

Zur Verdeutlichung wird die in Bild A.4 a) gezeigte Höhenverteilung eines Berges betrachtet. Werden Punkte gleicher Höhe miteinander verbunden, dann ergeben sich aus diesen Linien die **Höhenlinien**, die in Bild A.4 b) zu sehen sind.

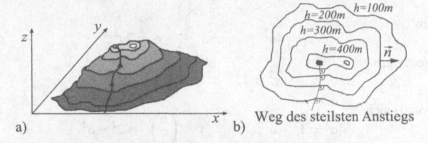

Bild A.4: *Darstellung eines Berges a) mit zugehörigen Höhenlinien b)*

Es wird nun die Frage gestellt: „Wohin rollt eine Kugel, wenn sie an einer beliebigen Stelle auf dem Berg losgelassen wird?" Zur Beantwortung dieser Frage wird zunächst die in Bild A.5 gezeigte Geometrie betrachtet. Das Bild zeigt eine Pyramide. An der Stelle $(x, y, z) = (0, 0, 1)$ befindet sich eine Kugel. Nach dem Loslassen bewegt sich diese in die Richtung des ersten Quadranten der (x, y)-Ebene.

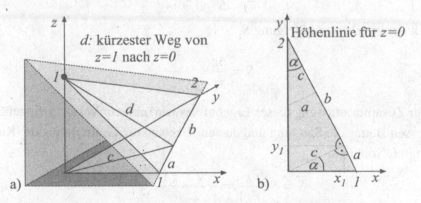

Bild A.5: *Eine Pyramide als Beispiel für eine Höhenverteilung, perspektivische Darstellung links und Draufsicht rechts.*

Die Laufrichtung der Kugel, die auf dem Weg mit dem größten Gefälle liegt (d.h. entlang der Linie d in Bild A.5 a)), ergibt sich aus den Beziehungen

$$x_1 = c\cos(\alpha) \qquad \text{und} \qquad y_1 = c\sin(\alpha).$$

Aus

$$\sin(\alpha) = \frac{a}{1} = \frac{c}{2} \qquad \text{und} \qquad \cos(\alpha) = \frac{c}{1} = \frac{b}{2}$$

ergibt sich somit

$$c = \frac{b}{2} = 2a$$

bzw.

$$x_1 = 4a^2 \qquad \text{und} \qquad y_1 = 2a^2.$$

Weiter gilt

$$c^2 = 1^2 - a^2 = 2^2 - b^2,$$

woraus sich

$$4a^2 = 1^2 - a^2, \qquad\qquad \left(\frac{b}{2}\right)^2 = 2^2 - b^2,$$

$$a = \frac{1}{\sqrt{5}}, \qquad b = \frac{4}{\sqrt{5}}, \qquad c = \frac{2}{\sqrt{5}}$$

und somit

$$x_1 = \frac{4}{5} \qquad \text{und} \qquad y_1 = \frac{2}{5}$$

ermitteln läßt. Damit ergibt sich die Laufrichtung der Kugel, $\vec{r}_K$, zu

$$\vec{r}_K = \frac{2}{5}\,(2\vec{e}_x + \vec{e}_y),$$

mit der zugehörigen Steigung S,

$$S = \frac{\Delta z}{c} = -\frac{\sqrt{5}}{2}.$$

Zur Zusammenfassung dieses Ergebnisses wird nun ein Vektor $\vec{S}$ eingeführt, dessen Betrag die Steigung und dessen Richtung die Laufrichtung der Kugel angibt. Somit gilt

$$\vec{S} = S\,\frac{\vec{r}_K}{|\vec{r}_K|} = -\frac{\sqrt{5}}{2}\,\frac{\frac{2}{5}\,(2\vec{e}_x + \vec{e}_y)}{\frac{2}{\sqrt{5}}}$$

bzw.

$$\vec{S} = -\frac{1}{2}\,(2\vec{e}_x + \vec{e}_y).$$

Läßt sich dieses Ergebnis auch auf eine andere, einfachere Art ermitteln? Hierzu wird zunächst an der Stelle $(x_0, y_0) = (0, 0)$ jeweils die Steigung in x-Richtung bzw. y-Richtung ermittelt. Dadurch ergibt sich ein Vektor $\vec{A}$, der aus

$$\vec{A} = \frac{\partial}{\partial x} z(x, y_0) \, \vec{e}_x + \frac{\partial}{\partial y} z(x_0, y) \, \vec{e}_y,$$

mit

$$z(x, 0) = -x + 1 \qquad \text{und} \qquad z(0, y) = -\frac{1}{2}y + 1$$

zu

$$\vec{A} = -\vec{e}_x + \left(-\frac{1}{2}\right) \vec{e}_y = -\frac{1}{2}(2\vec{e}_x + \vec{e}_y)$$

bestimmt werden kann. Dieses Ergebnis stimmt mit dem zuvor ermittelten Ergebnis voll überein. Das bedeutet, daß sich aus

$$\text{grad } z = \frac{\partial}{\partial x} z \, \vec{e}_x + \frac{\partial}{\partial y} z \, \vec{e}_y$$

sowohl der Betrag als auch die Richtung der größten Änderung von $z(x, y)$ im Aufpunkt ermitteln läßt. Wegen der großen Bedeutung dieses Zusammenhangs wurde hierfür eine spezielle Bezeichnung „der Gradient (grad)" eingeführt.

Der **Gradient** einer skalaren Funktion $\varphi(x, y, z)$ stellt ein Vektorfeld dar, das in jedem Punkt (x, y, z) die Richtung und den Betrag der größten Änderung angibt. Allgemein gilt:

$$\boxed{\text{grad } \varphi = \left(\frac{\partial}{\partial x}, \frac{\partial}{\partial y}, \frac{\partial}{\partial z}\right) \varphi(x, y, z).} \qquad \text{(A.1)}$$

Mit Hilfe des Gradienten einer Funktion $\varphi(x, y, z)$ (grad $\varphi(x, y, z)$) ergibt sich die Änderung der Funktion $d\varphi$ von $\varphi(x, y, z)$ in einer beliebigen Richtung $\vec{ds}$ aus der Projektion des Gradienten auf die gewählte Richtung gemäß

$$d\varphi = \text{grad } \varphi \cdot \vec{ds}. \qquad \text{(A.2)}$$

Wird nun ein Wegelement $\vec{ds}_H$ gewählt, das entlang einer Höhenlinie verläuft, dann ist $d\varphi = 0$ und es gilt

$$0 = \text{grad } \varphi \cdot \vec{ds}_H.$$

Das Skalarprodukt zweier Vektoren, deren Beträge von null verschieden sind, verschwindet aber nur dann, wenn beide Vektoren einen Winkel von

90° einschließen. Daraus folgt, **der Gradient steht stets senkrecht auf den Höhenlinien**.

Ein in der Technik sehr häufig auftretendes Problem ist die Frage nach der Arbeit W, die bei der Überwindung eines Kraftfeldes $\vec{F}$ vom Punkt P_1 zum Punkt P_2 entlang einer Wegstrecke C aufgebracht werden muß. Die Arbeit ergibt sich aus

$$W = \int_C \vec{F}\vec{ds}. \tag{A.3}$$

Liegt nun der Sonderfall vor, daß das Kraftfeld $\vec{F}$ das Gradientenfeld einer skalaren Funktion φ ist, dann gilt

$$W = \int_C \text{grad } \varphi\vec{ds}, \tag{A.4}$$

woraus sich mit

$$\vec{ds} = |\vec{ds}|\ \vec{e}_s \tag{A.5}$$

die Beziehung

$$W = \int_C \text{grad } \varphi \cdot \vec{e}_s\ |\vec{ds}| \tag{A.6}$$

ergibt. Einsetzen von Gl.(A.5) in Gl.(A.2) liefert

$$d\varphi = \text{grad } \varphi(x,y,z) \cdot \vec{e}_s\ |\vec{ds}|, \tag{A.7}$$

so daß sich mit Gl.(A.7) in Gl.(A.6)

$$W = \int_{P_1}^{P_2} d\varphi \tag{A.8}$$

oder

$$W = \varphi(P_2) - \varphi(P_1) \tag{A.9}$$

angeben läßt. Dieses Ergebnis lautet in Worten: Ist das Kraftfeld ein Gradientenfeld einer skalaren Funktion, dann ist die Arbeit, die gegen ein Kraftfeld verrichtet wird unabhängig vom Weg. Sie hängt lediglich vom Anfangspunkt und vom Endpunkt ab. Demnach liefert die Auswertung von Gl.(A.4) entlang einer geschlossenen Kurve C stets den Wert 0, d.h.

$$W = \oint_C \text{grad } \varphi\ \vec{ds} = 0. \tag{A.10}$$

Ein bekanntes Beispiel für ein derartiges Kraftfeld ist das Gravitationsfeld.

A.3   Eigenschaften von Vektorfeldern

Die bisherigen Ausführungen haben gezeigt, daß der Gradient wichtige Aussagen über skalare Felder liefert. Entsprechend werden auch bei Vektorfeldern Merkmale gesucht, die zur Charakterisierung der Vektorfelder herangezogen werden können. Die hierzu abzuleitenden Größen sind die Divergenz (div) und die Rotation (rot) eines Vektorfeldes.

Dabei liefert die Divergenz ein Maß für die Quellstärke und die Rotation ein Maß für die Wirbel des Vektorfeldes im betrachteten Aufpunkt.

A.3.1   Die Divergenz

Zur Beschreibung von Vektorfeldern werden Kenngrößen gesucht, die Aussagen über bestimmte Eigenschaften liefern. Eine dieser Größen ergibt sich aus der Betrachtung des Vektorfeldes, bei dem entsprechend Bild A.6 a) die Eigenschaften **innerhalb** eines kleinen Volumenelementes der Größe ΔV, das sich an einer beliebigen Stelle (x, y, z) befinden kann, untersucht werden. Der Einfachheit halber wird ohne Einschränkung der Allgemeinheit als Volumenelement ein kleiner Würfel mit den Kantenlängen Δx, Δy und Δz gewählt.

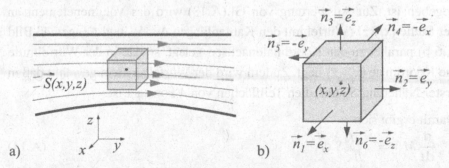

Bild A.6: *Strömende Flüssigkeit im Rohr a) und Zuordnung des Flächennormaleneinheitsvektors $\vec{n}$ b)*

In dem in Bild A.6 a) gezeigten Beispiel handelt es sich um eine strömende Flüssigkeit $\vec{S}$. Hier muß nun für das betrachtete Volumenelement gelten, daß die zeitliche Änderung der eingeschlossenen Flüssigkeitsmenge M identisch sein muß mit der Differenz aus ausströmender und einströmender Flüssigkeit. Da von der strömenden Flüssigkeit nur die Komponente einen Beitrag zur eingeschlossenen Menge liefert, die durch die Hüllfläche, die das Volumenelement begrenzt, hindurchtritt und daß dieser Anteil nach einer Zerlegung der Strömung in eine Normalkomponente und eine Tangentialkomponente genau der Normalkomponente von $\vec{S}$ entspricht, kann mit $\vec{n}$, einem Flächennormaleneinheitsvektor, der senkrecht auf der Hüllfläche steht und vom eingeschlossenen Volumen weg nach außen zeigt, die Normalkomponente $|\vec{S}_n|$ aus

$$|\vec{S}_n| = \vec{S} \cdot \vec{n} \tag{A.11}$$

ermittelt werden. Einströmende Flüssigkeit fließt demnach genau in die entgegengesetzte Richtung von $\vec{n}$ und ausströmende parallel zu $\vec{n}$. Der resultierende Gesamtstrom, der durch die Hüllfläche hindurchtritt ergibt sich aus

$$\oiint_A \vec{S} \cdot \vec{n} \, dA. \tag{A.12}$$

Zur Vereinfachung der Schreibweise erhält das Flächenelement dA eine Orientierung, d.h. eine Richtung, und wird somit zum Vektor $d\vec{A}$. Die Richtung von $d\vec{A}$ entspricht der von $\vec{n}$, so daß die Flüssigkeitsbilanz im betrachteten Volumenelement durch

$$\frac{d}{dt} M = \oiint_A \vec{S} \, d\vec{A} \tag{A.13}$$

gegeben ist. Zur Auswertung von Gl.(A.13) wird das Volumenelement an der Stelle (x, y, z) (Würfel mit den Kantenlängen Δx, Δy, und Δz) gemäß Bild A.6 b) parallel zu den Koordinatenachsen gelegt, so daß in der Würfelmitte die Koordinate (x, y, z) liegt. Zudem wird der Würfel so klein gewählt, daß in erster Näherung $\vec{S}_n$ auf allen Teilflächen von A konstant ist.

Damit ergibt sich

$$\frac{d}{dt} M = \oiint_A \vec{S} \, d\vec{A} \tag{A.14}$$

$$= \quad S_x(x + \frac{\Delta x}{2}, y, z) \; \vec{e}_x \vec{n}_1 \Delta y \Delta z + S_x(x - \frac{\Delta x}{2}, y, z) \; \vec{e}_x \vec{n}_4 \Delta y \Delta z$$

$$+ S_y(x, y + \frac{\Delta y}{2}, z) \; \vec{e}_y \vec{n}_2 \Delta x \Delta z + S_y(x, y - \frac{\Delta y}{2}, z) \; \vec{e}_y \vec{n}_5 \Delta x \Delta z$$

$$+ S_z(x, y, z + \frac{\Delta z}{2}) \; \vec{e}_z \vec{n}_3 \Delta x \Delta y + S_z(x, y, z - \frac{\Delta z}{2}) \; \vec{e}_z \vec{n}_6 \Delta x \Delta y,$$

woraus unter der Berücksichtigung der in Bild A.6 b) angegebenen Zuordnung der $\vec{n}_i$ zu den Einheitsvektoren $\vec{e}_x$, $\vec{e}_y$ und $\vec{e}_z$ die Beziehung

$$\oiint_A \vec{S} d\vec{A} \quad = \qquad\qquad\qquad\qquad\qquad (A.15)$$

$$S_x(x+\frac{\Delta x}{2},y,z)\ \vec{e}_x\vec{e}_x\Delta y\Delta z + S_x(x-\frac{\Delta x}{2},y,z)\ \vec{e}_x(-\vec{e}_x)\Delta y\Delta z$$

$$+S_y(x,y+\frac{\Delta y}{2},z)\ \vec{e}_y\vec{e}_y\Delta x\Delta z + S_y(x,y-\frac{\Delta y}{2},z)\ \vec{e}_y(-\vec{e}_y)\Delta x\Delta z$$

$$+S_z(x,y,z+\frac{\Delta z}{2})\ \vec{e}_z\vec{e}_z\Delta x\Delta y + S_z(x,y,z-\frac{\Delta z}{2})\ \vec{e}_z(-\vec{e}_z)\Delta x\Delta y$$

angeben läßt.

Gl.(A.15) beschreibt die Änderung der Flüssigkeitsmenge im gesamten Volumenbereich. Um eine vergleichbare Größe zu erhalten wird das so gewonnene Ergebnis auf den betrachteten Volumenbereich ΔV bezogen, d.h. normiert. Gl.(A.15) liefert somit

$$\frac{1}{\Delta V}\oiint_A \vec{S}\, d\vec{A} \quad = \quad \frac{1}{\Delta x\Delta y\Delta z}\oiint_A \vec{S}\, d\vec{A}$$

$$= \quad \frac{S_x(x+\frac{\Delta x}{2},y,z)-S_x(x-\frac{\Delta x}{2},y,z)}{\Delta x}$$

$$+\frac{S_y(x,y+\frac{\Delta y}{2},z)-S_y(x,y-\frac{\Delta y}{2},z)}{\Delta y}$$

$$+\frac{S_z(x,y,z+\frac{\Delta z}{2})-S_z(x,y,z-\frac{\Delta z}{2})}{\Delta z}, \qquad (A.16)$$

so daß sich bei einem Grenzübergang $\Delta V \to 0$ die punktförmige Änderung der gespeicherten Flüssigkeitsmenge zu

$$\lim_{\Delta V\to 0}\frac{1}{\Delta V}\frac{d}{dt}M \quad = \quad \lim_{\Delta V\to 0}\frac{1}{\Delta V}\oiint_A \vec{S}\, d\vec{A}$$

$$= \quad \frac{\partial}{\partial x}S_x+\frac{\partial}{\partial y}S_y+\frac{\partial}{\partial z}S_z \qquad (A.17)$$

ergibt. Wird nun die Änderung der gespeicherten Flüssigkeitsmenge auf Quelleigenschaften des Vektorfeldes $\vec{S}$ im Punkt (x,y,z) zurückgeführt, dann erlaubt Gl.(A.17) eine direkt Bestimmung dieser Quelleigenschaft aus

$$\frac{\partial}{\partial x}S_x+\frac{\partial}{\partial y}S_y+\frac{\partial}{\partial z}S_z = \left(\frac{\partial}{\partial x},\frac{\partial}{\partial y},\frac{\partial}{\partial z}\right)\vec{S}. \qquad (A.18)$$

Liefert Gl.(A.18) im betrachteten Punkt einen positiven Wert, dann bedeutet das, daß das Vektorfeld in diesem Punkt eine Quelle besitzt, d.h. es tritt mehr Flüssigkeit aus als ein. Entsprechend bedeutet dieses aber auch, wenn der Wert negativ ist, muß in diesem Punkt eine Senke vorhanden sein, d.h. es tritt mehr Flüssigkeit ein als aus.

Ein bekanntes Beispiel hierfür aus dem Bereich der Elektrostatik ist eine Anordnung, die aus einer positiven und einer negativen Ladung besteht. In diesem Fall stellt die positive Ladung die Quelle der elektrischen Verschiebungsdichte und die negative Ladung die Senke der elektrischen Verschiebungsdichte dar. Zur Darstellung dieser Eigenschaft, der sogenannten **Divergenz** des Vektorfeldes, wurde die Abkürzung div eingeführt, die durch

$$\operatorname{div} \vec{S} = \lim_{\Delta V \to 0} \frac{1}{\Delta V} \oiint_A \vec{S}\, d\vec{A} = \left(\frac{\partial}{\partial x}, \frac{\partial}{\partial y}, \frac{\partial}{\partial z}\right) \cdot \vec{S} \qquad (A.19)$$

gegeben ist.

Zusammenfassend kann gesagt werden, daß die Divergenz eines Vektorfeldes ein skalares Feld liefert, das ein Maß für die Verteilung von Quellen und Senken im Raum darstellt. Die Divergenz gibt an, wieviele Feldlinien von einem Punkt weggehen bzw. in einem Punkt enden. Wird der Punkt mit einer kleinen Hüllfläche umgeben, so liefern die Quellen oder Senken nur Beiträge zur Normalkomponente des Vektorfeldes auf der Oberfläche.

A.3.1.1 Satz von Gauß

Aus Gl.(A.19) kann für einen Volumenbereich, der durch die Hüllfläche A eingeschlossen ist, direkt

$$\iiint_V \operatorname{div} \vec{F}\, dV = \oiint_A \vec{F}\, d\vec{A}, \qquad (A.20)$$

mit

$$d\vec{A} = |d\vec{A}|\, \vec{n} = dA\, \vec{n} \qquad \text{und} \qquad |\vec{n}| = 1$$

angegeben werden. $\vec{n}$ beschreibt dabei einen Flächennormaleneinheitsvektor, der senkrecht auf A steht und von dem durch A eingeschlossenen Volumenbereich nach **außen** zeigt.

A.3.1.2 Sätze von Green

Für spezielle Vektorfelder lassen sich allgemeine Zusammenhänge angeben, die bei der Behandlung von elektromagnetischen Feldern sehr nützlich sind. An dieser Stelle wird nun der Fall betrachtet, bei dem das Vektorfeld $\vec{F}(x,y,z)$ in der Form $\vec{F}(x,y,z) = \varphi(x,y,z)\vec{V}(x,y,z)$ angegeben werden kann und das Vektorfeld $\vec{V}(x,y,z)$ das Gradientenfeld der skalaren Funktion $\psi(x,y,z)$ ist. Unter der Berücksichtigung von

$$\operatorname{div}\vec{F} = \operatorname{div}(\varphi\vec{V}) = \varphi\operatorname{div}\vec{V} + \vec{V}\operatorname{grad}\varphi,$$

$$\vec{V} = \operatorname{grad}\psi \qquad (A.21)$$

und

$$\operatorname{div}\operatorname{grad}\psi = \Delta\psi \qquad (A.22)$$

soll nun die Anwendung des Gaußschen Satzes nach Gl.(A.20),

$$\iiint\limits_{V} \operatorname{div}\vec{F}\ dV = \oiint\limits_{A} \vec{F}\ d\vec{A},$$

auf das Vektorfeld $\vec{F}$ ausgewertet werden. Für die linke Seite gilt demnach

$$
\begin{aligned}
\iiint\limits_{V} \operatorname{div}\vec{F}\ dV &= \iiint\limits_{V} \operatorname{div}(\varphi\vec{V})\,dV \\[2mm]
&= \iiint\limits_{V} (\varphi\operatorname{div}\vec{V} + \vec{V}\operatorname{grad}\varphi)\,dV \\[2mm]
&= \iiint\limits_{V} (\varphi\operatorname{div}\operatorname{grad}\psi + \operatorname{grad}\psi\operatorname{grad}\varphi)\,dV \\[2mm]
&= \iiint\limits_{V} (\varphi\Delta\psi + \operatorname{grad}\psi\operatorname{grad}\varphi)\,dV. \qquad (A.23)
\end{aligned}
$$

Für die rechte Seite gilt

$$\oiint\limits_{A} \varphi\vec{V}\ d\vec{A} = \oiint\limits_{A} \varphi\operatorname{grad}\psi\,d\vec{A} = \oiint\limits_{A} \varphi\,(\operatorname{grad}\psi\,\vec{n})\,dA. \qquad (A.24)$$

Unter der Berücksichtigung, daß $\operatorname{grad}\psi\,\vec{n}$ die Änderung von ψ in Richtung der Flächennormalen $\vec{n}$ darstellt und diese sich mit Hilfe der Richtungsableitung durch

$$\operatorname{grad}\psi\,\vec{n} = \frac{\partial\psi}{\partial\vec{n}} \qquad (A.25)$$

angegeben läßt, kann Gl.(A.24) in der Form

$$\oiint_A \varphi\, \vec{V}\, d\vec{A} = \oiint_A \varphi\, \frac{\partial \psi}{\partial \vec{n}}\, dA \qquad (A.26)$$

und das Ergebnis des Gaußschen Satzes in der Form

$$\oiint_A \varphi\, \frac{\partial \psi}{\partial \vec{n}}\, dA = \iiint_V (\varphi\, \Delta \psi + \mathrm{grad}\, \psi\, \mathrm{grad}\, \varphi)\, dV \qquad (A.27)$$

geschrieben werden. Gl.(A.27) liefert somit eine Beziehung für zwei innerhalb des betrachteten Volumenbereichs endliche, stetige und zweimal differenzierbare skalare Funktionen. Eine weiter Beziehung ergibt sich, indem wir von Gl.(A.27) die Gleichung abziehen, die durch Vertauschen von φ und ψ in Gl.(A.27) entsteht. Dieses führt auf

$$\oiint_A \left(\varphi\, \frac{\partial \psi}{\partial \vec{n}} - \psi\, \frac{\partial \varphi}{\partial \vec{n}} \right) dA = \iiint_V (\varphi\, \Delta \psi - \psi\, \Delta \varphi)\, dV. \qquad (A.28)$$

Die Ergebnisse in Gl.(A.27) und Gl.(A.28) werden als die Greenschen Sätze bezeichnet.

A.3.2 Die Rotation

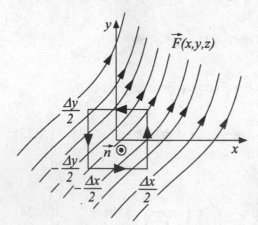

Bild A.7: *Ausschnitt aus einem Bereich mit strömender Flüssigkeit*

Zur Veranschaulichung der Rotation wird gemäß Bild A.7 wieder eine strömende Flüssigkeit betrachtet. Das Bild zeigt einen geschlossenen Weg innerhalb der (x, y)-Ebene. Im folgenden wird nun die Arbeit untersucht, die notwendig ist um ein Teilchen in der Strömung entlang des geschlossenen Wegs zu führen. Die Arbeit W ergibt sich aus

$$W = \oint_C \vec{F} \vec{ds} \qquad (A.29)$$

mit

$$\vec{ds} = |\vec{ds}| \; \vec{t} = ds \; \vec{t} \qquad \text{und} \qquad |\vec{t}| = 1.$$

Bei der Auswertung von Gl.(A.29) wird die Fläche, die durch C begrenzt wird, wieder so klein gewählt, daß die Kraft entlang der einzelnen Wegstrecken, in die der Gesamtweg unterteilt wird, konstant ist. Danach gilt

$$
\begin{aligned}
W \;=\;& \oint_C \vec{F} \vec{ds} \\
=\;& F_x(x, y - \frac{\Delta y}{2})\vec{e}_x \; \vec{e}_x \Delta x + F_y(x + \frac{\Delta x}{2}, y)\vec{e}_y \; \vec{e}_y \Delta y \qquad (A.30)\\
& + F_x(x, y + \frac{\Delta y}{2})\vec{e}_x \; (-\vec{e}_x)\Delta x + F_y(x - \frac{\Delta x}{2}, y)\vec{e}_y \; (-\vec{e}_y)\Delta y.
\end{aligned}
$$

Die so ermittelte Arbeit wird nun, wie schon zuvor bei der Divergenz, normiert, d.h. auf die Gesamtfläche $\Delta A = \Delta x \Delta y$ bezogen. Damit liefert Gl.(A.30)

$$
\begin{aligned}
\frac{1}{\Delta A}W \;=\;& \frac{1}{\Delta x \Delta y}W \\
=\;& \frac{1}{\Delta x \Delta y} \oint_C \vec{F} \vec{ds} \\
=\;& \frac{F_y(x + \frac{\Delta x}{2}, y) - F_y(x - \frac{\Delta x}{2}, y)}{\Delta x} \\
& - \frac{F_x(x, y + \frac{\Delta y}{2}) - F_x(x, y - \frac{\Delta y}{2})}{\Delta y}, \qquad (A.31)
\end{aligned}
$$

woraus sich mit dem Grenzübergang $\Delta A \to 0$ die Beziehung

$$\lim_{\Delta A \to 0} \frac{1}{\Delta x \Delta y} \oint_C \vec{F} \vec{ds} = \frac{\partial}{\partial x}F_y - \frac{\partial}{\partial y}F_x \qquad (A.32)$$

ableiten läßt. Dieses bedeutet, daß die Strömung auf der Berandung C eine resultierende tangentiale Kraftkomponente besitzt, die überwunden werden muß. Das Ergebnis läßt sich aber auch folgendermaßen deuten. Würde C die Berandung einer dünnen Scheibe darstellen, dann würde auf dem Rand eine resultierende Kraft tangential zu C wirken, die dafür sorgen würde, daß sich die dünne Scheibe dreht.

Aus Gründen der Anschaulichkeit wurde der Integrationsweg in einer Ebene $z = konst$ gelegt. Im allgemeinen kann C die Berandung einer beliebig orientierten Fläche im Raum darstellen. Für die weiteren Betrachtungen erfolgt nun wieder die Einführung eines Flächennormaleneinheitsvektors $\vec{n}$ der senkrecht auf der von C umgebenen Fläche steht. Nun erhält zudem die Berandung eine Richtung $\vec{t}$, die die Richtung der Tangente darstellt, wobei der Vektor $\vec{t}$ dem Vektor $\vec{n}$ im **Rechtsschraubensinn** zugeordnet sein soll. Übertragen auf das obige Beispiel der dünnen Scheibe in der strömenden Flüssigkeit bedeutet das, daß $\vec{n}$ die Richtung der Drehachse darstellt. Die Drehung wird dadurch verursacht, daß die Summe aller Beiträge zur resultierenden Tangentialkomponente der Kraft einen von null verschiedenen Wert aufweist.

In einer kurzen Zwischenbetrachtung wird nun untersucht, ob sich die Scheibe in einem Vektorfeld, das als Gradient eines skalaren Feldes φ entstanden ist, drehen kann. In diesem Fall gilt:

$$\vec{F} = \left(\frac{\partial}{\partial x}, \frac{\partial}{\partial y}, \frac{\partial}{\partial z} \right) \varphi = \frac{\partial}{\partial x} \varphi \, \vec{e}_x + \frac{\partial}{\partial y} \varphi \, \vec{e}_y + \frac{\partial}{\partial z} \varphi \, \vec{e}_z.$$

Einsetzen dieses Ergebnisses liefert somit

$$\lim_{\Delta A \to 0} \frac{1}{\Delta x \Delta y} \oint_C \vec{F} \mathrm{d}\vec{s} = \frac{\partial}{\partial x} F_y - \frac{\partial}{\partial y} F_x = \frac{\partial}{\partial x} \frac{\partial}{\partial y} \varphi - \frac{\partial}{\partial y} \frac{\partial}{\partial x} \varphi = 0,$$

da bei den hier untersuchten skalaren Feldern die Reihenfolge der Differentiation keine Rolle spielt. Das bedeutet, daß in einem Gradientenfeld die resultierende tangentiale Kraftkomponente stets verschwindet, so daß die Scheibe nie rotiert!

Ähnliche Überlegungen lassen sich auch für räumlich ausgedehnte Anordnungen mit dem Volumen ΔV (z.B. eine Kugel) und der Oberfläche A durchführen. Hierzu wird zunächst die gesamte Oberfläche in Teilflächen zerlegt und für jede Teilfläche das Arbeitsintegral ausgewertet.

Nach den bisherigen Ausführungen liefert lediglich die Tangentialkomponente $\vec{F}_t$ des Kraftfeldes auf der Randkurve einen Beitrag zum Integral. Diese ergibt sich nach der Einführung von $\vec{t}$ und $\vec{n}$ gemäß Bild A.8 zu

$$\vec{F}_t = \vec{n} \times \vec{F}. \tag{A.33}$$

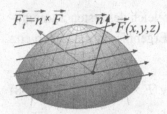

$\vec{F}_t = \vec{n} \times \vec{F}$ $\vec{n}$ $\vec{F}(x,y,z)$

Bild A.8: *Darstellung der Tangentialkomponente von $\vec{F}$*

Die Integration aller Teilbeiträge auf der gesamten Oberfläche des Volumens führt auf die Auswertung der Beziehung

$$\oiint_A \vec{F}_t \, dA = \oiint_A (\vec{n} \times \vec{F}) \, dA. \tag{A.34}$$

Eine Normierung auf das gesamte Volumen und eine erneute Grenzwertbildung, $\Delta V \to 0$, liefert den Ausdruck

$$\lim_{\Delta V \to 0} \frac{1}{\Delta V} \oiint_A (\vec{n} \times \vec{F}) \, dA, \tag{A.35}$$

der zur weiteren Untersuchung in die einzelnen Komponenten zerlegt wird. Daraus folgt

$$\lim_{\Delta V \to 0} \frac{1}{\Delta V} \oiint_A (\vec{n} \times \vec{F}) \, dA = \ \vec{e}_x \lim_{\Delta V \to 0} \frac{1}{\Delta V} \oiint_A \vec{e}_x \cdot (\vec{n} \times \vec{F}) \, dA$$

$$+ \vec{e}_y \lim_{\Delta V \to 0} \frac{1}{\Delta V} \oiint_A \vec{e}_y \cdot (\vec{n} \times \vec{F}) \, dA$$

$$+ \vec{e}_z \lim_{\Delta V \to 0} \frac{1}{\Delta V} \oiint_A \vec{e}_z \cdot (\vec{n} \times \vec{F}) \, dA, \tag{A.36}$$

woraus sich mit Hilfe der Vektoridenität $\vec{a} \cdot (\vec{b} \times \vec{c}) = \vec{b} \cdot (\vec{c} \times \vec{a})$ Gl.(A.36) in der Form

$$\lim_{\Delta V \to 0} \frac{1}{\Delta V} \oiint_A (\vec{n} \times \vec{F}) \, dA = \ \vec{e}_x \lim_{\Delta V \to 0} \frac{1}{\Delta V} \oiint_A \vec{n} \cdot (\vec{F} \times \vec{e}_x) \, dA$$

$$+ \vec{e}_y \lim_{\Delta V \to 0} \frac{1}{\Delta V} \oiint_A \vec{n} \cdot (\vec{F} \times \vec{e}_y) \, dA$$

$$+ \vec{e}_z \lim_{\Delta V \to 0} \frac{1}{\Delta V} \oiint_A \vec{n} \cdot (\vec{F} \times \vec{e}_z) \, dA \tag{A.37}$$

angeben läßt.

Zur weiteren Berechnung erfolgt (z.B.) ein Vergleich des ersten Summanden auf der rechten Seite von Gl.(A.37) mit dem Ergebnis für die Divergenz nach Gl.(A.19). Demnach gilt

$$\lim_{\Delta V \to 0} \frac{1}{\Delta V} \oiint_A \vec{n} \cdot (\vec{F} \times \vec{e}_x)\, dA = \text{div}(\vec{F} \times \vec{e}_x). \qquad (A.38)$$

Entsprechendes gilt auch für die anderen Summanden, so daß mit

$$\text{div}(\vec{F} \times \vec{e}_x) = \frac{\partial}{\partial y} F_z - \frac{\partial}{\partial z} F_y,$$

$$\text{div}(\vec{F} \times \vec{e}_y) = \frac{\partial}{\partial z} F_x - \frac{\partial}{\partial x} F_z$$

und

$$\text{div}(\vec{F} \times \vec{e}_z) = \frac{\partial}{\partial x} F_y - \frac{\partial}{\partial y} F_x$$

aus Gl.(A.37) die Beziehung

$$\lim_{\Delta V \to 0} \frac{1}{\Delta V} \oiint_A (\vec{n} \times \vec{F})\, dA = \left(\frac{\partial}{\partial y} F_z - \frac{\partial}{\partial z} F_y \right) \vec{e}_x$$

$$+ \left(\frac{\partial}{\partial z} F_x - \frac{\partial}{\partial x} F_z \right) \vec{e}_y$$

$$+ \left(\frac{\partial}{\partial x} F_y - \frac{\partial}{\partial y} F_x \right) \vec{e}_z, \qquad (A.39)$$

die ebenfalls wegen ihrer großen Bedeutung mit einem speziellen Begriff, nämlich als Rotation (rot), bezeichnet wird. Es gilt

$$\text{rot}\,\vec{F} = \lim_{\Delta V \to 0} \frac{1}{\Delta V} \oiint_A (\vec{n} \times \vec{F})\, dA$$

$$= \left(\frac{\partial}{\partial y} F_z - \frac{\partial}{\partial z} F_y \right) \vec{e}_x$$

$$+ \left(\frac{\partial}{\partial z} F_x - \frac{\partial}{\partial x} F_z \right) \vec{e}_y$$

$$+ \left(\frac{\partial}{\partial x} F_y - \frac{\partial}{\partial y} F_x \right) \vec{e}_z. \qquad (A.40)$$

Ein Vergleich der z-Komponente in Gl.(A.40) mit dem Ergebnis aus der Auswertung des Arbeitsintegrals in Gl.(A.32), bei dem $\vec{n} = \vec{e}_z$ als Drehachse und $\left(\frac{\partial}{\partial x} F_y - \frac{\partial}{\partial y} F_x \right)$ als die resultierende Tangentialkomponente und somit eine

Drehbewegung der Scheibe (Rotation) ermittelt wurde, liefert ein ähnliches Ergebnis für das hier betrachtete Volumenelement, dessen Volumen gegen null geht. In diesem Fall liefert das Kraftfeld eine Rotation der „Kugel". Der Betrag von $\mathrm{rot}\vec{F}$ stellt dabei ein Maß für die resultierende Tangentialkomponente der Kraft und die Richtung von $\mathrm{rot}\vec{F}$, die Richtung der Drehachse dar. Dabei sind der Drehsinn und die Richtung der Drehachse im **Rechtsschraubensinn** einander zugeordnet. Als Beispiel für ein derartiges Vektorfeld aus dem Bereich der Elektrotechnik kann die elektrische Stromdichte angegeben werden. Sie ist die Ursache für eine magnetische Feldstärke, die ein Wirbelfeld darstellt.

Zusammenfassend kann zur Rotation gesagt werden, daß die Rotation eines Vektorfeldes wieder ein Vektorfeld liefert, das ein Maß für die Verteilung von Wirbelquellen im Raum darstellt. Sie gibt an, ob sich im betrachteten Punkt eine Ursache für Wirbel befindet. Wird dieser Punkt mit einer Hüllfläche umgeben, so liefert die Rotation ein Maß für die resultierende Tangentialkomponente auf der Hüllfläche.

A.3.2.1 *Satz von Stokes*

Entsprechend zum Satz von Gauß kann hier mit den Ergebnissen aus Gl.(A.32) und Gl.(A.40) für eine Fläche A mit C als Randkurve, wobei der Vektor $\vec{t}$ tangential zu C verläuft und $\vec{n}$ senkrecht auf A steht, $\vec{n}$ und $\vec{t}$ sind im **Rechtsschraubensinn** einander zugeordnet, der Zusammenhang

$$\iint_A \mathrm{rot}\ \vec{F}\mathrm{d}\vec{A} = \oint_C \vec{F}\mathrm{d}\vec{s} \qquad (A.41)$$

mit

$$\mathrm{d}\vec{A} = |\mathrm{d}\vec{A}|\ \vec{n} = \mathrm{d}A\ \vec{n}, \qquad\qquad |\vec{n}| = 1,$$

$$\mathrm{d}\vec{s} = |\mathrm{d}\vec{s}|\ \vec{t} = \mathrm{d}s\ \vec{t} \qquad \text{und} \qquad |\vec{t}\,| = 1$$

hergeleitet werden.

A.4   Differentielle Operatoren

Wegen der großen Bedeutung von Gradient, Divergenz und Rotation und weil diese Größen sehr häufig verwendet werden, ist für die Darstellung dieser Größen eine Kurzschreibweise, eine sogenannte Operatorenschreibweise, eingeführt worden. Mit Hilfe des **Nabla-Operators** ∇ läßt sich der Gradient eines skalaren Feldes φ durch

$$\text{grad } \varphi = \nabla\, \varphi, \tag{A.42}$$

die Divergenz eines Vektorfeldes $\vec{F}$ durch

$$\text{div } \vec{F} = \nabla \cdot \vec{F} \tag{A.43}$$

und die Rotation eines Vektorfeldes $\vec{F}$ durch

$$\text{rot } \vec{F} = \nabla \times \vec{F} \tag{A.44}$$

angeben. Zudem ergibt sich mit Hilfe des **Delta-Operators** $\Delta = \nabla \cdot \nabla$ aus

$$\text{div grad } \varphi = \nabla \cdot (\nabla\, \varphi) = \nabla^2 \varphi = \Delta\, \varphi. \tag{A.45}$$

In kartesischen Koordinaten ist der Nabla-Operator ∇ durch

$$\nabla = \frac{\partial}{\partial x}\, \vec{e}_x + \frac{\partial}{\partial y}\, \vec{e}_y + \frac{\partial}{\partial z}\, \vec{e}_z \tag{A.46}$$

und der Delta-Operator Δ durch

$$\Delta = \nabla \cdot \nabla = \frac{\partial^2}{\partial x^2} + \frac{\partial^2}{\partial y^2} + \frac{\partial^2}{\partial z^2} \tag{A.47}$$

gegeben.

A.5 Zusammenstellung mathematischer Formeln

A.5.1 Allgemeine Vektorrechnung

$$\vec{A}\,(\vec{B} \times \vec{C}) = \vec{C}\,(\vec{A} \times \vec{B}) = \vec{B}\,(\vec{C} \times \vec{A})$$

$$\vec{A} \times (\vec{B} \times \vec{C}) = \vec{B}\,(\vec{A}\,\vec{C}) - (\vec{A}\,\vec{B})\,\vec{C}$$

$$(\vec{A} \times \vec{B})\,(\vec{C} \times \vec{D}) = (\vec{A}\,\vec{C})\,(\vec{B}\,\vec{D}) - (\vec{A}\,\vec{D})\,(\vec{B}\,\vec{C})$$

A.5.2 Koordinatensysteme

A.5.2.1 Kartesische Koordinaten (x, y, z)

$-\infty < x < \infty$

$-\infty < y < \infty$

$-\infty < z < \infty$

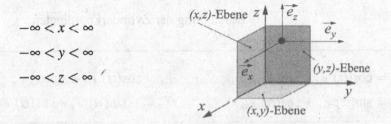

Darstellung kartesischer Koordinaten

$$\vec{ds} = dx\,\vec{e}_x + dy\,\vec{e}_y + dz\,\vec{e}_z$$

$$dA_x = dy\;dz$$

$$dA_y = dx\;dz$$

$$dA_z = dx\;dy$$

$$dV = dx\;dy\;dz$$

$$\operatorname{grad}\Phi = \nabla\Phi = \frac{\partial}{\partial x}\Phi\,\vec{e}_x + \frac{\partial}{\partial y}\Phi\,\vec{e}_y + \frac{\partial}{\partial z}\Phi\,\vec{e}_z$$

$$\operatorname{div}\vec{F} = \nabla\cdot\vec{F} = \frac{\partial}{\partial x}F_x + \frac{\partial}{\partial y}F_y + \frac{\partial}{\partial z}F_z$$

$$\operatorname{rot}\vec{F} = \nabla \times \vec{F}$$

$$= \left(\frac{\partial}{\partial y}F_z - \frac{\partial}{\partial z}F_y\right)\vec{e}_x + \left(\frac{\partial}{\partial z}F_x - \frac{\partial}{\partial x}F_z\right)\vec{e}_y + \left(\frac{\partial}{\partial x}F_y - \frac{\partial}{\partial y}F_x\right)\vec{e}_z$$

$$\Delta\Phi = \nabla^2\Phi = \frac{\partial^2}{\partial x^2}\Phi + \frac{\partial^2}{\partial y^2}\Phi + \frac{\partial^2}{\partial z^2}\Phi$$

A.5.2.2 Zylinderkoordinaten (r, α, z)

$0 \ \leq r < \infty$

$0 \ \leq \alpha < 2\pi$

$-\infty \ < z < \infty$

$x = r\cos(\alpha)$

$y = r\sin(\alpha)$

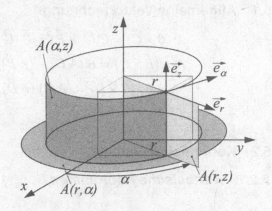

Darstellung der Zylinderkoordinaten

$\vec{e}_x = \cos(\alpha) \ \vec{e}_r - \sin(\alpha) \ \vec{e}_\alpha$ $\qquad$ $\vec{e}_r = \cos(\alpha) \ \vec{e}_x + \sin(\alpha) \ \vec{e}_y$

$\vec{e}_y = \sin(\alpha) \ \vec{e}_r + \cos(\alpha) \ \vec{e}_\alpha$ $\qquad$ $\vec{e}_\alpha = -\sin(\alpha) \ \vec{e}_x + \cos(\alpha) \ \vec{e}_y$

$$\vec{ds} = dr \ \vec{e}_r + r\,d\alpha \ \vec{e}_\alpha + dz \ \vec{e}_z$$

$$dA_r = r \ d\alpha \ dz$$

$$dA_\alpha = dr \ dz$$

$$dA_z = r \ dr \ d\alpha$$

$$dV = r\,dr \ d\alpha \ dz$$

$$\text{grad} \ \Phi = \frac{\partial}{\partial r} \Phi \ \vec{e}_r + \frac{1}{r} \frac{\partial}{\partial \alpha} \Phi \ \vec{e}_\alpha + \frac{\partial}{\partial z} \Phi \ \vec{e}_z$$

$$\text{div} \ \vec{F} = \frac{1}{r} \frac{\partial}{\partial r} (rF_r) + \frac{1}{r} \frac{\partial}{\partial \alpha} F_\alpha + \frac{\partial}{\partial z} F_z$$

$$\text{rot} \ \vec{F} = \left(\frac{1}{r} \frac{\partial}{\partial \alpha} F_z - \frac{\partial}{\partial z} F_\alpha \right) \vec{e}_r + \left(\frac{\partial}{\partial z} F_r - \frac{\partial}{\partial r} F_z \right) \vec{e}_\alpha$$

$$+ \frac{1}{r} \left(\frac{\partial}{\partial r} (rF_\alpha) - \frac{\partial}{\partial \alpha} F_r \right) \vec{e}_z$$

$$\Delta \Phi = \frac{1}{r} \frac{\partial}{\partial r} (r \frac{\partial}{\partial r} \Phi) + \frac{1}{r^2} \frac{\partial^2}{\partial \alpha^2} \Phi + \frac{\partial^2}{\partial z^2} \Phi$$

A.5.2.3 *Kugelkoordinaten* (r, ϑ, α)

$0 \leq r < \infty$

$0 \leq \vartheta < \pi$

$0 \leq \alpha < 2\pi$

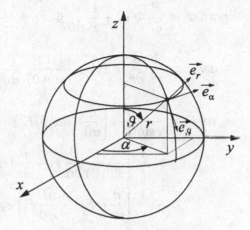

$x = r\sin(\vartheta)\cos(\alpha)$

$y = r\sin(\vartheta)\sin(\alpha)$

$z = r\cos(\vartheta)$

Darstellung der Kugelkoordinaten

$$\vec{e}_x = \sin(\vartheta)\cos(\alpha)\,\vec{e}_r + \cos(\vartheta)\cos(\alpha)\,\vec{e}_\vartheta - \sin(\alpha)\,\vec{e}_\alpha$$

$$\vec{e}_y = \sin(\vartheta)\sin(\alpha)\,\vec{e}_r + \cos(\vartheta)\sin(\alpha)\,\vec{e}_\vartheta + \cos(\alpha)\,\vec{e}_\alpha$$

$$\vec{e}_z = \cos(\vartheta)\,\vec{e}_r - \sin(\vartheta)\,\vec{e}_\vartheta$$

$$\vec{e}_r = \sin(\vartheta)\cos(\alpha)\,\vec{e}_x + \sin(\vartheta)\sin(\alpha)\,\vec{e}_y + \cos(\vartheta)\,\vec{e}_z$$

$$\vec{e}_\vartheta = \cos(\vartheta)\cos(\alpha)\,\vec{e}_x + \cos(\vartheta)\sin(\alpha)\,\vec{e}_y - \sin(\vartheta)\,\vec{e}_z$$

$$\vec{e}_\alpha = -\sin(\alpha)\,\vec{e}_x + \cos(\alpha)\,\vec{e}_y$$

$$\vec{ds} = dr\,\vec{e}_r + r\,d\vartheta\,\vec{e}_\vartheta + r\sin(\vartheta)\,d\alpha\,\vec{e}_\alpha$$

$$dA = r^2\sin(\vartheta)\,d\vartheta\,d\alpha$$

$$dV = r^2\sin(\vartheta)\,dr\,d\vartheta\,d\alpha$$

$$\frac{\partial}{\partial r}\vec{e}_r = \frac{\partial}{\partial r}\vec{e}_\vartheta = \frac{\partial}{\partial r}\vec{e}_\alpha = 0$$

$$\frac{\partial}{\partial\vartheta}\vec{e}_r = \vec{e}_\vartheta, \qquad \frac{\partial}{\partial\vartheta}\vec{e}_\vartheta = -\vec{e}_r, \qquad \frac{\partial}{\partial\vartheta}\vec{e}_\alpha = 0$$

$$\frac{\partial}{\partial\alpha}\vec{e}_r = \sin(\vartheta)\,\vec{e}_\alpha, \qquad \frac{\partial}{\partial\alpha}\vec{e}_\vartheta = \cos(\vartheta)\,\vec{e}_\alpha,$$

$$\frac{\partial}{\partial\alpha}\vec{e}_\alpha = -\sin(\vartheta)\,\vec{e}_r - \cos(\vartheta)\,\vec{e}_\vartheta$$

$$\text{grad } \Phi = \frac{\partial}{\partial r} \Phi \, \vec{e}_r + \frac{1}{r} \frac{\partial}{\partial \vartheta} \Phi \, \vec{e}_\vartheta + \frac{1}{r \sin(\vartheta)} \frac{\partial}{\partial \alpha} \Phi \, \vec{e}_\alpha$$

$$\text{div } \vec{F} = \frac{1}{r^2} \frac{\partial}{\partial r} (r^2 F_r) + \frac{1}{r \sin(\vartheta)} \frac{\partial}{\partial \vartheta} (\sin(\vartheta) \, F_\vartheta) + \frac{1}{r \sin(\vartheta)} \frac{\partial}{\partial \alpha} F_\alpha$$

$$\text{rot } \vec{F} = \frac{1}{r \sin(\vartheta)} \left[\frac{\partial}{\partial \vartheta} (sin(\vartheta) F_\alpha) - \frac{\partial}{\partial \alpha} F_\vartheta \right] \vec{e}_r$$

$$+ \frac{1}{r} \left[\frac{1}{\sin(\vartheta)} \frac{\partial}{\partial \alpha} F_r - \frac{\partial}{\partial r} (r F_\alpha) \right] \vec{e}_\vartheta$$

$$+ \frac{1}{r} \left[\frac{\partial}{\partial r} (r F_\vartheta) - \frac{\partial}{\partial \vartheta} F_r \right] \vec{e}_\alpha$$

$$\Delta \Phi = \frac{1}{r^2} \frac{\partial}{\partial r} \left(r^2 \frac{\partial}{\partial r} \Phi \right) + \frac{1}{r^2 \sin(\vartheta)} \frac{\partial}{\partial \vartheta} \left(\sin(\vartheta) \frac{\partial}{\partial \vartheta} \Phi \right)$$

$$+ \frac{1}{r^2 \sin^2(\vartheta)} \frac{\partial^2}{\partial \alpha^2} \Phi$$

A.5.3 Integralsätze

Satz von Stokes:

$$\iint_A \text{rot} \vec{F} d\vec{A} = \oint_C \vec{F} d\vec{s}$$

Satz von Gauß:

$$\iiint_V \text{div} \vec{F} \, dV = \iint_A \vec{F} d\vec{A}$$

Sätze von Green:

$$\iint_A \varphi \frac{\partial \psi}{\partial \vec{n}} dA = \iiint_V (\varphi \, \Delta \psi + \text{grad } \psi \, \text{grad } \varphi) \, dV$$

$$\iint_A \left(\varphi \frac{\partial \psi}{\partial \vec{n}} - \psi \frac{\partial \varphi}{\partial \vec{n}} \right) dA = \iiint_V (\varphi \, \Delta \psi - \psi \, \Delta \varphi) \, dV$$

A.5.4 Umformungen der Differentialoperatoren

A.5.4.1 Umformungen des Gradienten

$$\text{grad}\,(\Phi\,\Psi) = \Phi\,\text{grad}\,\Psi + \Psi\,\text{grad}\,\Phi$$

$$\text{grad}\,(\vec{A}\,\vec{B}) = (\vec{A}\,\text{grad})\vec{B} + (\vec{B}\,\text{grad})\vec{A} + \vec{A}\times\text{rot}\,\vec{B} + \vec{B}\times\text{rot}\,\vec{A}$$

$$\text{grad}\,(\vec{n}\,\vec{B}) = (\vec{n}\,\text{grad})\vec{B} + \vec{n}\times\text{rot}\,\vec{B} \qquad \vec{n} = \text{konst. Vektor}$$

$$\text{grad}\,(\vec{n}\,\vec{r}) = \vec{n}, \qquad \vec{n} = \text{konst. Vektor}$$

$$(\vec{A}\,\text{grad})\,\vec{r} = \vec{A}$$

A.5.4.2 Umformungen der Divergenz

$$\text{div}\,(\Phi\,\vec{A}) = \Phi\,\text{div}\,(\vec{A}) + \vec{A}\,\text{grad}\,\Phi$$

$$\text{div}\,(\vec{A}\times\vec{B}) = \vec{B}\,\text{rot}\,\vec{A} - \vec{A}\,\text{rot}\,\vec{B}$$

$$\text{div}\,\text{grad}\,\Phi = \Delta\Phi$$

$$\text{div}\,\text{rot}\,\vec{A} = 0$$

A.5.4.3 Umformungen der Rotation

$$\text{rot}\,(\Phi\,\vec{A}) = \Phi\,\text{rot}\,\vec{A} - \vec{A}\times\text{grad}\,\Phi$$

$$\text{rot}\,(\vec{A}\times\vec{B}) = (\vec{B}\,\text{grad}\,)\vec{A} - (\vec{A}\,\text{grad}\,)\vec{B} + \vec{A}\,\text{div}\,\vec{B} - \vec{B}\,\text{div}\,\vec{A}$$

$$\text{rot}\,\vec{r} = \vec{0}$$

$$\text{rot}\,(\vec{n}\times\vec{r}) = 2\vec{n}, \qquad \vec{n} = \text{konst. Vektor}$$

$$\text{rot}\,\text{grad}\,\Phi = \vec{0}$$

$$\text{rot}\,\text{rot}\,\vec{A} = \text{grad}\,\text{div}\,\vec{A} - \Delta\vec{A}$$

B Zweitorparameter

Im folgenden erfolgt eine Zusammenstellung wesentlicher Merkmale von Zweitoren (Vierpole). Ausgehend von einer symmetrischen Wahl der Bezugspfeile für Spannungen und Ströme nach Bild B.1 sind an den Klemmen der Anordnung die Größen $\underline{U}_1$, $\underline{U}_2$, $\underline{I}_1$ und $\underline{I}_2$ zugänglich.

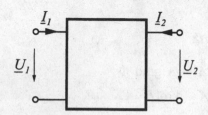

Bild B.1: *Wahl der Bezugspfeile für Ströme und Spannungen beim Zweitor*

Es stellt sich nun die Frage, ob –durch eine geeignete Beobachtung der Torgrößen– eine allgemeine Beschreibung des Zweitorverhaltens oder gar eine zugehörige Schaltung angegeben werden kann.

Zur Beantwortung dieser Frage werden bestimmte Fälle betrachtet.

1. $\underline{U}_1 = f_1(\underline{I}_1, \underline{I}_2)$ sowie $\underline{U}_2 = g_1(\underline{I}_1, \underline{I}_2)$ in der Form

$$\begin{pmatrix} \underline{U}_1 \\ \underline{U}_2 \end{pmatrix} = \begin{pmatrix} \underline{Z}_{11} & \underline{Z}_{12} \\ \underline{Z}_{21} & \underline{Z}_{22} \end{pmatrix} \begin{pmatrix} \underline{I}_1 \\ \underline{I}_2 \end{pmatrix} = \overset{\leftrightarrow}{\underline{Z}} \begin{pmatrix} \underline{I}_1 \\ \underline{I}_2 \end{pmatrix} \tag{B.1}$$

2. $\underline{I}_1 = f_2(\underline{U}_1, \underline{U}_2)$ sowie $\underline{I}_2 = g_2(\underline{U}_1, \underline{U}_2)$ in der Form

$$\begin{pmatrix} \underline{I}_1 \\ \underline{I}_2 \end{pmatrix} = \begin{pmatrix} \underline{Y}_{11} & \underline{Y}_{12} \\ \underline{Y}_{21} & \underline{Y}_{22} \end{pmatrix} \begin{pmatrix} \underline{U}_1 \\ \underline{U}_2 \end{pmatrix} = \overset{\leftrightarrow}{\underline{Y}} \begin{pmatrix} \underline{U}_1 \\ \underline{U}_2 \end{pmatrix} \tag{B.2}$$

3. $\underline{U}_1 = f_3(\underline{U}_2, \underline{I}_2)$ sowie $\underline{I}_1 = g_3(\underline{U}_2, \underline{I}_2)$ in der Form

$$\begin{pmatrix} \underline{U}_1 \\ \underline{I}_1 \end{pmatrix} = \begin{pmatrix} \underline{A}_{11} & \underline{A}_{12} \\ \underline{A}_{21} & \underline{A}_{22} \end{pmatrix} \begin{pmatrix} \underline{U}_2 \\ -\underline{I}_2 \end{pmatrix} = \overset{\leftrightarrow}{\underline{A}} \begin{pmatrix} \underline{U}_2 \\ -\underline{I}_2 \end{pmatrix} \tag{B.3}$$

Im Fall 1) haben die Elemente in der Matrix die Dimension einer Impedanz und im Fall 2) die Dimension einer Admittanz, so daß diese Matrizen als Impedanzmatrix $\overset{\leftrightarrow}{\underline{Z}}$ bzw. Admittanzmatrix $\overset{\leftrightarrow}{\underline{Y}}$ bezeichnet werden. Im Fall 3), bei dem die Auswahl derart erfolgte, daß die Darstellungsart zur Beschreibung der Hintereinanderschaltung (Kettenschaltung oder auch Kaskadierung) geeignet ist, wird die entsprechende Matrix als Kettenmatrix $\overset{\leftrightarrow}{\underline{A}}$ bezeichnet. Dabei ist besonders auf das negative Vorzeichen bei $-\underline{I}_2$ zu achten.

B.1   Bestimmung der Matrizenelemente

B.1.1   Bestimmung der Impedanzparameter

Die Bestimmung der Impedanzparameter erfolgt nach Gl.(B.1) aus der Betrachtung von Leerlaufversuchen an den Toren 1 und 2 gemäß Bild B.1 aus

$$\underline{U}_1 = \underline{Z}_{11}\,\underline{I}_1 + \underline{Z}_{12}\,\underline{I}_2 \tag{B.4}$$

und

$$\underline{U}_2 = \underline{Z}_{21}\,\underline{I}_1 + \underline{Z}_{22}\,\underline{I}_2. \tag{B.5}$$

Leerlauf an Tor 2 bedeutet $\underline{I}_2 = 0$, woraus sich die Bestimmungsgleichungen für $\underline{Z}_{11}$ und $\underline{Z}_{21}$ in der Form

$$\underline{Z}_{11} = \left.\frac{\underline{U}_1}{\underline{I}_1}\right|_{\underline{I}_2=0} \tag{B.6} \qquad \text{und} \qquad \underline{Z}_{21} = \left.\frac{\underline{U}_2}{\underline{I}_1}\right|_{\underline{I}_2=0} \tag{B.7}$$

angeben lassen.

In entsprechender Weise liefert der Leerlauf an Tor 1, d.h. $\underline{I}_1 = 0$, für $\underline{Z}_{12}$ und $\underline{Z}_{22}$

$$\underline{Z}_{12} = \left.\frac{\underline{U}_1}{\underline{I}_2}\right|_{\underline{I}_1=0} \tag{B.8} \qquad \text{und} \qquad \underline{Z}_{22} = \left.\frac{\underline{U}_2}{\underline{I}_2}\right|_{\underline{I}_1=0}. \tag{B.9}$$

B.1.2 Bestimmung der Admittanzparameter

Die Bestimmung der Admittanzparameter erfolgt nach Gl.(B.2) aus der Betrachtung von Kurzschlußversuchen an den Toren 1 und 2 aus

$$\underline{I}_1 = \underline{Y}_{11}\,\underline{U}_1 + \underline{Y}_{12}\,\underline{U}_2 \qquad (B.10)$$

und

$$\underline{I}_2 = \underline{Y}_{21}\,\underline{U}_1 + \underline{Y}_{22}\,\underline{U}_2. \qquad (B.11)$$

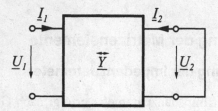

Bild B.2: *Zweitor mit Kurzschluß an Tor 2*

Kurzschluß an Tor 2 gemäß Bild B.2 bedeutet $\underline{U}_2 = 0$, woraus sich die Bestimmungsgleichungen für $\underline{Y}_{11}$ und $\underline{Y}_{21}$ in der Form

$$\underline{Y}_{11} = \left.\frac{\underline{I}_1}{\underline{U}_1}\right|_{\underline{U}_2=0} \quad (B.12) \qquad \text{und} \qquad \underline{Y}_{21} = \left.\frac{\underline{I}_2}{\underline{U}_1}\right|_{\underline{U}_2=0} \quad (B.13)$$

angeben lassen.

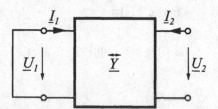

Bild B.3: *Zweitor mit Kurzschluß an Tor 1*

Analog hierzu liefert der Kurzschluß an Tor 1 gemäß Bild B.3, d.h. $\underline{U}_1 = 0$, die Elemente für $\underline{Y}_{12}$ und $\underline{Y}_{22}$ aus

$$\underline{Y}_{12} = \left.\frac{\underline{I}_1}{\underline{U}_2}\right|_{\underline{U}_1=0} \quad (B.14) \qquad \text{und} \qquad \underline{Y}_{22} = \left.\frac{\underline{I}_2}{\underline{U}_2}\right|_{\underline{U}_1=0}. \quad (B.15)$$

B.1.3 Bestimmung der Kettenparameter

Die Bestimmung der Kettenparameter erfolgt ausgehend von Gl.(B.3) aus

$$\underline{U}_1 = \underline{A}_{11}\,\underline{U}_2 - \underline{A}_{12}\,\underline{I}_2 \tag{B.16}$$

und

$$\underline{I}_1 = \underline{A}_{21}\,\underline{U}_2 - \underline{A}_{22}\,\underline{I}_2. \tag{B.17}$$

In diesem Fall liefern Leerlauf bzw. Kurzschluß an Tor 2, d.h. $\underline{I}_2 = 0$ bzw. $\underline{U}_2 = 0$, für die Elemente $\underline{A}_{11}$, $\underline{A}_{21}$, $\underline{A}_{12}$ und $\underline{A}_{22}$

$$\underline{A}_{11} = \left.\frac{\underline{U}_1}{\underline{U}_2}\right|_{\underline{I}_2=0}, \quad \text{(B.18)} \qquad\qquad \underline{A}_{21} = \left.\frac{\underline{I}_1}{\underline{U}_2}\right|_{\underline{I}_2=0}, \quad \text{(B.19)}$$

$$\underline{A}_{12} = -\left.\frac{\underline{U}_1}{\underline{I}_2}\right|_{\underline{U}_2=0} \quad \text{(B.20)} \qquad \text{und} \qquad \underline{A}_{22} = -\left.\frac{\underline{I}_1}{\underline{I}_2}\right|_{\underline{U}_2=0}. \quad \text{(B.21)}$$

B.2 Umrechnung der Zweitorparameter

Da die bislang abgeleiteten Beziehungen eine gleichwertige Beschreibung darstellen, können auch die verschiedenen Parameter ineinander umgerechnet werden. So liefert z.B.

$$\vec{\underline{U}} = \overset{\leftrightarrow}{\underline{Z}}\,\vec{\underline{I}} \tag{B.22}$$

nach der Multiplikation beider Seiten mit $\overset{\leftrightarrow}{\underline{Z}}{}^{-1}$ von links

$$\vec{\underline{I}} = \overset{\leftrightarrow}{\underline{Z}}{}^{-1}\,\vec{\underline{U}} = \overset{\leftrightarrow}{\underline{Y}}\,\vec{\underline{U}}, \tag{B.23}$$

so daß sich

$$\overset{\leftrightarrow}{\underline{Y}} = \overset{\leftrightarrow}{\underline{Z}}{}^{-1} \tag{B.24}$$

oder auch

$$\overset{\leftrightarrow}{\underline{Z}} = \overset{\leftrightarrow}{\underline{Y}}{}^{-1} \tag{B.25}$$

ergibt. Anwendung der Cramerschen Regel liefert somit

$$\overset{\leftrightarrow}{\underline{Y}} = \begin{pmatrix} \underline{Y}_{11} & \underline{Y}_{12} \\ \underline{Y}_{21} & \underline{Y}_{22} \end{pmatrix} = \frac{1}{\det(\overset{\leftrightarrow}{\underline{Z}})} \begin{pmatrix} \underline{Z}_{22} & -\underline{Z}_{21} \\ -\underline{Z}_{12} & \underline{Z}_{11} \end{pmatrix} \tag{B.26}$$

bzw.

$$\underline{\overset{\leftrightarrow}{Z}} = \begin{pmatrix} \underline{Z}_{11} & \underline{Z}_{12} \\ \underline{Z}_{21} & \underline{Z}_{22} \end{pmatrix} = \frac{1}{\det(\underline{\overset{\leftrightarrow}{Y}})} \begin{pmatrix} \underline{Y}_{22} & -\underline{Y}_{21} \\ -\underline{Y}_{12} & \underline{Y}_{11} \end{pmatrix}, \tag{B.27}$$

mit $\det(\underline{\overset{\leftrightarrow}{Z}}) = \underline{Z}_{11}\,\underline{Z}_{22} - \underline{Z}_{12}\,\underline{Z}_{21}$ und $\det(\underline{\overset{\leftrightarrow}{Y}}) = \underline{Y}_{11}\,\underline{Y}_{22} - \underline{Y}_{12}\,\underline{Y}_{21}$.

Analog lassen sich auch die Kettenparameter aus den Impedanzparametern ermitteln. Ausgehend von

$$\underline{U}_1 = \underline{Z}_{11}\,\underline{I}_1 + \underline{Z}_{12}\,\underline{I}_2 \tag{B.4}$$

und

$$\underline{U}_2 = \underline{Z}_{21}\,\underline{I}_1 + \underline{Z}_{22}\,\underline{I}_2 \tag{B.5}$$

und dem Umstellen von Gl.(B.5) nach $\underline{I}_1$ liefert

$$\underline{I}_1 = \frac{1}{\underline{Z}_{21}}\,\underline{U}_2 - \frac{\underline{Z}_{22}}{\underline{Z}_{21}}\,\underline{I}_2. \tag{B.28}$$

Einsetzen dieses Ergebnisses in Gl.(B.4) führt somit auf

$$\underline{U}_1 = \frac{\underline{Z}_{11}}{\underline{Z}_{21}}\,\underline{U}_2 - \frac{\underline{Z}_{11}\,\underline{Z}_{22}}{\underline{Z}_{21}}\,\underline{I}_2 + \underline{Z}_{12}\,\underline{I}_2$$

bzw.

$$\underline{U}_1 = \frac{\underline{Z}_{11}}{\underline{Z}_{21}}\,\underline{U}_2 - \frac{\underline{Z}_{11}\,\underline{Z}_{22} - \underline{Z}_{12}\,\underline{Z}_{21}}{\underline{Z}_{21}}\,\underline{I}_2, \tag{B.29}$$

woraus sich

$$\begin{pmatrix} \underline{U}_1 \\ \underline{I}_1 \end{pmatrix} = \begin{pmatrix} \dfrac{\underline{Z}_{11}}{\underline{Z}_{21}} & \dfrac{\det(\underline{\overset{\leftrightarrow}{Z}})}{\underline{Z}_{21}} \\ \dfrac{1}{\underline{Z}_{21}} & \dfrac{\underline{Z}_{22}}{\underline{Z}_{21}} \end{pmatrix} \begin{pmatrix} \underline{U}_2 \\ -\underline{I}_2 \end{pmatrix} \tag{B.30}$$

angeben läßt. Ein Vergleich von Gl.(B.30) mit Gl.(B.3),

$$\begin{pmatrix} \underline{U}_1 \\ \underline{I}_1 \end{pmatrix} = \underline{\overset{\leftrightarrow}{A}} \begin{pmatrix} \underline{U}_2 \\ -\underline{I}_2 \end{pmatrix}, \tag{B.3}$$

liefert

$$\underline{\overset{\leftrightarrow}{A}} = \begin{pmatrix} \underline{A}_{11} & \underline{A}_{12} \\ \underline{A}_{21} & \underline{A}_{22} \end{pmatrix} = \begin{pmatrix} \dfrac{\underline{Z}_{11}}{\underline{Z}_{21}} & \dfrac{\det(\underline{\overset{\leftrightarrow}{Z}})}{\underline{Z}_{21}} \\ \dfrac{1}{\underline{Z}_{21}} & \dfrac{\underline{Z}_{22}}{\underline{Z}_{21}} \end{pmatrix}. \tag{B.31}$$

Entsprechend ergibt sich aus der Verwendung der Y-Parameter

$$
\overset{\leftrightarrow}{\underline{A}} = \begin{pmatrix} \underline{A}_{11} & \underline{A}_{12} \\ \underline{A}_{21} & \underline{A}_{22} \end{pmatrix} = \begin{pmatrix} -\dfrac{\underline{Y}_{22}}{\underline{Y}_{21}} & -\dfrac{1}{\underline{Y}_{21}} \\ -\dfrac{\det(\overset{\leftrightarrow}{\underline{Y}})}{\underline{Z}_{21}} & -\dfrac{\underline{Y}_{11}}{\underline{Y}_{21}} \end{pmatrix}. \tag{B.32}
$$

Der Vollständigkeit halber werden nun abschließend noch die Beziehungen zur Berechnung der Z- bzw. Y-Parameter aus den Kettenparameter angegeben. Diese lauten

$$
\overset{\leftrightarrow}{\underline{Z}} = \begin{pmatrix} \underline{Z}_{11} & \underline{Z}_{12} \\ \underline{Z}_{21} & \underline{Z}_{22} \end{pmatrix} = \begin{pmatrix} \dfrac{\underline{A}_{11}}{\underline{A}_{21}} & \dfrac{\det(\overset{\leftrightarrow}{\underline{A}})}{\underline{A}_{21}} \\ \dfrac{1}{\underline{A}_{21}} & \dfrac{\underline{A}_{22}}{\underline{A}_{21}} \end{pmatrix} \tag{B.33}
$$

und

$$
\overset{\leftrightarrow}{\underline{Y}} = \begin{pmatrix} \underline{Y}_{11} & \underline{Y}_{12} \\ \underline{Y}_{21} & \underline{Y}_{22} \end{pmatrix} = \begin{pmatrix} \dfrac{\underline{A}_{22}}{\underline{A}_{12}} & -\dfrac{\det(\overset{\leftrightarrow}{\underline{A}})}{\underline{A}_{12}} \\ -\dfrac{1}{\underline{A}_{12}} & \dfrac{\underline{A}_{11}}{\underline{A}_{12}} \end{pmatrix}, \tag{B.34}
$$

mit $\det(\overset{\leftrightarrow}{\underline{A}}) = \underline{A}_{11}\,\underline{A}_{22} - \underline{A}_{12}\,\underline{A}_{12}$.

B.3 Einfache Zweitorersatzschaltungen

Nach der Vorstellung verschiedener Beschreibungsformen eines Zweitors, stellt sich die Frage, ob aus diesen Beziehungen auch elektrische Netzwerk abgeleitet werden können, die das beobachtete Verhalten aufweisen. Zur Beantwortung der Frage werden in diesem Abschnitt einige wichtige Zweitorersatzschaltungen betrachtet und genauer untersucht. Die dabei auftretenden Berechnungen stellen eine gute Übung zur Anwendung der abgeleiteten Zusammenhänge dar.

B.3.1 Die T-Ersatzschaltung

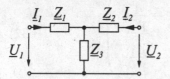

Bild B.4: *T-Schaltung als spezielles Zweitor*

Geben sei zunächst die in Bild B.4 gezeigte T-Schaltung bestehend aus den Impedanzen $\underline{Z}_1$, $\underline{Z}_2$ und $\underline{Z}_3$, die so zu bestimmen sind, daß sie die Eigenschaften eines gegebenen Zweitors erfüllen. In diesem Fall eigenen sich nun besonders die in Gl.(B.1) vorgestellten Z-Parameter, so daß sich aus der Durchführung der Leerlaufversuche die Elemente der Z-Matrix zu

$$\underline{Z}_{11} = \left.\frac{U_1}{\underline{I}_1}\right|_{\underline{I}_2=0} = \underline{Z}_1 + \underline{Z}_3, \tag{B.35}$$

$$\underline{Z}_{21} = \left.\frac{U_2}{\underline{I}_1}\right|_{\underline{I}_2=0} = \underline{Z}_3, \tag{B.36}$$

$$\underline{Z}_{12} = \left.\frac{U_1}{\underline{I}_2}\right|_{\underline{I}_1=0} = \underline{Z}_3 \tag{B.37}$$

und

$$\underline{Z}_{22} = \left.\frac{U_2}{\underline{I}_2}\right|_{\underline{I}_1=0} = \underline{Z}_2 + \underline{Z}_3 \tag{B.38}$$

bestimmen lassen. Daraus ergeben sich die Werte für $\underline{Z}_1$, $\underline{Z}_2$ und $\underline{Z}_3$ zu

$$\underline{Z}_3 = \underline{Z}_{21} = \underline{Z}_{12}, \tag{B.39}$$

$$\underline{Z}_2 = \underline{Z}_{22} - \underline{Z}_{21} = \underline{Z}_{22} - \underline{Z}_{12} \tag{B.40}$$

und

$$\underline{Z}_1 = \underline{Z}_{11} - \underline{Z}_{21} = \underline{Z}_{11} - \underline{Z}_{12}. \tag{B.41}$$

B.3.2 Die π-Ersatzschaltung

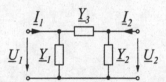

Bild B.5: *π-Schaltung als spezielles Zweitor*

Ein weiteres Beispiel für ein einfaches Ersatznetzwerk stellt die in Bild B.5 gezeigte π-Ersatzschaltung, bestehend aus den Admittanzen $\underline{Y}_1$, $\underline{Y}_2$ und $\underline{Y}_3$, dar. In diesem Fall eigenen sich besonders die in Gl.(B.2) vorgestellten Y-Parameter, so daß sich aus der Durchführung der Kurzschlußversuche die Elemente der Y-Matrix zu

$$\underline{Y}_{11} = \left.\frac{\underline{I}_1}{\underline{U}_1}\right|_{\underline{U}_2=0} = \underline{Y}_1 + \underline{Y}_3, \qquad (B.42)$$

$$\underline{Y}_{21} = \left.\frac{\underline{I}_2}{\underline{U}_1}\right|_{\underline{U}_2=0} = -\underline{Y}_3, \qquad (B.43)$$

$$\underline{Y}_{12} = \left.\frac{\underline{I}_1}{\underline{U}_2}\right|_{\underline{U}_1=0} = -\underline{Y}_3 \qquad (B.44)$$

und

$$\underline{Y}_{22} = \left.\frac{\underline{I}_2}{\underline{U}_2}\right|_{\underline{U}_1=0} = \underline{Y}_2 + \underline{Y}_3 \qquad (B.45)$$

bestimmen lassen. Daraus ergeben sich die Elemente $\underline{Y}_1$, $\underline{Y}_2$ und $\underline{Y}_3$ zu

$$\underline{Y}_3 = -\underline{Y}_{21} = -\underline{Y}_{12}, \qquad (B.46)$$

$$\underline{Y}_2 = \underline{Y}_{22} + \underline{Y}_{21} = \underline{Y}_{22} + \underline{Y}_{12} \qquad (B.47)$$

und

$$\underline{Y}_1 = \underline{Y}_{11} + \underline{Y}_{21} = \underline{Y}_{11} + \underline{Y}_{12}. \qquad (B.48)$$

B.4 Zusammenschaltung von Zweitoren

Zum Abschluß werden noch einige Möglichkeiten der Zusammenschaltung von Zweitoren behandelt. Daraus wird ersichtlich, daß sich je Verschaltung bestimmte Parameter besonders zur Berechnung eignen.

B.4.1 Reihenschaltung

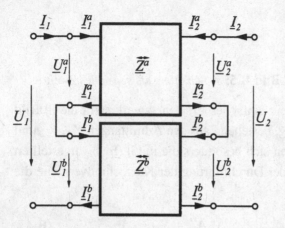

Bild B.6: *Reihenschaltung zweier Zweitore*

Als erstes Beispiel wird hier die Reihenschaltung zweier Zweitore a und b gemäß Bild B.6, die durch die Impedanzmatrizen $\overset{\leftrightarrow}{\underline{Z}}^a$ und $\overset{\leftrightarrow}{\underline{Z}}^b$ beschrieben werden, betrachtet. Dabei sind die Eingangstore und die Ausgangstore in Reihe geschaltet. Nach Bild B.6 gilt

$$\underline{U}_1 = \underline{U}_1^a + \underline{U}_1^b, \tag{B.49}$$

$$\underline{U}_2 = \underline{U}_2^a + \underline{U}_2^b, \tag{B.50}$$

$$\underline{I}_1 = \underline{I}_1^a = \underline{I}_1^b \tag{B.51}$$

und

$$\underline{I}_2 = \underline{I}_2^a = \underline{I}_2^b, \tag{B.52}$$

mit

$$\underline{U}_1^a = \underline{Z}_{11}^a \, \underline{I}_1^a + \underline{Z}_{12}^a \, \underline{I}_2^a, \tag{B.53}$$

$$\underline{U}_2^a = \underline{Z}_{21}^a \, \underline{I}_1^a + \underline{Z}_{22}^a \, \underline{I}_2^a, \tag{B.54}$$

$$\underline{U}_1^b = \underline{Z}_{11}^b \, \underline{I}_1^b + \underline{Z}_{12}^b \, \underline{I}_2^b \tag{B.55}$$

und

$$\underline{U}_2^b = \underline{Z}_{21}^b \, \underline{I}_1^b + \underline{Z}_{22}^b \, \underline{I}_2^b. \tag{B.56}$$

Einsetzen von Gl.(B.53) und Gl.(B.55) in Gl.(B.49) liefert

$$\underline{U}_1 = \underline{Z}_{11}^a \, \underline{I}_1^a + \underline{Z}_{12}^a \, \underline{I}_2^a + \underline{Z}_{11}^b \, \underline{I}_1^b + \underline{Z}_{12}^b \, \underline{I}_2^b, \tag{B.57}$$

woraus sich unter der Berücksichtigung von Gl.(B.51) und Gl.(B.52) die Beziehung

$$\underline{U}_1 = (\underline{Z}^a_{11} + \underline{Z}^b_{11})\,\underline{I}_1 + (\underline{Z}^a_{12} + \underline{Z}^b_{12})\,\underline{I}_2 \qquad (B.58)$$

ableiten läßt. Entsprechend liefert das Einsetzen von Gl.(B.54) und Gl.(B.56) in Gl.(B.50) unter der Berücksichtigung von Gl.(B.51) und Gl.(B.52)

$$\underline{U}_2 = (\underline{Z}^a_{21} + \underline{Z}^b_{21})\,\underline{I}_1 + (\underline{Z}^a_{22} + \underline{Z}^b_{22})\,\underline{I}_2. \qquad (B.59)$$

Danach gilt

$$\begin{pmatrix} \underline{U}_1 \\ \underline{U}_2 \end{pmatrix} = \overset{\leftrightarrow}{\underline{Z}} \begin{pmatrix} \underline{I}_1 \\ \underline{I}_2 \end{pmatrix} = \begin{pmatrix} \underline{Z}^a_{11} + \underline{Z}^b_{11} & \underline{Z}^a_{12} + \underline{Z}^b_{12} \\ \underline{Z}^a_{21} + \underline{Z}^b_{21} & \underline{Z}^a_{22} + \underline{Z}^b_{22} \end{pmatrix} \begin{pmatrix} \underline{I}_1 \\ \underline{I}_2 \end{pmatrix}$$

$$(B.60)$$

und somit

$$\overset{\leftrightarrow}{\underline{Z}} = \overset{\leftrightarrow}{\underline{Z}}^a + \overset{\leftrightarrow}{\underline{Z}}^b. \qquad (B.61)$$

Nach Gl.(B.61) ergibt sich somit die Impedanzmatrix einer Reihenschaltung aus der Addition der einzelnen Impedanzmatrizen.

B.4.2 Parallelschaltung

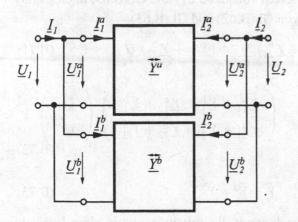

Bild B.7: *Parallelschaltung zweier Zweitore*

Nun wird die Parallelschaltung zweier Zweitore a und b gemäß Bild B.7, die durch die Admittanzmatrizen $\overset{\leftrightarrow}{\underline{Y}}^a$ und $\overset{\leftrightarrow}{\underline{Y}}^b$ beschrieben werden, betrachtet. Dabei sind die Eingangstore und die Ausgangstore parallel geschaltet. In diesem Fall gilt

$$\underline{U}_1 = \underline{U}^a_1 = \underline{U}^b_1, \qquad (B.62)$$

$$\underline{U}_2 = \underline{U}_2^a = \underline{U}_2^b, \tag{B.63}$$

$$\underline{I}_1 = \underline{I}_1^a + \underline{I}_1^b \tag{B.64}$$

und

$$\underline{I}_2 = \underline{I}_2^a + \underline{I}_2^b, \tag{B.65}$$

mit

$$\underline{I}_1^a = \underline{Y}_{11}^a \, \underline{U}_1^a + \underline{Y}_{12}^a \, \underline{U}_2^a, \tag{B.66}$$

$$\underline{I}_2^a = \underline{Y}_{21}^a \, \underline{U}_1^a + \underline{Y}_{22}^a \, \underline{U}_2^a, \tag{B.67}$$

$$\underline{I}_1^b = \underline{Y}_{11}^b \, \underline{U}_1^b + \underline{Y}_{12}^b \, \underline{U}_2^b \tag{B.68}$$

und

$$\underline{I}_2^b = \underline{Y}_{21}^b \, \underline{U}_1^b + \underline{Y}_{22}^b \, \underline{U}_2^b. \tag{B.69}$$

Einsetzen von Gl.(B.66) und Gl.(B.68) in Gl.(B.64) unter der Berücksichtigung von Gl.(B.62) und Gl.(B.63) führt zu

$$\underline{I}_1 = (\underline{Y}_{11}^a + \underline{Y}_{11}^b) \, \underline{U}_1 + (\underline{Y}_{12}^a + \underline{Y}_{12}^b) \, \underline{U}_2. \tag{B.70}$$

Entsprechend liefert das Einsetzen von Gl.(B.67) und Gl.(B.69) in Gl.(B.65) unter der Berücksichtigung von Gl.(B.62) und Gl.(B.63)

$$\underline{I}_2 = (\underline{Y}_{21}^a + \underline{Y}_{21}^b) \, \underline{U}_1 + (\underline{Y}_{22}^a + \underline{Y}_{22}^b) \, \underline{U}_2, \tag{B.71}$$

so daß

$$\begin{pmatrix} \underline{I}_1 \\ \underline{I}_2 \end{pmatrix} = \overset{\leftrightarrow}{\underline{Y}} \begin{pmatrix} \underline{U}_1 \\ \underline{U}_2 \end{pmatrix} = \begin{pmatrix} \underline{Y}_{11}^a + \underline{Y}_{11}^b & \underline{Y}_{12}^a + \underline{Y}_{12}^b \\ \underline{Y}_{21}^a + \underline{Y}_{21}^b & \underline{Y}_{22}^a + \underline{Y}_{22}^b \end{pmatrix} \begin{pmatrix} \underline{U}_1 \\ \underline{U}_2 \end{pmatrix} \tag{B.72}$$

und somit

$$\overset{\leftrightarrow}{\underline{Y}} = \overset{\leftrightarrow}{\underline{Y}}^a + \overset{\leftrightarrow}{\underline{Y}}^b \tag{B.73}$$

gilt. Nach Gl.(B.73) ergibt sich somit die Admittanzmatrix einer Parallelschaltung aus der Addition der einzelnen Admittanzmatrizen.

B.4.3 Kettenschaltung

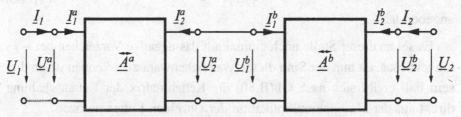

Bild B.8: *Kettenschaltung zweier Zweitore*

Abschließend wird die Kettenschaltung zweier Zweitore a und b gemäß Bild B.8, die durch die Kettenmatrizen $\overset{\leftrightarrow}{\underline{A}}{}^a$ und $\overset{\leftrightarrow}{\underline{A}}{}^b$ beschrieben werden, betrachtet. Dabei wird das Eingangstor des zweiten Zweitors mit dem Ausgangstor des ersten Zweitors verbunden. Diese Hintereinanderschaltung zweier Zweitore, die auch als die Kaskadierung von zwei Zweitoren bezeichnet wird, spielt in der Elektrotechnik eine sehr bedeutende Rolle. Sie darf nicht mit der Reihenschaltung verwechselt werden.

In diesem Fall gilt am Eingang

$$\begin{pmatrix} \underline{U}_1 \\ \underline{I}_1 \end{pmatrix} = \begin{pmatrix} U_1^a \\ \underline{I}_1^a \end{pmatrix}, \tag{B.74}$$

in der Mitte

$$\begin{pmatrix} U_2^a \\ -\underline{I}_2^a \end{pmatrix} = \begin{pmatrix} U_1^b \\ \underline{I}_1^b \end{pmatrix} \tag{B.75}$$

und am Ausgang

$$\begin{pmatrix} U_2^b \\ -\underline{I}_2^b \end{pmatrix} = \begin{pmatrix} U_2 \\ -\underline{I}_2 \end{pmatrix}, \tag{B.76}$$

so daß sich aus

$$\begin{pmatrix} \underline{U}_1 \\ \underline{I}_1 \end{pmatrix} = \begin{pmatrix} U_1^a \\ \underline{I}_1^a \end{pmatrix} = \overset{\leftrightarrow}{\underline{A}}{}^a \begin{pmatrix} U_2^a \\ -\underline{I}_2^a \end{pmatrix} \tag{B.77}$$

und

$$\begin{pmatrix} U_1^b \\ \underline{I}_1^b \end{pmatrix} = \overset{\leftrightarrow}{\underline{A}}{}^b \begin{pmatrix} U_2^b \\ -\underline{I}_2^b \end{pmatrix} = \overset{\leftrightarrow}{\underline{A}}{}^b \begin{pmatrix} U_2 \\ -\underline{I}_2 \end{pmatrix} \tag{B.78}$$

direkt

$$\begin{pmatrix} \underline{U}_1 \\ \underline{I}_1 \end{pmatrix} = \overset{\leftrightarrow}{\underline{A}}{}^a \begin{pmatrix} U_2^a \\ -\underline{I}_2^a \end{pmatrix} = \overset{\leftrightarrow}{\underline{A}}{}^a \begin{pmatrix} U_1^b \\ \underline{I}_1^b \end{pmatrix} = \overset{\leftrightarrow}{\underline{A}}{}^a \; \overset{\leftrightarrow}{\underline{A}}{}^b \begin{pmatrix} U_2 \\ -\underline{I}_2 \end{pmatrix} \tag{B.79}$$

bzw.

$$\overleftrightarrow{\underline{A}} = \overleftrightarrow{\underline{A}}^a \; \overleftrightarrow{\underline{A}}^b \qquad\qquad (B.80)$$

angeben läßt.

Es sei an dieser Stelle noch einmal auf das negative Vorzeichen bei $-\underline{I}_2$ hingewiesen, da nun der Sinn dieser Vorzeichenwahl zu erkennen ist. In diesem Fall ergibt sich nach Gl.(B.80) die Kettenmatrix der Kettenschaltung direkt aus der Matrizenmultiplikation der einzelnen Kettenmatrizen.

B.5 Reziprozität bei Zweitoren

Zum Abschluß wird eine wichtige Eigenschaft vieler Zweitore, die Reziprozität, aufgezeigt. Hierzu erfolgt die Analyse der in Bild B.9 a) und b) gezeigten Schaltungen, d.h. die Bestimmung der Kurzschlußströme $\underline{I}_{k1}$ (Anordnung a)) und $\underline{I}_{k2}$ (Anordnung b)).

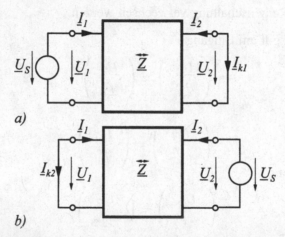

Bild B.9: *Zweitor mit Quelle am Eingang und Kurzschluß am Ausgang a),*
Zweitor mit Quelle am Ausgang und Kurzschluß am Eingang b)

Im Fall a) gilt

$$\underline{U}_1 = \underline{U}_s = \underline{Z}_{11} \underline{I}_1 + \underline{Z}_{12} \underline{I}_2 = \underline{Z}_{11} \underline{I}_1 - \underline{Z}_{12} \underline{I}_{k1} \qquad (B.81)$$

und

$$\underline{U}_2 = 0 = \underline{Z}_{21} \underline{I}_1 + \underline{Z}_{22} \underline{I}_2 = \underline{Z}_{21} \underline{I}_1 - \underline{Z}_{22} \underline{I}_{k1}. \qquad (B.82)$$

Gl.(B.82) liefert somit

$$\underline{I}_1 = \frac{\underline{Z}_{22}}{\underline{Z}_{21}} \underline{I}_{k1}, \qquad\qquad (B.83)$$

so daß sich aus Gl.(B.81) unter Verwendung von Gl.(B.83),

$$\underline{U}_s = \frac{\underline{Z}_{11}\,\underline{Z}_{22}}{\underline{Z}_{21}}\,\underline{I}_{k1} - \underline{Z}_{12}\,\underline{I}_{k1},$$

der Kurzschlußstrom $\underline{I}_{k1}$ zu

$$\underline{I}_{k1} = \frac{\underline{Z}_{21}}{\underline{Z}_{11}\,\underline{Z}_{22} - \underline{Z}_{12}\,\underline{Z}_{21}}\,\underline{U}_s \qquad (B.84)$$

bestimmen läßt. Entsprechend kann für $\underline{I}_{k2}$ in Bild B.9 b) durch Vertauschen der Indizes 1 und 2

$$\underline{I}_{k2} = \frac{\underline{Z}_{12}}{\underline{Z}_{22}\,\underline{Z}_{11} - \underline{Z}_{21}\,\underline{Z}_{12}}\,\underline{U}_s \qquad (B.85)$$

abgeleitet werden.

Ein Vergleich von Gl.(B.84) mit Gl.(B.85) zeigt, daß für den Fall $\underline{Z}_{21} = \underline{Z}_{12}$ beide Kurzschlußströme gleich sind. Das bedeutet, daß das Zweitore bezüglich des Kurzschlußexperimentes umkehrbar (reziprok) ist. Die Bedingung

$$\underline{Z}_{21} = \underline{Z}_{12} \qquad (B.86)$$

wird als **Reziprozitätsbedingung** bezeichnet. Sie führt bei den Admittanzparametern gemäß Gl.(B.26) zu

$$\underline{Y}_{21} = \underline{Y}_{12} \qquad (B.87)$$

und im Falle der Kettenparameter gemäß Gl.(B.33) zu

$$\det(\overset{\leftrightarrow}{\underline{A}}) = 1. \qquad (B.88)$$

Die Reziprozitätsbedingung wird von sämtlichen RLC-Netzwerken, die keine verkoppelten Induktivitäten enthalten, erfüllt.

C Antennenkenngrößen

C.1 Richtcharakteristik, Strahlungsdiagramm

Das Strahlungsdiagramm $C(\vartheta, \alpha)$ gibt laut Gl.(9.51) (Seite 459) die normierte Winkelabhängigkeit der Fernfeldstärke $\vec{E}(r, \vartheta, \alpha)$ in einem festen Abstand zur Antenne an.

$$C(\vartheta, \alpha) = \frac{|\vec{E}|}{E_{max}}$$

Zur Beschreibung des Fernfeldverhaltens wird häufig die Richtcharakteristik in zwei zueinander orthogonalen Ebenen angegeben. Im Falle eines linear polarisierten Feldes handelt es sich hierbei um die Ebenen:

1. parallel zum elektrischen Feld (E-Ebene) und

2. senkrecht zum elektrischen Feld, also parallel zum magnetischen Feld (H-Ebene).

Die Angabe der Strahlungsdiagramme erfolgt dabei oft durch die logarithmische Darstellung der relativen Strahlungsdichte in der Form

$$c(\vartheta, \alpha) = 20 \log C(\vartheta, \alpha)$$

in einem Polardiagramm oder in einem kartesischen Diagramm.

C.2 Polarisation

Die Polarisation gibt laut Abschnitt 9.3.4 (Seite 481) die zeitliche Richtungsänderung des elektromagnetischen Feldes der Welle im Fernfeld an. Im allgemeinen breitet sich das Fernfeld als eine elliptisch polarisierte, ebene Welle aus. Die lineare und zirkulare Polarisation stellen dabei Sonderfälle der elliptischen Polarisation dar. Soll z.B. eine linear polarisierte Welle durch ein Antennensystem erzeugt werden, so können durch die nicht idealen Elemente auch Feldbeiträge entstehen, die das gewünschte Polarisationsverhalten beeinflussen. In diesem Fall wird die Komponente des elektrischen Feldes in der gewünschten Polarisationsart als die Nutzpolarisation (Co-polarization) und die Komponente des Feldes in der dazu orthogonalen Ebene als Kreuzpolarisation (Cross-polarization) bezeichnet.

C.3   Hauptstrahlrichtung

Die Hauptstrahlrichtung bezeichnet die Richtung in der die Antenne die maximale Leistungsdichte abstrahlt.

C.4   Halbwertsbreite, Öffnungswinkel, Hauptkeulenbreite

Der Öffnungswinkel gibt den Winkelbereich an, in dem die Strahlungsdichte um nicht mehr als die Hälfte ihres Maximalwertes (3dB) abfällt.

C.5   Nebenmaximum, Nebenzipfel

Relatives Maximum der Strahlungsdichte, wobei die Hauptstrahlrichtung ausgenommen ist.

C.6   Nebenzipfelamplitude

Wert des Nebenmaximums. Sehr oft bezogen auf den Wert der Strahlungsdichte in Hauptstrahlrichtung.

C.7   Strahlungsdichte

Die Strahlungsdichte entspricht dem Poyntingvektor

$$\underline{\vec{S}} = \frac{1}{2}\,(\underline{\vec{E}} \times \underline{\vec{H}}^{*}).$$

Im Fernfeld breitet sich das elektromagnetische Feld als eine ebene Welle aus, so daß

gilt.
$$\underline{\vec{S}} = \frac{1}{2}\,\frac{|\vec{E}|^{2}}{Z_0} = \frac{1}{2}\,|\vec{H}|^{2}\,Z_0$$

C.8 Abgestrahlte Leistung

Die Strahlungsleistung gibt den Leistungsfluß durch eine geschlossene Hüllfläche A, die die Antenne umschließt, an.

$$\underline{P} = \lim_{r \to \infty} \oiint_A \vec{\underline{S}}(r)\,\vec{n}\,\mathrm{d}A$$

Stellt A die Oberfläche einer Kugel, deren Mittelpunkt mit der Antenne zusammenfällt, dar, dann berechnet sich die abgestrahlte Leistung aus Gl.(9.52),

$$P_r = \oiint_A \vec{\underline{S}}(r)\,\vec{n}\,\mathrm{d}A = \oiint_A S(r,\vartheta,\alpha)\,r^2\sin(\vartheta)\,\mathrm{d}\vartheta\,\mathrm{d}\alpha,$$

zu

$$P_r = \Phi_{max}\iint C^2(\vartheta,\alpha)\,\mathrm{d}\Omega = \Phi_{max}\,\Omega_a,$$

wobei Ω_a der äquivalente Raumwinkel und $\mathrm{d}\Omega = \sin(\vartheta)\,\mathrm{d}\vartheta\,\mathrm{d}\alpha$ ein Raumwinkelelement ist.

C.9 Strahlstärke, Strahlungsintensität

Als Strahlstärke wird nach Gl.(9.56) der Ausdruck

$$\Phi = S r^2 = \Phi_{max} C^2(\vartheta,\alpha)$$

bezeichnet.

C.10 Äquivalenter Raumwinkel

Ω_a ist der Raumwinkel in dem die gesamte abgestrahlte Leistung mit der maximal auftretenden Strahlungsintensität Φ_{max} ausgesendet werden würde.

$$P_r = \Phi_{max}\iint C^2(\vartheta,\alpha)\,\mathrm{d}\Omega = \Phi_{max}\,\Omega_a$$

Für den Kugelstrahler ($C^2(\vartheta,\alpha) = 1$) gilt $\Omega_a = \Omega_k = 4\pi$.

C.11 Richtfaktor, Directivity

Der Richtfaktor einer Antenne stellt nach Gl.(9.65) ein Maß für das Bündelungsvermögen der Antenne dar und ergibt sich aus dem Verhältnis der maximalen Strahlungsdichte zur mittleren Strahlungsdichte.

$$D = \frac{\Phi_{max}}{\overline{\Phi}} = \frac{4\pi}{\Omega_a} = \frac{4\pi}{\iint C^2(\vartheta, \alpha) \, d\Omega}$$

C.12 Wirkungsgrad

Der Wirkungsgrad stellt das Verhältnis von abgestrahlter Leistung P_r zur Speiseleistung P_{ein} der Antenne dar.

$$\eta = \frac{P_r}{P_{ein}}$$

C.13 Gewinn

Der Gewinn G einer Antenne stellt eine Verknüpfung aus Richtwirkung und Wirkungsgrad her. Er ergibt sich aus dem Verhältnis der Speiseleistung eines Bezugsstrahlers $P_{ein,B}$ zur Speiseleistung der Testantenne P_{ein}. P_{ein} muß dabei gerade so gewählt werden, daß die Strahlungsdichten in Hauptstrahlrichtung der Test- und Bezugsantenne identisch sind. Demnach gilt

$$G = \frac{P_{ein,B}}{P_{ein}} = \frac{\Phi_{max,B}\,\Omega_{a,B}}{P_r/\eta} = \eta \, \frac{\Phi_{max,B}\,\Omega_{a,B}}{\Phi_{max}\,\Omega_a}.$$

Wird als Bezugsstrahler der isotrope Kugelstrahler mit $\Omega_{a,B} = \Omega_K$ gewählt, und gilt nach Voraussetzung $\Phi_{max,B} = \Phi_{max}$, so ergibt sich der Gewinn zu

$$G = \eta \, \frac{\Omega_K}{\Omega_a} = \eta D.$$

C.14 Antennenwirkfläche

Die Antennenwirkfläche ist nach Abschnitt 9.3.5 die zur Ausbreitungsrichtung der Welle senkrechte Fläche, durch die, bei einer ungestörten ebenen Welle, die von der Antenne maximal aufnehmbare Leistung hindurchtritt. Laut Gl.(9.130) gilt

$$A_W = \eta \frac{\lambda^2}{4\pi} D = \frac{\lambda^2}{4\pi} G.$$

C.15   Übertragungsfaktor einer Übertragungsstrecke

Der Übertragungsfaktor T einer Übertragungsstrecke der Länge R stellt nach Gl.(1.6) bei ungedämpfter Übertragung gemäß

$$T = \frac{P_E}{P_S} = G_S G_E \left(\frac{\lambda}{4\pi R}\right)^2 = \frac{A_{eff,S} A_{eff,E}}{(R\lambda)^2}$$

das Verhältnis von Empfangsleistung P_E zur Sendeleistung P_S dar.

D Greenschen Dyaden

Dieser Anhang zeigt die Zusammenstellung der in Abschnitt 9.5.1.2.3 (Seite 535 ff.) verwendeten Dyaden $\overset{\leftrightarrow}{\underline{G}}_A(\vec{r}|\vec{r}_Q)$, $\overset{\leftrightarrow}{\underline{G}}_H(\vec{r}|\vec{r}_Q)$ und $\overset{\leftrightarrow}{\underline{G}}_E(\vec{r}|\vec{r}_Q)$, die dort zur Berechnung des magnetischen Vektorpotentials und des elektromagnetischen Feldes im Spektralbereich benötigt werden. Es gilt:

$$\overset{\leftrightarrow}{\underline{G}}_A(\vec{r}|\vec{r}_Q) = \begin{pmatrix} \mu\,\underline{Q}_1^i & 0 & 0 \\ 0 & \mu\,\underline{Q}_1^i & 0 \\ -\mu\,k_x\,\underline{Q}_2^i & -\mu\,k_y\,\underline{Q}_2^i & 0 \end{pmatrix}, \tag{D.1}$$

$$\overset{\leftrightarrow}{\underline{G}}_H(\vec{r}|\vec{r}_Q) = \begin{pmatrix} jk_xk_y\,\underline{Q}_2^i & j\,k_y^2\,\underline{Q}_2^i - \underline{Q}_3^i & 0 \\ -j\,k_x^2\,\underline{Q}_2^i + \underline{Q}_3^i & -jk_xk_y\,\underline{Q}_2^i & 0 \\ jk_y\,\underline{Q}_1^i & -jk_x\,\underline{Q}_1^i & 0 \end{pmatrix} \tag{D.2}$$

und

$$\overset{\leftrightarrow}{\underline{G}}_E(\vec{r}|\vec{r}_Q) = \frac{-j\omega\mu}{(k^i)^2} \begin{pmatrix} (k^i)^2\,\underline{Q}_1^i - k_x^2\,\underline{Q}_4^i & -k_xk_y\,\underline{Q}_4^i & 0 \\ -k_xk_y\,\underline{Q}_4^i & (k^i)^2\,\underline{Q}_1^i - k_y^2\,\underline{Q}_4^i & 0 \\ -k_x\Big((k^i)^2\,\underline{Q}_2^i + j\underline{Q}_5^i\Big) & -k_y\Big((k^i)^2\,\underline{Q}_2^i + j\underline{Q}_5^i\Big) & 0 \end{pmatrix}, \tag{D.3}$$

mit

$$k_i^2 = (k^i)^2 - k_x^2 - k_x^2, \qquad (k^i)^2 = \varepsilon_{ri}k_0^2,$$

$$\mathrm{Re}\{k_i\} \geq 0 \quad \text{und} \quad \mathrm{Im}\{k_i\} < 0$$

für ($i = \mathrm{I}, \mathrm{II}, \mathrm{III}$). Der Hochindex i ($i = \mathrm{I}, \mathrm{II}, \mathrm{III}$) beschreibt den i-ten Raumbereich, d.h. $i = \mathrm{I}$ das Dielektrikum oberhalb der Grundmetallisierung mit $\varepsilon_r = \varepsilon_{r\mathrm{I}}$, $i = \mathrm{II}$ das darüber liegende Dielektrikum mit $\varepsilon_r = \varepsilon_{r\mathrm{II}}$ und $i = \mathrm{III}$ den Luftbereich mit $\varepsilon_{r\mathrm{III}} = 1$.

Im Raumbereich I gilt:

$$\underline{Q}_1^{\mathrm{I}} = \underline{G}_1 \sin(k_{\mathrm{I}} z), \qquad \underline{Q}_2^{\mathrm{I}} = \underline{G}_2 \cos(k_{\mathrm{I}} z), \qquad \underline{Q}_3^{\mathrm{I}} = k_{\mathrm{I}} \underline{G}_1 \cos(k_{\mathrm{I}} z),$$

$$\underline{Q}_4^{\mathrm{I}} = (\underline{G}_1 + j k_{\mathrm{I}} \underline{G}_2) \sin(k_{\mathrm{I}} z), \qquad \underline{Q}_5^{\mathrm{I}} = (\underline{G}_1 + j k_{\mathrm{I}} \underline{G}_2) k_{\mathrm{I}} \cos(k_{\mathrm{I}} z).$$

Im Raumbereich II gilt:

$$\underline{Q}_1^{\mathrm{II}} = \frac{1}{k_{\mathrm{II}}} \left[- \sin\left(k_{\mathrm{II}} (z - h_1) \right) \right.$$
$$+ \underline{G}_1 \left(k_{\mathrm{I}} \cos(k_{\mathrm{I}} h_1) \sin\left(k_{\mathrm{II}} (z - h_1) \right) \right.$$
$$\left. \left. + k_{\mathrm{II}} \sin(k_{\mathrm{I}} h_1) \cos\left(k_{\mathrm{II}} (z - h_1) \right) \right) \right],$$

$$\underline{Q}_2^{\mathrm{II}} = \frac{1}{k_{\mathrm{II}} (k^{\mathrm{I}})^2} \left[\underline{G}_2 \left(k_{\mathrm{II}} (k^{\mathrm{I}})^2 \cos(k_{\mathrm{I}} h_1) \cos\left(k_{\mathrm{II}} (z - h_1) \right) \right. \right.$$
$$\left. - k_{\mathrm{I}} (k^{\mathrm{II}})^2 \sin(k_{\mathrm{I}} h_1) \sin\left(k_{\mathrm{II}} (z - h_1) \right) \right)$$
$$\left. - j \underline{G}_1 \left((k^{\mathrm{I}})^2 - (k^{\mathrm{II}})^2 \right) \sin(k_{\mathrm{I}} h_1) \sin\left(k_{\mathrm{II}} (z - h_1) \right) \right],$$

$$\underline{Q}_3^{\mathrm{II}} = - \cos\left(k_{\mathrm{II}} (z - h_1) \right)$$
$$+ \underline{G}_1 \left(k_{\mathrm{I}} \cos(k_{\mathrm{I}} h_1) \cos\left(k_{\mathrm{II}} (z - h_1) \right) \right.$$
$$\left. - k_{\mathrm{II}} \sin(k_{\mathrm{I}} h_1) \sin\left(k_{\mathrm{II}} (z - h_1) \right) \right),$$

$$\underline{Q}_4^{\mathrm{II}} = \frac{1}{k_{\mathrm{II}}} \left[- \sin\left(k_{\mathrm{II}} (z - h_1) \right) \right.$$
$$+ \frac{1}{(k^{\mathrm{I}})^2} \left((k^{\mathrm{I}})^2 \left(k_{\mathrm{I}} \underline{G}_1 + j k_{\mathrm{II}}^2 \underline{G}_2 \right) \cos(k_{\mathrm{I}} h_1) \sin\left(k_{\mathrm{II}} (z - h_1) \right) \right.$$
$$\left. \left. + k_{\mathrm{II}} (k^{\mathrm{II}})^2 \left(\underline{G}_1 + j k_{\mathrm{I}} \underline{G}_2 \right) \sin(k_{\mathrm{I}} h_1) \cos\left(k_{\mathrm{II}} (z - h_1) \right) \right) \right],$$

$$\underline{Q}_5^{\mathrm{II}} = -\cos\left(k_{\mathrm{II}}\,(z-h_1)\right)$$

$$+\frac{1}{(k^{\mathrm{I}})^2}\left((k^{\mathrm{I}})^2\left(k_{\mathrm{I}}\,\underline{G}_1 + j\,k_{\mathrm{II}}^2\,\underline{G}_2\right)\cos(k_{\mathrm{I}}h_1)\cos\left(k_{\mathrm{II}}\,(z-h_1)\right)\right.$$

$$\left.-k_{\mathrm{II}}\,(k^{\mathrm{II}})^2\left(\underline{G}_1 + j\,k_{\mathrm{I}}\,\underline{G}_2\right)\sin(k_{\mathrm{I}}h_1)\sin\left(k_{\mathrm{II}}\,(z-h_1)\right)\right).$$

Im Raumbereich III gilt:

$$\underline{Q}_1^{\mathrm{III}} = \frac{e^{-j\,k_{\mathrm{III}}\,(z-(h_1+h_2))}}{k_{\mathrm{II}}}\left[-\sin(k_{\mathrm{II}}h_2)\right.$$

$$\left.+\underline{G}_1\left(k_{\mathrm{I}}\cos(k_{\mathrm{I}}h_1)\sin(k_{\mathrm{II}}h_2)+k_{\mathrm{II}}\sin(k_{\mathrm{I}}h_1)\cos(k_{\mathrm{II}}h_2)\right)\right],$$

$$\underline{Q}_2^{\mathrm{II}} = \frac{e^{-j\,k_{\mathrm{III}}\,(z-(h_1+h_2))}}{k_{\mathrm{II}}\,(k^{\mathrm{I}})^2}\left[\underline{G}_2\left(k_{\mathrm{II}}\,(k^{\mathrm{I}})^2\cos(k_{\mathrm{I}}h_1)\cos(k_{\mathrm{II}}h_2)\right.\right.$$

$$\left.-k_{\mathrm{I}}\,(k^{\mathrm{II}})^2\sin(k_{\mathrm{I}}h_1)\sin(k_{\mathrm{II}}h_2)\right)$$

$$\left.-j\,\underline{G}_1\left((k^{\mathrm{I}})^2-(k^{\mathrm{II}})^2\right)\sin(k_{\mathrm{I}}h_1)\sin(k_{\mathrm{II}}h_2)\right],$$

$$\underline{Q}_3^{\mathrm{III}} = -j\,k_{\mathrm{III}}\,\underline{Q}_1^{\mathrm{III}}, \qquad \underline{Q}_4^{\mathrm{III}} = \underline{Q}_1^{\mathrm{III}} - k_{\mathrm{III}}\,\underline{Q}_2^{\mathrm{III}}, \qquad \underline{Q}_5^{\mathrm{III}} = -j\,k_{\mathrm{III}}\,\underline{Q}_4^{\mathrm{III}}.$$

Die in den Gleichungen benutzten Abkürzungen besitzen die Form:

$$\underline{G}_1 = \frac{\underline{T}_1}{k_{\mathrm{I}}\cos(k_{\mathrm{I}}h_1)\,\underline{Z}_1}, \qquad \underline{G}_2 = \frac{1}{k_0^2\cos(k_{\mathrm{I}}h_1)}\,\frac{\underline{Z}_3}{\underline{Z}_1\,\underline{Z}_2},$$

$$\underline{Z}_1 = \underline{T}_1 + j\,k_0\,h_1\,\mathrm{ta}(k_{\mathrm{I}}h_1)\,\underline{T}_2,$$

$$\underline{Z}_2 = \varepsilon_{r1}\,\underline{T}_3 + j\varepsilon_{r2}\,\underline{T}_6\sqrt{\varepsilon_{r1}-\beta^2}\,\tan(k_{\mathrm{I}}h_1),$$

$$\underline{Z}_3 = \underline{Z}_1\,\underline{T}_7 + \underline{T}_1\left(\varepsilon_{r1}\,\underline{T}_4 + \varepsilon_{r2}\,\underline{T}_5\,k_0\,h_1\,\mathrm{ta}(k_{\mathrm{I}}h_1)\right),$$

$$\underline{T}_1 = 1 + j\,k_{\mathrm{III}}\,h_2\,\mathrm{ta}(k_{\mathrm{II}}\,h_2),$$

$$\underline{T}_2 = \sqrt{\varepsilon_{r3} - \beta^2} + j\sqrt{\varepsilon_{r2} - \beta^2}\,\tan(k_{\mathrm{II}}\,h_2),$$

$$\underline{T}_3 = \varepsilon_{r2}\,\sqrt{\varepsilon_{r3} - \beta^2} + j\varepsilon_{r3}\,\sqrt{\varepsilon_{r2} - \beta^2}\,\tan(k_{\mathrm{II}}\,h_2),$$

$$\underline{T}_4 = (\varepsilon_{r2} - \varepsilon_{r3})\,k_0\,h_2\,\mathrm{ta}(k_{\mathrm{II}}\,h_2),$$

$$\underline{T}_5 = (\varepsilon_{r1} - \varepsilon_{r3}) + j(\varepsilon_{r1} - \varepsilon_{r2})\,k_{\mathrm{III}}\,h_2\,\mathrm{ta}(k_{\mathrm{II}}\,h_2),$$

$$\underline{T}_6 = \varepsilon_{r3} + j\varepsilon_{r2}\,k_{\mathrm{III}}\,h_2\,\mathrm{ta}(k_{\mathrm{II}}\,h_2),$$

$$\underline{T}_7 = -\varepsilon_{r1}\,\underline{T}_4,$$

mit

$$\mathrm{ta}(x) = \frac{\tan(x)}{x}.$$

Literaturverzeichnis

Allgemein

[1] ZINKE O., BRUNSWIG H.: *Hochfrequenztechnik 1/2*, 5. Auflage, Springer Verlag (ISBN 3-540-58070-0), Darmstadt 1995

Vektoranalysis

[2] McQUISTAN R.B.: *Skalare und Vektorfelder*, Berliner Union, Stuttgart, 1970

Feldtheorie und Wellenausbreitung

[3] BECKER R.: *Theorie der Elektrizität*, B. G. Teubner Verlagsgesellschaft

[4] WOLFF I.: *Grundlagen und Anwendungen der Maxwellschen Theorie I*, Bibliographisches Institut AG, Mannheim, 1968

[5] WOLFF I.: *Grundlagen und Anwendungen der Maxwellschen Theorie II*, Bibliographisches Institut AG, Mannheim, 1970

[6] SIMONYI K.: *Theoretische Elektrotechnik*, VEB Deutscher Verlag der Wissenschaften, Berlin, 1956

[7] UNGER H.-G.: *Elektromagnetische Theorie für die Höchstfrequenztechnik I*, Hüthig Buch Verlag, Heidelberg, 1988

[8] UNGER H.-G.: *Elektromagnetische Theorie für die Höchstfrequenztechnik II*, Hüthig Buch Verlag, Heidelberg, 1989

[9] UNGER H.-G.: *Elektromagnetische Wellen auf Leitungen*, Hüthig Buch Verlag, Heidelberg, 1991

Mikrowellentechnik

[10] KUMMER M.: *Grundlagen der Mikrowellentechnik*, VEB Verlag Technik, Berlin, 1989

[11] PEHL E.: *Mikrowellentechnik*, Hüthig Verlag, 1988

Schaltungslehre der Mikrowellentechnik

[12] BRAND H.: *Schaltungslehre linearer Mikrowellennetze*, Hirzel Verlag, Stuttgart, 1970

[13] MICHEL H.-J.: *Zweitoranalyse mit Leistungswellen*, B.G. Teubner, Stuttgart, 1981

[14] PAUL M.: *Schaltungsanalyse mit S-Parameter*, Hüthig Verlag, 1977

[15] MASON S.J.: *Feedback Theory – Some properties of signal-flow graphs*, Proc. IRE, vol. 41, pp. 1144-1156, 1953

[16] MASON S.J.: *Feedback Theory – Further properties of signal-flow graphs*, Proc. IRE, vol. 44, pp. 920-926, 1956

Mikrostreifenleitungstechnik

[17] WOLFF I.: *Einführung in die Mikrostrip-Leitungstechnik*, H. Wolff Verlag, Aachen

[18] HOFFMANN R.K.: *Integrierte Mikrowellenschaltungen*, Springer Verlag, Berlin, ISBN 3-540-12352-0, 1983

[19] MEHRAN R.: *Grundelemente des rechnergestützten Entwurfs von Mikrostreifenleitungs-Schaltungen*, H. Wolff Verlag, Aachen, ISBN 3-922697-08-9

[20] HAMMERSTAD E.O.: *Equations for microstrip circuit design*, Proc. 5th European Microwave Conf., Hamburg (Germany), Sept., pp. 268-272, 1975

[21] JANSEN R.H., KIRSCHNING M.: *Arguments and an accurate mathematical model for the power-current formulation of microstrip characteristic impedance*, Arch. Elektr. Übertragungstech., vol. AEÜ-37, pp. 108-112, 1983

[22] KIRSCHNING M.,JANSEN R. H.: *Accurate model for the effective dielectric constant of microstrip with validity up to millimeterwave frequencies*, Electronics Letters, vol. 18, pp. 272-273, 1982

[23] JANSEN R. H.: *Spezialprobleme der Mikrowellentechnik*, Einleitung zum Labor-Praktikum, Universität -GH- Duisburg 1980

[24] JANSEN R. H.: *High-speed computation of single and coupled microstrip parameters including dispersion, high-order modes, loss and finite strip thickness*, IEEE Trans. on Microwave Theory and Techiques, vol. MTT-26, pp. 75-82, 1978

[25] SOBOL H.: *Radiation conductance of open circuit microstrip*, IEEE Trans. on Microwave Theory and Techniques, vol. MTT-19, pp. 885-887, 1971

[26] LEWIN L.: *Radiation from discontinuities instrip-line*, Proc. IEE, 107C, pp. 163-170, 1960

[27] DERNERYD A.G.: *Linearly polarised microstrip antennas*, IEEE Trans. on Antennas and Propagation, vol. AP-24, no. 6, pp. 846-851, 1976

[28] JAMES J.R., WILSON G.J.: *Microstrip antennas and arrays, I.- Fundamental action and limitations*, IEE J Microwaves, Optics & Acoustics, vol. 1, no. 5, pp. 165-174, 1977

[29] WOOD C., HALL P.S., JAMES J.R.: *Radiation conductance of open-circuit low dielectric constant microstrip*, Electronics Letters, vol.14, no. 4, pp. 121-123, 1978

[30] KOSTER N.H.L., JANSEN R.H., KIRSCHNING M.: *Accurate model for open end effect of microstrip line*, Electronics Letters, vol. 17, no. 3, pp. 532-535, 1981

[31] OCTOPUS: *Mikrowellen CAD-Softwarepaket*, ArguMens Mikrowellenelektronik GmbH, Bismarckstraße 67, 47057 Duisburg

[32] GRONAU G.: *Der rechnergestützte Entwurf von Schaltungen in Mikrostreifenleitungstechnik*, Mikrowellen & HF Magazin, vol. 14, no. 8, pp. 732-737, Dezember 1988

[33] SCALLOP: *Software zum Entwurf seitengekoppelter Filter*, ArguMens Mikrowellenelektronik GmbH, Bismarckstraße 67, 47057 Duisburg

[34] GRONAU G.: *Einführung in die Theorie und Technik planarer Mikrowellenantennen in Mikrostreifenleitungstechnik*, Verlagsbuchhandlung Nellissen-Wolff, Aachen, ISBN 3-922697-21-6, 1990

[35] DOUVILLE R.J.P., JAMES D.S.: *Experimental study of symmetric microstrip bends and their compensation*, IEEE Trans. on MTT, vol. 26, pp. 175-182, 1978

[36] EDWARDS T.C.: *Foundations for Microstrip Circuit Design*, Wiley & Sons, 1981

[37] KIRSCHNING M.: *Entwicklung von Näherungsmodellen für den rechnergestützten Entwurf von hybriden und monolithischen Schaltungen in Mikrostreifenleitungstechnik*, Dissertation, Universität -GH- Duisburg, 1984

[38] WOLFF I., KOMPA G., MEHRAN R.: *Calculation method for microstrip discontinuities and T-junctions*, Electronics Letters, vol. 8, pp. 177-179, 1972

[39] WOLFF I., : *Rectangular and circular microstrip disc capacitors and resonators*, IEEE Trans., vol-MTT 22, pp. 857-864, 1974

[40] MENZEL W.: *Die frequenzabhängigen Übertragungseigenschaften von unsymmetrischen Kreuz- und T-Verzweigungen, Y-Verzweigungen sowie 90° - und 120°-Winkeln in Mikrostreifenleitungstechnik*, Dissertation, Universität -GH- Duisburg, 1978

[41] LIER E.: *Improved formulas for input impedances of coaxial fed microstrip patch antennas*, IEE Proc., part H, vol. 129, no. 4, pp.161-164, 1983

[42] LIER E., JACOBSEN K.: *Rectangular microstrip patch antennas with infinite and finite ground plane dimensions*, IEEE Trans. on Antennas and Propagation, vol. AP-31, no. 6, pp. 978-984, 1983

Rauschparameter- und Streuparameter-Meßtechnik

[43] ROTHE H., DAHLKE W.: *Theory of Noisy Fourpoles*, Proc. IRE, vol. 44, pp. 811-818, June 1956

[44] BAUER H., ROTHE H.: *Der äquivalente Rauschvierpol als Wellenvierpol*, AEÜ, Band 10, Heft 6, 1956

[45] FRIIS H.T.: *Noise Figures of Radio Recievers*, Proc. IRE, vol. 32, pp. 419-422, July 1944

[46] FUKUI H.: *Available Power Gain, Noise Figure, and Noise Measure of Two-Ports and Their Graphical Representations*, IEEE Trans. on Circuit Theory, vol. CT-13, no. 2, pp. 137-142, June 1966

[47] RUSSER P., HILLBRAND H.: *Rauschanalyse von linearen Netzwerken*, Wiss. Berichte AEG-TELEFUNKEN 49, Seite 127-138, 1978

[48] RUSSER P., HILLBRAND H.: *An efficient method for computer added noise analysis of linear amplifier networks*, IEEE Trans. on Circuits an Systems, vol. 23, no. 4, pp. 235-138

[49] GRONAU G.: *Rauschparameter- und Streuparameter-Meßtechnik – Eine Einführung–*, Verlagsbuchhandlung Nellissen-Wolff, Aachen, ISBN 3-922697-24-0, 1992

[50] GRONAU G., WOLFF I.: *A Simple Broad-Band De-embedding Method Using an Automatic Network Analyzer with Time-Domain Option*, IEEE Trans. on Microwave Theory and Techniques, vol. MTT-37, no.3, pp. 479-483

[51] EUL H.J., SCHIEK B.: *Thru-Match-Reflect: One Result of A Rigorous Theory for Deembedding and Network Analyzer Calibration*, Proc. 18th European Microwave Conf., pp. 909-914, 1988

[52] ENGEN G.F., HOER C.A.: *–Thru-Reflect-Line– An Improved Technique for Calibrating the Dual 6-Port Automatic Network Analyzer*, IEEE Trans. on Microwave Theory and Techniques, vol. MTT-27, no. 12, pp. 987-983, 1979

[53] RYTTING D.: *Advances in Microwave Error Correction Techniques*, RF & Microwave Measurement Symposium, Hewlett Packard 1989

[54] FIRMENUNTERLAGEN: *HP8410S Network Analyzer Systems*, Operating and Service Manual, Hewlett-Packard

[55] FIRMENUNTERLAGEN: *Microwave Network Analyzer Applications*, Hewlett-Packard, Application Note 117-1, 1970

[56] FIRMENUNTERLAGEN: *HP8510 Network Analyzer System*, Operating and Service Manuals (Test Sets), Hewlett-Packard

[57] FIRMENUNTERLAGEN: *HP8510 Product-Note 8510-4*, Hewlett-Packard

[58] CARUSO G., SANNINO M.: *Computer-aided determination of microwave two-port noise parameters*, IEEE Trans. Microwave Theory Techn., vol. MTT-26, pp. 636-642, Sept. 1978

[59] ADAMIAN V., UHLIR A.: *A Novel Procedure for Receiver Noise Characterization*, IEEE Trans. IM, vol. IM-22, no. 2, pp. 181-182, June 1973

[60] LANE R.Q.: *The determination of device noise parameters*, Proc. IEEE, vol. 57, pp. 1461-1462, Aug. 1969

[61] FIRMENUNTERLAGEN: *Unveröffentlichte Seminarunterlagen zur Rauschparametermeßtechnik der Fa. atn*, Woburn, Massachusetts, USA

Elektronische Bauelemente

[62] PENGELLY R.S.: *Microwave Field-Effect-Transistors — Theory, Design and Applications*, Research Studies Press (John Wiley & Sons Ltd), 1982

[63] MÖSCHWITZER A., LUNZE K.: *Halbleiterelektronik (Lehrbuch)*, VEB Verlag Technik, Berlin, New York, 1973

[64] WOLFF E. A., KAUL R.: *Microwave Engineering and Systems Applications*, John Wiley & Sons, New York, ISBN 0-471-63269-4, 1988

[65] BAHL I., BHARTIA P.: *Microwave Solid State Circuit Design*, John Wiley & Sons, New York, ISBN 0-471-83189-1, 1988

[66] MAAS S.A.: *Microwave Mixers*, Artech House, Boston, ISBN 0-89006-605-1, 1993

Antennen

[67] HEILMANN A.: *Antennen I, II, III*, Bibliographisches Institut 1970

[68] STUTZMAN W.L., THIELE G.A.: *Antenna Theory and Design*, John Wiley & Sons, Inc., 1981

[69] COLLIN R.E.: *Antennas and Radiowave Propagation*, McGraw-Hill Book Company, 1985

[70] WOLFF E.A.: *Antenna Analysis*, Artech House, 1988

[71] BAHL I.J., BHARTIA P.: *Mikrostrip Antennas*, Artech House, 1980

[72] BHARTIA P.,RAO K.V.S., TOMAR R.S.: *Millimeter-Wave Mikrostrip and Printed Circuit Antennas*, Artech House, 1991

[73] LO Y.T., SOLOMON D., RICHARDS W.F.: *Theory and experiment on microstrip antennas*, IEEE Trans.on Antennas and Propagation, vol. AP-27, no. 2, pp. 137-145, 1979

[74] JAMES J.R., WILSON G.J.: *Radiation characteristics of stripline antennas*, Proc. 4th European Microwave Conf., Montreux, pp. 102-106, 1974

[75] EMI-VARIAN: *Printed antennas 2 to 36 GHz*, Microwave front ends 8 to 30 GHz, Broschüre EMI-Varian Ltd., England

[76] MUNSON R.E.: *Coformal microstrip antennas and microstrip phased arrays*, IEEE Trans. on Antennas and Propagation, vol. AP-22, no. 1, pp. 74-78, 1974

[77] JAMES J.R., HALL P.S.: *Microstrip antennas and arrays Pt. 2 - New arraydesign technique*, Int. J. Microwaves, Optics & Acoustics, vol. 1, no. 5, pp. 175-181, 1977

[78] WOOD C., HALL P.S., JAMES J.R.: *Design of wideband circularly polarised microstrip antennas and arrays*, International Conf. on Antennas and Propagation, Pt. I., London (England), 1978, Nov. , pp. 312-316

[79] YOSHIMURA Y.: *A microstripline slot antenna*, IEEE Trans. on Mircowave Theory and Techniques, vol. MTT-20, no. 11, pp. 760-762, 1972

[80] GREISER J.W.: *Coplanar stripline antenna*, Microwave J., vol. 19, no. 10, pp. 47-49, 1976

[81] RAMMOS E.: *A new wideband, high gain suspended-substrate-line planar array for 12 GHz satellite TV*, Proc. 13th European Microwave Conf., Nürnberg (Germany), pp. 227-231 , 1983

[82] GIBSON P.J.: *The vivaldi aerial*, Proc. 9th European Microwave Conf., Brighton (England), Sept., pp. 101-105, 1979

[83] MALKOMES M.: *Numerische und experimentelle Analyse gedruckter Microstrip Antennen und verkoppelter Antennengruppen*, Disseration RWTH Aachen 1982

[84] DOLPH C.L.: *A current distribution for broadside arrays which optimizes the relationship between beam width and side lobe level*, Proc. IRE, vol. 34, no. 6, pp. 335-348, June 1946

[85] COLLIN R.F., ZUCKER F.J.: *Antenna Theory Part 1&2*, McGraw-Hill, 1969

[86] BRESLER A.D.: *A new algorithm for calculating the current distributions of Dolph-Chebyshev arrays*, IEEE Trans. on Antennas and Propagation, vol. AP-28, no. 6, pp. 951-952, November 1980

[87] HARRINGTON R.F.: *Sidelobe reduction by nonuniform element spacing*, IRE Trans. on Antennas and Propagation, vol. AP-9, pp. 187-192, March 1961

[88] LO Y.T., LEE S.W.: *A study of space-tapered arrays*, IEEE Trans. on Antennas and Propagation, vol. AP-14, no. 1, pp. 22-30, January 1966

[89] WILLIAMS J.C.: *Cross fed printed aerials*, 7th European Microwave Conf., pp. 292-296, 1977

[90] ALEXOPOULOS N.G., UZUNOGHN N.K., RANA I.: *Radiation by microstrip patches*, IEEE AP-S, International Symp. Digest, pp. 722-727, 1979

[91] ITOH T., MENZEL W.: *A full-wave analysis for open microstrip structures*, IEEE Trans. on Antennas and Propagation, vol. AP-29, no. 1, pp. 63-68, 1981

[92] GRONAU G.: *Theoretische und experimentelle Untersuchung der Verkopplung in Streifenleitungsantennen*, Dissertation Universität - GH- Duisburg 1987

[93] LO Y.T., RICHARDS W.F.: *Theory and experiment on microstrip antennas*, IEEE Trans. on Antennas and Propagation, vol. AP-27, no. 2, pp. 137-145, 1979

[94] CARVER K.R., COFFEY E.L.: *Theoretical investigation of the microstrip antenna*, Physic. and Sci. Lab., New Mexico State University, Las Cruces, Tech. Rep. PT-00929, 1979

[95] WOLFF I., KNOPPIK N.: *Rectangular and circular microstrip disc capacitors and resonators*, IEEE Trans. on Microwave Theory and Techniques, vol. MTT-22, pp. 857-864, 1974

[96] HARRINGTON R.F.: *Time-harmonic electromagnetic fields*, Mc-Graw Hill Book Company, 1961

[97] RICHARDS W.F., LO Y.T.: *An improved theory for microstrip antennas and applications*, IEEE Trans. on Antennas and Propagation, vol. AP-29, no. 1, pp. 38-46, 1981

[98] GRONAU G., MOSCHÜRING H., WOLFF I.: *The input impedance of a rectangular microstrip resonator fed by a microstrip network on the backside of the substrate*, Proc. 14th European Microwave Conf., Liege (Belgium), pp. 625-630, 1984

[99] VILBIG F.: *Lehrbuch der Hochfrequenztechnik*, Akademischer Verlagsgesellschaft mbH, Frankfurt a. M., pp. 151, 1960

[100] BAILEY M.C., DESHPANDE M.D.: *Integral Equation Formulation of Microstrip Antennas*, IEEE Trans. on Antennas and Propagation, vol. AP-30, no. 4, pp. 651-656, July 1982

[101] BAILEY M.C., DESHPANDE M.D.: *Input Impedance of Microstrip Antennas*, IEEE Trans. on Antennas and Propagation, vol. AP-30, no. 4, pp. 645-650, July 1982

[102] POZAR D.M.: *Input Impedance and Mutual Coupling of Rectangular Microstrip Antennas*, IEEE Trans. on Antennas and Propagation, vol. AP-30, no. 6, pp. 1191-1196, November 1982

[103] MOSIG J.R., GARDIOL F.E.: *Untersuchung über beliebig geformte Mikrostreifenleitungsantennen unter der Berücksichtigung von Oberflächenwelleneffekten*, Mikrowellen Magazin, vol. 9, no. 4, pp. 423-425, 1983

[104] SULLIVAN P.L., SCHAUBERT D.H.: *Aperture-coupled microstrip antenna*, IEEE Trans. on Antennas and Propagation, vol. AP-34, no. 8, pp. 977-984, August 1986

[105] DAS B.N., JOSHI K.K.: *Impedance of a radiating slot in the ground plane of a microstrip line*, IEEE Trans. on Antennas and Propagation, vol. AP-30, no. 5, pp. 922-926, September 1982

[106] JOSHI K.K., RAO J.S., DAS B.N.: *Analysis of inhomogenously filled stripline and microstripline*, Proc. IEE, vol. 127, Pt. H, no. 1, pp. 11-14, Februar 1980

[107] MARCUVITZ N., SCHWINGER J.: *On the representation of the electric and magnetic fields produced by currents and discontinuities in wave guides*, J. Appl. Phys., vol. 22, no. 6, pp. 806-819, Juni 1951

[108] TUTSCHKE W.: *Grundlagen der Funktionentheorie*, Vieweg Verlag, Braunschweig, 1971

[109] POZAR D.M.: *Microstrip antenna aperture-coupled to a microstripline*, Electronics Letters, vol. 21, no. 2, pp. 49-50, Januar 1985

[110] BUCK A.C., POZAR D.M.: *Aperture-coupled microstrip antenna with perpendicular feed*, Electronics Letters, vol. 22, no. 3, pp. 125-126, Januar 1986

[111] JAMES J.R., HALL P.S.: *Microstrip antennas and arrays Pt. 2 – New array-design technique*, Int. J. Microwaves,Optics & Acoustics, 1, no. 5, pp. 175-188, 1977

[112] HAMMERSTAD E. O.: *Computer-aided design of microstrip couplers with accurate discontinuity models*, IEEE MTT-S Digest, Los Angeles, pp. 54-56, 1981

[113] SOLBACH K., WOLFF I.: *Untersuchung von Streifenleitungsantennen*, Arbeiten im Fachgebiet Allgemeine und Theoretische Elektrotechnik der Universität -GH- Duisburg

[114] MENZEL W.: *A 40 GHz microstrip array antenna*, IEEE MTT-S Digest, pp. 225-226, 1980

[115] WILLIAMS J.C.: *Cross fed printed aerials*, 7th European Microwave Conf., pp. 292-296, 1977

[116] WILLIAMS J.C.: *A 36GHz printed planar array*, Electronics Letters, vol. 14, no. 5, pp. 136-137, 1978

[117] POZAR D. M.: *Input impedance and mutual coupling of rectangular microstrip antennas*, IEEE Trans. on Antennas and Propagation, vol. AP-30, no. 6, pp. 1191-1196, Nov. 1982

[118] JEDLICKA R.P., POE M.T., CARVER K. R.: *Measured mutual coupling between microstrip antennas*, IEEE Trans. on Antennas and Propagation, vol. AP-29, no. 1, pp. 147-149, January 1981

[119] VAN LIL E.H., VAN DE CAPELLE A.R.: *Transmission line model for mutual coupling between microstrip antennas*, IEEE Trans. on Antennas and Propagation, vol. AP-32, no. 8, pp. 816-821, August 1984

[120] PENARD E., DANIEL J.P.: *Mutual coupling between microstrip antennas*, Electronics Letters, vol. 18, no. 14, pp. 605-607, July 1982

[121] GRONAU G, WOLFF I.: *Microstrip antennas for satellite broadcast applications*, IEEE A&P-S Digest, pp. 902-905, 1987

[122] HOLZHEIMER T., MILES T.O.: *Thick, multilayer elements widen antenna bandwidths*, Microwaves & RF, pp. 93-95, February 1985

[123] COCK R.T., CHRISTODOULOU C.G.: *Design of a two-layer, capacitively coupled, microstrip patch antenna element for braodband applications*, IEEE A&P-S Digest, pp. 936-939, 1987

[124] GRONAU G., WOLFF I.: *Streifenleitungsantennen für den Satellitenrundfunkempfang*, ITG-Fachberichte Antennen 99, pp.127-131, 1987

[125] TESHIROGI T., TANAKA M., CHUJO W.: *Wideband circularly polarized array antenna with seqential rotations and phase shift of elements*, Proc. of ISAP, pp. 117-120, 1985

[126] POZAR D.M.: *Five novel feeding techniques for microstrip antennas*, IEEE A&P-S Digest, pp. 920-923, 1987

[127] POZAR D.M.: *Practical excitations*, Short course of analytical and numerical techniques for microstrip antennas and circuits, Laboratiore d'electromagnetisme et d'acoustique, EPF, Lausanne, 1988

Die angegebene Literatur stellt nur einen Auszug an Literatur zu den behandelten Themengebieten dar. Sie kann als eine Grundlage für eine vertiefende Literaturrecherche dienen.

Stichwortverzeichnis